Peter Kurzweil

Das Vieweg Einheiten-Lexikon

Weitere
Nachschlagewerke

Lexikon Technik
von A. Böge

Techniker Handbuch
von A. Böge

Handbuch Elektrotechnik
von A. Böge

Vieweg Mathematik Lexikon
von O. Kerner (u. a.)

Peter Kurzweil

Das Vieweg Einheiten-Lexikon

Begriffe, Formeln und Konstanten aus Naturwissenschaften, Technik und Medizin

2., erweiterte und aktualisierte Auflage

Mit 112 Tabellen

Prof. Dr. Peter Kurzweil
Fachhochschule Amberg-Weiden
Kaiser-Wilhelm-Ring 23
92224 Amberg/Opf.
p.kurzweil@fh-amberg-weiden.de

Die Deutsche Bibliothek – CIP-Einheitsaufnahme
Ein Titeldatensatz für diese Publikation ist bei
Der Deutschen Bibliothek erhältlich.

1. Auflage März 1999
2., erweiterte und aktualisierte Auflage September 2000

Ursprünglich erschienen bei Friedr. Vieweg & Sohn Verlagsgesellschaft mbH, Braunschweig/Wiesbaden 2000
Softcover reprint of the hardcover 2nd edition 2000

www.vieweg.de

Konzeption und Layout des Umschlags: Ulrike Weigel, www.CorporateDesignGroup.de
Gedruckt auf säurefreiem Papier

ISBN 978-3-322-83212-2 ISBN 978-3-322-83211-5 (eBook)
DOI 10.1007/978-3-322-83211-5

Vorwort zur 2. Auflage

Mars-Orbiter Opfer englischer Einheiten – meldete die *Süddeutsche Zeitung* am 2./3. Oktober 1999. Was war geschehen? Wie die NASA mitteilte, empfing ein Team in Colorado die Funksignale der Sonde *Polar Orbiter* und übermittelte sie an eine zweite Gruppe in Kalifornien, die für die Steuerung des Raumfahrzeugs verantwortlich war. Die Software der einen Mannschaft rechnete im englischen Einheitensystem mit Meilen, die der anderen im SI-System mit Kilometern. So geschah es, dass der wahre Abstand in Kilometern weit geringer war als der Zahlenwert in Meilen vorgab. Die Sonde zerschellte während des Anfluges auf der Marsoberfläche.

Die kostspielige Havarie offenbart trotzdem einen bemerkenswerten Wandel; denn Amerika bewegt sich sichtbar weg von überkommenen Händen, Zoll und Füßen. An den Schulen der USA steht das metrische System mittlerweile auf den Lehrplänen der naturwissenschaftlichen Fächer. Bis das Internationale Einheitensystem die ganze Welt verbindet, werden freilich noch einige Jahrzehnte vergehen.

Das „Einheitenlexikon" hat erfreulich viele Leser gefunden. Neun Monate nach Erscheinen kann die zweite, durchgesehene und erweiterte Auflage folgen. Über 400 Stichwörter aus Umweltwissenschaften, Arbeitssicherheit, Werkstoff-, Energie- und Medizintechnik wurden neu aufgenommen, der Text kritisch durchgesehen, die Nobelpreise und das Zahlenmaterial aktualisiert. Hinzugekommen sind auch zahlreiche historische Einheiten.

Für wertvolle Anregungen und wichtige Hinweise danke ich besonders folgenden Personen: Herrn Prof. Dr.-Ing. KLAUS LANGEHEINECKE, Weingarten, Herrn RAINER BAUTZ, Stuttgart, Herrn MASSIMO MALVETTI, Luxembourg, Herrn GÜNTER SCHENK, Iffezheim, Herrn GUNTER TANNHÄUSER, Nürnberg, Dr. REINER KORTHAUER, ZVEI Frankfurt/M., Dr. WEBER, EMPA, St. Gallen.

Das Echo der interessierten Nutzer des „Einheitenlexikons" ist Autor und Verlag weiterhin willkommen.

Zu guter Letzt ein frohes Fest; denn das historische zweite Jahrtausend nach Christus endet am 31. Dezember 2000!

Amberg, im Januar 2000

PROF. DR. PETER KURZWEIL

Vorwort zur 1. Auflage

Im 16. Jahrhundert verfügte ein allerhöchster Befehl, dass sechzehn willfährige englische Untertanen am Sonntag nach dem Verlassen der Kirche die linken Füße hintereinander in einer Reihe aufstellen sollten. Die so festgelegte Distanz entsprach fortan einer *perch* (Rute). Der 16. Teil dieser Länge hieß *foot*, hinwiederum unterteilt in 12 *inches*. Dabei blieb es bis heute.
Ein bedeutendes inländisches Unternehmen kaufte bei einer nordamerikanischen Firma Testeinrichtungen ein. Die mechanischen Aufbauten trugen Inchrohre und -gewinde. Die metrischen Werkzeuge passten nicht. Auf den Bedienelementen prangten Beschriftungen wie *psig*, *lbs/cu.ft.* und $°F$. Die Versuchsingenieure versuchten mit den angloamerikanischen Einheiten zu arbeiten und zu kommunizieren. Findige Köpfe durchsuchten die Spezialliteratur nach präzisen Umrechnungsfaktoren, um die Messergebnisse mit metrischen Erfahrungswerten bewerten zu können. Die Taschenrechner liefen heiß. Je nach Standpunkt war es für Insider und Aussenstehende eine herrliche oder abstoßend kryptische Zeit. Nach einigen Wochen schritt der verantwortliche Ökonom ein. Schließlich wurde mit dem Lieferanten die Verwendung von SI-Einheiten vertraglich vereinbart. Das war Mitte der neunziger Jahre – dieses Jahrhunderts!
Meter und Kilogramm gibt es seit über zweihundert Jahren. 1954 wurde das Internationale Einheitensystem eingeführt. Trotzdem haben sich metrische Einheiten nicht weltweit durchgesetzt. See- und Luftfahrt halten unnachgiebig an „Füßen und Meilen“ fest. Kilokalorien und Atmosphären überdauern in der Industrie und an den Hochschulen. Mit dem SI-System „aufgewachsene“ Studenten müssen sich veraltete Einheiten aneignen, wenn sie internationale Fachliteratur verstehen wollen. In manchen Lehrbüchern tauchen physikalische Gesetze in Schreibweise der alten cgs-Systeme auf, in krassen Fällen unkommentiert neben SI-Gleichungen.
Die USA traten 1875 der Internationalen Meterkonvention bei und haben 1966 das metrische System legalisiert, aber es nicht zwingend eingeführt. 1968 gab der U.S. Congress eine dreijährige Studie über Nutzen und Nachteile metrischer Einheiten in Auftrag, 1975 formierte sich der *U.S. Metric Board*, um die „vollständige Umstellung auf das metrische System zu koordinieren“. Die probeweise Einführung von km/h statt m.p.h. auf den nationalen Autobahnen scheiterte. Ölgesellschaften, Luft- und Schiffsverkehr, Industrie und Forschung hielten an den gewohnten Einheiten fest. Das Fußballfeld blieb bei seinen 100 yards Länge. Auf den Warenterminmärkten werden weiterhin Edelmetalle in *ounces*, Rohöl in *barrels*, Heizöl in *gallons*, Agrarprodukte in *bushels*, Rinder und Schweine in *pounds*, Bauholz in *board feet* gehandelt.
1959 verständigten sich immerhin die englisch sprechenden Länder untereinander auf die einheitliche Festlegung des *Inch* zu 25,4 mm, des *Foot* zu 30,48 cm, des *Yard* zu 0,9 144 m und des *Pound* zu 0,45 359 237 kg. Bei der *US gallon* und der britischen *imperial gallon* war keine Übereinstimmung herbeizuführen. Großbritannien und Kanada haben das metrische System gesetzlich eingeführt, aber die völlige Umstellung wurde bis heute nicht erreicht. Benzin erhält man gleichermaßen in Gallonen und Litern, beim Metzger dominieren *pounds* und *ounces* über das Gramm.
Das europäische Festland ist keineswegs fortschrittlicher: Das *Pfund* wurde 1935 in Deutschland verboten und beherrscht trotzdem den täglichen Einkauf. Journalisten pflegen die absurde Einheit „Stundenkilometer“, die im krassen Gegensatz zur Dimension der Geschwindigkeit als „Länge pro Zeit“ steht. Das „Hektopascal“ wurde eigens erfunden, um den Hörern des Wetterberichtes die gewohnten „Atmosphären“ in der Vorstellungswelt zu belassen. Ärzte bestimmen den Blutdruck

weiterhin in „Millimeter Quecksilbersäule“ und Kernphysiker konnten sich nicht an fm^2 gewöhnen. DIN 1301 vom Dezember 1985 nahm „mmHg“ und Barn als gesetzliche Einheiten „für einen bestimmten Anwendungsbereich“ auf.

Dieses Nachschlagewerk will praktischer Begleiter durch den Mikrokosmos der überkommenen Einheiten und Begriffe sein. Es umfasst in rund 6000 Stichworteinträgen:

- Formeln und Definitionen aus Chemie, Physik und Ingenieurwissenschaften.
- Messverfahren und Tabellenwerte für wichtige SI-Größen.
- Internationale Einheiten, Größen, Begriffe, Symbole und Formelzeichen.
- Konstanten und Umrechnungsfaktoren.
- Angloamerikanische, nichtmetrische und historische Einheiten.
- Maße und Gewichte aus aller Welt.
- Härtegrade, Papierformate, Schriftgrößen, Währungen und Münzen.
- Kalenderdaten verschiedener Zeitsysteme und Epochen.
- Nobelpreisträger.
- Fachbegriffe Deutsch–Englisch.

Das Lexikon will praktische Fragen beantworten: Wie sind physikalische Größen definiert? Wie misst man sie? Wie sind englische Fachbegriffe zu übersetzen? Wann galten historische Maße, Gewichte und Münzen? Und vieles mehr, was in Praxis und Ausbildung nachschlagenswert erscheint. Einführend werden Größen, Dimensionen, Einheiten und damit zusammenhängende Fragen behandelt. Der lexikalische Hauptteil ist Wissensspeicher, Formel- und Datensammlung. Ohne schulmeisterlich erhobenen Zeigefinger, aber doch mit beruhigender Gewissheit, wünsche ich dem Leser, die Qualitäten des Internationalen Einheitensystems schätzen und nützen zu lernen.

Für inhaltliche und konzeptionelle Anregungen zu diesem Buch bin ich Herrn Dipl.-Phys. CHRISTIAN SCHUSTER, Zürich, besonders verbunden. Dem Verlag Vieweg, insbesondere Herrn WOLFGANG SCHWARZ, danke ich für die professionellen Hilfestellungen und die zügige Drucklegung des Werkes. Meine liebe Frau Christa erwähne ich für die vielen Stunden, die sie für das Tippen und Korrigieren des Manuskriptes aufgewendet hat.

Sollte die interessierte Leserschaft eine historische oder moderne Einheit vermissen, werden sich Verlag und Autor bemühen, die Lücke in einer der nächsten Auflagen gebührend zu schließen.

Amberg, im Januar 1999 PROF. DR. PETER KURZWEIL

Benutzerhinweise

Stichwörter sind **fett**, Maßeinheiten aufrecht, Wörter lateinischer und griechischer Herkunft *kursiv*, fremdsprachige Begriffe *schräg* gedruckt.
Abkürzungen für Herkunftsbezeichnungen:

d.	= deutsch,
frz.	= französisch,
griech.	= griechisch,
ital.	= italienisch,
jugos.	= jugoslawisch,
poln.	= polnisch,
russ.	= russisch,
schwed.	= schwedisch,
engl.	= englisch,
GB, brit.	= britisch,
holl.	= niederländisch,
jap.	= japanisch,
lat.	= lateinisch,
port.	= portugiesisch,
span.	= spanisch,
US	= amerikanisch.

Maßeinheiten werden der Deutlichkeit halber in der Einzahl ausgeschrieben: z. B. „Foot" statt „Feet".
Nichtmetrische Einheiten werden nicht übersetzt. „Quadratzoll" und „Kubikfuß" siehe *Square inch* bzw. *Cubic foot*. „Kilopond pro Quadratfuß" siehe *kilogram force per square foot*. „Zenti..." siehe „Centi..."
Besondere Schreibweisen. Die Groß- und Kleinschreibung von Einheitensymbolen wird im englischsprachigen Raum nicht streng befolgt, vielfach steht ein Mehrzahl-s, z. B. *amps* statt A (Ampere). Abkürzungspunkte werden häufig weggelassen: z. B. *cu. ft.* und *cu ft* für „Kubikfuß", Stunden mit *hr* (hour) statt h, Sekunden mit *sec* statt s.
ℓ (Liter) steht zur Unterscheidung von l, 1 und I.
Formelzeichen und Begriffe sind in der alphabetischen Übersicht nach Anwendungsbereichen sortiert:

1. Länge, Wellenlänge
2. Raum, Zeit, Frequenz
3. Mechanik, Festigkeitslehre
4. Akustik
5. Wärmelehre, Wärmetransport, klassische und statistische Thermodynamik
6. Elektrik, Elektrochemie
7. Magnetismus
8. Stoffmenge, Stofftransport, chemische Kinetik, Technische Chemie
9. Licht, Strahlung, Optik, Spektroskopie
10. Atomistik, Kernspektroskopie
11. Radioaktivität, Strahlung, Kernreaktor
12. Quantenmechanik, Operatoren.

Abkürzungen in Klammern berücksichtigen ungebräuchliche, veraltete oder auf den englischen oder deutschen Sprachraum beschränkte Formelzeichen und Bezeichnungen.

Neben ISO, IUPAC und IUPAP wurden DIN-Normen in der jeweils neuesten Auflage berücksichtigt:

- DIN 1301 (SI-Einheiten und Einheiten außerhalb des SI-Systems),
- DIN 1302 (Mathematische Zeichen und Begriffe)
- DIN 1304 (Allgemeine Formelzeichen, Benennung von Größen),
- DIN 1305 (Masse, Kraft, Gewicht, Last),
- DIN 1306 (Dichte),
- DIN 1311 (Schwingungslehre)
- DIN 1314 (Druck),
- DIN 1315 (Winkel)
- DIN 1320 und DIN 1332 (Akustik)
- DIN 1323 (Elektrische Spannung, Potential, Zweipolquelle, Elektromotorische Kraft),
- DIN 1324 (Elektromagnetisches Feld),
- DIN 1338 (Formelschreibweise und Formelsatz)
- DIN 1341 (Wärmeübertragung),
- DIN 1342 (Viskosität),
- DIN 1345 (Thermodynamik),
- DIN 1355 (Zeit),
- DIN 4896 (Elektrolytlösungen),
- DIN 5483 (Zeitabhängige Größen),
- DIN 5489 und DIN 13 322 (Elektrische Netze),
- DIN 5493 (Logarithmische Größenverhältnisse),
- DIN 5496 (Temperaturstrahlung),
- DIN 5497 (Mechanik, starre Körper, Formelzeichen),
- DIN 5031 (Strahlungsphysik im optischen Bereich, Lichttechnik),
- DIN 13 312 (Navigation),
- DIN 40 146 (Begriffe der Nachrichtenübertragung und Übertragungssysteme).
- DIN 58 122 (Formelzeichen, Größen und Einheiten)

Inhaltsverzeichnis

1 Physikalische Größen, Einheiten und Dimensionen

„Maßeinheiten" sind international – früher national oder sogar regional – vereinbarte **Vergleichsgrößen**, die einen festen, durch ein genau vorgeschriebenes Mess- und Eichverfahren jederzeit reproduzierbaren Betrag haben. Die Messung muss unabhängig gegen den Wechsel der Einheit sein. Die Längenmessung mit einer Messlatte zum Beispiel ist unabhängig davon, ob Meter, Ellen oder Zoll abgelesen werden.
Der Größenwert einer Messgröße besteht generell aus einem Zahlenwert (früher: Maßzahl) und einer Einheit (früher: Maßeinheit). Das Verhältnis der Größe zur Einheit ergibt einen Zahlenwert, der nur für die betreffende Einheit gilt.

Größe(nwert) = Zahlenwert · Einheit

Beispiel: $V = 6{,}28\,\text{cm}^3$

Der Größenwert ist invariant gegen einen Wechsel der Einheiten. Zahlenwert und Einheit verhalten sich gegenläufig, wie die Faktoren eines konstanten Produktes. Allgemein gilt: *Je größer die Einheit, umso kleiner ist der Zahlenwert einer Größe.* Ohne Angabe der Einheit ist die Aussage über die Größe sinnlos: „5" vermittelt keinen Eindruck, ob Meter, Stunden, Ohm, Liter oder Kartoffeln vorliegen. Erst die Angabe „5 Volt" sagt, dass es sich um eine Spannung handelt.
Beispiel: Um denselben Größenwert handelt es sich bei den Angaben 3,1 m und 310 cm.

1.1 Kohärente Einheiten

In kohärenten Einheitensystemen (wie dem SI) sind die Basisgrößen und -einheiten unabhängig voneinander festgelegt und nicht durch Zahlenfaktoren miteinander verknüpft.

Beispiele für kohärente Einheiten:

$$1\,\text{N} = 1\,\frac{\text{kg m}}{\text{s}^2}, \quad 1\,\text{J} = 1\,\text{N m}.$$

Kohärente Einheiten haben folgende Vorteile:

- Für jede Größenart gibt es genau eine Einheit, z. B. das Meter für die Länge.
- Abgeleitene Größen und Einheiten sind einfache **Potenzprodukte** der Basisgrößen und -einheiten. Die Dimensionsexponenten a_1 bis a_n sind ganze Zahlen.

$$[\text{abgeleite Größe}] = \\ = [\text{Basisgröße}_1]^{a_1} \cdot \\ \cdot [\text{Basisgröße}_2]^{a_2} \cdot \ldots \\ \cdot [\text{Basisgröße}_n]^{a_n}$$

- SI-Einheiten werden nach denselben algebraischen Beziehungen wie die zugeordneten Größen gebildet. Daher dürfen in physikalische Größengleichungen formal die Zahlenwerte $\{X\}$ und Einheiten $[X]$ an Stelle der Formelzeichen X der Größen gesetzt werden, ohne dass der Zusammenhang falsch wird. Beispiel:

$$F = \frac{q}{4\pi\varepsilon_0 r^2} \quad \Rightarrow$$

$$\{F\} \cdot [F] = \frac{1\,\text{C}}{4\pi \cdot 8{,}85 \cdot 10^{-12}\,\frac{\text{F}}{\text{m}} \cdot 1\,\text{m}^2} = 9 \cdot 10^9\,\text{N}$$

- In jedem kohärenten Einheitensystem lauten Zahlenwert- und Größengleichung gleich. Eine kohärente Gruppe von Einheiten, die ohne Zahlenfaktoren in die Größengleichungen eingeführt werden können, ist z. B. ferner:

kVA, kV, A, kΩ, kH, mF, s.

1.2 Inkohärente Einheiten

Nichtkohärente (inkohärente, systemfremde, systemfreie) Einheiten sind durch *Zahlenfaktoren* miteinander verknüpft.

• Beispiele für inkohärente Einheiten:

1 h = 3600 s,
1 eV = $1{,}602 \cdot 10^{-19}$ J,
1 PS = 75 kp m/s = 0,735 kW,
1 kp = 9,81 N,
1 in = 2,54 cm,
1 psi = 6894,76 Pa.

• Die gesetzlichen Einheiten mit dezimalen Vorsätzen sind ebenfalls inkohärent.

1.3 Einheitenumrechnung

Der Zahlenwert $\{G\}_a$ eines Größenwertes G mit der Einheit $[G]_a$ (im Einheitensystem a) wird wie folgt in den Zahlenwert $\{G\}_b$ mit der Einheit $[G]_b$ umgerechnet:

$$G = \{G\}_b \cdot [G]_b = \{G\}_a \cdot [G]_a$$

$$\Rightarrow \{G\}_b = \{G\}_a \cdot \frac{[G]_a}{[G]_b}$$

Generell empfiehlt es sich, nur Basiseinheiten und exponentielle Zahlenwerte anzusetzen. Beispiel:

$$\begin{aligned} & 12{,}7 \frac{\mathrm{GW}}{\mathrm{cm^2\,mK\,min}} = \\ = \; & 12{,}7 \frac{10^9\,\mathrm{W}}{(0{,}01\,\mathrm{m})^2 \cdot 0{,}001\,\mathrm{K} \cdot 60\,\mathrm{s}} = \\ = \; & 12{,}7 \frac{10^9\,\mathrm{kg\,m^2 s^{-3}}}{10^{-4}\,\mathrm{m^2} \cdot 10^{-3}\,\mathrm{K} \cdot 60\,\mathrm{s}} = \\ = \; & 2{,}11\bar{6} \cdot 10^{15}\,\frac{\mathrm{kg}}{\mathrm{K\,s^4}} \end{aligned}$$

Durch Einsetzen der *Einheitengleichungen werden veraltete und nichtmetrische Einheiten ins SI-System umgerechnet:

$$\begin{aligned} \lambda &= 50\,\frac{\mathrm{kcal}}{\mathrm{m \cdot h \cdot grd}} \\ &= 50\,\frac{4186\,\mathrm{Ws}}{\mathrm{m \cdot 3600\,s \cdot K}} \\ &\approx 58\,\frac{\mathrm{W}}{\mathrm{m \cdot K}} \end{aligned}$$

Beispiel:

$$\begin{aligned} & 3{,}8\,\frac{\mu\mathrm{F}}{\mathrm{in^2\,mil}} = \\ = \; & 3{,}8\,\frac{10^{-6}\,\mathrm{F}}{(2{,}54\,\mathrm{cm})^2 \cdot 25{,}4\,\mu\mathrm{m}} = \\ = \; & 3{,}8\,\frac{10^{-6}\,\mathrm{F}}{(2{,}54 \cdot 10^{-2})^2\,\mathrm{m^2} \cdot 25{,}4 \cdot 10^{-6}\,\mathrm{m}} = \\ = \; & 2{,}32 \cdot 10^8\,\frac{\mathrm{F}}{\mathrm{m^3}} \end{aligned}$$

Beispiel:

$$\begin{aligned} & 2\,\mathrm{hr} \cdot \frac{10\,\mathrm{mV}}{1\,\mathrm{C}}\,\lg \frac{121\,\mathrm{psi}}{1\,\mathrm{atm}} = \\ = \; & 2 \cdot 3600\,\mathrm{s} \cdot \frac{0{,}01\,\mathrm{V}}{1\,\mathrm{A\,s}}\,\lg \frac{121 \cdot 6895\,\mathrm{Pa}}{101325\,\mathrm{Pa}} = \\ = \; & 65{,}9\,\Omega \end{aligned}$$

1.4 Dimensionen und Dimensionsanalyse

a) Das **Dimensionsprodukt**, kurz die „Dimension", einer physikalischen Größe ist das Potenzprodukt aus den Basisdimensionen des SI-Systems: Länge, Masse, Zeit, elektrische Stromstärke, thermodynamische Temperatur, Stoffmenge und Lichtstärke – oder daraus abgeleiteter Dimensionen. Man betrachtet dabei die Definitionsgleichung der Größe, ohne Rücksicht auf Vektor- oder Tensoreigenschaften, numerische Faktoren, Vorzeichen oder spezielle Sachbezüge. Differentialquotienten werden wie Quotienten, Integrale wie Produkte behandelt.

$$\begin{aligned} & \dim(\text{abgeleitete Größe}) = \\ = \; & (\dim \text{Basisgröße}_1)^{a_1} \cdot \\ & \cdot (\dim \text{Basisgröße}_2)^{a_2} \cdot \ldots \\ & \cdot \dim(\text{Basisgröße}_n)^{a_n} \end{aligned}$$

Es gelten folgende Symbole:

Größe	Symbol	Dimension
Länge	l	$\mathsf{L} = \dim l$
Masse	m	$\mathsf{M} = \dim m$
Zeit	t	$\mathsf{T} = \dim t$
Stromstärke	I	$\mathsf{I} = \dim I$
Temperatur	T	$\Theta = \dim T$
Stoffmenge	n	$\mathsf{N} = \dim n$
Lichtstärke	I_V	$\mathsf{J} = \dim I_V$

Für abgeleitete Größen:

Größe	Symbol	Dimension
Kraft	F	F
Leistung	P	P
El. Spannung	U	U

Dimension und Einheit sind grundsätzlich verschieden. Länge, Breite, Höhe, Radius, Durchmesser, Kurvenlänge haben alle die Dimension Länge und die Basiseinheit Meter. Die Dimension der elektrischen Feldstärke ist:

$$\begin{aligned}\dim E &= \dim(U\,l^{-1}) = \dim(l\,m\,t^{-3}I^{-1}) \\ &= \mathsf{U}\mathsf{L}^{-1} = \mathsf{L}\mathsf{M}\mathsf{T}^{-3}\mathsf{I}^{-1},\end{aligned}$$

die Einheit Volt/Meter oder $\mathrm{m\,kg\,s^{-3}A^{-1}}$.

b) Dimensionsbetrachtung. Die Richtigkeit physikalischer Formeln ist durch eine Dimensionsbetrachtung zwar nicht überprüfbar. Jedoch sind Formeln durch eine Dimensionanalyse eindeutig falsifizierbar.

Beispiel 1: Für die Fallgeschwindigkeit $v = \sqrt{2\,g\,h}$ ist:

$$\dim v = \sqrt{\dim g \cdot \dim h} = \sqrt{\mathsf{L}\mathsf{T}^{-2}\mathsf{L}} = \frac{\mathsf{L}}{\mathsf{T}}$$

Beispiel 2. Ist die Gleichung

$$\frac{\text{Ladung } Q}{\text{Spannung } U} = \text{Kapazität } C$$

„richtig", dann müssen beiderseits des Gleichheitszeichens dieselben Dimensionen stehen:

$$\frac{\dim Q}{\dim U} = \frac{\mathsf{I}\mathsf{T}}{\mathsf{L}^2\mathsf{M}\mathsf{T}^{-3}\mathsf{I}^{-1}} = \frac{\mathsf{T}^4\mathsf{I}^2}{\mathsf{L}^2\mathsf{M}}$$

Dasselbe gilt für die Einheiten:

$$\frac{\mathrm{C}}{\mathrm{V}} = \frac{\mathrm{A\,s}}{\mathrm{W/A}} = \frac{\mathrm{A\,s}}{\mathrm{m^2kg\,s^{-3}A^{-1}}} = \frac{\mathrm{s^4A^2}}{\mathrm{m^2kg}} \stackrel{!}{=} \mathrm{F}$$

c) Dimensionsanalyse. Durch Dimensionsanalyse können physikalische Gleichungen aufgestellt werden. Kenngrößengleichungen mit „dimensionslosen Größen" sind insbesondere in den Ingenieurwissenschaften wichtig: *Wärmetransport, *Stofftransport.

Beispiel: Wir beobachten den Insektenflug und vermuten, dass die Flügelschlagfrequenz f von Hummel, Biene und Fliege von der Masse des Insekts m, der „Schwerkraft" g und der Dichte der Luft ϱ abhängt und umso größer ist, je kleiner die Flügelfläche des Insekts A ist.

Wir machen einen Potenzansatz

$$f = \varrho^{n_1} m^{n_2} g^{n_3} / A$$

(n_1,n_2,n_3 sind unbekannte Exponenten) und schauen uns die Dimension des Ausdrucks an.

$$\dim f = (\dim \varrho)^{n_1}\,(\dim m)^{n_2}\,(\dim g)^{n_3}\,(\dim A)^{-1}$$

Einsetzen der Dimensionen der Größenarten:

$$\mathsf{T}^{-1} = \left(\frac{\mathsf{L}}{\mathsf{M}^3}\right)^{n_1} \mathsf{M}^{n_2} \left(\frac{\mathsf{L}}{\mathsf{T}^2}\right)^{n_3} \frac{1}{\mathsf{L}^2}$$

$$\Rightarrow \quad \mathsf{T}^{-1} = \mathsf{L}^{-3n_1+n_3-2}\,\mathsf{M}^{n_1+n_2}\,\mathsf{T}^{-2n_3}$$

Für jede Basisdimension stellen wir eine eigene Gleichung auf, lösen das Gleichungssystem und erhalten die gesuchte Formel.

$$\begin{array}{lll} (\mathsf{T}) & -1 & = -2n_3 \\ (\mathsf{L}) & 0 & = -3n_1 + n_3 - 2 \\ (\mathsf{M}) & 0 & = n_1 + n_2 \\ \hline \multicolumn{3}{l}{n_1 = -1/2;\ n_2 = 1/2;\ n_3 = 1/2} \end{array}$$

$$f = \sqrt{\frac{m\,g}{\varrho\,A^2}}$$

Über Zahlenfaktoren in der Gleichung wird durch die Dimensionsanalyse nichts ausgesagt. Die Gleichung muss durch das Experiment verifiziert werden.

1.5 Physikalische Gleichungen

1. Größengleichungen stellen Beziehungen zwischen Größen dar. Sie enthalten nur Formelzeichen, keine Dimensionen und Umrechnungsfaktoren, und gelten unabhängig von den

Tabelle 1.1 Beispiele für abgeleitete Größen mit speziellen Namen.

Abgeleitete Größe	Größengleichung	Einheitengleichung	Dimension
Geschwindigkeit = $\frac{\text{Weg}}{\text{Zeit}}$	$\vec{v} = \frac{\vec{s}}{t}$	$[v] = \frac{\text{m}}{\text{s}}$	$\mathsf{L\,T^{-1}}$
Ladung = Stromstärke · Zeit	$Q = I\,t$	$[Q] = \text{C} = \text{A s}$	$\mathsf{I\,T}$
Dichte = $\frac{\text{Masse}}{\text{Volumen}}$	$\varrho = \frac{m}{V}$	$[\varrho] = \frac{\text{kg}}{\text{m}^3}$	$\mathsf{M\,L^{-3}}$
Arbeit = Kraft · Weg	$\text{W} = \vec{\text{F}}\vec{\text{s}}$	$[W] = \text{J} = \text{kg m}^2\,\text{s}^{-2}$	$\mathsf{M\,L^2\,T^{-2}}$

gewählten Einheiten der Größen. Es ist unerheblich, ob beispielsweise für die Dimension Länge Meter, Centimeter, Millimeter, Kilometer oder Inch eingesetzt werden; allein der Zahlenwert des Ergebnisses ändert sich, nicht aber die prinzipielle Richtigkeit der Gleichung.
Beispiele: $F = m\,a$, $R = U/I$.

2. Zugeschnittene Größengleichungen setzen ganz bestimmte Einheiten voraus.

Allgemeine Größengleichung	Zugeschnittene Größengleichung
$v = \sqrt{\frac{2\,e\,U}{m_e}}$	$\frac{v}{\text{km/s}} = 594\sqrt{\frac{U}{\text{V}}}$

3. Zahlenwertgleichungen (veraltet!) beschreiben Beziehungen zwischen Zahlenwerten von Größen. Formelzeichen stehen irreführend für die Zahlenwerte der Größen. Für die Einheit des Ergebnisses sind Zusatzbemerkungen oder umständliche Indices notwendig.

FALSCH: $v_{\text{km/h}} = 5{,}4$.

Richtig: $\{v\} = 3{,}6\,\frac{\{s\}}{\{t\}} = 3{,}6 \cdot \frac{45}{30} = 5{,}4$ für v in km/h, s in m, t in s.

4. Einheitengleichungen geben die zahlenmäßige Beziehung zwischen Einheiten an.
Beispiele: 1 kWh = 3,6 MJ; 1 kcal = 4186 J.

5. Die **Dimensionsgleichung** ist unabhängig vom Einheitensystem; für die Länge wird die Basiseinheit des zugrundegelegten Systems eingesetzt, z. B. Meter im metrischen, Inch im angloamerikanischen System. Abgeleitete Größen und Einheiten tragen meist eigene Namen.

1.6 DIN-Empfehlungen zum Formelsatz

1. In Deutschland steht das **Komma** als Trennzeichen zwischen dem ganzzahligen und gebrochenen Teil von Dezimalzahlen (DIN 1333 Nr. 3). Im Amerikanischen und in der internationalen wissenschaftlichen Literatur wird der **Punkt** als Trennzeichen benutzt. Bei Dezimalbrüchen kleiner als Eins steht eine Null vor dem Komma. Längere Ziffernfolgen dürfen durch **Leerzeichen** in Dreierblöcke gegliedert werden; Punkte sind zur Gliederung nicht zulässig (ausgenommen bei Geldbeträgen aus Sicherheitsgründen).
Beispiel: 0,029 307 61 TJ = 29,307 61 GJ = 29 307,61 MJ = 29 307 610 kJ.

2. Formelzeichen und technische Größen erscheinen *kursiv* in Groß- und Kleinschreibung, Indices (Kennzeichen) in kleinerer Type kursiv tief gesetzt, Doppelindices auf derselben Schreiblinie (DIN 1338). Zur Kennzeichnung von Werkstoffen dürfen chemische Symbole benutzt werden. Indices an Einheitenzeichen sind verboten! Das Formelzeichen darf keinen Hinweis auf eine Einheit enthalten (DIN 1313).

FALSCH: $P = 100\,\text{W}_{\text{el}}$, $I = 16\,\text{A}_{\text{eff}}$, $I_{\mu A} = 33$.

Richtig: $P_{\text{el}} = 100\,\text{W}$, $I_{\text{eff}} = 16\,\text{A}$, A_1, $b_2^{3/2}$, $c_{i,3}$.

3. Indices an Formelzeichen werden aufrecht gesetzt, wenn sie Zeichen mit feststehender Bedeutung sind (DIN 1338). Ist der Index eine Variable, wird *kursiv* gesetzt.

FALSCH: μ_B^2, I_{max}, V_{mn}, Re (Reynoldszahl).

Richtig: ε_r, U_max, N_A, Nu, F_G, P_eff, $\dot{n}_{\mathrm{H_2O}}$, I_p (polar), I_xx (axial) etc., aber c_p, c_V (spezifische Wärmekapazität); N_i, n_j, x_k (Komponente) und v_x (Geschwindigkeit in x-Richtung).

4. Chemische Elementsymbole und Kurzzeichen für Teilchen und Quanten werden aufrecht gesetzt, z. B. $\mathrm{e}^{\ominus}$, ${}_0^1\mathrm{n}$, ${}_2^4\mathrm{He}$, p, $\mathrm{H}^{\oplus}$ etc.

5. Mathematische Funktionen und Operatoren werden stets aufrecht gesetzt. Beispiele: sin, cos, tanh, sgn.

In der rein mathematischen Literatur werden folgende Operatoren vielfach kursiv geschrieben:

$$\frac{\mathrm{d}}{\mathrm{d}t}, \mathrm{e}^x, z = a + \mathrm{i} \cdot b, \frac{\partial}{\partial t}.$$

6. Einheiten: aufrecht in Groß- und Kleinschreibung, einschließlich hochgestellter Ziffern.

Beispiele: $\mu\mathrm{A}^2$, Bq^3, pC^4, $\mathrm{m}^{0,2}$.

• Zwischen Zahlenwert und Einheit muss ein Zwischenraum stehen, ebenso bei Temperaturangaben in Grad:

FALSCH: 3cm, 3·cm 3×cm.

Richtig: 3 cm; 7 Ω; 0,99 m^2; 21 °C.

• Kein Leerzeichen steht bei Winkelangaben in Grad, Minuten und Sekunden.
Beispiel: 109°28′5″.

• Kein Gradzeichen bei Angaben der absoluten Temperatur: z. B. 307,5 K.

7. Die **Einheit einer Größe** wird durch eckige Klammern, der **Zahlenwert** durch geschweifte Klammern kenntlich gemacht.

Beispiele:

• „Die Einheit der Spannung ist Volt“: $[U] = \mathrm{V}$.

• „Der Zahlenwert der Spannung ist 230“: $\{U\} = 230$.

• FALSCH ist es, Einheiten in eckige Klammern zu setzen: z. B. $I = 22{,}8\ [\mu\mathrm{A}]$.

• In Diagrammen beschrifte man die Achsen korrekt als Quotienten aus Größe und Einheit. Beispiel: U/V gegen t/s.

8. Dimensionen erscheinen beim Druck in Groteskdruck.

2 Das Internationale Einheitensystem

Früher gab es eine Vielzahl regional unterschiedlicher Einheiten, die meist durch wiederholte Halbierung unterteilt wurden, z. B. das Inch und Zoll. Die Einführung metrischer Einheiten brachte eine erhebliche Vereinfachung: Die dezimale Vervielfachung und Unterteilung war fortan einfach möglich, weil klare mathematische Beziehungen zwischen den Einheiten bestehen. Von TALLEYRAND 1790 angeregt und 1795 in Frankreich gesetzlich eingeführt, übernahm 1872 auch das Deutsche Reich Meter und Kilogramm als Basiseinheiten. 1875 trat die Internationale Meterkonvention zusammen. Die 11. Generalkonferenz für Maß und Gewicht (CGPM) beschloss 1960 schließlich das Internationale Einheitensystem (SI).

2.1 Gesetzliche Grundlage in Deutschland

Das SI ersetzt alle bis Ende 1977 in der Bundesrepublik Deutschland gültigen Maß- und Einheitensysteme. In Forschung und Lehre, im amtlichen und geschäftlichen Verkehr („Beschreibung, Werbung, Angebot und Verkauf eines Produktes“) sind die SI-Einheiten seit dem 2. Juli 1969 verbindlich vorgeschrieben. Verstöße dagegen werden als Ordnungswidrigkeit geahndet.

- Gesetz über Einheiten im Messwesen vom 2.7.1969 (nachfolgend kurz „Einheitengesetz“),
- Bekanntmachung des Einheitengesetzes in der Fassung vom 22. Februar 1985 (BGBl. I S. 709),
- Ausführungsverordnung zum Einheitengesetz vom 13. Dezember 1985 (BGBl. I S. 2272),
- Änderungsverordnung zum Einheitengesetz vom 22. März 1991,
- Gesetz über das Mess- und Eichweisen (Eichgesetz) in Neufassung vom 23. März 1992 (BGBl. I S 711–718),
- Richtlinie 80/181/EWG des Rates über Einheiten im Messwesen vom 20.12.1979 (ABl. Nr. 39/40 vom 15.12.1980), zuletzt geändert durch Richtlinie 89/617/EWG.

Die verbindlichen Einheiten sind unter dem Stichwort *gesetzliche Einheiten zusammengestellt. Durch das Einheitengesetz wurden – mit einigen Ausnahmen in der Atomphysik – für gleichartige Größen dieselben Einheiten eingeführt: z. B. für die Kraft das *Newton*, für Arbeit, Energie und Wärme das *Joule*, für Leistung und Wärmestrom das *Watt*.

Weiterführende Normen sind DIN 1301 (Einheiten), DIN 1304 (Formelzeichen), DIN 5493 (Logarithmische Größen und Einheiten), ISO 1000 (SI units), ISO 31-0 bis ISO 31-XIII (physikalische Größen und Einheiten).

2.2 Basisgrößen und -einheiten

Das *Système International d'Unités* (SI) definiert sieben **Basisgrößen(arten)** (engl. *base units*, früher: Grundgrößen), die sich nicht aus anderen Größen(arten) ableiten lassen:

Länge, Masse, Zeit, Temperatur, Stromstärke, Stoffmenge, Lichtstärke

und die zugehörigen **Basiseinheiten** (früher: Grundeinheiten):

Meter, Kilogramm, Sekunde, Kelvin, Ampere, Mol, Candela.

Es gibt kein Naturgesetz, das die Zahl der Basisgrößen auf sieben begrenzt. Alle bekannten Naturgesetze lassen sich aber auf dieses dimensionsunabhängige oder kohärente Basissystem zurückführen. Alle notwendigen Größen und Einheiten leiten sich daraus durch Definitionsgleichungen ab, ohne Verwendung von Zahlenfaktoren!

Tabelle 2.1 Basisgrößen und -einheiten des Internationalen Einheitensystems.

Basisgröße	Symbol	Einheit	Festlegung
Länge	l	m	Ein *Meter* ist die Länge der Strecke, die Licht im Vakuum innerhalb $^1/_{299\,792\,458}$ Sekunde (Kehrwert der Lichtgeschwindigkeit) durchläuft (1983). Veraltete Definitionen: 40-millionster Teil des Erdumfangs (1790); Platin-Iridium-Normalstab („Urmeter") des Internationalen Büros für Maße und Gewichte in Sèvres bei Paris (1875). Das 1 650 763,73-fache der Wellenlänge der orangeroten Spektrallinie beim $5d_5 \to 2p_{10}$–Übergang des ^{86}Kr-Atoms im Vakuum (1960).
Masse	m	kg	Ein *Kilogramm* ist die Masse des Platin-Iridium-Zylinders („Urkilogramm") des Internationalen Büros für Maße und Gewichte in Sèvres bei Paris (1964, 1901). Ursprünglich der Masse von 1 Liter Wasser bei 4 °C gleichgesetzt. Seit 1964 gilt: 1 kg Wasser = 1000,028 cm^3 und 1 Liter = 1 dm^3.
Zeit	t	s	Eine *Sekunde* ist das 9192 631 770-fache der Periodendauer der Strahlung beim Übergang zwischen den beiden Hyperfeinstruktur-Niveaus des Grundzustandes des ^{133}Cs-Atoms („Atomsekunde", 1967). Veraltete Definitionen: $^1/_{86\,400}$ des mittleren Sonnentages („Weltzeitsekunde"); der 31 556 925,9 747te Teil des tropischen Sonnenjahres (1956).
Stromstärke	I	A	Ein *Ampere* ist die Stärke des zeitlich konstanten Stromes, der zwischen zwei parallelen, geradlinigen, unendlich langen Leitern von vernachlässigbarem Kreisquerschnitt im Abstand 1 Meter im Vakuum pro Meter Leiterlänge die Kraft $2 \cdot 10^{-7}$ N hervorruft (1948). Veraltete Definition: Die Stromstärke von 1 Coulomb/Sekunde (1908).
Temperatur	T	K	Ein *Kelvin* ist $^1/_{273,16}$ der thermodynamischen Temperatur des Tripelpunktes von reinem Wasser (1967).
Stoffmenge	n	mol	Ein *Mol* ist die Stoffmenge eines Systems mit ebenso vielen Teilchen (z. B. Atome, Ionen, Moleküle, Elektronen, Protonen, Neutronen, Photonen etc.), wie Atome in 0,012 kg des Kohlenstoffisotops ^{12}C enthalten sind (1971). Veraltete Definition: der relativen Molekülmasse entsprechende Gramm-Menge.
Lichtstärke	I_v	cd	Ein *Candela* ist die Lichtstärke einer monochromatischen Strahlungsquelle (540 GHz) in eine vorgegebene Richtung mit einer Strahlstärke von $^1/_{683}$ Watt pro Steradiant (1979). Lichtstärke, mit der $^1/_{600\,000}$ m^2 der Oberfläche eines Schwarzen Strahlers bei der Temperatur des unter Normaldruck (101 325 Pa) erstarrenden Platins senkrecht zu seiner Oberfläche leuchtet.

2.3 Dezimale Teile und Vielfache von SI-Einheiten

Die rund 25 Größenordnungen von der unvorstellbar kleinen Ausdehnung eines Atomkernes bis zur gigantischen Entfernung kosmischer Galaxien finden ihren Niederschlag in den dezimalen Vorsatzzeichen (engl. *prefix*) der SI-Einheiten.

- Keine Einheit darf gleichzeitig mehr als einen Vorsatz tragen:

$\mu\mu$F muss heißen pF, kMW = GW, mμs = ns, MGJ = PJ = 10^{15} J u.s.w.

• Dezimaler Vorsatz und Einheitensymbol bilden ein eigenständiges Symbol. Exponenten gelten auch für den Vorsatz: z. B. $\mu A^2 \equiv (\mu A)^2$ und $cm^3 \equiv (cm)^3 = 10^{-6}\ m^3$.

• Bei zusammengesetzten Einheiten darf jeder Faktor einen Vorsatz erhalten, sofern dies zweckmäßig ist: z. B. $\mu A/cm^2$, $nmol/m\ell$ etc.

• Übliche Vorsätze sollen ganzzahlige Potenzen von 1000 vertreten (kilo, Mega, Giga etc.); hekto, deka, dezi, centi sollen als Vorsatz nur bei Einheiten verwendet werden, wo sie vor 1977 üblich waren.

• Der Vorsatz soll den Zahlenwert in einen fassbaren Bereich bringen: Besser 40 μm als 0,004 cm; besser 12,7 MPa als 127 000 hPa.

• Die Vorsätze Tera, Peta, Exa, Femto und Atto weichen in der Praxis besser der Exponentialschreibweise. Also: $2 \cdot 10^{13}$ m statt 20 Tm.

Tera (T) leitet sich ab von griech. $\tau\epsilon\rho\alpha\sigma$ (Ungeheuer) oder lat. *tetra* durch Weglassen eines t („vier", weil T= $10^{3\cdot 4}$). Analog entstanden Peta (P) aus *penta* („fünf", weil P = $10^{3\cdot 5}$) und Exa (E) aus *hexa* („sechs", weil E = $10^{3\cdot 6}$).

Beispiele: 1 mV = 10^{-3} V = 0,001 V
1 μA = 10^{-6} A = 0,000 001 A
1 nm = 10^{-9} m = 0,000 000 001 m
1 hPa = 100 Pa
1 kN/mm^2 = 1000 N/mm^2
1 GW = 10^9 W = 1000 000 000 W

Tabelle 2.2 Dezimale Vorsatzzeichen für SI-Einheiten. EDV bezeichnet die Schreibweise mit Großbuchstaben für Datenverarbeitungsanlagen nach DIN 66 030. Yotta, Zetta, Zepto und Yocto sind in Deutschland nicht gesetzlich gesichert.

Zehnerpotenz	Vorsilbe	Symbol	EDV	Zehnerpotenz	Vorsilbe	Symbol	EDV	Deutsche Umschreibung	*US*-Umschreibung
10^{-1}	Dezi-	d	D	10	Deka-	da	DA	Zehn(tel)	ten(th)
10^{-2}	Zenti-	c	C	10^2	Hekto-	h	H	Hundert(stel)	hundred(th)
10^{-3}	Milli-	m	M	10^3	Kilo-	k	K	Tausend(stel)	thousand(th)
10^{-6}	Mikro-	μ	U	10^6	Mega-	M	MA	Million(stel)	million(th)
10^{-9}	Nano-	n	N	10^9	Giga-	G	G	Milliarde(stel)	billion(th)
10^{-12}	Pico-	p	P	10^{12}	Tera-	T	T	Billion(stel)	trillion(th)
10^{-15}	Femto-	f	F	10^{15}	Peta-	P	PE	Billiarde(stel)	quadrillion(th)
10^{-18}	Atto-	a	A	10^{18}	Exa-	E	EX	Trillion(stel)	quintillion(th)
10^{-21}	Zepto-	z		10^{21}	Zetta-	Z		Trilliard(stel)	
10^{-24}	Yokto-	y		10^{24}	Yotta-	Y		Quadrillion(st.)	

3 Konstanten und definierte Festwerte

Den scheinbar unerschöpflichen Reichtum von Phänomenen, die dem Naturgeschehen innewohnen, vermag die moderne Physik heute auf 17 Basiskonstanten zurückzuführen, die 1998 neu festgelegt wurden: c, μ_0, ε_0, G, h, e, Φ_0, m_e, m_p, α, R_∞, k, σ, u, N_A, R und F.
Die nachfolgende Tabelle erhellt die Formelzeichen und Zahlenwerte der CODATA Recommended Values of the Fundamental Physical Constants 1998 (Committee on Data for Science and Technology), *J. Phys. Chem. Ref. Data* **28** (1999), Nr. 2; *Rev. Mod. Phys.* **72** (2000) 351-495.
Die **eingeklammerten Ziffern** sind die Ungenauigkeiten der letzten Ziffern, bestimmt als einfache Standardabweichung der Fehlerquadrate eines Systems von 17 Freiheitsgraden.
Bsp: $R = 8{,}314\,472\,(15)\,\mathrm{J\,mol^{-1}K^{-1}}$ ist zu lesen als: $R = (8{,}314\,472 \pm 0{,}000015)\,\mathrm{J\,mol^{-1}K^{-1}}$.

3.1 Physikalische Konstanten

Größe	Symbol und Definition	Wert	Einheit	Fehler (10^{-6})
Universelle Konstanten				
Vakuumlichtgeschwindigkeit speed of light in vacuum	c	299 792 458	m/s	exakt
Vakuumpermeabilität, magnetische Feldkonstante magnetic constant	$\mu_0 = 4\pi \cdot 10^{-7}$	$12{,}566\,370\,614\ldots \cdot 10^{-7}$	$\mathrm{NA^{-2}}$	exakt
Elektrische Feldkonstante electric constant	$\varepsilon_0 = 1/(\mu_0 c^2)$	$8{,}854\,187\,817\ldots \cdot 10^{-12}$	F/m	exakt
Vakuumimpedanz char. impedance of vacuum	$Z_0 = \sqrt{\mu_0 \varepsilon_0} = \mu_0 c$	376,730 313 461...	Ω	exakt
Gravitationskonstante Newtonian constant of gravitation	G	$6{,}673(10) \cdot 10^{-11}$	$\mathrm{m^3kg^{-1}s^{-2}}$	1500
	$G/\hbar c$	$6{,}607(10) \cdot 10^{-39}$	$(\mathrm{GeV}/c^2)^{-2}$	1500
PLANCKsches Wirkungsquantum Planck constant	h	$6{,}626\,068\,76(52) \cdot 10^{-34}$	J s	0,078
		$4{,}135\,667\,27(16) \cdot 10^{-15}$	eV s	0,039
– h-quer h bar	$\hbar = h/(2\pi)$	$1{,}054\,571\,596(82) \cdot 10^{-34}$	J s	0,078
		$6{,}582\,118\,89(26) \cdot 10^{-16}$	eV s	0,039
PLANCK-Masse Planck mass	$m_P = \sqrt{\hbar c/G}$	$2{,}176\,7(16) \cdot 10^{-8}$	kg	750
PLANCKsche Elementarlänge Planck length	$l_P = \hbar/(m_P c)$	$1{,}616\,0(12) \cdot 10^{-35}$	m	750
PLANCKsche Elementarzeit Planck time	$t_P = l_P/c$	$5{,}390\,6(40) \cdot 10^{-44}$	s	750
Elektromagnetische Konstanten				
Elementarladung elementary charge	e	$1{,}602\,176\,462(63) \cdot 10^{-19}$	C	0,039
–	e/h	$2{,}417\,989\,491(95) \cdot 10^{14}$	A/J	0,039
Magnetisches Flussquant(um) magnetic flux quantum	$\Phi_0 = h/(2e)$	$2{,}067\,833\,636(81) \cdot 10^{-15}$	Wb	0,039

Leitwertquantum magnetic flux quantum	$G_0 = 2e^2/h$	$7{,}748\,091\,696(28)\cdot 10^{-5}$	S	0,0037
Josephson-Konstante Josephson constant	$K_J = 2e/h$	$483\,597{,}898(19)\cdot 10^{9}$	Hz/V	0,039
von Klitzing-Konstante von Klitzing constant	$R_K = \frac{h}{e^2} = \frac{\mu_0 c}{2\alpha}$	$25\,812{,}807\,572(95)$	Ω	0,0037
BOHR-Magneton Bohr magneton	$\mu_B = e\hbar/(2m_e)$	$927{,}400\,899(37)\cdot 10^{-26}$	J/T	0,04
		$5{,}788\,381\,749(43)\cdot 10^{-5}$	eV/T	0,0073
	μ_B/h	$1{,}399\,624\,624(56)\cdot 10^{10}$	Hz/T	0,04
	$\mu_B/(hc)$	$46{,}686\,452\,1(19)$	$m^{-1}T^{-1}$	0,04
	μ_B/k	$0{,}671\,713\,1(12)$	K/T	1,7
Kernmagneton nuclear magneton	$\mu_N = e\hbar/(2m_p)$	$5{,}050\,783\,17(20)\cdot 10^{-27}$	J/T	0,04
		$3{,}152\,451\,238(24)\cdot 10^{-8}$	eV/T	0,0076
	μ_N/h	$7{,}622\,593\,96(31)$	MHz/T	0,04
	$\mu_N/(hc)$	$0{,}025\,426\,236\,6(10)$	$m^{-1}T^{-1}$	0,04
	μ_N/k	$3{,}658\,263\,8(64)\cdot 10^{-4}$	K/T	1,7

3.2 Physikalisch-chemische Konstanten

Größe	Symbol und Definition	Wert	Einheit	Fehler (10^{-6})
AVOGADRO-Konstante Avogadro constant	N_A, L	$6{,}022\,141\,99(47)\cdot 10^{23}$	mol^{-1}	0,079
Atomare Masseneinheit atomic mass constant	$m_u = \frac{1}{12}m(^{12}C)$	$1{,}660\,538\,73(13)\cdot 10^{-27}$	kg	0,079
Energieäquivalent energy equivalent	$m_u c^2$	$1{,}492\,417\,78(12)$	J	0,079
		$931{,}494\,013(37)$	MeV	0,04
FARADAY-Konstante Faraday constant	$F = N_A\,e$	$96\,485{,}341\,5(39)$	C/mol	0,04
Molare PLANCK-Konstante molar Planck constant	$N_A h$	$3{,}990\,312\,689(30)\cdot 10^{-10}$	J s/mol	0,0076
	$N_A hc$	$0{,}119\,626\,564\,92(91)$	J m/mol	0,0076
Molare Gaskonstante molar gas constant	R	$8{,}314\,472(15)$	$J\,mol^{-1}K^{-1}$	1,7
BOLTZMANN-Konstante Boltzmann constant	$k = R/N_A$	$1{,}380\,650\,3(24)\cdot 10^{-23}$	J/K	1,7
		$8{,}617\,342(15)\cdot 10^{-5}$	eV/K	1,7
	k/h	$2{,}083\,664\,4(36)\cdot 10^{10}$	Hz/K	1,7
	k/hc	$69{,}503\,56(12)$	$m^{-1}K^{-1}$	1,7
Molares Normvolumen, ideales Gas molar volume				
– 273,15 K, 101 325 Pa	$V_m = RT/p$	$22{,}413\,996(39)\cdot 10^{-3}$	m^3/mol	1,7
– 273,15 K, 100 kPa		$22{,}710\,981(40)\cdot 10^{-3}$	m^3/mol	1,7
– 298,15 K, 101 325 Pa		$24{,}465\,43$	ℓ/mol	
LOSCHMIDT-Konstante Loschmidt constant	$n_0 = N_A/V_m$	$2{,}686\,777\,5(47)\cdot 10^{25}$	m^{-3}	1,7
SACKUR-TETRODE-Konstante absolute entropy constant	$S_0/(nR) = \frac{5}{2} + \ln(2\pi m_u k T_1/h^2)^{\frac{3}{2}} k T_1/p_0$			
$T_1 = 1$ K, $p_0 = 100$ kPa		$-1{,}151\,704\,8(44)$		3,8
$T_1 = 1$ K, $p_0 = 101325$ Pa		$-1{,}164\,867\,8(44)$		3,7

STEFAN-BOLTZMANN-Konstante Stefan-Boltzmann constant	$\sigma = \frac{\pi^2}{60}\frac{k^4}{\hbar^3 c^2}$	$5{,}670\,400(40)\cdot 10^{-8}$	$\mathrm{W\,m^{-2}K^{-4}}$	7
1. Strahlungskonstante first radiation constant	$c_1 = 2\pi hc^2$	$3{,}741\,771\,07(29)\cdot 10^{-16}$	$\mathrm{W\,m^2}$	0,078
	$c_{1L} = 2hc^2$	$1{,}191\,042\,722(93)\cdot 10^{-16}$	$\mathrm{W\,m^2/sr}$	0,078
2. Strahlungskonstante second radiation constant	$c_2 = hc/k$	0,014 387 752(25)	m K	1,7
WIEN-Verschiebungssatz-Konst. Wien displacement law constant	$b = \lambda_{\max} T =$ $= c_2/4{,}965114231\ldots$	$2{,}897\,768\,6(51)\cdot 10^{-3}$	m K	1,7

3.3 Standardwerte, Normzustände, Energie- und Massenäquivalente

Größe	Symbol und Definition	Wert	Einheit	Fehler (10^{-6})
Elektronvolt electron volt	eV	$1{,}602\,176\,462(63)\cdot 10^{-19}$	J	0,039
		0,036 749 326 0(14)	hartree	
	eV/c^2	$1{,}782\,661\,731(70)\cdot 10^{-36}$	kg	
	eV/hc	$8{,}065\,544\,77(32)\cdot 10^{5}$	$\mathrm{m^{-1}}$	
	eV/h	$2{,}417\,989\,491(95)\cdot 10^{14}$	Hz	
	eV/k	$1{,}160\,450\,6(20)\cdot 10^{4}$	K	
	eV/c^2	$1{,}073\,544\,206(43)\cdot 10^{-9}$	u	
Atomare Masseeinheit atomic mass unit	$u = 10^{-3}/N_A$	$1{,}660\,538\,73(13)\cdot 10^{-27}$	kg	0,079
		$3{,}423\,177\,709(26)\cdot 10^{7}$	hartree	
	$\mathrm{u}\,c^2$	$1{,}492\,417\,78(12)\cdot 10^{-10}$	J	
	$\mathrm{u}\,c/h$	$7{,}513\,006\,658(57)\cdot 10^{14}$	$\mathrm{m^{-1}}$	
	$\mathrm{u}\,c^2/h$	$2{,}252\,342\,733(17)\cdot 10^{23}$	Hz	
	$\mathrm{u}\,c^2/k$	$1{,}080\,952\,8(19)\cdot 10^{13}$	K	
	$\mathrm{u}\,c^2$	$931{,}494\,013(37)\cdot 10^{6}$	eV	
Molare Masseneinheit molar mass constant	M_u	10^{-3}	kg/mol	exakt
Standard-Druck, Normdruck standard atmosphere	p^0	101 325	Pa	exakt
Normtemperatur standard temperature	T^0	298,15 K = 25 °C (chem. Kinetik) 273,15 K = 0 °C (ideales Gas)		
Normal-Fallbeschleunigung standard acceleration of gravity	g_n	9,806 65	$\mathrm{m\,s^{-2}}$	exakt

3.4 Atomare Konstanten und Einheiten

Größe	Symbol und Definition	Wert	Einheit	Fehler (10^{-6})
Feinstruktur-Konstante fine-structure constant	$\alpha = e^2/(4\pi\varepsilon_0\hbar c)$	$7{,}297\,352\,533(27)\cdot 10^{-3}$		0,0037
inverse Feinstruktur-Konstante inverse fine-structure constant	α^{-1}	137,035 999 76(50)		0,0037

RYDBERG-Konstante Rydberg constant	$R_\infty = m_e c\alpha^2/(2h)$	10 973 731,568 549(83)	m^{-1}	$7{,}6\cdot 10^{-6}$
	$R_\infty c$	3 289 841,960 368(25)	GHz	$7{,}6\cdot 10^{-6}$
	$R_\infty hc$	$2{,}179\,871\,90(17)\cdot 10^{-18}$	J	0,078
		13,605 691 72(53)	eV	0,039
BOHR-Radius Bohr radius	$a_0 = \alpha/(4\pi R_\infty)$	$0{,}529\,177\,2083(19)\cdot 10^{-10}$	m	0,0037
HARTREE-Energie Hartree energy	$E_\mathrm{h} = \frac{e^2}{4\pi\varepsilon_0 a_0} = 2R_\infty hc$	$4{,}359\,743\,81(34)\cdot 10^{-18}$	J	0,078
– in Elektronvolt in electron volts		27,211 383 4(11)	eV	0,039
Atomare Zeiteinheit atomic unit of time	$\hbar/E_\mathrm{h}$	$2{,}418\,884\,326\,500(18)\cdot 10^{-17}$	s	$7{,}6\cdot 10^{-6}$
Atomare Krafteinheit atomic unit of forcee	E_h/a_0	$8{,}238\,721\,81(64)\cdot 10^{-8}$	N	0,078
Atomare Geschwindigkeitseinheit atomic unit of velocity	$\alpha c = a_0 E_\mathrm{h}/\hbar$	$2{,}187\,691\,252\,9(80)\cdot 10^{6}$	m/s	0,0037
Atomare Impulseinheit atomic unit of momentum	$\hbar/a_0$	$1{,}992\,851\,51(16)\cdot 10^{-24}$	kg m/s	0,078
Atomare Stromeinheit atomic unit of current	$eE_\mathrm{h}/\hbar$	$6{,}623\,617\,53(26)\cdot 10^{-3}$	A	0,039
Atomare Ladungsdichteeinh. atomic unit of charge density	e/a_0^3	$1{,}081\,202\,285(43)\cdot 10^{12}$	C/m^3	0,040
Atomare Potentialeinheit atomic unit of electr. potential	E_h/e	27,211 383 4(11)	V	0,039
Atomare Dipolmomenteinheit atomic unit of electr. dipole moment	ea_0	$8{,}478\,352\,67(33)\cdot 10^{-30}$	C m	0,039
Atomare Quadrupolmomenteinheit atomic unit of electr. quadrupole moment	ea_0^2	$4{,}486\,551\,00(18)\cdot 10^{-40}$	$C\,m^2$	0,040
Atomare Flussdichteeinheit atomic unit of magnet. flux density	$\hbar/(ea_0^2)$	$2{,}350\,517\,349(94)\cdot 10^{5}$	T	0,040
Atomare Permittivitätseinheit atomic unit of permittivity	$e^2/(a_0 E_\mathrm{h})$	$1{,}112\,650\,056...\cdot 10^{-10}$	F/m	exakt
Drehimpulsquantum quantum of circulation	$h/(2m_\mathrm{e})$	$3{,}636\,947\,516(27)\cdot 10^{-4}$	m^2s^{-1}	0,0073
	h/m_e	$7{,}273\,895\,032(53)\cdot 10^{-4}$	m^2s^{-1}	0,0073
FERMI-Kopplungskonstante Fermi coupling constant	$G_\mathrm{F}/(\hbar c)^3$	$1{,}166\,39(1)\cdot 10^{-5}$	GeV^{-2}	8,6
Elektroschwache WW weak mixing angle	$\sin^2\theta_\mathrm{W}$	0,222 4(19)		8700

Elektron

Elektronenmasse electron mass	m_e	$9{,}109\,381\,88(72)\cdot 10^{-31}$	kg	0,079
– in atomarer Masseneinheit		$5{,}485\,799\,110(12)\cdot 10^{-4}$	u	0,0021
– Energieäquivalent	$m_\mathrm{e}c^2$	$8{,}187\,104\,14(64)\cdot 10^{-14}$	J	0,079
		0,510 998 902(21)	MeV	0,040
Elektron-Myon-Massenverhältnis electron-muon mass ratio	m_e/m_μ	$4{,}836\,332\,10(15)\cdot 10^{-3}$		0,030
Elektron-Proton-Massenverhältnis electron-proton mass ratio	$m_\mathrm{e}/m_\mathrm{p}$	$5{,}446\,170\,232(12)\cdot 10^{-4}$		0,0021

Elektron-Deuteron-Massenverh. electron-deuteron mass ratio	m_e/m_d	2,724 437 117 0(58)$\cdot 10^{-4}$		0,0021
Elektron-α-Teilchen-Massenvh. electron-α particle mass ratio	m_e/m_α	1,370 933 561 1(29)$\cdot 10^{-4}$		0,0021
Spezifische Ladung d. Elektrons electron specific charge	$-e/m_e$	–1,758 820 174(71)$\cdot 10^{11}$	C/kg	0,040
Molare Elektronenmasse electron molar mass	$M_e = N_A m_e$	5,485 799 110(12)$\cdot 10^{-7}$	kg/mol	0,0021
Compton-Wellenlänge Compton wavelength	$\lambda_C = h/(m_e c)$	2,426 310 215(18)$\cdot 10^{-12}$	m	0,0073
	$\frac{\lambda_C}{2\pi} = \alpha a_0 = \frac{\alpha^2}{4\pi R_\infty}$	386,159 264 2(28)$\cdot 10^{-15}$	m	0,0073
Klassischer Elektronenradius classical electron radius	$r_e = \alpha^2 a_0$	2,817 940 285(31)$\cdot 10^{-15}$	m	0,011
Thomson-Querschnitt Thomson cross section	$\sigma_e = (8\pi/3)r_e^2$	0,665 245 854(15)$\cdot 10^{-28}$	m^2	0,022
Magn. Moment d. Elektrons electron magnetic moment	μ_e	–928,476 362(37)$\cdot 10^{-26}$	J/T	0,040
– in Bohr-Magnetonen in Bohr magnetons	μ_e/μ_B	–1,001 159 652 186 9(41)		$4\cdot 10^{-6}$
– in Kernmagnetonen in nuclear magnetons	μ_e/μ_N	–1838,281 966 0(39)		0,0021
– Anomalie electron magnetic moment anomaly	$a_e = \frac{\lvert\mu_e\rvert}{\mu_B} - 1$	1,159 652 186 9(41)$\cdot 10^{-3}$		0,0035
Elektron-g-Faktor electron g-factor	$g_e = -2(1 + a_e)$	–2,002 319 304 373 7(82)		$4\cdot 10^{-6}$
Verhältnis der magnetischen Momente: Elektron/Myon electron-muon magnetic moment ratio	μ_e/μ_μ	206,766 972 0(63)		0,030
Verhältnis der magnetischen Momente: Elektron/Proton electron-proton magnetic moment ratio	μ_e/μ_p	–658,210 687 5(66)		0,010
Gryromagn. Verhältnis electron gyromagnetic ratio	$\gamma_e = \lvert 2\mu_e/\hbar\rvert$	1,760 859 794(71)$\cdot 10^{11}$	$s^{-1}T^{-1}$	0,040

Myon

Myon-Masse muon mass	m_μ	1,883 531 09(16)$\cdot 10^{-28}$	kg	0,084
– in atomarer Masseneinheit		0,113 428 916 8(34)	u	0,030
– Energieäquivalent	$m_\mu c^2$	1,692 833 32(14)$\cdot 10^{-11}$	J	0,084
– in Elektronvolt	$m_\mu c^2/e$	105,658 356 8(52)	MeV	0,049
Myon-Elektron-Massenverhältnis muon-electron mass ratio	m_μ/m_e	206,768 265 7(63)		0,030
Molare Masse des Myons muon molar mass	$M(\mu), M_\mu$	0,113 428 916 8(34)$\cdot 10^{-3}$	kg/mol	0,030
Magnetisches Moment d. Myon muon magnetic moment	μ_μ	–4,490 448 13(22)$\cdot 10^{-26}$	J/T	0,049
– in Bohr-Magnetonen	μ_μ/μ_B	–4,841 970 85(15)$\cdot 10^{-3}$		0,030
– in Kernmagnetonen in nuclear magnetons	μ_μ/μ_N	–8,890 597 70(27)		0,030
– Anomalie anomaly	$a_\mu = \frac{\lvert\mu_\mu\rvert e\hbar}{2m_\mu} - 1$	1,165 916 02(64)$\cdot 10^{-3}$		0,55

Myon-g-Faktor muon g-factor	$g_\mu = 2(1 + a_\mu)$	–2,002 331 832 0(13)		$6 \cdot 10^{-4}$
Magn. Moment Myon/Proton muon-proton magnetic moment ratio	μ_μ / μ_p	–3,183 345 39(10)		0,032

Proton

Proton-Masse proton mass	m_p	$1{,}672\,621\,58(13) \cdot 10^{-27}$	kg	0,079
– in atomarer Masseneinheit		1,007 276 466 88(13)	u	10^{-4}
– Energieäquivalent	$m_\mathrm{p} c^2$	$1{,}503\,277\,31(12) \cdot 10^{-10}$	J	0,079
– in Elektronvolt		938,271 998(38)	MeV	0,040
Proton-Elektron-Massenverh. proton-electron mass ratio	$m_\mathrm{p} / m_\mathrm{e}$	1 836,152 667 5(39)		0,0021
Proton-Myon-Massenverhältnis proton-muon mass ratio	m_p / m_μ	8,880 244 08(27)		0,030
Spezifische Ladung d. Protons proton specific charge	e / m_p	$9{,}578\,834\,08(38) \cdot 10^{7}$	C/kg	0,040
Molare Masse des Protons proton molar mass	$M(p), M_\mathrm{p}$	$1{,}007\,276\,466\,88(13) \cdot 10^{-3}$	kg/mol	10^{-4}
Compton-Wellenlänge d. Protons proton Compton wavelength	$\lambda_{\mathrm{C,p}} = h/(m_\mathrm{p} c)$	$1{,}321\,409\,847(10) \cdot 10^{-15}$	m	0,0076
	$\lambda_{\mathrm{C,p}} / 2\pi$	$0{,}210\,308\,908\,9(16) \cdot 10^{-15}$	m	0,0076
Magn. Moment d. Protons proton magnetic moment	μ_p	$1{,}410\,606\,633(58) \cdot 10^{-26}$	J/T	0,041
– in Bohr-Magnetonen	$\mu_\mathrm{p} / \mu_\mathrm{B}$	$1{,}521\,032\,203(15) \cdot 10^{-3}$		0,010
– in Kernmagnetonen	$\mu_\mathrm{p} / \mu_\mathrm{N}$	2,792 847 337(29)		0,010
g-Faktor des Protons proton g-factor	$g_\mathrm{p} = 2\mu_\mathrm{p} / \mu_\mathrm{N}$	5,585 694 675(57)		0,010
Magnetisches Moment des abgeschirmten Protons shielded proton magnetic moment	$\mu_{\mathrm{p}'}$	$1{,}410\,570\,399(59) \cdot 10^{-26}$	J/T	0,042
– in Bohrmagnetonen	$\mu'_\mathrm{p} / \mu_\mathrm{B}$	$1{,}520\,993\,132(16) \cdot 10^{-3}$		0,011
– in Kernmagnetonen	$\mu'_\mathrm{p} / \mu_\mathrm{N}$	2,792 775 597(31)		0,011
Diamagnetische Abschirmkorrektur für Protonen in reinem Wasser proton magnetic shielding correction				
– sphärischer Fall, 25 °C spherical sample	$\sigma'_\mathrm{p} = 1 - \mu'_\mathrm{p} / \mu_\mathrm{p}$	$25{,}687(15) \cdot 10^{-6}$		57
Gyromagnetisches Verh. d. Protons proton gyromagnetic ratio	γ_p	$2{,}675\,222\,12(11) \cdot 10^{8}$	$\mathrm{s}^{-1}\mathrm{T}^{-1}$	0,041
	$\gamma_\mathrm{p} / 2\pi$	42,577 482 5(18)	MHz/T	0,041
– in Wasser (sph., 25 °C)	γ'_p	$2{,}675\,153\,41(11) \cdot 10^{8}$	$\mathrm{s}^{-1}\mathrm{T}^{-1}$	0,042
	$\gamma'_\mathrm{p} / 2\pi$	42,576 388 8(18)	MHz/T	0,042

Neutron

Neutronenmasse neutron mass	m_n	$1{,}674\,927\,16(13) \cdot 10^{-27}$	kg	0,079
– in atomarer Masseneinheit		1,008 664 915 78(55)	u	$5 \cdot 10^{-4}$
– Energieäquivalent	$m_\mathrm{n} c^2$	$1{,}505\,349\,46(12) \cdot 10^{-10}$	J	0,079
– in Elektronvolt		939,565 330(38)	MeV	0,040
Neutron-Elektron-Massenverh. neutron-electron mass ratio	$m_\mathrm{n} / m_\mathrm{e}$	1838,683 655 0(40)		0,0022

Neutron-Proton-Massenverhältnis neutron-proton mass ratio	m_n/m_p	1,001 378 418 87(58)		$6 \cdot 10^{-4}$
Molare Masse d. Neutrons neutron molar mass	$M(n), M_n$	$1{,}008\ 664\ 915\ 78(55) \cdot 10^{-3}$	kg/mol	$5 \cdot 10^{-4}$
Compton-Wellenlänge d. Neutrons neutron Compton wavelength	$\lambda_{C,n} = h/(m_n c)$	$1{,}319\ 590\ 898(10) \cdot 10^{-15}$	m	0,0076
	$\lambda_{C,n}/(2\pi)$	$0{,}210\ 019\ 414\ 2(16) \cdot 10^{-15}$	m	0,0076
Magn. Moment d. Neutrons neutron magnetic moment	μ_n	$-0{,}966\ 236\ 40(23) \cdot 10^{-26}$	J/T	0,24
– in Bohrmagnetonen	μ_n/μ_B	$-1{,}041\ 875\ 63(25) \cdot 10^{-3}$		0,24
– in Kernmagnetonen	μ_n/μ_N	–1,913 042 72(45)		0,24
g-Faktor des Neutrons neutron g-factor	$g_n = 2\mu_n/\mu_N$	–3,826 085 45(90)		0,24
Verhältnis d. magnetischen Momente: Neutron/Elektron neutron-electron magnetic moment ratio	μ_n/μ_e	$1{,}040\ 668\ 82(25) \cdot 10^{-3}$		0,24
Verhältnis der magnetischen Momente v. Neutron u. Proton neutron-proton magnetic moment ratio	μ_n/μ_p	–0,684 979 34(16)		0,24

Deuteron (Kern des schweren Wasserstoffs)

Deuteronenmasse deuteron mass	m_d	$3{,}343\ 583\ 09(26) \cdot 10^{-27}$	kg	0,079
– in atomaren Masseeinheiten		2,013 553 212 71(35)	u	0,0002
– Energieäquivalent	$m_d c^2$	$3{,}005\ 062\ 62(24) \cdot 10^{-10}$	J	0,079
–		1875,612 762(75)	MeV	0,040
Deuteron-Elektron-Massenverh. deuteron-electron mass ratio	m_d/m_e	3670,482 955 0(78)		0,0021
Deuteron-Proton-Massenverh. deuteron-proton mass ratio	m_d/m_p	1,999 007 500 83(41)		0,0002
Molare Masse des Deuterons deuteron molar mass	$M(d), M_d$	$2{,}013\ 553\ 212\ 71(35) \cdot 10^{-3}$	kg/mol	0,0002
Magn. Moment d. Deuterons deuteron magnetic moment	μ_d	$0{,}433\ 073\ 457(18) \cdot 10^{-26}$	J/T	0,042
– in Bohrmagnetonen	μ_d/μ_B	$0{,}466\ 975\ 455\ 6(50) \cdot 10^{-3}$		0,011
– in Kernmagnetonen in nuclear magnetons	μ_d/μ_N	0,857 438 228 4(94)		0,011
Verhältnis d. magnetischen Momente: Deuteron/Elektron deuteron-electron magnetic moment ratio	μ_d/μ_e	$-4{,}664\ 345\ 537(50) \cdot 10^{-4}$		0,011
Verhältnis d. magnetischen Momente: Deuteron/Proton deuteron-proton magnetic moment ratio	μ_d/μ_p	0,307 012 208 3(45)		0,015

3.5 Spektroskopische Konstanten

Größe	Symbol und Definition	Wert	Einheit	Fehler (10^{-6})
Cu x-Einheit (x-Einheit) Cu x-unit	$xu(Cu\text{-}K_{\alpha_1})$ $\lambda(Cu\text{-}K_{\alpha_1})$	$1{,}002\ 077\ 03(28) \cdot 10^{-13}$ = 1537,400 xu	m	0,028
Mo x-Einheit Mo x-unit	$xu(Mo\text{-}K_{\alpha_1})$ $\lambda(Mo\text{-}K_{\alpha_1})$	$1{,}002\ 099\ 59(53) \cdot 10^{-13}$ = 707,831 xu	m	0,53

Ångström Stern	Å*	$1{,}000\,015\,01(90)\cdot 10^{-10}$	m	0,90
	$\lambda(\text{W-K}_{\alpha_1})$	= 0,209 100 Å*		
Gitterabstand: Si, 22,5 °C, Vakuum	a	543,102 088(16)	pm	0,029
lattice spacing of Si	$d_{220} = a/\sqrt{8}$	192,015 584 5(56)	pm	0,029
Molares Volumen von Si molar volume of Si	$V_m = N_A a^3/8$	$12{,}058\,836\,9(14)\cdot 10^{-6}$	m^3/mol	0,12

3.6 Festlegung der elektrischen Einheiten

Volt und Ohm können alternativ mit dem JOSEPHSON- und Quanten-HALL-Effekt definiert werden, wobei folgende Konstanten gelten.

Größe	Symbol und Definition	Wert	Einheit	Fehler (10^{-6})
Konv. Josephson-Konstante conventional value of Josephson constant	K_{J90}	483 597,9	GHz/V	exakt
Konv. von-Klitzing-Konstante conventional value of von Klitzing constant	R_{K90}	25 812,807	Ω	exakt

3.7 Kennzahlen der Dimension 1

Nicht ganz richtig „dimensionslose Kennzahlen" genannt.

Alfvén-Zahl	Al	$= \frac{v\sqrt{\varrho\mu}}{B}$	$\frac{1}{\text{Cowling-Zahl}}$
Archimedes-Zahl (Strömung)	Ar	$= \frac{gl^3\varrho\,\Delta\varrho}{\eta^2}$	$= \frac{\text{Schwerkraft}}{\text{innere Reibung}}$
Arrhenius-Zahl(Reaktionsgeschwindigkeit)	Arh	$= \frac{E_A}{RT}$	$= \frac{\text{Aktivierungsenergie}}{\text{Wärmebewegung}}$
Bingham-Zahl (Rheologie)	Bm	$= \frac{\tau_y l}{\eta_\infty v}$	$= \frac{\text{Fließgrenze}}{\text{Schubviskosität}}$
Biot-Zahl	Bi	$= \frac{\alpha_a l}{\lambda_i}$	$\frac{\text{Wärmeübertragung (Fluid)}}{\text{Wärmeleitung (Festkörper)}}$
Bodenstein-Zahl (Diffusion + Strömung)	Bo	$= \frac{v l}{D}$	$= \frac{\text{bewegte Masse}}{\text{rückvermischte Masse}}$
Cowling-Zahl	Co	$= \frac{B^2}{\mu\varrho v^2}$	
Damköhler-Zahl I (Statischer Umsatz)	Da_I	$= k_1\tau$	$= \frac{\text{abreagierende Masse}}{\text{zuströmende Masse}}$
Damköhler-Zahl II (chem. Reaktion)	Da_{II}	$= \frac{k_1 l^2}{D}$	$= \frac{\text{Reaktion}}{\text{Diffusion}} = Da_I\cdot Bo$
Damköhler-Zahl III	Da_{III}	$= \frac{k_1\tau c Q}{c_p\varrho T}$	$= \frac{\text{Reaktionswärme}}{\text{konvektiv transportierte Wärme}}$
Damköhler-Zahl IV	Da_{IV}	$= \frac{rQl^2}{\lambda T}$	$= \frac{\text{Reaktionswärme}}{\text{Wärmeleitung}} = Da_{III}\cdot Re\cdot Pr$
Drag-Koeffizient (Mehrphasenströmung)	C_D	$= \frac{F_t}{A\,\varrho v^2/2}$	$= \frac{\text{Gravitation (Schubspannung)}}{\text{kinet. Energie (Staudruck)}}$
Euler-Zahl (Fluidreibung)	Eu	$= \frac{\Delta p}{\varrho v^2}$	$= \frac{\text{Druckkraft}}{\text{Trägheitskraft}}$
Fourier-Zahl I (Wärmetransport)	Fo	$= \frac{a t}{...}$	$= \frac{\text{Temperaturleitfähigkeit}}{...}$

Fourier-Zahl II (Stofftransport)	$Fo^* = \frac{D\,t}{l^2}$	$= \frac{\text{Diffusion}}{\text{Fläche}}$
Froude-Zahl (Strömung)	$Fr = \frac{v^2}{gl} = \frac{v}{\sqrt{lg}}$	$= \frac{\text{Trägkeitskraft}}{\text{Schwerkraft}}$
Galilei-Zahl (Strömung im Schwerefeld)	$Ga = \frac{l^3 g \varrho^2}{\eta^2}$	$= \frac{\text{Schwerkraft}}{\text{innere Reibung}}$
Grashof-Zahl I (freie Konvektion)	$Gr = \frac{l^3 g \gamma\, \Delta T\, \varrho^2}{\eta^2}$	$= \frac{\text{Auftrieb d. Dichteunterschiede}}{\text{innere Reibung}}$
Grashof-Zahl II (Stofftransport)	$Gr^* = l^3 g \left(\frac{\partial \varrho}{\partial x}\right)_{T,p} \frac{\Delta x \varrho}{\eta}$	
Hartmann-Zahl	$Ha = B\,l \sqrt{\frac{\kappa}{\eta}}$	
Hatta-Zahl (Absorption)	$Hat = \frac{\sqrt{k_1\, D}}{\beta_\mathrm{L}}$	$= \frac{\text{Stoffübergang mit chem. Reaktion}}{\text{Stoffübergang ohne chem. Reaktion}}$
Knudsen-Zahl (Vakuumströmung)	$Kn = \frac{\bar{s}}{l}$	
Lewis-Zahl (Stoff- + Wärmetransport)	$Le = \frac{a}{D} = \frac{Sc}{Pr}$	$= \frac{\text{Wärmeleitung}}{\text{Diffusion}}$
Mach-Zahl (kompressible Strömung)	$Ma = \frac{v}{c}$	$= \frac{\text{Geschwindigkeit}}{\text{Schallgeschwindigkeit}}$
Nusselt-Zahl I (Wärmetransport)	$Nu = \frac{\alpha\, l}{\lambda}$	$= \frac{\text{Wärmeübergang}}{\text{Wärmeleitung}}$
Nusselt-Zahl II (Stofftransport)	$Nu^* = \frac{\beta\, l}{D} = Sh$	
PÉCLET-Zahl I (Wärmetransport)	$Pe = Re \cdot Pr = \frac{v\,l}{a}$	
PÉCLET-Zahl II (Stofftransport)	$Pe^* = \frac{v\,l}{D} = Bo$	
Prandtl-Zahl (Wärmetransport)	$Pr = \frac{\nu}{a} = \frac{\eta}{\varrho\, a} = \frac{\eta\, c_p}{\lambda}$	$= \frac{\text{Impulstransport}}{\text{Wärmetransport}}$
Rayleigh-Zahl	$Ra = Gr \cdot Pr = \frac{l^3 g \gamma\, \Delta T\, \varrho}{\eta a}$	
Reynolds-Zahl I (Strömung)	$Re = \frac{\varrho\, v\, l}{\eta}$	$= \frac{\text{Impuls}}{\text{innere Reibung}}$
Reynolds-Zahl II (Magnetismus)	$Rm, Re_\mathrm{m} = v \mu \kappa l$	
Schmidt-Zahl (Stofftransport)	$Sc = \frac{\eta}{\varrho D}$	$= \frac{\text{Impulstransport}}{\text{Stofftransport}}$
Sherwood-Zahl (Stofftransport)	$Sh = \frac{\beta l}{D}$	$= \frac{\text{Stofftransport}}{\text{Diffusion}}$
Strouhal-Zahl (Wirbel)	$Sr = \frac{l\, f}{v}$	
Stanton-Zahl I (Wärmetransport)	$St = \frac{Nu}{Re \cdot Pr} = \frac{\alpha}{\varrho\, v\, c_p}$	
Stanton-Zahl II (Stofftransport)	$St^* = \frac{\beta}{v}$	
Thiele-Modul (chem. Reaktion)	$\varphi = \sqrt{Da_\mathrm{IV}}$	
Thring-Zahl (Wärmetransport)	$Th = \frac{\varrho c_p v}{C_{12} T^3}$	$= \frac{\text{Wärmetransport}}{\text{Wärmestrahlung}}$
Weber-Zahl (Blasenbildung)	$We = \frac{\varrho\, v^2\, l}{\sigma}$	$= \frac{\text{Trägheitskraft}}{\text{Grenzflächenkraft}}$

Hierin bedeuten:

a	Temperaturleitfähigkeit, $a = \frac{\lambda}{\varrho c_p}$, m^2/s
A	Fläche, Oberfläche, m^2
B	Magnetische Induktion, T
c	Schallgeschwindigkeit, m/s
c	Stoffmengenkonzentration, mol/m^3
C_{12}	Strahlungskonstante, $kg\,K^{-4}s^{-3}$
c_p	spezifische Wärmekapazität, $J\,kg^{-1}\,K^{-1}$
D	Diffusionskoeffizient, m^2/s
D_a	axialer Diffusionskoeffizient, m^2/s
f	Frequenz, Hz
g	Normalfallbeschleunigung, m/s^2
k	Wärmedurchgangszahl, $W\,m^{-2}K^{-1}$
k_d	Stoffdurchgangszahl, m/s
k_1	Geschwindigkeitskonstante, s^{-1}
l	charakteristische Länge, m
m	Masse, kg
p	Druck, Pa
Q	Reaktionswärme, J/mol
r	Reaktionsgeschwindigkeit, $mol\,m^{-3}s^{-1}$
$\bar{s}$,Vs/m^2	mittlere freie Weglänge, m
T	Temperatur, K
t, τ	Zeit, Verweilzeit s
V	Volumen, m^3
v	Geschwindigkeit, m/s
x	Molenbruch, –
α	Wärmeübergangszahl, $W\,m^{-2}K^{-1}$
γ	Ausdehnungskoeffizient, K^{-1}
β	Stoffübergangszahl, m/s
η	Viskosität, Pa s
κ	Leitfähigkeit, $\Omega^{-1}m^{-1}$
μ	Permeabilität $H/m = V\,s\,A^{-1}m^{-1}$
λ	Wärmeleitfähigkeit, $W\,m^{-1}K^{-1}$
ϱ	Dichte, kg/m^3
σ	Oberflächenspannung, $J/m^2 = kg/s^2$

A

Formelzeichen

Physikalische Größe	Symbol	Einheit	Basiseinheiten	Definition
Gitterverschiebungsvektor fundamental translation vector for the crystal lattice	$\vec{a}_1, \vec{a}_2, \vec{a}_3$, $\vec{a}, \vec{b}, \vec{c}$	m		$\vec{R} = \sum_{i=1}^{3} n_i \vec{a}_i$
Reziprokgitterverschiebungsvektor (circular) fundamental translation vector for the reciprocal lattice	$\vec{a}^*, \vec{b}^*, \vec{c}^*$	m^{-1}		siehe $\vec{b}_1$ etc.
Fläche, Querschnitt area, cross-sectional area	A	m^2		
spezifische Fläche specific area	a	m^{-1}		$a = \frac{A}{S}$
spezifische Oberfläche specific surface area	a_s, a, s	m^2/kg	$= m^2 kg^{-1}$	$a_s = \frac{A}{m}$
Molekülquerschnittsfläche area per molecule (in a monolayer)	a_m, σ_m	m^2		$a_m = A/N_m$
Beschleunigung acceleration	a	m/s^2	$= m\,s^{-2}$	$\vec{a} = \frac{d\vec{v}}{dt} = \dot{\vec{v}}$
Äquiv. Schallabsorptionsfläche equivalent area of absorption	A	m^2		
Helmholtzsche Freie Energie Helmholtz energy	$(A), F$	J	$= m^2 kg\,s^{-2}$	$A = U - TS$
Temperaturleitfähigkeit thermal diffusivity	a	m^2/s	$= m^2 s^{-2}$	$a = \frac{\lambda}{\varrho c_p}$
(Reaktions-)Affinität affinity of reaction	A	J/mol	$= m^2 kg\,s^{-2} mol^{-1}$	*Affinität
Arrhenius-Faktor pre-exponential frequency factor	A	versch.	$(mol^{-1} m^3)^{n-1} s^{-1}$	$k = A\,e^{-E_A/RT}$
Elektrischer Strombelag current per unit length	$A, (\alpha)$	A/m		
Debye-Hückel-Faktor Debye-Huckel factor	A		$= m^{3/2} mol^{-1/2}$	
Leerlaufverstärkung open-loop gain of an amplifier	A	–	= 1	
Magnetisches Vektorpotential magnetic vector potential	$\vec{A}$	$\frac{Wb}{m} = \frac{V\,s}{m}$	$= m\,kg\,s^{-2} A^{-1}$	$\vec{B} = \mathrm{rot}\,\vec{A}$
Aktivität activity	a	mol/ℓ	$= m^{-3} kmol$	$a_i = e^{(\mu_i - \mu_i^*)/RT}$
Mittlere Aktivität mean ionic activity	$a_\pm$	mol/ℓ	$= m^{-3} kmol$	$a_\pm = \sqrt{a_\oplus a_\ominus}$
Ionenaktivität in Phase α activity of an ion in a phase	$a_i^{(\alpha)}$	mol/ℓ	$= m^{-3} kmol$	
Absorptionsmaß, „Extinktion“ (decadic) absorbance	A	—	= 1	*Fotometrie

Einstein-Koeffizient für spontane Emission Einstein transition propability for spontaneous emission	A_{nm}	s^{-1}		$\frac{\mathrm{d}N_{\mathrm{n}}}{\mathrm{d}t} = -A_{\mathrm{nm}}N_{\mathrm{n}}$
Rotationskonstante rotational constant	A, B, C	Hz	$= \mathrm{s}^{-1}$	$A = \frac{h}{8\pi^2 I_{\mathrm{A}}}$
– wellenzahlbezogen in wavenumber	$\tilde{A}, \tilde{B}, \tilde{C}$	m^{-1}		$\tilde{A} = \frac{h}{8\pi^2 c I_{\mathrm{A}}}$
Spinkopplungskonstante spin orbit coupling constant	A	m^{-1}		$T_{\mathrm{s.o.}} = A\,\langle \hat{L} \cdot \hat{S} \rangle$
Hyperfeinkopplungskonstante in Flüssigkeiten hyperfine coupling constant in liquids	a, A	Hz	$= \mathrm{s}^{-1}$	$\frac{\hat{H}_{\mathrm{hfs}}}{h} = a\hat{S} \cdot \hat{I}$
Massenzahl, Nukleonenzahl mass number, nucleon number	A	–	= 1	
Relative Atommasse atomic mass	A_{r}	u		
Bohr-Radius Bohr radius	a_0	m		$a_0 = \frac{4\pi\varepsilon_0 \hbar^2}{m_{\mathrm{e}} e^2}$
(Radio-)Aktivität activity of a radioactive substance	A	Bq	$= \mathrm{s}^{-1}$	$A = -\frac{\mathrm{d}N_i}{\mathrm{d}t}$
spezifische Aktivität specific activity	a	Bq/kg	$= \mathrm{kg}^{-1}\mathrm{s}^{-1}$	$a = A/m$
Aktinität einer Strahlung Z actinic effectivity	$a(Z)$			

A, α (Alpha)

ebener Winkel plane angle	$\alpha, \beta, \ldots$	rad	= 1	$\alpha = \frac{s}{r}$
Optischer Drehwinkel angle of optical rotation	α	rad	= 1	
Dämpfungsfaktor, -belag damping factor, attenuation constant	α	m^{-1}		
Winkelbeschleunigung angular acceleration	α	s^{-2}		
Schallabsorptionsgrad acoustic absorption factor	$\alpha_{\mathrm{a}}, \alpha$	–	= 1	$\alpha_{\mathrm{a}} = 1 - \varrho$
therm. Längenausdehnungskoeff. linear expansion coefficient	$\alpha, \alpha_{\mathrm{l}}$	K^{-1}		$\alpha_{\mathrm{l}} = \frac{1}{l}\frac{\partial l}{\partial T}$
therm. Volumenausdehnungskoeff. für Gase, cubic expansion coefficient	$\alpha, \alpha_{\mathrm{V}}, \gamma$	K^{-1}		$\alpha_{\mathrm{V}} = \frac{1}{V}\left.\frac{\partial V}{\partial T}\right\|_p$
therm. Spannungskoeffizient relative pressure coefficient	α_{p}	K^{-1}		$\alpha_{\mathrm{p}} = \frac{1}{p}\left.\frac{\partial p}{\partial T}\right\|_V$
Wärmeübergangszahl heat transmission coefficient	$\alpha, (h, k)$	$\mathrm{W\,m^{-2}K^{-1}}$	$= \mathrm{kg\,s^{-3}K^{-1}}$	*Wärmetransport
Stromausbeute current efficiency	α	–	= 1	
Polarisierbarkeit electric polarizability	α	$\mathrm{C\,m^2V^{-1}}$	$= \mathrm{kg^{-1}s^4A^2}$	$p_{\mathrm{ind}} = \alpha E$

A

Elektrochem. Symmetriekoeffizient transfer coefficient	α	–	= 1	$\alpha = -\frac{\lvert\nu\rvert RT}{nF}\frac{\partial \ln\lvert I\rvert}{\partial E}$
Dissoziationsgrad degree of electrolytic dissociation	α	–	= 1	
Absorptionsgrad absorptance, absorption factor	α	–	= 1	$\alpha = \frac{\Phi_{abs}}{\Phi_0}$
Absorptionskoeffizient napierian absorption coefficient	α	m^{-1}		$\alpha = B/l$ oder A/l
Feinstrukturkonstante fine structure constant	α	–	= 1	$\alpha = \frac{e^2}{4\pi\varepsilon_0\hbar c}$
Madelung-Konstante Madelung constant	$\alpha, \mathscr{M}$	–	= 1	siehe $\mathscr{M}$
Rekombinationskoeffizient coefficient of recombination	α	m^3/s		
Spinwellenfunktion spin wavefunktion	α	–	= 1	

A

1) Kurzzeichen für: Acre, Ampere.
2) Symbol für: atomare Massenzahl, Fläche.
3) Index (DIN 1304) für: Anlauf, Anzug, Bewertungskurve A; in der Strömungsmechanik: Auftrieb.
4) MitteleuropäischeZeit(z.B.0712Afür07:12 Uhr MEZ im Flugverkehr).
5) Abkürzung für: *anno* (Jahr), *argent* [frz. „Geld“] auf Kurszetteln, *auditor* [lat. „Schüler, Hörer“], *avancer*[frz. „vorgehen„] auf mechan. Uhren.
6) Alte franz. Abkürzung für: Argon.
7) Abk. in Polymeren für -acetat, -acrylat, -acrylnitril, -adipat, -allyl, -amid (z.B. PA = Polyamid, CAB = Celluloseacetatbutyrat).
8) Aminosäurecode für Alanin.
9) Genetik: Code für Adenosin.
10) Münzwesen: wichtigste Prägestätte des Landes, z.B. Berlin, Wien Paris.
11) (Alpha), griech. A (Zahlzeichen: 1), A, ᴀ kyrill. A, a.

Å Nordisches A; Kurzzeichen für *Ångström.

a

1) Kurzzeichen für: Ar, Jahr („annus“).
2) Formelzeichen für: Beschleunigung, Aktivität.
3) SI-Vorsatz: atto = 10^{-18} (Trillionstel).
4) US-Abk. f.: Ampere (international: A).
5) Chemie: in kondensierten Ringsystemen die Stelle, die mit weiteren Ringen verbunden ist, z.B. Benz[*a*]anthracen; Index: antarafacial (sigmatrope Reaktionen).
6) Index für: außen (DIN 1304); anodisch, *anodic*; bei elektrischen Maschinen: Anker.
7) Vorsilbe [lat.] „un..., nicht, ohne“.
8) a., Abkürzung für: absolut (z.B. Druck); *anno* („im Jahre“).
9) Hochgestelltes a (^{a}), in der Astronomie gebräuchliches Kurzzeichen für: Jahr.
10) å = nordisches a.

à

Abkürzung für [frz.] (zu) je, für (je), z.B. vor Preisangaben.

***α* (alpha)** griech. a;
1) Physik: Kurzzeichen für $^4_2$He-Strahlung.
2) Astronomie: hellster Stern, z. B. Alphard in der Hydra.
3) Chemie: Modifikation (α-Sn); 1-Position; Stellung von Substituenten im Molekül bei Aliphaten (= C-Atom nächst einer bestimmten funktionellen Gruppe), bei Polycyclen (= C-Atom nächst zwei C-C-verknüpften Ringen), bei Heterocyclen (= dem Heteroatom benachbartes Atom); Anomere von Kohlenhydraten; Konfiguration von Steroiden und Terpenen; Unterscheidung der Carotin-Isomeren; die am frühesten entdeckte Verbindung einer Isome-

renreihe; Unterscheidung von Substanzgruppen unbekannter Struktur.
4) Formelzeichen: optischer Drehwinkel; Dissoziationsgrad; thermischer Ausdehnungskoeffizient von Gasen; Dissoziationsgrad; Wärmeübergangszahl; elektrische Polarisierbarkeit von Molekülen; Isotopentrennfaktor.

aa
1) Internat. nicht akzeptierte Abkürzung für: *acetic acid*, Essigsäure; statt [richtig] AcOH oder [fälschlich] HAc.
2) [griech. *ana*, „je", āā], gleich viel.

aa, aa.pt.aequ.
Abkürzung für *ana (partes aequales)* [lat.], „zu gleichen Teilen", „in gleicher Menge"; auch: *aequis partibus* auf Rezepten.

a.a.C., A.a.C., a.a.Chr.
Abkürzung für *anno ante Christum* [lat.], „im Jahr vor Christus".

Aachener Mark *Mark.

a.a.C.n., a.a.Chr.n.
Abkürzung für *anno ante Christum natum* [lat.], „im Jahr vor Christi Geburt".

Aam
*Ohm. Altes Volumenmaß:
1 Aam = 154,5 Liter (Dänemark)
= 155 Liter (Niederlande).

a.a.O.
Abkürzung für „am angeführten Ort"; gleichbedeutend *ibidem* (ibid.), ebenda (ebd.).

aa.pt.aequ *aa.

Ab... *absolute Einheit.

Abampere *Ampere.

Abbasi
Alte Masseneinheit in Palästina und Syrien:
1 Abbasi = 370 g.

Abdampfrückstand
Abwassertechnik: nicht abfiltrierbare Inhaltsstoffe, die bis 105 °C (auch 120 °C; 180 °C bei Mineral- und Kesselwässern) nicht flüchtig oder zersetzlich sind.

Aberration
1) **Chromatische Aberration:** Farbenabweichung; Abbildungsfehler bei Linsen; frequenzabhängige Brechung von Lichtstrahlen, z. B. Auftreten von Bildrändern in den Spektralfarben. Abhilfe: korrigierendes Linsensystem für zwei (Achromat) oder mind. drei Spektralbereiche (Apochromat).
2) **Sphärische Aberration:** Abbildungsfehler bei Linsen; fehlender scharfer Brennpunkt durch stärkere Lichtbrechung in den Randpartien. Abhilfe: Linsensystem.
3) **Astronomie**: Scheinbare Ortsveränderung der Gestirne auf Grund der Erdrotation (täglich), der Erdbahn um die Sonne (jährlich) und der Bewegung des Sonnensystems (säkulare Aberration).
4) **Biologie**: Abweichung von der Art; Veränderung der Chromosomen.

Abessinien (Äthiopien)
Historische Längeneinheiten: *farsakh = farsang, *sinjer = sinzer, *tat.
Historische Volumeneinheit: *kuba.

Abfarad *Farad.

Abgleichmessbrücke *Brückenschaltung.

Abhängigkeitspotential
relative Angabe der suchterzeugenden Wirkung eines Arzneimittels, meist im Vergleich zu Morphin.

Abhenry *Henry.

ab in., ab init.
Abk. f. *ab initio* [lat.], vom Anfang (an).

Abklingkoeffizient δ
1) Realteil der komplexen *Kreisfrequenz: $\delta = \operatorname{Re} \underline{p} = -\sigma > 0$ für einen exponentiell schwindenden (abklingenden) Sinusvorgang.
σ Anklingkoeffizient.
Beispiel: die zeitliche Abnahme eines Ausschlags: $\zeta = \zeta_0 e^{-\delta/t} = \zeta_0 e^{-t/\tau}$.
2) Freier gedämpfter linearer Oszillator:

$$\delta = \frac{b}{2a}$$

b Dämpfungskoeffizient, a Speicherkoeffizient.

A

Tabelle A.1 Absolute cgs-Dreiersysteme. Veraltet!

CGS-E	CGS-M	CGS-Gauss
Willkürliche Definition	Willkürliche Definition	Willkürliche Definition
$\frac{1}{4\pi\,\varepsilon_0} = \frac{1}{4\pi\gamma} \stackrel{!}{=} 1$	$\frac{1}{4\pi\,\mu_0} = \frac{1}{4\pi\gamma} \stackrel{!}{=} 1$	$\frac{1}{4\pi\,\varepsilon_0} = \frac{1}{4\pi\mu_0} \stackrel{!}{=} 1$
$\frac{1}{4\pi\,\mu_0} = c_0^2$	$\frac{1}{4\pi\,\varepsilon_0} = c_0^2$	$\frac{1}{4\pi\,\gamma} = \frac{1}{c_0}$
Coulomb-Gesetz	Magnetisches Coulomb-Gesetz	Elektrodynamisches Grundgesetz
$F = \frac{Q^2}{4\pi\,\varepsilon_0\,r^2} \sim \frac{Q^2}{r^2}$	$F = \frac{p^2}{4\pi\,\varepsilon_0\,r^2} \sim \frac{p^2}{r^2}$	$F = \frac{Q\,p\,v}{4\pi\,\gamma\,r^2} = \frac{Q\,p\,v}{r^2\,c_0}$
In diesen Systemen stehen die Formelzeichen für Zahlenwerte, nicht für Größen. Die Ladung Q bzw. Polstärke p hat in allen drei Systemen verschiedene Einheiten.		
$[\mathrm{Q}] = \sqrt{\mathrm{dyn}}\,\mathrm{cm}$	$[\mathrm{p}] = \sqrt{\mathrm{dyn}}\,\mathrm{s}$	$\frac{\gamma}{\sqrt{\varepsilon_0\mu_0}} = c_0$

Tabelle A.2 Absolute mechanische Einheitensysteme

System	Basiseinheiten	Abgeleitete Einheiten			
		Kraft	Arbeit	Energie	Impuls
MKS	m, kg, s	$\mathrm{N} = \frac{\mathrm{kg\,m}}{\mathrm{s}^2}$	$\mathrm{J} = \mathrm{N\,m}$	$\mathrm{W} = \frac{\mathrm{J}}{\mathrm{s}}$	$\frac{\mathrm{kg\,m}}{\mathrm{s}}$
CGS	cm, g, s	$\mathrm{dyn} = \frac{\mathrm{cm\,g}}{\mathrm{s}^2}$	$\mathrm{erg} = \mathrm{dyn\,cm}$	$\frac{\mathrm{erg}}{\mathrm{s}}$	$\frac{\mathrm{g\,cm}}{\mathrm{s}}$
british	ft, lb, s	$\mathrm{pdl} = \frac{\mathrm{ft\,lb}}{\mathrm{s}^2}$	ft pdl	$\frac{\mathrm{ft\,pdl}}{\mathrm{s}}$	$\frac{\mathrm{lb\,ft}}{\mathrm{s}}$

Abklingquote
berechneter täglicher Wirkungsverlust eines Herzglycosids; z. B. Digitoxin 7%/d, Strophanthin 40%/d (vgl. *Erhaltungsdosis).

Abklingzeit
Früher *Zeitkonstante*, eines freien gedämpften linearen Oszillators:

$$\tau = \frac{1}{\delta}$$

δ Abklingkoeffizient.

Abnehmerleitung *Erlang.

AB0-System *Blutgruppe.

Abnutzungsquote
Täglicher Proteinverlust durch Zellzerfall und Umsatz; ca. 13–17 g pro 70 kg Körpergewicht (vgl. *Eiweißminimum).

Abohm *Ohm.

Abplattung *geometrische Abplattung.

ABS
Abkürzung für: Acrylnitril-Butadien-Styrol-Copolymere; Alkylbenzolsulfonate; Antiblockiersystem.

abs
Index (DIN 1304) für: absolut (z. B. Permeabilität μ_{abs}), lat. *absolutus*, *absolute Einheit.

abs. A *Ampere.

abs. C *Coulomb.

Abschirmmoment *Konstanten,

Abschlämmung
oder *Entsalzung*, Kehrwert der *Eindickungszahl.

abs. F *Farad.

abs. H *Henry.

Absolute cgs-Dreiersysteme
Historisch! Gültig 1930 bis 1948, verboten 1975. Die *elektrischen und elektromechanischen Einheitensysteme (*Dreiersysteme) leiten sich vom *Gaußschen cgs-System (1881) und der *absoluten Definition der elektrischen Einheiten ab. Kohärente, abgeleitete mechanische Einheiten sind *Gal, *Dyn, *Erg, *Poise und *Stokes. Im elektromagnetischen (*CGS-M), elektrostatischen (*CGS-E), Gaußschen (*CGS-G) und *Lorentzschen System werden alle elektrischen Größenarten und Einheiten aus dem mechanischen cgs-System abgeleitet.
Weil das Coulomb-Gesetz als Proportion formuliert wurde, sind die Grunddimensionen mit gebrochenen Exponenten behaftet. Mit der mehrdeutigen formalen Größe $\sqrt{\text{Kraft}}$ mit der Einheit $\sqrt{\text{dyn}}$ werden die Gleichheitsaxiome der Mathematik verletzt.

absoluter Druck *Druck.

Absolute Einheiten (ab., abs.)
Veraltet! Von 1930–1948 gültige, seit 1. Januar 1975 gesetzlich verbotene Einheiten, die ohne Zuhilfenahme eines Prototyps definiert waren, d. h. durch Zurückführung auf vorhandene mechanische Basiseinheiten. Vgl. *praktische Einheiten, *Absolute cgs-Dreiersysteme, *Internationale Einheit, *CGS-E, *CGS-M, *Nichtgesetzliche Einheiten.
Beispiele: „absolute" elektromagnetische Einheiten im *cgs-System: Abampere, Abvolt, Abohm, Abwatt, Abhenry, Abfarad siehe unter *Ampere, *Volt, *Ohm, *Watt, *Henry, *Farad.

absolutes Farad *Farad.

Absolutes mechanisches Maßsystem
Historisch! Gültig 1930–1948. *Absolute Einheiten, *CGS-System, *MKS-System, *MTS-System, *praktische Einheiten. Inkohärente Einheiten mit besonderen Namen in den absoluten Systemen waren: *Knoten (Geschwindigkeit); *physikalische Atmosphäre, *Bar, *Millimeter Quecksilbersäule, *Torr (Druck); akustisches *Ohm, mechanisches Ohm, *Rayl (spezifische Schallimpedanz). In den USA ist das *ft lb s-System noch gebräuchlich.

absoluter Pegel *Pegel.

absorbed dose *Energiedosis.

Absorptionsgrad
*Emissionsgrad, *fotometrische Einheiten.

Absorptionskoeffizient
*fotometrische Einheiten und Größen, *Extinktionskoeffizient, *Längen- und Winkelmessung, *Schwächungskoeffizient, *Bunsen-Koeffizient, *Ostwald-Koeffizient.

Absorptionsmaß
*fotometrische Einheiten und Größen.

abs. V *Volt.

abt
Index für Formelzeichen nach DIN 1304: absorbiert (z. B. Strahlungsfluss Φ_{abt}).

Abteilung *Regiment.

ab urbe condita *a.u.c..

Abvolt *Volt.

Abwasser
Zugehörige Begriffe siehe: *Biochemischer Sauerstoffbedarf, *chemischer Sauerstoffbedarf, *Einwohnergleichwert, *Feststoffgehalt, *Fracht, *Kaliumpermanganatverbrauch, *Letale Dosis, *Letale Konzentration, *Total Organic Carbon, *Sauerstoffgehalt, *Summenparameter, *Schlammvolumenindex, *Trockenmasse, *Wassergefährdungsklasse.

Abwatt *Watt.

Abweichung
*messtechnische Unsicherheit.

Ac
[Chemie] Abkürzung für: Acetylrest; Actinium; -acetat in Polymerennamen (PVAC = Polyvinylacetat); Acetat ($CH_3COO^{\ominus}$).

ac
1) Wechselstrom, *alternating-current* (a-c).
2) Chemie: *acid*, Säure; anticlinal (z. B. bei Ferrocen); Acetat (besser $AcO^{\ominus}$).
3) Index für Formelzeichen nach DIN 1304: akustisch, Schall... (z. B. Impedanz Z_{ac}).

a-c *ac

a.c.
Abkürzung für [lat.] *anni currentis*, „des laufenden Jahres"; [lat.] *ante cibum (cibos)*, vor dem Essen; [frz.] *à condition*, vorbehaltlich Rückgabe. [ital.] *a conto*, auf Rechnung von.

Acetabulum

[lat. „Essigfläschchen", *acetum*, „Essig"]. Altrömisch; für feste und flüssige Stoffe:
1 Acetabulum = $^1/_{144}$ Modius
$\approx$ $^1/_{16}$ Liter = 67 cm^3.

a.Ch.

Abkürzung für *anno Christi* [lat.], „im Jahre (nach) Christi (Geburt)".

Acheh (= Achih, Akey, Akeh)

Alte Goldstaubeinheit in Guinea:
1 Acheh = $^1/_{16}$ Unze = 1,275 g.

a.Chr.n.

[lat.] *ante Christum natum*, „vor Christus", vor Christi Geburt.

Achtel

1) Alt-württembergisches Flächenmaß:
1 Achtel = 394 m^2 = 3,94 Ar.
2) Altes Volumenmaß:
1 Achtel = 0,15 Liter (Augsburg)
= 2,17 Liter (Dänemark)
= 7,15 Liter (Erzgebirge)
= 7,69 Liter (Österreich)
= 13,3 Liter Bier (Preußen).

Achterli (= Mütt)

Altes Schweizer Getreidemaß:
1 Achterli = 0,854 Liter.

aci

Abkürzung für: saures Tautomeres, z.B. die Enolform des Acetessigesters, die Nitronsäureform der Nitroverbindungen.

Acidität

Säuregrad einer Lösung; Konzentration (in mol/ℓ) der Wasserstoffionen H$^\oplus$ bzw. Hydroniumionen $H_3O^\oplus$; vgl. *pH-Wert, *pK.
aktuelle oder **wahre:** in Lösung vorhandene H$^\oplus$-Konzentration.
stöchiometrische: durch Neutralisationstitration bestimmte, aktuelle + potentielle Wasserstoffionenkonzentration.
potentielle: undissoziiert vorhandene H$^\oplus$-Konzentration.
Gesamtacidität. Medizin: Säuregehalt des Magensaftes aus freier und an Eiweiß gebundener Salzsäure, sauren Salzen und organischen Säuren.

Acker

Feldacker. Altdeutsches, speziell sächsisches, Feldmaß vor Einführung des metrischen Systems; oft identisch mit *Morgen:
1 Acker =
= 1 Morgen = 0,2253 Hektar (Preußen)
= 2 Morgen = 0,5534 Hektar (Sachsen)
= 2 Scheffel = 300 Quadratruten (Sachsen)
= 0,227 Hektar (Gotha)
= 0,1906 Hektar (Hessen)
= 0,239 Hektar (Kurhessen)
= 0,25 Hektar (Meisenheim, Rheinprovinz)
= 0,3784 Hektar (Reuß-Lobenstein)
= 0,6443 Hektar (Sachsen-Anhalt)
= 0,2270 Hektar (Sachsen-Gotha, *Feldacker*)
= 0,1877 Hektar (Schwarzburg-Sondershausen)
= 0,285 Hektar (Weimar).

Ackermaße *Feldmaße.

ACN Abkürzung für: Acetonitril.

Acnua

Altrömisches Flächenmaß:
1 Acnua = 10,9 Ar =
= 120 Fuß (ca. 33 Meter) Länge und Breite.

Acre (ac., acu, a.)

1) Landwirtschaftliche Flächeneinheit des *englischen Systems in den USA. Japanische Umschrift: ēkā, [russ.] акр, [poln.] akr.
1 Acre *US* =
= 0,404 685 64 Hektar =
= 4,046 856·10^{-3} Kilometer^2
= 4046,856 Meter^2 [exakt]
= 4 rood
= 10 square chain
= 43 560 square foot
= $^1/_{640}$ square mile
= 4840 square yard.
2) 1 Acre *GB* = [historisch] 4046,8494 m^2= 160 square rods (poles) seit Heinrich VIII. Beachte *Yard-Definition von 1878, 1922 und 1959 zu 36 Inch. *Englische Einheiten
3) 1 Acre (US Survey) = 4046,872 610 m^2, in der Landvermessung gebräuchlich.

Acre foot (ac.ft., acre-ft)

Britisch-amerikanisches landwirtschaftliches Volumenmaß:
1 Acre-foot = 1233,482 m^3
= 1613,33$\bar{3}$ Cubic yard.

Acre inch (ac.in)
1 Acre-inch = 3630 Cubic foot
= 102,7 902 m^3
= 22 610,67 Gallon *GB*
= 27 154,29 Gallon *US*.

Acre of land
Nichtmetrisches britisch-amerikanisches Feldmaß: 1 acre of land = 40,47 Ar.

activation energy
Aktivierungsenergie, *Formelzeichen E.

activity coefficient
*Aktivitätskoeffizient, *Formelzeichen G.

Actus
[lat. „Recht des Viehtriebs, Trift, Weiderecht"]. Altrömisches Längen- und Feldmaß:
1 Actus = 35,49 Meter.
1 Actus quadratus = $^1/_2$ Iugerum
= 1259,454 Meter^2.
1 Actus simplex = 42 Meter^2.

Acumbre (= Azumbre)
Altes spanisches Weinmaß:
1 Acumbre =
= 2,0 165 Liter (Kastilien, Kuba)
= 2,22 Liter (Bilbao)
= 2,52 Liter (Gupuzcoa).

ad
Index für Formelzeichen nach DIN 1304: additiv... (z. B. Widerstand R_{ad}).

a.d.
1) [*lat.*] *a dato*, vom Tag der Ausstellung an.
2) [lat.] *ante diem*, „vor dem Tag"; z. B. *a.d.IV.Id.Mart.* = ante diem quartum Idus Martius, „am 4. Tag vor den Iden des März, am 12. März".
3) A. D. [lat.] *anno Domini*, im Jahre des Herrn.

ad, ads
Abkürzung für: Adsorption, adsorbiert.

Adaptionsbereich
*fotometrische Bewertung.

Adar
6. (bzw. 12.) Monat des jüdischen Kalenders mit 29 Tagen (Februar/März).

Adarme
Alte Masseneinheit für Edelmetalle in Spanien, Süd- und Mittelamerika:
1 Adarme = 1,8 Gramm.

Adauli
In Bombay gebräuchliches indisches Hohlmaß: 1 Adauli = 20,3 209 Kilogramm (Getreide) = 26,3 426 Liter (Salz).

Adeb
Altes Gewicht aus Ägypten:
1 Adeb = 0,5 Kilogramm = 500 Gramm.

Adih (= Adee)
In Madras (Südindien) übliches altes Längenmaß: 1 Adih = 26,58 Centimeter.

ADI-Wert
engl. *acceptable daily intake*, annehmbare tägliche Dosis; Höchstmenge eines Fremdstoffes (z. B. in Lebensmitteln), die unter Einrechnung von Sicherheitsfaktoren lebenslang täglich ohne gesundheitliche Beeinträchtigung aufgenommen werden kann.

Admiralty knot *Knoten, *Seemeile.

Admittanz *Impedanz.

Adoucou
Zählmaß im ehemaligen Französisch-Ostindien: 1 Adoucou = 48 Blätter.

Adsorptionsisotherme
Beschreibt die Temperaturabhängigkeit und Geschwindigkeit der Adsorption (Anlagerung von Teilchen auf Oberflächen); meist empirisch bestimmt; wichtig in der chemischen Kinetik und Reaktionstechnik.

Advektion
In der Meteorologie und Geophysik das Produkt aus Windgeschwindigkeit $\vec{v}$ und dem Gradienten einer skalaren Größe G:

$$A_G = -\vec{v} \cdot \nabla G$$

Æ, æ Nordisches Ae (Ä) und ae (ä).

A.E. *Antitoxin-Einheit.

Å.E. Kurzzeichen für *Ångström(einheit).

AEP
Abk. f. akustisch evoziertes Potential. Im Elektroenzephalogramm sichtbare Antwort des Gehirns auf die akustische Reizung peripherer Nerven.

Aes grave *As.

a.f. [lat.] *anni futuri* „künftigen Jahres".

Affinität
einer chemischen Reaktion. In der Thermodynamik und Reaktionskinetik: die mit den Stöchiometriefaktoren ν_i gewichtete Summe der chemischen Potentiale μ_i:

$$A = \left(\frac{\partial G}{\partial \zeta}\right)_{T,p} = -\sum_i \nu_i \mu_i \quad \frac{\mathrm{J}}{\mathrm{mol}}$$

Im Gleichgewicht ist $A = 0$.
ζ Reaktionslaufzahl.

Afghani (Af)
Währungseinheit in Afghanistan:
1 Af = 100 Puls (Pl).

Ag *chemisches Element Silber; Antigen.

Agatsch (= Agasch, Agtsch)
Altes Längenmaß in der Türkei und Serbien; entspricht der Meile:
1 Agatsch = 5,001 Kilometer.

Ägypten
Historische Längeneinheiten: *dira baladi = pik, *kassabah, *sahme, *Finger.
Historische Flächeneinheiten: *feddan masri, *kerad kamel.
Historische Volumeneinheiten: *daribah, *farde, *keddah, *keleh = kilah, *kharouba, *malouah, *nisf keddah, *rob = roub = roubouth, *robbah, *toumnah.
Historischer *Kalender. Währung *Pfund.

Ahm
Altes Flüssigkeitsmaß aus Deutschland und Skandinavien:
1 Ahm =
= 142,785 Liter (Bremen)
= 154,5 Liter (Dänemark)
= 144,806 Liter (Hamburg)
= 155,758 Liter (Hannover)
= 149,735 Liter (Kopenhagen)
= 145,501 Liter (Lübeck)
= 136,629 Liter (Osnabrück, für Wein)
= 144,805 Liter (Rostock)
= 157,105 Liter (Stockholm, für Wein).

Ahming (= Ahm)
Maß für den Tiefgang eines Schiffes; senkrechte Skala, in Fuß oder Meter eingeteilt, die am Vorder- und Hintersteven angebracht ist.

Aichkanne
Altes Biermaß in Sachsen:
1 Aichkanne = 18 Dresdner Kannen
= 0,25 Eimer = 16,82 Liter.

Aichmaß
Altes Weinmaß aus Deutschland:
1 Aichmaß = 1,793 Liter (Frankfurter Raum).

Aime
Altes Flüssigkeitsmaß aus Belgien:
1 Aime = 1,37 Hektoliter.

air-hp Abkürzung für: *air horsepower.*

Air mile *NAM, *Distanz.

Air speed *Geschwindigkeit.

Ak Abk. f. Antikörper.

Aki (= Akey, Akeh)
Altes Goldgewicht aus Senegambien (ehemalige franz. Kolonie Senegal):
1 Aki = 1,275 g.

Akó
Altes Weinmaß aus Ungarn („Eimer"):
1 Akó = 71,0 754 Liter (Ödenburg).

Akow (Akov)
Altes Hohlmaß aus Jugoslawien:
1 Akow = 56,6 Liter.

Aktin... *Strahlungs...

Aktionspotential
Spontane Änderung des Membranpotentials von Nerven- oder Muskelzellen auf Grund einer äußeren Erregung und der Reizleitung (von ca. –80 mV auf ca. +35 mV innerhalb von 100 μs); Ladungsumkehr infolge schlagartigen Einstroms von Natriumionen ins Zellinnere (Spitzenpotential) und nachfolgendem Ausstrom von Kaliumionen (Repolarisation).

Aktionsstrom
elektrischer Strom bei der Muskelbewegung; *Herzperiode.

Aktivierungsenergie
E_a (in J/mol) eines physikalisch-chemischen Vorgangs, in der Thermodynamik und Reaktionskinetik als Steigung der *Arrhenius-Gleichung bestimmt:

$$\left(\frac{\partial \ln\{k\}}{\partial T}\right)_p = \frac{E_\mathrm{a}}{RT^2} \quad \text{Einheit: K}^{-1}$$

$\{k\}$ Zahlenwert der Geschwindigkeitskonstanten in einer beliebigen zulässigen Einheit, R universelle Gaskonstante, T thermodynamische Temperatur.

Aktivität (Konzentration)

1) Die Wechselwirkungen der Ionen in realen Lösungen äußern sich in einer scheinbaren Konzentrationserniedrigung. Die reale Konzentration heißt Aktivität oder „Aktivitätskonzentration".

$a = \gamma c$ Einheit: mol/ℓ

Mit zunehmender Konzentration wachsen gegenseitige Behinderung und Abschirmung der Ionen; der *Aktivitätskoeffizient γ nimmt ab. In einer idealen, unendlich verdünnten Lösung sind: $a = c$ und $\gamma = 1$.

2) In Elektrolytlösungen sind die Aktivitäten der einzelnen Kationen $a_\oplus$ und Anionen $a_\ominus$ nicht immer bekannt, daher vereinbart man als **mittlere Aktivität** $a_\pm$ das geometrische Mittel der Einzelionenbeiträge.

- a-molarer m-n-Elektrolyt A_mB_n:

$$a_\pm = \sqrt[m+n]{a_\oplus^m \cdot a_\ominus^n} \approx \sqrt[m+n]{(ma)^m \cdot (na)^n}$$

- 1-1-Elektrolyt AB (z. B. HCl):

$$a_\pm = \sqrt{a_\oplus \cdot a_\ominus} = \sqrt{a}$$

- 1-2-Elektrolyt AB_2 (z. B. $BaCl_2$):

$$a_\pm = \sqrt[3]{a_\oplus \cdot a_\ominus^2} = \sqrt[3]{a(2a)^2}$$

3) **Aktivität idealer und realer Systeme.** Der Dampfdruck im Gasraum über der realen Lösung korreliert mit der Aktivität nach dem Raoultschen Gesetz: $p_1/p_1^* = \gamma_1 x_1 \mathrel{\hat=} a_1$

	Ideal	Real
Chem. Potential		$\mu_i = \mu_i^0 + RT \ln a_i$
Gas	$a_i = x_i = \frac{p_i}{p^0}$	$a_i \mathrel{\hat=} \frac{f_i}{f^0} = \frac{\phi p_i}{p^0}$
Lösungsmittel	$a_1 \mathrel{\hat=} x_1 = \frac{p_1}{p_1^*}$	$a_1 \mathrel{\hat=} \gamma_1 x_1 = \frac{f_1}{f_1^*}$
Gelöster Stoff	$a_2 \mathrel{\hat=} c_2 \mathrel{\hat=} x_2$	$f_2 = H x_2$

a Aktivität (mol/ℓ), f Fugazität (Pa),
H Henrykonstante, p Dampfdruck (Pa),
p_1^* Dampfdruck: reines Lösungsmittel (Pa),
x Molenbruch, γ Aktivitätskoeffizient,
μ chemisches Potential (J/mol),
ϕ Fugazitätskoeffizient.

Aktivität, optische

Drehung der Polarisationsebene des linear polarisierten Lichtes durch eine „optisch aktive" Substanz (i. d. R. mit einem asymmetrischen Kohlenstoffatom). Kenn- und Messgrößen der *Polarimetrie* sind:

Biot-Gesetz: $\alpha' = \alpha_\lambda^t \, l \, w$

molare Drehung: $M_\lambda^t = \alpha_\lambda^t \, c$

optische Reinheit: $r = \frac{\alpha_{\lambda,1}^t}{\alpha_{\lambda,2}^t}$

Massenanteil: $w = \frac{\alpha'}{\alpha_\lambda^t \, l}$

c Stoffmengenkonzentration (mol/ℓ),
l Länge der Polarimeterröhre (m),
w Massenanteil (Gew.-% = kg/kg),
α' gemessener Drehwinkel (°),
α_λ^t spezifische Drehung (l meist 0,1 m),
1,2 Stoffe, z. B. Enantiomere.

Aktivität, radioaktive

*Radioaktivität.

Aktivitätskoeffizient

Der Aktivitätskoeffizient γ enthält *per definitionem* alle Abweichungen einer realen Lösung vom Idealzustand. Vgl. *Aktivität.

Akustisches Ohm

*nichtgesetzliche Einheiten, *Ohm.

Akzeptoraktivität

Biochemie: Beladung einer Transfer-RNA mit einer Aminosäure.

Al

Zeichen für das *chemische Element Aluminium, *US*-Schreibweise auch *aluminum.*

al.

Abk. f.: Alkohol, Ethanol, alkoholisch.

Alas

Perlen-Masseneinheit aus Persien:
1 Alas = 0,1 458 Gramm.

Alaska Time

*Zeitzonen.

Albanien

Währung: *Lek.

Albedo

Meteorologie und Geophysik: der kurzwellige, solare Reflexionsgrad der Erdoberfläche:

$$\varrho_s = \frac{M_R}{E_G} \quad \text{(Dimension 1)}$$

M_R spezifische Ausstrahlung der Erdoberfläche durch Wärmestrahlung (Temperaturstrahlung),
E_G *Globalstrahlung.

Albertustaler
1612 geprägte Silbermünze unter den spanischen Statthaltern Albert und Isabella aus den Niederlanden; wichtige Handelsmünze im 17. und 18. Jahrhunderts in Osteuropa.

Album
Altes Flächenmaß aus Dänemark:
1 Album = 2,96 Ar.

Albumin-Globulin-Quotient
Labormedizin: Verhältnis der Eiweißstoffe im Blutserum. Normalwert Albumin/Globulin = 1,5 bis 2,5. Albuminüberschuss z. B. bei perniziöser Anämie; Globulinüberschuss z. B. bei Infektionskrankheiten, multiple Sklerose, Schwangerschaft.

Albus *Mark.

Alcolla
Getreidemaß aus Marokko:
1 Alcolla = 22 Liter.

Aldan
Altes Längenmaß aus der Mongolei:
1 Aldan = 1,60 Meter.

Alen
*Elle. Altes Längenmaß aus Dänemark und Norwegen: 1 Alen = 62,77 Centimeter.

Alexiusdor
Goldmünze, geprägt unter Herzog Alexius von Anhalt-Bernburg, später Karldor.

Alfvén-Zahl *Kennzahlen.

Algerien *Tarri.

Alin *Elle, *Island.

alk
Abkürzung für: Alkali, alkalisch; alkoholisch.

Alkalireserve
Früher: *Standardbicarbonat.* CO_2-Bindungsvermögen des Blutes. Volumetrischer Hydrogencarbonatgehalt von anaerob gewonnenem Plasma beim Partialdruck $p(CO_2)$ = 5,3 kPa = 40 mmHg (37 °C) im strömenden Testgas. Normalwert: 25 mmol/ℓ $HCO_3^{\ominus}$.

Alkalität
Wasserkennwert: durch Schwefelsäure oder Salzsäure neutralisierbare basische Stoffe im Wasser (gelöste Hydroxide, Carbonate und Hydrogencarbonate). Einheit: Milliäquivalente/Liter (meq/ℓ). *m-Wert, *p-Wert.

Alkalitätszahl
Kennwert für die Alkalität von Kesselwässern: 40 p (*p-Wert).

Allgemeine Konferenz über Maße und Gewichte *CPGM.

Alma
Altes Hohlmaß aus der Türkei:
1 Alma = 5,2 Liter.

Almagest *Kalender.

Almane (= Almene)
Masseeinheit aus Ostindien:
1 Almane = 1 Kilogramm.

al marco
[ital.] „nach der Mark", d.h. nach dem Gewicht.
al marco = 1 Kölnische *Mark.

Almenn turma
Altes Volumenmaß aus Island:
1 almenn turma = 115,9 Liter.

Almud(e)
Altes Volumenmaß aus Spanien, Portugal, Süd- und Mittelamerika:
1 Almude =
= 0,32 Liter (flüssig, Spanien)
= 1,76 Liter (fest, Spanien)
= [20 bis] 25 Liter (Portugal)
= [früher] 16,74 Liter (Protugal).

Almudi
Altes Flüssigkeitsmaß aus Spanien:
1 Almudi = 39,95 Hektoliter.

Aln
Altes Längenmaß (*„Elle") aus Schweden und Finnland: 1 Aln = 59,38 Centimeter.

al peso [ital.] „nach dem Gewicht".

al pezzo, al numero
[ital.] „nach der Stückzahl", v. a. Goldmünzen.

Alqueire
Altes Hohlmaß (*„Scheffel") aus Portugal und Brasilien:
1 Alqueire = 1 Rasa = [heute] 20 Liter
= 13,8 Liter (Getreide: Portugal, Brasilien)
= 8,27 Liter (Flüssigkeiten: Portugal).

alt
Index für Formelzeichen nach DIN 1304: wechselnd, alternierend; wahlweise, alternativ (z. B. Druck p_{alt}).

ALS *Auslöseschwelle

Altitude (ALT)
Luftfahrt: Höhe über Normalnull.

Altmaß
oder *Hellaichmaß,* alte Volumeneinheit für klaren, ausgegorenen Wein:
1 Altmaß = 1,793 Liter (Frankfurt/Main).

Alvaretium *Transfermiumelemente.

Am
Abkürzung für: Amyl- = Pentyl- (C_5H_{11}); Zeichen für das *chemische Element Americium.

am
1) Kurzzeichen für Attometer.
2) Amplitudenmodulation, speziell der Mittelwellenbereich beim Radioempfang.
3) Amplitude, elliptische Funktion.
4) Alte Volumeneinheit aus Schweden, vgl. *Ohm: 1 am = 157,03 Liter.

a.m.
1) Abk. f. *ante meridiem* [lat.], „vormittags".
2) *anno mundi* [lat.], „nach der Erschaffung der Welt".

Amat
Handelsgewicht aus Batavia:
1 Amat = 123,042 Kilogramm.

amb
Abkürzung für: [Index, DIN 1304] Umgebungs..., [lat.] *ambiens*, z. B. Druck p_{amb}.

AME Veraltet! *Atomare Masseneinheit.

American Standard Code *ASCII

American Standards Association *ASA

Ammah
Althebräisches Längenmaß:
1 Ammah = 48,4 Centimeter.

Ammatu
Altes Längenmaß (*Elle) aus Mesopotamien:
1 Ammatu = 49,5 Centimeter.

Ammomam
Altes Getreidemaß aus Sri Lanka (Ceylon):
1 Ammomam = 203,4 Liter.

amor Abkürzung für: *amorphous*, amorph.

amount of substance
*Stoffmenge, *Formelzeichen *n*.

Amp., amp
1) Kurzzeichen für Ampere (im englisch sprachigen Raum verbreitet, international: A).
2) amp-hr, Abkürzung für: *ampere-hour*, Amperestunde [*US*, international: Ah]

amp
Index nach DIN 1304: Amplitude; z. B. Amplituden-Permeabilität μ_{amp}.

Ampere (A, EDV: A**)**
Nach dem französischen Mathematiker und Physiker ANDRÉ MARIE AMPÈRE (1775–1836) benannte Basiseinheit der elektrischen Stromstärke im SI-System. Die internationale Schreibweise der Einheit ohne Akzent (è) ersetzt nationale Begriffe: [span., port.] amperio, [frz., holl.] ampère, [ital., schwed.] ampere, [jap.] anpea, [poln.] amper.
Die Konferenzen für Maß und Gewicht (CIPM 1946 und 9. CGPM 1948) definieren 1 Ampere als die Stärke eines zeitlich unveränderlichen elektrischen Stromes, der zwischen zwei geradlinigen, unendlich langen, parallelen Leitern mit vernachlässigbarem Kreisquerschnitt im Abstand von 1 Meter im Vakuum pro Meter Länge die Kraft 200 nN hervorruft:

$$F = I_2 l \mu H_1 = \mu \frac{I_1 I_2 l}{2\pi a} = 2 \cdot 10^{-7}\ \text{N}$$

I_1 $a = 1$ m I_2 $l = 1$ m

a	Leiterabstand = 1 m
H	Magnetfeldstärke
$I_1 = I_2$	Stromstärke = 1 A
l	Leiterlänge = 1 m
$\mu = \mu_0\mu_r$	Permeabilität, H/m
μ_0	Vakuumpermeabilität: $0{,}4 \cdot \pi$ µH/m

Veraltete Definitionen:
1. Internationales Ampere [bis 1948, gesetzlich verboten ab 1975]; definiert als der Strom, der exakt 1,118 mg/s Silber aus einer definierten Silbernitratlösung abscheidet:
1 int. A = 1 A_{int}
= 0,999 85 (=$^{1,00034}/_{1,00049}$) Ampere.
2. Amerikanische Definition vor 1948:
1 int. Ampere *US* = 0,999 835 Ampere.

3. Abampere (= absolutes Ampere), früher im *elektromagnetischen cgs-System, im amtlichen Verkehr seit 1975 verboten:
1 abs. A = 1 A_{abs} = 10 Ampere.

4. Statampere, im *elektrostatischen cgs-System: 1 stat. A = 3,335 641·10^{-10} Ampere.

Ampere pro...

1)...Kilogramm(A/kg). Abgeleitete SI-Einheit der Ionendosisrate (Ionendosisleistung); für eine ionisierende Strahlung bei zeitlich unveränderter Energieflussdichte, die die Ionendosis 1 Coulomb pro Kilogramm innerhalb 1 Sekunde erzeugt.

2)...Meter(A/m). 1 A/m entspricht der magnetischen Feldstärke, die ein durch einen unendlich langen, geraden Leiter mit kreisförmigem Querschnitt fließender elektrischer Strom der Stärke 1 Ampere im Vakuum außerhalb des Leiters auf dem Rand einer zum Leiterquerschnitt konzentrischen Kreisfläche vom Umfang 1 Meter hervorrufen würde.

3) ... Centimeterquadrat
1 A/cm^2 =
= 10 000 Ampere/Meter^2 =
= 10 Kiloampere/Meter^2 =
= 6,4 516 Ampere/square inch.

4) ... square inch
US-Einheit der Stromdichte:
1 A/sq.in. = 0,155 0003 A/cm^2.

Amperemeter

Gerät zur Messung der *elektrischen Stromstärke.

1) Praktische Strommessung:

• Im unverzweigten Stromkreis ist die Stromstärke an allen Stellen gleich groß. Strommesser werden deshalb in Serie geschaltet und vom Meßstrom direkt, d. h. im *Hauptschluss*, durchflossen.

• Niederohmige Messung: Der Innenwiderstand des Amperemeters R_M soll klein gegen die Widerstände des Stromkreises, d. h. der Spannungsabfall am Messgerät winzig, sein. Der angezeigte Strom I_M ist:

$$I_M = \frac{U_q}{R_i + R_a + R_M}$$

• Für Ströme, die über den Messbereich hinausgehen, wird ein Parallelwiderstand R_S = Nebenwiderstand = [engl.] *Shunt* eingeschaltet, der den Hauptstrom am Instrument vorbei leitet. Messbereichsumschaltung wird durch mehrere Parallelwiderstände in einem Umschalter realisiert.

$$R_M I_M = R_S I_S = R_S(I - I_S)$$

2) Digitale Messinstrumente arbeiten mit A/D-Wandlern und messen nicht kontinuierlich, sondern unterteilen den Messbereich in kleinste Einheiten, deren Größe durch die Auflösung vorgegeben wird (Diskretisierung); im Gegensatz zu Zeigerinstrumenten trägheitslos und unverzögert, jedoch mit dem Nachteil fluktuierender Anzeige bei schnell veränderlichen Werten.

3) Analoggeräte verstärken den Spannungsabfall an einem stromdurchflossenen Messwiderstand und setzen ihn in ein anzeigbares Signal um.

4) *elektromechanisches Messwerk.

Amperesekunde (As)

1 Amperesekunde = 1 Coulomb.

Amperestunde (Ah)

[engl.] **ampere-hour (amp hr)**, [span.] amperio-hora, [frz.] ampère-heure, [ital.] amperora, [jap.] anpea-zi, [holl.] ampère-uur, [port.] ampere-hora, [poln.] amperogodzina, [schwed.] amperetimme.
SI-Ladungseinheit in der Batterietechnik:
1 Ah = 3600 Coulomb (C)
= 3600 Amperesekunden (As).

Ampere-turn *Amperewindung.

Amperewindung (Aw, AW)

[engl.] **ampere-turn (AT)**, [span.] amperio-vuelta, [frz.] ampère-tour, [ital.] ampergiro, amperspira, [jap.] anpea-kaisû, [holl.] ampèrewinding, [port.] ampere-volta, [poln.] amperozwój, [schwed.] amperevarv.
Veraltet! *Elektromagnetische Einheit der magnetomotorischen Kraft, die von dem Strom 1 A in einer Leiterschleife hervorgerufen wird.
1 Aw = 1 Joule/Weber =
= ca. 100 Ampere/Meter
= 1,256 637 Gilbert.

Amperometrie

Messverfahren, bei dem eine Spannung angelegt und der Strom gemessen wird.

Amphora (= Quadrantal)
1) Altgriech. Flüssigkeitsmaß; lat. „zweihenkliger Krug, Amphore“, enghalsiges Tongefäß zur Aufbewahrung von Öl, Wein, Getreide und Früchten:
1 Amphora = 0,72 griech. Kubikfuß
= 16,44 Liter.
2) Bei den Römern ursprünglich gleich der griechischen Amphora, entsprechend einem Zehntel Culeus. Später:
1 Amphora = $^1/_{20}$ Culeus
= 8 Congii = 0,72 Kubikfuß (römisch)
= 80 Pfund Wasser (römisch)
= 26,25 Liter.
3) Historisches Gewicht zur Festlegung der Schiffsgröße; entsprechend 26,25 Kilogramm.
4) Vielfache und Bruchteile:
20 Amphorae = 1 Culeus,
$^1/_2$ Amphora = 1 Urna,
$^1/_8$ Amphora = 1 Congius,
$^1/_{96}$ Amphora = 1 Hemina.

Amplitude
oder *Scheitelwert*, der größte Augenblickswert $\hat{x}$ einer *Sinusgröße x oder sinusverwandten Schwingung.

Amplitude, komplexe
Der ruhende *Zeiger $\underline{\hat{x}}$, erhalten durch Division der Zeigerdarstellung einer Sinusgröße $\underline{x}(t)$ durch den Zeitfaktor $e^{i\,\omega t}$:

$$\underline{\hat{x}} = \frac{\underline{x}(t)}{e^{i\,\omega t}} = \hat{x}\, e^{i\,\varphi_0} = \hat{x} \angle \varphi_0$$

Beispiel: Komplexe Amplitude des magnetischen Flusses $\underline{\hat{\Phi}}$.
i = imaginäre Einheit, in der Elektrotechnik mit j abgekürzt; ω Kreisfrequenz = Drehgeschwindigkeit des Zeigers; φ_0 Nullphasenwinkel; $\hat{x}$ Amplitude, $\angle$ Versorsymbol (= e^i).

Amplitude, komplexe, eines Vektors

$$\underline{\hat{\vec{a}}} = \underline{\hat{a}}_x(t)\,\vec{e}_x + \underline{\hat{a}}_y(t)\,\vec{e}_y + \underline{\hat{a}}_z(t)\,\vec{e}_z = \\ = \begin{pmatrix} \hat{a}_x e^{i\,\varphi_x} \\ \hat{a}_y e^{i\,\varphi_y} \\ \hat{a}_z e^{i\,\varphi_z} \end{pmatrix} \cdot \begin{pmatrix} \vec{e}_x \\ \vec{e}_y \\ \vec{e}_z \end{pmatrix}$$

Real- und Imaginärteil von $\underline{\hat{\vec{a}}}$ sind Vektoren, die im dreidimensionalen Raum durch ruhende orientierte Strecken dargestellt werden und einen Winkel $0 \leq \gamma \leq \pi$ einschließen.

amps *nichtgesetzliche Einheiten.

AMS
Abk. f.: Aerospace Material Specification.

Amsterdamisch Voet
Altes Längenmaß aus den Niederlanden:
1 Amsterdamisch Voet = ca. 28 Centimeter.

amu *atomare Masseneinheit.

Amunam
Alte Volumeneinheit aus *Ceylon:
1 amunam = 203,4 Liter.

an
Index für Formelzeichen nach DIN 1304: anodisch, z. B. Spannung U_{an}.

ana (partes aequales) *aa.

Anagros (= Anegros)
Altes Getreidemaß aus Spanien und Südamerika.

Analoggerät
*Messtechnische Begriffe, *Amperemeter.

Anati (= Cumbo)
Altes Hohlmaß aus Portugiesisch-Ostindien:
1 Anati = 0,77 Liter.

Andorra *Franc.

Andreasdukat
Alte, in Russland und Braunschweig-Lüneburg verbreitete Goldmünze mit dem Bild des Hl. Andreas.

Ânée
[frz. âne, = Esel], *Anerie*, altes Wein- und Getreidemaß aus Lyon, „Eselslast“:
1 Anêe = 45 Maß = 205,664 Liter.

Anelastizitätsgrad
Kehrwert der elastischen *Güte.

Anemometer
Temperaturempfindliche Messgeräte für *Strömungsgeschwindigkeiten und Teilchengrößen in Gasen oder Flüssigkeiten.
1. *Hitzdraht-Anemometer*. Ein elektrisch beheizter Platindraht kühlt in der Strömung ab und ändert seinen Widerstand. Der Strom, um den Draht auf konstante Temperatur T zu heizen, korreliert mit der Strömungsgeschwindigkeit: $I^2 R/\Delta T \sim \sqrt{v}$.

2. *Laser-Doppler-Anemometer*. Ein stationärer Fotodetektor empfängt aufgrund des Doppler-Effektes das höher- oder niederfrequentere Streulicht von Teilchen, die im strömenden Fluid mitgeführt und von einem stationären Laserstrahl beleuchtet werden. Aufgrund der geringen Empfindlichkeit käuflicher Fotosensoren werden zwei parallele Laserstrahlen gleicher Intensität (He/Ne-, Ar-, Diodenlaser) über eine Linse fokussiert und die Schwebungsfrequenz des Interferenzmusters gemessen (Zweistrahlverfahren). Das Fluid strömt senkrecht durch das Schnittvolumen der gebündelten Strahlen ($\sim 100\,\mu m \cdot 1$ mm) und erzeugt eine der *Strömungsgeschwindigkeit* proportionale Modulationsfrequenz ν_l, die herausgefiltert wird. Um die *Strömungsrichtung* zu erfassen, wird die Frequenz eines Laserstrahls verändert: $v_\perp = (\nu_l - \nu_2)d$ (d Dicke des Strahls). Der Detektor erfasst vorwärtgestreutes Licht (Rückstreuung ist weniger intensiv).

3. *Phasendoppleranemometer*. Mehrere Fotodetektoren in unterschiedlichem Raumwinkel erlauben aus dem Phasenverlauf der Signale (unterschiedliche Laufzeit) die Teilchengröße zu bestimmen. Anwendung für Sprays und Spühtrockenprodukte.

Anergie

1) Bei Energieumwandlung nicht nutzbarer Energieanteil; nicht in andere Energieformen umwandelbare Energie (Verlustwärme, Abwärme). Energie = Exergie + Anergie.

2) Medizin: Energielosigkeit; ohne Immunreaktion auf ein Antigen.

Anfangspermeabilität

*Magnetische Stoffkennzahlen.

Anfangspermittivität

*Ferroelektrische Stoffkennzahlen.

Anfora

Weinmaß aus Alt-Venedig:

1 Anfora = 58,1 Liter.

Angloamerikanische Einheiten

Einheiten des *englischen Systems sind in Deutschland *nichtgesetzliche Einheiten. Die nichtmetrischen Maßsysteme in den USA, Kanada und Großbritannien wurden 1959 durch folgende Definitionen harmonisiert:

Inch	1 in	= 25,4 mm
Foot	1 ft	= 12 in = 30,48 cm
Yard	1 yd	= 0,9144 m
Pound	1 lb	= 0,453 592 37 kg

Großbritannien hat seit 1968 schrittweise das metrische System eingeführt. In den USA ist das *yard-pound-second-ampere-candela-degree Rankine–System* gesetzlich festgelegt. Britische Einheiten trugen früher den Zusatz "imperial"; heute werden sie durch Hintanstellung von *GB* oder *UK* (Great Britain, United Kingdom) von *US*-amerikanischen unterschieden. Vgl. *englische Einheiten, *US-Einheiten

1) Längenmaße, geordnet nach Größe: *mil = milliinch, *gauge (gg), *point (pt), *line, *inch (in), *hand, *link (li), *span, *foot (ft), *yard (yd), *fathom (fath), *rod (rd), *chain (ch), *furlong (fur), *mile (mi), *nautical mile (n mile, INM).

2) Flächenmaße, geordnet nach Größe: *circular mil (cir mil), *circular inch (bir in), *square inch (sq in, in^2), *square link (sq li), *square foot (sq ft, ft^2), *square yard (sq yd, yd^2), *square rod (sq rd), *square chain (sq ch), *rood, *acre, *square mile (sq mile).

3) Volumenmaße, geordnet nach Größe: *cubic inch (cu in, in^3), *board foot (fbm), *cubic foot (cu ft, ft^3), *cubic yard (cu yd, yd^3), *cord (cd), *register ton, *shipping ton.

Für Flüssigkeiten: *minim (min), *fluid scruple, *fluid drachm = fluid dram (fl dr), *fluid ounce (oz), *gill (gi), *pint (liq pt), *quart (liq qt), *pottle, *gallon (gal), *petroleum gallon (ptr. gal), *peck, *bushel (bu, bus). *barrel, *petroleum barrel (ptr. bbl), *quarter, *chaldron.

Für Feststoffe: *dry pint, *dry quart, *peck, *bushel, *dry barrel.

Angola

*Kwanza.

Ångström (Å), Ångströmeinheit (Å.E.)

Veraltet! Atomare Längeneinheit, bis Ende 1977 gesetzlich gesichert. In der Spektroskopie für Lichtwellenlängen und Gitterabstände verwendet. Definition: 1 Å = $^1/_6 \cdot 438{,}4\,696$ der Wellenlänge der roten Cadmiumlinie in trockener Luft bei Standard-Atmosphärendruck (15°C, 0,03 Vol.-% Kohlendioxid).

1 Ångström (Å) = 0,1 Nanometer (nm) =

100 Picometer (pm) = 10^{-10} Meter.

Anguilla *Dollar, Währung.

angular velocity
Winkelgeschwindigkeit, *Formelzeichen O.

anh Abkürzung für: *anhydrous*, wasserfrei.

Anker
Altes, regional unterschiedliches Hohlmaß für Wein in Deutschland und den Niederlanden:
1 Anker = 34,35 bis 38,9 Liter.

Anklingkoeffizient
oder *Wuchskoeffizient* σ, Realteil der komplexen *Kreisfrequenz Re $\underline{p}$ für einen exponentiell wachsenden (anklingenden) Sinusvorgang.
Beispiel: $u(t) = \hat{u}e^{\sigma t}\cos\omega t$.

Anlaufwert *messtechnische Begriffe.

Annam
Trung Bô, ehemaliges Kaiserreich in Indochina, seit 1950 zu Vietnam.
Historische Längeneinheiten: *chai vai, *gon, *ly, *ngu, *phan, *sao, *tat, *that, *thuoc, *truong.
Historische Flächeneinheiten: *mau, *quo, *sao.
Historische Volumeneinheiten: *shita = tao.

anno
1) [lat.] „im Jahre".
2) **anno currente,** [lat.] „im laufenden Jahr".
3) **Anno Domini (A.D.),** [lat.], „im Jahre des Herrn".
4) **anno orbis conditi (a.o.c.),** [lat.], „im Jahre nach der Erschaffung der Welt".
5) **anno orbis redemti,** [lat.], „im Jahre der Erlösung" (nach Christi Geburt).
6) **anno post Christum (a.p.C.),** [lat.], „im Jahr nach Christi Geburt".
7) **anno praeterito (a.p.),** [lat.], „im vergangenen Jahr".
8) **anno regni** [lat.] „im Jahre der Regierung".
9) **anno ante Christum,** *a.a.C.
10) **anno urbis conditae,** *a.u.c.

annus (a)
[lat.] „Jahr"; z. B. in *per annum* oder *pro anno* (p.a.) „jährlich, für das Jahr, aufs Jahr".

Anomalquotient (AQ)
Augenmedizin: Mischungsverhältnis von Rot + Grün im spektralen Farbenmischapparat (Anomaloskop), das Normalsichtige als Hell- bis Dunkelgelb erkennen. Normalwert 0,7 bis 1,4; Protanomal 0,02–0,6; Deuteranomal 2–20.

ANSI
American National Standards Institute.

Ansprechschwelle
*messtechnische Begriffe.

Antal (= Anthal, Antalak)
Altes Weinmaß aus Oberungarn:
1 Antal = 74,46 [od. 51] Liter.

ante Christum natum (a.C.)
[lat.] „vor Christi Geburt".

ante meridiem *a.m., „vormittags".

Anteil
1) Begriffsbildung: Verhältnis zweier mess- oder zählbarer Größen gleicher Dimension mit dem Größtwert höchstens 100% = 1; z. B. für Zusammensetzungsgrößen von Mischungen.
2) Verhältnis der Massen, Volumina, Stoffmengen oder Teilchenzahlen von einer Stoffportion *i* und der Summe aller Stoffe in der Mischphase; z. B.:

Massenanteil	$w_i = m_i/m$,
Volumenanteil	$\varphi_i = V_i/V$,
Stoffmengenanteil	$x_i = n_i/n$,
Teilchenzahlanteil	$X_i = N_i/N$.

Üblicherweise haben Zähler- und Nennergröße gleiche Einheiten (z. B. kg/kg), so dass man die Größe auch als Bruchteil von eins, in Prozent oder Promille angegeben kann.

Antennengewinn
In der Nachrichtentechnik: das Verhältnis zweier Leistungen (Dimension 1).
• bezogen auf den isotropen Strahler:
$$G_i = \eta_t D_i = \frac{P_t}{P_{t0}} \cdot \frac{P_{\Omega max}}{P_{\Omega i}}$$
η_t Strahlenwirkungsgrad, D_i Richtfaktor bezogen auf den isotropen Strahler, P_Ω Strahlstärke (W/sr), $P_{\Omega i}$ mittlere Strahlstärke (W/sr), P_t Strahlungsleistung (W), P_{t0} Eingangsleistung = aufgenommene Wirkleistung (W).
• bezogen auf den Halbwellendipol:
$$G_d = \eta_t D_d \approx \frac{R_r}{R_r + R_l} \cdot \frac{D_i}{1{,}643}$$

R_r Strahlungswiderstand (Ω), R_l Verlustwiderstand (Ω).

Antennengewinnfaktor
*Größenverhältnis.

Antennengewinnmaß
Logarithmus des *Antennengewinns (lg G).

Antigua *Dollar, Währung.

Antike Maße

1 Stadion	= 6 Plethra = 184,97 m
1 olympisches Stadion	= 192,27 m
1 röm. Meile	= 1000 Passus = 1478,7 m
1 Talent (Talantos)	= 26,2 kg
1 Drachme	= 6 Obolen = 4,4 g
1 Libra	= 12 Unzen = 327,5 g

Antigendrift
allmähliche, geringgradige Änderung der Spezifität eines Antigens (= Stoff der eine Immunreaktion auslöst, z. B. Grippenviren).

Antigenshift
plötzliche Änderung der Spezifität eines Antigens; z. B. neuer Stamm von Grippeviren alle 10 bis 20 Jahre.

Antitoxin-Einheit
oder *Immunitäts-Einheit*, kurz: I.E., A.E.; die Serummenge mit Antikörpern, die hundert tödliche Dosen eines Giftes aufhebt; bei Diphtherietoxin auf das 250 g schwere Meerschweinchen bezogen.

Anukabiet
Alte Längeneinheit aus *Siam:
1 anukabiet = 0,26 Centimeter.

Äon
[griech.] Welt-, Menschenalter, Ewigkeit.

AOX
*Summenparameter: (an Aktivkohle) adsorbierbare, organische Halogenverbindungen.

a.-p.
Röntgenmedizin: *anterior-posterior*, Strahlengang von vorn nach hinten, bezogen auf das Organ.

Apatan
Altes Volumenmaß von den Philippinen:
1 apatan = 0,094 Liter.

Apertur, numerische
Brechungsindex n des Mediums mal Sinus des halben Öffnungswinkels des Objektivs; bestimmt das Auflösungsvermögen eines optischen Systems.

$$A_N = n \sin\alpha.$$

Höchstwert in Luft = 1, in Immersionsflüssigkeiten >1.

Apostilb (asb)
Veraltet! Japanische Transkription *sutirubu*. Einheit der Leuchtstärke:
1 asb = 0,3 183 099 ($^1/_\pi$) Candela/m^2 =
= 1000 Skot = 0,001 Lambert.

Apostolisch *Monat, *Zeitrechnung.

apoth., ap
**apothecaries*-System, *Apothekersystem. Abkürzung für „Apotheker...".

Apothecaries' System
*Angloamerikanisches Apothekersystem:
1 pound = 12 ounces = 96 drams
= 288 scruples = 5760 grains.
Umrechnungsfaktoren siehe Stichwörter: *scruple (s ap, s apoth), *drachm (dr apoth), *dram (dr ap), apothecaries' *ounce (oz ap), apothecaries' *pound (lb ap).

Apothekergewichte
In Heilberufen früher verwandte Masseneinheiten (auch: **Medizinalgewichte**), basierend auf staatlichen Gewichtsordnungen für Arzneimittel. Grundlage war bis 1868 das Apothekerpfund (Medizinalpfund, *libra*, Abk. lb), üblicherweise drei Viertel des Handelspfundes.

- 1 Medizinalpfund = 12 Unzen (ca. 30 g)
zu je 8 Drachmen (ca. 3,75 Gramm)
zu je 3 *Skrupel (ca. 1,25 Gramm)
zu je 20 Gran (ca. 0,06 Gramm).
- Weit verbreitet war das Nürnberger Medizinalpfund = 357,844 Gramm.

Apothekersystem

1) *Apothecaries' System.

2) **Altes deutsches Apothekersystem,** vgl. *Apothekergewichte.

1 Pfund	= 12 Unzen	= 345,6 g
1 Unze	= 8 Drachmen	= 28,8 g
1 Drachme	= 3 Skrupel	= 3,6 g
1 Skrupel	= 20 Gran	= 1,2 g
1 Gran		= 0,06 g

Apothekerunze *Ounce.

apparent *Schein..., *Formelzeichen S.

Applikation

Anwendung eines Arzneimittels: *peroral* (Kapseln, Pulver, Saft, Tabletten, Tropfen), *rektal* (Zäpfchen, Lösungen, Klistier),
parenteral (Injektion, Infusion, Inhalation),
lokal (Salben, Pflaster, Umschläge, Bäder).

a.p.R.c

Abk. für *anno post Romam conditam* [lat.], „im Jahre nach der Gründung Roms".

April *Monatsnamen.

aq, aqu Abkürzung für: *aqueous,* wässrig.

Äquatorgrad *Grad.

Äquatorialguinea *Franc.

aqueous *aq.

Äquinoctium

[lat.] (Tag- und) Nachtgleiche; Durchgang der Sonne durch den Frühlingspunkt am 20./21. März bzw. den Herbstpunkt am 21./22. oder 23. September.

äquivalent

Nach DIN 4898: Zwei Größen, Gebilde oder Schaltungen sind (bezüglich gegebener Eigenschaften) äquivalent, wenn sie sich in Bezug auf diese Eigenschaften ersetzen können.

Äquivalent

Bruchteil eines Teilchens, einer Atomart, eines Ions oder Moleküls (DIN 32 625).

$$1 \text{ Äquivalent} = \frac{1}{z} \text{ Teilchen}$$

z Äquivalentzahl = „Wertigkeit".

Äquivalent, elektrochemisches

Proportionalitätsfaktor k (in kg/C) des 1. Faradayschen Gesetzes: Die Stoffmasse m, die bei der Gleichstromelektrolyse und 100%-iger Stromausbeute von der elektrischen Ladung $Q = 1$ Coulomb abgeschieden wird.

$$m = k \cdot Q = \frac{M}{zF} \cdot I \cdot t$$

Werden bei der Elektrolyse Gase frei, gilt für das abgeschiedene Gasvolumen V nach dem idealen Gasgesetz:

$$V = \frac{T}{p} \cdot \frac{p^0}{T^0} \cdot \frac{V_{mn}}{zF} \cdot Q$$

F Faraday-Konstante, I Strom (A), M molare Masse des abgeschiedenen Stoffes (kg/kmol), p^0 Normdruck (101 325 Pa), T^0 Normtemperatur (273,15 K), t Elektrolysierzeit (s), V_{mn} molares Normvolumen (22,4 m^3/kmol), z Ionenwertigkeit.

Tabelle A.3: Elektrochemisches Äquivalent verschiedener Ionen (Kn = Knallgas).

	$\frac{k}{mg/C}$		$\frac{k}{mg/C}$		$\frac{k}{mg/C}$
H_2	0,01 045	$Ag^{\oplus}$	1,1 179	$Fe^{2\oplus}$	0,2 894
O_2	0,0 829	$Al^{3\oplus}$	0,0 932	$Fe^{3\oplus}$	0,1 929
Kn	0,09 337	$Au^{3\oplus}$	0,6 812	$Hg_2^{2\oplus}$	2,0 789
		$Cu^{\oplus}$	0,6 588	$Ni^{2\oplus}$	0,3 041
$Cl^{\ominus}$	0,3 674	$Cu^{2\oplus}$	0,3 294	$Pb^{2\oplus}$	1,0 737
$OH^{\ominus}$	0,1 763	$Cr^{3\oplus}$	0,1 797	Pt^{IV}	0,5 057

Äquivalentdosis

H, *dose equivalent*: *Dosimetrische Größe für Strahlenschutzzwecke; das Produkt aus der Energiedosis D für Gewebe und einem dimensionslosen Bewertungsfaktor q:

$$H = D\,q$$

Für harte Röntgen- und Gammabestrahlung von außen ist $q = 1$. Für verschiedene Strahlenarten, Energien und Bestrahlungsbedingungen werden die q-Werte so festgesetzt, dass gleiche Äquivalentdosis gleiches Strahlenrisiko bedeutet.

Abgeleitete SI-Einheit: *Sievert (Sv) = Joule/Kilogramm (allgemein: Energieeinheit/Masseneinheit), veraltet *Rem.

Äquivalentdosisrate

oder **Äquivalentdosisleistung.** *Dosimetrische Größe, das Produkt aus Energiedosisrate und Bewertungsfaktor:

$$\dot{H} = \dot{D}\,q \quad \text{Einheit: Sv/s = W/kg}$$

Allgemein: Leistungseinheit/Masseneinheit.

Äquivalentkonzentration

Früher: **Normalität*. Beispiel für die normgerechte Angabe:

$$\text{Äquivalentkonzentration}\quad c\left(\tfrac{1}{2}H_2SO_4\right) = 1\,\frac{\text{mol}}{\ell} \Leftrightarrow$$
$$\text{Stoffmengenkonzentration}\quad c\,(H_2SO_4) = 0{,}5\,\frac{\text{mol}}{\ell}$$

Äquivalentleitfähigkeit

Bezieht man die spezifische Leitfähigkeit κ auf die Äquivalentkonzentration zc (früher: Normalität), erhält man die veraltete molare Äquivalentleitfähigkeit. Sie berücksichtigt die Ionenladung z, weil mehrfach geladene Teilchen ein Vielfaches der Elementarladung transportieren.

$$\Lambda_e = \frac{\kappa}{zc} = \frac{\Lambda}{z}$$

Umrechnung in SI-Einheiten:

$$1\,\Omega^{-1}\text{val}^{-1}\text{cm}^2 = 10/z\,\Omega^{-1}\text{kmol}^{-1}\text{m}^2$$

Äquivalenttemperatur

In der Thermodynamik, Meteorologie und Geophysik: die Temperatur (in K) einer feuchten Luftmenge nach isobarer Zufuhr der Kondensationswärme für den gesamten vorhandenen Wasserdampf:

$$T_e = T + m\,\frac{\Delta H_V}{c_p}$$

ΔH_V latente Verdampfungswärme des Wassers (J/kg), c_p spez. Wärmekapazität trockener Luft bei konstantem Druck, m Mischungsverhältnis der feuchten Luft (kg/kg).

Äquivalenttemperatur, potentielle

Die Temperatur Θ_e (in K) einer feuchten Luftmenge, nachdem 1) durch Zufuhr von Kondensationswärme der enthaltene Wasserdampf isobar erwärmt und 2) die Luft trockenadiabatisch auf einen Druck von $p_0 = 10^5$ Pa gebracht wurde.

Äquivalentzahl

z (früher *Wertigkeit*); entspricht der Zahl der abgegebenen, aufgenommenen oder ausgetauschten Elektronen bei Ionen- oder Redoxreaktionen; der Zahl der abgegebenen oder aufgenommenen Protonen bei einer Neutralisationsreaktion; vgl. *Äquivalent.

Ar

Zeichen für das *chemische Element Argon.

Ar (a, EDV: ARE)

*Gesetzliche, landwirtschaftliche Flächeneinheit für Grund- und Flurstücke; [engl., frz., holl., port.] **are**, [span.] área, [ital.] ara, [poln., schwed.] ar.

1 Ar =
= $100\,\text{m}^2 = (10\,\text{m})^2 = 10\,\text{m} \times 10\,\text{m}$
= $^1/_{100}$ Hektar
= 1076,391 Square foot.

Ära

Zeitalter, *Kalender.

Ara (a)

1) [ital. *ara*, „Ar“]. Feldmaß aus Italien:
1 Ara = 1 Ar

2) Hohlmaß für Salz und Getreide im alten Portugiesisch-Ostindien: Maßgrößen sind nicht bekannt.

Arabien

Historische Längeneinheiten: *barid, *covid(o), *farsakh = farsang, *marhala.
Historische Volumeneinheiten: *cuddy, *nusfiah, *teman, *zudda.
Historischer *Kalender.

Aranzada

Flächenmaß für Weinberge aus Spanien, regional und historisch unterschiedlich:
1 Aranzada = 44,7 192 [od. 47,5 578] Ar.

Aräometergrad

*Aräometerskala, *Grad Baumé.

Aräometerskala

Aräometer von griech. „Senkspindel“ sind einfache *Dichtemessgeräte (Tabelle A-4).

1) Skalenaräometer, ein spindelförmiger, unten beschwerter, mit Skala versehener Glaskörper. Je größer der Auftrieb der Spindel in der Messflüssigkeit ist, um so weiter ragt sie heraus. Anwendungen sind z.B. die Prüfung des Fettgehalts von Milch, des Alkoholgehalts von Getränken.

2) Senkwaage oder *Gewichtsaräometer*: zur Bestimmung des „spezifischen Gewichtes“ (Wichte γ) fester Körper. Beim Eintauchen in ein Wassergefäß gemessener Auftrieb (V_w Volumen des verdrängten Wassers):

$$V_w \varrho_w g = V_w \gamma = mg$$

Tabelle A.4 Umrechnung veralteter Aräometerskalen.
Umrechnung der Aräometergrade n in die Dichte ϱ (g/cm³) bei der angegebenen Normaltemperatur t.

	t/ °C	Dichte schwerer als Wasser		Dichte leichter als Wasser	
API	15,56	–	–	$\frac{141,5}{131,5+n}$	$\frac{141,5}{\varrho} - 131,5$
Baumé, deutsch	15	$\frac{141,3}{144,3-n}$	$144,3 - \frac{144,3}{\varrho}$	$\frac{141,3}{144,3+n}$	$\frac{144,3}{\varrho} - 144,3$
Baumé, holländ.	12,5	$\frac{144}{144-n}$	$144 - \frac{144}{\varrho}$	$\frac{141}{144+n}$	$\frac{144}{\varrho} - 144$
Baumé, *US*	15,56	$\frac{145}{145-n}$	$145 - \frac{145}{\varrho}$	$\frac{140}{130+n}$	$\frac{140}{\varrho} - 130$
Balling	17,5	$\frac{200}{200-n}$	$200 - \frac{200}{\varrho}$	$\frac{200}{200+n}$	$\frac{200}{\varrho} - 200$
Beck	12,5	$\frac{170}{170-n}$	$170 - \frac{170}{\varrho}$	$\frac{170}{170+n}$	$\frac{170}{\varrho} - 170$
Brix-Fischer	15,625	$\frac{400}{400-n}$	$400 - \frac{400}{\varrho}$	$\frac{400}{400+n}$	$\frac{400}{\varrho} - 400$
Cartier	12,5	–	–	$\frac{136,8}{126,1+n}$	$\frac{136,8}{\varrho} - 126,1$
Stoppani	15,625	$\frac{166}{166-n}$	$166 - \frac{166}{\varrho}$	$\frac{166}{166+n}$	$\frac{166}{\varrho} - 166$
Twaddle, *GB*	15,56	$\frac{200+n}{200}$	$200(\varrho - 1)$	–	–

Arbage
Ölmaßeinheit aus Tripolis (Libyen):
1 Arbage = 1,2208 · 8,5 Kilogramm = 11,64 Liter.

Arbeit, elektrische
(W, Einheit: *Joule, *Wattstunde). Im Gleichstromkreis bewegen sich die Ladungsträger unter der Triebkaft des elektrischen Feldes durch den Leiter und verrichten dabei elektrische Arbeit. Bei konstanter Stromstärke bewegen sich alle Ladungsträger mit gleicher Geschwindigkeit. Die elektrische Arbeit wird als *Stromwärme* frei.

$$W = UIt = \frac{U^2 t}{R} = I^2 Rt$$

U Spannung (V), I Strom (A), t Zeit (s), R Widerstand (Ω).

Arbeit, mechanische
Arbeit = Kraft · Weg = Leistung · Zeit

$$W = F s = P t$$

In: *Joule = Newtonmeter = Wattsekunde.

Arbeit, spezifische
Massenbezogene Arbeit (DIN 1304).

$$Y = \frac{W}{m} \quad \text{Einheit: } \frac{\text{J}}{\text{kg}}$$

Das Formelzeichen w ist für die Energiedichte reserviert.

Arbeitsplatzkonzentration
*MAK, *BAT, *TRK.

Arbeitssicherheitskennzahlen
*ALS, *BAT, *MAK, *TRGS, *TRK.

Arc
Lat. *arcus*, „Bogen“, das eindeutig bestimmte x (im Bereich $0 < x < 2\pi$) in der Exponentialdarstellung einer *komplexen Zahl: $z = |z| e^{\mathrm{i}\,x}$. Als *Nebenwerte* werden $\mathrm{arc}_n = \mathrm{Arc}\, z + 2\pi\, n$ bezeichnet. ISO 31-11 sieht das Zeichen arg vor.

arccos
Abkürzung für: arcus cosinus, die Umkehrfunktion der Einschränkung von cos auf $[0, \pi]$.

arccot
Abkürzung für: arcus cotangens, die Umkehrfunktion der Einschränkung von cot auf $[0, \pi]$.

Archimedes-Zahl
*Kennzahlen der Dimension 1.

Arcosh
Abkürzung für: area cosinus hyperbolicus, die Umkehrfunktion der Einschränkung von *cosh auf $[0,\infty]$.

Arcoth
Abkürzung für: area cotangens hyperbolicus, die Umkehrfunktion der Einschränkung von *coth in der Menge der rellen Zahlen.

arcsin
Abkürzung für: arcus sinus, die Umkehrfunktion der Einschränkung von *sin auf $[-\pi/2,\pi/2]$.

arctan
Abkürzung für: arcus tangens, die Umkehrfunktion der Einschränkung von *tan auf $[-\pi/2, \pi/2]$. Nach ISO 31-11 und DIN 1302 gilt das Zeichen arctan für den Hauptwert des Arcustangens, der zwischen $-\pi/2$ und $\pi/2$ liegt. Daher ist die Definition z. B. des Phasenwinkels als $\varphi = \arctan \frac{y}{x}$ nur bedingt richtig und muss lauten: $\tan\varphi = y/x$.

Ardabb
Altes Hohlmaß aus Ägypten:
1 Ardabb = 1,98 Hektoliter.

Ardeb
1) Altes Volumenmaß aus Ägypten:
1 Ardeb = 10,6 bzw. 4,4 Liter.
2) Alte Masseneinheit:
1 Ardeb = 4,5 Kilogramm.
3) Altes Getreidemaß aus Äthiopien und Syrien:
1 Ardeb = 200 bis 270 Kilogramm.

Área (a)
Flächenmaß aus Argentinien:
1 área = 1 Ar = 100 m^2.

arg
Abkürzung für: Argument von; Bogen einer komplexen Zahl, *arc.

arg$ *Peso.

Argentaffinität
Histologie: Reduzierende Wirkung von Zell- und Gewebeteilen gegen ammoniakalische Silbernitratlösung unter Abscheidung schwarzer Silberniederschläge.

Argentinien
Alte Gewichte: *arroba, *libra, *quintal.
Historische Längeneinheiten: *braza, *cuadra, *legua, *linea, *vara.
Flächeneinheiten: *cuadra, *manzana.
Historische Volumeneinheiten: *baril, *fanega, *frasco, *galón, *lastre, *pipa, *tonelada.

ARHC *Erlang.

Arithmetischer Mittelwert
*messtechnische Unsicherheit.

Arm
Längenmaß aus Bengalen:
1 Arm = 45,7 Centimeter.

Armina
Altes katalonisches Weinmaß:
1 Armina = 34,75 Liter (Tarragona).

Arpa (Wiener Joch)
Altes Flächenmaß aus Ungarn:
1 Arpa = 57,55 Ar.

Arpent
Altfranzös. Feldmaß, *Morgen:
1 Arpen(t) = 100 perches carrées
= 0,3419 Hektar (Frankreich, *Arpent de Paris*),
= 0,422 Hektar (Frankreich, *Arpent commune*)
= 0,51 Hektar (Frankreich, *Arpent d'ordonnance*, *Arpent légal*)
= 0,329 Hektar (Belgien)
= 0,342 Hektar (Kanada)
= 0,36 Hektar (Schweiz).

Arrâtel
1) Alte Masseneinheit aus Brasilien:
1 Arrâtel = 459 Gramm.
2) Alte Masseneinheit aus Portugal:
1 Arrâtel = 344,2 bzw. 459 Gramm.

Arrhenius-Gleichung
Für die Geschwindigkeitskonstante einer chemischen Reaktion oder der physikalischen Adsorption an einer Oberfläche gilt:

$$k = Ae^{-E_A/RT} = \frac{\ln 2}{t_{1/2}}$$

E_A Aktivierungsenergie, k Geschwindigkeitskonstante, R molare Gaskonstante, T thermodynamische Temperatur, $t_{1/2}$ Halbwertszeit (z.B. Verweilzeit des Adsorbates auf der Substratoberfläche).

Arrhenius-Zahl *Kennzahlen.

Arroba

1) [dt. Arrobe], altes spanisch-portugiesisches Handelsgewicht, auch in Lateinamerika:
1 Arroba = 25 Libras (españolas) = 50 Marcos
= 400 Onzas = 6400 Adarmes
= 11,49 kg (Argentinien)
= 11,502 Kilogramm (Kastilien)
= 14,69 Kilogramm (Portugal, Brasilien).

2) Altes spanisches und lateinamerikanisches Flüssigkeitsmaß (für Öl und Wein), speziell für Wein auch **cantara* genannt:
1 Arroba = 8 Azumbres zu 4 Cuartillas
= 30,45 bzw. 35,5 Liter (Lateinamerika)
= 12,56 Liter (Kolumbien, Panama, *cantara)
= 12,56 Liter (Spanien: für Öl)
= 16,13 Liter (Spanien: für Wein, *cantara)
= 15,9 Liter (Venezuela).

Arschin (türk., rumän. Arşin)

1) Altes Längenmaß aus Bulgarien, Estland, Litauen, Rumänien, Serbien, Jugoslawien und der Türkei (*Elle):
1 Arşin = 68 bis 69 Centimeter
= 75,8 Centimeter („Maurerarschin")
= [heute] 1 Meter (Türkei).

2) In Russland:
1 Arschin = 16 Werschok = 71,12 Centimeter.

Arsinh

Abkürzung für: area sinus hyperbolicus, die Umkehrfunktion der Einschränkung von *sinh in der Menge der rellen Zahlen.

Artabe (artaba)

Historisches Hohlmaß und Gewicht aus Persien, Ägypten und Rom:
1 artaba = 56,24 bis 65,79 Liter
= ca. 32 Kilogramm.

Artal

Alte Masseneinheit aus Marokko:
1 Artal = 500 bis 540 Gramm.

Artanh

Abkürzung für: area tangens hyperbolicus, Areafunktionen der Hyperbel, die Umkehrfunktion der Einschränkung von *tanh in der Menge der rellen Zahlen.

Artilleristischer Strich

*Strich, *nichtgesetzliche Einheiten.

Aruba-Florin *Gulden.

As

1) Zeichen für Amperesekunde, Arsen.

2) [lat. *as*, „das Ganze", römisches Pfund], Rechtschreibung seit 1998: **Ass,** altrömisches, von den Oskern stammendes Gewicht, Münzmaß und Grundwährungseinheit; ursprünglich ein Kupferbarren von einem römischen Pfund Gewicht; im 3.–1. Jh.v.Chr. Bronzemünzen (*Aes grave*), die kontinuerlich im Wert sanken (12 bis $^1/_2$ Unze); Ablösung durch den *Sesterz* im 1. Jh.v.Chr. (*Denar):
1 As = 1 Libra =
= 12 Unciae (römische Unzen)
= 2 Semis = 3 Triens = 4 Quadrans
= 6 Sextans
= 327,5 Gramm.

3) Altes, deutsches und niederländisches Gold-, Silber- und Münzgewicht (*Mark):
1 As =
= 0,050 Gramm (Baden)
= $^1/_{4020}$ Kölner Mark = 0,05 817 Gramm
= $^1/_{5120}$ Troymark = 0,04 806 Gramm (Niederlande)
= $^1/_{4608}$ Vereinsmark = 0,05 075 Gramm (Preussen)
= 0,0529 Gramm (Sachsen, *Dukatenas*)
= $^1/_{4824}$ Wiener Mark = 0,04 850 Gramm (Österreich)
= $^1/_{10\,000}$ Zollpfund.

as

Abkürzung für: *asymmetric,* asymmetrisch. Index nach DIN 1304: asynchron, (z. B. Umdrehungsfequenz n_{as}).

ASA

Abkürzung für *American Standards Association,* arithmetisch geteilte Skala der Lichtempfindlichkeit von Fotomaterial gegen weißes Licht. Eine Verdoppelung der Sensitivität entspricht einer Verdoppelung des ASA-Wertes (auf der logarithmischen DIN-Skala eine Zunahme um drei).

ASA	12	25	50	100	200	400	800	3200
DIN	12	15	18	21	24	27	30	36

Für die gleiche Schwärzung des Filmmaterials muss man einen 12-ASA-Film eine Sekunde, einen 800-ASA-Film $^1/_{64}$ Sekunde belichten. Mit zunehmender Empfindlichkeit sinkt die

Körnung, und damit das Auflösungsvermögen des Filmes. Feinkörnige Filme trennen bis zu 120 Linien pro Millimeter auf, höchstempfindliches Material nur 50/mm.

Aschermittwoch *Wochentag.

ASCII

Abkürzung für *American Standard Code for Information Interchange*, Amerikanischer [7-Bit]-Standardcode für Informationsaustausch. Jedem Buchstaben des Alphabets, den Ziffern und Sonderzeichen und einigen Steuerbefehlen ist eine Zahl zugeordnet, z. B. 65 für A, 32 für das Leerzeichen.
Der ISO-7-Bit-Code wurde im Dezember 1967 veröffentlicht und als internationale Referenzversion (IRV) eingeführt. CCITT übernahm die Tabelle 1968 und bezeichnete sie als internationales Alphabet (IA) Nummer Fünf. Zehn Codepositionen stehen für nationale Anpassungen zur Verfügung. DIN 66 003 definiert das Paragraphzeichen (statt @) und die deutschen Umlaute mit ß an Stelle der Sonderzeichen [\ ] { | } auf der US-Tastatur.

Dez.	Hex.	Zeichen
0–31	00–1F	Steuerzeichen
32	20	(Space)
33–47	20–2F	! " # $ % & ' ( ) * + , - . /
48–57	30–39	Ziffern 0 bis 9
58–64	3A–40	: ; < = > ? @
65–90	41–5A	Buchstaben A bis Z
91–96	5B–60	[\ ] ^_ `
96–122	61–7A	Buchstaben a bis z
123–126	7B–7E	{ | }
127	7F	(Delete)
128–168	80–A8	fremdsprachige Sonderzeichen und deutsche Umlaute
169–223	A9–DF	grafische Sonderzeichen
224–238	E0–EE	griechische Sonderzeichen
239–255	EF–FF	mathematische Sonderzeichen

Aserbaidschan *Manat.

ASIC

Abkürzung für *application specific integrated circuit*, anwenderspezifische Schaltung.

Aslu

Altes Längenmaß aus Mesopotamien:
1 Aslu = 59,4 Meter.

ASME

Abkürzung für: American Society of Mechanical Engineers.

Asper

Türkische Silbermünze aus dem Mittelalter, Basiseinheit des türkischen Münzwesens.

Assay ton

Veraltet! Britische Masseneinheit für edelmetallhaltige Erze. Edelmetalle wurden im *avoirdupois*-System gewogen, Gold und Silber im *troy*-System (*ton):
1 assay ton = 29,166 Milligramm.

Assignaten

[frz. *assignation*, „Anweisung" einer Geldsumme]. Französisches Papiergeld, herausgegeben 1790 bis 1796, um die Nationalschuld zu tilgen, führte zur Inflation; im weiteren Sinne wertloses Papiergeld.

AST

Kurzzeichen: Q (im Flugverkehr), Abkürzung für *Atantic Standard Time*,
AST = UTC – 4 = MEZ – 3.

a.St

Abkürzung für „alten Stils", Zeitrechnung nach dem julianischen *Kalender.

Asta

Altes Längemaß aus *Malakka:
1 asta = 45,7 Centimeter.

Astame (= Guez)

Längenmaß aus dem ehemaligen Französisch-Ostindien: 1 Astame = 1,0395 Meter.

Astigmatismus

Nicht punktförmige Abbildung einer Linse; Stabsichtigkeit des Auges durch abnorme Wölbung der Hornhaut. Korrektur durch Zylinderlinsen.

ASTM

Abkürzung für: American Society for Testing Materials, „amerikanische Gesellschaft für Werkstoffprüfung".

ASTM-Siebreihe *Maschenweite.

Astron

Veraltet! Astronomische Angabe von Entfernungen im Fixsternbereich, auch **Makron, Metron, Parsec** genannt.

1 Astron =
= 206 264,8 Astronomische Einheiten
= $3{,}0\,857 \cdot 10^{13}$ Kilometer.

Astronomische Breite

φ_a (in rad), engl. *astronomic latitude*; Winkel, den die Lotrichtung durch den betrachteten Punkt mit einer Normalebene zur Rotationsachse der Erde bildet; Zählung wie *geografische Breite.

Astronomische Einheit (AE, a.e.)

Veraltet! Auch: *Sonnenweite,* [engl.] **astronomical unit (AU, A.U.)**. Gesetzlich nicht gesicherte Längeneinheit, die der mittleren Entfernung zwischen Erde und Sonne entspricht. Eine astronomische Einheit ist gleich der Länge des Radius der nicht gestörten Kreisbahn, auf der sich ein Körper von vernachlässigbarer Masse um die Sonne mit einer siderischen Winkelgeschwindigkeit von 0,017 202 098 950 Radiant pro Tag bewegt (DIN 1301 T1). Die Internationale Astronomische Union legte fest:

1 astronomische Einheit =
= $1{,}49\,597\,870 \cdot 10^{11}$ Meter
$\approx$ 149 Millionen Kilometer.

Astronomische Einheiten

In der Astronomie gebräuchliche, gesetzlich nicht gesicherte Einheiten sind: *Astronomische Einheit, *Lichtjahr, *Lichtminute, *Lichtsekunde, *Parsec.

Astronomische Größenklasse (mag)

Lat. *magnitudo* (^{m}). Die *scheinbare Helligkeit* von Sternen wird durch Größenklassen festgelegt (DIN 1301 T1 B1). Sind m_1 und m_2 die Größenklassen zweier Sterne und E_1 und E_2 die am Beobachtungsort von ihnen hervorgerufenen Beleuchtungsstärken, dann gilt:

$$\{m_1\} - \{m_2\} = -2.5 \lg(E_1/E_2).$$

Astronomische Länge

λ_a (in rad), engl. *astronomic longitude*; Winkel, den die astronomische Meridianebene durch den betrachteten Punkt (= Ebene durch die Lotrichtung und eine Gerade parallel zur Rotationsachse der Erde) mit der Ebene des Nullmeridians bildet; Zählung wie *geografische Länge.

Astronomische Zeitangaben *Kalender.

At

Zeichen für das *chemische Element Astat.

at

Abkürzung für: *atomization,* Atomisierung; technische *Atmosphäre. Index (DIN 1304): atomar, z. B. Schwächungskoeffizient μ_{at}.

ata *pa.

Atemäquivalent

oder *Ventilationsäquivalent,* Maß für den Totraumanteil der Lungenatmung; vermindert durch Opiatkonsum, erhöht bei Lungenemphysem. Normalwert:

$$\frac{\text{Atemvolumen } (\ell/\text{min})}{\text{Sauerstoffverbrauch (in } \ell/\text{min})} = 28 \pm 5$$

Atemfrequenz

Zahl der Atemzüge pro Minute, ab dem 3. Lebensjahr grob ein Viertel der Pulsfrequenz.

Erwachsener:	ca. 16–20/min,
sechsjähriges Kind:	ca. 25/min,
einjähriges Kind:	ca. 35/min,
Säugling, 6 Monate:	ca. 40/min,
Neugeborenes:	ca. 50/min.

Atemgrenzwert

Medizin: durch Hyperventilation (*Atemfrequenz 30/min) maximal mögliches Atemvolumen pro Minute. Normalwert bei jungen Männern: 100 bis 170 ℓ/min.

Atemphasen-Zeitverhältnis

Kehrwert des *Atemzeitquotienten. Normalwert bei Spontanatmung: 0,8 bis 0,9; maschinelle Beatmung: ca. 0,5.

Atemreserve

Differenz von *Atemgrenzwert und Ruhe-*Atemvolumen pro Minute.

Atemvolumen pro Minute

fälschlich: **Atemminutenvolumen** (AMV) oder *Atemzeitvolumen* (AZV). Normalwert:

$$\text{AMV} = \text{Atemfrequenz} \cdot \text{Atemzugvolumen} \approx 8 \text{ Liter/min}$$

bei einem Atemzugvolumen von 0,4–0,6 Litern (in Ruhe).

A

Atemzeitquotient

$$\frac{\text{Exspirationsdauer (in s)}}{\text{Inspirationsdauer (in s)}}$$

Normalwert: 1,1 bis 1,2; Anstieg bei „Verstopfung“ der Atemwege.

Äthiopien

*Birr.

Ätio-

[griech. *aitia* = Grund]; Abkürzung für das Abbauprodukt einer organischen Verbindung.

Atlantic Time

*Zeitzonen.

Atmosphäre, physikalische (atm)

1) Veraltet! [engl.] **standard atmosphere.** Druckeinheit, gültig bis Ende 1977, festgelegt 1948 als jährlicher Mittelwert des Luftdrucks auf Meeresniveau bei 45° Breite.
1 atm =
= 1,033 227 technische Atmosphäre (at)
= 1,01 325 Bar [exakt]
= 101 325 dyn/cm^2
= 101,325 Kilopascal (kPa)
= 10,33 227 Meter Wassersäule (mWS)
= 1013,25 Millibar (mbar)
= 760 Millimeter Quecksilbersäule (mmHg)
= 10,1 325 Newton/cm^2
= 101 325 Pascal (= N/m^2)
= 760 Torr.

2) **Definition von 1927:** 1 atm = Druck einer 760 mm hohen Quecksilbersäule bei 0°C und Normalfallbeschleunigung $g_n = 9{,}80665$ m/s^2 = 980,665 dyn/g mit der Dichte des Quecksilbers von 13,5 951 g/cm^3, exakt: 1,013 250·10^6 dyn/cm^2.

Atmosphäre, technische (at)

1) Veraltet! [engl.] **technical atmosphere.** Seit 1. Januar 1978 nichtgesetzliche Einheit für Druck und mechanische Spannung; definiert als der Druck, den die Kraft 1 kp (Kilopond) bei gleichmäßiger Verteilung und senkrechter Wirkung auf 1 cm^2 Fläche ausübt.
1 at =
= 1 Kilopond/Centimeter^2
(kp/cm^2, engl.: kgf/cm^2)
= 0,967 841 phys. Atmosphäre (atm)
= 0,980 665 Bar [exakt]
= 98,0 665 Kilopascal (kPa)
= 10 Meter Wassersäule
= 980,665 Millibar
= 735,559 Torr (= mm Hg)
= 9,80 665 Newton/cm^2
= 98 066,5 Pascal (Newton/m^2)
= 14,22 334 psi.

2) **atü.** Veraltet! „Technische Atmosphäre Überdruck“: x atü = $(x + 1)$ at.

3) Veraltet! **atu** bezeichnet Unterdruck, **ata** absoluten Druck.

Atmosphäre Überdruck

*nichtgesetzliche Einheiten, *at.

Atmosphäre Unterdruck

*nichtgesetzliche Einheiten, *at.

Atomares Einheitensystem

Die Grundeinheiten *natürlicher Einheitensysteme beruhen auf Naturmaßen. In der Atomphysik verbreitet ist das *Hartreesche Einheitensystem. Veraltet sind das *Plancksche und das *Miesche Einheitensystem.
In der atomphysikalischen Literatur, besonders im nichtdeutschen Sprachbereich, tauchen neben den atomaren Einheiten leider immer noch konventionelle *cgs-Einheiten auf. Die elektrostatische Energie zweier Punktladungen e im Abstand r lautet im CGS einfach e^2/r, im SI hingegen $e^2/4\pi\varepsilon_0 r$. In den Energiestufen des Bohrschen Atommodells tritt der Faktor $4\pi\varepsilon_0$ sogar zweimal auf. Die Umrechnung von Strömen, Widerständen, Induktivitäten zwischen den CGS- und SI-Einheiten ist ausgesprochen unangenehm (*Dreiersysteme).

Atomare Konstanten

*Konstanten.

Atomare Masseneinheit (u, EDV: U)

1) engl. **atomic mass unit** (fälschlich *Dalton). Gesetzlich nicht gesicherte atomphysikalische Basis der internationalen Atommassentabelle (seit 1961);
1 u = $^1/_{12}$ der Masse des Nuklids ^{12}C
≈ 1,66·10^{-27} kg (*Konstanten)
≙ 931,14 Megaelektronvolt (MeV).

2) *Physikalische Atomgewichtseinheit,* engl. *atomic mass unit,* **amu.** Veraltet! Bis 1960 Einheit der physikalischen Atomgewichtstafel auf Basis des Sauerstoffisotops ^{16}O. Früher galt mit dem SMYTHEschen Faktor die Umrechnung: amu = 1,000275 awu

3) *Chemische Atomgewichtseinheit*, engl. **atomic weight unit (awu)**. Veraltet! Bis 1960 Einheit der chemischen Atomgewichtstafel auf Basis der natürlichen Mischung der Sauerstoffisotope 16, 17 und 18:
1 amu = $^1/_{16}$ der gemittelten Massen der Sauerstoffisotope von frischem Regenwasser.

Atomgewicht
Veraltet! Für relative *Atommasse. Vgl. *atomic weight.

atomic mass
[engl.] für die relative *Atommasse eines Nuklids (z.B. U-234); [deutsch] relative Nuklidmasse.

atomic weight
[engl.] für die im *Periodensystem tabellierte mittlere relative *Atommasse eines Elements (z.B. Uran als Gemisch der Isotope U-233 bis U-236 und U-238). Nach IUPAC ist der Begriff „Atomgewicht" in der Chemie vorläufig geduldet; nach IUPAP in der Physik durch relative *Atommasse zu ersetzen.

Atommasse
= *Relative Atommasse (Dimension 1), auf $^1/_{12}$ der exakt 12 gesetzten Masse des Kohlenstoffisotopes ^{12}C bezogen; somit relative Größe (IUPAP). Tabellierte Atommassen sind Durchschnittsmassen, die aus der Häufigkeit und der Atommasse der natürlichen Isotopen eines Elementes berechnet werden (*Periodensystem der Elemente). Je nach Herkunft und Behandlung des natürlichen Materials können sich die Atommassen *chemischer Elemente unterscheiden.
• Geologisch außergewöhnliche Proben sind bekannt von: Ar, Ba, Cd, Ca, Dy, Er, Gd, He, Kr, La, Li, Lu, Nd, Ne, Os, Pd, Rb, Ru, Sm, O, Ag, N, Sr, Te, Th, U, H, Xe, Y, Zr.
• Infolge der Rüstungsanstrengungen der Atommächte ist käufliches Material einiger Elemente an bestimmten Isotopen künstlich abgereichert: B, Kr, Li, Ne, U, H, Xe.
• Die Isotopen-Zusammensetzung in normalem irdischen Material schwankt stark bei den Elementen: Ar, B, He, C, Cu, Li, O, S, Si.
Ist die genaue Atommasse nicht bekannt – z. B. bei kurzlebigen radioaktiven Elementen – wird die Massenzahl des langlebigsten Isotopes in eckigen Klammern angegeben.

Atomuhr *Zeit, *Zeitmessung.

ATPS
ambient temperature, pressure, saturated. Bei Zimmertemperatur, Barometerstand, im wasserdampf-gesättigten Zustand.

attenuation *Dämpfung.

Ätting
Flüssigkeitsmaß aus Finnland:
1 Ätting = 15,704 Liter.

Attischer Fuß *Fuß.

Attisches Talent *Talent.

Atto (a)
Der trillionste Teil einer Einheit:
a... = 10^{-18} Einheiten.

Attometer (am)
Unüblich! Längeneinheit:
1 Attometer = 10^{-18} Meter.

atu *pu.

atü *pü, techn. *Atmosphäre.

at.wt
Abkürzung für: *atomic weight*, Atommasse.

Au
Zeichen für das *chemische Element Gold.

a.u.c. (A.U.C.)
Abkürzung für *ab urbe condita* = „seit Gründung der Stadt" oder *anno urbis conditae* = „im Jahr seit Gründung der Stadt" Rom (753 v. Chr.) in der römischen Zeitzählung.

Auflösung *messtechnische Begriffe.

Aufnehmer *messtechnische Begriffe.

Auftrieb *Wägewert, *Aräometer.

Auftriebsbeiwert *Quertriebsbeiwert.

Augenabstand
Entfernung der Hornhautmittelpunkte bzw. Pupillenabstand beider Augen. Mittelwerte: Mann 63 mm, Frau 61 mm.

Augenblickswert
oder *Momentanwert*, der zur Zeit t herrschende Betrag einer zeitabhängigen physikalischen Größe, z. B. Augenblicksleistung $P(t) = U(t) \cdot I(t)$.

Augenblickswert, komplexer

Die Darstellung einer *Sinusgröße $a(t)$ durch einen rotierenden *Zeiger (Drehzeiger, Versor) in der komplexen Ebene:

$$\underline{a}(t) = \hat{a}\,\mathrm{e}^{\mathrm{i}\,(\omega t+\varphi_a)} = $$
$$= \hat{a}\,[\cos(\omega t+\varphi_a)+\mathrm{i}\,\sin(\omega t+\varphi_a)]$$
$$= \hat{a}\,\angle\,(\omega t+\varphi_a)$$

Die Projektion des Zeigers auf die reelle Koordinatenachse (= der Realteil der komplexen Größe) ist zu jedem Zeitpunkt die Größe $a(t)$:

$$a(t) = \mathrm{Re}\,\underline{a}(t) = \frac{\underline{a}(t)+\underline{a}^*(t)}{2} = $$
$$= \hat{a}\,\cos(\omega t+\varphi_a)$$

$\underline{a}^*$ konjugiert komplexer Drehzeiger (läuft entgegengesetzt mit der Kreisfrequenz $-\omega$).

$\hat{a}$ Amplitude,

ω Kreisfrequenz = Drehgeschwindigkeit des Zeigers,

φ_a Nullphasenwinkel,

$\angle$ Versorsymbol (= e^{i}).

Augenblickswert, vektorieller

Darstellung eines zeitabhängigen Vektors (z. B. Feldstärke) mit Sinusgrößen als Koordinaten in Form einer komplexen *Zeigergröße:

$$\vec{a}(t) = a_x(t)\,\vec{e}_x + a_y(t)\,\vec{e}_y + a_z(t)\,\vec{e}_z = $$
$$= \begin{pmatrix} \hat{a}_x\cos(\omega t+\varphi_x) \\ \hat{a}_y\cos(\omega t+\varphi_y) \\ \hat{a}_z\cos(\omega t+\varphi_z) \end{pmatrix} \cdot \begin{pmatrix} \vec{e}_x \\ \vec{e}_y \\ \vec{e}_z \end{pmatrix} = $$
$$= \begin{pmatrix} \mathrm{Re}\,(\underline{\hat{a}}_x \mathrm{e}^{\mathrm{i}\,\omega t}) \\ \mathrm{Re}\,(\underline{\hat{a}}_y \mathrm{e}^{\mathrm{i}\,\omega t}) \\ \mathrm{Re}\,(\underline{\hat{a}}_z \mathrm{e}^{\mathrm{i}\,\omega t}) \end{pmatrix} \cdot \begin{pmatrix} \vec{e}_x \\ \vec{e}_y \\ \vec{e}_z \end{pmatrix} = $$
$$= \mathrm{Re}\left(\underline{\vec{\hat{a}}}\,\mathrm{e}^{\mathrm{i}\,\omega t}\right) = $$
$$= \mathrm{Re}\left[\left(\mathrm{Re}\,\vec{\hat{a}} + \mathrm{i}\,\mathrm{Im}\,\vec{\hat{a}}\right)\cdot \right.$$
$$\left. \cdot\,(\cos\omega t + \mathrm{i}\,\sin\omega t)\right] = $$
$$= \mathrm{Re}\,\vec{\hat{a}}\,\cos\omega t - \mathrm{Im}\,\vec{\hat{a}}\,\sin\omega t$$

$\hat{a}_x, \hat{a}_y, \hat{a}_z$ komplexe Amplituden der Sinusgrößen.

Augeninnendruck

intraokularer Druck auf der Augeninnenwand: 15 bis 22 mmHg.

August

*Monatsnamen, *Jahr.

Augustdor

*Louisdor.

Auibeh (= Usbeck, Wihbih)

Getreidemaß aus Ägypten:
1 Auibeh = 1/6 Ardeb.

Aum

Alte Maßeinheit für Wein aus England:
1 Aum = 113,559 Liter.

Aune

1) Altes Längenmaß, von [lat.] *ulna*, *Elle:
1 aune =
= 65,6 bis 72,8 Centimeter (Belgien)
= 119 [120] Centimeter (Schweiz, Belgien)
= 69,5 Centimeter (Luxembourg, Belgien)
= 118,84 Centimeter (Frankreich).
2) aune de paris (Pariser Elle),
1 aune de paris = 1,188 Meter.
3) aune carrée = 0,48 Meter^2 (Belgien).

Aureus

[lat. „golden"; *aurum* „Gold"]. Altrömische *Münze aus Gold, seit CÄSAR weiter verbreitet; unter AUGUSTUS Weltmünze; unter KONSTANTIN D. GR. (309) vom *Solidus abgelöst.
1 Aureus =
= 25 Denar = 100 Sesterz = 400 As
1/40 Libra = 8,19 Gramm (CÄSAR)
1/42 Pfund = 7,80 Gramm (AUGUSTUS)
1/45 Pfund (NERO)
1/50 Pfund (CARACALLA).

Ausbeute

Bildungsgrad. Kennzahl, die den Gewinn an Substanz oder den Wirkungsgrad einer Reaktion beschreibt (vgl. Tabelle A-5).

Ausbeutemünze

Münze, die bei besonders hohen Erträgen von Gold- und Silberbergwerken geprägt wurde, z.B. der preussische Taler.

Ausbreitungsgeschwindigkeit

einer Welle: Quotient aus Wellenlänge λ und Periodendauer T.

$$c = \frac{\lambda}{T} = f\,\lambda$$

Hierbei wird c als unabhängig von der Frequenz f angenommen.

Tabelle A.5 Definitionen der Ausbeute bei chemischen Reaktionen.

Theor. Ausbeute (Bildungsgrad) = $\frac{\text{Eduktkoeffizient} \cdot \text{Produktmenge}}{\text{Produktkoeffizient} \cdot \text{Eduktmenge}}$	$B_P = \frac{\nu_E}{\nu_P} \frac{n_P}{n_E}$	$100\% = \frac{\text{mol}}{\text{mol}}$
Selektivität = $\frac{\text{Ausbeute}}{\text{Umsatz}}$	$S = \frac{B}{U} = \frac{\nu_E}{\nu_P} \frac{\Delta n_P}{\Delta n_E}$	$100\% = \frac{\text{mol}}{\text{mol}}$
Umsatz(grad) = $\frac{\text{Stoffmengenänderung}}{\text{Ausgangsmenge}}$	$U = \frac{n - n_0}{n_0} = \frac{\Delta n}{n_0}$	$100\% = \frac{\text{mol}}{\text{mol}}$
Raum-Zeit-Ausbeute = $\frac{\text{gewonnene Produktmenge}}{\text{Zeit} \cdot \text{Volumen}}$	$\frac{\dot{n}_P B_P}{V} = \frac{B_P}{V} \frac{dn_P}{dt}$	$\frac{\text{kmol}}{\text{m}^3\,\text{s}}$
Stromausbeute = $\frac{\text{abgeschiedene Stoffmasse}}{\text{theoretische Stoffmasse}}$	$\alpha = \frac{m}{m_{th}}$	$100\% = \frac{\text{kg}}{\text{kg}}$
Energieausbeute = $\frac{\text{thermodynamisch nötige Energie}}{\text{verbrauchte Energie}}$	$\eta = \frac{E_{th}}{E}$	$100\% = \frac{\text{J}}{\text{J}}$
Spezifischer Energiebedarf = $\frac{\text{Energieaufwand des Prozesses}}{\text{1 kg Produkt}}$		$\frac{\text{J}}{\text{kg}}$

Ausbreitungskoeffizient

In der Akustik und Nachrichtentechnik die komplexe Größe:

$$\underline{\gamma} = \alpha + \mathrm{i}\,\beta = \underline{\Gamma}/l$$

Beispiel: Definitionsgleichung der gedämpften Sinuswelle:

$$u(x,t) = \mathrm{Re}\left\{\underline{\hat{u}}\,\mathrm{e}^{\mathrm{i}\,\omega t \pm \underline{\gamma} x}\right\}$$

$\alpha = \mathrm{Re}\,\underline{\gamma}$ Dämpfungskoeffizient (dB/m),
$\beta = \mathrm{Im}\,\underline{\gamma}$ Phasenkoeffizient (rad/m),
$\underline{\Gamma}$ Ausbreitungsmaß, l Länge.

Ausbreitungsmaß

oder *komplexes Dämpfungsmaß* (Γ oder g), in der Akustik und Nachrichtentechnik die komplexe Größe:

$$\underline{\Gamma} = A + \mathrm{i}\,B$$

A oder a Dämpfungsmaß (dB),
B oder b Phasenmaß (rad).

Ausdehnungskoeffizient

Für Festkörper wird der *Längenausdehnungskoeffizient α (Einheit: K^{-1}), für Flüssigkeiten und Gase der *Volumenausdehnungskoeffizient $\beta = 3\alpha$ tabelliert.

Ausgeber *messtechnische Begriffe.

Ausgleichsgerade

oder *Regressionsgerade* $y = bx + a$; beschreibt den linearen Zusammenhang zwischen zwei Zufallsgrößen x und y. Nach der Gaußschen „Methode der kleinsten Fehlerquadrate", engl. *linear least squares fit*, minimiert man die quadratische Abweichung der gewichteten N Messwerte y_i von den theoretischen Werten $bx_i + a$ auf der Geraden:

$$S = \sum_{i=1}^{N} \left[\frac{y_i - (bx_i + a)}{\sigma_i}\right]^2 \to \min$$

σ_i Standardabweichung jedes einzelnen Messwertes (hier gleich gewichtet).

Nullsetzen der Ableitungen der Fehlerquadratsumme S liefert ein System von Normalgleichungen und die zugehörigen Lösungen a (Achsenabschnitt) und b (Steigung).

$$a = \frac{[y] - b[x]}{N}$$

$$b = \frac{N\,[xy] - [x][y]}{N\,[x^2] - [x]^2}$$

Mittleres Abweichungsquadrat der Messwerte von der Geraden:

$$s_y^2 = \frac{1}{N-1} \sum_{i=1}^{N} [y_i + (bx_i + a)]^2 = \frac{[y^2] - a\,[y] - b\,[xy]}{N-2}$$

Fehler des Achsenabschnittes:

$$s_a = \sqrt{\frac{s_y^2\,[x^2]}{N\,[x^2] - [x]^2}}.$$

Fehler der Steigung:

$$s_b = \sqrt{\frac{s_y^2 N}{N[x^2] - [x]^2}}.$$

Korrelationskoeffizient:

$$r = \frac{[xy] - N\bar{x}\bar{y}}{\sqrt{([x^2] - N\bar{x}^2)([y^2] - N\bar{y}^2)}}.$$

Die arithmetischen Mittelwerte kann man auch ausdrücken durch $\bar{x} = [x]/N$ und $\bar{y} = [y]/N$. **Ausgleichsgerade** $y = bx$ **durch den Ursprung.** Die Fehlerquadratsumme $S = \sum[y_i - by_i]^2$ führt zur Normalgleichung $dS/db = 0$ und der Lösung:

$$[xy] - b[x^2] = 0 \quad \Rightarrow \quad b = \frac{[xy]}{[x^2]}$$

Auslöseschwelle (ALS)
Konzentration unterhalb des *MAK- oder *TRK-Wertes (z. B. *BAT-Wert), ab der ein Gefahrstoff Schutzmaßnahmen erforderlich macht.

Ausschluss *typografischer Punkt.

Ausschusslehre
*messtechnische Begriffe.

äußere Oberfläche *Oberfläche.

Ausstrahlung *fotometrische Einheiten.

Austauschkoeffizient
In der Strömungslehre, Meteorologie und Geophysik das Produkt aus der Dichte des Fluids und dem turbulenten Diffusionskoeffizienten:

$$A = \varrho D \quad \text{Einheit: } \frac{\text{kg}}{\text{m s}}$$

Australischer Dollar *Dollar.

Autokorrelationsfunktion
In der Schwingungslehre und Spektroskopie das Integral des Produktes des Zeitverlaufes $x(t)$ mit dem um $-\tau$ verschobenen Zeitverlauf $x(t+\tau)$ dividiert durch eine ausreichend lange Beobachtungszeit Δt (vgl. *Leistungsspektralfunktion).

$$\varphi(\tau) = \lim_{\Delta t \to \infty} \frac{1}{\Delta t} \int_{\Delta t} x(t)\, x(t+\tau)\, \mathrm{d}\tau$$

av. *Avoirdupois-System.

avdp. *Avoirdupois-System.

average *Durchschnitts...

Avers *Münze.

avg Abkürzung für: *average*, Durchschnitt.

Avogadro-Konstante *Konstanten.

Avoirdupois-System (av., avdp.)
Das britisch-amerikanische System von Handelsgewichten und -maßen auf Basis des 1855 in England eingeführten *imperial pound avoirdupois*. Offiziell in Großbritannien bis 1971 gültig, danach stufenweise Einführung des metrischen Systems. *Englische Einheiten sind:
1 long ton =
= 20 hundredweight (centweight)
= 80 quarters
= 160 stones
= 2 240 pounds
= 35 800 ounces
= 537 440 drams
= 1 567 784 scruples
= 15 677 849 grains.
Umrechnungsfaktoren siehe die Stichwörter: *grain (gr), *dram (dr avdp), *ounce (oz avdp), *pound (lb), *stone, *quarter, *cental, *hundredweight = centweight (cwt), *ton (tn).

awu *atomare Masseneinheit.

a-Wert
früher *Ätznatronalkalität.* Kennwert von Wasserenthärtungsanlagen, berechnet aus *m- und *p-Wert; Sollwert 20–40 (pH > 10).
$a = (2p - m)\,40$ mg/ℓ NaOH.

ax
Index für Formelzeichen nach DIN 1304: axial, (z. B. Flächenmoment I_{ax}).

Azimut (az)
[engl.] *azimuth,* Winkel am Zenit zwischen dem Nullmeridian und einem Vertikalkreis, gezählt vom Nullmerdian aus über Ost, Süd, West nach Nord (von 000° bis 360°). Beispiel: α_{Az} = 234,5° = N 125,5°W = S 54,5°W.

Azumbre
Altes Flüssigkeitsmaß aus Spanien und einigen spanischsprachigen Ländern Süd- und Mittelamerikas:
1 Azumbre =
= 2,02 Liter (Kolumbien, Panama, Spanien)
= 4,4 Liter (Ecuador, Bolivien, Chile, Mexiko, Paraguay).

B

Formelzeichen

Physikalische Größe	Symbol	Einheit		Definition
Breite breadth	b	m		i. a. tangential
Gitterverschiebungsvektor fundamental translation vector for the crystal lattice	$\vec{b}$	m		siehe a_1
Reziprokgitterverschiebungsvektor (circular) fundamental translation vector for the reciprocal lattice	$\vec{b}_1, \vec{b}_2, \vec{b}_3$	m^{-1}		$\vec{a}_i \cdot \vec{b}_k = 2\pi \delta_{ik}$
Drehimpuls angular momentum, *action*	$(b), L$	N m s	$= \mathrm{m^2 kg\, s^{-1}}$	siehe L
van-der-Waals-Konstante retarded van der Waals constant	B, β	J	$= \mathrm{m^2 kg\, s^{-2}}$	
2. Virialkoeffizient second virial coefficient	B	$\mathrm{m^3/mol}$	$= \mathrm{m^3 mol^{-1}}$	(reales Gas)
Burgers-Vektor Burgers vector	$\vec{b}$	m		(Festkörperphysik)
Debye-Waller-Faktor Debye-Waller factor	$B, (D)$	–	$= 1$	(Festkörperphysik)
Blindleitwert susceptance	B	$\mathrm{S} = \Omega^{-1} = \frac{\mathrm{A}}{\mathrm{V}} = \mathrm{m^{-2} kg^{-1} s^3 A^2}$		$Y = G + iB$
Beweglichkeitsverhältnis mobility ratio	(b)	–	$= 1$	$b = \frac{\mu_\mathrm{n}}{\mu_\mathrm{p}}$
Tafel-Steigung Tafel slope	b	V/dec	$= \mathrm{m^2 kg\, s^{-3} A^{-1}}$	
magnetische Flussdichte, magnetische Induktion magnetic flux density, *induction*	$\vec{B}$	$\mathrm{T} = \frac{\mathrm{V\, s}}{\mathrm{m^2}} = \frac{\mathrm{Wb}}{\mathrm{m^2}} = \mathrm{kg\, s^{-2} A^{-1}}$		$\vec{F} = Q\, \vec{v} \times \vec{B}$
Magnetisierung magnetic polarization	(B_i)	T		siehe $\vec{M}$
Polbogen pol arc, pole-pitch percentage	b_i	m		DIN 1325
Polschuhbreite pole breadth	b_p	m		DIN 1325
Molalität molality	b	mol/kg		$b_i = n_i / m_\mathrm{Lm}$
Einstein-Koeffizient Einstein transition probabilities – für stimulierte Adsorption for stimulated absorption	B_mn	s/kg	$= \mathrm{kg\, s^{-1}}$	$\frac{\mathrm{d}N_\mathrm{n}}{\mathrm{d}t} = \rho_{\tilde{\nu}} B_\mathrm{mn} N_\mathrm{m}$
– für stimulierte Emission for stimulated emission	B_nm	s/kg	$= \mathrm{kg\, s^{-1}}$	$\frac{\mathrm{d}N_\mathrm{n}}{\mathrm{d}t} = -\rho_{\tilde{\nu}} B_\mathrm{nm} N_\mathrm{n}$

Rotationskonstante rotational constant				
– frequenzbezogen in frequency	B	Hz	$= s^{-1}$	siehe A
– wellenzahlbezogen in wavenumber	$\tilde{B}$	m^{-1}		siehe $\tilde{A}$
Massendefekt mass defect	B	u	$\hat{=}$ kg	siehe Δ
Relativer Massendefekt relative mass defect	B_r	–	= 1	
Beweglichkeit mobility	(b)	$m\,V^{-1}s^{-1}$		siehe u

B, β (Beta)

Phasenkoeffizient, -belag phase-change coefficient	β	m^{-1}		
Dämpfungskoeffizient damping coefficient	β, b	kg/s		$F(\dot{x}) = b\dot{x}$
Druckkoeffizient pressure coefficient	β	Pa/K	$= m^{-1}kg\,s^{-2}K^{-1}$	$\beta = \frac{\partial p}{\partial T}\big\|_V$
Bürstenbedeckungsverhältnis brush arc to pole pitch ratio	β	–	= 1	DIN 1325
„Wärmebewegung" reciprocal temperature parameter	β	J^{-1}	$= m^{-2}kg^{-1}s^2$	$\beta = \frac{1}{kT}$
van-der-Waals-Konstante retarded van der Waals constant	β, B	J	$= m^2kg\,s^{-2}$	
Massenkonzentration mass concentration	β	kg/m^3		$\beta_i = m_i/V$
Stoffübergangskoeffizient mass transfer coefficient	β	m/s	$= m\,s^{-1}$	
Spinwellenfunktion spin wavefunction	β	–	= 1	
Statist. Gewicht, Entartungsgrad statistical weight, degeneracy	β	–	= 1	

B

1) Abkürzung für: *British thermal unit*, Btu.
2) Index (DIN 1304) für: Bezugsstoff (z. B. molare Masse M_B).
3) Zeichen für das *chemische Element Bor.
4) (Beta) griech. B (Zahlzeichen: 2); Б, б kyrillisch. V, v.

b

1) Abkürzung für: Bel, Bes, Barn;
2) Index (DIN 1304): Basis, Biegung, Blind-; elektrische Maschinen: Wickelkopf.
3) Musik: Halbtonerniedigung (♭).

β (beta)

1) griech. b; neugriech. Umschrift: v (w);
2) Physik: Elektronenstrahlung.
3) Chemie: 2-Position; Modifikation.

Ba

Zeichen für das *chem. Element Barium.

Baa

Altes Längenmaß aus Ägypten:
1 Baa = 3 Meter.

Babylonische Einheiten

*Kalender, *Elle, *Fuß, *Ka, *Mine.

Bacharach-Skala
Bei der *Rußzahl-Bestimmung durch den Schornsteinfeger: Schwärzung von weißem Filterpapier im Vergleich mit zehn runden Feldern von abgestuftem Schwärzungsgrad (0 bis 100%).

Bag
Altes britisches Raummaß:
1 Bag = 24 Gallon *GB*.

Bagattino
[ital. *bagattella*] „Lapalie, Kleinigkeit"; altvenetianische Scheidemünze.

Bahama-Dollar *Dollar.

Bahar (= Behar)
Altes Gewicht aus Ostindien:
1 Bahar = 190 bis 270 Kilogramm.

Bahndrehimpuls
*Hartreesches Einheitensystem.

Baht
(Iso-Code: THB), Währungseinheit in Thailand; bis Juli 1997 an den US-$ gebunden.
1 Baht (฿) = 100 Stangs (St., Stg.) ≈ $^1/_{18}$ DM.

Baiocco (B, = Paolo, Papetto)
[ital. *baio*, „braun", *baiocchi*, „Moneten"]; alte Kupfermünze des Kirchenstaates.

BAK Blutalkoholkonzentration (in Promille).

Balboa
Währungseinheit in Panama nur für Münzen. Gesetzliches Zahlungsmittel ist der US-Dollar.
1 Balboa (B/.) = 100 Centésimos (c, cts)
= 1 US-$.

Bale
Amerikanisches Gewicht u.a. für Baumwolle, regional unterschiedlich:
166,5 bzw. 170 oder 226,8 Kilogramm.

Balgen
Altes Volumenmaß für Kohlen aus Hannover:
1 Balgen = 62,31 Liter.

Balita
Altes Längenmaß von den Philippinen:
1 balita = 27,95 Ar.

Balkenfuß
Historisch! Für Holz: 12 Zoll lang, 1 Zoll breit und 1 Zoll dick.

Balkenrute
Historisch! Für Holz: 12 Fuß lang, 1 Fuß breit und 1 Fuß dick.

Balkenwaage *Massebestimmung.

Ballen
1) Zählstückmaß, regional unterschiedlich:
Baumwolle: ca. 75 bis 250 Kilogramm.
Leder: 120 bzw. 220 Juchten (Stück).
1 Ballen Tuch = 10 bzw. 12 Stück.
2) Papierzählmaß:
1 Ballen = 10 Ries = 100 Buch
= 1000 Hefte = 10 000 Bogen.

Ballot
Altes Zählstückmaß für Glas:
1 Ballot = 25 Bund à 6 Tafeln farbloses Glas
= 12,5 Bund à 3 Tafeln farbiges Glas.

Band
Altes Zählstückmaß: 1 Band = 30 Stück.

Bandle
Altes Längenmaß aus Irland:
1 bandle = 0,61 Meter.

Bangladesh *Taka.

Bannmeile
1) Im Mittelalter Umgebung einer Stadt bis zur Entfernung von einer Meile, wo kein Fremder Handel oder Gewerbe treiben durfte.
2) Schutzbereich um Parlaments- oder Regierungsgebäude, in dem keine Versammlungen und Demonstrationen stattfinden dürfen.

Bantamgewicht
Gewichtsklasse im Sport: bis 54 Kilogramm beim Boxen, bis 56 Kilogramm beim Taekwondo, bis 57 Kilogramm beim Ringen, bis 59 kg beim Gewichtheben.

BAO
Labormedizin: *basal acid output*, Basal-Säuresekretion des Magens in mmol $\ell^{-1}h^{-1}$.

Bar (bar, EDV: BAR, **früher b)**
1) Druckeinheit im SI-System: [internat.] bar, [span.] baría, [jap.] baâ, baru. Die ursprüngliche Bezeichnung als „vorübergehend anzuwendende" Einheit, die durch Pascal zu ersetzen sei, wird in der neuesten 7. Auflage der CGPM-Broschüre „Le Système International d'Unités" nicht wiederholt.

1 Bar =
= 1000 Millibar (mbar)
= 1000 Hektopascal (hPa)
= 100 Kilopascal (kPa)
= $^1/_{10}$ Megapascal (MPa)
= 10^5 Pascal (N/m^2)
= 10 Newton/Centimeter^2
= 0,1 Newton/Millimeter^2
= 0,986 9233 phys. Atmosphären (atm)
= 1,019 716 techn. Atmosphären (at)
= 10 197,16 Kilopond/Meter^2
= 10^6 Mikrobar (μbar)
= 10^{10} Dyn/Meter^2
= 10^6 dyn/cm^2 = 1 Mdyn/cm^2
= 10,197 16 Meter Wassersäule
= 750,062 Torr (= mmHg).

2) Einheit des akustischen Schalldrucks:
1 bar = 1 dyn/cm^2 = 10^5 Pa.

3) Altes Flüssigkeitsmaß aus Kamerun:
1 Bar = 4 Liter.

Barbados-Dollar *Dollar.

Barelli
Altes Flüssigkeitsmaß aus Griechenland:
1 Barelli = 48 Liter.

Barid
Alte Längeneinheit aus Arabien:
1 barid = 19,3 Kilometer.

Barile
[ital. *barile*, „Fass, Weinfass"; griech. *baryllion*, „Senkwaage", Barill]. Altes südeuropäisches Flüssigkeitsmaß für Wein und Öl.
1 Barile =
= 74,2 Liter (Argentinien, Mexiko)
= 74,2 [65] Liter (Griechenland)
= 58,34 [30, 41, 64 bis 140] Liter (Italien)
= 64,4 Liter (Libyen)
= 30,2 Liter (Portugal)
= 75 bis 96 Liter (Südamerika).

Barleycorn
Historisch! Britische Längeneinheit:
1 Barleycorn = $^1/_3$ Inch.

Barn (b)
Veraltet! [int.] barn, [jap.] bān. Als Flächeneinheit *gesetzlich gesichert nur für die Angabe des Wirkungsquerschnittes von Teilchen in der Atom- und Kernphysik:
1 Barn =
= 10^{-28} Meter^2
= 10^{-24} Centimeter^2
= 0,0 001 Picometer^2
= 100 Femtometer^2.

Barometer
Messgeräte für den Luftdruck.

1. Quecksilberbarometer oder Gefäßbarometer nach E. TORRICELLI (1608–1647): Ein vollständig mit Quecksilber gefülltes, einseitig verschlossenes Rohr taucht mit dem offenen Ende in ein Quecksilber-Reservoir. Durch die Schwerkraft fließt ein Teil des Quecksilbers ins Vorratsbehältnis aus; zwischen Rohrende und Quecksilberspiegel entsteht ein Vakuum (= Hg-Dampfdruck). Der hydrostatische Druck der Säule $p = \varrho g h$ korreliert mit dem auf das Vorratsgefäß wirkenden Außendruck (101 425 Pa = 760 mmHg bei 0 °C). Mit Wasser gefüllte Barometer müssten rund 10 m lang sein. *Barometerkorrektur, *Wassersäule.

2. Heberbarometer. Ein mit Quecksilber gefülltes, ungleichschenkliges, einseitig verschlossenes U-Rohr. Auf das offene Ende des kürzeren Schenkels wirkt der Atmosphärendruck.

3. Aneroidbarometer = Dosen-, Metall- oder Federbarometer nach LEIBNIZ (1697) und VIDI (1848): Über eine luftleere Metalldose gespannte Membran, deren außendruckabhängige Verformung über eine Feder auf einen Skalenzeiger oder eine Schreibtrommel übertragen wird.

4. Siedebarometer = Hypsometer: Gefäß mit Wasser oder Freon, über dessen Siedepunkt der Luftdruck ermittelt wird; früher zur Temperaturmessung im Hochgebirge und in der Stratosphäre. Grundlage ist die barometrische Höhenformel und die Kirchhoff-Rankine-Gleichung:

$$p = p_0 e^{-\varrho_0 g h/p_0} \quad \text{und} \quad \lg p = A - \frac{B}{T_S}$$

Barometerkorrektur
Der abgelesene Stand h eines *Quecksilberbarometers – gemessen ab Vorratsspiegel mit einem verschiebbaren Maßstab oder der *reduzierten Teilung* $p = p'\,(1 + q_{\mathrm{Rohr}}/q_{\mathrm{Vorrat}})$ – wird bezogen auf Normtemperatur (0 °C) und die örtliche Fallbeschleunigung g und korrigiert um

Tabelle B.1 Druckkorrektur von Quecksilberbarometern bei verschiedenen Temperaturen.

Temperatur in °C	Messingskala p in mbar						Glasskala p in mbar					
	900	930	960	990	1020	1050	900	930	960	990	1020	1050
5	0,7	0,8	0,8	0,8	0,8	0,9	0,8	0,8	0,8	0,9	0,9	0,9
10	1,5	1,5	1,6	1,6	1,7	1,7	1,6	1,6	1,7	1,7	1,8	1,8
12	1,8	1,8	1,9	1,9	2,0	2,1	1,9	1,9	2,0	2,1	2,1	2,2
15	2,2	2,3	2,3	2,4	2,5	2,6	2,3	2,4	2,5	2,6	2,6	2,7
18	2,6	2,7	2,8	2,9	3,0	3,1	2,8	2,9	3,0	3,1	3,2	3,3
20	2,9	3,0	3,1	3,2	3,3	3,4	3,1	3,2	3,3	3,4	3,5	3,6
22	3,2	3,3	3,4	3,5	3,7	3,8	3,4	3,5	3,6	3,8	3,9	4,0
25	3,7	3,8	3,9	4,0	4,1	4,3	3,9	4,0	4,1	4,3	4,4	4,5
27	4,0	4,1	4,2	4,3	4,5	4,6	4,2	4,3	4,5	4,6	4,7	4,9
29	4,2	4,4	4,5	4,7	4,8	4,9	4,5	4,6	4,8	4,9	5,1	5,2
30	4,4	4,5	4,7	4,8	5,0	5,1	4,7	4,8	5,0	5,1	5,3	5,4
35	5,1	5,3	5,5	5,6	5,8	6,0	5,4	5,6	5,8	6,0	6,1	6,3

die thermische Ausdehnung h' von Skala und Quecksilber:

$$\Delta h' = h\,\frac{(\gamma - \alpha)\,t}{1 + \alpha' t}$$

und bei Säuleninnendurchmessern von <1 cm um die Kapillardepression h'':

$$\Delta h'' = \frac{4\sigma_{\mathrm{Hg}}\cos\theta}{gd(\varrho_{\mathrm{Hg}} - \varrho_{\mathrm{Luft}})}$$

α Längenausdehnungszahl der Skala: $18{,}4\cdot 10^{-6}\ \mathrm{K}^{-1}$ (Messing) $16\cdot 10^{-6}\ \mathrm{K}^{-1}$ (V2A-Stahl)

α' Längenausdehnungszahl von Glas: $8{,}5\cdot 10^{-6}\ \mathrm{K}^{-1}$ (Glas)

γ Volumenausdehnung von Quecksilber: $1{,}81\,792\cdot 10^{-4} + 0{,}175\cdot 10^{-9}t + 0{,}035\,116\cdot 10^{-9}t^2\ \mathrm{K}^{-1}$

σ Oberflächenspannung von Quecksilber: 0,465 N/m

θ Kontaktwinkel: 140° (Hg/Glas), 0° (Wasser/Glas)

t Celsius-Temperatur: $t/°\mathrm{C} = (T - 273{,}15)/\mathrm{K}$

Barrel (bbl)

Volumenmaß des *englischen Systems. Nationale Entsprechungen: „Faß“, [span., port., frz.] barril, [ital.] barile, [poln.] barylka, beczka.

1) Petroleum barrel (international):
1 barrel (*US*, Erdöl) =
= 5,614 583 Cubic foot
= 0,1 589 873 m³
= 34,97 232 gallon *GB*
= 42 gallon *US*
= 158,9 873 Liter.

2) In Großbritannien (historisch):
1 petroleum barrel *GB* =
= 35 petroleum gallon *GB*
= 158,758 Liter.

3) Dry barrel, für Trockengüter:
1 barrel (*US*, dry) =
= 3,281 219 (≈105/32) Bushel *US*
= 4,0 833$\bar{3}$ Cubic foot
= 7056 Cubic inch [exakt]
= 0,1 156 271 m³
= 115,6 271 Liter
= 209,998 Pint (*US*, dry)
= 104,9 990 Quart (*US*, dry).

4) Liquid barrel, für Flüssigkeiten:
1 barrel (*US*, liquid) =
= 4,2 109 375 Cubic foot
= 7276,5 Cubic inch
= 0,1 192 405 Meter³
= 26,22 925 Gallon *GB*
= 31,5 Gallon *US*
= 119,2 405 Liter.

5) Craneberry barrel, US-Volumeneinheit im Handelsverkehr für Beerenobst:
1 carneberry barrel =
= 5826 Cubic inch
= 95,4 710 Liter.

6) Indian barrel, veraltet!
1 indian barrel =
= 32 gallons = 121 Liter (trocken)
= 20 gallons = 158,75 Liter (flüssig).

7) Historische Festlegungen:
1 barrel (*GB*, Bier) = 20 Kilderskin
= 4 Firkin = 36 gallon *GB* = 163,6 592 Liter.
1 barrel (*GB*, Wein) = 31,5 gallon *GB*
= 143,2 018 Liter (trocken).
1 barrel *US* = 88,9 kg (Mehl)
= 127 kg (Salz)
= 25,4 kg (gestoßenes Salz)
= 11,34 kg (Schießpulver).

Barril
Altes Flüssigkeitsmaß aus Portugal, Süd- und Mittelamerika für Wein, Öl und Essig (regional unterschiedlich):
1 Barril = 76 Liter (Argentinien)
= 76,6 Liter (Mexiko)
= ca. 300 Liter (Portugal)
= 75,62 Liter (Uruguay).

Barrique
Altes Flüssigkeitsmaß aus Frankreich, regional unterschiedlich:
1 barrique = 200 bis 288 Liter.

Baryd
Alt-arabisches Wegemaß, gleich der Strecke, die ein beladenes Kamel in vier Stunden zurücklegt.

Barye (b)
Veraltet! In Frankreich früher gebräuchliche Druckeinheit, auch [frz.] *microbar.*
1 Barye = 10^{-6} Bar = 1 Mikrobar (μbar)
= 1 dyn/cm^2 = 0,1 Pascal.

Baryllion *Barile.

Base *pH-Wert.

Basenexponent *p*K*-Wert.

Basenkonstante *Dissoziationskonstante.

Basenüberschuss
oder **Basenabweichung,** engl. *base excess.* Basizität des Blutes in Millimol/Liter. Normalwert: ca. 0 mmol/ℓ; Bestimmung durch Titration bis zum Endpunkt pH 7,40 bei Sauerstoffsättigung und CO_2-Partialdruck 5300 Pa = 40 mmHg (37 °C).

Basket
Altes indisches Reismaß:
1 Basket = ca. 30 kg Reis.

BAT
Biologischer Arbeitsstoff-Toleranzwert. Die Höchstzulässige Menge eines Gefahrstoffes oder seiner Stoffwechselprodukte in Körpermedien (Blut, Harn, Lunge), bei der i. a. die Gesundheit nicht beeinträchtigt wird (40-Stunden-Woche, 8-Stunden-Tag).

Bat Alte thailändische Silbermünze.

Bat(h), griech. **Batos**
Babylonisches, im Alten Testament erwähntes Hohlmaß, v. a. für Trockengüter. Das Flüssig-Bat entsprach dem Trocken-Epha.
• 1 Bat(h) = 1 Epha = 3 Scheffel
= 36,44 Liter oder 46,5 Liter (nach einem bei Qumran gefundenen Gefäß von 33,4 Liter Inhalt und der Aufschrift „2 Sea [Scheffel] und 7 Log“).
• 1 Bat Öl = 3,6 oder 2 Liter
(je nach Berechnung).
• 1 Bat = 432 Eier.

Bataillon *Regiment.

Batman
Altes orientalisches Gewicht:
1 Batman = 16,37 kg (Innerasien)
= 4,6 oder 2,94 kg (Persien)
= 24,57 kg (Russland) = 7,7 kg (Türkei).

Batzen
Alte Silbermünze in Deutschland (seit dem 15. Jh.) und der Schweiz (bis ins 19. Jh.):
1 Batzen = 4 Kreuzer = 10 Rappen.

Bau Historisch! 22,4 Hektar (Oldenburg).

Baud (Bd)
Einheit in der Nachrichtentechnik; japanische Transkription: bô. Ursprünglich Schritt- oder Telegrafiergeschwindigkeit (= 1/kürzester Stromschritt); benannt nach dem frz. Telegrafenbeamten und Schöpfer des Fünferalphabets EMILE BAUDOT (1845-1903).
1 Baud = 1 Bit/Sekunde.

Bauerngroschen
Um 1350 in Goslar geprägte Münze.

Baufuß Historisch: 1 Baufuß = 0,288 Meter.

Bauméskala
Veraltet! *Aräometerskala nach dem frz. Chemiker ANTOINE BAUMÉ (1728–1804).

BD$ *Dollar, Währung.

BDS$ *Dollar, Währung.

Be
Zeichen für das *chem. Element Beryllium.

Bé Abk. f.: Baumé, *Viskosität, *Aräometer.

Becher
Altes Wein- und Getreidemaß:
1 Becher =
= 0,15 Liter = $^1/_{10}$ Maß (Baden)
= 1,9 Liter (Braunschweig)
= 0,48 Liter (Österreich)
= 0,109 Liter (Russland).

Becquerel (Bq, EDV: BQ**)**
Nach dem französischen Physiker HENRI BECQUEREL (1852-1908) benannte abgeleitete SI-Einheit der Aktivität einer radioaktiven Substanz, „Zerfälle pro Sekunde".

$$1\ \mathrm{Bq} = \frac{1}{\mathrm{Sekunde}} = 2{,}702\,703 \cdot 10^{-11}\ \mathrm{Curie}.$$

1 Bq entspricht der Aktivität eines radioaktiven Stoffes, in dem der Quotient aus statistischem Erfahrungswert für die Anzahl der Umwandlungen oder isomeren Übergänge und der Zeitspanne, in der diese Vorgänge stattfinden, dem Grenzwert 1/s bei abnehmender Zeitspanne zustrebt (vgl. auch *Eman).

Bedeckung
Auf die Fläche bezogene Größe, z. B. Massenbedeckung, *nicht* „Flächengewicht".

Bedeckungsgrad
*Oberflächenbelegungsgrad.

Begriffsbildung
Für die richtige Benennung physikalischer und technischer Größen und die Bildung von Wortzusammensetzungen gibt es DIN-Richtlinien, deren exakte Anwendung das Verständnis gleichartiger und ähnlicher Definitionsgrößen erleichtert. Vgl. Tabelle B-2 und Stichwörter: *Anteil, *Bedeckung, *Belag, *Bezogene Größe, *Dichte, *Druck, *Durchfluss, *Durchsatz, *Faktor = Beiwert, *Fluss, *Frequenz, *Gehalt, *Geschwindigkeit, *Gewicht, *Grad, *Größenverhältnis, *Koeffizient, *Konstante, *Konzentration, *Last, *Leistung, *Leitfähigkeit, *Maß, *Norm..., *Normierte Größe, *Pegel, *Quote, *Rate, *Reduzierte Größe, *Relative Größe, *Schnelligkeit, *Spezifische Größe, *Strom, *Stromdichte, *Übersetzung. *Verhältnis, *Zahl.

Beiwert *Faktor.

Beka (= hebr. **Beqa)**
„Bruchstück, Teil". Biblisches Gewicht im Alten Testament (Gen 24,22; Ex 38,26):
1 Beka = $^1/_2$ Schekel
= 8,185 Gramm oder 6,11 Gramm
(durch Funde belegter Mittelwert).

Bel (B, früher **b)**
US **transmission unit (TU),** [internat.] bel, [span.] belio, [jap.] beru. Nach dem schottisch-amerikanischen Physiologen ALEXANDER GRAHAM BELL (1857–1922) benanntes Hinweiswort (nicht Einheit im strengen Sinne) für dimensionslose Größen, die durch den dekadischen Logarithmus des Verhältnisses zweier gleichartiger Größen definiert sind, v. a. in der Akustik, Regelungstechnik und Elektrotechnik gebräuchlich. P_0 ist i. a. ein Referenzwert. Vgl. *Dezibel, *Pegel, *Neper:

$$1\ \mathrm{Bel} = \lg_{10}\frac{P_1}{P_0} = 1.$$

Bei Definitionen von Feldgrößen X (wie Schalldruck, Schallschnelle, Spannung und Stromstärke u.s.w.) ergibt sich wegen der Proportionalität zur Leistung $X^2 \sim P$:

$$\begin{aligned} M_{\lg} &= 2\lg\frac{X_1}{X_0}\ \mathrm{Bel} = \lg\frac{P_1}{P_0}\ \mathrm{Bel} \\ &= 20\lg\frac{X_1}{X_0}\ \mathrm{dB} = 10\lg\frac{P_1}{P_0}\ \mathrm{dB} \end{aligned}$$

Die Bezeichnung Dezibel (db) hat sich auch deshalb eingeführt, weil Reizunterschiede von weniger als 1 dB von unseren Sinnesorganen kaum wahrgenommen werden. Bei der Lautstärke war früher Phon statt dB üblich. Übliche Bezugswerte sind:

1. Schalldruck: $p_0 = 10^{-5}$ Pa = 20 μbar
2. Leistung: $P_0 = 1$ Milliwatt oder 1 Picowatt
3. Spannung:
$U_0 = \sqrt{600\,\Omega \cdot 1\,\mathrm{mW}} \approx 0{,}775$ V
4. Stromstärke:
$I_0 = \sqrt{1\,\mathrm{mW}/600\,\Omega} \approx 1{,}29$ mA

Umrechnung auf das durch den natürlichen Logarithmus definierte Neper:
1 B = [(ln 10)/2] Np $\approx$ 1,15 Np.
1 dB = [(ln 10)/20] Np $\approx$ 0,115 Np.

B

Tabelle B.2 Begriffsbildung: Beispiele für physikalische Größen.

	Mechanik	Kalorik	Akustik	Optik	Elektrik	Atomistik
Strom	Massenstrom $\dot{m} = m/t$	Wärmestrom $\Phi = Q/t = \dot{Q}$		Lichtstrom $\Phi = I\Omega$	Elektr. Strom $I = Q/t$	
Fluss	Durchfluss $\dot{V} = V/t$		Schallfluss q	Strahlungsfluss $\Phi_e = W/t$	Magn. Fluss $\Phi = BA\cos\alpha$	Energiefluenz $\Phi = W/A$
Menge		Wärme(menge) Q		Lichtmenge $Q = \Phi t$	Ladungsmenge $Q = It$	Stoffmenge n
Stärke				Lichtstärke $I = \Phi/\Omega$	Stromstärke I	
Dichte	Energiedichte $\omega = W/V$	Wärmestrom-dichte $\varphi = \dot{Q}/A$		Leuchtdichte $L = \frac{I}{A\cos\alpha}$	Stromdichte $i = I/A$	
Moment	Drehmoment $M = Fs$				Dipolmoment $\mu = Qs$, magn. Moment $m = \Phi s$	
Spezi-fisch	Volumen $v = V/m$	Wärme $q = Q/m$				
Dosis						Energiedosis $D = W/m$

Phänomen	**Triebkraft**	**Fluss**	Gesetz
Diffusion	Konzentrationsgefälle $\partial c/\partial x$ *Concentration gradient*	Stoffstrom $\dot{n} = \partial n/\partial t$ *Molecular flux*	$\frac{\partial n}{\partial t} = -AD\frac{\partial c}{\partial x}$ FICK
Elektrische Leitung *Electrical conduction*	Potentialgefälle $\partial U/\partial x$ *Potential gradient*	Elektrischer Strom I *Electrical current*	$I = \frac{U}{R}$ OHM
Wärmeleitung *Heat conduction*	Temperaturgefälle $\partial T/\partial x$ *Temperature gradient*	Wärmefluss $\dot{Q} = \partial Q/\partial t$ *Heat flow*	$\frac{\partial Q}{\partial t} = A\lambda\frac{\partial T}{\partial x}$ FOURIER
Fließverhalten *Viscous flow*	Geschwindigkeitsgefälle $\partial v/\partial x$ *Velocity gradient*	Schubspannung $\tau = F/A_\parallel$ *Shear stress*	$\tau = \eta\frac{\partial v}{\partial x}$ NEWTON
Chemische Reaktion *chemical process*	Chem. Potential-Differenz $\Delta G°$ *Chem. potential difference*	Reaktionsrate $\dot{n} = \partial n/\partial t$ *Chemical reaction rate*	$\frac{\partial n}{\partial t} = kcV$
Elektrochemische Reaktion *Electrochemical reaction*	Überspannung η *Overpotential*	Stromdichte i *Electrical current density*	$i = i_0 - \frac{F}{RT}\eta$ BUTLER-VOLMER

Belag
Nach DIN 1304: auf die Länge bezogene Größe, z. B. Widerstandsbelag.

Belastung
*Schadstoffkonzentration, *Last, *Erlang, *Masse.

Belegungsgrad
*Oberflächenbelegungsgrad.

Beleuchtungsstärke
oder **Bestrahlungsstärke** (E, Einheit: $\mathrm{lx} = \mathrm{lm/m^2} = \mathrm{W/m^2}$), vgl. *fotometrische Einheiten und Größen.

Aus dem *fotometrischen Grundgesetz folgt das *fotometrische Entfernungsgesetz* für die auf ein Flächenelement treffende Bestrahlungsstärke, sofern der Abstand r größer als die fotometrische Grenzentfernung ist:

$$E = \frac{I}{r^2} \cos \xi_2 \, \Omega_0$$

I Strahlstärke der Quelle, ξ_2 Strahlungseinfallwinkel, r Abstand Quelle – Empfänger, $\Omega_0 = 1$ sr.

Die Bestrahlungsstärke E auf der bestrahlten Fläche A_2 ist:

$$\mathrm{d}E = L \frac{\mathrm{d}A_1 \cos \xi_1 \cos \xi_2}{r^2}$$

$$E = \int_{(\Omega_2)} L \cos \xi_2 \, \mathrm{d}\Omega_2$$

$\mathrm{d}\Omega_2$ ist der Raumwinkel, unter dem die strahlende Fläche $\mathrm{d}A_1$ (Strahler) vom $\mathrm{d}A_2$ (Empfänger) aus gesehen wird. Für kugelförmige Teilchen mit infinitesimalem Durchmesser verschwindet der Faktor $\cos \xi_2$ und man erhält die *Raumbestrahlungsstärke* E_0 und die *Raumbestrahlung* H_0.

Beleuchtungsvektor
*fotometrische Einheiten.

Belgien
Historische Längeneinheiten: *aune, *mille, *perche, *pied.

Historische Volumeneinheiten: *boisseau, *vat. — Währung *Franc.

Belichtung
Vorgang, bei dem eine lichtempfindliche Schicht dem Licht ausgesetzt ist:

Belichtung = Beleuchtungsstärke · Zeit.

$$H_\mathrm{v} = E_\mathrm{v} t \quad \text{Einheit: lx s}$$

Vgl. *Fotometrische Einheiten und Größen, *Luxsekunde.

Belize-Dollar
*Dollar.

Bemessungsdaten
engl. *rating*. Nach DIN 40 200 die Zusammenstellung von Bemessungswerten und Betriebsbedingungen.

Bemessungswert
rated value. Für eine vorgegebene Betriebsbedingung geltender Wert einer Größe, der im allgemeinen vom Hersteller für ein Element, eine Gruppe oder eine Einrichtung festgelegt wird (nach DIN 40 200). Vgl. *Nennwert.

Benetzungswinkel
Der **Randwinkel** (θ in *Grad, *rad) zwischen Tropfenrand und Oberfläche, wenn ein Flüssigkeitstropfen auf einer ebenen festen oder flüssigen Oberfläche in einer durch die Schwerkraft leicht verformten Kugelgestalt (Zustand minimaler Oberfläche und Oberflächenenergie) verharrt. Vgl. *Oberflächenspannung.

Tabelle B.3: Definition des Randwinkels θ: $\vec{F}_\mathrm{A}$ Adhäsionskräfte, $\vec{F}_\mathrm{K}$ Kohäsionskräfte, h Höhe der Flüssigkeitssäule.

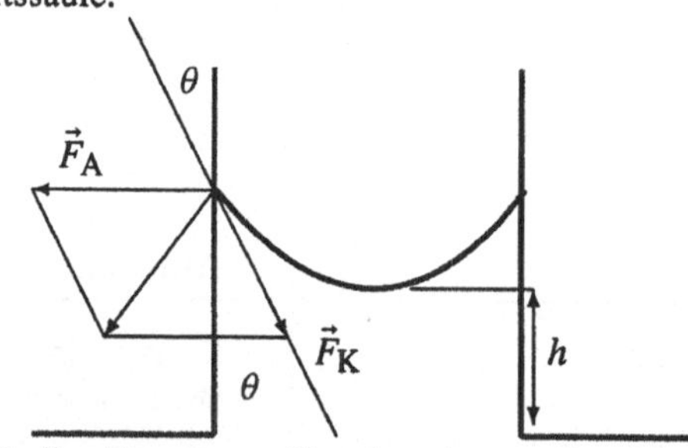

vollständige Benetzung (Spreitung):	$\theta = 0°$
teilweise Benetzung:	$\theta < 90°$
Nichtbenetzung:	$\theta \geq 90°$
vollständige Nichtbenetzung:	$\theta = 180°$

Messung des Benetzungswinkels:

1. Ausmessung des Meniskus im Gegenlicht mittels eines Fernrohrs mit Gradeinteilung im Okular.

2. Interferenzmessung der vom Tropfen reflektierten Laserstrahlen (Konstruktion des Tropfenprofils).

Benin
*Franc.

Benz
Vor 1969 vorgeschlagene, international nicht akzeptierte Bezeichnung für die Einheit der Geschwindigkeit (statt m/s).

B

Beobachtungseinflüsse
*messtechnische Unsicherheit.

Bergstabel
Altes Längenmaß: im Salzbergbau:
1 Bergstabel = 570 Meter.

Berichtigter Wert
*messtechnische Unsicherheit.

Berk
Veraltet! Nach dem norwegischen Meteorologen, Geophysiker und Begründer der Polarfronttheorie VILHELM BJERKNES (1862–1951) benannte Einheit des Geopotentials:
1 Berk = 1 dynamisches Meter = 10,2 $m^2\ s^{-2}$.

Berkowetz (= Berkowitz)
Alte Masseneinheit aus Russland:
1 Berkowetz =
= 10 Pud = 400 Funt = 12 800 Lot
= 38 400 Solotnik = 368 640 Dolja
= 163,80 496 [od. 164,23] Kilogramm.

Bermuda-Dollar *Dollar.

Berri
Altes Wegemaß aus der Türkei:
1 Berri = 1,476 bzw. 1,667 Kilometer.

Beru
Altes Wegemaß aus Mesopotamien:
1 Beru = 1,069 Kilometer.

Bes (b)
1) [lat.] „zwei Drittel"; altröm. Gewicht:
1 Bes = $^2/_3$ As = 8 Unzen = 218,3 Gramm.
2) Von Italien 1953 vorgeschlagene, international nicht akzeptierte Masseneinheit, um das Kilogramm aus dem MKSA-System zu eliminieren: 1 Bes = 1 Kilogramm.

Besant *Solidus.

Beschickung
In der See- und Luftfahrt: Korrekturen bei der Bestimmung von Kursen und Peilungen, z. B. *Deklination und *Deviation.

Beschleunigung (a)
Änderung der Geschwindigkeit in einer bestimmten Zeit.

$$\vec{a} = \frac{d\vec{v}}{dt} = \frac{d^2\vec{r}}{dt^2} \quad \text{Einheit: m s}^{-2}$$

Eine negative Beschleunigung heißt Verzögerung. *Länge.

Beslik Türkische Silbermünze um 1900.

Bestrahlung
*Fotometrische Einheiten und Größen. Produkt aus Bestrahlungsstärke und Zeit:

$$H_e = E_e t \quad \text{Einheit: } \frac{\text{J}}{\text{m}^2}$$

Bestrahlungsstärke
*Beleuchtungsstärke, *fotometr. Einheiten.

BET *Oberflächenmessung.

Beta-Rückstreuverfahren *Schichtdicke.

Betrag *Komplexe Größen, *Vektor.

Bettlertaler
Im 16. Jh. in Mitteleuropa verbreiteter Taler mit dem Bildnis des Hl. Martin.

Beutel
Alte türkische Münze, deren Name sich von der früher üblichen Aufbewahrung von Gold- und Silbermünzen in Beuteln herleitet.

BeV
US-Abkürzung für *billion electron volt*; widerspricht den internationalen Abmachungen:
1 BeV = 10^9 eV = 1 GeV.

Beweglichkeit
u (in $m^2s^{-1}V^{-1}$). Die Wanderungsgeschwindigkeit eines Ladungsträgers i im elektrischen Feld von E = 1 V/m; mit dem individuellen *Diffusionskoeffizienten $D_i = u_i kT/(ze)$ verquickt. Einheitenbetrachtung:

$$1\ \text{cm}^2\text{h}^{-1}\ \text{V}^{-1} = 2{,}778 \cdot 10^{-8}\ \text{m}^2\text{s}^{-1}\ \text{V}^{-1}$$

Bewegungsgröße *Impuls.

Bewertungsfaktor
In der Atom- und Kernphysik der Quotient aus Äquivalentdosis und Energiedosis:

$$q = \frac{H}{D} \quad \text{Einheit: } \frac{\text{Sv}}{\text{Gy}}$$

Bewertungskurve A
Nachbildung der Frequenzabhängigkeit des menschlichen Ohres. Ein Ton von 100 Hz wird durch das A-Filter um 20 dB reduziert, ein Ton von 1000 Hz um 0 dB (*Dezibel).

untere Hörgrenze	0 dB(A)
doppelte Schallintensität ≙	3 dB(A)
zehnfache Schallintensität ≙	10 dB(A)
Schmerzgrenze	120 dB(A)

Bezogene Größe
Quotient aus zwei Größen verschiedener Dimension. Die Größe im Nenner heißt *Bezugsgröße*. Vgl. *Belag, *Bedeckung, *Dichte, *Druck, *Leitfähigkeit, *spezif. Größen.
Beispiele für englische Begriffe:
• *volume charge density* = volumenbezogene Ladungsdichte;
• *surface charge density* = flächenbezogene Ladungsdichte;
• *linear charge density* = längenbezogene Ladungsdichte.

Bezugsdichte *Dichte, relative.

Bezugsmaterial *Kerma.

Bezugspotential
E_{ref} (in *V NHE), Spannung einer „unpolarisierbaren“ Elektrode gegenüber der Normalwasserstoffelektrode (NHE); als Referenzpunkt zur Messung von Elektrodenpotentialen E benutzt.

Bezugsübertragungsfaktor *Maß.

Bezugszustand einer realen Lösung
Bei der Definition von *Aktivitätskoeffizienten ist der Bezugszustand eine hypothetische Lösung der Konzentration $c^0 = 1$ mol/ℓ oder Molalität $b^0 = 1$ mol/kg, in der keine Wechselwirkungen der Komponenten auftreten.

bfr *Franc, belgischer.

BGL *Lew

Bhara
Altes Gewicht aus Thailand:
1 Bhara = 6 bzw 6,048 Tonnen.

Bhn *Brinellhärte

bhp
1) *brake horsepower*, Bremsleistung.
2) **bhp-hr,** *brake horsepower-hour*.

Bhutan *Ngultrum.

Bi
Zeichen für das *chemische Element Bismut (früher im Deutschen: „Wismut“).

Bias
[engl.] Verzerrung. Statistische Verfälschung von Messergebnissen durch nicht-zufällige (systematische) Fehler; von Studienergebnissen durch nicht-zufällige Stichprobenauswahl.

Biblische Einheiten
*Antike Maße, *Elle, *Eselslast, *Kalender, *Mine, *Stab, *Talent.

Bichet
Altes Getreidehohlmaß aus der Schweiz:
1 Bichet = 39,47 Liter.

Biegefließgrenze *Werkstoffkenngrößen.

Biegemoment *Werkstoffkenngrößen.

Biennium
[lat.] Zeitraum von zwei Jahren.

Bierkanne
Altes Biermaß aus Oldenburg:
1 Bierkanne = 1,425 Liter.

Bigah
Altes Flächenmaß aus Indien:
1 Bigah = 32,6 Ar.

Bilirubinwert
Medizin: Konzentration des Gallenfarbstoffs und Häm-Abbauprodukts. Normalwert: 1–2 mg/ℓ im Blutserum; Gelbsucht: >20 mg/ℓ.

Billiarde
Tausend Billionen (10^{15}).

Billion
1) Eine Million Millionen = tausend Milliarden (10^{12}).
2) 1 billion *US* = eine Milliarde (10^9).
3) 1 billion *GB* = eine Billion (10^{12}).
4) *BeV.

Biochemischer Sauerstoffbedarf (BSB_5, BOC)
Begriff der Abwassertechnik: Gelöstsauerstoffmenge (in mg/ℓ) zum mikrobiellen Abbau organischer Stoffe im Abwasser innerhalb von 5 Tagen bei 20 °C im Dunkeln.

BSB_5	≈6 mg/ℓ O_2:	Fließgewässer
	≈20 mg/ℓ O_2:	geklärtes Abwasser
	≈250 mg/ℓ O_2:	kommunales Abwasser

Nach DIN 38 409 T 51 wird die Wasserprobe mit sauerstoffgesättigtem, bakterienhaltigem Wasser versetzt, verschlossen und nach fünf Tagen die Änderung des Sauerstoffgehaltes gegenüber der frischen Probe ermittelt (z. B. mit einem amperometrischen O_2-Sensor).

Biogene Härte *Wasserhärte.

Biokonzentrationsfaktor
kurz **BCF.** Maß für die Anreicherung eines Stoffes in aquatischen Organismen; Konzentrationsverhältnis der Testsubstanz im Organismus (z. B. in Fischen) und im Wasser.

Biologische Wertigkeit
absoluter Gehalt und Verhältnis der essentiellen Aminosäuren in einem Nahrungseiweiß. Wertigkeit 100 = aus 100 g Nahrungseiweiß werden 100 g körpereigenes Eiweiß aufgebaut (*Eiweißminimum).

Biologische Wirksamkeit *RBW

Biomasse
Gesamtmasse organischer Materie (Pflanzen, Tiere, Mikroorganismen etc.) auf einer bestimmten Fläche oder in einem Volumen; gebildet durch Vermehrung, Wachstum und Stoffwechsel der Organismen.

Biot (Bi)
Veraltet! Nach dem französischen Physiker JEAN BAPTISTE BIOT (1747–1862) benannte, ungesetzliche Stromstärke-Einheit, definiert durch die Kraft 2 dyn/cm zwischen zwei parallelen Leitern unendlicher Länge und von vernachlässigbarem Querschnitt im Abstand von 1 cm:

$$1\ \text{Biot} = 10\ \text{Ampere}.$$

Um die Nachteile des elektromagnetischen CGS-Dreiersystems zu beseitigen, hat DE BOER das CGS-Bi-Vierersystem Länge-Masse-Zeit-Stromstärke vorgeschlagen (*Franklin).

Biot-Zahl *Kennzahlen.

Bioverfügbarkeit
biologische Verfügbarkeit, *bioavailability*. Geschwindigkeit und Ausmaß der Freisetzung eines Wirkstoffes (aus der Arzneiform) am Wirkort; z. B. ins Blut gelangte Menge pro enteral verabreichter Menge.
Absolute: bezogen auf intravenöse Gabe.
Physiologische oder **relative:** bezogen auf die Gabe einer wässrigen Lösung oder Vergleichsarzneiform.

BIPM
Abkürzung für: *Bureau International des Poids et Mesures*, Internationales Büro für Maße und Gewichte; Sitz in Sèvres bei Paris (seit 1875). Vgl. *Konstanten, *Masseeinheiten.

Birma *Malakka.

Birr (Br)
Währungseinheit Äthiopien und Eritrea:
1 Birr (Br) = 100 Cents (ct.) = ca. $^1/_7$ US-$.

Bis (bis)
1) In DIN 5493 (August 1972) vorgeschlagenes, gesetzlich nicht gesichertes Hinweiszeichen für zweierlogarithmische Größenverhältnisse (*Neper, *Bel).
$1\ \text{Np} = \frac{1}{\ln 2}\ \text{bis} = 1{,}443\ \text{bis}.$
2) Chemie: *Zahlwort „zweifach".

Bit (bit, nicht: **bt)**
1) *binary digit*. Salopp die „Grundeinheit der Information" (Null oder Eins). Hinweiswort, nicht Einheit im strengen Sinn, der Anzahl von Binärentscheidungen, des Entscheidungsgehaltes oder des Informationsgehaltes (DIN 44 300); gesetzlich nicht gesichert. *Byte.
2) Bit/Sekunde. Einheit des Nachrichtenstroms und der Übertragungsfähigkeit (Kapazität) eines Nachrichtenkanals.

Bk
Zeichen für das *chem. Element Berkelium.

BKS *Blutkörperchensenkung.

Blanc (= Weißgroschen)
[frz. „weiß, hell"] alte frz. Silbermünze, zuerst 1340 von PHILIPP VON VALOIS geprägt; später allg. für Silbermünzen.

Bleigleichwert
Strahlenschutz: äquivalente Dicke einer Bleischicht (mm Pb), die Röntgenstrahlung genauso schwächt wie das betrachtete Material.

Blindintensität *Schallintensität.

Blindfaktor
Verhältnis von Blind- und Scheinleistung: $\sin\varphi = Q/S$ (Dimension 1).

Blindleistung
(P_q, Q, Einheit: *Watt), Imaginärteil der komplexen elektr. *Leistung; in einem Netzwerk durch nichtohmsche Komponenten (Kondensatoren, Spulen) verursacht. *Impedanz, *Leistungsmessung, *Schallintensität.

$$P_q = \operatorname{Im} \underline{P}$$

- Für sinusförmige Signale:

$$P_q = \tfrac{1}{2}\hat{U}\hat{I}\ \sin\varphi = U_{\text{eff}} I_{\text{eff}} \sin\varphi$$

φ Phasenwinkel zwischen U Wechselspannung und I Wechselstrom.

Blindleistung, reduzierte

Kehrwert des reduzierten Volumens eines elektrischen Kondensators.

$$P'_q = \frac{P_q}{V} = \frac{\omega C U^2}{V} \quad \text{Einheit: } \frac{\text{W}}{\text{m}^3}$$

Blindpermeabilität *Permeabilitätszahl.

Blindwatt (bW)

Veraltet! *Nichtgesetzliche Einheit für die *Blindleistung: 1 bW = 1 Watt = 1 Var.

Blindwiderstand *Impedanz.

Blutbild

oder *Hämogramm.* Im Blutausstrich unter dem Mikroskop ermittelte Zahl der kernhaltigen Blutkörperchen und ihre prozentuale Verteilung (*Zählwert).
Einheitenumrechung (nicht SI-konform!):
1 T/L = 10^{12} Liter^{-1} = 10^6/mm^3
1 G/L = 10^9 Liter^{-1} = 1000/mm^3
1 g/L = 1 Gramm/Liter = 0,1 g/100 mL

Erythrozyten		
– Männer	4,6 – 6,2	T/L
– Frauen	4,2 – 5,4	T/L
Retikulozyten	0,8 – 1	%
Thrombozyten	150 – 400	G/L
Leukozyten	4,8 – 10	G/L
– Lymphozyten	20 – 30	%
Hämoglobin		
– Männer	140 – 180	g/L
– Frauen	120 – 160	g/L
Hämatokrit		
– Männer	40 – 54	%
– Frauen	37 – 47	%

Blutdruck

In den Blutgefäßen und Herzkammern herrschender Druck; empfohlene SI-Einheit: *Kilopascal; ausnahmsweise zugelassen ist die veraltete Einheit *Millimeter Quecksilbersäule (mmHg, Schreibweise nach DIN 1301 ohne Zwischenraum). Von Ärzten angegeben werden der *systolische Blutdruck* (der höchste Wert der Druck-Zeit-Kurve während eines "Pulsschlages") und der *diastolische Blutdruck* (niedrigster Wert). 1 mmHg = 133,322 Pa
Beispiel: 120/80 mmHg ≙ 16/12 kPa.

Blutgruppe

System der erblich polymorphen Oberflächeneigenschaften der menschlichen Erythrozyten, ihrer natürlichen Antikörper und weiterer Blutbestandteile.

1) Blutgruppe A. Häufigste Blutgruppe in Mitteleuropa: A_1 ca. 37%, A_2 7,5%, A_x selten. Enthält das Antigen A („Ballungsstoff" der roten Blutkörperchen) und den Antikörper Anti-B (im Blutserum).

2) Blutgruppe AB. In Mitteleuropa rar: A_1B ca. 3,5%, A_2B 1%, A_xB selten. Keine Antikörper gegen andere Blutgruppen; im Notfall als Universalempfänger kleiner Blutmengen geeignet.

3) Blutgruppe B. bei Asiaten häufig, in Mitteleuropa rar (ca. 10,5%); enthält Anti-A_1 und wenig Anti-A_2. Untergruppen ohne praktische Bedeutung.

4) Blutgruppe Null. In Mitteleuropa häufig (ca. 40%); bei Negern, Indianern und Indios nahezu 100%. Erythrozyteneigenschaft [H]; enthält Anti-A_1, Anti-B und wenig Anti-A_2. Im Notfall als Universalspender kleiner Blutmengen geeignet.

5) Vererbung. Chromosom 9; die Anlagen für A und B sind dominant über 0, und gegenseitig kombinant. A_1 ist dominant über A_2 und A_x; A_2 über A_x.

Blutkörperchensenkung (BKS)

Blutkörperchensenkungsgeschwindigkeit in 1,6 mL Blut mit 0,4 mL 3,8%iger Natriumcitratlösung. Normalwerte: 3 bis 8 mm/h (Männer), 6 bis 11 mm/h (Frauen).

Blut-pH

Normalwert: 7,38–7,41; v. a. durch das Puffersystem Hydrogencarbonat/CO_2.
pH akt.: aktueller *pH, *Acidität.
pH qu 40: *pH einer Blutprobe, die mit *pCO_2 = 40 mmHg und hohem *pO_2 äquilibriert wurde; metabolischer Teil der Acidität.

B

Blutvolumen (BV)
ca. 1/12 des Körpergewichts = 5 – 6 Liter bei 70 kg.

in mL/kg	Männer	Frauen
Blutvolumen	69–70	57–64
Plasmavolumen	42–45	37–42
Erythrozyten	25–27	20–22

Blutzuckerspiegel
Gehalt des Blutserums an enzymatisch abbaubarer Glucose:
3,9–6,1 mmol/L = 0,7–1,1 g/L.

Board foot (fbm, Bd.ft.)
Amerikan. Raum- und Handelsmaß für Holz.
1 Board foot =
= 0,0 833$\bar{3}$ (1/12) Cubic foot =
= 144 cubic inch = 1/324 cubic yard =
= 2359,737 216 Centimeter^3
= 2,359 7372 Liter
= 0,002 359 737 Meter^3.

Boccale
[ital. „Krug", lat. *poculum*, „Becher"]. Altes Flüssigkeitsmaß aus Italien und Griechenland:
1 Boccale = 1,1 bis 1,8 Liter (Italien)
= ca. 2,7 Liter (Griechenland).

Bocoy
Altes Volumenmaß aus Kuba.
1 bocoy = 662 Liter.

Bodenseebrakteaten *Heller.

Bodenstein-Zahl *Kennzahlen.

Bogen (Bg)
1) Papierzählmaß:
1 Bogen = 1/10000 Ballen =
= 1/1000 Ries = 1/100 Buch = 1/10 Heft.
2) Ungefalztes Papierblatt der Mindestgröße DIN A3. Durch Falzen entstehen Blätter. Früher: Beidseitig bedruckter Papierstapel aus z. B. 8 Quart- oder 16 Oktavbuchseiten.
3) *Papierformat, *Buch.

Bogenmaß
Verhältnis von Bogenlänge *b* zu Radius *r*; Dimension L L^{-1}, *Radiant.
$\text{arc}\alpha = b/r = 2\pi\alpha/360°$

Bogenschuss
Alttestamentliches Längenmaß: Entfernung, die der Pfeil eines durchschnittlichen Schützen zurücklegte.

Bohar
Altes Gewicht aus Arabien:
1 Bohar = 485,7 Gramm.

Bohrium *Transfermiumelemente.

Bohr-Magneton
In der Atomphysik gebräuchliche *Konstante des magnetischen Moments. Seltener: *Bohr-Einheit,* in den USA: Bohr magneton, **Bohr unit** oder **Bohr**:
$\mu_B = e\hbar/(2m_e) =$
$\approx 9{,}274 \cdot 10^{-24}$ J/T (= Am^2)
$\hat{=}$ 1 A m^{-1} Teilchen^{-1}.

Bohr-Radius *Konstanten.

boiling point *b.p.

Boisseau
1) Altes frz., dem „Scheffel" entsprechendes Korn-Hohlmaß; regional verschieden.
1 Boisseau =
= 63,6 Liter (Belgien) =
= 12,5 Liter (Frankreich)
= 15 Liter (Schweiz, Belgien).
2) Altes Feldmaß im französischen Sprachgebiet = die Fläche, die mit 1 Boisseau Getreide bestellt werden konnte.

Bolivar
Währungseinheit in Venezuela:
1 Bolívar (Bs) = 100 Céntimos (c, cts)
= ca. 1/488 US-$ = ca. 1/280 DM.

Boliviano
Währungseinheit in Bolivien:
1 Bs = 100 Centavos (c.) ≈ 1/3 DM.

Bolivien
Historische Volumeneinheit: *celemin; Währung *Boliviano.

Bolometer *Langley, *Thermometer.

Bolt
Veraltet! Britisch-amerikanisches Längenmaß für Textilstoffe: 1 Bolt = 120 Foot.

Boltzmann-Konstante *Konstanten.

Bonnier
Altes Flächenmaß aus Belgien:
1 Bonnier = 1,3 Hektar.

Boo *Bu

Bosnien-Herzegowina *Kuna.

Bota
Südeuropäisches Flüssigkeitsmaß:
1 Bota = 480 od. 516,1 Liter (Spanien)
= 435 Liter (Portugal).

Botella
Alte Volumeneinheit aus El Salvador:
1 botella = 0,73 Liter.

Botschka
Alt-russisches Raum- und Flüssigkeitsmaß:
1 Botschka = 40 Wedro = 491,97 635 Liter.

Botswana *Pula.

bougie décimale
Vor 1901 in Frankreich Einheit der Lichtstärke, 1948 durch *Candela ersetzt:
1 bougie décimale = $^1/_{20}$ Violle-Einheit =
1 Internationale Kerze.

Boutylka
Altes Volumenmaß aus Russland:
1 boutylka = 0,769 Liter.

Bowenverhältnis
In der Meteorologie und Geophysik das Verhältnis zwischen der Stromdichte fühlbarer und der Stromdichte latenter Wärme:

$$Bo = \frac{q_s}{q_l} \quad \text{(Dimension 1)}$$

Die fühlbare Wärmestromdichte q_s wird durch Wärmeleitung und Konvektion in der Atmosphäre verursacht; die latente q_l durch Übertragung latenter Wärme.

Box
US-amerikanisches Gewicht:
1 Box (Früchte) = 11,34 Kilogramm.

Boxen *Gewichtsklassen.

Bozze
Altes Volumenmaß aus Libyen:
1 bozze = 2,68 Liter.

b.p. (bp)
Abkürzung für: *boiling point*, Siedepunkt.

bpi
Bits per Inch; Aufzeichnungsdichte von Magnetbandspeichern.

bps
Bits per second; Geschwindigkeit der Datenübertragung.

Br Zeichen für das *chem. Element Brom.

BR$ *Dollar, Währung.

Brabanter Elle
Altes Längenmaß für Tuch etc.:
1 Brabanter Elle = 69,23 Centimeter.

Braça (Braza)
1) [port., span.] *„Klafter, Faden". Altes Längen- und Tiefenmaß aus Portugal, Spanien und Lateinamerika:
1 Braça =
= 1,6 718 Meter (Spanien, *braza*)
= 1,733 Meter (Argentinien, *braza*)
= 2,20 Meter (Portugal, Brasilien, *braça*).
2) Altes Feldmaß:
1 Braza =
= 0,0 279 Ar (Kolumbien, Panama, Philippinen)
= 0,0 484 Ar (Portugal, Brasilien).

Braccio
[ital. „Arm, *Elle"]. Italienisches Längenmaß:
1 Braccio = 53 bis 68 Centimeter.

Brache
Alt-franz. Längenmaß (*Elle):
1 Brache = 60 Centimeter (Belgien)
= 70 Centimeter (Schweiz).

Bragg-Gray-Bedingungen *Ionendosis.

brake horsepower *bhp.

brake horsepower-hour *bhp.

Brakteat
[lat. „dünnes Blech"]; *Münze, einseitig geprägt; heute wertvoller Hohlpfennig in Deutschland, Skandinavien, Polen, Böhmen, Schweiz, Ungarn; als Silberpfennig um 1130 im Harz-Elbe-Gebiet, zuletzt im 17. Jh.

Brasilien
Historische Längeneinheiten: *braça, *covado, *cuarta, *legoa, *milha, *passo, *pé, *hollegada, *vara.
Historische Volumeneinheiten: *fanga, *garrafa, *moio, *pipa, *quarto, *tonel.
Währung *Cruzeiro.

Brasse
[frz. „*Faden, *Klafter"]. Französisches Tiefenmaß: 1 Brasse = 1,62 Meter.

Br.atm *British atmosphere.

Bratze
Altes Längenmaß aus Tirol:
1 Bratze = ca. 55 Centimeter.

Bräu
Altes Brauerei-Hohlmaß:
1 Bräu (Hannover) =
= 43 Fass Bier zu 52 Stübchen
= ca. 87 Hektoliter.

braza *Braça.

Brechkraft *fotometrische Einheiten.

Brechungsindex *Brechzahl.

Brechwert
1) Bei optischen Linsen der Quotient aus Brechzahl und Brennweite:

$$D = \frac{n}{f} \quad \text{Einheit: m}^{-1}$$

2) In der Nachrichtentechnik für die troposphärische Ausbreitung von Funkwellen:

$$N = (n - 1) \cdot 10^6 \quad \text{(Dimension 1)}$$

Modifizierter Brechwert:

$$M = (n' - 1) \cdot 10^6 = N + \left(\frac{h}{r_E} \cdot 10^6\right)$$

n Brechzahl, n' modifizierte Brechzahl, r_E Erdradius, h Höhe der Antenne.

Brechzahl
Früher: *Brechungsindex.* Quotient aus Lichtgeschwindigkeit im Vakuum und Lichtgeschwindigkeit im Medium:

$$n = \frac{c_0}{c} \quad \text{(Dimension 1)}$$

Für Frequenzen im Mikrowellenbereich (> 10^{11} Hz) gilt die Maxwell-Gleichung.

$$n^2 = \varepsilon_r \mu_r$$

Gruppenbrechzahl eines optischen Mediums:

$$n_g = n - \lambda \frac{dn}{d\lambda} \quad \text{(Dimension 1)}$$

Brechzahl, modifizierte
In der Nachrichtentechnik für die troposphärische Ausbreitung von Funkwellen:

$$n' = n + \frac{h}{r_E} \quad \text{(Dimension 1)}$$

h Höhe der Antenne über der Erde, r_E Erdradius.

Brechzahldifferenz, relative
In der optischen Nachrichtentechnik:

$$\Delta = \frac{n_1^2 - n_2^2}{2n_1^2} \quad \text{(Dimension 1)}$$

n_1 grösste Brechzahl des Kernmaterials, n_2 Brechzahl des Mantelmaterials.

Breitspur *Spurweite.

Bremsweg *Geschwindigkeit.

Brennwert
In der Verbrennungstechnik die freigesetzte Reaktionswärme bei vollständiger Verbrennung eines festen, flüssigen oder gasförmigen Brennstoffes (bei Normdruck und bezogen auf 25 °C). DIN 5400 definiert:
1) Für *feste und flüssige Brennstoffe:*
a) spezifischer Brennwert (früher: *oberer Heizwert*) = massenbezogene Verbrennungswärme H_o (Einheit: J/kg), wobei sämtliche Stoffe auf 25 °C bezogen werden.
b) verbrennungskalorimetrischer Brennwert = Verbrennungswärme bei konstantem Volumen $H_{o,v}$ (in J/kg)
2) Für *gasförmige Brennstoffe:* auf das Normvolumen (0 °C, 101325 Pa) oder die Stoffmenge bezogener Brennwert: $H_{o,n}$ (Einheit: J/m³ oder J/mol).

Brennwert, physiologischer
Bei der Verdauung freigesetzte Energie; *energetisches Äquivalent, *Kalorischer Wert.

Brief Altes Papierformat: 27 · 42 cm².

Brinellhärte (H_B, HB)
Technisches *Härtemaß für Werkstoffe, benannt nach dem schwedischen Ingenieur JOHANN AUGUST BRINELL (1849–1925); durch *Kugeldruckprobe* als Quotient aus Prüflast und der Oberfläche des Eindrucks einer Stahlkugel von gegebenem Durchmesser (DIN 50 351) gemessen:

$$\text{HB} = \frac{\text{Prüflast } F}{\text{Eindruckfläche } A}$$

Britische Einheiten
*Englische Einheiten, *Horsepower-hour, *Ounce, *Pound, *Seemeile.

Britisches Pfund Sterling *Pfund.

Britisches technisches System
*Technisches Einheitensystem.

British Association Unit (B.A.U.)
Veraltet! Britische Einheit des elektrischen Widerstandes: 1 B.A.U. = 1,988 Ohm.

British atmosphere (Br.atm.)
Veraltet! Britische Druckeinheit:
1 British atmosphere = 101 591,7 Pascal.

British Imperial System *Yard.

British League *League.

British Standards (BS)
Alte britische Norm zur Kennzeichnung der Lichtempfindlichkeit von Fotomaterial.

British thermal unit (Btu)
Auch **BTU, B.T.U., B.Th.U., B.th.u.**, „britische Wärmeeinheit", [span.] unidad de calor inglés, [frz.] unité de chaleur anglaise, [ital.] unità di calore inglese, [port.] unidade térmica británica, [schwed.] engelsk värmenhet.
1) *Steam table british thermal unit* (Btu_{IT}, Btu_{st}). Veraltet! Durch das *Joule (J) ersetzte britische Einheit der Wärmeenergie; festgelegt durch die Wärmemenge $Q = m\,c_p\,\Delta T$, die $m = 1$ pound Wasser bei einem Druck von 1 physikalischer Atmosphäre um $\Delta T = 1$ Grad Fahrenheit (°F) erwärmt: 1 Btu/lb = $^5/_9$ cal/g = 2326 J/kg.
1 Btu =
= 251,996 Calorie =
= 0,367 717 Cubic foot-atmosphere
= 25 036,9 Foot-poundal
= 778,169 Foot-pound-force
= $3{,}93\,015 \cdot 10^{-4}$ Horsepower-hour *GB*
= $3{,}98\,466 \cdot 10^{-4}$ PS-Stunde
= 1055,056 Joule
= 0,251 996 Kilocalorie
= 1,055 056 Kilojoule
= 107,586 Kilopond-meter
= $2{,}93\,071 \cdot 10^{-4}$ Kilowattstunde
= 10,4 126 Liter-Atmosphäre
= 0,293 071 Wattstunde.
2) **Mittlere Btu,** $^1/_{180}$stel der Wärmemenge, um 1 pound Wasser bei 1 atm von 32 °F auf 212 °F zu erwärmen (c_p spezifische Wärmekapazität):

$$1\ \text{Btu (mean)} = \frac{1\ \text{lb}}{180} \int_{T_1}^{T_2} c_p\, dT =$$

= 1055,87 Joule =
= 0,25 224 Kilokalorie.
3) **Thermochemische Btu,**
1 Btu (thermochem.) = 1054,350 Joule.
4) **39°F-Btu,** bei der größten Dichte des Wassers (39,2 °F = 4 °C, 1 atm):
1 $Btu_{39°}$ = 0,25 314 kcal.
5) **60°F-Btu,** bei Erwärmung von 60 auf 61 °F für 60,5 °F = 15,83 °C, 1 atm:
1 $Btu_{60°}$ = 0,25 195 kcal.

Btu pro... Btu per...
1) **...Grad Celsius,** degree centigrade
1 Btu/°C (4 °C, 39 °F) = 1059,67 Joule.
1 Btu/°C (15,6 °C, 60 °F) = 1054 Joule.
2) **...Grad Fahrenheit,**
1 Btu/°F = 453,592 Calorie/°C
= 1899,10 Joule/Kelvin.
3) **...cubic foot (Kubikfuß),**
1 Btu/cu.ft.=
= 37 258,9 Joule/Meter^3
= 8,89 915 Kilocalorie/Meter^3.
1 Btu/cu ft 60°F 30" dry = 9,375 kcal/Nm^3
1 Btu/cu ft 60°F 30" moist = 9,57 kcal/Nm^3
4) **...Stunde (hour),**
1 Btu/hr =
= $0{,}016\,6\bar{6}$ ($^1/_{60}$) Btu/min =
= $2{,}77\bar{7} \cdot 10^{-4}$ Btu/sec
= 0,0 699 988 Calorie/sec
= 0,216 158 Foot-pound-force/sec
= $3{,}93\,015 \cdot 10^{-4}$ Horsepower
= 0,293 071 Watt.
5) **...(Stunde · Quadratfuß),**
1 Btu/(hr·sq.ft.) = 3,15 459 W/m^2.
6) **...(Stunde · Quadratfuß · °F)**
Veraltet! Britische Einheit des Wärmeübergangskoeffizienten.
1 Btu/(hr·sq.ft.·°F) =
= 4,88 Kilocalorie/(Stunde·m^2·°C)
= 1,35 623 Calorie/(sec.·m^2·°C)
= 5,67 826 Watt/(Meter^2 Kelvin).
7) **...(Stunde · Fuß · °F).** Veraltet! Britische Einheit der *Wärmeleitfähigkeit.

$$1\ \frac{\text{Btu}}{\text{hr}\cdot\text{sq.ft.}\cdot{}^\circ\text{F/ft.}} = 1{,}73073\ \frac{\text{Watt}}{\text{Meter}\cdot\text{Kelvin}}$$

$$1\ \frac{\text{Btu}}{\text{hr}\cdot\text{sq.ft.}\cdot{}^\circ\text{F/in.}} = 0{,}144228\ \frac{\text{Watt}}{\text{Meter}\cdot\text{Kelvin}}$$

8) **...Minute,** Leistungseinheit:
1 Btu/min =
= 4,19 993 Calorie/sec =
= 0,0 235 809 Horsepower
= 17,5 843 Watt.
9) **...Minute · Quadratfuß,**
1 Btu/(min·sq.ft.) = 189,273 Watt/Meter^2.

10) ...pound (Pfund)
1 Btu/lb. =
= 0,55 555... Calorie/Gramm =
= 2326 Joule/Kilogramm (exakt)
= 0,55 555... Kilocalorie/Kilogramm
= 0,64 611... Wattstunde/Kilogramm.

11) ... (pound·°F). Veraltet! Britische Einheit der spezifischen Wärme:

$$1\ \frac{\text{Btu}}{\text{lb.}\cdot{}^\circ\text{F}} = 1{,}001\ \frac{\text{Calorie}}{\text{Gramm}\cdot{}^\circ\text{C}} = 4186{,}8\ \frac{\text{Joule}}{\text{Kilogramm}\cdot\text{Kelvin}}$$

12) ...Sekunde. Leistungseinheit:
1 Btu/sec = 1,41 485 Horsepower
= 1,055 056 kW.

13) ...(Sekunde·Quadratfuß)

$$1\ \frac{\text{Btu}}{\text{sec}\cdot\text{sq.ft.}} = 11{,}3565\ \frac{\text{Kilowatt}}{\text{Meter}^2}$$

$$1\ \frac{\text{Btu}}{\text{sec}\cdot\text{sq.ft.}\cdot{}^\circ\text{F}} = 20{,}4417\ \frac{\text{Kilowatt}}{\text{Meter}^2\cdot{}^\circ\text{C}}$$

$$1\ \frac{\text{Btu}}{\text{sec}\cdot\text{sq.ft.}\cdot{}^\circ\text{F/ft.}} = 6{,}23064\ \frac{\text{Kilowatt}}{\text{Meter}\cdot{}^\circ\text{C}}$$

$$1\ \frac{\text{Btu}}{\text{sec}\cdot\text{sq.ft.}\cdot{}^\circ\text{F/in.}} = 519{,}220\ \frac{\text{Watt}}{\text{Meter}\cdot{}^\circ\text{C}}$$

14) ...Quadratfuß (square foot),
1 Btu/sq.ft. =
= 2,71 Kilocalorie/Meter^2
= 11 356,5 Joule/Meter^2
= 3,15 459 Wattstunde/Meter^2.

Broteinheit (BE)

Seit 1975 Hilfsgröße der Zuckerdiät: 1 BE = 12 g Kohlenhydrate (verdauliche Mono-, Oligo- und Polysaccharide, Sorbit und Xylit); Lebensmittelmenge äquivalent zu 12 g Traubenzucker.

Bruchdehnung

A (Dimension 1), mechanische Werkstoffkenngröße und Maß für die *Zerreißgrenze* eines Werkstoffs. Beim DIN-Zugversuch die „Dehnung bis zum Bruch" des Prüflings:
= Gleichmaßdehnung ε_g (bis zur Zugfestigkeit R_m) + Einschnürdehnung ε_e.

Brucheinschnürung

*Werkstoffkenngrößen.

Bruchzähigkeit *Werkstoffkenngrößen.

Brückenschaltung

Wechselstrom-Messbrücken dienen zur Bestimmung von Widerständen, Leitfähigkeiten, Kapazitäten und Induktivitäten (*Impedanzmessung).

1) *Abgleichmessbrücke* oder *Wheatstone-Brücke* (vgl. Abbildung): Das Widerstandsviereck wird mittels einer Abgleichsimpedanz, bestehend aus Potentiometer und Drehkondensator, so eingeregelt, bis kein Strom mehr fließt. Generatorspannung (<5 kHz) und Meßspannung liegen diagonal gegenüber.

$$I_2R_2 = I_xZ_x \quad \text{und} \quad I_VZ_V = I_1R_1$$

Die unbekannte Impedanz ist:

$$\operatorname{Re}\underline{Z}_x = \operatorname{Re}\underline{Z}_V\cdot\frac{R_2}{R_1} \qquad R_x = R_V\cdot\frac{R_2}{R_1}$$

$$\operatorname{Im}\underline{Z}_x = \operatorname{Im}\underline{Z}_V\cdot\frac{R_2}{R_1} \qquad C_x = C_V\cdot\frac{R_2}{R_1}$$

$\operatorname{Re}\underline{Z}_x = R_x$	Zellwiderstand (Ω),
$\operatorname{Im}\underline{Z}_x = [j\omega C_x]^{-1}$	Zellblindwiderstand (Ω),
Z_V	Vergleichsimpedanz (Ω),
C_x	Zellkapazität (F),
C_V	Vergleichskapazität (F),
R_1, R_2	Festwiderstände (Ω).

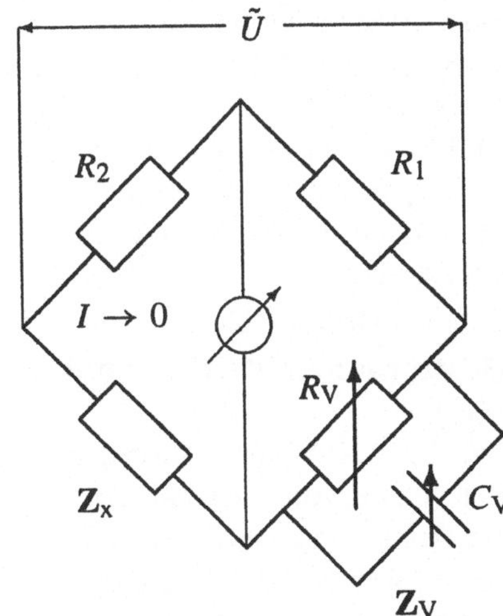

2) *Ausschlagmessbrücke.* Ein Wheatstone-Viereck oder ein invertierender Operationsverstärker wird abgeglichen und die zunehmende Verstimmung der Brückenspannung (bei Änderung des Widerstandes) aufgezeichnet: $R_x = R_0U/U_0$.

3) *Blindkomponentenmethode.* Ein Schwingkreis wird mit Hilfe eines Drehkondensators

Tabelle B.4 Brückenschaltungen: R Widerstand, $R_{\nearrow}$ variabler Widerstand (Potentiometer), C Kapazität, L Induktivität, Z Impedanz, φ Phasenwinkel, $\|$ elektrische Parallelschaltung, – Serienschaltung.

Brücke	Impedanzen im Brückenviereck				Gleichung
WHEATSTONE (allgemein)	Z_1	Z_x (unbekannt)	Z_3	Z_4	$Z_x Z_3 = Z_1 Z_4$ $\varphi_x + \varphi_3 = \varphi_1 + \varphi_4$
WHEATSTONE (R-Messung)	R_1	R_x	R_3	R_4	$R_x R_3 = R_1 R_4$
WIEN (C-Messung)	$R_1 \parallel C_1$	$R_x \parallel C_x$	R_3	R_4	$R_x = R_1 R_4 / R_3$ $C_x = C_1 R_3 / R_4$ $\tan\delta = [\omega C_x R_x]^{-1} = [\omega C_2 R_2]^{-1}$
MAXWELL (L-Messung)	$L_1 – R_{1\nearrow}$	$L_x – R_x$	$R_{3\nearrow}$	R_4	$R_x = R_1 R_4 / R_3$ $L_x = R_4 L_1 / L_3$ $R_3(R_x + i\omega L_x) = R_4(R_1 + i\omega L_1)$
MAXWELL-WIEN (L-Messung)	R_1	$L_x – R_x$	$R_{3\nearrow} \parallel C_3$	R_4	$R_x = R_1 R_4 / R_3$ $L_x = R_1 R_4 C_3$
Phasenschieber-brücke	R_1 (Poti)	C_2	$R_3 = R_4$	$R_4 = R_3$	$U_x = U_4/2$ $\varphi(U_4, U_x) \sim R_1$

auf Resonanz abgestimmt (Vollausschlag eines parallel zur Messzelle geschalteten Voltmeters). Mit einer ΔC-lg κ-Eichkurve für Leitfähigkeitsmessungen; Anwendung für ölhaltige Proben.

4) *Wirkkomponentenmethode.* Ein Schwingkreis (parallel zur Messzelle) wird – bis zum Vollausschlag eines Voltmeters – auf Resonanz abgestimmt.

Brunei-Dollar *Dollar.

Bruttoraumzahl (BRZ) engl. *grosstonnage* **(GT)**

Seit 18.07.1982 international gültiges Maß für den von der Außenhaut ab bemessenen gesamten Hohlraum eines Schiffes. Nicht für Schiffe unter 24 m Länge und Kriegsschiffe. Der gesamte umbaute Raum wird je nach Schiffstyp mit einem Faktor von 0,22 bis 0,32 multipliziert. *Registertonne.

BSB *Biochemischer Sauerstoffbedarf.

Btu *British thermal unit.

Bu

1) Alte japanische, rechteckige Silbermünze (= Itsibu).

2) Alte japanische Längeneinheit:
1 bu (boo) = 3,03 mm.

3) Abkürzung für: Butyl-.

4) **bu.** Abkürzung für: *bushel.*

Buch (Bch.)

[Urspr. „Gebinde von Schreibtafeln aus Buchenholz"]. Papierzählmaß:
1 Buch = mind. 3 Druckbögen
= 10 Hefte = 100 Bogen = 5 Ries
= [früher] 25 Bogen Druckpapier
= [früher] 24 Bogen Schreibpapier.

Buchformat *Papierformate.

Bucket 1 Bucket *GB* = 4 Gallon *GB*.

Budin-Zahl

Bei künstlicher Ernährung notwendige täglich zugeführte Kuhmilchmenge = $^1/_{10}$ des Körpergewichts (max. 600 g).

Bulgarien

Historische Flächeneinheit: *lekha.
Historische Volumeneinheit: *krina, *oka.
Währung: *Lew.

BUN

Blut-Harnstoff-Stickstoff, *blood urea nitrogen,* normal 0,1–0,2 Gramm/Liter.

Bun

Altes Längenmaß aus Japan:
1 Bun = ca. 3 Millimeter.

Bund
Altes Zählstückmaß: 1 Bund = 30 Stück.
Im Glashandel: 1 Bund = 6 Tafeln farbloses oder 3 Tafeln farbiges Glas.

Bunder
Altes Feldmaß aus den Niederlanden:
1 Bunder = 1 Hektar.

Bunsen-Koeffizent
Auch: *Absorptionskoeffizient,* vgl. *Henry-Konstante. Proportionalitätsfaktor α (in $\mathrm{mol\,m^{-3}Pa^{-1}}$ = mol/J) zwischen der Konzentration eines gelösten Stoffes in einer Flüssigkeit und dessen Partialdruck im Gasraum ($c_2 = \alpha p_2$).

Bur
Alt-babylonisches Flächenmaß:
1 Bur = 63 510 Meter^2.

Bureau International de l'Heure *Zeit.

Bureau International des Poids et Mesures *Masseeinheiten, *BIPM.

Burkina Faso *Franc.

Bushel (bu, bus)
1) Masseeinheit des *englischen Systems; „Scheffel", [span.] fanega, [frz.] boisseau, [ital.] staio, [port.] fanga, [poln.] buszel.
1 Bushel *US* = 8 gallon *US*
= 0,3 047 674 Barrel (*US*, dry)
= 0,9 689 390 Bushel *GB*
= 1,244 456 Cubic foot
= 2150,42 Cubic inch
= 7,751 512 Gallon *GB*
= 9,309 177 Gallon (*US*, flüssig)
= 35,23 907 Liter (nach 1959)
= 35,2393 Liter (Def. von 1893)
= 4 Peck *US*
= 64 Pint (*US*, dry)
= 32 Quart (*US*, dry).
2) Historisch! Britisches Hohlmaß für feste und flüssige Stoffe:
1 Bushel *GB* = 1,032 057 Bushel *US*
= 8 Gallon *GB* = 4 Peck = 36,36 872 Liter
=35,228 Liter (urspr.)
3) **International corn bushel (int. corn).** Unter dem *International Wheat Agreement* 1949 eingeführte Einheit des freien Weizenhandels:
1 bushel (int. corn) = 60 pound.
4) Historisch! In den USA:
1 Bushel =
= 21,77 Kilogramm Gerste =
= 14,5 Kilogramm Hafer
= 25,4 Kilogramm Mais
= 25,4 Kilogramm Roggen
= 27,2 Kilogramm Weizen.

Butcher's stone
Altes britisches Gewicht:
1 butcher's stone = 3,63 Kilogramm.

Butt 1 Butt *GB* = 108 oder 126 Gallon *GB*.

Butte
Fränkisches Fassmaß für Wein: 40 Liter.

Bütte
Früher für Braun-, Steinkohle, Kalk:
1 Bütte = 0,156 Meter^3 (Hessen)
= 0,54 Meter^3 (Nassau).

Butterpfennig
Frühere Gebühr der katholischen Kirche für die Erlaubnis zum Genuss von Butter und Fleisch in der Fastenzeit.

Byte
1) In der elektron. Datenverarbeitung übliche Bezeichnung für codierte Information, z.B. ein Buchstabe, eine Ziffer oder eine Zahl zwischen 0 und 255:
1 Byte = 8 Bit Information.

Bit	7	6	5	4	3	2	1	0
Wert	128	64	32	16	8	4	2	1
Zahl: 10					1	0	1	0
A ≙ 65		1	0	0	0	0	0	1

2) Kapazität von Festplatten:
1 Megabyte (MB) = 10^6 Byte
1 Gigabyte (GB) = 1000 Megabyte.
3) Betriebssysteme rechnen hexadezimal:
1 Megabyte (MByte) = 1024 × 1024 Byte
1 Gigabyte (GByte) = 1024 Megabyte.

Bz Abk. für: Benzoyl-, $C_6H_5CH_2O$–.

Bz$ *Dollar, Währung.

C

Formelzeichen

Physikalische Größe	Symbol	Einheit		Definition
Gitterverschiebungsvektor fundamental translation vector for the crystal lattice	$\vec{c}$	m		siehe $\vec{a}$
Reziprokgitter-Verschiebungsvektor circular fundamental translation vector for the reciprocal lattice	$\vec{c}^*$	m^{-1}		siehe $\vec{b}_3$
Lichtgeschwindigkeit speed of light	c	m/s	$= m\,s^{-1}$	$c = c_0/n$
– im Vakuum in vacuo	c_0	m/s		*Konstanten
Molekül-Geschwindigkeitsvektor molecular velocity vector	$\vec{c}, \vec{u}$	m/s		$\vec{c} = \frac{d\vec{r}}{dt} = \dot{\vec{r}}$
Geschwindigkeitsmittel average speed	$\bar{c}, \langle c \rangle$	m/s		$\bar{c} = \int c\,F(c)\,dc$
Schallgeschwindigkeit, -schnelle sound (particle) velocity	c	m/s	$= m\,s^{-1}$	
Wärmekapazität heat capacity	C	J/K	$= m^2 kg\,s^{-2} K^{-1}$	
– bei Konstantdruck at constant pressure	C_p	J/K	$= m^2 kg\,s^{-2} K^{-1}$	$C_p = \left(\frac{\partial H}{\partial T}\right)_p$
– bei Konstantvolumen at constant volume	C_V	J/K	$= m^2 kg\,s^{-2} K^{-1}$	$C_V = \left(\frac{\partial U}{\partial T}\right)_V$
molare Wärmekapazität molar heat capacity	C_m	$J\,mol^{-1} K^{-1}$	$= m^2 kg\,s^{-2} K^{-1} mol^{-1}$	
spezifische Wärmekapazität specific heat capacity	c_p	$J\,kg^{-1} K^{-1}$	$= m^2 kg^{-2} K^{-1}$	$c_p = C_p/m$
Elektrische Kapazität capacitance	C	$F = \frac{C}{V}$	$= m^{-2} kg^{-1} s^4 A^2$	$C = Q/U$
– flächenbezogen per unit area		$\frac{F}{m^2}$	$= m^{-4} kg^{-1} s^4 A^2$	
Doppelschichtkapazität double-layer capacitance	C_D, C_{dl}	F		
– differentielle, differential	C_d	F		
– integrale, integral	C_i	F		
Raumladungskapazität space charge capacitance	C_{sc}	F		
(Stoffmengen-)Konzentration concentration	c	mol/ℓ	$= m^{-3} mol$	$c_i = n_i/V$
– Bulkkonzentration bulk concentration	c_i^b, c_i^*, c_i^0	mol/ℓ		(i Spezies)
– an Oberfläche surface concentration	c_i^s	mol/ℓ		
– örtlich, zeitlich at distance x, at time t	$c_i(x,t)$	mol/ℓ		

Teilchenzahlkonzentration number concentration	C	m^{-3}		$C_i = N_i/V$
Frequenz-Rotationskonstante rotational constants in frequency	C	Hz	$= s^{-1}$	siehe A
Wellenzahl-Rotationskonstante rotational constants in wavenumber	$\tilde{C}$	m^{-1}		siehe $\tilde{A}$
1. Planck-Strahlungskonstante first radiation constant	c_1	$W\,m^2$	$= kg\,s^{-3}$	$c_1 = 2\pi hc_0^2$
2. Strahlungskonstante second radiation constant	c_2	K m		$c_2 = \frac{hc_0}{k}$

χ (Chi)

Elektr. Suszeptibilität electric susceptibility	χ_e	–	= 1	$\chi_e = \varepsilon_r - 1$
Oberflächenpotential surface electric potential	χ	V		$\chi = \psi - \varphi$
Magnet. Suszeptibilität magnetic susceptibility	χ, χ_m, κ	–	= 1	$\chi = \mu_r - 1$
Molare magnet. Suszeptibilität molar magnetic susceptibility	χ_m	m^3/mol		$\chi_m = V_m\chi$
Quadrupolwechselwirkungstensor quadrupole interaction energy tensor	χ	J		$\chi_{\alpha\beta} = eQ\,q_{\alpha\beta}$

C
1) Abkürzung für: 100 (römisch); Coulomb, Curie; *degree centigrade*, Grad Celsius.
2) Zeichen für das *chemische Element Kohlenstoff.
3) C, c kyrill. S, s; © Copyright, Urheberrecht.

c
1) Abkürzung für: centi; Neuminute; Cent; Curie; *cubic*; *candle*, „Kerze"; *combustion*, Verbrennung; *percentage concentation*, Gehalt.
2) Index (DIN 1304) für: kathodisch, *cathodic*; *charging*, Lade...; *cycles*, Umdrehungen.

Ca Zeichen für das *chem. Element Calcium.

ca. Abkürzung für: circa, etwa.

Caba
Altes Volumenmaß aus Somaliland:
1 caba = 0,453 Liter.

Cabaho
Alte Volumeneinheit in *Eritrea:
1 cabaho = 6 Liter.

Caballería
[span. „Ritterschaft"]. Flächenmaß aus Spanien und Mittelamerika; im Mittelalter der Lohn eines Ritters nach einem Feldzug von einem Lehnsherrn oder Gegenleistung für den Unterhalt eines berittenen Kriegers.
1 Caballería =
= 38,64 Hektar (Spanien)
= 13,43 Hektar (Cuba)
= 45,25 ha (Costa Rica)
= 45,13 ha (Guatemala)
= 44,97 ha (Honduras)
= 42,8 ha (Mexiko)
= 45,50 ha (Nicaragua)
= 78,58 ha (Puerto Rico).

Caban (cavan)
Altes Volumenmaß von den Philippinen:
1 caban = 75 Liter.

Cable length (= Kabellänge)
1) Nautisches Längenmaß:
1 Cable length (international) =
= 607,6 115 Foot
= 185,2 Meter
= 0,1 Mile (nautical).
2) 1 Cable length *US* (historisch) =
= 720 Foot
= 219,456 Meter
= 0,1 184 968 Mile (nautical)
= 0,1 363 636 Mile (statute).

3) 1 cable's length *GB* (historisch) =
= 100 fathoms
= 183 Meter.

Cadastral
engl. *Kataster, *hold.

Cafiso
1) Altes Flüssigkeitsmaß aus Südeuropa:
1 Cafiso = 11,1 bzw. 19,9 Liter (v.a. Öl).
2) Altes Getreide-Hohlmaß aus Tunesien:
1 Cafiso = 496 Liter.

Cahiz (Cafiz)
1) Altes Flüssigkeitsmaß aus Spanien und Lateinamerika:
1 Cahiz = 12 Fanega =
= 666 Liter (Spanien)
= 607,6 Liter (Nicaragua).
2) Altes Flächenmaß:
1 Cahiz = 7,73 Hektar (Spanien).

Cajón
Altes chilenisches Gewicht:
1 Cajón = 64 Quintales = 2941 Kilogramm.

Cajuela
Historisch! El Salvador und Honduras:
1 cajuela = 16,6 Liter.

cal
1) Altes Längenmaß aus Polen (*„Zoll"):
1 cal = 24 Millimeter.
2) *Calorie.

calc
Index (DIN 1304) für: berechnet, kalkuliert.

Calcium-Phosphor-Quotient
Verhältnis von Calcium- und Phosphorgehalt der Nahrung (ca. 1,5 bis 2).

Caliber (= Kaliber)
1 Caliber = 0,01 Inch = 0,254 mm.

Calorie (cal, = Kalorie)
Veraltet! [engl., frz., holl.] calorie, [span.] caloría, [ital., port.] caloria, [jap.] kalorie, [poln.] kaloria, [schwed.] kalori.

1) **Grammcalorie,** Kleine Calorie, Internationale **Dampftafel-Calorie** (cal_{IT}). Bis Ende 1977 zulässige Einheit der Energie- und Wärmemenge, auf der 5. Internationalen Dampftafelkonferenz 1956 in London definiert als

$1\ cal_{IT} = 4{,}1868$ Joule [exakt].

Definition der 9. Generalkonferenz für Maße und Gewichte (Paris 1948):

1 cal = 4,1868 „mechanische" Joule.

Die Calorie als Einheit ist unbefriedigend, weil zu ihrer Festlegung der jeweilige Stand der Messtechnik eine Rolle spielt.

1 cal =
= $3{,}96\,832 \cdot 10^{-3}$ Btu
= $1{,}45\,922 \cdot 10^{-3}$ Cubic foot-atmosphere
= 99,3 543 Foot-poundal
= 3,08 803 Foot-pound-force
= $1{,}55\,961 \cdot 10^{-6}$ Horsepower-hour *GB*
= $1{,}58\,124 \cdot 10^{-6}$ PS-Stunde (metric horsepower-hour)
= 4,1 868 Joule [exakt]
= $^1/_{1000}$ Kilocalorie
= 0,426 935 Kilopond-meter
= $1{,}163 \cdot 10^{-6}$ Kilowattstunde
= 0,0 413 205 Liter-Atmosphäre
= $1{,}163 \cdot 10^{-3}$ Wattstunde [exakt].

2) **Mittlere Calorie.** Der 100. Teil der Wärmemenge, um 1 Gramm Wasser bei Atmosphärendruck von 0 °C auf 100 °C zu erwärmen:

$$1\ \text{cal} = \frac{1\ \text{g}}{100} \int_{0^\circ\text{C}}^{100^\circ\text{C}} c_p(T)\,\mathrm{d}T =$$

= 4,1 897 Joule
= $4{,}1\,897 \cdot 10^7$ Erg
= 0,42 723 Kilopond-meter.

3) **Thermochemische** oder **definierte** oder **Rossini-Kalorie.** Früher vom US National Bureau of Standards für thermochemische Datentabellen verbreitete Wärmeeinheit:
1 cal (thermochem.) =
= 4,184 Joule [exakt] =
= $4{,}1\,833\ \text{Joule}_{int}$ *US* (vor 1949).

4) **15°C-Calorie.** Um ein Gramm eisfreies Wasser bei konstantem Atmosphärendruck von 14,5 auf 15,5 °C zu erwärmen ist die Wärmemenge $1\ cal_{15}$ nötig:

$$\begin{aligned} Q &= m\,c_p\,\Delta T = 1\,\text{g} \cdot 1\,\frac{\text{cal}}{\text{g}} \cdot 1\,^\circ\text{C} = \\ &= 1\ \text{cal}_{15} = 4{,}1855\ \text{Joule} \\ &= 4{,}1855 \cdot 10^7\ \text{Erg} \\ &= 0{,}42680\ \text{Kilopondmeter.} \end{aligned}$$

5) **20°C-Calorie.** Analog cal_{15} ist definiert:
$1\ cal_{20} = 4{,}18190$ Joule.

6) Definition über die universelle Gaskonstante. Vgl. Stoffdaten des *Wassers.

$R = 1{,}9860 \frac{\text{cal}}{\text{mol K}} \Rightarrow 1\,\text{cal} = 4{,}1866\,\text{Joule}.$

Calorie pro.

1) ... Grad Celsius. 1 cal/°C =
= 2,20 462·10^{-3} Btu/°F = 2.326 Joule/°F.

2) ... Centimeterquadrat
1 cal/cm^2 = 41,868 Kilojoule/Meter^2.

3) ... Gramm
1 cal/g = 1,8 Btu/pound = 4186,8 Joule/kg.

4) ... Gramm und Grad Celsius
1 cal/(g·°C) = 1 Btu/(pound·°F)
= 4186,8 Joule/ (Kilogramm·°C).

5) ... Minute
1 cal/min = 0,06 978 Watt.

6) ... Minute und Centimeter^2
1 cal/(min·cm^2) = 697,8 Watt/Meter^2.

7) ... mol und Kelvin
$1\,\text{cal mol}^{-1}\text{K}^{-1} = 4{,}184\,\text{J mol}^{-1}\text{K}^{-1}$

8) ... Sekunde
1 cal/s = 1 cal/sec = 4,1 868 Watt.

9) ... Sekunde und Centimeter^2
1 cal/(sec·cm^2) = 41 868 Watt/Meter^2.

10) ... Sekunde, Centimeter^2, Grad Celsius
$1\,\text{cal}/(\text{sec cm}^2\,°\text{C}) = 41868\,\text{W m}^{-2}\text{K}^{-1}$
$1\,\text{cal}/(\text{sec cm}^2\,°\text{C/cm}) = 418{,}68\,\text{W m}^{-1}\text{K}^{-1}$

Calorific [engl.] *Wärme..., Kalorisch...

can

Flüssigkeitsmaß für Milch aus den USA:
1 can = 37,8 Liter.

can$ *Dollar, Währung.

Canada

1) Altes Flüssigkeitsmaß aus Brasilien:
1 Canada = 1,37 Liter.

2) Altes Flüssigkeitsmaß aus Portugal:
1 Canada = 4 Quartilhos = 1,37 (1,413) Liter.

Cañado

Altes Hohlmaß aus Spanien:
1 Cañado = ca. 37 Liter.

Candela (cd)

Nicht **Cd**, EDV: CD. Internationale Basiseinheit der Lichtstärke seit 1948, als **Neue Kerze** in Deutschland seit 1942; [engl.] **candle,** [engl., span., frz., ital., holl., port., schwed.] candela, [poln.] kandela, [jap. Transkript.] kandera.
Als Basiseinheit des SI-Systems wurde auf der 13. CGPM 1967 definiert: Ein Candela ist Lichtstärke eines schwarzen Strahlers von $^1/_{600\,000}$ m^2 Oberfläche bei der Temperatur des unter Normaldruck (101 325 Pa) erstarrenden Platins senkrecht zu seiner Oberfläche. Die *Farbtemperatur* des schwarzen Körpers beim Erstarrungspunkt des Platins (2042,5 K) ersetzte frühere Kerzenprototypen auf Basis der Wolfram-Vakuumlampe (2360 K). Vor dem 2. Weltkrieg galten die **Hefner-Kerze* in Deutschland, Österreich und den Skandinavischen Ländern, die *Internationale Kerze* in Frankreich, Großbritannien und den USA.
Seit 1979 kennzeichnet ein Candela die Lichtstärke einer monochromatischen Strahlungsquelle (540 GHz = 555 nm) in eine vorgegebene Richtung mit einer *Strahlstärke von $^1/_{683}$ Watt pro Steradiant.
1 Candela (cd) =
= 1,107 Hefner-Kerze (HK) =
= 1 Neue Kerze
= 0,981 Internat. Kerze (IK) =
= 1 Lumen/Steradiant.

Candela pro...

1) ...Centimeterquadrat
1 cd/cm^2 =
= 929,0 304 Candela/square foot
= 6,4 516 Candela/square inch
= 3,141 593... (π) Lambert = 1 Stilb.

2) ...Meterquadrat. Leuchtdichte-Einheit:
1 cd/m^2 =
= 0,09 290 304 Candela/square foot
= 3,141 593...·10^{-4} Lambert = 1 Nit.

3) ...square foot
1 cd/sq.ft. =
= 6,944·10^{-3} ($^1/_{144}$) Candela/square inch
= 10,76 391 Candela-Meter^2
= 3,141 593 Foot-lambert
= 3,381 582·10^{-3} Lambert.

4) ...square inch
1 cd/sq.in. =
= 0,1 550 003 Candela/Centimeter^2
= 144 Candela/square foot
= 452,3 893 Foot-lambert
= 0,4 869 478 Lambert.

Canderin

Altes Gewicht aus China:
1 Canderin = 0,38 Gramm.

Candil
Altes Hohlmaß aus Portugal und Ostindien:
1 Candil = 493,3 Liter.

Candle *Kerze.

Candle-hour *c-hr.

Candlepower *cp.

Candy (= Pagodo)
Altes Handelsgewicht aus Indien:
1 Candy = 226,8 Kilogramm.

Canna
[ital. „Rohr, *Rute"]. Altes Längenmaß aus Italien, speziell im Bauwesen:
1 Canna = 2,64 Meter.
1 Canna architettonica = 2,23 Meter.

Cántara
Altes Hohlmaß (für Wein) aus Spanien, Süd- und Mittelamerika (*Kanne, *Arroba):
1 Cántara =
= 12,56 Liter (Kolumbien)
= 12,56 Liter (Panama)
= 16,14 Liter (Spanien).

Cantaro
Altes Gewicht aus Italien:
1 Cantaro = 33,9 bis 89,1 Kilogramm.

Capacitance
engl. „Kapazität", vgl. *Farad.

Capacity
engl. „Fassungsvermögen", vgl. *Minim.

cape foot
Nichtmetrische Längeneinheit:
1 cape foot = 1,033 Foot = 0,3 149 Meter.

Capicha
Altes persisches Volumenmaß:
1 capicha = 2,63 Liter.

Caraffa
[„Karaffe", arab. *garafa*, „schöpfen"]. Altes Hohlmaß aus Süditalien:
1 Caraffa = 71 Liter.

Carat (Karat)
[griech., arab., frz.]. Überholt! Ursprünglich der Same des Johannisbrotes, früher in Afrika als Goldgewicht. SI-Masseneinheit für Edelmetalle, Gold und Edelsteine ist *Kilogramm.
1) **Metrisches Karat (Kt,** früher: **k,** EDV: KT), engl. **metric carat (Ct)**. Weltweites Juwelengewicht, in Deutschland gesetzlich nur für Edelsteine; ohne international genormtes Einheitenzeichen:
1 Karat =
= $^1/_{5000}$ Kilogramm
= 0,2 Gramm [exakt]
= 200 Milligramm
= $7{,}0\,548 \cdot 10^{-3}$ Ounce avdp.
= $6{,}4\,301 \cdot 10^{-3}$ Ounce troy.
2) Historische Festlegungen:
1 Carat *GB* = 0,20 531 Gramm.
1 Carat *US* = 0,205 Gramm.
1 Carat (Frankreich) = 0,2055 Gramm (bis 1877); 0,205 Gramm (ab 1877).
3) **Feingehalt des Goldes.** Maß für den Goldgehalt einer Legierung: reines Gold = 24 Karat.

Karat	Feingehalt in ‰	Karat	Feingehalt in ‰
24	1000	11	458,33
21	875	10	416,67
20	833,33	9	375
19	791,67	8	333,33
18	750	5	208,33
17	708,33	4	166,67
16	666,67	3	125
13	541,67	2	83,33
12	500	1	41,67

Carbonathärte
Kennwert von Trinkwasser; mit dem *m-Wert früher berechnet als: $2{,}8 \cdot m$ °dH (deutscher Härtegrad).

Carcel
Veraltet! Franz. Einheit der Lichtstärke:
1 carcel = 9,7 Candela.

Carga
[span., port. „Last"]. Alte portugiesisch-lateinamerikanische Volumen- und Masseneinheit:
1 Carga =
= 3 Quintals =
= 300 Libras españolas =
= 222 Liter (Spanien)
= 137,85 Kilogramm
= 181,6 Liter (Mexiko)
= 69 Kilogramm (Chile).

Cargo Ladung, Luftfracht, Schiffsladung.

Cargo Tonnage
Nutzladung eines Schiffes in Tonnen (*Ladungstonne).

Carlino
1270 erstmals geprägte, päpstliche Silbermünze, später in Neapel (1730) und Sardinien (1755, Goldmünze).

Carolus
Ältere Ausgabe des spanischen Piasters zur Zeit Karl III. von Spanien.

Carré
1) [frz. „viereckig, Quadrat"], z. B.:
1 centimètre carré = 1 Centimeter^2.
2) Altes Flächenmaß aus Vietnam:
1 carré = 7,98 Hektar.

CAS
Chemical Abstracts Service, System numerischer Kennzeichnungen für chemische Verbindungen, z. B. 50-00-0 für Formaldehyd.

Cask
Amerikanisches Flüssigkeitsmaß:
1 cask = 32 gallons = 1,21 Hektoliter.

Cass
Altes Volumenmaß aus Zypern:
1 cass = 4,73 Liter

Catalansche Konstante

$$\mathrm{G} = \sum_{n=0}^{\infty} \frac{(-1)^n}{(2n+1)^2} = 0{,}915\,965\,594\,177\ldots$$

Cavalla
[ital. „Pferd"]. Kleine altitalienische Silber-, später Kupfermünze mit eingeprägtem Pferd.

Cayman-Dollar *Dollar.

cb Abkürzung bis Ende 1974 für: kubik...

cbm *Kubikmeter, richtig: 1 m^3.

cc Abkürzung für: Cicero (Schriftgröße).

cc.
Abkürzung für: *cubic centimeter US*, Kubikzentimeter; international cm^3.

CCD-Winkel
Medizin: Centrum-Collum-Diaphasenwinkel; zwischen Oberschenkelhals und Femurschaft. Normalwert: 120° bis 130°.

CCITT
Abkürzung für [frz.] Comité Consultatif International Téléphonique = [engl.] International Telecommunication Union (ITU).

ccm
Veraltet! Abkürzung für: Kubikzentimeter.

Cd
Zeichen für das *chem. Element Cadmium.

cd Abkürzung für: *cord*, Candela.

Ce Zeichen für das *chem. Element Cer.

CECC
Abkürzung für: Cenelec Electronic Components Committee.

Cedi
Währungseinheit in Ghana:
1 Cedi (₵) = 100 Pesewas (p) = ca. $^1/_{1235}$ DM.

Ceki
Altes Gewicht aus der Türkei:
1 Ceki = 225,81 Kilogramm.

Cel
Vor 1969 vorgeschlagene, international nicht akzeptierte Geschwindigkeits-Einheit.
1 Cel = 1 Centimeter/Sekunde = $^1/_{100}$ *Benz.

Celemin
1) Altes Hohl- und Ackermaß aus Spanien, Bolivien, Kolumbien, Panama, Peru:
1 Celemín = 4,625 Liter.
2) 1 Celemin = 0,0537 Hektar.

cemf
Abkürzung für: *counter electromotive force*, Gegenspannung.

CEN
Abkürzung für: [frz.] Comité Européen de Normalisation = Europäisches Komitee für Normung.

Cent
1) [lat *centum*, „hundert"]. Nicht gesetzliches Hinweiswort zur Unterteilung von Tonhöhenintervallen, speziell für die temperierte Stimmung und chromatische Tonleiter.
1 Cent ≙ 1 temperierter Halbton
= $^1/_{1200}$ Oktave = 1.
Zwei benachbarte Halbtöne sind um $\sqrt[1200]{2}$ in der Frequenz verschiedenen. Ein Tonhöhenintervall von *i* cent entspricht also einem Frequenzverhältnis von:

$$\frac{f_2}{f_1} = \left(\sqrt[1200]{2}\right)^i = 2^{i/1200}$$

Umgekehrt entspricht jedes Frequenzverhältnis f_2/f_1 dem Tonhöhenintervall:

$$i = 1200\,\frac{\lg f_2/f_1}{\lg 2} = 3986{,}3\ \lg\frac{f_2}{f_1}\ \text{cent}.$$

2) In den USA früher gebräuchliches Hinweiswort für die Reaktivität von Reaktoren (*Dollar):
1 cent ≙ 1% sofort-kritischer Zustand
3) US-amerikanische und kanadische Münze:
1 cent = 0,01 Dollar.
4) *Euro, *Gulden, *Leone,*Lilangeni.

Centai *Litas.

Cental
Veraltet! Britisches Gewicht, entsprechend dem „Zentner", [span., frz.] quintal, [poln.] kwintal, [schwed.] centner.
1 Cental = 100 Pound [exakt] =
= 45,359 2<u>37</u> Kilogramm
= 45,359 2<u>43</u> Kilogramm (*GB* vor 1959).

Centavo
[span, portug.; lat. *centum*, „hundert"]. Kleine Währungseinheit (vgl. *Colón):
1 Centavo = $^1/_{100}$ Peso.

Centenar
Altes niederländ. Gewicht (*Zentner):
1 Centena(a)r = 100 Ponden
= 49,41 Kilogramm.

Centenari *Zentner.

Centenarium *Centipodium.

Centésimo *Balboa.

Centesimus
[lat. „Hundertster"]. Altrömisch:
Centesimus pars = ein Prozent Zinsen monatlich = 12% p.a.

Centi...
Dezimaler Vorsatz: 0,01 = $^1/_{100}$ einer Einheit.

Centiar Unüblich! 1 ca = 0,01 Ar.

Centigon (früher: **Neuminute)**
1 cgon = = 1 Neuminute (1^c) = $\pi/2\cdot 10^4$ rad.

Centigrade
In den USA übliche Bezeichnung für *Grad Celsius.

Centigrade heat unit (CHU, chu-mean)
Veraltet! Britische Einheit der Wärmemenge, hundertster Teil der Energie, um 1 Pfund (lb.) Wasser von 0 auf 100 °C bei Atmosphärendruck (1 atm) zu erwärmen:
1 °C heat unit (chu) =

$$= \frac{1\ \text{lb}}{100} \int_{0°\text{C}}^{100°\text{C}} c_p(T)\,\mathrm{d}T =$$

= 1 chu_{mean}
= 1,8 Btu
= 453,5 923 Calorie
= 1899,10 Joule.

Centigrade Thermal Unit (CTU, ctu-15)
Veraltet! Britische Einheit der Wärmemenge, um 1 pound Wasser bei 1 atm von 14,5 auf 15,5 °C zu erwärmen:
1 ctu = 0,4 535 923 Kilocalorie (15°).

Centigradsystem *Grad Celsius.

Centigramm
1 cg = 0,01 Gramm = 10 Milligramm.

Centigray 1 cGy = 0,01 Gray.

Centiliter
1 cl =
= 0,01 Liter = 10 Milliliter
= 10 Centimeter^3
= 0,6 102 374 Cubic inch
= 2,815 606 Drachm (*GB*, fluid)
= 2,705 122 Dram (*US*, fluid)
= 0,3 519 508 Ounce (*GB*, fluid)
= 0,3 381 502 Ounce (*US*, fluid).

Centimeter
1 cm = 0,01 Meter
= 0,03 280 840 Foot
= 0,3 937 008 Inch
= 10 000 Micrometer
= 393,7 008 Mil
= 10 Millimeter
= 0,01 093 613 Yard.

Centimeter pro Sekunde (cm/s)
Geschwindigkeitseinheit im cgs-System:
1 cm/s =
= 1,968 504 Foot/minute =
= 0,03 280 840 Foot/sec
= 0,036 Kilometer/Stunde
= 0,6 Meter/Minute
= 0,02 236 936 Mile/hour.

Centimeter pro Sekundequadrat
Einheit der Beschleunigung im cgs-System:
1 cm/s^2 =
= 0,03 280 840 Foot/sq.sec =
= 0,036 Kilometer/(Stunde·Sekunde)
= 0,01 $Meter/Sekunde^2$
= 0,02 236 936 Mile/(Stunde·Sekunde).

Centimeter Quecksilbersäule (cm Hg)
Veraltet! Gesetzlich unzulässige Druckeinheit:
1 cm Hg = 10 mm Hg =
= 0,0 131 579 Atmosphäre =
= 13,3 322 Millibar
= 135,951 Millimeter Wassersäule
= 1333,22 Pascal
= 0,193 368 Pound-force/square inch.

Centimeter Wassersäule (cm H_2O)
Veraltet! Gesetzlich unzulässige Druckeinheit:
1 cm Wassersäule =
= $9{,}67\ 841 \cdot 10^{-4}$ Atmosphäre
= 0,980 665 Millibar
= 0,735 559 mm Hg
= 0,001 $Kilopond/Centimeter^2$
= 98,0 665 Pascal
= 0,0 142 233 Pound-force/square inch.

Céntimo *Colón, *Guarani.

Centipodium (Centenarium)
[lat. *centum-pondium*, „Zentnergewicht, Hundertpfund“]. Altes, römisches Gewicht:
1 Centipodium = 100 römische Pfund
= 32,745 Kilogramm.

Centipoise (cP)
Veraltet! Viskositätseinheit:
1 cP = 0,01 Poise
= 0,001 Pascal · Sekunde
= 1 Millipascal-Sekunde
= 0,001 $Newton\text{-}Sekunde/Meter^2$
= 0,001 $kg\,m^{-1}s^{-1}$.

Centistokes
Veraltet! Einheit der kinematischen Viskosität:
1 cSt = 10^{-6} $Meter^2/Sekunde$
= 1 $Millimeter^2/Sekunde$.

Centnar
Altes Gewicht aus Polen:
1 Centnar = 40,55 Kilogramm.

Centner (= „Zentner“)
Alte Masseneinheit aus Skandinavien:
1 Centner =
= 50 Kilogramm = 100 Pfund (Dänemark)
= 49,84 Kilogramm (Norwegen)
= 42,5 Kilogramm (Schweden).

Centrad
Veraltet! Optisches Winkelmaß:
1 centrad = 0,01 rad.

Central Time *Zeitzonen.

Centum *Centavo, *Centipodium.

Centuria *Zenturie.

Centweight *hundredweight.

CE-Winkel
Medizin: Winkel zwischen dem äußeren Pfannenerker der Hüftgelenkkugel und der Parallelen zur Körperlängsachse durch den Hüftkopfmittelpunkt. Bei Kindern: > 15°.

Ceylon (Sri Lanka)
Historische Volumeneinheiten: *amunam, *para(h) = parrah.

Cf
Zeichen für das *chem. Element Californium.

cfm
Abkürzung für: *cubic feet per minute*, Kubikfuß pro Minute.

cfs
Abkürzung für: *cubic feet per second*, Kubikfuß pro Sekunde.

cg *Centigramm.

cgon *Centigon.

CGPM
Abkürzung für: *Conférence Générale des Poids et Mesures*. Allgemeine Konferenz für Maße und Gewichte (seit 1875). Vgl. *Kilogramm, *Meter, *Sekunde.
1960 legt die 11. CGPM das „Internationale Einheitensystem“ (SI) mit 7 Basiseinheiten (m, kg, s, A, K, mol, cd) und 2 ergänzenden Einheiten (rad, sr) und 19 daraus abgeleiteten Einheiten mit speziellen Namen (Hz, N, Pa, J, W, C, V, F, Ω, S, Wb, T, H, °C, lm, lx, Bq, Gy, Sv) fest.

Tabelle C.1 Elektromagnetisches cgs-Dreiersystem (CGS-E).

Stromstärke	absolutes Ampere	1 abA	=	1 abs. A	=	1 A_{abs}	=	10 Ampere
Ladung	absolutes Coulomb	1 abC	=	1 abs. C	=	1 C_{abs}	=	10 Coulomb
Kapazität	absolutes Farad	1 abF	=	1 abs. F	=	1 F_{abs}	=	10^9 Farad
Induktivität	absolutes Henry	1 abH	=	1 abs. H	=	1 H_{abs}	=	10^9 Henry
Widerstand	absolutes Ohm	1 abΩ	=	1 abs. Ω	=	1 Ω_{abs}	=	10^9 Ohm
Spannung	absolutes Volt	1 abV	=	1 abs. V	=	1 V_{abs}	=	10^{-8} Volt
Leistung	absolutes Watt	1 abW	=	1 abs. W	=	1 W_{abs}	=	10^{-7} Watt
magn. Spannung	Gilbert	1 Gb	=	1 Oe cm			=	$10/4\pi$ A
magn. Flussdichte	Oersted	1 Oe					=	$10/4\pi$ A/cm
magn. Induktion	Gauss	1 Gs	=	$\sqrt{}$dyn/cm	$\hat{=}$	1 G	=	10^{-4} V s/m^2
magn. Fluss	Maxwell	1 Mx	=	$\sqrt{}$dyn cm	$\hat{=}$	1 M	=	10^{-8} V s

cgs
Abkürzung für: *cgs-System, Centimeter-Gramm-Sekunde-System, *centimeter-gram-second system.*

CGS °C *Kalorisches Vierersystem.

CGS-E
Historisch! *Absolutes elektrostatisches *cgs-System, *esu, *electrostatic system of units.* Im Coulomb-Gesetz wird die absolute Dielektrizitätskonstante ε_0 gleich 1 gesetzt und es ergibt sich eine Definitionsgleichung für die elektrische *Ladung*, die aus den mechanischen Größenarten Kraft und Länge abgeleitet erscheint. Als Potenzprodukte der mechanischen Einheiten leiten sich alle weiteren elektromagnetischen Einheiten ab. Als Nachteil dieser Willkür werden einige Größenarten dimensionsgleich: Kapazität und Länge, elektrischer Leitwert und Geschwindigkeit, spezifischer Widerstand und Zeit.

cgs-Einheiten
Veraltet! Beim Wechsel von einem *cgs-System ins andere mussten alle Größen, je nach ihrer Bedeutung, umgerechnet werden. 1 $cm^{3/2}g^{1/2}s^{-1}$ im *CGS-G–System konnte die elektrische Ladung $(3 \cdot 10^9)^{-1}$ A oder den magnetischen Fluss 10^{-8} Wb bezeichnen. Im *Fünfer-System erst gelten die Gleichungen für den Gebrauch beliebiger Einheiten, auch solcher, die kein Einheitensystem bilden.

cgsFr-System *Franklin.

CGS-G
Historisch! *Gaußsches Einheitensystem,* *absolutes elektromagnetisches *cgs-System. Dieses symmetrische Einheitensystem (mit $\varepsilon_0 = 1$ und $\mu_0 = 1$) wurde wegen der übersichtlichen Schreibweise der Gleichungen in der theoretischen Physik verwendet (ebenso *Lorentzsches Einheitensystem). Die elektrischen Größenarten werden wie beim elektrostatischen System, die magnetischen Größenarten wie beim elektromagnetischen System eingeführt. Sowohl im elektrischen wie im magnetischen Coulomb-Gesetz wurde der Proportionalitätsfaktor dimensionslos gleich 1 gesetzt. Nachteil: Kapaziät und Induktivität tragen die Dimension einer Länge.

CGSK *Kalorisches Vierersystem.

CGS-M
Historisch! *Absolutes elektromagnetisches *cgs-System, *emu, engl. *electromagnetic system of units.* Die absolute Permeabilität μ_0 des magnetischen Coulomb-Gesetzes wurde einfach dimensionslos gleich 1 gesetzt und man erhielt die *Polstärke* (oder „Magnetmenge") mit der heutigen Einheit Ampere-Meter als elektromagetische Größenart. Als Nachteil dieser Willkür wurden einige Grundgrößenarten dimensionsgleich: elektrischer Widerstand und Geschwindigkeit, spezifischer Widerstand und kinematische Viskosität. Das absolute Ampere (abA) wurde durch die Kraft 2 dyn festgelegt, die pro Centimeter Länge zwischen zwei parallelen Leitern im Vakuum wirkt. Feldstärken wurden früher mit *Gauss (Gs) angegeben, weil man in *Oersted (Oe) dieselben Zahlenwerte für die Flussdichte erhielt. Gs (Gauss) und Mx (*Maxwell) wurden 1954 in nicht-kohärente Einheiten des internationalen 6er-Systems mit den Abkürzungen M und G umdefiniert.

Tabelle C.2 Umrechnung fundamentaler Konstanten zwischen historischen Einheitensystemen.

		Dreiersysteme CGS-E	CGS-M	CGS-Gauss	Vierersystem (VAMS)
Dielektrizitätskonstante					
– rational	$\varepsilon_0 = \lvert\vec{D}\rvert/\lvert\vec{E}\rvert$	$(4\pi)^{-1}$	$(4\pi c_0^2)^{-1}$	$(4\pi)^{-1}$	$(4\pi \cdot 10^9)^{-1}$ As/Vm (F/m)
– nichtrational	$\varepsilon_0' = \lvert\vec{D}'\rvert/\lvert\vec{E}\rvert$	1	c_0^{-2}	1	–
Permeabilitätskonstante					
– rational	$\mu_0 = \lvert\vec{B}\rvert/\lvert\vec{H}\rvert$	$4\pi/c_0$	4π	4π	$4\pi \cdot 10^{-7}$ Vs/Am (H/m)
– nichtrational	$\mu_0' = \lvert\vec{B}'\rvert/\lvert\vec{H}\rvert$	$1/c_0^2$	1	1	–
Verkettungskonstante	$\gamma = \sqrt{\varepsilon_0\mu_0 c_0^2}$	1	1	c_0	1
Wellenwiderstand					
– rational	$\mu_0 c_0/\gamma$	$4\pi/c_0$	$4\pi/c_0$	4π	$4\pi \cdot 30\ \Omega$
– nichtrational	$\mu_0' c_0/\gamma$	$1/c_0$	c_0	1	–
Lichtgeschwindigkeit	c_0		$2{,}99\,792 \cdot 10^{10}$ cm/s		$2{,}99\,792 \cdot 10^{8}$ m/s
Gravitationskonstante	$G = F_{\mathrm{g}} r^2/m_{\mathrm{s}}$		10^3 dyn cm^2/g$_{\mathrm{s}}^2$		$6{,}670 \cdot 10^{-11}$ Nm^2/kg$_{\mathrm{s}}^2$
Fallbeschleunigung	g		981 cm s^{-2}		9,81 m/s^2

cgs-System (CGS)

(Zentimeter-Gramm-Sekunde-System).

1) Absolutes mechanisches Maßsystem. Das historische cgs-System von 1881 fußte auf den Basiseinheiten: Zentimeter als hundertster Teil des internationalen Meter-Prototyps, Gramm als tausendster Teil des internationalen Kilogramm-Prototyps, Sekunde als 86 400ster Teil des mittleren Sonnentages. Als abgeleitete Einheiten waren bis 1978 gültig: *Dyn (Kraft), *Erg (Energie), *Gal (Beschleunigung), *Stokes und *Poise (Zähigkeit), *Bar (inkohärente Druckeinheit Mdyn/cm^2).

2) Vgl. *Absolute cgs-Dreiersysteme, *cgs-Einheiten.

ch

Nicht standardisierte Abkürzung für: *cosinus hyperbolicus*, cosh.

Chad

Veraltet! Einheit des Neutronenflusses; benannt nach dem britischen Physiker und Entdecker des Neutrons Sir JAMES CHADWICK (1891–1974, Nobelpreis 1935):

1 Chad = 1 Neutron/(cm^{2}s).

chai meu

Alte Volumeneinheit aus *Siam:

1 chai meu = 0,031 Liter.

Chain (ch)

1) Nichtmetrische, *englische Längeneinheit:

1 Chain *GB* =
= 1 Gunter's Chain *US* =
= 1 surveyor's chain *US*
= 4 Rod
= 22 Yard
= 66 Foot
= 100 Link
= 20,1168 Meter [exakt].

2) 1 Chain (Ramsden's) = 100 Foot.

3) 1 Chain *GB* (vor 1959) = 20,116<u>783</u> Meter

4) 1 Chain *US* (vor 1959) = 20,116<u>840</u> Meter.

chai vai

Alte Längeneinheit aus *Annam:

1 chai vai = 14,63 Meter.

Chaldron, imperial chaldron

1) Veraltet! Britisches Hohlmaß:

1 chaldron =
= 288 imperial gallons
= 1,30 927 Meter^3
= 36,8 bushel *US*
= 36 bushel *GB*.

2) Amerikanisches Raum- und Gewichtsmaß für Steinkohle:

1 chaldron = 1,66 Meter^3 = 1,306 Tonnen.

Chang awn

Alte Volumeneinheit aus *Thailand (Siam):

1 chang awn = 1 loang = 0,50 Liter.

Channa

*Kanne.

Char

[frz. *char*, „Wagen"]. Altes Flüssigkeitsmaß aus

der Schweiz:
1 Char = 6,48 Hektoliter.

char
Index (DIN 1304) für: charakteristisch.

Charac
Altes persisches Längenmaß:
1 charac = 0,26 Meter.

Charge
[frz. „Last“]. Alt-frz. Handelsgewicht:
1 Charge = 146,85 Kilogramm (Frankreich) = 126,66 Kilogramm (Schweiz).

Charrière-Skala
Veraltet! Durchmesser medizinischer Katheter und Bougies, gemessen mit einer Metallscheibe mit Löchern.
1 Ch. = $^1/_3$ Millimeter.

Charvar
Altes Gewicht aus dem Iran:
1 Charvar = 294,4 Kilogramm.

Chela
Altes Volumenmaß aus Somaliland:
1 chela = 1,359 Liter.

chem
Abkürzung und Index (DIN 1304) für: chemisch, *chemical*.

Chemische Atommasseneinheit
*atomare Masseneinheit.

Chemische Elemente
Die meisten Elemente kommen in der Natur als Gemisch mehrerer Isotope vor, d. h. die Atome weisen gleiche Kernladungszahl *Z*, aber unterschiedliche Massenzahlen *A* auf. Die prozentualen Anteile der Isotopenmassen werden auf $^1/_{12}$ der Masse des Kohlenstoffisotops ^{12}C bezogen und zur relativen Atommasse A_r verrechnet (J. Phys. Chem. Ref. Data **1993**, *22*, 1571). Ziffern in Klammern geben die Massenzahl des stabilsten Isotops, bei Dezimalzahlen die Standardabweichung der letzten Stelle an. Radioaktive Elemente sind nachfolgend mit einem Stern gekennzeichnet.
Weiterführende Stichwörter: *atomare Masseneinheit. *Normalpotential, *Periodensystem, *Transfermiumelemente.

Element	Symbol	Z	A_r (1995)
Actinium*	Ac	89	(227)
Aluminium	Al	13	26,981 538(2)
Americium*	Am	95	(243)
Antimon	Sb	51	121,760(1)
Argon	Ar	18	39,948(1)
Arsen	As	33	74,921 60(2)
Astat*	At	85	(210)
Barium	Ba	56	137,327(7)
Berkelium*	Bk	97	(247)
Beryllium	Be	4	9,012 182(3)
Bismut	Bi	83	208,980 38(2)
Blei	Pb	82	207,2(1)
Bohrium*	Bh	107	(262)
Bor	B	5	10,811(5)
Brom	Br	35	79,904(1)
Cadmium	Cd	48	112,411(8)
Caesium	Cs	55	132,905 45(2)
Calcium	Ca	20	40,078(4)
Californium*	Cf	98	(251)
Cer	Ce	58	140,116(1)
Chlor	Cl	17	35,452 7(9)
Chrom	Cr	24	51,996 1(6)
Cobalt	Co	27	58,933 200(9)
Curium*	Cm	96	(247)
Dubnium*	Db	105	(262)
Dysprosium	Dy	66	162,50(3)
Einsteinium*	Es	99	(254)
Eisen	Fe	26	55,845(2)
Eka-Platin*		110	(271)
Eka-Gold*		111	(272)
Eka-Quecksilber*		112	
Erbium	Er	68	167,26(3)
Europium	Eu	63	151,964(1)
Fermium*	Fm	100	(257)
Fluor	F	9	18,998 403 2(5)
Francium*	Fr	87	(223)
Gadolinium	Gd	64	157,25(3)
Gallium	Ga	31	69,723(1)
Germanium	Ge	32	72,61(2)
Gold	Au	79	196,966 55(2)
Hafnium	Hf	72	178,49(2)
Hassium*	Hs	108	(265)
Helium	He	2	4,002 602(2)
Holmium	Ho	67	164,930 32(2)
Indium	In	49	114,818(3)
Iod	I	53	126,904 47(3)
Iridium	Ir	77	192,217(3)
Kalium	K	19	39,098 3(1)
Kohlenstoff	C	6	12,0107(8)
Krypton	Kr	36	83,80(1)

Kupfer	Cu	29	63,546(3)
Lanthan	La	57	138,905 5(2)
Lawrencium*	Lr	103	(262)
Lithium	Li	3	6,941(2)
Lutetium	Lu	71	174,967(1)
Magnesium	Mg	12	24,305 0(6)
Mangan	Mn	25	54,938 049(9)
Mendelevium*	Md	101	(260)
Meitnerium*	Mt	109	(266)
Molybdän	Mo	42	95,94(1)
Natrium	Na	11	22,989 770(2)
Neodym	Nd	60	144,24(3)
Neon	Ne	10	20,179 7(6)
Neptunium*	Np	93	237,048 2(1)
Nickel	Ni	28	58,693 4(2)
Niob	Nb	41	92,906 38(2)
Nobelium*	No	102	(259)
Osmium	Os	76	190,23(3)
Palladium	Pd	46	105,42(1)
Phosphor	P	15	30,973 761(2)
Platin	Pt	78	195,078(2)
Plutonium*	Pu	94	(244)
Polonium*	Po	84	(210)
Praseodym	Pr	59	140,907 65(2)
Promethium*	Pm	61	(145)
Protactinium*	Pa	91	231,053 88(2)
Quecksilber	Hg	80	200,59(2)
Radium*	Ra	88	226,025 4(1)
Radon*	Rn	86	222,017 6
Rutherfordium*	Rf	104	(261)
Rhenium	Re	75	186,207(1)
Rhodium	Rh	45	102,905 50(2)
Rubidium	Rb	37	85,467 8(3)
Ruthenium	Ru	44	101,07(2)
Samarium	Sm	62	150,36(3)
Sauerstoff	O	8	15,999 4(3)
Scandium	Sc	21	44,955 910(8)
Schwefel	S	16	32,066(6)
Seaborgium*	Sg	106	(266)
Selen	Se	34	78,96(3)
Silber	Ag	47	107,868 2(2)
Silicium	Si	14	28,085 5(3)
Stickstoff	N	7	14,006 74(7)
Strontium	Sr	38	87,62(1)
Tantal	Ta	73	180,947 9(1)
Technetium*	Tc	43	98,906 252
Tellur	Te	52	127,60(3)
Terbium	Tb	65	158,925 34(2)
Thallium	Tl	81	204,383 3(2)
Thorium*	Th	90	232,038 1(1)
Thulium	Tm	69	168,934 21(2)
Titan	Ti	22	47,867(1)
Uran*	U	92	238,028 9(1)
Vanadium	V	23	50,941 5(1)
Wasserstoff	H	1	1,007 94(7)
Wolfram	W	74	183,84(1)
Xenon	Xe	54	131,29(2)
Ytterbium	Yb	70	173,04(3)
Yttrium	Y	39	88,905 85(2)
Zink	Zn	30	65,39(2)
Zinn	Sn	50	118,710(7)
Zirconium	Zr	40	91,224(2)

C

Chemisches Potential

In der Thermodynamik die partielle molare Freie Enthalpie einer Komponente *i* in einer Mischung (in J/mol).

$$\mu_i = \left(\frac{\partial G}{\partial n_i}\right)_{T,p,n_k} = \left(\frac{\partial F}{\partial n_i}\right)_{T,V,n_k}$$

$$\mu_i = \mu_i^0 + RT \ln a_i$$

a *Aktivität; μ_i^0 chem. Potential des Reinstoffes *i* (bei 25 °C, 101 325 Pa).

Chemischer Sauerstoffbedarf (CSB)

Begriff der Umweltanalytik und Abwassertechnik: Sauerstoffmenge (in mg/ℓ) zur vollständigen Oxidation der organischen Wasserinhaltsstoffe (mit *Kaliumdichromat* oder Ozon); im Abwasser: CSB ≈ 2 BSB_5.

CSB	≈15 mg/ℓ O_2:	Fließgewässer
	≈100 mg/ℓ O_2:	geklärtes Abwasser
	≈500 mg/ℓ O_2:	kommunales Abwasser

Chenica

Altes persisches Volumenmaß:
1 chenica = 1,32 Liter.

Chet

Altes Längenmaß aus Ägypten:
1 Chet = ca. 52 Meter.

Cheval-heure (ch h, cvh)

Veraltet! Französische Energieeinheit:
1) 1 ch h = 1 PS h
= $2{,}7 \cdot 10^5$ Meter/Kilopond [exakt]
= $2{,}64\,779 \cdot 10^6$ Joule.
2) 1 $ch_{el}h$ (éléctrique) =
= $2{,}70\,235 \cdot 10^5$ Meter/Kilopond =
= $2{,}65\,010 \cdot 10^6$ Joule =
= 736·3600 internat. Joule [vor 1948].

Chevalierdor

*Louisdor.

Cheval vapeur (cv, ch.)

Französische Pferdestärke, *french horsepower, continental hosepower.*

1) Veraltet! Französische Einheit der Leistung

(*Horsepower):
1 cv = 1 PS ≡ 75 kp m/s = 735,49 875 Watt.
2) 1 cv_{el} (éléctrique) =
= 75,065 Kilopond-meter/Sekunde
= 736 int. Watt [vor 1948].

Chil$ *Peso.

Chile
Historische Längeneinheiten: *cuadra, *legua, *línea, *vara.
Historische Flächeneinheit: *cuadra.
Historische Volumeneinheit: *fanega.

Chin
1) Alte Masseneinheit aus China:
1 Chin = 500 Gramm.
2) Alte Masseneinheit in der Mongolei:
1 Chin = 600 Gramm.

China
Historische Längeneinheiten: *tschang=chang, *tschi = ch'ih, *pu, *tsun, *tu.
Metrische Längenmaße:
*kung ch'ih, *kung fen, *kung li, *kung yin.
Historische Flächenmaße:
*ching, *king, *kish, *mau, *mu.
Metrische Flächenmaße:
*kung ch'ing, *kung mu.
Historische Masseeinheiten: *pikul, *tael.
Historische Volumeneinheiten:
*tschi = ch'ih, *ho, *hu, *quei, *sheng.
Metrische Raummaße: *kung ho,
*kung sheng, *kung shih, *kung tou.
Währung: *Yuan.
Chinesische Zeit: *Zeitzonen, *Kalender.

Ching
Altes Flüssigkeitsmaß aus China:
1 Ching = 6,14 Hektoliter.

Chittack (= Schitta(c)k, Tschitta(c)k)
1) Altes Hohlmaß aus Indien:
1 Chittack = 0,697 Liter.
2) Alte Masseneinheit aus Indien:
1 Chittack = 58,3 Gramm.

Choinix
Neutestamentliches Hohlmaß:
1 choinix = 1,08 Liter.

Chopine
Altes, dem *Schoppen entsprechendes Flüssigkeitsmaß aus Frankreich:
1 Chopine = 0,46 Liter.

Chouto
Altes Hohlmaß aus Portugal und Ostindien:
1 Chouto = 12,33 Liter (*Cumbo).

c-hr Abkürzung für: *candle-hour.*

Christiandor
Goldmünze in Dänemark seit 1775 (König Christian VII.).

Christi Himmelfahrt
*Spezielle Wochen- und Feiertage.

Christliche Ära *Kalender.

Chromatische Stimmung
*Tonintervalle, *Cent.

CHU *Centigrade heat unit.

Chus
Altes Hohlmaß aus Griechenland:
1 Chus = 12 Kotylai = 3,28 Liter.

Cl$ *Dollar, Währung.

cif
Abkürzung für: *cost, insurance, and freight*; incl. Versicherung und Fracht.

CIPM
Abkürzung für: *Comité International des Poids et Mesures*, Internationales Komitee für Maße und Gewichte (seit 1875).

cir
Abkürzung für: *circular*, kreisförmig, Kreis.

Circular *cir.

Circular inch (cir in)
Nichtmetrische Flächeneinheit, entsprechend einem Kreis von 1 Inch Durchmesser. Entsprechungen in anderen Ländern: [d.] „Kreiszoll“, [span.] pulgada circular, [ital.] pollice circolare, [port.] polegada circular.
1 Circular inch =
= $1 \cdot 10^6$ Circular mil =
= 5,067 075 Centimeter^2
= 0,7 853 982 ($\pi/4$) Square inch.

Circular mil (cir mil)
Nichtmetrische Flächeneinheit, entsprechend einem Kreis von 0,001 Inch Durchmesser. Entsprechungen in anderen Ländern: [span.] milipulgada circular, [ital.] millipollice circolare, [port.] milesimo circular, [poln.] mil kolowy.

1 Circular mil =
= $^{\pi}/_{4} \cdot 10^{-6}$ Inch^2
= $7.853\,982 \cdot 10^{-7}$ Square inch
= 506,7 075 Micrometer^2
= $5{,}067\,075 \cdot 10^{-4}$ Millimeter^2
= 0,785 399 982 Square mil.

Circular Millimeter
1 cir mm = 0,7 853 982 Millimeter^2.

Circumference (= Vollkreis)
1 Circumference = 360 Degree (Grad)
= 400 Gon (grade)
= 6,283 185 (= 2π) Radiant.

cir mils Abkürzung für: *circular mils.*

Cl
Zeichen für das *chemische Element Chlor; Abkürzung für *Clausius.

cl Abkürzung für: Centiliter.

Clausius (Cl)
Veraltet! Ungesetzliche Einheit für die Entropie, benannt nach dem deutschen Physiker und Entdecker der Entropie RUDOLF EMANUEL CLAUSIUS (1822–1888).

$$\text{Entropie} = \frac{\text{Wärmemenge}}{\text{absolute Temperatur}}$$

$$1\ \text{Clausius} = 4{,}1868\ \frac{\text{Joule}}{\text{Kelvin}} = 1\ \frac{\text{Calorie}}{\text{Grad}}$$

Je nach Calorie-Definition wurden früher unterschieden: Cl_{15}, Cl_{IT}, Cl_{mean}.

Clearance, renale
Medizin: *Klärwert,* pro Zeiteinheit durch die Niere von einer bestimmten körpereigenen oder körperfremden Substanz gereinigte Plasmamenge.

$$C = \frac{\beta_U \dot{V}}{\beta_P} \quad \text{Einheit: m}\ell/\text{min}$$

$\dot{V}$ Harnvolumenstrom (mℓ/min),
β_U Urinkonzentration (mg/mℓ),
β_P Plasmakonzentration (mg/mℓ).

Clima
Altes römisches Flächenmaß:
1 Clima = ca. 315 Meter^2.

Clo
Veraltet! Einheit für den Kehrwert des Wärmeübergangskoeffizienten.
1 Clo = 0,155 °C · Meter^2/Watt.

Closing volume
Medizin: Mindest-Lungenvolumen, bei dem während des Druckanstiegs beim Ausatmen die kleinen Luftwege verschliessen (Bronchialkollaps), dass Restluft in den Alveolen eingeschlossen wird (*air trapping*, Asthmaanfall).

Cm
Zeichen für das *chem. Element Curium.

cm *Centimeter.

cmHg *Centimeter Quecksilbersäule.

CMOS
Abkürzung für: *complementary metal oxide semincønductor,* integrierte Schaltung auf Basis von Metalloxid-Halbleitern.

cn
Abkürzung für: Cosinus der Amplitude (elliptische Funktion).

Co Zeichen für das *chem. Element Cobalt.

coe
Index (DIN 1304) für: koerzitiv; z. B. Feldstärke H_{coe}.

coef Abkürzung für: *coefficient,* Koeffizient.

Cohnsches Einheitensystem
Veraltet! *Fünfersystem LMTQP von 1900 mit einer spezifisch elektrischen (Ladung oder Stromstärke) und einer spezifisch magnetischen Grundgrößenart (Polstärke):

magnet. Fluss	$[\Phi]$ = Wb
magnet. Spannung	$[V = \int \vec{H}\,\vec{s}]$ = J/Wb = 1 Amperewindung
elektr. Spannungsstoß	$[\int U\, dt]$ = Vs
elektr. Stromstärke	$[I = dQ/dt]$ = A

Collothum (Collothun)
Altes persisches Volumenmaß (*Iran):
1 collothum = 8,22 Liter.

colog
US-Abkürzung für: *cologarithm,* im deutschen Sprachraum nicht verwendet:

$$\text{colog}\,N = -\lg N = \lg \frac{1}{N}.$$

lg bezeichnet den Zehnerlogarithmus.

Colón
1) Goldmünze der argentinischen Konföderation (1875), benannt nach Christoph Columbus.

2) Costa-Rica-Colón
1 ₡ = 100 Céntimos (c) = ca. $^1/_{233}$ US-$.
3) El-Salvador-Colón
1 ₡ = 100 Centavos = ca. $^1/_{8,8}$ US-$.

Columbiano
Kolumbianischer Silber-Peso um 1900.

Compliance
Bereitschaft zur Mitarbeit, z. B. von Patienten bei einer Therapie.
Pulmonale Compliance. Volumenabhängige mechanische Dehnbarkeit von Brustwand und Lungen.

$$\frac{\text{Volumenänderung der Lungen (Liter)}}{\text{Druckänderung in den Lungen (kPa)}}$$

Compton-Wellenlänge *Konstanten,

con
Index (DIN 1304) für: Konvektion, Mitführung (z. B. Wärmestrom $\dot{Q}_{\text{con}}$).

conc
Abkürzung für: *concentrated*, konzentriert.

Concentration *Konzentration...

cond
Nicht standardisierte Abkürzung für: *conductivity*, Leitfähigkeit.

Conductance *Leitwert...

Conductivity *Leitfähigkeit...

Conférence Générale des Poids et Mesures [frz.]. Allgemeine Konferenz für Maße und Gewichte, vgl. *Kilogramm, *Meter, *Sekunde, *CGPM.

Confidence level
*messtechnische Unsicherheit.

Congius
[lat. „Muschel"]. Altes römisches Hohlmaß:
1 Congius = 3,28 Liter.

const Abkürzung für: *constant*, konstant.

cont hp continental *horsepower.

Cook-Islands-Dollar *Dollar.

Coordinated Universal Time *Zeit.

Copa
[span. „Glas"]. Altes Hohlmaß aus Spanien:
1 Copa = 0,126 Liter.

cor Index (DIN 1304): korrigiert, Korrektur.

Cord
Amerikanische Raumeinheit für Brennholz; „Holzklafter", [span.] cuerda de leña, [frz.] corde, [ital.] catasta, [poln., schwed.] kord.
1 Cord = 8 Cord-foot = 128 Cubic foot =
= $^{128}/_{27}$ Cubic yard = 3,625 Meter^3.

Cord-foot
1 Cord-foot = 0,125 ($^1/_8$) Cord = 16 Cubic foot.

Córdoba
Währungseinheit in Nicaragua:
1 C$ = 100 Centavos (c, cts) = ca. $^1/_{9,3}$ US-$

Coriolis-Durchflussmesser
*Volumenstrommessung.

Coriolisparameter
Meteorologie und Geophysik: Produkt aus Winkelgeschwindigkeit der Erdrotation ω und Sinus der geografischen Breite φ:

$$f = 2\omega \sin\varphi \quad \text{Einheit: } \frac{\text{rad}}{\text{s}}$$

corn bushel *Englische Einheiten.

Corona *Krone.

Coronilla *Escudillodoro.

corr
Abkürzung für: *corrected*, korrigiert; korrosiv.

cos Abkürzung für: Cosinus, *cosine*.

cosh
Abkürzung für: Cosinus hyperbolicus, Hyperbelcosinus, *hyperbolic cosine*.

Cosinussatz
In einem beliebigen Dreieck ist das Quadrat einer Seitenlänge gleich der Summe der Quadrate der beiden anderen Seitenlängen minus dem doppelten Produkt der Längen dieser beiden anderen Seiten und dem Cosinus des von ihnen eingeschlossenen Winkels:

$$a^2 = b^2 + c^2 - 2bc\cos\alpha$$
$$b^2 = a^2 + c^2 - 2ac\cos\beta$$
$$a^2 = b^2 + c^2 - 2ab\cos\gamma$$

Coss
Altes Längenmaß aus Indien:
1 Coss = 1,83 Kilometer.

Costa Rica
Historische Einheiten: *caballeria, *manzana (Fläche); *cajuela, *fanega (Volumen).

cot Abkürzung für: Cotangens, *cotangent*.

coth
Abkürzung für: Cotangens hyperbolicus, Hyperbelcotangens, *hyperbolic contangent.*

Coudée
Französische *Elle:
1 coudée = 51,97 Centimeter.

Coulomb (C, EDV: c, veraltet Cb)
1) Abgeleitete SI-Einheit der elektrischen Ladung, benannt nach dem französischen Physiker CHARLES AUGUSTIN DE COULOMB (1736–1806); definiert durch die bei 1 Ampere während 1 Sekunde transportierte Ladungsmenge.

Elektrische Ladung = Stromstärke · Zeit
1 Coulomb (C) = 1 Amperesekunde (As).

2) Abcoulomb (absolutes Coulomb). Veraltet! Ladungseinheit im elektromagnetischen cgs-System, im amtlichen Verkehr seit 1. Januar 1975 verboten, definiert als die elektrische Ladung, die eine von 1 abs. Ampere durchflossene Oberfläche in 1 Sekunde passiert:
1 abs. C = 1 C_{abs} = 10 Coulomb.
3) Statcoulomb. Veraltet! Einheit der Ladung im elektrostatischen cgs-System:
1 stat. C = 3,335 641·10^{-10} Coulomb.

Coulomb/Kilogramm
Einheit der veralteten Größe Ionendosis:
1 C/kg = 1 Ampere-Sekunde/Kilogramm.

Coulometer
Gerät zur elektrischen *Ladungsmessung.
1. *Kupfercoulometer.* Eine konzentrische Anordnung einer dicken Reinstkupferanode (außen) und einer dünnen Platinkathode (innen) in einem Kunststoffgefäß mit schwefelsaurer wässrig-ethanolischer Kupfersulfatlösung. Die durch Wägung bestimmte Massenzunahme der Kathode durch abgeschiedenes Kupfer korreliert nach dem 2. Faraday-Gesetz mit der Ladung: $Q = mzF/M$. Anwendung bis 0,04 A/cm²; ungenau wegen Ablösung des Kupferniederschlags, Bildung von Cu(I).
2. *Silbercoulometer.* Reinstsilberstabanode und Platintiegelkathode in 10–20%iger Silbernitratlösung. Ein Glasnapf fängt herabfallendes Silber auf. Anwendung bis 0,2 A/cm² (Anode), bis 0,02 A/cm² (Kathode); präzis.
3. *Iodcoulometer.* Abscheidung von Iod aus Kaliumiodidlösung an einer Platinanode; Rücktitration des entstandenen KI_3 mit Thiosulfat (Indikator: Blaufärbung mit Stärke); sehr genau.
4. *Oxalatcoulometer.* Oxidation von Oxalat zu CO_2 an einer Platinanode, Rücktitration der verbleibenden Oxalsäure oder Adsorption des entstandenen CO_2. Relativ genau.
5. *Knallgascoulometer.* In ein Vorratsgefäß taucht eine Glasbürette mit einer eingeschmolzenen U-bandförmigen Kathode, die eine rechteckige Blechanode umschließt. Elektrolyt ist 10–20%ige H_2SO_4 bei Platinelektroden oder 15%ige KOH bei Nickelelektroden. Durch Elektrolyse erzeugtes Knallgas steigt im Volumenmessrohr hoch. 1 F erzeugt 16,8 ℓ Knallgas = 5,6 ℓ O_2 = 11,2 ℓ H_2 bei Normaldruck. Ungenau (Promillefehler); für kontinuierliche Messungen und starke Ströme geeignet. Fehlerquellen durch Nebenreaktionen, u. a. Bildung von O_3, H_2O_2, H_2SO_5.
6. *Wasserstoffcoulometer.* Ein U-Rohr: linker Schenkel mit Volumenskala und eingelassener Kathode, geschlossen; rechter Schenkel mit eingeschmolzener Anode, offen (O_2 entweicht). Elektrolyt ist H_2SO_4 (Platinelektroden) oder KOH (Nickelelektroden).
1 F erzeugt 11,2 ℓ H_2 bei Normaldruck. Anwendung für schwache Ströme. Der Druck der Elektrolytsäule muss korrigiert werden.
7. *Quecksilbercoulometer* (Stiazähler). Beidseitig geschlossenes, umgekehrtes U-Rohr; linker Schenkel mit Kohlekathode, nach unten zur Messkapillare mit Volumenskala hin verjüngt; rechter Schenkel als Quecksilberseeanode.
Abscheidung von anodisch aufgelöstem Quecksilber an Kohle aus gesättigtem $K_2[HgI_4]$-Elektrolyten. Durch Kippen der Anordnung wird verbrauchtes Quecksilber in den Anodenraum zurückbefördert. Fehler ca. 2% bei hohen Stromdichten infolge Erwärmung. Volumenskala auf Amperestunden geeicht.
Technische Ausführung: Iridiumkathode (bildet kein Amalgam) und Quecksilbersee; ein Stromteiler lässt nur einen Teilstrom durch die Zelle fließen. Die Erwärmung eines Vorwiderstan-

C

des (Heißleiter, NTC) gleicht die Abnahme des Zellwiderstandes mit steigender Temperatur aus (Kaltleiter, PTC).

$$V_{Hg} = \frac{M_{Hg} I_Z t}{z F \varrho_{Hg}} = q\, l$$

$$\text{mit} \quad I_Z = \frac{I}{(R_Z + R_V)/R_N + 1}$$

$$\text{und} \quad U = \left[\frac{I}{R_Z + R_V} + \frac{I}{R_N}\right] - 1$$

I Gesamtstrom (A), I_Z Zellstrom (A), l Länge der Ablesekapillare (m), M_{Hg} Atommasse: 200,61 g/mol, q Kapillarquerschnitt (m^2), R_Z Zellwiderstand (Ω), R_V Vorwiderstand (Ω), R_N Nebenwiderstand (Ω), t Abscheidedauer (s), U Spannungsabfall (V), z Äquivalentzahl = 2, ϱ_{Hg} Dichte des Quecksilbers.

Coulometrie
1) Messverfahren zur Bestimmung der elektrischen Ladung; *Coulometer.
2) Bei der *coulometrischen Titration* in der Spurenanalytik wird das Reagens durch den fließenden Strom elektrochemisch erzeugt und die verbrauchte Ladung aufgezeichnet.

Counts per second (cps)
Zählereignis pro Sekunde. Ungesetzliche Einheit der Zählrate radioaktiver Zerfälle.

$$\text{Zählrate} = \frac{\text{Anzahl zählbarer Ereignisse}}{\text{Beobachtungszeitraum}}$$

$$1 \text{ cps} = 1 \text{ Ereignis pro Sekunde} = \text{s}^{-1}.$$

Ferner: *counts per minute* (cpm), *counts per hour* (chp).

Coupe
Altes schweizer Getreide-Hohlmaß:
1 Coupe = ca. 79 Liter.

Couronne d'or *Krone.

Coursame
Altes Längenmaß aus Vietnam:
1 Coursame = 4,16 Kilometer.

Course In der Seefahrt: der Soll-Kurs.

Covado
1) Altes Längenmaß aus Portugal:
1 Covado = 66 Centimeter.
2) Covado avantejado. Altes Längenmaß aus Brasilien: 1 Covado = 68,49 Centimeter.
3) Covado quadrado. Altes Flächenmaß.
1 Covado quadrado = 0,47 Meter^2 (Brasilien).

Covid(o)
1) Altes Längenmaß aus Arabien:
1 covido = 48,26 Centimeter.
2) Altes Längenmaß aus Indien:
1 covido = 45,72 Centimeter.

Cowling-Zahl *Kennzahlen.

cp
Abk. f.: *candlepower*, Strahlungsleistung, Lichtstärke; *chemically pure*, chemisch rein.

cps
Abk. f.: **cycles per second*, Umdrehungen pro Sekunde; **counts per second*, Zählereignisse pro Sekunde.

Cr Zeichen für das *chem. Element Chrom.

Cr$ *Cruzeiro.

crad
Altes Holz-Raummaß aus England:
1 crad = ca. 1,4 Meter^3.

crit Index (DIN 1304) für: kritisch.

Cross-sectional... *Querschnitts...

crown *Krone.

Cruzado
„Kreuztaler", alte Münze; Portugal, Spanien.

Cruzeiro
Währungseinheit in Brasilien, seit 1967 *Cruzeiro novo* (NCr). bzw. *Cruzeiro Real:*
1 Cr$ = 100 Centavos.

Cs
Zeichen für das *chem. Element Caesium, *US*-Schreibweise auch *cesium*.

CSB *chemischer Sauerstoffbedarf.

csc Abkürzung für: Cosecans, *cosecant*.

CSK *Krone

CST
Kurzzeichen: S, Abk. für *Central Standard Time:*
CST = UTC − 6 = MEZ − 5.

cth
Abkürzung für: cotangens hyperbolicus, coth.

c to c
Abkürzung für: *center to center*, Mitte–Mitte.

CTU *Centigrade Thermal Unit.

Cu Zeichen für das *chem. Element Kupfer.

cu (cu.)
GB/US-Abkürzung für: *cubic...*, Kubik...
1) cu cm, *cubic centimeter*, Kubikcentimeter [*US*, international: cm^3].
2) cu ft, *cubic foot*, Kubikfuß, ft^3.
3) cu in, *cubic inch*, Kubikzoll, in^3.
4) cu m, *cubic meter*, Kubikmeter [*US*, international: m^3].
5) cu μ, *cubic micron*, Kubikmikrometer [*US*, international μm^3].
6) cu mm, *cubic millimeter*, Kubik-Millimeter [*US*, international: mm^3].
7) cu yd, *cubic yard*, yd^3.

Cuadra
Altes Feldmaß aus Argentinien und Chile:
1 Cuadra =
= 129,9 Meter = 168,7 Ar (Argentinien)
= 127,2 [125,39] Meter = 157,2 Ar (Chile)
= 83,59 Meter (Ecuador)
= 80 Meter (Kolumbien)
= 86,60 Meter = 75 Ar (Paraguay)
= 85,9 Meter = 74 Ar (Uruguay).

Cuarta
1) Altes Hohlmaß:
1 Cuarta = 5,3 Liter (Spanien)
= 0,757 Liter (Paraguay).
2) Altes Volumenmaß:
1 Cuarta = 20,9 cm (Spanien, Guatemala).
3) Altes Flächenmaß:
1 Cuarta = 37,1 Ar (Brasilien).

Cuartal
Altes Hohlmaß aus Spanien:
1 Cuartal = 5,6 Liter.

Cuartera
Altes Hohlmaß aus Spanien:
1 Cuartera = 70 Liter.

Cuarterón
Altes Volumenmaß aus Mexiko:
1 cuarterón = 25 Liter.

Cuartilla
Altes span.-lateinamerikan. Hohlmaß:
1 Cuartilla =
= 34,3 Liter (Argentinien)
= 13,88 Liter (Spanien)
= 4,03 Liter (Wein: Spanien).

Cuartillo
1) Altes Volumenmaß aus Spanien:
1 Cuartillo = 4 Copas
= 0,504 Liter (Spanien)
= 0,4 572 Liter (Mexiko).
2) Als Getreidemaß:
1 Cuartillo = 1,156 Liter (Spanien)
= 1,892 Liter (Mexiko).

C

Cuatro
Alte Silbermünze aus Bolivien im 19. Jh.

Cubado
Altes Längenmaß aus Portugal:
1 Cubado = 66 Centimeter.

cube (cu)
[frz.] „Kubik...“, 3. Potenz der französischen Längeneinheit.
1 centimètre cube = 1 $Centimeter^3$.
1 mètre cube = 1 $Meter^3$.

Cubi
Alte Volumeneinheit in *Eritrea:
1 cubi = 32 Centimeter.

Cubic... auch „Kubik...“

Cubic foot (cu.ft., ft^3)
„Kubikfuß“, Nichtmetrische Volumeneinheit des *Englischen Systems:
1 cu.ft. =
= $2{,}295\,684 \cdot 10^{-5}$ Acre-foot =
= 12 Board foot
= 0,7 786 044 Bushel *GB*
= 0,8 035 640 Bushel *US*
= $7{,}8\,125 \cdot 10^{-3}$ ($^1/_{128}$) Cord
= 0,0 625 ($^1/_{16}$) Cord-foot
= 28 316,847 $Centimeter^3$
= 1728 Cubic inch
= 0,028 316 847 $Meter^3$
= 0,03 703 704 ($^1/_{27}$) Cubic yard
= 6,228 835 Gallon *GB*
= 7,480 519 Gallon *US*
= 28,316 847 Liter
= 49,83 068 Pint *GB*
= 51,42 809 Pint (*US*, dry)
= 59,84 416 Pint (*US*, liquid)
= 24,91 534 Quart *GB*
= 25,71 405 Quart (*US*, dry)
= 29,92 208 Quart (*US*, liquid).

Für Handelzwecke innerhalb der *Europäischen Union (EG-Amtsblatt L262 vom 27.Sept.1976): 1 cu.ft. = 0,0 283 m^3 [exakt].

Cubic foot per... (= Kubikfuß pro...)

1) ...minute
1 cu.ft./min =
= 471,9 474 cm^3/s =
= 0,1 038 139 Gallon *GB*/Second
= 0,1 246 753 Gallon *US*/Second.

2) ...second
1 cu.ft./sec =
= 101,9 406 $Meter^3$/Stunde =
= 2,22$\bar{2}$ Cubic yard/minute
= 373,7 301 Gallon *GB*/minute
= 448,8 312 Gallon *US*/minute
= 1699,011 Liter/Minute.

3) ...hour
1 cu.ft./hr =
= 7,865 791 $Centimeter^3$/Sekunde
= 0,4 719 474 Liter/Minute.

4) ...pound
1 cu.ft./lb. = 0,06 242 796 $Meter^3$/Kilogramm.
1 cu ft/lb (60°F, 30" dry) = 0,0592 Nm^3/kg.
1 cu ft/lb (60°F, 30" moist)
= 0,0577 Nm^3/kg.

Cubic foot-Atmosphere

„Kubikfußatmosphäre", US-Energieeinheit:

1 cu.ft.atm =
= 2,71 948 Btu
= 685,298 Calorie =
= 2116,22 Foot-pound-force
= 2869,205 Joule
= 292,577 Kilopond-meter
= 28,31 685 Liter-Atmosphäre
= 0,7 970 012 Wattstunde.

Cubic foot-pound-force/square inch

1 cu.ft. (lbf./sq.in.) =
= 0,185 050 Btu =
= 46,6 317 Calorie
= 195,238 Joule
= 0,0 542 327 Wattstunde.

Cubic inch (cu.in., in^3)

„Kubikzoll", nichtmetrisches Raummaß des *Englischen Systems:

1 cu.in. =
= 6,944....$\cdot 10^{-3}$ ($^1/_{144}$) Board foot =
= 4,505 813$\cdot 10^{-4}$ Bushel *GB*
= 4,650 254$\cdot 10^{-4}$ Bushel *US*
= 16,387 064 $Centimeter^3$
= 5,787 037$\cdot 10^{-4}$ ($^1/_{1728}$) Cubic foot
= 1,6 387 064$\cdot 10^{-5}$ $Meter^3$
= 2,143 347$\cdot 10^{-5}$ Cubic yard
= 4,613 952 Drachm (*GB*, fluid)
= 4,432 900 Dram (*US*, fluid)
= 3,604 650$\cdot 10^{-3}$ Gallon *GB*
= 4,329 004$\cdot 10^{-3}$ ($^1/_{231}$) Gallon *US*
= 0,016 387 064 Liter
= 16,387 064 Milliliter
= 0,5 767 440 Ounce (*GB*, fluid)
= 0,5 541 126 Ounce (*US*, fluid)
= 0,02 883 720 Pint *GB*
= 0,02 976 163 Pint (*US*, dry)
= 0,03 463 203 Pint (*US*, liquid)
= 0,01 441 860 Quart *GB*
= 0,01 488 081 Quart (*US*, dry)
= 0,01 731 602 Quart (*US*, liquid).

EG-Amtsblatt L262 vom 27.Sept.1976:
1 cu.in. = 16,39$\cdot 10^{-6}$ m^3 [exakt].

Cubic inch per minute

$$1\ \frac{\text{cu.in.}}{\text{min.}} = 0{,}2731177\ \frac{\text{Centimeter}^3}{\text{Sekunde}}.$$

Cubic mile

„Kubikmeile", US-Volumenmaß:
1 cu.mi. = 4,168 182 $Kilometer^3$.

Cubic yard (cu.yd)

Raummaß des *Englischen Systems:
1 cu.yd. =
= 21,02 232 Bushel *GB*
= 21,69 621 Bushel *US*
= 27 Cubic foot
= 46 656 Cubic inch
= 0,76 455 486 $Meter^3$
= 168,1 786 Gallon *GB*
= 201,9 740 Gallon *US*
= 764,5 549 Liter.

Cubic yard per Minute

1 cu.yd./min =
= 0,45 Cubic foot/Second
= 2,802 976 Gallon *GB*/Second
= 3,366 234 Gallon *US*/Second
= 12,74 258 Liter/Sekunde.

Cubido

Altes Längenmaß aus Arabien:
1 Cubido = ca. 48 Centimeter.

Cubit

[engl. „Elle“], vgl. *Ell:
1 Cubit = 18 Inch = 0,4572 Meter.

Cubitum

[lat. „Ellenbogen, Elle“], altröm. Längenmaß:
1 Cubitum = ca. 44 Centimeter.

Cuddy

Altes Flüssigkeitsmaß aus Arabien:
1 Cuddy = 7,6 oder 3,78 Liter.

Cuerda

Altes Längenmaß aus Spanien:
1 Cuerda = 6,9 Meter.

Culeus

[lat. *culleus*, „Sack, Schlauch“]. Größtes altrömisches Hohlmaß, zur Ertragsberechnung von Weinbergen und Preisfestsetzung:
1 Culeus = 20 Amphorae = 160 Congii
= 525,28 Liter.

Cumbo (= Chouto)

Altes Hohlmaß aus Portugal und Ostindien:
1 Cumbo = 20 Candils = 9688,7 Liter.

Cun

gesprochen „Zun“: Eine Daumenbreite bei der Akupunktur.

Cup (= „Tasse“)

1) 1 Cup (metric) = 200 Milliliter.
2) 1 Cup *US* = 236,588 Milliliter
= 8 Ounce (*US*, fluid).

Curie (1964–1975: Ci, früher C)

1) *„Neues Curie“*. Veraltet! Seit 1964 außerhalb des SI-Systems geduldete, seit 1975 durch das *Becquerel ersetzte, in der Nuklearmedizin ausnahmsweise bis 31.12.1985 zulässige Einheit der Radoaktivität. Benannt nach der polnischen Chemikerin MARIE CURIE (1867–1934) und ihrem Ehemann PIERRE CURIE (1859–1906), die 1903 den Nobelpreis für die Entdeckung der radioaktiven Elemente Polonium und Radium erhielten.
Die *Joint Commission Radioactivity* definierte 1951 gemäß:

$$\text{Radioaktivität} = \frac{\text{Anzahl Zerfallsakte}}{\text{Zeit}}$$

1 Curie =
= $3{,}7 \cdot 10^{10}$ Becquerel =
= 37 Milliarden Zerfälle pro Sekunde =
= 37 Zerfälle pro Nanosekunde.

2) Radiologischer Kongress 1910: Das Curie als „Radoneinheit“:
1 Curie (c) = die Aktivität derjenigen Menge Radon, die in einem abgeschlossenen Raum mit 1 Gramm Radium im radioaktiven Gleichgewicht steht. Grundlegende Messgröße war die Masse des Radiums, d. h. ein Curie entsprach ursprünglich der Radioaktivität von einem Gramm Radium-226.

3) *„Altes Curie“*. Erweiterte Definition der Internat. Radium-Standard-Kommission 1930 für beliebige Zerfallsprodukte:
1 Curie (Ci) = die Aktivität derjenigen Menge einer radioaktiven Substanz, der Radiumreihe, die während einer bestimmten Zeit die gleiche Zahl von Zerfallsakten liefert, wie ein Gramm Radium, nämlich $3{,}7 \cdot 10^{10}$ α-Teilchen/Sekunde·Gramm ± 2%.

Curie-Cheveneau-Waage

*Suszeptibilität, magnetische.

Curie-Temperatur

Temperatur (T_C in *Kelvin), oberhalb der *ferromagnetische Stoffe paramagnetisch werden (Curie-Gesetz):

$$\chi_m T = \text{const} \quad \text{für Paramagnetika.}$$

χ_m dichtebezogene magnetische Suszeptibilität.

Tabelle C.3: Curie-Temperatur einiger Ferromagnetika (°C).

Cobalt	1075
Nickel	360
Reineisen	768
Eisencarbid (Zementit)	215
Bariumferrit	435

Curo

Altes Hohlmaß aus Portugal und Ostindien:
1 Curo = 24,66 Liter.

Current *Strom...

Custodie

[lat. *custodia*, „Wache, Schutz“; *custodio*, „ich bewahre auf“]. Altes Getreide-Hohlmaß:
1 große Custodie = 982 Liter.
1 kleine Custodie = 755 Liter.

CVGT *Temperaturskala, internationale.

c-Wert

oder *Sodagehalt.* Kennwert von Wasserenthärtungsanlagen, berechnet aus *m- und *p-Wert; Sollwert 40–100 (pH > 10).

$a = (m - p)\,106\ \mathrm{mg}/\ell\ Na_2CO_3$

cwt. *hundredweight.

Cyathus

[lat. „Schöpfbecher, Becher"]. Altrömisch:

1 Cyathus = $^1/_{12}$ Sextarius
= $^1/_{72}$ Congius = 0,0 456 Liter.

Cycles per second (cps., c/s)

Veraltet! Britisch-amerikanische Frequenzeinheit, durch *Hertz ersetzt. Umdrehung(en) pro Sekunde.

1 cps = 1 Umdrehung/Sekunde = 1 Hertz.
Ferner: 1 kcps = 1 kc/c = 1 kHz.

cyl Abkürzung für: *cylinder*, Zylinder.

D

Formelzeichen

Physikalische Größe	Symbol	Einheit		Definition
Durchmesser diameter	d, D	m		
Innendurchmesser inside diameter	d_i	m		
Außendurchmesser outer diameter, outside diameter	d_a	m		
Abstand, Dicke distance, thickness	d	m		
relative Dichte relative density	(d)	–	= 1	$d = \frac{\varrho_1}{\varrho_2}$
Richtgröße, Dämpfungsgrad directional quantity	D	N/m	$= \mathrm{kg\,s^{-2}}$	
Winkelrichtgröße angular force constant	D^*	N m/rad	$= \mathrm{kg\,m^2 s^{-2}}$	
Geschwindigkeitsgefälle eines Newtonschen Fluids gradient of velocity	D	$\mathrm{s^{-1}}$		$D = \frac{\mathrm{d}v_x}{\mathrm{d}y}$
Dissoziationsenergie dissociation energy	D, E_d	J	$= \mathrm{m^2 kg\,s^{-2}}$	
Stoßdurchmesser collision diameter	d	m		$d_{AB} = r_A + r_B$
Debye-Waller-Faktor Debye-Waller factor	D	–	= 1	
elektrische Flussdichte Verschiebungsdichte electric flux density, electric displacement	$\vec{D}$	$\mathrm{C/m^2}$	$= \mathrm{m^{-2} s\,A}$	$\mathrm{div}\,\vec{D} = Q/V$
Verlustfaktor dissipation factor	d, ϑ	–	= 1	$d = 2\delta/\omega_0$
Verzerrungsleistung power of distortion	D	W		DIN 1325
Durchmesser blanker Leiter diameter of a bare wire	d_0	m		DIN 1325
Durchmesser isolierter Leiter diameter of an insulated wire	d_{is}	m		DIN 1325
Diffusionskoeffizient diffusion coefficient	D	$\mathrm{m^2/s}$	$= \mathrm{m^2 s^{-1}}$	$\frac{\mathrm{d}n}{\mathrm{d}t} = -DA\,\frac{\mathrm{d}c}{\mathrm{d}x}$
Brechwert von Linsen refractive power of a lens	D	dpt	$= \mathrm{m^{-1}}$	
Halbwertdicke half-value layer, thickness for half absorption	$d_{1/2}$	m		

Gitterebenenabstand lattice plane spacing	d	m		siehe θ
Kopplungskonstante, NMR direct dipolar coupling constant	D_{AB}	Hz	$= s^{-1}$	
Fliehkraftkorrektur-Konstante centrifugal distortion constant	$D_J, D_{JK}, D_K, d_1, d_2$	m^{-1}		(Spektroskopie)
Energiedosis absorbed dose (of radiation)	D	$Gy = J/kg = m^2s^{-2}$		
Energiedosisleistung absorbed dose rate	$\dot{D}$	$Gy/s = J\,kg^{-1}s^{-1} = m^2s^{-3}$		
Äquivalentdosis dose equivalent (index)	D_q	J/kg	$= m^2s^{-2}$	
Äquivalentdosisrate, -leistung dose equivalent rate	$\dot{D}_q$	W/kg	$= m^{-2}s^{-3}$	
Entartungsgrad degeneracy	d	–	$= 1$	

Δ, δ (Delta)

Schichtabstand, Filmdicke distance, film thickness	δ	m		
Diffusionsschicht-Dicke thickness of diffusion layer	δ	m		$\delta_i = D_i / k_{d,i}$
Reaktionsschichtdicke thickness of reaction layer	δ_r	m		
Abklingkoeffizient decay constant	δ	1/s	$= s^{-1}$	$\delta = -\mathrm{Re}\,\underline{p}$
Schalldissipationsgrad acoustic dissipation factor	δ	–	$= 1$	$\delta = \alpha_a - \tau$
Galvani-Spannung Galvani potential difference	$\Delta\varphi$	V	$= m^2kg\,s^{-3}A^{-1}$	$\Delta\varphi = \varphi_2 - \varphi_1$
Volta-Spannung volta potential difference	$\Delta\psi$	V	$= m^2kg\,s^{-3}A^{-1}$	$\Delta\psi = \psi_2 - \psi_1$
Elektr. Potentialdifferenz electric potential difference	$\Delta\varphi, U$	V	$= m^2kg\,s^{-3}A^{-1}$	$\Delta\varphi = \varphi_2 - \varphi_1$
Verlustwinkel loss angle	δ	rad	$= 1$	$\delta = \frac{\pi}{2} + \varphi_I - \varphi_U$
Standard-Reaktionsenergie standard reaction energy	$\Delta_r G^0$	J/mol	$= m^2kg\,s^{-2}mol^{-1}$	$\Delta_r G^0 = \sum_i \nu_i \mu_i^0$
Freie Übergangszustandsenergie standard Gibbs energy of activation	$\Delta G^\ddagger, \Delta^\ddagger G^0$	J/mol	$= m^2kg\,s^{-2}mol^{-1}$	
Standard-Reaktionswärme standard reaction enthalpy	$\Delta_r H^0$	J/mol	$= m^2kg\,s^{-2}mol^{-1}$	$\Delta_r H^0 = \sum_i \nu_i H_i^0$
Übergangszustandsenthalpie standard enthalpy of activation	$\Delta H^\ddagger, \Delta^\ddagger H^0$	J/mol	$= m^2kg\,s^{-2}mol^{-1}$	
Standard-Reaktionsentropie standard reaction entropy	$\Delta_r S^0$	$J\,mol^{-1}K^{-1}$	$= m^2kg\,s^{-2}mol^{-1}K^{-1}$	$\Delta_r S^0 = \sum_i \nu_i S_i^0$
Übergangszustandsentropie standard entropy of activation	$\Delta S^\ddagger, \Delta^\ddagger S^0$	$J\,mol^{-1}K^{-1}$	$= m^2kg\,s^{-2}mol^{-1}K^{-1}$	
Aktivierungsvolumen volume of activation	$\Delta^\ddagger V, \Delta V^\ddagger$	m^3/mol		$\Delta V^\ddagger = -RT \frac{\partial \ln k}{\partial p}$

Massenüberschuss, Massendefekt mass excess	Δ	kg		$\Delta = m_a - A\,m_u$
Relativer Massenüberschuss relative mass excess	Δ_r	–	= 1	
Trägheitsdefekt (Spektroskopie) inertial defect	Δ	kg m^2		$\Delta = I_C - I_A - I_B$
Fliehkraftkorrekturkonstante centrifugal distortion constants	Δ_J, Δ_{JK} $\Delta_K, \delta_J, \delta_K$	m^{-1}		
Chemische Verschiebung, NMR chemical shift	δ	–	= 1	$\delta = 10^6 \frac{\nu - \nu_0}{\nu_0}$

D

D

1) Abkürzung für *Darcy.
2) Chemie: *dextro* (D), „rechts" in chemischen Strukturformeln (Fischer-Projektion); Natriumlinie.
3) Index in der Strömungsmechanik: Diffusion, Dehnung.
4) römische Zahl 500; Mathematik: Definitionsbereich, Argumentbereich.
5) Homöopathie: Dilutio, Dezimalpotenz einer Verdünnung.

d

1) Kurzzeichen für: *deka, *dezi, *Tag, *degree, *Darcy.
2) Index (DIN 1304) für: Dämpfung; Diffusion, *diffusion*; bei elektrischen Maschinen: Längsachse, Verlust, Gleichwert, Gleichanteil.
3) Abkürzung für: *diameter*, Durchmesser; Differentialzeichen.

Δ (Delta)

griech. D (Zahlzeichen: 4); Unterschied, Differenz; Chemie: Bindung zwischen zwei Atomen.

δ (delta)

griech. d; Physik: Abkürzung für Sekundärelektronenstrahlung.
Chemie: in 4-Position; Elementmodifikation, z. B. δ-Eisen.
Mathematik: verallgemeinerte Funktion; Variation einer Funktion, virtuelle Änderung; partielle Ableitung (∂).

Daktylos

Altes griechisches Längenmaß:
1 Daktylos = 2,54 [od. 1,93] Centimeter.
1 Daktylos royal = 1 Centimeter.

Dalasi

Währungseinheit in Gambia:
1 Dalasi (D) = 100 Bututs (b) = ca. $^1/_{10}$ US-$.

Dalton (Da)

*Nichtgesetzliche, international nicht gesicherte, vor 1960 in Kernphysik und Chemie gebräuchliche, in Amerika noch verbreitete Bezeichnung der *atomaren Masseneinheit; benannt nach dem englischen Chemiker, Physiker und Begründer der Atomtheorie JOHN DALTON (1766–1844); ursprünglich definiert als $^1/_{16}$ der gemittelten Massen der Sauerstoffisotope in natürlichem Regenwasser, heute auf $^1/_{12}$ der Masse eines ^{12}C-Atoms bezogen:
1 Dalton (Da) = 1 u = $1{,}6601 \cdot 10^{-27}$ Kilogramm.

Daltonsches Gesetz *Partialdruck.

dam Index (DIN 1304) für: Dämpfung.

Damköhler-Zahl *Kennzahlen.

Dampfdichtebestimmung

*molare Masse.

Dampfdruck

Formelzeichen p, Einheit Pascal (Pa). Erklärende Begriffe: *Aktivität, *Henry-Konstante, *molare Masse, *Partialdruck

Dampfdruckthermometrie

*Temperaturskala.

Dämpfung

[engl. *attenuation*]. In der Schwingungslehre und Nachrichtentechnik: Eigenschaft, dass eine Zustandsgröße am Ausgang eines Übertragungsgliedes kleiner ist als am Eingang.

Dämpfungsfaktor

In der Nachrichtentechnik allgemein: der Kehrwert der *Übertragungsfunktion für gleichartige Signale:

$$D = \frac{1}{H} = \frac{\text{Eingangssignal } S_1}{\text{Ausgangssignal } S_2} \quad (\text{Dim. } 1)$$

Dämpfungsgrad

In der Schwingungslehre ϑ, in der Mechanik D (Dimension 1) für einen freien gedämpften linearen Oszillator:

$$\vartheta = \frac{\delta}{\omega_0} = \frac{d}{2}$$

ω_0 Kennkreisfrequenz, δ Abklingkoeffizient, d Verlustfaktor.

Dämpfungskoeffizient

In der Schwingungslehre und Spektroskopie: Kennzahl b für die Verlustglieder (Dämpfungselemente), die den Energieinhalt eines Oszillators vermindern, z. B. durch Abstrahlung von Wärme oder Licht, näherungsweise auch für Flüssigkeitsreibung (vgl. auch *Ausbreitungskoeffizient).

• Freier gedämpfter linearer Schwinger (engl. *damped oscillator*):

$$a\ddot{x} + b\dot{x} + cx = 0$$

$b > 2\sqrt{ac}$ stark gedämpft, „Kriechen“
$b = 2\sqrt{ac}$ aperiodischer Grenzfall
$b < 2\sqrt{ac}$ schwach gedämpft
$b \ll 2\sqrt{ac}$ sehr schwach gedämpft

a, c Speicherkoeffizienten.

Dämpfungsmaß

Logarithmisches Verhältnis (*Maß).

$$\text{Dämpfungsmaß} = \log \frac{\text{Eingangsgröße}}{\text{Ausgangsgröße}}$$

Spannungsdämpfungsmaß:

$$a_U = 20 \lg \left|\frac{U_1}{U_2}\right| \text{ dB}$$

Leistungsdämpfungsmaß a_P, in der Akustik: Schalldämmmaß:

$$a_p = 20 \lg \left|\frac{p_1}{p_2}\right| \text{ dB}$$

p Schalldruck, U elektr. Spannung.

Dämpfungsmaß, komplexes

*Ausbreitungsmaß.

Dan

1) Altes mongolisches Hohlmaß:
1 Dan = 165 Liter

2) Jugoslawien: 1 dan oranja = 35,97 Ar.

Dänemark

Historische Längeneinheiten: *Alen, *Favn, *Fod, *Landmil = mil, *Rode, *Tomme.
Historische Flächeneinheiten: *Tönde, *Album, *Fjerding.
Historische Gewichte: *Centner.
Historische Volumeneinheiten: *Aam, *Achtel, *Fjerding, *Kande, *Korntönde, *Öltönde, *Ottingkar = Sk(i)eppe, *Pægel, *Pot, *Tönde, *Viertel.

Daniell

International nicht eingeführte Einheit der elektrischen Spannung: 1 daniell = 1,042 V.

daraf

Gegen internationale Vereinbarungen, vereinzelt in den USA gebräuchliche Einheit für den Kehrwert der Kapazität:

$$1 \text{ daraf} = 1/\text{Farad}.$$

auf Grundlage der Gleichung:

$$\text{Elastanz} = \frac{1}{\text{Kapazität}}.$$

Darcy (d, D)

Veraltet! US-Einheit der Petroleumindustrie für die Durchlässigkeit (mechanische Permeabilität) von Gesteinsschichten, gemäß der Definition:

$$\text{mechanische Permeabilität} = \frac{\text{dynamische Viskosität}}{\text{Druckgefälle}} \cdot \frac{\text{Durchfluss}}{\text{Fläche}}$$

$$1 \text{ Darcy} = \frac{0{,}01 \text{ dyn s/cm}^2}{1 \text{ atm/cm}} \cdot \frac{1 \text{ cm}^3/\text{s}}{1 \text{ cm}^2} = 9{,}869233 \cdot 10^{-13} \text{ Meter}^2$$

Daribah

Alte Volumeneinheit aus Ägypten:
1 daribah = 15,84 Hektoliter.

Daricus

Altpersische ovale Goldmünze mit knieendem Bogenschützen.

Datum, julianisches *Kalender.

Datumsgrenze

Längs des 180. Längengrades von Nord nach Süd durch den Pazifischen Ozean verlaufende, gedachte Linie. *Zeitzonen.

Daula

Altes Hohlmaß aus Äthiopien:
1 Daula = 90,9 Liter.

db Abkürzung für: *decibel*, Dezibel.

dBm *Bel.

dc, d-c

Abkürzung für: *direct-current*, Gleichstrom.

Deben *Kite.

Debye (D)
Veraltet! Einheit des *Dipolmoments im elektrostatischen Einheitensystem, in neueren Büchern immer noch anzutreffen; in den Niederlanden auch *debije*:
1 Debye = 10^{-19} e.s.u.
= $3{,}3356 \cdot 10^{-30}$ Coulomb-Meter.

Décare
Feldmaß aus Frankreich: 1 décare = 10 Ar.

Decempedes
[lat. *decempeda*, „Messstange von zehn Fuß Länge"]. Altes, römisches Längenmaß:
1 Decempedes = 2,96 Meter.

Decem sestertia *Sestertius.

Decher (= Dächer, Dicker)
Altdeutsches Zählstückmaß, v.a. für Pelze und Häute: 1 Decher = 10 Stück.

Deciar (Deziar)
Ungebräuchlich! 1 da = 0,1 Ar = 10 m^2.

Decomposition *Zersetzungs...

Dedo
Altes Längenmaß aus Spanien:
1 Dedo = 1,74 Centimeter.

Deformation
Änderung der Gestalt oder des Volumens; gleichbedeutend mit Verformung.

deg Abkürzung für: *degree*, Grad.

Degree (°, deg., fälschlich **d,** EDV: DEG**)**
Englische Bezeichnung für **Grad.**
1) Winkeleinheit:
1 Degree (angular) = 1 Grad (Winkel)
= $2{,}77\bar{7} \cdot 10^{-3}$ (1/360) Circumference (= Vollkreis)
= $1{,}11\bar{1}$ Gon (grade)
= 1/60 Minute (angular)
= $0{,}011\bar{1}$ (1/90) Quadrant
= 0,01 745 329 Radiant, *radian*
= 3600 Winkelsekunde, *angular second.*
2) Temperatureinheit, z. B.
degree *centrigrade °C.

Degree per... (= Grad pro...)
1) **...foot:** 1 deg./ft. = 0,057 261 46 rad/meter.
2) **...inch:** 1 deg./in. = 0,687 1357 rad/meter.
3) **...second:** 1 deg./sec = 1/6 revolution/minute (= Umdrehungen/Minute).

Dehngeschwindigkeit
$\dot{\varepsilon}$ (in s^{-1}), engl. *rate of elongation, rate of extension*, zeitliche Änderung der *Dehnung.

Dehnung
ε (Dimension 1), mechanische Werkstoffkenngröße; relative Längenänderung während der plastischen Verformung:
$$\varepsilon = \frac{\text{Längenänderung } \Delta l}{\text{Ausgangslänge } l_0}$$
Die *wahre Dehnung* bezieht die Querschnittsänderung beim DIN-Zugversuch mit ein:
$$\varphi = -\ln(S/S_0)$$

Dehnungsmessstreifen
*Kraft-, *Längen- und Winkelmessung.

Deka (Da, fälschlich **dk)**
Kurzwort für „Zehn", z. B. Dekagramm.

Dekaar
Ungebräuchlich! 1 daa = 10 Ar = 1000 m^2.

Dekade
1) Zehnzahl: 1 Dekade = Einheit der zehnerlogarithmischen Skala (0,01; 0,1; 1, 10, 100,...)
2) 1 Dekade = 10 Stück = Zeitraum von 10 Jahren [in USA] = Zeitraum von 10 Tagen [Deutschland, vgl. *Dezennium].

Dekadrachmon *Drachme.

Dekagramm (dag, früher **Dg, dk)**
In Österreich als "Deka" gebräuchliches Handelsmaß: 1 Dekagramm = 10 Gramm.

Dekaliter (dal)
Ungebräuchlich! 1 Dekaliter = 10 Liter.

Dekameter (dam, veraltet **Dm)**
Ungebräuchlich! 1 Dekameter = 10 Meter.

Dekameterkubus (dam^3)
Metrisches Raummaß, früher „Kubikdekameter": 1 Dekameterkubus = Rauminhalt eines Würfels von 0,1 m Kantenlänge = 1 Liter = 0,001 Meter^3.

Dekameterquadrat (dam^2)
Unübliches metrisches Flächenmaß, früher „Quadratdekameter": 1 Dekameterquadrat = Fläche eines Quadrates von 10 cm^2 Seitenlänge = 100 Centimeter^2.

Dekas
Historisch! 10 As = 0,5 Gramm (Baden).

Deklination

δ, [engl. *declination*, „Abweichung"]. Mittelpunktswinkel eines Stundenkreises vom Himmelsäquator zu einem Deklinationsparallel, gezählt von 00° bis 90°, nördlich des Himmelsäquators (Zusatzzeichen: N, Vorzeichen: plus) bzw. südlich (Zusatzzeichen: S, Vorzeichen: minus). Beispiel: $\delta = 21°19{,}3'$N.

In der Seefahrt: *Missweisung* (Mw), in der Luftfahrt: *Variation* (Var). Winkel zwischen der astronomischen Merdianebene als Bezugsebene und der Vertikalebene durch den magnetischen Feldvektor (magnetische Meridianebene). Winkel zwischen rechtsweisend Nord (True North) und missweisend Nord (Magnetic North), ausgehend von rechtsweisend Nord nach Osten (Benennung: E, Vorzeichen: plus) oder Westen (W, Vorzeichen: minus).

Dekrement

[lat.] Abnahme, Verlust. Amplitudenverlust bei elektrodiagnostischen Verfahren.

Dekrement, logarithmisches

Veraltet! In der Schwingungslehre zur Angabe des *Dämpfungsgrades ϑ einer freien Schwingung; Verhältnis zweier um eine Schwingungsdauer T auseinanderliegende Ausschläge.

$$\Lambda = \delta T = \ln \frac{\hat{x}_n}{\hat{x}_{n+1}} = \frac{2\pi\delta}{\sqrt{1-\delta^2}} = 2\pi\vartheta\,\frac{\omega_0}{\omega_\mathrm{d}}$$

Schwach gedämpft: $\Lambda \approx 2\pi\delta$, δ Abklingkoeffizient

Dekurie

[lat. *decuria*, „Zehnergruppe"],
römischer Senat: 10 (später 30) Mitglieder,
römisches Heer: 10, meist berittene Mann.

dem

Index (DIN 1304) für: demoduliert (z. B. Frequenz f_dem).

demal

Ungebräuchlich! International nicht anerkannte Einheit der Leitfähigkeit von Elektrolytlösungen, die 1 Grammäquivalent/Dezimeter^3 gelösten Stoff enthalten: 1 demal = 1 val/l.

Demath

Historisch! 1 Demath =
= 0,454 11 Hektar (Eiderstadt)
= 0,567 38 Hektar (Ostfriesland)
= 0,478 95 Hektar (Tondern, bis 1919 zu Preußen)

Demijohn

1) Altes Hohlmaß für Branntwein aus Spanien: 1 Demijohn = ca. 11,3 Liter.

2) Bezeichnung für eine große Korbflasche, einen Säureballon etc.

Denar

1) [lat. *denarius*, „zehn enthaltend", „Pfennig"]. Älteste und wichtigste römische Silbermünze und *Münzgewicht (269 v.Chr. – 215); unter NERO Zulegierung von 5–10% Kupfer; Anf. 3. Jh. noch 50% Silbergehalt; unter CÄSAR Golddenar (später „Solidus").

1 Denarius =
= [210 v.Chr.] 10 As = $^1/_{72}$ röm. Pfund
  ≙ 4,55 Gramm Silber
= [seit 130 v.Chr.] 16 As = $^1/_{84}$ röm. Pfund
  ≙ 3,98 Gramm
= $^1/_{25}$ Aureus [seit AUGUSTUS]
= $^1/_{96}$ röm. Pfund ≙ 3,41 Gramm [seit NERO]
= $^1/_{140}$ röm. Pfund ≙ 2,3 Gramm [um 200].

2) Karolingische Silbermünze: Grundlage der britischen Münzordnung bis 1971:
1 Denar = $^1/_{12}$ Solidus (*Schilling*) = $^1/_{240}$ Pfund Silber.

3) Währungseinheit in Mazedonien (Makedonija), bis 1991 jugoslawische Republik.
1 Denar (Den) = 100 Deni = ca. $^1/_{27}$ DM.

Dengi

*Rubel.

Denier (den)

1) Veraltet! Nichtgesetzliches Maß zur Beschreibung der Feinheit von Seide, Kunstfasern (Rayon) oder Nylongarn gemäß der Definition:

$$\text{Titer} = \frac{\text{Fadenmasse}}{\text{Fadenlänge}}$$

1 denier =
= 1 Titer denier (Td)
= 0,1111... ($^1/_9$) Tex
= Masse von 9000 Meter Garn in Gramm
= $^1/_9$ Mikrogramm/Meter
= $^1/_9$ Gramm/Kilometer

2) Altes Pariser Markgewicht (*Poids de Marc*): 1 denier = 1,27 Gramm.

Denk

Altes Gewicht aus der Türkei:
1 Denk = 0,8 Gramm.

Density

*Dichte, ...dichte.

Denum
Altes Flächenmaß aus Bulgarien:
1 Denum = 7,53 Meter^2.

Deplacement
[frz.] Wasserverdrängung eines Schiffes in Tonnen; allgemeines Größenmaß für Kriegsschiffe.

Depletion
[lat.] Entleerung; Zustand nach Wasser- oder Blutverlust.

Depolarisation
[lat.] Abnahme der elektrischen Spannung, z. B. in einer elektrochemischen Zelle oder an einer physiologischen Membran.

Derah
Altes Längenmaß in *Eritrea:
1 derah = 45 Centimeter.

Dessjatine (= Dessjatina, Dessätine)
Altes Flächenmaß in der ehemaligen UdSSR:
1 Dessjatine = 2400 Quadrat-saschehn
= 1,09 254 Hektar.

Destre
Altes Längenmaß auf den Balearen:
1 Destre = 4,21 Meter.

det Abkürzung für: Determinante.

detn
Abkürzung für: *determination*, Bestimmung.

Deunx
[lat. „elf Zwölftel“]. Altrömisches Gewicht:
1 Deunx = $^{11}/_{12}$ As = 11 Unciae
= 300,2 Gramm.

Deut
[holl. *duyt*, engl. *doit*]. 1866 in Norddeutschland und Holland geprägte Scheidemünze; bis 1854 in Holländisch-Ostindien verbreitet.

Deuteron *Konstanten,

Deutscher Bund
Zum Verständnis der historischen Einheiten vor Gründung des *Norddeutschen Bundes sei erwähnt: der Zusammenschluss der deutschen Einzelstaaten durch die Bundesakte des Wiener Kongresses (8. Juni 1815); Zerfall 1866 am preußisch-österreichischen Gegensatz. Zum Deutschen Bund gehörten auch: Preußen und Österreich (mit den Gebieten des alten Reiches von 1806), Dänemark (für Holstein und Lauenburg), Großbritannien (für Hannover), die Niederlande (für Luxemburg und Limburg).

Deutschland
1) Historische Zählmaße (Stückmaße): *Ballen, *Ries, *Bogen, *Decher, *Dutzend, *Gros, *Mandel, *Schock, *Stiege, *Zimmer.
2) Historische Längen- und Wegmaße: *Elle, *Fuß, *Kette, *Klafter, *Meile, *Rute, *Stab, *Strich, *Zoll.
3) Historische Flächenmaße: *Acker, *Morgen, Quadratrute.
4) Historische Hohlmaße: *Aam, *Anker, *Kanne, *Maß(kanne), *Metze, *Quartier, *Schoppen.
5) Historische Gewichte: *Pfund, *Zentner.

dev
Index (DIN 1304) für: Abweichung, Deviation (z. B. Winkel α_{dev}).

Devianz
Sozialmedizin: abweichendes Verhalten.

Deviation
1) [lat., engl.] Abweichung; Abknickung, z. B. der Fingergelenke.
2) *Magnetkompassablenkung.* In der See- und Luftfahrt: Winkel zwischen missweisend Nord (Magnetic North) und Magnetkompass-Nord (Compass Nord), ausgehend von missweisend Nord nach Osten (Benennung: E, Vorzeichen: plus) oder Westen (W, Vorzeichen: minus).

Dextans
[lat. „fünf Sechstel“]. Altrömische Masseneinheit:
1 Dextans = $^5/_6$ As = 10 Unciae
= 272,9 Gramm.

Dextro Chemie: rechts (*D).

Dez
Veraltet! Ungesetzliche Einheit für den ebenen Winkel v.a. zur Schätzung des Kurses eines anderen Schiffes als Abweichung von der Querlage:
1 Dez = $\frac{90^\circ}{9}$ = 10° (Altgrad) = $\pi/18$ rad.

Dezember *Monatsnamen.

Dezennium Zeitraum von 10 Jahren.

Dezi... (d)

SI-Vorsatz „ein Zehntel"

1) Dezigramm

1 dg = 10 Centigramm = 0,1 Gramm.

2) Deziliter

1 dℓ = 10 Centiliter = 0,1 Liter.

3) Dezimeter

1 dm = 10 Centimeter = 0,1 Meter.

4) Dezitonne

1 dt = 100 Kilogramm.

Dezibel (dB, db, = Decibel)

1) Dimensionslose Größe für das logarithmische Verhältnis zweier gleichartiger Leistungsgrößen (*Bel, *Größenverhältnis, *Pegel, *Maß):

$$1 \text{ dB} = \frac{\ln 10}{20} \approx 0{,}115129 \text{ Neper}.$$

Die bevorzugte Anwendung des Dezibels in der Praxis hat historische Gründe. In den USA wurde bis 1923 als Einheit für die Dämpfung von Fernsprechverbindungen ein 19-*gauge-Kabel von 1 Mile Länge bei 800 Hz herangezogen. Dieses *Mile Standard Cable* entsprach etwa der Unterscheidungsschwelle beim subjektiven Lautstärkevergleich. Mit der Wahl der Einheit Dezibel ergaben sich für die Dämpfungsgröße etwa gleiche Zahlenwerte.

Nach DIN 5493 und IEC-Empfehlung darf die Bezugsgröße in Klammern hinter der Einheit dB stehen:

- **dB (mW)** oder **dB (re 1 mW)** oder veraltete UIT-Schreibweise **dBm**: Einheit des elektrischen Leistungspegels 10 lg P/P_0 dB mit der Bezugsgröße $P_0 = 1$ Milliwatt.
- **dB (pW)** oder **dB (re 1 pW)** oder veraltete UIT-Schreibweise **dBp**: Einheit des elektrischen Leistungspegels mit der Bezugsgröße 1 Picowatt.
- **dB (W)** oder **dB (re 1 W)** oder UIT-Schreibweise **dBW**: Einheit des elektrischen Leistungspegels mit der Bezugsgröße 1 Watt.
- **dB (0,775 V)**: Einheit des elektrischen Spannungspegels 20 lg U/U_0 dB mit der Bezugsgröße $U_0 = \sqrt{0{,}6} \approx 0{,}775$ Volt (entspricht am Bezugswiderstand 600 Ω von Fernsprecheinrichtungen einer Leistung von 1 Milliwatt).
- **dB (V)** oder UIT-Schreibweise **dbV**: Einheit des elektrischen Spannungspegels mit der Bezugsgröße 1 Volt.
- **dB (mA)**. Einheit des elektrischen Stromstärkepegels 20 lg I/I_0 dB mit der Bezugsgröße $I_0 = 1$ Milliampere.
- **dB(μV/m)**. Einheit des elektrischen Feldstärkepegels 20 lg E/E_0 dB mit der Bezugsgröße $E_0 = 1$ Mikrovolt/Meter.
- **dB (W/m²)**. Einheit des Pegels für eine flächenbezogene Leistung von 10 lg$[(P/A)/P_0]$ dB mit der Bezugsgröße $P_0 = 1$ Watt/Meter².
- **dB (W/4 kHz)**. Einheit des Pegels der bandbreitenbezogenen Leistung 10 lg$[(P/\Delta f)/P_0]$ dB mit der Bezugsgröße $P_0 = 1$ Watt/4 Kiloherz.
- **dB(W/K)**. Einheit des Pegels der temperaturbezogenen Leistung 10 lg$[(P/T)/P_0]$ dB mit der Bezugsgröße $P_0 = 1$ Watt/Kelvin.
- **dB (W/m²kHz)**. Einheit des Pegels der bandbreiten- und flächenbezogenen Leistung 10 lg$[(P/(A \cdot \Delta f))/P_0]$ dB mit der Bezugsgröße $P_0 = 1$ Watt/Meter²/Kiloherz.

Kennzeichnung von Pegeln mit besonderen Messbedingungen:

- **dB (A)** mit der Filterkurve A bewerteter Schallpegel, statt [früher] Phon.
- **dB (mW, 0)** oder UIT-Form **dBm0**. Pegel mit Bezugsleistung 1 Milliwatt, reduziert auf einen 0-dBr-Punkt (Übertragungsbezugspunkt nach DIN 40 146 T2).
- **dB (mW, 0, p)** oder UIT-Form **dBm0p**. Geräuschleistungspegel mit Bezugsleistung 1 Milliwatt, reduziert auf einen 0-dBr-Punkt, frequenzbewertet nach Fernsprechbewertungskurve (CCITT-Empfehlung).
- **dB (q, 0, ps)** oder UIT-Form **dBq0ps.** Rundfunk-Geräuschleistungspegel, gemessen mit Quasispitzenwertmesser und reduziert auf einen 0-dBr-Punkt, frequenzbewertet nach Bewertungskurve (CCIR-Empfehlung).

Dezimal(e)

Altes Flächenmaß aus Bayern:

1 Dezimal = 34,07 Meter² = 0,01 Tagwerk.

Dezimalfuß

*Fuß.

Dezimalpotenz (D)

Homöopathie: Verdünnung eines Wirkstoffes. Über D 12 sog. Hochpotenzen.

D 1 = 1 : 10 = 10^{-1}

D 2 = 1 : 100 = 10^{-2}

Tabelle D.1: Richtwerte für Geräuscheinwirkung am Arbeitsplatz und in benachbarten Wohngebieten in Dezibel.

Arbeitsplatzlärm	dB (A)	Nachbarschaftslärm	tags	nachts
Arbeiten mit überwiegend geistiger Beanspruchung	50	reine Industriegebiete	70	70
		gemischte Gebiete	60	45
Einfache Büroarbeiten	70	reine Wohngebiete	50	35
Sonstige Arbeiten	90	Kurgebiete, Krankenhäuser	45	35

D 3 $= 1 : 1000 = 10^{-3}$
D 6 $= 1 : 1$ Million $= 10^{-6}$
D 12 $= 1 : 1$ Billion $= 10^{-12}$

dfu

Index (DIN 1304) für: diffus (z. B. Diffusfeld-Schalldruck p_{dfu}).

diam

Abkürzung für: *diameter*, Durchmesser.

Dialysance

[engl.] Medizin: durch die Dialysemembran pro Zeiteinheit aus dem Organismus entfernte Stoffmasse.

$$D = \dot{m}\,\frac{c_1 + c_2}{c_1 - c_0} \quad \text{Einheit: kg/s}$$

$\dot{m}$ Blutdurchfluss im Dialysator, c_1 Eintrittskonzentration, c_2 Austrittskonzentration, c_0 Konzentration in der Spüllösung.

Dialyseindex

Medizin: Kriterium für ausreichende Dialyse.

$$DI = 3{,}5 \cdot 10^{-3}\,\frac{t\,C_{B12} + 168\,\text{min} \cdot C_K}{A} > 1\,\text{m}\ell/\text{m}^2$$

A Körperoberfläche, C *Clearance für Vitamin B_{12} bzw. endogenes Kreatinin (K) in mℓ/min, t Dialysezeit.

Diamagnetische Abschirmkorrektur

*Konstanten.

Diamagnetische Stoffkennzahlen

Diamagnetika sind *magnetische Stoffe, die ein äußeres Magnetfeld gering schwächen und leicht aus dem Feld gestoßen werden. Es sind unpolare Stoffe mit einem induzierten magnetischen Moment, z. B.: Silber, Kupfer, Bismut. Ihre *Permeabilitätszahl ist $\mu_r < 1$ ihre *Suszeptibilität ist negativ klein: $\chi_m < 0$ $(B < H)$, $\kappa \approx -10^{-9}$ m³/kg.

Diameter

engl. „Durchmesser, ...durchmesser".

Dichte

1) Auf das Volumen bezogene Größe, wie zum Beispiel (DIN 1306):
Massendichte $\varrho = m/V$,
Energiedichte $w = W/V$,
Raumladungsdichte $\varrho = Q/V$.
Die Dichte ist eine ortsabhängige Größe, weil es ideal homogene Stoffportionen nicht gibt.
2) Auf eine Fläche bezogene Strömungs- oder Flussgröße, z. B. Stromdichte $i = I/A$, magnetische Flussdichte, Flächenladungsdichte.
3) Vgl. *Aräometerskala, Massendichte.

Dichte, Massendichte

ϱ, ϱ_m (in kg/m³). Gleiche Volumina verschiedener Materialien wiegen unterschiedlich viel; sie unterscheiden sich in der Dichte (Definition Tab. D.3). Weil es ideal homogene Stoffportionen nicht gibt, ist die Dichte eine ortsabhängige Funktion; sie ist ferner temperaturabhängig, bei Gasen auch druckabhängig. Bei inhomogenen Stoffportionen ist das Hohl- und Zwischenraumvolumen wichtig. DIN unterscheidet:

- *Normdichte
- *Schüttdichte*, *Fülldichte* und *Klopfdichte*: bei körnigen und pulverförmigen Stoffen.
- *Pressdichte* und *Sinterdichte*: bei verarbeitenen körnigen und pulverförmigen Stoffen (DIN 30 900).
- *Feststoffdichte*: bei porenhaltigen Stoffen der Quotient Masse durch Feststoffvolumen (= Gerüststoffvolumen ohne Hohlräume).
- *Rohdichte*: bei porösen Stoffen der Quotient Masse durch Volumen, einschließlich der Hohlräume, z. B. bei Baustoffen.

Bei Verwechslungsgefahr mit dem spez. Widerstand ϱ, die Dichte mit dem Symbol ϱ_m setzen (DIN 1306). Nicht das antiquierte *spezifische Gewicht* anstelle der Dichte verwenden!

Tabelle D.2 Definition und abgeleitete Größen der Massendichte.

Größe	Definition	Formel	Einheit
Dichte	$= \frac{\text{Masse}}{\text{Volumen}}$	$\varrho = \frac{m}{V}$	$\frac{\text{kg}}{\text{m}^3}$
Mittlere Dichte	$= \frac{\text{Gesamtmasse}}{\text{Gesamtvolumen}}$	$\bar{\varrho} = \frac{\sum_{i=1}^{n} \varrho_i V_i}{V_{\text{ges}}} = \frac{m_{\text{ges}}}{\sum_{i=1}^{n} \frac{m_i}{\varrho_i}}$	$\frac{\text{kg}}{\text{m}^3}$
relative Dichte (Dichtezahl)	$= \frac{\text{Dichte von Stoff 2}}{\text{Dichte von Stoff 1}}$	$d = \frac{\varrho_2}{\varrho_1} = \frac{m_2}{m_1}$	-
Normdichte	$= \frac{\text{Masse bei Normbedingungen}}{\text{Volumen bei Normbedingungen}}$	$\varrho_{\text{n}} = \frac{m}{V_{\text{n}}} = \frac{M}{V_{\text{nm}}}$	$\frac{\text{kg}}{\text{m}^3}$
Schüttdichte	$= \frac{\text{Masse}}{\text{Volumen + Hohl- und Zwischenräume}}$	$\varrho = \frac{m}{V + V_{\text{leer}}}$	$\frac{\text{kg}}{\text{m}^3}$
Röntgendichte	$= \frac{\text{Einheiten/Elementarzelle} \cdot \text{Molekülmasse}}{\text{Avogadro-Zahl} \cdot \text{Elementarzellvolumen}}$	$\varrho_{\text{R}} = \frac{Z\,M}{N_{\text{A}}\,V_{\text{e}}}$	$\frac{\text{kg}}{\text{m}^3}$
spezifisches Volumen	$= \frac{1}{\text{Dichte}}$	$v = \frac{1}{\varrho} = \frac{V}{m}$	$\frac{\text{m}^3}{\text{kg}}$
spezifisches Gewicht (Wichte)	$= \frac{\text{Gewichtskraft}}{\text{Volumen}}$	$\gamma = \frac{m\,g}{V} = \varrho g$	$\frac{\text{N}}{\text{m}^3}$
Massenbedeckung	= Dichte · Schichtdicke	$\frac{m}{A} = \varrho\,d$	$\frac{\text{kg}}{\text{m}^2}$

Dichte, mittlere
Bei Stoffgemischen oder zusammengesetzten Körpern die addierten Dichten im Verhältnis der Volumenanteile der Komponenten.

Dichte, relative
Größenverhältnis der Dimension 1. *Bezugsdichte* für Gase ist trockene Luft im Normzustand (DIN 1871):

$$\varrho_{\text{L}}(0°\text{C}, 1013\ \text{mbar}) = 1{,}2930\ \text{g}/\ell,$$

für Flüssigkeiten und Festkörper: Wasser von 4 °C, 15 °C, 17,5 °C oder 20 °C:

$$\varrho_{\text{w}}(20°\text{C}) = 0{,}9982\ \text{g/m}\ell$$

Dichtemessung
1) *Aräometer.
2) **Pyknometer.** Vergleichswägung gegen Wasser (Dichte ϱ_{w}) bei konstanter Temperatur T in einer Glasflasche mit exakt bestimmtem Volumen V.

- Für Flüssigkeiten:

$$\varrho_{\text{x}} = \frac{m_{\text{x}}}{V} = \frac{m_{\text{f}} - m_0}{m_1 - m_0} \cdot \varrho_{\text{w}}(T)$$

- Für Feststoffe:

$$\varrho_{\text{x}} = \frac{m_{\text{x}}}{V - m_w \varrho_{\text{w}}(T)} = \frac{m_{\text{x}}\,\varrho_{\text{w}}(T)}{m_{\text{x}} + m_1 - m_{\text{f}}}$$

m_{x} Masse der Probe (Einwaage).
m_0 Masse des leeren Pyknometers.
m_1 Masse: Pyknometer + Wasser.
m_{f} Masse: Pyknometer + Flüssigkeit bzw. Pyknometer + Wasser + Festprobe.

Dichtemittel
Statistik: in einer Messreihe am häufigsten vorkommender Wert.

Dichtezahl *Dichte.

Dickgroschen
Die ersten zwei Lot wiegenden deutschen Silbermünzen, später durch den Taler abgelöst.

Dickthaler (dicke Tonne)
In Hessen und Westfalen übliche Bezeichnung für die frühere spanische und niederländische Münze *Ducaton.*

Didot-Punkt *typografischer Punkt.

Didrachmon *Drachme.

Tabelle D.3 Dichte fester und flüssiger Stoffe in g/cm³ bei 20°C.

Mineralien

Achat	2,5–2,8
Alabaster	2,55
Anthrazit	1,3–1,5
Apatit	3,16–3,22
Basalt	2,4–3,1
Bauxit	2,4–2,6
Bergkristall	2,6
Bernstein	1,05
Bimsstein	0,37–0,9
Bleiglätte	7,8–8,0
Bleiglanz	7,4–7,6
Diamant	3,51
Flussspat	3,15
Glimmer	2,6–3,2
Gneis	2,55
Granat	4,1
Granit	2,6–3,0
Kalkstein	2,25
Kalkspat	2,6–2,8
Kaolin	2,2
Korund	3,8–4,0
Kreide	2,4
Lava	2,6
Magnesit	3,0
Marmor	2,6–2,8
Quarz	2,65
Sandstein	2,3
Schiefer	2,65–2,8
Schwerspat	4,65
Speckstein	2,7
Steinsalz	2,2
Talk	2,7
Tonschiefer	2,8
Tuffstein	2,0

Fossile Brennstoffe

Benzin	0,68–0,72
Normalbenzin	0,78
Flugbenzin	0,72
Diesel	0,85–0,88
Braunkohle	1,2–1,5
Brikett	1,25
Graphit	2,15
Naturgraphit	2,0–2,5
Harz	1,07
Holzkohle	1,45
Koks	1,4
Öl	
– Erdöl	0,73–0,94
– Heizöl	0,95–1,08
– Maschinenöl	~0,9
– Schmieröl	~0,85
– Zylinderöl	0,93
Steinkohle	1,2–1,4
Talk	2,7
Torf	0,4

Baustoffe

Asbest	2,35
Asphalt	1,1–2,0
Beton	2,3
– Gas-	0,5–0,9
– Kies-	1,8–2,4
– Leicht-	0,3–1,6
– Schwer-	1,9–2,8
Bitumen	1,05
Bleiglas (25 PbO)	2,89
Dachpappe	1,1–1,2
Dachschiefer	2,7–2,8
Dachziegel	2,6
Erde	1,3–2,4
Gips	2,96
Gips, gebrannt	1,15
Glas	2,4–4,7
– Fenster-	2,48
– Flaschen-	2,6
– Flint-	2,5–5,9
– Kron-	2,2–3,8
– Quarzglas	2,2
– Duran 50	2,23
– Geräteglas 20	2,40
– Normalglas 16III	2,58
– Thermometerglas	2,42
– Supremax 56	2,59
Holz	0,4–1,3
– trocken	0,4–0,8
– Balsa-	0,08–0,2
– Birke	0,52–0,8
– Ebenholz	1,2
– Eiche	0,7–1,0
– Fichte	0,4–0,7
– Spanplatte	0,4–0,8
– Holzwolle	0,4–0,5
Kalk, gebrannt	2,75
Kalk, gelöscht	1,2
Kalkmörtel, trock.	1,6
Kies	1,8
Klinker	2,0
Kork	0,20–0,35
Lehm	1,5–1,8
Marmor	2,7
Mörtel	1,75
Sand	1,4–2,0
Schamotte	1,7–2,2
Schaumstoff	0,02–0,05
Teer	1,2
Ton	1,8-2,6
Zement, aufgesch.	1,2
Zement, enthärtet	2,8
Ziegel	1,5

Metalle

Aluminium	2,70
– Blech	2,73
– Guss	2,56
Antimon	6,69
Barium	3,61
Beryllium	1,86
Bismut	9,8
Blei	11,34
Bronze	8,7–8,9
Cadmium	8,64
Calcium	1,55
Chrom	7,1
Cobalt	8,83
Duraluminium	2,8
Eisen, rein	7,86
– Roh-, grau	6,6–7,4
– Roh-, weiß	7,6–7,8
– Grauguß	7,2
Germanium	5,35
Gold, rein	19,3
Iridium	22,42
Kalium	0,86
Konstantan	8,8
Kupfer	8,933
Kupferdraht	8,96
Lot	
– Aluminium-	2,7–5,9
– Blei-	11,2
– Messing-	8,1–8,7
– Silber-	8,27–9,18
– Zink-	7,2
– Zinn-	7,5–10,8
Magnesium	1,74
Mangan	7,47
Messing	8,1–8,6
– weiß	8,2
– gelb	8,5
– rot	8,8
Molybdän	10,21
Natrium	0,97
Neusilber	8,3–8,7
Nickel	8,8
Nickelin	8,77
Neusilber	8,3–8,7
Palladium	11,9
Platin	21,4
Platiniridium(10%)	21,6
Rose-Metall	10,7
Rubidium	1,53
Silber	10,5
Stahl	
– Chromnickel-	7,9
– Chrom-	7,7
– Cobalt-	7,8
– Flussstahl	7,86
– Nickel-	8,13
– V2A	7,8
– Wolframstahl	8,1–9,0
Strontium	2,6
Tantal	16,69
Thallium	11,85
Thorium	11,0
Titan	4,5
Uran	18,95
Vanadium	5,69
Weißmetall	9,5
Wolfram	19,3
Wood-Metall	9,7
Zink	7,14
Zinkblech	7,0
Zinnguss	7,2

Flüssigkeiten

Ammoniakwasser	
– 24%	0,910
– 35%	0,882
Aceton	0,791
Alkohol	0,789
Spiritus	0,83
Benzol	0,879
Chloroform	1,489
Diethylether	0,714
Essigsäure	1,049
Flüssige Luft	1,3
Glycerin	1,261
Kalilauge	
– 40%, 15 °C	1,395
Kohlensäure	1,529
Kolophonium	0,8
Leinöl	0,93
Methanol	0,8
Milch	1,028–1,032
Natronlauge	
– 40%	1,434 (15 °C)
Schwefelkohlenstoff	2,64
Octan	0,702
Olivenöl	0,913
Petroleum	0,81
Quecksilber	13,546
– 0 °C	13,595
Rizinusöl	0,96
Salpetersäure, 50%	1,31
– 100%	1,512
Salzsäure, 40%	1,195
Schwefelsäure	
– 50%	1,40
– 100%	1,834
Silikonöl	0,76–0,97
Terpentinöl	0,855
Tetrachlorkohlenstoff	1,594
Toluol	0,8669
Wasser	0,9982
– Eis (0 °C)	0,917
– Meerwasser	1,026

– schweres	1,105	Fett	0,90–0,95	Kolophonium	1,08	Phosphor	1,82–2,67
Wasserstoff-		Flachs	1,5	Kupfersulfat	1,1	Plexiglas	1,2
peroxid	1,463	Gummi	0,92	Leder	0,9–1,0	Polyamid	1,08–1,44
Xylol	0,88	Guttapercha	0,97	Leim	1,27	Polystyrol	1,05–1,20
		Hartgummi	1,1–1,3	Magnesia	3,2–3,6	Porzellan	2,15–2,5
Feststoffe		Hostaflon	2,1–2,2	Meerschaum	1,15	PVC	1,38
Bakelit	1,335	Kautschuk	0,94	Mensch	1,04	Schafwolle	1,32
Baumwolle	1,5	Keramik	2,1–2,3	Papier	0,7–1,2	Schwefel	2,0
Eiweiß	1,04	Knochen	1,8	Paraffin	0,87	Steingut	2,3
Elfenbein	1,88	Kochsalz	2,17	Pech	1,08	Wachs	0,95
						Zucker	1,6

Dielektrische Stoffkennzahlen

Dielektrika sind Stoffe, die – anders als *Elektrolyte – den elektrischen Strom nicht leiten. Im elektrischen Feld findet allein eine Verschiebung innerer Ladungen statt. Vgl. *Dielektrizitätskonstante, *Ferroelektrische Stoffkennzahlen, *Kerr-Konstante. *Molpolarisation, *nichtrationale Größendefinition, *Verschiebungsdichte.

Dielektrizitätskonstante

Neuerdings: **Permittivität** ε, seltener *Kapazitivität*; Maß für die elektrische Ladung einer Substanz, die einem gegebenen elektrischen Feld widersteht. Im elektrischen Feld (Feldstärke $\vec{E}$) richteten sich die Dipolmoleküle des Dielektrikums mehr oder minder stark aus (Polarisation) und schwächen dadurch das äußere Feld um einen Faktor ε_r (*Dielektrizitätszahl), wobei Wärme freigesetzt wird.

• In isotropen Dielektika ist die *Verschiebungsdichte $\vec{D}$ (Plattenkondensator):

$$\vec{D} = \varepsilon \vec{E} \quad \text{mit} \quad \varepsilon = \varepsilon_0 \varepsilon_r$$

$\varepsilon = \varepsilon_0 \varepsilon_r$ heißt Dielektrizitätskonstante.

• Bei anisotropen Stoffen ist die Permittivität ein Tensor zweiter Stufe.

Weiterführende Stichworte: *elektrische Spannung, *Impedanz, *cgs-Einheiten.

Dielektrizitätskonstante, komplexe

oder *komplexe Permittivität.* In realen Stoffen treten sowohl dielektrische Verluste als auch elektrische Leitfähigkeit σ auf, so dass die Dielektrizitätskonstante eine frequenzabhängige komplexe Größe ist. Falls die Feldvektoren Sinusschwingungen mit der Kreisfrequenz ω sind:

$$\underline{\varepsilon}(\omega) = \varepsilon_0 \underline{\varepsilon_r} = \varepsilon' - \mathrm{i}\,\varepsilon'' = \frac{\underline{D} - \mathrm{i}\,\omega \underline{J}}{\underline{E}} = \frac{\underline{D}}{\underline{E}} - \mathrm{i}\,\frac{\sigma}{\omega}$$

Das Vorzeichen ist negativ gewählt, damit die durch ε' und ε'' gekennzeichneten Verlustgrößen positiv werden.

$\underline{E}$ komplexe Amplitude der Feldstärke, $\underline{D}$ komplexe Amplitude der Flussdichte, $\underline{J}$ komplexe Amplitude der elektrischen Leitungsströmung.

Dielektrizitätszahl

Neuerdings richtig: **Permittivitätszahl** ε_r (Dimension 1), auch relative Permittivität, fälschlich „relative Dielektrizitätskonstante" (DK); der Faktor, um den die elektrische Feldstärke im Vakuum $\vec{E}_0$ diejenige im Medium $\vec{E}_r$ übersteigt. Das Vakuum ist ein ideales Dielektrikum.

$$\varepsilon_r = \begin{cases} \dfrac{\vec{E}_0}{\vec{E}} > 1 \\[2ex] \dfrac{\vec{D}}{\vec{D}_0} \quad \text{für} \quad \vec{E} = \text{const} \end{cases}$$

Dielektrizitätszahl, komplexe

Neuerdings: *komplexe Permittivitätszahl.* Materialkenngröße für nichtlineare Dielektrika; berücksichtigt die Leitungs- und Relaxationsverluste und die Verluste der Ionen- und Elektronenresonanzen, in piezoelektrischen Materialien auch mechanische Resonanzen:

$$\underline{\varepsilon_r} = \varepsilon_r' + \mathrm{i}\,\varepsilon_r'' = \frac{\hat{\underline{D}}}{\varepsilon_0\,\hat{\underline{E}}} - \mathrm{i}\,\frac{\sigma}{\varepsilon_0 \omega}$$

Die *Wirkpermittivität* ε_r' erzeugt Blindleistung, die *Blindpermittivität* ε_r'' ist Verlust- oder Wirkleistung.

Tabelle D.4 Dielektrizitätszahl ε_r (Gase bei 101,3 kPa). Abkürzungen: DMF Dimethylformamid, DME Dimethoxyethan, DMSO Dimethylsulfoxid, EC Ethylencarbonat, MF Methylformiat, NM Nitromethan, PC Propylencarbonat.

	ε_r	t/°C		ε_r	t/°C		ε_r	t/°C
Vakuum	1	0	1,2-DME	7,2	25	Methanol	31,2	20
He	1,000 066	0	MF	8,5	20	Glycerin	41,1	20
Ar	1,000 504	0	$SOCl_2$	9,1	22	NM	36	25
Luft, trocken	1,000 594	0	SO_2Cl_2	9,2	22	Acetonitril	36,0	25
CO_2	1,6	–5	Essigsäure	9,7	20	N,N-DMF	36,7	25
Dioxan	2,2	25	H_2S	10,2	0	DMSO	46,6	25
Teflon	2,0	20	Pyridin	12,0	22	PC	64	25
Polystyrol	2,3 bis 2,5	20	$POCl_3$	13,7	25	H_2O	78,54	25
Polyethylen	2,3	20	SO_2	13,8	0	H_2O	81,1	18
Benzol	2,28	20	Aceton	20,7	25	HF	83,6	0
Glas	3 bis 15	20	NH_3	22,0	–34	EC	89	40
Quarz	3,5 bis 4,5	20	Ethanol	24,3	25	H_2SO_4	101	25

Dielektrizitätszahl, Messverfahren

Beim Einbringen des Dielektrikums in einen für die Aufnahme von Flüssigkeiten, Gasen oder Feststoffen geeigneten Plattenkondensator steigt die Verschiebungsdichte (bei konstanter Feldstärke $\vec{E}$). Das dielektrische Medium schwächt das äußere Feld durch ein induziertes Dipolmoment.

$$\varepsilon_r = \frac{C_r}{C_0} = \frac{E_0}{E_r}$$

Für nicht-magnetische, nicht-adsorbierende Stoffe gilt: $\varepsilon \approx n^2$ (Maxwell-Gleichung)

C_0 Vakuumkapazität (F), C_r Kapazität mit Dielektrikum, E_0 Feldstärke im Vakuum (V/m), E_r mit Dielektrikum, n Brechungsindex.

Dienstag

*Wochentage.

Dies

*Wochentage.

dif

Index (DIN 1304) für: differentiell (z. B. Permittivität ε_{dif}).

Diffusion

1) Vermischung zweier angrenzender Fluide auf Grund von Dichteunterschieden oder erzwungener Konvektion.
2) Medizin: Sauerstoffübergang aus den Lungenbläschen (Alveolen) ins Blut der Lungenkapillare.

Diffusionskapazität

1) Medizin: Sauerstoffaufnahme durch die Lunge pro Zeiteinheit bei gegebener alveolär-kapillarer O_2-Druckdifferenz. Normalwert: 20 bis 30 mℓ/min · mmHg.
2) pulmonale. Zeitliche Sauerstoffaufnahme, bezogen auf die O_2-Partialdruckdifferenz zwischen Alveolarraum und Lungenkapillaren. Normalwert: 25 bis 35 mℓ/min·mmHg.

Diffusionskoeffizient

Formelzeichen D, SI-Einheit m²/s. Maß für die Geschwindigkeit der *Diffusion* (Stofftransport durch Teilchenbewegung).

Tabelle D.5: Experimentelle Diffusionskoeffizienten D_{12} in Wasser (10^{-5} cm²/s).

He	6.3	(25 °C)
O_2	2.41	(25 °C)
CO_2	2.0	(25 °C)
Wasser	2.44	(25 °C)
Ethanol	1.24	(25 °C)
Essigsäure	1.19	(20 °C)
Aceton	1.28	(25 °C)
Anilin	0.92	(20 °C)
Glucose	0.673	(25 °C)

$$\frac{\partial c}{\partial t} = \underbrace{D\frac{\partial^2 c}{\partial x^2}}_{\text{Diffusion}} - \underbrace{v\frac{\partial c}{\partial x}}_{\text{Konvektion}}$$

c Konzentration, t Zeit, x Länge.

Natürliche Diffusion ist sehr langsam: $5\cdot10^{-6}$ cm²/s (in Flüssigkeiten) entspricht ~1 cm/Tag. Konvektion durch Rühren oder Schütteln bewirkt spürbaren Teilchentransport.

Messmethoden:

1. *Kapillarrohrmethode.* Man misst zeitlich die Konzentration in einem Kapillarrohr, das mit einer Lösung gefüllt ist und in eine gut gerührte

Lösungsmittelvorlage taucht.
2. *Diaphragma-Methode.* Durch die Poren eines Sinterglas-Diaphragmas tritt eine Lösung in eine Lösungsmittelvorlage aus, in der die Konzentrationsänderung zeitlich verfolgt wird. Lösung und Lösungsmittel werden gut gerührt.
3. In bewegten Fluiden: Laserspektroskopie.

Digitale Messinstrumente
*Amperemeter, *messtechnische Begriffe.

Differentielle Größe
Durch einen Differenzenquotienten ausgedrückte Größe: $X_{\mathrm{d}} = \mathrm{d}X/\mathrm{d}Y$; vgl. *magnetische Stoffkennzahlen.

Differenzdruckmessung
*Manometer.

Digitale Messinstrumente
*Amperemeter, *messtechnische Begriffe.

Digitalis-Einheit
Pharmazeutische Dosis, entsprechend der Giftwirkung von 0,1 Gramm des internationalen Fingerhut-Standardpräparates.

Digitus
[lat. „Finger, Fingerbreite, Zoll"]. Altes, römisches Längenmaß:
1 Digitus = 1,85 Centimeter.

dil
Abk. für: *dilution*, Verdünnung; *diluted*, verdünnt.

Dilatation
[lat.] Erweiterung, z. B. des Volumens.

dim
Abk. für: *dimerization*, Dimerisation; Dimension.

Dime
[lat.] *decima*, „zehnter Teil". Amerikanische Münze: 1 Dime = 10 Cent = 0,1 Dollar.

Dimensionslose Kennzahlen
*Konstanten,

Dimi
Veraltet! Französische Bezeichnung für $^1/_{10000}$stel einer Einheit: Dimi = 0,0001 = 10^{-4}.

DIN
Abkürzung für: Deutsches Institut für Normung eV.; Deutsche Industrie-Norm.

Dinar
1) Algerischer Dinar (DA, Iso-Code: DZD), Währungseinheit in Algerien:
1 DA = 100 Centimes (CT) = ca. 0,03 DM.
2) Bahrein-Dinar 1 BD = 1000 Fils.
3) Bosnisch-herzegowinischer Dinar:
1 BHD = 100 Para = ca. 0,01 DM. *Kuna.
4) Irak-Dinar 1 I.D. = 1000 Fils = ca. 5 DM.
5) Jemen-Dinar: *Rial.
6) Jordan-Dinar. Jordanien:
1 JD. = 1000 Fils (FLS) = ca. $^1/_{2,4}$ DM.
7) Jugoslawischer Dinar (Iso-Code: YUD): Währungseinheit in Serbien (dort schon 1873–1919), einschließlich Kosovo, Vojvodina, Montenegro:
1 Jug. Neuer Dinar (N.Din) = 100 Para (p) = ca. $^1/_4$ DM.
8) Kuwait-Dinar
1 KD. = 10 Dirhams = 1000 Fils = ca. $^1/_{5,5}$ DM.
9) Libyscher Dinar, Libyen:
1 LD. = 1000 Dirhams = ca. $^1/_5$ DM.
10) Sudanesischer Dinar, Sudan:
1 sD = 100 Piastres (PT.) = ca. $^1/_{920}$ DM.
11) Tunesischer Dinar (tD, Din, Iso-Code: TND): 1 tD = 1000 Millimes (M) = ca. 1,78 DM.
12) Im Iran kleine Währungseinheit: 1 Rial = 100 Dinar.
13) Seit dem 3. Jh. n. Chr. in Indien als Nachprägung des Gold-*Stater*s. In Arabien seit dem 13. Jh., dem byzantinischen *Solidus* entsprechend, von den Kreuzfahrerstaaten nachgeahmt.
14) In Persien im 19. Jh. kleine Rechnungsmünze: 1 Dinar = $^1/_{50}$ Schahi = $^1/_{1000}$ Kran.

DIN-Formate
*Papierformate.

DIN-Siebreihe
*Maschenweite.

Dioptrie (d, dpt, dptr., EDV: DPT)
1) [engl.] *diopter, dioptre*, Brechkrafteinheit (BKE). *Gesetzliche Einheit der Brechkraft von optischen Linsen und Brillengläsern. Eine Dioptrie ist gleich dem Brechwert eines optischen Systems mit der Brennweite 1 Meter und in einem Medium der Brechzahl 1 (DIN 1301 T1).

$$1\ \mathrm{dpt} = \frac{1}{\text{Brennweite (in m)}} = 1\ \mathrm{m}^{-1}$$

(bei divergenten Linsen für Kurzsichtige mit negativem Vorzeichen).

2) **Prismendioptrie** (Δ, prdr, prdptr); Einheit für die Ablenkung eines Lichtstrahls durch die Brechkraft eines Prismas. 2 $\Delta \mathrel{\hat{=}}$ Bildverschiebung von 2 cm in 1 Meter Entfernung.

diox Abkürzung für: Dioxan.

Diplethron

Altes Flächenmaß aus Griechenland:
1 Diplethron = 9,5 Ar.

Dipolmoment, elektrisches

$\vec{p}$, $\vec{p}_e$, $\vec{\mu}$ (in *Coulomb-Meter); das Moment erster Ordnung der Ladungsverteilung; das Produkt aus Polarisation und Volumen. Zwei räumlich und elektrisch getrennte, entgegengesetzt Punktladungen $\pm Q$ im Abstand r bilden einen elektrischen Dipol mit dem Dipolmoment:

$$\vec{p} = Q \cdot \vec{r} = \sum q_i \vec{r}_i = \int_V \vec{P} \, \mathrm{d}V$$

Q elektrische Ladung (C), q_i Ladungen der Atomkerne und Elektronen (C), $\vec{r}$ Abstand der Ladungsschwerpunkte (Bindungslänge), p permanentes Dipolmoment für ein isoliertes Molekül in der Gasphase (Cm), $\vec{P}$ elektrische Polarisation (C/m^2).

Der *Dipolmomentvektor* zeigt vom negativen zum positiven Ladungsschwerpunkt (*Moment).

Dipolmoment, induziertes

Unpolare Moleküle zeigen im elektrischen Feld – allein durch die Verschiebung von Elektronen und Kernen gegeneinander – ein induziertes Dipolmoment $\vec{\mu}_i$ (in Cm). Die vorübergehende unsymmetrische Ladungsverteilung schwächt das äußere Feld.

$$\mu_i = \alpha\, E_L = \alpha \left(E + \frac{P}{3\varepsilon_0} \right) = \alpha'\, \varepsilon_0\, E$$

α Polarisierbarkeit (F m^2), α' Polarisierbarkeitsvolumen (m^3), E_L lokales elektrisches Feld auf ein Teilchen (V/m), P Polarisation (C/m^2).

Tabelle D.6 Dipolmoment μ (in *Debye und SI-Einheiten) und Polarisierbarkeitsvolumen α'. (α' hat denselben Zahlenwert wie die „Polarisierbarkeit" im alten *cgs-System.)

	μ (D)	μ (10^{-30} Cm)	α' (10^{-24} cm^3)
H_2	0	0	0,819
HCl	1,08	3,6	2,63
H_2O	1,85	6,2	1,48
CCl_4	0	0	10,5

Dipolmoment, magnetisches

Das Produkt aus magnetischer Feldkonstante und magnetischem *Moment:

$$\vec{j} = \mu_0 \vec{m} \quad \text{Einheit: Wb m} = \text{V s m}$$

Dipolmoment, Messverfahren

1. *Debye-Gleichung:* Geradensteigung der P_m-$\frac{1}{T}$- oder ε-$\frac{1}{T}$-Kurve:

$$\underbrace{P_m}_{y} = \underbrace{\frac{1}{9}\frac{N_A \mu^2}{\varepsilon_0 k}}_{b} \cdot \underbrace{\frac{1}{T}}_{x} + \underbrace{\frac{N_A \alpha}{3\varepsilon_0}}_{a}$$

Der Achsenabschnitt für $T^{-1} \to 0$ liefert α. Die Wärmebewegung wirkt dem Beitrag der permanenten Dipolmomente entgegen.

2. Aus *Mikrowellenspektren* (Rotationsspektren, Stark-Effekt).

Dipolmoment, mittleres

$\bar{\mu}$ (in C m) eines polaren Moleküls:

$$\bar{\mu} = \sqrt{\frac{9\varepsilon_0 k T}{N/V} \cdot \frac{\varepsilon_r - 1}{\varepsilon_r + 2}}$$

k *Boltzmann-Konstante, ε_r Dielektrizitätszahl, N Teilchenzahl, V Volumen.

dir

Index (DIN 1304) für: längs..., direkt (z. B. Feldreaktanz X_{dir}).

Dira

Altes Längenmaß, *pik:
1 Dira macmari = 75 Centimeter (Ägypten).
1 Dira baladi = 58 Centimeter (Ägypten).
1 Dira mimari = 75 cm (Griechenland).

Diraa

Altes Längenmaß aus der Türkei:
1 Diraa = 67,6 bzw. 68,6 Centimeter.

Direktes Messverfahren

*messtechnische Begriffe.

Direktionsmoment

Winkelbezogenes Rückstellmoment,

$$D = M_T / \varphi \quad \text{Einheit: } \frac{\text{N m}}{\text{rad}}$$

M_T Torsionsmoment, Drillmoment,
φ Torsionswinkel.

Dirham(DH, Iso-Code: MAD)

1) Währungseinheit in Marokko: 1 Dirham (DH) = 100 Centimes (C) $\approx$ 0,20 DM.
2) Vereinigte Arabische Emirate:
1 Dirham (DH) = 100 Fils $\approx$ 0,46 DM.
3) In Katar: *Riyal.

Dirhem

Alte Einheit für Masse und Gewicht im arabischen Raum (Arabien, Ägypten, Irak, Syrien usw.): 1 Dirhem = 3,12 bis 3,25 Gramm.

Diskontinuierliches Verfahren

*Längen- und Winkelmessung.

Dispersion

Zerstreuung, feinste Verteilung; frequenzabhängig starke Brechung von Lichtwellen im Prisma.

diss

Index (DIN 1304) für: Zerstreuung, lat. *dissipatio* (z. B. Leuchtdichte L_{diss}).

Dissipation

Energiedissipation, „Energievergeudung". Übertragung (makroskopischer) Energie auf die mikroskopischen Energiemengen der Freiheitsgrade eines Systems, verbunden mit *Entropiezunahme; irreversibler Prozess; z. B. durch Reibung Umwandlung mechanischer Energie in Wärme.

Die *Dissipationsfunktion* beschreibt den Entropiezuwachs pro Zeiteinheit.

Dissoziationsgrad

oder *Protolysegrad* (α, Dimension 1). Kennzahl für das Ausmaß des Zerfalls salzartiger Stoffe in polaren Lösungsmitteln in Ionen (sog. *elektrolytische Dissoziation*).

$$\alpha = \frac{N_{diss}}{N_{ges}} = 0 \ldots 100\%$$

N_{diss} Zahl dissoziierter Teilchen;
N_{ges} Gesamtzahl der Teilchen.

Dissoziationsgrad, Messung

1. **Leitfähigkeitsmessung* mit Hilfe tabellierter Grenzleitfähigkeiten Λ_∞:

$$\alpha = \frac{\Lambda_m}{\Lambda_\infty} = \frac{(\kappa_{Lsg} - \kappa_{Lm})/(zc)}{\sum \lambda_{\infty,i}}$$

Korrektur für reale Elektrolyte:

$$\Lambda = \alpha \Lambda_\infty \left(1 - \text{const}\sqrt{I}\right)$$

κ Leitfähigkeit, Λ_m molare Leitfähigkeit, λ Ionenleitfähigkeit, c Stoffmengenkonzentration, z Ionenwertigkeit, Lsg = Lösung, Lm = Lösungsmittel.

2. *Fotometrische Messung* mit gefärbten starken und schwachen Elektrolyten (z. B. 2,4-Dinitrophenolat und 2,4-Dinitrophenol) nach dem Lambert-Beer-Gesetz:

$$\underbrace{A_1 = \epsilon\,\alpha\,c\,d}_{\text{schwacher E.}}\ ; \quad \underbrace{A_2 = \epsilon\,c\,d}_{\text{starker E.}}\ ; \quad \alpha = \frac{A_1}{A_2}$$

A Extinktion, α Dissoziationsgrad,
c Konzentration, d Schichtdicke,
ϵ Extinktionskoeffizient.

Dissoziationskonstante

Als Maß für die Stärke von Säuren ist die Säuredissoziationskonstante K_a und der Säureexponent pK_a, für Basen die Basendissoziationskonstante K_b und der Basenexponent pK_b definiert (Definition vgl. *pK-Wert).

Dissoziationskonstante, Messung

1. **Leitfähigkeitsmessung* nach dem Ostwaldschen Verdünnungsgesetz:

$$K_c = \frac{\alpha^2 c}{1-\alpha} = \frac{\Lambda^2 c}{\Lambda_\infty(\Lambda_\infty - \Lambda)}$$

2. *EMK-Messung* nach HARNED mit verschiedenen Konzentrationen einer Säure (HA), deren Natriumsalz (NaA) und Kochsalz:

Halbzelle und Zellreaktion:

$$\text{NHE}|\text{HA}(c),\text{NaA}(c_{A^\ominus}),\text{NaCl}(c_{Cl^\ominus}),\text{AgCl}|\text{Ag}$$

$$\tfrac{1}{2}H_2 + AgCl \rightleftharpoons Ag + H^\oplus + Cl^\ominus \ (z{=}1)$$

$$\begin{aligned} E &= E^0 - \frac{RT}{F}\ln a_{H^\oplus} a_{Cl^\ominus} = \\ &= E^0 - \frac{RT}{F}\ln\left(K_a \frac{c_{HA} c_{Cl^\ominus}}{a_{A^\ominus}} \cdot \frac{\gamma_{HA}\gamma_{Cl^\ominus}}{\gamma_{A^\ominus}}\right) \end{aligned}$$

Extrapolation der Messgröße y (Ordinate) gegen $\sqrt{I}$ für unendliche Verdünnung ($I \to 0$) liefert als Achsenabschnitt den *pK_a-Wert der Säure.

$$\begin{aligned} y &\equiv \left(\frac{E - E^0}{RT/F} - \ln\frac{c_{HA}c_{Cl^\ominus}}{c_{A^\ominus}}\right) = \\ &= \text{const}\sqrt{I} - \ln K_a \end{aligned}$$

mit $I = c_{H^\oplus} + c_{Cl^\ominus} + c_{A^\ominus} \approx c_{H^\oplus} + c_{Cl^\ominus}$.

a *Aktivität, c Stoffmengenkonzentration, E Zellspannung, F *Faraday-Konstante, I *Ionenstärke, K_c konzentrationsbezogene Gleichgewichtskonstante, α Dissoziationsgrad, γ *Aktivitätskoeffizient, Λ molare Leitfähigkeit.

dist

Index (DIN 1304) für: Verzerrung, Verdrehung, lat. *distortio* (z. B. Leistung P_{dist}).

Distanz

1) Entfernung, engl. *distance*. In der **Seefahrt** werden unterschieden:

• *Distanz durchs Wasser* (DdW, d_W), engl. *distance to steam, distance steamed*: vom Schiff relativ zum Wasser zurückzulegende oder zurückgelegte Strecke.
• *Distanz über Grund* (DüG, d_G, engl. *distance to make good, distance made good*), vom Schiff über Grund zurückzulegende oder zurückgelegte Strecke.
• Betrag der Stromversetzung (DSt, d_{St}), engl. *drift distance*, Distanz vom *Loggeort (ohne Rücksicht auf die Strömung) bis zum *Koppelort (mit Rücksicht auf die Strömung) bzw. zum beobachteten Ort.
2) In der **Luftfahrt**:
• *Ground Distance* d_G, Distanz über Grund in Nautical Miles (NM).
• *Still Air Distance* d_L, Distanz in der Luft: Distanz relativ zur Luft in Nautical Air Miles (NAM). Vgl. *Loxodrome, *Großkreis.

distb Abkürzung für: *distillable*, destillierbar.

Divergenz (div)
Differentialoperator in einem orthogonalen Koordinatensystem; die Divergenz eines Vektorfeldes $\boldsymbol{A}(x,y,z)$ ist der Skalar:
$$\operatorname{div} \boldsymbol{A} = \Delta \boldsymbol{A} = \frac{\partial A_x}{\partial x} + \frac{\partial A_y}{\partial y} + \frac{\partial A_z}{\partial z}$$

Djin
Altes Gewicht aus China: 1 Djin = 500 Gramm.

Djujm (= Diuim)
Längenmaß in der ehemaligen UdSSR:
1 Djujm = 2,54 Centimeter = $^1/_{12}$ Fuß.

DKK *Krone

dl
1) Abk. für: Doppelschicht, *double-layer*.
2) DL, *dl*: Abk. für: racemisch, *racemic*; Racemat.

dlq Abk. f.: *deliquescent*, zerfließend.

dm.ap *Drachm.

DME
Abkürzung für: *dropping mercury electrode*, Quecksilbertropfelektrode; 1,2-Dimethoxyethan.

DMF Abkürzung für: N,N-Dimethylformamid.

DMSO Abkürzung für: Dimethylsulfoxid.

dn
Abk. für: *delta amplitude*, elliptische Funktion.

Dobra
1) Währung in Sao Tomé e Príncipe (bis 12.7.1975 portugiesisch):
1 Dobra (Db) = 100 Centimos = ca. $^1/_{2700}$ DM.
2) Portugiesische Goldmünze im 18. Jh., auch in Brasilien verbreitet.

Dobson-Einheit (DE, DU)
Veraltet! Nach dem engl. Atmosphärenforscher G. B. M. DOBSON benannte Einheit. 100 DE entsprechen einer Ozonsäule von 1 mm Dicke. Die irdische Ozonschicht von ca. 300 DE hätte unter Normalbedingungen (101325 Pa, 0 °C) im Jahresmittel eine Dicke von 3 Millimetern.
1 DE = 0,01 mm · 1,013 bar = 0,01 atm mm.

DOC
engl. *Dissolved* Total Organic Carbon*, gelöster organisch gebundener Kohlenstoff.

Dodrans
[lat. „drei Viertel"]. Altrömisches Gewicht:
1 Dodrans = $^3/_4$ As = 245,6 Gramm.

Dolichos
Altes Längenmaß aus Griechenland (die Länge, die Fahrzeuge bei Wagenrennen zurücklegen mussten):
1 Dolichos = 2,25 bis 4,5 Kilometer.

Dolja
Alte Masseneinheit der ehemaligen UdSSR:
1 Dolja = $^1/_{96}$ Solotnik
= 0,04 443 494 Gramm
= 44,43 494 Milligramm.

Dollar (dollar)
Veraltet! US-Einheit für die Reaktivität eines Kernreaktors, gegeben durch die Differenz der Reaktivitäten eines Atomreaktors zwischen verzögert kritischen und sofort kritischen Zuständen: 1 dollar = 100 cent = 100% .

Dollar, Währung
1) US-Dollar (US-$), Iso-Code: USD, „Greenback", dt. „Taler"; Währungseinheit in den USA (seit 1792, bis 1878 in Silber geprägt), einschließlich Alaska, Hawaii, Puerto Rico, Guam, Samoa, Northern Mariana Islands u.a. Pazifikinseln, Virgin Islands u.a. Karibikinseln, ferner auf Mikronesien und einigen Inseln des britischen Außengebiets:
1 US-$ = 10 Dimes = 100 Cents ≈ 2 DM.

D

Das Dollarzeichen erinnert an eine Zusammenschiebung von „US“, doch soll es vom Vorbild des spanischen Piasters abstammen, wobei die beiden Längsstriche die Säulen des Herakles, Allegorie für die Meerenge von Gibraltar und die Entdeckung Amerikas, symbolisieren. Der Erste Weltkrieg machte die USA zum größten Gläubiger der Welt, den Dollar zu „harten“ Währung. Der Weltgipfel von Bretton Woods 1944 erhob – auf Anregung des Ökonomen JOHN MAYNARD KEYNES – den Greenback zur internationalen Leitwährung mit fixem Wechselkurs. Wegen der immensen Staatsausgaben im Vietnamkrieg fiel der Wert des Dollars, so dass der Kurs am 19. März 1973 freigegeben wurde. Das SDI-Programm von Präsident RONALD REAGAN belastete erneut die US-Staatskasse, hohe Zinsen lockten ausländisches Kapital und der Dollarkurs stieg im September 1985 auf 3,20 DM. Damit verteuerte sich der Ölpreis. Mit dem Plaza-Abkommen am 20. Sept. 1985 wurde der Dollarkurs gebremst. Am 19.4.1995 erreichte er mit 1,36 DM den historischen Tiefstand.

2) Australischer Dollar (Iso-Code: AUD). In Australien, einschließlich Außengebieten (Weihnachts-, Kokos-, Norfolk-, Lord Howe-, Korallenmeer-, Ashmore- und Cartierinseln), Kiribati (1 Kiribati (K) = 1 $A), Tuvalu und Nauru: 1 $A = 100 Cents (c) ≈ 1,2 DM.

3) Bahama-Dollar
1 B$ = 100 Cents (c) ≈ 1 US-$.

4) Barbados-Dollar
1 BDS$ = 100 Cents (c) ≈ 0,5 US-$.

5) Belize-Dollar
1 Bz$ = 100 Cents (c) ≈ 0,5 US-$.

6) Bermuda-Dollar, Währungseinheit auf den Bermudainseln (brit.):
1 BD$ = 100 Cents (c) ≈ 1 US-$.

7) Brunei-Dollar
1 BR$ = 100 Cents (c) = 1 Singapur-$ (zusätzliches Zahlungsmittel).

8) Cayman-Dollar, Währungseinheit auf den Kaiman-Inseln (brit. Außengebiet):
1 CI$ = 100 Cents (c).

9) Cook-Islands-Dollar, gesetzliches Zahlungsmittel neben dem Neuseeland-Dollar.
1 CI$ = 100 Cents (c).

10) Eritrea-Dollar 1 $ = 100 Cents (c).

11) Fidschi-Dollar
1 $F = 100 Cents (c) ≈ 0,7 US-$.

12) Guyana-Dollar
1 G$ = 100 Cents (¢) ≈ $^1/_{143}$ US-$.

13) Hongkong-Dollar (Iso-Code: HKD):
1 HK$ = 100 Cents (c) ≈ 1 Yuan ≈ 0,21 DM.

14) Jamaica-Dollar
1 J$ = 100 Cents (c) ≈ $^1/_{35}$ US-$.

15) Kanadischer Dollar (Kan.$, Iso-Code: CAD): 1 can$ = 100 Cents (c) ≈ 1,24 DM.

16) Liberianischer Dollar
1 Lib$ = 100 Cents (c) = 1 US-$ (offiziell).

17) Namibia-Dollar, Zahlungsmittel im ehemaligen Deutsch-Südwestafrika (1883/4–1915) neben dem südafrikanischen Rand.
1 N$ = 100 Cents (c) = $^1/_{2,6}$ DM.

18) Neuseeland-Dollar, Währungseinheit in Neuseeland, Niue Island, Tokelau und den Pitcairn Islands (brit.):
1 NZ$ = 100 Cents (c) ≈ 1,0 DM.

19) Ostkaribischer Dollar, in Anguilla (brit.), Antigua und Barbuda,
Dominica, Grenada, Monserrat (brit.), Saint Christopher and Nevis, Saint Lucia, Saint Vincent and the Grenadines:
1 EC$ = 100 Cents ≈ $^1/_{2,72}$ US-$ (gekoppelt).

20) Salomonen-Dollar, Salomoninseln:
1 SI$ = 100 Cents (c) ≈ $^1/_{3,66}$ US-$.

21) Simbabwe-Dollar
1 Z.$ = 100 Cents (c) ≈ 0,15 DM.

22) Singapur-Dollar (Iso-Code: SGD).
1 S-$ = 1 Brunei-$ (weiteres Zahlungsmittel) ≈ 1,14 DM.

23) Taiwan-Dollar, neuer:
1 NT$ = 100 Cents ≈ $^1/_{16}$ DM.

24) Trinidad-and-Tobago-Dollar
1 TT$ = 100 Cents (cts) ≈ $^1/_{6,3}$ US-$.

dom$ *Peso.

Dominikanische Republik
Historische Einheiten: *fanega, *ona, *tarea.
Währung: *Peso.

Dong
Währungseinheit in Vietnam:
1 Dong (D) = 10 Háo = 100 Xu ≈ $^1/_{6758}$ DM.

Donnerstag *Wochentage.

Dönüm (= Donum)
Altes südeuropäisches Flächenmaß:
1 Dönum =
= 92 Meter^2 od. 25 Ar (Türkei)
= 700 Meter^2 (Jugoslawien)
= 73,98 Ar (Libyen)
= 13,378 Ar (Zypern).

Doppelkrone
Goldenes 20-Mark-Stück des früheren Deutschen Reiches.

Doppelzentner (dz)
Noch gebräuchliche landwirtschaftliche Gewichts-Einheit:
1 dz = 1 Meterzentner
= 200 Pfund
= 100 Kilogramm
= 0,1 Tonne
= 1 Dezitonne (dt).

Doppia (= Genovina)
[ital. „*Dublone*"]. Italienische Goldmünze des 18. Jh.

dorsal
Anatomische Richtungsangabe: rückseitig; vom Rücken her nach vorn durch den menschlichen Körper.

dose equivalent *Äquivalentdosis.

Dosieren *messtechnische Begriffe.

Dosimetrische Größen
1) Dosisgrößen, *Energiedosis, *Kerma, *Ionendosis, *Äquivalentdosis.
2) Dosisleistungsgrößen, Differentialquotienten der Dosisgrößen nach der Zeit. Als Zeiteinheit sind Sekunde, Minute und Stunde zulässig.

Energiedosisleistung: $\dot{D} = \frac{\mathrm{d}D}{\mathrm{d}t}$ in Gy/s.

Kermaleistung: $\dot{K} = \frac{\mathrm{d}K}{\mathrm{d}t}$ in Gy/s.

Ionendosisleistung: $\dot{J} = \frac{\mathrm{d}J}{\mathrm{d}t}$ in A/kg.

Äquivalentdosisleistung: $\dot{H} = \frac{\mathrm{d}H}{\mathrm{d}t}$ in Sv/s.

3) Dosisbegiffe im Strahlenschutz, *Ortsdosis, *Personendosis, *Körperdosis.
4) Kennzeichnung von Strahlenquellen, *Aktivität, *Dosisleistungskonstante, *Kenndosisleistung, *Flächendosisprodukt.

Dosis
1) Mengenangabe für Arzneimittel; *Effektivdosis, *Letale Dosis, *Fatal dose, Einzeldosis, Tagesdosis.
2) Radiologisch: *dosimetrische Größen. Summe der Energien, Reaktions- und Umwandlungsenergien aller ionisierenden Teilchen und Photonen, Kern- und Elementarprozesse im Volumen.

Dosisleistungskonstante
*Dosimetrische Größe zur Kennzeichnung von Strahlenquellen; ersetzt die veraltete spezifische *Gammastrahlenkonstante* Γ mit folgenden Anpassungen:

- Für die *Strahlentherapie*:

$$\Gamma_\delta = \frac{\dot{K}_\delta \cdot r^2}{A} \quad \text{in } \frac{\mathrm{Gy\,m^2}}{\mathrm{s\,Bq}}$$

K_δ = Luft-Kermaleistung, die durch alle Photonen mit Energien oberhalb einer Grenzenergie $E \geq \delta$ (in keV, z. B. Γ_{50}) im Abstand r von einer punktförmigen Strahlenquelle der Aktivität A erzeugt würde, wenn die Strahlung weder in der Quelle noch in einem anderen Material absorbiert oder gestreut würde. Γ_δ enthält die Beträge der Vernichtungsstrahlung (bei $\beta^{\oplus}$-Strahlern) und die charakteristische Röntgenstrahlung (infolge K-Einfang und innerer Konversion).

- Für den *Strahlenschutz*:

$$\Gamma_\mathrm{H} = \frac{\dot{H}_x \cdot r^2}{A} \quad \text{in } \frac{\mathrm{Sv\,m^2}}{\mathrm{s\,Bq}}$$

$\dot{H}_\mathrm{x}$ = Photonen-Äquivalentdosisleistung. Die Energieschwelle beträgt für alle Nuklide einheitlich $E \geq 20$ keV.

doz *US*-Abkürzung für: *dozen*, Dutzend.

dpl
Abkürzung für: *displacement*, Verdrängung.

dpn
Abk. für: *disproportionation*, Disproportionierung.

dr Abkürzung für: *dram* (Einheit).

Dra
Altes Längenmaß aus der Türkei:
1 Dra = 68,6 bzw. 69,6 Centimeter.

Dra(a)
1) Altes Längenmaß aus Ägypten:
1 Dra(a) = 75 Centimeter.

2) Altes Längenmaß aus Arabien:
1 Draa = ca. 49 Centimeter.

Drachm *GB* (dr., dr.ap., dm.ap.)

1) Veraltet! Britisches Apothekergewicht im *apothecaries'*-System:
1 drachm (*GB*, fluid) =
= 0,9 607 599 dram (*US*, fluid) =
= $^1/_{1280}$ Gallon
= 3,551 633 Milliliter
= 60 minim *GB*
= $^1/_8$ ounce (*GB*, fluid)
= $^1/_{1280}$ gallon.
2) Veraltet! Für Feststoffe:
1 drachm *GB* =
= $^1/_{96}$ Pound apoth.
= $^{60}/_{7000}$ Pound (avdp.)
= 3,8 879 351 Gramm
= 60 grain (avdp.)
= 2 scruple.

Drachme (Dr.)

1) Griechische (Dr, ΔPX, Iso-Code: GRD), neugriechische Währungseinheit seit 1833:
1 Dr = 100 Lepta = ca. 0,0062 DM.
2) [altgriech. „Handvoll"]. Silbermünze.
1 Drachme = 6 Obolen = $^1/_{6000}$ Talent.
Ferner: doppelte Drachme (*Didrachmon* = 1 Stater) und vierfache Drachme (*Tetradrachmon*: z. B. in Athen und im Reich ALEXANDER D.GR., Alexandriner der röm. Kaiserzeit ≙ ca. 1 römischer Denar), achtfache Drachme (*Octodrachmon*), zehnfache Drachme (*Dekadrachmon*).
3) Altgriechische Gewichteinheit:
1 Drachme = 4,3 Gramm [verschieden].
4) *Drami*, neugriechische Einheit:
1 Drami = 3,2 Gramm.
5) Altes Pariser Mark-Gewicht:
1 Drachme = 3,8 Gramm.
6) Altdeutsches Apothekergewicht:
1 Drachme = $^1/_8$ Unze = $^1/_{96}$ Pfund
= 60 Gran = 3 Skrupel =
= 3,9 Gramm (Baden)
= 3,75 Gramm (Bayern, Hannover)
= 3,65 Gramm (Mecklenburg)
= 3,73 Gramm (Nürnberg)
= 3,65 Gramm (Preußen, Sachsen).
7) Altes Apothekergewicht:
1 Drachme =
= 3,9 Gramm (Ägypten)
= 4,37 Gramm (Österreich)
= 3,6 Gramm (Rom)
= 3,2 Gramm (Türkei, **Dram(m)*, **Dirhem*)
= 3,1 Gramm (Venedig)
= 4,7 Gramm (Wien).

Drag

Historisch! Zählmaß: 60 Garben.

Drag-Koeffizient

*Schubspannungsbeiwert.

Dram *US* (dr., dr.ap., dr.avdp.)

1) Veraltet! Amerikanische Masseneinheit für Apothekendrogen (*apothecaries'*-System), Edelmetalle (*troy*-System) und Handel (*avoirdupois*-System). Beachte **Pound*-Definition nach 1959:
1 Dram (apoth., troy) =
= 2,1 942 857 Dram (avoirdupois)
= 60 Grain
= 3,8 879 346 Gramm
= 0,125 ($^1/_8$) Ounce (apoth., troy)
= 2,5 Pennyweight
= $^{60}/_{7000}$ Pound avdp.
= $^1/_{96}$ Pound apoth.
= 3 Scruple

1 Dram (avoirdupois) =
= 27,34 375 Grain =
= 1,7 718 452 Gramm
= 0,0 625 ($^1/_{16}$) Ounce (avoirdupois)
= 0,0 569 661 Ounce (troy, apoth.)
= 8,85 923 Metric carat
= 0,455 729 Drachm (apoth., *GB*)
= 2,734 scruple
= $^1/_{256}$ Pound avdp.
2) Fluid dram *US*. Volumeneinheit für Flüssigkeiten:
1 Dram (*US*, fluid) =
= 3,696 691 Centimeter^3 =
= 0,2 255 859 Cubic inch
= 1,040 843 Drachm (*GB*, fluid)
= $9{,}765\,625 \cdot 10^{-4}$ ($^1/_{1024}$) Gallon *US*
= 0,03 125 ($^1/_{32}$) Gill *US*
= 3,696 691 Milliliter
= 60 Minim *US*

= 0,125 (1/8) Ounce (*US*, fluid)
= 7,8 125·10^{-3} (1/128) Pint (*US*, liquid)
= 3,90 625·10^{-3} (1/256) Quart *US*, liquid).
3) Altes bulgarisches Gewicht:
1 dram = 3,2 g.

Dram(m)
Altes Gewicht aus der Türkei (*Drachme):
1 Dramm = 3,2 Gramm.

Dram(m) dirhem
Altes Handelsgewicht aus Ägypten:
1 Dramm dirhem = 3,1 Gramm.

Dreheisenmesswerk
*elektromechanisches Messwerk.

Drehimpuls
oder **Drall,** engl. *angular momentum, moment of momentum.*
1) Produkt aus Drehmoment und Zeit:

$$\vec{L} = \int \vec{M}\,\mathrm{d}t \quad \text{in J s} = \text{N m s} = \frac{\text{kg m}^2}{\text{s}}$$

2) Produkt aus Kreisfrequenz und Trägheitsmoment:

$$\vec{L} = \int \omega\,\mathrm{d}J$$

Drehimpulsänderung *Drehstoß.

Drehimpulsoperator
*quantenmechanischer Drehimpuls.

Drehimpulsquantum *Konstanten,

Drehmagnetmesswerk
*elektromechanisches Messwerk.

Drehmoment
Formelzeichen $\vec{M}$, SI-Einheit: Nm. Das Produkt einer Kraft $\vec{F}$ und dem senkrechten Abstand $\vec{r}$ ihrer Wirkungslinie vom Drehpunkt. $\vec{M}$ ist der axiale Vektor in der Drehachse und weist bei Rechtsdrehung nach vorn (Schraubenregel).

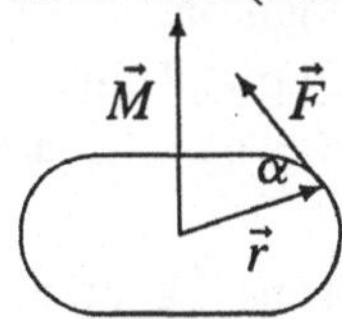

Drehmomentvektor = Kraft × Weg

$$\vec{M} = \vec{F} \times \vec{r} = \dot{\vec{L}}$$

Drehmomentbetrag =
= Kraft · Abstand · Winkel

$$M = Fr \sin\alpha$$

Drehmomentkompensation
*Massebestimmung.

Drehoperator
Eine komplexe Größe vom Betrag 1, deren *Zeiger $\underline{a}(t)$
(a) zeitabhängig mit der Winkelgeschwindigkeit umläuft ($e^{i\omega t}$) oder
(b) zeitunabhängig (als Multiplikator) eine einmalige Drehung um einen bestimmten Winkel bewirkt ($e^{i\varphi}$).
Beispiel: Drehoperator für ein Drehstromsystem: $a_3 = e^{i\,2\pi/3}$.

Drehspulgerät
*elektromechanisches Messwerk.

Drehstoß
engl. *angular impulse*, Drehimpulsänderung,

$$\vec{H} = \Delta\vec{L} = \int \vec{M}\,\mathrm{d}t = \vec{L}(t_2) - \vec{L}(t_1)$$

$$\text{Einheit: } \frac{\text{kg m}^2}{\text{s}} = \text{N m s}$$

Drehzeiger *Impedanz.

Dreier
Altes Dreipfennigstück in Preußen, Sachsen und Braunschweig.

Dreiersystem
*Absolute cgs-Dreisysteme, *CGS-E, *CGS-G, *CGS-M, *Lorenzsches System. *Vierersystem.

Dreikönig(stag)
*Spezielle Wochen- und Feiertage.

Dreiling
Altes Volumenmaß aus Österreich:
1 Dreiling = 16,98 Hektoliter.

Dreilingsmetze
Historisch! 11,4 Liter (Fürstentum Waldeck).

Dreißiger
1) Altes Flüssigkeitsmaß aus Bayern:
1 Dreißiger = 1,158 Liter.
2) Altes Balkenmaß in Thüringen und im Harz unterschiedlicher Länge.

Drieling
Altes Hohlmaß für Flüssigkeiten in Schaumburg-Lippe:
1 Drieling = 2,05 Hektoliter (Bier)
1,318 Hektoliter (Branntwein).

Drift *Geschwindigkeit.

Tabelle D.7 Umrechung metrischer und nichtmetrischer Druckeinheiten.

	Pa ($N\,m^{-2}$)	at	atm (kp/cm^2)	bar	Torr (mm Hg)	mm WS	psi (lbs/sq.in)
Pa =	1	$1{,}02 \cdot 10^{-5}$	$9{,}8\,692 \cdot 10^{-6}$	10^{-5}	$7{,}50\,062 \cdot 10^{-3}$	0,102	$1{,}45\,038 \cdot 10^{-4}$
at	$9{,}81 \cdot 10^4$	1	0,968	0,981	736	10^4	
atm	101 325	1,033	1	1,01 325	759,9 988	$1{,}033 \cdot 10^4$	14,6 960
bar	10^5	1,02	0,98 692	1	750,062	$1{,}02 \cdot 10^4$	14,5 038
Torr	133,3 224	0,00 136	0,00 131 579	0,001 333 224	1	13,6	0,0 193 368
mm WS	9,81	10^{-4}	$9{,}68 \cdot 10^{-5}$	$9{,}81 \cdot 10^{-5}$	0,0 736	1	
dyn/cm^2	0,1	$1{,}02 \cdot 10^{-6}$	$9{,}8\,692 \cdot 10^{-7}$	10^{-6}	$7{,}50\,062 \cdot 10^{-4}$	0,0 102	$1{,}45\,038 \cdot 10^{-5}$
psi	6894,8		0,068 046	0,068 948	51,7 148		1

Drillung

oder **Verwindung,** längenbezogener Torsionswinkel: $\Theta = \varphi / l$ (Einheit: rad/m).

Drohn

Historisch! 1 Drohn = 0,19658 Hektar (Kurfürstentum Hannover).

Drömt

Altes norddt. Getreide-Hohlmaß (*Last):
1 Drömt = 416,28 Liter (Lübeck)
= 687,02 Liter (Mecklenburg).

Druck

Definiert als flächenbezogene Kraft:

$$\text{Druck} = \frac{\text{Normalkraft}}{\text{Fläche } (\perp)}$$

$$p = \frac{F}{A} \quad \text{Einheit: Pa} = \frac{\text{N}}{\text{m}^2} = \frac{\text{kg}}{\text{m s}^2}$$

Zur Unterscheidung:

- p_{abs} Absolutdruck (lat. *absolutus*), Druck gegenüber dem Druck Null im leeren Raum; besonders in der Vakuumtechnik gebräuchlich.
- p_{amb} Umgebungsdruck (lat. *ambiens*) oder *absoluter Atmosphärendruck*, der am Untersuchungsort herrschende Luftdruck.
- p_{e} Überdruck (lat. *excedens*) oder *atmosphärische Druckdifferenz*:

$$p_{\text{e}} = p_{\text{abs}} - p_{\text{amb}}.$$

Der Wert von p_{e} kann positiv oder negativ (früher *Unterdruck* genannt) sein.

Druck, hydrostatischer

*Manometer.

Druck, kinetischer

*Staudruck.

Druckdifferenz (Differenzdruck)

Unterschied zwischen zwei Drücken $\Delta p = p_{1,2} = p_1 - p_2$. In der Technik werden Druckdifferenzen Drücke häufig missverständlich „Druck" genannt; vgl. *Überdruck.

Druckeinheit

Außer *Pascal und *Bar ist keine andere Druckeinheit im oder neben dem SI-System zulässig (Vgl. Tabelle).

Druckfließgrenze

*Werkstoffkenngrößen.

Druckgefälle

Dynamische Größe in der Strömungsmechanik. In Hauptströmungsrichtung gilt:

$$\Pi = -\frac{\partial p}{\partial x} \quad \text{Einheit: } \frac{\text{Pa}}{\text{m}}$$

Druckmessung

1) **Luftdruckmessgeräte,** *Barometer, *Barometerkorrektur.

2) **Druckmessgeräte,** *Manometer.

Druckverlustzahl

In der Strömungsmechanik:

$$\zeta = \frac{2\,(\Delta p)_v}{\varrho\,\bar{v}^2} \quad (\text{Dim. } 1)$$

Δp Druckverlust bei linearem Druckverlauf, $\bar{v}$ mittlere Strömungsgeschwindigkeit (Flächenmittelwert), ϱ Dichte des Fluids.

Dry...

[engl.] „trocken", Vorsilbe für amerikanische Volumenmaße für Feststoffe.

1) **dry barrel (bbl),** *barrel.

2) **dry gallon,** *gallon.

3) **dry pint (dry pt.),** *pint.

4) **dry quart (dry qt.),** *quart.

Dscha

Altes Hohlmaß aus Ägypten:
1 Dscha = 0,33 Liter.

Dscherib, engl. Jerib

1) Altes Flächenmaß aus Afghanistan:
1 Dscherib = 11,5 Ar.

2) Flächenmaß aus der Türkei:
1 Dscherib = 1 Hektar.

Dscherub
Altes Flächenmaß aus Iran (Persien):
1 Dscherub = 11,5 Ar.
1 Dscherub (metrisch) = 1 Hektar.

Du
Altes Hohlmaß aus der Mongolei:
1 Du = 16,5 Liter.

dual
Nach DIN 4898 in zweierlei Bedeutungen gebraucht:

- Zwei Gleichungen oder Gleichungssysteme entsprechen einander dual, wenn sie den gleichen physikalischen Sachverhalt in der gleichen mathematischen Form beschreiben und mindestens zwei Größen miteinander vertauscht scheinen.

Beispiel: Ohmsches Gesetz:
$$U = RI \quad \text{und} \quad I = GU.$$
Beispiel: Widerstands- und Leitwertform der Vierpolgleichungen:
$$\begin{aligned} U_1 &= Z_{11}I_1 + Z_{12}I_2 \\ U_2 &= Z_{21}I_1 + Z_{22}I_2 \\ I_1 &= Y_{11}U_1 + Y_{12}U_2 \\ I_2 &= Y_{21}U_1 + Y_{22}U_2 \end{aligned}$$
Spannung und Strom sind miteinander vertauscht, die mathematische Form ist durch Einführen des Leitwertes $G = 1/R$ bzw. der Admittanz Y hergestellt.

- Zwei Körper mit verschiedenen physikalischen Eigenschaften entsprechen einander dual, wenn die Gesetze für beide durch Vertauschen von mindestens zwei Größen in die gleiche mathematische Form gebracht werden können.

Beispiel: Spule und Kondensator:
$$u = L\,\frac{di}{dt} \quad \text{und} \quad i = C\,\frac{du}{dt}.$$
Beispiel: Starrer Körper und Feder:
$$F = m\,\frac{dv}{dt} \quad \text{und} \quad v = k\,\frac{dF}{dt}.$$

- *Falsch* als Synonym für: zweiwertig, zweiziffrig, zweizählig. Richtig: „binär“.

Dubbeltje
[holl. „Doppeltchen“]: Alte niederländische Silbermünze.

Dublone
[span. „doppelt; *doblon*, Doppelstück“]: Alte spanische Goldmünze zu zwei Escudos; eingeführt unter Kaiser KARL V. (1537); bis ins 19. Jh. geprägt (vgl. auch *Doppia).

Dubnium *Transfermiumelemente.

Ducaton (dicke Tonne, Tunne)
Goldmünze in Spanien und den Niederlanden (ab 1598), vgl. *Dickthaler.

Duim
1) Altes Längenmaß aus den Niederlanden:
1 Duim = 2,6 Centimeter
= 1 Centimeter [heute].
2) Russland: 1 duim(e) = 2,54 cm.

Dukat
1) Als **Zechine* 1282 in Venedig erstmals geprägte Goldmünze (3,5 g) mit der Inschrift „Sit tibi Christe datus quem te regis iste ducatus“, verdrängte im 16. Jh. den Goldgulden, im 17. Jh. wichtigste Goldmünze; geprägt auch in Deutschland, Österreich, Ungarn, Böhmen, Holland, Skandinavien, noch 1934 in der Tschechoslowakei.
2) *Zopfdukat.* Münze mit dem Bildnis des Zopfträgers König FRIEDRICH WILHELM I. VON PREUSSEN.
3) vgl. *Nationaldukat.

Dukatenas *Mark.

Duktilität
[lat. *ductus*, Zug], mechanische *Werkstoffeigenschaft: Verformungsfähigkeit auf Dehnung oder Streckung ohne Schädigung und Rissbildung. Kenngrößen *Bruchdehung, *Zugfestigkeit.

Dunkelbeleuchtungsstärke *Nox.

Duodez *Papierformate.

Dupondius
[lat. „Zweiasstück“]. Altes römisches Gewicht:
1 Dupondius = 2 As = 655 Gramm.

Durchfluss (Durchsatz)
Synonym für „-strom“ bei fließenden oder geförderten Mengen wie z. B.:
Speisewasserdurchfluss $\dot{V} = dV/dt$,
Dampfdurchsatz $\dot{m} = dm/dt$.

Durchflutung
Θ (in *Ampere), Summe aus Anstiegsgeschwindigkeit des elektrischen Flusses $\dot{\Psi}$ und Stromstärke I; Vgl. *Feldgleichungen, *Fünfersystem, *magnetische Einheiten.

Durchlässigkeit

*fotometrische Einheiten und Größen; *Oberflächenmessung.

Durchsatz *Durchfluss.

Durchströmbarkeitskoeffizient

Auch: *Durchlässigkeit* α (in m^2), Bei Durchströmung eines porösen Mediums dem Druckabfall Δp und der spezifischen Oberfläche S_V indirekt proportionale Größe.

$$\alpha = \frac{\epsilon^3}{k S_V^2 (1-\epsilon)^2} = \frac{\dot{V}\, d\, \eta}{A\, \Delta p} = \frac{\eta d \bar{v}}{\Delta p}$$

k Kozeny-Konstante (ca. 5 m^2/m^2), ϵ Hohlraumanteil; ϱ Dichte und η Viskosität des Strömungsmittels, $\dot{V}$ Volumenstrom, v Strömungsgeschwindigkeit.

Durrah

Altes Längenmaß aus Ostafrika:
1 Durrah = 45,7 Centimeter.

DUT1

Differenz zwischen der Weltzeit (UTC) und der auf 0,1 Sekunden gerundeten Weltzeit eins (UT1); *Zeit.

Düttchen

In Norddeutschland bis 1440 verbreitete Silbermünze.

Dutzend (Dtz., Dtzd.)

Altes deutsches Stückzählmaß:
1 Dutzend = 12 Stück.

dwt Abkürzung für: *pennyweight* (Einheit).

Dy

Zeichen für das *chem. Element Dysprosium.

Dyn (dyn)

Veraltet! [griech. „Kraft"], engl. **dyne**. Seit Ende 1977 gesetzlich verbotene Einheit der Kraft im cgs-System; definiert als die Kraft, um die Masse 1 Gramm um 1 cm/s zu beschleunigen:
1 dyn = 1 cm g/s^2
= 10^{-5} Newton
= 10^{-5} kg m s^{-2}
= 1,019 716·10^{-6} Kilopond (Kilogram-force)
= 7,233 014·10^{-5} Poundal
= 2,248 089·10^{-6} pound-force.

Dyn pro...
1) ...Centimeterquadrat
1 dyn/cm^2 = 1·10^{-6} Bar
= 1,019 716·10^{-6} Kilopond/Centimeter^2
= 7,50 062·10^{-4} Millimeter Quecksilber
= 0,01 019 716 Millimeter Wassersäule
= 0,1 Pascal
= 0,1 Newton/Meter^2
= 1,450 377·10^{-5} Pound-force/square inch.
2) ...Centimeter
1 dyn/cm = 0,001 Newton/Meter.

dyn

Index (DIN 1304) für: dynamisch (z. B. Druck p_{dyn}).

Dynamische Viskosität

*Viskositätseinheiten.

Dynamometer

*Kraftmessgeräte, *Massebestimmung.

Dyn-Centimeter

Veraltet! Energieeinheit:
1 dyn cm = 1 erg =
= 2,37 304·10^{-6} Foot-Poundal
= 7,37 562·10^{-8} Foot-pound-force
= 1·10^{-7} Joule
= 1,019 716·10^{-8} Kilopond-meter (kpm)
= 1,019 716·10^{-8} Kilogram force-meter
= 1·10^{-7} Newton-meter.

Dyn-Sekunde pro Centimeterquadrat

Veraltet! Viskositätseinheit:
1 dyn sec/cm^2 = 1 Poise = 0,1 Pascal-Sekunde.

Dyspnoe-Index

oder: Ventilationseffizienz, Atemreserveindex.

$$\text{D.I.} = \frac{\text{*Atemreserve } (\ell/\text{min})}{\text{*Atemgrenzwert } (\ell/\text{min})} > 60$$

Bei Ruhedyspnoe (Atemstörung): <60.

E

Formelzeichen

Physikalische Größe	Symbol	Einheit		Definition
Exzentrizität eccentricity	e	m		
Elastizitätsmodul modulus of elasticity, Young's modulus	E	$\mathrm{Pa} = \mathrm{N\,m^{-2}} = \mathrm{m^{-1}kg\,s^{-2}}$		$E = \frac{\sigma}{\varepsilon}$
Volumenänderung bei Verformung dilatation	e	–	$= 1$	$e = \Delta V / V$
Energie energy	E, W	$\mathrm{J} = \mathrm{N\,m}$	$= \mathrm{W\,s} = \mathrm{m^2kg\,s^{-2}}$	siehe W
Aktivierungsenergie activation energy	E_A, E_a	J/mol J	$= \mathrm{m^2kg\,s^{-2}mol^{-1}}$ $= \mathrm{m^2kg\,s^{-2}}$	$E_\mathrm{A} = RT^2 \frac{d(\ln k)}{\mathrm{d}T}$
Dissoziationsenergie dissociation energy	E_d, D	J		
Elektronenaffinität electron affinity	E_ea	J		
Fermi-Energie Fermi level	E_F	J, eV		
Flachband-Potential flat-band potential	E_fb	J		
Bandabstand e. Halbleiters bandgap of a semiconductor	E_g, E_Δ	J		
Ionisierungsenergie ionization energy	E_i	J		
kinetische Energie kinetic energy	E_kin, W_k (T, K)	J		$E_\mathrm{k} = \frac{1}{2} m v^2$
potentielle Energie potential energy	E_pot, W_p (V, ϕ)	J		$E_\mathrm{p} = -\int \vec{F}\, d\vec{s}$
Thermoelektrische Kraft thermoelectric force	E	V	$= \mathrm{m^2kg\,s^{-3}A^{-1}}$	
elektrische Feldstärke electric field strength, electric field vector	$\vec{E}$	V/m	$= \mathrm{m\,kg\,s^{-3}A^{-1}}$	$\vec{E} = -\mathrm{grad}\,\varphi$
Elektromotorische Kraft, EMK emf, electromotive force	E	V	$= \mathrm{m^2kg\,s^{-3}A^{-1}}$	
Zellspannung emf of the cell	E	V	$= \mathrm{m^2kg\,s^{-3}A^{-1}}$	$E = E^0 - \frac{RT}{zF} \ln K$
Zersetzungsspannung decomposition voltage	E_Z	V	$= \mathrm{m^2kg\,s^{-3}A^{-1}}$	
Elektrodenpotential electrode potential versus reference	E	V	$= \mathrm{m^2kg\,s^{-3}A^{-1}}$	
Normalpotential standard potential of a cell reaction	E^0	V	$= \mathrm{m^2kg\,s^{-3}A^{-1}}$	$E^0 = -\frac{\Delta_\mathrm{r} G^0}{zF}$
Diffusionspotential junction potential	E_d, E_j	V	$= \mathrm{m^2kg\,s^{-3}A^{-1}}$	

Gleichgewichtspotential equilibrium potential	E_{eq}	V	$= m^2 kg\, s^{-3} A^{-1}$	
Membranpotential membrane potential	E_m	V	$= m^2 kg\, s^{-3} A^{-1}$	
Spitzenpotential peak potential	E_p	V	$= m^2 kg\, s^{-3} A^{-1}$	
Nulladungspotential potential of zero charge	E_z	V	$= m^2 kg\, s^{-3} A^{-1}$	
Halbstufenpotential half-wave potential	$E_{1/2}$	V	$= m^2 kg\, s^{-3} A^{-1}$	
Beleuchtungsstärke(vektor) illuminance (vector)	$\vec{E}$, E_V	$lx = lm\, m^{-2} = m^{-2} cd$		
Bestrahlungsstärke irradiance, radiant flux received	E, E_e, (I)	$W\, m^{-2}$	$= kg\, s^{-3}$	$E = \frac{d\Phi}{dA}$
Spektrale Bestrahlungsstärke spectral irradiance	E_λ	$W\, m^{-3}$	$= m^{-1} kg\, s^{-3}$	$E_\lambda = \frac{dE}{d\lambda}$
Teilchenenergie particle energy	E, W	$J = N\, m = W\, s = m^2 kg\, s^{-2}$		siehe W
Elementarladung elementary charge	e	C	$= A\, s$	*Konstanten
Hartree-Energie Hartree energy	E_h	J		$E_h = \frac{\hbar^2}{m_e a_0^2}$
Anregungsenergie excitation energy, gap energy	E_g	J		

E, ε, ϵ (Epsilon)

Dehnung, rel. Längenänderung relative elongation, linear strain	ε	–	= 1	$\varepsilon = \Delta l / l$
Querdehnung lateral elongation	ε_q	–	= 1	
Dielelektrizitätskonstante permittivity	ε	F/m	$= m^{-3} kg^{-1} s^4 A^2$	$\vec{D} = \varepsilon_{ij} \vec{E}$
Elektrische Feldkonstante electric constant, absolute permittivity of vacuum	ε_0	F/m	$= m^{-3} kg^{-1} s^4 A^2$	$\varepsilon_0 = \mu_0^{-1} c_0^{-1}$
Dielektrizitätszahl relative permittivity	ε_r	–	= 1	$\varepsilon_r = \varepsilon / \varepsilon_0$ (Tensor)
Elektrodenpotential electrode potential	ε	V	$= m^2 kg\, s^{-3} A^{-1}$	siehe φ, E
Porosität porosity	ε, P	–	= 1	
Emissionsgrad emittance	ε	–	= 1	siehe M
Ausstrahlungswinkel angle of radiation or emission	ε	rad	= 1	
Molarer Absorptionskoeffizient molar decadic absorption coefficient	ε	m^2/mol		$E = \varepsilon c d$
Schnellspaltfaktor high-speed fission factor	ε	–	= 1	

H, η (Eta)

dynamische Viskosität dynamic viscosity	η, (μ)	Pa s	$= m^{-1}kg\,s^{-2}$	$\tau_{x,z} = \eta \frac{dv_x}{dz}$
Staudinger-Index Staudinger index	[η]	cm^3/g	$= m^3kg^{-1}$	siehe J_0
Überspannung overpotential	η	V	$= m^2kg\,s^{-3}A^{-1}$	$\eta = E - E_0 - IR_{el}$
Lichtausbeute light efficiency, light yield	η, η_e	lm/W	$= m^{-2}kg^{-1}\,s^3cd$	
Beleuchtungswirkungsgrad efficiency of illumination	η_B	–	= 1	DIN 5031 T1-9
Interflexionswirkungsgrad interflexion efficiency	η_{ik}	–	= 1	DIN 5031 T1-9
Wirkungsgrad einer Leuchte efficiency of a luminaire	η_L, η_{LB}	–	= 1	DIN 5031 T1-9
Raumwirkungsgrad spatial efficiency	η_R	–	= 1	DIN 5031 T1-9
Neutronenausbeute je Absorption yield of neutrons	η_n	–	= 1	siehe ν

E

E
1) Abkürzung für: *excess (quantity)*, Überschuss; *Eötvös, *Einstein, Erfüllungsmenge, Einheitsmatrix; Einheit (*I.E.).
2) Index (DIN 1304) für: Erde, Erdschluß;
3) griech. Epsilon (Zahlzeichen: 5); kyrill. E.

e
Index (DIN 1304) für: überschreitend, lat. *excedens*; bei elektrischen Maschinen: äquivalent, ideell. Zeichen für *Eulersche Zahl.

ε (epsilon)
griech. e; Abkürzung in der Chemie: in 5-Position.

η (eta)
griech. ē; Formelzeichen: Verlängerung; Abkürzung in der Chemie: „hapto", z. B. η^6-gebundene Aromatliganden.

Eagle
[engl.] „Adler" US-Amerikanische Goldmünze.

Eastern Time
*Zeitzonen.

EBCDIC
Abkürzung für: *Extended Binary-Coded Decimal Interchance Code*; Erweiterter, binär codierter Dezimalcode für Informationsaustausch.

EBHC
*Erlang.

Ebullioskopische Konstante
Dampfdruckerniedrigung und Siedepunktserhöhung ΔT in einer Lösung sind proportional zur *Molalität b (in mol/kg) des gelösten Stoffes und spezifisch für das verwendete Lösungsmittel mit der Konstanten K_b (in K kg/mol):

$$\Delta T = K_b\,b = \frac{RT_b^2 x_2}{\Delta H_v}$$

ΔH_v Verdampfungsenthalpie des Lösungsmittels (J/mol), x_2 Molenbruch des gelösten Stoffes, T_b Siedepunkt des reinen Lösungsmittels.

EC 50
*effektive Konzentration, bei der 50% der Testorganismen innerhalb eines bestimmten Zeitraumes die erwartete Wirkung zeigen.

EC$
*Dollar, Währung.

Echelle Atomique Libre
*Zeit.

Ecklein (Eckle)
Altes Hohlmaß für Flüssigkeiten:
1 Ecklein = 0,7 Liter (Hohenzollern).

Ecu
1) *Europäische Währungseinheit.
2) Gold- und Silbermünze des 18. Jh., 1829 aus dem Verkehr gezogen (*Escudo).

Ecuador
Historische Einheiten: *cuadra, *fanega. Währung: *Sucre.

ED Einzeldosis, Einfalldosis, *Effektivdosis.

ED$_{50}$
Dosis effectiva 50. Menge einer Substanz, die bei 50% der Versuchstiere wirkt.

Edelsteingewicht *Carat, *Ounce.

EDV-Schreibweise
DIN 66 030 (Nov. 1980) regelt die Schreibweise für Abkürzungen von *gesetzlichen Einheiten zur Benutzung in Datenverarbeitungsanlagen mit beschränktem Zeichenvorrat. Beispiele: `m2, km2, dm2, cm2, mm2, m3, dm3, cm3`. Ferner z. B.: `Pa.s` für Pa s und `N.m` für N m, aber `mN` (Millinewton), `m.s-2` für m s^{-2}, `m-3` für m^{-3}.

eff
Abkürzung für: *efficiency*, Wirkungsgrad; effektiv; *efflorescent*, aufblühend, ausschlagend, beschlagen, verwittert. Index (DIN 1304) für: Effektivwert (z. B. Spannung U_{eff}).

Effektivdosis
oder *Wirkdosis* (ED, DE, WD). *Dosis, ab der innerhalb eines bestimmten Zeitraumes die erwartete Wirkung eintritt; vgl. ED$_{50}$, *Körperdosis.

Effektive Konzentration (EC)
Substanzmenge, die nach einer bestimmten Einwirkungszeit die gewünschte quantitative Wirkung herbeiführt (*LOEC, *NOEC).

Effektivleistung
Betrag der *Scheinleistung bei sinusförmigen Größen: $P_{\mathrm{eff}} = U_{\mathrm{eff}} I_{\mathrm{eff}}$.

Effektivwert
*elektrische Spannung, *root-mean-square.

Effektivwert, gleitender
Gleitender quadratischer Mittelwert:

$$X_{\mathrm{eff}}(t) = \sqrt{\frac{1}{\Delta t} \int_{t-\Delta t}^{t} x^2(u)\,\mathrm{d}u}$$

Effektivwert, komplexer
Der ruhende *Zeiger $\underline{\tilde{a}}$ einer Sinusgröße, der sich durch Division der komplexen *Amplitude durch $\sqrt{2}$ ergibt:

$$\begin{aligned}\underline{\tilde{a}} &= \frac{\underline{\hat{a}}}{\sqrt{2}} = \tilde{a}\,\mathrm{e}^{\mathrm{i}\,\varphi_\mathrm{a}} \\ &= \underline{A} = A\,\mathrm{e}^{\mathrm{i}\,\varphi_\mathrm{a}} = A\ \angle\varphi_\mathrm{a}\end{aligned}$$

Beispiel: Komplexer Effektivwert $\bar{U}$ einer elektrischen Sinusspannung $\underline{u}(t)$ mit dem Nullphasenwinkel φ_a.

Efficiency engl. „Wirkungsgrad, Ausbeute".

Effizienz
Erbrachte Leistung oder erzielte Wirkung im Verhältnis zum Aufwand bzw. Mitteleinsatz.

EG
Abkürzung für *Erfassungsgrenze, *europäische Gemeinschaft.

EG-Konformitätszeichen
*elektromagnetische Verträglichkeit.

EIA
Abk. f.: Electronic Industries Association.

Eichen *messtechnische Begriffe.

Eichgesetz (EichG)
Seit 1969: Pflicht zur vorschrifts- und regelmäßigen Eichung von Messgeräten; durch den Benutzer (für Masse, Druck, Dichte, Strahlendosis) bzw. Hersteller (für Volumen, Temperatur), unter Einbezug der öffentlichen Eichämter.

Eiermaß
Biblisches Hohlmaß: 1 Eiermaß = 46,6 cm^3.

Eigenerregung *elektrische Spannung.

Eigenfrequenz
In der Schwingungslehre diejenige Frequenz, mit der sich die Zustandsgrößen x nicht oder schwach gedämpft sinusförmig ändern.

- Freier ungedämpfter Schwinger: $f_0 = 1/T_0$.
- Freier gedämpfter linearer Oszillator:

$$\begin{aligned}f_\mathrm{d} = \frac{\omega_\mathrm{d}}{2\pi} &= f_0\sqrt{1-\left(\frac{\delta}{\omega_0}\right)^2} \\ &= f_0\sqrt{1-\frac{b^2}{4ac}}\end{aligned}$$

f_0 Eigenfrequenz des ungedämpften Schwingers ($f_\mathrm{d} < f_0$), ω Kreisfrequenz, δ Abklingkoeffizient, a, c Speicherkoeffizienten.

Eigenkreisfrequenz
ω_d (in s^{-1}, rad/s), in der Schwingungslehre: Imaginärteil eines exponentiell an- oder abklingenden Sinusvorgangs:

$$\operatorname{Im} \underline{p} = \pm\omega$$

• Gedämpfter Schwinger:

$$\omega_d = \sqrt{\omega_0^2 - \delta^2} = 2\pi f_d$$

ω_0 Kennkreisfrequenz, δ Abklingkoeffizient, f_d Eigenfrequenz.

Eimer

1) Altes Hohlmaß für Flüssigkeiten in Deutschland, Österreich, Ungarn (*akó) und der Schweiz:
1 Eimer = 60 Maß
= 64,2 [60,4 bis 68,4] Liter (Bayern)
= 67,4 Liter (Dresden)
= 32 Quartier = 28,9 Liter (Hamburg)
= 62,3 Liter (Hannover)
= 306,8 Liter (Hohenzollern)
= 31,0 Liter (Mecklenburg)
= 4 Seidel = 60,1 Liter (Österreich-Ungarn)
= 60 Quart = 68,7 Liter (Preußen)
= 75,8 Liter (Sachsen)
= 28,9 Liter (Schleswig-Holstein)
= 160 Maß = 16 Imi
= 293,9 Liter (Württemberg).
2) Historisch! Im Salzbergbau: 1 Eimer = 12 Kannen = 12,48 Liter Sole (Halle).
3) Altes Fassmaß für Weine:
1 Eimer = 75 Liter (Franken)
= 160 Liter (Nahegebiet)
= 300 Liter (Württemberg).
4) Biblisch-griechisches Flüssigkeitsmaß:
1 großer Eimer = 39,39 Liter.

Eindickungszahl

Wasserchemie: Maß für die Eindickung von Kesselwässern.

$$EZ = \frac{\text{Chloridgehalt im Kesselwasser}}{\text{Chloridgehalt im Speisewasser}}$$

Einfallswinkel

*fotometrische Einheiten und Größen.

Einheiten

1) *Astronomische Einheiten.
2) Atomare Einheiten: *Hartreesches Einheitensystem, *atomare Masse.
3) *Gesetzliche Einheiten.
4) Historische Maße und Gewichte: *Antike Einheiten, *Biblische Einheiten und Länderbezeichnngen.
5) *Internationale Einheiten.
6) Nichtmetrische Maße: *Angloamerikanische Einheiten, *Englische Einheiten.

Einheitensystem

Entsprechend der historischen Entwicklung der „Maßsysteme" sei auf folgende Stichwörter verwiesen.

1) Absolute Maßsysteme, *absolutes cgs-Dreiersystem, *absolutes mechanisches Maßsystem, *CGS-System, *CGS-M (elektromagnetisches cgs-System), *CGS-E (elektrostatisches cgs-System), *CGS-G (Gaußsches Einheitensystem), *ft lb s-System. *Lorentzsches Einheitensystem, *MKS-System *MTS-System,

2) Technisches Einheitensystem oder Gravitationssystem: *TME, *Kilopond.

3) Akustisches Einheitensystem: Alle in der Akustik vorkommenden Größenarten können auf die mechanischen Dreiersysteme zurückgeführt werden. Akustische Einheitensysteme sind daher nicht erforderlich.

4) Elektrisches und elektromechanisches Einheitensystem: *elektrisches Einheitensystem, *internationales Einheitensystem, *Lorenzsches Einheitensystem, *Maxwellsches Quadrantsystem, *praktisches Einheitensystem.

5) Verersysteme: *elektromagnetisches Vierersystem, *Giorgi-System, *MSVA-System = VAMS-System, *Miesches Einheitensystem, *fotometrisches Vierersystem, *kalorisches Vierersystem.

6) Fünfersysteme: *Cohnsches Einheitensystem, *LMT$\varepsilon\gamma$-System, *MKSAγ-System, *fotometrisches Fünfersystem,

7) *Sechsersystem.

8) Siebenersystem: Unser heutiges SI ist das internationale Siebenersystem von 1971.

9) Atomares Einheitensystem: *Planck-System, *Hartree-System. *natürliches Einheitensystem, *Mie-System,

10) Nichtmetrische Einheitensysteme: *Angloamerikanische Einheiten, *Englische Einheiten.

Einheitspol (= engl. unit pole)

Veraltet! Magnetischer Pol, der von einem

gleichsinnig geladenen Pol im Vakuum mit der Kraft 1 Dyn abgestoßen wird.

Einheitsdraht (= engl. **unit wire**)

1) Festlegung eines Drahtes von 1 Foot Länge und 0,001 Inch Durchmesser zur Berechnung elektrischer Leitungen.

2) Metrische Definition: 1 Meter Länge, 1 mm Durchmesser.

Einstein (E)

Veraltet! Energieeinheit der photochemischen Reaktionskinetik: 1 Einstein = 1 Mol Lichtquanten, entspricht der Energie $E = N_A h\nu$ (N_A Avogadro-Konstante, h Plancksches Wirkungsquantum, ν Frequenz).

Einsteinsches Masse-Energie-Äquivalenzprinzip

Energie = Masse · Lichtgeschwindigkeit^2

$$E = m c^2 \quad \text{Einheit: J} = \frac{\text{kg m}^2}{\text{s}^2}$$

Einwohnergleichwert (EWG)

Begriff der Ab- und Brauchwassertechnik:

1) Beim EWG geht man davon aus, dass ein Einwohner (einschließlich Gewerbe und Industrie) täglich eine Abwassermenge mit 60 g Sauerstoffverzehr verursacht.

$$\text{EWG} = \frac{\text{BSB}_5}{60}$$

2) Beim EWG für den Wasserbrauch nimmt man 200 ℓ/d an. Der Istverbrauch in Deutschland lag 1992 bei ca. 131 ℓ/d.

3) Jahresmittelwert der wöchentlich pro Einwohner anfallenden Hausmüllmenge: ca. 3–7 kg/Woche.

Eisenbindungskapazität (EBK)

Labormedizin: an das Trägerprotein Transferrin gebundene Menge Fe(III) im Blutserum. Maximal (TEBK) = 45 bis 73 μmol/ℓ.
Normalwert 10,6–28,3 μmol/ℓ (Männer) und 6,6–26 μmol/ℓ (Frauen).

Eispunkt

Zur Festlegung der *Temperaturskala benötigter Fundamentalpunkt; definiert als die Gleichgewichtstemperatur zwischen Eis und luftgesättigtem Wasser bei Normdruck (101 325 Pa) und 0 °C. Seit 1948 ist stattdessen der *Tripelpunkt des Wassers als Fundamentalpunkt gebräuchlich (0,01 °C). Der Temperaturabstand zum Siedepunkt des Wassers heißt Fundamentalabstand.

Eiweißminimum

1) **physiologisches.** Geringste täglich aufzunehmende Proteinmenge, um den Stickstoffverlust in den Ausscheidungen zu decken: ca. 25–80 g/d oder ~1 g kg^{-1}d^{-1}. Vgl. *Biologische Wertigkeit, *Abnutzungsquote.

2) **funktionelles.** zuführbare Proteinmenge für eine optimale Leistungsfähigkeit des Körpers.

Eiweißquotient

1) Labormedizin: Verhältnis des Gehalts von γ-Immunglobulinen (IgG) und Albuminen in der Gehirn-Rückenmark-Flüssigkeit (Liquor cerebrospinalis) und im Blutserum.

$$\frac{\text{IgG Liquor}}{\text{IgG Serum}} : \frac{\text{Albumin Liquor}}{\text{Albumin Serum}} > 0{,}5$$

2) *Albumin-Globulin-Quotient.

Eka- *Transfermiumelemente.

Ekliptik

Scheinbare jährliche Sonnenbahn an der Himmelskugel durch die 12 Sternbilder des Tierkreises; steht mit einem Winkel von 23,5° schief zum Himmelsäquator und bildet mit ihm zwei Schnittpunkte (Frühlings- und Herbstpunkt).

el

Abkürzung für: *elevation*, Erhebung, Meereshöhe; Elektrolyt...; *Elle. Index (DIN 1304) für: elektrisch (z. B. Arbeit W_{el}).

ela

Index (DIN 1304) für: elastisch (z. B. Dehnung ε_{ela}).

Elastanz engl. *elastance*, *daraf.

Elastizität

*Federkonstante, *Elastizitätsmodul.

Elastizitätsmodul

kurz **E-Modul**, E (in kN/mm^2 = GPa), mechanische Werkstoffkenngröße:

$$E = \frac{\text{Spannung } \sigma}{\text{Dehnung } \varepsilon}$$

Maß für die Steifigkeit des Kristallgitters gegenüber Zugbeanspruchung oder: die durch Formänderung gespeicherte elastische Energie pro Volumeneinheit. Gemessen als linearer Anstieg des Spannungs-Dehnungs-Diagramms im elastischen Bereich (Zugversuch nach DIN).

Tabelle E.1 Elastische und plastische Werkstoffkenngrößen ($GN/m^2 = kN/mm^2 = GPa$).

Werkstoff	Elastizitätsmodul $E = \sigma/\varepsilon$ GN/m²	Querkontraktion $\mu = \varepsilon_q/\varepsilon_l$	Kompressionsmodul K GN/m²	Schubmodul $G = \tau/\gamma$ GN/m²	Bruchdehnung $A = \Delta L_r/L_0$	Zugfestigkeit $R_m = F_m/S_0$ GN/m²
Eis (–4 °C)	9,9	0,33	10	3,7	spröde	
Blei	17	0,44	44 weich	6	≤50%	0,014
Al, rein	72 elast.	0,34	75	27	50%	0,013
Quarzglas	76	0,17	38	33		0,09
Gold	81	0,42	180	28	50%	0,14
Messing	100	0,38	125	36	5%	0,55
Grauguss	110				5%	0,005
Kupfer	126	0,35	140	47	2%	0,45
CrNi 18 8	195	0,28	170 hart	80	45%	0,7
Nickel	210				≤60% zäh	bis 0,7
Molybdän	450 steif					

Tabelle E.2: Mit der elektrischen Spannung verknüpfte Größen.

elektrischer Spannungsstoß	= Spannung · Zeit	$S_e = U\,t$	V s
elektrischer Widerstand	$= \frac{\text{Spannung}}{\text{Strom}}$	$R = \frac{U}{I}$	$\Omega = \frac{V}{A}$
spezifischer Widerstand	$= \frac{\text{Feldstärke}}{\text{Stromdichte}}$	$\varrho = \frac{\lvert\vec{E}\rvert}{i} = \frac{1}{\kappa}$	Ω m
elektrischer Leitwert	$= \frac{\text{Stromstärke}}{\text{Spannung}}$	$G = \frac{I}{U} = \frac{1}{R}$	$S = \frac{A}{V}$
elektrische Feldstärke	$= \frac{\text{Spannung}}{\text{Abstand}}$	$\lvert\vec{E}\rvert = \frac{U}{l}$	$\frac{V}{m}$
elektrische Kapazität	$= \frac{\text{Ladung}}{\text{Spannung}}$	$C = \frac{Q}{U}$	$F = \frac{C}{V}$
Induktivität	$= \frac{\text{Spannungsstoß}}{\text{Strom}}$	$L = \frac{U\,t}{I}$	$H = \frac{V\,s}{A}$
Dielektrizitätskonstante	$= \frac{\text{Ladungsdichte}}{\text{Feldstärke}}$	$\varepsilon = \frac{\lvert\vec{D}\rvert}{\lvert\vec{E}\rvert}$	$\frac{F}{m} = \frac{C}{V\,m}$

elec

Abk.: *electric*, Elektro-; *electrical*, elektrisch.

Electrical horse-power hour

Abk.: electr. h.p.hr., *Horsepower-hour.

Elektivitätsfaktor

Radiologie: Zulässige Umgebungsdosis, bezogen auf die zur Schädigung kranker Zellen notwendige Herddosis.

Elektrische Arbeit *Arbeit.

Elektrisches Einheitensystem

Elektrische und elektromechanische Einheitensysteme sind im weiteren Sinne alle Systeme, die zur Messung elektrischer Größen dienen können, auch wenn sie spezifisch mechanische Basisgrößen und -einheiten enthalten. Entsprechend der historischen Entwicklung siehe: *internationales Einheitensystem. *Maxwellsches Quadrantsystem, *praktisches elektrisches Einheitensystem. *internationale Einheit, *elektromagnetische Einheit, *absolute cgs-Dreiersysteme, *CGS-M, *CGS-E, *CGS-G, *Lorentzsches Einheitensystem.

Elektrisches Feld

*Feld, *elektrische Spannung.

Elektrische Feldkonstante

*Konstanten.

Elektrische Feldstärke *Feldstärke.

Tabelle E.3: Elektrische Spannung im Wechselstromkreis (sinusförmiger Wechselstrom).

Komplexe Spannung	$\underline{U} = U_{\text{eff}} e^{\varphi_U}$
Linearer Mittelwert	$\bar{U} = \frac{1}{\Delta t} \int_0^{\Delta t} \hat{U} \sin \omega t \, dt = 0 \quad (\Delta t = \frac{2\pi}{\omega} n \text{ mit } n = 1,2,3,\ldots)$
Gleichrichtwert	$\bar{U} = \frac{1}{\Delta t} \int_0^{\Delta t} \lvert \hat{U} \sin \omega t \rvert \, dt = \frac{2}{\pi} \hat{U} = 0{,}637\, \hat{U}$
Effektivwert	$U = U_{\text{eff}} = \lvert \underline{U} \rvert = \sqrt{\frac{1}{\Delta t} \int_0^{\Delta t} \left[\hat{U} \sin \omega t \right]^2 dt} = \frac{\hat{U}}{\sqrt{2}} = 0{,}707\, \hat{U}$
Scheitelwert = Amplitude	$U_{\max} = \hat{U}$
Formfaktor	$f = \frac{\text{Effektivwert}}{\text{Gleichrichtwert}} = \frac{\pi}{2\sqrt{2}}$ (für Sinus)
Wechselstrom	$\bar{I}$, I_{eff}, $\underline{I}$ sind völlig analog definiert
Tastverhältnis (Duty cycle) bei Rechteckpulsen	$r = \text{Frequenz } f \cdot \text{Pulsdauer } t_p = \frac{\text{Pulslänge } t_p}{\text{Periodendauer } T}$
Mittlere Spannung bei Rechteckpulsen	$\bar{U} = r \cdot \hat{U}$

Elektrischer Fluss *Fluss.

Elektrische Flussdichte *Flussdichte.

Elektrische Kapazität *Kapazität.

Elektrische Leistung *Leistung.

Elektrische Leitfähigkeit *Leitfähigkeit.

Elektrische Leitwert *Tabelle E.2.

Elektrischer Pegel *Pegel.

Elektrisches Potential

φ oder φ_e (in *Volt); die Arbeit, um eine positive Ladung im inhomogenen elektrostatischen Feld relativ zu einem Bezugspunkt zu verschieben. Das Bezugspotential ist willkürlich, entweder ein unendlich ferner Punkt ($O \to \infty$, $\varphi(\infty) = 0$) oder ein Punkt auf der Leiteroberfläche ($O = 0$, $\varphi(0) = \text{const}$). Mathematische Beschreibung vgl. *Elektrische Spannung.

Elektrisches Potentialgefälle

$\Delta\varphi$ (in *Volt). Eine Ladung strebt zum Ort niedrigster potentieller Energie. Es herrscht ein Potentialgefälle von Plus (positive Ladung) nach Minus (negative Ladung).

- Eine *positive* Ladung wird *in* Feldlinienrichtung zum Ort niedrigeren Potentials beschleunigt.
- Eine *negative* Ladung wird *gegen* Feldlinienrichtung zum Ort höheren Potentials beschleunigt.

Elektrische Spannung

U (in *Volt). Die Spannung zwischen zwei Punkten eines Leiters ist das Verhältnis der umgesetzten Leistung im Leiterteil zum durchfließenden Strom: $U = P/I$. Abgeleitete SI-Einheit ist das *Volt. Abgeleitete Größen und Einheiten vgl. Tabelle. **1)** *Spannung* U_{12} *im wirbelfreien elektrischen Feld*, das Linienintegral der elektrischen *Feldstärke $\vec{E}$ von einem Anfangspunkt A (Index 1) zu einem Endpunkt B (Index 2) einer Wegkurve $\vec{r}$, d. i. die *Potentialdifferenz* zwischen den zwei Punkten im elektrischen Feld.

$$U_{12} = \varphi_B - \varphi_A = \int_A^B \vec{E}(\vec{r})\, d\vec{r} = -\int_B^A \vec{E}(\vec{r})\, d\vec{r}$$

$\vec{r}$ ist das Linienelement der Wegkurve.

2) *Umlaufspannung.

3) *Quellenspannung* (ohne Stromfluss) und *Klemmenspannung* (bei Stromfluss) beruhen auf Vorgängen im Inneren der Stromquelle, die durch den Innenwiderstand R_i beschrieben werden (*galvanische Stromquellen, *Überspannung, *Zersetzungsspannung).

Tabelle E.4: Typische Spannungen in Natur und Technik (in Volt).

Ansprechempfindlichkeit von Funkgeräten	10^{-7}
Bleiakkumulator	2
Elektrische Klingel	4–6
Taschenlampenbatterie	4,8
Autobatterie	6 oder 12
Lichtbogenschweißen	20–40
Telefon	60
Lichtstrom (einphasig)	220 – 240
Drehstrom	380
Straßenbahn	500
Stadtschnellbahnen	1000 oder 1500
Neon-Lichtröhren	5000 (auch 240)
Generator in Kraftwerken	10 000
Zündkerze im Otto-Motor	15 000
Überlandleitung	15 000–380 000
Röntgenröhre	60 000–200 000
Elektronenmikroskop	100 000
Blitz	30–1000 Mill.

Elektrische Spannungsmessung

1) *Voltmeter,* in einem unverzweigten Stromkreis ist die Summe aller Spannungsabfälle gleich der Klemmenspannung. Das Messgerät muss daher parallel zum Verbraucher R_V, d. h. im *Nebenschluss*, liegen. Der Innenwiderstand des Voltmeters R_M soll groß, d. h. der Messstrom winzig sein (hochohmige Messung). Die angezeigte Spannung U_M ist:

$$U_M = I\left(\frac{1}{R_V^{-1} + R_M^{-1}} - R_i\right).$$

Für Spannungen, die über den Messbereich hinausgehen, wird ein Vorwiderstand in Reihe eingeschaltet, an dem die Hauptspannung abfällt.

2) *Potentiometerschaltung,* Man legt eine gleich große Gegenspannung an und regelt mittels Potentiometer und Amperemeter auf Nullstrom ein. Nachteil: Belastung der Meßobjekts ($\sim \mu$A).

3) *Spannungsmessung im Wechselstromkreis,* Wechselstrom und -spannung sind reelle Größen mit zeitabhängiger Phasenlage, die mathematisch als komplexe Größen beschrieben werden. Messgeräte zeigen die Beträge $|\underline{U}|$ und $|\underline{I}|$ an, im Fall sinusförmiger Signale sind dies die quadratischen Mittelwerte = Effektivwerte = [engl.] *root mean square* (rms).

Elektrische Stromdichte

1) Formelzeichen i oder j, Vektor $\vec{J}$, Einheit A m^{-2}:

$$\text{Betrag } i = \frac{\text{Strom } I}{\text{Querschnittsfläche } A_\perp}$$

$$\text{Vektor } \vec{J} = \text{Leitfähigkeit } \kappa \cdot \text{Feldstärke } \vec{E}$$

2) Stromdichtevektor: die räumliche Dichte des Produkts der elektrischen Ladungen Q_i und der Geschwindigkeiten $\vec{v}_i$ der freien Ladungsträger i:

$$\vec{J} = \frac{\mathrm{d}}{\mathrm{d}V}\sum_{i=1}^{n} Q_i\vec{v}_i$$

3) Stromdichte in Ionenleitern (Elektrolyten): die pro Zeiteinheit t durch den Leiterquerschnitt transportierte Ladung Q (Ionenmenge); bestehend aus Teilströmen I_i der einzelnen Kationen und Anionen i (*Überführungszahl).

$$i = \frac{\mathrm{d}Q}{\mathrm{d}t} = e\left[\frac{N_\oplus}{V}z_\oplus v_\oplus + \frac{N_\ominus}{V}z_\ominus v_\ominus\right] = $$
$$= F\left[z_\oplus v_\oplus c_\oplus + z_\ominus v_\ominus c_\ominus\right] =$$
$$= i_\oplus + i_\ominus$$

c_i Stoffmengenkonzentration des Ions, e Elementarladung, F Faraday-Konstante, N_i Ionenzahl, V Volumen, v_i Ionenwanderungsgeschwindigkeit, z_i Ionenwertigkeit.

Elektrische Stromrichtung

1) *Physikalische Stromrichtung.* Elektronen (Ströme) wandern unter der Krafteinwirkung des elektrischen Feldes im äußeren Leiterkreis vom Minuspol (Elektronenüberschuss) zum Pluspol (Elektronenmangel); im Inneren der Stromquelle vom Plus- zum Minuspol.

2) *Technische Stromrichtung.* „Strom fließt vom Plus- zum Minuspol".

Elektrische Stromstärke

Basisgröße des *SI-Systems mit der Einheit *Ampere. Davon abgeleitete elektrische Größen vgl. Tabelle.

Strommessgeräte (*Amperemeter, *elektromechanische Messwerke) nutzen physikalische und elektrochemische Effekte des Stromes:

- Kraftmessung an stromdurchflossenen Spulen (anstelle der unpraktischen parallelen Leiter) in Abhängigkeit der lokalen Fallbeschleunigung, die aus Pendel- oder Fallzeitexperimenten bestimmt wird.

Tabelle E.5: Von der elektrischen Stromstärke abgeleitete oder damit verknüpfte Größen.

elektrische Ladung (Strommenge)	= Strom · Zeit	$Q = \int_0^{t'} I(t)\,dt$	$C = A\,s$
elektrische Spannung	$= \frac{\text{Leistung}}{\text{Strom}}$	$U = \frac{P}{I}$	$V = \frac{W}{A}$
elektrische Leitfähigkeit	$= \frac{\text{Stromdichte}}{\text{Feldstärke}}$	$\kappa = \frac{i}{\lvert\vec{E}\rvert} = \frac{1}{\varrho}$	$\frac{S}{m} = \Omega^{-1}m^{-1}$
elektrische Leitungsströmung	= Leitfähigkeit · Feldstärke	$\vec{J} = \kappa\,\vec{E}$	A
elektrische Stromdichte	$= \frac{\text{Stromstärke}}{\text{Leiterquerschnittsfläche}}$	$i = \frac{I}{A} = \kappa\,\lvert\vec{E}\rvert$	$\frac{A}{m^2}$
elektrisches Dipolmoment	= Ladung · Abstand	$\vec{p} = Q\,\vec{s}$	C m
elektrische Polarisation	$= \frac{\text{elektrisches Moment}}{\text{Volumen}}$	$\vec{P} = \frac{\vec{p}}{V}$	$\frac{C}{m^2}$
elektrische Flächenladungsdichte	$= \frac{\text{Ladung}}{\text{Fläche}}$	$\sigma = \lvert\vec{D}\rvert = \frac{Q}{A}$	$\frac{C}{m^2}$
elektrische Raumladungsdichte	$= \frac{\text{Ladung}}{\text{Volumen}}$	$\varrho = \frac{Q}{V}$	$\frac{C}{m^3}$
elektrischer Fluss	= Ladungsdichte · Fläche	$\psi = D\,A$	$C = A\,s$

- Über Spannungs- und Widerstandsmessung (Brückenschaltungen).
- Kapazitätsmessung am Röhrenkondensator.
- Spannungsmessung mit Josephson-Effekt.
- Hall-Sonde.

Tabelle E.6: Typische Stromstärken.

Photozelle	10^{-5} A
mittlere Glühlampe	0,25 A
elektrisches Bügeleisen	2...3 A
Elektromotor	150 A
elektrisches Schweißen	500 A
Lichtbogenofen	bis 22 kA
Blitz	bis 200 kA

Elektrischer Widerstand

Der Ohmsche Widerstand R (in *Ohm) eines stromdurchflossenen Leiters bewirkt einen Spannungsabfall $U = IR$. Vgl. Tabelle E.2, *Spezifischer Widerstand, *Impedanz, *Temperaturkoeffizient.

Elektrischer Widerstand, spezifischer

Neuerdings auch: *Resistivität;* Kehrwert der elektrischen *Leitfähigkeit.

$$\varrho = \frac{1}{\kappa} = R\,\frac{A}{d} \qquad \text{Einheit: } \Omega\,\text{m}$$

Für *Festkörper*: der Widerstand eines Leiters von $d = 1$ m Länge und $A = 1$ m^2 Querschnitt (senkrecht zur Stromrichtung).

Für *Elektrolyte*: der Widerstand eines Flüssigkeitswürfels zwischen zwei planparallelen Elektroden im Abstand $d = 1$ m und 1 m^2 Fläche (Querschnitt der Grenzfläche Elektrode/Elektrolyt).

Elektrische Widerstandsmessung

1) *Simultane Strom- und Spannungsmessung.* Analoge und digitale Meßgeräte registrieren (bei definierter Spannung und bekanntem Innenwiderstand des Meßgerätes) einen dem äußeren Widerstand proportionalen Strom.

- Für kleine Widerstände R_x: Ein *Voltmeter mit großem Innenwiderstand* R_V wird parallel an R_x, das Amperemeter in Reihe zu R_x geschaltet: $R_x = U/(I - U/R_V)$.
- Für große Widerstände R_x: Ein *Voltmeter mit vernachlässigbarem Innenwiderstand* wird parallel zur Reihenschaltung eines Amperemeters (Innenwiderstand R_A) und R_x geschaltet: $R_x = U/I - R_A$.

2) *Vergleich mit Referenzwiderständen.*

- *Spannungsmessung* (Stromspeisung) an einer Reihenschaltung von unbekanntem Widerstand R_x und Vergleichwiderstand R_S:

$R_x = R_S U_x / U_S$.

• *Strommessung* (Spannungsspeisung) an einer Parallelschaltung von unbekanntem Widerstand R_x und Vergleichwiderstand R_S:
$R_x = R_S I_S / I_x$.

• *Stromverzweigung.* R_x und ein Amperemeter (Zweig 1), R_S und ein weiteres Amperemeter (Zweig 2) bilden eine Parallelschaltung. Man regelt R_S bei konstantem Strom so ein, daß er den unbekannten Widerstand kompensiert.

3) *Vierpunktmessung.* Besonders bei kleinen Widerständen R_x werden die Klemmen der Stromzuführung von den Potentialmessklemmen getrennt, um störende Kontaktwiderstände auszuschließen. Man misst den Spannungsabfall U_x bei konstantem Strom: $R_x = U_x / I$.

4) Spannungsteiler: $R_x / R_0 = U_x / U_0$

5) *Leitfähigkeitsmessung, *Impedanz.

Elektrisierung

Quotient aus Polarisation $\vec{P}$ (in C/m^2) und *elektrischer Feldkonstante ε_0:

$$\frac{\vec{P}}{\varepsilon_0} = \frac{\vec{D}}{\varepsilon_0} - \vec{E} \quad \text{Einheit: V/m.}$$

Elektrisierungskurve

*Ferroelektrische Stoffkennzahlen.

Elektroakustische Größen

*Dämpfungsmaß, *Übertragungsfaktor.

Elektrodenpotential

E (in *Volt); gegen eine *Bezugselektrode gemessene *Zellspannung; Potentialdifferenz zwischen einer Elektrode (Elektronenleiter) und einem Elektrolyten (Ionenleiter).

Elektrodynamisches Meßwerk

*Elektromechanisches Meßwerk.

Elektrolytleitfähigkeit

Elektrische *Leitfähigkeit κ_{el} (in S/m) eines Ionenleiters (Elektrolyt). Maß für den Stromtransport durch die *Beweglichkeit von Ionen in einem festen, flüssigen oder schmelzflüssigen Medium.

Elektromagnetische Einheiten

kurz **e.m.u.** oder **emE.**. Veraltet! Gesetzlich verbotene Einheiten des elektromagnetischen *cgs-Systems (definiert 1930): *Oersted, *Gauss, *Maxwell, *Gilbert, *Internationale Einheit, *magnetische Einheiten und Größen.

Elektromagnetische Konstanten

*Konstanten.

Elektromagnetische Strahlung

*fotometrische Einheiten und Größen.

Elektromagnetische Verkettung

*Fünfersystem.

Elektromagnetische Verträglichkeit

EMV umschreibt die Fähigkeit einer elektrischen Einrichtung, in ihrer elektromagnetischen Umgebung zufriedenstellend zu funktionieren, ohne andere Einrichtungen unzulässig zu beeinflussen. DIN 57 870 T 1 und 57 871 T 1 definieren folgende Begriffe:

• **Elektromagnetische Beeinflussung** (EMB) Einwirkung elektromagnetischer Strahlung auf Stromkreise, Geräte, Systeme oder Lebewesen.

• **Funkentstörung.** Maßnahme zur Vermeidung oder Minderung hochfrequenter, elektromagnetischer Schwingungen von elektrischen Betriebsmitteln und Anlagen, die Funkstörungen verursachen können.

• **Grenzwertklasse.** Zuordnung von Geräten, Betriebsmitteln, Systemen und Anlagen zu verschiedenen Grenzwerten (die nicht überschritten werden).

– *Gerät der Klasse A:* zum Gebrauch außerhalb des Wohnbereichs und in Betrieben, die an ein Niederspannungsnetz angeschlossen sind, das auch Wohngebiete versorgt.

– *Gerät der Klasse B:* zum Gebrauch im Wohnbereich und in Betrieben, die an ein Niederspannungsnetz angeschlossen sind, das auch Wohngebiete versorgt.

• **Kopplung.** Wechselbeziehung zwischen Stromkreisen, bei der Energie von einem Stromkreis auf einen anderen übertragen werden kann.

• **Masse.** Gesamtheit der untereinander elektrisch leitend verbundenen Metallteile einer elektrischen Einrichtung, die in einem gegebenen Frequenzbereich den Ausgleich unterschiedlicher Potentiale bewirkt und ein Bezugspotential bildet.

• **Störaussendung.** Von Störquellen abgegebene Störgrößen.

• **Störfestigkeit.** Fähigkeit einer elektrischen Einrichtung, Störgrößen bestimmter Höhe ohne Fehlfunktion zu ertragen.

Tabelle E.7 Definition elektromagnetischer Einheiten im cgs- und SI-System.

Größe	Definition im SI-System	Alte cgs-Definition
Stromstärke	Kraft zwischen zwei parallelen Leitern im Vakuum	
	$4\pi \cdot 10^{-7}\,\frac{\mathrm{N}}{\mathrm{A}} \cdot \frac{(1\,\mathrm{A})^2 \cdot 1\,\mathrm{m}}{2\pi \cdot 1\,\mathrm{m}} = 2 \cdot 10^{-7}\,\mathrm{N}$	$4\pi\,\frac{\mathrm{abA}}{\mathrm{dyn}} \cdot \frac{(1\,\mathrm{abA})^2 \cdot 1\,\mathrm{cm}}{2\pi \cdot 1\,\mathrm{cm}} = 2\,\mathrm{dyn}$
Spannung	Elektrische Potentialdifferenz längs eines stromdurchflossenen Leiters	
	$1\,\mathrm{V} = \frac{1\,\mathrm{J/s}}{1\,\mathrm{A}} = \frac{1\,\mathrm{W}}{1\,\mathrm{A}} = \frac{\mathrm{m\,kg}}{\mathrm{s^2\,A}}$	$1\,\mathrm{abV} = \frac{1\,\mathrm{erg/s}}{1\,\mathrm{abA}} = 10^{-8}\,\mathrm{V}$
Magn. Fluss	Induzierte Spannung in einer Leiterschleife im Magnetfeld	
	$1\,\mathrm{Wb} = 1\,\mathrm{V\,s} = \frac{\mathrm{m^2\,kg}}{\mathrm{s^2\,A}}$	$1\,\mathrm{Mx} = 1\,\mathrm{abV\,s} = 10^{-8}\,\mathrm{Wb}$
Magn. Flussdichte	a) Flächenbezogene induzierte Spannung einer Leiterschleife im Magnetfeld	
	$1\,\mathrm{T} = \frac{1\,\mathrm{Wb}}{(1\,\mathrm{m})^2} = \frac{\mathrm{kg}}{\mathrm{s^2\,A}}$	$1\,\mathrm{Gs} = \frac{1\,\mathrm{Mx}}{(1\,\mathrm{cm})^2}$
	b) Kraft auf einen stromdurchflossenen Leiter im Magnetfeld	
	$1\,\mathrm{T} = 1\,\frac{\mathrm{N}}{\mathrm{A\,m}}$	$1\,\mathrm{Gs} = 1\,\frac{\mathrm{dyn}}{\mathrm{abA\,cm}} = 10^{-4}\,\mathrm{T}$
Magn. Feldstärke	Feld um einen geradlinigen stromdurchflossenen Leiter in definiertem Abstand	
	$[H] = \frac{\mathrm{A}}{\mathrm{m}}$	$1\,\mathrm{Oe} = 1\,\frac{\mathrm{abA}}{\mathrm{cm}} = \frac{1000}{4\pi}\,\frac{\mathrm{A}}{\mathrm{m}}$
Magn. Potential	Magnetomotorische Kraft um geschlossene stromdurchflossene Leiterschleife	
	$[V] = \mathrm{A} = 1$ Ampere(windung)	$1\,\mathrm{Gb} = \frac{1}{4\pi}\,\mathrm{abA} = \frac{10}{4\pi}\,\mathrm{A}$

• **Störgröße.** Elektromagnetische Größe, die eine elektrische Einrichtung unerwünscht beeinflussen kann, z. B. Störspannung, Störstrom, Störsignal, Störenergie, Störfeldstärke etc.

Das **EMV-Gesetz** (EMVG) vom 9. November 1992 ist auf alle ab dem 1.1.1996 auf dem Gebiet der Europäischen Union in den Markt eingeführten Produkte anzuwenden:

• Alle „allgemein erhältlichen“ *Produkte* mit elektrischen oder elektronischen Bauteilen müssen die Schutzanforderungen für Störaussendung und Störfestigkeit nach Europa-Norm erfüllen und mit dem EG-Konformitätszeichen (CE) gekennzeichnet sein.

• „Betriebsfertige“ *Komponenten* von Anlagen müssen die Schutzanforderungen erfüllen und von „Industrie, Handwerk und sonstigen EMV-fachkundigen Betrieben“ weiterverarbeitet werden.

Für das Einhalten der Schutzvorschriften haftet der „Hersteller des Endproduktes“.

Elektromagnetisches Vierersystem

Die bis 1977 gültigen elektrischen *Vierersysteme definieren alle magnetischen Größenarten aus elektrischen. Es treten Proportionalitätsfaktoren vom Charakter einer Naturkonstanten auf (ε_0 und μ_0). Im engeren Sinne werden die elektrischen Größenarten und Einheiten um die Grundgrößenarten Länge, Masse, Zeit ergänzt; hierzu zählen das CGSQ-, MKSQ-, MKSQP-, MKSA-, MSVA- und MKSε_0-System. Nachteil: Einige elektrische und magnetische Größen tragen die gleichen Dimensionen, z. B. Stromstärke und magnetische Spannung, elektrischer Spannungsstoß und magnetischer Fluss.

Entsprechend der historischen Entwicklung: *Giorgi-System, *MSVA-System, *Miesches Einheitensystem.

Tabelle E.8 Frequenzbereiche und Wellenlängen elektromagnetischer Wellen.

Bezeichnung	Wellenlänge	Frequenz	Int. Abk.	Verwendung
Niederfrequenz	∞–30 000 m	0–10 kHz	nf	Regeltechnik, Induktivheizung
techn. Wechselstrom	18 000 km	$16\frac{2}{3}$ Hz	–	elektrische Bahnen
	6000 km	50 Hz	–	allgemeine Energieversorgung
Tonfrequenz	18 800–15 km	16–20 000 Hz	af	Audioelektrik
Radiowellen				
Längstwellen	30–10 km	10–30 kHz	vlf	Überseetelegrafie, Boden-Unterwasser-Verbindungen
Langwellen	10–1 km	30–300 kHz	lf	Telegrafie, Presse- und Wetterdienst, Rundfunk
Mittelwellen	1000–182 m	300–1650 kHz	mf	Radio, Flug-, Schiffsfunk
Grenzwellen	182–100 m	1,650–3 MHz	–	Küstenfunk
Kurzwellen	100–10 m	3–30 MHz	hf	Überseetelegrafie, Radio, Flug-, Amateurfunk
Ultrakurzwellen	10–1 m	30–300 MHz	vhf	TV, Radio, Flug-, Polizeifunk,
Dezimeterwellen	1 m–1 dm	300–3000 MHz	uhf	TV, Richt-, Satellitenfunk
Zentimeterwellen	10–1 cm	3–30 GHz	shf	Radar, Richtfunk, Maser
Millimeterwellen	10–1 mm	30–300 GHz	ehf	
Mikrowellen	1–0,1 mm	300–3000 GHz	ehf	
Licht				
Infrarot	1 mm–0,78 μm	$3\cdot10^{11}-3{,}8\cdot10^{14}$	ir	IR-Nachrichtentechnik, Laser
sichtbares Licht	0,78–0,36 μm	$3{,}8\cdot10^{14}$–$8{,}3\cdot10^{14}$ Hz	–	Lichttelephonie und elektische od. optische Entfernungsmessung
Ultraviolett	0,36–0,01 μm	$8{,}3\cdot10^{14}$–$3\cdot10^{16}$ Hz	uv	Lasertechnik, Entfernungsmessung
Röntgenstrahlen				
– weich	60–0,10 nm	$3\cdot10^{20}$–$2\cdot10^{25}$ Hz	–	Röntgendiagnostik, Röntgentherapie
– mittel	0,01–0,001 nm	$3\cdot10^{19}$–$3\cdot10^{20}$ Hz	–	Materialprüfung
– hart	0,001–10^{-8} nm	$3\cdot10^{20}$–$2\cdot10^{25}$ Hz	–	Kernreaktionen
Gammastrahlen	0,4–10^{-4} nm	$8\cdot10^{17}$–$4{,}7\cdot10^{21}$ Hz	γ	Strahlentherapie, Analytik Kernreaktionen, Höhenstrahlung

Weitere Vierersysteme wurden mit L Länge, M Masse, T Temperatur, Q Ladung, I Strom, Φ magnetischem Fluss, ε elektrischer Feldkonstante, μ magnetischer Feldkonstante, U Spannung, R Widerstand gebildet, die aber keine weite Verbreitung gefunden haben: LMTQ, LMTI, LMTΦ, LMTε, LMTμ, LTUI, LTUR, LTIR.

Elektromagnetische Wellen

zwischen mechanischen und elektrischen

Zweidrahtleitung	Schwingende Saite
Spannung	Transversalgeschwindigkeit
Länge/Induktivität	Masse
Ladung	Saitenspannung
Strom	Impuls
Ladungserhaltung	Transversalkraft
Widerstand	Reibungskoeffizient

*Schwingungen bestehen Analogien. Das mechanische Äquivalent einer Induktivität ist die Feder, das eines elektrischen Kondensators, der Massenpunkt auf einem schwingenden Körper. Elektrische und mechanische Schwingung sind analog.

Elektromechanisches Einheitensystem

*Elektrisches Einheitensystem, *CGS, *Dreiersystem.

Elektromechanisches Messwerk

Gerät zur *Strommessung (*Amperementer).

• **Drehspulgerät** oder **Galvanometer**. Eine drehbar gelagerte, stromdurchflossene Spule mit Weicheisenkern erfährt im Feld eines Permanentmagneten ein Drehmoment (Zeigerausschlag).

$$\vec{F} = NI(\vec{l} \times \vec{B});\ \alpha = \frac{N\,|\vec{B}|}{D} I = \text{const} \cdot I$$

$\vec{B}$ Magnet. Induktion (T), D Federkonstante (kg/s^2), I Stromstärke (A), l Länge der Spule (m), N Windungszahl, α Ausschlagwinkel.

- **Quotientenmesswerk.** Zwei getrennte Wicklungen im inhomogenen Magnetfeld:

$$\alpha = \text{const} \cdot I_1/I_2.$$

- **Drehmagnetmesswerk.** Stromdurchflossene Spule mit beweglichem Magnet:

$$\alpha = \text{const}(\alpha) \cdot I.$$

- **Elektrodynamisches Messwerk = Dynamometer.** Eine stromdurchflossene Spule mit Eisenkern im Elektromagneten zeigt die Auslenkung: $\alpha = \text{const} \cdot I_1 I_2$ (I_2 Strom durch die Spule des Elektromagneten).
- **Dreheisenmesswerk** oder **Dreheiseninstrument.** Ein drehbar in einem feststehenden Elektromagneten (stromdurchflossene Spule) gelagerter Dauermagnet (bewegliches Eisenplättchen), der mit einem Zeiger gekoppelt ist, wird proportional zum Stromfluss mit dem Winkel $\alpha = \text{const} \cdot I^2$ ausgelenkt.
- **Hitzdrahtinstrument.** Ein stromdurchflossener Messdraht erwärmt und verlängert sich; dadurch schlägt ein über eine Feder angekoppelter Zeiger aus.

Elektrometrische Messverfahren

Abgeleitet von den elektrischen Messgrößen:

1. *Spannung:* Potentiometrie (EMK-Messung), Voltam(m)etrie, Polarografie.

2. *Ladungsmenge:* Coulometrie, Elektrogravimetrie.

3. *Strom:* Amperometrie.

4. *Widerstand:* Konduktometrie.

Grundsätzlich werden unterschieden:

- *Stationäre Methoden:* Strom oder Spannung zeitlich konstant.
- *Instationäre Methoden:* zeitlich veränderliche Ströme oder Spannungen.
- *Quasistationäre Methoden:* Anregung in Gleichgewichtsnähe, z. B. mit einer Wechselspannung kleiner Amplitude oder einer zeitlich linear veränderlichen Spannung (*Potentiodynamische Methoden*).
- *Direkte* oder *absolute Bestimmungen:* Der elektrische Strom wirkt selbst als Reagenz.
- *Indirekte* oder *relative Messungen:* Elektrische Signale dienen nur zur Bestimmung des Äquivalenzpunktes.

Elektromotorische Kraft (EMK)

Veraltet für: *Urspannung* = reversible *Zellspannung (in *Volt); hat im Inneren der Quelle dasselbe Vorzeichen wie die Stromstärke. Der Begriff „EMK-Messung" wurde durch „Potentiometrie" ersetzt.

Elektronenmasse

*Konstanten.

Elektronenradius

*Konstanten.

Elektron-g-Faktor

*Konstanten.

Elektronvolt (eV, EDV: EV)

Früher **Elektronenvolt**, engl. *electron volt*; in der Atomphysik und Spektroskopie gebräuchliche Energieeinheit (*Konstanten), neben dem SI-System *gesetzlich geduldet. Definiert durch die Gleichung:

elektrische Arbeit = Ladung · Spannung

ist 1 eV die Energie, die ein Elektron mit der Ladung $e = 1{,}602 \cdot 10^{19}$ C beim Durchlaufen einer Potentialdifferenz von einem Volt im Vakuum gewinnt (*Konstanten):

1 eV =
= 1 Elementarladung · 1 Volt
= $3{,}826 \cdot 10^{-20}$ Calorie
$\hat{=}$ 8065,5 cm^{-1}
= $1{,}60\,218 \cdot 10^{-12}$ erg
= $1{,}60\,218 \cdot 10^{-19}$ Joule
$\hat{=}$ 96 484,5 Joule/mol
= $1{,}634 \cdot 10^{-20}$ Kilopondmeter
= $4{,}450 \cdot 10^{-26}$ Kilowattstunde

Vielfache sind (*BeV):
1 MeV = 10^6 eV,
1 GeV = 10^9 eV.

Elektrostatische Einheiten

kurz **esu, e.s.u., esE.** Veraltet! Ungesetzliche Einheiten des elektrostatischen *cgs-Systems, in dem die Dielektrizitätskonstante des Vakuums gleich Eins ist.

1 esu = $3{,}336 \cdot 10^{-10}$ Coulomb =
= $2{,}082 \cdot 10^9$ Ionenpaare

Elektrostatisches Feld

*Feld, *Farad.

Elektrostatische Ladung

Q (in *Coulomb). Die Kräfte elektrisch geladener Körper wirken unendlich weit (elektrisches Feld). Gleichartig geladene Körper stoßen sich ab, ungleichartige ziehen sich an. Die Kraft zwischen zwei Punktladungen beträgt (Coulomb-Gesetz):

$$F_C = QE = \frac{Q^2}{4\pi \varepsilon r^2}$$

E Feldstärke, F_C Coulombkraft, r Abstand der Ladungen, $\varepsilon = \varepsilon_0 \varepsilon_r$ Permittivität.

Elementarladung (e)

Elektrische Ladung tritt in ganzzahligen Vielfachen der Elementarladung (= Ladung eines Elektrons) auf. 1 Coulomb wird von $1/e \approx 6{,}2415 \cdot 10^{18}$ Elektronen übertragen. *Konstanten.

$e = 1{,}6\,021\,892 \cdot 10^{-19}$ Coulomb
$= 4{,}803 \cdot 10^{-10}$ esu

Elementarlänge (Planck-Länge)

Vermutete Naturkonstante einer prinzipiell nicht unterschreitbaren Grenze der Längenmessung: $l_e < 10^{-15}$ m (*Konstanten).

Elementarteilchen *Konstanten.

Elementary [engl.] *Elementar...

Elementarzeit

Die vom Licht benötigte Zeit, um die Elementarlänge zurückzulegen (*Konstanten).

Elevationswinkel

Arbeitsmedizin: Lichteinfallswinkel am Arbeitsplatz; Sollwert > 27°.

Elfenbeinküste *Franc.

Elle

(El., engl. *cubit, ell*) **1)** Altes Längenmaß, abgeleitet von der Länge des Unterarms des jeweiligen Regenten; vorwiegend als Tuchmaß gebraucht. Allein in Deutschland 123 regional verschiedene Maße:

1 Elle =
= 0,5 473 bis 0,833 Meter (regional)
= 60 Centimeter (Baden)
= 58,4 od. 83,3 Centimeter (Bayern)
= 66,8 Centimeter (Berlin)
≙ 1 *Brache* = 60 Centimeter (Belgien)
≙ 1 *alen* = 62,77 Centimeter (Dänemark)
= 57,4 Centimeter (Danzig)
≙ 1 *Ell* = 45 Inch = 114,3 [111,4] Centimeter (England)
≙ 1 *aune* = 1,188 Meter (Frankreich)
= 68,6 Centimeter (Hamburg)
= 58,4 Centimeter (Hannover)
= 60,0 Centimeter (Hessen)
≙ 1 *braccio* = 53; 54 bis 68 Centimeter (Italien)
≙ 1 *alin* = 63 cm (Island)
= 57,5 Centimeter (Lübeck)
= 54,88 Centimeter (Mainz)
≙ 1 *El* = 68,7 [69,4, später 100] Centimeter (Niederlande)
= 62,7 Centimeter (Norwegen)
= 66,1 Centimeter (Nürnberg)
= 59,4 Centimeter (Prag)
= 66,69 Centimeter (Preußen)
= 81,10 Centimeter (Regensburg)
= 71 Centimeter (Russland)
= 56,6 Centimeter (Sachsen)
≙ 1 *aln* = 59,4 Centimeter (Schweden)
= 60 Centimeter (Schweiz)
≙ 1 yard = 91,4 Centimeter (USA)
= 77,8 Centimeter (Wien)
= 61,4 Centimeter (Württemberg).

2) Ägyptische Elle. Alttestamentliches Längenmaß, hebr. *'ammā*, von akkadisch *ammatu*.

- Die Elle bei den Maßangaben des Bundeszeltes und des Tempels (Ex 25-27; 36-38; 1 Kg 6-7; 2 Chr 3-4):

1 ägyptische kleine Elle = 6 Handbreit
= 44 [45 oder 49] Centimeter.

- Zur Zeit EZECHIELS, aufgrund archäologischer Funde:

1 ägyptische große Elle =
= 28 Finger = 7 Handbreit
= 51,63 (52,4 od. 55) Centimeter.

- Ägyptische Kubikelle: 0,14 Meter^3.

3) Babylonische Elle
1 *kus* (Elle) = 30 *shusi* (Zoll)
= 1,5 Fuß = 49,59 cm [53 cm].

4) *Brabanter Elle.

5) Französische Elle, *Coudée.

6) Die vorexilische **hebräische Elle** war vermutlich unbedeutend kürzer als die gewöhnliche ägyptische. Eine Inschrift am unterirdischen Kanal *Hiskias*, der sich von der Gihonquelle zum

E

Teich Siloah hinzog, gibt die tatsächliche Länge von 533,1 Meter mit 1200 Ellen an, also: 1 Elle ≈ 44,4 Centimeter.

7) Nippur-Elle, Wichtigstes frühgeschichtliches Längenmaß; ein 41,5 kg schwerer und genau 1,1035 m langer Kupferstab um 2000 v.Chr. in Nippur, dem religiösen Zentrum der Sumerer:
1 Nippur-Elle =
= 4 Fuß (zu 27,5 876 cm)
= 64 Zoll (je 1,724 cm)
= 16 Hand (je 6,897 cm)
= $^1/_{30}$ Zoll (51,72 cm)
= $^{30}/_{19}$ Ziegel (32,76 cm).

8) Olympische Elle, [engl.] *Olympic cubit.*
1 olymp. Elle = 24 Finger = $^{24}/_{16}$ olymp. Fuß.

9) Pariser Elle: *aune de Paris.

10) Römische Elle: *Ulna, *Cubit(um).

11) Südeuropäische und lateinamerikanische Elle: *Vara.

El Salvador

historische Volumeneinheiten: *botella, *cajuela, *fanega.
Historische Flächeneinheit: *manzana.
Historische Längeneinheit: *vara.

Eman (E, eman, Em)

1) Veraltet! Einheit der Konzentration von Radium in Luft oder Lösung, entsprechend der Emanation von 10^{-10} Curie/Liter in Wasser:
1 E = 0,275 Mache-Einheiten =
= 3,7 Becquerel/Liter = 3700 $s^{-1}m^{-3}$

2) Früher in der Bäderheilkunde verwendete, heute ungesetzliche Einheit zur Angabe der radiologischen Konzentration von Quellwasser und -gasen (v.a. Radon). Durch die Einheit Becquerel = s^{-1} ersetzt.

Emanation

Historisch! Austreten eines radioaktiven Gases aus der Muttersubstanz, z.B. Radon aus Radium.

Emanliter

Veraltet! Ungesetzliche radiologische Einheit:
1 Emanliter = 10^{-10} Curie = 3,7 Becquerel
= 3,7 Zerfälle pro Sekunde.

EMD

im Deutschen Arzneibuch festgelegter Höchstwert einer Einzeldosis.

emE

Abkürzung für *elektromagnetische Einheit; *cgs-System, *CGS-M.

Emergence

[engl.] *Abflutzeit* von Narkosemitteln; vom Ende des Wirkungsmaximums bis zum Wirkungsende.

emf

Abkürzung für: *electromotive force,* elektromotorische Kraft.

Emine

Altes Hohlmaß aus der Schweiz:
1 Emine = 1,5 Liter.

Emission

[lat.] Aussendung, Ausstrahlung, Entleerung; Abgabe von Schadstoffen, Strahlen, Geräuschen, Wärme etc. an die Umwelt. Vgl. *Immission.

Emissionsfaktor

1) Emittierte Schadstoffmenge, bezogen auf die Produktionsmenge (in kg/kg).
2) Emittierte Schadstoffmenge, bezogen auf die Wärmeleistung einer Feuerungsanlage; in Kilogramm pro Terajoule (kg/TJ).

Emissionsgrad

oder *gerichteter spektraler Emissionsgrad* ε; zur Charakterisierung der Eigenstrahlung eines *Temperaturstrahlers; das Verhältnis der spektralen Leuchtdichte $L_{e\lambda}$ zu der eines schwarzen Strahlers (Index S) bei gleicher Temperatur. Nach dem Kirchhoffschen Strahlungsgesetz sind ε und spektraler Absorptionsgrad a für jede Temperatur und Wellenlänge in eine bestimmte Ausstrahlungsrichtung und eine in gleicher Richtung einfallende Strahlung gleich:

$$\varepsilon(\lambda,T,\vartheta,\varphi) = \frac{L_{e\lambda}(T,\vartheta,\varphi)}{L_{e\lambda,S}(T,\vartheta,\varphi)} = a(\lambda,T,\vartheta,\varphi) < 1$$

φ Zenitwinkel und ϑ Azimutwinkel kennzeichnen die Abstrahlungsrichtung.

Emissionsgrad, halbräumlicher

ε_ω, die spezifische Ausstrahlung eines Temperaturstrahlers im Verhältnis zum Schwarzen Strahler:

$$\varepsilon_\Omega(T) = \frac{M}{M_S}$$

Emissionsgrad, spektraler
Die spektrale halbräumliche spezifische Ausstrahlung eines Temperatursstrahlers im Verhältnis zu einem schwarzen Strahler bei gleicher Temperatur:

$$\varepsilon(\lambda) = \frac{M_{e\lambda}}{M_{e\lambda,S}}$$

Tabelle E.9: Emissionsgrad ε technischer Oberflächen bei 20 °C.

Silber, blank	0,02
Kupfer, blank	0,03
Aluminium, blank	0,04
Al-Bronze-Anstrich	0,20 – 0,40
Zink, grau oxidiert	0,23 – 0,28
Eisen, verrostet	0,61 – 0,85
Kupfer, oxidiert	0,78
Seide, Baumwolle	0,78
Emaille-Lack	0,85 – 0,95
Dachpappe	0,91 – 0,93
Holz (Buche, Eiche)	0,89 – 0,93
Menninge (100 °C)	0,93
Mauerputz	0,93
Porzellan	0,93
Eis, glatt (0 °C)	0,97
Schwarzer Körper	1,0

Emissionskoeffizient
*fotometrische Einheiten und Größen.

Emittance *Emissionsgrad.

EMK *Elektromotorische Kraft.

E-Modul *Elastizitätsmodul.

Empfindlichkeit *messtechn. Begriffe.

Empfindungsleuchtdichte *Photon.

Empirische Unsicherheit
*messtechnische Unsicherheit.

Emissionskonzentration
Ausgebrachte *Massenkonzentration; Schadstoffmenge je Kubimeter Abgas (in mg/m^3).

Emissionsmassenstrom
Emittierte Schadstoffmenge je Stunde (in kg/h).

emu
Abk. f.: *electromagnetic system of units*, *CGS-M, *emE, *Internationale Einheit.

EMV *elektromagnetische Verträglichkeit.

EMVG *elektromagnetische Verträglichkeit.

en
Index (DIN 1304) für: energetisch (z. B. Strahldichte L_{en}).

Encablure
Altes nautisches Längenmaß aus Frankreich: 1 Encablure = 200 Meter.

Endesch
altes Längenmaß aus der Türkei: 1 Endesch = 65,2 Centimeter.

E

Energetische Größen
*Fotometrische Einheiten und Größen.

Energetisches Äquivalent
oder *kalorisches Äquivalent* oder *Wärmewert* Ernährungslehre: bei der Oxidation von Nahrungsmitteln mit einem Liter Sauerstoff im Organismus freigesetzte Energie (*Grundumsatz): Stärke: 21 kJ, tierisches Fett: 19,7 kJ, Proteine: 19,3 kJ pro Liter Sauerstoff. *Brennwert.

Energie und **Energieumwandlung**
Energie ist die Fähigkeit eines Systems, Arbeit zu verrichten. SI-Einheit ist das *Joule; andere Einheiten sind nicht zulässig. Energie kann nicht erzeugt und vernichtet, sondern nur von einer Form in die andere umgewandelt werden. Abgeleitete Größen vgl. *Wirkung, *Leistung, *Energiestromdichte, *Wirkungsgrad.

Energie, innere
U (in *Joule oder Joule/Mol), *Wärmeinhalt* bei konstantem Volumen. Der Gesamtbetrag der Energie im abgeschlossenen System ist konstant; führt man Wärmeenergie Q zu, steigt die innere Energie $U(V,T)$ und es wird reversible Volumenarbeit W verrichtet (1. Hauptsatz der Thermodynamik):

$$\Delta U = U_2 - U_1 = Q_{12} + W_{12}$$

In differentieller Schreibweise:

$$dU = T\,dS - p\,dV = C_V dT + \left(\frac{\partial U}{\partial V}\right)_T dV$$

Die *spezifische innere Energie* ist auf die Masse bezogen: $u = U/m$ (in J/kg).

Energie, kinetische
Bewegungsenergie, z. B. eines gleichmäßig beschleunigten Körpers:

$$W_{kin} = \frac{m\,v^2}{2} \quad \text{Einheit: J} = \frac{\text{kg m}^2}{\text{s}^2}$$

m Masse, v Geschwindigkeit.

Tabelle E.10 Umrechung veralteter Energieeinheiten.

	J	cal	FV	kpm	kWh	ℓ·atm
J	1	0,238 846	$1{,}036 \cdot 10^{-5}$	0,1 019 716	$2{,}77\,778 \cdot 10^{-7}$	$9{,}869 \cdot 10^{-3}$
erg	10^{-7}	$2{,}388 \cdot 10^{-8}$	$1{,}036 \cdot 10^{-12}$	$1{,}019\,716 \cdot 10^{-8}$	$2{,}77\,778 \cdot 10^{-14}$	$9{,}869 \cdot 10^{-10}$
cal	4,184	1	$4{,}336 \cdot 10^{-5}$	0,42 665	$1{,}162 \cdot 10^{-6}$	0,04 129
$kcal_{15°}$	4 185,5			426,80	$1{,}16\,264 \cdot 10^{-3}$	
eV	$1{,}602 \cdot 10^{-19}$	$3{,}827 \cdot 10^{-20}$	$1{,}661 \cdot 10^{-24}$	$1{,}634 \cdot 10^{-20}$	$4{,}451 \cdot 10^{-26}$	$1{,}581 \cdot 10^{-21}$
MeV	$1{,}602 \cdot 10^{-13}$	$3{,}827 \cdot 10^{-14}$	$1{,}661 \cdot 10^{-20}$	$1{,}634 \cdot 10^{-14}$	$4{,}451 \cdot 10^{-20}$	$1{,}581 \cdot 10^{-15}$
FV	96 484,5	23 044,9	1	9838,69	0,0 268 012	952,201
kpm	$9{,}80\,665 \cdot 10^{7}$	2,34 227	$1{,}016 \cdot 10^{-4}$	1	$2{,}72\,407 \cdot 10^{-6}$	0,0 967 814
kWh	$3{,}6 \cdot 10^{6}$	859 846	37,312	367 098	1	35 528,3
ℓ·atm	101,328	24,2 018	0,00 105 011	10,3 326	$2{,}815 \cdot 10^{-5}$	1

Tabelle E.11 Energieumwandlung nach E. JUSTI.

	Mechanische Energie	Thermische Energie	Licht-Energie	Elektrische Energie	Chemische Energie
Mechanische Energie	Einfache Maschinen	Reibungswärme, Wärmepumpe, Kühlschrank	Tribolumineszenz	Generator, Mikrophon, Magneto-hydrodynamik	
Thermische Energie	Wärmekraft-maschine	Absorptions-kältemaschine	Glühlampe	Seebeck-Effekt, thermoion. Diode	endotherme Reaktion
Licht-energie	Radiometer	Lichtabsorption	Fluoreszenz	Fotozelle, Sperrschicht	Fotosynthese, Fotolyse
Elektrische Energie	Elektromotor, Elektroosmose	Peltier-Effekt, Thomson-Effekt	Leuchtstoffröhre, Spektrallampe	Akkumulator, Pumpspeicherwerk	Elektrolyse, Elektrodialyse
Chemische Energie	Osmose, Muskel	Exotherme Reaktion	Chemolumiszenz, Leuchtkäfer	Batterie, Brennstoffzelle	Brennstoff-elemente

Energie, potentielle

„Lageenenergie", z. B. eines gegen die Schwerkraft gehaltenen Körpers:

$$W_{pot} = m\,g\,h \quad \text{Einheit: J} = \frac{\text{kg m}^2}{\text{s}^2}$$

g Fallbeschleunigung, *h* Höhe, *m* Masse.

Energieabgabe, basale

kurz: BEE (in Kilojoule/Tag). Harris-Benedict-Gleichung für die auf der niedrigsten Aktivitätsstufe benötigte Energie (vgl. *Grundumsatz).

Männer: $4{,}187 \cdot [66{,}0 + (13{,}7+5) \cdot m - 6{,}8 \cdot t]$

Frauen: $4{,}187 \cdot [65{,}5 + (9{,}6+1{,}7) \cdot m - 4{,}7 \cdot t]$

m Körpergewicht (kg), *t* Lebensalter (Jahre).

Energieäquivalente

Nützliche Umrechnungsbeziehungen, *spektroskopische Konversionsfaktoren:

- 1 eV $\hat{=}$ $1{,}60\,217\,733 \cdot 10^{-10}$ J
- 1 eV/Teilchen $\hat{=}$ 96 485,309 J/mol
- kT für $T = 1$ K $\hat{=}$ $8{,}617\,385 \cdot 10^{-5}$ eV
- $h\nu$ für $\nu = 1$ Hz $\hat{=}$ $4{,}135\,669 \cdot 10^{-15}$ eV
- mc^2 für $m = 1$ kg $\hat{=}$ $8{,}98\,755\,178\,737 \cdot 10^{16}$ J
- mc^2 für Elektronenmasse $\hat{=}$ 0,51 099 907 MeV
- mc^2 für Neutronenmasse $\hat{=}$ 939,56 565 MeV
- Wellenlänge für $h\nu = 1$ eV $\hat{=}$ $1{,}2\,398\,424 \cdot 10^{-6}$ m

Energiebedeckung

Zur energetischen Beschreibung eines zweidimensionalen Kontinuums (z. B. Platte, Kugelschale):

$$\text{Energiebedeckung} = \frac{\text{Energie } W}{\text{Fläche } A}$$

Energiebelag

Zur Beschreibung des energetischen Zustands eines Kontinuum, ohne Richtungsinformation:

$$\text{Energiebelag} = \frac{\text{Energie } W}{\text{Länge } l}$$

Energiedichte

Volumenbezogene Energie, zur energetischen Beschreibung eines dreidimensionalen Kontinuums.

$$\text{Energiedichte } w = \frac{\text{Energie } W}{\text{Volumen } V} \quad \frac{\text{J}}{\text{m}^3}$$

• Energiedichte eines Kondensators.

$$w = \frac{U^2 C}{2V} = \frac{E^2 \varepsilon_0 \varepsilon_r}{2} \text{ in } \frac{\text{J}}{\text{m}^3}$$

Für auf die Masse bezogene Größen *spezifisch.

Energiedichte, elektromagnetische

w (in J/m^3 = V A s/m^3), Summe der elektrischen und magnetischen Energie in einem elektromagnetischen Feld:

$$w = \int_0^D \vec{E}\,\mathrm{d}\vec{D} + \int_0^B \vec{H}\,\mathrm{d}B = w_\mathrm{e} + w_\mathrm{m}$$

Für dielektrisch und magnetisch ideale und ferner (*) isotrope Materialien:

$$w = \tfrac{1}{2}\left(\vec{E}\,\vec{D} + \vec{H}\,\vec{B}\right) \stackrel{*}{=} \tfrac{1}{2}\left(\varepsilon E^2 + \mu H^2\right)$$

Energiedosis

D, *absorbed dose*, *dosimetrische Größe; der Quotient aus der Energie dW, die durch ionisierende Strahlung auf das Material im Volumenelement dV übertragen wird und die Masse dm des Materials mit der Dichte ϱ. Das Bezugsmaterial ist anzugeben (z. B. Wasser: D_W).

$$D = \frac{\mathrm{d}W_\mathrm{D}}{\mathrm{d}m} = \frac{1}{\varrho}\frac{\mathrm{d}W_\mathrm{D}}{\mathrm{d}V}$$

SI-Einheit:
1 Gy (GRAY) =
= 1 Joule/Kilogramm (J/kg)
= [veraltet:] 100 Rad (rd).
Berechnung aus der *Ionendosis J (in C/kg) mit der Ionisierungskonstanten für Luft:
$D = J \cdot 33{,}7$ J/C

Energiedosisleistung

*dosimetrische Größen.

Energiequotient

Säuglingsernährung: notwendige Energiezufuhr pro Körpergewicht und Tag: ca. 400 J kg^{-1}d^{-1}.

Energiestrom

oder Energiestromstärke ($\vec{q}_\mathrm{E}$ oder $\dot{E}_\mathrm{kin}$), dynamische Größe der Strömungsmechanik, Einheit: *Watt:

$$\dot{E}_\mathrm{kin} = \int_A \left(\tfrac{1}{2}\varrho\, v^2\right) \cdot (\vec{v} \cdot \vec{n})\,\mathrm{d}A$$

ϱ Dichte des Fluids, $\vec{v}$ Strömungsgeschwindigkeit, A Fläche, $\vec{n}$ Flächennormale.

Energiestromdichte

Flächenbezogene Leistung (vgl. *Poynting-Vektor):

$$S = \frac{P}{A} \quad \text{Einheit: } \frac{\text{W}}{\text{m}^2} = \frac{\text{N}}{\text{m s}} = \frac{\text{kg}}{\text{s}^3}$$

Energieumsatz (EU)

Medizin: pro Zeiteinheit erzeugte Energie bei körperlicher Beanspruchung: Muskelarbeit (Nutzeffekt der isotonischen Muskelkontraktion: 20%) und Wärme; vgl. *Grundumsatz.

leichte Betätigung:	10 bis 11 MJ/d
schwere körperliche Arbeit:	15 bis 17 MJ/d

Energy

engl. *Energie, ...energie.

Engelgroschen

Alte, sehr dünne sächsische Silbermünze (15.–16. Jh.) mit aufgeprägtem Engel.

Engineer's chain (= Ingenieurkette)

Veraltet! Angloamerikanische Längeneinheit:
1 engineer's chain = 100 Foot = 30,48 Meter.

Engjateigur

Altes Flächenmaß aus Island:
1 engjateigur = 56,74 Ar.

Engler-Grad (E, °E, E°)

Veraltet! [engl.] **Engler degree**. Praktische Einheit des Ingenieurwesens zur Viskositätsmessung, benannt nach dem Erdöl-Chemiker und Viskosimeter-Erfinder CARL OSWALD VIKTOR ENGLER (1842–1925).
1 °E = Geschwindigkeit, mit der die Prüfflüssigkeit aus einer Kapillare ausfließt, im Verhältnis zur Ausflussgeschwindigkeit von Wasser.
*Aräometerskala.

Englische Einheiten

Schon in der *Magna Carta* von 1215 findet sich eine Bestimmung gegen den damals wuchernden Missbrauch der Maße und Gewichte, besonders für Getreide und Wein. Die königliche Verordnung „Assize of Weights and Measures“

definierte daraufhin eine Reihe von Einheiten und Standards, die fast 600 Jahre lang gültig blieben:

- das *standard yard*, unterteilt in drei überkommene Fuß zu genau zwölf Inches;
- die *perch* und später *rod* zu $5^1/_2$ Yards oder $16^1/_2$ Feet;
- das *Inch* mit drei Barley corns;
- das *furlong* (ein „furrow long") als eine Achtelmeile;
- das *Acre* als Fläche von vier Perches (= 22 Yards) Breite und 40 Perches Länge;
- das *Troy pound* („trojanisches Pfund") zu zwölf *Troy ounces* für Gold- und Silberbarren und Apothekerdrogen;
- das *Avoirdupois pound* für wägbare Handelsgüter aller Art;
- das *Stone* zu vierzehn Pfund, speziell für die vom mittelalterlichen England exportierte Rohwolle.

Die Provinzstädte erhielten aus London Eichstandards aus Bronze oder Messing, die 1496 und unter ELIZABETH I. (1588) erneuert wurden. Dabei blieb es im wesentlichen 200 Jahre lang.

Im 17. Jh. kam der Mathematiker EDMUND GUNTER auf die Idee, die Acre-Breite von vier Perches einfach *chain* (Kette) zu nennen und in 100 *links* (Glieder) zu unterteilen. 1701 wurde das *corn bushel* als Trockenmaß definiert durch „jedwedes runde Behältnis mit einem ebenen Boden von $18^1/_2$ Inches Durchmesser und 8 Inches Tiefe". 1707 folgte die neue *wine gallon* zu 231 Kubikinches. Die überkommene *ale gallon* blieb bei 282 Kubikinches. Eine alte *corn gallon* gab es auch.

Das Gesetz über Maße und Gewichte von 1824 versuchte mit einigen mittelalterlichen Ungereimtheiten aufzuräumen. Es sollte nur noch eine *gallon* geben, und zwar als das Volumen von „zehn imperial pounds destillierten Wassers, gewogen mit Messinggewichten in Luft bei 62 Grad Fahrenheit und 30 Inches Barometerdruck". 1878 folgte die Definition des *yards* als „der kürzeste Abstand zwischen zwei Goldmarken auf einem Bronzestab, der auf Walzen gelagert ist, um Verbiegungen zu vermeiden, bei 62 Grad Fahrenheit".

1963 wurden die englischen Einheiten im Hinblick auf die Einführung des metrischen Systems neu bewertet. *US-Einheiten.

Englische Währung *Pfund, *Schilling.

Enhancement

[engl.] Steigerung, Erhöhung, verstärktes Wachstum.

Enstrophie

In der Strömungslehre, Meteorologie und Geophysik das quadratische Mittel der *Vorticity (Wirbelgröße):

$$E_\zeta = \frac{1}{2}\overline{\zeta^2} \quad \text{Einheit: s}^{-2}$$

ent

Die größte ganze Zahl kleiner oder gleich x, z. B. $\text{ent}(\pi) = [\pi] = 3$, $\text{ent}(-\pi) = [-\pi] = -4$,

Entelam

Alte Volumeneinheit in *Eritrea:
1 entelam = 192 Liter.

Entfernung *Distanz.

Entfernungsgesetz *Beleuchtungsstärke.

Entfernungsmessung *Längen- und Winkelmessung.

Enthalpie

Wärmetönung H (in *Joule oder Joule/mol); Wärmeinhalt eines Systems bei konstantem Druck; erfaßt die innere Energie U und Volumenänderungsarbeit Vp.

$$H = U + Vp$$

In differentieller Schreibweise:

$$dH = T\,dS + V\,dp = C_p dT + \left(\frac{\partial H}{\partial p}\right)_T dp$$

Die *spezifische Enthalpie* ist auf die Masse bezogen: $h = H/m$ (in J/kg).

Enthalpie, Gibbssche Freie

G (in *Joule oder Joule/mol); die *Nutzarbeit* eines (abgeschlossenen) Systems bei konstantem Druck:

$$G(T,p,n) = H - TS = pV - TS$$

$$dG = \underbrace{\left(\frac{\partial G}{\partial T}\right)_{p,n} dT}_{-S\,dT} + \underbrace{\left(\frac{\partial G}{\partial p}\right)_{T,n} dp}_{V\,dp\ \text{(Null!)}} +$$

$$+\underbrace{\sum_{i=1}^{N}\left(\frac{\partial G}{\partial n_i}\right)_{T,p,n_{j\neq i}} dn_i}_{\mu_i\, dn_i}$$

Im thermodynamischen Gleichgewicht ist G ist minimal ($dG = 0$, das System verrichtet keine Arbeit), sonst stets $dG < 0$ und $dG + dW < 0$ (ein abgeschlossenes System leistet keine andere Arbeit als reversible Volumenarbeit).

Enthalpie, Gibbssche Freie Standard

G^0 bei Normbedingungen (25 °C, 101 325 Pa). Zusammenhang mit der Gleichgewichtskonstanten:

$$\Delta G^0 = -RT \ln K$$

Enthalpie, Helmholtzschsche Freie

F oder A (in *Joule oder Joule/mol); die Nutzarbeit eines (abgeschlossenen) Systems bei konstantem Volumen:

$$F(T,V,n) = U - TS$$

$$dF = \underbrace{\left(\frac{\partial F}{\partial T}\right)_{V,n} dT}_{-S\,dT} + \underbrace{\left(\frac{\partial F}{\partial V}\right)_{T,n} dp}_{-p\,dV\ \text{(Null!)}} +$$

$$+\underbrace{\sum_{i=1}^{N}\left(\frac{\partial F}{\partial n_i}\right)_{T,V,n_{j\neq i}} dn_i}_{\mu_i\, dn_i}$$

Im thermodynamischen Gleichgewicht ist F minimal ($dF = 0$), sonst stets $dF < 0$ (ein abgeschlossenes System leistet keine andere Arbeit als reversible Volumenarbeit).

H Enthalpie (J/mol), n Stoffmenge (mol), p Druck (Pa), R Gaskonstante ($\mathrm{J\,mol^{-1}K^{-1}}$), S Entropie (J/K), T Temperatur (K), U Innere Energie (J), V Volumen (m^3), μ chemisches Potential (J/mol).

Entrainmentkoeffizient

In der Meteorologie und Geophysik: relative Änderung des Massenflusses M in Strömungsrichtung z:

$$E = \frac{1}{M} \cdot \frac{\partial M}{\partial z} \quad \text{Einheit: } m^{-1}$$

Entropie

S (in *Joule/Kelvin), Quotient aus Wärmemengenänderung und Temperatur; entspricht der „Unordnung“ eines Systems. Auch stoffmengenbezogen (*molare* Entropie S/n in $\mathrm{J\,mol^{-1}K^{-1}}$) oder massenbezogen (*spezifische* Entropie $s = S/m$ in $\mathrm{J\,kg^{-1}K^{-1}}$) gebräuchlich. Die Entropie in einem abgeschlossenen System nimmt niemals ab, im Gleichgewicht ist sie maximal:

$$dS \geq \frac{\partial Q}{T}$$

$$\begin{cases} = 0 & \text{reversibel, Gleichgewicht} \\ > 0 & \text{irreversibel, spontan} \end{cases}$$

Q Wärmemenge, T absolute Temperatur.
In differentieller Schreibweise:

$$dS = \frac{c_V}{T} dT + \left(\frac{\partial S}{\partial V}\right)_T dV = \frac{c_p}{T} dT + \left(\frac{\partial S}{\partial p}\right)_T dp$$

Enzymaktivität

1) Pro Zeiteinheit umgesetzte Substratmenge. SI-Einheit *Katal; veraltet *U.

2) spezifische. Enzymaktivität pro Milligramm Enzym. Veraltet: in U/mg.

Enzymeinheit (U)

Veraltet! Ersetzt durch *Katal.
$1\ \mathrm{U} = 1\ \mu\mathrm{mol\,min^{-1}} = {}^1\!/_{60}\ \mu\mathrm{mol\,s^{-1}}$
$= {}^1\!/_{60}\ \mu\mathrm{kat} = 16{,}67\ \mathrm{nkat}$.

Eötvös (E)

Veraltet! Ungesetzliches Maß der Geophysik für Schwerkraftänderungen zwischen zwei verschiedenen geografischen Orten; benannt nach dem ungarischen Physiker und Erfinder der verbesserten Schwerkraftwaage ROLAND FREIHERR VON EÖTVÖS (1848–1919):
$1\ \mathrm{E} = 10^{-9}\ \mathrm{gal/cm} = 0{,}1\ \mathrm{mGal/kg} = 10^{-9}\ \mathrm{s^{-2}}$.

Epha ('efa)

Babylonisch-hebräisches Hohlmaß aus dem Alten Testament:
1 Epha = $^1/_{10}$ Homer = 1 Bat =
= 3 oder 2,5 Sea (Jerusalem)
= 21,83 oder 36,44 Liter [je nach Quelle].

Ephemeriden-Tafel *Zeit.

Epoche

Beginn einer neuen Ära, fälschlich auch im Sinne von Zeitabschnitt gebraucht.

EQ

*Eiweißquotient, *Energiequotient, *Äquivalent.

eq
Abkürzung für: *equation*, Gleichung, *equilibrium*, Gleichgewicht. Index (DIN 1304) für: äquivalent (z. B. Stoffmenge n_{eq}).

Er Zeichen für das *chem. Element Erbium.

er Index (DIN 1304) für: Irrtum, engl. *error*.

Erbe Altes Ackermaß: 1 Erbe = 5,9760 Hektar.

Erdbebenstärke
Willkürliche Einteilung der Stärke von Erdbeben nach *MERCALLI (Skalen nach Beschleunigung der Bodenbewegungen), *RICHTER (Größenklassen) und *SIEBERG. *Erdbebenwellen* breiten sich als Längs- und Querwellen (P- und S-Wellen) aus und können von einer geografisch entfernten seismografischen Station empfangen werden. Stationen, die im „seismischen Schatten" des Erdkernes liegen registrieren an der Erdoberfläche reflektierte Wellen (PP-Wellen). Auf der gegenüberliegenden Seite der Erdkugel gelegene Seismografen empfangen Wellen, die den Erdkern durchlaufen haben (PKP-Wellen).

Erdbeschleunigung
*Konstanten, *Fallbeschleunigung.

Erddrehung *Zeit.

Erdmeridianquadrant *Meter.

Erdradius, effektiver
In der Nachrichtentechnik für die Ausbreitung von Funkwellen:

$$r_{\mathrm{E,eff}} \approx \tfrac{4}{3} r_{\mathrm{E}} \quad \text{Einheit: m}$$

Erdrotation *Zeit.

Erdstromtiefe
Begriff der elektrischen Energieversorgung:

$$\delta_{\mathrm{E}} \approx 1{,}85 \sqrt{\frac{\varrho_{\mathrm{E}}}{\omega\, \mu_0}} \quad \text{Einheit: m}$$

ϱ_{E} spezifischer Erdwiderstand, ω Kreisfrequenz, μ_0 magnetische Feldkonstante.

Erdvermessung *Meter.

Erdweite
Mittlerer Abstand von Erde und Sonne = 149 504 200 km (*astronomische Einheit).

erf
Abkürzung für: *error function*, Fehlerfunktion; das Integral über die Gaußverteilung:

$$\mathrm{erf}(x) = \frac{1}{\sqrt{2\pi}} \int_0^x \mathrm{e}^{-t^2}\, \mathrm{d}t$$

Erfassungsgrenze (EG)
oder *Nachweisgrenze* oder *Empfindlichkeit* (meist in μg). In der analytischen Chemie die Masse eines gesuchten Stoffes, die mit einem bestimmten Verfahren und Probenvolumen (Volumen eines Tropfens) noch nachweisbar ist.

EG = GK · Probenvolumen
GK = *Grenzkonzentration (in g/mℓ = kg/ℓ).

erfc
Abk. für: *error function complement*, Fehlerfunktionskomplement.

$$\mathrm{erfc}(x) = 1 - \mathrm{erf}(x)$$

Erg (erg)
Veraltet! Bis Ende 1977 zulässige Einheit für Energie, Arbeit und Wärmemenge im cgs-System, definiert als die Arbeit, die eine Kraft von 1 dyn längs des Weges 1 cm verrichtet:

1) 1 erg =
= 1 Dyn-Centimeter
= 10^{-7} Joule =
= $2{,}77\bar{7} \cdot 10^{-11}$ Wattstunden
= 1 $\mathrm{cm^2 g/s^2}$.

2) 1 erg/(cm^2 · sec) = 0,001 Watt/Meter^2.

3) Veraltete Leistungseinheit:
1 Erg/Sekunde = 10^{-7} Watt.

Ergometer
Arbeitsmessgerät für Muskelleistung; z. B. Fahrrad-Ergometer mit Belastungs-EKG.

Erhaltungsdosis
Täglich zuführbare Menge eines Arzneimittels (z. B. Herzglycoside) zur Aufrechterhaltung der Sättigungsdosis; vgl. *Abklingquote.

Eritrea
Ehemalige Kolonie Italienisch-Ostafrikas (später zu Äthiopien, seit 1993 unabhängig).
Historische Längeneinheiten: *cubi, *derah.
Historische Volumeneinheiten: *cabaho, *entelam, *ghebeta, *messe, *tanica.
Währung: *Dollar.

Erlang (Erl, erl)
Veraltet! Ungesetzliches Hinweiswort in der Nachrichten- und Fernsprechvermittlungstechnik. für den *Verkehrswert, engl. *traffic flow*, eines Leitungsbündels. Benannt nach dem dänischen Mathematiker und Nachrichtentechniker A. K. ERLANG (1848–1929). Auch *Verkehrseinheit* (VE) oder *Traffic unit* (TU); definiert als benützte Verbindungsleitungen mal mittlere Belegungsdauer durch Beobachtungszeit.
1 Erlang (Erl) =
= 1 Traffic Unit (TU)
= 30 EBHC (Equated Busy Hour Call)
= 30 ARHC
(Appels réduits à l'heure chargée)
= 36 CCS (Cent Call Second)
= 36 UC (Unit Call).

Ermüdungsbruch *Werkstoffkenngrößen.

Ersatzschaltbild
Modellvorstellung für elektronische Bauteile, Batterien, elektrochemische Zellen u.s.w.

Erwartungswert *messtechnische Unsicherheit.

Erythrozytenzahl
*Zählwert, *Blutbild.

Es
Zeichen für das *chem. Element Einsteinium.

esba *Finger.

Escudillodoro
Coronilla, Durillo, Veintena, Goldpiaster: alte spanische Goldmünze.

Escudo
(Esc, Iso-Code: PTE): Währungseinheit in Portugal und Kap-Verde (KEsc):
1 Esc = 100 Centavos (c, ctvs) = ca. $^1/_{101}$ DM
= ca. $^1/_{55}$ DM (Kap Verde).

esE
Abk. für: elektrostat. Einheit; *cgs-System.

Eselslast *Ânée, *Homer.

Eskalin
Brabanter Münze (18. Jh.), vom Schilling abgelöst.

Esschen
Altes Kölner Münzgewicht aus dem Mittelalter:
1 Esschen = 53,7 Milligramm.

Essigfläschen *Acetabulum.

EST
Kurzzeichen: R (im Flug- und Schiffsverkehr) ür *Eastern Standard Time*, EST = UTC – 5 = MEZ – 4.

Estadal(e)
1) Altes spanisches Längenmaß:
1 Estadal =
= 4 Varas = 12 Pié = 144 Pulgadas
= 3,344 Meter (Spanien, Chile).
2) Altes Flächenmaß:
1 Estadal = 11,28 Meter^2 (Nicaragua)
= 11,18 234 Meter^2 (Spanien).

Estadel
Altes Längenmaß aus Venezuela:
1 estadel = 4,18 Meter.

Estadio
Altes Längenmaß aus Portugal („Stadion"):
1 Estadio = 285,2 Meter.

Estado
Altes Längenmaß aus Spanien („Mannslänge"):
1 estado = 1,67 Meter.

ESTTOW
Abk. in der Luftfahrt: *estimated take off weight*, voraussichtliche Startmasse.

esu
Abkürzung für: *electrostatic system of units*, *CGS-E.

Etalon (Normalmaß)
Eichmaß zur Herstellung der amtlichen Maße und Gewichte eines Landes.

Etmal
Veraltet! Von einem Schiff binnen 24 Stunden zurückgelegte Strecke in Seemeilen; *Schiffahrtsmaße.

ETS
Abkürzung für: European Telecommunications Standards.

Etzba
Althebräisches Längenmaß:
1 Etzba = 2,06 Centimeter.

Eu Zeichen für das *chem. Element Europium.

Eulendukat

Unter Karl VI. (18. Jh.) aus dem Gold der böhmischen Bergstadt Eule geprägter Dukat mit Eulenbildnis.

Euler-Formel *Komplexe Größen.

Eulersche Konstante

mathematische Konstante, auch Euler-Mascheroni-Konstante:

$$C = -\int_0^\infty e^{-t} \ln t \, dt =$$

$$= \lim_{n\to\infty} \left(1 + \tfrac{1}{2} + \tfrac{1}{3} + \ldots + \tfrac{1}{n} - \ln(n+1)\right)$$

= 0,577 215 664 901 532 860 606 512 09...

Eulersche Zahl

Basis des natürlichen Logarithmus; in der mathematischen Literatur schräg gedruckt (e^x), in der physikalischen aufrecht (e^x).

$$e = \lim_{n\to\infty} \left(1 + \frac{1}{n}\right)^n =$$

= 2,71 828 182 845 904 523 536 028 747...

Euler-Zahl *Kennzahlen.

Eultschek

Türkisches Hohlmaß: 1 Eultschek = 1 Liter.

Euro (EUR)

*Europäische Währungseinheit; Seit dem 1. Januar 1999: Buchwährung der zweiten Stufe der Europäischen Wirtschafts- und Währungsunion (EWU) mit den Mitgliedsländern Deutschland, Frankreich, Belgien, Niederlande, Luxemburg, Spanien, Porgual, Italien, Österreich, Irland und Finnland. Gültig im bargeldlosen Zahlungsverkehr und Wertpapiermarkt; Euro-Münzen und -Banknoten werden zum 1. Januar 2002 eingeführt. Großbritannien, Dänemark und Schweden führten den Euro aus politischen Gründen Anfang 1999 nicht ein, Griechenland erfüllte die Kriterien des Maastrichter Vertrags nicht.

1 Euro = 100 Cent = 1 Ecu =
= 1,95583 Deutsche Mark (DEM)
= 6,55957 Französ. Francs (FRF)
= 1936,27 Italienische Lira (ITL)
= 13,7603 Österreich. Schilling (ATS)
= 2,20371 Niederländ. Gulden (NLG)
= 40,3399 Belgische Francs (BEF)
= 40,3399 Luxemburg. Francs (LUF)
= 166,386 Spanische Peseten (ESP)
= 200,482 Portugies. Escudo (PTE)
= 0,787564 Irische Pfund (IEP)
= 5,94573 Finnmark (FIM).

Europäische Union (EU)

Amtliche Reihenfolge und Beitrittsjahr der *Mitgliedsstaaten*: Belgien 1952/58, Dänemark (ohne Färöer, Grönland) 1973, Deutschland 1952/58, Griechenland 1981, Spanien (mit kanarischen Inseln, Cëuta, Melilla) 1986, Frankreich (mit Guyana, Guadeloupe, Martinique, Réunion) 1952/58, Irland 1973, Luxembourg 1952/58, Niederlande 1952/58, Österreich 1995, Portugal (mit Madeira, Azoren) 1986, Finnland 1995, Schweden 1995, Großbritannien und Nordirland 1973.

Der EU *angeschlossen* sind die weitgehend autonomen Gebiete: Falkland-Inseln, St. Helena, Niederländische Antillen, franz. Überseeterritorien.

Zum *EU-Zollgebiet*, aber nicht zur Gemeinschaft, gehören: Isle of Man, Kanalinseln, Monaco, San Marino.

Nicht zur EU zählen: Andorra, Färöer, Vatikanstadt, Gibraltar, Grönland; Norwegen, Restjugoslawien und die Schweiz.

Assoziierte Staaten, die ein Beitrittsgesuch gestellt haben, sind: Bulgarien 1995/6, Estland 1995, Lettland 1995, Litauen 1995, Malta 1971, Polen 1994, Rumänien 1995, Slowakei 1995, Tschechien 1995/6, Türkei (1964, 1970, 1987), Ungarn 1994, Zypern (1973, 1988, 1990). Ein Assoziierungs-Abkommen haben ferner unterzeichnet: Israel 1995, Marokko 1996, Palästinenische Autonomiebehörde 1997, Slowenien 1996, Tunesien 1995.

Europäische Währungseinheit

1) Seit 1. 1. 1999: *Euro.

2) *European Currency Unit* (ECU). Bis Ende 1998 Rechnungseinheit im europäischen Währungssystem fester (Bandbreite ±15%), aber anpassungsfähiger Wechselkurse (EWS, seit 13.03.1979). Bei Erreichen der festgelegten Höchst- und Niedrigstkurse zwischen zwei Währungen sind die Zentralbanken zur Intervention in unbegrenzter Höhe verpflichtet. Gegenüber Griechenland, Großbritannien und

Schweden – die sich 1998/99 nicht am Wechselkursmechanismus beteiligen – und Drittwährungen sind die EU-Währungen flexibel. Berechnet als gewichtete Summe der einzelnen EU-Mitgliedswährungen:
0,6 242 DM + 1,332 FF + 0,08 784 £+ 151,8 Lit + 0,2 198 hfl + 3,301 bfr + 0,130 lfr + 6,885 Pta + 0,1 976 dkr + 0,008 552 Ir£+ 1,440 Dr + 1,393 Esc.
1 Ecu = 1,98 DM (Stand August 1998).
Gegenüber dem ECU an Wert gewonnen haben seit 1975 nur DM, Gulden und Schilling.

European Currency Unit
*Europäische Währungseinheit.

eV *Elektronvolt.

Evlek
Alt-türkisches Flächenmaß:
1 Evlek = 230 Meter^2.

EWG
*Einwohnergleichwert, *Europäische Union.

Excedens *Druck.

Exergie
oder *Nutzenergie*, vollständig umwandelbare Energie, d. h. derjenige Anteil einer Energie, der unter Mitwirkung der Umgebung in jede andere Energieform umwandelbar ist.
Energie = Exergie + Anergie

$$W_E = (H - H_{amb}) - T_{amb}\,(S - S_{amb})$$

Einheit: *Joule

H und S: Enthalpie und Entropie bei einem bestimmten Anfangszustand; amb = Umgebungszustand.

exi
Index (DIN 1304) für: Ausgang, lat. *exitus* (z. B. Ausgangsleistung P_{exi}).

exp
Abk. f.: Exponentialfunktion; *explodes*, explosiv.

Explosionsgrenze
Diejenige Mischung mit Luft, mit der ein Stoff bei Zündung zur Explosion gebracht werden kann. Beispiel: untere und obere Explosionsgrenze von Wasserstoff: 4,0 bzw. 76 Vol.-% in Luft, Zündtemperatur 560 °C.

Exposition
[lat.] *Belichtung; Gesamtheit der Umgebungsbedingungen; Ausmaß, in dem ein Objekt oder Individuum der Einwirkung eines Agens oder Gefahrstoffes ausgesetzt ist.

Exposure *Ionendosis.

ext
Abk. f.: *external*, äußerlich, äußeres. Index (DIN 1304) für: außen, extern.

Extinktion
*Extinktionskoeffizient, *fotometrische Einheiten und Größen.

Extinktionskoeffizient, molarer
Bezogener molarer dekadischer Absorptionskoeffizient $\kappa(\lambda)$ (früher ε_λ) in m^2/mol. Proportionalitätsfaktor im Lambert-Beer-Gesetz, der Konzentration des gelösten Stoffes proportional (*fotometrische Einheiten und Größen).
Spektrales Absorptionsmaß (Extinktion):

$$A(\lambda) = \kappa(\lambda)\,c\,d = \kappa(\lambda)\,d\,\frac{m}{M\,V}$$

$$\tau_i(\lambda) = 10^{-\kappa(\lambda)\cdot c\cdot d} = \mathrm{e}^{-\kappa_n(\lambda)\cdot c\cdot d}$$

τ spektraler Reintransmissionsgrad = „Transmission", c Stoffmengenkonzentration, d Schichtdicke der Küvette.

Extinktionsmodul
*fotometrische Einheiten und Größen.

E

F

Formelzeichen

Physikalische Größe	Symbol	Einheit		Definition
Frequenz frequency	f, ν	Hz	$= s^{-1}$	$f = T^{-1}$
Kenn-, Eigenfrequenz characteristic frequency	f_0, ν_0	Hz	$= s^{-1}$	
Eigenfrequenz bei Dämpfung characteristic attenuation frequency	f_d, ν_d	Hz	$= s^{-1}$	
Grundschwingungsgehalt fundamental factor	f_u	–	$= 1$	$f_u = U_1/U$
Kraft force	$\vec{F}$	N	$= m\,kg\,s^{-2}$	$\vec{F} = \frac{d\vec{p}}{dt} = m\,\vec{a}$
Kraftkoordinate vibrational force coordinate	F_{ij}	versch.		$F_{ij} = \frac{\partial^2 V}{\partial S_i \partial S_j}$
Kraftkonstante vibrational force constant	f, k	J/m^2	$= kg\,s^{-2}$	$f = \frac{\partial^2 V}{\partial r^2}$
– mehratomiges Molekül polyatomic molecule	f_{ij}	versch.		$f_{ij} = \frac{\partial^2 V}{\partial r_i \partial r_j}$
Gravitationskonstante gravitational constant	(f)	$N\,m^2 kg^{-2}$		siehe G
Fugazität, realer Druck fugacity	f	$Pa = N\,m^{-2} = m^{-1} kg\,s^{-2}$		
Reibungszahl coefficient of friction	$(f), \mu$	–	$= 1$	siehe μ
Helmholtzsche Freie Energie Helmholtz free energy	$F, (A)$	J	$= m^2 kg\,s^{-2}$	$F = U - T\,S$
Spezif. Freie Energie specific free energy	f	J/kg	$= m^2\,s^{-2}$	
Faraday-Konstante Faraday constant	F	C/mol	$= s\,A\,mol^{-1}$	$F = eN_A$
Aktivitätskoeffizient activity coefficient	$f, (\gamma)$	–	$= 1$	$f_i = \frac{a_i}{x_i}$
Rotationsenergieterm rotational term	F	m^{-1}		$F = \frac{E_{rot}}{hc}$
Brennweite focal distance	f	m		
Packungsanteil packing fraction	f	–	$= 1$	
Thermische Reaktornutzung thermal effectivity of a reactor	f	–	$= 1$	
Hyperfeinstruktur-Quantenzahl hyperfine structure quantum number	F	–	$= 1$	

F
Zeichen für das *chemische Element Fluor; *Farad, *Fahrenheit, *Faraday-Konstante, *Franc Prägeort Stuttgart (dt. Reichsmünzen nach 1872)

°F
Abk. f.: *degree Fahrenheit*, *Grad Fahrenheit, *Thermometerskalen

f
Abkürzung für: femto; Farad [*US*, international: F]; *formation*, Bildung; *forward*, vorwärts; *faradaic*, Faraday...; Frequenz, *frequency*; Index (DIN 1304) für: Feld, Erregung (z. B. Erregerstromstärke I_f).

Faden
1) [ahd. *fadum*, „Garn von der Länge der ausgebreiteten Arme“]. Altes Tiefen- und *Schiffahrtsmaß (*Klafter):
1 Faden = $^1/_{1000}$ Seemeile = 1,85 Meter.
2) 1 Faden =
= 1,883 Meter (Dänemark, *favn*)
= 1,83 Meter (England)
= 1,62 Meter (Frankreich, *toise)
= 1,92 Meter (Hamburg)
= 1,72 [1,88] Meter (Island, *fathmur)
= 1,88 Meter (Niederlande)
= 1,883 Meter (Norwegen)
= 2,2 Meter (Portugal)
= 1,64 Meter (Preußen)
= 2,13 Meter (Russland, *saschen)
= 1,72 Meter (Schleswig-Holstein)
= 1,72 Meter (Schweden, *famn*)
= 1,67 Meter (Spanien)
= ca. 1,83 Meter (USA, *fathom).
3) Altes Raummaß für Holz:
1 Faden =
= 1,74 Raummeter (Bremen)
= 3,99 [3,2] Raummeter (Lübeck)
= 3,48 Raummeter (Schwerin)
= 4,45 Raummeter (Strelitz)
= 1,68 Raummeter (Oldenburg)
= 2,54 Raummeter (Schleswig-Holstein)
= 54,5 Kilogramm (Lüneburg).

Fahrt *Geschwindigkeit.

Faktor
oder **Beiwert**, reelles oder komplexes Verhältnis einer Größe zu einer Bezugsgröße gleicher Dimension; unbeschränkter Wertebereich. – Beispiele:

$$\text{Leistungsfaktor} = \frac{\text{Wirkleistung}}{\text{Scheinleistung}}$$

$$\text{Korrektionsfaktor} = \frac{\text{richtiger Wert}}{\text{Anzeigewert}}$$

$$\text{Verstärkungsfaktor} = \frac{\text{Spannung am Ausgang}}{\text{Spannung am Eingang}}$$

$$\text{Reflexionsfaktor} = \frac{\text{reflektierte Feldgröße}}{\text{auftreffende Feldgröße}}$$

$$\text{Füllfaktor} = \frac{\text{ausgefülltes Volumen}}{\text{Gesamtvolumen}}$$

Falkland-Pfund *Pfund.

Fallbeschleunigung
1) Ortsabhängige Größe g (in m s^{-2}) des freien Falls aufgrund der Schwerkraft (*Gravitation), die einen Körper in Richtung des Erdmittelpunktes beschleunigt; früher Grundlage *Technischer Einheitensysteme. Die Fallstrecke steigt mit dem Quadrat der Fallzeit (5 m nach 1 s, 20 m nach 2 s, 45 m nach 3 s, usw.). Im luftleeren Raum fallen alle Körper gleich schnell. Infolge der Luftreibung stellt sich beim freien Fall eines Menschen ohne Fallschirm nach 7 Sekunden eine gleichförmige Geschwindigkeit von 55 m/s ein.
2) *Normalfallbeschleunigung.
3) *Fallbeschleunigung auf der Erdkugel*, in Abhängigkeit der geografischen Breite α gilt:

$$g = 9{,}8064 - 0{,}0259\cos(2\alpha)$$

Äquator	9,780	m/s²
Rom	9,803 67	m/s²
45° Breite	9,806 16	m/s²
München	9,807 33	m/s²
Paris	9,809 43	m/s²
Stockholm	9,818 43	m/s²
Nord-/Südpol	9,832	m/s²

4) *Fallbeschleunigung auf Himmelskörpern*

Mond	1,62	m/s²	Merkur	3,62	m/s²
Mars	3,75	m/s²	Pluto	7,9	m/s²
Venus	8,49	m/s²	Uranus	9,40	m/s²
Saturn	11,1	m/s²	Neptun	14,7	m/s²
Jupiter	26	m/s²	Sonne	274	m/s²

Famn
Altes Längenmaß aus Schweden und Finnland, *„Faden, Klafter“:
1 Famn = 1,78 Meter.

Fan (= Tschan(g), Tschan)

Altes Längenmaß aus China:
1 Fan = 2,46 Millimeter.

Fanega

Altes Getreide-Hohlmaß aus Spanien, Portugal und Lateinamerika (*„Scheffel"):
1 Fanega =
= 137,2 Liter (Argentinien)
= 21,12 Liter (Alt-Spanien, Mexiko)
= 96,99 Liter (Chile)
= 400 Liter (Costa Rica)
= 105,7 Liter (Cuba)
= 55,5 Liter (Dominikanische Republik)
= 55,5 Liter (Ecuador)
= 55,5 Liter (El Savador)
= 55,5 Liter (Guatemala)
= 55 Liter (Kolumbien)
= 56 Liter (Marokko, *sahh*)
= 90,81 Liter (Mexiko)
= 288 Liter (Paraguay)
= 55,2 Liter (Portugal)
= 55,49 Liter (Spanien)
= 117,5 Liter (Venzuela).

Fanega

Altes Flächenmaß aus Spanien und Lateinamerika:
1 Fanega =
= 0,66 Hektar (Argentinien)
= 0,64 Hektar (Haiti)
= 0,64 Hektar (Kolumbien)
= 3,57 Hektar (Mexiko)
= 0,279 Hektar (Peru).

Fanegada

Altes Flächenmaß aus Spanien und Lateinamerika:
1 Fanegada =
= 0,645 Hektar (Peru)
= 0,6425 [0,644] Hektar (Spanien)
= 0,6987 [u.a.] Hektar (Venezuela).

Fanga

Altes Volumenmaß aus Portugal:
1 fanga = 55,4 Liter.

Farad (F, EDV: F)

1) Abgeleitete SI-Einheit der elektrischen Kapazität, benannt nach dem engl. Naturforscher MICHAEL FARADAY (1791–1867), definiert durch die Änderung der Ladungsmenge um 1 Coulomb bei Änderung der Spannung um 1 Volt in einem elektrischen Leiter oder Kondensator:
1 Farad =
= 1 Ampere-Sekunde/Volt
= 1 Coulomb/Volt
= 1 Siemens-Sekunde
= 1 Sekunde/Ohm
= 1 Henry/Ohm^2
= 1 $s^4 A^2 m^{-2} kg^{-1}$
= 10^{-9} e.m.u.
= $9 \cdot 10^{11}$ e.s.u.

2) Internationales Farad. Veraltet! Vor 1948, gesetzlich verboten 1975.
1 int. F =1 F_{int} = 0,999 510 (= $^1/_{1,00049}$) Farad.

3) Internationales Farad (vor 1948, amerikanische Definition):
1 Farad (int. US) = 0,999 505 Farad.

4) Abfarad, absolutes Farad. Veraltet! Kapazitätseinheit im elektromagnetischen cgs-System, im amtlichen Verkehr seit 01.01.1975 verboten:
1 abs. F = 1 F_{abs}= 10^9 Farad.

5) Statfarad, elektrostatisches Farad. Veraltet! Einheit der Kapazität im elektrostatischen cgs-System:
1 stat. F = $1{,}112\,650 \cdot 10^{-12}$.

Faraday

Veraltet! Einheit der Ladungsmenge, durch die Faraday-Konstante zu ersetzen: Elektrizitätsmenge, um ein *Grammäquivalent eines Ions aus einer Elektrolytlösung abzuscheiden (*Äquivalent).

$$1 \text{ Faraday} = \frac{N_A e}{\text{mol}} \approx 96484 \frac{\text{Coulomb}}{\text{mol}}.$$

Faraday-Konstante

F (in C/mol), Zahlenwert *Konstanten, *thermodynamischer Faktor, elektrochemisches *Äquivalent. Elementarladung e, Boltzmann-Konstante k, Faraday-Konstante F und Gaskonstante R sind verknüpft:

$$\frac{e}{k} = \frac{F}{R}$$

Faradayvolt (FV)

Veraltet! Energieeinheit der Elektrochemie:
1 Faradayvolt (FV) =
= F (96 484,5) Joule
= N_A ($6{,}023 \cdot 10^{23}$) Elektronvolt (eV)
= 952,225 ℓ atm.

Färbekoeffizient
Hb_E, MCH, *mean cell hemoglobin*, Hämoglobingehalt eines roten Blutkörperchens (in *Femtomol oder *Nanogramm).
hypochrom (Eisenmangel): <1,68 fmol Hb
Normalwert: 28–33 ng = 1,68–2,11 fmol Hb
hyperchrom (Folsäuremangel): >2,11 fmol Hb (bzw. Fe)

Farbtemperatur
*Candela, *Temperatur, charakteristische.

Farde
Alte Volumeneinheit aus Ägypten:
1 farde (groß) = 115,51 Liter,
1 farde (klein) = 75,57 Liter.

Fardeau
Altes Tuchmaß aus Frankreich:
1 Fardeau = 45 Stück Tuch à 24 Ellen.

Fardel
Altes Tuchmaß aus Süddeutschland:
1 Fardel = 45 Stück Tuch à 24 Ellen.

Fardello
[ital. „Bündel"]. Altes Tuchmaß aus Italien:
1 Fardello = 45 Stück Tuch à 24 Ellen.

Farsang (Farsach, Färsakh, Färsäng)
Altes Wegemaß: „orientalische Meile":
1 Farsang =
= 5250 Meter (Alt-Chaldäa, Phönizien)
= 4830 [4500 bis 4750] Meter (Arabien)
= 6720 [6240] Meter (Persien, **parasang*)
= 10 Kilometer (Persien, metrisch)
= 5000 Meter (Türkei: bis 1874)
= 1000 Meter (Türkei: ab 1874)
= 5070 Meter (Abessinien, *farsakh*).

Farthing
Alte englische Kupfermünze:
1 Farthing = $^1/_4$ Penny.

Fass
1) Maß- und Gewichtsordnung des Norddeutschen Bundes (seit 1866):
1 Fass = 1 Hektoliter.
2) Regional unterschiedliches, altes Hohlmaß für Flüssigkeiten und Getreide vor 1866:
1 Fass =
= 17,1 Hektoliter Bier (Bayern)
= 8,98 Hektoliter (Dänemark)
= 8,7 Hektoliter Wein (Hamburg)
= 0,53 Hektoliter Getreide (Hamburg)
= 2,02 Hektoliter (Hannover)
= 1,45 Hektoliter Bier (Lübeck)
= 5,66 [5,8] Hektoliter Wein (Österreich)
= 2,13 Hektoliter (Oldenburg)
= 2,3 Hektoliter Bier (Preußen)
= 4,0 Hektoliter Wein (Sachsen).

Fassmaß
Maße für das Fassungsvermögen von Weinfässern (Bütte, Eimer, Fuder, Halbstück, Logel, Ohm, Stück, Viertel, Viertelstück).

Faßsaat
Historisch! 189 Meter^2 (Fehmarn)

Fastenzeit *Quadragesima.

Fatal dose (FD)
Pharmakologie: Dosis, bei welcher 25% der Versuchtiere überleben.

Fathmur *Faden, *Island.

Fathom (fath., = „Faden, Klafter")
1) Veraltet! Nautisches Längenmaß des *Englischen Systems (z. B. für Tauwerk), auch als Tiefenmaß verwendet (z. B. in Seekarten):
1 Fathom = 6 foot = 2 yard
= 1,8288 Meter.
2) Länderspezifische Festlegung:
1 fathom *GB* [vor 1959] = 1.8 287 984 Meter
1 fathom *US* [vor 1959] = 1,8 288 037 Meter.
3) Entsprechungen in anderen Ländern: [span.] braza, [frz.] brasse, [ital.] tesa, [jap.] hiro, [holl.] vaam, [port.] braça, [poln.] sażeń, [schwed.] famn.

Faulx
Altes Flächenmaß aus der Schweiz:
1 Faulx = 54 Ar.

Faust
Altes Längenmaß aus Österreich:
1 Faust = 10,5 Centimeter.

favn *Faden.

fbm
Abkürzung für: *feet board measure*, **board feet*; $^1/_{12}$ Kubikfuß; vergleichbar dem veralteten *Festmeter.

FdW *Geschwindigkeit.

Fe Zeichen für das *chem. Element Eisen.

Februar *Monatsnamen.

Tabelle F.1 Federkonstante und Hookesches Gesetz.

Federkraft (Gesetz von HOOKE)	= Federkonstante · Weg	$\vec{F}_{el} = -k\,\vec{s}$	
Federkonstante (Richtgröße)	$= -\frac{\text{Kraft}}{\text{Auslenkung}}$	$k = -\frac{F}{s}$	$\frac{\text{N}}{\text{m}} = \frac{\text{kg}}{\text{s}^2}$
für gekoppelte Federn:			
– Parallele Kräfte		$k = k_1 + k_2 + \ldots$	
– Serienschaltung der Federn		$\frac{1}{k} = \frac{1}{k_1} + \frac{1}{k_2} + \ldots$	
Winkelrichtgröße	$= -\frac{\text{Drehmoment}}{\text{Auslenkwinkel}}$	$k^* = -\left\lvert\frac{\vec{M}}{\varphi}\right\rvert$	J = N m

Feddan
Altes Flächenmaß aus Ägypten:
1 Feddan = 42 ... 44,6 ... 59,3 Ar.
1 feddan masri = 42,01 Ar.

Federgewicht
Gewichtsklasse im Sport: bis 57 Kilogramm (Boxen) = bis 60 Kilogramm (Gewichtheben) = bis 62 Kilogramm (Ringen), bis 63 Kilogramm (Taekwondo).

Federkonstante
Proportionalitätsfaktor des *Hookeschen Gesetzes.* Festkörper zeigen innerhalb ihrer Deformationsgrenzen ein *elastisches Verhalten.* Der äußeren, deformierenden Kraft wirkt die elastische Kraft (Federkraft) entgegen. Je härter die Feder ist, umso größer ist die Federkonstante (Richtgröße).

Federwaage
*Massebestimmung, *Kraftmeßgeräte.

FED-STD
US-Abkürzung für: Federal Standard.

feet board measure *fbm.

Fehlergrenze
*messtechnische Unsicherheit.

Feingehalt (Feinheit, Feine, Korn)
1) Anteil von Edelmetallen (Gold, Silber) in Schmucklegierungen:
z. B. 585 = $^{585}/_{1000}$ = 58,5%;
99 999 = reines Edelmetall.
2) Früher: 24 Karat (Gold) und 16 Lot (Silber) als Münzgewichte.
3) *Carat.

Feinstruktur-Konstante *Konstanten.

Feinunze *Ounce.

Feld
Ein Feld charakterisiert einen Raumzustand, den physikalische Größen in ihrer Umgebung verursachen können. Die *Feldstärke $\vec{E}$ ist in jedem Ort durch den Verlauf des *Potentials φ beschrieben (*Gradient):

$$\vec{E} = -\text{grad}\,U = -\left(\frac{\partial}{\partial x} + \frac{\partial}{\partial y} + \frac{\partial}{\partial z}\right)U = -\vec{\nabla}U$$

• Feldlinien (es gilt $\vec{E} \times \vec{s} = 0$) verlaufen in Richtung des größten Potentialgefälles: von Plus (z. B. positive Ladung) nach Minus (negative Ladung). Elektronen wandern entgegen der Feldlinienrichtung!

• Feldlinien treten senkrecht aus der Leiteroberfläche.

• In Richtung der Feldlinien wirkt eine Zugkraft, quer dazu Druck.

Tabelle F.2: Kenngrößen des elektrischen Feldes.

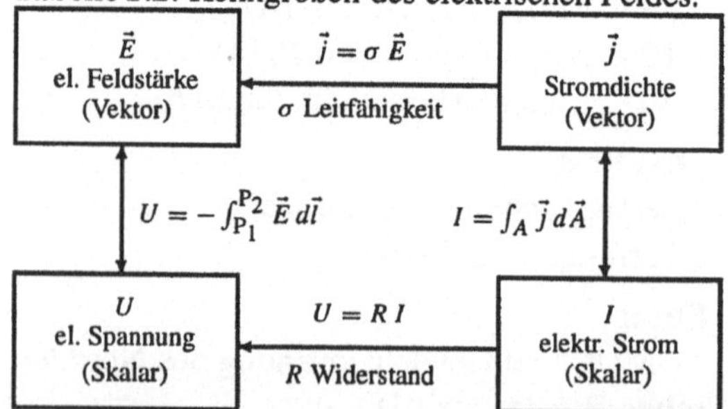

Feld, elektrisches
Unbewegte, elektrisch geladene Teilchen stehen vermittels des elektrischen Feldes in Wechselwirkung. Durch die kollektive Bewegung elektrisch geladener Teilchen entsteht das *konservative elektrische *Strömungsfeld.* Die Strö-

mungslinien der bewegten Ladungsträger heißen Feldlinien.
Kenngrößen des elektrischen Feldes sind *Feldstärke, *Stromdichte, *Spannung.

Feld, elektrostatisches

Kenngrößen des elektrostatischen Feldes um geladene Körper oder Teilchen sind: *Feldstärke, *Flussdichte, *Dielektrizitätskonstante.

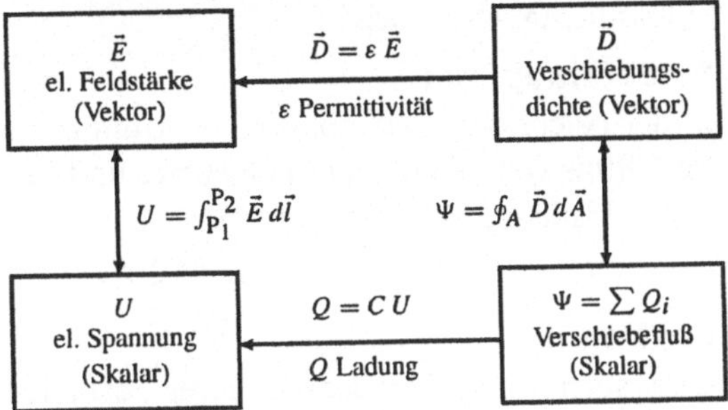

Feld, konservatives

Ein konservatives Kraftfeld, z. B. das elektrische Feld, ist ein wirbelfreies Vektorfeld, in dem gilt:

$$\operatorname{rot} \vec{E} = 0\,.$$

Feld, magnetisches

Um jeden stromdurchflossenen Leiter herrscht ein Magnetfeld. Weist der Daumen der rechten Hand in Stromrichtung, so deuten die gekrümmten Finger in Richtung der magnetischen Feldlinien (Korkenzieherregel). Feldlinien verlaufen außerhalb des Magneten *von Nord nach Süd*. In Feldlinienrichtung wirkt auf ein hypothetisches Teilchen „Zug", quer dazu „Druck". Definitionsgrößen vgl. *magnetische Einheiten und Größen.

Feld, wirbelfreies

(Elektrisches) Feld, in dem die *Umlaufspannung für jeden beliebig geschlossenen Weg verschwindet, den man auf stetige Weise, ohne ein bestimmtes Raumgebiet zu verlassen, in einen Punkt zusammenziehen kann (DIN 1323).
In einem *Feld mit Wirbeln* ist die Spannung für benachbarte Wege, die zwischen denselben Anfangs- und Endpunkten liegen, verschieden. Die Spannung lässt sich nicht mehr als *Potentialdifferenz zweier Feldpunkte auffassen.

Feldacker *Acker.

Feldgleichungen

oder *Maxwellsche Gleichungen*, verknüpfen die elektrischen *Feldgrößen miteinander.

Feldgröße

Nach DIN 5493 eine Größe, deren Quadrat der Leistung proportional ist (wenn die Größe auf eine lineare Impedanz wirkt). Beispiele: Spannung, Strom, Schalldruck, Schallschnelle, Kraft, Wechselgeschwindigkeit. Vgl. *Leistungsgröße, *Neper, *Dezibel, *Größenverhältnis. Radiologie: bestrahlte Körperfläche.

Feldgrößen des elektromagnetischen Feldes: elektrische Feldstärke $\vec{E}$, elektrische Flussdichte $\vec{D}$, magnetische Flussdichte $\vec{B}$, magnetische Feldstärke $\vec{H}$ (vgl. *Materialgleichungen).

- Differentielle Schreibweise:

$$\operatorname{rot} \vec{E} = -\frac{\partial \vec{B}}{\partial t} \qquad \text{mit} \quad \operatorname{div} \vec{D} = \varrho$$

$$\operatorname{rot} \vec{H} = -\frac{\partial \vec{D}}{\partial t} + \vec{J} \quad \text{mit} \quad \operatorname{div} \vec{B} = 0$$

- Schreibweise in Integralform:

$$\oint_s \vec{E} \cdot d\vec{s} = -\int_A \frac{\partial \vec{B}}{\partial t} \cdot d\vec{A} \quad \text{(Induktionsgesetz)}$$

$$\underbrace{\oint_s \vec{H} \cdot d\vec{s}}_{\text{magn. Spannung}} = \underbrace{\int_A \left(\frac{\partial \vec{D}}{\partial t} + \vec{J}\right) \cdot d\vec{A}}_{\text{Durchflutung}}$$

(Durchflutungsgesetz)

mit

$$\oint_A \vec{D} \cdot d\vec{A} = Q = \int_V \varrho \, dV$$

$$\oint_A \vec{B} \cdot d\vec{A} = 0$$

ϱ Raumladungsdichte (C/m³),
$\vec{J}$ Stromdichte (A/m²), t Zeit (s).

Feldkonstante, elektrische

ε_0 in F/m = A s/(V m), früher „Verschiebungskonstante" Δ. Im SI-System sind die Zahlenwerte für Lichtgeschwindigkeit und magnetische Feldkonstante mit den Definitionen der Basiseinheiten Meter und Ampere implizit festgelegt; damit ist $\varepsilon_0 = (\mu_0 c_0^2)^{-1}$. Zahlenwert *Konstanten, *Dielektrizitätskonstante, *Feldwellenwiderstand.

Feldkonstante, magnetische

Durch die *Amperedefinition an stromdurchflossenen Leitern festgelegt:

$$\mu_0 = \frac{2\pi a F}{I_1 I_2 l} = \frac{2\pi \cdot 1\,\text{m} \cdot 2{\cdot}10^{-7}\,\text{N}}{(1\,\text{A})^2 \cdot 1\,\text{m}} = 4\pi \cdot 10^{-7}\,\frac{\text{H}}{\text{m}}$$

Dimensionsbetrachtung:

$$\frac{\text{H}}{\text{m}} = \frac{\text{V s}}{\text{A m}} = \frac{\text{N}}{\text{A}^2}$$

Magnetische und elektrische Feldkonstante sind mit der Lichtgeschwindigkeit im Vakuum c verknüpft:

$$c^2 = \frac{1}{\mu_0 \varepsilon_0}.$$

Feldmaße

Ackermaße. Alte landwirtschaftliche Flächenmaße: Acker, Hufe, Morgen, Joch, Quadratrute, Scheffel, Tagwerk u.s.w. Ar und Hektar sind noch heute gültig.

Feldmorgen *Morgen.

Feldrute

Altes, regional unterschiedliches Landvermessungsmaß (vgl. *perche):
1 Feldrute = 29 bis 50 Centimeter
= 3,6 Meter (Frankfurt/Main)
= 5,0 Meter (Nassau)
= 4,3 Meter (Sachsen, *Feldmesserrute*)

Feldschuh

Historisch: ca. 0,5 Meter.

Feldstärke

Maß für die Zu- oder Abnahme eines Kraftfeldes (vgl. *Feld):

Feldstärke = const · Kraftfeld.

Im *homogenen* Feld ist die Feldstärke an jedem Ort gleich, die Feldlinien verlaufen parallel. Im *inhomogenen* Feld ist die Feldstärke örtlich veränderlich, die Feldlinien verlaufen nicht parallel. Um Kugelladungen wirkt ein *radialsymmetrisches Feld*.

Feldstärke, elektrische

Anschaulich die Kraft auf eine Einheitsladung im elektrischen Feld:

$$\vec{E} = \frac{\vec{F}}{Q}.$$

Der Feldstärkevektors $\vec{E}$ zeigt in Richtung der Kraft $\vec{F}$, wenn die Ladung Q positiv ist. *elektrische Spannung, *elektr. Potential.
Dimensionsbetrachtung:
$1\,\text{V/m} = 1\,\text{kg}\,\text{m}\,\text{s}^{-3}\text{A}^{-1} = 1\,\text{N/C}$.

Feldstärke, magnetische

*elektromagnetische Einheiten.

Feldstärke, Richtung

*Flussdichte, elektrische.

Feldstärkepegel

In der Nachrichtentechnik das logarithmische Verhältnis von elektrischer Feldstärke und Bezugsfeldstärke (vgl. *Dezibel):

$$L_E = 20\,\lg \frac{E}{E_{\text{ref}}} \quad \text{Einheit: dB}$$

Feldstudie

Untersuchung an Personen in ihrer normalen oder spezifischen Umwelt; nicht unter klinischen oder Laborbedingungen.

Feldwellenwiderstand

*Wellenwiderstand.

femto (f)

Das Billiardstel einer Einheit: $1\text{fg} = 10^{-15}\text{g}$.

Fenus semuncarium *Semuncia.

Feralin

Altes Flächenmaß aus Island:
1 feralin = 0,394 Meter^2.

Ferfathmur

Altes Flächenmaß aus Island:
1 ferfathmur = 3,546 Meter^2.

Ferfet

Altes Flächenmaß aus Island, „Quadratfuß":
1 ferfet = 0,0 985 Meter^2.

Feria... *Wochentage.

Fermi (f)

Veraltet! Längeneinheit der Kernphysik, benannt nach dem italienischen Kernphysiker ENRICO FERMI (1901–1954, Nobelpreis 1938):
1 Fermi = 10^{-15} Meter = 1 Femtometer.

Fermila

Altes Flächenmaß aus Island, Quadratmeile:
1 fermila = 56,738 Kilometer^2.

Fernsprechtechnische Einheiten

*Dezibel, *Erlang.

Ferrado

Altes Flächenmaß aus Portugal:
1 ferrado = 7,25 Ar.

Ferroelektrische Stoffkennzahlen

Nichtlineare Dielektrika sind Stoffe, deren Permittivität von der Feldstärke abhängt: $\varepsilon(|\vec{E}|)$. Analog zu den Ferromagnetika sind definiert:

- *Elektrisierungskurve:* Auftragung der *Flussdichte $D(E)$ oder Polarisation $P(E)$ in Abhängigkeit der Feldstärke.
- *Neukurve:* Die im Punkt $E = 0, D = P = 0$ beginnende Elektrisierungskurve.
- *Hystereschleife.* Zyklischer Durchlauf einer Folge von Feldstärkewerten zwischen zwei entgegengesetzt gleich großen Beträgen, so dass die Elektrisierungskurve einen aufsteigend und einen absteigend durchlaufenen Ast aufweist. Die von beiden Kurvenästen eingeschlossenen Fläche heißt *Hysteresefläche.*
- *Remanenzflussdichte.* Der für $E = 0$ vorhandene Wert der Flussdichte und der Polarisation $D_r = P_r$.
- Elektrische *Koerzitivfeldstärke* E_c, die Feldstärke beim Nulldurchang der Flussdichte.
- *Anfangspermittivität* ε_a. Die Neigung der $D(E)$-Elektrisierungskurve im Anfangspunkt der Neukurve.
- *Totale Permittivität.* Die Neigung der Ursprungsgeraden $D/E = \varepsilon$ zu einem Punkt auf der $D(E)$-Elektrisierungskurve.
- *Totale Suszeptibilität.* Die Neigung der Ursprungsgeraden $P/E = \chi_e$ auf der $P(E)$-Elektrisierungskurve.

Ferromagnetische Stoffkennzahlen

Ferromagnetika sind *magnetische Stoffe, die das äußere Magnetfeld erheblich stärken und stark ins Feld gezogen werden (z. B. Eisen, Cobalt, Nickel). Die *Permeabilitätszahl ist $\mu_r \gg 1$ (mit Maximum), die *Suszeptibilität ist positiv groß $\chi_m > 0$.

Ferromagnetika ändern je nach Magnetfeldstärke geringfügig ihre Länge (Magnetostriktion), was im magnetischen Wechselfeld zur Erzeugung von Ultraschall genutzt werden kann. Oberhalb der *Curie-Temperatur werden sie paramagnetisch.

DIN IEC 50 T 121-20 unterscheidet zwischen:

- *Ferromagnetismus* als Erscheinung, bei der die magnetischen Momente der Nachbaratome infolge Wechselwirkung über bestimmte Bezirke nahezu in die gleiche Richtung weisen. Die Ausrichtung der resultierenden Momente dieser Bezirke nimmt mit wachsender äußerer magnetischer Feldstärke zu.
- *Ferrimagnetismus.* Erscheinung, bei der ohne äußeres Magnetfeld die magnetischen Momente der Nachbaratome oder -ionen infolge Wechselwirkung sich teilweise derart aufheben, dass ein resultierendes magnetisches Moment verbleibt. Beim Anlegen eines äußeren Magnetfeldes nimmt die Ausrichtung der magnetischen Momente in Feldrichtung zu.

Ferthumlungur

Altes Flächenmaß aus Island:
1 ferthumlungur = 6,84 Centimeter^2.

Festigkeit

Mechanische Werkstoffkenngröße und Maß für den Widerstand gegen Verformung, z. B. *Zugfestigkeit.

Festmeter (Fm, fm)

Veraltet! Bis Ende 1977 gesetzlich zulässige Rechnungseinheit für gefälltes Holz; berechnet aus Stammlänge und Stammdurchmesser:
1 Festmeter = 1 Meter^3 = 1,2 Ster

Feststoffdichte

*Dichte, Massendichte.

Feststoffgehalt

Trockenmasse; Gehalt der Probe (z. B. Wasser, Abwasser, Schlamm) an ungelösten Stoffen nach Trocknung bei 105 °C für 24 Stunden.

Feststoffvolumen

*Oberfläche.

Fet

Isländischer *Fuß: 1 fet = 31,39 Centimeter.

Fettmännchen

Alte Kupfermünze aus dem Kölner Raum.

Feuchte, absolute

Massenkonzentration des Wasserdampfes in Luft (oder einem anderen Fluid):

$$\varrho_W = \frac{m_{H_2O}}{V} \quad \text{Einheit: } \frac{\text{kg}}{\text{m}^3}$$

Feuchte, relative

In der Thermodynamik, Meteorologie und Geophysik: Maß für den Wassergehalt der Luft.

$$f = \frac{p_{H_2O}}{p_{s,H_2O}} \quad \text{(Dimension 1)}$$

p_{H_2O} Partialdruck des Wasserdampfes,
p_s Sättigungsdampfdruck.

Feuchte, spezifische

Das Verhältnis der Masse des Wasserdampfes zur Masse der feuchten Luft im selben Volumen:

$$s = \frac{\varrho_w}{\varrho_w + \varrho_d} \quad \text{Einheit: } \frac{kg}{kg}$$

ϱ_w absolute Feuchte, ϱ_d Dichte feuchter Luft.

FFT

Abkürzung für: *Fast Fourier Transformation.*

Fiasco di vino

„Weinflasche", [ital. *fiasco*, „Strohflasche"]; altes Flüssigkeitsmaß aus Italien:
1 Fiasco di vino = 2,3 Liter.

Fidschi-Dollar *Dollar.

Figure of merit *Größenverhältnis.

Filippo

spanische Silbermünze unter Philip III., IV., V.

Filler *Forint, *Heller.

Filtrationsfraktion (FF)

Physiologie der Niere: abfiltrierter Primärharn (ca. 120 mℓ/min), bezogen auf die durchgesetzte Blutmenge.

$$\frac{\text{Glomerulusfiltrat (m}\ell\text{/min)}}{\text{renaler Plasmafluss (m}\ell\text{/min)}} \approx 0{,}2\%$$

FIM *Mark

fin Index (DIN 1304) für: Ende, lat. *finis.*

Fingan

Altes Flüssigkeitsmaß aus Iran und Persien:
1 Fingan = 0,25 Liter.

Finger

Ägyptisch-biblisches Längenmaß (ca. 3000 v. Chr.), hebr. *esba*. Auf der ägyptischen Elle wurde der 14. Finger in 16 gleiche Teile, der 15. in 15, der 16. in 14 ,..., der 28. Finger in zwei Teile unterteilt. So konnte man Bruchteile von Fingern in beliebigen Vielfachen von 2 oder 16 messen. Die kleinste Einheit war $^1/_{16}$ Finger, was $^1/_{448}$ der Elle entsprach.
1 Finger =
= $^1/_4$ Handbreite (Palme)
= $^1/_5$ Hand [mit Daumen]
= $^1/_{12}$ kleine Spanne
= $^1/_{14}$ große Spanne
= $^1/_{16}$ t'ser
= $^1/_{24}$ kleine ägypt. Elle
= $^1/_{28}$ große königliche ägypt. Elle
= ca. 1,8 Centimeter.

Finnland

Historische Längeneinheit: *sjömil.
Historische Flächeneinheit: *tun(n)land.
Historische Volumeneinheiten: *kannu, *tunna.
Währung: *Mark(ka).

Finsen

Vor 1960 vorgeschlagene, international nicht anerkannte praktische radiologische Einheit:
1 Finsen =
1 erythermale Flussdichteeinheit/Centimeter^2.

Fiorino

Feingoldmünze aus Florenz (11. Jh.) mit der Aufschrift „Florentia" und dem Bildnis Johannes des Täufers, nachgeahmt in Florin, Gulden.

Firkin

1) 1 Firkin *GB* = 9 Gallon *GB*
= $^1/_4$ Barrel *GB*.
2) 1 Firkin *US* = 9 Gallon *US*.

Firkin(g)

1) Altes Flächenmaß aus Dänemark:
1 Firking = 172,4 Meter^2.
2) Altes skandinavisches Volumenmaß:
1 Firkin(g) =
= 18,32 Liter (Finnland)
= 34,75 Liter (Norwegen)
= 18,32 Liter (Schweden).

Fixpunkt

Zur Festlegung der *internationalen Temperaturskala:

- Fundamentalpunkte: Tripel- und Siedepunkt des Wassers.
- Primäre Fixpunkte: Sauerstoff-, Zink-, Silber-, Goldpunkt.
- Sekundäre Fixpunkte.

Fjerding

Altes nordisches Hohl- und Flächenmaß („Viertel"):
1 Fjerding =
= 18,32 Liter (Finnland, Schweden: *fjärding*)
= 34,35 Liter (Norwegen)

= 34,78 Liter (Dänemark)
= 172,38 Meter^2 od. 8,87 Ar (Dänemark).

fl

1) Abkürzung für: engl. **fluid*; Fluid = flüssiges od. gasförmiges Medium; in der Thermodynamik: Index *(fl)* (kursiv gesetzt) für die flüssige Phase.
2) Femtoliter: $1\,\mathrm{f}\ell = 1\,\mu\mathrm{m}^3 = 10^{-9}\,\mu\ell$.

Flächendosisprodukt

*Dosimetrische Größe zur Kennzeichnung von Strahlenquellen; in der Röntgendiagnostik zur Kontrolle der Strahlenexposition des Patienten; definiert als das Flächenintegral der Luftkerma K_a über eine Schnittfläche S durch das Nutzstrahlenbündel:

$$F = \int_S K_a \, \mathrm{d}S \quad \text{Einheit: Gy m}^2$$

Veraltet ist *Röntgen-Centimeter^2.

Flächengewicht

*Schichtdicke.

Flächenladungsdichte

oder *Ladungsbedeckung*, auf die Leiteroberfläche A bezogene elektrische Ladung Q:

$$\sigma = \frac{\partial Q}{\partial A} \quad \text{Einheit: } \frac{\mathrm{C}}{\mathrm{m}^2} = \frac{\mathrm{A\,s}}{\mathrm{m}^2}$$

Vgl. *Flussdichte, elektrische.

Flächenmaße

*Angloamerikanische Einheiten.

Flächenmoment, magnetisches

*Moment, elektromagnetisches.

Flächennormale

Der *Normalenvektor* $\vec{n}$ (Dimension 1) ist der Einheitsvektor in Richtung der Flächennormalen; er steht senkrecht auf der Tangentialebene in einem gegebenen Punkt P_0 einer Fläche $F(x,y,z)$.

$$\vec{n} = \frac{\vec{u} \times \vec{v}}{|\vec{u} \times \vec{v}|}$$

$\vec{u}$, $\vec{v}$ Vektoren, die die Tangentialebene im Punkt P_0 aufspannen.

Flächenrute

Historisch! 1,9920 Hektar.

Flächenträgheitsmoment

Bezeichnung für: Flächenmoment 2. Grades (I in m^4). Man unterscheidet die axialen Flächenmomente I_{yy}, I_{zz} und die Flächendeviationsmomente I_{yz}, I_{zy}. Nicht verwechseln mit *Massenträgheitsmoment!

flam

Abkürzung für: *flammable*, entflammbar, leicht entzündlich.

Flasche

1) Handelsübliches Flüssigkeitsmaß:
1 Flasche = 0,5; 0,7 oder 1 Liter.
2) Historisch: 1 Flasche Wein (Preußen) = $^3/_4$ Quart = 0,85 Liter.
= 1 Liter (Hamburg, Nassau).

F

fle

Index (DIN 1304) für: Biegung, lat. *flexio* (z. B. Biegespannung σ_{fle}).

Fliegengewicht

Gewichtsklasse im Sport: bis 51 Kilogramm (Boxen), bis 52 Kilogramm (Ringen und Taekwondo), bis 54 Kilogramm (Gewichtheben).

Fließbereich

*Werkstoffkenngrößen.

Fließgleichgewicht

dynamisches Gleichgewicht, *steady state*; in dem sich eine physikalische Größe (z. B. Konzentration) zeitlich nicht ändert; unter kontinuierlicher Energiezufuhr. Falls ohne Energiedurchsatz: *thermodynamisches Gleichgewicht.

Fließgrenze

engl. *yield point;* in der Rheologie: kleinste Schubspannung τ, oberhalb derer sich ein plastischer Stoff wie eine Flüssigkeit verhält.

Flindrich

Groschenmünze des Spätmittelalters aus Oldenburg: 1 Flindrich = 3 Stüber = 4 Grote.

Florin

1) Aruba-Florin: 1 Afl. = 100 Cent (c, ct).
2) *Gulden.

flow

engl. „Durchfluss, Durchsatz, ...-fluss".

Flow resistance

[engl.] Strömungswiderstand.

Flugzeitmethode

*Längen- und Winkelmessung.

Fluid... (fl.)

Vorsilbe „flüssig" für veraltete Volumenmaße im Apothekergewerbe. In Großbritannien durch das metrische System ersetzt.

- fluid drachm *GB* (fl.dr.), *drachm.
- fluid dram *US* (fl.dr.), *dram.

- fluid ounce GB/US (fl.oz.), *ounce.
- fluid pint *GB* (fl.p.), *pint.
- fluid quart *GB* (fl.qt.), *quart.
- fluid scruple *GB*, *scruple.

Fluidität
*Viskosität.

Fluss
1) In einem Vektorfeld das Integral der Normalkomponente des Vektors über die Fläche: z.B. Verschiebungsfluss, magnetischer Fluss.
2) *Bedeckung.
3) In der Atomphysik zeitbezogene Größen, z. B. Neutronenflussdichte, Teilchenstromdichte.

Fluss, elektrischer
Ψ (in *Coulomb = Ampere-Sekunde), das Integral der Flussdichte über eine beliebige Fläche:

$$\Psi = \int_A \vec{D}\, \mathrm{d}\vec{A}$$

Ist die Fläche eine geschlossene Hülle, heißt Φ *Hüllenfluss*. Das Vorzeichen von $D_n\, \mathrm{d}A$ ist positiv, wenn der Flussdichtevektor einen spitzen Winkel mit der Normalenrichtung, die dem Flächenelement rechtswendig zugeordnet ist, bildet; vgl. Tabelle *elektrische Stromstärke.

Fluss, magnetischer
Φ (in *Weber = Volt-Sekunde), Definition als Integral der magnetischen Flußdichte $\vec{B}$ über eine Fläche A (*elektromagnetische Einheiten).

$$\Phi = \int_A \vec{B}\, \mathrm{d}\vec{A}$$

Der magnetische Fluss ändert sich, wenn sich bei ruhenden Leitern das magnetische Feld in der Zeit ändert oder Leiter sich im Magnetfeld bewegen.

Flussdichte, elektrische
Die elektrische Flussdichte $\vec{D}$ – oder Verschiebungsdichte, nach MAXWELL ehemals „Verschiebung" – ist für beliebige, auch nichtleitende Substanzen (*Dielektrika) durch den „Satz vom elektrischen Hüllenfluss" (Gaußscher Satz) definiert (DIN 1324):

$$Q = \oint \vec{D}\, d\vec{A} = \varepsilon_0 \oint \vec{E}\, d\vec{A}.$$

Der **Verschiebungsdichtevektor** $\vec{D}$ gibt die Richtung der elektrischen Feldstärke an: von Plus (positive Ladung) nach Minus (negative Ladung).

Die Ladung Q kann beliebig in dem betrachteten Volumen V verteilt sein. Man betrachtet die Normale an jedem Flächenelement $\mathrm{d}\vec{A}$ der Oberfläche (Hüllfläche, Begrenzungsfläche des Raumteiles) nach außen.

Spezialfälle und Anwendungen
- Im einem isotropen *Dielektrikum gilt speziell:

$$\vec{D} = \varepsilon_0 \varepsilon_r \vec{E}.$$

ε_0 heißt elektrische *Feldkonstante.
- *Plattenkondensator.* Die Ladung einer ebenen Leiteroberfläche $Q = \varepsilon_0 A E$ ist zur Feldstärke E proportional, so dass die Verschiebungsdichte $|\vec{D}| = \mathrm{d}Q/\mathrm{d}A_\perp$ (Einheit $\mathrm{C\,m^{-2}}$) gleich der Ladungsdichte der Kondensatoroberfläche σ (*Flächenladungsdichte* in $\mathrm{C/m^2}$) ist.

$$\sigma = \frac{Q}{A} = \varepsilon_0 \varepsilon_r E = |\vec{D}|$$

$$\vec{D} = \varepsilon_0 \vec{E} + \vec{P}$$

A Oberfläche des Leiters ($\mathrm{m^2}$), Q Oberflächenladung (C), P dielektrische Polarisation ($\mathrm{C\,m^{-2}}$), ε_0 *elektrische Feldkonstante.
- *Messung.* Die Flussdichte ist messbar, indem man zwei gleiche, kleine, dünne Metallscheiben im ungeladenen Zustand aufeinanderlegt, an den Feldort bringt und nach Trennung der Scheiben die influenzierte Flächendichte $\pm\sigma$ bestimmt; sie ist gleich dem Betrag der elektrischen Flussdichte in Richtung der ursprünglichen Normale der Scheibe: $D_n = \sigma$.

Flussdichte, magnetische
Die *Kraftflussdichte* oder **Induktion** $\vec{B}$ ist ein ortsabhängiges Maß für die Magnetfeldstärke (vgl. *elektromagnetische Einheiten).

$$B = \frac{\Phi}{S} \quad \text{Einheit: } \mathrm{T} = \frac{\mathrm{Wb}}{\mathrm{m}^2}$$

Φ magnetischer Fluß, S Querschnittsfläche.
Sie wird anschaulich durch:
- Kraftwirkung auf einen Probemagneten, der sich in einer stromdurchflossenen Spule befindet.
- Kraftwirkung auf einen Massepunkt mit positiver elektrischer Ladung Q, der sich mit der Relativgeschwindigkeit $\vec{v}$ gegen den materiellen Träger (Erreger) eines Magnetfeldes bewegt:

$$\vec{F} = Q\,(\vec{v} \times \vec{B})$$

• Kraftwirkung auf ein vom Strom I durchflossenes Drahtstück der Länge s, das sich im Magnetfeld befindet:

$$d\vec{F} = I\,(d\vec{s} \times \vec{B})$$

• Eine stromdurchflossene, kleine, ebene, starre Stromschleife der Fläche A, z. B. ein Drahtring, erfährt im Magnetfeld ein Drehmoment:

$$d\vec{M} = I\,(d\vec{A} \times \vec{B})$$

flux engl. „Fluss, ...-fluss".

Fm

Zeichen für das *chem. Element Fermium.

fnp, Fp

Abkürzung für: *fusion point*, Schmelzpunkt.

Focal distance

engl. „Brennweite", *Formelzeichen f.

Fod

„Nordischer Fuß", altes Längenmaß aus Dänemark und Norwegen:
1 Fod = 31,38 Centimeter.

Foder

Alte Volumeneinheit aus Schweden („Fuhre"):
1 foder = 942 Liter.

Foglietta

[ital. „Blättchen"]. Altes Flüssigkeitsmaß aus Italien: 1 Foglietta = 0,46 Liter.

Folio *Papierformate.

Foot (ft.)

1) Mehrzahl **feet**, engl. „Fuß". *Angloamerikanisches Längenmaß, in Deutschland nichtgesetzlich, in einigen EG-Ländern zulässig:
1 Foot =
= 30,48 Centimeter [exakt]
= 0,999 998 Foot (US Survey)
= 12 Inch
= 0,3048 Meter
= 304,8 Millimeter
= $1{,}645\,788 \cdot 10^{-4}$ Mile (nautical)
= $1{,}893\,939 \cdot 10^{-4}$ Mile (*US* statute)
= $^1/_3$ Yard.

2) Amerikanische Landvermessung:
1 Foot (US Survey) =
= 1,000 002 Foot
= 0,30 480 060 960 (= $^{1200}/_{3937}$) Meter.

3) EG-Amtsblatt L262 vom 27.Sept.1976:
1 ft. = 0,3048 m.

4) Entsprechungen in anderen Ländern: [span.] pie, [frz.] pied, [ital.] piede, [jap.] fūto, [holl.] voet, [port.] pé, [poln.] stopa, [schwed.] fot.

Foot per... (= Fuß pro...)

1) ...Grad Fahrenheit
1 ft./°F = 0,54 864 Meter/°C.

2) ...hour: Geschwindigkeitseinheit:
1 ft./hr = $8{,}466\bar{6} \cdot 10^{-5}$ Meter/sec.

3) ...minute
1 ft./min =
= 0,018 288 Kilometer/Stunde
= $9{,}87\,473 \cdot 10^{-3}$ Knoten
= $5{,}08 \cdot 10^{-3}$ Meter/Sekunde
= 0,01 136 364 ($^1/_{88}$) Mile/hour.

4) ...second
1 ft./sec =
= 1,09 728 Kilometer/Stunde
= 0,5 924 838 Knoten
= 18,288 Meter/Minute
= 0,3 048 Meter/Sekunde
= 0,6 818 182 Mile/hour.

5) ...square second
1 ft./sq.sec. =
= 1,09 728 Kilometer/(Stunde·Sekunde)
= 0,3 048 Meter/Sekunde^2
= 0,6 818 182 Mile/(hour · sec).

Foot-candle

Veraltete britische und amerikanische Einheit der Beleuchtungsstärke (= Lichtstrom/Fläche), bezogen auf ein Fuß Einheitslänge:
1 Foot-candle = 1 Lumen/square foot
= 10,76 391 Lumen/Meter^2 = 10,76 391 Lux.

Foot-lambert (ft.la., ft la)

Veraltete amerikanische Einheit der Leuchtdichte (= Lichtstärke/Fläche), definiert als $1/\pi$ candle/square foot (= „Kerzen/Quadratfuß") oder die gleichmäßige Erhellung einer ideal diffusen Oberfläche, die Licht mit der Rate 1 Lumen/Quadratfuß aussendet oder reflektiert:
1 ft.la. =
= $3{,}426\,259 \cdot 10^{-4}$ Candela/Quadratcentimeter
= 0,3 183 099 ($^1/_\pi$) Candela/square foot
= 3,426 259 Candela/Meter^2
= 10,76 391 Apostilb (asb.)
= $1{,}076\,391 \cdot 10^{-3}$ Lambert
= 10,76 391 Meter-Lambert.

Foot of water
Auch *conventional ft. of water*, „konventionelle Fuß Wassersäule:
1 ft. H_2O (conv.) =
= 304,8 mm Wassersäule (exakt)
= 0,0 294 998 Atmosphäre
= 0,0 298 907 Bar
= 0,882 671 Inch Quecksilbersäule
= 0,03 048 Kilopond/Centimeter^2
= 304,8 Kilogramm-force/Meter^2
= 22,4 198 Millimeter Quecksilbersäule
= 2989,07 Pascal (= Newton/Meter^2)
= 0,433 527 Pound-force/square inch.

Foot poundal (ft.pdl.)
Veraltete britische, nichtmetr. Energieeinheit:
1 Foot-poundal =
= $3{,}9\,911 \cdot 10^{-5}$ Btu
= 0,0 100 650 Calorie
= 0,0 310 810 Foot-pound-force
= 0,0 421 401 Joule
= $4{,}29\,710 \cdot 10^{-3}$ Kilogramm-force-meter (Kilopond-Meter)
= $4{,}15\,891 \cdot 10^{-4}$ Liter-Atmosphäre
= $1{,}17\,056 \cdot 10^{-5}$ Wattstunde.

Foot-pound-force (ft.lbf.)
„Fuß-Kraftpfund", nichtmetrische Energieeinheit, entsprechend der Energie, um ein Pfund eine Sekunde um ein Fuß anzuheben.
1 ft.lbf. =
= $1{,}28\,507 \cdot 10^{-3}$ Btu
= 0,323 832 Calorie
= $4{,}72\,541 \cdot 10^{-4}$ Cubic foot-atmosphere
= 32,1 740 Foot-poundal
= $5{,}05\,051 \cdot 10^{-7}$ Horsepower-hour *GB*
= $5{,}12\,055 \cdot 10^{-7}$ metric Horsepower-hour (PS-Stunde)
= 1,35 582 Joule
= 0,138 255 Kilopondmeter (= kgf.m.)
= 0,0 133 809 Liter-Atmosphäre
= 1,35 582 Newton-meter
= $3{,}76\,616 \cdot 10^{-4}$ Wattstunde.

Foot-pound-force per... (ft.lbf./hr)
1) ...hour (Stunde)
1 ft.lbf./hr = $3{,}76\,616 \cdot 10^{-4}$ Watt
2) ...minute (Minute)
1 ft.lbf./min =
= $3{,}03\,030 \cdot 10^{-5}$ Horsepower *GB*
= $3{,}07\,233 \cdot 10^{-5}$ metric Horsepower (Pferdestärke)
= 0,0 225 970 Watt.
3) ...second (Sekunde)
1 ft.lbf.sec =
= $1{,}81\,818 \cdot 10^{-3}$ ($^1/_{550}$) Horsepower
= $1{,}84\,340 \cdot 10^{-3}$ metric Horsepower
= 1,355 818 Watt.

Foot-Pound-Second-System (ft lb s)
Angloamerikanisches *absolutes mechanisches Einheitensystem, basierend auf den Basiseinheiten **foot*, **pound* und **second*, in den USA durch Umrechnungsbeziehungen an die Prototypen des metrischen Systems angeschlossen. In Großbritannien waren früher das *Imperial Standard* **Yard* (1 yd = 3 ft) und das *Imperial Standard Pound* definiert. Abgeleitete kohärente Einheiten mit besonderen Namen sind **poundal* (Kraft) und **Reyn* (dynamische Viskosität).

foot to the fourth power
$ft^4 = 8{,}630\,975 \cdot 10^{-3}\ m^4$.

Force
GB, US für eine Krafteinheit, in Abgrenzung zur Masse; z. B. *pound-force* (lb.f.) gegenüber *pound* (lb.); *Kraft.

Forint (Ft, Iso-Code: HUF**)**
Ungarische Währungseinheit:
1 Forint = 100 Filler (f) = ca. 0,011 DM.

Forstrute *perche.

Fortin
Altes Raummaß aus der Türkei:
1 Fortin = 4 Kileh = 35 bis 37 oder 141 Liter.

Fossoyée
Altes Flächenmaß aus der Schweiz:
1 Fossoyée = 3,376 Ar.

Fot
Altes nordisches Längenmaß (*Fuß):
1 Fot = 29,69 Centimeter (Schweden),
= 35 Centimeter (Finnland).
= 31,57 Centimeter (Norwegen).

Fotometrie
*fotometrische Einheiten und Größen, *Konzentrationsmessgeräte, *Oberflächenmessung.

Fotometrische Beleuchtungsstärke
*Beleuchtungsstärke.

Fotometrische Bewertung

In der Lichttechnik werden strahlungsphysikalische Größen für unterschiedliche Lichtverhältnisse L angegeben (DIN 5031):

- *Tagsehen* (fotopischer Bereich, für $L > 100$ cd/m^2):

$$L = K_m \int L_{e\lambda}\, V(\lambda)\, d\lambda$$

- *Adaptionsbereich* (mesopischer Bereich, äquivalente Leuchtdichte $L = 10^{-5}$ bis 100 cd/m^2):

$$L_{eq} = K_{m,eq} \int L_{e\lambda}\, V_{eq}(\lambda)\, d\lambda$$

- *Nachtsehen* (skotopischer Bereich, für $L' < 10^{-5}$ cd/m^2):

$$L' = K'_m \int L_{e\lambda}\, V'(\lambda)\, d\lambda$$

Darin bedeuten:

K_m Maximalwert des fotometrischen Strahlungsäquivalents:
- $K_m = 683$ lm/W (Tagsehen)
- $K_{m,eq} = \dfrac{683\ \text{lm/W}}{V_{eq}(555\ \text{nm})}$ (Übergang)
- $K'_m = 1699$ lm/W (Nachtsehen).

$V(\lambda)$ Spektraler Hellempfindlichkeitsgrad: $V(555\ \text{nm}) = 1$ (Tagsehen), $V'(555\ \text{nm}) = 0{,}402$ (Nachtsehen).

Tabelle F.3: Empfohlene Beleuchtungsstärken für Allgemein- und Arbeitsplatzbeleuchtung.

	Allgemein		Arbeitsplatz	
Ansprüche	kurzzeitig (Lux)	länger (Lux)	kurzzeitig (Lux)	länger (Lux)
minimal	30	60	–	–
gering	60	120	–	–
mäßig	120	250	250	500
hoch	250	500	500	1000
sehr hoch	600	1000	1000	2000
extrem	–	–	4000	4000–8000

Fotometrische Einheiten und Größen

Für elektromagnetische Strahlung, Wärmestrahlung, Licht und Zusammenhänge der Fotometrie und geometrischen Optik.

- Strahlungsphysikalische und radiologische Größen tragen die Einheit „Watt", lichttechnische Größen die Einheit „Candela".
- In Formelzeichen bezeichnet der Index e (**energetisch**) physikalische Strahlungsgrößen, der Index v (**visuell**) lichttechnisch-physiologische Größen.

Größen für Ausstrahlung tragen den Index 1; Größen für Einstrahlung den Index 2.

- Der Vorsatz "**spektral**" kennzeichnet Größen, die Funktionen der Wellenlänge $X(\lambda)$ oder Frequenz $X(\nu)$ sind.

Spektrale Dichten sind Differentialquotienten von energetischen Größen nach der Wellenlänge oder Frequenz und tragen den Index λ. Beispiel: $w(\lambda)$ ist zu unterscheiden von $w_\lambda = dw(\lambda)/d\lambda$.

- Reflexionsgrad, Absorptionsgrad und Transmissionsgrad sind Stoffkennzahlen, die sich auf den *auftreffenden* Lichtstrom (auf ein optisch klares Medium) beziehen (DIN 1335, 5031, 5036).
- Reinabsorptions- und Reintransmissionsgrad beziehen sich auf den *eindringenden* Lichtstrom und charakterisieren das Innere eines optisch klaren Mediums (DIN 1349 T1).

Optisch klar heißt ein isotropes, homogenes, nicht lumineszierendes Medium, in dem keine Richtungsänderung der Strahlung eintritt.

Trübes Medium heißt ein Medium, in dem Absorption und Volumenstreuung (an mikroskopischen, statistisch gleichmäßig verteilten Inhomogenitäten) auftreten. Makroskopisch sei es homogen und optisch isotrop (DIN 1349 T2).

An einer optisch klaren Platte (aus einem isotropen und homogenen Medium 2 mit der Brechzahl n_2) in einem Umgebungsmedium 1 mit der Brechzahl n_1 (z. B. Luft unter Normalbedingungen: $n_1 \approx 1{,}0003$) spaltet sich der auffallende Strahlungsfluss in Teilstrahlungsflüsse auf:

- Auftreffender Strahlungsfluss $\Phi_{e\lambda}$ unter dem *Einfallswinkel* ζ_1 (gemessen gegen die Flächennormale der Platte).
- Reflektierter Strahlungsfluss $\varrho_1 \Phi_{e\lambda}$ unter dem Reflexionswinkel ζ_1.
- Eingedrungener spektraler Strahlungsfluss $\Phi_{e\lambda,in} = [1 - \varrho_1]\, \Phi_{e\lambda}$ unter dem Brechungswinkel ζ_2 (gegen die Flächennormale).
- Ausdringender spektraler Strahlungsfluss $\Phi_{e\lambda,ex} = [1 - \varrho_1]\, \tau_i\, \Phi_{e\lambda}$, Brechungswinkel ζ_2 (gegen die Flächennormale).

• An der Grenzfläche ins Platteninnere reflektierter Strahlungsfluss $\varrho_2\,\Phi_{e\lambda,ex}$, Reflexionswinkel ζ_2 (gegen die Flächennormale).
• Durchgelassener spektraler Strahlungsfluss $[1-\varrho_2]\,\Phi_{e\lambda,ex}$, Ausfallwinkel ζ_3 (gegen die Flächennormale).

Fotometrisches Entfernungsgesetz

*Beleuchtungsstärke.

Fotometrisches Grundgesetz

*Strahlungsaustausch.

Fotometrische Lichtstärkeeinheit

*Candela.

Fotometrische Messverfahren

*Extinktionskoeffizient, optische *Aktivität, *Strahlungsmessgeräte.

Tabelle F.4: Größen aus Strahlungsphysik, Lichttechnik und Radiologie, Einheiten in Klammern.

1) Strahlungsenergie und -leistung

Größe	Definition	Formel
Lichtmenge (lm s), Strahlungsenergie	= Lichtstrom · Strahlungsdauer	$Q = W = \int \Phi\,\mathrm{d}t = \int Q_\lambda\,\mathrm{d}\lambda = K_\mathrm{m} \int Q_{e\lambda}\,V(\lambda)\,\mathrm{d}\lambda$
Spektrale Strahlungs-energiedichte (W s/m)	$= \frac{\text{Strahlungsenergie}}{\text{Wellenlänge}}$	$Q_\lambda = \frac{\mathrm{d}Q}{\mathrm{d}\lambda}$
Spektrale (Dichte der) Energiedichte (W s m^{-4})	$= \frac{\text{Strahlungsenergie}}{\text{Volumen} \cdot \text{Wellenlänge}}$	$w_\lambda = \frac{\mathrm{d}Q_\lambda}{\mathrm{d}V} = \frac{4\pi n}{c}\,L_\lambda\,\Omega_0$
Photonenanzahl (Dimension 1)	= spektrale Photonendichte · Wellenlänge	$N_\mathrm{p} = \int N_{\mathrm{p}\lambda}\,\mathrm{d}\lambda$, $\frac{\mathrm{d}N_\mathrm{p}}{\mathrm{d}\lambda} = \frac{Q_\lambda \lambda}{h\,c}$, $\frac{\mathrm{d}N_\mathrm{p}}{\mathrm{d}\nu} = \frac{Q_\nu}{h\,\nu}$
Lichtstärke (cd), Strahlstärke (W/sr)	$= \frac{\text{ausgesandter Lichtstrom}}{\text{durchstrahlter Raumwinkel}}$	$I = \frac{\mathrm{d}\Phi}{\mathrm{d}\Omega}$
Lichtstrom (lm = cd sr), Strahlungsfluss	= Lichtstärke · durchstrahlter Raumwinkel	$\Phi = \int I\,\mathrm{d}\Omega$
Strahlungsleistung (W)	$= \frac{\text{Strahlungsenergie}}{\text{Zeit}}$	$\Phi = P = \frac{\mathrm{d}Q}{\mathrm{d}t}$
Photonenstrom (s^{-1})	$= \frac{\text{Photonenanzahl}}{\text{Zeit}}$	$\Phi_\mathrm{p} = \frac{\mathrm{d}N_\mathrm{p}}{\mathrm{d}t}$
spektraler Strahlungsfluss (W/m)	$= \frac{\text{Strahlungsfluss}}{\text{Wellenlänge}}$	$\Phi_\lambda = \frac{\mathrm{d}\Phi}{\mathrm{d}\lambda}$
	Frequenzbezogen:	$\Phi_\nu = \frac{\mathrm{d}\Phi}{\mathrm{d}\nu} = -\Phi_\lambda\,\frac{\lambda}{\nu}$
	Logarithmisch-spektral:	$\frac{\mathrm{d}\Phi}{\mathrm{d}\lambda/\lambda} = \frac{\mathrm{d}\Phi}{\mathrm{d}\lambda}\,\lambda = \Phi_\lambda\,\lambda$

2) Flächenbezogene Strahlungsenergie und -leistung

Größe	Definition	Formel
spezifische **Ausstrahlung** (W m^{-2} = lm m^{-2})	$= \frac{\text{abgestrahlter Strahlungsfluss}}{\text{Fläche}}$	$M = \frac{\mathrm{d}\Phi}{\mathrm{d}A_\perp}$
Beleuchtungsstärke, Bestrahlungsstärke (lx = lm m^{-2} = W/m^2)	$= \frac{\text{auffallender Lichtstrom}}{\text{beleuchtete Fläche}}$	$E = \frac{\mathrm{d}\Phi}{\mathrm{d}A_2}$
Raumbeleuchtungsstärke, Energieflussdichte (lx = W m^{-2})	$= \frac{4 \cdot \text{Strahlungsleistung}}{\text{beleuchtete Kugeloberfläche}}$	$E_0 = (\psi) = \int_{4\pi} L\,\mathrm{d}\Omega_2$
Zylindrische Beleuchtungsstärke	= Mittel der vertikalen Beleuchtungsstärken	$E_\mathrm{z} = \frac{1}{\pi} \int_{4\pi} L\,\mathrm{d}\Omega_2 \cos\xi_2 = \frac{1}{2\pi} \int_{2\pi} E_\mathrm{v}\,\mathrm{d}\varphi = \bar{E}_\mathrm{v}$

ξ_2 Lichteinfallwinkel (senkrecht zur optischen Achse), φ Winkel in der Ebene senkr. zur opt. Achse, E_v Beleuchtungsstärke auf einer Ebene mit der optischen Achse.

Beleuchtungsvektor, Bestrahlungsvektor, Energiestromdichte ($\text{lx} = \text{W m}^{-2}$)

$$\vec{E} = (\vec{g}) = \int_{4\pi} L \, \mathrm{d}\vec{\Omega}$$

Belichtung, Bestrahlung ($\text{lx s} = \text{W m}^{-2}\text{s}$) = Beleuchtungsstärke · Zeit

$$H = \int E \, \mathrm{d}t$$

Raumbestrahlung, *Energiefluenz* ($\text{W m}^{-2}\text{s}$) = Raumbestrahlungsstärke · Zeit

$$H_0 = \Psi = \int E_0 \, \mathrm{d}t$$

Photonenraumbestrahlung, *Fluenz* (m^{-2}s) = Photonenraumbestrahlungsstärke · Zeit

$$H_{p0} = \Phi = \int E_{p0} \, \mathrm{d}t$$

Leuchtdichte, Strahldichte, Energieflussdichterichtungsverteilung $= \dfrac{\text{abgestrahlte Leistung}}{\text{Fläche} \cdot \text{Raumwinkel}}$

$$L = (\psi_\Omega) = \frac{\mathrm{d}I}{\mathrm{d}A_i \cos\zeta} = \frac{\mathrm{d}^2\Phi}{\mathrm{d}A_i \, \mathrm{d}\Omega_i \cos\zeta_i}$$

Gilt für Strahler ($i = 1$) und Empfänger ($i = 2$). ζ Winkel zw. Strahlungsrichtung und Flächennormale.

3) Fotometrische Kenngrößen

Emissionskoeffizient eines Volumenstrahlers ($\text{W m}^{-3}\text{sr}^{-1}$) $= \dfrac{\text{Strahldichte}}{\text{Länge}}$

$$\tilde{\varepsilon} = \int_0^\infty \tilde{\varepsilon}_\lambda \, \mathrm{d}\lambda = \frac{\mathrm{d}^2\Phi}{\mathrm{d}V \, \mathrm{d}\Omega} = \frac{\mathrm{d}I}{\mathrm{d}V} = \frac{\mathrm{d}L}{\mathrm{d}x}$$

Spektrale **optische Dicke** (Tiefe) = Absorptionskoeffizient · Schichtdicke

$$\tilde{\tau}(\lambda) = \int_0^d a(x,\lambda) \, \mathrm{d}x$$

Optisch dünn: $\tilde{\tau}(\lambda) \ll 1 \Rightarrow L_\lambda = \tilde{\varepsilon}_\lambda d$

Optisch dick (s = schwarzer Strahler): $\tilde{\tau}(\lambda) \gg 1 \Rightarrow L_\lambda \approx L_{\lambda,S}$

Reflexionsgrad (Dimension 1) $= \dfrac{\text{reflektierter Lichtstrom}}{\text{einstrahlender Lichtstrom}}$

$$\varrho(\lambda) = \frac{\Phi_r}{\Phi_{in}} = \frac{\int \Phi_\lambda \, \varrho(\lambda) \, \mathrm{d}\lambda}{\int \Phi_\lambda \, \mathrm{d}\lambda} = \bar{\varrho}_1 + \frac{(1 - \bar{\varrho}_1)^2 \, \bar{\varrho}_2 \, \tau_i^2}{1 - \bar{\varrho}_1 \bar{\varrho}_2 \tau_i^2}$$

Einfallswinkel $\zeta_1 < 45°$: $\varrho(\lambda) \approx \Big(1 + P(\lambda) \, \tau_i^2(\lambda)\Big) \, \bar{\varrho}(\lambda)$

Spektraler FRESNELscher Reflexionsgrad

Parallel zur Einfallsebene: $\bar{\varrho}_\parallel(\lambda) = \dfrac{\tan^2(\zeta_1 - \zeta_2)}{\tan^2(\zeta_1 + \zeta_2)}$

Senkrecht zur Einfallsebene: $\bar{\varrho}_\perp(\lambda) = \dfrac{\sin^2(\zeta_1 - \zeta_2)}{\sin^2(\zeta_1 + \zeta_2)}$

Senkrecht auffallender Strahlungsfluss: $\bar{\varrho}(\lambda) = \left(\dfrac{n_2 - n_1}{n_2 + n_1}\right)^2$

ζ_1 Winkel des aus Medium 1 einfallenden Strahls (gegen Flächennormale),
ζ_2 Winkel des in Medium 2 gebrochenen Strahls (gegen Flächennormale).

Reflexionsfaktor (Rho, Dimension 1)

$$P(\lambda) = \frac{[1 - \bar{\varrho}(\lambda)]^2}{1 - \bar{\varrho}(\lambda)^2} = \frac{1 - \bar{\varrho}(\lambda)}{1 + \bar{\varrho}(\lambda)}$$

Senkrechter Strahlungsfluss aus Luft:

$$P(\lambda) = \frac{2n_2}{n_2^2 + 1}$$

Größe	Definition	Formel
Transmissionsgrad, Durchlässigkeit (Dimension 1)	$= \frac{\text{durchgelassener Lichtstrom}}{\text{einstrahlender Lichtstrom}}$	$\tau(\lambda) = \frac{\Phi_{\text{tr}}}{\Phi_{\text{in}}} = \frac{\int \Phi_\lambda\, \tau(\lambda)\, d\lambda}{\int \Phi_\lambda\, d\lambda} = \frac{(1-\bar{\varrho}_1)(1-\bar{\varrho}_2)}{1-\bar{\varrho}_1\bar{\varrho}_2\tau_i^2}\,\tau_i$
	Einfallswinkel $\zeta_1 < 45°$: (P Reflexionsfaktor)	$\tau(\lambda) \approx P(\lambda)\cdot\tau_i(\lambda)$
	Für Temperaturstrahler:	$\varrho(T) + \alpha(T) + \tau(T) = 1$
Spektraler Transmissionsgrad	Monochromatische Strahlung:	$\tau(\lambda) = \frac{\Phi_{\lambda,\text{tr}}}{\Phi_\lambda}$
Spektraler Reintransmissionsgrad, „Transmission" T	$= \frac{\text{ausdringender Strahlungsfluss}}{\text{eindringender Strahlungsfluss}}$	$\tau_i(\lambda) = \frac{\Phi_{e\lambda,\text{ex}}}{\Phi_{e\lambda,\text{in}}} = 1-\alpha_i(\lambda) = 10^{-a(\lambda)\cdot d} = e^{-a_n(\lambda)\cdot d}$
Spektraler Schwächungskoeffizient (m^{-2}) für ein trübes Medium:		$\mu(\lambda) = a(\lambda) + s(\lambda)$
Charakt. Schwächungskoeffizient (m^{-1})	$= \frac{\text{rel. Strahldichteänderung}}{\text{Schichtdicke}}$	$\mu_c(\lambda) = -\frac{1}{L_\lambda}\frac{dL_\lambda}{dd}$
Absorptionsgrad (Dimension 1)	$= \frac{\text{absorbierter Lichtstrom}}{\text{einstrahlender Lichtstrom}}$	$\alpha(\lambda) = \frac{\Phi_a}{\Phi_{\text{in}}} = \frac{\int \Phi_\lambda\, \alpha(\lambda)\, d\lambda}{\int \Phi_\lambda\, d\lambda} = 1 - \tau = \frac{(1-\bar{\varrho}_1)(1+\bar{\varrho}_2\tau_i)}{1-\bar{\varrho}_1\bar{\varrho}_2\tau_i^2}\,\alpha_i$
	Einfallswinkel $\zeta_1 < 45°$:	$\alpha(\lambda) \approx \frac{1+\bar{\varrho}\,\tau_i}{1-\bar{\varrho}}\,P(\lambda)\,\alpha_i$
Spektraler Reinabsorptionsgrad	$= \frac{\text{absorbierter Strahlungsfluss}}{\text{eingedrungener Strahlungsfluss}}$	$\alpha_i(\lambda) = 1 - \frac{\Phi_{e\lambda,\text{ex}}}{\Phi_{e\lambda,\text{in}}} = 1 - \tau_i(\lambda)$
Extinktion, spektrales Absorptionsmaß (Dimension 1)	$\sim \frac{\text{einstrahlender Lichtstrom}}{\text{transmittierter Lichtstrom}}$	$A(\lambda) = \lg\frac{1}{\tau_i(\lambda)} = \kappa(\lambda)\,cd$
	Früheres Symbol $E = A(\lambda)$ nicht mit Bestrahlungsstärke verwechseln! Früheres Symbol $\varepsilon_\lambda = \kappa(\lambda)$ nicht mit Emissionskoeffizient verwechseln!	
Natürliches spektrales Absorptionsmaß		$A_n(\lambda) = \ln\frac{1}{\tau_i(\lambda)}$
Spektrale Diabatie	$\sim \frac{1}{\text{Extinktion}}$	$\Theta(\lambda) = \lg\frac{10}{A(\lambda)} = 1 - \lg\left(\lg\frac{1}{\tau_i(\lambda)}\right)$
Spektraler Absorptionskoeffiz., Extinktionsmodul (m^{-1})	$= \frac{\text{dekadisches Absorptionsmaß}}{\text{Schichtdicke}}$	$a(\lambda) = \frac{A(\lambda)}{d} = \frac{1}{d}\lg\frac{1}{\tau_i(\lambda)}$
Natürlicher Absorptionskoeffizient	$= \frac{\text{natürliches Absorptionsmaß}}{\text{Schichtdicke}}$	$a_n(\lambda) = \frac{A_n(\lambda)}{d} = \frac{1}{d}\ln\frac{1}{\tau_i(\lambda)}$
Molarer dekadischer Absorptionskoeffizient, *Extinktionskoeffizient* (m^2/kmol)	$= \frac{\text{Absorptionskoeffizient}}{\text{Stoffmengenkonzentration}}$	$\varepsilon_\lambda = \kappa(\lambda) = \frac{a(\lambda)}{c} = \frac{1}{cd}\lg\frac{1}{\tau_i(\lambda)}$
Molarer natürlicher Absorptionskoeffizient	$= \frac{\text{natürlich. Absorptionskoeffizient}}{\text{Stoffmengenkonzentration}}$	$\kappa_n(\lambda) = \frac{a_n(\lambda)}{c} = \frac{1}{cd}\ln\frac{1}{\tau_i(\lambda)}$

Bezogener dekadischer Absorptionskoeffizient (m^2/kg)	$= \frac{\text{Absorptionskoeffizient}}{\text{Massenkonzentration}}$	$\kappa'(\lambda) = \frac{a(\lambda)}{\beta} = \frac{1}{\beta d} \lg \frac{1}{\tau_i(\lambda)}$
Bezogener natürlicher Absorptionskoeffizient	$= \frac{\text{natürlich. Absorptionskoeffizient}}{\text{Massenkonzentration}}$	$\kappa'_n(\lambda) = \frac{a_n(\lambda)}{\beta} = \frac{1}{\beta d} \ln \frac{1}{\tau_i(\lambda)}$
Spektraler **Streukoeffizient**, „*Trübung*" (m^{-2}) für ein trübes Medium:		$s(\lambda) = -\frac{1}{L_\lambda} \frac{dL_{\lambda,\text{streu}}}{dd}$
Streufunktion	Für ein trübes Medium:	$\frac{1}{4\pi\Omega_0} \int_{\Omega=0}^{4\pi\Omega_0} f(\varphi)\, d\Omega = 1$
	Rayleigh-Streuung Teilchen $\ll \lambda$	$f(\varphi) \sim 1 + \cos^2\varphi$
	Mie-Streuung Teilchen $\approx \lambda$	$f(\varphi) \sim L_\lambda(\varphi)_{\text{streu}}$
	f Streufunktion, φ Streuwinkel, $\Omega_0 = 1$ sr	

4) Größen der geometrischen Optik

Brechkraft (dpt = m^{-1})	$= \frac{1}{\text{Brennweite}}$	$\frac{1}{f}$
Vergrößerung (Dimension 1)	$= \frac{\text{Sehwinkel}}{\text{Sehwinkel im Abstand 25 cm}}$	$v = \frac{\zeta}{\zeta_0}$
Brechzahl, Brechungsindex (Dimension 1)	$= \frac{\text{Vakuumlichtgeschwindigkeit}}{\text{Ausbreitung im Medium}}$	$n(\lambda) = \frac{c_0}{c(\lambda)}$
Optische Weglänge, „optische Dicke" (m)	= Brechungsindex · geometrische Dicke	

Brechungsgesetz: $\frac{\text{Einstrahlwinkel}}{\text{Ausfallwinkel}} \sim \frac{\text{Brechungsindex im Medium 1}}{\text{Brechungsindex im Medium 2}}$ $\quad \frac{\sin\zeta_1}{\sin\zeta_2} = \frac{n_1}{n_2} = n = \frac{c_1}{c_2}$

Fotometrisches Vierersystem

Veraltet! Die Größenarten sind Länge, Zeit, Lichtstärke und Raumwinkel (LTJΩ).

Beispiele:

• m s cd sr-System mit den Einheiten: Meter, Sekunde, Candela, Steradiant.

• cm s cd sr-System mit den Einheiten *Stilb sb (Leuchtdichte), *Lumen lm (Lichtstrom), *Phot ph (spez. Lichtausstrahlung).

• British: ft s cd sr-System mit den Einheiten Foot, Second, Candela, Steradian.

Inkohärente Einheiten waren asb (*Apostilb), la (*Lambert), ft la (*foot-lambert), ft cd (*foot-candle), sk (*Skot), nx (*Nox).

Fotopischer Bereich

*fotometrische Bewertung.

Foudre

[frz. „großes Fass, Fuder"]. Altes Flüssigkeitsmaß aus Belgien und Luxemburg:

1 Foudre = [früher] 780 Liter

= [heute] 1000 Liter.

Fourier-Zahl *Kennzahlen.

fp Abk. f.: *freezing point*, Gefrierpunkt.

fpm Abk. f.: *feet per minute*, Fuß pro Minute.

fps

Abk. f.: *feet per second*, Fuß pro Sekunde; *foot-pound-second*, Fuß-Pfund-Sekunde-System.

Fr

Zeichen für das *chem. Element Francium.

fr Abk. f.: Franken; *franc*, frei.

Fracht

Begriff der Abwassertechnik: „Schmutzfracht", Schadstoffmassenstrom im Zu- oder Ablauf (in kg/s).

Franc (= Franken)

1) Belgischer (bfr, Iso-Code BEF)

1 bfr = 1 lfr = ca. 0,05 DM.

2) Burundi-Franc: 1 F.Bu. = 100 Centimes = ca. $^1/_{200}$ DM.

3) CFA-Franc: Währungseinheit in 14, großteils frankophonen Ländern Westafrikas: Äquatorialguinea, Benin (ehem. Dahomey), Burkina Faso, Elfenbeinküste, Gabun, Guinea-Bissau, Kamerun, Republik Kongo[1], Mali, Niger, Senegal, Togo, Tschad, Zentralafrikanische Republik. CFA bedeutet *Communauté Financière Africaine*, vormals *Franc des Colonies Françaises d'Afrique*. Der Wechselkurs ist an den französischen Franc gekoppelt:
1 FF = 100 CFA.
4) CFP-Franc: Währungseinheit in Neukaledonien, und Franz.-Polynesien (Tahiti u.a.), Wallis-et-Futuna:
1 CFP-Fr. = 100 Centimes = 0,055 FF = ca. 0,016 DM.
5) Djibouti-Franc,
1 FD = 100 Centimes (c) = ca. $^{1}/_{180}$ US-$ (gekoppelt).
6) Französischer (FF, Iso-Code: FRF**):** Währungseinheit in Frankreich und Außengebieten (Guyana, Guadeloupe, Martinique, Réunion; Mayotte, St. Pierre-et-Miquelon). Am 15. August 1795 eingeführt, löste er das königliche Pfund ab und begründete das metrische System im Zahlungsverkehr. Zahlungsmittel auch in Monaco. In Andorra neben span. Peseta und Diner (Gedenkmünzen).
1 FF = 100 Centimes (c) = ca. 0,30 DM.
7) Guinea-Franc: 1 F.G. = ca. $^{1}/_{639}$ DM.
8) Komoren-Franc: 1 FC = $^{1}/_{75}$ FF (gekoppelt) = $^{1}/_{253}$ DM
9) Luxemburgischer Franc (Iso-Code: LUF)
1 lfr = 100 Centimes (c) = ca. 0,05 DM.
10) Madagaskar-Franc
1 FMG = 1000 Centimes (c) = ca. $^{1}/_{2956}$ DM.
11) Ruanda-Franc
1 F.Rw = 1000 Centimes (c) = ca. $^{1}/_{175}$ DM.
12) Schweizer Franken (sfr, Iso-Code: CHF**):** Zahlungsmittel auch in Liechtenstein.
1 sfr = 100 Rappen ([frz.] centime, [ital.] centesimo) = ca. 1,20 DM.

Francescone
Alte toskanische Silbermünze unter Francesco III., später Leopoldino genannt.

[1] nicht verw. mit: Demokr. Rep. Kongo, *Zaire

Franklin (Fr.)
Veraltet! Von DE BOER vorgeschlagene, international nicht akzeptierte Einheit der elektrischen Ladung; benannt nach dem amerikanischen Naturforscher und Erfinder BENJAMIN FRANKLIN (1706–1790). Das cgsFr-System sollte die Nachteile des elektrostatischen cgs-Dreiersystems beseitigen (vgl. *Biot):
1 Franklin = $\frac{1}{3} \cdot 10^{-9}$ Coulomb (cgs) =
= $3{,}335\,641 \cdot 10^{-10}$ Coulomb.

Frankreich
Historische Längeneinheiten: *aune, *ligne, *perche, *pied.
Historische Flächeneinheit: *arpent.
Historische Volumeneinheiten: *boisseau, *chopine, *pinte, *poisson, *pot, *quartaut, *quarte, *roquille, *tonneau de mer.
Historische Masseneinheiten: *quintal, *once.
Revolutionskalender: *Kalender.
Währung: *Franc.

Frasco
Altes Hohlmaß aus Mittel- und Südamerika für Flüssigkeiten und Getreide:
1 Frasco =
= 2,375 [21,37] Liter Getreide (Argentinien)
= 0,51 Liter Flüssigkeit (Brasilien)
= 2,44 Liter (Kuba)
= 3,03 Liter (Paraguay)
= 2,37 Liter (Uruguay).

Frazula
Altes Kaffeegewicht aus Äthiopien:
1 Frazula = 16,7 Kilogramm.

Freie Energie, freie Enthalpie
*Energie, *Enthalpie.

Freight ton
US-Raummaß: 1 freight ton = 1,1327 Meter^3.

Freitag *Wochentage.

Fremdfluss *elektrische Spannung.

Frequency engl. „Frequenz, ...-frequenz".

Frequenz
1) Zeitbezogene Größe für periodische, ortsfeste Vorgänge; speziell für Schwingungs- und Umdrehungsvorgänge.
$$\text{Umdrehungsfrequenz} = \frac{\text{Umdrehungen}}{\text{Zeit}}$$

2) *Periodenfrequenz* (f oder ν in *Hertz); der Kehrwert der *Periodendauer $f = 1/T$.

$$\text{Periodenfrequenz} = \frac{\text{Periodenzahl}}{\text{Zeit}}$$

Frequenzbereiche
*elektromagnetische Wellen.

Fresnel
Vorgeschlagene, aber international nicht akzeptierte Frequenzeinheit nach dem französischen Physiker AUGUSTIN JEAN FRESNEL (1788–1827):
1 fresnel = 10^{12} Hertz = 1 Terahertz
= 1 Billion Schwingungen/Sekunde.

Fresnelscher Reflexionsgrad
*fotometrische Einheiten und Größen.

Friction..
engl. „Reibungs...“.

Friedrichsdor (Pistole)
Alte preußische Goldmünze (1713, Friedrich V.).

Frigorie (fr.)
Veraltet! In Frankreich vor 1960 gebräuchliche Einheit der Wärmemenge:
1 frigorie = 0,001 thermie = 1 Kilokalorie
= 4185,5 Joule.

Frohngewicht
Historisch! 492 Gramm (Augsburg).

Fronleichnam
*Wochen- und Feiertage.

Frontalebene
Anatomie: stirnseitig; parallel zur Stirn, senkrecht zur *Sagittalebene.

Froschdosis (FD)
Kleinste pharmakologische Giftmenge des Digitaliswirkstoffs pro Gramm Körpermasse, die nach Injektion binnen 24 Stunden den Tod eines Frosches (Herzstillstand) bewirkt.

Froude-Zahl *Kennzahlen.

fr.p.
Abkürzung für: *freezing point*, Gefrierpunkt.

Frühherbst *Jahreszeiten.

Frühling *Jahreszeiten.

Frühlingspunkt (Widderpunkt)
engl. *aries, vernal equinox*, Stellung der Sonne am Himmel bei Frühlingsanfang (20./21. März) im Schnittpunkt des Himmelsäquators mit der Ekliptik; Schnittpunkt der nordwärts aufsteigenden scheinbaren Sonnenbahn (Ekliptik) mit dem Himmelsäquator.

Frührenaissance *Quattrocento.

Frühsommer *Jahreszeiten.

ft
Abkürzung für: *foot*, Fuß.
- **ft-c**,*foot-candle.
- **ft-L**, *foot-Lambert.
- **ft-lb**,,*foot-pound.
- **ft. H_2O**, *conventional foot of water.
- **ft./hr**, *Foot per hour.

ft lb s-System
*Foot-Pound-Second-System.

Fuang *Tikal, *Hai.

Fudder
Altes Volumenmaß aus Luxemburg:
1 fudder = 10 Hektoliter.

Fuder
1) [mhd. *vouder*, „Wagenlast, Fuhre“] vgl. *Foudre, altes Volumenmaß für Wein in Deutschland, Österreich, Belgien, Dänemark, Schweden:
1 Fuder =
= 15 Hektoliter (Baden)
= 8,7 Hektoliter (Bremen)
= 8,98 Hektoliter (Dänemark)
= 9 Hektoliter (Franken)
= 8,64 Hektoliter (Hamburg)
= 9,34 Hektoliter (Hannover)
= 9,6 Hektoliter (Mosel, Saar, Ruwer)
= 18,11 Hektoliter (Österreich)
= 8,24 Hektoliter (Preußen)
= 8,08 Hektoliter (Sachsen)
= [17,36 bzw.] 18,4 Hektoliter (Württemberg).
2) Noch gebräuchlich für Wein:
1 Fuder = 1200 Liter (Rhein),
= 1000 Liter (Mosel).
3) Altes Raummaß für Erz und Kohle:
1 Fuder = 1,62 Meter^3 Eisenstein (Nassau).

4) Ursprüngl. Ladung eines 2-spännigen Wagens. Fläche einer Wiese, die ein Fuder Heu liefert.

FüG *Geschwindigkeit.

Fugazitätskoeffizient

Bei Gasen ist die Konstante φ in der Definitionsgleichung der Fugazität $f = \varphi\, p$ analog zum *Aktivitätskoeffizienten γ von Lösungen definiert. Mit zunehmendem Druck weicht ein reales Gas immer mehr vom Idealzustand ab. Der reale Gasdruck (Fugazität f) ist um einen Korrekturfaktor (Fugazitätskoeffizient φ) kleiner oder größer als der gemessene Druck p.

Tabelle F.5: Fugazitätskoeffizient von Stickstoff bei 273 K.

p/bar	$\varphi = f/p$	p/bar	$\varphi = f/p$
1	0,99955	300	1,006
10	0,9956	400	1,062
50	0,9812	600	1,239
100	0,9703	800	1,495
200	0,9721	1000	1,839

Fuhre *Foder, *Fuder.

Füllungsgrad *Grad, Begriff.

fum Abk. f.: *fuming*, rauchend.

Fun Alt-chin. Gewicht: 1 Fun = 0,38 Gramm.

Fundamentalabstand

Temperaturunterschied zwischen dem [früher] *Eispunkt, [heute] Tripelpunkt und Dampfpunkt des Wassers. Internationale Temperaturskala von 1927, verbessert 1948 und 1960.

Fundgrube

Altes Flächenmaß aus dem Bergbau:
1 Fundgrube = 784 Quadrat-Lachter.

Fünfer Alte österreichische Silbermünze.

Fünfersystem

- *Cohnsches System
- Das LMT$\varepsilon\gamma$-System basiert auf der Dielektrizitätskonstanten ε und der elektromagnetischen Verkettung γ.

Durchflutungsgesetz $\gamma \oint \vec{H}\, dl = \int_A \gamma\, d\vec{A}$

Induktionsgesetz $\gamma \oint \vec{E}\, dl = \int_A \vec{B}\, d\vec{A}$

$$\gamma = \frac{\text{Stromstärke}}{\text{magn. Spannung}} = \frac{\text{Fluss}}{\text{Spannungsstoß}}$$

- Das MKSAγ-System von SOMMERFELD und HUND hatte die Basiseinheiten m, kg, s, A, Wb/Vs und die abgeleiteten Einheiten V, Ω, C, F, H, Wb, T.
- Fotometrisches Fünfersystem: Länge-Masse-Zeit-Lichtstärke-Raumwinkel.

Funkentstörung

*elektromagnetische Verträglichkeit.

Funt

1) Altes Gewicht aus Russland:
1 Funt = 32 Lot = 96 Solotnik
= 9216 Dolja = 409,5 Gramm.
2) Polen: 1 Funt = 405,5 Gramm.

Furlong (fur.)

1) [engl. *furrowlong*, „lange Furche“]. Längenmaß des. *englischen Systems; entspricht dem „Stadion“, [span., port.] estadio.
1 Furlong =
= 10 Chain = 660 Foot = 1000 Link = 220 Yard
= 201,168 Meter [exakt]
= $^1/_8$ Mile (statute).
2) Ursprüngliche Definitionen:
1 furlong *GB* [vor 1959] = 201.16<u>783</u> Meter,
1 furlong *US* [vor 1959] = 201,16<u>840</u> Meter.

fus Abk. f.: *fusion*, Verschmelzen.

Fuß (= Schuh, Zeichen ′)

1) Altes Längenmaß, abgeleitet von der Länge des menschlichen Fußes, regional unterschiedlich, ferner Werk- oder Baufuß, geometrischer Fuß, Land- oder Feldfuß:
1 Fuß = 12 Zoll = 25 bis 39 cm =
= 31,4 cm (Anhalt)
= 28,9 cm (Argentinien)
= 30,0 cm (Baden)
= 29,18 cm (Bayern)
= 28,6, 29,5, 32,49 cm (Belgien, Luxemburg, *pied*)
= 39 cm (Berlin)
= 28,5 cm (Braunschweig)
= 28,9 cm (Bremen)
= 28 cm (Chile)
= 37,1 bis 32 cm (China)
= 31,4 cm (Dänemark)
= 31,4 cm (Danzig)
= 28,3 cm (Dresden)
= 35 cm (Finnland)

= 30,4 cm (Franken)
= 28,5 cm (Frankfurt/Main)
= 32,5 cm (Frankreich, *pied du roi*)
= 29 cm (Friesland)
= 30,8 cm (Griechenland)
= 30,48 cm (Großbritannien, **foot*)
= 28,66 cm (Hamburg)
= 25 bis 28,8 cm (Hessen)
= 28,6 cm (Hohenzollern)
= 30 cm (Italien, *piede*)
= 30,3 cm (Japan)
= 27,9 cm (Kolumbien)
= 28,3 cm (Leipzig)
= 33 cm (Lingen, vor 1604/5)
= 29 cm (Lübeck)
= 29 cm (Mecklenburg-Schwerin)
= 28,3 cm (Niederlande)
= 31,4 cm (Norwegen)
= 30,4 cm (Nürnberg)
= 29,6 cm (Oldenburg)
= 31,61 bis 29,6 cm (Österreich)
= 32,5 cm (Paris)
= 28,85 cm (Paraguay, *pie*)
= 28,8 cm (Polen)
= 29,2 cm (Pommern)
= 33 cm (Portugal)
= 31,4 oder 37,6 cm (Preußen)
= 31,4 cm (Rheinland)
= 28,3 cm (Russland)
= 28,3 [und 42,95 cm] (Sachsen, *Baufuß)
= 28,6 cm (Schleswig-Holstein)
= 29,7 cm (Schweden)
= 30 cm (Schweiz, *Fuß*)
= 27,86 cm (Spanien, *pie*)
= 31,6 cm (Ungarn)
= 30,48 cm (USA)
= 28,8 cm (Westfalen)
= 28,8 cm (Wien)
= 28,65 cm (Württemberg).

2) 1 Dezimalfuß = 10 Zoll.

3) Attischer Fuß. Altgriechisches Längenmaß: 1 attischer Fuß = 30,8 Centimeter.

4) Babylonischer Fuß. Ältestes bekanntes „genaues" Längenmaß, überliefert auf der Statue des babylonischen Fürsten GUDEA VON LAGASCH (2050 v.Ch., Pariser Louvre):
1 Fuß = 16 *shusi* (Zoll)
= $^{16}/_{30}$ Ellen = $^{2}/_{3}$ Kus = 26,45 Centimeter.

5) Olympischer Fuß
1 Olymp. Fuß = 16 Finger = 30,24 Centimeter.

6) Pariser Fuß, *Pied du Roi.

7) Römischer Fuß, *Pes.

Fut

Altes russisches Längenmaß:
1 Fut = 30,5 Centimeter.

Futtermassel

Altes Volumenmaß aus Österreich (*Maß):
1 Futtermassel = 0,96 Liter.

G

Formelzeichen

Physikalische Größe	Symbol	Einheit	Dimension	Definition
Reziprokgittervektor reciprocal lattice vector	$\vec{G}$	m^{-1}		siehe $\vec{a}$
Gewicht(skraft) weight-force	$\vec{G}, \vec{F}_G$	N	$= m\,kg\,s^{-2}$	$\vec{G} = m\vec{g}$
Gravitationskonstante gravitational constant	G, (γ, f)	$N\,m^2 kg^{-2}$		$F = G\,\frac{m_1 m_2}{r^2}$
Fallbeschleunigung gravitational acceleration	$\vec{g}$	m/s^2	$= m\,s^{-2}$	$\lvert\vec{g}_n\rvert = 9{,}81\ m/s^2$
Schubmodul, Schermodul shear modulus	G	$Pa = N\,m^{-2} = m^{-1} kg\,s^{-2}$		$G = \tau/\gamma$
Gibbssche Freie Enthalpie Gibbs energy	G	J	$= m^2 kg\,s^{-2}$	$G = H - T\,S$
molare Freie Enthalpie molar Gibbs energy	G, G_m	J/mol	$= m^2 kg\,s^{-2}$	
Freie Standardenthalpie standard Gibbs energy	G^0	J/mol	$= m^2 kg\,s^{-2} mol^{-1}$	(bei 25 °C)
Spezifische Freie Enthalpie specific Gibbs energy	g	J/kg	$= m^2\,s^{-2}$	
Elektrischer Leitwert conductance	G	$S = \Omega^{-1} = \frac{A}{V} = m^{-2} kg^{-1} s^3 A^2$		$G = \frac{1}{R}$
Schwingungsenergieterm vibrational term	G	m^{-1}		$G = \frac{E_{vib}}{hc}$
Schwingungszustandsdichte spectral density of vibrational modes	g	$s\,m^{-3}$		$g = \frac{dN(w)}{dw}$
Grundschwingungsgehalt fraction of first harmonic	g	–	= 1	
Kern-g-Faktor, ESR g factor	g	–	= 1	$h\nu = g\mu_B B$
Entartungsgrad degeneracy, statistical weight	g	–	= 1	

Γ, γ (Gamma)

Physikalische Größe	Symbol	Einheit	Dimension	Definition
Wichte, spezif. Gewicht gravity	γ	N/m^3		veraltet!
Ausbreitungskoeffizient propagation factor	γ	m^{-1}		
Scherspannung, Schiebung shear strain	γ	rad	= 1	$\gamma = \frac{\Delta x}{d}$
Oberflächenspannung surface tension	γ, σ	$N/m = J/m^2 = kg\,s^{-2}$		$\sigma = \left(\frac{\partial G}{\partial A}\right)_{T,p}$

Wellenwiderstand image impedance, impedance level	(γ)	Ω		siehe Z
Überschwingfaktor amplitude factor, overshoot ratio	γ	–	= 1	DIN 1325
therm. Volumenausdehnungskoeff. von Flüssigkeiten, cubic expansion coefficient	γ	K^{-1}		$\Delta V = \gamma V_1 \Delta t$
Wärmekapazitätsverhältnis ratio of heat capacities	$(\gamma),\kappa$	–	= 1	$\kappa = C_p/C_v$
Oberflächenkonzentration surface excess, surface concentration	Γ, Γ^σ	mol/m²		$\Gamma = \sum_i \Gamma_i = n/A$
Aktivitätskoeffizient activity coefficient				
– konzentrationsbezogen concentration basis	γ_c	–	= 1	$a_{c,B} = \frac{\gamma_{c,i} c_i}{c^\star}$
– molalitätsbezogen molality basis	γ_m	–	= 1	$a_{m,B} = \frac{\gamma_{m,i} m_i}{m^\star}$
– molenbruchbezogen mole fraction basis	γ_x	–	= 1	$a_{x,i} = \gamma_{x,B} x_i$
– mittlerer mean ionic	$\gamma_\pm$	–	= 1	*Aktivität
Elektrische Leitfähigkeit conductivity	(γ,σ)			siehe κ
Gyromagnetisches Verhältnis magnetogyric ratio	γ	$\frac{C}{kg} = \frac{A\,m}{J\,s}$	$= kg^{-1}\,s\,A = Hz/T$	
Halbwertsbreite, Niveaubreite level width, half-power width	Γ	J	$= m^2 kg\, s^{-2}$	$\Gamma = \frac{\hbar}{\tau}$
Spez. Gammastrahlenkonstante specific gamma-ray constant	Γ	$C\,m^2/kg$	$= m^2 kg^{-1}\,s\,A$	

G
*Giga, *Gauß; Index (DIN 1304) für: Generator, Gewicht.

g
Abkürzung für: Gramm, *gram*; Neugrad, Gon; *gauge*, *US gage*, Überdruck; Index (DIN 1304) für: Gravitation (z. B. Gravitationskraft F_g).

Γ (Gamma)
griech. G (Zahlzeichen: 3); neugriech. Umschrift: g (j); kyrill. G; Abkürzung für: Gammafunktion; Phasenraum.

γ (gamma)
griech. g; Abkürzung für: 3-Position (Chemie); veraltet für *Mikrogramm; Gradation (Fotografie); Modifikation, z. B. γ-Eisen; Röntgenstrahlung, Gammastrahlung

Ga Zeichen für das *chem. Element Gallium.

ga Index (DIN 1304) für: gasförmig.

Gabun *Franc.

Gal (= Galilei)
Veraltet! Bis 31.12.1977 zugelassene Einheit der Fallbeschleunigung, benannt nach dem italienischen Naturforscher und Entdecker der Fallgesetze GALILEO GALILEI (1564–1642):
1 Gal = 1 Centimeter/Sekunde².

Galilei-Zahl *Kennzahlen.

Gallon (gal., = „Gallone“)
1) Imperial Gallon (imp. gal.). Veraltet! Britisches Raummaß für feste *(dry...)*, flüssige *(liquid...)* und/oder gasförmige Stoffe *(fluid...)*; 1898 gesetzlich festgelegt als das Volumen von 10 imp. pounds reinen Wassers bei bestimmten äußeren Bedingungen; *englische Einheiten.

1 Gallon *GB* =
= 0,125 (1/8) Bushel *GB*
= 4546,09 Centimeter^3
= 0,1 605 437 Cubic foot
= 277,4 194 Cubic inch
= 5,946 061·10^{-3} Cubic yard
= 1280 Drachm (*GB*, fluid)
= 1,20 095 Gallon *US*
= 32 Gill *GB*
= 4,54 609 Liter
= 76 800 Minim *GB*
= 160 Ounce (*GB*, fluid)
= 0,5 Peck *GB*
= 8 Pint *GB*
= 4 Quart *GB*,
2) EG-Amtsblatt L262 vom 27.Sept.1976:
1 gal = 4,546·10^{-3} m^3,
3) 1 imp. gallon *GB* [vor 1964]
= 4,4 549 631 Liter = 4,54 609 dm^3.
(Beachte Neudefinition des Liters seit 1964: 1 Liter = 1 dm^3).
4) US-Gallone,
1 Gallon (*US*, liquid) =
= 0,02 380 952 (1/42) Barrel (petroleum)
= 3785,412 Centimeter^3
= 0,13 368 056 Cubic foot
= 231 Cubic inch
= 4,951 132·10^{-3} Cubic yard
= 1024 Dram (*US*, fluid)
= 0,8 326 742 Gallon *GB*
= 32 Gill *US*
= 3,785 412 Liter
= 61 440 Minim *US*
= 128 Ounce (*US*, fluid)
= 8 Pint (*US*, liquid)
= 6,66 144 pint *GB*
= 4 Quart (*US*, liquid).
5) Petroleum gallon. Veraltet! Britisches Volumenmaß für Erdöl, Petroleum und Benzin:
1 Petroleum gallon *GB* = 4,536 Liter.
6) US-Trockengallone, *Dry...
1 Gallon (*US*, dry) =
= 0,125 (1/8) Bushel *US*
= 268,8 025 Cubic inch
= 4,404 884 Liter.

Gallon per minute

Angloamerikanische Einheit des Volumenstroms:
1) 1 Gallon *GB*/minute =
= 9,632 619 Cubic foot/hour
= 2,675 728·10^{-3} Cubic foot/Sekunde
= 0,2 727 654 Meter^3/Stunde
= 0,07 576 817 Liter/sec.
2) 1 Gallon *US*/minute =
= 8,020 834 Cubic foot/hour
= 2,228 009·10^{-3} Cubic foot/Sekunde
= 0,2 271 247 Meter^3/Stunde
= 0,06 309 020 Liter/Sekunde.

Galón

Altes Flüssigkeitsmaß in Spanien und Südamerika: 1 Galón =
= 4,5 Liter (Spanien)
= 3,8 Liter (Argentinien, Uruguay)
= 3,36 Liter (*Peru)
= 3,5 Liter (Venezuela).

Gamad

Altes Längenmaß aus Äthiopien:
1 Gamad = 66 Meter.

Gambia

*Dalasi.

Gamma (γ)

1) Veraltet! Masseneinheit in der Chemie:
1 Gamma = 10^{-9} Kilogramm = 1 Mikrogramm.
2) Veraltet! Ungesetzliche Einheit der magnetischen Flussdichte:
1 Gamma = 10^{-9} Tesla
= 1 Nanotesla = 10^{-5} Gauß.

Gammastrahlenkonstante

1) *Dosisleistungskonstante.
2) spezifische. Materialkonstante bzgl. der Umwandlung von Gammastrahlung in elektrische Ladung. Kernphysik und Nuklearmedizin: von einem γ-Strahler erzeugte Dosisleistung, bezogen auf die Aktivität. SI-Einheit:
Gray · Meter^2 · Stunde^{-1} · Becquerel^{-1} oder $C\,m^2\,kg^{-1}\,h^{-1}\,Bq^{-1}$
Veraltete Einheit: $R\,m^2\,h^{-1}Ci^{-1}$
= $0{,}235\cdot10^{12}\,Gy\,m^2h^{-1}Bq^{-1}$

Gändum

Altes Gewicht aus Persien:
1 Gändum = 0,048 Gramm.

Ganta

Altes Volumenmaß von den Philippinen:
1 ganta = 3 Liter.

Tabelle G.1 Wert der Gaskonstante in nichtmetrischen Einheitensystemen.

Einheit von			Wert von R bei Druck-Einheit						
V	T	n	atm	psi	mm Hg	cm Hg	in Hg	in H_2O	ft H_2O
cm^3	K	g	82,05	1206	62,400	6240	2450	33,400	2 780
ℓ	K	g	0,08 205	1,206	62,4	6,24	2,45	33,4	2,78
cm^3	K	lb	37,200	547,000	$2{,}83 \cdot 10^7$	$2{,}83 \cdot 10^6$	$1{,}11 \cdot 10^6$	$1{,}51 \cdot 10^7$	$1{,}26 \cdot 10^7$
ℓ	K	lb	37,2	547	28,300	2830	1113	15,140	1262
ft^3	K	lb-mol	0,730	10,73	555	55,5	21,8	297	24,8
	K	mol	0,00 290	0,0 426	2,20	0,220	0,0 867	1,18	0,0 982
cm^3	°R	g	45,6	670	34,600	3460	1360	18,500	1550
		lb	20,700	304,000	$1{,}57 \cdot 10^7$	$1{,}57 \cdot 10^6$	619,000	$8{,}41 \cdot 10^6$	701,000
ℓ	°R	g	0,0 456	0,670	34,6	3,46	1,36	18,5	1,55
		lb	20,7	304	15,700	1570	619	8410	701
ft^3	°R	mol	0,00 161	0,02 366	1,22	0,122	0,0 482	0,655	0,0 546
		lb-mol	0,730	10,73	555	55,5	21,8	297	24,8

G

Gantang
Altes Volumenmaß aus den *Straits Settlements:
1 gantang = 4,55 Liter.

Gar
Altes Längenmaß aus Mesopotamien:
1 Gar = 5,94 Meter.

Garafa
*Caraffa.

Garce
Altes asiatisches Getreide-Hohlmaß:
1 Garce =
= 44,86 Hektoliter (Vietnam)
= 52,44 Hektoliter (Indien).

Gareh
Persisches Längenmaß:
1 gareh = 0,1 Meter.
1 „Kubik"-gareh = 1 Liter.

Garniec
Altes Hohlmaß aus Polen (*„Kanne"):
1 garniec = 4 Liter.

Garnitz (Garnetz)
1) Altes Hohlmaß aus Russland:
1 Garnitz = 2 Tschetwerka
= 3,2 798 423 [oder 4,373] Liter.
2) 1 Polygarnetz = 1,64 Liter.

Gaskonstante, spezielle
individuelle oder **spezifische Gaskonstante.** Für einen Stoff B das Verhältnis der universellen Gaskonstante R zur molaren Masse M_B:

$$R_B = \frac{R}{M_B} \quad \text{Einheit: } \frac{J}{kg\,K}$$

Gaskonstante, universelle
kinetische, stoffmengenbezogene oder **molare Gaskonstante.** Differenz der molaren *Wärmekapazitäten $R = C_p - C_V$. Mit SI-Basiseinheiten Meter, Kilogramm, Sekunde und Kilomol ist: $R = 8314$ J/(kmol K).

$$R = \begin{cases} 8{,}314\,510 & \text{J K}^{-1}\text{mol}^{-1} = \\ & = \text{Pa m}^3\,\text{K}^{-1}\text{mol}^{-1} \\ 0{,}082\,057 & \ell\,\text{atm K}^{-1}\text{mol}^{-1} \\ 0{,}083\,145\,10 & \ell\,\text{bar K}^{-1}\text{mol}^{-1} \\ 8314{,}510 & \text{J K}^{-1}\text{kmol}^{-1} \end{cases}$$

Für veraltete und nichtmetrische Einheiten vgl. Tabelle.

Gasthermometer
*Temperaturskala, internationale.

gauge
1) *US*-Einheit für die Stärke von Blechen und Folien:
1 gauge = 1 Mil =
= 0,0 254 Millimeter
= 25,4 Mikrometer.
2) *gauge pressure* = Überdruck.

Gauß (G, vor 1954: Gs)
1) Veraltet! [russ.] RAYCC. 1948 eingeführte, heute ungesetzliche Einheit der magnetischen Flussdichte (= Induktion = magnetischer

Tabelle G.2 Gehaltsangaben in der Spurenanalytik.

1 ppm	(parts per million)	$= 10^{-6}$	Teile/Einheit:	mg/kg, mℓ/ℓ, mmol/mol ...
1 ppb	(parts per billion)	$= 10^{-9}$	Teile/Einheit:	μg/kg, μℓ/ℓ, μmol/mol ...
1 ppt	(parts per trillion)	$= 10^{-12}$	Teile/Einheit:	ng/kg, nℓ/ℓ, nmol/mol ...
1 ppq	(parts per quadrillion)	$= 10^{-15}$	Teile/Einheit:	pg/kg, pℓ/ℓ, pmol/mol ...

Fluss/Fläche) im elektromagnetischen cgs-System, benannt nach dem deutschen Mathematiker, Physiker und Astronom CARL FRIEDRICH GAUSS (1777–1855); definiert durch die in einem im Magnetfeld bewegten Leiter induzierte elektromotorische Kraft $U = v\,l\,B$, wobei v Geschwindigkeit, l Länge des bewegten Leiters, B magnetische Induktion:
1 Gauß =
$= 10^{-4}$ Tesla
$= 10^{-4}$ Weber/Meter^2
$= 10^{-8}$ Vs/cm^2
$= 10^{-4}$ kg s^{-2}A^{-1}.
2) In den Vierersystemen vor 1948:
$1\ \mathrm{G_{int}} = 10^{-8}\ \mathrm{V_{int}s/cm^2} = 1{,}00034\ \mathrm{G}$.
3) Im elektromagnetischen cgs-System nach der Definition von 1930:
$1\ \mathrm{Gs} = 1\ \mathrm{emE} = 1\ \mathrm{cm^{-1/2}g^{1/2}s^{-1}}$.

Gaußsches Einheitensystem *CGS-G.

Gaußscher Satz *Flussdichte.

g-cal Abk. f.: *gram-calorie*, Gramm-Kalorie.

gcd
Abk. f.: *greatest common divisor*, größter gemeinsamer Teiler, abgekürzt ggT.

Gd
Zeichen für das *chem. Element Gadolinium.

Ge
Zeichen für das *chem. Element Germanium.

Gebräude
Altes Hohlmaß für Bier:
1 Gebräude =
= 87 Hektoliter (Hannover)
= 41,2 Hektoliter (Preußen)
= 94,3 Hektoliter (Sachsen).

Geepound
Veraltet! Nichtmetrische Masseneinheit im technischen Maßsystem:
1 Geepound = 1 *Slug.

Geerah (Gireh)
Altes Längenmaß aus Indien:
1 geerah (gireh) = 5,715 Centimeter.

Geestrute Historisch! Vgl. *Quadratrute.
1 Geestrute = 4,6 Meter (Norddtl.)

Gefahrklasse *VbF-Klasse

Gehalt
Oberbegriff zur Beschreibung der Zusammensetzung von Mischphasen durch Größen wie Massenanteil, Massenkonzentration u.s.w. Wortverbindungen mit -gehalt waren früher synonym mit -anteil genormt; vgl. *Konzentration: Einheiten, Maße und Mengenbegriffe.

Gehaltgrößen
*Konzentrationsmaße für den Anteil einer Komponente an der Masse oder am Volumen eines Gemisches oder einer Lösung. Die veralteten Angaben „13 Volumenprozent", „2,8 Gewichtsprozent" und „7 Molprozent" ersetze man durch Gleichungen: $\varphi_i = 13\%$, $w_i = 2{,}8\%$ und $n_i = 7\%$.
1) **Volumenanteil** (früher: Volumenprozent):

$$1\ \text{Vol.-\%} \mathrel{\hat{=}} \frac{1\ \text{cm}^3\ \text{Stoff}}{100\ \text{cm}^3\ \text{Gemisch}}$$

Beispiel: Branntwein von 40 Vol-% ($\varphi = 40\%$) enthält 400 cm^3 Ethanol im Liter.
2) **Massenanteil** w (früher: Gewichtsprozent, Massenprozent):

$$1\ \text{Gew.-\%} \mathrel{\hat{=}} \frac{1\ \text{g Stoff}}{100\ \text{g Gemisch}}$$

Beispiel: Eine 5%-ige Kochsalzlösung ($w = 5\%$) entsteht durch Lösen von 5 g NaCl in 95 g Wasser (100 g Lösung).
3) **Stoffmengenanteil** x (früher: Molprozent, Atomprozent):

$$1\ \text{mol-\%} \mathrel{\hat{=}} \frac{1\ \text{mol Stoff}}{100\ \text{mol Gemisch}}$$

4) In der (Spuren-)Analytik früher weitere Unterteilungen: *ppm, *ppb, *ppt, *ppq.

Geira
Altes Flächenmaß aus Portugal:
1 geira = 58,03 Ar.

gel Abkürzung für: *gelatinous*, gelartig.

GEM *Mark

Genetischer Code
Vererbung: Schlüssel für die Übertragung der genetischen Information; Zuordnung der Basentripletts (Codons) zu den zwanzig Aminosäuren der Proteinbiosynthese; z. B. AGG für Arginin.

Tabelle G.3: Abkürzungen der RNS-Basen: A = Adenin, C = Cytosin, G = Guanin, U = Uracil.

	2	U	C	A	G
1	3				
U	U	Phe	Ser	Tyr	Cys
	C	Phe	Ser	Tyr	Cys
	A	Leu	Ser	STOP	STOP
	G	Leu	Ser	STOP	Trp
C	U	Leu	Pro	His	Arg
	C	Leu	Pro	His	Arg
	A	Leu	Pro	Gln	Arg
	G	Leu	Pro	Gln	Arg
A	U	Ile	Thr	Asn	Ser
	C	Ile	Thr	Asn	Ser
	A	Ile	Thr	Lys	Arg
	G	Met	Thr	Lys	Arg
G	U	Val	Ala	Asp	Gly
	C	Val	Ala	Asp	Gly
	A	Val	Ala	Asp	Gly
	G	Val	Ala	Asp	Gly

Geodätische Breite
φ, B (in rad), engl. *geodetic latitude*; Winkel, den die Ellipsoidnormale durch den betrachteten Punkt auf dem Ellipsoid mit der Ebene des geodätischen Äquators bildet. Zählung wie *geografische Breite.

Geodätische Länge
λ, L (in rad), engl. *geodetic longitude*; Winkel, den die geodätische Meridianebene durch den betrachteten Punkt (= Ebene durch die Ellipsoidnormale und die Rotationsachse des Ellipsoids) mit der Ebene des Nullmeridians auf dem Ellipsoid bildet. Zählung wie *geografische Länge.

Geografische Breite
φ (in rad), engl. *latitude* (Lat); Winkel, den die Normale durch den betrachteten Punkt auf der Bezugsfläche (die Erdkugel mit Umfang 21 600 sm) mit der *Äquatorebene* bildet; in der See- und Luftfahrt Zählung polwärts von 00° bis 90° auf der Nordhalbkugel (Zusatzzeichen: N, Vorzeichen: plus) und Südhalbkugel (S, Vorzeichen: minus). Beispiel: $\varphi = 08°03'$S.

Geografische Länge
λ (in rad), engl. *longitude* (Lon); Winkel, den die Meridianebene durch den betrachteten Punkt auf der Bezugsfläche (Erdkugel) mit der Ebene des *Nullmeridians* bildet; in der See- und Luftfahrt Zählung halbkreisig vom Nullmeridian 000° nach Osten (Zusatzzeichen: E, Vorzeichen: plus) oder Westen (W, Vorzeichen: minus). Beispiel: $\lambda = 008°03{,}2'$E.

Geografische Meile *Seemeile.

Geometrische Abplattung
In der Geophysik zur Beschreibung der Erdkugel:

$$f = \frac{a-b}{a} \approx 1 : 298{,}257$$

a Äquatorradius des Erdellipsoides = große Halbachse der Merdianellipse, b kleine Halbachse der Meridianellipse (des Rotationsellipsoides).
Polkrümmungsradius des Rotationsellipsoides nennt man die Größe $c = a^2/b$.

Geometrischer Fluss
Mit Hilfe der *Raumwinkelprojektion definiertes Integral; notwendig zur Berechnung der von einer Fläche A in den Raumwinkel Ω abgestrahlten Strahlungsleistung $\Phi = L\,G$.

$$G = \int_{(A)} \int_{(\Omega)} \mathrm{d}A \cos\zeta \,\mathrm{d}\Omega.$$

Geometrische Größe
*Impedanz, *Kapazität, *Raumwinkel.

Geopotentielle Tendenz
in der Mechanik, Meteorologie und Geophysik die zeitliche Änderung des Schwerepotentials:

$$\chi = \frac{\mathrm{d}W}{\mathrm{d}t} \quad \text{Einheit: } \frac{\mathrm{J}}{\mathrm{kg\,s}}$$

Georgdor
Goldmünze aus Hannover (19. Jh.).

Georgien *Lari.

Georgnoble
Englische Goldmünze mit dem Bild des Hl. Georg, unter Heinrich VIII. geprägt.

Georgstaler
Im 18. Jh. weit verbreitete Silbermünze und Amulett mit dem Bildnis des Hl. Georg.

G

Geozentrische Breite
φ_c (in rad), engl. *geocentric latitude*; Winkel am Mittelpunkt eines Referenzellipsoids zwischen der Äquatorialebene und der Verbindungslinie vom Mittelpunkt des Referenzellipsoids zum betrachteten Punkt auf dem Ellipsoid.

Geozentrische Länge
Synonym für: *geodätische Länge.

Gera(h)
Biblisches Gewicht aus dem Alten Testament, nach akkadisch *giru* (Same des Johanniterbrotes):
1 Gera(h) = $^1/_{20}$ Schekel (AT)
= $^1/_{24}$ Schekel (Babylonien) = 0,818 Gramm.

Geräteklasse
*elektromagnetische Verträglichkeit.

Geräuschleistungspegel *Dezibel.

Gersch
1) Alte türkische Silbermünze.
2) Arabische Bezeichnung für *Piaster*.

Gerüststoffvolumen *Dichte.

Gesamtrückstand
*Abdampfrückstand der unfiltrierten Probe (einschließlich ungelöster Stoffe).

Gesamtstickstoff
1) Analytik: *TN.
2) Medizin: Stickstoffgehalt des Harnes, gebunden in Harnstoff und Aminosäuren.

Gesamtstromdichte
Summe der Verschiebungsstromdichte und der elektrischen Stromdichte $\vec{J}$:

$$\vec{J}_{\text{tot}} = \frac{\partial \vec{D}}{\partial t} + \vec{J} \quad \text{Einheit: } \frac{\text{A}}{\text{m}^2}$$

Gescheid
altes Getreide-Hohlmaß, vgl. *Malter:
1 Gescheid = 1,8 bzw. 2 Liter (Hessen).

Geschwindigkeit
1) Die pro Zeiteinheit zurückgelegte Wegstrecke.
SI-Einheit: Meter/Sekunde. Vgl. Tabellen.
2) Allgemein: Zeitbezogene Größe für Bewegungsvorgänge, z. B.:
Winkelgeschwindigkeit $\omega = \mathrm{d}\varphi/\mathrm{d}t$,
Temperaturanstiegsgeschwindigkeit $\Delta T/t$,
Strömungsgeschwindigkeit $v = \mathrm{d}s/\mathrm{d}t$,
Reaktionsgeschwindigkeit $\dot{n} = \mathrm{d}n/\mathrm{d}t$.
3) In der **Seefahrt** werden unterschieden:
- *Eigengeschwindigkeit* des Schiffes $\vec{v}_E$: aufgrund des eigenen Antriebs in Rechtsvorausrichtung ohne Rücksicht auf Wind, Seegang und Strom.
- *Geschwindigkeit durchs Wasser* $\vec{v}_{Wa} = \vec{v}_E + \vec{v}_{Wi}$, engl. *velocity through water:* aufgrund des Schiffsantriebes und des Windes relativ zum Wasser. Fahrt durchs Wasser (FdW), engl. *speed through the water* (STW), heißt der Betrag $|\vec{v}_{Wa}|$.
- *Geschwindigkeit über Grund* $\vec{v}_G = \vec{v}_{Wa} + \vec{v}_{St}$, engl. *velocity over the ground:* Geschwindigkeit des Schiffes bezüglich des Meeresgrundes, im voraus bestimmt oder nach einer bestimmten Fahrzeit ermittelt. Fahrt über Grund (FüG), engl. *speed over the ground* (SOG), heißt der Betrag $|\vec{v}_G|$.
- *Stromgeschwindigkeit* $\vec{v}_{St}$, engl. *velocity of the current:* Geschwindigkeit der Gewässerströmung, aus Unterlagen oder nachträglich ermittelt. Engl. *drift* heißt der Betrag $|\vec{v}_{St}|$.
- *Versetzungsgeschwindigkeit* durch Wind $\vec{v}_{Wi}$.

4) In der **Luftfahrt** werden unterschieden:
- *Ground Speed* (GS, v_G), Grundgeschwindigkeit: Betrag der Geschwindigkeit über Grund.
- *True Air Speed* (TAS, v_E), wahre Eigengeschwindigkeit: Betrag der Eigengeschwindigkeit des Flugzeugs relativ zur Luft.
- *True Air Speed effective* (TAS_{eff}), Betrag der Komponente der Eigengeschwindigkeit in Richtung der Fortbewegung über Grund.
- *Wind Speed* (v_{Wi}), Windgeschwindigkeit.

Geschwindigkeitsgefälle
Synonym für Schergeschwindigkeit: D oder $\dot{\gamma}$ (in s^{-1}), vgl. *Viskosität.

Geschwindigkeitskonstante
k, Reaktionsgeschwindigkeitskonstante, engl. *rate constant*, zur Beschreibung der Geschwindigkeit chemischer Reaktionen (vgl. *Gleichgewichtskonstante). In der Technik übliche SI-Einheit siehe Tabelle nächste Seite.
Zur Umrechnung von Konzentrationen in Drücke gilt das ideale Gasgesetz: $pV = nRT = NkT$ oder $p = cRT$. *Parts per million* (ppm) bezeichnet Größenverhältnisse wie: $\text{cm}^3/\text{m}^3 = \text{m}\ell/\text{m}^3 = \mu\ell/\ell$ etc.

Tabelle G.4: Geschwindigkeiten des täglichen Lebens (grobe Anhaltswerte).

	m/s	km/h		m/s	km/h
Schnecke	0,002	0,007	Biene	12–16	40–60
Ochse	0,7	2,5	Personenzug	14	50
Flussströmung	1,0	3,6	Motorboot	14–90	50–326
Schwimmer	1,0	3,6	Steinwurf	16	58
Stubenfliege	1,5–2	5,4–7,2	Windhund	20	70
Fußgänger	1,4–1,7	5–6	Schnellzug	20–28	70–100
Pferd: Schritt	2	7,2	Brieftaube	20–30	70–108
Pferd: Trab	4	15	Motorrad	bis 30	bis 108
Pferd: Galopp	8	30	Motorradrennen	bis 83	bis 297
Rennpferd	12–16	45–60	Personenwagen	20–50	70–180
Dauerläufer	2,5	9	Schwalbe	40–70	144–250
Wildwasserströmung	4	15	Rennwagen	bis 72	bis 260
Elektrokarren	4	15	Rennwagen-Rekord	178	644
Fahrrad	5	18	Verkehrsflugzeug	250	900
Fahrradrennen	bis 30	bis 72	Militärflugzeug	1011	3640
Dampfschiff	3–7	11–25	Gewehrkugel	480–700	1728–2520
Kurzstreckenläufer	7–10	25–36	Artilleriegeschoß	900	3200
Schnelles Segelschiff	8	29	Erddrehung (Äquator)	440	1650
Schlittschuhläufer	10	36	Erde um die Sonne	30 000	108 000
Güterzug	11	44	Licht	$\approx 3 \cdot 10^8$	10^9

Tabelle G.5: Bremszeit für verschiedene Geschwindigkeiten, berechnet nach $t = v/a$.

Geschwindigkeit km/h	m/sec	Verzögerung (m/s²) 1	1,5	2,5	3,5	4	5
		Bremszeit in s					
10	2,8	2,8	1,9	1,0	0,8	0,7	0,6
30	8,3	8,4	5,6	3,3	2,4	2,1	1,7
50	13,9	13,9	9,3	5,6	4,0	3,5	2,8
60	16,7	16,7	11,1	6,7	4,8	4,2	3,4
80	22,4	22,4	14,7	9,0	6,4	5,6	4,5
100	27,8	27,8	18,5	11,1	8,0	7,0	5,6

Tabelle G.6: Theoretischer Bremsweg für unterschiedliche Verzögerungen nach $s = \frac{1}{2}at^2$.

Geschwindigkeit (km/h)	Mittlere Verzögerung in m/s² 1,5	2,5	3	3,5	4	4,5	5	5,5	6	6,5
	Bremsweg in m									
10	2,55	1,55	1,30	1,10	0,95	0,85	0,75	0,70	0,65	0,60
30	23,10	13,90	11,55	9,90	8,65	7,70	6,95	6,30	5,80	5,35
50	64,40	38,60	32,20	27,60	24,25	21,45	19,32	17,55	16,10	14,90
60	92,75	55,40	46,35	39,75	34,75	30,90	27,80	25,30	23,20	21,40
80	164,75	98,70	82,35	70,60	61,75	54,90	49,40	44,90	41,20	39,30
100	257,50	154,20	128,75	110,35	96,55	85,80	77,25	70,20	64,40	59,50
120	370,00	222,20	185,00	158,85	139,00	123,50	111,50	101,00	93,00	85,80
150	580,00	347,30	290,00	248,30	216,50	193,50	174,00	158,00	145,00	134,00

Tabelle G.7: Umrechnung: Reaktionsgeschwindigkeitskonstanten 2. Ordnung

$$1\ \frac{\mathrm{m}^3}{\mathrm{kmol\,s}} = \begin{cases} 0{,}001\ \frac{\mathrm{m}^3}{\mathrm{mol\,s}} = 1\ \frac{\ell}{\mathrm{mol\,s}} = 1000\ \frac{\mathrm{cm}^3}{\mathrm{mol\,s}} = 3600\ \frac{\mathrm{m}^3}{\mathrm{kmol\,h}} = \\ N_\mathrm{A}\ \frac{\mathrm{m}^3}{\mathrm{s\,Molekül}} = RT\ \frac{1}{\mathrm{Pa\,s}} = RT\ \frac{10^5}{\mathrm{bar\,s}} = 10^6\ \frac{p}{RT}\ \mathrm{ppm}^{-1}\mathrm{s}^{-1} \end{cases}$$

	$\mathrm{cm}^3\ \mathrm{mol}^{-1}\mathrm{s}^{-1}$	$\mathrm{m}^3\ \mathrm{mol}^{-1}\mathrm{s}^{-1}$	$\mathrm{atm}^{-1}\ \mathrm{s}^{-1}$	$\mathrm{ppm}^{-1}\ \mathrm{min}^{-1}$	$\mathrm{m}^2\,\mathrm{kN}^{-1}\,\mathrm{s}^{-1}$
$1\ \mathrm{cm}^3\ \mathrm{mol}^{-1}\ \mathrm{s}^{-1}$ =	1	10^{-6}	$0{,}01219\ T^{-1}$	$2{,}453\cdot 10^{-9}$	$1{,}203\cdot 10^{-4}\ T^{-1}$
$1\ \mathrm{dm}^3\ \mathrm{mol}^{-1}\ \mathrm{s}^{-1}$ =	1 000	0,001	$12{,}19\ T^{-1}$	$2{,}453\cdot 10^{-6}$	$0{,}1203\ T^{-1}$
$1\ \mathrm{m}^3\ \mathrm{mol}^{-1}\ \mathrm{s}^{-1}$ =	1 000 000	1	$1{,}219\cdot 10^4\ T^{-1}$	$2{,}453\cdot 10^{-3}$	$120{,}3\ T^{-1}$
$1\ \mathrm{cm}^3\ \mathrm{Molekül}^{-1}\ s^{-1}$	$6{,}023\cdot 10^{23}$	$6{,}023\cdot 10^{17}$	$7{,}34\cdot 10^{21}\ T^{-1}$	$1{,}478\cdot 10^{15}$	$7{,}244\cdot 10^{19}\ T^{-1}$
$1\ \mathrm{ppm}^{-1}\ \mathrm{min}^{-1}$ = (298 K, 1 bar)	$4{,}077\cdot 10^8$	407,7	$1{,}667\cdot 10^4$	1	164,5
$1\ (\mathrm{mmHg})^{-1}\ \mathrm{s}^{-1}$ =	$6{,}236\cdot 10^4\ T$	$0{,}06236\ T$	760	$4{,}56\cdot 10^{-2}$	7,500
$1\ \mathrm{atm}^{-1}\ \mathrm{s}^{-1}$ =	$82{,}06\ T$	$8{,}206\cdot 10^{-5}\ T$	1	$6\cdot 10^{-5}$	$9{,}869\cdot 10^{-3}$
$1\ \mathrm{m}^2\,\mathrm{kN}^{-1}\ \mathrm{s}^{-1}$ =	$8\,314\ T$	$8{,}314\cdot 10^{-3}\ T$	101,325	$6{,}079\cdot 10^{-3}$	1

Tabelle G.8: Umrechnung: Reaktionsgeschwindigkeitskonstanten 3. Ordnung

	$\mathrm{cm}^6\cdot\ \mathrm{mol}^{-2}\mathrm{s}^{-1}$	$\mathrm{m}^6\cdot\ \mathrm{mol}^{-2}\mathrm{s}^{-1}$	$\mathrm{atm}^{-2}\cdot\ \mathrm{s}^{-1}$	$\mathrm{ppm}^{-2}\cdot\ \mathrm{min}^{-1}$	$\mathrm{m}^4\,\mathrm{kN}^{-2}\,\mathrm{s}^{-1}$
$1\ \mathrm{cm}^6\ \mathrm{mol}^{-2}\ \mathrm{s}^{-1}$ =	1	10^{-12}	$1{,}48\cdot 10^{-4} T^{-2}$	$1{,}003\cdot 10^{-19}$	$1{,}447\cdot 10^{-8}\ T^{-2}$
$1\ \mathrm{dm}^6\ \mathrm{mol}^{-2}\ \mathrm{s}^{-1}$ =	1000 000	10^{-6}	$148\ T^{-2}$	$1{,}003\cdot 10^{-13}$	$0{,}01447\ T^{-2}$
$1\ \mathrm{m}^6\ \mathrm{mol}^{-2}\ \mathrm{s}^{-1}$ =	10^{12}	1	$1{,}48\cdot 10^8\ T^{-2}$	$1{,}003\cdot 10^{-7}$	$1{,}447\cdot 10^4\ T^{-2}$
$1\ \mathrm{cm}^6\ \mathrm{Teilchen}^{-2}\ \mathrm{s}^{-1}$	$3{,}628\cdot 10^{47}$	$3{,}628\cdot 10^{35}$	$5{,}388\cdot 10^{43}\ T^{-2}$	$3{,}64\cdot 10^{28}$	$5{,}248\cdot 10^{39}\ T^2$
$1\ (\mathrm{mmHg})^{-2}\ \mathrm{s}^{-1}$ =	$3{,}89\cdot 10^9\ T^2$	$3{,}89\cdot 10^{-3}\ T^2$	$5{,}776\cdot 10^5$	$3{,}46\cdot 10^{-5}$	56,25
$1\ \mathrm{atm}^{-2}\ \mathrm{s}^{-1}$ =	$6{,}733\cdot 10^3\ T^2$	$6{,}733\cdot 10^{-9}\ T^2$	1	$6\cdot 10^{-11}$	$9{,}74\cdot 10^{-5}$
$1\ \mathrm{ppm}^{-2}\ \mathrm{min}^{-1}$ = (298 K, 1 bar)	$9{,}97\cdot 10^{18}$	$9{,}97\cdot 10^6$	$1{,}667\cdot 10^{10}$	1	$1{,}623\cdot 10^6$
$1\ \mathrm{m}^4\ \mathrm{kN}^{-2}\ \mathrm{s}^{-1}$ =	$6{,}91\cdot 10^7\ T^2$	20,0 178	$1{,}027\cdot 10^4$	$6{,}16\cdot 10^{-7}$	1

$N_\mathrm{A} = 6{,}023\cdot 10^{26}/\mathrm{kmol}$, $R = 8314\ \mathrm{J\,kmol^{-1}K^{-1}}$, T thermodynamische Temperatur.

Geschwindigkeitspotential

Φ (in $\mathrm{m^2/s}$), beschreibt die Strömungsgeschwindigkeit: $\vec{v} = \nabla\Phi$.

Geschwindigkeitspotential, komplexes

Kinematische Größe in der Strömungsmechanik:

$$\underline{X} = \Phi + \mathrm{i}\,\Psi \quad \frac{\mathrm{m}^2}{\mathrm{s}}$$

Φ Geschwindigkeitspotential, Ψ Stromfunktion.

Gesetzliche Einheiten (ges.)

„Gesetzlich" bedeutet: Nach dem „Gesetz über Einheiten im Messwesen" vom 2. Juni 1969, 6. Juli 1973 und 1. Januar 1986 im geschäftlichen und amtlichen Verkehr, in Forschung und Lehre in Deutschland verbindlich vorgeschrieben, nämlich:

1. SI-Einheiten der 10. Generalkonferenz für Maß und Gewicht (1954),

2. abgeleitete SI-Einheiten,

3. Gebrauchseinheiten *neben dem SI*: *Liter, Gramm, Tonne, Bar, Hertz, Grad Celsius.*

4. *Außerhalb des SI zugelassen* sind: die Zeiteinheiten *Minute, Stunde, Tag* und *Jahr*, die Winkeleinheiten *Vollwinkel, Grad* und die Energieeinheit *Kilowattstunde.*

5. Gesetzlich *eingeschränkt zugelassen* sind Einheiten aus speziellen Anwendungsberei-

chen:
- *Ar* und *Hektar* (landwirtschaftliche Flächen),
- *Barn* (Wirkungsquerschnitt von Kernreaktoren),
- metrisches *Karat* (Edelsteinmasse),
- *Elektronvolt* und *atomare Masseneinheit* (Atomphysik),
- *Voltampere* und *Var* (Elektrotechnik: Voltampere reaktiv für elektrische Blindleistung),
- *Dioptrie* (Optik: für den Brechwert optischer Systeme),
- *Tex* (Textiltechnik: längenbezogene Masse von textilen Fasern und Garnen),
- *mmHg* (Medizin: für den Blutdruck und den Druck anderer Körperflüssigkeiten).

Elektronvolt und atomare Masseneinheit sind nur bedingt taugliche Einheiten, da sie von physikalischen Konstanten abhängen, die nicht beliebig genau bekannt sind (eV von e, u von N_A). Vgl. *nichtgesetzliche Einheiten.

Seemeile und *Knoten* sind keine gesetzlichen Einheiten, wegen internationaler Vereinbarungen aber in der Seefahrt zugelassen (Einheitengesetz vom 22. Februar 1985).

Gesetzliche Zeit
engl. *standard time*, für ein bestimmtes Gebiet geltende einheitliche Zeit, einschließlich jahreszeitlicher Besonderheiten (Sommer-, Winterzeit).

Getreidekanne
Altes Hohlmaß aus Oldenburg:
1 Getreidekanne = 1,444 Liter.

Gewässergüteklasse
*Wassergüteklasse

Gewicht (G)
1) Fälschlich für: *Masse. Richtig:
Gewichtskraft = Fallbeschleunigung · Masse.
2) *Spezifisches Gewicht* (Wichte).
Veraltet! Durch die *Dichte zu ersetzen:

$$\text{Wichte} = \frac{\text{Gewichtskraft}}{\text{Volumen}}.$$

Gewichtsaräometer
*Aräometerskala.

Gewichtsklassen im Sport
1) Boxen: Fliegengewicht bis 51 kg, Bantamgewicht bis 54 kg, Federgewicht bis 57 kg, Leichtgewicht bis 60 kg, Halbweltergewicht bis 63,5 kg, Weltergewicht bis 67 kg, Halbmittelgewicht bis 71 kg, Mittelgewicht bis 75 kg, Halbschwergewicht bis 81 kg, Schwergewicht über 81 kg (Profis 88,183 kg).
2) Gewichtheben: Fliegenweicht bis 52 kg, Bantamgewicht bis 56 kg, Federgewicht bis 60 kg, Leichtgewicht bis 67,5 kg, Mittelgewicht bis 75 kg, Leichtschwergewicht bis 82,5 kg, Mittelschwergewicht bis 90 kg (Damen bis 67,5 kg), Erstes Schwergewicht bis 100 kg (Damen bis 75 kg), Zweites Schwergewicht bis 110 kg (Damen is 82,5 kg), Superschwergewicht über 110 kg.
3) Ringen: Fliegengewicht bis 52 kg, Bantamgewicht bis 57 kg, Federgewicht bis 63 kg, Leichtgewicht bis 68 kg, Weltergewicht bis 74 kg, Mittelgewicht bis 82 kg, Halbschwergewicht bis 90 kg, Schwergewicht über 90 kg (Damen über 70 kg).
4) Rasenkraftsport: Federgewicht bis 62,5 kg, Leichtgewicht bis 70 kg, Mittelgewicht bis 75 kg, Leichtschwergewicht bis 82,5 kg, Mittelschwergewicht bis 90 kg.
5) Judo: Federgewicht bis 60 kg, Leichtgewicht bis 71 kg, Halbmittelgewicht bis 78 kg, Mittelgewicht bis 86 kg, Halbschwergewicht bis 95 kg Schwergewicht über 95 kg (Damen über 72 kg).
6) Taekwondo: Fliegengewicht bis 53 kg, Leichtgewicht bis 64 kg, Halbmittelgewicht bis 73 kg, Weltergewicht bis 76 kg, Mittelgewicht bis 83 kg, Schwergewicht über 83 kg (Damen über 70 kg).
7) Karate Leichtgewicht bis 65 kg, Mittelgewicht bis 75 kg.

Gewichtskraft
*Gravitationskraft.

Gewichtsprozent
*Gehalt.

gf.
*gram-force.

Ghana
*Cedi.

Ghebeta
Alte Volumeneinheit aus *Eritrea:
1 ghebeta = 24 Liter.

Giarra
Altes Flüssigkeitsmaß aus Sardinien:
1 Giarra = 16,8 Liter.

Gibraltar-Pfund *Pfund.

Giftklasse
Schweizer Giftklasse.
1 = sehr starke Gifte
(cancerogen, mutagen, teratogen)
1–2 = sehr starke Gifte
3 = starke Gifte
4 = nicht unbedenkliche Stoffe
5 = geringste Gefährlichkeit
5S = für Selbstbedienung zugelassen
F = Giftklassenfrei
BT = Betäubungsmittel
RA = Radioaktive Stoffe

Gigaelektronenvolt (GeV)
1 GeV =
= 10^9 Elektronenvolt =
= 10^6 Kiloelektronvolt (keV)
= 1000 Megaelektronenvolt (MeV).

Gigahertz (GHz)
Einheit der Frequenz (Nachrichtentechnik):
1 Gigahertz = 10^9 Hertz.

Gigaohm (GΩ) 1 Gigaohm = 10^9 Ohm.

Gigawatt (GW)
Einheit der elektrischen Leistung im Kraftwerksbereich: 1 Gigawatt = 10^9 Watt.

Gigawattstunde (GWh)
Einheit der Arbeit, Energie und Wärmemenge:
1 Gigawattstunde =
= 10^6 Kilowattstunde
= 10^9 Wattstunden.

Gilbert (Gb)
1) Veraltet! Ungesetzliche Einheit der magnetischen Spannung (= magnetomotorische Kraft = magnetische Feldstärke · Weg) im elektromagnetischen cgs-System; benannt nach dem englischen Arzt und Physiker WILLIAM GILBERT (1540–1603); definiert durch die Arbeit, um das magnetische Potential eines positiven Einheitspols um 1 erg zu erhöhen:
1 Gilbert =
= 0,7 957 747 ($^{10}/_{4\pi}$) Ampere
= 1 Oersted-Centimeter.
2) In den Vierersystemen vor 1948 ist:
1 A_{int} = 0,99985 A.
3) Nichtrationale Schreibweise im elektromagnetischen cgs-Dreiersystem der Internationalen Elektrotechnischen Kommission von 1930:
1 Gb = 1 emE = 1 $cm^{1/2}g^{1/2}s^{-1}$.

Gill (gi, gl)
1) 1 Gill *US* =
= 118,294 684 Centimeter^3
= 7,21 875 Cubic inch
= 0,03 125 ($^1/_{32}$) Gallon *US*
= 0,8 326 742 Gill *GB*
= 118,2 941 Milliliter
= 4 Ounce (*US*, fluid)
= $^1/_4$ Pint (*US*, liquid)
= 0,125 ($^1/_8$) Quart (*US*, liquid).
2) 1 Gill *GB* [nur für Flüssigkeiten] =
= 142,0 653 Centimeter^3
= 8,669 357 Cubic inch
= $^1/_{32}$ Gallon *GB*
= 1,200 950 Gill *US*
= 142,0 653 Milliliter
= 5 Ounce (*GB*,fluid)
= $^1/_4$ Pint *GB* = 0,125 ($^1/_8$) Quart *GB*.
3) Entsprechungen in anderen Ländern: [frz.] roquille, [jap.] jiru, [port.] bocado.

Gin *Ka.

Giorgi-System
Veraltet! *elektromagnetisches Vierersystem. Vorgeschlagen 1901 von dem italienischen Physiker GIORGI, angenommen 1935, international ab 1.1.1948 als MKSA-System; verband das absolute mechanische MKS-System mit einer elektrischen Basisgröße, ursprünglich einer Widerstandseinheit (Ω_{int}), später dem Ampere. Abgeleitete Einheiten waren: *Coulomb (Ladung), *Ohm (Widerstand), *Volt (Spannung), *Farad (Kapazität) und *Henry (Induktivität).

Giornata
Altes Flächenmaß aus Italien (*Joch, *Tagwerk): 1 Giornata = 38 Ar.

Gipfelfrequenz *Resonanzfrequenz.

gireh *Geerah.

giru *Gera.

Gitterabstand *Konstanten,

Giustina
Alte Silbermünze aus Venetien (1571) zum Gedenken an den Seesieg der Venzianer am Tag der Hl. Justina.

G/L *Blutbild.

Glas (Glasen)
1) Zeitmaß auf Schiffen, das auf die Verwendung von Sanduhren zurückgeht.
1 Glas = 30 Minuten;
8 Glasen = 1 Wache = 4 Stunden.
2) Altes Flüssigkeitsmaß: 1 Glas = 0,15 Liter (Baden) = 0,09 Liter (Waldeck).
3) *Küchenmaße.

Glasausdehnung *Barometerkorrektur.

Glasfasersensor *Kraftmessgeräte.

Gleichgewichtskonstante
In der Thermodynamik und Reaktionstechnik das Verhältnis der Geschwindigkeitskonstanten von Hin- und Rückreaktion; das Verhältnis der Gleichgewichtskonzentrationen der Produkte zu denen der Edukte. Umrechnung:

$$K_c = (RT)^{-\Delta\nu} K_p = c^{\Delta\nu} K_x = \frac{K_a}{\gamma_\pm^2}$$

K Gleichgewichtskonstante, bezogen auf c Konzentrationen, p Drücke, x Molenbrüche, a Aktivitäten. γ Aktivitätskoeffizient, $\Delta\nu$ Molzahländerung bei der Reaktion (Differenz der Stöchiometriefaktoren zwischen Produkten und Edukten).

Gleichgewichtskonzentration
Im chemischen Gleichgewicht $A \rightleftharpoons B + C$ vorliegende Konzentration des Stoffes A mit der Ausgangskonzentration $c_{A,0}$ (in mol/ℓ).

$$c_A = c_{A,0} + \frac{K}{2} - \sqrt{\left(\frac{K}{2}\right)^2 + K c_{A,0}}$$

K Gleichgewichtskonstante.

Gleichmaßdehnung
*Werkstoffkenngrößen.

Gleichrichtwert *Mittelwert.

Gleichspannungsleistung
*Leistungsmessung.

Gleitzahl
In der Strömungsmechanik: das Verhältnis von Widerstandskraft zu Querkraft bzw. von Widerstandsbeiwert zu Quertriebsbeiwert:

$$\varepsilon = \frac{F_W}{F_Q} = \frac{c_W}{c_Q} \quad \text{(Dimension 1)}$$

Global Positioning System
*GPS, *Zeitmessung.

Globalstrahlung
In der Meteorologie und Geophysik: die Bestrahlungsstärke durch die globale Sonnenstrahlung auf die horizontale Ebene (vgl. *Solarkonstante):

$$E_G = E_I \sin\gamma + E_D \quad \text{Einheit: } \frac{W}{m^2}$$

E_I Bestrahlungsstärke durch die direkte Sonneneinstrahlung auf die zur Einfallsrichtung senkrechte Ebene, E_D durch diffuse Sonneneinstrahlung („Himmelsstrahlung"), γ Höhenwinkel.

Globulin-Albumin-Quotient
Eiweißquotient, Eiweißrelation; *Albumin-Globulin-Quotient.

Glockentaler
Alter Braunschweiger Schautaler mit dem Bild einer Glocke.

Glucosetoleranz
Medizin: Blutzuckerwert nach Aufnahme von 75 g Glucose; bei pathologischer Glucosetoleranz und Diabetes erhöht. Normalwerte:
< 5,5 mmol/ℓ = 100 mg/ℓ (nüchtern),
<11,1 mmol/ℓ = 200 mg/ℓ (nach 60 min),
< 7,8 mmol/ℓ = 140 mg/ℓ (nach 120 min),

Glucose-Toleranzfaktor (GTF)
Labormedizin: Konzentration der biologisch aktiven Form des Chroms; wasserlöslicher Chrom(III)-Komplex mit Nicotinsäure, Glutathion und Aminosäuren.

Glühlampenlicht *Normlichtart.

Glührückstand
Masse des auf Rotglut (600–650 °C) erhitzten *Abdampfrückstandes.

Glühverlust
*Abdampfrückstand minus *Glührückstand.

glz
Abkürzung für: gleichzahlig, gleichmächtig, äquivalent, z. B. A glz B.

Go
Altes japanisches Volumenmaß:
1 go = 0,18 Liter.

Goldener Schnitt

Mathematische Konstante: Teilt man die Einheitsstrecke [0,1] durch den Punkt x, wobei $\frac{1}{x} = \frac{x}{1-x}$ (oder $x^2 + x - 1 = 0$), erhält man ein seit der Antike bei Skulpturen, Gemälden und Bauwerken als besonders ästhetisch empfundenes Längenverhältnis:

$\lambda = \frac{1+\sqrt{5}}{2} \approx 1{,}618\,033\,989.$

Goldpunkt *Temperaturskala.

Gōmæd *Stab.

Gomari

Altes Volumenmaß aus Zypern:
1 gomari = 163,7 Liter.

Gome

Altes Flüssigkeitsmaß aus Äthiopien:
1 Gome = 60 Liter.

Gon

1) gon, EDV: GON, früher: **Neugrad, ^{g},** engl. **grade).** *Gesetzliches Winkelmaß zum Gebrauch außerhalb des SI-Systems, auf Taschenrechnern unter der englischen Abkürzung *grad* verbreitet. Die Bezeichnung „Neugrad“ (^{g}) war bis 31.12.1974 zulässig, die „Neuminute“ (c) wurde durch Centigon ersetzt. Der Vollkreis wird zu 400 Neugrad festgelegt:

1 Gon =
= 1^g (Neugrad)
= 100^c (Neuminute)
= 100 Centigon (cgon)
= 1000 Milligon (mgon)
= 10 000^{cc} (Neusekunde)
= 0,0 025 ($^1/_{400}$) Vollwinkel
= 0,9 Winkelgrad
= 54 Winkelminuten
= 0,01 570 796 ($^\pi/_{200}$) Radiant (Bogenmaß)
= 3240 Winkelsekunden.

2) Alte Längeneinheit aus *Annam:
1 gon = 195 Meter.

Gonadendosis

*Strahlendosis auf die menschlichen Keimdrüsen; durch natürliche Strahlenbelastung ca. 1,1 mJ $kg^{-1}a^{-1}$ = 110 mrem/Jahr. Verdoppelung der natürlichen Mutationsrate bei 0,02 bis 0,2 J/kg.

Gös, Göss

Altes Längenmaß aus Persien:
1) 1 Gös = 4 Tscherek =
= 16 Girreh = 104 bis 113 Centimeter.
2) 1 Gös schah = 94,6 Centimeter.
3) 1 Gös molläsar = 63,1 Centimeter.

GOST

Veraltet! In der ehemaligen UdSSR verwendete Kennzeichnung der Lichtempfindlichkeit von Fotomaterial.

Gourde (Gde.)

Währungseinheit in Haiti:
1 Gourde (Gde.) = 100 Centimes (cts.) = ca. $^1/_{17}$ US-$.

Gouy-Magnetwaage

*Suszeptibilität, magnetische.

gpm

Abk. f.: *gallons per minute,* Gallonen/Minute.

GPS (= Global Positioning System)

Internationales Verfahren zur geografischen Ortsbestimmung. Seit Ende 1993 durch 24 geostationäre Navigationssatelliten in 17 540 km Höhe, die gleichzeitig Funksignale (1,575 GHz, 20 W) zur Ende senden. An jedem Punkt der Erde kann ein GPS-Empfänger mindestens vier der codierten Signale störungsfrei empfangen. Aus der Signallaufzeit wird die Entfernung mindestens dreier Satelliten ermittelt, das Signal des vierten Satelliten gibt die Zeit vor. Nach dem Prinzip der dreidimensionalen Kreuzpeilung ist der geografische Ort auf $<$100 m (militärisch 1 m) genau bestimmbar. Zur auf 20 cm genauen Positionsbestimmung im Flugverkehr ist die Peilung einer Bodenstation (an exakt bekanntem Ort) nötig, die Fehler der Borduhr und atmosphärische Störungen (geladene Teilchen, Wolken) ausgleicht.

gps

Abkürzung für: *gallons per second,* Gallonen pro Sekunde.

gr.

*grain, *Gramm, *grade, *grain-force. Index (DIN 1304) für: Gitter...

Grad (°, = engl. **degree)**
1) **Winkelgrad** = *Altgrad,
1° (deg) =
= $^1/_{360}$ des Vollkreises
= 1,1$\bar{1}$ gon
= $^1/_{60}$ Winkelminute
= $^{\pi}/_{180}$ Radiant (engl. *radian*).
2) **Temperaturgrad,** *Thermometerskalen
°C (*Grad Celsius),
°F (*Grad Fahrenheit),
°R (*Grad Réaumur, *Grad Rankine),
°K (*Kelvin).
3) **Äquatorgrad (geografische Grad),**
1 Äquatorgrad = 15 Meilen (geografisch)
= 111,3 066 Kilometer.
4) *Neugrad, *Gon.

-grad
Reelles Verhältnis zweier meßbarer Größen gleicher Dimension mit einem Wertebereich zwischen 0 und 100%. Beispiele:

$$\text{Wirkungsgrad} = \frac{\text{abgegebene Leistung}}{\text{zugeführte Leistung}}$$

$$\text{Kopplungsgrad} = \frac{\text{Gegeninduktivität}}{\text{Selbstinduktivität}}$$

$$\text{Reflexionsgrad} = \frac{\text{reflektierte Energiegröße}}{\text{auftreffende Energiegröße}}$$

$$\text{Füllungsgrad} = \frac{\text{ausgefülltes Volumen}}{\text{Gesamtvolumen}}$$

Grad Baumé (°Bé)
Veraltet! Nach dem französischen Chemiker ANTOINE BAUMÉ (1728–1804) benannte Gradeinteilung der *Aräometerskala zur Dichtebestimmung von Flüssigkeiten: Wasser 0°Bé, 10%-ige Kochsalzlösung 100°Bé.

Grad Celsius (°C, EDV: CEL)
1) Internationale Maßeinheit der Temperatur im Centigradsystem; *US* **degree centigrade** (Kürzel **C** widerspricht internat. Vereinbarungen wegen Verwechslungsgefahr mit *Coulomb). Basis der Internationalen Temperaturskala von 1927, verbessert 1948 und 1960. Benannt nach der empirischen „centesimalen" Temperaturskala (1742) des schwedischen Astronoms ANDERS CELSIUS (1701–1744), der ursprünglich umgekehrt 100 ° für den Gefrierpunkt und 0 ° für den Siedepunkt des Wassers vorsah. Definitionsgemäß wird die Temperaturmessung mit Quecksilberthermometern empfohlen.
1 °C = $^1/_{100}$ der Temperaturdifferenz zwischen Gefrierpunkt (0 °C) und Siedepunkt des Wassers (100 °C) bei Atmosphärendruck.
2) Temperaturunterschied:
1 °C = 1 Kelvin
= 1,8 °Fahrenheit = 1,8 °Rankine.
3) Umrechnung absoluter Werte siehe *Thermometerskalen.
4) 1 °C · h/kcal = 0,859845 °C/Watt.
5) 1 °C · Stunde · Meter^2/Kilocalorie = 0,859 845 °C · Meter^2/Watt.

Grad deutscher Härte *Wasserhärte.

Grad Fahrenheit (°F, deg F)
1) Im anglophonen Raum gebräuchliche Maßeinheit der Temperatur, benannt nach der empirischen Temperaturskala (1714) des in Danzig geborenen Physikers, Instrumentenbauers und Erfinders des Quecksilberthermometers GABRIEL DANIEL FAHRENHEIT (1686–1736).
1 °F = 180ter Teil der Temperaturdifferenz zwischen Eispunkt (bei 32 °F) und Dampfpunkt des Wassers (212 °F) bei Atmosphärendruck, wobei mit einem Quecksilberthermometer gemessen wird. Als Fixpunkte verwendete Fahrenheit die tiefste von ihm mit einer Kältemischung erreichte Temperatur (0 °F = −17,78 °C) und die Körpertemperatur des Menschen (100 °F = 37 °C). Siehe *Thermometerskalen.
2) Temperaturunterschied:
1 °F = 0,5 555 556 ($^5/_9$) °Celsius
= 1 °Rankine
= 0,555$\bar{5}$ ($^5/_9$) Kelvin.
3) Umrechnung absoluter Werte siehe *Thermometerskalen.
4) Umrechnung in der Wärmelehre:
1 °F hr/Btu = 1,89563 °C/Watt.
1 °F hr sq.ft./Btu = 0,176110 °C m^2/Watt.

Grad Gay-Lussac (°GL, GL)
Historisch! 100teilige Skala des Alkoholgehaltes, benannt nach dem französischen Physiker und Chemiker LOUIS JOSEPH GAY-LUSSAC (1778–1850): 0°GL (reines Wasser), 100°GL (reiner Alkohol).

Gradient
1) Differentialoperator in einem orthogonalen

Koordinatensystem; der Gradient eines Skalarfeldes $\Phi(x,y,z)$ ist der Vektor:

$$\mathbf{grad}\,\Phi = \vec{\nabla}\Phi = \frac{\partial\Phi}{\partial x}\vec{e}_x + \frac{\partial\Phi}{\partial y}\vec{e}_y + \frac{\partial\Phi}{\partial z}\vec{e}_z$$

Der Gradient besitzt die Richtung des Normalenvektors $\vec{n}$ der Tangentialebene (*Flächennormale), seine Länge ist gleich der Normalenableitung; er steht senkrecht auf den Niveaulinien bzw. -flächen des Skalarfeldes.

• Je stärker sich das *Feld ändert, umso größer ist der Betrag des Gradienten $|\mathbf{grad}|$.

• An Feldmaxima, -minima und Sattelpunkten ist $|\mathbf{grad}| = 0$.

• Niveaulinien werden beschrieben durch: $\mathbf{grad}\,U = f(x,y,z)$.

2) Maß für die Veränderung (Anstieg bzw. Gefälle) einer physikalischen Größe; z. B. Temperatur-, Druck-, Dichte-, Konzentrations-, Helligkeitsgradient.

3) *alveolo-endkapillärer Gradient.* Medizin: Änderung des Sauerstoffpartialdruckes auf dem Weg Lunge – Alveole – Kapillare.

Grad Kelvin (°K)

Veraltet! Bis 5. Juli 1975 zulässige Angabe für *Kelvin.

Grad Öchsle

*Öchslegrad.

Grad Plato

Das Filtrat des gemaischten Darrmalzes bei der Bierherstellung heißt Würze. Durch Erhitzen mit Hopfen entsteht die gehopfte Würze als Ausgangsmaterial für die alkoholische Gärung mit Hefen. Der Stammwürzegehalt S ist nach BALLING

S = Extraktgehalt + 1,087165 · Alkoholgehalt und wird in Grad Plato angegeben:

$$1\ \text{Grad Plato} = \frac{1\ \text{g Stammwürze}}{100\ \text{g Bier}}$$

Auf dieser Grundlage erfolgt die Besteuerung nach BierStG 1993.

Grad Rankine (°R, °Rank, deg R)

Im anglophonen Raum gebräuchliche Maßeinheit der absoluten thermodynamischen Temperatur; analog dem *Kelvin des SI-Systems. Benannt nach dem schottischen Ingenieur WILLIAM JOHN RANKINE (1820–1872). Siehe auch *Thermometerskalen

• Absoluter Nullpunkt: 0 °R,

• Tripelpunkt des Wassers: 491,682 °R,

• Siedepunkt des Wassers: 671,67 °R.

• Temperaturdifferenz: 1 °R = $^5/_9$ Kelvin.

• Fundamentalabstand Eispunkt–Dampfpunkt des Wassers = 180 °R.

Grad Réaumur (°R)

Historisch! Temperatureinheit, definiert durch Gefrierpunkt (0 °R) und Siedepunkt des Wassers (80 °R); benannt nach dem französischen Physiker und Zoologen RENÉ-ANTOINE FERCHAULT DE RÉAUMUR (1683–1757). Ursprünglich mit einem Alkohol-Wasser-Thermometer gemessen. Siehe auch *Thermometerskalen.

Gradus

[lat. „Schritt"]. Altrömisches Längenmaß (*Meile): 1 Gradus = 72,5 Centimeter.

Gradzeichen

*Nichtgesetzliche Einheiten, *Kelvin.

Grain (gr., gn)

1) **US*-Einheit für die Masse von Edelmetallen und Edelsteinen im *troy*-System. Ab 1959:

1 Grain (troy) =
= 0,32 399 455 Carat (metric)
= 0,03 657 143 Dram =
= 64,79 891 Milligramm [exakt]
= $2{,}083\bar{3}\cdot10^{-3}$ ($^1/_{480}$) Ounce (troy)
= $0{,}0\,416\bar{6}$ ($^1/_{24}$) Pennyweight
= $^1/_{7000}$ Pound
= $^1/_{20}$ Scruple.

2) Veraltet! Britisches Handelsgewicht im *avoirdupois*-System vor gesetzlicher Einführung des SI-Systems:

1 gr. av. =
= $^1/_{7000}$ Pound (avoirdupois)
= 0,06 479 891 Gramm
= $2{,}285\,714\cdot10^{-3}$ ounce (avoirdupois).

3) Beachte *pound*-Definition zur Unterscheidung von *GB* und *US*-grain vor 1959.

4) Altes Pariser *Poids de marc:
1 grain = 0,53 g.

5) Altes französisches Juwelengewicht:
51,375 mg [bis 1877], 51,25 g [später].

Grain per...

1) ...cubic foot

1 gr./cu.ft. = 2,288 352 Milligramm/Liter

2) ...Gallone (GB)
1 gr./gal. *GB* = 14,25377 Milligramm/Liter
3) ...Gallone (US)
1 gr./gal. *US* = 17,11806 Milligramm/Liter
= 142,8 571 Pound/million gallons.

Grain weight *US* (giw.)

und **grain force** *GB* **(gif.).** Veraltete nichtmetrische Krafteinheit:
1 grain weight =
= Fallbeschleunigung · 1 grain =
= 1/7000 pound-weight
= 1/2240 ton-weight =
= 6,3 546 Mikronewton.

Gram-force (gf., = Pond, p)

1) Früher: „Kraftgramm" ($g^\star$, g_f). Veraltet! Ungesetzliche Krafteinheit:
1 gf. =
= 980,665 dyn
= $9{,}80\,665 \cdot 10^{-3}$ Newton
= 0,001 Kilopond.
2) Veraltete Energieeinheit:
1 gf. cm = 980,665 Erg = $9{,}80\,665 \cdot 10^{-5}$ Joule.
3) Veraltete Druckeinheit:
1 gf./cm^2 = 1 Pond/cm^2 = 98,0 665 Pascal.

Gramm (g)

[engl.] **gram**, früher: **gr.**, EDV: G. Gesetzliche Einheit der Masse im cgs- und SI-System. Ursprüngliche Definiton: 1 Kubikzentimeter Wasser von 4 °C wiegt 1 Gramm. Seit 1889 der tausendste Teil des Urkilogramm-Prototyps.

1 Gramm =
= 5 Karat (metric carat)
= 0,56 438 339 Dram
= 15,432 358 Grain
= 0,001 Kilogramm
= 1000 Milligramm
= 0,035 273 962 Ounce (avoirdupois)
= 0,032 150 747 Ounce (troy)
= 0,64 301 493 Pennyweight
= $2{,}2\,046\,226 \cdot 10^{-3}$ Pound (lb. av.)
= 0,77 161 792 Scruple
= $1 \cdot 10^{-6}$ Tonne (metrisch).
Nationale Bezeichnungen: [engl.] gram(me), [span.] gramo, [frz.] gramme, [ital.] grammo, [holl., schwed.] gram, [port., poln.] grama.

Gramm pro...
1) ...Centimeter und Sekunde: Einheit der Viskosität im cgs-System:
1 g cm^{-1} s^{-1} = 1 Poise (veraltet).
2) ...Centimeterkubus
1 g/cm^3 =
= 1000 kg/dm^3 = 1 kg/m^3 = 1000 kg/ℓ
= 62,42 796 Pound/cubic foot
= 0,03 612 729 Pound/cubic inch
= 10,02 241 Pound/gallon *GB*
= 8,345 404 Pound/gallon *US*.
3) ...Meterkubus
1 g/m^3 = 0,4 369 957 Grain/cubic foot.
4) ...Liter
1 g/ℓ =
= 70,15 689 Grain gallon *GB*
= 58,41 783 Grain/gallon *US*
= 0,001 g/cm^3
= 1 kg/m^3
= 0,0 624 280 Pound/cubic foot
= 0,0 100 224 pound/gallon *GB*
= $8{,}34\,540 \cdot 10^{-3}$ Pound/gallon *US*.
5) ...Meter
1 g/m = 0,03 225 451 Ounce/yard.
6) ...Milliliter
1 g/mℓ = 1 g/cm^3 (bei Dichte 1,0 g/cm^3).
7) ...Meterquadrat
1 g/m^2 =
= 0,3 277 058 Ounce/square foot
= 0,02 949 352 Ounce/square yard.
8) ...Tonne
1 g/t (metrisch) =
= 1,016 047 Gramm/ton (long)
= 0,9 071 847 Gramm/ton (short)
= 1 Milligramm/Kilogramm.
9) ...ton
1 g/ton (*US* long) =
= 0,9 842 065 Gramm/Tonne
= 0,8 928 571 Gramm/ton (short)
= 0,9 842 065 Milligramm/Kilogramm.
1 g/ton (short) =
= 1,12 Gramm/ton (long)
= 1,102 311 Gramm/Tonne (metrisch)
= 1,102 311 Milligramm/Kilogramm.

Grammäquivalent

Veraltet! Die Äquivalentmasse eines Stoffes in Gramm ausgedrückt; die Einheit val ist durch mol zu ersetzen.

Grammatom (tom)
Veraltet! In der Chemie die in Gramm ausgedrückte Atommasse eines Elementes (*Stoffmenge), z. B. 1 Grammatom Eisen = 1 tom Eisen = 55,85 Gramm.

Grammcalorie *Calorie.

Gramme
Altes griechisches Längenmaß, *Linie.
1 gramme = 2,12 mm.
1 gramme (royal)= 1 mm.

Gramm-Molekül (mol)
Veraltet! Durch den Begriff *Stoffmenge ersetzte Bezeichnung für die in Gramm ausgedrückte Molekülmasse, z. B. 1 Grammolekül Wasser = 1 mol Wasser ≙ 18 Gramm.

Grammrad (g rad)
Veraltet! Ungesetzliche Einheit der Integraldosis (integrale Strahlendosis), definiert 1953 durch die *International Commission on Radiological Units:*
1 g rad = 100 Erg = 10^{-5} Joule.

Gramm-Röntgen (gR)
Veraltet! Vor 1960 vorgeschlagene, international nicht anerkannte Einheit, definiert als die Einwirkung der integralen Strahlendosis von 1 Röntgen auf 1 Gramm Luft: 1 gR ≙ 82,6 Erg.

Gran
[lat. *granum*, „Korn“]. Altes deutsches Apothekergewicht vom Gewicht eines Pfefferkorns:
1 Gran = $^1/_{20}$ Skrupel
= 0,065 Gramm (Baden)
= 0,0625 Gramm (Bayern)
= 0,0625 Gramm (Hannover)
= 0,0729 Gramm (Österreich)
= 0,0609 Gramm (Preußen, Sachsen, Mecklenburg).
In anderen Ländern: *grain, [span., ital.] grano, [holl.] grein, [port.] graño, [poln.] gran.

Grän
Altes Edelmetall- und Juwelengewicht (*Mark):
1 Grän (Gran) =
= $^1/_{12}$ Karat (Gold)
= 0,812 Gramm (Edelmetalle)
= 0,0 514 Gramm (Juwelen).

Gränchen
Historisch! 15 Milligramm (Baden).

Granum
[lat. „Korn, Kern, Beere“]. Altrömische Masseneinheit: 1 Granum = 0,057 Gramm.

Grase
Historisch! 2861 Meter^2 (Norddtl.)

Grashof-Zahl *Kennzahlen.

Grauer Strahler *Temperaturstrahlung.

Gravitational...
engl. „Gravitations..., Schwere...“.

Gravitationskonstante
*Konstanten, Natürliches Einheitensystem, *Technisches Einheitensystem.

Gravitationskonstante, geozentrische
oder *terrestrische Gravitationskonstante*, das Produkt aus Gravitationskonstante G und Erdmasse M (einschließlich Atmosphäre):

$$\mu = G \cdot M \quad \text{Einheit: } \frac{\mathrm{m}^3}{\mathrm{s}^2}$$

Gravitationskraft
Die anziehende Kraft zwischen zwei Massen (vgl. Tabelle). Das Produkt aus der Masse m des Körpers und der örtlichen Fallbeschleunigung g heißt Gewichtskraft: $F_G = m\,g$. Seit 1901 gilt der internationale Wert der *Normalfallbeschleunigung.

Gravitationssystem
*Technisches Einheitensystem.

Gravity engl. „Wichte“.

Gray (Gy, EDV: GY)
Abgeleitete SI-Einheit der Energiedosis, benannt nach dem englischen Naturforscher und Entdecker der elektrischen Influenz STEPHEN GRAY (†1736); definiert als die Energiedosis, die bei der Übertragung von 1 Joule Strahlungsenergie zeitlich konstanter Energieflussdichte auf 1 Kilogramm homogene Materie entsteht. Gray und *Sievert sind für den Gebrauch im Gesundheitswesen bestimmt.
1 Gray =
= 100 Rem
= 1 Joule/Kilogramm (J/kg)
= 1 Watt-sekunde/Kilogramm (W · s/kg)
= 1 Meter^2/Sekunde^2.

Gray-Code *Längen- und Winkelmessung.

Tabelle G.9 Gravitation: Definition der Gewichtskraft und verwandter Größen.

Newtonsches Gravitationsgesetz: Gravitationskraft ~ Abstand^{-2}	$\lvert\vec{F}_G\rvert = G \frac{m_1 m_2}{(\vec{r}_{12})^2}$	N
Gravitationskonstante	$G = 6{,}673 \cdot 10^{-11}$	$\frac{\text{N m}^2}{\text{kg}^2} = \frac{\text{m}^3}{\text{kg s}^2}$
Resultierende Massenanziehungskraft auf die Masse m_0 im Ort $\vec{r}_0$	$\vec{F}_{G0} = -m_0 G \sum_{i=1}^{N} \frac{m_i}{r_{i0}^2} \frac{\vec{r}_{i0}}{\lvert\vec{r}_{i0}\rvert}$	N
Gravitationsfeldstärke: Gradient des Gravitationspotentials	$\vec{g}(r) = -\text{grad}\,\varphi_G(\vec{r}) = \frac{\vec{F}_{G0}}{m_0} = -G \sum_{i=1}^{N} \frac{m_i}{r_{i0}^2} \frac{\vec{r}_{i0}}{\lvert\vec{r}_{i0}\rvert}$	$\frac{\text{m}}{\text{s}^2} = \frac{\text{N}}{\text{kg}}$
Gravitationspotential	$\varphi_G = -\sum_{i=1}^{N} G \frac{m_i}{r_i}$	$\frac{\text{N m}}{\text{kg}} = \frac{\text{m}^2}{\text{s}^2}$
Gravitationskraft	$F_G(\vec{r}) = -m_0\, \text{grad}\,\varphi_G(\vec{r})$	$\text{N} = \frac{\text{kg m}}{\text{s}^2}$
Fallbeschleunigung: Gravitationsfeldstärke der Erdmasse	$g = G \frac{m_E}{r_E^2}$	$\frac{\text{m}}{\text{s}^2} = \frac{\text{N}}{\text{kg}}$
Fallbeschleunigung, abhängig von der geografischen Breite φ	$g = 9{,}832 - 0{,}052 \cos^2 \varphi$	$\frac{\text{m}}{\text{s}^2}$
Gewichtskraft = Masse · Fallbeschleunigung	$F_G = m\, g$	$\text{N} = \frac{\text{kg m}}{\text{s}^2}$
Gravitationsarbeit oder Hubarbeit	$W_{12} = -\int_{r_1}^{r_2} \vec{F}_G\, d\vec{r} = +\int_{r_1}^{r_2} G \frac{m_1 m_2}{r_{12}}\, dr_{12}$	
Zentripetalkraft ~ Radius	$F_r = -m\omega r$	N

Gray/Sekunde (Gy/s)

Gesetzliche Einheit der Energiedosisleistung oder -rate.
1 Gy/s = 1 Watt/Kilogramm.

grd.

Abkürzung für die bis Ende 1974 erlaubte Bezeichnung „Grad“ bei Temperaturdifferenzen; heute *Kelvin.

Greenback *Dollar, Währung.

Greenwich Mean Time *Zeitzonen.

Greenwich Meridian Time (GMT)

Greenwich-Zeit. Ortszeit des Nullmerdians (0°), gleichbedeutend mit *Westeuropäische Zeit* (WEZ) oder *Weltzeit.*

Gregorianischer Kalender *Kalender.

Grenzkonzentration (GK)

1) *Verdünnungsgrenze.* Kleinste *Konzentration eines Stoffes, bei der der analytische Nachweis mit einem bestimmten Verfahren noch positiv ist. *pD-Wert.

$$\text{GK} = \frac{\text{Masse des Stoffes (in g)}}{\text{Probenvolumen (in m}\ell)}$$

2) Pharmakologie: geringste Konzentration, in der ein Heilmittel wirkt.

Grenzleitfähigkeit

Λ_∞ (in S m^{2}kmol^{-1}), theoretischer Maximalwert der molaren *Leitfähigkeit Λ bei unendlicher Verdünnung.

Grenzviskositätszahl

Veraltete Bezeichnung für Staudinger-Index (*Viskosität).

Grenzwert

engl. *limiting value*. Im physikalisch-technischen Sinn: der in einer Definition enthaltene größte oder kleinste zulässige Wert einer Größe (DIN 40 200). Größe oder Belastungsgrenze (z. B. *Konzentration, *Fracht, *Dosis), deren Überschreitung technische oder ökologische Schäden nach sich ziehen kann.

Grenzwertklasse

*elektromagnetische Verträglichkeit.

Griechenland

Historische Längeneinheiten: *daktylos, *dira mimari, *gramme, *palame, *stadion, Historische Flächeneinheit: *stremma. Historische Volumeneinheiten: *baril(e), *koilon. Historische Zeitmessung: *Kalender. Währung: *Drachme.

Griechisches Alphabet

Ende des 11. Jh. v. Chr. übernahmen die Griechen die Buchstabenschrift von den Phönikern und ergänzten sie durch Vokale (Vgl. Tabelle, *Symbole).

Tabelle G.10: Griechisches Alphabet

A	α	Alpha	N	ν	Ny
B	β	Beta	Ξ	ξ	Xi
Γ	γ	Gamma	O	o	Omikron
Δ	δ	Delta	Π	π, ϖ	Pi
E	ε, ϵ	Epsilon	R	ϱ, ρ	Rho
Z	ζ	Zeta	Σ	σ, ς	Sigma
H	η	Eta	T	τ	Tau
Θ	ϑ, θ	Theta	Y, ϒ	υ	Ypsilon
I	ι	Iota	Φ	φ, ϕ	Phi
K	κ	Kappa	X	χ	Chi
Λ	λ	Lambda	Ψ	ψ	Psi
M	μ	My	Ω	ω	Omega

Griwna

Währungseinheit in der Ukraine, einschließlich der Krim-Republik, seit Unabhängigkeit von der ehemaligen Sowjetunion (1991), vgl. *Rubel: 1 Griwna (UAH) = 100 Kopeken = ca. 0,93 DM.

Gros

1) Altes Pariser Marktgewicht (poids de Marc):
1 Gros = 3,8 Gramm.
2) Altes Zählstückmaß:
1 Gros = 12 Dutzend = 144 Stück.

Groschen

Ursprüngliche Sammelbezeichnung für massive, dicke Münzen, im Gegensatz zu Hohlmünzen; seit 1296 aus dem böhmischen Kutterberg bekannt; später in deutschen Landen Hauptmünze; heute vereinzelt umgangssprachlich für ein Zehnpfennigstück; vgl. *Schilling, *Mariengroschen.

Groshundert

Altes Zählstückmaß:
1 Groshundert = 10 Dutzend = 120 Stück.

Grosschock

Altes Zählstückmaß: 64 Stück.

Großdyn

Veraltet! Krafteinheit:
1 Großdyn = 1 Newton =
= 1 Meter-Kilogramm/Sekunde^2 = 10^5 Dyn.

-größe

Begriffsbildung: Größe, für die eine Namensneubildung noch nicht vollzogen ist, z. B. Belastungsgröße, Verschleißgröße.

Größenklasse

*Astronomische Größenkl.

Größenprodukt

Nach DIN 1313: Das Produkt aus zwei Größen ist wiederum eine Größe.
Beispiel: Ein Größenprodukt mit der Dimension eins ist das Produkt „Kreisfrequenz mal Zeit“: $\alpha = \omega t$ ($\dim \alpha = 1$).

Größenquotient

Nach DIN 1313: Der Bruch aus zwei Größen verschiedener Dimensionen ist ebenfalls eine Größe. Zähler- und Nennergröße können Potenzprodukte von Größen sein.
Beispiele:

- „Dichte gleich Masse durch Volumen“: $\varrho = m/V$.
- „Druck gleich Kraft durch Fläche“: $p = \frac{F}{A} = \frac{m\,a}{A} = \frac{m}{t^2\,l}$.

Größenquotient, komplexer

engl. *phasor* oder *complexor*. Durch Division zweier *Drehzeiger $\underline{a}_i(t)$ gleicher Kreisfrequenz ω erhaltene zeitunabhängige Größe $\underline{a}$ (Betrag $a = |\underline{a}|$):

$$\underline{a} = \frac{\hat{a}_1 \, e^{i(\omega t + \varphi_1)}}{\hat{a}_2 \, e^{i(\omega t + \varphi_2)}} = |\underline{a}| \, e^{i\varphi}$$

$$|\underline{a}| = \frac{\hat{a}_1}{\hat{a}_2} \text{ und } \varphi = \varphi_1 - \varphi_2$$

Beispiele: *elektrische Impedanz, komplexe Übertragungsfunktion.

$\hat{a}_i$ Amplitude, φ_i Nullphasenwinkel, φ Phasenverschiebungswinkel = Differenz zweier Nullphasenwinkel.

Größenverhältnis

1) Auch: *Verhältnisgröße.* Nach DIN 1313 und 5493: Der Bruch aus zwei Größen gleicher Dimension, d. h. eine Größe der Dimension 1. Zähler- und Nennergröße können Potenzprodukte von Größen sein. Bei komplexen Größen (Zeigern) wird das Verhältnis der Beträge betrachtet; z. B. Amplitudenverhältnis.

Beispiele:

- Ebener Winkel: $\varphi = l/r$.
- Dehnung: $\varepsilon = \Delta l / l$.
- REYNOLDSzahl: $Re = \varrho v l / \eta$.

Die dem Größenverhältnis zugeordnete Einheit nennt man *Einheitenverhältnis*; sie ist gleich dem Verhältnis aus der Zählereinheit und der Nennereinheit. Größenverhältnisse mit dem Einheitenverhältnis eins dürfen als Produkt aus Zahlenwert und Einheit oder nur als Zahlenwert angegeben werden.

Beispiele:

- $\varepsilon = \frac{9\,\text{mm}}{3\,\text{m}} = 0{,}003\,\frac{\text{m}}{\text{m}} = 3 \cdot 10^{-3}$.
- $\frac{\Delta t}{t} = \frac{10\,\text{s}}{2\,\text{d}} = \frac{5\,\text{s}}{86400\text{s}} \approx 58 \cdot 10^{-6}$.
- $\chi = 38\,\frac{\text{m}\ell}{\ell} = 3{,}8\%$.
- Verstärkungsfaktor $A = 1700$ V/V.

2) Logarithmisches Größenverhältnis.

Durch die Einheit *Dezibel – basierend auf dem dekadischen Logarithmus – oder *Neper (Np) – natürlich logarithmisch – ausgedrückt; in der Nachrichtentechnik und Akustik zur Kennzeichnung von Pegeln und Lautstärken (das Phon hat an Bedeutung verloren).

Beispiele vgl. *Pegel und *Maß:

- Aus zwei Feldgrößen:

$$x_F = \ln \left| \frac{F_1}{F_2} \right| \text{ Np} = 20 \text{ lg} \left| \frac{F_1}{F_2} \right| \text{ dB}$$

- Aus zwei Leistungsgrößen:

$$x_P = \frac{1}{2} \ln \left| \frac{P_1}{P_2} \right| \text{ Np} = 10 \text{ lg} \left| \frac{P_1}{P_2} \right| \text{ dB}$$

- *Träger-zu-Rauschdichte-Abstand*

$$D_n = 10 \text{ lg} \frac{P_c}{P_n} \frac{\Delta f}{1\,\text{kHz}} \text{ dB(kHz)}.$$

P_c Trägerleistung,
Δf Bandbreite des Rauschspektrums,
$N_0 = P_n / \Delta f$ Rauschleistungsdichte.

- *Gütemaß*, engl. *figure of merit*, einer Erde-Empfangsstation einer Satellitenverbindung:

$$M = 10 \left(\text{lg} \frac{g}{T/\text{K}} \right) \text{dB(K}^{-1}\text{)}$$

$$= \left[\frac{G}{\text{dB}} - 10 \text{ lg} \frac{T}{\text{K}} \right] \text{dB(K}^{-1}\text{)}$$

g Antennengewinnfaktor, T thermodynamische Temperatur des Empfängereingangs (K),
$G = 10 \lg g$ Gewinnmaß (dB).

Großerg

Veraltet! Energieeinheit:
1 Großerg = 1 Joule = 10^7 Erg.

Großfolio *Papierformate.

Großgauß *Oersted.

Großkreis

engl. *greatcircle.* In der See- und Luftfahrt: Kreis auf der Kugel, dessen Mittelpunkt der Kugelmittelpunkt ist; kürzeste Verbindungslinie zweier Punkte auf der Erdoberfläche („Orthodrome"). Die Entfernung zweier Ort auf dem Großkreis heißt *orthodromische* Distanz oder Großkreisdistanz.

Grosso Alte Münze des Kirchenstaates.

Groß-Oktav *Papierformate.

Großquart *Papierformate.

Grostausend

Zählstückmaß: 1200 Stück.

Ground speed *Geschwindigkeit.

Gründonnerstag

*Wochen- und Feiertage.

Grundumsatz (GU)

Energieproduktion zur Erhaltung der Organfunktionen; gemessen 12–24 Std. nach der letzten Mahlzeit bei *Indifferenztemperatur und völliger körperlicher Ruhe, z. B. durch den Sauerstoffverbrauch; vgl. *Energieabgabe.

Normalwert: 5800 bis 7500 kJ/d.
pro Körperoberfläche: 145,3 kJ/h.
1 Energetisches Äquivalent = 20 Kilojoule/Liter Sauerstoff.

Gruppenbrechzahl *Brechzahl.

G

Gruppengeschwindigkeit
In der Schwingungslehre: der Differentialquotient der Winkelfrequenz ω nach dem *Phasenkoeffizienten β. Es ist die Ausbreitungsgeschwindigkeit der Hüllkurve einer Gruppe frequenzbenachbarter Wellen (eines *Wellenpaketes*), und damit die Ausbreitungsgeschwindigkeit der mittleren Leistung; vgl. *Phasengeschwindigkeit.

$$c_{gr} = \frac{d\omega}{d\beta} \quad \text{Einheit: } \frac{m}{s}$$

Im optischen Medium ist: $c_g = c_0/n_g$.
c_0 Lichtgeschwindigkeit im Vakuum,
n_g Gruppenbrechzahl.
In der Seismik unterscheidet man:
- *Reguläre Dispersion:* Gruppengeschwindigkeit wächst mit zunehmender Wellenlänge ($c_{gr} \sim \lambda$).
- *Inverse Dispersion:* Gruppengeschwindigkeit sinkt mit zunehmender Wellenlänge.

Gruppenlaufzeit
im optischen Medium:

$$t_g = \frac{s}{c_g} = \frac{s\,n_g}{c_0} \quad \text{Einheit: s}$$

c_g Gruppengeschwindigkeit, n_g Gruppenbrechzahl.

Gs
*CGS-M, *Gauß.

Guarani
Währungseinheit in Paraguay:
1 Guarani (₲) = 100 Céntimos (cts)
= ca. 1/2170 US-$.

Guatemala
Historische Längeneinheiten: *cuarta, *vara. Historische Flächeneinheiten: *caballería, *manzana.
Historische Volumeneinheiten: *cajuela, *fanega. Währung: *Quetzal.

Guinea
Wichtigste, altenglische Währungs- und Goldmünze von 1663 bis 1816. Ursprünglich aus Gold von der Küste Guineas geprägt; vom Sovereign und Pound Sterling abgelöst; bis 1971 inoffizielle britische Rechnungseinheit.
1 Guinea = 20 Shilling = 21 Shilling [ab 1717].

Gulden
1) **Holländischer** (Florin, Iso-Code: NLG), 1 hfl = ca. 0,90 DM.

2) Aus dem deutschen „Goldgülden" hervorgegangene *Münze, später auch Silbermünze.

3) Niederl.-Antillen-Gulden: 1 NAf = 100 Cent = ca. 0,97 DM.
4) Aruba-Florin: Währungseinheit auf den niederl. Kleinen Antillen: 1 Afl. = 100 Cent.
5) Suriname-Gulden: Währungseinheit auf vormals Niederländisch-Guyana (seit 1975 unabhängig): 1 Sf = 100 Cent = ca. 1/229 DM.

Gur
Altes Hohlmaß aus Babylonien (vgl. *Ka):
1 Gur = 144 Liter.

Güte
1) Kenngröße (Dimension 1) eines kapazitiven elektrischen Netzwerkes:

$$Q_\varepsilon = \frac{P_q}{P} = \tan\varphi = \frac{1}{\tan\delta}$$

2) In der Nachrichtentechnik der Kehrwert der *Halbwertbreite, z. B. eines Senders oder Filters, auch *Resonanzschärfe*:

$$Q = \frac{1}{2\vartheta} = \frac{1}{d}.$$

ϑ Dämpfungsgrad, d Verlustfaktor.

Güte, elastische
In der Mechanik, Seismik und Geophysik: das Verhältnis der maximalen kinetischen Energiedichte w zur Abnahme Δw der Energiedichte beim Fortschreiten der Welle um eine Wellenlänge:

$$Q = \frac{2\pi\,w}{\Delta w} \quad \text{(Dimension 1)}$$

Der Kehrwert $1/Q$ heißt Anelastizitätsgrad.

Güteklasse
*Wassergüteklasse

Gütemaß
*Größenverhältnis.

Guyana-Dollar
*Dollar.

Gy
*Gray.

Gyromagnetisches Verhältnis
Spektroskopische *Konstanten, definiert als $\frac{\mu}{I\hbar}$ (für NMR) und $\frac{\mu}{s\hbar}$ (für ESR).
μ Dipolmoment, I Kernspin, s Elektronenspin.

Formelzeichen

Physikalische Größe	Symbol	Einheit		Definition
Höhe height	h	m		i. a. radial (DIN)
Höhe ü. d. Meeresspiegel height above sea-level	H	m		
Flächenmoment 1. Grades 1st order moment of inertia	H	m^3		
Ruck jerk	$\vec{h}$	m/s^3		$\vec{h} = \frac{d\vec{a}}{dt} = \frac{d^2\vec{v}}{dt^2}$
Enthalpie enthalpy	H	J	$= m^2 kg\, s^{-2}$	$dH = dU + p\,dV = T\,dS$
molare Enthalpie molar enthalpy	H, H_m	J/mol	$= m^2 kg\, s^{-2} mol^{-1}$	$H = U + pV$
Molare Standardenthalpie standard partial molar enthalpy	H^0	J/mol	$= m^2 kg\, s^{-2} mol^{-1}$	$H_i^0 = \mu_i^0 + TS_i^0$
Standard-Reaktions-Enthalpie standard reaction enthalpy	$\Delta_r H^0$	J/mol	$= m^2 kg\, s^{-2} mol^{-1}$	$\Delta_r H^0 = \sum_i \nu_i H_i^0$
Spezifische Enthalpie specific enthalpy	h	J/kg	$= m^2 s^{-2}$	$h = H/m$
spezifischer Heizwert calorific power, heating value	H_u	J/kg	$= m^2 s^{-2}$	
molarer Heizwert molar calorific power	$H_{u,m}$	J/mol	$= m^2 kg\, s^{-2} mol^{-1}$	
spezifischer Brennwert calorific power, thermal power	H_0	J/kg	$= m^2 s^{-2}$	
molarer Brennwert molar calorific power	$H_{o,m}$	J/mol	$= m^2 kg\, s^{-2} mol^{-1}$	
Wärmeübergangszahl heat transfer coefficent	(h), α			siehe α
Klirrfaktor, Oberschwingungsgehalt harmonic factor, distortion factor	h_u	–	$= 1$	
Magnetfeldstärke, „magnetische Erregung“ magnetic field strength	$\vec{H}$	A/m	$= m^{-1} A$	$\vec{B} = \mu \vec{H}$
Magnetisierung magnetization	(H_i)	A/m		siehe M
Belichtung lumination, exposition	H, H_V	lx s	$= m^{-2} s\, cd$	
Bestrahlung radiant energy density	H, H_e	J/m^2	$= kg\, s^{-2}$	
Plancksches Wirkungsquantum Planck constant	h	J s	$= m^2 kg\, s^{-1}$	*Konstanten
– „h quer“, h bar	$\hbar$	J s		$\hbar = h/2\pi$

Hamilton-Operator hamiltonian operator	$\hat{H}$	J	$= m^2 kg\, s^{-2}$	$\hat{H} = \hat{T} + \hat{V}$
Hamilton-Funktion Hamilton function	H	J	$= m^2 kg\, s^{-2}$	$H(q,p) = T(q,p) + V(q)$
Coulomb-Integral coulomb integral	H_{AA}	J	$= m^2 kg\, s^{-2}$	$H_{AA} = \int \psi_A^* \hat{H} \psi_A \, d\tau$
Resonanzintegral resonance integral	H_{AB}	J	$= m^2 kg\, s^{-2}$	$H_{AB} = \int \psi_A^* \hat{H} \psi_B \, d\tau$

H

Abkürzung für: Henry; Hefner; [Index, DIN 1304] Hysterese; Zeichen für das *chemische Element Wasserstoff. *Säuregrad, Wasserstoffionen $H^{\oplus}$; Biochemie: Histamin, Medizin: Histo- (Oberflächenantigen). griech. Eta (Zahlzeichen: 8); H, H kyrill. N, n; Mathematik: transjugierte oder adjungierte Matrix $\boldsymbol{A}^H = \boldsymbol{A}^*$.

h

Abkürzung für: hekto; *hour,* Stunde, Uhr; *hot,* heiß; [Index, DIN 1304] Haupt...

ha Abkürzung für: *hectare,* Hektar.

Habba

Altes Gewicht aus Arabien:
1 Habba = 0,07 Gramm.

Hacienda

[span.] „Landgut"; altes Flächenmaß aus Mexiko: 1 Hacienda = 8778 Hektar.

Hägerhufe

Historisch! 37,5 Hektar (Pommern).

Hai

Alte thailändische Rechnungs- und Silbermünze, ebenso: Fuang und *Tikal.

Haiti *Gourde.

Halbbauer *Hufe.

Halbbreite

In der Meteorologie und Geophysik: die seitliche Entfernung vom Maximum der Strömungsgeschwindigkeit bis zum den Punkt, in dem die Geschwindigkeit auf den halben Wert zurückgegangen ist.

Halbe

Altes Volumenmaß aus Österreich:
1 Halbe = 0,707 Liter.

Halbstück

Altes Fassmaß für Wein:
1 Halbstück = 600 Liter.

Halbwertsbreite

In der Schwingungslehre und Spektroskopie die Breite der symmetrischen, glockenförmigen Resonanzkurve bei $1/\sqrt{2} \approx 0{,}707$ des Höchstwertes (vgl. *Güte).

$$\Gamma = \begin{cases} & \text{für Abszisse:} \\ \delta/\pi & \text{Frequenz } f \\ 2\vartheta & \text{Verstimmung } \varepsilon \\ 2\vartheta & \text{Winkelfrequenz } \omega \end{cases}$$

In der Atom- und Kernphysik:

$$\Gamma = \frac{h}{\tau} \quad \text{Einheit: J}$$

h Plancksches Wirkungsquantum,
τ mittlere Lebensdauer.

Halbwertzeit

früher *Halbwertszeit,* SI-Einheit: *Sekunde.
1) Mittlere Lebensdauer eines Prozesses, multipliziert mit dem natürlichen Logarithmus von 2.
2) Zeit, in der die *Aktivität eines Radionuklids durch Spontanzerfall auf die Hälfte abgenommen hat.
3) biologische. Zeit, in der 50% der aufgenommenen Aktivität eines Radionuklids auf natürlichem Wege (Stuhl, Harn, Schweiß) ausgeschieden ist.
4) effektive. Überlagerung von physikalischer $T_{1/2}$ und biologischer Halbwertzeit T_b.

$$T_{eff} = \frac{T_{1/2}\, T_b}{T_{1/2} + T_b}$$

5) Reaktionskinetik: Zeit, in der die Hälfte einer Substanz umgesetzt oder gebildet wird.
6) Pharmakologie: Zeit, in der die Plasmakonzentration (Blutspiegel) einer Arzneistoffmenge auf 50% des Anfangswertes abfällt.

Halibiu

Altes Längenmaß aus Rumänien:
1 halibiu = 0,701 Meter.

Hallala *Riyal.

Häller *Heller.

Hall-Konstante
Proportionalitätsfaktor R_H (in $m^3A^{-1}s^{-1}$), dessen Kehrwert die Ladungsträgerdichte in einer stromdurchflossenen Leiterplatte im Magnetfeld beschreibt. Zur Quantisierung *Klitzing-Konstante.

$$|\vec{E}| = R_H i B = U_H / b$$

B magnet. Flussdichte, b Breite des Leiterplättchens, E Elektr. Feldstärke, i Stromdichte, U_H Hall-Spannung.

Hämatokrit
Volumenanteil der zellulären Bestandteile im Blut; früher in *Volumenprozent. Normalwerte: 0,37–0,47 (Frauen), 0,40–0,54 (Männer).

Hammett-Säurefunktion
Maß für die Stärke von Supersäuren (stärker als konzentrierte Schwefelsäure) in verdünnter, wässriger Lösung.

$$H_0 = \mathrm{pH} - \lg(\gamma_B / \gamma_{BH^\oplus}) < 0$$

γ Aktivitätskoeffizient einer zugesetzten schwachen Indikatorbase (B) und ihrer korrespondierenden Säure ($BH^\oplus$).

Hämoglobin-Einheit (Hb)
Medizinische Einheit: 100% Hb $\hat{=}$ 15,8 g.

Hämoglobingehalt
Hb_E, *Färbekoeffizient.

Hand
1) US-Amerikanisches Längenmaß. Beachte *yard*-Umrechnung vor und nach 1959:
1 Hand *US* = 4 Inch = 1/9 Yard
= 10,16 Centimeter.
2) Altes britisches Längenmaß:
1 Hand *GB* = 10 Inch = 25,4 Centimeter.
3) Altes Längenmaß aus Babylon (*Elle):
1 Hand = 6,897 cm.

Handbreit
Biblisches Längenmaß aus dem Alten Testament, hebr. *ṭōfaḥ* (Ex 25,25): 1 Handbreit = 4 Finger ≈ 1/6 Elle = 0,072 Meter.

Handelsgewicht *Avoirdupois, *Scruple.

Handelsunze *Avoirdupois, *Ounce.

Handelsverein *Zollverein.

Handvoll
Biblisches Volumenmaß aus dem Alten Testament, hebr. *qōmæs*: Bei geschlossener Hand (z. B. Les 5,12), offene Handvoll (hebr. *ḥōfæn*) oder Menge, die in beiden Händen zu fassen war (hebr. *ḥōfnajim*, z. B. Ex 9,8).

Hang
Altes Gewicht aus Thailand:
1 Hang = 1,21 Kilogramm.

Hap
Altes Gewicht aus Thailand:
1 Hap = 60 bzw. 60,48 Kilogramm.

Harnfarbwert
1) Medizin: Maß für die Farbstoffkonzentration des Harnes; *Extinktion bei 435 nm.
2) **reduzierter:** auf die Dichte 1,020 g/cm³ bezogener Farbwert.

$$F_0 = F \frac{0{,}02}{\varrho - 1}.$$

ϱ gemessene Dichte in g/cm³.

Harnsäurewert
Medizin: Konzentration von Harnsäure (2,6,8-Trihydroxypurin) im Harn.

Härte
1) Mineralien und Edelsteine:
*Mohshärte (Tabelle).
2) *Vickers-Härte:* optische Abmessung der Eindruckdiagonale d einer Diamantpyramide. Eindringtiefe, Druckkraft F und Härte sind proportional:

$$HV = 0{,}102 \frac{F}{A} = 0{,}189 \frac{F}{d^2}$$

700 HV 50/30 bedeutet, dass mit einer Eindruckkraft von 50/0,102 = 490 N und einer Eindruckdauer von 30 s ein Härtewert von 700 ermittelt wurde. Anwendung für weiche Werkstoffe (Blei: 3 HV) und harte Werkstoffe (Hartmetall: 1500 HV).
3) *Brinell-Härte*: optische Abmessung des Eindruckdurchmessers d einer Kugel (Durchmesser D):

$$HB = \frac{0{,}102 \cdot 2F}{\pi D (D - \sqrt{D^2 - d^2})}$$

280 HB 2,3/160/20 bedeutet, dass mit einer Kugel von 2,3 mm Durchmesser, einer Eindruckkraft von 160/0,102 = 1568 N und einer Eindruckdauer von 20 s ein Härtewert von 280 ermittelt wurde. Anwendung für weiche Werkstoffe

Tabelle H.1 Härte von Mineralien in verschiedenen Klassifizierungssystemen.

Mineral	MOHS-Skala (1–10)	BREITHAUPT-Skala (1–12)	AUERBACH-Skala	Technische Skala	ROSIWAL-Skala
Talk	1	1	14	1	0,33
Gips, Steinsalz	2	2	20	2	0,25
Glimmer	–	3	–	–	–
Kalkspat	3	4	92	3	4,5
Flussspat	4	5	110	4	5
Apatit	5	6	237	5	6,5
Hornblende	–	7	–	–	
Feldspat	6	8	253	6	37
Quarzglas	–	–	–	7	–
Quarz	7	9	308	8	120
Topas	8	10	525	9	175
Granat	–	–	–	10	–
Zirkonschmelze	–	–	–	11	–
Korund	9	11	1150	12	1000
Siliciumcarbid	–	–	–	13	–
Borcarbid	–	–	–	14	–
Diamant	10	12	–	15	140 000

bis max. HB 450.
4) *Wasserhärte.

Hartley
Veraltet! Informationseinheit:
1 hartley = 3,219 bit.

Hartmann-Zahl *Kennzahlen.

Hartree-Energie
*Konstanten, *atomares Einheitensystem.

Hartreesches Einheitensystem
Das *atomare Einheitensystem von HARTREE definiert als Basisgrößen: Länge (Bohrradius des Wasserstoffatoms), Masse (Elektronenmasse), Zeit (Umlaufzeit des Elektrons auf der 1. Bohrschen Kreisbahn). Vgl. Tabelle.
Damit ergeben sich einfache Gleichungen für die Eigenschaften der Elementarteilchen, z. B. $\hbar/2$ für den Spindrehimpuls des Elektrons und $\hbar$ für den Bahndrehimpuls auf der ersten Bohrbahn. Vielfach wird, einer Unsitte folgend, auch $\hbar$ fortgelassen!

Hat
Altes Längenmaß aus der Türkei (*„Strich“):
1 hat = 0,346 mm.

Hath
Altes Längenmaß aus Indien:
1 Hath = 45 bis 55 Centimeter.

Hatta-Zahl *Kennzahlen.

Haufen
Altes Maß für Holz und Torf aus Berlin:
1 Haufen = 13,356 Meter^3 (Holz) =
= 6000 Stück (Torf).

Hauptschluß *Amperemeter.

Havelboden
Altes Feldmaß aus Hamburg:
1 Havelboden = 5600 Quadratfuß = 4,599 Ar.

He Zeichen für das *chem. Element Helium.

Heading
In der Seefahrt: der augenblicklich anliegende Ist-Kurs.

heat engl. „Wärme..., ...-wärme“.

Hebräische Einheiten
*Biblische Einheiten, *Elle.

Heckmünze, Heckpfennig, Hecktaler
Geldstücke, die sich vermehren oder immer wieder zurückkommen (Aberglauben).

hecta *Zahlwörter.

Hectarea
Flächenmaß aus Argentinien:
1 Hectarea = 1 Hektar.

Hecto.. *Hekto....

Hedschra *Kalender, historische.

Tabelle H.2 Größen des atomaren Einheitensystems nach HARTREE.

Größe	Atomare Einheit (a.u.)	Definition	Wert im SI-System
Elektronenmasse	1 a.u. Masse =	m_e	$\approx 9{,}1\,095 \cdot 10^{-31}$ kg
Ladung	1 Elementarladung =	e	$\approx 1{,}6\,022 \cdot 10^{-19}$ C
Wirkung	1 a.u. Wirkung =	$\hbar$	$\approx 1{,}0\,546 \cdot 10^{-34}$ J s
Länge	1 Bohr =	$a_0 = 4\pi\varepsilon_0\hbar^2/m_e e^2$	$\approx 5{,}2\,918 \cdot 10^{-11}$ m
Energie	1 Hartree =	$E_h = \hbar^2/m_e a_0^2$	$\approx 4{,}3\,598 \cdot 10^{-18}$ J
Umlaufzeit	1 a.u. Zeit =	$\hbar/E_h$	$\approx 2{,}4\,189 \cdot 10^{-17}$ s
Geschwindigkeit	1 a.u. Geschwindigkeit =	$a_0 E_h/\hbar$	$\approx 2{,}1\,877 \cdot 10^{6}$ m/s
Kraft	1 a.u. Kraft =	E_h/a_0	$\approx 8{,}2\,389 \cdot 10^{-8}$ N
Impuls	1 a.u. Impuls =	$\hbar/a_0$	$\approx 1{,}9\,929 \cdot 10^{-24}$ N s
Elektr. Strom	1 a.u. Strom =	$eE_h/\hbar$	$\approx 6{,}6\,236 \cdot 10^{-3}$ A
Elektrisches Feld	1 a.u. Feldstärke =	E_h/ea_0	$\approx 5{,}1\,422 \cdot 10^{11}$ V/m
Elektr. Dipolmoment	1 a.u. Dipolmoment =	ea_0	$\approx 8{,}4\,784 \cdot 10^{-30}$ C m
Magn. Flussdichte	1 a.u. Flussdichte =	$\hbar/ea_0^2$	$\approx 2{,}3\,505 \cdot 10^{5}$ T
Magn. Dipolmoment	1 a.u. Dipolmoment =	$e\hbar/m_e = 2\mu_B$	$\approx 1{,}8\,548 \cdot 10^{-23}$ J/T
Lichtgeschwindigkeit	137,04 a.u. =	$c\hbar/a_0 E_h = \alpha^{-1}$	$\approx 299\,792{,}5$ km/s

H

Hefnerkerze (HK, Hefner unit)

Hefnereinheit. Veraltet! Lichtstärkeeinheit in Deutschland (1896 bis 1942), Österreich und Skandinavien; benannt nach dem österr. Physiker FRIEDRICH VON HEFNER-ALTENECK (1845–1904); definiert durch die Lichtstärke, die eine Hefnerlampe in waagrechter Richtung abstrahlt; am 1. Juli 1942 durch die „Neue Kerze“, seit 1948 durch das *Candela ersetzt:
1 HK = 0,886 Internationale Kerze (IK)
= 0,903 Neue Kerze (NK) = 0,903 Candela
= 1930 K Farbtemperatur.

Hefnerlumen (Hlm)

Veraltet! Einheit des Lichtstromes:
1 Hefnerlumen = 0,903 *Lumen.

Hefnerlux (Hlx)

Veraltet! Einheit der Beleuchtungsstärke:
1 Hefnerlux = 0,903 Lux.

Hefnerphot (Hph)

Veraltet! Einheit der spezifischen Lichtausstrahlung: 1 Hefnerphot = 0,903 Phot.

Hefnerstilb (Hsb)

Veraltet! Einheit der Leuchtdichte:
1 Hefnerstilb = 0,903 Stilb.

Heft Papierzählmaß: 1 Heft = 10 Bogen.

Height (HGT)

In der Luftfahrt: Höhe über Grund.

Heinzen

Altes Raummaß: 83,2 Liter (Sachsen).

Heitscheffel

Historisch! In Schleswig-Holstein:
3024 Meter^2, 112,5 Liter, 72–86 Kilogramm.

Heizwert

Früher: *unterer* Heizwert, H_u (in J/kg); Verbrennungswärme eines festen, flüssigen oder gasförmigen Brennstoffes, wobei als Feuchte und Reaktionsprodukt enthaltenes Wasser auf Wasserdampf bei 25 °C bezogen wird: Heizwert = *Brennwert – Verdampfungswärme des Wassers.

Die *Heizkostenverordnung* vom März 1989 definiert mit dem Heizwert von Erdöl 10 kWh/ℓ = 36 GJ/m^3 für die notwendige Ölmenge zur Erwärmung von Warmwasser:

$$V_b = \frac{2{,}5\,\mathrm{kWh\,K^{-1}m^{-3}} \cdot V_w \cdot (t_w - 10)\,\mathrm{K}}{10\,\mathrm{kWh}/\ell}$$

Bei Fernwärme wird der Faktor 2,0 statt 2,5 eingesetzt.

V_b Ölmenge (in Liter), V_w Wasservolumen (m^3), t_w Warmwassertemperatur (°C).

Hekat

Altes Volumenmaß aus Ägypten:
1 Hekat = 4,785 Liter.

Hekatombe

Altgriechisches rituelles Opfer von 100 Tieren,

später allgemein „großes Opfer", „Massenopfer".

Hektar (ha, EDV: HAR, engl. **hectare)**
*Gesetzliche landwirtschaftliche Flächeneinheit für Grund- und Flurstücke:
1 Hektar (ha) = 100 Ar =
= 2,471 054 Acre
= $1{,}076\,391 \cdot 10^5$ Square foot
= 0,01 Kilometer^2
= 10 000 Meter^2
= 100 · $(10\,\text{Meter})^2$
= $3{,}861\,022 \cdot 10^{-3}$ Square mile
= 11 959,90 Square yard.

Hektogramm (hg)
Ungebräuchlich! 1 hg = 100 g = 0,1 kg.

Hektoliter (hl, hℓ)
In Brauereien: 1 hℓ = 100 ℓ = 0,1 m^3.

Hektometer (hm)
Ungebräuchlich! 1 hm = 100 Meter.

Hektometerkubus
Unüblich! Für [fälschlich] Kubikhektometer, das Volumen eines Würfels von 100 m Seitenlänge:
1 Hektometerkubus = 1 (hm^3) = $(100\,\text{m})^3$.

Hektopascal (hPa)
Einheit seit 1984 für Druckangaben in Meteorologie und Presse. Weitere Umrechungsfaktoren *mbar.
1 hPa =
= 1 Millibar (mbar)
= 100 Pascal (Pa = N/m^2)
= 0,1 kPa (Kilopascal)
= 10^{-4} MPa (Megapascal)
= 0,001 $\text{Newton/Centimeter}^2$
= 0,0 001 $\text{Newton/Millimeter}^2$.

Helleichmaß *Maß.

Heller
Häller, *Haller*, *Händelspfennig*, *Händleinspfennig*, ungar. *filler*, tschech. *haléř*. Nach der köngl. Münzstätte Schwäbisch Hall (und der Hand auf dem Münzbild der Rückseite) benannte Pfennigmünze aus Silber, ab 14. Jh. aus Kupfer. Vor 1200 erstmals unter FRIEDRICH I. geprägt; verdrängte seit 1270 die zerbrechlichen *Bodenseebrakteaten* (Konstanzer Pfennig) und den Nürnberger Pfennig, ab 1300 die regionalen Pfennigmünzen von Aachen bis Böhmen. Vor Einführung der Markwährung im Deutschen Reich (in Bayern auch danach) galt:
1 Heller = $^1/_2$ Pfennig = $^1/_8$ Kreuzer.
In Österreich-Ungarn:
1 Heller = $^1/_{100}$ Krone.

Helmholtz
Von E. A. GUGGENHEIM vor 1969 vorgeschlagene, international nicht anerkannte Einheit für das elektrische Doppelschichtmoment:
1 Helmholtz = 1 Debye/Ångström^2.

hemi *Zahlwörter.

Hemina
[lat. „halber Sextarius, Becher"]. Altes römisches Volumenmaß: 1 Hemina = 0,274 Liter.

Hendeka *Zahlwörter.

Henkemann
Altes Biermaß aus Oldenburg:
1 Henkemann = 28 Bierkannen = 39,9 Liter.

Henry (H, EDV: H**)**
1) SI-Einheit der Induktivität, benannt nach dem amerik. Physiker JOSEPH HENRY (1797–1878); definiert durch einen Stromkreis, der 1 Volt Gegenspannung aufbaut, wenn sich der durchfließende Strom gleichmäßig mit 1 Ampere/Sekunde ändert.
1 Henry =
= 1 Volt·Sekunde/Ampere
= 1 Weber/Ampere
= 1 Ohm·Sekunde
= 1 $\text{Farad} \cdot \text{Ohm}^2$
= 1 Sekunde/Siemens
= 1 $m^2 kg s^{-2} A^{-2}$.
2) **Internationales Henry** [vor 1948, gesetzlich verboten 1975]:
1 int. H = 1 H_{int} = 1,00 049 Henry.
3) Internationales Henry (amerikanische Definition): 1 int. Henry *US* = 1,000 495 Henry.
4) **Abhenry (= absolutes Henry).** Veraltet! Induktivitätseinheit im elektromagnetischen cgs-System, seit 01.01.1975 verboten:
1 abs. H = 1 H_{abs} = 10^{-9} Henry.
5) **Stathenry.** Veraltet! Einheit der Induktivität im elektrostatischen cgs-System:
1 stat. H = $8{,}987\,552 \cdot 10^{11}$ Henry.

Henry-Konstante
Proportionalitätsfaktor H (in Pascal^{-1}) zwischen Partialdruck p und Molenbruch x eines flüchtigen, gelösten Stoffes in einer Flüssigkeit (z. B. CO_2 im Wasser).

Hentricosa *Zahlwörter.

Herbstpunkt
engl. *autumnal equinox, libra.* Schnittpunkt von Himmelsäquator und Ekliptik (südwärts absinkende scheinbare Sonnenbahn) am 21./22. oder 23. September. *Jahreszeiten.

Heredium (Haeredium)
Altes römisches Flächenmaß:
1 Haeredium = 50,4 Ar.

Hertz (Hz, EDV: HZ**)**
SI-Einheit der Frequenz; [internat.] hertz, [poln.] herc; benannt nach dem deutschen Physiker HEINRICH HERTZ (1857–1894); für die Frequenz im Sinne von „Schwingungen oder Umdrehungen pro Sekunde", nicht aber für die Kreisfrequenz oder Winkelgeschwindigkeit. Veraltet sind die nichtgesetzliche Abkürzungen U/s, Ups oder rps. 1 Hertz = $1\ s^{-1}$.

Herzakzeleration
Medizin: Beschleunigung der Herzfrequenz bei Fieber um ca. 8 Schläge/Minute je Grad Temperaturanstieg. Normalwerte:

Kind:	130–140 min^{-1}
Erwachsener:	72–75 min^{-1}
alter Mensch:	ca. 80 min^{-1}

Herzfrequenz
1) Zahl der Herz- bzw. Pulsschläge pro Minute, verbunden mit einer ausgeworfenen Blutmenge von ca. 80 Millilitern (Erwachsener in Ruhe).

Neugeborenes:	ca. 140 min^{-1}
2-jähriges Kind:	120 min^{-1}
4-jähriges Kind:	100 min^{-1}
10-jähriges Kind:	90 min^{-1}
14-jähriges Kind:	85 min^{-1}
Erwachsener Mann:	62 bis 70 min^{-1}
Erwachsene Frau:	75 min^{-1}
Alter Erwachsener:	80 bis 85 min^{-1}

2) *Basalfrequenz.* Mittlere Herzschlagfrequenz des Fötus zwischen zwei Wehen. Normalwert 120–150/min, Tachykardie >150/min, Bradykardie <120/min.

Herzminutenvolumen
Medizin: Herzzeitvolumen (HZV), *cardiac output.* Pro Minute aus dem Herzen bewegte Blutmenge.

HMV = Schlagvolumen · Herzfrequenz.

Normalwert: 4,5 bis 5 Liter/Minute.

Herzminutenvolumen (HMV)
FICK-Formel

$$HMV = \frac{O_2\text{-Verbrauch/Minute}}{\varphi(\text{arteriell}) - \varphi(\text{venös})}$$

φ Sauerstoff-Volumenanteil, Vol.-%

Herzperiode
Medizin: Dauer einer vollständigen Herzaktion. Das Elektrokardiogramm (EKG) zeigt innerhalb ca. 0,8 s.

0–0,08 s: Anspannungszeit (Hauptpeak, QRS-Gruppe), Beginn der Systole; erster Herzton beim Schließen der Herzklappen zwischen Vorhof und Herzkammer (>0,05 s).

0,08–0,35 s: Austreibungszeit oder ST-Strecke, mit T-Welle (Endschwankung der Systole), evt. U-Welle (Nachschwankung), zweiter Herzton beim Schließen der Aorten- und Pulmonalklappe (>0,35 s).

0,35–0,5 s: Entspannungszeit (Beginn der Diastole).

0,5–0,75 s: Füllungszeit mit Vorhofwelle (P-Zacke) und PQ-Strecke; Öffnen und Schließen der Atrioventrikularklappen ohne Herztöne.

Heure (h) [frz.] *heure* = Stunde.

hex Abkürzung für: hexagonal.

HF
Abkürzung für: hochfrequent, Hochfrequenz. Grob der Frequenzbereich 100 MHz bis 10 GHz.

Hf Zeichen für das *chem. Element Hafnium.

Hg Zeichen für das *chem. Element Quecksilber.

hhd Abk. f.: **hogshead,* großes Fass.

hide
Altes Acker-Flächenmaß aus England:
1 hide = ca. 40 Hektar.

Himmelsäquator
engl. *celestial equator.* Großkreis der Himmelskugel, dessen Ebene senkrecht zur Erdachse steht.

Himmelskoordinaten
In der astronomischen Navigation: Punkte, Linien und Winkel an der Himmelskugel, vgl. *Frühlingspunkt, *Herbstpunkt, *Himmelsäquator, *Horizont, *Nadir, *Pol, *Zenit.

Himten (= Himpten)
Altes Getreidehohlmaß:
1 Himten =
= 31,15 Liter (Braunschweig)
= 26,4 Liter (Hamburg)
= 31,15 Liter (Hannover)
= 40,2 Liter (Hessen)
= 26,9 Liter (Mecklenburg)
= 33,0 Liter (Schaumburg-Lippe)
= 34,78 Liter (Schleswig-Holstein)
= 34,3 Liter (Waldeck-Pyrmont).

Himtsaat (= Scheffelsaat)
1 Himtsaat = $^1/_3$ Hannoveraner Morgen = 26,21 Ar = ca. 873$^2/_3$ Meter^2.

Hin
Biblisches Volumenmaß für Flüssigkeiten aus dem Alten Testament, ägyptischer Herkunft (Ez 45,24; 46,5):
1 Hin = $^1/_6$ Bat = 3,66 (oder 6,074) Liter.

Hiro
Alte japanische Längeneinheit:
1 hiro = 1,515 Meter.

Hiskias *Elle.

Hitzdrahtinstrument
*Elektromechanisches Messwerk.

HK$ *Dollar, Währung.

Ho
Zeichen für das *chem. Element Holmium.

Hochsommer *Jahreszeiten.

Höchstabgabemenge (HAM)
Menge eines Betäubungsmittels, die der Apotheker maximal pro Tag an einen Patienten abgeben darf. Überschreitung zulässig, wenn der verschreibende Arzt die Dosisangabe in Worten wiederholt und mit Ausrufezeichen versieht.

Höchstmenge *ADI, *NEL.

Hochwinter *Jahreszeiten.

Hogshead (hhd)
1) Altes angloamerikanisches Volumenmaß für Trockengüter und Flüssigkeiten:
1 Hogshead *GB* =
= 286,24 Liter (Wein)
= 238,65 Liter (Bier)
= 245,47 Liter (Most)
= 181,84 Liter (Fisch).
2) 1 Hogshead *US* = 63 Gallon *US*.

Höhe
1) Wahre Höhe, engl. *(true) altitude,* Mittelpunktswinkel eines Vertikalkreises vom wahren *Horizont zu einem Höhenparallel (= Kreis der Himmelskugel parallel zum wahren Horizont). – Beispiel: $h = -07°31{,}4'$ (unter dem wahren Horizont).
2) Scheinbare Höhe, engl. *apparent altitude,* Winkel am Auge des Beobachters zwischen der Ebene des scheinbaren Horizontes und dem Lichtstrahl Gestirn–Auge.

$$h_s = h' + R$$

h' Höhe über dem scheinbaren Horizont, R Refraktion, astronomische Strahlenbrechung = Winkel am Auge des Beobachters zwischen der geraden Linie Gestirn–Auge und dem Lichtstrahl Gestirn–Auge.

Höhenmessung
*Längen- und Winkelmessung.

Hohlmaß
Bezeichnung für eine Raum- oder Volumeneinheit; im weiteren Sinne neben Flüssigkeiten und Gasen auch für Schüttgut. Beispiele: Liter, Kubikfuß, board foot, cord, gallon, bushel.

Hohlraumanteil *Oberfläche.

Hold
Altes Flächenmaß aus Ungarn („Kataster"):
1 hold = 57,55 Ar.

Holland *Niederlande, *Gulden.

Hollegada
Alte Längeneinheit aus Brasilien:
1 hollegada = 2,75 Centimeter.

Holwar
Altes Gewicht aus Persien:
1 Holwar = 294,4 Kilogramm.

Holzklafter

Altes Volumenmaß aus der Schweiz:
1 Holzklafter = 2,916 Meter^3.

Homer (= Gomer)

Biblisches Trockenhohlmaß, vom akkadischen *imeru* (= Eselslast) abgeleitet:
1 Homer = 1 Kor = 10 Epha
= 220 (oder 364,4) Liter.

Hon

Altes chinesisches Gewicht:
1 Hon = 0,0 038 Gramm.

Honduras

Historische Längenmaße: *mecate, *milla, *vara. – Historische Flächenmaße: *caballería, *manzana.
– Historisches Volumenmaß: *cajuela.
Währung: *Lempira.

Hongkong-Dollar *Dollar.

Horen

[lat. hora „Stunde"]. Der katholischen Geistlichkeit vorgeschriebene Gebetsstunden:
0 Uhr (Mette), 3 Uhr (Metutine), 6 Uhr (Prime), 9 Uhr (Terz), 12 Uhr (Sexte), 15 Uhr (None), 18 Uhr (Vesper), 21 Uhr (Kompletorium).

Hörgrenze

Vom menschlichen Ohr gerade noch wahrgenommene Tonfrequenz.

Untere Hörgrenze:	16 Hz
Höchste Empfindlichkeit:	2000 bis 4000 Hz
Obere Hörgrenze:	16000 bis 20000 Hz

Horizont

1) Wahrer Horizont, engl. *celestial horizon,* Großkreis der Himmelskugel, dessen Ebene senkrecht zum Lot des Beobachters durch den Erdmittelpunkt geht.
2) Scheinbarer Horizont, engl. *sensible horizon,* Kreis der Himmelskugel, dessen Ebene senkrecht zum Lot durch das Auge des Bobachters geht.
3) Künstlicher Horizont, engl. *artificial horizon,* Hilfsmittel zu Darstellung des scheinbaren Horizonts.

Hörschwelle

Wahrnehmbare *Lautstärke zw. leisester Empfindung und Schmerz; pro Flächeneinheit einfallende Schallenergie (in Watt/Meter^2).

Untere Hörschwelle:	1 kHz bei 10^{-12} W/m^2 (0 dB)
gehörschädlich ab:	10^{-3} W/m^2 (90 dB)
obere Hörschwelle:	1 W/m^2 (120 dB)

Horsepower (hp, h.p., HP, = Pferdestärke)

1) Metrische Pferdestärke (**ch,** PS, = continental horsepower, metric horsepower). Veraltet! Leistung, um 75 Kilogramm gegen die Schwerkraft innerhalb einer Sekunde einen Meter hochzuheben.
1 Horsepower (metric) =
= 1 Pferdestärke (PS)
= 542,476 Foot-pound-force/second
= 0,986 320 Horsepower *GB/US*
= 632,415 Kilocalorie/Stunde
= 10,54 025 Kilocalorie/Minute
= 0,175 671 Kilocalorie/Sekunde
= 75 Kilopond-meter/Sekunde
= 0,735 499 Kilowatt.
2) British Horsepower. Veraltet!
1 Horsepower *GB* =
= 2544,43 Btu/hour
= 42,4 072 Btu/minute
= 0,706 787 Btu/second
= $1{,}98 \cdot 10^6$ Foot-pound-force/hour
= 33 000 Foot-pound-force/minute.
≡ 550 Foot-pound-force/second (ft·lbf/sec)
= 1,01 387 PS
= 745,700 Joule/Sekunde
= 641,186 Kilocalorie/Stunde
= 10,6 864 Kilocalorie/Minute
= 0,178 107 Kilocalorie/Sekunde
= 76,0 402 Kilopond-meter/Sekunde
= 0,745 700 Kilowatt.
3) „Wärme-PS"
1 Horsepower (boiler) = 9,80 950 Kilowatt.
4) „Elektro-PS" (electr. h.p.)
1 Horsepower (electrical) = 0,746 Kilowatt.
5) „Wasser-PS"
1 Horsepower (water) = 0,746 043 Kilowatt.

Horsepower-hour (hph, h.p.hr., hp-hr)

1) „Britische PS-Stunde". Veraltet! Brit.-amerikan. Einheit der Arbeit:
1 h.p.hr. (*GB*, US) =
= 2544,43 Btu
= $550 \cdot 3600 = 1{,}98 \cdot 10^6$ Foot-pound-force [exakt]

= 1,01 387 PS-Stunde
= 2,68 452·10^6 Joule
= 641,186 Kilocalorie
= 2,73 745·10^5 Kilopond-meter
= 0,745 700 Kilowattstunde
= 2,68 452 Megajoule.

2) Metrische PS-Stunde
1 h.p.hr. (metric) = 1 PS h
= 0,986 320 Horsepower-hour (*GB*, *US*)
= 2,64 780·10^6 Joule
= 632,415 Kilocalorie
= 2,7·10^5 Kilopond-meter
= 0,735 499 Kilowattstunde
= 2,64 780 Megajoule.

3) Electrical horse-power hour (electr. h.p.hr.). Veraltet! Britische Leistungseinheit der Elektrotechnik:
1 el.h.p.hr. $= \frac{746 \cdot 3600}{26856}$ Joule [exakt].

hp
Abk. f.: *horsepower*, Pferdestärke; Heptan.

h-p Abk. f.: *high-pressure*, Hochdruck.

h.p.hr *Horsepower-hour.

hpz
Veraltet! Franz. Druckeinheit.
1 hpz = 1,0197 kg/cm^2 = $^1/_{1,013}$ at

hr engl. Abk. f.: *hour*, Stunde.

hsph
Index (DIN 1304) für: hemisphärisch, halbräumlich (z. B. Lichtstrom Φ_{hsph}).

Hufe (Hube)
[ahd. *huoba*, „eingezäuntes Land"; mittellat. *mansus*]. Für bäuerlichen Grundbesitz und das Nutzungsrecht an Allmende und Mark. Fläche, ausreichend zur Ernährung einer Familie. Seit der fränkischen Zeit Bemessungsgrundlage von Diensten und Abgaben. Im frühen Mittelalter je nach Bodengüte etwa 7–10 (15, 25) Hektar bzw. 30–60 Morgen. *Königshufe* für Rodungsland, z. B. in der deutschen Ostsiedlung, rund doppelt so groß. In nachkarolingischer Zeit Teilung durch fortschreitende Halbierung: *Vollhufe* des Vollbauern oder Vollspänners, *Halbhufe* des Halbbauern oder Halbspänners u.s.w. Im 15./16. Jh. Berechnungsgrundlage für die Grundsteuer in Urbaren und Katastern.

Hufenrute Historisch: 8,95 Meter.

Humpheon
US-amerikanisches Gewicht:
1 humpheon (Maismehl) = 362,9 kg.

Hundert Historisch! 1931 Meter^2 (Norddtl.).

Hundredweight, centweight (cwt)

1) l.cwt. *US*-Masseneinheit („Zentner"):
1 cwt. *US* (long) =
= 1,12 Hundredweight (short)
= 50,80 234 544 Kilogramm
= 112 Pound
= 0,05 long ton
= 0,050 802 345 Tonne
= 0,056 short ton.

2) sh.cwt. *US*-Masseneinheit:
1 cwt. *US* (short) =
= 0,89 285 714 Hundredweight (long)
= 45,359 237 Kilogramm
= 100 Pound
= 0,044 642 857 ton (long)
= 0,045 359 237 Tonne
= 0,05 ton (short).

3) Veraltet! Britische Masseneinheit. (Beachte *pound*-Umrechnung vor und nach 1959):
1 cwt. *GB* = 4 quarters = 8 stones
= 112 pounds (lb.abdp.)
= 1792 ounces (oz.avdp.)
= 28 672 drams
= 78 389 scruples
= 783 892 grains
= 50,802 Kilogramm.

Hüvelyk
Altes Längenmaß aus Ungarn:
1 hüvelyk = 2,63 Centimeter.

HWH
Abk. für Hochwasserhöhe, engl. *time of high water*, Tidehochwasserzeit; Tag und Uhrzeit, zu der das Hochwasser eintritt.

Hyakume
Altes japanisches Gewicht:
1 hyakume = 375 Gramm.

hyd
Abk. für: *hydrate*, Hydrat; Index (DIN 1304) für: hydraulisch (z. B. Druck p_{hyd}).

Hydraulischer Durchmesser
In der Strömungsmechanik das Verhältnis des durchströmten Querschnitts *A* oder Volumens

V zum benetzten Umfang U oder Oberfläche S:

$$d_{\mathrm{h}} = \frac{4\,A}{U} = \frac{6\,V}{S} \quad \text{Einheit: m}$$

hyg

Abk. und Index für: *hygroscopic*, hygroskopisch, feucht.

Hyl (hyl)

Veraltet! Im technischen Maßsystem:
1 Hyl =
= 9,80 665 Gramm =
= 1 Pond-Sekunde^2/Meter =
= $^1/_{1000}$ Technische Masseneinheit (TME).

Hyle

Veraltet! Nach MIE (1910) ehemals gesetzliche Einheit der Masse, aus der Kraft- und Leistungsdefinition abgeleitet (vgl. *Sthen, *Miesches Einheitensystem).

$$P = U\,I = \frac{F\,s}{t} \quad \text{und} \quad F = m\,a$$

1 Hyle = 10 000 Kilogramm = 10 Tonnen
= 1 s^3V A/cm^2 = 1 s^3W/cm^2.

Hypsometer *Barometer.

I

Formelzeichen

Physikalische Größe	Symbol	Einheit		Definition
Flächenträgheitsmoment, Flächenmoment 2. Grades 2nd order moment of inertia	I	m^4		
Hauptachsen-Trägheitsmoment principal moment of inertia	I_A, I_B, I_C	m^4		$I = \sum A_i r_i^2$
axiales Flächenträgheitsmoment axial moment of inertia	I_x, I_y, I_a			
polares Flächenträgheitsmoment polar moment of inertia	I_p			
Linienmoment 2. Grades 2nd order moment of inertia	I'	m^3		
axiales Linienträgheitsmoment axial moment of inertia	I'_x, I'_y, I'_a			
polares Linienträgheitsmoment polar moment of inertia	I'_p			
Trägheitsradius radius of inertia	i, k	m		$i = \sqrt{J/m}$
elektrische Stromstärke electric current	I	A	Basiseinheit	*Ampere
Dauerkurzschlußstrom continous short-circuit current	I_k	A		DIN 1325
Übergangs-Kurzschlußwechselstrom transient ac short-circuit current	I'_k	A		DIN 1325
Anfangs-Kurzschlußwechselstrom initial ac short-circuit current	I''_k	A		DIN 1325
Diffusionsgrenzstrom limiting current	I_{lim}	A		
kathodischer Strom cathodic current	$I_\ominus$, I_c	A		
anodischer Strom anodic current	$I_\oplus$, I_a	A		
Faraday-Strom faradaic current	I_F	A		
Peakstrom peak current	I_p	A		
Wechselstromamplitude amplitude of an ac current	$\hat{I}$	A		
elektrische Stromdichte current density	$i, (j, J)$	A/m^2	$= m^{-2}A$	$i = I/A$
Austauschstromdichte exchange current density	i_0	A/m^2		
Imaginärteil der Impedanz impedance imaginary part	Im Z	Ω	$= V/A = m^2 kg\, s^{-3} A^{-2}$	

Ionenstärke, ionic strength				
– konzentrationsbezogen concentration basis	$I,\ I_c$	mol/ℓ	$= m^{-3}$kmol	$I_c = \frac{1}{2}\sum c_i z_i^2$
– molalitätsbezogen molality basis	$I,\ I_m$	mol/kg	$= kg^{-1}$mol	$I_m = \frac{1}{2}\sum m_i z_i^2$
Lichtstärke, -intensität luminous intensity	$I,\ I_V$	cd	Basiseinheit	*Candela
Strahlstärke, Lichtintensität radiant intensity	$I,\ I_e$	$W\,sr^{-1}$	$= m^2 kg\,s^{-3}$	$I = \frac{d\Phi}{d\Omega}$
Spektrale Strahlstärke spectral radiant intensity	I_λ	$W\,m^{-1}sr^{-1}$	$= m\,kg\,s^{-3}$	$I_\lambda = \frac{dI}{d\lambda}$
Bestrahlungsstärke irradiance, radiant flux received	$(I, I_s),\ E_e$	W/m^2	$= kg\,s^{-3}$	$E = \frac{d\Phi}{dA}$
Kernspin-Quantenzahl quantum number of nuclear spin	$I,\ J$	–	= 1	

Tabelle I.1 Transporteigenschaften des idealen Gases.

	Größe	einfache Theorie	verbessert	
Stofftransport:	Diffusion	$D = \frac{1}{3}\bar{s}v$	$\frac{3}{16}\bar{s}v$	$\frac{m^2}{s}$
Energietransport:	Wärmeleitfähigkeit	$\lambda = DC_V\frac{N}{V} = \frac{1}{3\sqrt{2}}\frac{vC_V}{A_\sigma}$	$\frac{25\pi}{64}\bar{s}v\,C_V\frac{N}{V}$	$\frac{W}{K\,m}$
Impulstransport:	Viskosität	$\eta = Dm\frac{N}{V} = \sqrt{\frac{1}{18}}\frac{mv}{A_\sigma}$	$0{,}499\,\bar{s}vm\frac{N}{V}$	$\frac{kg}{m\,s}$

A_σ Stoßquerschnitt (m^2), C_V Wärmekapazität ($J\,K^{-1}$), N/V Teilchendichte (m^{-3}), v Translationsgeschwindigkeit (m/s), $\bar{s}$ mittlere freie Weglänge (m).

I

1) Japanische Standardzeit: Im Flug- und Schiffsverkehr kurz 0345 I für 03:45 Uhr JST.
2) Index: Isolation (elektrische Maschinen).
3) Zeichen für das *chemische Element Iod.
4) Früher Vorsilbe „international" für fotometrische Einheiten: Ilm (internationale Lumen), Ilx (internationales Lux), Iph (int. phot), Isb (int. Stilb);
5) römisch 1; griech. Iota (Zahlzeichen: 10).

i

1) Abkürzung für: imaginäre Einheit, $\sqrt{-1}$; in der mathematischen Literatur schräg gedruckt (i), in der physikalischen aufrecht (i).
2) Index: Image (Nachrichtentechnik).
3) Abkürzung für: *incision*, Schnitt...
4) **i-** [Chemie] Abkürzung für: iso-.
5) griech. iota (ι); math. Kennzeichnungsoperator ($\iota\ A\ B$ für: „das A mit B").

icosa *Zahlwörter.

ICRP

Abk. f. *International Commission on Radiation Protection;* Strahlenschutzempfehlungen.

ICRU

Abk. f. *International Commission on Radiation Units;* Gremium zur Festlegung radiologischer Einheiten, z. B. *Röntgen, *Rem.

ID

Abk. f.: *inside diameter*, Innendurchmesser.

id

Abkürzung und Index (DIN 1304) für: ideal, ideell (z. B. Luftspalt δ_{id}).

Ideales Gas: Einheiten und Größen

engl. *perfect gas.* Die Modellvorstellung des idealen Gasgesetzes $pV = nRT$ gilt näherungsweise für Gase mit niedrigem Kondensationspunkt und für verdünnte Lösungen.

Iden *Wochen- und Feiertage.

I. E.

1) Immunitätseinheit, *Antitoxin-Einheit.

2) Internationale Einheit: Menge eines Antibiotikums in 1 Milliliter Nährlösung, die das Wachstum des Testkeimes hemmt; absolute Masse eines Wirkstoffes (in Gramm, Milligramm, Nanogramm).

3) Veraltet! *Enzymaktivität, *IU, *U.

4) *Insulineinheit.

IEC

Abkürzung für: International Electrotechnical Commission.

IEEE

Sprich: „I tripple E". Abkürzung für: Institute for Electrical and Electronic Engineers (USA).

ihp

Veraltet! Abkürzung für: *indicated horsepower*, indizierte Pferdestärke (PSi).

ihp-hr

Veraltet! Abk. f.: *indicated horsepower-hour.*

Ikken

Altes Längenmaß aus Japan:
1 Ikken = 1,818 Meter.

Iku

Flächenmaß aus Babylon:
1 Iku = 352,85 Meter^2.

Illuminance [engl.] *Beleuchtungsstärke.

Ilx Internationales *Lux.

Imaginärteil (Im)

„Blindanteil" einer *komplexe Größe, z. B. *Impedanz.

Imeru *Homer.

Imi

Altes Flüssigkeitsmaß aus Hohenzollern:
1 Imi = $^1/_{16}$ Eimer = 10 Maß
= 18,37 bzw. 19,17 Liter.

imm Abk. f.: *immersion*, Auflösung, gelöst.

Immi *Pot, *Maß.

Immission

Durch *Emission entstandene Umweltveränderung mit Schadenswirkung auf Organismen.

Immissionskonzentration

Schadstoffmenge je Kubimeter Luft (in $\mu g/m^3$).

Immissionswert

1) **IW 1.** In der TA Luft festgelegte Höchstwerte der Immissionskonzentration bei Langzeitbelastung; arithmetisches Mittel aller Messdaten im Verlauf von 24 Stunden.

2) **IW 2.** 98-Perzentil-Wert; Konzentration, die von 98% der Einzelwerte unterschritten wird.

Immittanz

Oberbegriff des komplexen Wechselstromwiderstandes (*Impedanz) und der daraus abgeleiteten Größen. Vgl. Tabelle I.2.

IMM-Siebreihe *Maschenweite.

Impedanz

Z (Einheit: *Ohm), der *elektrische Widerstand im Wechselstromkreis. Wechselstrom und -spannung ändern sich periodisch mit der Zeit; sie erreichen ihre Maximalwerte nicht gleichzeitig und sind daher um die Zeit $\varphi T/(2\pi)$ verschoben (φ Phasenwinkel in rad, T Periodendauer).

• An Ohmschen Widerständen treten Verluste durch Wärmeentwicklung auf; man nennt sie *Wirkwiderstände.

• Induktivitäten und Kapazitäten setzen keine keine Wärme frei; *Blindwiderstände.

Der Wechselstromwiderstand wird mathematisch als *komplexe Größe* behandelt und als Zeiger $\underline{Z}$ gekennzeichnet.

$$\underline{Z} = \frac{\underline{U}(t)}{\underline{I}(t)} = \frac{\hat{\underline{U}}}{\hat{\underline{I}}} = \frac{\hat{U}}{\hat{I}} e^{i(\varphi_U - \varphi_I)} = |\underline{Z}| e^{i\varphi} = Z \angle \varphi = R + iX$$

$\underline{U}(t)$	(komplexer) Drehzeiger der elektrischen Spannung,
$\underline{I}(t)$	(komplexer) Drehzeiger der elektrischen Stromstärke,
$\hat{\underline{U}}$	ruhender Zeiger der elektrischen Spannung,
$\hat{\underline{I}}$	ruhender Zeiger der elektrischen Stromstärke,
$\underline{\varphi}$	Winkel der (komplexen) Impedanz, Phasenverschiebungswinkel zwischen Spannung und Strom (gleiches Vorzeichen wie X).
R	Ohmscher Widerstand, Wirkwiderstand, Resistanz,
X	Blindwiderstand, Reaktanz,
Z	Scheinwiderstand, Impedanzbetrag.

• Ist der Blindwiderstand X negativ, ist die Impedanz $\underline{Z}$ *kapazitiv*, d. h. die Spannung eilt der Stromstärke nach; φ ist negativ.
• Ist der Blindwiderstand X positiv, ist die Impedanz $\underline{Z}$ *induktiv*, d. h. die Spannung der Stromstärke voraus und φ ist positiv.

Impedanzmessung

*Leitfähigkeitsmessung.

Imperial (imp.)

1) Veraltet! Nichtmetrisch! Vorsilbe für britische Einheiten zur Abgrenzung von noch älteren, z.B. imperial gallon, gill, knot, nautical mile, pint, pipe, pound, quart, yard.
2) *Papierformate.

Imperial Standard

*Foot-Pound-Second-System.

Impuls

1) In der Mechanik: *Bewegungsgröße*, engl. *momentum*.

Impuls = Masse · Geschwindigkeit

$$\vec{p} = \int \vec{v}\, dm = \int \vec{F}\, dt \quad \left(\mathrm{N\,s} = \frac{\mathrm{kg\,m}}{\mathrm{s}}\right)$$

2) Dynamische Größe in der Strömungsmechanik:

$$\vec{I} = \int_V \varrho \vec{v}\, dV \quad \left(\frac{\mathrm{kg\,m}}{\mathrm{s}}\right)$$

ϱ Dichte des Fluids, $\vec{v}$ Strömungsgeschwindigkeit, V Volumen.

3) In der Schwingungslehre ist eine *impulsförmige Schwingung* ein gegenüber der Beobachtungsdauer (oder einer anderen charakteristischen Zeit) kurzer Schwingungsvorgang. Der einseitige Impuls heißt *Stoß*.

Impulsänderung

engl. *impulse*, *Kraftstoß.

Impulsdichte, elektromagnetische

Der volumenbezogene Impuls zu einem elektromagnetischen Feld:

$$\vec{p}_V = \frac{\vec{S}}{c^2} = \vec{D} \times \vec{B} \quad \left(\frac{\mathrm{N\,s}}{\mathrm{m}^3} = \frac{\mathrm{V\,A\,s}^2}{\mathrm{m}^4}\right)$$

$\vec{S}$ Poynting-Vektor (W/m^2), c Ausbreitungsgeschwindigkeit elektromagnetischer Energie (m/s), $\vec{B}$ magnetische Flussdichte (T), $\vec{D}$ elektrische Flussdichte (C/m^2).

Impulsrate

Zahl der Impulse pro Zeiteinheit, z. B. bei Strahlenmessgeräten. Vgl. *Zählrate.

Impulsstrom

oder Impulsstromstärke ($\vec{q}_I$ oder $\dot{\vec{I}}$), dynamische Größe in der Strömungsmechanik:

$$\dot{\vec{I}} = \int_A \varrho \vec{v} (\vec{v} \cdot \vec{n})\, dA \qquad \text{Einheit: N}$$

ϱ Dichte des Fluids, $\vec{v}$ Strömungsgeschwindigkeit, A Fläche, $\vec{n}$ Flächennormale.

In

Zeichen für das *chem. Element Indium.

Inch (in, ″, = Zoll)

1) *Angloamerikanisches Längenmaß des *englischen Systems, in Deutschland nichtgesetzlich, in einigen EG-Ländern zulässig:
1 Inch =
= 2,54 Centimeter [exakt]
= 0,0 833$\bar{3}$ (= 1/12) Foot
= 1000 Mil
= 25,4 Millimeter
= 0,0 277$\bar{7}$ (= 1/36) Yard
= 3 barley corn.
2) EG-Amtsblatt L262 vom 27.Sept.1976:
1 in. = 2,54 Centimeter [exakt]
3) Festlegung vor 1959:
1 imp. Inch *GB* [def. 1897] = 25,399 9$\underline{78}$ Millimeter
1 imp. Inch *GB* [def. 1922] = 25,399 9$\underline{56}$ Millimeter
1 Inch *US* [def. 1893] = 25,400 051 Millimeter.

Inch of mercury (in Hg)

Veraltete Druckeinheit, „konventionelle Zoll Quecksilbersäule".
1 in. Hg (conv.) =
= 25,4 mm Quecksilbersäule [exakt]
= 0,0 334 211 Atmosphäre (atm)
= 1,132 925 Foot Wassersäule
= 13,5 951 Inch Wassersäule
= 0,0 345 316 Kilopond/Centimeter^2
= 33,8 639 Millibar
= 345,316 Millimeter Wassersäule
= 3386,39 Pascal
= 0,491 154 Pound-force/square inch.

Inch of water (in H_2O)

Veraltete Druckeinheit; „konventionelle Zoll Wassersäule".
1 in. H_2O (conv.)
= 25,4 mm Wassersäule [exakt]
= 0,0 735 559 Inch Hg

Tabelle I.2: Definitionen im Wechselstromkreis.

Komplexe Größe	**Realteil** = Wirkkomponente	**Imaginärteil** = Blindkomponente	**Betrag**
Impedanz = Scheinwiderstand $\underline{Z} = \mathrm{Re}\,\underline{Z} + \mathrm{i}\,\mathrm{Im}\,\underline{Z} = \underline{U}/\underline{I}$ $= \lvert\underline{Z}\rvert\, \mathrm{e}^{\mathrm{i}\cdot\varphi}$ $= \lvert\underline{Z}\rvert \cdot [\cos\varphi + \mathrm{i}\,\sin\varphi]$	Wirkwiderstand= Resistanz $R = \mathrm{Re}\,\underline{Z} = Z' =$ $= \lvert\underline{Z}\rvert\,\cos\varphi$	Blindwiderstand= Reaktanz $X = \mathrm{Im}\,\underline{Z} = Z'' =$ $= \lvert\underline{Z}\rvert\,\sin\varphi$	Ohmscher Widerstand, Impedanzbetrag $Z = \lvert\underline{Z}\rvert = U_{\mathrm{eff}}/I_{\mathrm{eff}} =$ $= \sqrt{(\mathrm{Re}\,\underline{Z})^2 + (\mathrm{Im}\,\underline{Z})^2}$ **Phasenverschiebung** zw. Spannung u. Strom $\varphi = \varphi_{\mathrm{u}} - \varphi_{\mathrm{i}} =$ $= \arctan \frac{\mathrm{Im}\,\underline{Z}}{\mathrm{Re}\,\underline{Z}}$ $= \arctan \frac{Q}{P}$
Admittanz = Scheinleitwert $\underline{Y} = \mathrm{Re}\,\underline{Y} + \mathrm{i}\,\mathrm{Im}\,\underline{Y} =$ $= \frac{1}{\underline{Z}} = \frac{\underline{I}}{\underline{U}}$	Wirkleitwert= Konduktanz $G = \mathrm{Re}\,\underline{Y} = Y' =$ $= \lvert\underline{Y}\rvert\,\cos\varphi = \frac{\mathrm{Re}\,\underline{Z}}{\lvert\underline{Z}\rvert^2}$	Blindleitwert= Suszeptanz $B = \mathrm{Im}\,\underline{Y} = Y'' =$ $= \lvert\underline{Y}\rvert\,\sin\varphi = -\frac{\mathrm{Im}\,\underline{Z}}{\lvert\underline{Z}\rvert^2}$	Leitwert = Admittanzbetrag $Y = \lvert\underline{Y}\rvert = I_{\mathrm{eff}}/U_{\mathrm{eff}} =$ $= \sqrt{(\mathrm{Re}\,\underline{Y})^2 + (\mathrm{Im}\,\underline{Y})^2}$
Dielektrizitätszahl $\underline{\varepsilon}_{\mathrm{r}} = \mathrm{Re}\,\underline{\varepsilon}_{\mathrm{r}} + \mathrm{i}\,\mathrm{Im}\,\underline{\varepsilon}_{\mathrm{r}} =$ $= \frac{\underline{Y}}{\mathrm{i}\,\omega C_0}$	$\varepsilon_{\mathrm{r}}' = \mathrm{Re}\,\underline{\varepsilon}_{\mathrm{r}} =$ $= -\frac{\mathrm{Im}\,\underline{Z}}{\omega C_0 \lvert\underline{Z}\rvert^2}$	$\varepsilon_{\mathrm{r}}'' = \mathrm{Im}\,\underline{\varepsilon}_{\mathrm{r}} =$ $= -\frac{\mathrm{Re}\,\underline{Z}}{\omega C_0 \lvert\underline{Z}\rvert^2}$	$\varepsilon_{\mathrm{r}} = \lvert\underline{\varepsilon}_{\mathrm{r}}\rvert =$ $= \sqrt{(\mathrm{Re}\,\underline{\varepsilon}_{\mathrm{r}})^2 + (\mathrm{Im}\,\underline{\varepsilon}_{\mathrm{r}})^2}$
Permittivität Dielektrizitätskonstante $\underline{\varepsilon} = \varepsilon_0 \underline{\varepsilon}_{\mathrm{r}}$		Elektr. Feldkonstante $\varepsilon_0 = 8{,}8542 \cdot 10^{-12}$ F/m	Leerzellenkapazität = geometrische Kapazität $C_0 = \varepsilon_0 \frac{A}{d}$
Modul $\underline{M} = \mathrm{Re}\,\underline{M} + \mathrm{i}\,\mathrm{Im}\,\underline{M} =$ $= \frac{1}{\underline{\varepsilon}} = \mathrm{i}\,\omega C_0 \underline{Z}$	$\mathrm{Re}\,\underline{M} = \lvert\underline{M}\rvert\,\cos\varphi$	$\mathrm{Im}\,\underline{M} = \lvert\underline{M}\rvert\,\sin\varphi$	$M = \lvert\underline{M}\rvert =$ $= \sqrt{(\mathrm{Re}\,\underline{M})^2 + (\mathrm{Im}\,\underline{M})^2}$
Kapazität $\underline{C} = \mathrm{Re}\,\underline{C} + \mathrm{i}\,\mathrm{Im}\,\underline{C} = \frac{\underline{Y}}{\mathrm{i}\,\omega}$	$\mathrm{Re}\,\underline{C} = \frac{\mathrm{Im}\,\underline{Y}}{\omega}$	$\mathrm{Im}\,\underline{C} = \frac{\mathrm{Re}\,\underline{Y}}{\omega}$	$C = \lvert\underline{C}\rvert = \frac{\lvert\underline{Y}\rvert}{\omega} = \frac{1}{\omega\,\lvert\underline{Z}\rvert}$ $= \sqrt{(\mathrm{Re}\,\underline{C})^2 + (\mathrm{Im}\,\underline{C})^2}$
Scheinleistung = komplexe Leistung $\underline{S} = \underline{U}\,\underline{I}^* = U^2 \underline{Y}^* =$ $= -\mathrm{i}\,\omega \underline{C}^* U^2$			$S = U_{\mathrm{eff}} I_{\mathrm{eff}} =$ $= \sqrt{P^2 + Q^2} = \omega U^2 C$
Wirkleistung	$P = \mathrm{Re}\,\underline{S}$		$P = S\cos\varphi =$ $= \omega U^2 \lvert\underline{C}\rvert \cos\varphi$
Blindleistung		$Q = \mathrm{Im}\,\underline{S}$	$Q = S\sin\varphi =$ $= -\omega U^2 \lvert\underline{C}\rvert \sin\varphi$

= 2,54·10^{-3} Kilopond/square centimeter
= 2,49 089 Millibar
= 1,86 832 Millimeter Hg
= 249,089 Pascal
= 0,0 361 273 Pound-force/square inch.

Inch per... (= Zoll pro...)

1) ...Grad Fahrenheit
1 in./°F = 45,72 Millimeter/°C.
2) ...hour (... Stunde)
1 in./hr =
= 0,4 233$\bar{3}$ Millimeter/minute
= 7,055$\bar{5}$·10^{-3} Millimeter/Sekunde
= 1,388$\bar{8}$·10^{-3} Foot/minute.
3) ...minute (... Minute)
1 in./min =
= 5 Foot/hour
= 1,524 Meter/Std.
= 0,4 233$\bar{3}$ Millimeter/Sekunde.
4) ...second (... Sekunde)
1 in./sec = 0,0 254 Meter/Sek. = 300 foot/hour.

Index

[lat.] Anzeige, Anzeiger, Zeigefinger; Verhältnis zweier Größen, v. a. in der Medizin und Pharmakologie. Früher: *Brechungsindex.

Index 0

Zur Kennzeichnung von Formelzeichen nach DIN 1304: Null..., leerer Raum, ohne Dämpfung, Leerlauf, fester Bezugswert (z. B. Erdboden), Ruhezustand.

Index 1

Zur Kennzeichnung von Formelzeichen nach DIN 1304: Grundschwingung, Primär..., Eingang, mitdrehend, Anfangszustand.

Index 2

Zur Kennzeichnung von Formelzeichen nach DIN 1304: zweite Teilschwingung, Sekundär..., Ausgang, gegendrehend, invers, Endzustand.

Index 3

Zur Kennzeichnung von Formelzeichen nach DIN 1304: dritte Teilschwingung, Tertiär...

Index ∞

Nach DIN 1304: unendlich...; in der Strömungsmechanik: ungestörter Zustand, in großem Abstand von einer Wand oder einem Hindernis; in der Thermodynamik: unendliche Verdünnung.

Index *

Nach DIN 1304: bezogen (z. B. auf den Nennwert bezogene Spannung U_*); in der Strömungsmechanik: kritische Kennzahl.

Index Δ

Nach DIN 1304: Differenz... (z. B. Differenzdruck p_Δ).

Index δ

Nach DIN 1304: Luftspalt...

Index λ

Wellenlängenabhängig, *fotometrische Einheiten und Größen.

Index Π

Nach DIN 1304: Produkt...

Index Σ

Nach DIN 1304: Summe...

Index σ

Nach DIN 1304: Streuung...

Index e

energetisch, *fotometrische Einheiten und Größen.

indi

Index (DIN 1304) für: indirekt (z. B. Beleuchtungsstärke E_{indi}).

Indicated horsepower

*ihp.

Indien

Historische Längenmaße: *covid(o), *geerah = gireh, *jacob = jow, *unglee.
Historisches Volumenmaß: *garce.
Historische Zeitrechnung: *Kalender.
Indische Zeit: *Zeitzonen.

Indifferenztemperatur

Medizin: Außentemperatur, die keine Wärmeregulation des Körpers wegen Frierens oder Schwitzens erfordert; 20 °C beim bedeckten, 30 °C beim nackten Menschen; vgl. *Grundumsatz.

Indirektes Verfahren

*messtechnische Begriffe.

Indochina

*Annam.

indu

Index (DIN 1304) für: induziert (z. B. Spannung U_{indu}).

Induktion

*Induktivität, *Flussdichte, *magnetische Einheiten und Größen, *Fünfersystem.

Induktiv

*Impedanz, *elektrische Spannung, *Längen- und Winkelmessung, *Leitfähigkeitsmessung.

Induktivität

1) **Elektromagnetische Induktion,** engl. *electromagnetic induction.* Bei zeitlicher Änderung des Magnetfeldflusses Φ durch eine offene Oberfläche wird auf deren Rand eine Spannung U induziert. Beispiel: Stromdurchflossener Leiter oder Leiter, der sich quer zu den Feldlinien eines Magnetfeldes bewegt (vgl. *elektrische Spannung).

Spule $U(t) = -N\frac{\mathrm{d}\Phi}{\mathrm{d}t}$

Bewegter Leiter $U(t) = -\frac{\mathrm{d}\Phi}{\mathrm{d}t} = -Blv$

2) **Selbstinduktion.** Die Änderung der Stromstärke ruft in der Spule eine zusätzliche Induktionsspannung hervor, die der Stromänderung entgegenwirkt. Spulen werden charakterisiert durch die Induktivität L („Selbstinduktionskoeffizient") mit der Einheit *Henry.

$$U = -L\,\frac{\mathrm{d}I}{\mathrm{d}t}$$

Induziert...

*elektrische Spannung, *Dipolmoment.

inf

Abkürzung für: *infinity,* unendlich; unterer... Index (DIN 1304) für: unten, niedrig, lat. *inferior.*

Informationsbelag, mittlerer

In der Informationstheorie: die Entropie pro Zeichen, Einheit: *Shannon/Symbol.

Informationsfluss

In der Informationstheorie: die pro Zeiteinheit herrschende Entropie, Einheit: *Shannon/Sekunde oder Sekunde^{-1}, früher *Bit/Sekunde.

Infrarot

*Wellenlängenbereiche, *spektroskopische Methoden.

ing

Index (DIN 1304) für: Eingang, lat. *ingressus.*

Ingenieurrute

Altes Längenmaß aus Österreich:
1 Ingenieurrute = 3,80 Meter.

Ingestion

Aufnahme eines Stoffes mit der Nahrung.

ini

Index (DIN 1304): Anfangswert, lat. *initial.*

Injektion

Medizin: Einspritzung; schnelles Einbringen eines Arzneimittels; intracutan (i.c.) = in die Haut; subcutan (s.c.) = unter die Haut; intramuskulär (i.m.) = in den Muskel; intravenös (i.v.) = in die Vene; intraarteriell (i.a.) = in die Arterie; intradermal (i.d.) = in die Haut.

Inklination

I (in rad), Winkel zwischen der Horizontalebene als Bezugsebene und der Richtung des magnetischen Feldvektors, positiv nach unten. Für einen Magnetkompass:

$$\tan I = \frac{B_z}{B_{xy}} = \frac{B_z}{B_x + B_y}$$

B_{xy} Horizontalkomponente der Flussdichte des erdmagnetischen Feldes am Kompassort, B_x Nordkomponente, B_y Ostkomponente.

Inkrementale Messsysteme

*Längen- und Winkelmessung.

Inkubationszeit

Zeit zwischen Aufnahme eines Krankheitserregers (Ansteckung) und Ausbruch der ersten Krankheitserscheinungen. Grippe: 1 bis 3 Tage; Windpocken: 2 bis 3 Wochen; Lepra: 3 Monate bis 20 Jahre.

in-lb

Abkürzung für: *inch-pound,* Zoll-Pfund.

Innenwiderstand

R_i (in *Ohm), innerer Widerstand einer Zweipolquelle, definiert unabhängig von der Belastung (DIN 1323):

$$R_i = \frac{U_\mathrm{L} - U_\mathrm{K}}{I} = \frac{U_\mathrm{L}}{I_\mathrm{k}}$$

U_L Leerlaufspannung, U_K Klemmenspannung, I Strom, I_k Kurzschlußstrom.

Innere Energie

*Energie.

Innere Oberfläche

*Oberfläche.

inst

Index (DIN 1304) für: augenblicklich, lat. *instans* (z. B. Geschwindigkeit v_inst).

Insulineinheit (I.E.)

auch **internationale Einheit**:
1 I.E. $\hat{=}$ 0,0455 mg des internationalen Insulin-Standardpräparates (National Institute for Medical Resarch, London).
1 mg kristallisiertes Insulin $\hat{=}$ 22 I. E.

Tabelle I.3 Definitionen der 1., 2. und 3. internationalen elektrotechnische Kommission (emE = „elektromagnetische Einheiten", emu = „electromagnetic units").

Definitionen von 1881 (nach GAUSS)			emE, emu	Definitionen von 1889			Definitionen von 1908 (gültig bis 31.12.1947)		
1 Ohm	(Ω)	$= 10^9$	cm/s				1 Ω_{int}	$= p\ \Omega$	= 1,00 049 Ω
1 Volt	(V)	$= 10^8$	$cm^{3/2}g^{1/2}s^{-2}$				1 V_{int}	$= pq$ V	= 1,00 034 V
1 Ampere	(A)	$= 10^{-1}$	$cm^{1/2}g^{1/2}s^{-1}$				1 A_{int}	$= q$ A	= 0,99 985 A
1 Farad	(F)	$= 10^{-9}$	$cm^{-1}s$						
1 Coulomb	(C)	$= 10^{-1}$	$cm^{1/2}s^{1/2}$						
		10^7	$cm^2 g\, s^{-2}$	1 Joule	(J)	$= 10^7$ erg	1 J_{int}	$= pq^2$ J	= 1,00 019 J
		10^7	$cm^2 g\, s^{-3}$	1 Watt	(W)	$= 10^7$ erg/s			
		10^9	cm	1 Henry	(H)	$= 10^9$ emu			

1 I. E. senkt den Blutzuckerspiegel eines 2 kg schweren, 24 Stunden hungernden Kaninchens innerhalb von 3 Stunden auf 2,5 mmol/ℓ bzw. 450 mg/ℓ.

Insulin-Glucose-Äquivalent

I.-G.-Ä. Glucose-Menge (ca. 5 bis 10 Gramm), die durch eine *Insulin-Einheit aus dem Harn entfernt wird; ca. 32 I.E./Tag.

int

Abk., Index für: innen, [engl.] *internal*, [lat.] *intus*; international (*Farad, *Bushel).

Intelligenzquotient (IQ)

Ergebnis der Abweichung eines Intelligenztests vom Mittelwert der Bevölkerung (IQ = 100 ± 15).

Intensität

oder *Leistungsbedeckung* oder *Energiestromdichte*: Allgemein zur energetischen Beschreibung eines dreidimensionalen Kontinuums:

$$\text{Intensität} = \frac{\text{Leistung } P}{\text{Fläche } A}$$

Interferometrie

*Längen- und Winkelmessung, *Meter.

International (int.)

1) Veraltet! Kennzeichnung von 1908 bis Ende 1947 gültiger elektrischer Einheiten in Abgrenzung der älteren Definitionen von GAUSS (1881, 1889); z.B. internationales Ampere, Coulomb, Farad, Henry, Ohm, Volt, Watt.
2) Veraltet! Kennzeichnung fotometrischer Einheiten; z.B. internationale Kerze (IK), internationales Lumen (ILm).

Internationale Ampere-Definition

*Konstanten,

International Astronomical Union

*Sekunde.

Internat. Atomgewichtskommission

Vereinigung zur Festlegung der Atommassen: 1905 wird Sauerstoff Bezugsbasis der „Atomgewichte" (zuvor: Wasserstoff).
1920 Physikalische Atomgewichtstabelle auf Basis von ^{16}O und chemische Atomgewichtstafel auf Basis der natürlichen Sauerstoffisotope in frischem Regenwasser.
1961 fixieren *IUPAC und *IUPAP die einheitliche Atommassentabelle für Chemiker und Physiker auf Basis von Kohlenstoff-12.

Int. Commission on Radiological Units

*Grammrad.

Internationale Einheiten

1) Medizin: *I.E., *Insulineinheit
2) Im *praktischen elektrischen Einheitensystem sind Spannung, Stromstärke und Widerstand durch Prototypen definiert (*Weston-Normalelement, *Silbercoulometer, Quecksilberfaden oder *Normalwiderstände). Internationales *Ohm, *Ampere und *Volt waren in Deutschland bereits 1898 gültige Grundeinheiten. 1935 wurde das *Watt über mechanische Einheiten definiert und 1948 weltweit eingeführt:

$$W = J/s = \frac{N\,m}{s} = \frac{kg\,m^2}{s^2} = 10^7\ \frac{erg}{s}$$

Die Abschaffung der „internationalen" Einheiten (1.1.1948) beseitigte das Produkt $pq^2 =$ 1,00019 in Gleichungen, bei denen elektrische und mechanische Energie verknüpft waren (vgl. Tabelle).

Internationales Einheitensystem

Historisch! Definitionen und Gültigkeit 1881, 1889, 1908 bis 1947, 1948 bis 1960. *Maxwellsches Quadrantsystem, *Praktisches elektrisches Einheitensystem.

Int. elektrotechnische Kommission

1881 gegründet, legte die Kommission die Einheiten Ohm, Volt, Ampere, Coulomb, Farad im elektromagnetischen Vierersystem fest.
1889 definiert der 2. internat. Kongress über elektrotechnische Einheiten die Einheiten Joule, Watt und Henry. In Deutschland werden Ohm, Ampere und Volt als gesetzliche Einheiten definiert (bis 1958 gültig).

Internationales Farad *Farad.

Internationale Kerze *Candela.

Internationales Lux *Lux.

Internationale Meterkonvention

1875 treten in Frankreich 18 Staaten zur „Internationalen Meterkonvention" zusammen. Die *CGPM, *CIPM und *BIPM werden ins Leben gerufen. Sachsen führte das Meter bereits 1858 ein, der Norddeutsche Bund übernahm Meter und Kilogramm 1868, das Deutsche Reich gesetzlich 1872. 1866 legalisierten die USA das metrische System, jedoch ohne Zwang.

Internationales Ohm

*Ohm; BIPM-Definition: *Konstanten.

Internationales Volt

*Volt; BIPM-Definition: *Konstanten.

International Wheat Agreement

*Bushel.

Internationale Zeit *Zeit, *TAI.

Intervall Übersicht vgl. *Oktave.

Invers

Nach DIN 4898: Eine Größe a sei eine Funktion $a = f(b)$ einer Größe b, dann heißt die umgekehrte Darstellung $b = f^{-1}(a)$ zur ersten invers. f^{-1} heißt inverse Funktion oder Umkehrfunktion. Das Bild der Umkehrfunktion ist die an der Geraden $y = x$ gespiegelte Stammkurve.

Inzidenz

Medizin: *Neuerkrankungsziffer;* statistische Anzahl der Neuerkrankungen innerhalb eines Zeitraumes; administrativ erfasst oder wahre Inzidenz (durch Befragungen ermittelt).

Inzidenzrate

Medizin: Neuerkrankungen (Fälle oder Personen) pro Zeiteinheit und Anzahl der exponierten Personen.

Iodzahl

nach HÜBL: Iodmenge, die von den ungesättigten Fettsäuren in 100 Gramm Untersuchungssubstanz gebunden wird. Die Probe wird in unpolaren Lösungsmitteln gelöst, mit bekannter Menge Brom umgesetzt, das unverbrauchte Brom nach Kaliumiodid-Zusatz (Iodausscheidung) mit Thiosulfat rücktitriert. Vgl. *Säurezahl, *Verseifungszahl.

Ionendosis

J (SI-Einheit: Coulomb/Kilogramm, veraltet: *Röntgen), *dosimetrische Größe:

$$J = \frac{\mathrm{d}Q}{\mathrm{d}m_\mathrm{a}} = \frac{1}{\varrho_\mathrm{a}} \frac{\mathrm{d}Q}{\mathrm{d}V}$$

Q = elektrische Ladung der Ionen eines Vorzeichens, die in Luft (**air**) in einem Volumenelement $\mathrm{d}V$ des Materials durch Strahlung gebildet werden.

1) *Standardionendosis* J_s, *exposure*: an einem Punkt in einem beliebigen Material diejenige Ionendosis, die von einer Photonenstrahlung bei *Sekundärelektronen-Gleichgewicht* in Luft erzeugt würde, d. h. wenn die durch Sekundärelektronen aus dem Volumenelement hinein und hinaus transportierte (und nicht in Bremsstrahlung umgesetzte) Energie gleich groß ist.

2) *Hohlraumionendosis* J_c. Von einer Photonen- oder Elektronenstrahlung in einem luftgefüllten, von beliebigem Material umgebenen Hohlraum erzeugte Ionendosis, wenn die *Bragg-Gray-Bedingungen* erfüllt sind:

- der Hohlraum verändert nicht die Flussdichte, Energie und Richtungsverteilung der Elektronen der ersten Generation,
- der Energiebetrag der durch Photonen ausgelösten Sekundärionen ist verschwindend klein zu der auf den Hohlraum übertragenen Energie,

• die Flussdichte der Elektronen aller Generationen innerhalb des Hohlraumes hängt nicht vom Ort ab.

Ionenprodukt
In einer wäßrigen Lösung das Produkt der *Aktivitäten:

$$K_W = a_{H^\oplus}\, a_{OH^\ominus} \approx 10^{-14}\,(\text{mol}/\ell)^2$$

Ionenstärke
Summe der Konzentrationsbeiträge c_i der vorhandenen Ionen (mit der Ladungszahl z_i) zum realen Verhalten einer *Elektrolytlösung (*Aktivitätskoeffizient).

$$I = \frac{1}{2}\sum_{i=1}^{N} z_i^2 c_i \quad \text{(in mol/}\ell\text{)}$$

i-p
Abkürzung für: *intermediate-pressure*, Zwischendruck...

IPC *US*-Abk. f.: Institute for Printed Circuits.

ips
Abk. f.: *inches per second,* Zoll pro Sekunde.

IR
Abkürzung für: *infrared,* Infrarot, Wellenlänge im μm-Bereich. *Wellenlängenbereiche.

Ir Zeichen für das *chem. Element Iridium.

Irak Historische Einheit: *mishara.

Iran (Persien)
Historische Längeneinheiten: *charac, *farsakh = farsang, *parasang, *gareh, *mou. – Historische Volumeneinheiten: *artaba, *capicha, *chenica, *collothum, *pajmaneh, *sabbitha. – Historische Flächenmaße: *jerib, *kafiz.

Irland Historische Einheit: *bandle.

Iron
Brit. Maß für Schuh- und Stiefelgröße:
1 iron = $^1/_{48}$ Inch.

Irradiance engl. "Bestrahlungsstärke...".

Irradiation
Ausstrahlung, z. B. von Schmerzen.

Irrtumswahrscheinlichkeit
Wahrscheinlichkeit für das rein zufällige Zustandekommen eines statistischen Tests; meist als Höchstgrenze mit 0,1; 0,05; 0,01 oder 0,001 festgelegt.

is Index (DIN 1304) für: isoliert.

Isentropenexponent
Verhältnis von Druck- und Volumenänderung eines Fluids bei konstanter Entropie S:

$$\kappa = -\frac{V}{p}\left(\frac{\partial p}{\partial V}\right)_S \quad \text{(Dimension 1)}$$

Für ideale Gase ist $\kappa = \gamma$ (Verhältnis der Wärmekapazitäten c_p/c_V).

Island
Historische Längenmaße: *alin, *fathmur, *fet, *lina, *mila a landi, *sjömila, *thumlumgur.
Historische Flächenmaße: *engjateigur, *feralin, *ferfathmur, *ferfet, *fermila, *ferthumlungur, *tundagslatta.
Historische Volumenmaße: *almenn turma, *kornskeppa, *korntunna, *öltunna, *pottur.
Währung: *Krone.

ISO
Abk. für: International Organization for Standardization, Internationale Normungsbehörde.

Isoelektrischer Punkt
IEP, derjenige *pH, bei dem eine Aminosäure überwiegend in der Zwitterionenform (elektrisch ungeladen) vorliegt und die Dissoziation der sauren und basischen Gruppen gleich stark ist.

Issaron (= Omer)
Biblisches Hohlmaß im Alten Testament:
1 Issaron = 1 Omer = $^1/_{10}$ Epha
= $^1/_{10}$ Homer (Eselslast)
= 2,2 oder 3,64 Liter [je nach Quelle].

Italien
Historische Längenmaße: *canna, *miglio, *palmo, *punto.
Historische Flächenmaße: *giornata, *quadrato, *tavola.
Historische Volumenmaße: *barile, *stero.
Währung: *Lira.

Itce
Altes Volumenmaß aus Ungarn:
1 itce = 0,848 Liter.

Iter pedestre
[lat. *iter*, „Weg"; *pedester*, „zu Fuß, Land-, gewöhnlich"]. Altes, römisches Wegemaß:
1 Iter pedestre = 28,725 Kilometer.

ITL *Lira

Itsibu *Bu.

ITU
Abkürzung für: International Telecommunication Union (= CCITT).

Itur
Altes Wegemaß aus Ägypten:
1 Itur = 6 Kilometer.

IU
Veraltet! *International unit*, internationale Einheit der *Enzymaktivität. Vgl. *Katal.

$$IU = \frac{1\ \mu\text{mol Substratumsatz}}{\text{Liter} \cdot \text{Minute}} \mathrel{\hat{=}} 16{,}6\ \text{nkat}.$$

IUPAC
Abkürzung für *International Union of Pure and Applied Chemistry*, Internationale Vereinigung für Reine und Angewandte Chemie; gegründet 1919 in GB-Oxford. 1970 definiert die IUPAC auf Grundlage der 1954 festgelegten SI-Einheiten ca. 200 physikalisch-chemische Größen, Einheiten und Symbole.

IUPAP
Abkürzung für *International Union of Pure and Applied Physics*, Internationale Vereinigung für Reine und Angewandte Physik.

IW *Immissionswert.

Izelotte
[poln. Zloto „Gold"]. Alte türkische Silbermünze, verwandt mit Gulden, Zloty, später Münzrechnungseinheit.

J

Formelzeichen

Physikalische Größe	Symbol	Einheit		Definition
Fluss *flux*	J, J_X	versch.		$J_X = \frac{1}{A}\frac{dX}{dt}$
Trägheitsmoment, Massenmoment 2. Grades *moment of inertia*	J, Θ	kg m^2		
axiales Massenträgheitsmoment *axial moment of inertia*	J_x, J_y, J_z	kg m^2		siehe I
Staudinger-Funktion *Staudinger function*	J	cm^3/g	= m^{3}kg^{-1}	$J = \frac{\eta - \eta_0}{\rho_i \, \eta_0}$
Staudinger-Index *Staudinger index*	J_0, $[\eta]$	cm^3/g	= m^{3}kg^{-1}	*Viskosität
Schallstärke, Schallintensität *sound intensity, sound energy per unit area*	J	W/m^2	= kg s^{-3}	
Wärmefluss heat flux	J_q	W/m^2	= kg s^{-3}	$J_q = \frac{\phi}{A}$
Massieu-Funktion *Massieu function*	J	J/K	= m^{2}kg s^{-2}K^{-1}	$I = -A/T$
(Leitungs-)Stromdichte *(conduction) current density*	j, J	A/m^2	= m^{-2}A	siehe i
Magnetische Polarisation *magnetic polarization*	$\vec{J}$	T		$\vec{J} = \vec{B} - \mu_0 \vec{H}$
Stoffstromdichte *mass transfer*	j	mol m^{-2}s^{-1}		$j = \dot{n}/A$
Teilchenstromdichte *particle flux density*	j	m^{-2}s^{-1}		
Spinkopplungskonstante, NMR *indirect spin-spin coupling constant*	J_{AB}	Hz	$= s^{-1}$	$\frac{\hat{H}}{h} = J_{AB} \hat{I}_{A\hat{I}_B}$
Ionendosis *ion dose*	J	C/kg	= kg^{-1} s A	
Ionendosisrate, -leistung *ion dose rate*	j	A/kg	= kg^{-1}A	
Stromdichteoperator *current density of electrons*	$\hat{j}$	A m^{-2}		$\hat{j} = -e\hat{S}$

J
Abkürzung für: *Joule, Jupiter (in der Luftfahrt).

j
Elektrotechnische Abkürzung für: imaginäre Einheit, $\sqrt{-1}$: mathematisches j ($\jmath$).

Jabia
Altes Flächenmaß aus Libyen:
1 jabia = 832,3 Meter^2.

Jacob (= Jow)
Altes Längenmaß aus Indien:

1 jacob (jow) = 0,63 Centimeter.

Jahr (a, ^{a}, EDV: ANN, engl. year)

1) [lat. *annus*]. Das normale **Kalenderjahr** (Gemeinjahr, Normaljahr) wird nach der Zeit berechnet, die die Erde braucht, um die Sonne zu umkreisen:
1 Kalenderjahr (ohne Schalttag) =
= 1 bürgerliches Jahr
= 12 Monate
= 365 Tage
= 8760 Stunden
= $5{,}256 \cdot 10^5$ Minuten
= $3{,}1\,536 \cdot 10^7$ Sekunden
= 52,14 286 Wochen.
In anderen Ländern: [span.] año, [frz.] année, [ital.] anno, [jap.] nen, [holl.] jaar, [port.] ano, [poln.] rok, [schwed.] år.

2) Schaltjahr, engl. *leap year*. Kalenderjahr mit 366 Tagen. Alle durch 4 teilbaren Jahreszahlen, ausgenommen die nicht durch 400 teilbaren vollen Jahrhunderte (z. B. 1900).

$$\text{Schaltjahr} = \left[(y \bmod 400 = 0) \vee ((y \bmod 4 = 0) \wedge (y \bmod 100 \neq 0))\right]$$

y Jahreszahl, mod = Rest beim Teilen,
$\vee$ logisches Oder, $\wedge$ logisches Und.

3) Mittleres Kalenderjahr einer 4-Jahresperiode = 365,25 Tage = 8766 Stunden = $5{,}2596 \cdot 10^5$ Minuten = $3{,}15\,576 \cdot 10^7$ Sekunden = 52,17 857 Wochen.

4) Sternjahr (= siderisches Jahr, Sonnenjahr), engl. *sider(e)al year*. Zeitraum, innerhalb dessen die Erde einmal die Sonne umkreist = scheinbarer Umlauf der Sonne bis zur gleichen Position am Fixsternhimmel:
1 Sternjahr = 1 siderisches Jahr
= 365,25 636 Tage
= $3{,}155\,815 \cdot 10^7$ Sekunden
= 1,0 000 388 Jahr (tropisch)
= 365 mittl. Sonnentage + 6 h + 9 min + 9,5 s.

5) Tropisches Jahr (= Äquinoktial-Jahr), engl. *tropical year*. Zeitraum für eine Erdumkreisung um die Sonne, so dass die Sonne scheinbar zweifach die Äquatorialebene der Erde kreuzt = scheinbarer Umlauf der Sonne auf der Ekliptik von Frühlingspunkt zu Frühlingspunkt. Grundlage für das Kalenderjahr mit planmäßiger Wiederkehr der Jahreszeiten; historisch schon bei den ackerbautreibenden Ägyptern wichtig.
1 tropisches Jahr =
= 365,242 198 78 Tage (für das Jahr 1900, 0,000 006 14 Tage/Jahrhundert abn.)
= 365 Tage + 5 h + 48 min + 46 s
= 365,2422 mittl. Sonnentage (Sterntage)
= $3{,}1\,556\,926 \cdot 10^7$ Sekunden
= 0,9 999 612 Jahr (siderisch).
Das tropische Jahr beginnt nach BESSEL (1784–1846), wenn die mittlere Sonne die Rektazension 280° = $18^h 40^m$ erreicht; dies fällt ungefähr mit dem bürgerlichen Jahresanfang zusammen (der von der geografischen Länge des Ortes abhängig ist).

6) Ephemeridenjahr. Da Erddrehung, und damit mittlerer Sonnentag nicht konstant sind, wurde 1956 die Sekunde als der 31 556 925,9 747te Teil des tropischen Jahres für 1900 definiert. 1 tropisches Jahr = 31 556 925,9 747 Sek.

7) Anomalistisches Jahr, *anomalistic year*. Zeitraum zwischen zwei Durchgängen der Erde durch den sonnennächsten Punkt (Perihelion) der Erdbahn
= 365 Tage, 6 Stunden, 13 Min., 53 Sek.
= 365,259 641 Tage
= 31 558 433 Sekunden.

8) Julianisches Jahr (45 v.Chr. – 4.10.1582, in Russland bis 1923). Der römische Feldherr und Staatsmann GAIUS JULIUS CAESAR (100–44 v.Ch.) ordnete das von den Griechen übernommene *Lunisolarjahr, das nach willkürlicher Handhabung der Schaltregeln nicht mehr im Einklang mit den Jahreszeiten stand. Caesars Berater, der griechische Gelehrte SOSIGENES, stützte sich auf die von den Ägyptern beobachtete Jahreslänge 365 1/4 Tage und gab die strenge Bindung an den Mondlauf verloren. Der Jahresanfang wurde auf den 1. Januar (statt 1. März) verlegt, der 5. und 6. Monat (Quintilis und Sextilis) in Juli(us) und [8 n. Chr. schließlich nach Caesars Nachfolger] August(us) umbenannt.
1 julanisches Jahr =
= 365 Tage 6 Stunden + 1 Schalttag/4 Jahre =
= 365,25 Tage
= 12 Monate mit den heute üblichen 31, 30 (28) Tagen.

9) Gregorianisches Jahr, PAPST GREGOR XIII. (1502–1585) führte, im Einvernehmen mit bedeutenden Astronomen seiner Zeit, als Verbesserung des Julianischen Kalenders, am Freitag, den 15. Oktober 1582 (577 739 Tage seit Christi Geburt) das noch heute gültige Jahr ein – das aber erst um 1930 (!) von allen Ländern eingeführt wurde:
365 Tage 5 Stunden 49 Min. 12 Sek. =
= 365,2 425 Tage [exakt] =
≈ 16 Sekunden länger als das heutige Sonnenjahr.
Das um 11 Minuten zu lange Jahr des Julianischen Kalenders wird so korrigiert. Auf den 4.10.1582 (julianisch) folgte der 15.10. (gregorianisch). Die zehn Tage vom 5.10. bis 14.10.1582 fielen aus, um den Frühlingsanfang wieder auf den 21. März zu legen. In jedem nicht durch 400 teilbaren vollen Jahrhundert fällt der Schalttag aus (1700, 1800, 1900, 2100 kein Schaltjahr, 2000 Schaltjahr).
Die seit Christi Geburt (1. 1. 1) vergangenen Tage für den n-ten Tag des Jahres y berechnen sich gemäß:

$$365\,(y-1)+\frac{y-1}{4}+\frac{y-1}{500}-\frac{y-1}{100}+n.$$

Alle Divisionen sind ganzzahlig auszuführen, also auf ganze Zahlen abzurunden (*Kalender, Julianisches Datum).
10) Kirchenjahr. Vom ersten Advent bis zum Sonnabend vor dem 1. Advent des darauffolgenden Jahres.
11) Mondjahr. Zeitraum von 12 Mondumläufen (von Vollmond zu Vollmond):
1 Mondjahr =
= 12 syndodische Monate · 29,53 Tage
= 354 bis 355 Tage.
12) Lunisolarjahr oder **Metonsches Jahr.** Grundlage des antiken griechischen, römischen und jüdischen Kalenders. Weil

235 Mondmonate ≈ 19 tropische Jahre,
19 Mondjahre = 228 Mondmonate,

werden in einem 19jährigen Zyklus sieben Schaltmonate eingeführt (METON, 440 v. Chr., vermutlich nach babylonischem Vorbild). Der Metonsche Zyklus enthält 12 Jahre mit zwölf und 7 Schaltjahre mit 13 synodischen Monaten (Mondmonaten). Die Monate, die abwechselnd 29 und 30 Tage lang waren, fingen mit dem Erscheinen der schmalen Sichel des „neuen Mondes“ am Abendhimmel an.
13) Historisches Jahresformen: *Kalender.

Jahresanfang *Kalender.

Jahrestonne (jato)

Veraltet! Unrichtig! Im Wirtschaftsleben, v.a. der Chemieindustrie verwendeter Begriff für die innerhalb eines Jahres produzierte oder verarbeitete Menge eines Wirtschaftsgutes (Kohle, Erde etc.). Ersetzt durch: Tonnen/Jahr.

Jahreszahl *Kalender.

Jahreszeiten

1) Astronomisch, die vier Quartale:
Frühling (Frühjahrs-Tagundnachtgleiche):
21. März – 22. Juni (Nordhalbkugel),
23. September – 22. Dezember (Süd).
Sommer (Sonnenwende):
22. Juni – 23. September (Nord-),
22. Dezember – 21. März (Südhalbkugel).
Herbst (Tagundnachtgleiche):
23. September–22. Dezember (Nordhalbkugel),
21. März–22. Juni (Südhalbkugel).
Winter (Sonnenwende):
22. Dezember–21. März (Nordhalbkugel),
22. Juni–23. September (Südhalbkugel).
2) Meteorologisch, die Abschnitte:
Frühling: 1. März – 31. Mai (Nordhalbkugel),
1. September – 30. November (Südhalbkugel).
Vorfrühling: 15. Februar – 31. März (Nord-),
16. August–30. September (Südhalbkugel).
Vollfrühling: 1. April – 16. Mai (Nord-), 1. Oktober – 15. November (Südhalbkugel).
Vorsommer: 17. Mai–30. Juni (Nord-),
16. November–31. Dezember (Südhalbkugel).
Frühsommer: 17. Mai – 30 Juni (Nord-),
16. November – 31. Dezember (Südhalbk.).
Sommer: 1. Juni – 31. August (Nord-),
1. Dezember – 28./29. Februar (Südhalbk.).
Hochsommer: 1. Juli–15. August (Nord-),
1. Januar–14. Februar (Südhalbkugel).
Spätsommer: 16. Aug.–30. Sept. (Nord-),
15. Februar–31. März (Südhalbkugel).
Herbst: 1.September–30. November (Nord-),
1. März–31. Mai (Südhalbkugel).
Frühherbst: 16. Aug.–30. Sept. (Nord-),
15. Februar – 31. März (Südhalbkugel).

Vollherbst: 1. Oktober–15. November (Nord-), 1. April–16. Mai (Südhalbkugel).
Winter: 1. Dezember–28./29. Februar (Nord-), 1. Juni–31. August (Südhalbkugel).
Vorwinter: 16. November–31. Dezember (Nord-), 17. Mai–30. Juni (Südhalbkugel).
Hochwinter: 1. Januar–14. Februar (Nord-), 1. Juli–15. August (Südhalbkugel).
Spätwinter: 15. Februar–31. März (Nord-), 16. August–30. September (Südhalbkugel).

Jahrhundert
Zeitraum von 100 Jahren, [lat.] *saeculum;* beginnend mit dem ersten, abgeschlossen mit Vollendung des 100. Jahres, z.B. 17. Jh. = 1.1.1600 bis 31.12.1700; 20. Jh. = Anfang 1900 bis Ende 2000.

Jahrtausend
Zeitraum von 1000 Jahren. Unsere historische Zeitrechnung begann mit dem Jahr 1 n.Ch., es gibt kein Jahr Null! Beispiele:
2 Jt. = 1.1.1001 bis 31.12.2000;
1. Jt. v. Ch. = 999 v. Ch. – 1 v. Chr.

Jahrzehnt
Zeitraum von 10 Jahren, z.B. die 40er Jahre = 1940 bis 1949.

Jamaica-Dollar *Dollar.

Januar *Monatsnamen.

Japan
Historische Längenmaße: *boo = bu, *cho, *hiro, *jo, *ken, *kujirashaku, *mo, *ri, *rin, *shaku = Schaku, *sun.
Historische Flächenmaße: *cho, *se, *shaku, *tan, *tsubo.
Historische Volumenmaße: *go, *koku, *shaku, *sho, *to.
Historische Gewichte: *hyakume, *komme, *momme.
Japanische Zeit: *Zeitzonen.
Währung: *Yen.

Jarda
1) Altes Längenmaß aus Brasilien:
1 Jarda = 91 Centimeter (portug. „yard").
2) Altes Längenmaß aus Portugal:
1 Jarda = 2,2 Meter.

Jarra
Altes Volumenmaß aus Mexiko:
1 jarra = 8,21 Liter.

Jauchert *Joch.

Jeira
Altes Flächenmaß aus Portugal:
1 Jeira = 58,56 Ar.

Jerib *Dscherib

Jirmilik
Alttürkische Gold- und Silbermünze.

Jitro
Altes Flächenmaß aus der Tschechoslowakei:
1 jitro = 57,55 Ar.

Jo
Alte japanische Längeneinheit:
1 jo = 3,033 Meter.

Joachimstaler
Erstmals 1520 im böhmischen Joachimsthal geprägte Silbermünze.

Joch (= Morgen, Tag(e)werk)
1) Auch *Jauchert*, *Juch*, *Jück*, *Juchard*, *Juchert*, *Mannsmahd*, in Spanien *Yugada* oder *Cahizada*, engl. *yoke*, hebr. *sea* genannt. Altes bäuerliches Flächenmaß, das an einem Tag mit einem Ochsengespann (Joch) umgepflügt werden konnte.
1 Joch = 3000 bis 6500 Quadratmeter
= 0,655 Hektar (Hannover)
= 0,38 Hektar (Italien, *Giornata*)
= [0,45 bis] 0,5603 Hektar (Oldenburg)
= 0,5 755 Hektar = 400 Quadratruten (Österreich)
= 0,36 Hektar = 40 000 Quadratfuß (Schweiz, *Juchart*)
= 0,4 316 Hektar (Ungarn).
2) Römisches Joch, lat. *iugerum*, „Morgen Landes", lat. *iugum*, „Joch"]. Altes, römisches Feldmaß (*actus):
1 Iugerum = 25,2 Ar ≈ $^1/_4$ Hektar.
3) Biblisches Joch: *semed.

Joint Commission Radioactivity
*Curie.

Jonke
Altes Feldmaß aus den Niederlanden, Indien und Indonesien (auch *Bouw)*:
1 Jonke = 2,839 Hektar.

Josephson-Konstante *Konstanten.

Jou
Altes Gewicht aus Persien:
1 Jou = 0,048 Gramm.

Joule (J, EDV: J, früher **„Großerg")**
1) DIN 1301-Aussprache: „dschul" (nicht: „dschaul"). SI-Einheit für Arbeit, Energie und Wärmemenge, benannt nach dem englischen Physiker und Entdecker der Stromwärme JAMES PRESCOTT JOULE (1818–1889). Als „absolutes" Joule 1948 eingeführt, seit 1978 gesetzlich verbindlich, definiert gemäß:

Arbeit = Kraft · Weg = Leistung · Zeit.

1 Joule =
= $9{,}47\,817 \cdot 10^{-4}$ Btu
= 0,238 846 Calorie
= 5,26 565 Centrigrade heat unit
= $3{,}48\,529 \cdot 10^{-4}$ Cubic foot-atmosphere
= $5{,}12\,196 \cdot 10^{-3}$ Cubic foot-pound-force/square inch
= 10^7 Erg
= 23,7 304 Foot-poundal (ft·pdl)
= 0,737 562 Foot-pound-force (ft·lb)
= $3{,}72\,506 \cdot 10^{-7}$ Horsepower-hour
= $3{,}77\,673 \cdot 10^{-7}$ Horsepower-hour (metric)
= 0,101 972 Kilopond-meter
= $9{,}868\,923 \cdot 10^{-3}$ Liter-atmosphäre
= 1 Newton-meter
= $2{,}77\bar{7} \cdot 10^{-4}$ ($^1/_{3600}$) Watt-Stunde
= 1 Watt-Sekunde.

2) Dimensionsbetrachtung
$1\ \text{J} = 1\ \text{Ws} = 1\ \text{Nm} = \text{kg} \cdot \text{m}^2 \cdot \text{s}^{-2}$.

3) Physiologischer Brennwert von Lebensmitteln: 1 kcal = 4186,8 Joule.

4) **Internationales Joule.** Veraltet! Definiert 1908, gültig bis 1948:
1 int. J = 1 int. Watt · 1 Sek. = 1,00 019 Joule.

Joule pro...

1) ...Grad Celsius
1 J/°C = $5{,}26\,565 \cdot 10^{-4}$ Btu/°F.

2) ...Gramm
1 J/g = 0,429 923 Btu/pound =
= 0,238 846 Kilocalorie/Kilogramm.

3) ...Gramm und Grad Celsius
1 J/(g °C) = 0,238 846 Btu/(pound·°F)
= 0,238 846 Kilocalorie/(Kilogramm/m·°C).

4) ...Stunde (J/h)
1 J/h = $2{,}77\bar{7} \cdot 10^{-4}$ (= $^1/_{3600}$) Watt.

5) ...Kilogramm (J/kg)
SI-Einheit der Energie- oder Äquivalentdosis:
1 J/kg = 1 $\text{Meter}^2/\text{Sekunde}^2$.

6) ...Minute (J/min)
1 J/min = $0{,}0\,166\bar{6}$ (= $^1/_{60}$) Watt.

7) ...Sekunde
SI-Leistungseinheit: 1 J/s = 1 Watt.

JST
Kurz: I, Abk. für *Japanese Standard Time,* Japanische Zeit, JST = UTC + 9 = MEZ + 8.

JSV *Schlammvolumenindex.

Juchart *Joch.

Jüdische Einheiten
*Biblische Einheiten, *Kalender, *Schekel.

Jugoslawien
Historische Längenmaße: *khvat, *palaz, *rif, *stopa.
Historische Flächenmaße: *danoranja, *dönüm, *lanaz, *motyka, *ralica = ralo.
Historische Volumenmaße: *akov, *oka.
Währung: *Dinar.

Juik (Jux) Alttürkische Rechnungsmünze.

Juli, Julius *Monatsnamen, *Jahr.

Julianisches Datum *Kalender.

Jumba
Altes Längemaß aus *Malakka:
1 jumba = 3,658 Meter.

Jumfru(r)
Altes Flüssigkeitsmaß aus Schweden:
1 Jumfrur = $^1/_{32}$ Kanna = 0,082 Liter.

Jungmaß *Maß, *Altmaß.

Juni *Monatsnamen.

Jupiterzyklus *Kalender, *Planeten.

Justieren *messtechnische Begriffe.

J

Formelzeichen

Physikalische Größe	Symbol	Einheit		Definition
Wellenvektor propagation vector	$\vec{k}, (\vec{q})$	$\mathrm{m^{-1}}$		$\lvert\vec{k}\rvert = 2\pi/\lambda$
Dimensionslose Kraftkoordinate dimensionless normal coordinate	$k_{\mathrm{rst}\dots}$	$\mathrm{m^{-1}}$		
Kraftkonstante vibrational force constant	k	$\mathrm{J/m^2}$	$= \mathrm{kg\,s^{-2}}$	siehe f
Federkonstante spring constant, directional quantity	k	N/m	$= \mathrm{kg\,s^{-2}}$	
Kompressionsmodul bulk modulus, compression modulus	K	$\mathrm{Pa = N\,m^{-2} = m^{-1}kg\,s^{-2}}$		$K = -V\,\frac{\mathrm{d}p}{\mathrm{d}V}$
Wärmedurchgangszahl heat transition coefficient	k	$\mathrm{W\,m^{-2}K^{-1} = kg\,s^{-3}K^{-1}}$		$\dot{Q} = kA\,\Delta T$
Wärmeleitfähigkeit thermal conductivity	(k), λ			siehe λ
Boltzmann-Konstante Boltzmann constant	k, k_{B}	J/K	$= \mathrm{m^2kg\,s^{-2}K^{-1}}$	*Konstanten
Zellkonstante cell constant	(K), k	$\mathrm{m^{-1}}$		$k = A/d$
Elektrochem. Äquivalent electrochemical equivalent	k	kg/C	$= \mathrm{kg\,A^{-1}s^{-1}}$	$k = M/zF$
Klirrfaktor, Oberschwingungsgehalt distortion factor, blur ~, ratle ~	k	–	= 1	
Kopplungsgrad degree of coupling	k	–	= 1	
Stofftransportkonstante mass transfer coefficient	k_{d}	m/s		$k_{\mathrm{d}} = \frac{\lvert\nu_i\rvert\,I}{zFcA}$
Geschwindigkeitskonstante rate constant	k	$\mathrm{(mol^{-1}m^3)^{n-1}s^{-1}}$		$r = k\prod c_i^{n_i}$
– elektrochemische in electrochemistry	k	versch.		$k_{\mathrm{ox}} = I/(zFAK_c)$
Gleichgewichtskonstante equilibrium constant				
– konzentrationsbezogen concentration basis	K_{c}	$\mathrm{mol\,m^{-3}}$		$K_{\mathrm{c}} = \prod_j c_i^{\nu_i}$
– molalitätsbezogen molality basis	K_{m}	$\mathrm{(mol\,kg^{-1})^{\Sigma\nu}}$		$K_{\mathrm{m}} = \prod_j m_i^{\nu_i}$
– druckbezogen pressure basis	K_{p}	$\mathrm{Pa^{\Sigma\nu}}$		$K_{\mathrm{p}} = \prod_j p_i^{\nu_i}$
Dissoziationskonstante dissociation constant	K_{a}	mol/ℓ	$= \mathrm{m^{-3}kmol}$	*pK_{a}
Absorptionszahl absorption index	k	–	= 1	$k = \frac{\alpha}{4\pi\tilde{\nu}}$

Fotometr. Strahlungsäquivalent luminous efficiency	K	lm/W	$= kg^{-1}m^{-2}s^3cd$	
– für Tagsehen for day light	$K(\lambda)$	lm/W	$= kg^{-1}m^{-2}s^3cd$	
– Maximum für Tagsehen maximum for daylight	$K_m(\lambda)$	lm/W	$= kg^{-1}m^{-2}s^3cd$	
– Maximum für Nachtsehen maximum for darkness	$K'_m(\lambda)$	lm/W	$= kg^{-1}m^{-2}s^3cd$	
Kerma Kinetic energy released in matter	K	Gy = J/kg	$= m^2s^{-2}$	
Kermarate, -leistung kerma rate	$\dot{K}$	$Gy/s = J\,kg^{-1}s^{-1}$	$= m^2s^{-3}$	
Vermehrungsfaktor multiplication factor	k	–	= 1	

K, κ (Kappa)

elektrische Leitfähigkeit conductivity	$\kappa, (\sigma)$	$S/m = \Omega^{-1}m^{-1}$	$= m^{-3}kg^{-1}s^3A^2$	$\vec{j} = \kappa\,\vec{E}$
Debye-Länge reciprocal radius of ionic atmosphere	κ	m^{-1}		$\kappa = \sqrt{\frac{2F^2I}{\varepsilon RT}}$
Magnetische Suszeptibilität magnetic susceptibility	(κ)			siehe χ
Kompressibilität compressibility	κ	Pa^{-1}	$= m\,kg^{-1}s^2$	
isothermische Kompressibilität isothermal compressibility	κ, χ_T	Pa^{-1}	$= m\,kg^{-1}s^2$	$\kappa_T = -\frac{1}{V}\left(\frac{\partial V}{\partial p}\right)_T$
isentropische Kompressibilität isentropic compressibility	κ, χ_S	Pa^{-1}	$= m\,kg^{-1}s^2$	$\kappa_S = -\frac{1}{V}\left(\frac{\partial V}{\partial p}\right)_S$
Isentropenexponent isentropic exponent	$\kappa, (\gamma)$	–	= 1	
Asymmetrie-Parameter asymmetry parameter	κ	–	= 1	$\kappa = \frac{2B - A - C}{A - C}$

K
1) Abkürzung für: Kelvin, Kerze, Carat, Kenia (K.Sh), Kirgistan (K.S).
2) Index (DIN 1304) für: Kommutator; in der Strömungslehre: Körper, Festkörper.
3) Zeichen für das *chem. Element Kalium.
4) griech. Kappa (Zahlzeichen: 20).

k
1) Abkürzung für: Kilo-, Karat.
2) Index [DIN 1304]: Kurzschluß; in der Nachrichtentechnik: iterativ, Ketten-.
3) к kyrill. k.

Ka
Babylonisches Flüssigkeitsmaß, entsprechend einem Würfel von einer Handbreite (ca. 10 cm) Kantenlänge, der eine große Mine Wasser aufnehmen konnte.
1 Ka = 1/5 Gin = 1/100 Gur = 1,01 Liter.

Kab, hebr. qāb
Biblisches Trockenhohlmaß aus dem Alten Testament (z. B. 2 Kg 6,25):
1 Kab = 1/3 od. 1/6 Sea (= Scheffel) = 1,2 oder 2,041 Liter.

Kabel
Altes seemännisches Tiefenmaß (*cable):
1 Kabel = 120 Faden = 220 Meter.

Kabellänge
Altes seemänn. Tiefenmaß (*cable, *toise):
1 Kabellänge = 1/10 Seemeile = 185,2 Meter.

Kabiet
Alte Längeneinheit aus *Thailand (Siam):
1 kabiet = 0,52 Centimeter.

Kadam
Altes Längenmaß aus dem Iran:
1 Kadam = 61 Centimeter.

Kadem
Altes türkisches Längenmaß („Fuß"):
1 Kadem = 33,7 Centimeter.

Kafiz
Altes persisches Flächenmaß:
1 kafiz (Flächen-) = 1 Ar.

Kaila
Altes Volumenmaß für Flüssigkeiten:
1 Kaila =
= 16,5 Liter (Ägypten)
= 16,5 Liter (Irak)
= 15,15 Liter (Marokko)
= 36 Liter (Palästina)
= 36 bis 37 Liter (Türkei).

Kai ri
Japanisches Längenmaß aus der Seefahrt:
1 Kai ri = 1 imperial nautical mile
= 1853 Meter.

Kaisergroschen
Altes österreichisches Kreuzerstück.

Kalad
Altes Flächenmaß aus Äthiopien:
1 Kalad = 24 bis 38 Hektar.

Kalakaua-Dollar
Alte, in San Francisco geprägte Silbermünze mit dem Bildnis des hawaiianischen Königs Kalakaua.

Kalenden
*Wochen- und Feiertage.

Kalender
1) Gregorianischer Kalender (1582–heute): Nach Papst GREGOR XIII. in den katholischen Ländern seit 15. Oktober 1582, protestantisches Deutschland 1. März 1700, England 1752, Schweden 1844, Japan 1873, Bulgarien und Türkei 1916, UdSSR 1918, Rumänien 1919, Griechenland 1923, China 1949. *Jahr, gregorianisches.

Die Zahl der Kalendertage d seit dem 15.10.1582 berechnet sich mit Hilfe der Tagesnummer n (*Tag) wie folgt:

$$d = n + 289 + \mathrm{int}[(y - 1582) \cdot 365{,}2425)]$$

2) DIN 1355 T 1 (März 1975) und ISO 2015-1976. Das Kalenderjahr Null gibt es nicht. Die erste Kalenderwoche eines Jahres beginnt mit der mindestens 4 Januartage zählenden Kalenderwoche, die den ersten Donnerstag des Kalenderjahres enthält. Kalenderjahre haben 52 Wochen; solche, die mit einem Donnerstag beginnen oder enden, haben 53 Wochen (z.B. 1976, 1981, 1987, 1992, 1998). Die Wochentage sind 1. Montag, 2. Dienstag, 3. Mittwoch, 4. Donnerstag, 5. Freitag, 6. Samstag, 7. Sonntag. Der Kalendertag beginnt um 0 Uhr und endet um 24 Uhr.

3) Christliche Ära, *Christliche Zeitrechnung* nach Abt DIONYSIUS EXIGUUS (525): Zählung der Jahre seit Christi Geburt. Der Anfangspunkt liegt vermutlich 4 bis 7 Jahre später als das tatsächliche Geburtsjahr des Heilands.
Der irische Erzbischof USSHER berechnete 1650 als Datum der Welterschaffung Sonntag, den 23. Oktober 4004 v. Chr, 9 Uhr.

4) Julianisches Datum (J.D., JD = *Julianus dies, julian day number*, JDN). JOSEPH JUSTUS SCALIGER (1540–1609) schlug 1581 vor, die Tage von einem vorgeschichtlichen Datum (dem 1. Januar 4713 v. Chr., mit der Ordnungszahl Null) fortlaufend zu zählen und zu Ehren seines Vaters JULIUS SCALIGER zu bennenen. Dadurch einfache Berechnung von Zeitdifferenzen und Wochentagen. Man betrachtet den Rest beim Teilen der Tage seit dem 1.1.4713 v. Chr. (JD) durch 7:

$$(\mathrm{JD}+1) \bmod 7 = \begin{cases} 0: & \text{Sonntag} \\ 1: & \text{Montag} \\ 2: & \text{Dienstag} \\ & \dots \\ 6: & \text{Samstag} \end{cases}$$

Der 1. Januar 1970 hat das JD 2440 588 und ist ein Donnerstag. Nach moderner Festsetzung beginnen Julianische Tage am mittleren Mittag des Nullmerians (12 Uhr Weltzeit).

Die *Tagesnummer n*, wenn man jedem Tag des Jahres eine Zahl von 1 bis 365 zuordnet, ist:

$$n = \mathrm{JD} - \mathrm{JD}(1.\,\mathrm{Januar}) + 1$$

Zeitunterschiede zwischen zwei Kalenderdaten werden durch einfache Differenzbildung $\mathrm{JD}_2 - \mathrm{JD}_1$ bestimmt.

Für die computergestützte Berechnung von Kalenderfunktionen genügt die Zahl der Kalendertage d seit dem fiktiven Jahr Null (als willkürliche Bezugsbasis): Die Tagesnummer n kann einfach nach dem Verfahren unter Stichwort *Tag berechnet werden.

$$y = \mathit{Jahr} - 1$$
$$m = 365\,y + y \operatorname{div} 4 + y \operatorname{div} 400 - y \operatorname{div} 100$$
$$d = n + m - 1$$

5) Historikerkalender. Historiker kennen das Jahr Null nicht; auf 1 v. Chr. folgt unmittelbar 1 n. Chr., was die Berechnung von Zeitdifferenzen erschwert.

6) Astronomischer Kalender. Astronomen definieren das Jahr Null (= 1 v. Chr.) und führen für weiter zurückliegende Jahre negative Zahlen ein:

historisches Jahr (n v.Chr.)
$\hat{=}$ astronomisches Jahr $-n + 1$

Beispiel: Die 2000. Wiederkehr der Ermordung Caesars am 15. März 44 v. Chr. berechnet sich richtig für das Jahr:

$$-(44 - 1) + 2000 = 1957.$$

In der Astronomie folgt die Datierung der fortlaufenden Tagesnummer des *Julianischen Datums* (JD) mit 12 Uhr als Tagesanfang oder des *Modifizierten Julianischen Datums* (MJD) mit Tagesanfang 0 Uhr (gezählt ab 17. Nov. 1858, 0 Uhr Weltzeit):

$$\mathrm{MJD} = \mathrm{JD} - 2\,400\,000{,}5$$

Der Tag JD 2451 545 ist der 1. Januar 2000, 12 Uhr Weltzeit. MJD 49 206 entspricht dem 13. August 1993.

7) Ptolemäische Zeitrechnungskala. Im Sternkatalog „Almagest" des PTOLEMÄUS: seit Regierungsantritt des babylonischen Königs NABONASSAR (747 v. Chr.).

8) Römische Zeitrechnung, *ab urbe condita.

9) Jüdische Zeitrechnung. Seit Erschaffung der Welt (3761 v. Chr.).

10) Französische Zeitrechnung. *Kalender, Revolutionskalender

11) Italienische Zeitrechnung. Jahreszählung in der faschistischen Ära zwischen den Weltkriegen.

Kalender, historische

1. Araber. Mondjahr mit 354 Tagen.

2. Ägypter

- Seit 4. Jt. v. Chr.: Sonnenjahr zu 365 Tagen; der Jahresanfang lief in 1460 Jahren (der *Sothisperiode*) rückwärts durch die Jahreszeiten. 12 Monate mit 30 Tagen + 5 Zusatztage; keine Schalttage.
- 238 v. Chr.: Sonnenjahr zu $365\frac{1}{4}$ Tagen; vermutlich in jedem 4. Jahr ein Schalttag. Grundlage des *Julianischen Jahres.

3. Babylonier (6. Jh. v. Chr.): Mondjahr zu 354 Tagen; 12 Monate, abwechselnd 30 und 29 Tage; Korrektur durch willkürliches Ein-/Ausschalten von Monaten; zyklische Schaltungsweise.

4. Chinesen und **Japaner** (3. Jt. v. Chr.). Mond-Sonnen-Jahr zu 360 Tagen; von je 19 Jahren 12 Gemeinjahre zu 12 und 7 Schaltjahre zu 13 Monaten; Jahresanfang veränderlich.

5. Germanen. Unvollkommenes Mond-Sonnen-Jahr; Schaltweise nach Bedarf durch ganze Mondmonate.

6. Französischer Revolutionskalender (gültig 1790/3 bis 1805): 12 Monate zu je 30 Tagen (Wochen zu 10 Tagen) + 5 „jours complèmentairs" (in Schaltjahren 6); Schaltjahre im 3., 7. und 11. Jahr (am Revolutionstag). Jahresbeginn mit Herbstanfang seit dem 22.09.1792 = Jahr I, 1805 = Jahr XIV. Die ursprünglich vorgesehene Teilung des Tages in 10 Stunden mit je 100 Minuten zu je 100 Sekunden scheiterte, da dadurch alle Uhren unbrauchbar geworden wären. Vgl. *Monatsnamen.

7. Griechen

- Seit 7. Jh. v. Chr.: 7 Schaltmonate für 19 Jahre Oktaeteris-Zyklus von 2992 Tagen;
8 Sonnenjahre = 99 Mondmonate.
- SOLON (594 v. Ch.): Oktaeteris, $2923\frac{1}{2}$ Tage
- METON (432 v. Ch.): Mond-Sonnenjahr zu 12 und 13 Monaten; 19jähriger Zyklus von 235 Monaten (Schaltjahre 3, 5, 8, 11, 13, 16, 19).
- KALIPPOS (330 v. Chr.): vier verbesserte

K

Meton-Zyklen = 76 Jahre – 1 Tag; 10tägige Woche.

8. Inder

• Zeit des Veda: Mond-Sonnenjahr; 12 Monate zu 30 Tagen; ursprünglich nur Mondjahr, durch willkürliche Schaltung eines 13. Monats mit der Sonne in Einklang gebracht.

• Zeit des Siddhânta, 4.–6. Jh.: Jupiterzyklus, 60jährig (5 Jupiterumläufe) und 12jährig (1 Umlauf); Rechnung nach Sonnenmonaten.

9. Isländer und **Norweger** (vor Christianisierung). Jahr zu 364 Tagen, 7tägige Woche; 6 Winter- und 6 Sommermonate zu 30 Tagen, im 3. Sommermonat 4 Ergänzungstage; 5mal in 28 Jahren eine Schaltwoche im 3. Sommermonat.

10. Juden

• Bis Christi Geburt: Lunisolarjahr zu 12 Mondmonaten mit 29–30 Tagen und Schaltzeiten (13. Monat), um dem Wechsel der Jahreszeiten anzugleichen.

• Nach der Reform von Rabbi SAMUEL (338): Mond-Sonnenjahr mit 19jährigem Zyklus; Jahreslängen mit 353, 354 oder 355 Tagen; Schaltjahre 3, 6, 8, 11, 14, 17, 19 (383, 374 und 385 Tage). Die Tage beginnen bei Sonnenuntergang. Vor dem babylonischen Exil und heute beginnt das Jahr im Herbst: Am 12. September 1988 begann das Jahr 5749 der jüdischen Zeitrechnung. Die Monatsnamen sind: Tischri (Sep/Okt), Marcheschwan (Okt/Nov), Kistew (Nov/Dez), Tewet (Dez/Jan), Schewat (Jan/Feb), Adar (Feb/Mar), Nissan (Mar/Apr), Ijar (Apr/Mai), Siwan (Mai/Jun), Tamnus (Jun/Jul), Aw (Jul/Aug) und Elal (Aug/Sep).

11. Mohammedaner. Mondjahr mit 354 oder 355 Tagen und 12 synodischen Monaten (Mondmonaten). Beginn am 15./16. Juli 622, dem angenommenen Tag der „Hedschra“ (Flucht Mohammeds von Mekka nach Medina). Der Jahresanfang (nach der Sonne) tritt alljährlich 11 bis 12 Tage früher ein und läuft in 32 bis 33 Jahren rückwärts durch alle Jahreszeiten. 30jähriger Zyklus mit 11 zusätzlich eingeschalteten Tagen; 7tägige Woche; Tagesanfang mit Sonnenuntergang.

12. Römer

• (8./7. Jh. v. Chr.): Mondjahr zu zehn – ab NUMA, 715 v.Chr., zu zwölf – Monaten; unregelmäßiges Schaltverfahren.

• Julianischer Kalender: *Jahr, julian.

13. Türken (1677–1916).
Reines Mondjahr zu 354 Tagen; 8jähriger Zyklus (2., 5. und 7. Jahr zu 355 Tagen).

Kalendertag *Tag.

Kalibrieren *messtechnische Begriffe.

Kalium-Calcium-Quotient
Medizin: Konzentrationsverhältnis von Kalium (ca. 5 mmol/ℓ) zu Calcium (ca. 2,5 mmol/ℓ) im Serum. Normalwert: 2; bei Allergien und Krämpfen: > 2, bei Urämie: >4.

Kaliumpermanganatverbrauch
Begriff der Abwassertechnik: Sauerstoffmenge (in mg/ℓ) zur vollständigen Oxidation der organischen Wasserinhaltsstoffe, umgerechnet in mg O_2/ℓ. $KMnO_4$ ist ein schwächeres Oxidationsmittel als $K_2Cr_2O_7$ (*CSB).

Kalorie *Calorie, Kilokalorie.

Kalorisches Äquivalent
Wärmewert. Veraltet!
1) Proportionalitätsfaktor j in der Beziehung zw. Wärme Q und mechanischer Arbeit $W = j\,Q$.

2) Verbrennungswärme, die pro Liter verbrauchten Sauerstoffs oder entstandenen Kohlendioxids bei der Verbrennung eines Stoffes frei wird.

Kalorisches Ohm *Ohm.

Kalorisches Vierersystem
Veraltet! Basisgrößenarten sind Länge, Masse, Zeit, Temperatur. Beispiele:

• CGSK mit den Basiseinheiten cm g s K, abgeleitete Einheit: Erg (Wärmemenge).
• MKSK mit den Basiseinheiten m kg s K, abgeleitete Einheit: Joule (Wärmemenge).
• MTSK mit den Basiseinheiten m t s K.
• CGS°C,
• MKS°C und MTS°C mit °C statt Kelvin.
• British: ft lb s °R.
• Technisch: m dyn s °C.

Inkohärente Einheiten der Wärmemenge waren: cal (*Kalorie), th (*thermie), *BTU; der Entropie: Cl (*Clausius).

Kalorischer Wert
*Brennwert der Nahrung; früher *Kalorie.
Eiweiß: 17,2 Kilojoule/Gramm = 4,1 kcal/g
Stärke: 17,2 Kilojoule/Gramm = 4,1 kcal/g
Fett: 39,0 Kilojoule/Gramm = 9,3 kcal/g
Milch: 2900 Kilojoule/Liter = 700 kcal.

Kama
Altes Längenmaß aus Marokko:
1 Kama = 1,25 Meter.

Kambodscha *Riel.

Kamelladung
Altes Gewicht aus Innerasien: 1 Kamelladung = 16 Batman = 262 Kilogramm.

Kammerton (engl. **standard pitch)**
Eingestrichenes a (440 Hz), international gültiger Stimmton für alle Musikinstrumente.

Kamerun *Franc.

Kam neu
Alte Volumeneinheit aus *Siam:
1 kam meu = 0,125 Liter.

Kan
Altes Flüssigkeitsmaß:
1 Kan =
= 1,49 Liter (Indien, Indonesien)
= 1 Liter (Niederlande, *kop).

Kanadischer Dollar *Dollar.

Kande
Altes Flüssigkeitsmaß aus Dänemark und Norwegen: 1 Kande = 2 Potter = 1,93 Liter.

Kane sasi (japanischer Fuß)
Altes Längenmaß aus Japan:
1 Kane sasi = 30,3 Centimeter.

Kann
Altes Gewicht aus Korea:
1 Kann = 608 Gramm.

Kanna
Altes Flüssigkeitsmaß aus Schweden (bis 1883 gesetzlich) und Finnland (*kannu*):
1 Kanna = 2 Stop = 32 Jumfrur = 2,62 Liter.

Kännchen
Altes Volumenmaß aus Hessen:
1 Kännchen = 0,124 Liter.

Kanne (= Maßkanne)
1) Norddeutscher Bund: 1 Kanne = 1 Liter.
2) Deutsches Reich: Nach Einführung des metrischen Systems wurde der Liter zunächst als Kanne bezeichnet.
3) [ahd. *channa*, lat. *canna*, „kleines Rohr, Röhre"]. Altdeutsches Hohlmaß:
1 Kanne [vor 1872] =
= 1,07 Liter (Bayern)
= 1,04 Liter Sole (Halle: Salzbergbau)
= 1,8 Liter (Hamburg)
= 1,95 Liter (Hannover)
= 1,81; 1,85; 1,94 Liter (Mecklenburg)
= 1,37 bis 1,42 Liter (Oldenburg)
= 0,936 Liter (Sachsen)
= 1,81 bzw. 2,17 Liter (Schleswig-Holstein).

Kännchen
Historisch! 0,114 Liter (Fulda); 0,124 Liter (Kassel).

K

Kannu *Kanna.

Kantar
Alte südeuropäische Masseneinheit:
1 Kantar =
= 44,93 Kilogramm (Ägypten)
= 56,32 Kilogramm (Griechenland)
= 56,45 Kilogramm (Rumänien)
= 56,45 Kilogramm (Türkei).

Kanu
Altes Längenmaß aus Mesopotamien:
1 Kanu = 2,97 Meter.

Kanzerogenität
Krebserregenede Wirkung eines Gefahrstoffes: *TRK, *MAK.

Kapazität
Überbegriff für: Fassungsvermögen, elektrische *Kapazität, gespeicherte Ladungsmenge einer Batterie.

Kapazität, elektrische
C (Einheit: *Farad) ist die Fähigkeit eines Kondensators zur Ladungsspeicherung, aufzufassen als Proportionalitätsfaktor zwischen gespeicherter Ladung Q und angelegter *elektrischer Spannung U.

- Inhomogenes Feld: $C = \frac{\Psi}{U_{1,2}} = \frac{Q}{U_{1,2}}$

Elektrischer Verschiebefluss Ψ = Summe aller Ladungen auf den Kondensatorplatten Q.

• Im homogenen Feld: $C = \varepsilon \frac{A}{d}$

Kapazität, komplexe
Kenngröße für den Frequenzgang eines technischen Kondensators oder kapazitiven Netzwerkes (vgl. *Impedanz):

$$|\underline{C}| = C_{P}(1 - \tan\delta)$$

C_P Gleichstromkapazität, δ Verlustwinkel.

Kapazität, spezifische
Technische Kenngröße eines Kondensators:

• Volumenbezogen: $C' = \frac{C}{V} = \frac{\varepsilon_0 \varepsilon_r}{d^2}$ in $\frac{\mathrm{F}}{\mathrm{cm}^3}$
• Massenbezogen: $C'' = \frac{C}{m}$ in $\frac{\mathrm{F}}{\mathrm{g}}$

Kapazität, technische
Die Kapazität eines Kondensators mit zwei Elektroden ist unter Vernachlässigung aller ohmschen und dielektrischen Verluste:

$$C = C_g + C_r + C_s$$

Die *geometrische Kapazität* C_g ist einfach zu berechnen. Die *Randkapazität* C_r folgt dem komplizierten Feldstärkeverlauf an den Rändern der Elektroden und ist für Spezialfälle analytisch berechenbar. Die *Streukapazität* C_s zwischen den Elektroden und umgebenden Leitern (Erde, Abschirmung etc.) ist schwer zu bestimmen.

Kapazitivität
*Dielektrizitätskonstante, *Impedanz, *Längen- und Winkelmessung.

Kapillardepression *Barometerkorrektur.

Kapillardruck
Medizin: Blutdruck in den Kapillaren (Haargefässen), der nach starkem präkapillaren Druckabfall verbleibt: ca. 6 bis 15 mmHg in Herzhöhe bei Ruhe.

Kapillarviskosimeter
*Viskositätsmessung, *Diffusionskoeffizient, *Oberflächenspannungsmessung.

Kappe
Alte Volumeneinheit aus Schweden (*„Metze"):
1 Kappe = 4,58 Liter.

Kappland
Altes Flächenmaß aus Schweden und Finnland:
1 Kappland = $^1/_{32}$ Tunnland = 154,25 Meter^2.

Karat *Carat, *Feingehalt.

Karawanen-män
Alte Masseneinheit aus Persien:
1 Karawanen-män = 7,36 Kilogramm.

Karbowanez
Währungseinheit in der Ukraine (*Griwna):
1 Karbowanez (URK) = 100 Kopeken.

Karfreitag *Wochen- und Feiertage.

Kármán-Zahl
In der Strömungslehre, Meteorologie und Geophysik das Verhältnis der Mischungshöhe z_* zur Höhe über Grund z:

$$Ka = \frac{z_*}{z} \quad \text{(Dimension 1)}$$

Karolin
Ab 1732 im Auftrag Karl Philipps von der Pfalz geprägte Goldmünze, in anderen deutschen Ländern nachgeahmt.

Karre (= Karrn)
Altes Raummaß für Erz und Kohle:
1 Karre (Braunschweig) = 2,32 Meter^3 Holzkohle; 1 Karre (Bremen) = 2 Baljen = 99 dm^3.

Kärtchen
Historisch! 0,26 Liter (Sachsen-Meiningen).

Kartos
Altes Volumenmaß aus Zypern:
1 kartos = 5,11 Liter.

Kasachstan *Tenge.

Käsch (= Cash)
Altes Gold und Silbergewicht aus China:
1 Käsch = 0,038 Gramm.

Kassabah
Altes Längenmaß aus Ägypten:
1 Kassabah = 3,55, 3,66 bzw. 3,85 Meter.

Kass-Zahl
Medizin: Keimzahl im Urin.
Normalwert: $<$1000 mℓ^{-1}
Harnwegsinfektionen: $>$100 000 mℓ^{-1}

Kasten
1) Altes Raummaß für Erz, Kohle, Mörtel u.a.:
1 Kasten = 7,35 Meter^3 (Hohenzollern).
2) Deutsches Volumenmaß für Brennholz während des Zweiten Weltkrieges:
1 Kasten = $^1/_{18}$ Raummeter = 46 × 88 cm^2.
3) Stückmaß für Flaschengetränke:
1 Kasten = z. B. 20 Flaschen.

Kastenmännchen
Silbernes 2$^1/_2$ Groschenstück in Thüringen.

kat Index (DIN 1304) für: kathodisch.

Katal (kat)
SI-Einheit der *Enzymaktivität; engl. *enzymatic activity*:
Substratumsatz unter Standardbedingungen (konstante Temperatur, pH-Optimum, Substratsättigung).

$$1 \text{ katal} = \frac{1 \text{ mol Substratumsatz}}{\text{Sekunde}}$$

Ersetzt Internat. Einheit (IE) und *Unit.
1 kat = 1 mol/s = 60 mol/min = $60 \cdot 10^6$ U
1 nkat = 1 nmol/s.

Kataster
Lat. *catastrum* oder *capitum registrum* „Kopfsteuerverzeichnis“, griech. *katastaris* „Aufstellung, Feststellung“, ital *catastro* „Zins-, Steuerregister“, engl. *cadastral*, historisch in Ungarn *hold. Grundbuch, amtliches Verzeichnis der Grundstücke eines Bezirks, Flurbuch; Steuerregister, Personenverzeichnis eines Bezirks als Grundlage zur Steuererhebung.

Katasterfuß
Historisch! 0,29 Meter (Kürfürstentum Hessen).

Kataserjück
Historisch! 5603 Meter^2 (Oldenburg); *Joch.

Katasterrute
Historisch! 3,99 Meter (Kürfürstentum Hessen).

Kätti
Altes Gewicht aus Ostasien:
1 Kätti =
= 604,5 Gramm = $^1/_{100}$ Pikul (China)
= 604,8 Gramm = 1 Tan = $^1/_{100}$ Kin (Japan)
= 600 Gramm (Thailand).

Kauri
Kleinere Meeresschnecke, bis Anfang des 20. Jh.s Zahlungsmittel in Asien und Afrika.

Kayser
Veraltet! Vor 1960 vorgeschlagene, für das SI international nicht akzeptierte Einheit der Wellenzahl: 1 kayser = 1 cm^{-1}.

kc
Abkürzung für: *kilocycles per second*, 1000 Schwingungen pro Sekunde.

kcal Abkürzung für: Kilocalorie.

kcps *Kilocycles per Second.

Keddah
Alte Volumeneinheit aus Ägypten: 1 keddah = 2,06 Liter. 1 nisf keddah = 1,031 Liter.

Keel
Altes britisches Volumenmaß für Schiffsladungen: 1 Keel = 24,07 Meter^3.

keg
Masseneinheit aus US-Amerika:
1 keg = 45,36 Kilogramm.

Kehrmünze
Schaumünze um 1549 mit Papstbild oder Teufelskopf, je nach Betrachtung von oben oder von unten.

Keimzahl
Zahl der Bakterien in einem Milliliter oder Liter, z. B. Trinkwasser. *Kass-Zahl.

K

Keleh
Alte Volumeneinheit aus Ägypten:
1 keleh (= kilah) = 16,5 Liter.

Kelvin (K, EDV: K)
1) Basiseinheit der Temperatur im SI-System, benannt nach LORD WILLIAM THOMSON KELVIN OF LARGS (1824–1907), dem Entdecker des thermoelektrischen Effekts und Mitbegründer der klassischen Thermodynamik. Die 13. CGPM 1967 und DIN 1301 T1 definieren: 1 Kelvin ist der 273,16te Teil der thermodynamischen Temperatur des Tripelpunktes des Wassers.
Bis 1975: „Grad Kelvin“ (°K). Heute Schreibweise ohne Gradzeichen.
Vor 1954 galt die Festlegung: 1 Kelvin = $^1/_{100}$ der Temperaturdifferenz zwischen Eispunkt und Siedepunkt des Wassers, wobei vom absoluten Nullpunkt aus gezählt wird. Der absolute Nullpunkt bei exakt 0 K = –273,15 °C, der Gefrierpunkt des Wassers 273,15 K = 0 °C, der Siedepunkt des Wassers 373,15 K = 100 °C sind markante Temperaturen auf der thermodynamischen *Thermometerskala.
2) Temperaturunterschiede dürfen gleichbedeutend in Kelvin und Grad Celsius angegeben werden (13. CPGM 1967).
1 Kelvin (Temperaturdifferenz) =
= 1 °Celsius = $^9/_5$ °Fahrenheit = 1,8 °Rankine.

3) In Wissenschaft und Technik ist die thermodynamische Temperaturskala verbindlich. In den USA wird statt Kelvin *Rankine benutzt.
x Kelvin (Temperatur) = $(x + 273,15)$ °Celsius = $5x/9$ Rankine.
4) **Kelvin/Watt,** Einheit des Wärmewiderstandes.

Ken

Altes asiatisches Längenmaß:
1 Ken = 6 Schaku = 1,818 Meter (Japan)
= 1 Meter (Siam).

Kend

Altes Längenmaß aus Äthiopien:
1 Kend = 45 bis 50 Centimeter.

Kenia-Schilling

*Schilling.

Kenndosisleistung

*Dosimetrische Größe zur Kennzeichnung von Strahlenquellen:

- In der *Strahlendiagnostik* mit Röntgen- und Gammastrahlern: Luft-Kermaleistung $\dot{K}_{a\,100}$ (d. h. ≥100 keV), die ohne Streukörper in der Achse des Nutzstrahlenbündels im Abstand 1 Meter von der Quelle bei einer Feldgröße von 10 cm × 10 cm erzeugt wird.
- *Strahlenschutz* mit Röntgen-/Gammastrahlern:
Photonen-Äquivalentdosisleistung $\dot{H}_{x\,100}$.
- Bei Röntgen-, Gamma- und Elektronenbestrahlungseinrichtungen: Maximalwert der Wasser-Energiedosisleistung $\dot{D}_{100}$, gemessen in einem Wasser- oder wasseräquivalenten Phantom mit ebener Eintrittsfläche (ohne Streukörper, Abstand 1 Meter, Feldgröße 10 cm × 10 cm).

Kennfrequenz

f_0 (in Hz), Eigenfrequenz eines Oszillators im ungedämpften Zustand.

Kennkreisfrequenz

ω_0 (in s^{-1}, rad/s), Eigenkreisfrequenz eines Oszillators im ungedämpften Zustand: $\omega_0 = 2\pi f_0$.

Kennzahlen, dimensionslose

*Konstanten der Dimension 1.

Kerad kamel

Alte Flächeneinheit aus Ägypten:
1 kerad kamel = 1,75 Ar.

Kerbschlagzähigkeit

*Werkstoffkenngrößen.

Kerma

K, engl. *kinetic energy relased in material,* *dosimetrische Größe:

$$K = \frac{dW_K}{dm} = \frac{1}{\varrho}\frac{dW_K}{dV}$$

dW_K = Summe der Anfangswerte der kinetischen Energien aller geladenen Teilchen, die von indirekt ionisierender Strahlung (Photonen, Neutronen) aus dem Material in einem Volumenelement dV freigesetzt werden. Das Bezugsmaterial ist anzugeben: K_a für Luft, K_w für Wasser. SI-Einheit ist *Gray (Gy).

Kermaleistung

*dosimetrische Größen.

Kernmagneton

*Konstanten.

Kerr-Konstante

Kennzeichnend für isotrope Körper (Flüssigkeiten, Gase) ist der Kerr-Effekt, d. i. die Doppelbrechung von Wellen im elektrischen Feld (auch Lichtwellen). Der Faktor K heißt Kerr-Konstante.

$$\frac{\Delta n}{n} = K \cdot E^2$$

n Brechungsindex, E Feldstärke.

Kerze (= engl. candle)

1) **Neue Kerze (NK).** 1942 in Deutschland eingeführte Einheit der Lichtstärke, 1948 in *Candela umbenannt und international eingeführt.
2) **Internationale Kerze (IK).** Veraltet! Einheit der Lichtstärke, am 1. April 1909 in Frankreich, Großbritannien und USA eingeführt, 1921 international bestätigt, 1948 durch Candela ersetzt.
1 Internationale Kerze =
= 1,019 Candela
= 1,11 Hefnerkerze [definiert 1913 mit Kohlefadenlampe]
= 1,128 Hefnerkerze [def. 1931].
3) *Hefnerkerze, *Violle-Einheit, *bougie décimal, *Candela.
4) **Pentane candle.** Veraltet! Brit.-amerik. Einheit der Lichtstärke vor Einführung der Internationalen Kerze; definiert 1898.
5) **Russische Kerze (K_{USSR}).** Veraltet! Definiert 1933 in der ehemaligen UdSSR:
1 Russische Kerze = 0,941 Candela
= $^1/_{0,85}$ Hefnerkerze.

6) In anderen Ländern: [span.] bujía, [frz.] bougie, [ital.] candela, [jap.] syoku, [holl.] kaars, [port.] vela, [poln.] świeca, [schwed.] normalljus.

Kerzenprototyp *Candela.

KEsc *Escudo.

Kette (engl. **chain)**
Norddeutscher Bund: 1 Kette = 10 Meter.
Sachsen: 1 Kette = 42,9 Meter.

Keup
Alte Längeneinheit aus 1 Siam:
1 keup = 0,25 Meter.

kg Abkürzung für: Kilogramm, *kilogram.*

kg-cal
Abk. f.: Kilogramm-Kalorie, *kilogram-calorie.*

kg/cu m
Abk. f.: *kilograms per cubic meter,* kg/m^3.

kgf. engl. *kilogram force,* *Kilopond.

kg-m
Abk. f.: Kilogramm-Meter, *kilogram-meter.*

kgps
US-Abkürzung für: *kilograms per second,* Kilogramm pro Sekunde.

Khalad
Altes Längenmaß aus Äthiopien:
1 Khalad = 65 Meter.

Kharouba
Alte Volumeneinheit aus Ägypten:
1 kharouba = 0,129 Liter.

Kharvâr
Altes persisches Gewicht für Saumtierlasten:
1 Kharvâr-i divani = 294,4 Kilogramm.

Khubi
Altes Längenmaß aus der Mongolei:
1 Khubi = 57,6 Meter.

Kibberath (= Sabbatweg)
Biblisches Wegmaß aus dem Alten Testament für die erlaubte Wegstrecke, die ein gläubiger Jude am Schabbat, beginnend am Freitag bei Sonnenuntergang und endend am Samstag bei Sonnenuntergang, zurücklegen durfte; hebr. *kibrat hā'āræs* = „ein Stück Weges" (z. B. Gen 35,16; 2 Kg 5,19):
1 Kibberat(h) = 2000 [bis 5000] Ellen
= 900 bis 1000 Meter [oder]
≈ ein 2-Stunden-Weg
≈ $^1/_2$ Tagesreise.

Kiepe
Altes Zählstückmaß für getrocknete Fische:
1 Kiepe = 60 Stück;
1 Kiepe Schollen = 600 Stück (Lübeck).

Kilah *Keleh.

Kilderkin
Altes, britisches Trockenhohlmaß:
1 Kilderkin *GB* = 18 Gallon *GB*.

Kilé
Altes türkisches Hohlmaß für Getreide und Trockenfrüchte:
1 Kilé = 4 Sinek = 36 bis 37 Liter.

Kileh
Altes Raummaß aus der Türkei:
1 Kileh = 9 Liter.

Kilei
Hohlmaß aus der Türkei:
1 Kilei = 100 Oeltschek
= 100 Liter = 1 Hektoliter.

Kiliare (ka)
Unüblich! Feldmaß aus Frankreich:
1 kiliare = 1000 Ar = 10 Hektar.

Kiloampere (kA)
Starkstromelektrik: 1 kA = 1000 Ampere.

Kiloampere pro Meter (kA/m)
1 kA/m = 1000 Ampere/Meter.

Kiloamperestunde (kAh)
1 kAh = 1000 Amperestd. = 3,6·10^6 Coulomb.

Kilobecquerel (kBq)
Ungebräuchlich! Einheit der Aktivität:
1 kBq = 1000 Becquerel.

Kilocalorie (kcal, früher **Cal)**
Auch *Große Kalorie, Kilogrammkalorie.* Veraltet! Bis Ende 1977 gültige Einheit der Wärmemenge (*Calorie):
1 kcal =
= 1 Wärmeeinheit (W.E.)
= 3,96 832 Btu
= 1000 Calorie
= 4186,8 Joule
= 1,163 Wattstunde [exakt].

Kilocalorie pro...

1) ...„Kubikmeter" (Meterkubus)
1 kcal/m^3 = 0,112 370 Btu/cubic foot
= 4,1 868 Kilojoule/Meter^3.

2) ...Stunde: Einheit des Wärmestroms:
1 kcal/h = 1,163 Watt.
3) ...Stunde und Meterquadrat
1 kcal/(h m^2) = 1,163 Watt/$Meter^2$.
4) ...Stunde, Meter und Grad Celsius. Veraltet! Einheit der Wärmeleitfähigkeit.
1 kcal/(m · h · °C) = 1,163 $W m^{-1}K^{-1}K^{-1}$
1 kcal/(m^2h°C cm) = 0,01 163 $W m^{-1}K^{-1}$.
5) ...Meterquadrat, Stunde, Grad Celsius. Veraltet! Nichtgesetzliche Einheit des Wärmedurchgangskoeffizienten:
1 kcal/(m^2h°C) = 1,163 $W m^{-2}K^{-1}$.
6) ...Kilogramm: 1 kcal/kg =
= 1,8 Btu/pound = 4,1868 Joule/Gramm.
7) ...Kilogramm und Grad Celsius
1 kcal/(kg °C) = 1 Btu/(pound °F)
= 4,1868 Kilojoule/(kg °C).
8) ...Minute: 1 kcal/min =
= 51,4 671 Foot-pound-force/second
= 0,0 935 765 Horsepower
= 0,0 948 744 PS
= 69,78 Watt.
9) ...Sekunde: 1 kcal/s = 4.1 868 Kilowatt.

Kilocycle per Second (kcps, kc/s)

Veraltet! *US*-Einheit der Frequenz:
1 kc/s = 1 Kilohertz = 1000 Hertz.

Kilogram force

*Technisches Einheitensystem, *Kilopond.

Kilogramm (kg, EDV: KG)

1) SI-Einheit der Masse, definiert durch das „Ur-Kilogramm" der *Conférence Générale des Poids et Mesures* (1. CGPM 1889, 3. CGPM 1901). Ursprünglich (bis 1964) festgelegt als die Masse von einem Liter Wasser bei 4 °C und Atmosphärendruck. Das von FORTIN geschaffene „Kilogramme des Archives" aus Platin wurde später durch einen 39 mm hohen Kreiszylinder von 39 mm Durchmesser aus 90% Platin und 10% Irdium ersetzt, der seit 1889 im Pavillon de Breteuil in Sèvres bei Paris aufbewahrt wird. Alle der Meterkonvention von 1875 angeschlossenen Staaten erhielten Kopien (Subnormale) des Prototyps.
2) Umrechnung,
1 Kilogramm (kg) =
= 15 432,358 Grain
= 1000 Gramm
= 0,019 684 131 Hundredweight (long)
= 0,022 046 226 Hundredweight (short)
= 35,273 962 Ounce (avoirdupois)
= 32,150 747 Ounce (troy)
= 2,2 046 226 Pound
= 9,8 420 653·10^{-4} Ton (long)
= 0,001 Tonne (metrisch)
= 1,1 023 113·10^{-3} Ton (short).
3) Massekilogramm (kg, kg_i, kg_m). Frühere Unterscheidung des Kilogramms vom Kraftkilogramm.
4) Kraftkilogramm (kg*, kg_p, kg_f, kgf). Veraltet! Im technischen Maßsystem Bezeichnung des späteren, mittlerweile veralteten *Kiloponds, die das irrige „Kilogramm" als Massen- und Krafteinheit ablöste. Heute wird zwischen der *Tragfähigkeit* (in kg) und der *Tragkraft* (in Newton) unterschieden.

Kilogramm pro...
1) ...Meterkubus,
1 kg/m^3 = 0,001 g/cm^3 = 1 Gramm/Liter
= 0,06 242 796 Pound/cubic foot
= 3,612 729·10^{-5} Pound/cubic inch.
2) ...Liter: 1 kg/ℓ = 1000 kg/m^3.
3) ... Meter: 1 kg/m =
= 10 Gramm/Centimeter
= 0,6 719 690 Pound/foot
= 0,05 599 741 Pound/inch.

Kilogramm-Molarität *Molalität.

Kilohertz (kHz)

Einheit der Frequenz im Radiobereich:
1 Kilohertz = 1000 Hertz.

Kilohyl (khyl)

Veraltet! Im technischen Maßsystem:
1 Kilohyl = 9,80 665 Kilogramm.

Kilojoule (kJ)

SI-Einheit der Energie und Wärmemenge. Weitere Umrechnungsfaktoren *Joule:
1 kJ =
= 9,868 923 Literatmosphäre (ℓ atm)
= 0,238 846 Kilocalorie
= 0,947 817 Btu.

Kilometer (km)

Abgeleitete SI-Einheit der Länge:
1 km =
= 6,68 459·10^{-9} Astronomische Einheit

= 3280,840 Foot
= 4,9 710 Furlong
= 1,05 702·10^{-13} Lichtjahr
= 0,6 213 712 Mile (statute)
= 0,5 399 568 Seemeile, nautical mile
= 1093,613 Yard.

Kilometer pro...
1) ...Stunde (falsch: „Stundenkilometer"). Einheit der Geschwindigkeit im Verkehrsbereich:
1 km/h =
= 54,68 066 Foot/minute
= 0,9 113 444 Foot/second
= 10,93 613 Inch/second
= 0,5 399 568 Knoten (Seemeile/Stunde)
= 16,66$\bar{6}$ Meter/Minute
= 0,277$\bar{7}$ ($^1/_{3,6}$) Meter/Sekunde
= 0,6 213 712 Mile/hour.
2) ... Stunde und Sekunde
1 km/(h sec) =
= 27,77$\bar{7}$ cm/s^2 = 0,9 113 444 ft/s^2
= 0,277$\bar{7}$ m/s^2
= 0,6 213 712 Mile/(hour·second).

Kilometerkubus
Statt veraltet: *Kubikkilometer.

Kilometerquadrat
Statt veraltet: *Quadratkilometer.

Kilomol (kmol)
In der chemischen Technik übliche Einheit der *Stoffmenge: 1 Kilomol = 1000 Mol.

Kilonewton (kN)
Gebräuchliche Krafteinheit:
1 kN = 1000 Newton.

Kiloohm (kΩ)
Gebräuchliche Einheit des elektrischen Widerstandes: 1 Kiloohm = 1000 Ohm.

Kiloparsec (kpc)
Veraltet! Astronomische Längeneinheit:
1 Kiloparsec = 1000 Parsec.

Kilopascal (kPa)
Gebräuchliche Druckeinheit im SI-System:
1 kPa = 1000 Pascal = 0,1 bar
= 20,8 854 Pound-force/square foot
= 0,1 450 377 Pound-force/square inch (psi).

Kilopond (kp, engl. kg.f., kgf)
Veraltet! Bis Ende 1977 gültige Einheit der Kraft; definiert als die Kraft, die der Masse 1 kg die Normalfall-Beschleinigung 9,80 665 m/s^2 verleiht. Früher „Kraftkilogramm" kg_p oder „technische Masseneinheit" (*TME), engl. *kilogram(me)-force* im *Technischen Einheitensystem:
1 kp = 1 kgf. =
= 9,80 665·10^5 dyn [exakt]
= 9,80 665 Newton [exakt]
= 9,80 665 kg m/s^2 [exakt]
= 2,20 462 pound-force
= 70,9 316 Poundal.

Kilopond pro... (kilogram-force per...)
1) ...Centimeterquadrat (veraltet!)
1 kp/cm^2 = 1 kgf./sq.cm =
= 0,967 841 Atmosphäre (phys.)
= 1 Atmosphäre (techn.)
= 0,980 665 Bar
= 32,8 084 Foot H_2O
= 28,9 590 Inch of Hg
= 0,01 Kilopond/square millimeter
= 10 Meter Wassersäule
= 735,559 Millimeter Quecksilbersäule
= 0,0 980 665 Newton/Millimeter^2
= 98 066,5 Pascal (= N/m^2)
= 2048,16 Pound-force/square foot
= 14,22 334 Pound-force/square inch
= 0,914 358 Ton-force (long)/square foot
= 1,02 408 Ton-force (short)/square foot
= 6,34 971·10^{-3} Ton-force (long)/square inch
= 7,1 167·10^{-3} Ton-force (short)/square inch.
2) ...Meterquadrat
1 kgf./sq.m = 9,80 665 Pascal.
3) ...Millimeterquadrat
1 kgf./sq.mm =
= 9,80 665 Newton/Millimeter^2
= 9,80 665 Megapascal = 1442,334 psi.

Kilopond-meter (kpm, engl. kgf.m)
1 kpm = 1 kgf.m =
= 9,29 491·10^{-3} Btu
= 2,34 228 Calorie
= 3,41 790·10^{-3} Cubic foot-atmosphere
= 9,80 665·10^7 Erg
= 232,715 Foot-poundal
= 7,23 301 Foot-pound-force (ft.lbs)

K

= 3,65 304·10^{-6} Horsepower-hour
= 3,70 370·10^{-6} PS h (metrisch)
= 9,80 665 Joule (Watt-sekunde)
= 0,0 967 841 Liter-Atmosphäre
= 9,80 665 Newton-meter
= 2,42 607·10^{-3} Wattstunde (Watt-hour).

Kilotex (ktex)

Für die Masse von Textilfasern und Garnen:
1 Kilotex = 1000 Tex.

Kilotonne (kt)

1) 1 kt = 1000 Tonnen = 0,001 Megatonne.
2) **Kilotonne TNT.** Vergleichsmaß für die Sprengkraft von Kernwaffen: 1 kt TNT = freigesetzte Energie bei der Detonation von 1000 Tonnen Trinitrotoluol.
TNT ist in Deutschland seit 1906 als „Füllpulver C/02" eingeführt. Die Hiroshima-Bombe von 1945 entsprach 20 kt TNT. Für Wasserstoffbomben *Megatonnen.

Kilovolt (kV)

In der Starkstromelektrik Einheit der elektrischen Spannung: 1 Kilovolt = 1000 Volt.

Kilowatt (kW)

In der Energietechnik Einheit der elektrischen Arbeit und Energie, seit 1978 gesetzlich statt *Pferdestärke:
1 Kilowatt (kW) =
= 3412,14 Btu/hour
= 56,8 690 Btu/min = 0,947 817 Btu/sec
= 2,65 522·10^6 Foot-pound-force/hour
= 44 253,7 Foot-pound-force/minute
= 737,562 Foot-pound-force/sec
= 1,34 102 Horsepower
= 1,35 962 PS
= 3,6·10^6 Joule/Stunde
= 60 000 Joule/Minute
= 1000 Joule/Sekunde
= 859,845 Kilocalorie/Stunde
= 14,3 308 Kilocalorie/Minute
= 0,238 846 Kilocalorie/Sekunde
= 3,67 098·10^5 Kilopond-meter/Stunde
= 6118,30 Kilopond-meter/Minute
= 101,972 Kilopond-meter/Sekunde.

Kilowattstunde (kWh)

[engl.] **kilowatt-hour (kW-hr)**. In der Energietechnik Einheit für Arbeit, Energie und Wärmemenge:
1 kWh =
= 3412,14 Btu
= 2,65 522·10^6 Foot-pound-force
= 1,34 102 Horsepower-hour *GB*
= 1,35 962 PS-Stunde
= 3,6·10^6 Joule [exakt]
= 859,845 Kilocalorie
= 3,67 098·10^5 Kilopond-meter
= 3,6 Megajoule [exakt]

Kilowattstunde pro...

engl. *kilowatt-hour per...*
1) **...Pfund (pound)**
1 kWh/lb. = 3412,14 Btu/pound
= 7936,641 Joule/Gramm
= 1895,63 Kilocalorie/Kilogramm.
2) **...Kilogramm**
1 kWh/kg = 1547,72 Btu/pound.

Kin

Altes Gewicht aus Japan:
1 Kin = ca. 604 Gramm.

kin Index (DIN 1304) für: kinetisch.

Kina

Währungseinheit in Papua-Neuguinea:
1 Kina (K) = 100 Toea (t) = ca. 1,2 DM.

Kinetische Gaskonstante *Gaskonstante.

King

Altes Flächenmaß aus China:
1 King = 0,2 453 Hektar.

Kint

Altes Längenmaß aus Äthiopien:
1 Kint = 45 bis 50 Centimeter.

Kip

1) Veraltet! *US*-Krafteinheit:
1 kip = 1000 Pond = 1 Kilopond.
2) 1 kip/square inch =
= 6,89 476 Newton/Millimeter² (N/mm²)
= 6,89 476 Megapascal.
3) Währung in Laos: 1 Kip = ca. $^1/_{606}$ DM.

kip-foot

1 kip-ft = 1000 foot-pounds

Kirat

Altes Längenmaß aus Ägypten:
1 Kirat = 2,8 Centimeter.

Kirgistan Währung: *Som.

Kiribati *Dollar.

Kiste
Altes Zählstückmaß:
1 Kiste = 48 Flaschen (frz. Rotwein)
= 225 Tafeln (Weiß-Blech).

Kite
Antik-ägypt. Gewicht mit dezimaler Teilung.
1 Kite = $^1/_{10}$ Deben = $^1/_{100}$ Sep
= 4,5 bis 29,9 Gramm.

kl, kL
Unüblich! Abk. f.: *kiloliter,* 1000 Liter

Klafter
1) [ahd. *klaftra,* „Armvoll"]. Historisches Längenmaß; entspricht der Spannweite der Arme eines erwachsenen Mannes (*Faden, *Fathom, *Toise, *Brasse):
1 Klafter = 6 [od. 10] Fuß ≈ 1,8 bis 2 Meter.
Regional unterschiedlich:
1 Klafter =
= 1,8 Meter (Baden)
= 1,75 bis 2,9 Meter (Bayern)
= 1,7 Meter (Frankfurt/Main)
= 1,75 Meter (Hannover)
= 2,50 Meter = 10 Fuß (Hessen)
= 1,897 Meter (Österreich, Wien)
= 2,092 Meter (Preußen)
= 2,0 Meter (Sachsen)
= 1,71 Meter (Schleswig-Holstein)
= 1,8 od. 3 Meter (Schweiz).
2) Altes Raummaß für Holz:
1 Klafter =
= 3,888 Meter^3 (Baden, Nassau)
= 3,13 Meter^3 (Bayern)
= 2,9 Meter^3 (Frankfurt am Main)
= 3,59 Meter^3 (Hannover)
= 6,82 Meter^3 (Österreich)
= 3,339 Meter^3 (Preußen: 6 · 4,5 · 4,5 Fuß)
= 1,83 bis 3,68 Meter^3 (Sachsen)
= 2,54 Meter^3 (Schleswig-Holstein)
= 2,916 Meter^3 (Schweiz, *Holzklafter*)
= 0,34 Meter^3 (Wien)
= 2,35 Meter^3 (Württemberg).
3) Altes Flächenmaß:
1 Klafter = 3,6 Meter^2 (Österreich).

Klassieren
*messtechnische Begriffe.

Klein-Oktav
*Papierformate, *Tonintervalle.

Klemmenspannung
U_{kl} (in *Volt); die *elektrische Spannung zwischen den Polen einer Spannungsquelle bei geschlossenem Stromkreis, wenn der Strom I fließt und die galvanische Zelle nicht reversibel arbeitet.
Spezialfall: Die Differenz der Elektrodenpotentiale, wenn kein Strom fließt, *Ruheklemmenspannung*: $E_0 = \Delta\varphi_{i=0}$.

Klitzing-Konstante
Bei tiefen Temperaturen und hohen Magnetfeldern zeigt sich der *Quanten-Hall-Effekt.* Die Ladungsträger nehmen diskrete Energieniveaus ein. Bei festem Magnetfeld und variabler Spannung (die die Ladungsträgerdichte n steuert) zeigt der Hall-Widerstand charakteristische Stufen:
$$R_{\mathrm{H},z} = \frac{B}{n e d} = \frac{h}{z e^2} = \frac{25\,813}{z}\ \Omega$$
($z = 1,2,3,\ldots$). Das *Ohm als Einheit des elektrischen Widerstandes ist damit ein Naturmaß.

Kluppet
Altes Stückmaß in Nürnberg:
1 Kluppet = 4 Stück.

km
*Kilometer.

kmps
Abkürzung für: *kilometers per second,* Kilometer pro Sekunde.

Knoten
1) Internationaler Knoten, *international knot,* Einheit der Geschwindigkeit in der Seefahrt; keine *gesetzliche Einheit, aber wegen weltweiter Vereinbarungen nach dem Einheitengesetz vom 22. Febr. 1985 in Deutschland zugelassen:
1 Knoten (kn, kt) =
= 101,2 686 Foot/minute
= 1,687 810 Foot/second
= 30,86$\bar{6}$ Meter/Minute
= 0,514$\bar{4}$ Meter/Sekunde
= 1 Seemeile/Stunde (sm/h)
= 1,150 779 Mile (statute)/hour
= 1 imperial nautical mile/hour
= 1852 Meter/Stunde [exakt]
= 1,852 Kilometer/Stunde [exakt].
2) US knot. Historisch!
1 kn. *US* = 1 US nautical mile/hour
= 1853,248 Meter/Stunde.

K

3) Admiralty knot. Historisch!
1 a. kn. *GB* = 1853,181 Meter/Stunde
Als Längeneinheit:
1 admirality knot ≈ 1853 Meter.
4) In anderen Ländern: [span.] nudo, [frz.] nœud, [ital.] nodo, [jap.] notto, [holl.] knoop, [port.] nó, [poln.] wezel, [schwed.] knop.

Knudsen-Zahl *Kennzahlen, *Oberfläche.

Kobo *Naira.

Koeffizient
Größe, die den *Einfluss* einer Stoffeigenschaft, eines physikalischen Systems oder einer Struktur auf einen physikalischen Zusammenhang kennzeichnet; insbesondere Proportionalitätsfaktoren. – Beispiele:
Dehnungskoeffizient $\varepsilon = \Delta l/\sigma$,
Diffusionskoeffizient $D = \dot{n}/\nabla c$.

Koerzitivfeldstärke
*Ferroelektrische Stoffkennzahlen, *magnetische Stoffkennzahlen.

Kohäsionsenergie
*Oberflächenspannung.

Kohlendioxidkapazität
Labormedizin: CO_2-Gehalt des Blutplasmas; *Alkalireserve.

Kohlenstoffäquivalent (CEV)
Kriterium für die Schweißbarkeit von Stahl.

$$CEV = \%\mathrm{C} + \frac{\%\mathrm{Mn}}{6} + \frac{\%\,(\mathrm{Cr}+\mathrm{Mo}+\mathrm{V})}{5} + \frac{\%\,(\mathrm{Ni}+\mathrm{Cu})}{15}$$

<0,45%	gut schweißbar
<0,60%	bedingt schweißgeeignet
>0,60%	schwer schweißbar.

Koilon
Altes griechisches Volumenmaß:
1 koilon = 33,166 Liter.
1 koilon (royal)= 100 Liter.

Koku
1) Altes Gewicht aus Japan:
1 Koku = 756,1 Kilogramm.
2) Altes Hohlmaß aus Japan:
1 Koku = 10 To = 100 Scho
= 180,39 [oder 283] Liter.

Kol.$ *Peso.

Kolläst
Alte Volumeneinheit aus Schweden:
1 kolläst = 197,9 Liter.

Kolloid-osmotischer Druck
Medizin: onkodynamischer Druck; bestimmt den Flüssigkeitsrückstrom vom Gewebe (z. B. Niere) in die Blutkapillaren; z. B. für das Blutplasma: 3,2 kPa = 24 mmHg.

Kölnische Mark *Mark, *Münzgewichte.

Koltunna
Altes Volumenmaß aus Schweden (*Tunna):
1 koltunna = 164,9 Liter.

Kolumbien
Historische Längenmaße: *pulgada, *vara.
Historische Volumenmaße: *arroba = cantara, *azumbre, *celemín.
Historisches Flächenmaß: *braza.

Komme
Altes japanisches Gewicht:
1 komme = 3,75 Kilogramm.

Kommerzlast
Altes Gewicht für Schiffsfracht aus Hamburg, Bremen und Lübeck:
1 Kommerzlast = 3000 Kilogramm = 3 Tonnen
= 2,6 Tonnen (Dänemark)
= 2,59 Tonnen (Norwegen)
= 2,88 Tonnen (Schweden).

Kompasskreis *Strich.

Komplementär
Nach DIN 4898: Zwei komplementäre Größen oder Begriffe ergänzen sich zu einer übergeordneten Gesamtgröße. – Beispiele: Winkel und komplementärer Winkel ergänzen sich zu $\pi/2$ rad. Bei der additiven Farbmischung ergänzen sich Farbe und Komplementärfarbe zu weiß.

Komplexe Größen
Sinusförmig von der Zeit t oder vom Ort $\vec{r}$ abhängige Größen $x(t,\vec{r})$ werden vorteilhaft in komplexer Form als *Zeiger $\underline{x}$ geschrieben, wodurch sich die mathematische Behandlung wesentlich vereinfacht. DIN 5483 T 3 unterscheidet: *Versor, komplexer *Größenquotient, komplexe *Amplitude, komplexer *Effektivwert, zeitabhängiger *Vektor. Beispiele: komplexe *Schallintensität, *Impedanz, *Leistung.

Tabelle K.1 Rechenregeln für komplexe Größen.
Es bedeuten $z_1 = a_1 + \mathrm{i}\, b_1$ und $z_2 = a_2 + \mathrm{i}\, b_2$ zwei komplexe Zahlen mit den Realteilen a_1, a_2 und den Imaginärteilen b_1, b_2.

Imaginäroperator	$\mathrm{i}^2 = -1, \quad \mathrm{i}^{-1} = -\mathrm{i}.$ Allgemein: $\mathrm{i}^{4n+k} = \mathrm{i}^k$ $(4n \in \mathbf{Z})$
Betrag	$\lvert z\rvert = \sqrt{a^2+b^2}$
Phasenwinkel φ	$\tan\varphi = \frac{b}{a}$
Realteil	$a = \lvert z\rvert \cos\varphi$
Imaginärteil	$b = \lvert z\rvert \sin\varphi$
Euler-Formel	$z = \lvert z\rvert(\cos\varphi + \mathrm{i}\sin\varphi) = \lvert z\rvert e^{i\varphi}$
Konjugiert komplexe Zahl	$z^* = a - \mathrm{i}\, b = \lvert z\rvert e^{-\mathrm{i}\,\varphi}$ (Vorzeichenumkehr des Imaginärteils)
Addition	$z_1 + z_2 = (a_1 + a_2) + \mathrm{i}\,(b_1 + b_2)$
Subtraktion	$z_1 - z_2 = (a_1 - a_2) + \mathrm{i}\,(b_1 - b_2)$
Multiplikation	$z_1 \cdot z_2 = (a_1a_2 - b_1b_2) + \mathrm{i}\,(a_1b_2 + a_2b_1) = \lvert z_1\rvert\lvert z_2\rvert e^{\mathrm{i}\,(\varphi_1+\varphi_2)}$
Division	$\frac{z_1}{z_2} = \frac{a_1a_2 + b_1b_2}{a_2^2 + b_2^2} + \mathrm{i}\,\frac{-a_1b_2 + a_2b_1}{a_2^2 + b_2^2} = \frac{\lvert z_1\rvert}{\lvert z_2\rvert} e^{\mathrm{i}(\varphi_1-\varphi_2)}$
Kehrwert	$z^{-1} = \frac{a - \mathrm{i}\, b}{a^2 + b^2} = \frac{1}{\lvert z\rvert} e^{-\mathrm{i}\,\varphi}$
Quadratwurzel	$\sqrt{z} = \pm\left(\sqrt{\frac{\lvert z\rvert + a}{2}} + \mathrm{i}\,\mathrm{sgn}\, b\,\sqrt{\frac{\lvert z\rvert - a}{2}}\right)$
Potenzen	$z^n = \lvert z\rvert e^{in\varphi} = \lvert z\rvert^n\left(\cos n\varphi + \mathrm{i}\sin n\varphi\right)$ (Moivre-Formel)
m-te Wurzel	$\sqrt[m]{z} = \sqrt[m]{\lvert z\rvert}\, e^{i\,(\varphi_0+2k\pi)/m} = \sqrt[m]{\lvert z\rvert}\left[\cos\frac{\varphi_0 + 2k\pi}{m} + \mathrm{i}\sin\frac{\varphi_0 + 2k\pi}{m}\right]$ m Lösungen, wobei $k = 0, \ldots, m-1$ und Hauptwurzel $\varphi_0 = \varphi \bmod 2\pi$
Reeller Exponent	$z^x = \lvert z\rvert^x e^{i\,x(\varphi_0+2k\pi)} = \lvert z\rvert^x\left[\cos x(\varphi_0 + 2k\pi) + \mathrm{i}\sin x(\varphi_0 + 2k\pi)\right]$ Für irrationales x ist z^x unendlich vieldeutig
Logarithmus	$\ln z = \ln[\lvert z\rvert e^{i\,\varphi}] = \ln[\lvert z\rvert] + \mathrm{i}\,(\varphi + 2k\pi)$

Kompressibilität

Volumenänderung bei Druckänderung; *Formelzeichen kappa.

Kompressionsmodul

Auf die relative Volumenänderung bezogener Druck:

$$K = -\frac{p}{\vartheta} = \frac{\sigma}{\vartheta} \quad \text{Einheit: } \frac{\mathrm{N}}{\mathrm{m}^2}$$

p Druck, $\vartheta = \Delta V/V$ Volumendilatation, σ Normalspannung.

Konduktometrie

Synonym für *Leitfähigkeitsmessung, konduktometrische Titration.

Kongo

*Zaire.

Königshufe

Historisch! 477 140 Meter^2 (Sachsen).

Konstante

1) Universelle Festwerte, die für physikalische Zusammenhänge charakteristisch und als unveränderlich angesehen werden. – Beispiele: Avogadro-Konstante, Boltzmann-Konstante, Gravitationskonstante, magnetische Feldkonstante, universelle Gaskonstante. Vgl. Kapitel „Konstanten“.

2) *Stoffkonstanten* kennzeichnen bei gegebenen Bedingungen den Zustand oder das Verhalten eines Stoffes, Systems, Vorgangs oder einer Struktur. – Beispiele: spezielle Gaskonstante, Gitterkonstante eines Kristalls, Zeitkonstante eines Vorganges.

3) Gerätetechnischer Festwert, z. B. Skalenkonstante, Zellkonstante.

Konstanzer Münzen *Heller.

Kontagionsindex

[lat.] „Ansteckungsanzeiger", Infektionsindex; Erkrankungswahrscheinlichkeit Gesunder bei Exposition gegenüber einem infektiösen Agens. Wert 1 bedeutet: 100% der erstmalig Infizierten erkranken. Masern 0,95; Typhus 0,50; Kinderlähmung <0,1.

Kontamination

Verschmutzung, Verseuchung; erhöhte Konzentration von Gefahrstoffen, Krankheitserregern, Radionukliden etc.

Konventionell (konv.)

*Lorenzsches Einheitensystem, *Millimeter Quecksilbersäule, *pH.

konz. Abk. f.: konzentriert.

Konzentration

Quotient von Masse, Volumen, Stoffmenge oder Teilchenzahl für eine Stoffportion i und dem Volumen der Mischphase. Weitere Erklärungen vgl. *Äquivalentkonzentration, *Gehaltsgrößen, *Massenkonzentration, *Molenbruch, *Molalität, *Normalität, *Stoffmengenkonzentration. Vgl. Tabelle K.2.

Die Volumenkonzentration σ_i berücksichtigt eine Volumenänderung beim Mischen, der Volumenanteil w_i nicht. Die Zahlenwerte von Teilchenzahlanteil X_i und Molenbruch x_i sind gleich, ebenso bei Teilchenzahlverhältnis R_{ik} und Stoffmengenverhältnis r_{ik}.

Konzentration, physiologische

physiologische Kochsalzlösung = 0,9%ige Natriumchlorid-Lösung hat denselben osmotischen Druck (isotonisch) wie das Blutserum.

Konzentration, radiologische *Eman.

Konzentrationsmessgeräte

Neben den klassischen volumetrischen Verfahren (Messbecher, Pipette, Bürette etc.) unterscheidet man extraktive und *in situ*-Verfahren.

1) Gasanalyse

- *Optische Verfahren*:

a) IR-Absorption: bei CO, CO_2, NO, SO_2, CH_4, O_2, Aldehyden, Kohlenwasserstoffen und vielen anderen.

b) Chemolumineszenz: z. B. der Reaktion von Ozon mit NO_x (Zudosieren von Ozon zum Analysengemisch)

c) Fotometrie und UV/vis-Spektroskopie, z. B. zum Nitratnachweis

- *Nicht-optische Verfahren*

a) magnetomechanisch (z. B. O_2-Messung)

b) thermomagnetisch (thermische Sensoren in einer Brückenschaltung)

c) Messung der Schallgeschwindigkeit (die Frequenz der akustischen Schwingung beim Durchströmen des Fluids durch eine Düse).

- *Elektrochemische Verfahren:* Gassensoren

2) Flüssigkeitsanalyse

- *Optische Verfahren:* IR-Absorption, Farbmessung, UV/vis-Fotometrie, Trübungsmessung, Brechungsindex.
- *Nicht-optische Verfahren:* Messung der Dichte oder Schallgeschwindigkeit (vgl. Volumenstrommessung). Die Schallgeschwindigkeit ist für ein Medium charakteristisch und hängt nichtlinear von Konzentration und Temperatur ab.
- *Elektrochemische Verfahren:* Sensimetrie, pH-, Redox-, Leitfähigkeitsmessung, Partikelladungstritration (Strömungspotential in kolloidaler Lösung mit Flockungsmitteln).
- Radiometrische Verfahren, z. B. Aktivierungsanalyse.
- *Summenparameter.

Koordinationszahl

Kristallografie: Zahl der Nachbarn (Liganden) eines Atoms; Bedeutung für den Molekülbau.
KZ 4: Tetraeder (z. B. Diamant),
KZ 6: Oktaeder (z. B. Kochsalz),
KZ 8: Würfel (z. B., krz-Metalle).

Koordinierte Zeit *Zeit.

Kop

Niederländisches Flüssigkeitsmaß (*Kan):
1 Kop = 1 Liter.

Kopeke

Münze in Russland und der ehemaligen UdSSR:
1 Kopeke = $^1/_{100}$ *Rubel.

Köpfchen

Historisch! Getreide: 1,4 Liter (Fulda).

Kopfen

Historisch! 1,29 Liter (Regensburg).

Tabelle K.2 Konzentration: Einheiten, Maße und Mengenbegriffe (nach DIN 1310), ϱ Dichte der Lösung.

Stoffmenge	$= \frac{\text{Masse}}{\text{molare Masse}}$	$n = \frac{m}{M}$	mol
molare Masse („Molmasse")	$= \frac{\text{Masse}}{\text{Stoffmenge}}$	$M = \frac{m}{n}$	$\frac{\text{kg}}{\text{kmol}} = \frac{\text{g}}{\text{mol}}$
molares Volumen („Molvolumen")	$= \frac{\text{Volumen}}{\text{Stoffmenge}}$	$V_\text{m} = \frac{V}{n} = \frac{M}{\varrho}$	$\frac{\text{m}^3}{\text{kmol}} = \frac{\ell}{\text{mol}}$
Stoffmengenkonzentration („Konzentration")	$= \frac{\text{gelöste Stoffmenge}}{\text{Volumen Lösung}}$	$c_i = \frac{n_i}{V} = \frac{\beta_i}{M_i}$	$\frac{\text{kmol}}{\text{m}^3} = \frac{\text{mol}}{\ell}$
Massenkonzentration (Partialdichte)	$= \frac{\text{gelöste Masse}}{\text{Volumen Lösung}}$	$\beta_i = \frac{m_i}{V_{Lsg}} = \varrho w_i$	$\frac{\text{kg}}{\text{m}^3} = \frac{\text{g}}{\ell}$
Molalität	$= \frac{\text{gelöste Stoffmenge}}{\text{Masse Lösungsmittel}}$	$b_i = \frac{n_i}{m_\text{Lm}}$	$\frac{\text{mol}}{\text{kg}}$
Volumenkonzentration	$= \frac{\text{Volumen des Stoffes}}{\text{Volumen der Lösung}}$	$\sigma_i = \frac{V_i}{V_\text{ges}} = \frac{V_i}{\Sigma V_i}$	$\frac{\text{m}^3}{\text{m}^3} = 1$
Stoffmengenanteil (Molenbruch)	$= \frac{\text{gelöste Stoffmenge}}{\text{Gesamtstoffmenge}}$	$x_i = \frac{n_i}{\Sigma n_i} = \frac{c_i}{\Sigma c_i}$	$\frac{\text{mol}}{\text{mol}} = 1$
Massenanteil (Massenbruch, „Gehalt")	$= \frac{\text{Masse der Komponente}}{\text{Masse des Gemisches}}$	$w_i = \frac{m_i}{\Sigma m_i} = \frac{\beta_i}{\varrho}$	$\frac{\text{kg}}{\text{kg}} = 1$
Volumenanteil (Volumenbruch)	$= \frac{\text{Volumen des Stoffes}}{\text{Gesamt-Ausgangsvolumen}}$	$\varphi_i = \frac{V_i}{\Sigma V_{0,i}}$	$\frac{\text{m}^3}{\text{m}^3} = 1$
Teilchenzahlanteil	$= \frac{\text{Teilchenzahl}}{\text{Gesamtteilchenzahl}}$	$X_i = \frac{N_i}{N_\text{ges}} = \frac{N_i}{\Sigma N_i}$	$1 = 100\%$
Teilchenzahlkonzentration	$= \frac{\text{Teilchenzahl}}{\text{Volumen}}$	$C_i = \frac{N_i}{V}$	m^{-3}
Stoffmengenverhältnis (Molbeladung)	$= \frac{\text{Stoffmenge d. Komponente } i}{\text{Stoffmenge d. Komponente } k}$	$r_{ik} = \frac{n_i}{n_k}$	$\frac{\text{mol}}{\text{mol}} = 1$
Massenverhältnis (Massenbeladung)	$= \frac{\text{Masse der Komponente } i}{\text{Masse der Komponente } k}$	$\zeta_{ik} = \frac{m_i}{m_k}$	$\frac{\text{kg}}{\text{kg}} = 1$
Volumenverhältnis	$= \frac{\text{Volumen der Komponente } i}{\text{Volumen der Komponente } k}$	$\psi_{ik} = \frac{V_i}{V_k}$	$\frac{\text{m}^3}{\text{m}^3} = 1$
Teilchenzahlverhältnis	$= \frac{\text{Teilchen der Komponente } i}{\text{Teilchen der Komponente } k}$	$R_{ik} = \frac{N_i}{N_k}$	$1 = 100\%$
Löslichkeit	$= \frac{\text{gelöste Masse}}{\text{Masse Lösungsmittel}}$	$s_i = \frac{m_i}{m_\text{Lm}}$	$\frac{\text{kg}}{\text{kg}} = 1$

Tabelle K.3: Umrechnung von Konzentrationsmaßen.

gegeben	gesucht Molenbruch x	gesucht Konzentration c (mol/ℓ)	gesucht Molalität b (mol/kg)
Massenanteil w	$\frac{w/M_S}{w/M_S + (1-w)/M_{Lm}}$	$\frac{1000\,\varrho\, w}{M_S}$	$\frac{1000\,\varrho\, w}{M_S(1-w)}$
Molenbruch x	–	$\frac{1000\,\varrho\, x}{xM_S + (1-x)M_{Lm}}$	$\frac{1000\, x}{M_{Lm} - xM_{Lm}}$
Molalität b	$\frac{M_{Lm}b}{M_{Lm}b + 1000}$	$\frac{1000\,\varrho\, b}{1000 + M_S\, b}$	–
Konzentration c	$\frac{M_{Lm}c}{c(M_{Lm} - M_S) + 1000\varrho}$	–	$\frac{1000\, c}{1000\,\varrho - cM_{Lm}}$
Gehalt β	$\frac{M_{Lm}\beta}{\beta(M_{Lm} - M_S) + 1000\,\varrho M_S}$	β/M_S	$\frac{1000\,\beta}{M_S(1000\,\varrho - \beta)}$

M_{Lm} molare Masse d. Lösungsmittels (g/mol = kg/kmol), M_S d. gelösten Stoffes, ϱ Dichte (g/cm^3 = 1000 kg/m^3), w Massenanteil (1 Gew.-% = 0,01).

Kopp

Historisch! Getreide: 1,3 Liter (Schleswig-Holstein).

Koppelort

O_k, in der Luftfahrt *dead reckoning position* (DR-Pos), in der Seefahrt *estimated position*, früher „Besteckort“: durch Zeichnung oder Rechnung ermittelter Ort eines Fahrzeuges, von einem bekannten Ort ausgehend unter Berücksichtigung aller vorhersehbaren Einflüsse einschließlich den Strom (z. B. Meeresströmung).

Kopplungsgrad

Verhältnis der gegenseitigen Induktivität L_{12} zum geometrischen Mittel der Einzelinduktiviäten:

$$k = \frac{L_{12}}{\sqrt{L_1 L_2}} \quad \text{(Dimension 1)}$$

Vgl. *Grad, *elektromagnet. Verträglichkeit.

Kor

Biblisches Hohlmaß aus dem Alten Testament für Flüssigkeiten, vom akkadischen *kurru* abgeleitet; vermutlich ebenso viel wie das Trocken-Homer (Ez 45,14):

1 Kor = 1 Homer = 364,4 oder 220 Liter [je nach Berechnung].

Korb

1) Altes Raummaß aus Sachsen für Erz und Holzkohle.

2) Masseneinheit der Hochseefischerei:
1 Korb = 50 Kilogramm Netto-Fischgewicht.

Korec

1) Altes Flächenmaß aus der Tschechoslowakei:
1 korec = 1 mira = 1 strych = 28,78 Ar.

2) Altes osteuropäisches Volumenmaß:
1 korec = 123,33 Liter (Russland)
= 128 Liter (Polen).

Korn

1) Altes Gewicht: 1 Korn = $^1/_{1000}$ Lot
= $^1/_{60}$ Gramm = 0,0 167 Gramm/Lot.

2) *Münzgewicht, *Feingehalt.

Kornskeppa

Altes Volumenmaß aus Island:
1 kornskeppa = 17,39 Liter.

Kornstar

Altes Getreide-Hohlmaß aus Tirol:
1 Kornstar = 30,5 Liter.

Korntönde

Altes Volumenmaß aus Norwegen (*tönde):
1 korntönde = 138,97 Liter.

Korntunna

Altes Volumenmaß aus Island:
1 korntunna = 139,12 Liter.

Körperdosis

*Dosimetrische Größe im Strahlenschutz; Sammelbegriff für:

- *Ganzkörperdosis* H_G: Mittelwert der Äquivalentdosis über Kopf, Rumpf, Oberarme und Oberschenkel bei einer als homogen angesehenen Strahlenexposition des Körpers.

• *Teilkörperdosis* H_T: Mittelwert der Äquivalentdosis über das Volumen eines Körperteils oder Organs (bei Haut über die Fläche).

• *Effektive Äquivalentdosis* oder *Effektivdosis* H_E: Summe der mit zugehörigen stochastischen Wichtungsfaktoren w_T multiplizierten mittleren Äquivalentdosen H_T relevanter Organe oder Gewebe:

$$H_E = \sum_T w_T \cdot H_T$$

Körpergewicht

Sollgewicht nach BORNHARDT:

$$m = \frac{\text{Körperlänge} \cdot \text{mittl. Brustumfang}}{240}$$

Faustformel beim erwachsenen Mann: Größe – 100 cm (in kg). Vgl. *Rohrer-Index.

Körperoberfläche

Erwachsene 1,73 m^2, neunjähriges Kind 1 m^2, 2-jähriges 0,5 m^2, Neugeborenes 0,2 m^2.

• DU-BOIS-Formel für Menschen

$$S = 0{,}1672\sqrt{m\,l}$$

• MEEH-Formel für Menschen und Tiere

$$S \approx K\sqrt[3]{m^2}$$

$$\begin{cases} K = 0{,}123 & \text{Erwachsener} \\ K = 0{,}103 & \text{Säugling} \end{cases}$$

m Körpergewicht (kg), l Körperlänge (m).

Körpertemperatur

1) höchste Normaltemperatur; unter der Achsel 36,9 °C, rektal 37–37,4 °C.

2) Kollapstemperatur: <35 °C; subfrebrile Temperatur: 37,1–38 °C; Temperaturerhöhung: 38–38,5 °C; mäßiges Fieber: 39–40,5 °C; sehr hohes Fieber: >40,4 °C.

3) *Basaltemperatur.* Aufwach- oder Morgentemperatur; steigt ca. 1 Tag nach der Ovulation um 0,4–0,6 °C an und fällt kurz vor der Menstruation wieder auf ca. 36,5 °C ab.

Korrektion

*messtechnische Unsicherheit.

Korrel

Alte niederländische Masseneinheit:
1 Korrel = $^1/_{10}$ Gramm.

Koruna

*Krone.

Kotyle

1) Altes Hohlmaß aus Griechenland:
1 Kotyle = 4 Oxybapha = 0,273 Liter.

2) Altes Maß für Getreide, Trockenfrüchte und Flüssigkeiten aus Griechenland: 1 Kotyle = $^1/_{192}$ Attischer medimnus = 52,5 Liter.

3) Altes Hohlmaß aus Griechenland:
1 Kotyle = $^1/_{10}$ Liter.

Kouza

Altes Volumenmaß aus Zypern:
1 kouza = 10,2 Liter.

Kozeny-Konstante

*Durchströmbarkeitskoeffizient.

Kr

Zeichen für das *chem. Element Krypton.

Kraft

Kräfte werden durch ihre Wirkungen definiert; diese sind z. B. Impulsänderung $\dot{\vec{p}}$ und Deformation. Die zeitliche Änderung der Bewegungsgröße (Impuls) ist gleich der resultierenden Kraft (Newtonsches Aktionsgesetz).

$$\vec{F} = \frac{d\vec{p}}{dt} = \frac{d(m\vec{v})}{dt} = m\frac{d\vec{v}}{dt} + \vec{v}\frac{dm}{dt}$$

Spezialfall: Unter Einwirkung der Kraft $\vec{F}$ erfährt ein Körper mit konstanter Masse m eine Beschleunigung $\vec{a}$.

$$\underbrace{\text{Kraft}}_{\text{Ursache}} = \underbrace{\text{Impuls-änderung} = \text{Masse} \cdot \text{Beschleunigung}}_{\text{Wirkung}}$$

$$\vec{F} = \dot{\vec{p}} = m\vec{a} \quad \left(\text{N} = \frac{\text{kg m}}{\text{s}^2}\right)$$

Wirkt ein Körper auf einen anderen mit einer Kraft $\vec{F}$, so wirkt der andere mit der betragsmäßig gleichen Kraft $\vec{F}'$ in entgegengesetzte Richtung zurück (Newtonsches Wechselwirkungsgesetz).

Kraft = Gegenkraft oder: actio = reactio.

Kraftdichte

1) Dynamische Größe in der Strömungsmechanik, volumenbezogene Kraft:

$$\vec{f} = \frac{d\vec{F}}{dV} \quad \frac{\text{N}}{\text{m}^3} \quad \text{Einheit: } \frac{\text{N}}{\text{m}^3}$$

2) Im elektromagnetischen Feld:

$$\vec{f} = \varrho\vec{E} + \vec{J} \times \vec{B} \quad \text{Einheit: } \frac{\text{J}}{\text{m}^4} = \frac{\text{V A s}}{\text{m}^4}$$

ϱ Raumladungsdichte (C/m^2), $\vec{E}$ Elektr. Feldstärke (V/m), $\vec{J}$ Stromdichtevektor (A/m^2), $\vec{B}$ magn. Flussdichte (T).

K

Kraftfeld *Feld, *Feldstärke.

Kraftflussdichte
*Flussdichte, *magnetische Einheiten und Größen.

Kraftkilogramm
*Techn. Einheitensystem, *Kilopond, *TME, *slug.

Kraftmessgeräte (Dynamometer)
1. *Federelement*. Die Verlängerung der Feder ist proportional der Kraft (Hookesches Gesetz).
2. *Dehnungsmessstreifen*. Die Verformung eines Körpers wird auf einen aufgeklebten Dehnungsmessstreifen übertragen, dessen elektrischer Widerstand sich proportional zur Dehnung ϵ ändert: $\frac{\Delta R}{R} \sim \frac{\Delta l}{l} = \epsilon$.
3. *Piezosensor*. Die an Kristallen ohne Symmetriezentrum (z. B. Quarz) bei Verformung gemessene Oberflächenladung ist proportional zur Kraft: $\Delta Q \sim F$.
4. *Glasfasersensor*. Bei Belastung (verbiegung) reflektiert ein lichtleitendes Glasfaserkabel Leckwellen zur Lichtquelle.

Kraftmoment
Synonym für: Drehmoment M.

Kraftstoß
engl. *impulse*, Impulsänderung.

$$\vec{I} = \Delta\vec{p} = \int \vec{F}\,\mathrm{d}t = \vec{p}(t_2) - \vec{p}(t_1)$$

$$\frac{\mathrm{kg\,m}}{\mathrm{s}} = \mathrm{N\,s}$$

Krämergewicht
Altdeutsches Gewicht der Krämergilde; im Unterschied zum *Apothekerpfund in Lot (statt Unzen) unterteilt; stets kleiner als das Handels- und Fleischergewicht.

Krebserzeugungsklasse
In der TA Luft festgelegte Grenzwerte für krebserzeugende Stoffe in den Emissionen technischer Anlagen.
Klasse 1 (bis 0,1 mg/m^3), z. B. Asbest, Benzopyren, Beryllium.
Klasse 2 (bis 1 mg/m^3), z. B. atembare Arsen-, Cobalt-, Nickelverbindungen; Chromate; Dimethylsulfat; 3,3-Dichlorbenzidin.
Klasse 3 (bis 5 mg/m^3), z. B. Acrylnitril, Benzol; 1,3-Butadien; Epichlorhydrin; 1,2-Dibromethan, Ethylenoxid, Hydrazin, Vinylchlorid.

Kreisfrequenz
Auch *Winkelfrequenz, Pulsatanz* oder *Einheitswinkelfrequenz*. In der Schwingungslehre das 2π-fache der Periodenfrequenz f:

$$\omega = 2\pi f = 2\pi / T$$

Betrachtet man die Sinusschwingung als Projektion eines rotierenden Zeigers, dann sind die Zahlenwerte von Winkelgeschwindigkeit (in rad/s) und Kreisfrequenz (in s^{-1}) gleich.

Kreisfrequenz, komplexe
Auch *komplexer *Anklingkoeffizient* oder *Wuchskoeffizient*. ($\underline{p}$ oder $\underline{s}$) eines exponentiell wachsenden Sinusvorgangs:

$$\underline{p} = \sigma + \mathrm{i}\,\omega = -\delta + \mathrm{i}\,\omega \quad \text{in s}^{-1}$$

Konjugiert komplexe Kreisfrequenz:

$$\underline{p}^* = \sigma - \mathrm{i}\,\omega$$

σ Anklingkoeffizient = Wuchskoeffizient,
δ Abklingkoeffizient, ω Kreisfrequenz.

Kreiswellenzahl
Neuerdings: *Kreisrepetenz*. Zum Kehrwert der Wellenlänge proportionale Größe (vgl. *Phasenkoeffizient):

$$k = \frac{2\pi\,n}{\lambda} = 2\pi\,n\,\sigma \quad \text{in } \frac{\mathrm{rad}}{\mathrm{m}}$$

σ Wellenzahl, λ Wellenlänge, n Brechzahl..

Kreuzer (Xr)
Erstmals 1271 in Tirol geprägte Silbermünze mit einem Kreuz auf der Oberseite; seit dem 16. Jh. Reichsmünze, im 18./19. Jh. in Kupfer geprägt; auch in Deutschland verbreitet.

Krina
Alte Volumeneinheit aus Bulgarien:
1 krina = 20 Liter.

Krone
1) [ahd., lat. *corona*, „Kranz, Krone", griech. *korone*, „Ring"]. Ursprünglich französische Münze mit einer Königskrone (z.B. Couronne d'or); in vielen Ländern nachgeahmt.
- *Vereinskrone* (ab 1857 in Deutschland u. Österreich), Wert ca. 9$^1/_3$ Vereinstaler.
- Deutsches Reich: 1 Krone ≡ ein 10-Mark-Goldstück (ab 1873).
- Österreich: 1 Krone = 100 Heller (1892–1924).
- Dänemark: *Corona Danica* (Taler, 17. Jh.).
- Skandinavien, außer Finnland: seit 1872.

- England: *crown* (Talermünze).

2) Dänische Krone (Isocode: DKK). Währungseinheit in Dänemark mit Außengebieten (Färöer, Grönland).
1 dkr = 100 Øre = ca. 0,27 DM.
1 färöische Krona = 100 Oyru = 1 dkr.

3) Estnische Krone
1 ekr = 100 Senti = ca. $^1/_8$ DM (gekoppelt).

4) Isländische Krone
1 *Króna* (ikr) = 100 Aurar (Einzahl: Eyrir).

5) Norwegische Krone (Isocode: NOK)
1 nkr = 100 Øre = ca. 0,26 DM.

6) Schwedische Krone (*Krona*, Isocode: SEK)
1 skr = 100 Öre = ca. 0,25 DM.

7) Slowakische Krone (Isocode: SKK)
1 Sk = 100 Heller = ca. 0,05 DM.

8) Tschechische Krone (Kč, *Koruna*, Isocode: CSK). 1 Kč = 100 Haléřů (h) = ca. $^1/_{18}$ DM.

Kros
Historisch! 0,94 Liter (Lübeck).

Krug
1) Altes Hohlmaß:
1 Krug = 1,38 Liter (Hannover)
= 1,3 Liter (Ostfriesland).
2) Biblisches, griechisches Hohlmaß aus dem Neuen Testament: 1 Krug = 0,547 Liter.

Kruschka (Krutshka)
Altes Hohlmaß in der ehemaligen UdSSR:
1 Krushka = $^1/_{10}$ Wedro = 1,229 941 Liter.

Kryoskopische Konstante
Dampfdruck- und Gefrierpunktserniedrigung ΔT einer Lösung sind proportional zur *Molalität b (in mol/K) des gelösten Stoffes und spezifisch für das verwendete Lösungsmittel mit der Konstanten K_m (in K kg/mol):

$$\Delta T = K_m b$$

Kub.$
*Peso.

Kuba (Cuba)
1) Historisches Längenmaß: *vara.
Historische Flächenmaße: *caballería, *tarea.
Historische Volumenmaße: *bocoy, *fanega.
Währung: *Peso.
2) Alte Volumeneinheit aus Abessinien (Äthiopien): 1 kuba = 1,02 Liter

Kubari
Altes Flächenmaß aus der Mongolei:
1 Kubari = 0,9 216 Hektar.

Kübel
Altes Hohlmaß für Getreide aus Siebenbürgen:
1 Kübel = 98,3 Liter.

Kubik...
Vgl. *cubic..., *Volumen...; Vorsilbe für die dritte Potenz einer Einheit; seit 1975 durch Anhängen von „-kubus".

Kubikcentimeter (cm³)
Früher **ccm**, engl. **cc.**, Centimeterkubus.
1 cm^3 =
= 3,531 467·10^{-5} Cubic foot
= 0,06 102 374 cubic inch
= 10^{-6} Meter^3
= 1000 Millimeter^3
= 1,307 951·10^{-6} Cubic yard
= 0,2 815 606 Drachm (*GB*, fluid)
= 0,2 705 122 Dram (*US*, fluid)
= 2,199 692·10^{-4} Gallon *GB*
= 2,641 721·10^{-4} Gallon *US*
= 7,039 016·10^{-3} Gill *GB*
= 8,453 506·10^{-3} Gill *US*
= 0,001 Liter
= 1 Milliliter
= 16,89 364 Minim *GB*
= 16,23 073 Minim *US*
= 0,03 519 508 Ounce (*GB*, fluid)
= 0,03 381 402 Ounce (*US*, fluid)
= 1,759 754·10^{-3} Pint *GB*
= 1,816 166·10^{-3} Pint (*US*, dry)
= 2,113 376·10^{-3} Pint (*US*, liquid)
= 8,798 770·10^{-4} Quart *GB*
= 9,080 830·10^{-4} Quart (*US*, dry)
= 1,056 688·10^{-3} Quart (*US*, liquid).

Kubikcentimeter pro...
1) ...Gramm
1 cm^3/g = 0,0 160 185 cubic foot/pound.
2) ...Sekunde
1 cm^3/s = 3,6 Liter/Stunde
= 2,118 880·10^{-3} cubic foot/minute.

Kubikcentimeter-Atmosphäre
Veraltet! Energieeinheit: 1 cm^3 atm = 0,101 325 Joule = 2,814 583·10^{-5} Wattstunde.

Kubikdekameter (cDm)
Veraltet! Unüblich! Seit 1.1.1975 „Dekameterkubus": 1 Dam^3 = (10 Meter)^3 = 1000 m^3.

K

Kubikdezimeter (Dezimeterkubus, Liter)
1 dm^3=
= 1000 $Centimeter^3$
= 0,03 531 467 cubic foot
= 61,02 374 cubic inch
= 0,001 $Meter^3$
= 1 Liter (exakt seit 1964).

Kubikfavn
Altes Raummaß aus Dänemark:
1 Kubikfavn = 6,68 $Meter^3$.

Kubikfod
Altes Raummaß aus Dänemark:
1 Kubikfod = 0,031 $Meter^3$.

Kubikfuß (c-Fuß)
1) Altes deutsches Raummaß:
1 Kubikfuß =
= 0,027 $Meter^3$ (Baden)
= 0,025 $Meter^3$ (Bayern)
= 0,023 $Meter^3$ (Braunschweig)
= 0,024 $Meter^3$ (Bremen)
= 0,0 235 $Meter^3$ (Frankfurt am Main)
= 0,025 $Meter^3$ (Hannover)
= 0,0 235 $Meter^3$ (Hohenzollern)
= 0,0 245 $Meter^3$ (Lübeck)
= 0,026 $Meter^3$ (Oldenburg)
= 0,0 316 $Meter^3$ (Österreich)
= 0,031 $Meter^3$ (Preußen)
= 0,0 227 $Meter^3$ (Sachsen)
= 0,0 235 $Meter^3$ (Schleswig-Holstein)
= 0,0 235 $Meter^3$ (Württemberg).
2) [GB, US] **cubic foot.*

Kubikhektometer (hm^3, chm)
Veraltet! Unüblich! Seit 1.1.1975 „Hektometerkubus“: $(100\ m)^3 = 1000\,000\ m^3$.

Kubikkilometer (veraltet: **ckm)**
Richtige Bezeichnung seit 1975: **Kilometerkubus**: 1 km^3 = 0,2 399 128 cubic mile.

Kubikklafter
Altes Raummaß aus Österreich:
1 Kubik-Klafter = 6,82 $Meter^3$.

Kubiklinie
Altes deutsches Raummaß:
1 Kubiklinie =
= 10,6 $Millimeter^3$ (Wien)
= 23,5 Kubikmillimeter (Württemberg).

Kubikmeter
Seit 1975 **Meterkubus** (m^3, veraltet: cbm).
1 m^3 =
= 6,289 811 Barrel (petroleum) =
= 8,648 490 Barrel (*US*, dry)
= 8,386 414 Barrel (*US*, liquid)
= 28,37 759 Bushel *US*
= 10^6 $Centimeter^3$ = 1000 $Decimeter^3$
= 35,31 467 Cubic foot
= 61 023,74 Cubic inch
= 1. 307 951 Cubic yard
= 219,9 692 Gallon *GB*
= 264,1 721 Gallon *US*
= 1000 Liter
= 1759,754 Pint *GB*
= 1816,166 Pint (*US*, dry)
= 2113,376 Pint (*US*, liquid)
= 879,8 770 Quart *GB*
= 908,0 830 Quart (*US*, dry)
= 1056,688 Quart (*US*, liquid)
= 0,3 531 467 Register ton.

Kubikmeter pro Kilogramm
1 m^3/kg = 16,01 846 cubic foot/pound.

Kubikmeter pro Tonne
1 m^3/t = 35,88 cubic foot/long ton
1 m^3/t = 32,03 cubic foot/short ton

Kubikmillimeter (mm^3, veraltet: **cmm)**
1 mm^3 =
= 0,001 $Centimeter^3$
= $6{,}102\,374 \cdot 10^{-5}$ Cubic inch
= 0,1 689 364 Minim *GB*
= 0,01 623 073 Minim *US*.

Kubikrute
Altes deutsches Raummaß:
1 Kubikrute =
= 27 $Meter^3$ (Baden)
= 24,86 $Meter^3$ (Bayern)
= 53,42 $Meter^3$ (Preußen).

Kubikstab
Im Norddeutschen Bund:
1 Kubikstab = 1 $Meter^3$.

Kubikzoll (cZoll)
1) Altes Raummaß:
1 Kubikzoll =
= 17,9 $Centimeter^3$ (Preußen)
= 13,14 $Centimeter^3$ (Sachsen)

= 18,27 Centimeter^3 (Wien)
= 23,5 Centimeter^3 (Württemberg).
2) [GB, US] *cubic inch.

Kubitschesskij-arschin (Q-Arschin)
Altes Raummaß aus Russland:
1 Kubitschesskij-arschin = 0,36 Meter^3.

Kubitschesskij-djujm
Altes Raummaß aus Russland:
1 Kubitschesskij-djujm = 16,387 Centimeter^3.

Kubitschesskij-sashen
Altes Raummaß aus Russland:
1 Kubitschesskij-sashen = 9,71 Meter^3.

Kubitschesskij-werschok
Altes Raummaß aus Russland:
1 Kubitschesskij-werschok = 87,82 Meter^3.

Kubus
1) Seit 1975 angehängte Endung für Volumeneinheiten, z.B. Meterkubus = Meter^3.
2) 1 Kubus = $^1/_{1000}$ Liter = 1 cm^3.

Küchenmaße
Im Haushalt einfach darzustellende Massen und Volumina, auch zur Verabreichung von Arzneimitteln:
- 1 Teelöffel = 4 Milliliter (Haushalt) = 5 Milliliter(Medizin)
- 1 gestrichener Teelöffel = ≈ 5 Gramm (Fett, Öl, Salz, Zucker) ≈ 5 Centimeter^3 Wasser.
- 1 gehäufter Teelöffel ≈ 2 gestr. Teelöffel.
- 1 Esslöffel = 15 Milliliter (Medizin) = $^1/_2$ fluid ounce.
- 1 gestrichener Esslöffel ≈ 20 Gramm Fett = 12 Gramm Grieß = 7 Gramm Haferflocken = 10 Gramm Mehl = 20 Gramm Öl = 15 Gramm Salz = 15 cm^3 Wasser.
- 1 gehäufter Esslöffel ≈ 2 gestr. Esslöffel.
- 1 gestrichener Kinderlöffel = 12 Gramm Fett = 7 Gramm Mehl = 12 Gramm Öl = 10 Gramm Salz = 10 Gramm Zucker = 10 cm^3 Wasser.
- 1 Glas (Zahnputzglas) = 100 cm^3 Wasser.
- 1 Glas (Trinkglas) = 200 cm^3 Wasser.
- 1 Tasse = 150 Gramm Grieß = 75 Gramm Haferflocken = 100 Gramm Mehl = 150 Gramm Zucker = 100 cm^3 Wasser (Haushalt) = 120 Milliliter (Medizin) = 4 fluid ounce.
- 1 Suppenteller (bis zum inneren Rand gefüllt) = 250 cm^3 Flüssigkeit = $^1/_4$ Liter.

Kufe
Altes Hohlmaß, besonders für Bier:
1 Kufe = 2 Fass = 4 Viertel = 8 Tonnen
= 796 Liter
= 458 Liter (Preußen)
= 637,6 [674] Liter (Sachsen).

Kugeldruckprobe *Brinellhärte.

Kugelfallviskosimeter *Viskosität.

Kujira shaku
Alte japanische Längeneinheit:
1 kujira shaku = 0,379 Meter.

Kulac
Altes Längenmaß aus der Türkei:
1 Kulac = 1,89 Meter.

Kummt
Altes Raummaß für Torf:
1 Kummt = 4,28 Meter^3.

Kumpf
Altes Getreide-Hohlmaß:
1 Kumpf = $^1/_{16}$ Malter = 8 Liter (Darmstadt)
= 6,8 Liter (Main, Nassau).

Kumulation
zeitliche Anreicherung von Substanzen in einem System oder Organismus, wobei eine *Steady-State-Konzentration erreicht wird. Gefahr der Überdosierung bei wiederholter Applikation eines Arzneimittels, wenn die vorangegangenen Gaben nicht vollständig eliminiert sind.

Kuna (Isocode HRK)
Währungseinheit in Kroatien nach dem jugoslawischen Bürgerkrieg. In Bosnien-Herzegowina sind seit August 1996 Kuna, bosnischer Dinar und Deutsche Mark gleichberechtigte Zahlungsmittel. 1 Kuna (K) = 100 Lipa = ca. 0,3 DM.

Kung ch'ih
Längenmaß in China:
1 Kung ch'ih = 1 Meter.

Kung chin
Masseneinheit in China:
1 Kung chin = 1 Kilogramm.

Kung ch'ing
Flächenmaß in China:
1 Kung ch'ing = 1 Hektar.

Kung fen China: 1 Kung fen = 1 Centimeter.

Kung li
Längenmaß in China und Korea:
1 Kung li = 1 Kilometer.

Kung mow
Flächenmaß in China:
1 Kung mow (kung mu) = 1 Ar.

Kung sheng
Flüssigkeitsmaß in China:
1 Kung sheng = 1 Liter.

Kung shih
Raummaß in China:
1 Kung shih = 1 Hektoliter = 100 Dezimeter^3.

Kung tou
Getreidemaß in China:
1 Kung tou = 10 Liter.

Kurantmünze, Kurantgeld
Münze, deren Materialwert dem Aufdruck entspricht.

Kurhessen *Zollverein.

kurru *Kor.

Kurs
In der See- und Luftfahrt: in der Horizontalebene gemessener Winkel, im Uhrzeigersinn von 000° (Nordrichtung) bis 360° gezählt, in ganzen Graden dreistellig geschrieben (z. B. 075°).

Kurtschatovium *Transfermiumelemente.

Kux
1) Anteil an einem Bergwerk oder einer Zeche [russ. „Stück"].
2) Früher $^1/_{128}$ des Feldes (einschl. Grubengebäude), das an eine Gewerkschaft verliehen wurde.

kV, fälschlich **kv**
Abk. f.: *kilovolt* [*US*, international: kV].

kVA, fälschlich **kva**
Abk. f.: Kilovolt-Ampere = 1000 Watt.

kvar
Abkürzung für: *reactive kilovolt-ampere* = Kilowatt Blindleistung.

Kvat
Altes Längenmaß aus Jugoslawien:
1 khvat = 1,896 Meter.

kW, fälschlich **kw**
Abkürzung für: Kilowatt.

Kwacha (K)
1) Währungseinheit in Sambia:
1 K = 100 Ngwee (N) = ca. $^1/_{765}$ DM.
2) Währungseinheit in Malawi:
1 MK = 100 Tambala (t) = $^1/_{9,2}$ DM.

Kwadratnij-arschin
Altes Flächenmaß aus Russland:
1 Kwadratnij-arschin = 0,5 Meter^2.

Kwadratnij-djujm
Altes Flächenmaß aus Russland:
1 Kwadratnij-djujm = 6,45 Centimeter^2.

Kwadratnij-saschen
Altes Flächenmaß aus Russland:
1 Kwadratnij-saschen = 4,55 Meter^2.

Kwadratnij-werschok
Altes Flächenmaß aus Russland:
1 Kwadratnij-werschok = 19,75 Meter^2.

Kwan
Altes Gewicht aus Japan:
1 Kwan = 3,757 Kilogramm.

Kwanza
Währungseinheit in Angola:
1 Kwanza Reajustado (Kzr) = ca. $4{,}8 \cdot 10^{-6}$ US-$ (gekoppelt) = ca. $8 \cdot 10^{-6}$ DM.

Kwarta
Altes Volumenmaß aus Polen (*Quart):
1 kwarta = 1 Liter.

Kwarteel (= Schmaltonne)
[holl. „Viertel"] Für Gewürze aus niederländisch Indien: 1 Kwarteel = 232,83 Liter.

Kwatereck
Altes polnisches Hohlmaß (*Garniec).

Kwaterka
Altes Volumenmaß aus Polen (*Quart):
1 kwarterka = 0,25 Liter.

k-Wert *Wärmedurchgangskoeffizient.

kWh *Kilowattstunde.

kwhr
US-Abkürzung für: *kilowatt hour* = Kilowattstunde (kWh).

Kwien
Alte Volumeneinheit aus *Siam:
1 kwien = 2000 Liter.

Kyat (K)
Währungseinheit in Myanmar (bis 1989 Birma bzw. Burma):
1 Kyat (K) = 100 Pyas (P) = ca. $^{1}/_{3,74}$ DM.

Kyathos
Altes Flüssigkeitsmaß aus Griechenland:
1 Kyathos = 0,046 Liter.

L

Formelzeichen

Physikalische Größe	Symbol	Einheit		Definition
(charakteristische) Länge (characteristic) length	l	m		in Achsrichtung gemessen (DIN)
Drehimpuls angular momentum, action	L	N m s	$= \mathrm{m^2 kg\, s^{-1}}$	$L = r \cdot p$
Drehimpulsvektor angular momentum vector	$\vec{L}$	N m s	$= \mathrm{m^2 kg\, s^{-1}}$	$\vec{L} = \vec{r} \times \vec{p}$
Schalldruckpegel sound level	L_p	dB		
Schalleistungspegel acoustic power level	L_P, L_W	–		
Lautstärkepegel loudness level	L_N, L_S	phon		
Induktivität inductance	L	H	$= \mathrm{Wb/A} = \mathrm{m^2 kg\, s^{-2} A^{-2}}$	
Selbstinduktivität self-inductance	L	H		$U = -L\,\mathrm{d}I/\mathrm{d}t$
Diffusionslänge diffusion length	L, l	m		$L = \sqrt{D\tau}$
Löslichkeit solubilty	L, s	kg/kg	$= 1$	
Avogadro-Konstante Avogadro constant	(L)	$\mathrm{mol^{-1}}$		siehe N_A
Leuchtdichte luminance, radiant intensity per unit area	L, L_v	$\mathrm{cd/m^2}$		
Strahldichte radiance	L, L_e	$\mathrm{W\, m^{-2} sr^{-1}} = \mathrm{kg\, s^{-3}}$		$L = \dfrac{\mathrm{d}^2\Phi}{\mathrm{d}A \cos\vartheta\, \mathrm{d}\Omega}$
Spektrale Strahldichte spectrum radiation density	L_λ	$\mathrm{W\, m^{-3} sr^{-1}} = \mathrm{m^{-1} kg\, s^{-3}}$		$L_\lambda = \frac{\mathrm{d}L}{\mathrm{d}\lambda}$
Laplace-Tansformation Laplace transformation	$\mathscr{L}\{f(t)\}$			
Laplace-Rücktransformation inverse Laplace transformation	$\mathscr{L}^{-1}\{f(t)\}$			
Lagrange-Funktion Lagrange function	L	J	$= \mathrm{m^2 kg\, s^{-2}}$	$J(q,\dot{q}) = T - V$
Lorenz-Koeffizient Lorenz coefficient	L	$\mathrm{V^2 K^{-2}}$	$= \mathrm{m^2 kg\, s^{-3} A^{-1} K^{-2}}$	$L = \frac{\lambda}{\sigma T}$
Bahndrehimpuls-Quantenzahl quantum number of angular momentum	l_i, L	–	$= 1$	

Λ, λ (Lambda)

Wellenlänge wavelength	λ	m		
Compton-Wellenlänge Compton wavelength	λ_C	m		*Konstanten
Logarithmisches Dekrement logarithmic decrement	Λ	–	= 1	$\Lambda = 2\pi\delta\omega_0/\omega_d$
Leistungs- od. Verschiebungsfaktor (dielectric) power factor, displacement factor	λ	–	= 1	
magnetischer Leitwert permeance	Λ	H		
Wärmeleitwert thermal conductance	Λ_{th}	W/K	$= m^2\,kg\,s^{-3}K^{-1}$	
Wärmeleitfähigkeit thermal conductivity	λ	$W\,K^{-1}m^{-1}$	$= m\,kg\,s^{-3}K^{-1}$	$d\Phi = -\lambda \frac{\partial T}{\partial l}\,dA$
Wärmeleitfähigkeitstensor thermal conductivity tensor	λ_{ik}	$W\,m^{-1}K^{-1}$	$= m\,kg\,s^{-3}K^{-1}$	$J_q = -\lambda\,\mathrm{grad}\,T$
Mittlere freie Weglänge mean free path	λ, $(l, \bar{s})$	m		
Van-der-Waals-Konstante van der Waals constant	λ	J	$= m^2 kg\,s^{-2}$	
Molare Leitfähigkeit molar conductivity	Λ_m	$S\,m^2/mol$	$= kg^{-1}s^3A^2mol^{-1}$	$\Lambda_i = \kappa/c_i$
Äquivalentleitfähigkeit equivalent conductivity	Λ_e	$S\,m^2 val^{-1}$	$= kg^{-1}s^3A^2mol^{-1}$	
Grenzleitfähigkeit molar conductivity in infinitely diluted solution	Λ_∞	$S\,m^2/mol$	$= kg^{-1}s^3A^2mol^{-1}$	
Ionen-Leitfähigkeit ionic conductivity	λ	$S\,m^2/mol$	$= kg^{-1}s^3A^2mol^{-1}$	$\lambda_i = \lvert z_i\rvert F u_i$
Oberflächenkonzentration surface concentration	(Λ)			siehe Γ
Radioaktive Zerfallkonstante decay (rate) constant	λ	s^{-1}		$N = N_0 e^{-\lambda t}$
Verbleibwahrscheinlichkeit rest propability	Λ	–	= 1	

L

Abkürzung für: *Lambert; *Liter; Index in der Strömungslehre: Laval...; [Chemie:] laevo-, links (l) zur Kennzeichnung optisch aktiver Moleküle; Mathematik: Lösungsmenge; römisch 50.
Ł fremdsprachiger Sonderbuchstabe,
£ englische *Pfund Sterling u.a.,
$\mathscr{L}$ Laplace-Transformation.

l

Abk. f.: *Liter (ℓ zur Verdeutlichung gegenüber 1 und I); *Lumen, *long, *Lambert.
ł fremdsprachiger Sonderbuchstabe.

Λ

griech. Lambda, „L" oder Zahlzeichen: 30.

λ

griech. lambda; veraltet für: *Mikroliter.

La

Zeichen für das *chem. Element Lanthan.

Lachter

1) Altes Längenmaß aus dem Bergbau:

1 Lachter = 8 Achtel =
= 80 Lachterzoll = 8000 Sekunden.
2) Dezimallachter: 1 Lachter = 10 Fuß.
3) 1 Lachter =
= 1,97 Meter (Bayern)
= 1,92 Meter (Braunschweig)
= 1,83 Meter (England)
= 1,92 Meter (Hannover, Oberharz)
= 3,80 Meter (Österreich)
= 2,09 Meter (Preußen, Rheinland)
= 1,98 Meter (Sachsen)
= 2 Meter (Württemberg).

lad
US-Volumenmaß für Getreide:
1 lad = 352,4 Meter^3 (Gerste)
= 528,6 Meter^3 (Hafer)
= 302 Meter^3 (Reis) = 302 Meter^3 (Roggen)
= 281,9 Meter^3 (Weizen).

Ladung, elektrische
*Coulomb, *elektrische Spannung, *elektrische Stromstärke.

Ladungsbedeckung
*Flächenladungsdichte.

Ladungsbelag
Auf die Leiterlänge bezogene elektrische Ladung; die Liniendichte der auf einer Linie mit der Länge s vorhandenen Ladung Q:

$$q_L = \frac{dQ}{ds} \quad \text{Einheit: } \frac{C}{m} = \frac{As}{m}$$

Ladungsdichte
*elektrische Stromstärke, *Flächenladungsdichte, *Raumladungsdichte.

Ladungstonne
Veraltet! *Cargo Tonnage*, Nutzladung eines Schiffes in Tonnen.

Ladungszahl
Neuer Begriff für: „Ionenwertigkeit" z.

Laep
Historisch! 9,7 Kilogramm (Breslau)

Lakdyne
[Indische Vorsilbe: *lak* = „Hunderttausend".] Veraltet! Krafteinheit im British Commonwealth of Nations, speziell in Indien:
1 Lakdyne = 10^5 Dyn = 1 Newton.

Lakrupie In Indien: 100 000 Rupien.

lam Index (DIN 1304) für: laminar, glatt.

Lambert (la)
Veraltet! In den USA nichtmetrische Einheit der Leuchtdichte (vgl. *Temperaturstrahlung), benannt nach dem deutschen Mathematiker, Physiker und Astronom JOHANN HEINRICH LAMBERT (1728–1777); definiert als $1/\pi$ Kerzen pro „Quadratcentimeter" oder 1 Lumen/Quadratzentimeter:
1 Lambert =
= 0,3 183 099 (= $^1/_\pi$) Candela/cm^2
= 295,7 196 Candela/square foot
= 2,053 608 Candela/square inch
= 3183,099 (= $10^4/\pi$) Candela/Meter^2
= 929,0 304 Foot-lambert
= $^1/_\pi$ Stilb
= $^{10}/_\pi$ Candela/Meterquadrat.

Lan
Altes Flächenmaß aus der Tschechoslowakei:
1 lan = 17,27 Hektar.

Lana(t)z
Altes Flächenmaß aus Jugoslawien:
1 Lanatz = 57,55 Ar.

Landhufe
Historisch! 18,8 Hektar (Pommern).

Landmil *Meile.

Länge in Zeit
(λiZ, λ in Z), engl. *longitude in time* (λ in t), Zeitspanne: geografische Länge, geteilt durch die Winkelgeschwindigkeit 15°/h.

Längenausdehnungskoeffizient
Längenänderung bei Änderung der Temperatur (vgl. *Volumenmessung):

$$\alpha_l = \frac{1}{l}\frac{dl}{dT} \quad \text{Einheit: } K^{-1}$$

Längeneinheiten (Längenmaße)
Vgl. Tabelle L.1.

Längen- und Winkelmessung
1) Diskontinuierliche Verfahren
1. Vergleichslängen: Laufrad, Meterstab, Maßband, Lineal, Mikrometerschraube etc. Das Urmeter ist als Prototyp überholt.
2. Inkrementale Messsysteme nutzen einen – für die Längenmessung linearen, für die Winkelmessung kreisbogenförmigen – Rastermaßstab mit abwechselnd gleichgroßen Teilstücken Δx von unterschiedlichen physikalischen Eigenschaften, die *optisch* (Hell-Dunkel-Erkennung

Tabelle L.1: Umrechungsfaktoren für *angloamerikanische Längeneinheiten in den maßgeblichen Größenordnungen.

	stat.mi.	yard	foot	inch	line	km	m	cm
1 nautical mile =	1,152	2027	6080	72 960		1,852		
1 statute mile =	1	1760	5280	63 360		1,609	1609	
1 furlong =							201,168	
1 chain =		22					20,1 168	
1 rod =		5,5	16,5				5,0 292	
1 fathom =			6				1,8 288	
1 yard =		1	3	36	360		0,9 144	91,44
1 foot =		$^1/_3$	1	12	120		0,3 048	30,48
1 span =								22,860
1 link =								20,1 168
1 hand =								10,160
1 inch =		0,0 278	0,0 833	1	10		0,0 254	2,540
1 line *US* =				$^1/_{40}$	1			0,6 350
1 line *GB* =				0,1	1			0,254
1 mil =				0,001	0,01			0,00 254
1 km =	0,6 214	1093,6	3281	39 370		1	1000	10^5
1 m =		1,094	3,281	39,37		0,001	1	100
1 cm =			0,0 328	0,3 937		10^{-5}	0,01	1

mit einem Fotodetektor) oder *magnetisch* (Hallsonde, Wiegand-Sensor, Feldplatte) abgetastet werden. Bewegt sich der Rastermaßstab am Abtaster um die Strecke von N Teilungsperioden $NT = 2N\,\Delta x$ vorbei, werden N Impulse digital gezählt. Zwei um $T/4$ versetzte Abtaster liefern Richtungsinformation. Absolute Codierung des Längenwertes mit Gray-Codes (Vier Hell/Dunkel-Zonen = Zahlen 0 bis 9).

3. Faseroptische Sensoren, optoelektronische Positionsdetektoren.

4. **Interferometrie** (*Meter): Moderne Interferometer mit Zweifrequenz-Laser korrigieren automatisch Einflüsse von Luftdruck, -temperatur und -feuchte auf die Lichtwellenlänge.

2) Kontinuierliche Verfahren

1. **Flugzeitmethode** (Laufzeitmethode): Größere Entfernungen werden bestimmt, indem niederfrequente Laser-, Infrarot- oder Mikrowellen auf ein Objekt gerichtet werden und die Zeit bis zum Wiedereintreffen des reflektierten Signals gemessen wird. Anwendungsbeispiele: Flughöhe von Flugkörpern über Grund („Laserradar"), Wolkenhöhenmesser, Entfernung des Mondes, Ultraschall-Fokussierung mit Fotokameras.

2. **Differentialtransformator** (LVDT = *Linear Variable Differential Transformer*): Eine Primärspule und zwei Sekundärspulen sitzen auf einer Hülse und werden durch einen darin verschiebbaren Kern gekoppelt. Streng linear zum Weg ändert sich die Differenz der Ausgangsspannungen der Sekundärspulen.

3. **Kapazitiver Wegaufnehmer**: a) In einem Plattenkondensator bestimmt die Höhe des Dielektrikums die messbare Kapazität. Zur Füllstandsmessung taucht eine evt. isolierte Elektrode in ein metallisches Messgefäss (Gegenelektrode). Die Kapazität steigt proportional zum Füllstand. – b) Drehkondensator als kapazitiver Winkelaufnehmer.

4. **Induktiver Wegaufnehmer**: Die Strecke, die ein Eisenkern in eine Spule eintaucht, wird über eine nichtlineare Induktivität-Weg-Kurve ermittelt (Tauchanker-Geber).

5. **Differential-Querankergeber** zur Messung kleiner Wege arbeiten mit zwei getrennten, parallelen Spulen mit einem dazu senkrechten gemeinsamen Eisenkern. Weg und Induktivität sind proportional. Anwendungen: Dehnung einer Turbinenwelle, Stellung eines Ventils (auf/zu).

6. **Potentiometer-Wegaufnehmer**: Der Ort des Schleifers auf einer geraden oder kreisförmigen Widerstandsbahn wird über den relativen Spannungsabfall elektrisch erfasst; nicht verschleißfrei.

Tabelle L.2 Laserspektroskopie: Kennzahlen und Meßgrößen.

Streuung	Ursache	Linienbreite	Kennzahl
BRILLOUIN	Druckfluktuation	$\Delta\omega_B \sim D_S q^2$	$D_S = \frac{1}{q^2 \tau_B}$ Schalldämpfung
RAYLEIGH	Temperaturfluktuation	$\Delta\omega_{R1} \sim a q^2$	$a = \frac{1}{q^2 \tau_R}$ Temperaturleitfähigkeit
RAYLEIGH	Konzentrationsfluktuation	$\Delta\omega_{R2} \sim D_{12} q^2$	D_{12} Diffusionskoeffizient

Streuvektor: $q = \frac{4\pi n}{\lambda_0} \sin\frac{\theta}{2}$; Landau-Placzek-Signalkontrast: $S = \frac{I_R}{2 I_B} = \frac{c_P - c_V}{c_V}$

7. **Wirbelstromverfahren**: *Schichtdicke
8. **Dehnungsmessstreifen** (DMS): Mit einer Dehnung (Stauchung) nimmt der Widerstand des Leiterstreifens zu (ab). Bei Halbleitern ändert eine mechanische Spannung auch den spezifischen Widerstand.
9. **Absorption ionisierender Strahlung** zur Dickemessung: Die Ausgangsintensität I_0 des Strahls nimmt beim Durchtritt durch ein Medium auf $I = I_0 e^{\mu d}$ ab. Der Absorptionskoeffizient μ hängt insbesondere von der Dichte des Materials ab.

Langley (lan, ly)

Nichtmetrische Einheit! Von der Sonne auf die Erdoberfläche abgestrahle Energie („Solarkonstante"); benannt nach dem amerik. Astrophysiker und Erfinder des Bolometers zur Bestimmung der Sonnentemperatur SAMUEL PIERPOND LANGLEY (1834–1906).

1 Langley = 41 840 Joule/Meter^2 = 1 kcal/cm^2

Laos Währung: *Kip.

Laplace-Operator

Differentialoperator in einem orthogonalen Koordinatensystem, angewandt auf das Skalarfeld $\Phi(x,y,z)$:

$$\Delta\Phi = \nabla\nabla\Phi = \frac{\partial^2\Phi}{\partial x^2} + \frac{\partial^2\Phi}{\partial y^2} + \frac{\partial^2\Phi}{\partial z^2}$$

Der vektorielle Laplace-Operator für ein Vektorfeld $\boldsymbol{A}(x,y,z)$ ist:

$$\begin{aligned} \Delta\boldsymbol{A} &= \operatorname{grad}\operatorname{div}\boldsymbol{A} - \operatorname{rot}\operatorname{rot}\boldsymbol{A} = \\ &= \Delta A_x \vec{e}_x + \Delta A_y \vec{e}_y + \Delta A_z \vec{e}_z \end{aligned}$$

Lari

Währung in Georgien mit autonomen Gebieten (Abchasien, Adscharien, Südossetien):

1 Lari (GEL) = 100 Tetri = ca. 1,30 DM.

Laserspektroskopische Messgrößen

Mit Laser-RAYLEIGH- und BRILLOUIN-Streuung sind Korngrößen, Temperaturleitfähigkeit, Diffusionskoeffizient, Viskosität, Schallgeschwindigkeit, Schalldämpfung, spezifische Wärmen und Kompressibilität von transparenten Fluiden und binären Gemischen messbar. Lokale Fluktuationen der thermodynamischen Zustandgrößen bestimmen den Brechungsindex und das Streulichtspektrum.

Last

1) Abgrenzung zu Masse und Gewicht: vgl. *Masse.

2) Altes Frachtgewicht in Mittel- und Nordeuropa; seemännisch: Stauraum unter Deck, „Ladung", *Schiffslast:

1 Last = 2000 Kilogramm = 2 Tonnen
= 2 Wispel = 40 Zentner.

3) 1 Kommerzlast (Hamburg, Bremen, Lübeck)
= 3000 Kilogramm = 3 Tonnen.

4) Im Salzbergbau:
1 Last = 1620 Kilogramm (Halle).

5) Altes Getreide-Hohlmaß:
1 Last =
= 29,642 Hektoliter (Bremen) =
= 16,64 Hektoliter (Dänemark)
= 29,08 Hektoliter (England, *load*)
= 32,977 Hektoliter (Hamburg)
= 30 Hektoliter (Hannover)
= 33,307 Hektoliter (Lübeck)
= 33 Hektoliter (Preußen)
= 37,323 Hektoliter (Rostock)
= 33,39 Hektoliter (Schleswig-Holstein)
= 28,19 Hektoliter (USA, *load*).

6) 1 load *GB* = 640 Gallon *GB*.

7) Altes Raummaß für Holz, Kohle und Salz: 1 Last = 2,47 bis 2,5 Meter^3.
8) Altes Feldmaß aus Norddeutschland, entsprechend einer Last Saatgut:
1 Last (Mecklenburg) = 6000 Quadratruten = 130 068 Meter^2 = 13,0068 Hektar.
1 Last (Lübeck) = 12,198 Hektar (innerhalb der Binnendeiche), 14,231 Hektar (außerhalb).
9) Altes Raummaß aus Russland:
1 Last = 16 Tschetwert = 33,5 856 Hektoliter.
10) Altes Zählmaß in Norddeutschland:
800 Heringe.

lateral
Anatomische und physikalische Richtungsangabe: seitwärts; von der Mitte des Körpers her nach außen.

Latitude (lat)
*geografische Breite; geometrische Breite, Spielraum.

Latro
Altes Längenmaß aus der Tschechoslowakei:
1 latro = 1,917 Meter.

Lats
Währungseinheit in Lettland:
1 Lats (Ls) = 100 Santimu = ca. $^1/_3$ DM.

Latte
Altes Längenmaß aus Frankreich:
1 latte = 2,5 Meter.

Lautheit
Phonometrische Angabe der Schallintensität (vgl. *Sone).

Lautstärke (L_N)
Stärke des vom menschlichen Ohr wahrgenommenen Schalles und seine Wiedergabe mit der Einheit: Dezibel, Phon; vgl. auch *Sone.

lb
Abkürzung für: *pound*, „Pfund"; Zweierlogarithmus ($\log_2$).

lb/bhp-hr
Abk. f.: *pounds per brake horsepower-hour.*

lb/cu ft
Abkürzung für: *pounds per cubic foot*, Pfund pro Kubikfuß.

lb.f. *Pound-force.

lb-ft Abkürzung für: *pound-foot.*

lb-in Abkürzung für: *pound-inch.*

LC *Letale Konzentration.

lcm
Abk. f.: *least common multiple*, kleinstes gemeinsames Vielfaches, kurz kgV.

LD *Letale Dosis.

le Index (DIN 1304) für: leitend.

League
1) 1 **nautical league** =
3 Mile (nautical) = 5,56 km.
2) 1 **british league** = 1 League (*GB* statute)
= 3 Mile (*GB* statute) = 4,83 km.

Lebensabschnitt
Phasen der nachgeburtlichen Entwicklung bis zum Alterstod.

Neugeborenes:	Geburt – 28. Tag
Säugling:	Geburt – 12. Mon.
Kleinkind:	1. – 3. Jahr
Vorschulkind:	3. – 6. Jahr
Schulkind:	6. – 16. Jahr
Jugendlicher:	16. – 18. Jahr
Junger Erwachsener:	18. – 25. Jahr
Erwachsener:	ab 25. Jahr
Leistungsphase:	25. – 50. Jahr
Rückbildungsphase:	50. – 65. Jahr
Senium:	ab 65. Jahr

Lebenserwartung
Statistisch erwartete Lebensdauer eines Neugeborenen. Männer: ca. 70 Jahre, Frauen: ca. 77 Jahre.

Ledergeld
Von Kaiser Friedrich II (1194–1250) herausgegebene Münze aus Leder zur Entlohnung seiner Soldaten, als ihm bei der Belagerung von Faenza das Geld fehlte.

Leerlaufspannung
Spannung eines aktiven Zweipols (Stromquelle) bei offenen Klemmen; *Zellspannung. Ein passiver oder quellenloser Zweipol hat keine Leerlaufspannung und keinen Kurzschlußstrom.

Leerzellenkapazität *Impedanz.

Legger
Altes Flüssigkeitsmaß:
1 Legger = 582 Liter (Niederlande)
= 540 Liter (Vietnam).

L

Legion

[lat. *legion*]. Seit MARIUS römischer Heerhaufen von 4200 bis 6000 Mann:
1 Legion = 10 Kohorten = 30 Manipel
= 60 Zenturien (dazu 300 Reiter).

Legua (= spanische Meile)

1) [port. *legoa*]. Altes Längenmaß aus Spanien, Portugal und Lateinamerika:
1 Legua =
= 5,196 [5,196] Kilometer = 6000 Varas (Argentinien)
= 5,6 Kilometer (Bolivien)
= 5,590 Kilometer (Brasilien)
= 5,57 [4,51] Kilometer (Chile)
= 5,5 Kilometer (Ecuador)
= 5,57 Kilometer (Guatemala)
= 5,57 Kilometer (Kolumbien)
= 4,190 Kilometer (Mexiko)
= 4,33 [4,2] Kilometer (Paraguay)
= 6,197 Kilometer (Portugal, *legua antigua*)
≡ 5 Kilometer (Portugal, *legua nuova*)
= 5,5727 Kilometer (Spanien, *legua antigua*)
= 6,68 724 Kilometer (Spanien, *legua nuova* [seit 1766])
= 5,15 Kilometer (Uruguay).

2) Spanische Seemeile. Historisch!
1 legua marina = 1 *legua maritima*
= 5,555 Kilometer.

3) legua cuadrada. Argentinien:
1 legua cuadrada = 2699,84 Hektar.

Lehn

Altes Flächenmaß aus dem Bergbau:
1 Lehn = 49 Quadratlachter
= 14,9 Hektar (Sachsen).

Lei

1) Einzahl: **Leu,** Isocode: ROL. Rumänische Währungseinheit:
1 Leu (l) = 100 Bani = ca. $^1/_{4046}$ DM.

2) Währungseinheit in Moldau (Republica Moldova zwischen Ukraine und Rumänien seit 1991): 1 Leu (MDL) = 100 Bani ≈ $^1/_{2,7}$ DM.

Leichtgewicht

Gewichtsklasse im Sport: bis 60 Kilogramm (Boxen), bis 67,5 Kilogramm (Gewichtheben), bis 67 Kilogramm (Ringen).

Leichtschwergewicht

Klasse beim Gewichtheben bis 82,5 kg.

Leistung

Zeitbezogene Energie, „Arbeitsleistung".

$$\text{Leistung} = \frac{\text{Energie}}{\text{Zeitspanne}} \qquad P = \frac{\mathrm{d}W}{\mathrm{d}t} \qquad \mathrm{W} = \frac{\mathrm{J}}{\mathrm{s}}$$

Beispiele: Wirk-, Schein-, Signalleistung, Energiedosisleistung, Ionendosisleistung (besser: -rate). „Wärmeleistung" vgl. *Wärmestrom.

Leistung, elektrische

P (Einheit: *Watt); die pro Zeiteinheit verrichtete elektrische *Arbeit:

$$P = UI = \frac{U^2}{R} = I^2 R$$

Im Wechselstromkreis komplexe *Leistung, *Wirk-, *Blind-, *Scheinleistung.

Leistung, flächenbezogene

*Intensität.

Leistung, komplexe

$\underline{P}$ oder $\underline{S}$ (Einheit: *Watt). Im Wechselstromkreis eine komplexe Größe aus den Komponenten Wirkleistung P und Blindleistung Q. Ihr Betrag heißt *Scheinleistung S.

$$\begin{aligned} \underline{S} &= \underline{UI}^* = S\,\mathrm{e}^{\mathrm{i}\,\varphi} = U_{\text{eff}} I_{\text{eff}} \mathrm{e}^{\mathrm{i}\,\varphi} \\ &= S\,(\cos\varphi + \mathrm{i}\,\sin\varphi) \\ &= \mathrm{Re}\,\underline{S} + \mathrm{i}\,\mathrm{Im}\,\underline{S} = P + \mathrm{i}\,Q \end{aligned}$$

$\varphi = \varphi_\mathrm{u} - \varphi_\mathrm{i}$ Phasenverschiebungswinkel.

Leistung, mittlere

Über den zeitlichen Verlauf von Spannung $U(t)$ und Strom $I(t)$ gemittelte Leistung:

$$\bar{P} = \frac{1}{\Delta t} \int_0^{\Delta t} U(t)\, I(t)\, \mathrm{d}t \neq \bar{U}\bar{I}$$

Leistungsbedeckung

*Intensität, *Energiestromdichte.

Leistungsbelag

Zur energetischen Beschreibung eines zweidimensionalen Kontinuums (z. B. Platte, Kugelschale):

$$\text{Leistungsbelag} = \frac{\text{Leistung } P}{\text{Länge } l}$$

Leistungsbezugswert

*Bel.

Leistungsdämpfungsmaß

*Maß.

Leistungsdichte

Volumenbezogene Leistung:

$$P_\mathrm{V},\ \varphi = \frac{P}{V} = \frac{w}{t} \qquad \text{Einheit: } \frac{\mathrm{W}}{\mathrm{m}^3}$$

w Energiedichte, t Zeit.

Leistungsdichte, elektromagnetische

*Poynting-Vektor.

Tabelle L.3: Elektrische Leistungen.

Schall-Leistung der Sprache	10^{-6} W
Fernsprechleitungen	10^{-4} W
Taschenlampen-Glühbirnen	1–2 W
Haushaltsglühbirnen	15–200 W
Kochplatten, elektrische Öfen	500–2000 W
Straßenbahnmotoren	40–75 kW
Rundfunksender	100–200 kW
Motoren in Walzwerken	5 MW
Elektrische Lokomotiven	10 MW
Generatoren in Kraftwerken	5–1000 MW

Leistungsfaktor

oder *Wirkfaktor, Verschiebungsfaktor.* Verhältnis von Wirk- und Scheinleistung:

$$\lambda = \frac{P}{S} = \cos\varphi \quad \text{(Dimension 1)}$$

φ Phasenverschiebungswinkel (nur bei sinusförmigen Strom- und Spannungsverlauf).

Leistungsgröße

Nach DIN 5493 eine Größe, die der Leistung proportional ist. Beispiele: elektrische oder akustische Wirk- und Scheinleistung. Vgl. *Feldgröße, *Größenverhältnis.

Leistungsmessung

Methoden zur Messung der elektrischen *Leistung.

1) Gleichspannungsleistung. Mit einem multiplizierenden elektrodynamischen Gerät: eine Feldspule zur Strommessung und eine beweglichen Spule zur Spannungsmessung: $P = UI$.

2) Scheinleistung.

- Multiplikation von getrennt gemessenen Effektivströmen und -spannungen.
- *Elektronischer Multiplizierer.* Am Meßobjekt (z.B. R||C-Glied) liegt die Spannung $U_0 = \hat{U}_0 \sin\omega t$ und erzeugt den Strom $I = I_X + I_R = \hat{U}_0 \omega C \cos\omega t + \hat{U}_0/R \sin\omega t$, der mit dem um 0° (Wirkleistungsmessung) oder 90° (Blindleistungsmessung) phasenverschobenen Ausgangssignal U_1 verglichen und durch nachgeschalteten Tiefpass gemittelt wird.
- *Hall-Multiplizierer.* Ein dünnes Leiterplättchen zwischen den Polen eines Elektromagneten, in Reihenschaltung mit Messwiderstand R_S, Spule des Magneten und Meßobjekt. Die Hallspannung ist proportional zur umgesetzten Leistung im Verbraucher.

3) Wirkleistung. Elektrodynamisches Messwerk; Multiplizierer ($\bar{P}_W = \hat{U}_0\hat{U}_1/2R$).

4) Blindleistung. Multiplizierer ($\bar{P}_B = \omega C \hat{U}_0 \hat{U}_1/2$).

Leistungsspektralfunktion

Kurz *Leistungsspektrum.* In der Schwingungslehre und Spektroskopie anschaulich die quadrierten Amplituden der *Spektralfunktion dividiert durch die Beobachtungszeit.

$$\Phi(\omega) = \lim_{\Delta t \to \infty} \frac{1}{\Delta t} |\underline{X}(\omega)|^2$$

Mathematisch: die Fourier-Transformierte der *Autokorrelationsfunktion φ.

Leistungsverstärkungsmaß *Maß.

Leitfähigkeit

1) Kurzbezeichnung für „elektrische Leitfähigkeit“; auf den Querschnitt und die Länge bezogener Leitwert. Vgl. *Äquivalentleitfähigkeit, *Beweglichkeit, *längenbezogene Leitfähigkeit, *Leitfähigkeitsstandards, *molare Leitfähigkeit, *Stromdichte.

2) Thermische Leitfähigkeit: *Wärmeleitfähigkeit, *Wärmetransport.

Leitfähigkeit, längenbezogene

κ oder σ (SI-Einheit: S/m), früher: *spezifische* Leitfähigkeit, auch *Konduktivität.* Kehrwert des *spezifischen Widerstandes ϱ fester oder flüssiger Elektronenleiter und Elektrolyte.

$$\kappa = \frac{1}{\varrho} = \frac{1}{R}\frac{l}{A} = G\,k$$

A Elektrodenquerschnitt (m^2), G Leitwert (Ω^{-1}), k Zellkonstante (m^{-1}), l Elektrodenabstand (m), R elektr. Widerstand (Ω).

Leitfähigkeit, molare

1) *Längenbezogene Leitfähigkeit im Einheitsvolumen.

$$\Lambda = \frac{\kappa}{c}$$

Praktische Einheiten:

κ	c	Λ_m	
S/m	kmol/m^3	S m^2/kmol	$= \Omega^{-1}$m^{2}kmol^{-1}
S/m	mol/ℓ	mS m^2/mol	$=$ S m^{2}kmol^{-1}
S/cm	mol/ℓ	S cm^2/mol	$= 10^7$ S m^{2}kmol^{-1}

2) Molare *Ionenleitfähigkeit* λ_i (in S m^{2}kmol^{-1}). Beitrag eines Ladungsträgers i (⊕ für Kation, ⊖ für Anion) zur *molaren Leitfähigkeit des Mediums.

L

$$\lambda_i = F u_i z_i = \frac{D_i F z_i^2 e}{kT}$$

F Faraday-Konstante, u_i Ionenbeweglichkeit, z_i Ionenwertigkeit, D_i Diffusionskoeffizient.

Leitfähigkeitsmessung

1) **Impedanzmessung,** *Brückenschaltung (Messbrücke).

2) **Kontaktlose Methoden,** ohne galvanischen Kontakt zwischen Elektrodenoberfläche und Messfluid, v. a. für *Durchflussmessungen.

1. *Hochfrequenzleitfähigkeitsmessung.* Zwei Ringelektroden auf der Außenwand eines nichtmetallischen Rohres stehen parallel zum Drehkondensator eines LC-Parallel-Schwingkreises (3–100 MHz).

2. *Induktive Methoden.* Das Fluid koppelt zwei magnetisch gegeneinander geschirmten Trafospulen; die von der Primär- auf die Sekundärwindung übertragene Spannung entspricht dem Leitwert $G = U_2/U_1$ (Messfrequenz 50–500 Hz).

Leitfähigkeitsstandard

Internationale Vergleichslösungen zur Festlegung der *Zellkonstante bei *Leitfähigkeitsmessungen.

- *Primärstandards*, z. B. Kaliumchlorid.
- *Sekundärstandards*, z. B. das Leitfähigkeitsmaximum von 30%-iger H_2SO_4.

Leitwert

Kehrwert eines Widerstandes, z. B. *Elektrischer Leitwert, *Wärmeleitwert.

Tabelle L.4: Leitfähigkeitsstandard: Leitfähigkeit wässriger Kaliumchloridlösungen.

c	κ (in S/cm $= \Omega^{-1}\text{cm}^{-1}$) bei Temperatur			
mol/ℓ	18 °C	20 °C	22 °C	25 °C
1,0	0,09 822	0,10 207	0,10 554	0,11 180
0,1	0,01 119	0,01 167	0,01 215	0,01 288
0,02	0,002 397	0,002 501	0,002 606	0,002 765
0,01	0,001 255	0,001 278	0,001 332	0,001 413

Tabelle L.5: Eichlösungen für die Leitfähigkeitsmessung (außer Kaliumchlorid).

Leitfähigkeitsstandard	κ (in S/cm)
NaCl, sat.	0,251
NaOH, 15%	0,406
KOH, 27,5%	0,626
H_2SO_4, 367 g/ℓ	0,826

Lek

Währungseinheit in Albanien:
1 Lek = 100 Qindarka.

Lekha

Alte Flächeneinheit aus Bulgarien:
1 lekha = 229,8 Meter^2.

Lempira (L)

Währungseinheit in Honduras:
1 Lempira = 100 Centavos (cts.) ≈ 1/13 US-$.

Leone (Le)

Währungseinheit in Sierra Leone:
1 Le = 100 Cents = 1/488 DM.

Lepton

1) [altgriech. *leptos* „leicht“] Altgriechische Kupfermünze, mit dem *Scherflein vergleichbar.

2) Elementarteilchen, das nicht der starken Kernkraft unterliegt; geladen (z. B. Elektron, Myon, Tauon) oder ungeladen (Elektron-, Myon-, Tauon-Neutrino und deren Antiteilchen). Gelten als unteilbar.

Lesotho *Loti.

Letale Dosis (LD)

1) Zum Tod führende Dosis einer Substanz.
LD 100 = absolut tödliche Dosis.
LD 50 = für 50% der Versuchstiere tödliche Dosis.

2) Radiologie: Ganzkörperbestrahlung mit Röntgen- oder Gammastrahlen von 0,12 bis 0,15 C/kg.

Letale Konzentration (LC 50)

Für 50% der Versuchstiere (z. B. Fischtest) tödliche Konzentration im Umgebungsmedium (Wasser, Luft).

Letalität

Tödlichkeit einer bestimmten Krankheit.

Letech (Letek)

Biblisches Hohlmaß aus dem Alten Testament (z. B. Hos 3,2):
1 Letech = 1/2 Homer = 1/2 Kor
= vermutlich: 1 phönikische ltk
= 110 od. 182,2 Liter [je nach Quelle].

Lettland *Lats.

Leuchtdichte

*fotometrische Einheiten und Größen.

Leukoytenzahl *Zählwert, *Blutbild.

Leukozytenindex
Maß für die prozentuale Zusammensetzung der weißen Blutkörperchen.

$$J = \frac{\text{Anteil neutrophile Granulozyten}}{\text{Anteil Lymphozyten}}$$

Lew (Lw, Isocode: BGL**)**
Währungseinheit in Bulgarien:
1 Lew (Lw) = 100 Stótinki (St) ≈ $^1/_{1000}$ DM.

Lewis-Zahl
*Kennzahl (Dimension 1) für *Stofftransport.

Lexikon *Papierformate.

lg
Abkürzung nach ISO 31-11 und DIN 1302 für: dekadischer oder BRIGGscher Logarithmus (zur Basis 10, $\log_{10}$), vgl. *log.

l-hr
Abkürzung für: *lumen-hour*, Lumenstunde (veraltet!) [*US*, international: lm h].

Li
1) Zeichen für das *chem. Element Lithium.
2) Altes Gewicht aus China:
1 Li = 0,038 Gramm.
3) Altes Längenmaß aus China:
1 Li = 576 bzw. 644 Meter.

li
Index (DIN 1304) für: unterer Grenzwert, lat. *limes inferior*.

Liang
Altes Gewicht für Edelmetalle aus China:
1 Liang = ca. 37,8 Gramm.

Lib$ *Dollar, Währung.

Libanesisches Pfund *Pfund.

Libbra
[ital. „Pfund“]. Altes Gewicht aus Italien:
1 Libbra = 336 Gramm.

Liberia
Historische Einheit: *kuba.
Währung: *Dollar.

Libra (= „Pfund“)
1) Altes römisches Gewicht:
1 Libra = 1 As = 12 Unciae = 327,5 Gramm.
2) Altes Handels- und *Apothekergewicht in Portugal, Spanien und Lateinamerika:
1 Libra (Apotheke) = 345 Gramm.
1 Libra (Handel) = 450 bis 460 Gramm
= 459,4 Gramm (Argentinien)
= 460 Gramm (Bolivien, Chile)
= 459 Gramm (Brasilien, Portugal) = 502 Gramm (Ecuador)
= 460 Gramm (Guatemala, Kolumbien)
= 460,1 Gramm (Spanien)
= 459 Gramm (Uruguay).

Libyen
Historische Einheiten: *barile, *bozze, *dönüm, *jabia, *mattaro, *teman. Währung: *Dinar.

Lichtart *Normlichtart.

Lichtausbeute
Quotient aus Lichtstrom und Wirkleistung:

$$\eta = \frac{\Phi_v}{P} \quad \text{Einheit: } \frac{\text{lm}}{\text{W}}$$

Vgl. *Lumen.

Lichtempfindlichkeit
Kennwert für Fotomaterial in verschiedenen Systemen: DIN, ASA, BS, GOST, Scheiner, Weston.

Tabelle L.6: Lichtempfindlichkeit von Fotomaterial.

DIN	ASA	DIN	ASA	DIN	ASA
10	8	17	40	24	200
11	10	18	50	25	250
12	12	19	64	26	320
13	16	20	80	27	400
14	20	21	100	28	500
15	25	22	125	29	650
16	32	23	160	30	800

Lichtgeschwindigkeit
*Konstanten, *Feldkonstante. Im optischen Medium mit der Brechzahl n stets kleiner als im Vakuum c_0.

$$c = \frac{c_0}{n} \quad \text{Einheit: } \frac{\text{m}}{\text{s}}$$

Lichtjahr (Lj, lj)
Überholt! engl. **light-year (ly)**. Ungesetzliche Einheit der Astronomie; entspricht der Entfernung, die das Licht mit einer Geschwindigkeit von rund 300 000 Kilometer pro Sekunde im leeren Raum in einem tropischen Jahr zurücklegt.
1 Lichtjahr (lj) =
= 63 239,7 AE (astronomische Einheit)
= $9{,}46\,053 \cdot 10^{12}$ Kilometer
≈ 9,46 Billionen Kilometer

L

$= 5{,}87\,850 \cdot 10^{12}$ Mile
= 0,306 595 Parsec.
Nationale Bezeichnungen: [span.] año de luz, [port.] ano de luz, [frz.] année-lumière, [ital.] anno-luce, [jap.] kōnen, [holl.] lichtjaar, [poln.] rok świeteny, [schwed.] ljusår.

Lichtmenge *Fotometrische Einheiten.

Lichtmikrosekunde
Veraltet! [engl.] **light-microsecond**. Definiert durch die Distanz, die Licht im Vakuum in einer Mikrosekunde zurücklegt:
1 Lichtmikrosekunde ≈ 299,79 Meter.
Nationale Bezeichnungen: [span., port.] luz-microsegundo, [frz.] lumière-microseconde, [ital.] luce-microseconda, [jap.] nikari no mikuro-byo, [holl.] licht-microseconde, [poln.] światlo-mikrosekunda, [schwed.] lys-mikrosekond.

Lichtminute
Veraltet! Entfernung, die Licht im Vakuum in einer Minute zurücklegt: 60 Sekunden·Lichtgeschwindigkeit $\approx 1{,}8 \cdot 10^{10}$ Meter = 18 Millionen Kilometer.

Lichtquantum *Photon.

Lichtschutzfaktor (LF)
Maß, um wieviel länger man sich nach Auftragen eines Lichtschutzmittels – im Vergleich zur ungeschützen Exposition – der Sonne aussetzen kann, bis eine Dermatitis (entzündliche Hautreaktion) auftritt.

Lichtsekunde
Gesetzlich nicht gesicherte Einheit der Entfernung, die Licht im Vakuum in einer Sekunde zurücklegt = 1 Sekunde · Lichtgeschwindigkeit ≈ 300 000 Kilometer.

Lichtstärke (= Lichtintensität)
1) *Fotometrische Größen.
2) Die Einheit der *Lichtstärke*, das *Candela, ist seit 1979 durch monochromatisches – früher: weißes – Licht von $540 \cdot 10^{12}$ Hz oder 555 nm (Empfindlichkeitsmaximum des Auges) der Intensität $^1/_{683}$ W/sr festgelegt.

Lichttechnische Größen
*Fotometrische Einheiten.

Liespfund
schwed. **Liespund**, holl. **Lyspond**. Altes *Livländisches Pfund* aus Skandinavien und dem Ostseeraum: 1 Liespfund = $^1/_{20}$ Schiffspfund = 403,4 Gramm (Norwegen).

Lieue (frz. **„Meile“**)
1) [frz., spätlat. *leuca*, kelt. Urspr.]. Altes Wegemaß aus Frankreich, bis ins 19. Jh. regional unterschiedlich:
1 lieue commune = $^1/_{25}$ Äquatorgrad
= 4,45 226 Kilometer.
1 lieue moyenne = 5,00 879 Kilometer.
1 lieue nouvelle = 4 Kilometer.
1 lieue de poste = 3,89 807 Kilometer.
2) **Lieue marine.** Altes nautisches Längenmaß aus Frankreich:
1 lieue marine = $^1/_{20}$ Äquator-Grad
= 5,56 532 Kilometer.
oder: = 2850,4 toises = 1,852 Kilometer.
3) **Lieue intinéraire.** Altes schweizer Wegemaß: 1 lieue i. = 16 000 Pied = 4,8 km.

Ligne (frz. **„*Linie, *Strich“**)
Altes frz. Längenmaß bis ins 19. Jh.:
1 ligne = 2,2558 Millimeter (Frankreich, *Pariser Linie*)
= 2,0833 Millimeter (Schweiz)
= 3,0 Millimeter = 10 Trait (Schweiz [nach 1853]).

Lilangeni (Mehrzahl: **Emalangeni, E**)
Währungseinheit in Swasiland:
1 Lilangeni = 100 Cents = ca. $^1/_{2,7}$ DM.

lim
Abkürzung für: Grenzwert, lat. *limes*; [Index, DIN 1304] Grenz...

Liminf Abkürzung für: unterer Grenzwert.

Limiting value *Grenzwert.

Limsup Abkürzung für: oberer Grenzwert.

lin Abkürzung für: [Index, DIN 1304] linear.

Lina
Altes Längenmaß aus Island, „Linie“:
1 lina = 2,18 mm.

line (‴, = „Linie“)
1) Veraltet! Britisches Längenmaß:
1 Line = [$^1/_{10}$ od.]$^1/_{12}$ Inch
= [2,54 oder] $2{,}116\bar{6}$ Millimeter.

2) 1 line *US* = $^1/_{40}$ Inch = $^1/_{1440}$ Yard = 0,635 Millimeter.
3) Line-turn (= line, Maxwell turn), veraltet!
1 line = 1 Maxwell = $1 \cdot 10^{-8}$ Weber.
4) Megaline. Veraltet! *US*-Einheit des magnetischen Flusses bei elektrischen Maschinen:
1 megaline = $1 \cdot 10^6$ lines = 1 Megamaxwell.

Linea (Línea)
Altes spanisches und lateinamerikanisches Längenmaß („Linie"):
1 Linea =
= 1,93 [2,2] Millimeter (Spanien) =
= 2 Millimeter (Argentinien)
= 1,9 Millimeter (Chile)
= 1,94 Millimeter (Mexiko)
= 2 Millimeter (Paraguay)
= 2,29 Millimeter (Portugal, *linha*).

Linear charge density
*Bezogene Größe.

lin ft Abk. f.: *linear foot*, „Fuß Länge".

linha *Linea.

Linie
Altes Längenmaß (*line, *ligne):
1 Linie =
= 2,5 Millimeter (Hessen)
= 2,256 Millimeter („ligne", Paris)
= 2 Millimeter (Polen, *linja*)
= 2,18 Millimeter (Preußen, Rheinland)
= 1,967 Millimeter (Sachsen)
= 2,70 Millimeter (Schweden, *linje*)
= 2,20 Millimeter (Wien)
= 2,865 Millimeter (Württemberg).

Linienstrahler *Temperaturstrahlung.

Linija (= Linia)
Altes Längenmaß aus Russland:
1 Linija = $^1/_{10}$ Djujm = 2,54 Millimeter.

Linja polnische *Linie.

Linje schwedische *Linie.

Link (li)
Gunter's link, surveyor's link; alte *englische Längeneinheit.
1 Link =
= $^{22}/_{100}$ Yard
= 20,1 168 Centimeter
= 0,01 imperial chain
= 7,92 Inch
= 0,201 168 Meter [exakt].

Liño
altes Flächenmaß aus Paraguay:
1 liño = 75 Ar.

Liondor (= Goldlöwe)
Belgische Goldmünze um 1790.

liq Abk., Index f.: *liquid*, flüssig, lat. *liquidus*.

Liquid
Vorsilbe „flüssig" in *US*-Volumenmaßen.
1) *liquid gill*, *gill
2) *liquid pint* (liq. pt.), *pint
3) *liquid quart* (liq.qt.), *quart.

Lira
1) [lat. *libra*, „Waage, Gewogenes, Pfund"].
Lira italiana. Mittelalterlich-italienisches Münzgewicht (zu 12 Unzen) und Rechnungsmünze (zu 20 Soldi), erstmals unter Doge N. TRONO (Venedig 1472, *Lira Tron*) geprägt.
Lira austriaca. Im 19. Jh. in Lombardei und Venetien (zu 20 Soldi = 100 Centesimi).
2) Italienische Lira (Isocode: ITL). Währungseinheit in Italien (seit 1859), San Marino, Vatikanstadt:
1 Lit = 100 Centesimi (Cent.) ≈ $^1/_{1000}$ DM.
3) Türkische Lira (Ltq, TL, Isocode: TRL).
1 Ltq = 100 Kuruş (krş, Piastres) ≈ 10^{-5} DM.
4) Maltesische Lira. Währungseinheit auf Malta, Gozo und Comino: 1 Lm (M£) = 100 Cents (c) = 1000 Mils (m) = ca. 4,4 DM.

Litas
Währungseinheit in Litauen: 1 Litas (LTL) = 100 Centai (Einzahl: Centas) = ca. $^1/_{2,4}$ DM.

Liter (l, L, ℓ, EDV: L, früher: ltr.)
1) Neben dem SI-System geduldetes metrisches Hohlmaß; besonderer gesetzlicher Name für *Kubikdezimeter*. Die Einheitenzeichen l und L sind nach ISO 31-11 und DIN 1302 gleichberechtig zugelassen, bis die Generalkonferenz für Maß und Gewicht (CGPM) endgültig für eines der beiden entscheidet.

1 Liter =
= 0,027 496 156 Bushel *GB* =
= 0,02 837 759 Bushel *US*
= 1000 Centimeter^3
= 0,03 531 467 Cubic foot

= 61,02 374 Cubic inch
= 1,307 951·10^{-3} Cubic yard
= 1 Dezimeter^3 [seit 1965]
= 281,5 606 Drachm (*GB*, fluid)
= 270,5 122 Dram (*US*,fluid)
= 0,21 996 925 Gallon *GB*
= 0,26 417 205 Gallon *US*
= 7,039 016 Gill *GB*
= 8,453 506 Gill *US*
= 1000 Milliliter
= 0,001 Meter^3 (cubic meter)
= 16 893,64 Minim *GB*
= 16 230,73 Minim *US*
= 35,19 508 Ounce (*GB*, fluid)
= 33,81 402 Ounce (*US*, fluid)
= 1,759 754 Pint *GB*
= 1,816 166 Pint (*US*, dry)
= 2,113 376 Pint (*US*, liquid)
= 0,8 798 770 Quart *GB*
= 0,9 080 830 Quart (*US*, dry)
= 1,056 688 Quart (*US*, liquid).

2) Literdefinition von 1901 bis 1964: Volumen von 1 Kilogramm reinem Wasser bei seiner höchsten Dichte (4 °C) und dem Druck einer Normalatmosphäre (1 atm = 101 325 Pa):
1 „Liter“ = 1000,028 Centimeter^3.

3) Literdefinition seit 1965:
1 Liter = 1000 Centimeter^3.

Liter pro...

1) ...Minute
1 ℓ/min =
= 2,118 880 Cubic foot/hour
= 5,885 778·10^{-4} Cubic foot/second
= 13,19 815 Gallon *GB*/hour
= 3,666 154·10^{-3} Gallon *GB*/second
= 15,85 032 Gallon *US*/hour
= 4,402 868·10^{-3} Gallon *US*/second.

2) ...Sekunde
1 ℓ/sec =
= 127,1 328 Cubic foot/hour
= 2,118 880 Cubic foot/minute
= 791,8 893 Gallon *GB*/hour
= 13,19 815 Gallon *GB*/minute
= 951,0 194 Gallon *US*/hour
= 15,85 032 Gallon *US*/minute.

Literatmosphäre

1) Physikalische (l atm), engl. *liter atmosphere.* Veraltet! Seit Ende 1977 nicht gesetzliche Einheit für Energie und Arbeit; definiert gemäß:

Arbeit = Kraft · Weg = Druck · Volumenänderung

1 ℓ atm =
= 1 Liter·1 physikalische Atmosphäre
= 0,0 960 376 Btu
= 24,2 018 Calorie
= 0,0 353 147 Cubic foot-atmosphere
= 0,518 983 cu. foot-pound-force/sq.inch
= 2404,48 Foot-poundal
= 74,7 335 Foot-pound-force
= 3,77 442·10^{-5} Horsepower-hour *GB*
= 3,82 677·10^{-5} PS h
= 101,325 Joule
= 0,101 325 Kilojoule [exakt]
= 10,3 323 Kilopond-meter
= 0,0 281 458 Wattstunde (watt hour).

2) Technische (l at). Veraltet!
1 ℓ at = 98,067 Joule = 10 kp m =
= 0,9 678 ℓ atm = 23,4 307 cal.

Liter-bar

Energieeinheit: 1 l · bar = 100 Joule.

Litron

Altes Hohlmaß aus Frankreich:
1 litron = 0,81 Liter.

Livländisches Pfund

*Liespfund.

Livre

1) [frz. „Pfund“]. Alte französische Handelseinheit, **Poids de Marc*:
1 livre = 2 marc = 16 onces
= 128 gros/drachmes
= 384 deniers/scrupules
= 9216 grains
= 221 184 primes
= 489,5 Gramm.

2) Apothekergewicht (bis 1799):
1 livre = 12 onces = 96 drachmes
= 288 scrupules = 5760 grains
= 367,13 Gramm.

3) Poids usuels (1840–1860, ab 1861):
1 livre = 2 demi-livres
= 4 quarterons = 16 onces
= 128 gros/drachmes = 10 240 grains
= 20 480 demi-grains = 500 Gramm.

4) Livre usuel (1812-1839 und 1861):
1 livre = 4 quarterons

= 16 onces = 128 gros
= 9216 grains = 500 Gramm.
5) Belgien und Luxemburg:
1 livre = 470 bzw. 275 Gramm;
ferner regional abweichend:
433 bis 492 Gramm, später 500 Gramm.
6) Schweiz: 1 livre = 459 bis 550 Gramm.

LMTQP *Cohnsches System

ln
Abkürzung nach ISO 31-11 und DIN 1302 für: natürlicher Logarithmus (zur Basis der Euler-Zahl, $\log_e$).

Lo Index (DIN 1304) für: Last, engl. *load.*

Load
Altes engl. Hohlmaß, v. a. für Getreide. *Last.

Loan
Altes Flächenmaß von den Philippinen:
1 loan = 2,79 Ar.

loang *chang awn.

loc Index (DIN 1304) für: örtlich, lokal.

Loch
Historisch! 1,95 Liter Getreide (Braunschweig).

LOEC
engl. *lowest observed effect concentration.* Konzentration eines Stoffes, die gerade eine Wirkung hervorruft.

Löffel *Küchenmaße

Log
1) Biblisches Hohlmaß aus dem Alten Testament:
1 Log = $^1/_{12}$ Hin = $^1/_4$ Kab
= 0,35 oder 0,506 Liter [je nach Quelle].
2) Talmud: 1 Log = 6 Eier.

log
1) Abkürzung für: allgemeiner Logarithmus; in der „reinen Mathematik" ist der natürliche Logarithmus gemeint: *ln.
2) In den Natur- und Ingenieurwissenschaften und der Computertechnik Abkürzung für [meist]: dekadischer Logarithmus, Briggscher Logarithmus (zur Basis 10, $\log_{10}$). ISO definiert dafür *lg.
3) $\log_a$, Logarithmus zur Basis a.

Logel
Fassmaß für Wein:
1 Logel = 40 Liter (Rheinpfalz).

Lögel (= Lägel)
Altes Hohlmaß für Wein:
1 Lögel = 0,45 bis 0,5 Hektoliter.

Loggeort
O_1, engl. *dead reckoning position.* In der Seefahrt: durch Zeichnung oder Rechnung ermittelter Ort eines Fahrzeuges, von einem bekannten Ort ausgehend unter Berücksichtigung aller vorhersehbaren Einflüsse ausgenommen den Strom (z. B. Meeresströmung).

Loket
Altes Längenmaß aus der Tschechoslowakei (vgl. *Lokiec): 1 loket = 0,593 Meter.

Lokiec
Altes Längenmaß aus Polen:
1 Lokiec = 0,576 Meter.

London mile *Meile.

London-Potential
Beschreibt intermolekulare Wechselwirkungen von Teilchen, z. B. bei der Adsorption von Stoffen auf Oberflächen.

long.
Abkürzung für: *longitude*, geometrische Länge.
Index (DIN 1304) für: longitudinal.

long Hundredweight (l.cwt.)
US-Masseneinheit: *hundredweight.

Longitude *geografische Länge.

long ton (l.tn., tn.l.)
US-Einheit: *ton, *Avoirdupois-System.

long ton-weight
Krafteinheit aus US-Amerika: *ton weight.
In Großbritannien entfällt der Zusatz long.

Lood (= Lot)
Niederländische Masseneinheit:
1 Lood = 10 Wijgtjes =
= 100 Korrels = 10 Gramm.

Looper
Historisch! 91,2 Liter Getreide (Ostfriesland).

L

Tabelle L.7 Rationale und konventionelle Schreibweise. Ausdrücke in Klammern sind veraltet.

	rational (SI-System)	konventionell (cgs-System)
Elektrisches Coulomb-Gesetz	$F = \frac{Q_1 Q_2}{4\pi \varepsilon_0 r^2}$	$\left(F = \frac{Q_1 Q_2}{\epsilon_0 r^2}\right)$
Magnetisches Coulomb-Gesetz	$F = \frac{p_1 p_2}{4\pi \mu_0 r^2}$	$\left(F = \frac{p_1 p_2}{\mu_0 r^2}\right)$
Ebener Winkel	$\left(\varphi = \frac{b}{2\pi r}\right)$	$\varphi = \frac{b}{r}$
Newton-Gravitationsgesetz	$\left(F = \frac{G}{4\pi} \frac{m_1 m_2}{r^2}\right)$	$F = G \frac{m_1 m_2}{r^2}$
Kreisfrequenz	$\omega = 2\pi f$	$(\omega = f)$
Winkelgeschwindigkeit	$v = 2\pi \omega r$	$(v = \omega r)$
Elektrische Erregung	$D = \frac{Q}{4\pi r^2}$	$\left(D = \frac{Q}{r^2}\right)$
Elektr. Erregungsfluss (Kugeloberfläche)	$\Psi = 4\pi D r^2$	$\left(\Psi = D r^2\right)$

Lorentzsches Einheitensystem

Historisch! *Absolutes elektromagnetisches *cgs-System. Das Lorentzsche Einheitensystem basierte auf den „rational" geschriebenen Coulomb-Gesetzen, in denen die Faktoren π, 2π oder 4π Kreis-, Zylinder- oder Kugelsymmetrie berücksichtigten (*rationales Einheitensystem*). Vgl. Tabelle L.7.

Loschmidtsche Zahl (N_L)

1) Anzahl der in einem „Kubikmeter" enthaltenen Teilchen eines Gases, benannt nach dem österreichischen Physiker JOSEPH LOSCHMIDT (1821–1895), *Konstanten.

2) Fälschlich für *Avogadro-Zahl, die Anzahl der in einem Mol eines Stoffes enthaltenen Teilchen: $N_A \approx 6{,}022 \cdot 10^{23}\ \text{mol}^{-1}$.

Löslichkeit

Maß für das *Dissoziationsvermögen einer Substanz in einem Lösungsmittel und die Bildung einer Lösung möglichst ohne unlöslichen Bodensatz.

$$s = \frac{\text{gelöste Stoffmasse (kg)}}{\text{Masse der gesättigten Lösung (kg)}}$$

Löslichkeit, molare

c_L (in mol/ℓ), die in einem Lösungsvolumen maximal lösliche Stoffmenge einer Substanz.

$$c_L = \sqrt[a+b]{\frac{K_L}{a^a b^b}} \quad \text{und} \quad \beta_L = c_L M$$

K_L Löslichkeitsprodukt, β Massenkonzentration (g/ℓ).

Löslichkeitsprodukt

Für ein schwerlösliches Salz $A_a B_b$: das Produkt der Konzentrationen der gelösten Ionen über dem Bodensatz.

$$K_L = [c_{A^{b\oplus}}]^a \cdot [c_{B^{a\ominus}}]^b$$

Solange das Konzentrationsprodukt größer als K_L ist, fällt Niederschlag aus.

loss

engl. „Verlust...".

Lösungen: Größen und Kennzahlen

Ideale Lösungen sind ideal-viskos, inkompressibel, homogen und wechselwirkungsfrei. In *realen* Lösungen treten die Teilchen mit zunehmender Konzentration in Wechselwirkung. Vgl. *Dampfdruck, *Aktivität, *Aktivitätskoeffizient, *Henry-Konstante, *Standardzustand.

Lösungswärme

Enthalpieänderung (ΔH_{sol} in kJ/mol) beim Lösen einer Substanz in einem Lösungsmittel.

Lot

1) Alte Masseneinheit in Nord- und Mitteleuropa, auch für Edelsteine.

1 Lot = 15,6 bis 17,5 Gramm

= 15,6 Gramm (Bayern)
= 16,6 Gramm (Hessen).
2) Qualitätsangabe bei Silberlegierungen, Sechzehntel Silberanteil an der Gesamtmasse (auch „Lötigkeit").
- 16-lötiges Silber = reines Silber;
- 8-lötiges Silber = 50% Silbers.

3) Alte russische Masseneinheit:
1 Lot = 3 Solotnik = 288 Dolja
= 12,797 263 Gramm.

Loti (Mehrzahl: **Maloti**)
Währungseinheit in Lesotho, neben südafrikanischen Rand:
1 Loti (M) = 100 Lisente (s) = 1 Rand = ca. 1/2,6 DM.

Louisdor (= Louis)
[frz. „Goldludwig"]. Wichtigste alt-frz. Goldmünze; um 1640 von LOUIS XIII. nach dem Vorbild der span. Pistole [bis 1793] geprägt; urspr. zu 10 Livres. In Deutschland durch **Augustdor*, *Friedrichsdor* u.a. nachgeahmt; allgemein für nicht-preußische Goldmünzen. *Chevalierdor* = Louisdor mit Malteserkreuzprägung.

Lowry (= Lore)
Altes Gewichtsmaß für Kohle.
1 Lowry = 90 Zentner = 4500 Kilogramm = 4,5 Tonnen = [heute] 10 Tonnen.

Loxodrome
„Kursgleiche", engl. *rhumb line*, in der See- und Luftfahrt: Kurve auf der Erdoberfläche, die alle Meridiane unter gleichem Winkel schneidet; ferner jeder Meridian. Der loxodromische Kurs ist der Winkel zwischen richtungsweisend Nord (True North) und der Loxodrome von A nach B.

l-p Abk. f.: *low-pressure*, Niederdruck...

lpw
Abk. f.: *lumen per watt*, Lumen pro Watt [*US*, international: lm/W].

Lr
Zeichen für das *chem. Element Lawrencium.

ls
Index (DIN 1304) für: oberer Grenzwert, *limes superior*.

LSQ
Abk. f.: *least-squares*, kleinstes Fehlerquadrat.

LTIR, LTMI, LTMQ, LTUI, LTUR
*elektromagnetisches Vierersystem.

LTJΩ *fotometrisches Vierersystem.

Lu
Zeichen für das *chemische Element Lutetium; Index (DIN 1304) für: Luft.

Lübische Mark *Mark.

Lückengrad *Oberfläche.

Ludolphsche Zahl (π, = **Pi**)
Mathematische Konstante, irrationale Zahl. Verhältnis von Kreisumfang zu Kreisdurchmesser:
π = 3,14 159 265 358 979 323 846 264 338...

Ludwigsdor
Ab 1828 in Baden geprägte Goldmünze.

Luftauftrieb *Massebestimmung.

Luftleitfähigkeit
in der atmosphärischen Elektrizitätslehre: die elektrische Leitfähigkeit einer Luftsäule.

L

Lug
Veraltet! Britisches Längenmaß, *Pole:
1 lug = 5,03 Meter.

Lumen (**lm**, EDV: LM)
1) Abgeleitete SI-Einheit des Lichstromes (= Lichtstärke · Raumwinkel); festgelegt als der von einer punktförmigen Lichtquelle der Intensität 1 Candela pro Raumwinkeleinheit gleichmäßig nach allen Richtungen emittierte Strahlungsfluss:
1 Lumen (lm) = 1 Candela·Steradiant (cd sr)
= 1 Centimeter^2·Stilb (cm^{2}sb sr).
2) Internationales Lumen (Ilm). Veraltet! Von der „Internationalen Kerze" abgeleitete Einheit des Lichtstromes:
1 Ilm = 1,019 Lumen = 1,128 Hlm.
3) Hefnerlumen. Veraltet!
1 Hlm = 0,903 lm = 0,886 Ilm.
4) *Fotometrisches Vierersystem.

Lumen pro...
1) ...Centimeterquadrat
1 lm/cm^2 = 10 000 Lux = 1 Phot.
2) ...Square foot
1 lm/sq.ft. = 10,76 391 Lux.
3) ...Meterquadrat
1 lm/m^2 = 1 Lux =
= 0,09 290 304 Lumen/square foot.

4) ...Watt. SI-Einheit der Lichtausbeute (= Lichtstrom/Leistung); festgelegt als der ausgestrahlte Lichtstrom 1 Lumen für 1 Watt aufgewendete Leistung: 1 lm/W = 1 cd sr/W.

Lumensekunde (lm s)

Abgeleitete SI-Einheit der Lichtmenge (= Lichtstrom · Zeit); festgelegt durch eine Ausstrahlung des Lichtstromes 1 Lumen für eine Sekunde:
1 lm s =
= 1 Candela-Steradiant-Sekunde (cd sr s)
= 1 Centimeter^2-Stilb-Sekunde (cm^{2}sb sr s).

Lumenstunde (lm h, lm-h)

Abgeleitete SI-Einheit der Lichtmenge: 1 Lumenstunde = 1 Candela-Steradiant-Stunde (cd sr h).

Luminance engl. „Leuchtdichte".

Lumination engl. „Belichtung".

Luminous engl. „Licht...".

Lunisolarjahr *Kalender.

Lut (= Lot)

Alte polnische Masseneinheit:
1 Lut = 12,47 Gramm.

Lux (lx, EDV: LX, veraltet: Meterkerze)

1) Abgeleitete SI-Einheit der Beleuchtungsstärke gemäß der Definitionsgleichung:

$$\text{Beleuchtungsstärke} = \frac{\text{Lichtstrom}}{\text{beleuchtete Fläche}}.$$

Festgelegt durch den Lichtstrom 1 Lumen, der gleichmäßig verteilt auf die Fläche 1 m^2 fällt:
1 lx = 1 Lumen/Meter^2 =
= 10^{-4} Phot
= 1 Candela-Steradiant/Meter^2
= 10^{-4} Stilb-Steradiant.

2) Internationales Lux (Ilx). Veraltet! Von der „Internationalen Kerze" (IK) abgeleitet:
1 Ilx = 1,019 Lux = 1,128 Hlx.

3) Hefnerlux. Veraltet!
1 Hlx = 0,903 lx = 0,886 Ilx.

Luxembourg

Historische Einheit: *Fudder.
Währung: *Franc.

Luxsekunde (lx s)

Abgeleitete SI-Einheit der Belichtung (= Beleuchtungsstärke · Zeit):
1 lx s = 1 Lux · 1 Sekunde = 1 lm s/m^2
= 1 cd sr s/m^2 = 10^{-4} sb sr s.

LVDT *Längen- und Winkelmessung.

Ly

Alte Längeneinheit aus *Annam:
1 ly = 0,488 Millimeter.

Lyotrope Reihe

oder HOFMEISTER-Reihe. Anordnung von Ionen nach zunehmender Adsorbierbarkeit und biologischer Aktivität.
Kationen: $Na^{\oplus}$, $K^{\oplus}$, $Rb^{\oplus}$, $Cs^{\oplus}$, $NH_4^{\oplus} < Ca^{2\oplus}$, $Mg^{2\oplus} < Zn^{2\oplus} < Al^{3\oplus} < Hg_2^{2\oplus}$, $Ag^{\oplus}$, $H^{\oplus}$.
Anionen: $O^{2\ominus}$, $HPO_4^{\ominus}$, $Cl^{\ominus} < Br^{\ominus}$, $S^{2\ominus} < NO_3^{\ominus} < I^{\ominus} < SCN^{\ominus} < OH^{\ominus}$.

M

Formelzeichen

Physikalische Größe	Symbol	Einheit		Definition
Masse mass	m	kg		
Effektive Masse effective mass	m^*	kg		siehe μ
längenbezogene Masse, Massenbelag mass per unit length	m'	kg/m		$m' = m/l$
Massenbedeckung mass per unit area	m''	kg/m^2		$m'' = m/A$
Drehmoment torque (about a point)	M	N m	$= m^2\,kg\,s^{-2}$	$\vec{M} = \vec{r} \times \vec{F}$
Biegemoment bending strain	M_b	N m	$= m^2\,kg\,s^{-2}$	
Magnetisierung magnetization	$\vec{M}$	A/m		$\vec{M} = \frac{\vec{J}}{\mu_0} = \frac{\vec{B}}{\mu_0} - \vec{H}$
magnetisches Moment magnetic (area) momentum	$\vec{m}, \vec{m}_A$	A m^2	$= J/T$	(nach Ampère)
Elektromagnetisches Moment electromagnetic momentum	$\vec{m}, \vec{m}_C$	$Wb\,m = V\,s\,m = kg\,m^3 s^{-2} A^{-1}$		(nach Coulomb)
Anzahl der Phasen od. Stränge number of phases	m	–	$= 1$	
Massenstrom mass flow (rate)	$\dot{m}$	kg/s		$\dot{m} = \frac{dm}{dt}$
Molalität molality	$(m), b$	mol/kg		*Konzentration
Mittlere Molalität average ionic molality	$m_\pm$	mol/kg		$m_\pm = \sqrt{m_\oplus + m_\ominus}$
Spezifische Ausstrahlung radiant energy density, radiant exitance emitted radiant flux, luminous emittance	M, M_e	W m^{-2}	$= lm/m^2 = kg\,s^{-3}$	*Fotometrie
spektrale spezif. Ausstrahlung spectral radiant exitance	M_λ	W m^{-3}	$= m^{-1} kg\,s^{-3}$	
Elektronenruhemasse electron rest mass	m_e	kg		*Konstanten
Atomare Masseneinheit atomic mass constant	m_u	kg		$m_u = \frac{m_a(^{12}C)}{12}$
molare Masse, „Molmasse“ molar mass	M	kg/mol		$M_i = m_i/n_i$
Molmassenmittel average molar masses				
– massenbezogen mass-average	M_m	kg/mol		$M_m = \frac{\sigma n_i M_i^2}{\sigma n_i M_i}$
– teilchenbezogen number-average	M_n	kg/mol		$M_n = \frac{\sigma n_i M_i}{\sigma n_i}$

– Z-Mittel Z-average	M_Z	kg/mol		$M_Z = \frac{\sigma n_i M_i^3}{\sigma n_i M_i^2}$
Madelung-Konstante Madelung constant	$\mathcal{M}, \alpha$	–	= 1	*Ionenbindung
Wanderlänge migration length	M	m		
Wanderfläche area of migration	M^2	m		
Übergangsdipolmoment transition dipole moment	$\vec{M}$, $(\vec{R})$	C m	= m s A	$\vec{M} = \int \psi' p \psi'' \mathrm{d}r$
Magnetische Quantenzahl magnetic quantum number	m, M	–	= 1	

M, μ(My)

reduzierte Masse reduced mass	μ	kg		$\mu = \frac{m_1 m_2}{m_1 + m_2}$
Reibungszahl friction coefficient	μ, (f)	–	= 1	$F_R = \mu F_n$
Poisson-Zahl Poisson number	μ, ν	–	= 1	
Elektrisches Dipolmoment electric dipole moment	μ, $\vec{p}$	C m	= m s A	
Ladungsträgerbeweglichkeit mobility	(μ)	$m^2 V^{-1} s^{-1}$	$= kg^{-1} s^3 A$	siehe *u*
Magnetisches Dipolmoment magnetic dipole moment	$\vec{\mu}$	$A\,m^2 = J/T = m^2 A$		vgl. $\vec{m}$
Permeabilität permeability	μ	$H/m = N/A^2 = \frac{V\,s}{A\,m} = \frac{m\,kg}{s^2 A^2}$		$\vec{B} = \mu \vec{H}$
magnetische Feldkonstante absolute permeability of vacuum, magnetic constant	μ_0	$H\,m^{-1}$	$= m\,kg\,s^{-2} A^{-2}$	$\mu = \mu_0 \mu_r$
Permeabilitätszahl relative permeability	μ_r	–	= 1	
Thomson-Koeffizient Thomson coefficient	$\mu, (\tau)$	V/K	$= m^2\,kg\,s^{-3} A^{-1} K^{-1}$	
Joule-Thomson-Koeffizient Joule-Thomson coefficient	μ, μ_{JT}	K/Pa	$= m\,kg^{-1} s^2 K$	$\mu = \left(\frac{\partial T}{\partial p}\right)_H$
Chemisches Potential (in Phase α) chemical potential in phase α	$\mu_i^{(\alpha)}$	J/mol	$= m^2 kg\,s^{-2} mol^{-1}$	$\mu_i = \left(\frac{\partial G}{\partial n_i}\right)_{T,p,n_{j \neq i}}$
Chemisches Standard-Potential standard chemical potential	μ^0	J/mol	$= m^2 kg\,s^{-2} mol^{-1}$	
Elektrochemisches Potential electrochemical potential	$\tilde{\mu}_i$	J/mol	$= m^2 kg\,s^{-2} mol^{-1}$	
Bohr-Magneton Bohr magneton	μ_B	J/T	$= m^2 A^{-1}$	$\mu_B = \frac{e\hbar}{2m_e}$
Kernmagneton nuclear magneton	μ_N	J/T	$= m^2 A^{-1}$	$\mu_N = \frac{m_e}{m_p} \mu_B$
Linearer Schwächungskoeffizient rejection ratio	μ	–	= 1	

Atomarer Schwächungskoeffizient atomic rejection ratio	μ_a	m^2
Massenschwächungskoeffizient mass rejection ratio	μ_m	m^2/kg

M
1) Abkürzung für *Maxwell; römisch 1000; griech. My („M" oder Zahlzeichen: 40); M, м kyrill. M, m.
2) Chemie: Molarität (M), molar (durch mol/ℓ ersetzt).
3) Luftfahrt: Mars.
4) Mathematik: Modul des Logarithmensystems zur Basis a; $M_a = [\ln a \, M\, 10]^{-1} = \lg e = (\ln 10)^{-1}$

m
1) Abkürzung für: Meter, Milli, Mittel...;
2) [Index, DIN 1304] molar, stoffmengenbezogen; in der Strömungslehre: Moment.
3) Chemie: meta-, Substitution in 1,3-Stellung am aromatischen System.
4) Astronomie: Minute (^{m}).

μ griech. my („m"); Vorsatz für: Mikro...

mA (*US* fälschlich: **ma, mamp)**
Abkürzung für: Milliampere.

Maal
Altes Flächenmaß aus Norwegen:
1 maal (mål) = 10 Ar.

Maass *Maß, *Immi, *Pot.

Maatje
Altes Volumenmaß aus den Niederlanden:
1 maatje = 0,1 Liter.

Macao *Pataca.

Mace
Gewicht aus China: 1 Mace = 3,8 Gramm.

Mache-Einheit (ME)
Veraltet! Einheit in der Bäderkunde für den Gehalt an Radiumemanation (= Radon) in der Luft und im Wasser (Heilquellen), benannt nach dem österreichischen Physiker HEINRICH MACHE (1876–1954), gemessen als den durch Radioaktivität in einer Ionisationskammer erzeugten Sättigungsstrom 0,001 esu:
1 ME = $3{,}64 \cdot 10^{-10}$ Curie/Liter.

Mach-Zahl (Ma, M)
In der Strömungsmechanik und Luftfahrt: Kennzahl der Dimension 1, Quotient des Betrages der örtlichen Strömungsgeschwindigkeit im Verhältnis zur Schallgeschwindigkeit ($Ma = v/c$); benannt nach dem Physiker und Philosophen ERNST MACH (1838–1916):
Mach 1 = ca. 340 m/s = 1200 km/h;
Mach 2 = ca. 680 m/s = 2400 km/h.

mad Index (DIN 1304) für: nass, lat. *madidus*.

Madda
Altes Längenmaß aus Äthiopien:
1 Madda = 5 Meter.

Madeira-Pipa *Pipe.

mag Index (DIN 1304) für: magnetisch.

Magjar
Altes Gewicht aus Ägypten:
1 Magjar = 3,5 Gramm.

Magn
Veraltet! Einheit der absoluten Permeabilität in der ehemaligen UdSSR vor Einführung des MKSA-Systems:
$1 \text{ Magn} = 1 \frac{\text{Newton}}{\text{Ampere}^2} = 1 \frac{\text{Henry}}{\text{Meter}}$.

Magnetische Einheiten und Größen
Vgl. *elektrische Spannung, *Feld, *Flussdichte, *Henry, *magnetische Stoffkennzahlen, *Permeabilität, *Suszeptibilität, *Tesla, *Weber und nachfolgende Tabellen.
SI-Einheiten:
T (Tesla) = $Wb/m^2 = V\,s\,m^{-2} = kg\,A\,s^{-2}$,
Wb (Weber) = Vs,
H (Henry) = Wb/A = $kg\,m^2 A^2 s^{-2}$.
Veraltete Einheiten!
1 Oe (Oersted) = 79,5 775 A/m,
1 M (Maxwell) = 10^{-8} W,
1 G (Gauß) = 10^{-4} T.

M

Tabelle M.1: Vom **magnetischen Fluss** abgeleitete Größen ($\vec{s}$ vektorieller Abstand zwischen den Polen von Plus nach Minus.).

magnetischer Fluss = Magn. Induktion · Fläche	$\Phi = \int_A \vec{B}\,\mathrm{d}\vec{A}$	$\mathrm{Wb} = \mathrm{V\,s}$
Flussänderung = $\frac{\text{magnetischer Fluss}}{\text{Zeit}}$	$\dot{\Phi} = \frac{\mathrm{d}\Phi}{\mathrm{d}t}$	$\mathrm{V} = \frac{\mathrm{Wb}}{\mathrm{s}}$
magnetisches Vektorpotential $\vec{A}$ (in Wb/m)	$\vec{B} = \mathrm{rot}\,\vec{A} = \begin{vmatrix} \vec{i} & \vec{j} & \vec{k} \\ \frac{\partial}{\partial x} & \frac{\partial}{\partial y} & \frac{\partial}{\partial z} \\ A_x & A_y & A_z \end{vmatrix}$	
magnetische Flussdichte (Induktion) = $\frac{\text{magn. Fluss}}{\text{Fläche}}$	$\vec{B} = \frac{\int U\,\mathrm{d}t}{N\,A} = \mu_0 \mu_\mathrm{r} \vec{H}$	$\mathrm{T} = \frac{\mathrm{Wb}}{\mathrm{m}^2} = \frac{\mathrm{V\,s}}{\mathrm{m}^2}$
– Normalkomponente (⊥ Magnetfeld)	$B_\mathrm{n} = \frac{\mathrm{d}\Phi}{\mathrm{d}A} = B \cdot \cos(\vec{B}, \vec{B}_\mathrm{n})$	
magnetisches Moment (coulombsches) = magnetischer Fluss · Weg	$\vec{m}_\mathrm{c} = \Phi \vec{s}$	$\mathrm{Wb\,m} = \mathrm{V\,s\,m}$
magnetischer Leitwert (Permeanz) = $\frac{\text{magnetischer Fluss}}{\text{magnetische Spannung}}$	$\Lambda = \frac{\Phi}{V}$	$\mathrm{H} = \frac{\mathrm{Vs}}{\mathrm{A}} = \Omega\,\mathrm{s}$
magnetischer Widerstand (Reluktanz) = $\frac{\text{magnetische Spannung}}{\text{magnetischer Fluss}}$	$R_\mathrm{m} = \frac{V}{\Phi}$	$\mathrm{H}^{-1} = \Omega^{-1}\mathrm{s}^{-1}$
elektromagnetische Verkettung = $\frac{\text{magnetischer Fluss}}{\text{Spannungsstoß}}$	$\gamma = \frac{\Phi}{U\,t} = \frac{I}{V}$	$\frac{\mathrm{Wb}}{\mathrm{V\,s}}$
elektromagnetischer Wellenwiderstand = $\frac{\text{magn.Fluss}}{\text{Ladung}}$	$Z = \frac{\Phi}{I\,t}$	$\Omega = \frac{\mathrm{Wb}}{\mathrm{C}}$

Tabelle M.2: Von der **magnetischen Spannung** abgeleitete Größen.

magnetische Spannung = $\frac{\text{Arbeit}}{\text{magnetischer Fluss}}$	$V = \frac{W}{\Phi} = \int_1^2 \vec{H}\,\mathrm{d}\vec{s}$	$\mathrm{A} = \frac{\mathrm{J}}{\mathrm{Wb}}$
magnetische Urspannung = Strom · Windungszahl	$V = I \cdot N$	A
magnetische Feldstärke (Erregung) = $\frac{\text{magnetische Spannung}}{\text{Abstand}}$	$H = \frac{V}{d}$	$\frac{\mathrm{A}}{\mathrm{m}} = \frac{\mathrm{J}}{\mathrm{Wb\,m}}$
elektrische Durchflutung	$\Theta = \int_A \vec{j}\,\mathrm{d}\vec{A} = \overset{\circ}{V}$	A
Durchflutungsgesetz:	$\Theta + \int_A \dot{D}\,\mathrm{d}\vec{A} = \oint \vec{H}\,\mathrm{d}\vec{s}$	
Verschiebungsstromdichte, Verschiebungsdichteänderung	$\dot{D} = \frac{\partial \vec{D}}{\partial t}$	$\mathrm{A\,m}^{-2}$

Tabelle M.3: Von der **magnetischen Polarisation** abgeleitete Größen.

magnetische Polarisation = $\frac{\text{magnet. Moment}}{\text{Volumen}}$	$\vec{J} = \frac{\vec{m}_\mathrm{c}}{V} = \vec{B} - \mu_0 \vec{H}$	$\mathrm{T} = \frac{\mathrm{Wb}}{\mathrm{m}^2} = \frac{\mathrm{V\,s}}{\mathrm{m}^2}$
– für Para- und Diamagnetika:	$\vec{J} = \chi_\mathrm{m} \mu_0 \vec{H}$	
– Magnetische Induktion im Vakuum	B_0	T
– engl. *intrinsic induction*	$\vec{B}_\mathrm{i} \equiv \vec{J}$	
Magnetisierung	$\vec{M} = \vec{H} - \vec{H}_0 = \frac{\vec{B}}{\mu_0} - \vec{H}_0 = \frac{\vec{J}}{\mu_0} = \chi_\mathrm{m} H$	A/m
elektromagnetisches Moment (Amperesches magnet. Moment) = Pol-stärke · Pol-abstand	$\vec{m} = p\vec{s} = \frac{\Phi \vec{s}}{\mu_0} = \vec{M}\,V$	$\mathrm{A\,m}^2 = \mathrm{J/T}$
magnetische Suszeptibilität	$\chi_\mathrm{m} = \frac{M}{H} = \frac{B - B_0}{B} = \mu_\mathrm{r} - 1$	

magnetische Massensuszeptibilität, spezifische Suszeptibilität	$\kappa = \chi_m/\varrho$	m^3/kg
molare Suszeptibilität„Molsuszeptibilität“	$\kappa_m = \chi_m M/\varrho$	m^3/mol
Permeabilität	$\mu = \mu_0 \mu_r$	H/m
Permeabilitätszahl	$\mu_r = \dfrac{B}{B_0}$	(Dim. 1)
Permeabilitätskonstante, magnetische Feldkonstante $= \dfrac{\text{magnet. Flussdichte}}{\text{magnet. Feldstärke}}$	$\mu_0 = \dfrac{\lvert\vec{B}_0\rvert}{\lvert\vec{H}_0\rvert}$	$\dfrac{\mathrm{V\,s}}{\mathrm{A\,m}} = \dfrac{\mathrm{Wb}^2}{\mathrm{J\,m}}$

Magnetische Feldkonstante

*Konstanten, *Permeabilität.

Magnetische Feldstärke

*magnetische Einheiten und Größen.

Magnetisches Flussquantum

*Konstanten.

Magnetisches Moment

*Moment, *Konstanten.

Magnetische Spannung

*Magnetische Einheiten und Größen. Das Linienintegral der magnetischen Feldstärke $\vec{H}$ längs eines Weges. *Magnetische Umlaufspannung* $\mathring{V}$ ist die magnetische Spannung entlang eines geschlossenen Weges, d. h. wenn Anfangs- und Endpunkt zusammenfallen. Vgl. *Feldgrößen.

Magnetische Stoffkennzahlen

Im Magnetfeld richten sich Moleküle mit einem magnetischen Dipolmoment aus und erhöhen dadurch die Kraftflussdichte. Die magnetischen Dipolmomente aller Molekülbausteine summieren sich zum permanenten magnetischen Moment $\vec{m}$ des Moleküls. Nach der *Permeabilitätszahl und *Suzeptibilität werden unterschieden: *Diamagnetika, *Ferromagnetika, *Paramagnetika.

Für **nichtlineare magnetische Stoffe** definiert DIN 1325:

- *Magnetische Zustandskurve.* Magnetische Flussdichte $B(H)$ oder magnetische Polarisation $J(H)$ in Abh. der Magnetfeldstärke H.
- *Neukurve.* Vom unmagnetischen Zustand ($H = 0, B = J = 0$) ausgehende Zustandskurve.
- *Magnetische Sättigung.* Ändert sich mit zunehmender Magnetfeldstärke die Polarisation nicht mehr merklich, heißt die näherungsweise konstante Polarisation in diesem Gebiet *Sättigungspolarisation*: J_s.
- *Hystereschleife.* Die Zustandskurve wird zwischen zwei entgegengesetzt gleich großen Feldstärkewerten zyklisch durchlaufen, wobei ein auf- und ein absteigender Kurvenast entsteht. Zwischen den Ästen liegt die *Hysteresefläche.*
- *Rayleigh-Schleife.* Bei sehr kleinen Feldstärkewerten verlaufen geringe Zustandsänderungen in der Umgebung eines magnetischen Zustandspunktes reversibel und die Hysteresekurve bildet eine schräg liegende Lanzette.
- *Grenzschleife.* Im Bereich der magnetischen Sättigung auftretende *äußerste Hystereseschleife*.
- *Magnetische Remanenzflussdichte.* Stoffkonstante in der Grenzschleife: Wert der Flussdichte $B_r = J_r$ bei $H = 0$.
- *Koerzitivfeldstärke* der magnetischen Polarisation bzw. der magnetischen Flussdichte. Stoffkonstante in der Grenzschleife: der bei $J = 0$ bzw. $B = 0$ vorhandene Wert der Feldstärke H_c.
- *Anfangspermeabilität* μ_a. Neigung der $B(H)$-Kurve im Anfangspunkt der Neukurve.
- *Totale Permeabilität.* Die Neigung der Ursprungsgeraden an einen Punkt der $B(H)$-Zustandskurve: $\mu = B/H$.
- *Totale Suszeptibilität.* Die Neigung der Ursprungsgeraden an einen Punkt der $J(H)$-Zustandskurve: $\chi_m = J/H$.
- *Differentielle Permeabilität.* Die Steigung der $B(H)$-Zustandskurve: $\mu = \mathrm{d}B/\mathrm{d}H$. Ohne unmittelbare technische Bedeutung.
- *Reversible Permeabilität.* In einer Rayleigh-Schleife die Steigung der Verbindungsgeraden der Lanzettenspitzen: $\mu_{rev} = \Delta B/\Delta H$.

• *Überlagerungspermeabilität* μ_Δ. Reversible Permeabilität bei Weicheisen, wenn dem magnetischen Zustand eine reversible Zustandsänderung überlagert ist.

• *Permanente Permeabilität* μ_p und *Permanente Polarisation* $\vec{J}_p$. Bei stabilisierten Permanentmagneten folgen die reversiblen Zustandsänderungen näherungsweise dem linearen Zusammenhang: $\vec{B} = \mu_p \vec{H} + \vec{J}_p$.

Magnetische Suszeptibilität

*magnetische Einheiten, *Suszeptibilität.

Magnetisierung

Das Produkt aus magnetischer Suszeptibilität und Feldstärke; die räumliche Dichte der magnetischen Flächenmomente. Vgl. *magnetische Einheiten, *Permeabilitätszahl.

$$\vec{M} = \frac{dm}{dV} = \frac{1}{\mu_0}\frac{dj}{dV} \quad \text{in: } \frac{A}{m}$$

m magnetisches (Flächen-)Moment, $\vec{j} = \mu_0 \vec{m}$ magnetisches Dipolmoment, V Volumen.

Magnetkompassablenkung *Deviation.

Magnetmenge *CGS-M.

Magnetomotorische Kraft *Gilbert.

Magnetostriktion

*Ferromagnetische Stoffkennzahlen.

Magnitude (M)

Maß für die *Erdbebenstärke.

Mahmudi (= Mamudi)

Alte Münze aus Persien um 1900.

MAK

Maximale Arbeitsplatzkonzentration. Nach TRGS 90: die höchstzulässige Konzentration eines Arbeitsstoffes als Gas, Dampf oder Schwebstoff in der Luft am Arbeitsplatz, der die Gesundheit der Beschäftigten i. a. nicht beeinträchtigt und unangemessen belästigt; Durchschnittswert über Zeiträume bis zu einem Arbeitstag oder einer Arbeitsschicht bei:

• wiederholter und langfristiger, i.d.R. täglich 8-stündiger Exposition bei einer durchschnittlichen Wochenarbeitszeit von 40 Stunden,

• in Vielschichtbetrieben 42 Stunden pro Woche im Durchschnitt von vier aufeinanderfolgenden Wochen.

Umrechnung von Massenanteilen in Volumenanteile (bei 20 °C, 101325 Pa):

$$\frac{MAK}{mg/m^3} = \frac{M}{V_m}\frac{MAK}{m\ell/m^3}$$

M molare Masse (g/mol), V_m molares Volumen (ℓ/mol) des Gefahrstoffes.

Makron *Astron.

Makuk

Altes Volumenmaß aus Syrien:
1 makuk = 800 Liter.

Makuta

Afrikanische Silber- oder Kupfermünze, Währungseinheit in *Zaire.

Malakka

Historische Einheiten auf der Malaiischen Halbinsel (Birma, Thailand, Malaysia, vgl. *Straits Settlements): *asta, *jumba.

Malawi Währung *Kwacha.

Malaysia Währung *Ringgit.

Malediven Währung *Rufiyaa.

Mali Währung *Franc.

Malignitätsgrad

Medizin: Bösartigkeit einer Geschwulst..
1 = ähnlich zum Muttergewebe,
4 = niedrige Differenzierung (Anaplasie).

Malouah

Alte Volumeneinheit aus Ägypten:
1 malouah = 4,12 Liter.

Malter

1) Altes Hohlmaß für Getreide, in Braunschweig *Molt* genannt:
1 Malter = 1,5 Hektoliter (Baden)
= 2,804 Hektoliter (Braunschweig)
= 1,87 Hektoliter (Hannover)
= 1,28 Hektoliter (Großhgtm. Hessen)
= 6,43 Hektoliter (Kurfürstt. Hessen)
= 6,955 Hektoliter (Preußen)
= 12,48 Hektoliter (Sachsen)
= 1,5 Hektoliter (Schweiz).

2) Altes Raummaß für Brennholz:
1 Malter = ca. 1,86 bis 1,99 Meter^3.

Maltesisches Pfund *Pfund.

MALTOW

Abk. der Luftfahrt: *maximum allowable take off weight*, höchstzulässige Startmasse.

Malzlast

Historisch! 48,6 Liter Getreide (Danzig)

mamp *US*-Abk., falsch für: *mA.

Män

1) Altes Gewicht aus Persien:
1 Män = 4,608 bzw. 2,94 Kilogramm.
2) Altes Hohlmaß aus Persien:
1 Män = 7 bis 9 Liter.

Manat

1) Währungseinheit in Aserbaidschan (seit 1991 unabhängig; ehemals Sowjetunion; autonome Regionen Berg-Karabach und Nachitschewan):
1 Manat (A.M.) = 100 Gepik = ca. $^1/_{2400}$ DM.
2) Währungseinheit in Turkmenistan (seit 1991 unabhängig, ehemals Sowjetunion):
1 Manat (TMM) = 100 Tenge = ca. $^1/_{2409}$ DM.

Mandel (Mdl)

[mittellat. *mandala*, „Bündel, Garbe", zu lat. *manus*, „Handvoll"]. Altes norddeutsches Zählstückmaß:
1 Mandel = $^1/_4$ Schock = 15 Stück.
1 große Mandel (*Bauernmandel*) = 16 Stück.

Manillas

Früher Geldersatz an der afrikanischen Goldküste: kleine, aus Europa eingeführte Eisenstäbchen und -ringe. Heute Rarität.

Män-i-shah

Altes Gewicht aus Persien:
1 Män-i-shah = 5,9 Kilogramm.

Mannsmahd

*Joch.

Manometer (Druckmeßgeräte)

1) Quecksilbermanometer. Beidseitig offenes U-Rohr für Differenzdruckmessungen. Das Fluid A steht im einen Schenkel, der Atmosphärendruck wirkt auf den anderen. $\varrho g h$ ist der hydrostatische Druck.

$$p_A = (h_{Hg}\varrho_{Hg} - h_A\varrho_A)\, g \overset{\text{Gase}}{\approx} \varrho_{Hg} g h_{Hg}$$

g	örtliche Fallbeschleunigung
h_A, h_B	Höhe der Fluidsäule
h_{Hg}	Höhenunterschied
p_A	Druck des Fluids
ϱ_{Hg}	Dichte von Quecksilber

Quecksilber (Hg) als Sperrflüssigkeit für Vakuum und große Druckdifferenzen; für kleine Druckdifferenzen eignen sich auch Alkohol, Wasser oder CCl_4.

2) Differentielles U-Rohr: zur Messung des Differenzdruckes eines Fluids vor (Ort A) und hinter (B) einer Rohrverjüngung:

$$p_A - p_B = [h_{Hg}(\varrho_{Hg} - \varrho_A) + h_A\varrho_A - h_B\varrho_B]\, g$$

3) U-Rohr zur Differenzdruckmessung zwischen zwei Vorratsbehältern (A und B) desselben Fluids F, die nur durch das Manometer verbunden sind. Das Manometerfluid (z. B. Quecksilber) ist dichter als F:

$$p_A - p_B = (h - h_0)\left(\varrho_{Hg} - \varrho_F + \frac{A_{Hg}}{A_F}\varrho_{Hg}\right) g$$

A_{Hg} Querschnitt des U-Rohres (m^2)
A_F Querschnitt der Vorratsbehälter (m^2)
h Höhenunterschied des Quecksilberspiegels mit bedruckten Vorratsbehältern (drucklos h_0).
ϱ_F Dichte des Fluids (g/cm^3)
ϱ_{Hg} Dichte des Manometerfluids

4) Geneigte Säule oder geneigtes U-Rohr. Der abgelesene Skalenstand h'_{Hg} wird mit der Manometer-Neigung gegen die Horizontale φ zum effektiven Höhenunterschied $h'_{Hg} \sin\varphi$ verrechnet und in die obigen Gleichungen statt h_{Hg} eingesetzt.

5) Metallmanometer (Röhrenfedermanometer, Bourdonsche Röhre).

Mansus

*Hufe.

manu(s)

*Mine, *Mandel.

Manzana

1) Altes Flächenmaß in Spanien u. Argentinien:
1 Manzana = 10 Varas cuadradas = 7,5 Meter^2.
= 1 Hektar (Argentinien)
= 0,696 Hektar (Costa Rica, El Salvador, Guatemala)
= 0,6 972 Hektar (Honduras)
= 0,705 Hektar (Nicaragua).

Mao

Altes Handelsgewicht in portugiesisch Indien:
1 Mao = 11 Kilogramm.

Maravedi

Von den Mauren nach Spanien gebrachte Gold- oder Silbermünze, 1848 durch den Real ersetzt.

Marc

1) *Poids de marc*, Pariser *Markgewicht. Als Handelsgewicht bis 1799 und teilweise länger im Gebrauch:
1 livre = 2 marc = 16 once = 128 gros
= 128 drachme = 384 denier = 384 scrupule

= 9216 grain = 221 184 primes
= 489,5 Gramm.
2) Altes *Münzgewicht aus Frankreich:
1 marc = 244,753 Gramm.

Marco

Altes Gewicht für Edelmetalle aus Spanien, Portugal und Lateinamerika:
1 Marco = ca. 230 Gramm =
= 8 Onzas (Argentinien, Spanien)
= 8 Onças (Brasilien)
= $^1/_2$ Arràtel (Portugal)
= $^1/_2$ Libra (Portugal)
= 128 Adarmes (Spanien).

Marhala

Alte Längeneinheit aus Arabien:
1 marhala = 38,6 Kilometer.

Marhale

Altes Wegemaß aus der Türkei:
1 Marhale = 45,464 Kilometer.

Maria-Theresien-Taler (= Levantetaler)

Seit 1753 in Österreich geprägte Silbermünze mit dem Bildnis Maria Theresias, im 19./20. Jh. im Afrika- und Orienthandel gültig.

Mariengroschen

Ab 1505 geprägte Silbermünze mit Marienbild; weit verbreitet in Niedersachsen und Westfalen.

Mark

1) [nhd. *marc, marke*, „amtlicher Silber- oder Goldbarren"]. Im Heiligen Römischen Reich Deutscher Nation verdrängte die Mark seit dem 11. Jahrhundert das Pfund als Edelmetall- und Münzgewicht.
1 Mark (Hl. Röm. Reich) =
= $^1/_2$ Pfund = 8 Unzen
= 16 Lot = 64 Quäntchen (Silber)
= 24 Karat (Gold) = 288 Grän (Gold).
Die *raue Mark* war prägungsfähiges, legiertes Münzmetall; die *feine Mark* oder *lötige Mark* das reine Edelmetall und ergab 160 Pfennige [10./11.Jh.], später durch Kupferzulegierung erheblich mehr. Es blieb: 1 *Zählmark* = 160 Pfennige. Die Kölner Mark war *Münzgewicht des Deutschen Reiches (*As).
1 Mark =
= 233,812 Gramm (*Kölner Mark*, ab 1524)
= 233,855 Gramm (Kölner Mark, Dt. Zollverein bis 1857)
= 237,52 Gramm (*Nürnberger Mark*)
= 235,4 Gramm (Erfurt)
= 246,084 Gramm = 5120 As (Niederlande, *Troymark*)
= 244,753 Gramm (Pariser *marc)
= 233,855 Gramm = 4608 As (Preußen, *Vereinsmark*)
= 233,947 [urspr. 280,668] Gramm = 4824 Dukatenas (*Wiener Mark*, ab 1764).
2) Als gemeinsame Handels- und Rechnungsmünze nahmen die Kaufleute die lübische Mark (Hansestädte) und die Kölner Mark (Rheinland und Süddeutschland).

- 1 Kölner Mark =
= 8 Unzen
= 16 Lot (Altlot Feinsilber)
= 64 Quäntchen
= 256 Pfennig = 512 Heller
= 4020 Kölnische As = 4352 Äschen
= 65 536 Richtpfennig
= $27^5/_8$ bzw. $27^3/_4$ Hamburger *Bancomark* (Rechnungsmünze seit 1770 für Ein- bzw. Auszahlungen).
- 1 lübische Mark [seit 1502/6] =
= 16 Schillinge (in Dänemark: *skilling*)
= 192 Pfennige
= 32 Groot (Oldenburg, Bremen)
= 23 Stüber (Jever)
= 8 Öre (Schweden [1536–1776]).
- 1 Aachener Mark =
= 6 Groschen (*Albus*, Rechnungsmünze)
= 24 Aachener Heller [seit 1615]
= $^1/_{54}$ Reichstaler [18. Jh.].

3) Nach Reichsgründung (1871) kam die Goldwährung (1873) und die *Reichsmark* mit 100 Pfennigen. Gesetzliche Zahlungsmittel waren Goldstücke [bis 1877/78] und Silbermünzen bis 5 Mark; *Krone* (= 10 Goldmark) und *Doppelkrone* (= 20 Mark); *Taler* und Vereinstaler [bis 1907]: Goldmünzen des Kaiserreichs bis 1938. Mit Anfang des Ersten Weltkrieges entfiel die Goldeinlösepflicht und die *Papiermark* verfiel. *Rentenmark* (13.10.1923–11.10.1924): provisorisch zur Stabilisierung der Währung; einlösbar in verzinsliche, auf Gold lautende Rentenbankscheine über 2,4 Mrd. Mark (je zur Hälfte

als Kredite für das Reich und die Privatwirtschaft seit 15.11.1923); gedeckt durch Grundschuld auf den gesamten landwirtschaftlichen Besitz. Ein US-Dollar entsprach 4,2 Billionen Papiermark (20.11.1923).
Reichsmark (30.08.1924–21.06.1948), in Gold oder Devisen einlösbar, Entwertung ab 1936 wegen „geräuschloser" Rüstungsfinanzierung:
1 Reichsmark RM =
= 100 Reichspfennige (Rpf)
= 1 Rentenmark
= 1 Billion Papiermark [ab 20. Okt. 1923]
= 0,358 423 g Gold [Apr.1930–Jul.1931].
4) Deutsche Mark (DM, Isocode: `DEM`)
1 DM = 100 Pfennig = 0,51129 Euro.
Eingeführt mit der Währungsreform am 21. Juni 1948. Seit Ende der 70er Jahre rückte die DM neben dem Dollar und Yen zu einer der wichtigsten Weltreservewährungen auf. Im Jahr 2002 soll der *Euro* die DM ablösen.
5) Mark der DDR (M), in der sowjetischen Besatzungszone vom 26. Juni 1948 bis 1990.
6) Finnmark, Markka Isocode: `FIM`)
1 Fmk = 100 Penniä (p) = ca. 1/3 DM.

Markgewicht *marc, *livkre, *poids de marc.

Marktscheffel
Historisch! 547,6 Liter Getreide (Fürstentum Schwarzburg-Rudolstadt).

Marok
Altes Längenmaß aus Ungarn:
1 marok = 10,54 Centimeter.

Marokko
Historische Einheiten: *fanega = sahh, *tomini.

Marschrute
Historisch! 4,0 Meter (Norddtl.)

März *Monatsnamen.

Maschenweite
1) DIN 4188-Siebreihe (1957): „lichte Maschenweite in mm" auf Basis der Maschenweite 1 mm und dem Siebskalenkoeffizient $\sqrt[4]{2}$. DIN 1171 von 1926 definierte die „Siebnummer = Maschen je cm oder cm²".
2) IMM-Siebreihe (Institution of Mining and Metallurgy): „Siebnummer = Maschen je Inch" (mesh).

Tabelle M.4: Gebräuchliche Siebreihen und Maschenweiten.

DIN 4188 (mm)	ASTM E11-70 (mesh)	ASTM E161-70 (mesh)	BS 410:1969 (μm)	Tyler (mesh)
0,022		22		
0,032		32		
	400	38	38	400
0,045	325	45	45	325
0,063	230	63	63	250
0,09	170	90	90	170
0,125	120	125	125	115
0,18	80		180	80
0,25	60		250	60
0,355	45		355	42
0,5	35		500	32
0,71	25		710	24
1	18		1 000	16
1,18	16		1 180	14
1,4	14		1 400	12
2	10		2 000	9
2,8	7		2 800	7
4	5		4 000	5
5,6	3,5"		5 600	3,5

3) Standard-Siebreihe: ASTM (American Society of Testing Materials), USBS (Bureau of Standards): Siebnummer = Maschen/Inch.
4) Tyler-Siebreihe (USA, Südafrika u. a.): „Siebnummer = Maschen je inch" auf Basis von 2000 Maschen je inch ≙ 0,074 mm lichte Maschenweite, Siebskalenkoeffizient $\sqrt{2}$, für Zwischensiebe $\sqrt[4]{2}$.

Mäshk
Altes Hohlmaß aus Persien:
1 Mäshk = 15 bis 20 Liter.

mass engl. „Masse, Massen...".

Maß
1) Logarithmisches Verhältnis von Leistungs- oder Feldgrößen gleicher Dimension.

$$a_P = 10 \lg \frac{P_{in}}{P_{out}} \text{ dB} = \frac{1}{2} \ln \frac{P_{in}}{P_{out}} \text{ Np}$$

Beispiele: *Dämpfungsmaß, *Übertragungsmaß.
2) Unpräzis für: Messgröße, Einheit; z. B. „Gewichtsmaß".
3) Altdeutsches Hohlmaß für Flüssigkeiten und Trockengüter; auch *Maass*, engl. **pot*:
1 Maß = 0,9 bis 2 Liter
= 1,5 Liter = 10 Becher (Baden)

M

= 1,069 Liter (Bayern, *Maßkanne*)
= [heute] 1 Liter (Bayern)
= 1,793 Liter (Frankfurt, *Altmaß*)
= 1,593 Liter (Frankfurt, *Jungmaß*)
= 2,0 Liter = 4 Schoppen (Hessen)
= 1,5 Liter = $^1/_{100}$ Ohm (Schweiz, *Maass, Immi, Pot*)
= 1,837 Liter (Württemberg, *Helleichmaß*)
= 1,917 Liter (Württemberg, *Trübeichmaß*)
= 1,670 Liter = 4 Schoppen (Württemberg, *Schenkmaß*)
= 1,415 Liter = 4 Seidel (Österreich, *Wiener Maß*).

4) Biblisch-griechisches Hohlmaß aus dem Neuen Testament: 1 Maß = 1,094 Liter.

5) Altes Raummaß für Erz, Holzkohle, Kohle: 1 Maß
= 0,046 Meter^3 Erz, Kohle (Braunschweig)
= 0,62 Meter^3 Holzkohle (Großhgtm. Hessen)
= 0,054 Meter^3 Erz (Hgtm. Nassau).

6) Maß, Maße. Altes Flächenmaß aus dem Bergbau: 1 Maß(e) = 196 Quadratlachter.

7) Zählmaß: 1 Maß = 1728 Stück = 12 Gros = 144 Dutzend.

Mäßchen (Mässchen)

Altes Trockenmaß aus Deutschland:
1 Mäßchen = $^1/_{64}$ Scheffel
= 0,5 bis 3 Liter (*Malter)
= 1,6 Liter (Sachsen)
= 0,45 Liter (Frankfurt/Main).

mas Index (DIN 1304) für: Masse(n).

Masse

Masse ist die ortsunabhängige Eigenschaft eines Körpers, auf Bewegungsänderungen träge zu reagieren und auf andere Körper anziehend zu wirken (Gravitation). Masse ist ein Maß für die Teilchenmenge in einem Körper. Die Addition der Massen entspricht der Addition von Stoffmengen.

Zur Abgrenzung:

- Der Begriff **Gewicht** wird gebraucht:
(a) anstatt Wägewert (fälschlich „Masse") zur Angabe von Wägeergebnissen,
(b) anstatt „Gewichtskraft",
(c) anstatt „Wäge- oder Gewichtsstück".
- **Last** kennzeichnet
(a) eine Größe von der Art einer Masse, z. B. Traglast eines Kranes;
(b) eine Kraft, z. B. Windlast;
(c) eine Leistung, z. B. Blindlast;
(d) einen Gegenstand, der getragen wird.

Ohne äußere *Krafteinwirkung verharrt ein Körper in Ruhe oder behält seine Geschwindigkeit nach Betrag und Richtung bei.

Masse: Einheiten

SI-Einheit der Masse ist das *Kilogramm (Umrechnung vgl. Tabelle). Die Masse ist die einzige Basiseinheit des SI-Systems, die durch einen materiellen Körper festgelegt ist: den internationalen Kilogrammprototyp des *Bureau International des Poids et Mesures* (BIPM) in Sèvres bei Paris, ein Zylinder von 39 mm Höhe und 39 mm Durchmesser. – Mit Ionenfallen gelang es jüngst, die Genauigkeit bei der Bestimmung atomarer Massen tausendfach zu steigern (*Phys. Rev. Lett.*, Bd. 73, S. 1481). Silicium, mit seiner genau bekannten Kristallstruktur und Masse, könnte sich zukünftig zur Herstellung reproduzierbarer Kilogramm-Normale eignen.

Massebestimmung (Wägung)

Der Vergleich der Schwerkraft („Gewicht") von Körpern gegen geeichte Wägestücke (Massennormale, Schaltgewichte). Zur amtlichen Eichung von Waagen dienen Gewichtsstücke der Dichte 8000 kg/m^3, die dem Eichkörper bei 20 °C und einer Luftdichte von 1,2 kg/m^3 das Gegengewicht halten.

1. Mechanische Waagen, z. B. die *Balkenwaage*, vergleichen Gewichtskräfte auf Basis des Newtonschen Aktionsprinzips:

$$\frac{m_1}{m_2} = \frac{a_1}{a_2}$$

Bei Wägungen in Luft wird eine scheinbar geringere Masse gemessen. Die Korrektur des Luftauftriebs ist zu addieren:

$$\frac{\varrho_L/\varrho - \varrho'_L/\varrho_n}{1 - \varrho_L/\varrho} \cdot 1000 \text{ mg/g Wägelast}$$

2. Federwaagen (Dynamometer) messen Gewichtskräfte nach dem Hookeschen Gesetz.

ϱ Dichte des Wägegutes (g/cm^3),
ϱ_L Dichte der Luft bei Barometerstand, Temperatur und Feuchte,
ϱ'_L Dichte der Luft bei der Eichung,
ϱ_n Dichte des Eichnormals.

Tabelle M.5 Umrechungsfaktoren für angloamerikanische Masseneinheiten.

	Imp. t	*US* t	Imp. cwt	*US* cwt	lb	oz	kg	g
1 Imp. ton *GB* =	1	1,120	20	22,40	2 240	35 840	1016	
1 *US* ton =	0,8 929	1	17,841	20	2 000	32 000	907,2	
1 Imp. cwt *GB* =	0,05	0,056	1	1,12	112	1 792	50,8	50 802
1 *US* cwt =	0,0 446	0,05	0,8 929	1	100	1 600	45,36	45 359
1 avdp. pound =			0,009	0,01	1	16	0,454	453,6
1 avdp. ounce =					0,0 625	1	0,028	28,35
1 Tonne =	0,9 842	1,1 023	19,685	22,05	2 204,6	35 274	1000	10^6
1 Kilogramm =		0,0 011	0,020	0,022	2,205	35,27	1	1 000
1 Gramm =						0,0 353	0,001	1

Tabelle M.6: Luftauftriebkorrektur bei genauen Wägungen: Vakuummasse = abgelesene Wägemasse + Korrekturwert. Dichte: Eichnormale 8,0 g/cm^3, Luft 1,2 g/ℓ).

ϱ Wägegut (g/cm^3)	Korrektur (mg/g = ‰)	ϱ (g/cm^3)	Korr. (mg/g)
0,5	+2,26	2,0	+0,45
0,75	+1,45	3,0	+0,25
1,0	+1,05	5,0	+0,09
1,25	+0,81	10	–0,03
1,5	+0,65	20	–0,09

3. Elektronische Waagen. Das Wägegut liegt auf der Lastzelle (*oberschalige Lastübertragung* von der Waagschalen-Trägersäule über exakt parallele, elastisch gelagerte Lenker) oder – empfindlicher – es hängt an einem Wägebalken (*unterschalige Lastübertragung* über Schneiden-, Torsionsband- oder Kreuzbiegelager). Die Messgenauigkeit hängt ab von Auftrieb, Fallbeschleunigung, Lage und Temperatur (Wägeelektronik).

a) Elektromagnetische Kraftkompensation: Eine stromdurchflossene Spule im Luftspalt eines Permanent-Topfmagneten hält mit der Gegenkraft $F = IlB$ (l Spulendrahtlänge) die Waagschale im Schwebegleichgewicht. Beim Aufgeben des Wägegutes steuert eine mit der Trägersäule bewegte Blende den Lichtdurchsatz eines fotoelektrischen Positionsgebers, dieser über einen Regler den Spulenstrom I, der als Spannungsabfall RI an einem Präzisionswiderstand gemessen wird und der Wägelast proportional ist. **b)** Die **Drehmomentkompensation** bei Mikrowaagen arbeitet wie ein Drehspulinstrument, dessen Spule mit dem Waagebalken verbunden ist. Der Spulenstrom wird so gesteuert, dass der Balken in horizontaler Soll-Lage verbleibt. Strom und Wägelast (Drehmoment) sind proportional.

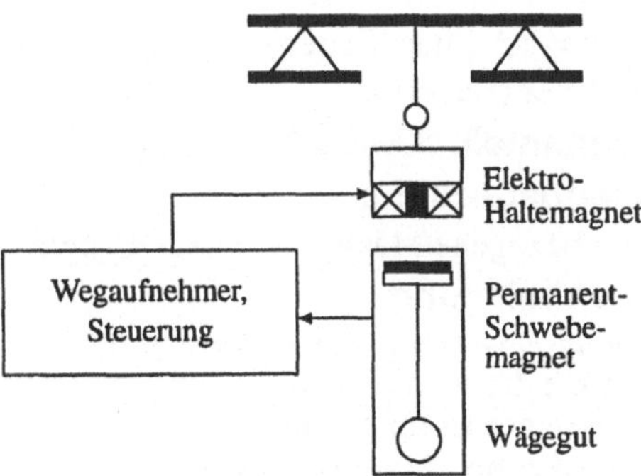

Prinzip der Magnetschwebewaage.

c) Kreisel-Wägezelle, ein kardanisch aufgehängter Kreisel – eine Kreisscheibe ist mittels einer Achsstange drehbar in einem Kreisring gelagert, letzterer drehbar in einem zweiten feststehenden Kreisring – dreht sich langsam um die senkrechte Systemachse, wenn eine vertikale Kraft auf ihn wirkt. Die Präzessionsfrequenz (quarzgesteuerte Zeitmessung für einen Kreiselumlauf) ist der Kraft proportional, $F = \text{const}\cdot\omega$. Die Messung ist direkt, temperaturunabhängig, kompensations- und verzögerungsfrei, überlastsicher. Anwendung: Gold- und Geldwaage (bis 15 kg), Kfz-Waage (bis 40 t), Eichgewichtswaagen.

Verfahren zur Signalauswertung:

- *Pulsbreitenmodulation.* Eine Spule wird von einem rechteckförmigen Strom konstanter Frequenz ν und Amplitude I_0 durchflossen. Die variable Pulsbreite t_p (Regelgröße) bestimmt den mittleren Strom $I = I_0\nu t_p$.

M

• *Schwingsaitenprinzip.* Spannkraft F und Schwingfrequenz ν einer Saite versorgen einen Kraft/Frequenz-Messwandler: $\nu_n = \frac{n}{2l}\sqrt{\frac{F}{\mu}}$ (n Schwingungsordnung, l Saitenlänge, μ Saitenmasse/Länge).

Masse-Energieumwandlungskoeffizient

Vgl. *Einstein. Bei Röntgenstrahlung ist μ_{tr}/ϱ der in Sekundärelektronen-Energie umgesetzte Anteil des *Massenschwächungskoeffizienten (DIN 6814). Er fällt bei Aluminium, Wasser, Luft, Kohlenstoff u.a. mit steigender Photonenenergie, erreicht nahe 0,5 MeV (0,025 cm²/g) ein lokales Maximum und fällt weiter ab.

Maßel

Altes deutsches Holzmaß:
1 Maßel = 1,5 Liter (Baden)
= 2,32 Liter (Bayern).

Massenanteil

*Gehalt, *Konzentration.

Massenbedeckung

Flächenbezogene Masse: $m'' = m/A$ (kg/m²).

Massenbeladung

oder *Massenverhältnis* in kg/kg = 100%.

$$\frac{\text{Masse der Komponente } i}{\text{Masse der Komponente } k} \qquad \zeta_{ik} = \frac{m_i}{m_k}$$

Massenbelag, Massenbehang

Längenbezogene Masse: $m' = m/l$ (kg/m).

Massenkonzentration

Von der Temperatur abhängiges *Konzentrationsmaß, gibt die Masse eines Stoffes im Volumen Lösung an. Nicht zu verwechseln mit der Dichte!

Massennormal

*Massebestimmung.

Massenschwächungskoeffizient

Für Röntgenstrahlung: μ/ϱ (Einheit: cm²/g), der Quotient des linearen *Schwächungskoeffizienten durch die Dichte des Absorbers; nimmt bei Blei, Kupfer, Aluminium, Wasser u.a. mit steigender Photonenenergie nichtlinear ab und steigt oberhalb 10 ... 100 MeV wieder an.

Massenstrom, Massendurchsatz

Auch „Massenstromstärke", q_m oder $\dot{m}$. Auf die Zeit bezogene Masse; pro Zeiteinheit durchgesetzte oder durchfließende Masse:

$$\dot{m} = \frac{dm}{dt} = \int_A \varrho(\vec{v} \cdot \vec{n})\, dA \quad \text{in: } \frac{\text{kg}}{\text{s}}$$

ϱ Dichte des Fluids, $\vec{v}$ Strömungsgeschwindigkeit, $\vec{n}$ Flächennormale, A Querschnittsfläche.

Massenstromdichte

Auf die Querschnittsfläche bezogener Massenstrom:

$$I = \frac{\dot{m}}{A_\perp} = \varrho\, v \quad \text{in: } \frac{\text{kg}}{\text{m}^2\,\text{s}}$$

$A_\perp$ zur Strömung senkrechte Fläche, ϱ Dichte, v Strömungsgeschwindigkeit.

Massensuszeptibiliät

*Suszeptibilität.

Massenträgheitsmoment

J (in kg m²), frühere Bezeichnung für Trägheitsmoment oder Massenmoment 2. Grades.

Massenverhältnis

*Konzentration.

Massenwirkungsgesetz

Verhältnis der Gleichgewichtskonzentrationen aller Ausgangs- und Endstoffe einer chemischen Reaktion

$a\,A + b\,B + \ldots \rightleftharpoons c\,C + D\,D + \ldots$;

Quotient der *Geschwindigkeitskonstanten von Hin- und Rückreaktion. *Gleichgewichtskonstante:

$$K = \frac{k_1}{k_{-1}} = \frac{[\text{Produkte}]}{[\text{Edukte}]} = \frac{[\text{D}]^d\,[\text{E}]^e \ldots}{[\text{A}]^a\,[\text{B}]^b \ldots}$$

Massenzahl

oder *Nucleonenzahl* (internationalisierte Schreibweise): die Summe aus Ordnungszahl (Protonenzahl) und Neutronenzahl eines Atomkernes; die gerundete Nuklidmasse.

$$A = Z + N \quad \text{(Dimension 1)}$$

Maßl (= Maßlein, Mäßlein)

Altes Hohlmaß aus Österreich:
1 Maßl = 0,96 Liter (Österreich)
1 Massl = 4,6 Liter (Bayern).

Mäßle

Historisch! 0,4 Liter Getreide (Augsburg).
1,5 Liter (Baden), 1,4 Liter (Württemberg).

Maßstab

Verhältnis der Länge einer Strecke auf einer Landkarte im Vergleich zur Natur: 1:20000 bedeutet: 1 cm ≙ 0,2 km (Faustregel: 5 Nullen weniger).

Maßsystem

*Einheitensystem.

Materialgrößen
Im elektromagnetischen Feld die Größen: elektrische Leitfähigkeit κ, Permittivität ε und Permeabilität μ.
Die *Materialgleichungen* beschreiben den Zusammenhang der elektromagnetischen *Feldgrößen und Quellengrößen:

$$\vec{J} = \kappa\vec{E},\ \vec{D} = \varepsilon\vec{E},\ \vec{B} = \mu\vec{H}.$$

math
Abkürzung für: *mathematics, mathematical;* Mathematik, mathematisch.

Matt Historisch! 5792 Meter^2 (Norddtl.).

Mattaro
Altes Volumenmaß aus Libyen:
1 mattaro = 23,32 Liter.

Matutine
Um 3 Uhr früh zu verrichtendes Gebet katholischer Geistlicher.

Mau
1) Alte Flächeneinheit aus *Annam:
1 mau = 53,4 Ar.
2) Altes Flächenmaß aus China:
1 Mau = 6,3 ... 6,5 ... 6,66 Ar.

Maund
Altes Gewicht aus Arabien:
1 Maund = 1,35 Kilogramm
= 4,48 Kilogramm (Afghanistan).

Mauretanien *Ouguya.

max Index nach DIN 1304: maximal.

Maxdor (= Goldmax)
Alte bayerische Goldmünze mit dem Bildnis Maximilians v. Bayern.

Maxwell (M, vor 1954: **Mx)**
1) Veraltet! Von 1948 bis 1977 gültige, praktische, „absolute" Einheit des magnetischen Flusses (= magnetische Flussdichte · Fläche) im elektromagnetischen MKSA-Vierersystem; benannt nach dem schottischen Physiker JAMES CLERK MAXWELL (1831–1879); festgelegt durch das Flächenintegral $\int\int \vec{B}\,\mathrm{d}A$, wobei die Fläche in cm^2 und die magnetische Induktion B an jedem Oberflächenelement $\mathrm{d}A$ in Gauß gemessen wurde:
1 M = 10^{-8} Weber = 10^{-8} m^{2}kg/s^{2}A
= 1 Gauß·cm^2 = 10^{-8} Volt · Sekunde.
2) Historisch! CGS-M–Definition von 1930:
1 Mx = 1 cm$^{3/2}$g$^{1/2}$s^{-1} = 1 emE.

Maxwellsches Quadrantsystem
Historisch! *Internationales elektrisches Einheitensystem, dessen Name auf die Gleichheit der Längeneinheit mit der Länge eines Erdquadranten hinweist. Basiseinheiten waren 10^9 cm (= 10 000 km), 10^{-11} g, 1 s. Daraus entwickelte sich das *praktische elektrische Einheitensystem.

Mayer
Veraltet! International nicht anerkannte, vor 1969 von RICHARDS vorgeschlagene Einheit der Wärmekapazität für ein System, das durch 1 Joule um 1 °C erwärmt wird; benannt nach dem deutschen Arzt und Naturforscher JULIUS ROBERT VON MAYER (1814–1878, „Gesetz von der Erhaltung der Energie").

Mazedonien Währung: *Denar.

mb Veraltet! Falsch für *Millibar.

MBC
Labormedizin: *minimum bactericidial concentration,* minimale bakterizide Konzentration (MBK), minimale Letalkonzentration (MLK); Antibiotikamenge, die bei der Resistenzbestimmung im Verdünnungstest einen Erreger abtötet.

MCH *Färbekoeffizient

MCHC
Labormedizin: *mean corpuscular hemoglobin concentration,* mittlere Hämoglobinkonzentration eines einzelnen roten Blutkörperchens; vermindert bei Eisenmanegl.

$$\frac{\text{Massenanteil Hämoglobin (\%)}}{\text{Volumenanteil Hämatokrit (Vol.-\%)}}$$

Normalwert: 30 – 36%

MCV
Labormedizin: *mean cell volume,* mittleres Zellvolumen eines einzelnen roten Blutkörperchens.

$$\text{MCV} = \frac{\text{Hämatokrit}}{\text{Erythrozytenzahl}} \approx 82 - 92\ \text{f}\ell$$

Femtoliter (fℓ) = μm^3 = 10^{-9} $\mu\ell$.

Md
Zeichen f. das *chem. Element Mendelevium.

ME
Abk. f.: *Technische Masseneinheit, *Atommasse.

Me Abkürzung für: Methyl-.

M

mean
auch *average*, engl. „mittler...“, Mittelwert.

mec Index (DIN 1304) für: mechanisch.

Mecate
Altes Längenmaß aus Honduras:
1 mecate = 20 Meter.

Mechanic [engl.] Mechaniker, Mechano-.

Mechanical [engl.] mechanisch.

Mechanisches Ohm
*Ohm, *nichtgesetzliche Einheiten.

Mechanische Spannung
Auch *Normalspannung* σ (in $N/mm^2 = MPa$), mechanische Werkstoffkenngröße:

$$\sigma = \frac{\text{Normalkraft } F_n}{\text{Querschnittsfläche } S_0}$$

Die *wahre Spannung* ist als Kraft pro verformter Querschnittsfläche $S(t)$ zur Zeit t während des DIN-Zugversuchs definiert.

med
Index nach DIN 1304: mittel, medial. Beispiel: Für die mittlere Dichte kann gleichbedeutend das Symbol $\bar{\varrho}$ oder ϱ_{med} stehen.

M. E. D. Medizin; mittlere Einzeldosis.

medial
Anatomie: mittig; von der Außenseite des Körpers her nach innen.

Medan
Altes Körpermaß aus Äthiopien:
1 Medan = 8,1 Liter.

Median
1) Zentralwert, die 50. Perzentile, *Quantile; halbiert die aufsteigend sortierten Messwerte; 50% der Messwerte liegen oberhalb, 50% unterhalb des Medians. Bei gerader Anzahl von Messwerten: der Mittelwert der beiden mittleren Werte.
2) *Papierformate.

Medianebene
Mediansagittale, Flächennormale auf der Längsachse durch den menschlichen Körper.

Medida
Altes Flüssigkeitsmaß aus Brasilien:
1 Medida = 2,66 Liter.

Medimno(s)
Altes südeurop. Flüssigkeitsmaß:
1 Medimnos = 52,53 Liter (Griechenland)
= 75,05 Liter (Zypern).

Medimnus *Modius.

Medio
1) [lat.-ital. „mittlerer“]. Im Bank- und Börsenwesen der 15. des Monats bzw. der darauffolgendes Werktag.
2) [span. „halb, mittel“]. Altes Volumenmaß aus Spanien: 1 medio = 2,31 Liter.

Medizinalgewichte *Apothekergewichte.

Mega...
Dezimaler SI-Vorsatz: „Eine Million...“.
1 Megabecquerel (MBq) = 10^6 Becquerel.
1 Megagramm (Mg) = 1 Tonne.
1 Megahertz (MHz) = 1 Million/Sekunde.
1 Megajoule (MJ) = $0{,}27\bar{7}$ Kilowattstunde
= 0,3 777 PS-Stunde
= 0,3 725 horsepower hour.
1 Meg(a)ohm (MΩ) = 10^6 Ohm.
1 Megapascal (MPa) = 10 Bar = 1 N/mm^2.
1 Megapond (Mp) = 1000 Kilopond.
1 Megatonne (Mt) = 10^9 Kilogramm.
1 Megawatt (MW) = 1000 Kilowatt.

Megaelektronvolt (MeV)
In der Atomphysik und Kernchemie: gesetzlich nicht gesicherte Energieeinheit (*Konstanten).
1 MeV = 10^6 Elektronvolt
= $1{,}602 \cdot 10^{-13}$ Joule
$\hat{=}$ $4{,}45 \cdot 10^{-20}$ Kilowattstunde/Teilchen
$\hat{=}$ 96 484 Megajoule/Mol
$\hat{=}$ 26 802 Kilowattstunde/Mol.

Meganewton
1 MN = 1000 kN = 10^6 Newton
1 MN/m^2 = 1 Newton/Millimeter^2

Megatonne Trinitrotoluol (Mt TNT)
Vergleichsmaß für die Sprengkraft von Kernwaffen: 1 Mt TNT = 1 Million Tonnen TNT.

Mehlmetze
Historisch! 0,7 Liter (Lippe-Detmold).

Meh nesut
Altes Längenmaß aus Ägypten:
1 Meh nesut = ca. 52 Centimeter.

Meh scherer
Altes Längenmaß aus Ägypten:
1 Meh scherer = ca. 45 Centimeter.

Meile
1) Landmeile, *geografische Meile, gemeine Meile.* Altes Wegmaß; ursprünglich $^1/_{1350}$ des Äquatorquadranten. Nach Einführung des metrischen Systemes:
1 Meile =
= 4 Äquatorminuten
= $^1/_{15}$ Äquatorgrad
= 4 Seemeilen
= 7,4 204 ($^1/_{15}$·111,3 066) Kilometer
= 7,5 Kilometer (*metrische Landmeile*).
2) Regional unterschiedlich:
1 Meile =
= 8,89 Kilometer (Baden)
= 7,41 Kilometer (Bayern)
= 6,28 Kilometer (Belgien, **mille*)
= 7,42 Kilometer (Braunschweig)
= 1,955 Kilometer (Brasilien, *milha*)
= 7,53 Kilometer (Dänemark, *landmil, mil*)
= 7,53 Kilometer (Deutsche Landmeile)
= 1,52 Kilometer (England, *London mile*)
= 10,67 Kilometer (Finnland)
= 4,45 Kilometer (Frankreich, *lieue commune*)
= 7,53 Kilometer (Hamburg)
= 7,42 Kilometer (Hannover)
= 7,5 Kilometer (Großhgtm. Hessen)
= 9,2 Kilometer (Kurfürsttm. Hessen)
= 7,45 Kilometer (Hohenzollern)
= 1,85 Kilometer (Honduras, *milla*)
= 1,82 Kilometer (Italien, *miglio*)
= 7,53 Kilometer (Island, *mila a landi*)
= 1,866 Kilometer (Nicaragua, *milla*)
= 7,4 Kilometer (Niederlande)
= 11,3 Kilometer (Norwegen)
= 7,58 666 [od. 7,58 594] Kilometer (Österreich, *Postmeile*)
= 2,065 Kilometer (Portugal, *milha*)
= 8,53 Kilometer = 8 Werst (Polen, *mila*)
= 7,532 485 Kilometer = 2000 Ruten (Preußen)
= 7,4 676 Kilometer (Russland)
= 7,500 Kilometer (Sachsen, *Postmeile*)
= 9,062 Kilometer (Sachsen)
= 8,8 Kilometer (Schleswig-Holstein)
= 10,68 844 Kilometer (Schweden, *Mil*)
= 10 Kilometer (Schweden, *nymil*)
= 4,8 Kilometer (Schweiz)
= 5,57 Kilometer (Spanien, **legua*)
= 1,858 Kilometer (Venzuela, *milla*)
= 7,44 875 Kilometer = 26 000 Fuß (Württemberg).
3) Postmeile. Altes Wegmaß im deutsch-österreich-ungarischen Transportwesen. Werte siehe oben.
4) Römische Meile [lat. *milia* (passum), „tausend Doppelschritte"; lat. *milliarium*, „Meile, Meilenstein"]. *Antikes römisches und biblisch-neutestamentliches Wegemaß:
1 römische Meile =
= 1 Milliarium
= 1000 Doppelschritte
= 8 Stadien
= 1,4 787 Kilometer
= 1478,7 Meter.
5) *Mile, *Knoten, *Seemeile, *Miglia.

M

Meio
Altes Volumenmaß aus Portugal:
1 meio = 0,698 Liter = 6,92 Liter.

Meitnerium *Transfermiumelemente.

mel
Veraltet! Nicht SI-konformes Kennwort für die Tonhöhenempfindung. Definitionsgemäß erzeugt ein einfacher Ton von 1000 Hertz, 40 Dezibel oberhalb der Hörgrenze eine Stimmung von 1000 mel. Tonhöhe: 0 mel $\hat{=}$ 20 Hertz.

Menelik
Raummaß aus Äthiopien:
1 Menelik = 1 Dezimeter^3.

Mengel
1) Altes Flüssigkeitsmaß:
1 Mengel = 1,213 Liter (Niederlande)
= 0,2 Liter (Bremen)
= 1,2 Liter (Hamburg).
2) 1 Mengel = 1,17 Kilogramm (Bremen)
= 1,25 Kilogramm (Hamburg).

mep
Abkürzung für: *mean effective pressure*, mittlerer Wirkdruck.

Tabelle M.7 Erdbebenskala nach MERCALLI und maximale Beschleunigungen nach RICHTER (1956).

Stärke	Beschleunigung (cm/s^2)	Benennung	Bemerkungen
I	<1	unmerklich	Aufzeichnung durch Messgeräte
II	2,2	sehr leicht	vereinzelt fühlbar
III	4,7	leicht	in Häusern teilweise fühlbar
IV	10	mäßig	Fenster klirren
V	22	ziemlich stark	im Freien fühlbar, Lampen pendeln
VI	47	stark	allgemein als Erdbeben empfunden
VII	100	sehr stark	Stehen fällt schwer, Schäden an Häusern
VIII	220	zerstörend	Steuern von Kraftwagen beeinträchtigt, ca. 25% der Steinhäuser zerstört
IX	470	verwüstend	ca. 50% der Häuser zerstört, allg. Panik
X	1000	vernichtend	ca. 75% aller Bauten zerstört, Erdrutsche
XI	2200	Katastrophe	Einsturz sämtlicher Steinbauten, Gleise verbogen, Rohrleitungen zerstört
XII	>2200	Schwerste Katastrophe	nichts hält stand

Mercalli-Skala
Zwölfteilige Erdbebenskala nach dem italienischen Seismologen und Vulkanologen GIUSEPPE MERCALLI (1850–1914), Vgl. Tabelle.

Merföld
Altes Längenmaß aus Ungarn:
1 mérföld = 8,354 Kilometer.

Meridian
1) *oberer Meridian* (oM), *upper branch,* Stundenkreis durch den Zenit des Beobachters.
2) *unterer Meridian* (uM), *lower branch,* Stundenkreis durch den Nadir des Beobachters.
3) *Nordmeridian* (NM), *north meridian,* Vertikalkreis (= halber Großkreis senkrecht zum wahren *Horizont, vom Zenit zum Nadir) durch den Nordpunkt (000°). Vgl.*Zeitzonen.

Meridiangrad
1 Meridiangrad = $^1/_{90}$ Meridianquadrant = 60 Seemeilen = 111,12 Kilometer.

Meridianhöhe
engl. *culmination,* Höhe eines Gestirns beim Durchgang durch den oberen Meridian.

mes
Index nach DIN 1304: gemessen, *measured.*

mesh *Maschenweite.

Mesopischer Bereich
*fotometrische Bewertung.

Mesoporen *Porengröße.

Mesosaprob, mesotroph
*Wassergefährdungsklasse.

Messaufnehmer *messtechnische Begriffe.

Messbereich
*Amperemeter, *messtechnische Begriffe.

Messbrücke *Brückenschaltung.

Messe
Alte Volumeneinheit aus *Eritrea:
1 messe = 1,5 Liter.

Messergebnis
*messtechnische Begriffe, *Messtechnische Unsicherheit.

Messle *Mäßle

Messtechnische Begriffe
(DIN 1319, 2257)

• *Analoges Messverfahren.* Der Messgröße (Eingangsgröße) wird durch das Messgerät oder die Messeinrichtung eine Ausgangsgröße (z. B. Anzeige) zugeordnet, die im Idealfall eine eindeutige, punktweise stetige Darstellung der Messgröße ist. Beispiel: Drehspulmessgerät, Volumenmessung mit einer Auslaufbürette.

• *Ansprechschwelle.* Derjenige Wert einer erforderlichen geringen Änderung der Messgröße, die eine erste eindeutig erkennbare Änderung der Anzeige hervorruft (bei Skalen- und Ziffernanzeigen manchmal *Auflösung* genannt).

Die Ansprechschwelle am Nullpunkt heißt *Ansprechwert,* die Ansprechschwelle bei integrierenden Messgeräten *Anlaufwert.*

• *Aufnehmer.* Erstes Glied in einer Messeinrichtung, das den Messwert der Messgröße registriert und ein Messsignal abgibt.

• *Ausgeber* oder *Ausgabegerät.* Letztes Glied in einer Messeinrichtung.

• *Digitales Messverfahren.* Der Messgröße wird durch das Messgerät oder die Messeinrichtung eine Ausgangsgröße zugeordnet, die eine mit fest gegebenem kleinsten Schritt quantisierte, zahlenmäßige Darstellung der Messgröße ist. Beispiel: Digitalspannungsmesser, Drehzahlmessung durch Zählen von Impulsen, Volumenmessung mit einer Kolbenmesspumpe und Hubzähler.

• *Direktes Messverfahren* (Vergleichsverfahren, relatives Messverfahren). Der gesuchte Messwert einer Messgröße wird durch Vergleich mit einem Bezugswert derselben Messgröße gewonnen. Beispiele: Längenmessung mit Maßstab, Viskositätsmessung mit Referenzflüssigkeit, Widerstandsmessung mit Normalwiderstand, Temperaturmessung mit geeichtem Thermometer.

• *Dosieren.* a) Trennung einer Menge in Teilmengen im Rahmen vorgegebener Toleranzgrenzen; b) Herstellen eines Gemisches bestimmter Zusammensetzung durch Zugabe von Stoffen; z. B. Wägen, Pipettieren.

• *Eichen.* In der Technik vielfach im Sinn von Justieren oder Kalibrieren. Amtliches Eichen ist die Überprüfung eines Messgerätes oder einer Maßverkörperung nach festgelegten Eichvorschriften.

• *Empfindlichkeit.* Der Quotient einer beobachteten Änderung des Ausgangssignales (Anzeige, ΔL) durch die verursachende Änderung des Eingangssignales (oder der Messgröße, ΔM); in der Dosimetrie auch *Ansprechvermögen* genannt.

–Bei Messgeräten mit Skalenanzeige gilt:

$$\text{Empfindlichkeit } E = \frac{\Delta L}{\Delta M} \approx \frac{A}{S}.$$

A Teilstrichabstand einer linearen Strichskala, *S* Skalenteilungswert.

Beispiel: Die Empfindlichkeit eines Galvanometers ist 100 mm/μA = 10^8 mm/A; FALSCH 10^{-8} A/mm.

–Bei Messgeräten mit Ziffernanzeige ist die Empfindlichkeit $E = \Delta Z / \Delta M$, d.h. die Anzahl der Ziffernschritte ΔZ, um die sich die Anzeige infolge einer Änderung der Messgröße ändert.

–Bei Längenmessgeräten, z. B. Feinzeigern, bestimmt der Übertragungsfaktor („Übersetzung") die Empfindlichkeit:

$$E = \frac{\text{Weg des Anzeigeelementes}}{\text{Weg des Messelementes}}.$$

• *Indirektes Messverfahren.* Der gesuchte Messwert wird auf andersartige physikalische Größen zurückgeführt. Beispiel: Widerstandsbestimmung durch Strom- und Spannungsmessung, Arbeit als Zeitintegral der Leistung, Dichte als Masse pro Volumen.

• *Justieren* oder *Abgleichen.* Ein Messgerät oder eine Maßverkörperung so einstellen, dass die Ausgangsgröße (z. B. Anzeige) vom richtigen Wert minimal abweicht oder die Abweichung innerhalb der Fehlergrenzen bleibt. Beispiele: Justieren eines Gewichtsstückes durch Abfeilen, eines Widerstandes durch Ändern der Drahtlänge.

• *Kalibrieren* oder *Einmessen.* Feststellen des Zusammenhanges zwischen Eingangsgröße und Ausgangsgröße, insbesondere der Differenz zwischen Istanzeige und richtigem Wert der Messgröße (Sollanzeige, Nennwert, Nennmaß).

Beispiele: „Kontrollieren" des Anzeigefehlers eines Manometers, Spannungsmessers, Thermopaares etc.

• *Klassieren.* Feststellen der Häufigkeitsverteilung bei einer Gesamtheit von gleichartigen Elementen nach bestimmten Merkmalen und (gedankliche) Zuordnung in vorgegebene oder vereinbarte Klassen. Beispiele: Trennen nach Stoffklassen oder Werkstoffkennwerten, Sieben, Windsichten. Vgl. *Sortieren.

• *Messanlage.* Gesamtheit voneinander unabhängiger Messeinrichtungen, die räumlich oder funktional zusammen wirken.

• *Messbereich.* Bereich von Messwerten der Messgröße, in dem vorgegebene, vereinbarte oder garantierte Fehlergrenzen nicht überschritten werden. Die Differenz zwischen den Grenzen des Messbereichs (Endwert – Anfangswert) heißt *Messspanne*. Die Differenz der Anzeigewerte, wenn der festgelegte Messwert einmal von kleineren Werten her (zunehmend), und einmal von größeren Werten her (abnehmend) langsam eingestellt wird, nennt man *Umkehrspanne*.

• *Messen* oder *Bestimmen*. Experimenteller Vorgang, durch den ein spezieller Wert einer Größe als Vielfaches einer Einheit oder eines Bezugswertes ermittelt und ggf. durch Rechnung ausgewertet wird.

• *Messeinrichtung* oder *Messanordnung*. Messgeräte und Zusatzeinrichtungen, z. B.: Wheatstone-Brücke, Michelson-Interferometer, Pyknometer, Viskosimeter.

• *Messergebnis*. Messwerte einer oder verschiedenartiger Messgrößen, einschließlich Angabe der Messunsicherheit oder Fehlergrenzen. Ferner: der funktionelle Zusammenhang zwischen mehreren Messgrößen.

• *Messgerät*. Liefert, verkörpert oder verknüpft Messwerte. Komponenten sind Aufnehmer, Messumformer und Ausgeber.

• *Messgröße*. Physikalische Größe, die durch die Messung erfasst wird.

• *Messkette*. Messeinrichtung aus Aufnehmer, in Reihe geschalteten Übertragungsgliedern und Ausgeber.

• *Messprinzip*. Die charakteristische Erscheinung, die bei der Messung benutzt wird. Beispiele:

Messgröße: Messprinzip:

Länge: Lichtinterferenz, Kapazitätsänderung.

Temperatur: Längenausdehnung, thermoelektrischer Effekt, Widerstandsänderung.

Kraft: elastische Verformung, Beschleunigung.

Druck: elastische Formänderung, piezoelektrischer Effekt.

Stromstärke: Joulesche Wärme, Magnetfeldänderung.

• *Messwert*. Der spezielle, zu ermittelnde Wert der Messgröße; als Produkt aus Zahlenwert und Einheit angegeben.

• *Prüfen*. Feststellen, ob der Prüfgegenstand die vorgeschriebenen oder erwarteten Bedingungen erfüllt, insbesondere ob vorgegebene Fehlergrenzen und Toleranzen eingehalten werden. Subjektive Prüfverfahren sind Sichtprüfung, Hörprüfung, Geruchsprüfung, Tastprüfung. Objektive Prüfverfahren nutzen Messgeräte. Durch *Lehren*, engl. *gauging*, wird festgestellt, ob ein Werkstück bestimmte Längen, Winkel oder Formen einhält, wie sie durch Maß- oder Formverkörperungen (z. B. „Gut- und Ausschusslehren") vorgegeben werden.

• *Registrierendes Messgerät*. Zeichnet einzelne Messwerte oder den (meist zeitlichen) Verlauf von Messwerten auf; z. B. Schreiber oder Drucker.

• *Skalen-* oder *Gerätekonstante*. Bei Messgeräten mit Mehrbereichsskala derjenige Größenwert k, mit dem der Zahlenwert der Anzeige z_A multipliziert werden muss, um den gesuchten Messwert zu erhalten:

$$x = kz_A \quad \text{und} \quad k = \frac{\text{Messbereichsendwert}}{\text{Skalenendwert}}.$$

• *Skalenteil*. Teilungseinheit einer Strichskale, z. B. der in Länge oder Winkel gemessene Abstand zweier benachbarter Teilstriche auf einer Skala (Teilstrichabstand). – Beispiel: Ein Amperemeter hat eine Skala 0, 20, 40, ..., 100 mit Teilstrichen 0, 2, 4, 6,... und einen Messbereich von 0 bis 20 mA. Die Skalenkonstante ist k = 20 mA/100 = 0,2 mA. Der *Skalenteilungswert* ist $k \cdot 2 = 0{,}4$ mA.

• *Sortieren* oder *Auslesen*. Einteilen und (räumliches) Trennen eines Kollektivs oder Gemisches aus verschiedenartigen Bestandteilen. Beispiele: Trennen nach Stoffarten, von Muttern und Nägeln, Filtrieren, Zentrifugieren, Flotation.

• *Übertragungsstrecke*. Das gesamte Übertragungssystem zwischen Aufnehmer und Ausgeber; Übertragungsglieder jeder Art, Messverstärker, Messumformer, Messkabel und sonstige Leitungsstrecken.

• *Zählen*. Ermitteln der Anzahl gleichartiger Elemente, Gegenstände, Ereignisse.

Messtechnische Unsicherheit

Zur statistischen Behandlung von Messunsicherheiten vgl. DIN 1319 T 3.

• *Abweichungen* oder *Messabweichungen* zwischen Messwert und wahrem Wert sind wegen der bei der Messung wirkenden Einflüsse und

Unvollkommenheit der Messgeräte (Messfehler) unvermeidbar. Man unterscheidet:

▷ *Umwelteinflüsse*: örtliche oder zeitliche Schwankungen von Temperatur, Luftdruck, Feuchte, Spannung, Frequenz, äußeren Feldern etc.

▷ *Beobachtungseinflüsse* hängen von den Fähigkeiten des Experimentators ab (Aufmerksamkeit, Sehschärfe, Übung, Schätzvermögen). Durch Irrtümer, ungeeignete Mess- und Auswerteverfahren, Nichtbeachten bekannter Störeinflüsse wird ein Messergebnis darüber hinaus *verfälscht* (statistisch nicht erfasst!).

▷ *Zufällige Abweichungen* (früher *zufällige* Fehler) führen zur *Streuung* der Messwerte um den Mittelwert der Messreihe. Ursache dafür sind nicht beherrschbare, nicht einseitig gerichtete Einflüsse im Laufe mehrerer Messungen am selben Messobjekt. Gleiches gilt, wenn das Messobjekt inhomogen ist oder sich während der Messdauer ändert.

▷ *Systematische Abweichungen* (früher *systematische Fehler*) beeinflussen die Messung (a) mit einem konstanten Betrag und bestimmten Vorzeichen oder (b) durch zeitliche Veränderungen in eine bestimmte Richtung. Sie werden unter Wiederholbedingungen nicht entdeckt! Beispiele: falsche Justierung, Temperaturdrift, Abnutzung, Alterung.

• *Arithmetischer Mittelwert* $\bar{x}$ aus n unabhängigen Einzelmessungen; ein Schätzwert für den Erwartungswert μ.

$$\bar{x} = \frac{1}{n} \sum_{i=1}^{n} x_i .$$

Berichtigter Messwert = der um systematische Abweichungen korrigierte Mittelwert.

$$\bar{x}_\mathrm{E} = \bar{x} + K .$$

K heißt *Korrektion* und hat den gleichen Betrag wie die festgestellte systematische Abweichung. Bei Messgeräten wird sie als Differenz von richtigem Wert und arithmetischem Mittelwert $K = x_\mathrm{r} - \bar{x}$ bestimmt. Unbekannte systematische Abweichungen werden *abgeschätzt*.

• *Fehlergrenzen* sind vereinbarte Höchstbeträge für (positive oder negative) Abweichungen der Anzeige (Ausgabe) von Messeinrichtungen (Messgeräten).

$$x_\mathrm{r} - G_\mathrm{u} \leq \bar{x} \leq x_\mathrm{r} + G_\mathrm{o} .$$

Untere und obere Fehlergrenze $G_\mathrm{u}, G_\mathrm{o}$ geben an, innerhalb welcher Grenzen ein Messwert (Messergebnis) vom richtigen Wert abweichen, also *unrichtig* sein darf.

• Das *Messergebnis* besteht aus dem um die bekannten systematischen Abweichungen berichtigten Mittelwert und einem Intervall (Messunsicherheit), in dem der wahre Wert x_w vermutlich liegt.

▷ Absolute Messunsicherheit u gegeben:

$$y = \bar{x}_\mathrm{E} \pm u .$$

▷ Relative Messunsicherheit ε (in %):

$$y = \bar{x}_\mathrm{E} (1 \pm \varepsilon) .$$

Beispiele:

▷ Thermometerablesung:
$t = (19{,}76 \pm 0{,}02)$ °C.

▷ Wärmeleitfähigkeit:
$\lambda = 514 \cdot (1 \pm 2\%)\ \mathrm{WK^{-1}m^{-1}}$.

Für dem Fall ungleicher Messunsicherheit nach oben und unten, werden beide Intervallgrenzen angegeben. Bei Präzisionsmessungen werden angegeben: Zahl der Einzelmesswerte n, empirische Standardabweichung s, zufällige Messunsicherheit u_z zum gewählten $(1 - \alpha)$, systematische Messunsicherheit u_s.

• *Messunsicherheit* u nennt man die Differenz zwischen dem berichtigten Mittelwert und der oberen bzw. unteren Intervallgrenze.

▷ Zufällige Messunsicherheit unter Wiederholbedingungen (σ_r unbekannt, vgl. Tabelle M.8):

$$u_\mathrm{z} = \frac{t\,s}{\sqrt{n}} .$$

▷ Unter Wiederholbedingungen (σ_r bekannt, vgl. Tabelle M.9):

$$u_\mathrm{z} = \frac{t_\infty \sigma_\mathrm{r}}{\sqrt{n}} .$$

▷ Einzelner Messwert (σ_r bekannt):

$$u_\mathrm{z} = t_\infty \sigma_\mathrm{r} = t_\infty \frac{r}{2{,}77} .$$

▷ Systematische Messunsicherheiten u_s müssen aus Erfahrungswerten, Ringversuchen oder Herstellerangaben abgeschätzt werden. Zufällige und systematische Messunsicherheit werden addiert:

a) linear, wenn eine Komponente wesentlich größer ist als die andere: $u = u_\mathrm{z} + u_\mathrm{s}$.

b) quadratisch, wenn die Komponenten etwa gleich groß sind: $u = \sqrt{u_\mathrm{z}^2 + u_\mathrm{s}^2}$.

Tabelle M.8 Auswertung von Messungen mit unbekannter Standardabweichung σ: t-Werte für unterschiedliches Vertrauensniveau $(1-\alpha)$ und Messwertezahl n (t-Verteilung nach Student).

Messwerte	Vertrauensniveau					
	68,26%	90%	95%	99%	99,5%	99,73%
3	1,32	2,92	4,30	9,93	14,09	19,21
5	1,15	2,13	2,78	4,60	5,60	6,62
10	1,06	1,83	2,26	3,25	3,69	4,09
20	1,03	1,73	2,09	2,86	3,17	3,45
50	1,01	1,68	2,01	2,68	2,94	3,16
100	1,00	1,66	1,98	2,63	2,87	3,08
t_∞	1,00	1,65	1,96	2,58	2,81	3,00

Tabelle M.9 Auswertung von Messungen mit *bekannter* Standardabweichung σ. Faktoren f zur Angabe der oberen und unteren Vertrauensgrenze $\bar{x} \pm f\,\sigma/\sqrt{n}$ für den Erwartungswert μ.

Messwerte	Vertrauensniveau					
	68,26%	90%	95%	99%	99,5%	99,73%
n	1	1,65	1,96	2,58	2,81	3

Relative Messunsicherheit ε ist der Quotient aus Messunsicherheit u und berichtigtem Mittelwert $\bar{x}_E$.

• *Präzision.* Qualitativer Oberbegriff für die Größen Wiederhol- und Vergleichstandardabweichung, Wiederholbarkeit und Vergleichbarkeit.

• *Richtiger Wert* x_r. Die Differenz zwischen Erwartungswert und wahrem Wert ist nicht exakt feststellbar. Daher wird als Schätzung des wahren Wertes der „richtige Wert" mit einer Messeinrichtung von höchster Präzision ermittelt, z. B. unter Verwendung von Normalen oder Normalgeräten. Schätzung für den Erwartungswert ist der arithmetische Mittelwert:

$$\mu - x_w \approx \bar{x} - x_r .$$

• *Standardabweichung* σ. Ein Streuungsmaß für die zufällige Abweichung eines einzelnen Messwertes vom Erwartungswert μ der Messgröße.

• *Empirische Standardabweichung* s. Ein Maß für die zufällige Streuung von n Einzelwerten einer Messreihe um ihren Mittelwert $\bar{x}$. s ist ein Schätzwert für σ.

$$s = \sqrt{\frac{1}{n-1}\sum_{i=1}^{n}(x_i-\bar{x})^2} = \sqrt{\frac{1}{n-1}\left[\sum_{i=1}^{n}x_i^2 - \frac{1}{n}\left(\sum_{i=1}^{n}x_i\right)^2\right]}$$

• *Varianz* = Quadrat der Standardabweichung: σ^2 bzw. s^2.

• *Variationskoeffizient.* Durch den Mittelwert dividierte Standardabweichung: $v = s/\bar{x}$.

• *Vergleichbedingungen.* Verschiedene Beobachter messen nach einem festgelegten Messverfahren am selben Messobjekt unter verschiedenen Versuchsbedingungen (Messgeräte, Örtlichkeiten, Zeitpunkt).

• *Vergleichbarkeit* nennt man bei bekannter Vergleichstandardabweichung σ_R den Wert

$$R = 1{,}96\,\sqrt{2}\,\sigma_R \approx 2{,}77\,\sigma_R ,$$

unterhalb dessen der Betrag der Differenz zweier Messwerte mit 95%-iger Wahrscheinlichkeit erwartet werden kann. Beispiel: Ringversuch mit mehreren Laboratorien.

• Der *Vertrauensbereich* erfasst den Einfluss zufälliger Abweichungen auf das Messergebnis. Bei normalverteilten Messwerten wird durch den berichtigten Mittelwert $\bar{x}$ und die empirische Standardabweichung s ein Vertrauensbereich angegeben, der mit vorgegebener Wahrscheinlichkeit – dem sog. *Vertrauensniveau* $1-\alpha$, (engl. *confidence level*, früher: „statistische Sicherheit") – den Erwartungswert μ überdeckt.

▹ In der Physik: $1-\alpha = 68{,}26\%$ (einfache Standardabweichung).

▹ In der Biologie: $1-\alpha = 99{,}73\%$ (3σ).

▹ ASTM-Standard und deutsche Mineralölnormen: $1-\alpha = 95\%$.

Die Grenzen des Vertrauensbereiches heißen

Vertrauensgrenzen.
Obere Vertrauensgrenze: $\bar{x} + \frac{t\,s}{\sqrt{n}}$,
Untere Vertrauensgrenze: $\bar{x} - \frac{t\,s}{\sqrt{n}}$.
Der Faktor t hängt vom gewählten Vertrauensniveau $1-\alpha$ und der Zahl der Messwerte n ab (Tab. M.8 und M.9). Bei unbekanntem σ und kleiner Messwertzahl muss man einen weiten Vertrauensbereich in Kauf nehmen.

• *Wahrer Wert* x_W. Der exakte Wert einer physikalischen Größe, der jedoch wegen Messfehlern niemals zugänglich ist. Gibt es keine systematischen Abweichungen, ist der wahre Wert gleich dem Erwartungswert.

• *Wiederholbedingungen.* Derselbe Beobachter misst nach einem festgelegten Messverfahren am selben Messobjekt unter gleichen Versuchsbedingungen (Messgeräte, Örtlichkeiten) mehrmals hintereinander in kurzen Zeitabständen.

• *Wiederholbarkeit* nennt man bei bekannter Wiederholstandardabweichung σ_r den Wert

$$r = 1{,}96\,\sqrt{2}\,\sigma_r \approx 2{,}77\,\sigma_r,$$

unterhalb dessen der Betrag der Differenz zweier Messwerte mit 95%-iger Wahrscheinlichkeit erwartet werden kann.

• *Zufallsgröße X.* Weil der wahre Wert nicht bekannt ist, werden die Messwerte x_i als Realisierungen einer Zufallsgröße betrachtet. X folgt einer Wahrscheinlichkeitsverteilung, deren charakteristische Parameter *Erwartungswert* μ und Standardabweichung σ i. a. aber nicht bekannt sind. Als Schätzwerte ermittelt man aus einer Messreihe den arithmetischen Mittelwert $\bar{x} \approx \mu$ und die empirische Standardabweichung $s \approx \sigma$.

Messunsicherheit
*messtechnische Unsicherheit.

Messwert *messtechnische Begriffe.

Mesten
Historisch! 14,3 Liter (Frankfurt/M.).

met Abkürzung für: *metallic*, metallisch.

Meter (m, EDV: M)
1) Urmeter [griech. *metron*, Maß]. Vom 26.09.1889 bis 1960 Basiseinheit der Länge im metrischen System. – HUYGENS hatte die Länge des Sekundenpendels als Maß vorgeschlagen, das jedoch von Ort zu Ort veränderlich ist. GABRIEL MOUTON, Vikar in Lyon, empfahl 1670 als Längenmaß mit dezimaler Teilung die Bogenlänge eines Winkels von einer Minute, und zwar auf Grundlage von Erdvermessungen. Auf Anregung TALLEYRANDS (April 1790) wurde 1791 schließlich in Paris der zehnmillionste Teil eines Erdmeridianquadranten (kürzester Bogen vom Pol zum Äquator) definiert, somit etwa der 40millionste Teil des Erdumfanges. Die *Conférence Générale des Poids et Mesures* (CGPM) stellte die Einheitslänge dar als den internationalen Platin-Iridium-Endmaßstab von FORTIN mit 4 bis 25,3 mm Querschnitt bei 0 °C und Atmosphärendruck, der 1795 und 1799 als *mètre des archives* gesetzlich angenommen wurde. Das Meter wurde in Frankreich 1837 gesetzlich eingeführt, 1868 folgte die „Maß- und Gewichtsordnung" für den Norddeutschen Bund, 1875 die Internationale Meterkonvention. 1889 Korrektur des 0,22883 Millimeter zu kurzen Urmeters nach neuen Erdvermessungen von BESSEL mit einem Stab aus 90% Platin und 10% Iridium mit X-förmigem Querschnitt und Strichmarken. Das Urmeter wurde seit 1875 im Pavillon de Breteuil des Internationalen Büros für Maße und Gewichte in Sèvres bei Paris aufbewahrt. Durch Rekristallisationsvorgänge kann sich die Länge des Prototyps im Laufe der Jahrzehnte ändern; der Vergleich mit dem Prototyp ist mit einem Fehler von mindestens $5 \cdot 10^{-6}$ behaftet. Daher ist das Urmeter als Längenstandard überholt.

2) Internationale Meterkonvention. Am 18. Mai 1875 traten in Paris 18 Staaten zur Sicherung, Vervollkommnung und Ausbreitung des metrischen Systems zur „internationalen Meterkonvention" zusammen. Einige hatten das metrische System bereits eingeführt: Frankreich (1795/99, 1837), Luxemburg (1815), Holland (1816), Guatemala (1820), Belgien (1836), Chile (1848), Spanien (1849), Kolumbien (1853), Italien (1861), Brasilien (1862), Serbien (1863), Ecuador (1865, 1871), Bolivien (1868), Peru (1869), Portugal (1870), Österreich (1871), Deutsches Reich (1871/72), Ungarn (1874), Schweiz (1875). Andere hatten das metrische System zugelassen: Großbritannien und Irland

(1864), U.S.A. (1866), Kanada (1871), Ägypten (1873).

3) Körperunabhängiges Meter. Die 7. Generalkonferenz für Maß und Gewicht (Paris 1927) ersetzte die Maßstabsdefinition des Meters durch eine Wellenlängendefinition (definiert 1933). Die 11. Generalkonferenz (Paris 1960) legte das Meter als das 1650 763,73fache des ^{86}Kr-$5d_5 \rightarrow 2p_{10}$-Überganges fest (mittlerweile überholt).

Die 17. Generalkonferenz (Paris 1983) knüpfte die Meterdefinition an den Kehrwert der Lichtgeschwindigkeit: „Das Meter ist die Länge der Strecke, die Licht im Vakuum im Zeitintervall von $1/_{299\,792\,458}$ Sekunde zurücklegt." Mit speziellen Kryptonlampen kann das Meter jederzeit an jedem Ort mit einer relativen Messunsicherheit von $\pm 10^{-9}$ realisiert werden.

4) Stabilisierte Laser, zur technischen Festlegung des Meters mit Hilfe der **Interferometrie** (Überlagerung von Lichtwellen). Ein Laserstrahl wird durch eine Linse aufgeweitet, in zwei Teilstrahlen zerlegt, die jeweils durch ein Prisma in den Strahlteiler reflektiert werden, so dass senkrecht zur Messtischebene Interferenzringe entstehen, die von zwei gegeneinander versetzen Fotodetektoren gezählt werden. Durch Verschiebung des der Lichtquelle gegenüberliegenden Prismas um den Weg s ändert sich die Zahl der Hell-Dunkel-Übergänge m und die Wellenlänge λ gemäß $s = m\,\lambda/2$. Ein Meter ist der Abstand von $2/\lambda$ Interferenzmustern, wenn die Interferenzen von eine halbe Wellenlänge auseinander liegenden sichtbaren Lichtwellen im Vakuum betrachtet werden ($\lambda = c/\nu$).

5) Umrechungsfaktoren

1 Meter =
= 10^{10} Ångström
= 100 Centimeter
= 10 Dezimeter
= 0,5 468 066 Fathom
= 3,2 808 399 Foot
= 3,28 083 Foot (US Survey)
= 39,37 007 874 Inch
= $1/_{1000}$ Kilometer
= 10^6 Mikrometer
= $5{,}399\,568 \cdot 10^{-4}$ Mile (nautical)
= $6{,}213\,712 \cdot 10^{-4}$ Mile (statute)
= 1000 Millimeter
= 10^9 Nanometer
= 1,093 613 298 Yard.

Nationale Bezeichnungen: [engl.] metre, [span., ital., port.] metro, [frz.] mètre, [jap.] metoru, [holl., schwed.] meter, [poln.] metr, [russ.] метр.

Tabelle M.10: Interferometrie: Prinzip und Lichtquellen zur Realisierung des Meters.

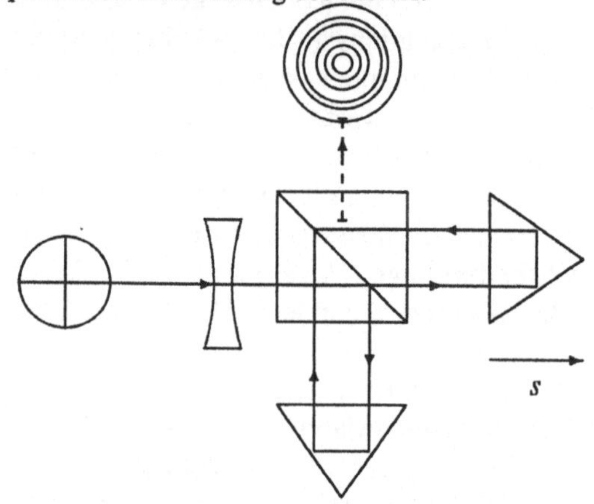

Absorber	Übergang	Komponente	Wellenlänge (fm)
CH_4	ν_3, P(7)	$F_2^{(2)}$	3392 231 397,0
$^{127}I_2$	17-1, P(62)	o	576 294 760,3
$^{127}I_2$	11-5, R(127)	i	632 991 398,1
$^{127}I_2$	9-2, R(47)	o	611 970 769,8
$^{127}I_2$	43-0, P(13)	a_3	514 673 466,2

Meter pro...

1) ...Stunde

1 m/h = 0,05 468 066 Foot/minute
= $9{,}11\,344... \cdot 10^{-4}$ Foot/second
= 16,66... Millimeter/Minute
= 0,277... Millimeter/Sekunde.

2) ...Minute

1 m/min = 0,05 468 066 Foot/second
= 0,06 km/h = 0,03 239 714 Knoten
= 0,03 728 227 Mile (statute)/hour
= 16,66... Millimeter/Sekunde.

3) ...Sekunde, SI-Geschwindigkeitseinheit:

1 m/s = 196,8 504 Foot/minute
= 3,6 Kilometer/Stunde
= 0,06 Kilometer/Minute
= 1,943 844 Knoten

= 2,236 936 Mile (statute)/hour
= 0,03 728 227 Mile (statute)/minute.
4) ...Sekundequadrat,
SI-Beschleunigungseinheit:
1 m/s^2 = 3,280 840 Foot/square second
= 3,6 Kilometer/(Stunde · Sekunde)
= 2,236 936 Mile/(hour·second).

Meter-candle (= „Meter-Kerze")
1 Meter-candle = 1 Lux.

Meter-Kilogramm-Sekunde-System
*MKS-System.

Meterkonvention
*InternationaleMeterkonvention, *Technisches Einheitensystem, *Meter.

Meterquadrat
Für veraltet: *Quadratmeter.

Meter Wassersäule
Veraltet! Nichtgesetzliche Druckeinheit:
1 mWS = 9806,65 Pascal [exakt]
= 98,0 665 Millibar [exakt].

Meterzentner (mz, mctr)
Altes Gewichtsmaß aus Österreich:
1 Meterzentner = 1 Doppelzentner
= 200 Pfund = 100 Kilogramm.

Metical
Währungseinheit in Mosambik (Moçambique) (vgl. *Miskal): 1 Metical (MT) = 100 Centavos (Ct) = ca. $^1/_{6817}$ DM.

Mètre des archives *Meter.

Metretes
Griechisch-neutestamentliches Hohlmaß:
1 Metretes = 39,38 Liter = 10,4 Gallon *US*.

Metric engl. „metrisch".

Metrische Einheiten
Auf Basis von *Meter, *Kilogramm und *Sekunde, im Gegensatz zu den *angloamerikanischen und historischen nichtmetrischen Einheiten. Vgl. metrisches *Carat, metrisches *technisches System.

Metr szescienny Polnisch: „Kubikmeter".

Mettar
Altes Hohlmaß aus Tunesien:
1 Mettar = 10 bis 20 Liter.

Mette
Um Mitternacht verrichtetes Gebet katholischer Geistlicher; Gottesdienst zur Nachtzeit.

Metter
Altes Volumenmaß aus Tunesien:
1 metter = 19,7 Liter.

Metze(n)
1) Altdeutsches Hohlmaß, v.a. für Getreide:
1 Metze =
= 1,9 465...61,487 Liter (Deutschland)
= 37,059 Liter (Bayern)
= 1,95 Liter (Braunschweig)
= 10 Liter (Hessen)
= 61,487 Liter (Österreich; Wien)
= 53,29 Liter (Pressburg)
= $^1/_{16}$ Scheffel = 3,435 Liter (Preußen)
= 6,489 Liter (Sachsen)
= 53,3 Liter (Ungarn).
2) Feldmaß aus Sachsen: 1 Metze Aussaat
= 768 Quadratellen = 2,464 Ar.

mex$ *Peso.

M

Mexiko
Historische Längenmaße: *legua, *línea, *pulgada, *vara.
Historische Flächenmaße: *caballeria, *fanega, *sitio.
Historische Volumeneinheiten: *baril, *carga, *cuarterón, *cuartillo, *fanega, *jarra.
Währung: *Peso.

MEZ
Mitteleuropäische Zeit, Ortszeit des 15. Grades östlicher Länge, geht der Greenwich-Zeit (*UTC) um eine Stunde voraus. Beispiel für eine Zeitangaben nach DIN 13312:
09:03 Uhr MEZ oder kurz 0903 A.

Mezzo quintale *Zentner.

Mg
Zeichen für das *chem. Element Magnesium.

mg Abkürzung für: Milligramm, *milligram*.

mgal *Milligal.

mgd
Abkürzung für: *million gallons per day*, Millionen Gallonen pro Tag.

MG
Veraltet! „Molekulargewicht“, Molekülmasse, *molare Masse.

mg.f. engl. *milligram force,* = *Millpond.

mgon *Milligon.

mg-% *Milligramm-Prozent

MGZ
Mittlere Greewich-Zeit, Westeurop. Zeit (*WEZ).

mH
US fälschlich: mh. Abkürzung für: Millihenry.

mhcp Abk. f.: *mean horizontal candlepower.*

Mho (mho, ℧)
1) Nicht SI-konform! US-Einheit des elektrischen Leitwertes:
1 Mho = 1 ℧ = 1 Siemens = 1 Ω^{-1}.
2) **Statmho.** Veraltet! Einheit der elektrischen Leitfähigkeit im elektromagnetischen cgs-System:
1 stat. Mho = 1 stat. ℧ = 1 stat. Ω^{-1}
= 1,112 650$\cdot 10^{-12}$ Ohm.
Nationale Bezeichnungen: [internat.] mho, [poln.] mo, [russ.] MO.

MIC
minimum inhibitory concentration, minimale Hemmkonzentration; Antibiotikamenge, die bei der Resistenzbestimmung im Verdünnungstest einen Erreger abtötet.

Michaelis-Menten-Konstante
K_M, Maß für die Affinität von Enzym und Substrat (*Enzymaktivität). Dissoziationskonstante des Enzym-Substrat-Komplexes; Substratkonzentration bei der Hälfte der maximalen Reaktionsgeschwindigkeit, wenn die Hälfte des zugesetzten Enzyms als Enzym-Substrat-Komplex vorliegt.

Micromicro ($\mu\mu$) Falsch für *Pico...

Miesches Einheitensystem
1) Veraltet! *Elektromagnetisches Vierersystem. Das von GUSTAV MIE (1868–1957) im Jahr 1910 vorgeschlagene **VACS-System** oder **Mie-System** fußte ursprünglich auf den *internationalen Festlegungen von Volt, Coulomb (später: Ampere), Zentimeter und Sekunde. Die Krafteinheit hieß **Sthen*, die Masseneinheit **Hyle*.

$$1\text{ sthen} = 1\text{ VAs/cm} = 1\text{ J/cm} = 10^7\text{ erg/cm} = 10^7\text{ dyn} = 100\text{ N}$$
$$1\text{ hyle} = 1\text{ s}^3\text{V A/cm}^2 = 10^7\text{ g}$$

Praktisch realisiert wurden die internationalen elektrischen Einheiten durch Normalwiderstände und Normalelemente.
2) Das veraltete **atomare Einheitensystem* nach GUSTAV MIE oder Meter-Kilogramm-Coulomb-System definierte die Basisgrößen: $H = Q\varphi$, elektrische Ladung $Q = I\,t$, magnetischer Fluss Φ.

Miglio (= Miglia, italienische Meile)
Altes Wegemaß aus Italien:
1 Miglio = 1,478 Kilometer (römische Meile)
= 1,820 Kilometer (Postmeile)
= [später] 1 Kilometer.

Miil (= dänische Meile)
Altes Wegemaß aus Dänemark:
1 Miil = 7,53 Kilometer.

Mijl
Altes Wegemaß aus den Niederlanden:
1 Mijl = 7,4 Kilometer.

MIK
Maximale Immissions-Konzentration.
Richtwert-Konzentration luftfremder Stoffe in der bodennahen Atmosphäre, die nach dem derzeitigen Wissensstand für Mensch, Tier, Pflanzen und Sachgüter als unbedenklich gilt; vgl. *MAK.

Mikro..
Dezimaler SI-Vorsatz: „Ein Millionstel...“.
1 Mikrofarad (μF) = 10^{-6} Farad.
1 Mikrogramm (μg) = 10^{-6} Gramm.
1 Mikroliter ($\mu\ell$) = 10^{-6} Liter = 10^{-3} mℓ.
1 Mikroohm ($\mu\Omega$) = 10^{-6} Ohm.

Mikrometer
(= *US* Micron, veraltet: **Mikron)**
1 Mikrometer (μm) =
= 10^4 (10 000) Ångström
= 10^{-4} (0,0 001) Centimeter
= 10^{-5} (0,00 001) Dezimeter
= 0,03 937 008 Mil
= 10^{-3} (0,001) Millimeter
= 10^{-6} Meter
= 1 micrometer *US*

= 1 micrometre *GB*
= 1 micron *US*
= 1000 Nanometer
= 10^6 Picometer.

Mikromy (= Mymy)

Veraltet! Falsch! Bezeichnung für Picometer:
1 $\mu\mu$ = 1 pm = 10^{-12} Meter.

Mikron

*MKS-System, *Mikrometer, *Micron.

Mil (mil, ///)

1) Nichtmetrisch! *US*-Längenmaß:
1 Mil =
= 100 Gauges
= 0,001 Inch
= 25,4 Micrometer
= 0,0 254 Millimeter [exakt].
2) Altes Wegemaß aus Skandinavien:
1 Mil = 10,67 Kilometer (Finnland)
= 11,3 Kilometer (Norwegen)
= 10,69 Kilometer (Schweden).
3) *US*-Artillerie:
1 mil = $^1/_{6400}$ des Vollkreises.
4) *US*-Infanterie: der aufgespannte Winkel von 1 yard Länge in 1000 yards Entfernung.
100 artillery mils = 98,2 infantry mils.
5) Veraltet! Einheit für den ebenen Winkel:
1 mil = 0,001 Radiant = 0,06 366 Gon.

Mila

Alte osteuopäische *Meile:
1 Mila = 8,53 Kilometer (Polen),
= 7,85 Kilometer (Rumänien).

Mila a landi

Alte Isländische Landmeile (*Meile):
1 mila a landi = 7,53 km.

Milcheinheit (ME)

Grammmenge Milch mit dem physiologischen Brennwert 1000 Kalorien (= 4186,8 Joule).

Mile (mi., = Meile)

1) In Deutschland nichtgesetzliche, in einigen EG-Ländern zulässige Längeneinheit, in den U.S.A. gebräuchlich:
1 Mile (statute) =
= 80 Chain (Gunter's)
= 52,8 Chain (Ramsden's)
= 5280 Foot
= 8 Furlong
= 63 360 Inch
= 1,609 344 Kilometer
= 1,70 111$\cdot 10^{-13}$ Lichtjahr
= 1609,344 Meter [exakt]
= 0,86 897 624 Mile (nautical)
= 5,21 552$\cdot 10^{-14}$ Parsec
= 320 Rod
= 1760 Yard [exakt].
2) Europadefinition lt. EG-Amtsblatt L262 vom 27. Sept. 1976: 1 mile = 1609 m.
3) Nationale Festlegung bis 1959:
1 mile *GB* = 1.6 093 426 km;
1 statute mile *US* = 1,6 093 472 km.
4) US-Landmeile für Vermessungszwecke:
1 Mile (*US* Survey) = 1609,3 472 187 Meter.
5) London mile. Historisch!
1 London mile = 1,52 Kilometer.
6) Mile of land. Altes britisches Feldmaß:
1 square mile = 2,59 Kilometer^2.
7) Altes tschechisches Wegmaß:
1 mile = 7,48 Kilometer.
8) Nautical mile, *Seemeile.

Mile per...

1) ...Gallon
1 mi/gal *GB* = 0,354 006 Kilometer/Liter.
1 mi/gal *US* = 0,425 144 Kilometer/Liter.
2) ...hour (mph)
1 mph =
= 88 Foot/minute
= 1,46$\bar{6}$ Foot/second
= 1,609 344 Kilometer/Stunde
= 0,8 689 762 Knoten
= 26,8 224 Meter/Minute
= 0,44 704 Meter/Sekunde.
3) ...(hour · minute)
1 mi/(hr min) = 0,7 450 667 cm/s^2.
4) ...(hour · second)
1 mi/(hr sec) = 44,704 Centimeter/Sekunde^2.
5) ...Minute
1 Mile/minute = 88 Foot/second
= 96,56 064 Kilometer/hour = 52,13 857 Knot
= 26,8 224 Meter/second.

Mile Standard Cable

*Dezibel.

Milha

Altes Wegemaß aus Portugal, „englische *Meile": 1 Milha = 2,065 Kilometer.

M

Military pace
Altes Längenmaß aus den USA:
1 military pace = 76,2 Centimeter.

Milla
Historisch! Lateinamerikanische (*Meile):
1 milla = 1,866 Kilometer (Nicaragua),
= 1,858 Kilometer (Venezuela).

Mille
1) **Belgische Meile.** Altes Wegemaß aus Belgien und Luxemburg: 1 Mille = 6,28 Kilometer.
2) **Mille carré.** Alte belgische Quadratmeile:
1 mille carré = 39,4 Kilometer^2.
3) **Mille marin.** Alte französische Seemeile:
1 mille marin = 1,855 Kilometer.
4) Zählstückmaß: 1 Mille = 1000 Stück.

Millennium
[lat.] *mille* „tausend"; Zeitraum von tausend Jahren, Jahrtausend.

Millerole
Altes Hohlmaß für Wein aus Tunesien:
1 Millerole = 63,7 Liter.

Milli...
Dezimaler SI-Vorsatz: „Ein Tausendstel...".
1 Milliampere (mA) = 0,001 Ampere.
1 Milligal (mgal) = 0,001 Gal.
1 Milligon (mgon) = 0,001 Gon.
1 Milligray (mGy) = 0,001 Gray.
1 Millilambert (mla) = 0,001 Lambert.
1 Milliohm (mΩ) = 0,001 Ohm.
1 Millisekunde (ms) = 0,001 Sekunde.
1 Millistat (mSt) = 0,001 Stat.

Milliamperesekunde
1 mA s = 0,001 Coulomb.

Milliäquivalent (meq)
ein Tausendstel *Äquivalent; früher *val.

$$\frac{\text{Stoffmengenkonzentration (in mmol/}\ell\text{)}}{\text{Wertigkeit}}$$

Milliarde (= *GB* milliard, *US* billion)
1 Milliarde = 10^9 = 1000 Millionen.

Milliarium
*Meile.

Millibar (mbar)
Druckeinheit, seit 1984 auch „Hektopascal":
1 mbar =
= 100 Pascal
= 1 Hektopascal (hPa)
= 0,1 Kilopascal (kPa)
= 10^{-4} Megapascal (MPa)
= 100 Newton/Meter^2
= 0,001 Newton/Centimeter^2
= 0,0 001 Newton/Millimeter^2
= 10^{-3} Bar
= 10^3 Mikrobar (μbar)
= 0,9 869 233$\cdot 10^{-3}$ phys. Atmosphäre (atm) =
= 1,019 716$\cdot 10^{-3}$ techn. Atmosphäre (at)
= 10,19 716 Kilopond/Meter^2
= 1000 dyn/cm^2 = 1 kdyn/cm^2
= 0,01 019 716 Meter Wassersäule
= 10,19 716 Millimeter Wassersäule (mmWS = kp/m^2)
= 0,750 062 Torr (= mmHg)
= 29,5 300$\cdot 10^{-3}$ Inch of mercury (in Hg)
= 33,4 553$\cdot 10^{-3}$ Foot of water (ft H_2O).

Millier
1) Altes Handelsgewicht aus Frankreich:
1 millier = 489,5 Kilogramm.
2) 1 millier *US* = 1000 Kilogramm.

Milligramm (mg)
1 Milligramm =
= 5,6 438 339$\cdot 10^{-4}$ Dram
= $^1/_{1000}$ Gramm
= 0,005 Karat (metric carat)
= 10^{-6} Kilogramm
= 0,015 432 358 Grain
= 3,5 273 962$\cdot 10^{-5}$ Ounce (avoirdupois)
= 3,2 150 747$\cdot 10^{-5}$ Ounce (troy)
= 6,4 301 493$\cdot 10^{-4}$ Pennyweight
= 2,2 046 226$\cdot 10^{-6}$ Pound
= 7,7 161 792$\cdot 10^{-4}$ Scruple.

Milligramm pro... (Milligram per...)
1) ...assay ton
1 Milligram/assay ton *GB* =
= 30,612 245 Milligramm/Kilogramm
= 1 Ounce (troy)/ton (long).
1 Milligramm/assay ton *US* =
= 34,285 714 Milligramm/Kilogramm
= 1 Ounce (troy)/ton (short).
2) ...Kilogramm
1 mg/kg = 1 Gramm/Tonne
= 1 ppb (= part per billion)
= 0,002 Pound/ton (short).
3) ...Liter
1 mg/l = 1 ppm (= part per million)

= 0,07 015 689 Grain/gallon *GB*
= 0,05 841 783 Grain/gallon *US*
= 1 Gramm/Meter^3
= 6,24 796·10^{-5} Pound/cubic foot.
4) ...Meterkubus
1 mg/m^3 = 4,369 957·10^{-4} Grain/cubic foot.

Milligrammprozent
Veraltet! Falsch! Für die *Massenkonzentration: 1 mg-% = 1 mg/(100 cm^3) = 1 mg/dℓ = 10 mg/ℓ = 0,01 g/ℓ = 10^{-4} g/ℓ.

Milliliter (ml, mL, mℓ)
1 ml = 1 Centimeter^3 = $^1/_{1000}$ Liter
= 1000 μℓ = 10^6 nℓ = 10^9 pℓ.

Millimeter (mm)
1 mm = 10^7 Ångström
= 0,03 937 008 Inch
= 1000 Mikrometer
= 0,1 Centimeter
= $^1/_{1000}$ Meter.

Millimeterkubus (mm^3)
Seit 1975 für „Kubikmillimeter“:
1 Millimeterkubus = Rauminhalt eines Würfels von 1 Millimeter Kantenlänge.

Millimeter Quecksilbersäule (mmHg)
Veraltet! Auch **mmQS**, engl. *conventional mm of mercury*. Definiert 1948, abgeschafft 1977; nur noch in der Heilkunde gesetzlich zulässig für den Blutdruck und den Druck von Körperflüssigkeiten. Druckeinheit, basierend auf einer mit metallischem Quecksilber gefüllten Glassäule.
1 Millimeter Quecksilbersäule (mmHg) =
= 1,315 789·10^{-3} phys. Atmosphäre (atm)
= 1333,224 (= 0,1·13,5 951·980,665) Dyn/Centimter^2
= 0,0 446 033 Foot Wassersäule (ft H_2O)
= 1,35 951 Pond/Centimeter^2
= 1,33 322 Millibar [exakt]
= 13,5 951 Millimeter Wassersäule
= 133,322 Pascal [exakt lt. Einheitengesetz], früher: $^{101\,325}/_{760}$ Pascal
= 2,78 450 pound-force/square foot
= 0,0 193 368 Pound-force/square inch
≈ 1 Torr [früher: exakt].
= 13,5 951 Kilopond/Meter^2 [exakt].

Millimeter Wassersäule (mmWS)
Veraltet! Engl. *conventional mm of water*. Nichtgesetzliche Druckeinheit, basierend auf einer mit Wasser gefüllten Glassäule.
1 Millimeter Wassersäule (mmWS) =
= 0,1 technische Atmosphäre (at)
= 9,67 841·10^{-3} phys. Atmosphäre (atm)
= 98,0 665 dyn/cm^2
= 0,0 980 665 Millibar
= 0,0 735 559 mmHg
= 9,80 665 Pascal [exakt]
= 0,1 Pond/Centimeter^2
= 1,42 233·10^{-3} Pound-force/square inch.

Millimikron (mμ, = Millimy)
engl. *millimicron*. Veraltet! Unzulässiges Aneinanderreihen von Vorsätzen! Bezeichnung für Nanometer. 1 mμ = 1 nm = 10^{-6} mm.

Millipond (mp, *milligram-force*, mg.f.)
Veraltet! Krafteinheit (*Kilopond):
1 mp = 0,980 665 Dyn =
= 9,80 665·10^{-6} Newton
= 0,001 Pond
= 10^{-6} Kilopond.

Millipond pro...
1) ...Centimeter
1 mp/cm = 0,980 665 Dyn/Centimeter
= 9,80 665·10^{-4} Newton/Meter.
2) ...Inch
1 mgf./in. = 0,386 089 Dyn/Centimeter
= 3,86 089·10^{-4} Newton/Meter.

Milreis *Rial.

min
Abkürzung für: Minute; Minim; Minimum, mineralisch; Index (DIN 1304): minimal.

Mine (Mina)
1) Altes Trockenmaß aus Frankreich:
1 mine = 78 Liter.
2) Babylonische Mine. Biblisches Gewicht, von akkadisch *manu*, nach Ez 45,12:
1 Mine = 60 Sekel = $^1/_{60}$ Talent
= 600 Gramm (Bleigewicht aus Asdod)
= 502, 640, 978 od. 1005 Gramm
3) In Kanaan-Israel: 1 Mine = 50 Sekel.
4) 1 Mina = 818,5 Gramm (Assyrien)
= 436,6 Gramm (Altgriechenland)
= 1500 Gramm (Griechenland)
= 982,4 Gramm (Altes Testament)
= 727,5 Gramm (hebräische Silbermine)
= 818,5 (hebräische Goldmine).

Minim (min)

1) Veraltet! Britisches Hohlmaß und Angabe für das Fassungsvermögen (*capacity*).
1 Minim *GB* =
= $^1/_{60}$ Drachm (*GB*, fluid)
= 0,05 919 388 Milliliter
= 0,9 607 599 Minim *US*
= $2{,}0\,833\bar{3}\cdot10^{-3}$ ($^1/_{480}$) Ounce (*GB*, fluid)
= $^1/_{76800}$ Gallon *GB*.
2) 1 Minim *US* =
= $^1/_{60}$ Dram (*US*, fluid)
= 0,06 161 152 Milliliter
= 1,040 843 Minim *GB*
= $2{,}0\,833\bar{3}\cdot10^{-3}$ ($^1/_{480}$) Ounce (*US*, fluid)
= $^1/_{61440}$ Gallon *US*.

Minute

1) **Zeitminute (min), Sternminute,** astronom. ^{m}, EDV: `MIN`; gesetzliche Zeiteinheit.
1 Minute = $6{,}944\bar{4}\cdot10^{-4}$ ($^1/_{1440}$) Tag
= $0{,}0\,166\bar{6}$ ($^1/_{60}$) Stunde
= 60 Sekunden
= $9{,}920\,635\cdot10^{-5}$ Woche.
2) **Winkelminute ('), Altminute** EDV: `MNT`, engl. *angular minute*, abgeleitete Einheit des ebenen Winkels:
1' = $^1/_{60}$ Altgrad
= $^{\pi}/_{10800}$ Radiant
= $4{,}629\,630\cdot10^{-5}$ circumference (Vollkreis)
= $^1/_{60}$° (= Winkelgrad = angular degree)
= 0,01 851 852 ($^1/_{54}$) Gon (= grade)
= $1{,}851\,852\cdot10^{-4}$ Quadrant (Viertelkreis)
= 60" (Winkelsekunde = angular second).
3) **Neuminute (^{c}, ^{cg}).** Veraltet! Bis Ende 1977 gültige Einheit des ebenen Winkels, durch *Centigon zu ersetzen.
1^c = 0,01 Gon (Neugrad) = $\frac{\pi}{20000}$ Radiant.

Minutenvolumen

*Atem- und *Herzminutenvolumen.

Mired-Wert (M)

Fotografie: Farbschwerpunkt, bezogen auf den Temperaturschwerpunkt der Lichtquelle:
1 Mired-Wert = 10^6 Kelvin (Farbgrade).

Mirze

Altes Getreidemaß aus Siebenbürgen:
1 Mirze = 2 Kübel = 185 Liter.

Mischungsverhältnis

Feuchtigkeitsangabe: Das Verhältnis der Masse des Wasserdampfes zur Masse der trockenen Luft im gleichen Volumen:

$$m = \frac{\varrho_W}{\varrho_L} \quad \text{Einheit: } \frac{\text{kg}}{\text{kg}}$$

ϱ_W absolute Feuchte (kg/m^3), ϱ_L Dichte der feuchten Luft (kg/m^3).

Mishara

Altes Flächenmaß aus dem Irak:
1 mishara = 25 Ar.

Miskal

Metikal, Metical, Mithgal, Mitqal, Mukati. Altes orientalisches Gewicht für Edelmetalle, Rosenöl, Perlen: 1 Miskal = 4,6 bis 4,9 Gramm.

Missweisung

*Deklination.

Mitoseindex

Zellteilungsindex; Anteil der Zellen einer Population, der sich zum Beobachtungszeitpunkt in Teilung befindet.

Mitteleuropäische Zeit

*MEZ, *Zeitzonen.

Mittelgewicht

Gewichtsklasse im Sport: bis 75 Kilogramm (Boxen, Gewichtheben, Ringen).

Mittelschwergewicht

Beim Gewichtheben: bis 90 Kilogramm.

Mittelwert

1) **arithmetischer Mittelwert** oder zeitlich linearer Mittelwert:

$$\bar{x} = \frac{1}{T}\int_0^T x(t)\,\mathrm{d}t$$

2) **gleitender Mittelwert**

$$\bar{X}(t) = \frac{1}{\Delta t}\int_{t-\Delta t}^{t} x(u)\,\mathrm{d}u$$

3) **harmonischer** oder **inverser Mittelwert**:

$$\bar{x}_h = \left[\frac{1}{T}\int_0^T \frac{1}{x(t)}\,\mathrm{d}t\right]^{-1}$$

4) **logarithmischer Mittelwert**

$$\lg\frac{X_g}{x_{ref}} = \frac{1}{T}\int_0^T \lg\left(\frac{x(t)}{x_{ref}}\right)\mathrm{d}t$$

5) **quadratischer Mittelwert** oder *Effektivwert*, z. B. *elektrische Spannung.

$$\bar{x}_q = \frac{1}{T}\int_0^T x^2(t)\,dt$$

6) Gleichrichtwert

$$|\bar{x}| = \frac{1}{T}\int_0^T |x(t)|\,dt$$

Mittler...
Als Mittelwert definierte Größe oder Einheit, z. B.: *Aktivität, *British thermal unit, *Zeit, *Monat, *Wellenlängenbereiche.

Mittwoch *Wochentage.

mix
Abk.f.: *mixture, mixing of fluids,* Mischung.

MJD
Abk. für: modifiziertes Julianisches Datum, *modified Julian date,* *Kalender.

MKCb-System *Miesches System.

mkp *Kilopondmeter.

MKSA°KCd *Sechsersystem.

MKSA-System *Giorgi-System.

MKSK *Kalorisches Vierersystem.

MKS (Meter-Kilogramm-Sekunde-System)
1) Absolutes mechanisches Einheitensystem von GAUSS und WEBER (1836) mit Millimeter, Milligramm und Sekunde als Basiseinheiten. 1948 wurden die internationalen Meter- und Kilogramm-Prototypen festgesetzt. Bis 1978 gültige abgeleitete Einheiten waren *Dyn = Großdyn (Kraft), *Joule = Großerg (Energie) und *Watt (Leistung). Inkohärente Einheiten waren *Mikron, *Tonne und *Gamma.

mL, ml
Abk. f.: *Milliliter, *Millilambert *US*.

mM
Veraltet! Millimolar: 1 mmol/ℓ.

mm *Millimeter

mmHg, mmQS
*Millimeter Quecksilbersäule.

mmWS, mmH$_2$O
*Millimeter Wassersäule.

MN *Meganewton

Mn Zeichen für das *chem. Element Mangan.

Mo
1) Zeichen für das *chem. Element Molybdän.
2) Alte japanische Längeneinheit:
1 mo = 0,03 Millimeter.

Mobilität
Geschwindigkeit der Verteilung eines Stoffes in der Umwelt oder einer Phase.

Moccha
Altes Gewicht aus Äthiopien:
1 Moccha = ca. 31 Gramm.

Möckerchen
Altes Raummaß aus Sachsen:
1 Möckerchen = 0,87 Liter.

mod
Abkürzung für: modulo (Rest beim Teilen); *modification,* Änderung. Index (DIN 1304) für: moduliert.

Modius (= römischer Scheffel)
Biblisch-römisches Getreidemaß:
1 Modius = 16 Sextarii = $^2/_3$ Saton (*Sea)
= $^1/_6$ attischer *Medimnus* (Scheffel)
= 8,788 [8,75] Liter.

Modul
1) engl. *modulus,* bei der Benennung von Größenquotienten: der reziproke Wert eines Koeffizienten, z. B. Elastizitätsmodul (Kehrwert des Dehnungskoeffizienten).
2) [lat.] *modus,* „Maß“, *modulus,* „das kleine Maß“. In der Architektur der Radius des unteren Säulendurchmessers:
1 Modul = 30 partes = 30 Teile.
3) Im Zahnradbau das Verhältnis des Teilkreisdurchmessers zur Anzahl der Zähne.
4) *Impedanz.

Moggio
1) [ital. „Scheffel“]. Altes Getreidehohlmaß aus Italien: 1 Moggio = 622 Liter.
2) Altes Feldmaß: 1 Moggio = 7 Ar (Neapel).

Mohammedanische Zeitrechnung
*Kalender.

Mohshärte (= Ritzhärte)
Nach dem deutschen Mineralogen FRIEDRICH MOHS (1773-1839) benannte *Härteskala von Mineralien und Edelsteinen.

Mohur (= Mohar, Dorea, Fuddeah)
Alte persische und ostindische Goldmünze.

Moio
Altes portugiesisch-brasilianisches Hohlmaß für Getreide (*Malter, *Moyo):
1 Moio = 228 Liter
= 2176 Liter (Brasilien)
= 830 Liter (Portugal).

MOK
Maximale Organ-Konzentration an Gefahrstoffen in Blut, Harn, Haar oder Atemluft; vgl. *MAK.

Mol (mol, engl. *mole*, EDV: MOL)
1) SI-Einheit der Stoffmenge, definiert durch die 14. CGPM 1971: Ein Mol ist die Stoffmenge eines Systems mit ebenso vielen Teilchen wie Atome in $^{12}/_{1000}$ Kilogramm (12 Gramm) Kohlenstoff-12 enthalten sind (*Avogadro-Konstante). Die Art der Teilchen ist jeweils zu spezifizieren, z. B. Atome, Moleküle, Ionen, Elektronen, Radikale, Verbindungen etc. 1 mol $\approx 6{,}023 \cdot 10^{23}$ Teilchen.
2) Veraltet! *Gramm-Molekül, *awu.

Molalität
Früher „Kilogramm-Molarität". Temperaturunabhängiges *Konzentrationsmaß für Lösungen, weil auf die Lösungsmittelmasse (nicht das Volumen) bezogen. b gibt die Zahl der Mole an, die in 1 kg Lösungsmittel (nicht Lösung!) gelöst sind.

molar
*IUPAC-Bezeichnung für „stoffmengenbezogen". In Konzentrationsangaben:
1 molar = 1 mol/ℓ = [früher] 1 M.

Molare Aktivität
*Aktivität, optische.

Molare Gaskonstante
*Konstanten.

Molare Größe
Auf die *Stoffmenge n bezogene Größe; in der Thermodynamik häufig ohne Index m geschrieben.

Molare Größe		Einheit
Volumen	$V_m = V/n$	m^3/mol
Wärmekapazität	$c_p = C_p/n$	$J\,mol^{-1}K^{-1}$
Innere Energie	$U_m = U/n$	J/mol
Enthalpie	$H_m = H/n$	J/mol
Freie Enthalpie	$G_m = G/n$	J/mol
Entropie	$S_m = S/n$	$J\,mol^{-1}K^{-1}$

Molare Konzentration
*Stoffmengenkonzentration.

Molare Leitfähigkeit
*Leitfähigkeit.

Molare Masse (Molmasse)
Fälschlich „Molekülmasse", definitionsgemäß „stoffmengenbezogene Masse":

$$\text{Molare Masse} = \frac{\text{Masse}}{\text{Stoffmenge}}$$

$$M = \frac{m}{n} \quad \text{Einheit: } \frac{\text{kg}}{\text{mol}}$$

Bestimmung der molaren Masse

1. *Dampfdruckerniedrigung.* Lösungen zeigen gegenüber dem reinen Lösungsmittel einen niedrigeren Gefrierpunkt und einen höheren Siedepunkt (Raoult-Gesetz):

$$M = \frac{K}{\Delta T}\frac{m_1}{m_2}$$

K *ebullioskopische bzw. kryoskopische Konstante (K kg/mol),
m_1 Masse des gelösten Stoffes (kg),
m_2 Masse des Lösungsmittels (kg),
ΔT Siedepunktserhöhung bzw. Gefrierpunktserniedrigung (K).

2. *Dampfdichtebestimmung.* Ein Wägegläschen fällt durch einen Auslösemechanismus in das mit einer pneumatischen Wanne verbundene und mit einem Heizmantel umgebene Verdampfungsrohr. Die Probe verdampft, das Dampfvolumen steigt ins Gasmessrohr. Bei der *Barometerkorrektur ist der Wasserdampfpartialdruck p_{H_2O} und der Druck der verbleibenden Wassersäule $p_{WS} = \varrho_{H_2O} g h_{H_2O}$ zu berücksichtigten.

$$M = \varrho_n V_{mn} = \frac{V_{mn} m}{V_0} = \frac{m\,RT}{pV}$$

$$V_0 = \frac{(p(T) - p_{H_2O} - p_{WS})\,V \cdot 273{,}15\,\text{K}}{101325\,\text{Pa} \cdot \text{T}}$$

M unbekannte molare Masse (kg/kmol),
m Einwaage der Probe (kg),
$p(T)$ abgelesener Barometerstand (Pa),
T absolute Temperatur (K),
V gemessenes Gasvolumen (m^3),
V_{mn} molares Normvolumen (m^3/mol),
V_0 Gasvolumen bei 0°C (m^3),
ϱ_0 Gasdichte bei Normbedingungen.

Tabelle M.11 Molares Volumen feuchter und trockener **idealer Gase** (ℓ/mol) bei verschiedenen Temperaturen und Drücken (in mbar).

	feuchtes Gas								trockenes Gas							
t/°C	0	5	10	15	20	25	30	35	0	5	10	15	20	25	30	35
p_{H_2O} mbar	6,10	8,72	12,29	17,05	23,38	36,67	42,45	56,23	0	0	0	0	0	0	0	0
p	V_m in ℓ/mol															
893	25,60	26,15	26,72	27,34	28,02	28,77	29,62	30,61	25,42	25,89	26,36	26,82	27,29	27,75	28,22	28,68
906	25,22	25,76	26,32	26,93	27,60	28,33	29,17	30,13	25,05	25,51	25,99	26,43	26,88	27,34	27,80	28,26
920	24,85	25,38	25,94	26,54	27,19	27,91	28,72	29,66	24,69	25,14	25,59	26,04	26,50	26,95	27,40	27,85
933	24,50	25,01	25,56	26,15	26,79	27,50	28,29	29,21	24,34	24,78	25,23	25,67	26,12	26,56	27,01	27,45
946	24,15	24,66	25,20	25,77	26,40	27,09	27,88	28,78	23,99	24,43	24,87	25,31	25,75	26,19	26,63	27,07
960	23,81	24,31	24,84	25,41	26,03	26,71	27,47	28,35	23,66	24,09	24,53	24,96	25,39	25,82	26,26	26,69
973	23,48	23,98	24,50	25,06	25,66	26,33	27,08	27,94	23,34	23,34	24,20	24,61	25,04	25,47	25,90	26,33
986	23,16	23,65	24,16	24,71	25,30	25,96	26,70	27,54	23,02	23,44	23,86	24,28	24,71	25,13	25,55	25,97
1000	22,85	23,33	23,84	24,38	24,96	25,60	26,32	27,15	22,71	23,13	23,54	23,96	24,38	24,79	25,21	25,62
1013	22,55	23,02	23,52	24,05	24,62	25,25	25,96	26,77	22,41	22,82	23,23	23,64	24,06	24,47	24,88	25,29
1026	22,26	22,72	23,21	23,73	24,30	24,92	25,61	26,40	22,12	22,53	23,93	23,34	23,74	24,15	24,55	24,96
1039	21,97	22,43	22,91	23,42	23,98	24,59	25,27	26,05	21,84	22,24	22,64	23,04	23,44	23,84	24,24	24,64

3. *Feldflussfraktionierung* (FFF). Bestimmung der Verteilung von Molekülmassen, Dichten, Teilchengrößen von gelösten und suspendierten Stoffen (v.a. Polymere, Kolloide, Emulsionen). Die Probe fließt in einer Trägerflüssigkeit durch einen 0,005–10 cm breiten, etwa 50 cm langen Trennkanal mit zugespitzten Enden; quer dazu wirkt ein Kraftfeld, das die Teilchen zur Substanzansammlungswand zwingt, wo sie mit UV/VIS-, IR-Spektrometern, Refraktometern oder Viskosimetern nachgewiesen werden.
4. *Chromatografische Methoden* (HPLC)
5. *Spektroskopische Methoden*, z. B: Massenspektroskopie.

Molares Normvolumen

*Konstanten, *Molares Volumen.

Molares Volumen (Molvolumen)

Auf die Stoffmenge bezogenes Volumen:

$$\text{Molares Volumen} = \frac{\text{Volumen}}{\text{Stoffmenge}}$$

$$V_m = \frac{V}{n} \quad \text{Einheit: } \frac{m^3}{mol}$$

Für viele trockene Gase gilt näherungsweise das *ideale Gasgesetz, für feuchte Gase sind Korrekturen notwendig (Tabelle).

Molarität *Stoffmengenkonzentration.

Moldau, Republik Währung *Lei.

Molekularmasse

Relative Molekülmasse, *molare Masse.

Molenbruch

*Konzentrationsmaß für Mehrstoffsysteme. Stoffmengenanteil x (Dimension 1) = Zahl der Mole eines Stoffes im Verhältnis zur Gesamtmenge aller Stoffe im Gemisch.

Molmasse *molare Masse, *Konzentration.

Molpolarisation

P_m (in m^3/mol); auf die Stoffmenge bezogene *elektrische Polarisation.

$$P_m = \frac{\varepsilon - 1}{\varepsilon + 2} \cdot \frac{M}{\varrho}$$

Molprozent *Gehalt.

Molrefraktion

Die *Molpolarisation eines Dielektrikums im optischen Bereich:

$$R_m = \frac{n^2 - 1}{n^2 + 2} \cdot \frac{M}{\varrho}$$

n Brechungszahl, M molare Masse, ϱ Dichte.

Molsuszeptibilität

*magnetische Einheiten und Größen.

Molt *Malter.

Molvolumen

*molares Volumen, *Konzentration.

Mol.wt

Abk. f.: *molecular weight*, Molekülmasse.

Moment, elektrisches

Die vektorielle Summe der elementaren *Dipolmomente μ_i (in C m) eines elektrisch polarisierten Körpers = das mittlere Dipolmoment in einem gegebenen Volumen. Vgl. *elektrische Stromstärke.

Moment, (elektro)magnetisches

Auch *magnetisches Fächenmoment*, nicht zu verwechseln mit dem magnetischen *Dipolmoment $\vec{j}$. Nach DIN 1304 und 1324 der Quotient aus Drehmoment M (in N m) und magnetischer Flussdichte B (in Tesla); das Umlaufintegral über die Momente erster Ordnung der Stromelemente $I\,d\vec{s}$ eines geschlossenen Stromfadens.

$$\vec{m} = \frac{\vec{j}}{\mu_0} = \frac{I}{2}\oint \vec{r} \times d\vec{s} \quad \text{in: A m}^2$$

I Stromstärke,

$\vec{r}$ Ortsvektor von einem frei wählbaren Ursprung.

Für einem geschlossenen Stromfaden, der eine ebene Fläche mit dem Flächenvektor $\vec{A}$ umfasst, ist: $\vec{m} = I\,\vec{A}$.

Momentanwert *Augenblickswert.

Momentenbeiwert

In der Strömungsmechanik:

$$c_M = \frac{M}{l\,p_k\,A} \quad \text{(Dimension 1)}$$

M Moment aufgrund der Querkraft (durch die Strömung hervorgerufene Kraft quer zur Strömung) um die Vorderkante des angeströmten Profils, p_k Staudruck = kinetischer Druck, l Länge des Profils,

A Projektion der tragenden Fläche (z. B. Breite mal Länge eines Tragflügels.

Momme

Alte Masseneinheit aus Japan:

1 Momme = 3,78 [3,75] Gramm.

Monat (mon., = engl. *month*)

1) Mittlerer Monat.

1 Monat (Mittel über 4-Jahreszeitraum) =
= 30,4 375 Tage
= 730,5 Stunden
= 43 830 Minuten
= 2,6 298·10^6 Sekunden
= 4,348 214 Wochen.

2) Astronomischer Monat. Der Zeitraum, in dem die Sonne ein Tierkreiszeichen durchläuft. Der Zeitraum, in dem der Mond einmal die Erde umkreist.

3) Mondmonat, synodischer Monat. Zeitraum eines Mondumlaufes von Vollmond zu Vollmond; historisch für die Nomadenvölker des Nahen Ostens wichtig und Grundlage der Kalender der Juden und Mohammedaner:

1 Mondmonat = 29,53 Tage =
= 29 Tage, 12 Stunden, 44 Minuten 3 Sek.

4) Apostolischer Monat, päpstlicher Monat. Die sechs ungeraden Monate (Januar, März, Mai etc.), in denen die niederen geistlichen Benefizien in Deutschland vom Papst vergeben werden sollten (seit dem Wiener Konkordat 1448).

Monatsnamen

1) Januar. Hartung; Schneemond, Schneemonat, Wolfsmonat (Osteuropa), Wintermonat. Pluviôse („Regenmonat", 5. Monat des franz. Revolutionskalenders, 20./21./22. Januar – 18./19./20. Februar).

2) Februar. Hornung, Schmelzmond, Taumond, Taumonat; Ventôse („Windmonat", 6. Monat des franz. Revolutionskalenders, 19. Februar – 20. März).

3) März. Lenzing, Lenzmonat (Monat des röm. Kriegsgottes Mars). Germinal („Keimmonat", 7. Monat des franz. Revolutionskalenders, 21. März – 19. April).

4) April. Ostermond, Ostermonat, Wandelmonat. Floréal („Blütenmonat", 8. Monat des franz. Revolutionskalenders, 20. April – 19. Mai).

5) Mai. Maien, Wonnemonat, Marienmond (Monat der röm. Göttin Maia, Mutter des Merkur), Weidemond, Weidemonat; Prairial („Wiesenmonat", 9. Monat des franz. Revolutionskalenders, 20. Mai – 18. Juni).

6) Juni. Brachet, Brachmond; Rosenmonat; Messidor („Erntemonat", 10. Monat des franz. Revolutionskalenders, 19. Juni – 18. Juli).

7) Juli. Heuert, Heumond; Thermidor („Hitzemonat", 11. Monat des franz. Revolutionskalenders, 19. Juli – 17. August). Benannt nach JULIUS CAESAR für den 5. Monat (Quintilis) des alten römischen Kalenders.

8) August. Ernting, Erntemond, Sichelmond. Benannt 8 n. Chr. nach AUGUSTUS für den 6. Monat (Sextilis) des römischen Kalenders. Zu Kaisers Ehre gegenüber dem 31-tägigen Juli wurde dem Februar ein Tag abgezogen und dem August auf 31 Tage hinzuaddiert. Fructidor („Fruchtmonat", 12. Monat des franz. Revolutionskalenders, 18. August – 16. (21.) September).

9) September. Scheiding („den Sommer vom Winter scheidend"), Herbstmond; [lat. *septem*,

„sieben“]7.MonatimrömischenKalender;Vendémiaire („Weinmonat“, 1. Monat des franz. Revolutionskalenders, 22. September – 21. Oktober).

10) Oktober. Gilbhart, Weinmond [lat. *octo*, „acht“], Rosenkranzmonat, Weinmonat. Brumaire(„Nebelmonat“,2.Monatdesfranz.Revolutionskalenders, 22. Oktober – 20. November).

11) November. Nebelung, Nebelmond, Nebelmonat, Windmonat, [lat. *novem*, „neun“]; Schlachtmonat (Niederlande). Frimaire („Reifmonat“, 3. Monat des franz. Revolutionskalenders, 21. November – 20. Dezember).

12) Dezember. Julmond, Christmond; Nivôse („Schneemonat“, 4. Monat des französ. Revolutionskalenders: 21. Dezember – 19. Januar).

Monatstonne (moto)
Veraltet! In der Großindustrie für die in einem Monat erzeugte, verarbeitete oder umgesetzte Menge eines Wirtschaftsgutes (Kohle, Erdöl, Chemikalien etc.).

Mondmonat *Jahr, *Monat.

Mongolei *Tugrik.

Monserrat *Dollar.

Montag *Wochentage.

Montón
altes Gewicht aus Mexiko:
1 Montón = 30 Quintals
= 3000 Libras españolas = 1,3 785 Tonnen.

Moor Historisch! 0,4 Meter^2 (Ostfriesland)

Morbidität
Medizin: Krankheitshäufigkeit in der Bevölkerung; vgl. *Inzidenz, *Prävalenz.

Mórg polnischer *Morgen.

Morgen (= Joch, Juchart, Tagwerk)
1) Veraltet! Flächenmaß aus der Landwirtschaft, das der Bauer mit einem Gespann an einem Vormittag pflügen konnte. 1872 in Deutschland durch das metrische System ersetzt (seit 1977 nichtgesetzlich), 1876 in Österreich. In Frankreich *arpent, in Schweden *tunnland.
1 Morgen =
= 4 Viertel
= 400 Quadratruten = 400 Quadratklafter
= 23 bis 36 Ar (regional versch.)
= 0,3600 Hektar = 36 Ar (Baden)
= 0,340 732 Hektar = 1 Tagwerk (Bayern)
= 0,2501 [bis 0,33] Hektar (Braunschweig)
= 0,2501 Hektar (Braunschweig, *Feldmorgen*)
= 0,2025 Hektar (Frankfurt/M., *Feldmorgen*)
= 0,26 Hektar (Hannover)
= 0,25 Hektar (Hessen)
= 1,0 Hektar (Holstein)
= 1,22 Hektar (Oldenburg)
= 0,5 599 Hektar (Polen, *mórg*, *morga*)
= 0,25 532 Hektar = 180 Quadratruten (Preußen)
= 0,27 671 Hektar (Sachsen, *Acker*)
= 0,2898 Hektar (Sachsen-Coburg, *Feldmorgen*)
= 0,655 Hektar Vorpommern)
= 0,255 Hektar (Westfalen)
= 0,31 517 Hektar = 384 Quadratruten (Württemberg).
2) Heute: 1 Morgen = 2500 Meter^2
= 25 Ar = 0,25 Hektar.
3) *Joch.

Mortalität
Medizin: Sterblichkeit in der Bevölkerung. *Perinatale* Mortalität: Säuglingssterblichkeit (innerhalb von 7 Tagen nach Geburt).

Mosambik *Metical.

Moskauer Zeit (MOSKZ)
Ortszeit bei 45 Grad östlicher Länge; der Greenwich-Zeit um 3 Stunden, der Mitteleuropäischen Zeit um 2 Stunden, der Osteuropäischen Zeit um 1 Stunde voraus (*Zeitzonen).

Mostgewicht *Öchslegrad.

Mött
Historisch! 104 Liter Getreide (Marburg).

Motyka
Altes Flächenmaß aus Jugoslawien:
1 motyka = 800 Meter^2.

Mou
Altes persisches Längenmaß:
1 mou = 1 Millimeter.

Moule
Altes Volumenmaß aus der Schweiz:
1 Moule = 4 Meter^3.

Mountain Time *Zeitzonen.

Moyo
Altes Volumenmaß aus Spanien (*Moio, *Malter): 1 moyo = 258,13 Liter.

Mp *Megapond

mp *Millpond.

m.p. Abk. f.: *melting point,* Schmelzpunkt.

mph
Abk. f.: *miles per hour,* Meilen pro Stunde.

mphps
Abkürzung für: *miles per hour per second,* Meilen pro Stunde und Sekunde.

MST
Kurzzeichen: T, Abk. für *Mountain Standard Time,* MST = UTC – 7 = MEZ – 6.

MSVA-System
Veraltet! *Elektromagnetisches Vierersystem, VAMS-System. Die Volt- und Ampere-Definitionen der „Londoner *Internationalen Konferenz über elektrische Einheiten und Normale" (1908) waren bis 1977 zulässig. In den Gleichungen der Elektrodynamik war statt des Kilogramms das Volt wie eine Grundeinheit zu verwenden. Alle mit dem Produkt VA gebildeten Einheiten entsprechen mechanischen MKS-Einheiten:

1 VAs = 1 J	(Arbeit)
1 VA = 1 J/s = 1 W	(Leistung)
1 VAs/m = 1 J/m = 1 N	(Kraft)
1 VAs^3/m^2 = 1 Js^2/m^2 = kg	(Masse)

Abgeleitete nichtkohärente elektromagnetische Einheiten mit besonderen Namen waren: *Oersted, *Maxwell, *Gauß, *Gilbert.

MTSK *Kalorisches Vierersystem.

MTS-System
Meter-Tonne-Sekunde-System. Historisch! *Absolutes mechanisches Einheitensystem in Frankreich (1919) auf Basis des 1000-fachen des internationalen Kilogramm-Prototyps. Abgeleitete Einheiten waren **stère* (Volumen), **sthène* (Kraft), **pièze* (Druck).

Mt TNT *Megatonne Trinitrotoluol.

Mu (Mou)
Antikes Flächenmaß aus China:
1 Mu = 6,144 [6,5, 8 bis 13] Ar.

Mud
Altes Hohlmaß aus den Niederlanden:
1 Mud = 1 Mudde = 1 Zak = 1 Hektoliter.

Mudd
1) Marokko: 1 Mudd = 14,39 Liter.
2) Palästina: 1 Mudd = 18 Liter.

Mühlenköpfchen
Historisch! 1,9 Liter Getreide (Hannover).

Mühlmaßl, Müllermaß(e)l
Altes Hohlmaß aus Österreich:
1 Mühlmaßl = $^1/_{16}$ Metze = 3,843 Liter.

Muid
1) Altes Hohlmaß:
= 187 Liter (Frankreich, trocken)
= 268 Liter (Frankreich, flüssig)
= 150 Liter (Schweiz).
2) Niederländisches Fassmaß:
1 Muid = 1 Hektoliter.

Münzbuchstabe
1) Prägestempel auf deutschen Münzen: *A* Berlin; *B* Breslau, Hannover; *C* Kleve, Frankfurt; *D* (Aurich, Düsseldorf,) München; *E* Königsberg, Dresden-Muldenhütten; *F* (Magdeburg,) Stuttgart; *G* Karlsruhe; *H* Darmstadt; *I* Hamburg.

2) Prägezeichen der österr.-ungar. Monarchie: *A* Wien; *B* Kremnitz; *C* Prag; *D* Graz; *E* Kralsburg; *F* Hall in Tirol; *G* Nagybánya, *H* Günzburg, *K* Kremnitz.

Münze
1) Geschichte [Lat.] *moneta,* „Geld", von der staatlichen Obrigkeit durch Prägung, Guss oder Stempel wertmäßig garantiertes Metallstück. Die Vorderseite heißt *Avers,* die Rückseite *Revers.*

- 650 v. Chr.: Rohe gestempelte Bernsteinklumpen in Kleinasien (Lydien, Ionien).
- Um 620 v. Chr.: Erste Silbermünzen in Griechenland (Ägina), von dort Verbreitung nach Sizilien, Süditalien, Balkan, Kleinasien, Nordafrika:

1 *Talent* = 60 Minen = 600 Drachmen = 3600 Obolen.

- Um 500 v. Chr.: Kupfer als Münzmetall neben Gold und Silber.
- Um 269 v. Chr.: Erste römische Münzen.

• Um 215 v. Chr.: *Denar* aus Silber:
1 Denar = 10 Asse = 16 Asse (ab 130 v. Chr).
1 Silbersesterz = $2^1/_2$ Asse.
• Ab 44 v. Chr: Erste Portraitdarstellungen auf römischen Münzen. In der Kaiserzeit (1.–3. Jh. n. Chr.) straffes Münzrecht; es galt:
1 *Aureus* (Gold) = 25 Denare (Silber)
= 100 Sesterzen (Bronze)
= 200 Dupondien (Bronze)
= 400 Asse (Kupfer).
• Das röm. Münzsystem (Gold, Silber, Kupfer) lebte im byzantinischen Reich weiter.
• Das Münzsystem der Germanen lehnte sich an das spätrömische an, Zersplitterung in der Völkerwanderungszeit. Im 7. Jh. Übergang von der Gold- zur Silberwährung.
• Unter KARL D. GR. zentralisierte Münzprägung als vom König verliehenes Recht (*Münzrecht*, Münzhoheit, Münzregal):
1 silberner Denar = 1 *Pfennig* = $^1/_{12}$ *Schilling* (auch in Italien, Frankreich, England).
• Ab 9. Jh. erneute Zersplitterung durch Verleihung des Münzrechtes an Fürsten.
• Im 12. Jh. Münzbezirke, *Brakteaten* (Hohlmünzen) in Deutschland.
• Im 13. Jh. erste Fernhandelsmünzen in Gold (*Gulden*, *Dukat*) und Silber (Groschen).
• Im 14. Jh. überregionale Münzvereine.
• 1484 Prägung des ersten *Talers* in Tirol, später in Joachimstal, Sachsen u.a.
• Seit 1524 Kreistage als Münzaufsichtsbehörden. Im 16. Jh. erste Kupfermünzen. 1618–1622 Inflation der Kipper und Wipper.
• Ab 1650 Einigung der Länder über den Umlauf gleichwertiger Münzen; 1662 Zinnaischer Münzfuß, 1690 Leipziger Fuß, 1753 Konventionsfuß.
• 1857 Wiener Münzvertrag (Vereinstaler des dt.-österr. Münzvereins).
• Im 19. Jh. Aufkommen des Papiergeldes nach Einführung des Dezimalsystems in Europa und Übersee.
• 1914–1920 Notmünzen aus Eisen und Zink.
2) Prägetechnik. Bis zum ausgehenden Mittelalter durch Hammerschlag des Münzblechs zwischen zwei gravierten Stempeln auf einem Amboß. Ende des 15. Jh. erste Prägemaschinen. Ab dem 17 Jh. Rändelung (Prägung des Münzrandes).

Münzfuß
Festgelegte Anzahl von Münzen, die aus einer vorgegebenen Masse eines Metalles hergestellt werden dürfen.

Münzgewichte
Gold- und Silbergewichte, gegen die an der Prägestätte die Münzsorten abgewogen wurden. Ab 1150 bis zur Einführung des metrischen Systems in deutschen Landen galt die Norm $^1/_2$ Pfund „Kölnische *Mark", ab 1524 deutsches Zahlungsmittel, ursprünglich regional unterschiedlich 233–234 Gramm, später als Münzmark des Deutschen Zollvereins 233,855 Gramm.

Münzrecht = Münzregal, *Münze.

Münzverein *Taler, *Münze.

Mur(r)ah
Altes Gewicht aus Indien:
1 Mur(r)ah = 391,8 Kilogramm.

Muth
Altes Hohlmaß:
1 Muth = 8,8951 Hektoliter (Bayern: Kalk)
= 18,45 Hektoliter (Österreich: Getreide).

Müthel
Altes Getreidemaß aus Österreich:
1 Müthel = 2,5 Metzen = 153,75 Liter.

Muthmassel
Altes Volumenmaß aus Österreich:
1 Muthmassel = 3,84 Liter.

Mutsje
Altes Volumenmaß aus den Niederlanden:
1 mutsje = 0,15 Liter.

Mütt
Historisch! Regionales Getreidemaß aus der Schweiz: 1 Mütt = 0,82 bzw. 1,68 Hektoliter.

Muttertag *Wochen- und Feiertage.

mv
US-Abkürzung für: Millivolt, international: mV.

m-Wert
Kennzahl des Trink- und Brauchwassers: durch Titration mit Salzsäure gegen den Indikator

Methylorange bestimmte *Alkalität des Wassers (in mmol/ℓ); im Anschluss an die *p-Wert-Bestimmung durchgeführt. Gleichbedeutend mit der *Carbonathärte oder *Säurekapazität bis pH 4,3.
$m = K_{a,4.3} \approx [HCO_3^{\ominus}]$

Mx *Maxwell, *CGS-M.

MXP *Peso

my = μ
Abkürzung für: Mikro...
μA Mikroampere, *microampere* (falsch: μa).
μF Mikrofarad, *microfarad* (falsch: μf).
μin *US*-Abkürzung für: *microinch*
$\mu\mu$f Falsch: *Micromicrofarad*. Richtig: pF.
μV Mikrovolt, *microvolt* (falsch: μv).
μW Mikrowatt, *microwatt* (falsch: μw).

Myanmar Währungseinheit: *Kyat.

Myli ackary
Türkei: 1 Myli ackary = 1 Kilometer.

Myon *Konstanten,

Myria (ma)
Veraltet! [frz. *myriade*, „Riesenmenge“]. Das 10 000fache einer Einheit.

Myriamètre
Veraltet! Längeneinheit des französischen Metersystems von 1791: 1 myriamètre = 10 000 Meter = 10 Kilometer.

Mystron
Altgriechisch: 1 Mystron = 0,01 Liter.

N

Formelzeichen

Physikalische Größe	Symbol	Einheit		Definition
Drehzahl, Umdrehungsfrequenz number of revolutions, cycles per time	n	s^{-1}		
Zustandsdichte density of states	N_E	$J^{-1}m^{-3}$ od. m^{-3}		$N_E = dN(E)/dE$
Teilchenzahl, Ensemblezahl number of particles, ~ entities	N	–	= 1	
Teilchendichte number concentration, number density	n	m^{-3}		$n = N_i/V$
Akzeptordichte (in e. Halbleiter) acceptor density (in a semiconductor)	N_a	m^{-3}		
Donordichte (Halbleiter) donor density	N_d	m^{-3}		
Windungzahl der Spule number of turns	N	–	= 1	
Windungzahlverhältnis ratio of number of turns	n	–	= 1	
Avogadro-Konstante Avogadro constant	N_A, (L)	mol^{-1}		$N_A = N_i/n_i$
Loschmidt-Konstante Loschmidt constant	N_L	m^{-3}		
Stoffmenge amount of substance	n	mol		$n_i = N_i/N_A$
Stoffmengenstrom flow rate	$\dot{n}$, (J)	mol/s		$\dot{n} = dn/dt$
Reaktionsordnung overall order of reaction	n	–	= 1	
Elektrochemische Wertigkeit charge number of an electro-chemical cell reaction	n, z	–	= 1	
Brechungsindex, Brechzahl refractive index	n	–	= 1	$n = c_0/c$
komplexer Brechungsindex complex refractive index	$\underline{n}$		= 1	$\underline{n} = n + \mathrm{i}k$
Brechungsordnung order of reflection	n	–	= 1	
Neutronenzahl neutron number	N	–	= 1	$N = A - Z$
Neutronendichte number concentration of neutrons	n	m^{-3}		
Ionendichte number concentration of ions	$n_\oplus$, $n_\ominus$	m^{-3}		
Hauptquantenzahl principal quantum number	n	–	= 1	$E_n = -\frac{hcR}{n^2}$

N

N, ν (Ny)

Frequenz frequency	ν, f	Hz	$= s^{-1}$	$\nu = \frac{1}{T} = \frac{c}{\lambda}$
Wellenzahl, Repetenz wavenumber	$\tilde{\nu}$	m^{-1}		$\tilde{\nu} = \frac{1}{\lambda}$
kinematische Viskosität kinematic viscosity	ν	m^2/s	$= m^2 s^{-1}$	$\nu = \frac{\eta}{\varrho}$
Schwingungsordnung order of harmonics	ν, n	–	= 1	
Stöchiometriefaktor stoichiometric number	ν_i	–	= 1	(i Komponente)
Übergangsfrequenz transition frequency	ν	Hz	$= s^{-1}$	$\nu = \frac{E' - E''}{h}$
Larmor-Frequenz Larmor frequency	ν_L	Hz	$= s^{-1}$	$\nu_L = \frac{\omega_L}{2\pi}$
Übergangswellenzahl transition wavenumber	$\tilde{\nu}$	m^{-1}		$\tilde{\nu} = T' - T''$
Neutronenausbeute yield of neutrons	ν	–	= 1	(Kernspaltung)

N
1) Abkürzung für: Newton, Neper; Normalität (N), normale Lösung, veraltet für: mol/ℓ.
2) Index (DIN 1304) für: normal (⊥), z. B. Normalkraft F_N; bei elektrischen Maschinen: Bemessungswert.
3) Zeichen für das *chemische Element Stickstoff (engl. *nitrogen*).
4) Mathematik: Norm einer Matrix: N($\boldsymbol{A}$) für $\|\boldsymbol{A}\|$ (DIN 1303).
5) Abkürzung für Neuer... (z. B. *Dinar).
6) griech. Ny („N" oder Zahlzeichen: 50).

n
Abk. f.: nano-; Index (DIN 1304): Normzustand, Normwert; bei elektrischen Maschinen: Nennwert.

Na Zeichen für das *chem. Element Natrium.

Nachgiebigkeit
Mechanische Werkstoffkenngröße, Kehrwert des *Elastizitätsmoduls $1/E$.

Nachtsehen *fotometrische Bewertung.

Nachweisgrenze *Erfassungsgrenze.

Nacti
Altes Hohlmaß aus Portugal und Ostindien:
1 Nacti = 1,54 Liter.

Nadir
[engl.] *nadir*. Schnittpunkt der nach unten verlängerten Lotlinie des Beobachters mit der Himmelskugel. Vgl. *Zenit.

Nahes IR, nahes UV
*Wellenlängenbereiche.

Nail
Altes britisches Längenmaß:
1 Nail *GB* = 2,25 Inch = ca. 5,7 Centimeter.

Naira
Währungseinheit in Nigeria, Symbol ₦:
1 Naira = 100 Kobo ≈ 1/85 US-$ (gekoppelt).

NAM
Abk. für: *nautical air mile,* *Distanzangabe in der Luftfahrt für Entfernungsangaben in der Luft; vgl. *NM.

Namibia-Dollar *Dollar.

Nano... (= ein Milliardstel)
1) ...gramm (ng)
1 ng = 10^{-9} Gramm.
2) ...meter (nm)
1 nm = 10 Ångström =
= 1 Millimikron = 0,001 Micrometer
= 3,937 008·10^{-5} Mil
= 10^{-9} Meter
= 1000 Picometer (pm).

3) **...my.** Veraltet! 1 nμ = 10^{-12} Millimeter.

Naperian digit *Nit.

Napf Historisch! 9,81 Liter Getreide (Reuß).

Napoleondor
Unter Napolein I. und III. geprägte Goldmünze.

NAS
US-Abk. f.: National Aerospace Standards, nationale Luftfahrtnorm.

nasc.
Abk. für: naszierend [lat. *nascere*=„entstehen"], frisch erzeugt, durch chemische Reaktion eben freigewordene Gase, z. B. naszierender = atomarer Wasserstoff oder Sauerstoff.

National Bureau of Standards
*US-Einheiten, *NBS.

Nationaldukat
Ab 1814 in Russland geprägte Goldmünze.

Natürliches Einheitensystem
Einheitensystem mit Grundeinheiten, die auf Naturmaßen beruhen; z.B. die Wellenlänge eines monochromatischen Strahlers, der mittlere Sonnentag, Elementarladung e, Elektronenmasse m_e, Protonenmasse m_p, Bohr-Radius a_0, Elektronenradius r_e, Compton-Wellenlänge λ_C, Bohr-Magneton μ_B, Kernmagneton μ_N, Lichtgeschwindigkeit c_0, Planck-Konstante h. Boltzmann-Konstante k, Gravitationskonstante G.

Naturmaße
Maßeinheiten mit natürlichen Vorbildern, z. B. Daumenbreite, Eimer, Elle, Faust, Fuß, Hand, Mondumlaufzeit, Pferdestärke, Scheffel, Wegstunde. Grundlage alter Maßsysteme.

Nauru *Dollar.

Nautical air mile *NAM.

Nautical league *League.

Nautical mile *NM, *Seemeile.

Nautische Einheiten
*nichtges. Einheiten, *Knoten, *Seemeile.

Nautischer Strich *Strich.

Navigation
Maßnahmen zur Führung von Land-, See- oder Luftfahrzeugen, insbesondere im Hinblick auf den momentanen und späteren Aufenthaltsort; vgl. *Deklination, *Distanz, *Geschwindigkeit, *geografische Breite, *Großkreis, *Himmelskoordinaten, *Kurs, *Nordrichtung, *Ort, *Peilung, *Rechtsvoraus, *Zeit.

NBS
Abk. f.: *National Bureau of Standards* in Washington D.C., USA.

Nd Zeichen für das *chem. Element Neodym.

Ne Zeichen für das *chem. Element Neon.

NEC Abk. f.: *National Electrical Code.*

n-Einheit (n-unit)
Veraltet! Aktivität schneller Neutronen, entsprechend 1 *Röntgen Gammastrahlen.

NEMA
US-Abk. f.: National Electrical Manufacturers, Nationale Elektrohersteller.

Nennwert
[engl.] *nominal value*. Ein geeigneter, runder Wert einer Größe zur Bezeichnung oder Identifizierung eines Elements, einer Gruppe oder Einrichtung (DIN 40 200).

Nepal Historische Einheit: *ropani.

Neper (Np, N)
Hinweiswort für das natürlich-logarithmische Verhältnis zweier skalarer Größen, z. B. Spannungen oder Ströme; benannt nach dem schottischen Mathematiker und Erfinder der Logarithmen JOHN NAPIER (Neper) LAIRD OF MERCHISTON (1550–1617):

$$1 \text{ Neper} = \frac{2}{\ln 10} \text{ Bel} \approx 8{,}685\,890 \text{ dB}.$$

Nernst-Spannung
*Thermodynamischer Faktor.

Nettomasse
Im Wirtschaftsleben die Masse eines Gutes ohne Verpackung, auch *Nettogewicht*.

Nettoraumzahl
NRZ engl. *net tonnage* NT. Seit 1982 Ersatz für die Nettoregiestertonne *Registertonne.

N

Nettoregistertonnage
Steuer- und abgabenpflichtiger Raum bei Schiffen.

Neue Kerze *Candela.

Neugrad
Veraltet! *Gon, Centigon.
Neugrad: $1^g = 1\,\text{gon} = \pi/200\,\text{rad}$
Neuminute: $1^c = 10^{-2}\,\text{gon} = \pi/2\cdot10^4\,\text{rad}$
Neusekunde: $1^{cc} = 10^{-4}\,\text{gon} = \pi/2\cdot10^6\,\text{rad}$.

Neujahr(stag) *Wochen- und Feiertage.

Neukaledonien Währungseinheit: *Franc.

Neukurve
*Ferroelektrische Stoffkennzahlen, *magnetische Stoffkennzahlen.

Neulot(h)
Historisch! Norddeutscher Bund:
1 Neulot [nach 1872] = 10 Gramm.
1 Neuloth [bis 1872] = 50 Gramm.

Neuminute *Centigon, *Gon.

Neuscheffel Historisch! $^1/_2$ Hektoliter.

Neuseeland-Dollar *Dollar.

Neuseeländische Zeit *Zeitzonen.

Neusekunde *Gon.

Neutaler Alte schweizer Silbermünze.

Neutron *Konstanten,

Neuzoll
Historisch! Norddeutscher Bund:
1 Neuzoll = 1 Centimeter.

Newton (N, EDV: N, früher: **Großdyn)**
Abgeleitete SI-Einheit der Kraft; festgelegt durch die Kraft, die einem Körper der Masse 1 Kilogramm die Beschleunigung 1 Meter/Sekundequadrat erteilt; benannt nach dem englischen Physiker, Mathematiker und Astronom SIR ISAAC NEWTON (1643–1727):
1 Newton =
= 10^5 Dyn
= 0,1 019 716 Kilopond
= 7,23 301 Poundal
= 0,224 809 Pound-force
= $1\,\text{kg}\,\text{m/s}^2$
= $10^5\,\text{cm}\,\text{g/s}^2$.

Newton pro...
1) ...Centimeterquadrat
1 N/cm^2 = 0,01 Newton/Millimeter^2
= 10 000 Pascal.
2) ...Meterquadrat
SI-Druckeinheit: 1 N/m^2 = 1 Pascal.
3) ...Millimeterquadrat
1 N/mm^2 =
= 0,1 019 716 Kilopond/Millimeter^2
= 10,19 716 Kilopond/Centimeter^2
(technische Atmosphäre, at)
= 10 bar
= 1 Megapascal
= 10^6 Pascal
= 145,038 Psi (lb/in^2)
= 101,9 716 Ton-force (metric)/square meter.
4) ...Meter,
1 N/m = 0,737 562 Foot-pound-force
= 1 Joule = 1 Wattsekunde
= 0,1 019 716 Kilopond-Meter
= 2,7 777...$\cdot10^{-4}$ Wattstunde.

Newtonmeter (Nm)
Einheit der Arbeit, Energie u. Wärmemenge:
1 Nm = 1 Joule.

NF Abk. f.: niederfrequent, Niederfrequenz.

Ngan
Altes Flächenmaß aus *Siam:
1 ngan = 4 Ar.

Ngu
Alte Längeneinheit aus *Annam:
1 ngu = 2,44 Meter.

Ngultrum
Gesetzliches Zahlungsmittel in Bhutan neben der Indischen Rupie.
1 NU = 100 Chetrum (CH, Ch.).

NHE
Abk. f.: *normal hydrogen electrode,* Normalwasserstoffelektrode.

Ni Zeichen für das *chem. Element Nickel.

Nicaragua
Historische Einheiten: *caballería, *cahiz, *cajuela, *estadal, *manzana, *milla, *suerte, *vara.
Währungseinheit: *Córdoba.

Nichtgesetzliche Einheiten

Einheitengesetz und Ausführungsverordnung schließen die Anwendung folgender veralteter Einheiten aus.

1) Seit dem 5. Juli 1970 sind *verboten*:
$^-$ (artilleristischer Strich), $''$ (nautischer Strich, Zoll), □° Quadratgrad, asb (Apostilb), A.E. (Astronomische Einheit), ata (absolute Atmosphäre), atü (Atmosphäre Überdruck), atu (Atmosphäre Unterdruck), Bi (Biot), bW (Blindwatt), Cl (Clausius), Da (Dalton), den (Denier), dz (Doppelzentner), E (Eötvös), eman (Eman), °F (Grad Fahrenheit), Faden, f (Fermi), Fr (Franklin), ft (Fuß), γ (Gamma), G, Gs (Gauß), Gb (Gilbert), HK (Hefnerkerze), hyl (Hyl), Hyle, in (inch), IK (Internationale Kerze), khyl (Kilohyl), Kilogramm und Tonne als Krafteinheiten, λ (Lambda), l_n (Normliter), μ (Mikron), M, Mx (Maxwell), Ma (Mach), M.E. (Mache-Einheit), ME (technische Masseneinheit), mho (Mho), mi (Meile), Morgen, mSt (Millistat), NK (Neue Kerze), NL, Nl (Normliter), Nm^3 (Normkubikmeter), nt (Nit), nx (Nox), mechanisches Ohm, akustisches Ohm, Oe (Oersted), pc (Parsec, Astron), phot (Phot), Pfund (Pfd.), °R (Grad Réaumur), °Rank (Grad Rankine), rayl (Rayl), rd (Rutherford), σ (Sigma), „Stundenkilometer", TME (technische Masseneinheit), Upm (Umdrehungen pro Minute), val (Val, Äquivalentmenge), X.E. (X-Einheit), Ztr. (Zentner), Zoll (") – und daraus abgeleitete Einheiten.

2) Seit dem 1. Januar 1975 sind *verboten*:
A_{int} (internationales Ampere), A_{abs} (absolutes Ampere), F_{int} (internationales Farad), F_{abs} (absolutes Farad), ^{g} (Neugrad), ^{c} (Neuminute), ^{cc} Neusekunde, grd (Grad Temperaturdifferenz), °K (Grad Kelvin), H_{int} (internationales Henry), H_{abs} (absolutes Henry), Ω_{int} (internationales Ohm), Ω_{abs} (absolutes Ohm), sb (Stilb), square foot [für gegerbte Häute],
V_{int} (internationales Volt), V_{abs} (absolutes Volt), W_{int} (internationales Watt), W_{abs} (absolutes Watt). Ferner die Abkürzungen: qm, qkm, qdm, qcm, qmm, cbm, cdm, ccm, cmm.

3) Seit 1. Januar 1978 sind *verboten:*
Å (Ångström), atm (physikalische Atmosphäre), at (technische Atmosphäre), b (*Barn), cal (Calorie), Ci (Curie), dyn (Dyn), Erg (erg), Ergsekunde (erg s), Fm (Festmeter), □^{g} (Quadratgon), Gal (Galilei), kcal (Kilokalorie), kp (Kilopond), kpm (Kilopondmeter), mWS (Meter Wassersäule), mmHg (Millimeter Quecksilbersäule), Mp (Megapond), p (Pond), p (typografischer Punkt), PS (Pferdestärke), P (Poise), Rad, Rem, Röntgen, Rm (Raummeter), St (Stokes), sb (Stilb), Torr – und daraus abgeleitete Einheiten.

4) Seit dem 1. Januar 1986 sind *auch für medizinische Zwecke* verboten: Ci (Curie), Rad (rad), Rem (rem), R (Röntgen).

5) **Angloamerikanische Einheiten** haben in Deutschland keine gesetzliche Grundlage und sollen generell nicht verwendet werden.
Grad Celsius wird in Amerika vielfach ohne *Gradzeichen* verwendet; es besteht Verwechslungsgefahr mit Coulomb. Internationaler Übereinkunft widersprechen weiterhin: die Kürzel *Amp* für Ampere und *Da* (Dalton) für die atomare Masseneinheit, die Verwendung des Mehrzahl-s und die Kleinschreibung in *amps* statt A, *hrs* statt h, *farads* statt F, *couls* statt C u.s.w.

N

Nichtmetrische Einheitensysteme

*Angloamerikanische Einheiten, *Apothecaries' System, *Apothekersystem, *Avoirdupois-System, *Troy-System, *Technisches Einheitensystem.

Nichtrationale Größendefinition

Veraltet! In der Literatur vor 1978 sind für einige Größen des elektrischen Feldes nichtrationale Definitionen angegeben, die sich von den heute üblichen rationalen durch den Faktor 4π unterscheiden (*konventionell, *rational). Bei nichtrationaler Definition lauten:

Elektrische Größen

- Elektrische Flussdichte: $\vec{D}' = 4\pi \vec{D}$.
- Elektrischer Hüllenfluss: $\oint \vec{D}' \, \mathrm{d}\vec{A} = 4\pi \, Q$.
- Elektrischer Fluss: $\Psi' = 4\pi \, \Psi$.
- Elektrische Feldkonstante: $\varepsilon_0' = 4\pi \, \varepsilon_0$.
- Dielektrizitätskonstante:

$\varepsilon' = 4\pi \, \varepsilon$ und $\varepsilon_r' = \varepsilon_r$.

- Elektrische Feldstärke: $\vec{E}' = \vec{E}$.
- Elektrische Polarisation:

$4\pi \vec{P}' = \vec{D}' - \varepsilon_0 \vec{E}$, also $\vec{P}' = \vec{P}$.

- Suszeptibilität:

$\frac{P}{\varepsilon_0'} = \frac{\chi_e}{4\pi} = \frac{\varepsilon_r - 1}{4\pi} = \chi_e'$.

Magnetische Größen

- Suszeptibilität: $\chi_m' = \chi_m/4\pi$.
- Feldstärke: $\vec{H}' = 4\pi \vec{H}$
- Magnetische Spannung: $V_{12}' = 4\pi V_{12}$.
- Permeabilität:

$\mu' = \mu/4\pi$, $\mu_0' = \mu_0/4\pi$, $\mu_r' \equiv \mu_r$.

- Polarisation: $\vec{J}' = \vec{J}/4\pi$.
- Magnetisierung: $\vec{M}' \equiv \vec{M}$.

Vgl. *Lorentzsches Einheitensytem.

Niederlande
Historische Längenmaße: *duim, *el, *palm, *roede, *streep.
Historische Volumenmaße: *aam, *anker, *kan = kop, *legger, *maatje, *mud(de), *mutsje, *okshoofd, *pintje, *schepel, *steekkan, *stoop, *vingerhoed, *wisse.
Historisches Flächenmaß: *bunder.
Historische Gewichte: *centenar, *pond.
Währung: *Gulden.

Niederschlagsintensität
In der Meteorologie die pro Zeiteinheit auf einen beliebigen Querschnitt niedergegangene Niederschlagsmenge i_N (in mm/min).

Nielsbohrium *Transfermiumelemente.

Niger Währungseinheit: *Franc.

Nigeria Währungseinheit: *Naira.

Nir
Altes Längenmaß aus Persien:
1 Nir = ca. 5,4 Centimeter.

Nit
1) Naperian digit (nt, nit, nepit). Veraltet! Einheit der Informationsmenge, definiert durch den natürlichen Logarithmus der Wahrscheinlichkeit nach (oder vor) Empfang der Nachricht: 1 nit = 1,44 Bit.
2) Veraltet! Vor Einführung des SI vorgeschlagene, international nicht akzeptierte Einheit:
1 nit = 1 Candela/Meter^2.

Nitron *Radiumemanation.

Niu
Altes Längenmaß aus 1 Siam:
1 niu = 2,083 Centimeter.

Niveaubreite *Halbwertsbreite.

NM
Abk. für: *nautical mile*, Distanzangabe in der Luftfahrt für Entfernungen über Grund.

NMEA
US-Abk. f.: *National Marine Electronics Association*, nationale Vereinigung für Marineelektronik.

NMR
Abk. f.: Kernmagnetische Resonanz, *nuclear magnetic resonance.*

No
Zeichen für das *chem. Element Nobelium.

Noble
Alte englische Goldmünze (ab 1343), entspricht dem Dukaten, auch „Rosennoble", „Schiffsnoble".

Noggin 1 Noggin *GB* = 1 Gill *GB*.

NOK *Krone

Nokta (Nocktat)
Altes Längenmaß aus der Türkei (*Punkt):
1 nokta = 0,29 Millimeter.

nom
Index (DIN 1304) für: Nennwert, nominal.

Nominal value *Nennwert.

None
Um 15 Uhr zu verrichtendes Gebet katholischer Geistlicher.

Norddeutscher Bund
Zum Verständnis historischer Einheiten wie Neulot, Neuzoll u.s.w.: Mit dem Bündnisvertrag vom 18. August 1866 konstituierten sich unter der Führung Preußens seine 17 Bundesstaaten zum Norddeutschen Bund (anstelle des Deutschen Bundes unter Ausschluß Österreichs). Bis Oktober 1866 umfasst der Bund 22 Mitglieder nördlich der Mainlinie und Hohenzollern. 1867 Verfassung des Norddeutschen Bundes (Königreich Preußen). Zu Beginn des Deutsch-Französischen Krieges (1870/71) schlossen sich die süddeutschen Staaten an. Durch Reichstagsbeschluß vom 10. Dez. 1870 Umbenennung in „Deutsches Reich". Vgl. *Zollverein.

Nordische Meile *Mil.

Nordrichtung

In der See- und Luftfahrt Bezugsrichtung für den *Kurs:

- Geografische Nordrichtung: *True North* (TN), rechtsweisend Nord (rwN).
- Magnetische Nordrichtung: *Magnetic North* (MN), missweisend Nord (mwN), in Richtung der Horizontalkomponente des ermagnetischen Feldes.
- Magnetkompass-Nord (MgN), *Compass North* (CN).
- Kreiselkompass-Nord (MgN), *Gyro North* (GyN), nur Seefahrt.
- Gitter-Nord (GiN), *Grid North* (GN): In der Projektionsebene die Richtung der Gitterlinien parallel zum Bezugsmerdian mit dessen nördlicher Orientierung.

Norm...

Physikalische Größe beim Normzustand, z. B. *Normdichte, *Normvolumen.

Norm(al)atmosphäre

Nach DIN 5450 bezeichneter Standardzustand, vgl. Tabelle N.1, *Normdruck, *Barometer.

Normalfallbeschleunigung

International vereinbarter, ortsunabhängiger Standardwert der *Fallbeschleunigung, wie er auch in der Definition der *physikalische Atmosphäre und der *Technischen Einheitensysteme vorkommt:

$$g_n = 9{,}80\,665 \text{ m/s}^2 \text{ (international)}$$
$$\approx 32{,}17\,405 \text{ ft./sec}^2 \text{(US)}$$

Zur Umrechnung der *US*-Fallbeschleunigung in SI-Einheiten ist mit 0,3048 m/ft zu multiplizieren.

Normalhöhe

In der Geophysik nach MOLODENSKY:

$$H_N = \frac{W_0 - W}{\gamma_m} \quad \text{Einheit: m}$$

W_0 Schwerepotential (Geopotential) im Höhennullpunkt, γ_m Normalschwere in halber Normalhöhe.

Normalität

Veraltet! *Konzentrationsmaß, durch die molare Konzentration c und *Äquivalentkonzentration c_e zu ersetzen:

$$\mathrm{N} \equiv c_e = c \cdot z = \frac{mz}{MV}$$

c molare Konzentration (mol/ℓ), N Normalität (val/ℓ), z Äquivalentzahl, M molare Masse (g/mol). Früher als Einheitensymbol: $\mathrm{N} = \frac{1}{z}$ mol/ℓ; 1 val = $\frac{1}{z}$ mol. Auf dem Normalitätsbegriff beruhen Aussagen wie: Gleiche Volumina gleichnormaler Lösungen sind einander äquivalent, d. h. sie neutralisieren einander: $V_1 \mathrm{N}_1 = V_2 \mathrm{N}_2$

Normalkraft

*Druck.

Normalpotential (V NHE)

[engl.] *standard potential,* Standard-Elektrodenpotential (E^0 in *Volt). Gegen die Normalwasserstoffelektrode gemessene Zellspannung einer galvanischen Halbzelle bei 25 °C, Normdruck und 1-molarer Lösung. IUPAC-Vorzeichenkonvention:

- *Positives* Normalpotential bedeutet: spontane Reduktion, z. B. bei edlen Metallen, Kathoden.
- *Negatives* Normalpotential bedeutet: spontane Oxidation, z. B. bei unedlen Metallen, Anoden.

Normalspannung

*mechanische Spannung in Zug- oder Druckrichtung.

Normalspur

*Spurweite.

Normalwasserstoffpotential

Internationales Bezugspotential der Normalwasserstoffelektrode $E_{NHE} \equiv 0$ (in *Volt), engl. *normal* oder *standard hydrogen electrode* (NHE, SHE), ein mit Wasserstoffgas umspültes, platiniertes Platinblech in 1-aktiver Salzsäure bei 25 °C und 101 325 Pa Luftdruck, entsprechend dem Vorgang $\frac{1}{2}H_2 \rightleftharpoons H^{\oplus} + e^{\ominus}$.

Normdichte

ϱ_n (in kg/m^3); *Dichte eines Gases im Normzustand (0 °C, 101 325 Pa). Vgl. *Normvolumen, relative *Dichte, vgl. Tabelle N.1

Normdruck (p_n, p^0, p_0)

Auch: *Standarddruck,* Atmosphärendruck bei Normbedingungen.

1) Physikalisch: Referenzdruck als Bezugsgröße, z. B. für das ideale Gasgesetz (*Konstanten):
p_n = 101 325 Pascal
= 1013,25 Hektopascal
= [veraltet] 1 physik. Atmosphäre (atm)
= 1 Norm(al)atmosphäre
= 760 Torr
= 1,03 323 Kilopond/Centimeter^2.

N

Tabelle N.1 Zahlenwerte der Normatmosphäre in Abhängigkeit der Höhe über dem Meeresspiegel.

Höhe über NN m	Temperatur °C	Druck mbar	Dichte kg/m³	Sättigungsdruck mbar	Siedepunkt des Wassers °C
0	15	1 013	1,226	17	100
500	11,8	955	1,168	13,7	98
1000	8,5	899	1,112	11	97
2000	2	795	1,007	7	93
4000	–11	616	0,819	2,4	87
8000	–37	356	0,525	0,13	74
15 000	–56,5	120	0,194	–	51
30 000	–56,5	44	0,02	–	15

2) Technischer Normdruck: Veraltet!
1 technische Atmosphäre (at) =
= 98 066,5 Pascal
= 753,56 Torr = 1 Kilopond/Centimeter^2.
3) Falsch für: Bezugsdruck, Betriebsdruck u.ä.

Normgewicht

Veraltet! Gewichtskraft eines Körpers bei Normalfallbeschleunigung:
$F_G = m \cdot 9{,}80\,665\ \text{m/s}^2$.

Normierte Größe

Auf eine gleichartige, aber von Fall zu Fall wechselnde Bezugsgröße bezogene Größe (Abgrenzung zu relativen Größen), z. B.:

$$\text{Normierte Frequenz} = \frac{\text{Betriebsfrequenz}}{\text{Resonanzfrequenz}}.$$

Nicht im Sinne von „genormt, Normzustand"! Im Zweifel durch „relativ" ersetzen.

Normkubikmeter (Nm^3, nm^3, m_n^3)

Veraltet! *Nichtgesetzliche Einheit für das Volumen eines Gases im Normzustand (*Normvolumen, *Normliter): 1 Nm^3 = 1 m^3.

Normlichtart

Für eine Reihe von Lichtarten sind Kurzzeichen definiert (DIN 5031 T3 und 5033 T7).

- *Normlichtart A*: Glühlampenlicht, entspr. dem Schwarzen Strahler bei 2855,6 K.
- *Lichtart B*: Sonnenlicht,
- *Normlichtart C*: Kunstlicht im sichtbaren Spektralbereich, entsprechend Tageslicht mit einer ähnlichsten Farbtemperatur von 6774 K.
- *Normlichtart D65*: Natürliches Tageslicht im sichtbaren Spektralbereich, entsprechend Tageslicht mit einer ähnlichsten Farbtemperatur von 6504 K.
- *Lichtart D55*: Tageslicht mit ähnlichster Farbtemperatur von ca. 5500 K,
- *Lichtart D75*: Tageslicht mit ähnlichster Farbtemperatur von ca. 7500 K.
- *Lichtart G*: Vakuum-Glühlampenlicht.
- *Lichtart P*: Petroleum- und Kerzenlicht.
- *Lichtart XE*: Xenon-Licht.

Normliter (NL, Nl, Nℓ, l_n)

Veraltet! Wie der *Normkubikmeter ungesetzliche Angabe für das Volumen eines Körpers bei Normbedingungen (0°C, 101 325 Pa).
Richtige Schreibweise: $V_n = 9{,}534\ \ell$,
anstatt falsch: $V = 9{,}534$ NL.

Normtemperatur

T_n, T^0, T_0 in *Kelvin oder *Grad Celsius. Vereinbarte Temperatur für den Normzustand physikalischer und chemischer Systeme (*Konstanten):

- $T_n = 0\ °C = 273{,}15$ K (Gase)
- 20 °C (technische Standardwerte)
- 25 °C (Thermodynamik).

Normvolumen

V_n, V_0 (Einheit: m^3). Das Volumen eines Stoffes im Normzustand. Veraltet in der Bedeutung von *Normkubikmeter* oder *Normliter*, wegen unzulässiger Verquickung einer physikalischen Größe mit einer Einheit. Richtig: „Das Normvolumen beträgt $V_n = 1$ m^3" anstatt falsch: „Das Volumen beträgt 1 Nm^3".

Normvolumen, molares

Das *stoffmengenbezogene Normvolumen*, *molares Volumen bei Normbedingungen, kurz *Molvolumen*, ist gleich dem Quotienten aus *Normvolumen V_n durch Stoffmenge n oder molare Masse M durch *Normdichte ϱ_n:

$$V_{m,n} = \frac{V_n}{n} = \frac{M}{\varrho_n}.$$

Das molare Normvolumen eines idealen Gases (10 325 Pa, 0 °C) ist:

$$V_{m,n} \approx 22{,}414\ m^3/kmol.$$

Normzustand
Ein durch Normtemperatur und Normdruck festgelegter Zustand eines festen, flüssigen oder gasförmigen Stoffes (DIN 1343). Normzustand, *Standardzustand* oder *Standardbedingungen* von Druck und Temperatur in einem physikalischen, technischen oder chemischen System sind (*Konstanten):
- Physik: 101 325 Pascal, 0 °C (für Gase).
- Thermodynamik: 101 325 Pascal, 25 °C.
- IUPAC-Empfehlung: $p^0 = 10^5$ Pascal (nicht in DIN 1343 aufgenommen).
- Technik: Veraltet!
1 at = 98 066,5 Pascal, 20°C.
- Spektroskopie: Veraltet! 750 Torr, 15 °C.

Nicht im Sinne von „Bezugszustand“!

Norwegen
Historische Einheiten: *alen, *fot, *korntönde, *maal = mål, *pot, *skieppe.
Währung: *Krone.

Nösel
Altes, regional unterschiedliches Hohlmaß:
1 Nösel = ca. 0,45 bis 0,57 Liter
= 0,14 Liter (Bayern)
= 0,5 Liter (Hannover)
= 0,6 Liter (Leipzig)
= 0,68 Liter Getreide (Gotha)
= 0,45 Liter flüssig (Gotha).
1 Nösel Korn Aussaat
= 14,7 Meter^2 (Thüringen).

November *Monatsnamen.

Nox (nx)
Veraltet! Ungesetzliche Einheit der Dunkelbeleuchtungsstärke für Leuchtdichten, bei denen die Stäbchen der Augennetzhaut teilweise (<10 asb) bzw. überwiegend ($< 10^{-4}$ asb) bei der Vermittlung des Lichteindrucks mitwirken. Seit 1978 durch das *Lux ersetzt:
1 Nox = $^1/_{1000}$ Lux.

Np
Zeichen für das *chem. Element Neptunium.

NSTS
US-Abkürzung für: *National Space Transportation System Program,* Nationales Programm für Transportsysteme in Luft- und Raumfahrt.

NT$ *Dollar, Währung.

NTC *Thermometer.

Nucleonenzahl *Massenzahl.

Nukhud
Altes Gewicht aus Persien:
1 Nukhud = 0,19 Gramm.

Nullmeridian
Anfangsmeridian, kartografischer Bezugsmeridian für die Zählung der Längenkreise: ursprünglich Meridian durch die Kanareninsel Ferro, später durch Paris; seit 1911 international der Längenkreis der Londoner Sternwarte Greenwich, der auch durch West-Frankreich, Ost-Spanien, Algerien, Ghana verläuft.

Nullphasenwinkel
DIN 1311 und 5483: Der Winkel φ_0 in der Definition einer Sinusgröße $x(t) = \hat{x}\cos(\omega t + \varphi_0)$ bzw. $\underline{x}(t) = |\underline{x}|\,e^{i\,(\omega t + \varphi_0)}$. Der zur Zeit $t = 0$ auftretende Phasenwinkel bzw. Drehwinkel der Ausgangsstellung des *Zeigers $\underline{x}$ (gegen die reelle Achse der komplexen Ebene):

$$\varphi_0 = \arctan\frac{x''}{x'} + \pi\ \mathrm{ord}\,(x' < 0)$$

x' Realteil von $\underline{x}$, x'' Imaginärteil, ord = logische Funktion: liefert 1 für „wahr“, 0 für „falsch“.
Positiver Nullphasenwinkel bedeutet *Voreilung* = Verschiebung der Sinuswelle in negativer Richtung der Zeitachse = Verschiebung des Zeigers im Linkssinn.
Negativer Nullphasenwinkel bedeutet *Nacheilung* = Verschiebung der Sinuswelle in positiver Richtung der Zeitachse = Verschiebung des Zeigers im Rechtssinn.

Nullphasenzeit
In der Schwingungslehre: Die Zeit nächst $t = 0$, bei der eine Sinusgröße $x(t)$ ihren Scheitelwert erreicht: $t_0 = \varphi_0/\omega$ (in *Sekunden).

Number engl. „Teilchenzahl, ...-zahl‘;

Nürnberger Gewichte
*Drachme, *Mark, *Pfund.

N

Nusfiah
Alte Volumeneinheit aus Arabien: 1 nusfiah = 0,79, 0,95 Liter.

Nusselt-Zahl *Kennzahlen.

Nutation *Tag.

Nutzarbeit *Enthalpie, *Zellspannung.

Nutzstrahlenbündel
*Flächendosisprodukt.

Nymil
Altes Längenmaß aus Schweden, „neue Meile" (*mil): 1 nymil = 10 Kilometer.

NZ$ *Dollar, Währung.

O

Formelzeichen

Physikalische Größe	Symbol	Einheit		Definition
Oberfläche, Kühlfläche surface area, cooling area	(O)	m^2		siehe A, S

Ω, ω (Omega)

Physikalische Größe	Symbol	Einheit		Definition
Raumwinkel solid angle	Ω, (ω)	sr	= 1	$\Omega = \frac{A}{r^2}$
vektorieller Raumwinkel solid angle vector	$\vec{\Omega}$	sr	= 1	
Winkelgeschwindigkeit angular velocity	ω, (Ω)	rad/s	$= s^{-1}$	$\omega = \frac{d\varphi}{dt}$
Kreisfrequenz circular frequency, angular frequency	ω	rad/s	$= s^{-1}$	$\omega = 2\pi\nu$
Kennkreisfrequenz characteristic frequency	ω_0	rad/s	$= s^{-1}$	$\omega_0 = 2\pi\nu_0$
Eigenfrequenz inherent frequency	ω_d	rad/s	$= s^{-1}$	$\operatorname{Im} \underline{p} = \pm\omega_d$
Phasenraumvolumen volume in phase space probability	Ω	–	= 1	$\Omega = \frac{1}{h} \int p\, dp$
mikrokanonisches Ensemble microcanonical ensemble	Ω	–	= 1	
Statistisches Gewicht statistical weight, degeneracy	(ω)	–	= 1	siehe g
Larmor-Kreisfrequenz Larmor circular frequency	ω_L	s^{-1}		$\omega_L = \frac{eB}{2m}$
Debye-Frequenz Debye circular frequency	ω_D	s^{-1}		(Festkörper)
Anharmonizitätskonstante vibrational anharmonicity constant	ω	m^{-1}		
Harmonische Schwingungswellenzahl harmonic vibration wavenumber	ω	m^{-1}		

O

1) griech. O, Omikron („O" oder Zahlzeichen: 70); kyrillisches O.
2) Mathematik (DIN 1302): „groß O" für die Größenordnung von Funktionen nach EDMUND LANDAU (1877–1938). $f(x) = O(g(x))$ bedeutet, es gibt ein $\delta > 0$ und $K < 0$, so daß für alle $x \in D(f)$ mit $|x - a| < \delta$ gilt $|f(x)/g(x)| < K$.
3) *chemisches Element Sauerstoff.

o

1) griech. omikron („o")
2) Abkürzung und Index nach DIN 1304: offen; Leerlauf;

Tabelle O.1 Definitionen der Oberfläche und damit verknüpfter Größen. In Klammern: SI-Einheiten und Spezialfälle für N kugelförmige Teilchen (mit Radius r, Dichte ϱ, Kornvolumen V_k). Für eine Schüttung: A Querschnitt, h Schütthöhe.

Oberfläche (m^2)	$= \frac{\text{Volumenänderung}}{\text{Längenänderung}}$	$S = \frac{dV(\vec{r})}{d\vec{r}}$
volumenbezogene Oberfläche (m^{-1})	$= \frac{\text{Oberfläche (einer Kugel)}}{\text{Volumen (einer Kugel)}}$	$S_V = \frac{S}{V} = \left(\frac{4\pi r^2}{{}^4/_3\pi r^3} = \frac{3}{r}\right)$
– einer Schüttschicht	$= \frac{\text{Füllgrad} \cdot \text{Oberfläche}}{\text{Feststoffvolumen}}$	$S_V = \frac{(1-\epsilon)\,S}{V_f} = \left(\frac{3(1-\epsilon)}{r}\right)$
spezifische Oberfläche (m^2/kg)	$= \frac{\text{Oberfläche (einer Kugel)}}{\text{Masse (einer Kugel)}}$	$S_m = \frac{S}{m} = \frac{S_V}{\varrho} = \left(\frac{4\pi r^2}{m} = \frac{3}{\varrho r}\right)$
– Schüttschicht der Schüttdichte $\varrho' \approx (1-\epsilon)\varrho$		$S_m = \frac{S_V}{\varrho'} = \left(\frac{3(1-\epsilon)}{\varrho' r}\right)$
Lückengrad („äußere Porosität“)	$= \frac{\text{Hohlraumvolumen}}{\text{Schüttvolumen}}$	$\epsilon = \frac{V_\epsilon}{V} = 1 - \frac{V_f}{V}$
Feststoffvolumen	= Schüttvolumen·Füllgrad	$V_f = A\,h\,(1-\epsilon) = N\,V_k$
Hohlraumvolumen	= Schüttvolumen·Lückengrad	$V_\epsilon = A\,h\,\epsilon$
Knudsen-Zahl	$= \frac{\text{mittlere freie Weglänge}}{\text{Porendurchmesser}}$	$Kn = \frac{\lambda}{d_p}$

3) Mathematik (DIN 1302): „klein o“. $f(x) = o(g(x))$ bedeutet $\lim_{x\to a} \frac{f(x)}{g(x)} = 0$.
4) Chemie: ortho- (o-) = Substitution in 1,2-Stellung am aromatischen System.

Ω
griech. Omega („O“ oder Zahlzeichen: 800); Zeichen für: *Ohm.

ω
griech. omega („ō“); Abkürzung in der Chemie: endständig, hinten.

ob Index (DIN 1304) für: oberer, oben.

Oban (= Obang)
Alte japanische Geschenkmünze aus einer Silber-Gold-Legierung.

Oberer Wert
*messtechnische Unsicherheit, *Heizwert.

Oberfläche
Die tatsächliche oder geometrische Fläche eines Körpers zum umgebenden Medium. Zur Beschreibung poröser Körper sind zusätzliche Hilfsgrößen notwendig (Tabelle O.1). Die *äußere Oberfläche* umfaßt die geometrische Form und Makrorauigkeit, die *innere Oberfläche* zusätzlich die Porosität und Mikrorauigkeit.

Oberflächenmessung
- *Sorptionsverfahren.* Aufbringen von Teilchen genau bekannter Größe (z. B. Stickstoff, Argon, Zinkionen, Pyridin) und Bestimmung der adsorbierten Menge durch Gasvolumetrie (BET-Methode), Wägung (Quarzmikrowaage), Kapazitätsmessung, IR-Spektroskopie, Wärmemessung (Mikrokalorimeter).
- *Spektroskopische Verfahren:* Lichtabsorption (Fotometrie), Laserbeugung, Rasterelektronenmikroskopie, Röntgenkleinwinkelstreuung.
- *Durchströmungs- oder Permeabilitätsverfahren.* Messung des Druckabfalls in einer durchströmten Schüttschicht (*Durchströmbarkeitskoeffizient).

Oberfläche, fotometrische
S_n (in m^2/mol); der Lichtdurchlässigkeit entsprechende Größe für Lösungen kugelförmiger Partikel:

$$S_n = 6 \int_{x_{min}}^{x_{max}} \tilde{\epsilon}(x)\, \frac{q(x)}{x}\, dx = -\frac{4 \ln T}{c\, d}$$

c Stoffmengenkonzentration, d Lichtweg durch das Medium, T Transmission, x Teilchendurchmesser, $\tilde{\epsilon}$ flächenbezog. Extinktionskoeffizient.

Oberflächenaktivität
Die *Oberflächenspannung verändernde Wirkung, z. B. eines Tensids.

Tabelle O.2 Oberflächen- und Grenzflächenspannung und verwandte Größen.

Oberflächenspannung $= \frac{\text{Oberflächendehnungsarbeit}}{\text{Oberflächenänderung}}$	$\sigma = \frac{dW}{dA}$	$\frac{J}{m^2} = \frac{N}{m} = \frac{kg}{s^2}$
Grenzflächenspannung	σ_{ij}	$\frac{J}{m^2} = \frac{N}{m}$
Young-Gleichung: Haftspannung ~ Benetzungswinkel 1 Umgebung (Dampfphase), 2 Medium (Flüssigkeit), 3 Festkörper	$\sigma_{13} - \sigma_{23} = \sigma_{12} \cos\theta$	$\frac{N}{m}$
Adhäsionsenergie (flüssig/fest)	$W_A = \sigma_{12} + \sigma_{13} - \sigma_{23} = \sigma_{12}(1 + \cos\theta)$	
Kohäsionsenergie (flüssig/flüssig)	$W_K = \sigma_{12} + \sigma_{12} - \sigma_{22} = 2\sigma_{12}$	$\frac{J}{m^2}$
Druck in einer Gasblase $= \frac{\text{Dehnungskraft } \Delta W/\Delta r}{\text{Blasenoberfläche}}$	$p = \frac{\sigma[4\pi(r+\Delta r)^2 - 4\pi r^2]}{(4\pi r^2)\Delta r} \overset{\Delta r^2 \to 0}{\approx} \frac{2\sigma_{12}}{r}$	
Kapillar-Steighöhe $= \frac{\text{hydrostatischer Druck}}{\text{Dichte} \cdot \text{Fallbeschleunigung}}$	$h = \frac{p}{\varrho g} = \frac{2\sigma \cos\theta}{\varrho g r}$	m

Oberflächenbelegungsgrad
Belegungsgrad oder Bedeckungsgrad θ (Dimension 1) einer Oberfläche mit einem Adsorptiv.

Oberflächenspannung
σ (in J m^{-2}). Flächenbezogene Arbeit (Oberflächenenergiedichte), um eine Flüssigkeit gegen die Bindungskräfte der Moleküle in feinste Tröpfchen zu dispergieren und Teilchen aus dem Flüssigkeitsinneren an die Oberfläche zu transportieren. Zwischen zwei Phasen besteht die *Grenzflächenspannung*.

Oberflächenspannungsmessung
1. *Tensiometer.* Messung der Tropfengröße mit Hilfe einer Präzisionsspritze.
2. *Benetzungswaage.* Messung der Benetzungskraft, um ein dünnes Plättchen in eine Flüssigkeit zu tauchen oder herauszuziehen.
3. *Lenard-Bügel.* Messung der Kraft, um ein Drahtrechteck senkrecht aus einer Flüssigkeit zu ziehen ($F_G = 2\sigma l$, l Drahtänge).
4. Benetzungswinkelmessung
5. Kapillar-Steigrohr.

Oberton
Schwingung mit (ganzzahlig) vielfacher Frequenz des Grundtones.

Obole *Antike Maße.

Obolos
Altes Gewicht aus Griechenland:
1 Obolos = 0,72 Gramm.

Obolus
Altes Apotheker- und Medizinalgewicht:
1 Obolus = 2 *Skrupel.

obsolet
[lat.] überholt, veraltet, ungebräuchlich.

Ocean (freight) ton
Veraltet! Marines Raummaß:
1 ocean (freight) ton *US* = 1,1 327 Meter^3.

Ochsenkopf *Oxhoft.

Öchslegrad
Veraltet! Mit der „Mostwaage" (Dichte- bzw. Wichtemessung) bestimmtes, nichtgesetzliches Maß für den Alkoholgehalt von vergorenen Obstsäften; benannt nach dem deutschen Physiker und Optiker FERDINAND ÖCHSLE (1774–1852). Das „Mostgewicht" in Öchslegrad entspricht dem Zahlenwert der Dichte von Traubenmost:

$$°\text{Oe} = \frac{\text{Dichte}}{\text{kg/m}^3} - 1000$$

Traubenmost hat ca. 75 Öchslegrad.

oct Index (DIN 1304) für: Oktave.

Octodrachmon *Drachme.

OD
Abk. f.: *outside diameter*, Außendurchmesser.

Oersted (Oe, O)

1) Veraltet! Einheit der magnetischen Feldstärke im elektromagnetischen MKSA-Vierersystem; benannt nach dem dänischen Physiker HANS CHRISTIAN OERSTED (1777–1851), der die Ablenkung einer Magnetnadel durch den elektrische Strom entdeckte. Definiert gemäß:

$$\text{Magnetische Feldstärke} = \frac{\text{Strom} \cdot \text{Windungszahl}}{\text{Länge der Spule}}.$$

An jedem Punkt im Vakuum ist die Feldintensität in Oersted gleich der Kraft in Dyn auf einen magnet. Einheitspol an dieser Stelle:

1 Oersted =
= 0,795 775 (= $10/4\pi$) Ampere/Centimeter =
= 79,57 747 (= $1000/4\pi$) Ampere/Meter.

2) Nichtrationale Schreibweise im elektromagnetischen cgs-System von 1930:
1 Oe = 1 $cm^{-1/2}g^{1/2}s^{-1}$ = 1 emE.

OEZ (= OST)

Osteuropäische Zeit, bezogen auf 30° ö.L.; geht der Greenwich-Zeit um 2 Stunden, der Mitteleuropäischen Zeit um eine Stunde voraus.

Office of Standard Weights and Measures *US-Einheiten.

Ohm (Ω, EDV: OHM)

1) Abgeleitete SI-Einheit des elektrischen Widerstandes; festgelegt durch den zeitlich unveränderlichen Strom 1 Ampere, der durch einen fadenförmigen, homogenen, gleichmäßig temperierten metallischen Leiter nach Anlegen der Spannung 1 Volt fließt; benannt nach dem deutschen Physiker GEORG SIMON OHM (1787–1854, „ohmsches Gesetz"). Quantenphysikalische Realisierung *Klitzing-Konstante.

1 Ω =
= 1 Volt/Ampere
= 1 Watt/Ampere^2
= 1 Joule/Ampere^2-Sekunde
= 1 Siemens^{-1}
= 1 $kg\,m^2s^{-3}A^{-2}$.

2) **Abohm (= absolutes Ohm).** Veraltet! Bezeichnung der Widerstandseinheit im elektromagnetischen cgs-System, eingeführt 1948, im amtlichen Verkehr seit 01.01.1975 verboten:
1 abs. Ω = 1 Ω_{abs} = 1 Ohm.

3) **Internationales Ohm** (1908 bis 1948, Dtl. 1911). Widerstand, den ein konstanter elektrischer Strom durch eine Quecksilbersäule der Masse 14,4521 Gramm von konstantem Querschnitt und der Länge 106,3 cm bei der Temperatur des schmelzenden Eisens erfährt.
1 int. Ω = 1 Ω_{int} = 1,00 049 Ohm.

4) 1 int. Ohm *US* [vor 1948] = 1,000 495 Ohm

5) Definition von 1881 im Quadrantensystem (in Deutschland 1898 gesetzlich):
1 Ohm = 10^9 cm/s = 10^9 emE.

6) **Akustisches Ohm.** Einheit der akustischen Impedanz (= Schalldruck/Schallfluss):
1 Ω = 10^5 Pascal-Sekunde/Meter^3
= 1 Mikrobar $\text{Centimeter}^{-3}\text{Sekunde}^{-1}$.

7) **Statohm.** Veraltet! Einheit des elektrischen Widerstandes im elektrostatischen cgs-System:
1 stat. Ω = 8,987 552·10^{11} Ohm.

8) **Kalorisches Ohm.** Einheit des Wärmewiderstandes: 1 Ω = 1 Kelvin/Watt.

9) **Mechanisches Ohm.** Veraltet! Einheit der mechanischen Impedanz (= Triebkraft/erzeugte Schallschnelle):
1 mech. Ω =
= 10^{-3} Newton-Sekunde/Meter =
= 0,001 Kilogramm/Sekunde
= 1 Gramm/Sekunde
= 1 dyn $cm^{-1}s^{-1}$.

Ohm (Aam)

Historisch! Altes Feldmaß für Wein aus Baden, Franken, Rheinhessen, Rheingau und der Rheinpfalz (= 150 Liter); Mosel, Saar, Ruwer (= 160 Liter).

1 Ohm =
= 1,5 Hektoliter (Baden)
= 1,5 Hektoliter (Braunschweig)
= 1,45 Hektoliter (Bremen)
= 1,545 [1,497] Hektoliter (Dänemark, *Aam*)
= 1,44 Hektoliter (Hamburg)
= 1,56 Hektoliter (Hannover)
= 1,50 bis 1,75 Hektoliter (Hessen)
= 1,45 Hektoliter (Lübeck)
= 1,45 Hektoliter (Mecklenburg)
= 1,55 Hektoliter (Niederlande)
= 1,5 Hektoliter (Norwegen)
= 1,374 Hektoliter = 120 Quart (Preußen)
= 1,476 Hektoliter (Russland)

= 1,35 Hektoliter (Sachsen)
= 1,45 Hektorliter (Schlesw.-Holstein)
= 1,5 703 Hektoliter (Schweden, *am*)
= 1,5 Hektoliter = 100 Maß (Schweiz).

Ohmad
Veraltet! Britische Einheit des elektrischen Widerstandes: 1 ohmad = 0,988 Ohm.

Ohm-Centimeter (ohm-cm)
1 Ω cm = 0,01 Ohm-Meter (Ω m).

Ohm-circular mil/foot
1 Ω-cir mil/ft. = $1{,}662\,426 \cdot 10^{-9}$ Ohm-Meter.

Ohmmaß
Historisch! 0,99 Liter (Sachsen-Weimar-Eisenach).

Ohm-Meter
1 Ωm = 10^6 Ω mm^2/m.

Ohm-Millimeterquadrat pro Meter
1 Ω mm^2/m = 10^{-6} Ohm-Meter = 1 μΩ m.

Ohm per foot
1 Ω/ft. = 3,280 840 Ohm/meter.

Oiphi
Altes Körpermaß aus Griechenland:
1 Oiphi = 6,6 Liter.

Oitava
Altes Volumenmaß aus Portugal („Achtel"):
1 oitava = 1,415 Liter.

Oka
[engl.] *oke.* Altes osteuropäisches Hohlmaß, auch Masseneinheit (in Kilogramm):
1 Oka =
= 1,28 Liter (Bulgarien, Türkei, Zypern)
= 1,415 Liter (Jugoslawien).

Okklusion [lat.] Verschluss.

Oktaeteris-Zyklus *Kalender.

Oktav *Papierformate.

Oktave (oct, O)
Hinweiswort nach DIN 13320 zur Kennzeichnung von *Tonhöhenintervallen: Eine Oktave ist der Tonraum zwischen dem Grundton und dem achten Ton der diatonischen Tonleiter (mit der doppelten Freqenz des Grundtones); sie misst das Frequenzverhältnis $f_x/f_0 = 2$.
1 oct = (log 2) dec = 3 terz = 1200 cent.

Oktober *Monatsnamen.

Olifant *Papierformate.

Oligosaprob, oligotroph
*Wassergefährdungsklasse.

Öltschek
Hohlmaß aus der Türkei:
1 Öltschek = 1 Liter.

Öltunna *Tunna.

Olympiade
Ursprünglich Zeitraum von vier Jahren zwischen zwei Olympischen Spielen; heute für die Spiele selbst.

Olympischer Fuß *Fuß.

Olympisches Stadion
*Antike Maße, *Stadion.

Om (= Ohm)
Altes russisches Hohlmaß:
1 Om = 1,476 Liter.

OMe Abkürzung für: Methoxo-, $CH_3O^{\ominus}$.

Ona
Altes Längenmaß aus der Dominikanischen Republik: 1 ona = 1,188 Meter.

Onça
Historisch! Portugiesische Unze, auch in Brasilien: 1 Onça = 28,7 Gramm.

once
1) Französische Unze. Altes Pariser Markgewicht (Poids de marc):
1 once = 30,6 Gramm.
2) Altes niederländisches Gewicht:
1 once = 10 Looden = 100 Wijgtjes =
= 1000 Korrels = 100 Gramm.
3) *Unze.

Oncia
Historisch! [ital.] „Unze, Quäntchen":
1 Oncia = 28 Gramm.

Onza
1) Historisch! Spanische Unze, auch in Süd- und Mittelamerika:
1 Onza = $^1/_{16}$ Libra
= 8 Ochavas = 16 Adarmes
= 576 Granos = 28,76 [30,5] Gramm.
2) Für Juwelen und Perlen:
1 Juwelen-Onza =
= 140 Quilates = 27,96 Gramm.

O

3) Alte spanische Gold- und Handelsmünze, weltweit verbreitet, außerhalb Spaniens *Quadrupla* genannt; in Spanien bis 1820 geprägt, noch 1823 als Münze zu 320 Real.
1 Onza = 8 Escudos = 1 Quadrupla
= 4 Pistolen.

Opazität
Quotient aus einfallender und hindurchtretender Lichtintensität; Kehrwert der Transparenz; vgl. *Schwärzung.

Opsoischer Index
Medizin: *Phagozytische Zahl.* Zahl der von Fresszellen aufgenommenen Keime im Blut eines Kranken, im Vergleich zum Gesunden.

opt
Index (DIN 1304) für: optisch.

Optische Aktivität *Aktivität.

Optische Dicke
Auch: **optische Tiefe** oder *Schwächungsmaß* einer Schicht entlang der Strecke s, Maß für die Trübung eines optischen Mediums:

$$\delta(s) = \int_{s'=0}^{s} \sigma_s(s')\,\mathrm{d}s' \quad \text{(Dimension 1)}$$

Vgl. *fotometrische Einheiten und Größen.

Öqa
Alte Masseneinheit aus Arabien:
1 Öqa = 1,25 Kilogramm.

or
Index (DIN 1304): Ursprung, Anfang; lat. *origio.*

Ord
Alte Masseneinheit aus Dänemark:
1 Ord = 50 Gramm.

Ordnungszahl
Kernladungszahl; Zahl der Protonen Z im Atomkern, gleich Zahl der Elektronen in der Hülle.

Öre
Währungseinheit: 100ster Teil der dänischen, norwegischen, schwedischen Krone.

org
Abkürzung für: organisch, *organic.*

Orgyia
Altes Längenmaß aus Griechenland:
1 Orgyia = 1,85 Meter.

Orientierte Übersetzung *Übersetzung.

Orna
Altes Flüssigkeits-Hohlmaß aus Italien:
1 Orna = 36 Boccale (Krug) = 65,66 Liter.

Ort
1) Altes Gewicht aus Schweden und Norddeutschland.
1 ort = 4,25 Gramm (Schweden, *Skalpund)
= 0,97 Gramm (Bremen),
= 0,98 Gramm (Schleswig-Holstein).
2) In der See- und Luftfahrt: *Standort, *Loggeort, *Koppelort.

Örtgen
Alte Masseneinheit:
1 Örtgen = ca. 5 Gramm.

Orthodrome
Kürzeste Verbindungslinie zweier Punkte auf der Erdoberfläche (*Großkreis).

Ortsbestimmung, geografische
Aus der Bahnkurve eines Objektes mit bekannter Masse und Beschleunigung lassen sich Geschwindigkeit und Standort (relativ zu einem bekannten Ausgangsort) ableiten (*Trägheitsnavigation*), vgl. *GPS.

Ortsdosis
*Dosimetrische Größe im Strahlenschutz: Äquivalentdosis H für Weichteilgewebe, gemessen an einem bestimmten Ort.

Ortszeit
Auf den Meridian des Beobachtungsortes bezogene Zeit, im Gegensatz zur *Zonenzeit und *Weltzeit.

Ortszeit, mittlere
(MOZ), engl. *local mean time* (LMT); Zeitwinkel der mittleren Sonne (1 h $\hat{=}$ 15°), gezählt von 0 bis 24 Uhr, beginnend mit dem Durchgang der Sonne durch den unteren Meridian („Mitternacht").

Ortszeit, wahre
(WOZ), engl. *local apparent time* (LAT); Zeitwinkel der wahren Sonne (1 h $\hat{=}$ 15°), gezählt von 0 bis 24 Uhr, beginnend mit dem Durchgang der Sonne durch den unteren Meridian.

Os
Zeichen für das *chem. Element Osmium.

Ösel

Altes Hohlmaß aus Schleswig-Holstein:
1 Ösel = 0,45 Liter.

Osmin(a)

Altes russisches Getreidemaß:
1 Osmin(a) = 2 Pajok =
= 4 Tschetwerik = 104,95 495 Liter.

Osmolalität

*Molalität einer Lösung (mol Stoff im kg Lösungsmittel); speziell bei Proteinlösungen.

Osmolarität

*Stoffmengenkonzentration einer Lösung, die einen osmotischen Druck erzeugt; die mittlere molare Masse wird durch Gefrierpunkterniedrigung bestimmt.
Veraltet! 1 Osm = 1 Osmol/ℓ = 1 mol/ℓ.
Blutplasma: ca. 294 mmol/ℓ (v. a. $Na^{\oplus}$).

Osmotischer Druck

Druck auf Grund der Osmose; d. h. Diffusion eines Stoffes (z. B. Wasser) durch eine semipermeable Membran zwischen zwei Lösungen unterschiedlicher Konzentration c, so dass die konzentriertere Lösung verdünnt wird.

$$p_{osm} = c\,R\,T \qquad \text{Einheit: Pa} = \text{N/m}^2$$

R universelle Gaskonstante, T thermodynamische Temperatur.

Ostaustralische Zeit

*Zeitzonen.

Osterdatum

Ostern fällt auf den Sonntag nach dem ersten Vollmond im Frühling (Konzil zu Nicäa, 325 n. Chr.). Nach C. F. GAUSS (1777–1855) berechnet sich das Datum nach folgendem Algorithmus: Die Jahreszahl Y ist durch 19, 4 und 7 zu teilen und mit den Tabellenwerten für m und n zu verrechnen.

$$\begin{aligned} a &= Y \bmod 19; \\ b &= Y \bmod 4; \\ c &= Y \bmod 7 \\ d &= (19a + m) \bmod 30; \\ e &= (2b + 4c + 6d + n) \bmod 7 \end{aligned}$$

Jahr	m	n
1583–1699	22	2
1700–1799	23	3
1800–1899	23	3
1900–2099	24	5
2100–2199	24	6
2200–2299	25	0

Ostern ist am $(22 + d + e)$-ten März, sofern es es ihn gibt, sonst am $(d + e - 9)$-ten April. Für den 26. April ist der 19. April zu setzen (z. B. 1981). Für den 25. April gilt der 18. April, falls $d = 28$ und $e = 6$ und $a > 10$ (z. B. 1954).

Ostermontag

*Wochen- und Feiertage.

Ostern

*Wochen- und Feiertage.

Österreich

Historische Längenmaße: *Fuß, *Klafter, *Linie, *Meile, *Postmeile, *Punkt, *Rute.
Historische Volumenmaße: *Achtel, *Becher, *Dreiling, *Fass, *Futtermassel, *Halbe, *Maß, *Metze(n), *Muth, *Muthmassel, *Pfiff, *Seidel, *Viertel.
Historische Flächenmaße: *Joch.
Historisches Gewicht: *Zentner.
Währungseinheit: *Schilling.

Osteuropäische Zeit

*Zeitzonen.

Ostkaribischer Dollar

*Dollar.

Ostwald-Koeffizient

Auch: *Absorptionskoeffizient,* vgl. *Henry-Konstante. Proportionalitätsfaktor β (Dimension 1) zwischen der Konzentration eines gelösten Stoffes in einer Flüssigkeit und im Gasraum: $c_{2,(\mathrm{fl})} = \beta\, c_{2,(\mathrm{g})}$.

Ottingkar

Volumenmaß aus Dänemark: *Sk(i)eppe.

Ouguya (UM)

Währungseinheit in Mauretanien:
1 UM = 5 Khoums (KH) = ca. $^1/_{86}$ DM.

Ounce (oz, = „Unze“)

1) Avoirdupois ounce. Britisch-amerikanische „Handelsunze“. Beachte die im wissenschaftlichen Verkehr seit 1959 gültige *Pounddefinition.
1 oz.avdp. =
= 16 Dram
= 437,5 Grain

O

= 28,349 523 Gramm
= 0,028 349 523 Kilogramm
= 0,91 145 833 Ounce (apoth. or troy)
= 18,229 167 Pennyweight
= 0,0 625 ($^1/_{16}$) Pound
= 21,875 Scruple.

2) Apothecaries' ounce. Veraltet! Brit.-amerikan. Apothekerunze für Drogen und Arzneimittel:
1 oz.ap. *US* = 1 oz.apoth. *GB*
= $^1/_{12}$ troy pound
= 8 drachm
= 24 scruple
= 480 grain
= 31,103 481 Gramm
= 1,09 714 ounce (avoirdupois).

3) Troy ounce (oz.t., oz.tr.). Brit.-amerikan. „Edelsteinunze" für Juwelen oder *Feinunze* für Edelmetalle (bes. Gold):
1 oz.tr. = 480 Grain
= 31,103 4<u>768</u> Gramm [wiss. Pound-Def.]
= 31,103 4<u>808</u> Gramm [*US*-Pound-Definition]
= 1,0 971 429 Ounce avdp.
= 20 Pennyweight
= 0,068 571 429 (= $^{480}/_{7000}$) Pound avdp.

4) Britische Flüssigunze. Veraltet!
1 Ounce (*GB*, fluid) =
= 28,41 306 Centimeter^3
= 1,733 871 Cubic inch
= 8 Drachm (*GB*, fluid)
= 7,686 079 Dram (*US*, fluid)
= $6{,}25 \cdot 10^{-3}$ ($^1/_{160}$) Gallon *GB*
= 0,2 Gill *GB*
= 28,41 306 Milliliter
= 480 Minim *GB*
= 0,9 607 599 Ounce (*US*, fluid)
= 0,05 Pint *GB*
= 0,025 ($^1/_{40}$) Quart *GB*
= $28{,}4\,101 \cdot 10^{-6}$ m^3 (für Handelszwecke: EG-Amtsblatt L262 vom 27.Sept.1976).

5) Fluid ounce
1 Ounce (*US*, fluid) =
= 29,57 353 Centimeter^3
= 1,8 046 875 Cubic inch
= 8 Dram (*US*, fluid)
= $7{,}8\,125 \cdot 10^{-3}$ ($^1/_{128}$) Gallon *US*
= 0,25 Gill *US*
= 29,57 353 Milliliter
= 480 Minim *US*
= 1,040 843 Ounce (*GB*, fluid)
= 0,0 625 ($^1/_{16}$) Pint (*US*,liquid)
= 0,03 125 ($^1/_{32}$) Quart (*US*, liquid).

6) Gewichtsangabe für Sportgeräte:
1 Ounce = ca. 30 bis 31 Gramm.

Ounce (avdp.) per...

1) ...cubic foot
1 oz./cu.ft. = 1,001 145 Kilogramm/Meter^3

2) ...cubic inch
1 oz./cu.in. = 1729,994 Kilogramm/Meter^3

3) ...gallon
1 oz./gal. *GB* = 6,236 023 Kilogramm/Meter^3
1 oz./gal. *US* = 7.489 152 Kilogramm/Meter^3

4) ...square foot
1 oz./sq.ft. = 304,1 517 Gramm/Meter^2

5) ...square yard
1 oz.sq.yd. = 33,90 575 Gramm/Meter^2

6) ...ton (long)
1 oz./ton (long) = 27,90 179 Gramm/Tonne
= 27,90 179 Milligramm/Kilogramm.

7) ...ton (short)
1 oz.ton (short) = 31,25 Gramm/Tonne
= 31,25 Milligramm/Kilogramm.

8) ...yard
1 oz./yd. = 31,00 342 Gramm/Meter.

Ounce-force (oz.f.)

1 oz.f. (avoirdupois) = 0,2 780 139 Newton.
1 oz.f./sq.in. = 430,922 Pascal.
1 oz.f.in = $7{,}06\,155 \cdot 10^{-3}$ Newton-Meter.

Output

[engl.] Ausgabe, Ausstoß, Ausschüttung.

Output quantitity *xylo-.

Overpotential *Überspannung.

Ox

[Chemie] Abkürzung für: oxidierte Spezies.

ox Abkürzung für: oxalato-, Oxidation.

Oxhoft

Auch: **Okshoofd, Ox(e)hoved, Oxhufvud,** „Ochsenkopf, Schweinshaupt". Altes Hohlmaß für Wein und Branntwein:
1 Oxhoft =
= 221,4 Liter (Berlin)
= 226 Liter (Dänemark)

≤ 245,5 Liter (England)
= 235 Liter (Finnland)
= 200–288 Liter (Frankreich)
= 217,4 Liter (Hamburg)
= 234 Liter (Hannover)
= 233 Liter (Niederlande, *okshoofd*)
= 206 Liter (Preußen)
= 220 Liter (Russland)
= 217 Liter (Schleswig-Holstein)
= 236 Liter (Schweden, *oxhuvud*).

Oxybaphon
Altgriechisches Hohlmaß:
1 Oxybaphon = 6 Mystra = 24 Drachmen
= 0,068 Liter.

oz. Abkürzung für: *ounce*, „Unze".

oz-ft Abkürzung für: *ounce-foot*.

oz-in Abkürzung für: *ounce-inch*.

P

Formelzeichen

Physikalische Größe	Symbol	Einheit		Definition
Komplexe Kreisfrequenz complex frequency	p, s	s^{-1}		$p = \sigma + i\omega$
Impuls(vektor) momentum (vector)	$\vec{p}$	N s	$= m\,kg\,s^{-1}$	$\vec{p} = m\,\vec{v}$
Druck, absoluter Druck pressure, absolute ~	p, (P)	$Pa = N\,m^{-2} = m^{-1} kg\,s^{-2}$		$p = F/A$
Partialdruck partial pressure	p_i	Pa		$p = \Sigma\, p_i$
Atmosphärendruck atmospheric pressure	p_{amb}	$Pa = N\,m^{-2} = m^{-1} kg\,s^{-2}$		
Überdruck excess pressure	p_e	$Pa = N\,m^{-2} = m^{-1} kg\,s^{-2}$		
Schalldruck sound pressure, sonic ~, acoustic ~	p	Pa	$= N\,m^{-2} = m^{-1}\,kg\,s^{-2}$	
Leistung power	P	W	$= J/s = m^2 kg\,s^{-3}$	$P = \frac{dW}{dt}$
Schallleistung, Schallfluss acoustic power, sound energy flux	P, P_a	W	$= m^2 kg\,s^{-3}$	
Elektrische (Wirk-)Leistung real power, active power	P	W	$= J/s = m^2 kg\,s^{-3}$	$P = U\,I$
Elektrische Blindleistung reactive power	P_q, Q	W	$= J/s = m^2 kg\,s^{-3}$	
Scheinleistung apparent power	P_S, S	W	$= J/s = m^2 kg\,s^{-3}$	
(Di)elektrische Polarisation dielectric polarization	P, $\vec{P}$	C/m^2	$= m^{-2} s\,A$	$\vec{P} = \frac{1}{V} \sum \vec{p}_i$
Elektrisches Dipolmoment electric dipole moment	$\vec{p}$, μ	C m	$= m\,s\,A$	$\vec{p} = \int_V \vec{P}\,dV$
Schwingungsgehalt pulsation factor	p	–	$= 1$	$p_u = U_{\sim}/U$
Anzahl der Polpaare number of pairs of poles	p	–	$= 1$	
pH-Wert pH value	pH	–	$= 1$	*pH
Strahlungsleistung, -fluss radiant flux, radiated power	P, Φ_e	W	$= m^2 kg\,s^{-3}$	$P = \frac{dW}{dt}$
Strahlungsenergiedichte spectral radiant energy density	(p)	J/m^3	$= m^{-1} kg\,s^{-2}$	siehe w
Bremsnutzung efficiency of retardation	p	–	$= 1$	
Wahrscheinlichkeit probability	P	–	$= 1$	

Aufenthalts-Wahrscheinlichkeitsdichte probability density	P	(m^{-3})		$P = \psi^* \psi$
Impulsoperator momentum operator	$\hat{p}$	$\mathrm{m}^{-1}\mathrm{Js}$		$\hat{p} = -i\hbar\nabla$

Φ, ϕ, φ (Phi)

Ebener Winkel, Phasenwinkel plane angle	φ	rad	$= 1$	
Polarkoordinaten angular coordinates	(r, φ)	(m, rad)		Wertepaare
Zylinderkoordinaten cylindrical coordinates	(r, φ, z)	(m, rad, m)		Wertetripel
Kugelkoordinaten spherical coordinates	(r, ϑ, φ)	(m, rad, rad)		Wertetripel
Volumenanteil volume fraction	φ	–	$= 1$	$\varphi_i = V_i / \Sigma V_i$
Potential, Arbeitsfunktion potential (energy), work function	φ	J	$= \mathrm{m^2 kg\, s^{-2}}$	$\vec{E} = -\nabla\varphi$
Leistungsdichte power density	φ	$\mathrm{W/m^3}$	$= \mathrm{m^{-1} kg\, s^{-3}}$	$\varphi = W/V$
Fugazitätskoeffizient fugacity coefficient	φ	–	$= 1$	$\varphi_i = f_i / p_i$
osmotischer Koeffizient osmotic coefficient	φ	–	$= 1$	
Fließvermögen fluidity	φ	$\mathrm{m\, kg^{-1} s}$		$\varphi = \eta^{-1}$
Wärmestrom heat flow (rate)	Φ, $\dot{Q}$	W	$= \mathrm{m^2 kg\, s^{-3}}$	$\Phi = \frac{dQ}{dt}$
elektrisches Potential electric potential	$\varphi, (V)$	V = J/C	$= \mathrm{m^2 kg\, s^{-3} A^{-1}}$	
Galvani-Potential inner electric potential	φ	V	$= \mathrm{m^2 kg\, s^{-3} A^{-1}}$	
Gleichgewichtspotential equilibrium potential	φ_{eq}	V	$= \mathrm{m^2 kg\, s^{-3} A^{-1}}$	
Standard-Bezugspotential standard potential	φ^0	V	$= \mathrm{m^2 kg\, s^{-3} A^{-1}}$	
Phasenverschiebung(swinkel) phase angle	φ	rad	$= 1$	
magnetischer Fluss magnetic flux	Φ	Wb = V s	$= \mathrm{m^2 kg\, s^{-2} A}$	$\Phi = \int_A \vec{B}\, d\vec{A}$
magnetisches Potential magnetic potential	φ	A		
Polrad-, Leitungswinkel magnetwheel angle	φ	rad	$= 1$	
Lichtstrom luminous flux	Φ, Φ_V	lm = cd sr	= cd	
Strahlungsfluss, -leistung radiant flux, radiant power	Φ, P	W	$= \mathrm{m^2 kg\, s^{-3}}$	$\Phi = \frac{dW}{dt}$

Spektraler Strahlungsfluss spectrum radiant flux	Φ_λ	W/m	$= \mathrm{m\,kg\,s^{-3}}$	$\Phi = \frac{d\Phi}{d\lambda}$
Quantenausbeute quantum yield, photochemical yield	φ	–	$= 1$	
Fluenz, Photonenraumbestrahlung radiated particles per unit area	Φ	$\mathrm{m^{-2}}$		auch H_{p0}
Energiefluenz radiated energy per unit area	Φ	$\mathrm{J/m^2}$		
Teilchenflussdichte, Photonenraumbestrahlungsstärke particle flux density	φ	$\mathrm{m^{-2}s^{-1}}$		auch E_{p0}
Wellenfunktion wavefunction	φ	$\mathrm{m^{-3/2}}$		siehe ψ

Π, π, ϖ (Pi)

Osmotischer Druck osmotic pressure	Π	Pa	$= \mathrm{m^{-1}kg\,s^{-2}}$	$\Pi = c_i RT$
Oberflächendruck surface pressure	π, π^s	N/m	$= \mathrm{kg\,s^{-2}}$	$\pi = \gamma^0 - \gamma$
Peltier-Koeffizient Peltier coefficient	Π	V	$= \mathrm{m^2kg\,s^{-3}A^{-1}}$	

Ψ, ψ (Psi)

Elektrischer Fluss electric flux	Ψ, Ψ_e	C	$= \mathrm{A\,s}$	$\Psi = \int_A \vec{D}\,d\vec{A}$
Volta-Potential outer electric potential	ψ	V	$= \mathrm{m^2kg\,s^{-3}A^{-1}}$	vgl. φ
Strahldichte radiant flux density	ψ_Ω	$\mathrm{W/m^2}$	$= \mathrm{kg\,s^{-3}}$	auch L
Energiefluenz, Raumbestrahlung energy fluence	Ψ	$\mathrm{J/m^2}$	$= \mathrm{kg\,s^{-2}}$	auch H_0
Energieflussdichte, Raumbestrahlungsstärke energy flux density	ψ	$\mathrm{W/m^2}$	$= \mathrm{kg\,s^{-3}}$	auch E_0
Wellenfunktion wavefunction	ψ	$(\mathrm{m^{-3/2}})$		$\hat{H}\psi = E\psi$

P

*Poise; Zeichen für das *chemische Element Phosphor; Potenzmenge (z. B. $P(A)$ Potenzmenge von A); griech. Rho („R“ oder Zahlzeichen: 100); Р, р kyrill. R, r.

p

1) Abkürzung für: pico-, Pond, Poncelet, Punkt; *Penny, pence*;
2) Index nach DIN 1304: Wirk..., konstanter Druck, isobar; *Peak*, Spitzen...
3) Chemie: para- (p-); Substitution in 1,4-Stellung am aromatischen System.
4) Mathematik: $\wp$ Weierstraß-Funktion.

Φ

griech. Phi („F“ oder Zahlzeichen: 500), neugriech. Umschrift: ph, f.; spanische Peseten (₧).

φ,ϕ griech. phi, „f“.

Π

griech. Pi („P“ oder Zahlzeichen: 80); Produkt; $\prod$, П kyrill. P, p

π oder ϖ griech. pi („p“); Kreiszahl *Pi.

Ψ griech. Psi („Ps“ oder Zahlzeichen: 700).

Pa
Abkürzung für *Pascal, Zeichen für das *chemische Element Protactinium.

pa
Veraltet! 1954 eingeführtes Kürzel statt *ata* für Atmosphäre Absolutdruck:
1 pa = 101 325 Pascal.

p.a.
Abk. für: *pro analysi* = „für die Analyse“, höherer im Handel befindlicher Reinheitsgrad chemischer Substanzen.

Paal
Altes Längenmaß aus Indonesien:
1 Paal = 1,5 Kilometer.

Pa'anga (T$)
Währungseinheit auf den Tonga-Inseln in Polynesien: 1 Pa'anga (T$) = 100 Seniti (s) = ca. 0,74 DM.

Paar
Volkstümliches Zählstückmaß:
1 Paar = 2 zusammengehörige Stück.

Pace
Altes Längenmaß aus England („Schritt“):
1 Pace = 2,5 Foot = 60,96 Centimeter.

Pacific Time *Zeitzonen.

Pack
Altes Papierzählmaß: 1 Pack = 15 Ballen.

Pæg(e)l
Altes Flüssigkeitsmaß aus Dänemark:
1 Pægel = 0,242 Liter.

Pagode
Alte Goldmünze aus Ostindien mit dem Bild eines Tempelbaus (Pagode) auf der Oberseite.

Pajak *Pajok.

Pājim *Pim.

Pajmaneh
Persisches Volumenmaß:
1 pajmaneh = 1 Liter.

Pajok (Pajak)
Alte Getreide-Hohlmaß aus Russland:
1 Pajok = 2 Tschetwerik = 52,4 777 476 Liter.

Palaiste
Altgriechisches Längenmaß („Handbreite“):
1 Palaiste = 7,7 Centimeter.

Palam
Alte Masseneinheit aus Vietnam:
1 Palam = 34 Gramm.

Palame
Griechisches Längenmaß (vgl. *Palm):
1 palame = 10 Centimeter.

Palaz
Altes Längenmaß aus Jugoslawien:
1 palaz = 36,34 Millimeter.

Paletz
Altes Längenmaß aus Russland:
1 paletz = 12,7 Millimeter.

palma *Palmipes.

Palm(e)
1) „Handbreite“. Altes Längenmaß zur Angabe des Umfanges von Rundhölzern (Masten etc.) auf Schiffen:
1 Palme =
= 9,65 Centimeter (Hamburg)
= 10 [früh. 30,4] Centimeter (Niederlande)
= 8,86 Centimeter (Norwegen),
= 10 Centimeter (Griechenland, *palame*).
2) 1 Palm = 3 Inch = 7,62 Centimeter.

Palmipes
Altröm. Längenmaß, [lat.] *palma*, „flache Hand“: 1 Palmipes = 37 Centimeter.

Palmo
„Spanne“, altes südeuropäisches Längenmaß:
1 Palmo =
= 10 [urspr. 24,9] Centimeter (Italien)
= 10 Centimeter (Griechenland)
= 22 Centimeter (Portugal, Brasilien)
= 20,9 Centimeter (Spanien, *Palmo mayor*)
= 6,97 Centimeter (Spanien, *Palmo menor*).

Palmsonntag
*Spezielle Wochen- und Feiertage.

Palmus
„Handbreite“, von lat. *palmo* = „ich drücke das Zeichen der flachen Hand ein“; altes, römisches Längenmaß, Finger ohne Daumen gemessen:
1 Palmus = 7,4 Centimeter.

palus *Pole.

Panama
Historische Einheiten: *arroba, *azumbre, *braza, *cantara, *celemín, *pulgada, *vara.
Währungseinheit: *Balboa.

Tabelle P.1 DIN-Papierformate.

Format Klasse	Benennung	Reihe A mm	Reihe B mm	Reihe C mm	Reihe D mm
0	Vierfachbogen	841 × 1189	1000 × 1414	917 × 1297	771 × 1090
1	Doppelbogen	594 × 841	707 × 1000	648 × 917	545 × 771
2	Bogen	420 × 594	500 × 707	458 × 648	385 × 545
3	Halbbogen	297 × 420	353 × 500	324 × 458	272 × 385
4	Viertelbogen	210 × 297	250 × 353	229 × 324	192 × 272
5	Blatt	148 × 210	176 × 250	162 × 229	136 × 192
6	Halbblatt	105 × 148	125 × 176	114 × 162	96 × 136
7	Viertelblatt	74 × 105	88 × 125	81 × 114	68 × 96
8	Achtelblatt	52 × 74	62 × 88	57 × 81	48 × 68
9	–	37 × 52	44 × 62	40 × 57	34 × 48
10	–	26 × 37	31 × 44	28 × 40	24 × 34
11	–	18 × 26	22 × 31	20 × 28	17 × 24
12	–	13 × 18	15 × 22	14 × 20	12 × 17
13	–	9 × 13	11 × 15	10 × 14	9 × 12

Pantjar

Altes Flächenmaß aus Indonesien:
1 Pantjar = 283,8 Hektar.

Papierformate

1) DIN-Formate seit 1922. Ausgangsnorm ist das Format A0 mit 1 m^2 Fläche und dem Seitenverhältnis 1 : $\sqrt{2}$, entsprechend dem Verhältnis der Seite eines Quadrates zu seiner Diagonale. Die Formate einer Reihe gehen durch Halbieren, Vierteln, Achteln etc. aus dem Grundbogen hervor (DIN 476). DIN A stellt in Europa die Vorzugsreihe für alle unabhängigen Papiergrößen: DIN A4 für Briefbögen und Rechnungen, DIN A5 für Mitteilungen und kleine Rechnungen, DIN A6 für Postkarten und Geschäftskarten, DIN A7 für Visitenkarten. Die Zusatzreihen B, C und D gelten für abhängige Papiergrößen (Briefumschläge, Hefter, Mappen usw.). Buchformate richten sich häufig nach DIN A, B und C.

2) Deutsches Reich. Die bekanntesten Normalformate (eingeführt 1883) waren: *Reichs-* oder *Kanzleiformat* (33 × 42 cm) und *Briefformat* (27 × 42 cm). Weitere alte Papierformate:

Propatria	34 × 43 cm und 36 × 45 cm
Register	40 × 50 cm und 42 × 53 cm
Median	44 × 56 cm und 46 × 59 cm
Royal	48 × 65 cm und 54 × 68 cm
Lexikon	50 × 65 cm
Imperial	57 × 78 cm
Olifant	67,5 × 108,2 cm
Quart	22,5 × 28,5 cm
Oktav	14,25 × 22,5 cm
Folio	21 × 33 cm

3) Veraltete Buchformate. Das Format gebundener Bücher wird nach der Höhe der Einbanddecke festgestellt. Größen bis zu 10 cm und über 45 cm haben keine Sonderbezeichnung. Frühere Maßangaben entstanden durch Teilung des Buchbogens in 2, 8, 12, 16 etc. Blätter (°).

Format	Blatt	Buchrücken
Klein-Oktav	(kl. 8°)	10 – 18,5 cm
Oktav	(8°)	18,5 – 22,5 cm
Groß-Oktav	(gr. 8°)	22,5 – 25 cm
Quart	(4°)	25 – 35 cm
Großquart		bis 40 cm
Folio	(2°)	35 – 45 cm
Sedez	(16°)	15 cm hoch
Duodez	(12°)	
Lexikon-Oktav	(Lex. 8°)	bis 30 cm
Großfolio	(Gr. 2°)	über 45 cm

Papiergeld

*Münze.

Papiergewicht

Flächenbezogene Masse von Papier:
18 bis 25 Gramm/Meter^2 (Luftpostpapier),
39 Gramm/Meter^2 (Dünndruckpapier),
50 Gramm/Meter^2 (Zeitungspapier),
70 bis 80 Gramm/Meter^2 (Werkdruckpapier),
70 bis 80 Gramm/Meter^2 (Schreibpapier),
90 bis 120 Gramm/Meter^2 (Kunstdruck).

Papierzählmaße
*Ballen, Ries, Buch, Heft, Bogen.

Päpstlicher Monat *Monat.

Papua-Neuguinea Währung: *Kina.

par Index (DIN 1304) für: parallel.

Para Teil des *Dinar.

Paraguay
Historische Einheiten: *cuadra, *cuarta, *fanega, *legua, *liño, *línea, *pie, *vara.
Währungseinheit: *Guarani.

Para(h)
Altes Getreidemaß aus Indien, auch *parrah*:
1 Parah =
= 61,45 Liter (Madras)
= 20,3 209 Kilogramm (Bombay)
= 25,4 Liter (*Ceylon)
= 45,46 Liter (*Straits Settlements).

Parallaktischer Winkel
q, engl. *parallactic angle*, Winkel am Gestirn zwischen dem Vertikalkreis in Richtung zum *Zenit und dem *Stundenkreis in Richtung zu oberen Pol.

Parallaxe
Optik: Winkel, unter dem die Bildpunkte entfernter Objekte erscheinen, wenn man den Brennpunkt aus der gemeinsamen Verbindungslinie verschiebt. In Strahlenrichtung liegende, vom Brennpunkt verschieden weit entfernte Objektpunkte fallen im Abbild zusammen.

Parallaxensekunde *Parsec.

Paramagnetische Stoffkennzahlen
Paramagnetika sind *magnetische Stoffe, die ein äußeres Magnetfeld wenig verstärken und schwach ins Feld gezogen werden. Es sind polare Stoffe mit ungepaarten Elektronen, z. B. Platin, Aluminium, Luft. Ihre *Permeabilitätszahl ist $\mu_r > 1$, ihre *Suszeptibilität ist positiv klein und nimmt mit wachsender Temperatur ab: $\chi_m > 0$, $B > H$; $\kappa \approx 10^{-7}$ m³/kg.

Parameter
1) Begriffsbildung: Kombination physikalischer Größen, die als neue Größe weiterverwendet wird, z. B. Grüneisen-Parameter.
2) Benennung für Koeffizienten in Gleichungen, die einen bestimmten Zustand eines Systems beschreiben, z. B. Leitwertparameter, Hybridparameter in Mehrtorgleichungen.
3) Einflussgröße; Größe, von der eine Funktion abhängig ist.

Parasang(e)
1) Altes Längenmaß aus Griechenland:
1 Parasange = 5,55 Kilometer.
2) Altes Wegemaß aus Persien:
1 Parasange = 6,24 Kilometer.
3) *Agatsch, *Farsang.

Pariser Einheiten
*ligne, *pied, *marc, *poids de marc.

Parmak (Parmah)
Altes Längenmaß aus der Türkei (*„Zoll"):
1 parmak = 4,17 Centimeter.

Parrah *Para.

Parsec (pc, = Astron, Siriometer)
Gesetzlich nicht gesicherte astronomische Längeneinheit zur Angabe der Entfernung von Fixsternen außerhalb unseres Sonnensystems. Ein Parsec ist gleich derjenigen Entfernung, von der aus die astronomische Einheit unter einem Winkel von einer Winkelsekunde erscheint (DIN 1301 T1). Der Abstand Erde–Sonne und das ferne Gestirn bilden ein rechtwinkliges Dreieck. Je weiter das Himmelsobjekt entfernt ist, umso kleiner ist der Parallaxenwinkel φ.

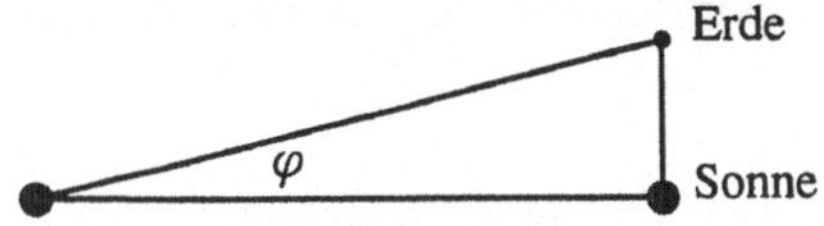

$$1 \text{ Parsec} = \frac{1 \text{ astronomische Einheit}}{\sin(1 \text{ Winkelsekunde})}$$
= 1 „Parallaxensekunde"
= 206 264,8 Astronomische Einheit
= $3{,}0\,857 \cdot 10^{13}$ Kilometer
≈ 31 Milliarden Kilometer
= 3,26 164 Lichtjahre
= $1{,}91\,735 \cdot 10^{13}$ Mile (statute)
= ¹/₅ Siriusweite.
- Kiloparsec (kpc) = 1000 pc.
- Megaparsec (Mpc) = 1000 000 pc.

Partialdruck
Der Beitrag p_i (in *Pascal) einer gasförmigen,

P

flüssigen oder festen Komponente i zum Gesamtdruck p einer Mischung (Daltonsches Gesetz):

$$p = \sum_{i}^{N} p_i$$

In einer Lösung der Dampfdruck des Lösungsmittels (1) im Gasraum (Raoultsches Gesetz)

$$p_1 = x_1 p_1^*$$

bzw. der Dampfdruck des gelösten Stoffes (2) im Gasraum (Henrysches Gesetz):

$$p_2 = H x_2$$

H Henry-Konstante, p^* Dampfdruck des reinen Lösungsmittels, x Molenbruch.

Partialstoffmenge
*spezifische Partialstoffmenge.

Partielle molare Enthalpie
*Chemisches Potential.

Parts per billion *ppb.

Parts per million *ppm.

Parts per quadrillion *ppq.

Parts per trillion *ppt.

Pascal (Pa, EDV: PA)
Abgeleitete SI-Einheit des Druckes und der mechanischen Spannung; definiert durch die gleichmäßig auf eine Fläche von einem Meterquadrat wirkende Kraft 1 Newton; benannt nach dem französischen Mathematiker, „Informatiker", Theologen, Philosophen und Erfinder der Rechenmaschine BLAISE PASCAL (1623–1662).

1 Pascal =
= 9,869 233·10^{-6} phys. Atmosphäre (atm)
= 10^{-5} Bar
= 10 Dyn/Centimeter^2
= 3,34 552·10^{-4} Foot of H_2O
= 2,95 300·10^{-4} Inch of Hg
= 4,01 463·10^{-3} Inch of H_2O
= 1,01 972·10^{-5} Kilopond/Centimeter^2
= 0,01 Millibar
= 7,50 062·10^{-3} Millimeter Quecksilbersäule
= 0,101 972 Millimeter Wassersäule
= 1 Newton/Meter^2
= 10^{-6} Newton/Millimeter^2
= 0,671 969 Poundal/square foot
= 0,0 208 854 Pound-force/square foot
= 1,45 038·10^{-4} (≈ $^1/_{6895}$) Psi
(Pound-force/square inch, lb/in^2)
= 7,50 062·10^{-3} Torr.

Pascal-Sekunde (Pa s)
Gesetzliche SI-Einheit der dynamischen Viskosität; definiert für ein laminar strömendes, homogenes Fluid, in dem zwischen zwei ebenen, parallelen Schichten im Abstand 1 Meter ein Geschwindigkeitsunterschied von 1 m/s und eine Schubspannung von 1 Pascal herrscht:
1 Pa s = N s/m^2 = kg s^{-1}m^{-1}
= 10 Poise
= 10 Dezipascalsekunde (dPa s).

Pascal-Sekunde durch Meterkubus
Abgeleitete SI-Einheit der akustischen Impedanz: Pa s/m^3.

Paso
Altes spanisches Längenmaß („Schritt"):
1 Paso =
= 1,39 Meter (Spanien)
= 1,65 Meter (Brasilien).

Passionszeit *Wochen- und Feiertage.

Passo *Paso.

Passus
[lat.] „Schritt, Armspanne, Klafter". Altes, römisches Längenmaß:
1 Passus = 1,48 Meter.
Mille Passus = 1 römische Meile.
Duo milia passuum = 2 römische Meilen.

Pataca
Währungseinheit in Macao (zu Portugal, Ende 1999 zu China), ges. Zahlungsmittel neben Hongkong-Dollar:
1 Pataca (Pat.) = 100 Avos (Avs) ≈ 1 HK-$ (gekoppelt) = ca. $^1/_{4,74}$ DM.

Pau
Altes Volumenmaß aus den *Straits Settlements:
1 pau = 0,284 Liter.

Pb Zeichen für das *chemische Element Blei.

pc Abkürzung für: Pica (Schriftgröße).

pCO_2
Medizin: Partialdruck des gelösten Kohlendioxids im Blut.
arteriell: 53 mbar = 5,3 kPa = 40 mmHg,
zentralvenös: 60 mbar = 45 mmHg.

Pd
Zeichen für das *chem. Element Palladium.

pD-Wert (pD)
Negativer dekadischer Logarithmus der *Grenzkonzentration: pD = – log GK.

pdl. *Poundal.

Pé
„Fuß“, altes Längenmaß aus Portugal und Brasilien:
1 Pé = 33 Centimeter (Portugal)
= 34,4 Centimeter (Brasilien).

Peak
[engl.] Spitze, Gipfel, Maximalwert.

Pechys
Längenmaß aus Alt-Griechenland:
1 Pechys = 46 Centimeter.

Peck (pk)
1) Veraltetes britisches Hohlmaß:
1 Peck *GB* = 2 Gallon *GB* =
= 8 quarts = 9,09 Liter.
2) 1 Peck *US* = 0,25 Bushel *US* =
= 8 Quart (*US*, dry)
= 8,810 Liter (Trockengut).

Péclet-Zahl *Kennzahlen.

Pegel
Logarithmus des Verhältnisses zweier Leistungs- oder Feldgrößen (*Maß), wobei die Nennergröße eine festgelegte Bezugsgröße gleicher Dimension ist; auch *absoluter Pegel* genannt. – Beispiele:

- *Elektrischer Leistungspegel*: Bezugsgröße $P_0 = 1$ mW. Schreibweise nach IEC:
$$L_P(\text{re } 1\,\text{mW}) = 10\left(\lg\frac{P}{1\,\text{mW}}\right)\,\text{dB}.$$
IEC-Kurzform:
$$L_P = 10\left(\lg\frac{P}{1\,\text{mW}}\right)\,\text{dB(mW)}.$$
Umkehrung:
$$\frac{P}{1\,\text{mW}} = 10^{L_P/10\,\text{dB(mW)}}.$$
- *Schalldruckpegel* (Bezugsgröße p_0):
$$L_P = 20\left(\lg\frac{p}{p_0}\right)\,\text{dB mit } p_0 = 20\,\mu\text{Pa}.$$
- *Schallleistungspegel* (Bezugsgröße P_0):
$$L_P = 10\left(\lg\frac{P}{P_0}\right)\,\text{dB mit } P_0 = 1\,\text{pW}.$$
- Spannungspegel.

Anwendung v. a. in der Nachrichtentechnik und Akustik. *Bel, Dezibel, Neper, Phon. Die Differenz der Pegel zweier verschiedener Signale am selben Punkt der Übertragungseinrichtung heißt *Pegelabstand*.

Peilung
In der See- und Luftfahrt: ein in der Horizontalebene gemessener Winkel; von der Bezugsrichtung „Nord“ aus im Uhrzeugersinn von 000° bis 360° gezählt.

Penni „Pfennig“, $^1/_{100}$stel der Finnmark.

Penny (Mehrzahl: **Pence)**
Währungseinheit (Scheidemünze) in Großbritannien und Nordirland; $^1/_{100}$ des *Pfundes.

Pennyweight (dwt.)
Britisch-amerikanische Einheit für die Masse von Edelmetallen und Edelsteinen aus England:
1 Pennyweight =
= 0,87 771 429 Dram
= 24 Grain
= 1,55 517 384 Gramm
= 0,054 857 143 Ounce (avoirdupois)
= 0,05 Ounce (apoth. or troy)
= $^{24}/_{7000}$ ($3{,}4\,285\,714 \cdot 10^{-3}$) Pound.

penta *Zahlwörter.

Pentane candle *Kerze.

Percentage concentration
*Gehalt, *Massenanteil.

Perch (pole *GB*, rod *US/GB*)
„Stange, Rute“, Längeneinheit im *englischen System (Beachte Umrechnung des *Yards vor und nach 1959):
1 Perch = 16,5 Foot =
= $5^1/_2$ yards = 5,0 292 Meter.

Perche
1) [frz. „Rute, Stange“]. Alte Längeneinheit:
1 perche =
= 18 Pied = 5,847 Meter (Franz. *Feldrute*)
= 22 Pied = 7,146 Meter (Franz., *Forstrute*)
= 20 Pied = 5,736 [6,50] Meter (Belgien, Luxembourg)
= 10 Pied = 3 Meter (Schweiz, nach 1853).
2) Perche carrée (= Quadratrute),
Alte französische Flächeneinheit:
1 perche carrée =

Tabelle P.2 Periodensystem der Elemente.

H 1 1,008																	He 2 4,003
Li 3 6,941	Be 4 9,012											B 5 10,81	C 6 12,01	N 7 14,01	O 8 16,00	F 9 19,00	Ne 10 20,18
Na 11 22,99	Mg 12 24,30											Al 13 26,98	Si 14 28,09	P 15 30,97	S 16 32,07	Cl 17 35,45	Ar 18 39,95
K 19 39,10	Ca 20 40,08	Sc 21 44,96	Ti 22 47,88	V 23 50,94	Cr 24 52,00	Mn 25 54,94	Fe 26 55,85	Co 27 58,93	Ni 28 58,69	Cu 29 63,55	Zn 30 65,39	Ga 31 69,72	Ge 32 72,61	As 33 74,92	Se 34 78,96	Br 35 79,90	Kr 36 83,80
Rb 37 85,47	Sr 38 87,62	Y 39 88,91	Zr 40 91,22	Nb 41 92,91	Mo 42 95,94	Tc 43 98,91	Ru 44 101,07	Rh 45 102,91	Pd 46 106,42	Ag 47 107,87	Cd 48 112,41	In 49 114,82	Sn 50 118,71	Sb 51 121,76	Te 52 127,60	I 53 126,90	Xe 54 131,29
Cs 55 132,91	Ba 56 137,33	*	Hf 72 178,49	Ta 73 180,95	W 74 183,84	Re 75 186,21	Os 76 190,23	Ir 77 192,22	Pt 78 195,08	Au 79 196,97	Hg 80 200,59	Tl 81 204,38	Pb 82 207,2	Bi 83 208,98	Po 84 [210]	At 85 [210]	Rn 86 [222]
Fr 87 [223]	Ra 88 226,03	**	Rf 104 [261]	Db 105 [262]	Sg 106 [266]	Bh 107 [262]	Hs 108 [265]	Mt 109 [266]	Uun 110 [271]	Uuu 111 [273]	Uub 112						

*	La 57 138,91	Ce 57 140,12	Pr 59 140,91	Nd 60 144,24	Pm 61 [145]	Sm 62 150,36	Eu 63 151,96	Gd 64 157,25	Tb 65 158,93	Dy 66 162,50	Ho 67 164,93	Er 68 167,26	Tm 69 168,93	Yb 70 173,04	Lu 71 174,97
**	Ac 89 227,03	Th 90 232,04	Pa 91 231,04	U 92 238,03	Np 93 237,05	Pu 94 [244]	Am 95 [243]	Cm 96 [247]	Bk 97 [247]	Cf 98 [251]	Es 99 [252]	Fm 100 [257]	Md 101 [258]	No 102 [259]	Lr 103 [260]

= 34,2 bzw. 51,07 Meter^2 (Frankreich)
= 32,9 Meter^2 (Belgien und Luxembourg)
= 9 Meter^2 (Schweiz).

Perfusion

Durchströmung, Durchfluss, Durchblutung.

Perimeter

Augenoptik: Gerät zur Bestimmung der Größe des Gesichtsfeldes.

Periodendauer

T (in s); der kürzeste Zeitabschnitt, innerhalb dessen sich eine Schwingung periodisch wiederholt. Bei einer Sinusschwingung z. B. der zeitliche Abstand zwischen Wellenberg und Wellental (oder den Nulldurchgängen jeweils zu Beginn des Wellentales bzw. Wellenberges).

Periodensystem der Elemente (PSE)

Anordnung der *chemischen Elemente nach ihrer Kernladungszahl in Gruppen mit ähnlichen chemischen Eigenschaften. Vgl. Tabelle. Zur Benennung der jüngst entdeckten Elemente *Transfermiumelemente. Die Transaktinoide, die noch keinen IUPAC-Namen haben, werden durch lateinische und griechische Zahlwortwurzeln benannt: *0 = nil, 1 = un, 2 = bi, 3 = tri, 4 = quad, 5 = pent, 6 = hex, 7 = sept, 8 = oct, 9 = enn.* Beispiel: Element 110 = Ununnilium = Eka-Platin, Element 111 = Unununtium = Eka-Gold, Element 112 = Ununbium = Eka-Quecksilber u.s.w., vgl. *Atommasse.

Permanente Größen

*magnetische Stoffkennzahlen, *Wasserhärte, *Dipolmoment.

Permeabilität

*Magnetische Einheiten und Größen. Durchlässigkeit, z. B. einer Membran.

Permeabilität, komplexe

*Magnetische Stoffkennzahl nach DIN 1325 für sinusförmige Wechselmagnetisierung mit den komplexen Amplituden $\underline{B}$ und $\underline{H}$ (gleichfrequent, phasenverschoben):

$$\underline{\mu} = \frac{\underline{B}}{\underline{H}} = \mu_0 \underline{\mu}_r = \mu' - \mathrm{i}\,\mu''$$

Das Vorzeichen ist negativ gewählt, damit die durch μ' und μ'' gekennzeichneten Verlustgrößen positiv werden.

Permeabilitätsverfahren

*Oberfläche.

Permeabilitätszahl

*magnetische Einheiten und Größen.

Permeabilitätszahl, komplexe
*Magnetische Stoffkennzahl, $\underline{\mu}_r$ (in *Henry/Meter); berücksichtigt Hysterese-, Nachwirkungs- und Spinpräzessionsverluste in nichtlinearen Materialien, nicht jedoch von den Probenabmessungen abhängige Wirbelstromverluste.

$$\underline{\mu}_r = \mu_r' - i\,\mu_r'' = \frac{\hat{\underline{B}}}{\mu_0 \hat{\underline{H}}}$$

B magn. Flussdichte, *H* magn. Feldstärke.
Die *Wirkpermeabilität* μ_r' erzeugt Magnetisierungs- oder Blindleistung, die *Blindpermeabilität* μ_r'' ist Verlust- oder Wirkleistung.

Permeability [engl.] *Permeabilität.

Permeanz
= magnetischer Leitwert, *magnetische Einheiten und Größen.

Permittivität
Neue Bezeich. f.: *Dielektrizitätskonstante.

Permittivitätszahl
Neue Bezeichnung für: *Dielektrizitätszahl.

Personendosis
*Dosimetrische Größe im Strahlenschutz; Äquivalentdosis *H* für Weichteilgewebe, gemessen an einer für die Strahlenexposition repräsentativen Stelle der Körperoberfläche.

Pertica
[lat. „Stange, Stock, Messstange, Rute"]. Röm. Längenmaß: 1 Pertica = 29,6 Meter.

Peru
Historische Einheiten: *celemín, *fanegada, *galón, *topo, *vara. Währung: *Peso.

Perzentile
Statistik: Hundertstelwert; vgl. *Median.

Pes
Römischer „Fuß", antikes Längenmaß:
1 Pes = 12 Unciae = $^1/_5$ Doppelschritt = $^1/_{5000}$ röm. Meile = 29,6 Centimeter.

Pes quadratus
Alte römische Flächeneinheit:
1 Pes quadratus = 0,087 Meter^2.

Peseta (P^t, Pta, Iso-Code: ESB**)**
1) [span. „Stückchen"], Verkleinerung von Peso, ursprünglich die $^1/_4$-Pesomünze. Spanische Währungseinheit seit 1854:
1 Peseta = 100 Céntimos (cts) ≈ 0,012 DM.
2) *Saharaui-Pesete.* Währungseinheit in der „Demokratischen Arabischen Republik" Sahara: Faktisches Zahlungsmittel: *Dirham.

Peso
1) Von Kaiser KARL V. um 1520 eingeführte, auch in Lateinamerika verbreitete Gold-, später Silbermünze („Taler").
2) Argentinischer Peso
1 arg$ = 100 Centavos = 1 US-$.
3) Chilenischer Peso
1 chil$ = 100 Centavos ≈ $^1/_{416}$ US-$ ≈ $^1/_{248}$ DM.
4) Dominikanischer Peso
1 dom$ = 100 cts ≈ $^1/_{15}$ US-$ ≈ 0,12 DM.
5) Kolumbianischer Peso:
1 kol.$ = 100 Centavos (c, cvs) ≈ $^1/_{1091}$ US-$ ≈ $^1/_{631}$ DM.
6) Kubanischer Peso
1 kub.$ = 100 Centavos (c) = 1 US-$.
7) Mexikanischer Peso (Isocode MXP):
1 mex$ = 100 Centavos (c) ≈ 0,13 US-$ ≈ 0,21 DM. Nuevo Peso (bis 1.1.96) gesetzliches Zahlungsmittel.
8) Peso Boliviano, *Boliviano.
9) Philippinischer Peso
1 ₱ = 100 Centavos (c) ≈ $^1/_{30}$ US-$ ≈ $^1/_{16}$ DM.
10) Uruguayischer Peso: 1 urug$ = 100 Centésimos (cts) ≈ $^1/_{9.5}$ US-$ ≈ 0,19 DM.

Peta (P)
Vorsatz für das Billiardenfache einer Einheit:
1 PJ = 10^{15} Joule.

Petermännchen
Alte Silbermünze aus Trier, rückseitig mit dem Bild des Apostels Petrus.

Petrograd *Standard.

pf Abk. f.: *power factor*, Leistungsfaktor.

Pfanne
1) Historisch! Im Salzbergbau (Halle).
1 Pfanne = 5 Zober = 499,2 Liter Sole.
2) Nach der Solequalität:
1 Pfanne Deutscher Brunnen = 1,5 Pfannen Gutjahr = 6,6 Pfannen Hackeborn = 9,5 Pfannen Meteritz.

Pfennig *Denar, *Münze.

P

Pferdelast

Historisch! 561,3 Kilogramm (Hannover), 617,4 Kilogramm (Oldenburg).

Pferdestärke (PS)

Veraltet! Bis Ende 1977 zugelassene, abgeleitete Einheit der Leistung; ähnlich in anderen Ländern: *horsepower, [frz.] cheval vapeur, [span.] cabria de caballo, [ital.] cavallo-vapore, [holl.] paardekracht, [port.] cavalo-vapor, [poln.] konń mechaniczny, [schwed.] hästkraft.

1 Pferdestärke = 735,49 875 Watt [exakt] =
= 75 $g_n \cdot$ m kg/s = 75 kp m/s.

Leistungseinheiten für Kolbenmaschinen:

- effektive Pferdestärke (PSe)
- indizierte Pferdestärke (PSi, PS_i)
- nominelle Pferdestärke (PS_{no})
- Wellen-Pferdestärke (PSw): für die an der Schraubenwelle gemessene Leistung von Turbinen und Motoren.

Pferdestärkestunde (PS h, PS-Stunde)

Veraltet! Bis Ende 1977 zugelassene, abgeleitete Einheit der Arbeit:

1 Pferdestärkestunde = 1 PS · 1 Stunde =
$2{,}7 \cdot 10^5$ Kilopond-Meter
= $2{,}6\,477\,955 \cdot 10^6$ Joule.

Pfiff

Altes Volumenmaß aus Österreich:
1 Pfiff = 0,18 Liter.

Pfingstsonntag *Wochen- und Feiertage.

Pflug

Historisch! 5 bis 6 Hektar (Norddtl.).

Pfund (Lb, lb, Pfd)

1) Veraltet! Ungesetzliche Einheit für Masse und Gewicht; 1858 im Deutschen Zollverein (1833–1871) als *Zollpfund* oder *metrisches Pfund* (Pfd.) festgelegt, bis 1877 im Deutschen Reich gesetzliche Einheit, 1935 als „undeutsche Einheit“ verboten:

1 Pfund = 500 Gramm = 0,5 Kilogramm.

2) Altdeutsches Handels- u. Krämergewicht:
1 Pfund [vor 1858] =
= 16 Unzen = 32 Lot = 128 Quäntchen
= 512 Pfenniggewichte
= 1024 Hellergewichte
= 467,711 Gramm (Berlin)
= 498,500 Gramm (Bremen)
= 405,538 Gramm (Breslau)
= 466,936 Gramm (Dresden)
= 467,625 Gramm (Düsseldorf)
= 509,996 Gramm (Fulda)
= 484,120 Gramm (Hamburg)
= 467,214 Gramm (Leipzig)
= 509,996 Gramm (Nürnberg)
= 470,686 Gramm (Wiesbaden).

3) Altes Apotheker- und Medizinalgewicht:
1 Pfund =
= 12 Unzen = 96 Drachmen
= 288 Skrupel = 576 Obolus = 5760 Gran
= 357,854 Gramm (Nürnberger Apothekerpfund)
= [regional] 350,78 bis 420 Gramm.

4) In Russland früher:
1 Funt = 32 Lot = 409,512 410 Gramm.

5) **Römisches Pfund** [lat. *pondus*, „Gewicht, Pfund“, lat. *pondo*, „an Gewicht“; lat. *libra*, „Waage, Pfund“].
1 Libra = 1 Pondus = 327,45 Gramm.
Davon abgeleitet: ahd. *pfunt*, [engl.] *Pound, [holl.] *Pond, [schwed.] Pund, [poln.] *Funt, [russ.] фунт, [frz.] *Livre, [ital.] Libbra, [span.] Libra.
Die Merowinger übernahmen die römische Libra, KARL D. GR. erhöhte ihren Wert:
1 Pfund (Karolingisch) = 240 Pfennige
= 240 Stück [als Zählmaß].

6) Altes Zählmaß: 1 Pfund = 240 Stück.

Pfund (Währung)

1) **Ägyptisches Pfund** (LE, Iso-Code: EGP):
1 aeg£ = 100 Piastres (PT) ≈ 0,65 DM.

2) **Britisches Pfund Sterling** (£, Iso-Code: GBP), in Großbritannien und Nordirland, einschließlich Kanalinseln und Isle of Man (neben eigenen Geldzeichen) und abhängigen Gebieten (Falkland, Gibraltar, St. Helena):
1 £ = 100 pence (p) = ca. 3,0 DM.
Historisch! Vom 8. Jh. bis 1971 galt:
1 £ = 20 shilling = 240 pence.
In den karibischen „Dependent Territories“ (Anguilla, Bermuda, Montserrat, Jungfern-, Cayman-, Caicos- und Turksinseln) und in Ozeanien (Pitcairn Islands). Jedoch: *Dollar.

3) **Falkland-Pfund:** 1 Fl£= 100 pence = 1 £.

4) **Gibraltar-Pfund:** 1 Gib£= 1 £.

5) Irisches Pfund (Iso-Code: `IEP`), 1 pound = ca. 2,70 DM.
6) Israelisches Pfund: ersetzt durch *Schekel.
7) Libanesisches Pfund
1 L£ = 100 Piastres (P.L.) = ca. $^1/_{885}$ DM.
8) Maltesisches Pfund (Iso-Code: `MTL`), 1 Pfund (Malta) = ca. 5,30 DM.
9) St.-Helena-Pound: 1 SH£ = 1 £
10) Sudanesisches Pfund (sud £).
11) Syrisches Pfund: 1 syr£ = 100 Piastres (PS) $\approx {}^1/_{11}$ US-\$ (gekoppelt).
12) Türkisches Pfund = türkische *Lira.
13) Zypriotisches Pfund (Z£, Iso-Code: `CYP`): 1 Z£ = 100 Cents (c) = ca. 3,76 DM.

Pfund Schiffslast

Altes Handelsgewicht aus Österreich:
1 Pfund Schiffslast = 150 Kilogramm.

Pfundschwer

Historisch! Für Frachten.
1 Pfundschwer = 149,6 kg (Bremen) = 164,5 Kilogramm (Hannover).

ph

Index (DIN 1304): Phase, z. B. Phasengeschwindigkeit c_{ph}.

pH-Wert (pH)

Früher: p_H, von lat. *pondus hydrogenii* (Wasserstoff-Gewicht) oder *potentia hydrogenii* (Wasserstoff-Wirksamkeit). Maß für die Acidität bzw. Basizität einer Lösung; definiert als negativer dekadischer Logarithmus der aktuellen Hydroniumionenaktivität.

$$\mathrm{pH} = -\lg a_{\mathrm{H_3O^\oplus}} \quad \begin{cases} < 7 & \text{sauer} \\ = 7 & \text{neutral} \\ > 7 & \text{basisch} \end{cases}$$

$$\mathrm{pOH} = -\lg a_{\mathrm{OH^\ominus}} \quad = 14 - \mathrm{pH}\ (25\,°\mathrm{C})$$

Ursprüngliche Sörensen-Definition mit Protonenkonzentration: $\mathrm{pH} = -\lg c_{\mathrm{H^\oplus}}$.
Man unterscheidet:

- *Aktuelle $H^\oplus$-Konzentration:* durch Dissoziation entstandene Acidität; Bestimmung durch Indikatoren, EMK- und Leitfähigkeitsmessung.
- *Potentielle $H^\oplus$-Konzentration:* maximal neutralisierbare Acidität; Bestimmung durch Titration mit Basen.
- *Gleichionische Zusätze* – z. B. Acetat zu Essigsäure – senken die Acidität (bzw. Basizität) und verschieben das Dissoziationsgleichgewicht zur undissoziierten Säure (bzw. Base).

Konventionelle pH-Skala. Da der individuelle *Aktivitätskoeffizient $\gamma_{\mathrm{H_3O^\oplus}}$ gemeinhin unbekannt und der aktivitätsbezogene pH nicht exakt bestimmbar ist, wurde die konventionelle pH-Skala auf Basis von *Eichpufferlösungen* eingeführt. Sie ist Grundlage der pH-Messung mit der Glaselektrode.
Wichtige Standardpufferlösungen nach DIN 19266 bei 20 °C sind: Kaliumhydrogenphthalat (pH 4,002), Phosphatpuffer I (pH 6,881), Borax (pH 9,225).

Phan

Alte Längeneinheit aus *Annam:
1 phan = 4,88 Millimeter.

Tabelle P.3 pH-Rechnung in wäßriger Lösung (a Säure, b Base, S Salz, *z* Zahl der „starken" Dissoziationsstufen, *c* Konzentration, $+x$ Zugabe von Base, $-x$ Zugabe von Säure in mol/ℓ).

starke Säure	$\mathrm{pH} \approx -\lg(c_a z)$	starke Base	$\mathrm{pH} \approx 14 - \lg(c_b z)$
schwache Säure	$\mathrm{pH} \approx \frac{\mathrm{p}K_a - \lg c_a}{2}$	schwache Base	$\mathrm{pH} \approx 14 - \frac{\mathrm{p}K_b - \lg c_b}{2}$
saures Salz einer starken Säure + schwache Base	$\mathrm{pH} \approx \frac{14 - \mathrm{p}K_b - \lg c_S}{2}$	basisches Salz einer starken Base + starken Säure	$\mathrm{pH} \approx \frac{14 + \mathrm{p}K_a + \lg c_S}{2}$
Salz einer schwachen Säure + schwachen Base	$\mathrm{pH} \approx \frac{(14 - \mathrm{p}K_b) + \mathrm{p}K_a}{2}$		
saurer Puffer	$\mathrm{pH} = \mathrm{p}K_a + \lg \frac{c_S \pm x}{c_a \mp x}$	basischer Puffer	$\mathrm{pH} = 14 - \mathrm{p}K_b + \lg \frac{c_S \pm x}{c_b \mp x}$

Phänomenologischer Koeffizient

Konstante bzw. Tensor L in einer Gleichung, die eine Entropieproduktion $\dot{S}$ beschreibt, indem eine Triebkraft X einen Fluss J erzeugt.

$$\vec{J} = \underline{\underline{L}}_{ij} \cdot \vec{X}$$

Beispiele: Wärmeleitung, elektrischer Strom, Diffusion, chemische Reaktion.

Phase

1) In der Schwingungslehre der augenblickliche Schwingungszustand eines Systems mit m Freiheitsgraden, das einer Differentialgleichung m-ter Ordnung genügt und durch m Größen beschrieben wird (z. B. eine abhängige Variable x und ihre $(m-1)$-ten zeitlichen Ableitungen).
2) Fälschlich für: *Phasenverschiebung.
3) Eine homogene gasförmige, flüssige oder feste Stoffportion (DIN 1310, DIN 32 629). Eine aus mehreren Stoffen bestehende Phase heißt *Mischphase*. Gasförmige Mischphasen nennt man auch *Gasgemische,* flüssige Mischphasen *Lösungen,* feste Mischphasen *Mischkristalle* oder *feste Lösungen*.
4) vgl. *Phasengeschwindigkeit.

Phasengeschwindigkeit

In der Schwingungslehre: der Quotient aus Winkelfrequenz ω und *Phasenkoeffizient β; die Geschwindigkeit, mit der sich bestimmte Phasen (z. B. Nulldurchgänge) einer dispergierenden Welle (d. h. $\lambda/T = \omega/\beta \neq \text{const}$) fortbewegen; vgl. *Gruppengeschwindigkeit.

$$c_{\text{ph}} = \frac{\omega}{\beta}$$

- *Normale Dispersion:* $c_{\text{ph}} \sim \lambda$.
- *Anormale Dispersion:* $c_{\text{ph}} \sim \lambda^{-1}$.

(λ Wellenlänge).

Phasenhub

Nachrichtentechnik: Für Sinusmodulation:

$$\widehat{\Delta\varphi} = \delta \quad \text{Einheit: rad}$$

$\Delta\varphi$ momentane Phasenabweichung,
δ Abklingkoeffizient.

Phasenkoeffizient

In der Schwingungslehre: der Imaginärteil des komplexen *Ausbreitungskoeffizienten $\beta = \text{Im}\,\underline{\gamma}$ einer gedämpften Sinuswelle; bei einer ungedämpften Sinuswelle auch *Kreiswellenzahl k* genannt.

Phasenraum

Auftragung der m charakteristischen Größen eines Schwingungssystems in einem m-dimensionalen Koordinatensystem. Bei einem System 2. Ordnung spricht man von der *Phasenebene*. Die *Phasenkurve* beschreibt den Verlauf einer Schwingung im Phasenraum: Eine Sinusschwingung erscheint als Ellipse oder Kreis, eine abklingende oder anschwellende Schwingung als spiralige Kurve.

Phasenverschiebungswinkel

$\Delta\varphi$ (in rad oder Winkelgrad), fälschlich oft „Phasenverschiebung" genannt. Die Differenz der Nullphasenwinkel zweier Sinusgrößen gleicher Frequenz; auch Winkel der *Impedanz: $\underline{Z} = Z\,e^{\mathrm{j}\,\varphi_{\mathrm{UI}}}$, d.h. Versetzung des zeitabhängigen Verlaufs von Wechselspannung $U(t)$ und Strom $I(t)$.

$$\varphi_{\mathrm{UI}} = \varphi_{\mathrm{U}} - \varphi_{\mathrm{I}}$$

Phasenverschiebungszeit

$\Delta t = \Delta\varphi/\omega$ (in s). In der Schwingungslehre: Die Zeitdifferenz zwischen vergleichbaren Punkten (z. B. Nulldurchgänge, Wellenberge) beim Vergleich zweier phasenverschobener Sinusschwingungen gleicher Frequenz.

Phasenwinkel

φ (in rad oder Winkelgrad). Das Argument der Sinus- oder Cosinusfunktion einer Sinusschwingung. Betrachtet man die Sinusschwingung als Projektion eines rotierenden *Zeigers, dann ist der Phasenwinkel gleich dem Drehwinkel des Zeigers (vgl. *Komplexe Größen, *arctan, *Schallintensität).

Phasenwinkelspektrum

Kurz *Phasenspektrum*; die Auftragung der *Nullphasenwinkel φ_{0n} der Teilschwingungen über ihrer Frequenz f_n oder Ordnungszahl n.

Phasenzeit

$t = \varphi/\omega$ (in s). Dem *Phasenwinkel entsprechende Zeit einer Sinusschwingung.

Phasor *Größenquotient, komplexer.

Philippinen

Historische Einheiten: *apatan, *balita, *braza, *caban, *chupa, *ganta, *loan, *quiñon.
Währung: *Peso.

Tabelle P.4: Lautstärken des täglichen Lebens (Phon).

0	Untere Hörschwelle
1	Normales Atmen, Büro ohne Maschinengeräusche
20	Blätterrascheln im Wind
30	Straßenlärm in Vorortstraße
40	Wohngegend bei Nacht
50	Ruhiges Restaurant, Umgangssprache
60	Unterhaltung zweier Personen
70	Lebhafter Verkehr, Blechmusik
80	Staubsauger, Motorrad
90	Wasserfall
100	U-Bahn, Nieten
110	Hämmern auf Stahlplatten
120	Propellerflugzeug
130	Schmerzschwelle, Maschinengewehr
140	Düsenjäger beim Start
150	Überschall-Verkehrsflugzeug b. Start
160	Windkanal
175	Weltraumrakete beim Start

Phon

1) Noch gültiges Hinweiswort für den Lautstärkepegel, weitgehend durch *Dezibel ersetzt. 1 Phon entspricht ungefähr der Hörschwelle des menschlichen Ohres bei der Frequenz 1 Kilohertz und der Schallstärke 1 Watt/Centimeter^2.

$$1 \text{ Phon} \mathrel{\hat{=}} 20 \lg \frac{\text{Schalldruck } p}{\text{Bezugschalldruck } p_0}$$

Bezugsschalldruck:

Bis 1936: $p_0 = \sqrt{10} \cdot 10^{-4}$ μbar.

Ab 1937: $p_0 = 2 \cdot 10^{-4}$ μbar = 20 μPa.

2) Lautstärkeunterschied: 1 Phon = 1 Dezibel $\approx$ 1,122faches Schalldruckverhältnis.

Phönikische Itk

*Letech.

Phönix

Griechische Währungseinheit im 19 Jh., der Drachme vergleichbar.

Phot (ph)

1) Veraltet! „Zentimeterkerze“. Ungesetzliche Einheit der spezifischen Lichtausstrahlung (= Lichtstrom/Fläche); festgelegt durch die Helligkeit einer Fläche von 1 cm^2 mit der Leuchtkraft einer Standardkerze:

1 Phot =
= 10 000 Lux
= 10^4 Lumen/Meter^2 =
= 1 Lumen/Centimeter^2
= 0,981 Iph
= 1,107 Hph.

2) Internationales Phot (Iph). Veraltet! Von der Internationalen Kerze (IK) abgeleitete Einheit der spezifischen Lichtausstrahlung:
1 Iph = 1,019 Phot = 1,128 Hph.

3) Hefnerphot. Veraltet!
1 Hph = 0,903 ph = 0,886 Iph.

4) *Fotometrisches Vierersystem.

Photon

1) Quantum des elektromagnetischen Feldes; aufgrund des Welle-Teilchen-Dualismus als Welle oder Teilchen beschreibbar.

2) Veraltet! Um 1916 vorgeschlagene, international nicht akzeptierte Einheit für die Empfindungsleuchtdichte, die ein Mensch feststellt, wenn er durch eine Pupillenöffnung von 1 mm^2 eine Fläche der Leuchtdichte 1 IK/m^2 beobachtet (*Kerze).

Photonen-Äquivalentdosis

*Dosimetrische Größe für Photonenstrahlung, SI-Einheit *Sievert (Sv). Produkt aus der Standardionendosis J_s und dem konstanten Faktor $c = 0{,}01$ Sv/Röntgen.

$$H_x = c \cdot J_s = \frac{0{,}01 \text{ Sv}}{2{,}58 \cdot 10^{-4} \text{ C/kg}} \cdot J_s$$

Als Übergangslösung bis zur Einführung neuer, für alle Strahlenarten einheitliche Strahlenschutz-Messgrößen.

Photonenbezogene Größen

*Fotometrische Einheiten und Größen, z. B. Photonenbestrahlung, Photonenstrahldichte, Photonenstrom.

Physikalische Atmosphäre

*Atmosphäre.

Physikalische Atomgewichtseinheit

*atomare Masseneinheit.

Physikalische Konstanten

*Konstanten.

Pi

1) Babylon. Hohlmaß: 1 Pi = 28,8 Liter.

2) *Ludolfsche Zahl, $\pi = 3{,}141\,592\,653...$

Piaster

1) [*piástra*, „Metall- oder Silberplättchen“]. Spanische und mexikanische Münze, bis ins 17. Jh. in meist rechteckiger Form; gleichbedeutend mit dem *Peso.

2) Münzeinheit in Ägypten und dem Sudan (arabisch *Gersch).

P

3) **Säulenpiaster.** Ehemalige span. und amerikan. Silbermünze mit zwei Säulen auf der Oberseite (Symbol der Straße von Gibraltar).

Pica

Typografisches Längenmaß:
1 Pica = 12,79 pt (*Punkt).

Picotin (Pikotin)

Altes Hohlmaß aus Frankreich:
1 Picotin = 3,25 Liter.

Pié

1) Spanischer Fuß. Altes Längenmaß aus Spanien, Süd- und Mittelamerika:
1 Pié = $1^1/_3$ Palmos =
= 12 Pulgados = 16 Dedos
= 144 Lineas = 1728 Puntos
= $^1/_3$ Vara
= 28,85 Centimeter (Paraguay).
= 27,86 Centimeter (Spanien).

2) Pié cuadrado. „Quadratfuß", altes Flächenmaß aus Spanien:
1 pié cuadrado = 0,0 776 Meter^2.

pièce

Alt-frz. Flüssigkeitsmaß („Fass, Stück"):
1 pièce = 615 Liter.

pied

1) Pied du Roi, *Pariser Fuß*. Altes Längenmaß aus Frankreich [frz. „Fuß des Königs"].
1 pied du Roi = 12 Pouces
= 144 Lignes = 32,48 Centimeter.

2) Pied usuel, *pied metrique:* Von 1812 bis 1840 in Frankreich gesetzlich:
1 pied usuel = 33,33 Centimeter.

3) Historisches Längenmaß (*Fuß):
1 pied =
= 27,6 bis 29,5 Centimeter (Luxemburg)
= 32,49 Centimeter (Belgien)
= 30 Centimeter (Schweiz).

4) pied carré, „Quadratfuß": Flächenmaß.
1 pied carré =
= 0,105 Meter^2 (Frankreich).
= 0,082 Meter^2 (Belgien und Luxemburg)
= 0,09 Meter^2 (Schweiz).

5) pied cube, „Kubikfuß": altes Raummaß.
1 pied cube =
= 0,0 343 Kubikmeter (Frankreich)
= 0,0 236 Kubikmeter (Belgien, Luxemburg)
= 0,027 Kubikmeter (Schweiz).

piede

Historisch! Italienischer Fuß:
1 piede = 30 Centimeter,
1 piedequadrato = 0,09 Meter^2.

Pièze (pz)

Veraltet! 1919 eingeführte Druckeinheit im frz. Meter-Tonne-Sekunde-System (*MTS):
1 piéze =
= 1000 Pascal
= 1 Sthen/Meter^2
= 10 000 Dyn/Centimeter^2
= 1 Tonne Meter^{-1}Sekunde^2
= 0,01 Bar = 7,50 062 Torr.

Piezoelektrischer Effekt

*Zeitmessung, *Kraftmessgeräte.

Pik

Längenmaß aus Nordafrika und Vorderasien:
1 Pik = 45 bis 67 Centimeter (Türkei)
= 58 [bis 77] Centimeter (Ägypten, *dirah)
= 48 bis 69 Centimeter (Algerien).

Pik arschin

Altes Längenmaß aus der Türkei:
1 Pik arschin = 67,6 bzw. 68,6 Centimeter.

Piki

Altes Längenmaß aus Griechenland:
1 Piki = 0,75 bis 1 Meter.

Piko...

1) ...farad: 1 pF = 10^{-12} Farad.
2) ...gramm: 1 pg = 10^{-12} Gramm.
3) ...meter: 1 pm = 10^{-12} Meter.
4) ...my: 1 pμ = 10^{-12} Millimeter.

Pikul (= Pikol)

Altes Gewicht aus Ostasien:
1 Pikul =
= 100 Kätti (China)
= 60,479 Kilogramm (China: früher)
= 50 Kilogramm (China: heute)
= 60,2 bis 60,48 Kilogramm (Japan)
= 60 bis 60,48 Kilogramm (Thailand).

Pim

Bibl. Gewicht, hebr. *pājim* bei 1 Sam 13,21:
1 Pim = 7,8 Gramm.

Pint (pt)

1) [engl. „Pinte", mlat. *pin(c)ta*].
Volumenmaß des Englischen Systems:

1 Pint (*GB*, fluid = liquid)
= 568,26 125 (Centimeter)^3
= 34,67 743 Cubic inch
= $^1/_8$ Gallon *GB*
= 4 Gill *GB*
= 0,56 826 125 Liter
= 568,26 125 Milliliter
= 20 Ounce (*GB*, fluid)
= 1,032 057 Pint (*US*, dry)
= 1,200 950 Pint (*US*, liquid)
= 0,5 Quart *GB*.

2) 1 Pint (*US*, dry) =
= 0,015 625 ($^1/_{64}$) Bushel
= 550,6 105 Centimeter^3
= 33,6 003 125 Cubic inch
= 0,5 506 105 Liter
= 550,6 105 Milliliter
= 0,0 625 ($^1/_{16}$) Peck *US*
= 0,9 689 390 Pint *GB*
= $^1/_2$ Quart (*US*, dry).

3) 1 Pint (*US*, liquid) =
= 473,1 765 Centimeter^3
= 28,875 Cubic inch
= 0,125 ($^1/_8$) Gallon *US*
= 4 Gill *US*
= 0,4 731 765 Liter
= 473,1 765 Milliliter
= 16 Ounce (*US*, fluid)
= 0,8 326 742 Pint *GB*
= 0,5 Quart (*US*, liquid).

4) EG-Amtsblatt L262 vom 27. Sept. 1976:
1 pt. = $0{,}5\,683 \cdot 10^{-3}$ m^3.

Pinta

[mlat. *pin(c)ta*, lat. *pingere*, „malen", gemalte Eichline]. Altes Flüssigkeitsmaß aus Italien:
1 Pinta = 2 Boccali = 1,574 Liter (Mailand)
= 1 Liter [exakt, ab 19. Jh.].

Pinte

[lat. *pinta]. Altes Flüssigkeitsmaß aus Belgien und Frankreich:
1 pinte = 2 Chopine =
= 0,931 Liter (Frankreich, *pinte de Paris*)
= 1 Liter (Frankreich, bis 1.1.1840)
= 0,931 [0,96] Liter (Belgien).

Pintje

Altes Volumenmaß aus den Niederlanden:
1 pintje = 0,606 Liter = $^1/_4$ *stoop.

Pipa

Altes Flüssigkeitsmaß („Fass") aus Spanien, Portugal und Lateinamerika:
1 Pipa (Wein) =
= 456 Liter (Argentinien)
= 479,16 [427] Liter (Brasilien)
= 435,699 Liter = 27 Cantara (Kastilien)
= 435,266 Liter = 26 Almuda (Lissabon)
= 432 Liter (Spanien).

1 Pipa (Öl) =
= 433,458 Liter (Kastilien).
= 502,230 Liter = 30 Almuda (Lissabon).

Pipe

1) [engl. „Rohr, Pfeife"]. Alt-englisches Flüssigkeitsmaß für spanische und portugiesische Weine, je nach Sorte verschieden; auch in den Kolonien (*Straits Settlements) verbreitet.

1 Pipe *GB* = 1,5 Puncheon
= 572,491 Liter (*Imperial Pipe*).
1 Pipe *US* = 476,940 Liter.

2) Altes niederländisches Weinmaß:
1 Pipe = 340 Mengelen
= 412,314 Liter (Amsterdam).

3) In Portugal tradionelles „Weinfass" für Portwein: 1 Pipe = 534 Liter.
1 *Madeira-Pipa* = 418 Liter.

4) Altes Flüssigkeitsmaß aus Frankreich:
1 pipe = 616 Liter.

5) Für Öl in Norddeutschland:
1 Pipe = 997 Kilogramm (Hamburg)
= 397,5 Kilogramm (Lübeck).

Pistole

Um 1537 in Spanien geprägte Goldmünze; in Frankreich Vorläufer des *Louisdor.

pk

Abkürzung für: *peck*.

pK-Wert (p*K*)

Maß für die Acidität bzw. Basizität, d. h. die Dissoziationsneigung von Säuren oder Basen; definiert als negativer dekadischer Logarithmus der *Dissoziationskonstante *K*.

- Für Säuren:

$$K_\mathrm{a} = \frac{a_{\mathrm{H}^\oplus} a_{\mathrm{X}^\ominus}}{a_\mathrm{HX}} \text{ bzw. } \mathrm{p}K_\mathrm{a} = -\lg K_\mathrm{a}$$

- Für Basen:

P

$$K_b = \frac{a_{BH^\oplus} a_{OH^\ominus}}{a_B} \text{ bzw. } pK_b = -\lg K_b$$

Je kleiner der pK-Wert ist, umso stärker ist die Säure bzw. Base. Die stärkere Säure verdrängt die schwächere aus ihren Salzen.
Eine starke Säure (Base) hat eine schwache korrespondierende Base (Säure). Säure- und Basenkonstante multiplizieren sich zum **Ionenprodukt* des Wassers.

$$K_a \cdot K_b = K_W \text{ bzw. } pK_a + pK_b = pK_W$$

In wässrigen Lösungen: p$K_W \approx 14$ bei 25 °C. Der pK-Wert wird bestimmt durch Säure-Base-Titration als pH beim *Halbtitrationspunkt* (bei halbem Volumen des Äquivalenzpunktes).

Tabelle P.5 Grobeinteilung der Säurestärke.

extrem stark	pK_a < -3,5
sehr stark	-3,5
stark	0
mittelstark	+3,5
schwach	3,5...7...10,5
sehr schwach	10,5...14...17,5
extrem schwach	> 17,5

PKP-Wellen *Erdbebenstärke.

pl Abkürzung für: Plateau.

Plancksches Einheitensystem
Historisch! *Atomares Einheitensystem mit den *natürlichen Basisgrößen c_0, G, h und k.

Plancksche Länge *Elementarlänge.

Plancksche Zeit *Elementarzeit.

Plancksche Masse *Konstanten.

Plancksches Wirkungsquantum
*Konstanten.

Plank
Historisch! 0,45 Liter (Schleswig-Holstein).

Plasmavolumen (PV)
Medizin: Volumen des Blutplasmas, ca. 42 Milliliter pro kg Körpergewicht.

Plethron
1) *Antikes griechisches Längenmaß:
1 Plethron = 100 pus (Fuß) = 30,83 Meter.
2) Altgriechisches Flächenmaß:
1 Plethron = 1000 Quadratfuß = 9,6 Meter^2.

pls
Index (DIN 1304) für: plastisch (z. B. Dehnung ε_{pls}).

Pm
Zeichen f. das *chem. Element Promethium.

Po
Zeichen f. das *chem. Element Polonium.

pO$_2$
Sauerstoff-Partialdruck; in der Luft etwa:
$p_{O_2} = 21\% \cdot 101323$ Pa $\approx 21{,}3$ kPa.
Im arteriellen Blut:
92–98 mmHg ≈ 127 mbar.

POC
[engl.] *Particulate *Total Organic Carbon,* dispergierter organisch gebundener Kohlenstoff.

Poculum *Boccale.

Poids de Marc Markgewicht, *livre.

Poids usuels *livre.

Point (pt) *Typografischer Punkt, *Strich.

Poise (P, EDV: P**)**
Veraltet! Bis Ende 1977 gesetzlich zugelassene Einheit der dynamischen Viskosität (= Schubspannung/Geschwindigkeitsgefälle); benannt nach dem französischen Physiker und Mediziner POISEUILLE.
1 Poise (P) =
= 100 Centipoise (cP)
= 1 Dyn-Sekunde/Centimeter^2
= 1 Gramm/(Centimeter-Sekunde)
= 0,1 Pascal-Sekunde
= 1 Dezipascal-Sekunde
= 0,1 kg m^{-1} s^{-1}.

Poiseuille (Pl)
Veraltet! Französische Einheit der Viskosität:
1 Poiseuille = 10 Poise.

Poisha *Taka.

Poisson
Altes Volumenmaß aus Frankreich:
1 poisson = 0,116 Liter.

Poisson-Zahl
In der Werkstofftechnik das Verhältnis von Quer- und Längsdehnung: μ oder $\nu = -\varepsilon_q/\varepsilon$ (Dimension 1).

Pol
In der Astronomie:
1) *Himmelspol*, engl. *celestial pole*, Schnittpunkt der Erdachse mit der Himmelskugel.
2) *Himmelsnordpol*, engl. *celestial north pole*, Himmelspol im Zenit des Erdnordpols.
3) *Himmelssüdpol*, engl. *celestial south pole*, Himmelspol im Zenit des Erdsüdpols.
4) *Oberer Pol*, engl. *elevated pole*, Himmelspol oberhalb des wahren Horizonts.
5) *Unterer Pol*, engl. *depressed pole*, Himmelspol unterhalb des wahren Horizonts.

pol Index (DIN 1304) für: polar.

Polarimeter
Gerät zur Bestimmung der optischen *Aktivität; bestehend aus Lichtquelle, Polarisator (Filter zur Erzeugung von linear polarisiertem Licht), Probenküvette und Analysator.

Polarisation, (di)elektrische
Räumliche Dichte des elektrischen Moments; mittleres Dipolmoment pro Volumeneinheit; Ladung pro Oberflächeneinheit:

$$\vec{P} = \frac{d\vec{p}}{dV} \quad \text{Einheit: } \frac{C}{m^2} = \frac{A\,s}{m^2}$$

Zur Kennzeichnung von Dielektrika:

$$\vec{P} = \vec{D} - \varepsilon_0 \vec{E} = (\varepsilon_r - 1)\,\varepsilon_0 \vec{E} = \chi_e \varepsilon_0 \vec{E}$$

Polarisation, magnetische
Produkt aus Feldkonstante und Magnetisierung:

$$\vec{J} = \mu_0 \vec{M} = \vec{B} - \mu_0 \vec{H} \quad (T = V\,s/m^2)$$

Polarisierbarkeit *Dipolmoment.

Pole
[lat. *palus*, altengl. *pal*, „Pfahl"]. Veraltet! Britische Längeneinheit (englische Rute), auch *Lug*, *Perch, Rod:
1 Pole *GB* = 1 rod *GB*/*US* = 1 perch *GB*
= 16,5 foot = 5½ yard = 5,0 292 Meter.
1 Woodland-Pole = 6 yard = 5,49 Meter.
1 Plantation-Pole = 7 yard = 6,40 Meter.
1 Chesire-Pole = 8 yard = 7,32 Meter.

Polegada
Altes Längenmaß aus Portugal (*Zoll):
1 polegada = 2,75 Centimeter.

Polen
Historische Längenmaße: *cal = „Zoll", *linja = „Linie", *lokiec, *mila = „Meile", *pręt = „Stab", *sążeń, *stopa = „Fuß".
Historisches Flächenmaß: *mórg = „Morgen".
Historische Volumenmaße: *cwierc, *garniec = „Kanne", *korzec, *kwarta = „Quart", *kwarterka.
Währung: *Złoty.

Polkrümmungsradius
*geometrische Abplattung.

Polstärke, magnetische
p (in A·m), Quotient aus dem magnetischen Moment *m* durch den Abstand der Pole eines magnetischen Dipols; z. B. als fiktive Größe für einen Magnetkompass. Vgl. *CGS-M.

Polygarnetz
Altes Volumenmaß aus Russland:
1 polygarnetz = 1,64 Liter.

Polysaprob, polytroph
*Wassergefährdungsklasse.

Poncelet (p)
Veraltet! Einheit der Leistung im alten französischen *Technischen Einheitensystem, benannt nach dem Offizier, Ingenieur und Mathematiker JEAN VICTOR PONCELET (1788–1867):
1 poncelet = 980,665 Watt =
= 100 Kilopond-Meter/Sekunde.

Pond (p, engl. gram-force)
1) [lat. *pondus*, „Gewicht"]. Veraltet! Einheit der Kraft im technischen Maßsystem, 1939 bei der Physikalisch-Technischen Reichsanstalt eingeführt (zur Unterscheidung des „Kraftgramms" vom „Massegramm"), 1955 in DIN-Normen übernommen, seit Ende 1977 gesetzlich verboten.
1 Pond = $^1/_{1000}$ Kilopond
= 9,80 665 · 10^{-3} Newton.
2) Altes niederländisches Gewicht:
1 Pond = 10 Oncen = 100 Looden
= 1000 Wijgtjes = 10 000 Korrels
= 1 Kilogramm (früher: 494 Gramm).

Poon
Altes Gewicht aus China und der Mongolei:
1 Poon = 0,375 bzw. 0,378 Gramm.

Population
Grundgesamtheit von Individuen (Personen, Tiere, Mikroorganismen etc.) mit bestimmten Eigenschaften; Bezugsgröße für Studien.

Pori
Altes Hohlmaß aus Portugal und Ostindien:
1 Pori = 3,08 Liter (*Cumbo).

Porosität *Oberfläche.

Portugal
Historische Längenmaße: *braça = „Klafter", *côvado = „Elle", *estadio = „Stadion", *legoa = „span. Meile", *linha = „Linie", *milha = „engl. Meile", *palmo = „Spanne", *pé = „Fuß", *polegada = „Zoll", *vara = „Elle, Rute".
Historische Flächeneinheiten: *ferrado, *geira.
Historische Volumenmaße: *almude, *alqueire = „Scheffel", *bota = „Stiefel", *fanga, *meio, *moio = „Malter", *oitava = „Achtel", *pipa = „Fass", *quarto = „Viertel", *selamin.
Historisches Gewicht: *tonelada = „Tonne".
Währung: *Escudo.

Portugaleser
Erstmals um 1500 geprägte portugiesische Goldmünze.

Pose
Altes Flächenmaß aus der Schweiz:
1 Pose = ca. 27 Ar.

Postmeile
Altes Längenmaß aus Österreich (*Meile):
1 Postmeile = 7585,94 Meter.

Pot (= Pota, Pote, Pott)
[engl., frz. *Kanne, Bierkanne, *Maß.] Altes Hohlmaß für Flüssigkeiten:
1 Pot = 1,37 Liter (Belgien)
= 0,966 Liter (Dänemark)
= 1,86 Liter (Frankreich)
= 0,97 Liter (Island, *pottur*)
= 0,966 Liter (Norwegen)
= 8,27 Liter (Portugal),
= 1,5 Liter (Schweiz, *Maass).

pot Index (DIN 1304) für: potentiell.

Potential
Skalare Größe U, die sich in einem Kraftfeld der Feldstärke $\vec{E}$ ortsabhängig in Richtung des *Gradienten ändert: $\vec{E} = -\operatorname{grad} U$. Vgl. *Feld, *elektrisches Potential.

Potentialdifferenz *elektrische Spannung.

Potenz
1) Homöopathie: Verdünnung; z. B. D 4.
2) Wirksamkeit eines Arzneimittels.

Pott
Historisch! 0,98 Liter (Schleswig-Holstein); 0,9 Liter (Mecklenburg).

Potter *Kande.

Pottle
Veraltet! Brit. Flüssigkeitsmaß:
1 Pottle *GB* = 0,5 Gallon *GB* =
= 2,2 730 429 Liter.

Pottur
Altes Flüssigkeitsmaß aus Island (*Pot, *Maß):
1 Pottur = 0,804 [0,97] Liter.

Pouce
1) [frz. „Daumen"], *Zoll. Altes Längenmaß aus Frankreich, Belgien, Luxemburg und der Schweiz:
1 pouce =
= 2,7 Centimeter (Frankreich)
= 2,5 bis 2,9 Centimeter (Belgien, Luxemburg)
= 3 Centimeter (Schweiz).
2) Pouce carré. „Quadratzoll":
1 pouce carré =
= 7,3 Centimeter^2 (Frankreich)
= 6,8 Centimeter^2 (Belgien und Luxemburg)
= 9 Centimeter^2 (Schweiz).
3) Pouce cube. „Kubikzoll":
1 pouce cube =
= 19,84 Centimeter^3 (Frankreich)
= 17,7 Centimeter^3 (Belgien und Luxemburg)
= 9 Centimeter^3 (Schweiz).

Pound (lb., imp.lb., imp.p., = „Pfund")
1) Standard pound. Basiseinheit der Masse für *angloamerikanische Einheiten im *englischen System:
1 Pound (avoirdupois, lb.av.) =
= 256 Dram
= 7000 Grain
= 453,59 237 Gramm
= $8{,}9\,285\,714 \cdot 10^{-3}$ Hundredweight (long)
= 0,01 Hundredweight (short)
= 0,453 59237 Kilogramm
= 16 Ounce (avoirdupois)
= $14{,}58\bar{3}$ Ounce (troy)
= $291.\bar{6}$ Pennyweight
= $1{,}2\,152\bar{7}$ Pound (troy)
= 350 Scruple
= 0,07 142 857 ($^1/_{14}$) Stone *GB*

= 4,4 642 857·10^{-4} Ton (long)
= 4,5 359 237·10^{-4} Ton (metric)
= 5·10^{-4} ($^1/_{2000}$) Ton (short).
2) Seit 1959 in Großbritannien, USA, Kanada, Australien, Neuseeland, Südafrika:
1 lb. = 0,453 592 37 kg [exakt].
3) EG-Amtsblatt L262 vom 27. Sept. 1976:
1 lb. = 0,4536 kg (für Handelszwecke).
4) Imperial pound. Veraltet!
1 imp.lb.av. *GB* [seit 1933] = 0,453 592 338 kg.
1 imp.lb.av. *GB* [def. 1898] = 0,453 592 43 kg.
5) US-pound. Vom internationalen Kilogramm abgeleitet, durch die „Mendenhall order" vom 5. April 1893 in den U.S.A. per definitionem ohne Prototyp festgelegt:
1 lb.av. *US* = $^1/_{2,2046...}$ Kilogramm =
= 0,453 592 427 7 Kilogramm.
6) Apothecaries' pound. Apothekergewicht:
1 lb.ap. =
= 12 Ounce = 96 Dram = 288 Scruples
= 5760 Grains = 1 troy pound.
7) Troy pound. Edelsteingewicht auf Basis der seit 1959 gültigen Pounddefinition (vgl 2.):

1 Pound (troy) =
= 96 Dram (troy)
= 5760 Grain
= 373,2 417 216 Gramm
= 12 Ounce (troy)
= 240 Pennyweight
= 0,82 285 714 ($^{5760}/_{7000}$) Pound (avoirdupois)
= 288 Scruple.

Pound per... (Pfund pro...)
1) ...acre
1 lb./acre = 1,120 851 Kilogramm/Hektar.
2) ...cubic foot
1 lb./cu.ft. =
= 16,01 846 Gramm/Liter =
= 16,01 846 Kilogramm/Kubikmeter
= 5,787 037·10^{-4} Pound/cubic inch.
3) ...cubic inch (Vgl. *psi)
1 lb./cu.in. =
= 27,679 905 Gramm/Kubikcentimeter
= 1728 Pound/cubic foot.
4) ...cubic yard
1 lb./cu.yd. = 0,5 932 764 kg/m^3.
5) ...foot
1 lb./ft = 1,488 164 Kilogramm/Meter.
1 lb./(ft. hr) = 4,133 789·10^{-4} Pascalsekunde.
1 lb./(ft. sec) = 1,488 164 Pascalsekunde.
6) ...gallon
1 lb./gal. *GB* =
= 0,09 977 637 Gramm/Centimeter^3
= 99,77 637 Gramm/Liter
= 99,77 637 Kilogramm/Meter^3
= 6,228 835 Pound/cubic foot
= 0,07 507 968 Ton (long)/cubic yard.
1 lb./gal. *US* =
= 0,1 198 264 Gramm/Centimeter^3
= 119,8 264 Gramm/Liter
= 119,8 264 Kilogramm/Meter^3
= 7,480 519 Pound/cubic foot
= 0,1 009 870 Ton (short)/cubic yard.
7) ...hour
1 lb./hr. =
= 7,559 873 Gramm/Minute
= 0,1 259 979 Gramm/Sekunde
= 10,88 622 Kilogramm/Tag.
8) ...horsepower-hour
1 lb./hp.h. =
= 0,1 689 659 Kilogramm/Megajoule
= 0,6 082 774 Kilogramm/Wattstunde.
9) ...inch
1 lb./in. = 17,85 797 Kilogramm/Meter.
10) ...minute
1 lb./min. =
= 7,559 873 Gramm/Sekunde
= 27,21 554 Kilogramm/Stunde.
11) ...second
1 lb./sec. =
= 1632,932 Kilogramm/Stunde
= 27,21 554 Kilogramm/Minute.
12) ...square foot
1 lb./sq.ft. = 4,882 428 Kilogramm/Meter^2.

Poundal (pdl)

Veraltet! Britische Krafteinheit im technischen *Foot-Pound-Second*-System, festgelegt als die Kraft, die auf die Masse 1 pound die Beschleunigung 1 ft./sec^2 ausübt:

1 pdl =
= 14,0 981 Pond
= 0,1 382 550 Newton
= 0,0 310 810 ($^1/_{32,174}$) Pound-force
= 1 pound-foot/square second.

Poundal-foot (pdl.ft.)
1 pdl.ft. = 0,0 421 401 Newtonmeter.

Poundal-second/square foot
1 pdl.sec./sq.ft. = 1,488 164 Pascalsekunde.

Poundal/square foot
1 pdl./sq.ft. = 1,488 164 Pascal.

Pound-force (lb.f., Lb.)
US früher **pound weight (lb.wt)**:
1 lb.f. =
= Fallbeschleunigung · 1 pound
= 0,453 592 Kilopond
= 4,44 822 Newton
= 32,1 740 Poundal.
Vielfache sind *grain force, *ton force.

Pound-force per...
1) ...foot
1 lb.f./ft. = 14,5 939 Newton/meter.
2) ...inch 1 lb.f./in. = 175,127 Newton/meter.
3) ...square foot (psf, ppsf)
1 psf =
= 1 lb.f./sq.ft. =
= $4{,}72\,541 \cdot 10^{-4}$ Atmosphäre
= $4{,}78\,803 \cdot 10^{-4}$ Bar
= 0,0 160 185 Foot Wassersäule
= 0,488 243 Pond/Centimeter^2
= 0,0 141 390 Inch of Mercury (in Hg)
= 0,359 131 Millimeter Quecksilbersäule
= 4,88 243 Millimeter Wassersäule
= 47,8 803 Pascal
= $6{,}944\bar{4} \cdot 10^{-3}$ ($^1/_{144}$) Pound-force/square inch.
4) ...square inch (psi, ppsi), *Psi.

Pound-force-foot (lb.f. ft.)
1 lb.f. ft. = 1,35 582 Newtonmeter.
1 lb.f. ft./in. = 53,3 787 Newtonmeter/Meter.

Pound-force-inch (lb.f. in.)
1 lb.f. in. = 0,112 985 Newtonmeter.
1 lb.f. in./in. = 4,44 822 Newtonmeter/Meter.

Pound-force-second per...
1) ... square foot
1 lb.f. sec./sq.ft. = 47,8803 Pascalsekunde.
2) ... square inch
1 lb.f. sec./sq.in. = 6894,76 Pascalsekunde.

power
[engl.] „Leistung, Leistungs-, ...leistung".

Poynting-Vektor
oder *Energiestromdichte,* elektromagnetische Leistungsdichte: Vektorprodukt aus elektrischer und magnetischer Feldstärke eines elektromagnetischen Feldes:

$$\vec{S} = \vec{E} \times \vec{H} \quad \text{Einheit: } \frac{\mathrm{W}}{\mathrm{m}^2}$$

ppb
[*US*-engl.] *parts per billion* („milliardstel Teile"); veraltete *Konzentrationsangabe in der chemischen Analytik: 1 ppb = 10^{-9} Teile/Einheit (z. B. ng/g, μg/kg, mg/t; $\mu\ell/\mathrm{m}^3$, μmol/kmol).

ppm
[lat.] *partes per milliones,* [engl.] *parts per million*, millionstel Teile. Veraltete *Konzentrationsangabe in der chemischen Analytik:
1 ppm = 10^{-6} Teile/Einheit
= 1 Gramm/Tonne
= 1 Milligramm/Kilogramm (oder Liter)
= 1 Mikrogramm/Gramm (oder Milliliter)
= 1 Milligramm/Kubikmeter
= 0,03 584 Ounce (avoirdupois)/ton (long)
= 0,032 Ounce (avoirdupois)/ton (short)
= $0{,}0\,326\bar{6}$ Ounce (troy)/ton (long)
= $0{,}02\,916\bar{6}$ Ounce (troy)/ton (short).

ppmV
Veraltet! *Volumenanteil, *parts per million by volume* (ppmv). Umrechnung in Massenkonzentration.

$$1\ \mathrm{ppmV} \mathrel{\hat{=}} \frac{\text{Molare Masse}}{\text{Molvolumen}}\ \mathrm{mg/m^3}$$

ppq
[*US*-engl.] *parts per quadrillion*, billiardstel Teile. Veraltete *Gehaltsangabe in der chemischen Analytik: 1 ppq = 10^{-15} Teile/Einheit (z. B. fg/g, pg/kg, ng/t; $\mathrm{p}\ell/\ell$, pmol/ℓ).

ppt
1) [*US*-engl.] *part per trillion,* billionstel Teile. Veraltete *Gehaltsangabe in der chemischen Analytik: 1 ppt = 10^{-12} Teile/Einheit (z. B. pg/g, ng/kg, μg/t; $\mathrm{n}\ell/\ell$, nmol/ℓ).
2) Abk. für: *precipitate,* Niederschlag.

PP-Wellen
*Erdbebenstärke.

Pr
Zeichen für das *chem. Element Praseodym. Abk. f.: Propyl-; Prandtlzahl.

Praktische Einheiten
Unter Zuhilfenahme von Normalkörpern definierte *absolute Einheiten.

Praktisches elektr. Einheitensystem
Aus dem *Maxwellschen Quadrantsystem hervorgegangen, mit den ursprünglich *absolut, später *international definierten Einheiten Ampere, Volt und Ohm.

Prandtl-Zahl *Kennzahlen.

Prävalenz
Medizin: *Bestandshäufigkeit.* Häufigkeit einer Erkrankung oder bestimmter Merkmale zu einem bestimmten Zeitpunkt (Punktprävalenz) oder innerhalb eines Zeitraumes (Periodenprävalenz). Vgl. *Inzidenz.

Prävalenzrate
Medizin: Zahl der Erkrankten bzw. Merkmalshäufigkeit im Verhältnis zur Zahl der untersuchten Personen.

Präzision
engl. *precision,* *messtechnische Unsicherheit.

prdr, prdptr *Dioptrie.

pre
Index (DIN 1304) für: Druck..., lat. *pressus.*

Pressdichte *Dichte, Massendichte.

Pressure [engl.] *Druck...

Pret
1) Altes Längenmaß aus Polen („Stab"):
1 Pręt = 1,237 bzw. 4,32 Meter.
2) Altes Flächenmaß aus Polen:
1 Pręt = 18,66 Meter^2.

Priesterhufe
Historisch! 12,5 Hektar (Pommern)

Prime
1) Altes **poid de marc* aus Frankreich:
1 Prime = 2,2 Milligramm.
2) Das Gebet, das katholische Geistliche um 6 Uhr zu verrichten haben.
3) *Tonintervalle.

Printer's point *Typografischer Punkt.

pro analysi *p.a.

Promille (‰, p.m., v.T.)
1) [lat.] *promille,* „für, je, auf oder vom Tausend", Tausendstel; der Faktor 10^{-3} bei der Angabe von Zahlen- oder Größenverhältnissen:

$$1‰ = {}^1\!/_{1000} = 0{,}1\% = 10^{-3}\ .$$

2) Blutalkoholwert:
1 Promille = 1 Milligramm Alkohol/Liter Blut. Ein 70 kg schwerer Mensch hat ca. 5–6 Liter Blut, verstößt also oberhalb 2,5 mg Alkohol = $^1\!/_2$ Liter Bier gegen die 0,5-Promillegrenze der Straßenverkehrsordnung.

Propagation [engl.] Ausbreitungs...

Propatria *Papierformate.

Protolysegrad *Dissoziationsgrad.

Proton *Konstanten, *pH-Wert.

Protonenmasse
*Konstante der Atomphysik:
$m_p = 1{,}6\,724 \cdot 10^{-24}$ Gramm $\mathrel{\hat{=}}$ 938,2 MeV.

Prozent (%, v.H.)
engl. *percent,* lat. *pro centum,* „vom Hundert"; der hundertste Teil vom Ganzen; der Faktor 10^{-2} bei der Angabe von Quotienten von Zahlen oder Größen gleicher Dimension. Beim Rechnen werden Prozentangaben wie Dezimalzahlen behandelt.

$$1\% = {}^1\!/_{100} = 0{,}01 = 10^{-2}$$

P

Prozentpunkt
Nach DIN 5477: Bezeichnung für die Differenz zweier in Prozent angegebener Verhältnisse: 1%-Punkt = $(n + 1)\% - n\%$.

Prüfen *messtechnische Begriffe.

PSE *Periodensystem der Elemente.

psf
Abkürzung für: *pounds per square foot,* Pfund pro Quadratfuß; vgl. *Psi.

PS h *Pferdestärkestunde.

Psi (psi, lb.f./sq.in.
engl. **Pound [force] per square inch.** Angloamerikanische Druckeinheit:
1 psi =
= 1 „Pfund pro Quadratzoll"=
= 1 Pound-force/square inch (lb.f./sq.in.)
= 0,0 680 460 Atmosphäre
= 0,0 689 476 Bar

= 2,30 666 Foot Wassersäule
= 2,03 602 Inch of Hg
= 0,0 703 070 Kilopond/Centimeter^2
= 703,070 Millimeter Wassersäule (4 °C)
= 68,9 476 Millibar
= 51,7 149 Millimeter Quecksilbersäule
= 6894,76 Pascal
= 144 Pound-force/square foot (psf).

psi a = *pounds per square inch absolute*, Pfund pro Quadratzoll Absolutdruck.

psi g = *pounds per square inch gauge (US gage)*, Pfund pro Quadratzoll Überdruck.

P/S-Quotient
Ernährung: Verhältnis der mehrfach ungesättigten Fettsäuren (polyunsaturated) zu den gesättigten (saturated); klein bei tierischen Fetten, groß bei Pflanzenölen.

PST
Kurzzeichen: U, Abk. für *Pacific Standard Time*, PST = UTC − 8 = MEZ − 7.

Psychrometerkoeffizient
Charakteristische Konstante bei der Feuchtemessung:

$$C_{Ps} = \frac{p_{H_2O} - p_{s,H_2O}}{p\,(T - T_f)} \quad \text{Einheit: } K^{-1}$$

p_{H_2O} Wasserdampfpartialdruck, p_s Sättigungsdampfdruck, p Atmosphärendruck; T Temperatur des trockenen, T_f des feuchten Thermometers.

Pt
Zeichen für das *chem. Element Platin.

pt
Abk. f.: *pint; point*, typografischer Punkt.

Ptolemäische Zeitrechnung *Kalender.

Pu
Zeichen für das *chem. Element Plutonium.

pu
Veraltet! 1954 eingeführtes Kurzzeichen statt *atu* für Atmosphäre Unterdruck:

1 pu = 101325 − p (p Druck in Pascal).

Seit 1974 sind „Unterdrücke" als Druckdifferenzen gegen den Atmosphärendruck (mit negativem Vorzeichen) anzusehen. Im absoluten Vakuum herrscht der Druck 0 Pa.

pü
Veraltet! 1954 eingeführtes Kurzzeichen statt *atü* für Atmosphäre Überdruck:

1 pü = 101325 + p (p Druck in Pascal).

Seit 1974 sind „Überdrücke" Drücke mit positivem Vorzeichen. Bezugsdruck ist das Vakuum (0 Pa).

Pud
Alte Einheit für Masse und Gewicht aus Russland:

1 Pud = 40 Funt („Pfund") = 1280 Lot
= 3840 Solotnik = 36 864 Dolja
= 16,380 496 Kilogramm.

Puerto Rico
Historische Einheiten: *caballería, *cuerda. Währung: *Dollar.

Pufferbasen-Wert
Veraltet! Medizin: Summe der puffernden Anionen im Blut: 48 mmol/ℓ, davon 20 mmol/ℓ Hydrogencarbonat; heute *Basenüberschuss. Puffer sind Mischung schwacher Säuren (oder Basen) und ihrer Salze; z. B. Hydrogencarbonat/CO_2 und Hämoglobinpuffer (im Blut), Phosphatpuffer (intrazellulär und im Harn) und Proteinpuffer (im Plasma).

Pufferkapazität
Maß für die Fähigkeit einer Lösung, pH-Änderungen auszugleichen; als Tangente der Titrationskurve definiert:

$$\beta = \frac{\partial c}{\partial \text{pH}}$$

β ist maximal am Halbtitrationspunkt $V_E/2$, minimal am Endpunkt V_E (Wendepunkt).

pul Index (DIN 1304) für: Puls...

Pula (P)
Währungseinheit in Botswana:

1 Pula (P) = 100 Thebe (t) = ca. 0,47 DM.

Pulgada
Altes Längenmaß (*Zoll) aus Spanien, Kolumbien, Mexiko, Panama:

1 Pulgada = $^1/_{12}$ pié = 2,32 [2,5] Centimeter.

Pulsatanz *Kreisfrequenz.

Pulsfrequenz *Herzfrequenz

Puncheon
1) Veraltet! Britisches Flüssigkeitsmaß:
1 Puncheon *GB* (Wein) =
= 70 Gallon *GB* = 318,2263 Liter.

2) Masseneinheit aus US-Amerika:
1 Puncheon (Maismehl) = 362,9 Kilogramm.

Pund (= nordisches Pfund)
Alte nordeuropäische Masseneinheit:
1 Pund = 500 Gramm (Dänemark)
= 498,4 Gramm (Norwegen)
= 425,07 Gramm (Schweden).

Punkt
1) Altes Längenmaß aus Österreich:
1 Punkt = 0,183 Centimeter.
2) *Typografischer Punkt, *point.
3) Historisch in anderen Ländern: [engl., frz.] point, [ital.] *punto, [holl.] punt, [port.] ponto, [poln.] kropka, [schwed.] punkt.

Punto
Italienischer *Punkt: 1 punto = 3,57 mm.

Pus
Altes Längenmaß aus Griechenland:
1 Pus = 30,8 Centimeter.

p-Wert
Kennzahl des Trink- und Brauchwassers: durch Titration mit Salzsäure gegen den Indikator Phenolphthalein bestimmte *Alkalität des Wassers (in mmol/ℓ). Gleichbedeutend mit der *Säurekapazität bis pH 8,2 (vgl. *m-Wert).
$p = K_{a,8.2} \approx [CO_2]$.

P

Q

Formelzeichen

Physikalische Größe	Symbol	Einheit		Definition
(Kreis-)Querschnitt cross-sectional area, circular section	q	m^2		
Normalkoordinate (mass adjusted) normal coordinates	Q_r	$kg^{1/2}m$		
Normalkoordinate, dimensionslos normal coordinate, dimensionless	q_r	–	= 1	
Allgemeine Koordinate generalized coordinate	q	versch.		
Schallfluss acoustic flux	q	m^3/s		
Wärmemenge, Wärmeenergie quantity of heat, heat energy	Q	J	$= m^2 kg\, s^{-2}$	
spezifische Wärmemenge specific heat	q	J/kg	$= m^2\, s^{-2}$	
Wärmestrom heat flow	$\dot{Q}$	W	$= m^2 kg\, s^{-3}$	$\dot{Q} = dQ/dt$
Wärmestromdichte heat flux density	q	$W\, m^{-2}$	$= kg\, s^{-3}$	$q = \dot{Q}/A$
Kanonische Zustandssumme sum over states for a canonical ensemble	Q	–	= 1	
Teilchen-Zustandssumme sum over states for a single molecule	q	–	= 1	
Elektr. Ladung, Elektrizitätsmenge electric charge, quantity of electricity	Q	C	= A s	$Q = It$
Ladungsdichte, flächenbezogene Ladung surface electric charge density	q	C/m^2	$= A\, s\, m^{-2}$	$q = Q/A$
Blindleistung reactive power	Q, P_q, P_b	W	$= J/s = m^2 kg\, s^{-3}$	$Q = \mathrm{Im}\, \underline{S}$
Wellenvektor propagation vector	$\vec{q}$	m^{-1}		vgl. $k = 2\pi/\lambda$
Debye-Wellenzahl Debye circular wavenumber	q_D	m^{-1}		(Festkörper)
elektrischer Feldgradient(tensor) electric field gradient (tensor)	q	V/m^2	$= kg\, s^{-3} A^{-1}$	$q_{\alpha\beta} = -\frac{\partial^2 \varphi}{\partial\alpha\partial\beta}$
Massendurchsatz, Massenstrom mass flow rate	(q)	kg/s		siehe $\dot{m}$
Volumenstrom volumetric flow rate	(q_V, Q)	$m^3 s^{-1}$		siehe $\dot{V}$
Lichtmenge luminous energy, quantity of light	Q, Q_V	lm s	= s cd sr	$Q = K_m \int Q_{e\lambda} V(\lambda) d\lambda$
Strahlungsenergie, -menge radiant energy	Q_e, W	J	$= m^2 kg\, s^{-2}$	$Q_e = \int Q_{e\lambda}\, d\lambda$

Quadrupolmoment quadrupole moment	$\vec{Q}$	$\mathrm{C\,m^2}$	$= \mathrm{m^2 s\,A}$	
Kernquadrupolmoment quadrupole moment of a nucleus	Q	$\mathrm{C\,m^2}$	$= \mathrm{m^2 s\,A}$	$eQ = 2\,\langle\Theta_{zz}\rangle$
Zerfallsenergie e. Kernreaktion disintegration energy of a nuclear reaction	Q	J	$= \mathrm{m^2 kg\,s^{-2}}$	
Bremsdichte density of retardation	q	$\mathrm{m^{-3}s^{-1}}$		
Bewertungsfaktor rating factor	q	–	$= 1$	

Q
1) Atlantic Standard Time (z. B. kurz 0345 Q für 03:45 Uhr AST).
2) Index in der Strömungsmechanik: Queranteil; bei elektrischen Maschinen: Nut.

q
Abkürzung für: Quadrat (veraltet!), quart; Index [DIN 1304]: Blind..., quer; bei elektrischen Maschinen: Querachse.

Qafiz
Altes Volumenmaß aus Nordafrika:
1 Qafiz = 528 Liter (Algerien)
= 496 Liter (Tunesien).

Qalba
Altes Volumenmaß aus Tunesien:
1 Qalba = 20 Liter.

Qámha
Alte Masseneinheit aus Arabien:
1 Qámha = 0,05 Gramm.

Qānæ *Stab.

Qantar
1) Alte Masseneinheit aus Afrika:
1 Qantar =
= 44,9 Kilogramm (Ägypten)
= 44 Kilogramm (Äthiopien)
= 54,6 bzw. 61,4 Kilogramm (Algerien).
2) Altes Getreidehohlmaß aus der Türkei:
1 Qantar = 142,7 Liter.
3) Qantar atjari. Altes Gewicht aus Algerien:
1 Qantar atjari = 54 Kilogramm.

Qasaba
Altes Längenmaß aus Ägypten:
1 Qasaba = ca. 3,66 bis 3,85 Meter.

Qintar
Alte Masseneinheit aus Marokko:
1 Qintar = 50,8 bzw. 54 Kilogramm.

Qirat
1) Altes Flächenmaß aus Ägypten:
1 Qirat = 175 Meter^2.
2) Altes Gewicht für Edelsteine aus Nordafrika:
1 Qirat = ca. 0,2 Gramm.

Qirsh Teil des *Riyal.

Q. s.
[lat.] *quantum satis* oder *quantum sufficit;* zur Genüge, soviel wie nötig.

qt Abkürzung für: *quart.*

qu
Index (DIN 1304): Ruhe, Pause, [lat.] *quies.*

Quaadschilling
Alte niederländische Silbermünze.

Quadra
Altes Flächenmaß aus Brasilien:
1 Quadra = 1,74 Hektar.

Quadragesima
Kath. Kirche: Die 40tägige Vorbereitungszeit auf Ostern, meist *Fastenzeit* genannt.

Quadrans
1) [lat.] „ein Viertel". Altes, römisches Volumenmaß und Gewicht:
1 Quadrans =
= $^1/_4$ Sextarius =
= 3 Cyathi („Spritzgläser")
= 0,135 Liter = 81,86 Gramm.
2) [lat.] Viertelas (gewöhnlicher Preis für ein Bad); Heller.

Quadrant

1) Die vier Flächenstücke, die ein rechtwickliges Achsenkreuz aus der Ebene herausschneidet (Koordinatensystem).
2) Kreissektor von 90°:
1 Quadrant =
= 90 Winkelgrad (Altgrad) =
= 100 Gon (= Neugrad, = grade)
= 5400 Winkelminuten
= 1,570 796 ($\pi/2$) rad.
3) Instrument zur Messung von Sternhöhen (Vierteilkreisskala mit Visiereinrichtung).
4) Richtmittel für Geschütze (mit Kreiseinteilung und Libellen-Wasserwaage).
5) Viertel des Trommelfells oder Gesässes.

Quadrantensystem

*Maxwellsches Quadrantsystem.

Quadrat... (q)

1) Seit Ende 1974 lautet die richtige Bezeichnung *Meterquadrat* statt „Quadratmeter", Kilometerquadrat statt „Quadratkilometer", Centimeterquadrat statt „Quadratcentimeter" etc.
2) Seit Ende 1974 sind verboten die Abkürzungen: qcm für cm^2, qdm für dm^2, qm für m^2, qkm für km^2, qmm für mm^2, qDm für dam^2.

Quadratcentimeter (cm^2)

Früher: **qcm**. Seit 1975 DIN-Bezeichnung: *Centimeterquadrat.*
1 cm^2 =
= $1{,}973\,525 \cdot 10^5$ Circular mil =
= 127,3 240 Circular Millimeter
= $1{,}076\,391 \cdot 10^{-3}$ Square foot
= 0,1 550 003 Square inch
= 10^{-4} Meter^2
= 100 Millimeter^2
= $1{,}195\,990 \cdot 10^{-4}$ Square yard.

Quadratdekameter (dam^2)

Unüblich! Seit 1975 richtig *Dekameterquadrat.* Die Abkürzung „qDm" ist unzulässig.
1 $dam^2 = (10\ m)^2 = 100\ m^2$ = 1 Ar.

Quadratdezimeter (dm^2)

Früher: **qdm**. Seit 1975 richtig: *Dezimeterquadrat.* 1 dm^2 = Fläche eines Quadrates von 0,1 m Seitenlänge = 0,01 m^2.

Quadratelle (q-Elle)

Altes Flächenmaß:
1 q-Elle = 0,4 Meter^2 (Preußen),
= 0,3 Meter^2 (Sachsen),
= 0,7 Meter^2 (Wiesbaden).

Quadratfuß (q-Fuß, ft^2, qfs)

Veraltet! Flächeneinheit, u. a. für gegerbte Häute: 1 Quadratfuß =
= 1 *square foot
= [früher] 100 od. 144 Quadratzoll
= 0,08 bis 0,1 Meter^2
= 0,09 Meter^2 (Preußen)
= 0,08 Meter^2 (Hamburg).

Quadratgon

Veraltet! *Nichtgesetzliche Einheit des Raumwinkels: 1 Quadratgon = 0,81 Quadratgrad.

Quadratgrad

Veraltet! *nichtgesetzliche Einheit des Raumwinkels: 1 Quadratgrad =
= 1,234 568 Quadratgon
= $3{,}046\,174 \cdot 10^{-4}$ Steradiant.

Quadratkilometer (km^2)

Früher: **qkm**. Seit 1975 DIN-Bezeichnung: *Kilometerquadrat.*
1 Quadratkilometer
= 247,1 054 Acre =
= 100 Hektar
= $1{,}076\,391 \cdot 10^7$ Square foot
= 10^6 Meter^2
= 0,38 610 216 Square mile
= $1{,}195\,990 \cdot 10^6$ Square yard.

Quadratklafter (q-Klafter)

Altes Flächenmaß:
1 Quadratklafter = 3,07 bis 3,56 Meter^2
= 6,25 Meter^2 (Hessen).

Quadratlachter

Altes Flächenmaß aus dem Bergbau:
1 Quadratlachter = 3,35 bis 4,37 Meter^2
= 4 Meter^2 (Sachsen).

Quadrat-lieue

Altes Flächenmaß aus Frankreich: 1 Quadratlieue = 19,823 Quadrat-Kilometer.

Quadratlinie (q-Linie)

Altes Flächenmaß:
1 Quadratlinie = $^1/_{100}$ Quadratzoll
= ca. 4,8 Millimeter^2 (Preußen).

Quadratmeile (q-Meile)

1) *square mile, *Meile.
2) Altes Flächenmaß:
1 Quadratmeile =
= 56,25 Kilometer^2 (Deutschland)
= 55,06 Kilometer^2 (geografisch)
= 85,9 Kilometer^2 (Lippe)
= 56,74 Kilometer^2 (Preußen)
= 82,2 Kilometer^2 (Sachsen)
= 77,5 Kilometer^2 (Schleswig-Holstein).

Quadratmeter (m^2)

Früher: **qm**. Seit 1975 DIN-Bezeichnung *Meterquadrat*.
1 Quadratmeter =
= 2,471 054$\cdot 10^{-4}$ Acre =
= 0,01 Ar
= 10^{-4} Hektar
= 10 000 Centimeter^2
= 2,471 054$\cdot 10^{-3}$ Square chain (Gunter's)
= 10,76 391 Square foot
= 1550,003 Square inch
= 10^{-6} Kilometer^2
= 24,71 054 Square link (Gunter's)
= 3,861 022$\cdot 10^{-7}$ Square mile
= 1,195 990 Square yard.

Quadratmillimeter (mm^2)

Früher: **qmm**. Seit 1975 DIN-Bezeichnung: *Millimeterquadrat*.
1 Quadratmillimeter =
= 1973,525 Circular mil
= 1,273 240 Circular millimeter
= 0,01 Centimeter^2
= 1,550 003$\cdot 10^{-3}$ Square inch
= 1550,003 Square mil.

Quadrato

Alte italienische Flächeneinheit, „Karree“:
1 quadrato = 50,5 Ar.

Quadratrute (q-Rute)

Altes Flächenmaß (franz. *perche):
1 Quadratrute =
= 9,0 Meter^2 = $^1/_{400}$ Morgen (Baden)
= 8,5 Meter^2 (Bayern)
= 21,4 Meter^2 (Bremen)
= 9,85 Meter^2 (Dänemark)
= 21,846 Meter^2 (Hamburger Geestrute)
= 16,1 Meter^2 (Hamburger Marschrute)
= 21,84 Meter^2 (Hannover)
= 15,9 Meter^2 (Hessen)
= 21,34 Meter^2 = $^1/_{60}$ Scheffelsaat (Lingen)
= 21 Meter^2 (Lübeck)
= 21 bis 21,7 Meter^2 (Mecklenburg)
= 9,85 Meter^2 (Norwegen)
= 3,6 Meter^2 (Österreich)
= 14,2 Meter^2 (Preußen)
= 18,447 [bis 20,5] Meter^2 (Sachsen)
= 21 Meter^2 (Schleswig-Holstein)
= 9 Meter^2 (Schweiz)
= 21,23 Meter^2 (Westfalen)
= 8,2 Meter^2 = $^1/_{384}$ Morgen (Württemberg).

Quadratstab

Altes deutsches Flächenmaß:
1 Quadratstab = ca. 1 Meter^2
= 1,24 Meter^2 (Sachsen).

Quadratzoll (q-Zoll, in^2, $''^2$)

1) *square inch
2) Altes Flächenmaß:
1 Quadratzoll =
= 100 (urspr. 144) Quadratlinien
= 5,57 bis 6,96 Centimeter^2.

Quadrilliarde

[frz., engl., d.] Tausend Quadrillionen 10^{27} (eine Eins mit 27 Nullen)
= eine Million Trilliarden ($10^6 \cdot 10^{21}$)
= eine Milliarde Trillionen ($10^9 \cdot 10^{18}$)
= eine Billion Billiarden ($10^{12} \cdot 10^{15}$) u.s.w.
Keine Entsprechung im *US*-Englisch!

Q

Quadrillion

1) [frz., engl., d.] Tausend Trilliarden 10^{24} (eine Eins mit 24 Nullen)
= eine Million Trillionen ($10^6 \cdot 10^{18}$)
= eine Milliarde Billiarden ($10^9 \cdot 10^{15}$)
= eine Billiarde Billionen ($10^{15} \cdot 10^{12}$)
= eine Trillion Milliarden ($10^{15} \cdot 10^9$) u.s.w.
2) Vorsicht! In Amerika (Vgl. *ppq):
1 *quadrillion US* = 1 Billiarde (10^{15}).

Quadrupla *Onza.

Quant

[engl.] *quantum*, [lat.] *quantum*, „wieviel, soviel“, mess- oder zählbare Menge. Kleinste unteilbare Einheit der Energiemenge, ausgedrückt durch die Formel $E = h\nu$ (E Energie, h Plancksches Wirkungsquantum, ν Frequenz einer Strahlung).

Quäntchen
siehe historische Schreibweise *Quentchen.

Quanten-Hall-Effekt
*Klitzing-Konstante.

Quantenmechanischer Drehimpuls
Anders als in der Mechanik ist der Quantenmechanische Drehimpuls ein Operator, der längs einer Vorzugsrichtung (normalerweise z genannt) nur bestimmte (Eigen-)Werte annehmen kann.

Tabelle Q.1: Formelzeichen für Drehimpulsoperatoren und -quantenzahlen.

Drehimpuls	Operator	Quantenzahl Z-Achse		Quantenzahl z-Achse
Elektronenorbital	$\hat{L}$	L	M_L	Λ
– Einzelelektron	$\hat{l}$	l	m_l	λ
Elektronenspin	$\hat{S}$	S	M_S	Σ
– Einzelelektron	$\hat{s}$	s	m_s	σ
LS-Kopplung	$\hat{L}+\hat{S}$			$\Omega=\Lambda+\Sigma$
Kerndrehimpuls	$\hat{R}$	R		K_R, k_R
Kernspin	$\hat{I}$	I	M_I	
Innere Schwingungen	$\hat{l}$	l		K_l
– andere	$\hat{j},\hat{\pi}$			l
Summe $R+L(+j)$	$\hat{N}$	N		K,k
Summe $N+S$	$\hat{J}$	J	M_J	K,k
Summe $J+I$	$\hat{F}$	F	M_F	

Quantenzahl
1) Der Energiezustand eines Elektrons im Atom ist durch vier Quantenzahlen eindeutig festgelegt.

• Hauptquantenzahl $n = 1,2,3,\ldots$: Schalennummer, Periode des *Periodensystems.

• Nebenquantenzahl $l = 0,1,2,\ldots,n-1$: Bahn- bzw. Orbitalform: s,p,d,f-Orbitale.

• Magnetquantenzahl $m = 0,\pm 1,\pm 2,\ldots \pm l$: räumliche Lage des Orbitals zum äußeren Magnetfeld; Entartung der s,p,d,f-Orbitale.

• Spinquantenzahl $s = \pm {}^1\!/\!_2$; Eigendrehimpuls des Elektrons.

2) Quantenzahlen für die Energiezustände im Atomkern und in angeregten Molekülen.

Quantile
Statistik: Parameter zur Beschreibung einer Verteilung; teilt die geordnete Reihe von Messwerten in zwei (*Median), vier (Quartile), fünf (Quintile) oder zehn Teile (Dezile).

Quantity
[engl.] -größe, -menge.

Quart
1) Altes Volumenmaß („Viertel"), auch in anderen Ländern: [span.] cuarto, [ital.] quarto, [schwed.] kvart.

1 Quart =
= 9,07 Liter (Brasilien, *quarto*)
= 3,25 Liter (Frankreich, *quarte*)
= 3,46 Liter (Portugal, *quarto*)
= 1 Liter (Polen, *kwarta*)
= 0,25 Liter (Polen, *kwarterka*)
= 1,145 Liter (Preußen)
= 0,3 Liter (Sachsen)
= 19,73 Liter (Schweiz, *grand quart*)
= 4,93 Liter (Schweiz, *petit quart*)

2) Früher: 741 Liter Getreide (Bremen).

3) *Quartier, *Stoof, *Steuerquartier.

4) *Papierformat: Viertelbogen.

5) **Quarta.** Früher vierthöchste (dritte) Klasse eines Gymnasiums; heute antiquiert für die 7. Klasse für alle Schularten.

Quart (qt)
1) **Fluid quart** *GB*, veraltet!

1 Quart *GB* = 1136,5 225 Centimeter^3 =
= 0,04 013 591 Cubic foot
= 69,35 486 Cubic inch
= 0,25 [exakt] Gallon *GB*
= 8 Gill *GB*
= 1,1 365 225 Liter
= 40 Ounce (*GB*, fluid)
= 2 Pint *GB*
= 1,032 057 Quart (*US*, dry)
= 1,200 950 Quart (*US*, liquid).

2) EG-Amtsblatt L262 vom 27. Sept. 1976: 1 qt = $1{,}137 \cdot 10^{-3}$ m^3.

3) **Liquid quart** *US*, für Flüssigkeiten:

1 Quart (*US*, liquid) =
= 946,35 295 Centimeter^3
= 0,03 342 014 Cubic foot
= 57,75 Cubic inch
= 256 Dram (*US*, fluid)
= $^1/_4$ Gallon *US*
= 8 Gill *US*
= 0,94 635 295 Liter
= 32 Ounce (*US*, fluid)
= 2 Pint (*US*, liquid)
= 0,8 326 742 Quart *GB*

= 0,8 593 670 Quart (*US* dry).
4) Dry quart *US,* für Feststoffe:
1 Quart (*US*, dry)=
= 0,03 125 ($^1/_{32}$) Bushel *US*
= 1101,221 Centimeter^3
= 0,03 888 925 Cubic foot
= 67,200 625 Cubic inch
= 1,101 221 Liter
= $^1/_8$ Peck *US*
= 2 Pint (*US*, dry)
= 1,163 647 Quart (*US*, liquid)
= 0,968 945 Quart *GB*.

Quartal
[lat.] *quartale anni*, „Viertel des Jahres" (*Jahreszeiten): 1 Quartal = $^1/_4$ Jahr = 3 Monate.

Quartarius
[lat. „Viertelmaß"]. Altes, römisches Volumenmaß: 1 Quartarius = $^1/_4$ Sextarius = 0,137 Liter.

Quartaut
Altes Volumenmaß aus Frankreich:
1 quartaut = 67,06 Liter.

Quarte
1) Altes französisches *Quart.
2) Der vierte Ton der diatonischen Tonleiter. *Tonintervall von fünf Halbtönen (Frequenzverhältnis 4:3).

Quartel
Altbayerisches Volumenmaß für Flüssigkeiten:
1 Quartel = 0,27 Liter.

Quarter (qr.)
1) Veraltet! Britische Volumeneinheit:
1 Quarter (*GB*, capacity) = 8 bushel *GB* =
= 64 Gallon *GB*
= 290,9 Liter.
2) Veraltet! Britisches Handelsgewicht:
1 Quarter (*GB*, mass) = 2 stone =
= 28 Pound (lb.avdp.)
= 448 Ounce (oz.avdp.)
= 7168 Dram (dr.avdp.)
= 19 597 Scruple
= 195 973 Grain
= 12,70 Kilogramm.
3) 1 Quarter (*US*, mass) = 11,34 Kilogramm
1 Quarter (*US*, long) = 560 Pound;
1 Quarter (*US*, short) = 500 Pound.
4) *Winchester quarter.

Quarter-Eagle
Nordamerikanische Goldmünze.

Quarteron
1) [frz. „Viertel, Handvoll, fünfundzwanzig"] Altes Volumenmaß und Gewicht aus der Schweiz:
1 quarteron =
= 10 Émines = 15,0 Liter [nach 1853]
= $^1/_4$ Livre usuel = 125 Gramm.
2) Altes Flächenmaß aus Frankreich:
1 quarteron = 1076 Meter^2.

Quartier (= Quart)
1) Altes Volumenmaß, ursprünglich ein Viertel eines größeren Maßes; regional unterschiedlich:
1 Quartier =
= 0,27 Liter (Bayern)
= 0,94 Liter (Braunschweig)
= 0,8 Liter (Bremen)
= 0,9 057 Liter (Hamburg)
= 0,97 Liter = 2 Stößel (Hannover)
= 0,9 Liter (Lübeck)
= 0,8 897–0,9 735 Liter (Norddtl.)
= 1,145 Liter (Preußen, *Quart*).

Quartilho
Altes Flüssigkeitsmaß aus Portugal:
1 Quartilho = 0,34 bzw. 0,353 bzw. [heute] 0,5 Liter.

Quarto *Quart.

Quatember
[lat.] Katholisch-kirchlich-liturgische Bußtage Mittwoch, Freitag, Samstag zu Beginn jedes Vierteljahres: nach dem 3. Adventssonntag, in der 1. Fastenwoche, nach Pfingsten, nach dem 3. Septembersonntag.

Quattrino
[ital. „Heller"]. Kleine italienische Kupfermünze des Mittelalters und der Neuzeit.

Quattrocento
[ital.] Vierhundert; das 15. Jahrhundert in Italien (Frührenaissance).

Quecksilbersäule
*Barometer, *mmHg, *Torr.

Queen Anne's *US-Einheiten.

Quellenspannung *Zellspannung.

Quentchen
Auch: **Quäntchen, Quent, Quint, Quintlein.**
Altes deutsches Kleingewicht:
1 Quäntchen =
= $^{10}/_6$ (1,67) Gramm [nach 1858]
= 3,65 Gramm [bis 1858]
= 3,9 bis 4,4 Gramm [noch früher].

Quentin
Historisch! 5,0 Gramm (Norddtl.).

Querdehnung
In der Werkstofftechnik die relative Änderung des Durchmessers: $\varepsilon_q = \Delta d / d$ (Dimension 1).

Querkontraktionszahl
Mechanische Werkstoffkenngröße:

$$\eta = \frac{\text{Querdehnung } \varepsilon_q}{\text{Längsdehnung } \varepsilon_l} \quad \text{(Dimension 1)}$$

Maß für die Anisotropie des Kristallgitters.

Quertriebsbeiwert
Auftriebsbeiwert, in der Strömungsmechanik:

$$c_Q = \frac{F_Q}{p_k A} \quad \text{(Dimension 1)}$$

F_Q Querkraft = durch die Strömung hervorgerufene Kraft quer zur Strömung, p_k Staudruck = kinetischer Druck, A Projektion der tragenden Fläche (z. B. Länge mal Breite eines Tragflügels.

Quesita
Biblisches Gewicht (z. B. Gen 33,19; Jos 24,32; Job 42,11). Uralte Bezeichnung unbekannter Herkunft, Wert unbekannt.

Quest-Zahl
Medizin: Lebensgefahr durch Unterernährung besteht, wenn die Gewichtsabnahme eines wachsenden Organismus 20% des früheren Höchstgewichtes erreicht.

Quetzal (Q)
Währungseinheit in Guatemala:
1 Quetzal (Q) = 100 Centavos (c, cts)
= [früher] 60 Pesos = ca. $^1/_6$ US-$.

queue
Altes Flüssigkeitsmaß aus Frankreich:
1 queue = 402,3 Liter.

Queze
Altes Längenmaß aus Persien:
1 Queze = 63 bis 95 Centimeter.

Quilat
Altes Gewicht für Juwelen aus Portugal:
1 Quilat = 0,206 Gramm.

Quinar Römische Goldmünze.

Quincunx
1) [lat. „fünf Unzen"]. Römisches Gewicht:
1 Quincunx = $^5/_{12}$ As = 136,4 Gramm.
2) Altes römisches Volumenmaß:
1 Quincunx = $^5/_{12}$ Sextarius = 0,225 Liter.

Quincupedal (= quique-pedal)
Römisches Längenmaß: Messstange von 5 römischen Fuß.

Quiñon
Altes Flächenmaß von den Philippinen:
1 quiñón = 2,795 Hektar.

Quinquagesima
[lat. „fünfzig"] Kirchlich: Der 1. Sonntag in der siebenwöchigen Vorbereitung auf Ostern. Die 50 Tage vom Ostersonntag bis einschließlich Pfingstsonntag.

Quinquennium
[lat. *quinque*, „fünf"] Zeitraum von fünf Jahren.

Quint
1) Quinta [lat. „die Fünfte"]. 1882 in Preußen eingeführte Bezeichnung für die zweite (fünftletzte) Klasse eines Gymnasiums; heute antiquiert die 6. Klasse für alle Schularten.
2) Quinte. Der 5. Ton der diatonischen Tonleiter; *Tonintervall von 7 Halbtönen (Frequenzverhältnis 3:2).

Quintal (q)
1) [frz., span., port. „Zentner"]. Altes Handelsgewicht in Frankreich, Südeuropa und Lateinamerika:
1 Quintal ≙ 100 Pfund =
= 45,94 [später 100] Kilogramm =
= 100 Libras (Argentinien)
= 47 Kilogramm = 100 Livre (Belgien)
= 58,75 Kilogramm (Brasilien)
= 46 Kilogramm (Chile)
= 48,951 Kilogramm = 100 Livre (Frankreich)
= $^1/_3$ Charge (Paris)
= 45,36 Kilogramm (Großbritannien)
= 45,95 Kilogramm (Mexiko)
= 58,75 Kilogramm (Portugal)

= 50 Kilogramm (Schweiz)
= 45,95 [od. 46,01] Kilogramm (Spanien)
= 46 Kilogramm = 100 pounds *US* (*cental*).
2) Metrisches Quintal (vgl. *Zentner)
1 quintal métrique = 100 Kilogramm (Frankreich bis 1.1.1840)
1 quintale = 100 Kilogramm (Italien)
1 Quintal *US* = 100 Kilogramm
1 Quintal = 100 Kilogramm (Österreich).

Quintilis *Jahr.

Quintilliarde
[frz., engl., d.] Tausend Quintillionen: 10^{33} (1 mit 33 Nullen). Keine Entsprechung im *US*-Englisch!

Quintillion
1) [frz., engl., d.] Tausend Quadrilliarden: 10^{30} (1 mit dreißig Nullen)
= eine Million Quadrillionen ($10^6 \cdot 10^{24}$)
= eine Milliarde Trilliarden ($10^9 \cdot 10^{21}$)
= eine Billion Trillionen ($10^{12} \cdot 10^{18}$) u.s.w.
2) Vorsicht! In Amerika:
1 quintillion *US* = 1 Trillion (10^{18}).

Qumran *Bat.

Quo
Alte Flächeneinheit aus *Annam:
1 quo = 1,07 Hektar.

Quote
[engl.] *quota, ratio*, Verhältnis zweier *zählbarer* Größen gleicher Dimension mit dem Größwert höchstens 100% = 1. Beispiel:
Fehlerquote = Fehlerzahl/Gesamtzahl.

Quotient
Verhältnis zweier oder mehrerer Größen.
1) assimilatorischer Quotient. Pflanzenatmung: für jedes Molekül CO_2 wird ein Molekül O_2 gebildet ($O_2/CO_2 = 1$).
2) C/N-Quotient. Kohlenstoff-Stickstoff-Verhältnis.
3) D/N-Quotient. Glucose-Stickstoff-Verhältnis im Harn von Diabetikern.
4) oxidativer Quotient. Bei der Muskeltätigkeit verbrauchte Milchsäure, im Verhältnis zur oxidativ abgebauten.
5) *respiratorischer Quotient.

Quotientenmesswerk
*Elektromechanisches Messwerk.

Qvadratrode
Altes Flächenmaß aus Dänemark:
1 Qvadratrode = 10 Qvadratfod = 9,85 Meter^2.

Qvintin
Alte Masseneinheit aus Dänemark:
1 Qvintin = 5 Gramm.

Formelzeichen

Physikalische Größe	Symbol	Einheit	Definition
Radius radius	r	m	
Ionenradius ionic radius	r_i	m	
Gleichgewichtsabstand interatomic equilibrium distance	r_e	m	
Grundzustandsabstand ground state distance	r_0	m	
Nullpunktabstand zero-point average distance	r_z	m	
Ortsvektor position vector	$\vec{r}, \vec{R}$	m	
Geschwindigkeit velocity	$\dot{\vec{r}}$	m/s	siehe v
Gittervektor lattice vector	$\vec{R}, \vec{R}_0$	m	siehe $\vec{a}$
Gleichgewichtsort equilibrium position vector	$\vec{r}_0, \vec{R}_0$	m	
Kugelkoordinaten spherical polar coordinates	r, θ, φ	m, 1, 1	
Ruck jerk	(r)	$\mathrm{m/s^3}$	siehe h
Schalldämm-Maß, -zahl sound reduction factor	R	– $= 1$	
(molare) Gaskonstante (molar) gas constant	R	$\frac{\mathrm{J}}{\mathrm{mol\,K}} = \mathrm{m^2 kg\, s^{-2} K^{-1} mol^{-1}}$	$R = k_B N_A$
Spezifische Gaskonstante specific gas constant	R_i	$\frac{\mathrm{J}}{\mathrm{kg\,K}} = \mathrm{m^2\, s^{-2} K^{-1}}$	
Wärmewiderstand thermal resistance	R	K/W $= \mathrm{m^{-2} kg^{-1} s^3 K}$	
elektr. (Wirk-)Widerstand electrical resistance	R	$\Omega = \mathrm{V/A} = \mathrm{m^2 kg\, s^{-3} A^{-2}}$	$R = U/I$
Durchtrittswiderstand charge transfer resistance	R_{ct}	Ω	
Elektrolytwiderstand electrolyte resistance	R_{el}, R_Ω	Ω	
Hall-Konstante Hall coefficient	$R_H, (A_H)$	$\mathrm{m^3/C} = \mathrm{m^3 s^{-1} A^{-1}}$	
Realteil der Impedanz impedance real part	$\mathrm{Re}\, \underline{Z}$	$\Omega = \mathrm{V/A} = \mathrm{m^2 kg\, s^{-3} A^{-2}}$	
Molrefraktion molar refraction	R, R_m	$\mathrm{m^3/mol} = \mathrm{m^3 mol^{-1}}$	$R = \frac{n^2-1}{n^2+2} V_m$
magnetischer Widerstand, Reluktanz reluctance	R_m	$\mathrm{H^{-1}} = \mathrm{A/Wb} = \mathrm{m^{-2} kg^{-1} s^2 A^2}$	

Geschwindigkeit speed	$\lvert\vec{r}\rvert$	m/s		siehe $v = \lvert\vec{v}\rvert$
Reaktionsgeschwindigkeit rate of reaction	r	$\mathrm{mol\,s^{-1}m^{-3}}$		$r = \frac{dc}{dt} \cdot \frac{1}{\nu_i}$
Elektronenradius electron radius	r_e	m	1	
Kernradius radius of a nucleus	R	m	1	
Rydberg-Konstante Rydberg constant	R_∞	$\mathrm{m^{-1}}$		*Konstanten
mittlere lineare Reichweite average linear range of action	$R, \bar{R}$	m		(Atomphysik)
mittlere Massenreichweite average range of action per unit area	R_ρ, R_m	$\mathrm{kg/m^2}$		
Übergangsmoment transition dipole moment	$\vec{R}$	C m	= m s A	siehe $\vec{M}$

ϱ, ρ (Rho)

Dichte density, mass density	ϱ	$\mathrm{kg\,m^{-3}}$		$\varrho = \frac{m}{V}$
Normdichte density at standard conditions	ϱ^0	$\mathrm{kg\,m^{-3}}$		$\varrho^0 = M/V_\mathrm{m}$
Massenbedeckung surface density	$\varrho_\mathrm{A}, \varrho_\mathrm{S}$	$\mathrm{kg\,m^{-2}}$		$\varrho_\mathrm{A} = \frac{m}{A}$
Schallreflexionsgrad acoustic reflection factor	ϱ	–	= 1	$\varrho = \frac{P_\mathrm{r}}{P_0}$
Zustandsdichte density of states	$\varrho(E)$	$\mathrm{J^{-1}}$	$= \mathrm{m^{-2}kg^{-1}s^2}$	$\varrho(E) = \frac{\mathrm{d}N}{\mathrm{d}E}$
Spezifischer Widerstand resistivity	ϱ	$\Omega\mathrm{m}$	$\mathrm{m^3kg\,s^{-3}A^{-2}}$	$\varrho = R\,\frac{A}{l}$
Widerstandstensor resistivity tensor	$\boldsymbol{\varrho}, \varrho_{ik}$	$\Omega\mathrm{m}$		$\vec{E} = \varrho\vec{j}$
Raumladungsdichte space charge density	$\varrho(\vec{r})$	$\mathrm{C\,m^{-3}}$	$= \mathrm{m^{-3}s\,A}$	$\varrho = Q/V$
Quantenmech. Elektronendichte charge density of electrons	ϱ	$\mathrm{C\,m^{-3}}$	$= \mathrm{m^{-3}s\,A}$	$\varrho(\vec{r}) = -eP$
spezif. Wärmewiderstand specific thermal resistance	ϱ_th	K m/W		
Reflexionsgrad reflectance, reflection factor	ϱ	–	= 1	$\varrho = \frac{\Phi_\mathrm{r}}{\Phi_0}$
Strahlungsenergiedichte spectral radiant energy density	$(\varrho), w$	$\mathrm{W\,s\,m^{-3}}$		$\varrho = dW/dV$
– wellenlängenbezogen in terms of wavelength	ϱ_λ	$\mathrm{J\,m^{-4}}$	$= \mathrm{m^{-2}kg\,s^{-2}}$	$\varrho_\lambda = \frac{\mathrm{d}\varrho}{\mathrm{d}\lambda}$
– frequenzbezogen in terms of frequency	ϱ_ν	$\mathrm{J\,m^{-3}Hz^{-1}}$	$= \mathrm{m^{-1}kg\,s^{-1}}$	$\varrho_\nu = \frac{\mathrm{d}\varrho}{\mathrm{d}\nu}$
– wellenzahlbezogen in terms of wavenumber	$\varrho_{\tilde{\nu}}$	$\mathrm{J/m^2}$	$= \mathrm{kg\,s^{-2}}$	$\varrho_{\tilde{\nu}} = \frac{\mathrm{d}\varrho}{\mathrm{d}\tilde{\nu}}$
Reaktivität reactivity	ϱ	–	= 1	

R
Eastern Standard Time (z. B. kurz 1045 R für 10:45 Uhr EST); früher Abkürzung für: Röntgen; Index [DIN 1304]: Reibung...; Mathematik: „steht in Relation“ (z. B. $x\ R\ y$), Menge der reellen Zahlen.

°R
Veraltet! Abkürzung für: Grad Réaumur, *degree Réaumur* [nicht zu verwechseln mit *Rankine], *Thermometerskalen.

r
Abkürzung für: *reaction*, Reaktion; *reverse*, rückwärts; Index (DIN 1304) für: Reflexion; Mathematik: Rang einer Matrix $r(\boldsymbol{A})$.

Ra
1) Zeichen für das *chem. Element Radium.
2) Altes Volumenmaß aus Ägypten:
1 Ra = 0,0015 Liter.

rac
Abk. f.: *racemic*, recemisch, Racemat (DL).

Ración
Altes Volumenmaß aus Spanien („Portion“):
1 ración = 0,29 Liter.

rad *Rad, *Radiant.

Rad (rad)
EDV: RAD, Veraltet! Engl. *radiation adsorbed dose*. Seit Ende 1977, im medizinischen Bereich Ende 1985 gesetzlich verbotene Einheit der absorbierten Strahlendosis:
1 rad =
= 100 Erg/Gramm
= 0,01 Gray
= 1 Centigray (cGy)
= 0,01 Joule/Kilogramm
= 100 Erg/Sekunde
= $6{,}24 \cdot 10^7$ Megaelektronvolt/Gramm.

rad
Abkürzung für: Bogenmaß, Radiant, *radian;* Index [DIN 1304]: radial.

Radiance [engl.] *Strahldichte.

Radiant [engl.] Strahl-, Leucht-.

Radiant (rad)
Engl. **radian,** Einheit des Bogenmaßes. Radiant und Steradiant werden wie dimensionslose Größen behandelt; die Kürzel rad und sr dürfen entfallen, sofern Missverständnisse ausgeschlossen sind.
1 rad =
= 1 Meter/Meter
= 57,295 780° (Winkelgrad) = $180°/\pi$
= $57°17'44{,}6''$
= 63,66 198 Gon (= Neugrad, *grade*)
= 3437,747 ′ (Winkelminute)
= 0,6 366 198 ($2/\pi$) Quadrant
= 0,1 591 549 ($^1/_{2\pi}$) Umdrehung
(Circumference, Revolution)
= $2{,}062\,648 \cdot 10^5$" (Winkelsekunde).

Radiant pro...
1) ...Centimeter
1 rad/cm =
= 5,729 578°/mm (Grad/Millimeter)
= 1746,375 degree/foot
= 145,5 313 degree/inch.
2) ...Sekunde
1 rad/s = 9,549 297 Umdrehung/Minute.
3) ...Sekundequadrat
1 rad/s^2 = 572,9 578 Umdrehung/Minute^2.

Radiation [engl.] Strahlung, Strahlungs...

Radioaktivität
kurz **Aktivität** A (in *Becquerel); *dosimetrische Größe zur Kennzeichnung von Strahlenquellen; Anzahl $-\mathrm{d}N$ der radioaktiven Umwandlungen pro Zeitintervall $\mathrm{d}t$:

$$A = -\frac{\mathrm{d}N}{\mathrm{d}t} = \lambda N = \frac{\ln 2 \cdot N}{T_{1/2}}.$$

Die Restaktivität eines Radionuklids mit der Halbwertzeit $T_{1/2}$ nach der Zeit t ist:

$$A(t) = A(0) \cdot \mathrm{e}^{-(\ln 2) \cdot t / T_{1/2}}$$

Halbwertzeit:

$$T_{1/2} = \frac{\ln 2}{\lambda} \approx \frac{0{,}693}{\lambda}$$

Restmenge (radioaktives Zerfallsgesetz):

$$N(t) = N_0\, e^{-\lambda t} \text{ oder } \ln \frac{N(t)}{N_0} = -\lambda t$$

N_0 Teilchenzahl zur Zeit $t = 0$;
$t_{1/2}$ Halbwertzeit (s); λ Zerfallskonstante (s^{-1}).

Radiologische Größen
*Fotometrie, *Strahlungseinheiten.

Radiotoxizität
Giftigkeit ionisierender Strahlen durch ein in den Körper aufgenommenes Radionuklid.

Freigrenzen:
Klasse I (z. B. ^{3}H): bis 3,7 MBq
Klasse II (z. B. ^{24}Na): bis 0,37 MBq
Klasse III (z. B. ^{60}Co) bis 0,037 MBq
Klasse IV (z. B. ^{239}Pu) bis 0,0037 MBq

Radiumemanation (E)
Veraltet! Wie *Nitron* und *Emanation*, Bezeichnung für das Edelgas Radon ($^{222}_{88}Rn$), das beim Zerfall von Radium entsteht; vgl. *stat.

Radium-Standard-Kommission *Curie.

Radon *Curie.

Rahar
Alte Masseneinheit aus Arabien:
1 Rahar = ca. 200 Kilogramm.

Rai
Altes Flächenmaß aus *Siam:
1 rai = 16 Ar.

Raitpfennig
Rechenpfennig aus Kupfer, v. a. in österreichischen und böhmischen Rechnungskammern (Raitkammern) des 17. und 18. Jh.s.

Ralica (= Ralo)
Altes Flächenmaß aus Jugoslawien:
1 ralica (ralo) = 25 Ar.

Rand (R)
Iso-Code: ZAR, Währungseinheit in Südafrika und Namibia, vgl. *Loti:
1 Rand = 100 Cents = ca. 0,37 DM.

Randspannung *elektrische Spannung.

Randwinkel *Benetzungswinkel.

Raoultsches Gesetz *Aktivität.

Rappen
[frz.] centime, [ital.] centesimo. Schweizer Scheidemünzeneinheit; ab dem 14. Jh. brakteatförmiger Pfennig, ursprünglich mit dem Bild eines Rappenkopfes:
1 Rappen = $^{1}/_{100}$ Schweizer Franken.

Rasa
Altes Volumenmaß aus Portugal:
1 Rasa = 1 Alqueire = ca. 20 Liter.

rat
Index (DIN 1304) für: Bemessungswert, engl. *rated value*; Beurteilung, engl. *rating*.

Rate
Zeitbezogene Größe für stochastische, ortsfeste Vorgänge; speziell für chemische und radiologische Vorgänge. Beispiele:
Zählrate = Ereignisse/Zeit,
Impulsrate = Impulszahl/Zeit,
Reaktionsrate = Reaktionen/Zeit,
Produktionsrate = Stückzahl/Zeit,
Ionendosisrate = Ionendosis/Zeit.

rate [engl.] Rate, Geschwindigkeit...

Rated value [engl.] *Bemessungswert.

Ratenkonstante *Gesetzliche Einheiten.

Rating [engl.] *Bemessungsdaten.

Rationales Einheitensystem
*Lorenzsches Einheitensystem.

Rattl
Alte Masseneinheit aus Nordafrika, Äthiopien und Vorderasien:
1 Rattl =
= 327 bis 1011 Gramm (Ägypten)
= 614 Gramm (Algerien)
= 468 Gramm (Altarabien)
= ca. 310 Gramm Äthiopien)
= 449 bis 540 Gramm (Marokko)
= 3,2 Kilogramm (Palästina und Syrien).

Rau(h)e Mark *Mark.

Rau(h)igkeitshöhe
In der Meteorologie und Geophysik:

$$z_0 = z\,\mathrm{e}^{-v_\mathrm{h}\cdot Ka/u_*} \quad \text{(in *Meter)}$$

z Höhe über Grund, v_h horizontale Windgeschwindigkeit, $u_* = (\tau/\varrho)^{1/2}$ Schubspannungsgeschwindigkeit, Ka Kármán-Zahl.

Raumanteil *Volumenanteil.

Raumbeleuchtungsstärke
*fotometrische Einheiten und Größen.

Raumbestrahlung(sstärke)
*Beleuchtungsstärke.

Raumdosis
Integraldosis; Summe der wirksamen Strahlendosen in allen Raumelementen. Früher: *Röntgenliter (rl).

Raumgewicht

Veraltet! Das Gewicht je Raumeinheit, einschließlich Hohlraumvolumen; im Gegensatz zum veralteten spezifischen Gewicht, das sich auf porenfrei gedachte Massen bezieht. *Schüttdichte.

Raumladungsdichte

(ϱ oder ϱ_e), volumenbezogene Ladung, auf das Leitervolumen bezogene elektrische Ladungsmenge; räumliche Dichte der elektrischen Ladung Q in einem Raumgebiet vom Volumen V:

$$\varrho = \frac{dQ}{dV} \quad \text{Einheit: } \frac{C}{m^3} = \frac{A\,s}{m^3}$$

Raummeter (Rm, rm, = Ster)

Veraltet! Seit Ende 1977 ungesetzliche Volumeneinheit für gesägtes Schichtholz einschließlich der Luftzwischenräume:
1 Raummeter = 1 Meter^3
= ca. 0,7 Festmeter.

Raumwinkel (Räumlicher Winkel)

1) Der Raumwinkel Ω, unter dem ein Gegenstand von einem Beobachtungspunkt aus erscheint, ist der Quotient aus der Zentralprojektion des Gegenstandes auf eine um den Punkt gelegte Kugel und dem Quadrat des Kugelradius (DIN 5031). Oder: Der Raumwinkel ist definiert als das Verhältnis der Fläche, den ein Kegelmantel aus einer Kugeloberfläche ausschneidet, zum Quadrat des Kugelradius. Die SI-Einheit heißt *Steradiant.

$$\text{Raumwinkel} = \frac{\text{Fläche}}{(\text{Länge})^2}$$

$$\Omega = \frac{A}{l^2} \quad \text{Einheit: sr} = \frac{m^2}{m^2}$$

Anwendung: Die Strahlungsphysik unterscheidet zwischen Strahlungsfluss (Einheit: W) und Strahlstärke (W/sr), die Lichttechnik zwischen Lichtstrom (lm) und Lichtstärke (lm/sr = cd).

2) Raumwinkelelement

$$d\Omega = \frac{dA\,\cos\xi}{r^2}\,\Omega_0$$

$\Omega_0 = 1$ sr, dA Flächenelement, ξ ebener Winkel zwischen Flächennormaler (auf dA) und Richtung vom Scheitelpunkt.

3) Vektorieller Raumwinkel

$$\vec{\Omega} = \int d\vec{\Omega} = \frac{1}{2} \oint d\vec{\alpha}$$

α ebener Winkel, $d\vec{\alpha} = \vec{r}_0 / r\, d\vec{l}$ Linienelement der geschlossenen Kurve um die Fläche A, r Abstand Kugelmittelpunkt und dl.

Raumwinkelprojektion

Nach DIN 5031 T1 das Integral:

$$\Omega_p = \int \cos\xi \, d\Omega.$$

Notwendig zur Berechnung der Strahlungsleistung, die ein Flächenelement dA bei konstanter Strahldichte L unter dem Winkel ξ gegen die Flächennormale in den Raumwinkel Ω abstrahlt:

$$d\Phi = L\,dA\,\Omega_p$$

Vgl. *geometrischer Fluß.

Rauschleistungsdichte

*Größenverhältnis.

Rayl

Veraltet! Ungesetzliche Einheit der spezifischen Schallimpedanz im *absoluten mechanischen Maßsystem; benannt nach dem englischen Physiker LORD RAYLEIGH (1842--1919, Nobelpreis 1904).
1 Rayl =
= 1 Gramm/(Centimeter^2·Sekunde)
= 1 Mikrobar-Sekunde/Centimeter
= 10 Newton-Sekunde/Meter^3
= 10 Pascal-Sekunde/Meter.

Rayleigh-Schleife

*magnetische Stoffkennzahlen.

Rayleigh-Zahl *Kennzahlen.

Rb

Zeichen für das *chem. Element Rubidium.

RBW

Relative biologische Wirksamkeit einer Strahlung auf ein Gewebe, verglichen mit γ-Strahlung, die zur gleichen Schädigung führt; vgl. *Äquivalentdosis.

$$\text{RBW} = \frac{\gamma\text{-Strahlendosis}}{\text{gegebene Strahlendosis}}$$

rcf Index (DIN 1304) für: Gleichrichtwert.

rd Index (DIN 1304) für: Strahlung.

rds

Abkürzung für: *rate-determining step*, geschwindigkeitsbestimmender Schritt.

Re

1) Zeichen für das *chem. Element Rhenium.
2) Abk. f.: Realteil (einer komplexen Größe).

Reactive [engl.] „Blind...".

Reactive kilovolt-ampere *kvar.

Reaktionsgeschwindigkeit
Reaktionsrate: nach DIN 13345 die Geschwindigkeit einer chemischen Reaktion; die volumenbezogene Umsatzgeschwindigkeit:

$$r = \frac{\dot{\xi}}{V} = \frac{1}{\nu_i}\frac{dc_i}{dt} \quad \text{Einheit: } \frac{\text{mol}}{\text{m}^3\,\text{s}}$$

Im Gleichgewicht ist $r = 0$. Vgl. *Geschwindigkeitskonstante, *Aktivierungsenergie, *Zellspannung.

Reaktionskinetische Einheiten
*Gesetzliche Einheiten.

Real
[lat. *regalis*, „königlich"]. Alte Kupfer- und Silbermünzen in Spanien und Portugal; in der Neuzeit Kleinmünzeneinheit zu $^1/_8$ Peso.

Realteil
„Wirkanteil" einer *komplexen Größe, z. B. *Impedanz.

rec
Index (DIN 1304) für: Empfang, lat. *recipere*, engl. *received.*

Rechter Winkel
[engl.] *right angle.* Ein Winkel von 90° oder 100 gon im Winkelmaß oder $\pi/2$ im Bogenmaß oder [veraltet] 100 Neugrad.

Rechtsvorausrichtung (rv)
[engl.] *dead ahead,* in der Seefahrt: in die Horizontalebene projizierte, nach vorn orientierte Richtung der Fahrzeuglängsachse (nur Seefahrt).

rect Abkürzung für: *rectangular,* rechteckig.

red
Abk. und Index [DIN 1304]: reduziert (z. B. Luftdruck), *reduced*; reduzierte Spezies.

Redoxpotential
In einem Redoxsystem (z. B. $Fe^{2\oplus} \rightleftharpoons Fe^{3\oplus} + e^{\ominus}$) gegen eine Bezugselektrode gemessene Spannung; vgl. *Normalpotential.

Redundanz
[lat. „Überfülle"]; überflüssiger Beschreibungsaufwand; Teil der Nachricht ohne Informationswert; vgl. *Shannon.

Reduzierte Größe
Auf einen vereinbarten Zustand umgerechnete Größe; keine bezogene Größe. Beispiele: Reduzierte Gasdichte = auf den Normzustand umgerechnete Gasdichte; Reduzierter Luftdruck = auf Normalnull umgerechneter Luftdruck. Reduziertes *Volumen, reduzierte *Blindleistung.

Reep
Altes Raummaß für langes Brennholz aus Bremen: 1 Reep = 2,45 Raummeter.

ref
1) Abkürzung und Index (DIN 1304) für: *reference,* Referenz, Bezugswert.
2) Altes Längenmaß aus Schweden:
1 ref = 29,69 Meter.

Referenz... *Bezugs...

Referenzzustand
Ein durch bestimmte Werte von Referenzgrößen (z. B. Temperatur T_{ref} und Druck p_{ref}) festgelegter Zustand eines festen, flüssigen oder gasförmigen Stoffes, vgl. *Normzustand.

Reflectance [engl.] Reflexionsgrad.

Reflexionsfaktor, Reflexionsgrad
*fotometrische Einheiten und Größen.

Refractive [engl.] Brechungs...

Refraktion
Lichtbrechung im optischen System od. Auge.

Regiment
Militärischer Truppenverband:
1 Regiment =
= 3 Bataillonen (Infanterie)
= 3 Abteilungen (Artillerie)
= 6 Schwadronen (Kavallerie)
= 2 Abteilungen (Panzertruppen).

Register *Papierformate.

Registertonnage *Nettoregistertonnage.

Registertonne (RT)
1) Bruttoregistertonne (BRT, engl. *gross register ton,* GRT). Veraltet! Nichtgesetzlich! Der gesamte, umbaute Rauminhalt eines Schiffes, einschließlich der Aufbauten. Heute: *Bruttoraumzahl.

1 BRT =
= 1 Register ton *GB/US*
= 100 Cubic foot
= 2,831 685 Meter^3.
2) Nettoregistertonne (NRT). Veraltet! Raummaß für die Ladefähigkeit von Schiffen; Gesamtrauminhalt ohne die für den Schiffsbetrieb erforderlichen Räume; ab Innenkante der Laderäume gemessen.
3) *Bruttoraumzahl.

Registrierendes Messgerät
*messtechnische Begriffe.

Reibungszahl
Koeffizient μ für Festkörperreibung, b für Flüssigkeitsreibung, d für Luftreibung (vgl. Tabelle). Verhältnis von Reibungskraft zu Normalkraft:

$$\mu,\ f = \frac{F_R}{F_N} \quad \text{(Dimension 1)}$$

Reichsformat *Papierformate.

Reinabsorptionsgrad
*fotometrische Einheiten und Größen.

Reinheitsgrad
Verhältnis der Masse der Reinsubstanz zur Gesamtmasse einer Wirkstoffportion.

Reintransmissionsgrad
*fotometrische Einheiten und Größen.

Reisestunde
Historisch! 3,7 Kilometer.

Reiß
Altes Maß für Dachschiefer aus Nassau:
1 Reiß = ca. 120 bis 160 Stück.

Reißkilometer (Rkm)
Veraltet! Länge eines Fadens in Kilometer, bei der er aufgrund seines Eigengewichts reißt.

Rektaszension
engl. *right ascension* (α, RA), „gerade Aufsteigung", Differenz zwischen Vollkreis und Sternwinkel β.

$$\alpha = 360^\circ - \beta$$

Der Sternwinkel (β, SHA), engl. *sidereal hour angle,* bezeichnet den Winkel am oberen Pol zwischen dem Stundenkreis durch den Frühlingspunkt und dem Stundenkreis durch das Gestirn (gezählt ab Frühlingspunkt von 000° bis 360° im Sinne der scheinbaren Drehung der Himmelskugel).

rel
Abk. u. Index [DIN 1304]: relativ, *relative.*

Relative Atommasse
Früher „Atomgewicht"; Verhältniszahl, die angibt, um wievielmal die Masse eines Atoms die des Bezugsnuklids Kohlenstoff-12 übersteigt. Definition *atomare Masseneinheit.

Relative Dielektrizitätszahl
*Dielektrizitätszahl.

Relativer Fehler
*messtechnische Unsicherheit.

Relative Größe
Verhältnis zweier Größen gleicher Dimension, im Nenner steht ein festgelegter Bezugswert. Ist der Bezugswert eine stoffabhängige Größe lautet die bessere Benennung -zahl. Beispiele:
Relative Dichte $d = \varrho_1/\varrho_0$,
Relative Feuchte $\phi = p_{H_2O}/p_{H_2O,s}$.
Statt relative Höhe besser: Höhendifferenz, statt Relativgeschwindigkeit besser: Geschwindigkeitsdifferenz.

Reluktanz
*magnetische Einheiten und Größen.

Rem
Biologisches Röntgenäquivalent, engl. *röntgen equivalent man.* Veraltet! Bis Ende 1985 zugelassene Angabe der Äquivalentdosis einer beliebigen Strahlung, die denselben biologischen Effekt erzeugt wie 1 Röntgen Hochspannungs-Strahlung:
1 rem = 0,01 Sievert = 0,01 Joule/Kilogramm.

rem Index (DIN 1304) für: Remanenz.

Remanenzflussdichte
*Ferroelektrische Stoffkennzahlen.

Remen
Altägyptisches Längenmaß: ca. 26 Meter.

Rep
Physikalisches Röntgenäquivalent, engl. *röntgen equivalent physical.* Veraltet! Vor 1969 vorgeschlagene, international nicht akzeptierte Einheit (stattdessen: rad) zur Angabe der absorbierten Strahlungsdosis für eine beliebige ionisierende Strahlung:
1 rep = 83 oder 93 Erg/Gramm.

Tabelle R.1 Reibung, Luftreibung und Umströmung.

äußere Reibung (Festkörperreibung)	innere Reibung (laminare Flüssigkeitsreibung)	turbulente Reibung (Luftreibung)
$F_R = \mu F_N$	$F_R = b\,v$	$F_R = d\,v^2$
	Laminare Umströmung einer Kugel	„Luftwiderstand"
F_N Normalkraft	$b = 6\pi\,\eta\,r$ (Stokes-Gesetz)	$d = \frac{1}{2} c_W \varrho A$
μ Reibungszahl μ_R Rollreibungszahl μ_G Gleitreibungszahl μ_H Haftreibungszahl	b Zähigkeitkoeffizient η Viskosität r Kugelradius	d Luftreibungskoeffizient c_W Widerstandsbeiwert ϱ Dichte A Anströmfläche

Bei Neutronenbestrahlung beispielsweise musste man die am Dosimeter abgelesenen Röntgenwerte mit 8 multiplizieren, um die biologisch wirksame Dosis zu berechnen.

Repetenz *Wellenzahl.

Repp
Altes Raummaß aus Bremen:
1 Repp = 2,45 Raummeter.

Residalvolumen (RV)
Medizin: nach maximaler Ausatmung in den Lungen verbleibendes Luftvolumen; 0,8 bis 1,7 Liter, ca. 30% der Totalkapazität.

Résistance
Medizin: Strömungwiderstand in den Atemwegen; Mundatmung: ca. 0,2 kPa ℓ^{-1}s.

Resistivity
[engl.] spezifischer Widerstand.

Resonanzfrequenz
Auch *Gipfelfrequenz* bzw. *Talfrequenz*, die Frequenz f_r (in *Hertz), bei der die *Übertragungsfunktion eines Schwingungssystems bei Annäherung der Erregerfrequenz an die Eigenfrequenz f_d den größten (oder kleinsten) Wert erreicht.

Resonanzschärfe *Güte.

Resonanzüberhöhung
In der Akustik Synonym für *Güte.

Respiratorischer Quotient

$$RQ = \frac{\text{ausgeatmetes } CO_2}{\text{eingeatmeter } O_2}$$

Für Glucose oder Stärke: 1,0; Protein 0,8; tierisches Fett 0,7; gemischte Diät 0,82. Vgl. *Grundumsatz.

Restaktivität *Radioaktivität.

Reststickstoff
Rest-N. Medizin: Gesamtgehalt an Nichteiweiß-Stickstoff im Blutserum und Urin nach Fällung der Eiweißstoffe. Normalwert: 14,3 mmol/ℓ (Plasma); 1,14 mmol/d (Urin).

Retardierung
Durch *Adsorption verringerte Transportgeschwindigkeit von Fluiden.

rev
Abk. und Index [DIN 1304]: reversibel, umkehrbar.

Revers *Münze.

Reversible Permittivität
*magnetische Stoffkennzahlen.

Revolution
1) [engl.] Vollkreis, Umdrehung
1 Revolution = 1 Umdrehung =
360 Winkelgrad = 400 Neugrad (= grade)
= 6,283 185 (2π) rad.
2) 1 Revolution/minute = 1 Upm
= 6 Winkelgrad/Sekunde.

Reyn
Veraltet! Einheit der dynamischen Vikosität; benannt nach dem britischen Physiker OSBORNE REYNOLDS (1842–1912, Strömungslehre):
1 Reyn =
= 1 Psi-Second (lb.·sec/in.^{2})
= 68 947 Poise
= 6894,76 Pascal-Sekunde.

Reynolds-Zahl *Kennzahlen.

Reziprok

Nach DIN 4898: Zwei Größen heißen reziprok zueinander, wenn eine als Kehrwert der anderen definiert ist. Das Produkt zweier reziproker Größen ist eins. Das Produkt aus einer Matrix **A** und der reziproken oder inversen Matrix $\mathbf{A}^{-1}$ ergibt die Einsmatrix.

Rh

Zeichen für das *chem. Element Rhodium.

rH-Wert (rH)

Analog zum *pH definierte CLARK den *Wasserstoff-Redoxexponenten* (rH) für die Reduktionskraft von Redoxsystemen. rH 5 entspricht Wasserstoff bei 10^{-5} bar an Platin bei pH 0. p_{H_2} ist der – meist hypothetische – Wasserstoffdruck des Redoxsystems.

$$\mathrm{rH} = -\lg\left(\frac{p_{H_2}}{p^0}\right) \overset{25^\circ C}{=} \frac{E_{H_2}}{2 \cdot 0{,}05916} + 2\,\mathrm{pH}$$

rH < 0 Wasserstoffabscheidung
rH = 0 Normal-Wasserstoffelektrode
rH = 42 Sauerstoffelektrode (1,229 V)
rH > 42 Sauerstoffanscheidung

Zur optischen Bestimmung von rH-Werten und Redoxpotentialen werden Redox-Indikatoren eingesetzt.

RHE

Abk. f. Reversible Wasserstoffelektrode, ein von Wasserstoffgas umspültes Platinblech.

rhe

Veraltet! Vor 1969 vorgeschlagene, international nicht akzeptierte Einheit der Fluidität:
1 rhe =
= 10 (Pascal-Sekunde)$^{-1}$ = 1/Poise
= 1 Centimeter-Gramm/Sekunde.

Rheinländische Rute *Rute, *Zollverein.

Ri

Altes Wegemaß aus Japan:
1 Ri = ca. 3,93 Kilometer.
1 Ri marine = 1,85 Kilometer.

Rial (Rl, Mehrzahl: **Reis)**

1) Iranischer Rial
1 Rial (Rl.) = 100 Dinars (D.) ≈ $^1/_{1016}$ DM.

2) Jemen-Rial
1 Y.RI = 100 Fils = $^1/_{26}$ Jemen-Dinar (weiteres Zahlungsmittel) ≈ $^1/_{128}$ US-$ (gekoppelt).

3) Rial Omani. Währungseinheit im Sultanat Oman, an den US-$ gekoppelt:
1 R.O. = 1000 Baizas (Bz.) ≈ $^1/_{2,6}$ US-$.

4) Milreis = 1000 Reis.

Richardson-Zahl

In der Strömungslehre, Meteorologie und Geophysik das Verhältnis von statischer Stabilität zur vertikalen Windscherung der mittleren Windgeschwindigkeit in Strömungsrichtung.

$$Ri = \frac{\dfrac{g}{\Theta}\,\dfrac{\partial\Theta}{\partial z}}{\left(\dfrac{\partial \bar{v}_t}{\partial z}\right)^2} \quad \text{(Dimension 1)}$$

Θ potentielle Temperatur, z Höhe über Grund, v Windgeschwindigkeit.

Richterskala

Nach dem amerikanischen Seismologen CHARLES FRANCIS RICHTER (1900–1935) benannte, ursprünglich 9teilige, heute nach oben offene Skala der Stärke von *Erdbeben, beruhend auf der seismografischen Messung der Schwingungsweiten der Bodenwellen. Die Erdbebenstärke (Magnitude) ist dem Logarithmus der Erdbebenenergie proportional: 0,4 kleinster Erdstoß, 9 schwerstes Erdbeben. Vgl. *Mercalli-Skala.

Richtgröße *Federkonstante.

Richtiger Wert

*messtechnische Unsicherheit.

Richtpfennig

Altes Münzgewicht aus Sachsen:
1 Richtpfennig = $^1/_{65536}$ Münzmark.

Riegel

Alte Maßeinheit für Kohlen aus Westfalen:
1 Riegel = 62,3 Liter (*Balgen).

Riel

Währungseinheit in Kambodscha: 1 Riel (CR) = [früher] 10 Kak = 100 Sen = ca. $^1/_{1541}$ DM.

Riemenfuß

Historisch! Flächenmaß.
= 77 Centimeter^2 (Nürnberg)
= 86 Centimeter^2 (Hamburg).

Riemenrute
Historisch! Flächenmaß.
= 3,0 Meter^2 (Baden)
= 3,8 Meter^2 (Anhalt, Preußen, Rheinland).

Ries (Rs)
1) [mhd. *ris(t)*, arab. *rizma*, „Ballen, Paket“]. Papierzählmaß:
1 Ries = 10 Buch = 100 Hefte = 1000 Bogen.
2) Vor 1877: 1 Ries = 20 Buch = 500 Bogen Druckpapier = 480 Bogen Schreibpapier (*Ballen, Buch).
3) Heute: Allgemein für Papierlagen mit 250 bis 1000 Bogen (je nach Papierdicke).

Rif
Altes Längenmaß aus Jugoslawien:
1 rif = 0,777 Meter.

Rin
Alte japanische Längeneinheit (*Sasi):
1 rin = 0,303 Millimeter.

Ring Zählstückmaß: 1 Ring = 240 Stück.

Ringel
Altes Raummaß für Kohle und Torf:
1 Ringel = 0,55 Hektoliter Kohle.

Ringelmann-Skala
Visuelle Beurteilung des Grauwertes von Abgasfahnen, im Vergleich mit sechs schwarz-weiß gefärbten Rechteckfeldern (0, 20, 40, 60, 80, 100%). Vgl. *Rußzahl

Ringen *Gewichtsklassen im Sport.

Ringgit (RM)
Isocode: MYR, Währungseinh. in Malaysia:
1 Ringgit (RM) = 100 Sen (s) ≈ $^1/_{1,5}$ DM.

Ri(o)
Alte Masseneinheit aus Japan:
1 Ri(o) = 37,8 Gramm.

Ris(t) *Ries.

Riyal
1) Katar-Riyal. Währungseinheit in Dawlat Qaṭar (Vorderasien):
1 Riyal (QR) = 100 Dirhams ≈ $^1/_{2,2}$ DM.
2) Saudi-Riyal (Isocode SAR). Währungseinheit in Saudi-Arabien:
1 S.Rl. = [früher] 30 Qirshes = 100 Hallalas = ca. 0,27 US-$ ≈ 0,44 DM.

rl
Veraltet! *Röntgenliter; vgl. *Raumdosis.

RMB.Y *Yuan.

r.m.s *root-mean-square = Effektiv...

rms voltage *Voltampere.

Rn Zeichen für das *chem. Element Radon.

Rob (Roub, Roubouth)
Alte Volumeneinheit aus Ägypten:
1 ro(u)b(outh) = 8,25 Liter.

Robbah
Alte Volumeneinheit aus Ägypten:
1 robbah = 0,516 Liter.

Rod
Veraltet! Längeneinheit aus England (*Rute):
1 Rod = 1 Perch = 1 Pole
= 16,5 Foot
= $5^1/_2$ Yard
= 5,0 292 Meter [exakt].

Rode(n)
Altes Längenmaß aus Dänemark und Norwegen:
1 Rode = 5 Alen = 10 Fod
= 3,138 Meter (Dänemark).

Roede
Altes Längenmaß aus den Niederlanden:
1 Roede = 12 Voet = 3,677 Meter
= [später] 10 Meter.

Roeneng
Altes Längenmaß aus *Siam:
1 roeneng = 4 Kilometer.

Rohdichte *Dichte, Massendichte.

Rohrer-Index
Medizin: Für die Körperfülle:

$$\mathrm{RI} = \frac{100 \cdot \text{Körpergewicht in g}}{(\text{Körperlänge in cm})^3} \approx 1{,}4$$

Rohrwiderstandszahl
In der Strömungsmechanik:

$$\lambda = \left(-\frac{\partial p}{\partial z}\right)_p \cdot \frac{2\,d_h}{\varrho\,\bar{v}^2} \quad \text{(Dim. 1)}$$

$-\partial p/\partial z$ rohrlängenbezogener Druckverlust, z Koordinate in Hauptströmungsrichtung, d_h *hydraulischer Durchmesser, $\bar{v}$ mittlere Strömungsgeschwindigkeit (Flächenmittelwert).

ROL *Lei.

R

Römische Maße

Zeitmessung: *Kalender; historische Maße: *antike Maße, *Fuß, *Meile, *Joch, *Pfund.

Römische Zahlen

Die Elemente des röm. Zahlensystems sind:

I	V	X	L	C	D	M
1	5	10	50	100	500	1000

Zwischenwerte ergeben sich durch Addition oder Substraktion:

Tiefer Wert		Höherer Wert	
IV:	5 − 1 = 4	VI:	5 + 1 = 6
IX:	10 − 1 = 9	XI:	10 + 1 = 11
XL:	50 − 10 = 40	LX:	50 + 10 = 60
XC:	100 − 10 = 90	CX:	100 + 10 = 110
CD:	500 − 100 = 400	DC:	500 + 100 = 600

Daraus werden alle übrigen Zahlen gebildet. Beispiel: MCMLXXVIII = 1978.

Röntgen (R, r)

Veraltet! [engl.] roentgen, [poln.] rentgen, [russ.] peнтгeн. Ende 1985 gesetzlich verboten! Einheit der Ionendosis; benannt nach dem deutschen Physiker WILHELM CONRAD RÖNTGEN (1845–1923, Nobelpreis 1901); festgelegt als die Strahlungsmenge von Röntgen- oder Gammastrahlen, die auf 1 „Kubikcentimeter" Luft unter Normalbedingungen (= 1,293 Milligramm) eine ionisierende Wirkung der Elektrizitätsmenge 1 e.s.u. bewirkt und $2{,}1 \cdot 10^9$ Ionenpaare erzeugt.

1 Röntgen (R) =
= $2{,}58 \cdot 10^{-4}$ Coulomb/Kilogramm Luft
≡ 258 Mikrocoulomb/Kilogramm Luft
= 1 esu/cm^3 Luft = 1 ESE/cm^3
= 1 esu/0,001 293 Gramm Luft
= 773,4 esu/Gramm Luft
= $2{,}082 \cdot 10^9$ Ionenpaare/cm^3 Luft
= $1{,}610 \cdot 10^{12}$ Ionenpaare/Gramm Luft
= 86,9 Erg/Gramm Luft
= $8{,}69 \cdot 10^{-3}$ Joule/Kilogramm Luft
= 0,869 rad (in Luft).

Die Ionisation der Luft durch radioaktive Strahlung wurde früher durch folgende Zahlen beschrieben:

W_{air} = 33,7 Elektronvolt/Ionenpaar
= $54{,}0 \cdot 10^{-12}$ Erg/Ionenpaar
= 0,1 124 Erg/esu.

Röntgen-Centimeterquadrat

Veraltet! Einheit des Flächendosisproduktes:
1 R cm^2 =
= 0,87 Centigray-Centimeter^2 (cGy cm^2)
= 0,87 Mikrogray-Meter^2 (μGy m^2).

Röntgendichte *Dichte.

Röntgenstandards *Konstanten,

Röntgenstunde-Meter (Rhm)

[engl.] *röntgen-hour-meter.* Veraltet! Vor 1969 vorgeschlagene, international nicht akzeptierte Einheit (stattdessen: rad), entsprechend einer Gamma-Strahlenquelle, die im Abstand 1 Meter 1 Röntgen/Stunde freisetzt.

Rood

Veraltet! Flächenmaß des Englischen Systems:
1 Rood *GB* =
= $^1/_4$ Acre
= 1011,7 141 Meter^2
= 1210 Square yards = 10,117 Ar.

root-mean-square (rms, r.m.s.)

[engl.] *square root of mean square,* Wurzel des quadratischen Mittels = Effektivwert, z. B. zur Angabe von Wirkspannung und -strom im Wechselstromkreis (*elektrische Spannung).

Ropani

Altes Flächenmaß aus Nepal:
1 ropani = 94,05 m^2.

Rope 1 Rope *GB* = 20 Foot.

Roquille

Altes Volumenmaß aus Frankreich:
1 roquille = 0,0 291 Liter.

Rosenmontag *Wochen- und Feiertage.

Rossbygeschwindigkeit

In der Meteorologie und Geophysik die *Phasengeschwindigkeit der Rossbywellen:

$$c_{\text{Ro}} = \bar{u} - \beta\left(\frac{\lambda}{2\pi}\right)^2 \quad \text{Einheit: } \frac{\text{m}}{\text{s}}$$

$\bar{u}$ Zonalgeschwindigkeit = mittlere Westkomponente der Windgeschwindigkeit auf einem Breitenparallel, β Rossbyparameter, λ Wellenlänge.

Rossbyparameter

In der Meteorologie und Geophysik der Gradient des *Coriolis-Parameters:

$$\beta = \frac{\partial f}{\partial y} \quad \text{Einheit: } \frac{\text{rad}}{\text{m s}}$$

y nach Norden gerichtete Ortskoordinate.

Rossini-Kalorie *Calorie.

rot
Index (DIN 1304): Läufer, Rotor, Rotation.

Rotation
Differentialoperator in einem orthogonalen Koordinatensystem: der Rotor eines Vektorfeldes $\boldsymbol{A}(x,y,z)$ ist der Vektor:

$$\operatorname{rot}\boldsymbol{A} = \nabla \times \boldsymbol{A} = \begin{vmatrix} \vec{e}_x & \vec{e}_y & \vec{e}_z \\ \frac{\partial}{\partial x} & \frac{\partial}{\partial y} & \frac{\partial}{\partial z} \\ A_x & A_y & A_z \end{vmatrix}$$

Rotolo (= Rote, Rotel, Rothel)
Alte Masseneinheit aus Nordafrika und dem Vorderen Orient:
1 Rotolo =
= 444,73 Gramm (Ägypten)
= 546,08 Gramm (Algerien)
= 2550 Gramm (Syrien)
= 555,91 Gramm (Türkei).

Royal *Papierformate.

rpm
Abkürzung für: *revolutions per minute*, Umdrehungen pro Minute.

rps
Abkürzung für: *revolutions per second*, Umdrehungen pro Sekunde.

rsd Index (DIN 1304) für: Rest, lat. *residuus*.

rsl Index (DIN 1304) für: resultierend.

rsn Index (DIN 1304) für: Resonanz.

RTCA
Abk. f.: *Radio Technical Commission for Aeronautics*, Radiotechnische Luftfahrtkommission.

Ru
Zeichen für das *chem. Element Ruthenium.

Ruba
Altes Flüssigkeitsmaß aus Äthiopien:
1 Ruba = ca. 1 Liter.

Rubel (Rbl)
1) Iso-Code: SUR. Währungseinheit in der Russischen Föderation (GUS, seit 31.3.1992 Russland und 19 Republiken, ohne Tartastan und Tschetschenien). Beim „neuen Rubel" wurden im Januar 1998 drei Nullen gestrichen, bis zum Kursabsturz Ende August 1998 galt 1 Rubel = ca. 0,30 DM.
1 Rubel = 100 Kopeken.
2) Ferner in Tadschikistan (TR) und Weißrussland (Belarus-Rubel, BYR).
Geschichte: [russ. *rubit*, „(ab)hauen", *rubl* „abgehauenes Stück", gegossener Silberbarren]. Ab 13. Jh. russisches Gewicht für Silber (ca. 200 Gramm) statt der älteren *Griwna*; im 14./15. Jh. Rechnungsmünze (= 200 *Dengi* in Moskau, = 216 Dengi in Nowgorod); seit der Münzreform 1534 (= 100 schwere Dengi, nach dem „Reiter mit Speer"-Münzbild *Kopeken* genannt), seit 17. Jh. [1654] Rubelmünzen (= 64 Kopeken), seit PETER D. GR. Unterteilung zu 100 Kopeken, seit 1704 russische Währungseinheit.
3) Transferrubel. 1963 vom Rat für gegenseitige Wirtschaftshilfe (RGW) kreierte Verrechnungseinheit im zwischenstaatlichen Zahlungsverkehr.

Rubbio
1) Alte Masseneinheit aus Italien:
1 Rubbio = 8,17 bzw. 9,22 Kilogramm.
2) Altes Feldmaß:
1 Rubbio = 184,46 Ar (Rom).
3) Altes Getreidemaß:
1 Rubbio = 294,5 Liter (Rom).

Rückstellmoment *Direktionsmoment.

Rückstreurate *Schichtdickemessung.

Rufiyaa
Währungseinheit auf den Malediven:
1 Rufiyaa (Rf) = 100 Laari (L) ≈ $^1/_7$ DM.

R

Rumänien
Historische Einheiten: *dimerlie, *halibiu. Währungseinheit: *Lei.

Rundfunk-Geräuschleistungspegel
*Dezibel.

Rundungsregeln
1) Zu einer positiven Zahl wird der halbe Stellenwert der Rundestelle addiert und in dem Ergebnis die Ziffern hinter der Rundestelle weggelassen. Bei einer negativen Zahl wird der Betrag gerundet und das Minuszeichen gesetzt.
2) *Abrunden:* die Ziffern hinter der Rundestelle werden unverändert weggelassen. Bei einer negativen Zahl wird zum Betrag vorher der Stellenwert der Rundestelle addiert.

3) *Aufrunden:* bei einer negativen Zahl werden die Ziffern hinter der Rundestelle unverändert weggelassen. Bei einer positiven Zahl wird vorher der Stellenwert der Rundestelle addiert.
4) *Runden zur Null hin:* die Ziffern hinter der Rundestelle werden weggelassen.
5) *Runden von der Null weg:* zum Betrag der Zahl wird der Stellenwert der Rundestelle addiert und im Ergebnis die Ziffern hinter der Rundestelle weggelassen.
6) *Runden auf n signifikante Stellen,* unabhängig von der Größe der Zahl:
$m = 0$
für $x > 0$: $m = \text{trunc}(\lg |x|)$
für $x < 1$: $m := m - 1$
$e = 10^{n-1-m}$
$x' = \left[\frac{e \cdot x + 0{,}5}{e}\right]$
x zu rundende Zahl, x' gerundete Zahl, e Hilfsvariable, m Exponent der Zahl, [...] Integerfunktion, liefert den ganzzahligen Anteil einer Zahl, trunc = schneidet die Nachkommastellen ab.

Rupiah (RP)

Währung in Indonesien und West-Neuguinea:
1 Rp. = 100 Sen (S) = ca. $^1/_{1460}$ DM.

Rupie

1) Währungseinheit in Indien und Ostafrika; auch Silbermünze zu 11 Gramm = 16 Annas.
2) **Indische Rupie** (Iso-Code: INR).
1 iR = 100 Paise (P.) ≈ $^1/_{21}$ DM.
3) **Mauritius-Rupie,**
1 MR = 100 Cents (c) ≈ $^1/_{12}$ DM.
4) **Nepalesische Rupie,**
1 NR = 100 Paisa (P.) = 2 Mohur ≈ $^1/_{34}$ DM.
5) **Pakistanische Rupie,**
1 pR = 100 Paisa (Ps) ≈ $^1/_{24}$ DM.
6) **Seychellen-Rupie,**
1 SR = 100 Cents (c) ≈ $^1/_{33}$ DM.
7) **Sri Lanka-Rupie,**
1 S.L.Re. = 100 Cents (S.L.Cts.) ≈ $^1/_{35}$ DM.

Rupy

Altes griechisches Längenmaß:
1 Rupy = ca. 65 Centimeter.

Russland

Historische Längenmaße: *arschin, *duim(e), *liniya, *paletz, *saschen, *sotka, *stopa, *totschka, *werchok, *werst.
Histor. Flächenmaße: *dessjatine, *tschast.
Histor. Volumenmaße: *botschka, *boutylka, *garnetz, *korec, *kruschka, *osmin(a), *pajak, *polygarnetz, *tscharka, *tschetwerik, *tschetwert, *tschetwertinka, *tschkalik, *wedro.
Historische Gewichte: *berkowitz, *dolja, *funt, *lot, *pud, *solotnik.
Währungseinheit: *Rubel.

Rußzahl

Maß für den Staub- und Rußgehalt im Abgas von Heizungsanlagen und Dieselmotoren; gemessen mit optischen Verfahren oder der Rußpumpe (*Bacharach-Skala). Hohe Rußzahl bedeutet: eine Rußschicht im Kessel behindert den Wärmeübergang von der Flamme auf das Heizungswasser; hohe Abgastemperatur und Abgasverluste.

Rute

1) Altes europäisches Längenmaß: In England **rod,* Dänemark **roden,* Norwegen **rode,* Niederlande **roeden,* Italien **canna,* **pertica,* Frankreich **perche,* Spanien *palo,* Portugal *percha, vara,* Polen *pret.*
1 Rute =
= 10, 14 bis 20 Fuß =
= 3,76 Meter (Anhalt)
= 3,00 Meter = 10 Fuß (Baden)
= 2,918 Meter = 10 Fuß (Bayern)
= 4,56 Meter (Braunschweig)
= 4,63 Meter (Bremen)
= 3,76 Meter (Danzig)
= 3,55 od. 4,51 Meter (Frankfurt am Main)
= 4,01 Meter (Hamburg, *Marschrute*)
= 4,585 Meter = 16 Fuß (Hambg., *Geestrute*)
= 4,673 Meter = 16 Fuß (Hannover)
= 3,99 Meter (Hessen)
= 2,865 Meter (Hohenzollern)
= 4,62 Meter = 10 Fuß (Lingen, 1605)
= 4,65 Meter (Lübeck)
= 4,58 Meter (Mecklenburg-Schwerin)
= 5,02 Meter (Mecklenburg-Strelitz)
= 3 bis 5 Meter (Nassau)
= 2 Klafter = 12 Fuß = 3,793 Meter (Österreich)
= 3,16 bis 5,91 Meter (Oldenburg)
= 3,766 Meter = 12 Fuß (Preußen)
= 3,766 Meter (*Rheinländische Rute*)

= 4,531 Meter = 16 Fuß (Sachsen)
= 4,58 Meter (Schleswig-Holstein)
= 3 Meter (Schweiz)
= 2,8649 Meter = 10 Fuß (Württemberg),
= 3,766 Meter = 12 Fuß (Württemberg).
2) Steinrute. Altes Raummaß für Bruchstein; regional unterschiedlich.
3) Biblische Rute. Altes Testament:
1 Rute = 6 große Ellen = 3,3 Meter.

Rutherford (rd)
Veraltet! 1946 vom National Bureau of Standards, Washington U.S.A., vorgeschlagene, international nicht eingeführte Einheit der Radioaktivität; benannt nach dem in Neuseeland geborenen, kanadisch-britischen Physikochemiker ERNEST BARON RUTHERFORD OF NELSON AND CAMBRIDGE (1871–1937, Nobelpreis 1908):

$$1 \text{ rd} = 10^6 \text{ Zerfälle/Sekunde.}$$

Rutherfordium *Transfermiumelemente.

Rydberg-Konstante *Konstanten.

S

Formelzeichen

Physikalische Größe	Symbol	Einheit		Definition
Weg(-länge) path, length	s	m		
Mittlere freie Weglänge average free path	$\bar{s},\lambda$	m		
Bogenlänge, Kurvenlänge length of arc	s	m		
Oberfläche surface area	S	m^2		
spez. Oberfläche specific surface area	S_m, s S_V	m^2/kg m^2/m^3	$= m^2 kg^{-1}$ $= m^{-1}$	$S_m = S/m$ $S_V = S/V$
Komplexe Kreisfrequenz complex frequency	s	s^{-1}		siehe $\underline{p}$
Kraftkoordinate vibrational force coordinate	(S_i)	versch.		siehe F_{ij}
Entropie entropy	S	J/K	$= m^2 kg\, s^{-2} K^{-1}$	$dS \geq \frac{dq}{T}$
Aktivierungsentropie entropy of activation	$S^{\ddagger}$	J/K	$= m^2 kg\, s^{-2} K^{-1}$	
spezifische Entropie specific entropy	s	$J\, kg^{-1} K^{-1}$	$= m^2\, s^{-2} K^{-1}$	
molare Entropie molar entropy	S, S_m	$J\, mol^{-1} K^{-1}$	$= m^2\, kg\, s^{-2} K^{-1} mol^{-1}$	
Standard-Reaktionsentropie standard reaction entropy	S^0	$\frac{J}{mol\, K}$	$= m^2 kg\, s^{-2} K^{-1} mol^{-1}$	$\Delta S^0 = \sum_i \nu_i S_i$
Partielle Standardentropie standard partial molar entropy	S_i^0	$\frac{J}{mol\, K}$	$= m^2 kg\, s^{-2} K^{-1} mol^{-1}$	$S_i^0 = -\left(\frac{\partial \mu_i^0}{\partial T}\right)_p$
(Komplexe) Scheinleistung apparent power, complex power	$\underline{S}$	W	$= J/s = m^2 kg\, s^{-3}$	$\underline{S} = \underline{U}\, \underline{I}^{\star}$
Schwingungsgehalt pulsation factor	s, p_U, p_I	–	= 1	DIN 40 110
Schlupf circle coefficient	s	–	= 1	DIN 1325
Löslichkeit solubility	s, L	mol/m^3	$= m^{-3} mol$	
Sedimentationskoeffizient sedimentation coefficient	s	s		$s = \frac{v}{a}$
Energiestromdichtevektor Poynting vector	$\vec{S}$	$W\, m^{-2}$	$= kg\, s^{-3}$	$\vec{S} = \vec{E} \times \vec{H}$
(absolute) Empfindlichkeit absolute sensitivity	s	–	= 1	
lineares Bremsvermögen efficiency of linear retardation	S	J/m	$= m\, kg\, s^{-2}$	
atomares Bremsvermögen efficiency of atomic retardation	S_a	$J\, m^2$	$= m^4\, kg\, s^{-2}$	

Massenbremsvermögen efficiency of retardation of mass	S_m	$\mathrm{J\,m^2kg^{-1}}$	$= \mathrm{m^4\,s^{-2}}$	
Übergangswahrscheinlichkeit transition probability	$\vec{S}$	$\mathrm{m^{-2}s^{-1}}$		$\vec{S} = -i\hbar\,(\psi^* \nabla\psi)$
Wahrscheinlichkeitsstromdichte probability current density	$\vec{S}$	$\mathrm{m^{-2}s^{-1}}$		
Überlappungsintegral overlap integral	S_{AB}	–	= 1	$S_{\mathrm{AB}} = \int \psi_{\mathrm{A}}^* \psi_{\mathrm{B}} \mathrm{d}\tau$
Fernordnung long range order parameter	s	–	= 1	(im Kristall)
Symmetriezahl symmetry number	s	–	= 1	
Spindrehimpuls-Quantenzahl electron spin quantum number	s_i, S	–	= 1	

Σ, σ, ς (Sigma)

Molekülquerschnitt area per molecule	σ	$\mathrm{m^2}$		siehe q
Wellenzahl, Repetenz wavenumber	(σ)	$\mathrm{m^{-1}}$		siehe $\tilde{\nu}$
Ankling-, Wuchskoeffizient damping coefficient	σ,δ	$\mathrm{s^{-1}}$		$\mathrm{Re}\,\underline{p} = -\sigma$
Normal-, Zug-, Druckspannung normal stress, axial stress	σ	Pa	$= \mathrm{m^{-1}kg\,s^{-2}}$	$\sigma = \frac{\mathrm{d}F_{\mathrm{n}}}{\mathrm{d}A}$
Oberflächenspannung surface tension	σ, γ	$\mathrm{N/m} = \mathrm{kg/s^2} = \mathrm{m\,kg^{-2}}$		siehe γ
Filmspannung film tension	Σ_{f}	N/m		$\Sigma_{\mathrm{f}} = 2\gamma_{\mathrm{f}}$
Stoßquerschnitt collision cross-section	σ	$\mathrm{m^2}$		$\sigma_{\mathrm{AB}} = \pi d_{\mathrm{AB}}^2$
Elektrische Leitfähigkeit conductivity	σ	S/m		siehe κ
Leitfähigkeitstensor conductivity tensor	$\boldsymbol{\sigma}$, σ_{ik}	S/m		$\sigma = \varrho^{-1}$
Flächenladungsdichte surface charge density	σ	$\mathrm{C/m^2} = \mathrm{V\,m^{-2}} = \mathrm{A\,s\,m^{-2}}$		$\sigma = \frac{Q}{A}$
Streufaktor, Streugrad dispersion coefficient	σ	–	= 1	
Strahlungskonstante Stefan-Boltzmann constant	σ, σ_{B}	$\mathrm{W\,m^{-2}K^{-4}} = \mathrm{kg\,s^{-3}K^{-4}}$		$P = A\sigma T^4$
Symmetriezahl symmetry number	σ	$\mathrm{J^{-1}}$	$= \mathrm{m^{-2}kg^{-1}s^2}$	
Nahordnung short range order parameter	σ	–	= 1	
Abschirmkonstante, NMR shielding constant	σ_{A}	–	= 1	$B_{\mathrm{A}} = (1 - \sigma_{\mathrm{A}})B$
Wirkungsquerschnittsdichte effective cross-sectional area density	Σ	$\mathrm{m^{-1}}$		$\Sigma = \sigma/V$
Wirkungsquerschnitt effective collision cross section	σ	$\mathrm{m^2}$		

S

S

Abkürzung für: Saturn (in der Luftfahrt), Central Standard Time (z. B. kurz 0345 S für 03:45 Uhr CST), Zeichen für das *chemische Element Schwefel (engl. *sulphur*, US-Schreibweise *sulfur*); Abkürzung für: Sol. Index in der Strömungsmechanik: Lösemittel, Scherung.

s

Abk. für: Sekunde, *second; shilling;* Ster, *stere;* Index [DIN 1304]: Schein...; bei elektrischen Maschinen: Stator.

Σ

griech. Sigma („S“ oder Zahlzeichen: 200); Summe.

σ

griech. sigma („s“); am Wortende ς; Sigmafuktion.

Saâ

Altes Hohlmaß aus Tunesien:
1 Saâ = 1,26 bzw. 2,58 Liter.

Saa(h) (= Sahh, Sahha)

Altes Raummaß aus Marokko (vgl. *Scheffel, *Fanega): 1 Saa(h) = 57,55 Liter.

Sabbitha

Altes persisches Volumenmaß:
1 sabbitha = 7,24 Liter.

sabin

Veraltet! International nicht anerkannte Einheit der Äquivalentabsorption, bezogen auf die Fläche 1 square foot, die jedwede Schallenergie absorbiert.

Sac

1) Altes schweizer Geitreide-Hohlmaß:
1 Sac = 1,5 Hektoliter.
2) Altes Gewicht aus Vietnam:
1 Sac = 74,4 Kilogramm.

Sacco

[ital. „Sack“]. Altes Getreidehohlmaß aus Italien: 1 Sacco = 71,7 bis 165,7 Liter.

Sack

1) Altes deutsches Hohlmaß für Getreide, Salz und Kohlen (vgl. holl. *Zak):
1 Sack =
= 127 Kilogramm (Mehl)
= 165,11 Kilogramm (Wolle)
= 101,6 Kilogramm (Steinkohle).
2) Altes Hohlmaß aus Brasilien für Kaffee:
1 Sack = ca. 60 Kilogramm.
3) Mittelalterliches englisches Gewicht für Rohwolle (um 1500):
1 Sack = 26 Stone = 364 Pound.

Sackur-Tetrode-Konstante

*Konstanten.

SAE

Standard (Society) of Automotive Engineers. Dem VDI entsprechender Verein amerikanischer Ingenieure im Automobilbau.

SAE-PS

Veraltet! Leistung eines Verbrennungsmotors in *Pferdestärken ohne Verluste durch Nebenaggregate (Wasserpumpen etc.); im Gegensatz zur DIN-PS-Angabe.

Sagittalebene

Anatomie: parallel zur *Medianebene.

Sah

Altes Längenmaß aus der Tschechoslowakei:
1 sah = 1,896 Meter.

Saham (sahme)

Altes Flächenmaß aus Ägypten:
1 Saham = 7,29 Meter^2.

Saharaui-Pesete *Peseta.

Sahh *Saa.

Sai

Altes Raummaß aus Japan:
1 Sai = 0,01 815 Meter^3.

Saint Christopher and Nevis *Dollar.

Saint-Helena-Pound *Pfund.

Saint-Vincent-Dollar *Dollar.

Salma

[ital. „sterbliche Hülle“]. Alte Maßeinheit aus Spanien und Italien:
1 Salma =
= 1,745 Hektar (Sizilien)
= 87,6 bis 304,76 Liter (Süditalien)
= 266,45 bis 344,44 Liter (Getreide: Süditalien, Barcelona)
= 8,4 Kilogramm (Italien).

Salomonen-Dollar *Dollar.

Saltus

[lat. „Waldtal, Waldweide, Schlucht]. Römisches Flächenmaß: 1 Saltus = 201,5 Hektar.

Salzgehalt
Wasserkennwert: Gehalt anorganischer Salze (in Milliäquivalenten/Liter); bestimmt durch Ionenaustausch. 1 meq/ℓ = 1 mmol/ℓ $Na^{\oplus}$.

Sambia Währungseinheit: *Kwacha.

Samstag *Wochentage.

Sao
Altes Längen- und Flächenmaß aus *Annam: 1 sao = 7,31 Meter = 53,5 $Meter^2$.

Saprobienindex
*Wassergefährdungsklasse.

SAR *Riyal.

Sar
Altes Flächenmaß aus Babylonien:
1 Sar = 32,285 $Meter^2$.

Saschen (Sashen, engl. **sagen)**
Altes Längenmaß aus Russland (vgl. *Faden); nach einem *Ukas* (russ. „Befehl, Vorschrift, Erlass") von 1835 (vgl. auch *Dessjatine):
1 Sashen = 3 Arschin = 7 Fuß
= 48 Werschok = 2,1 336 Meter.

Sasi
Altes Längenmaß aus Japan:
1 Sasi = 30,3 Centimeter.

sat
1) Abkürzung und Index für: *saturated,* gesättigt. Sättigung, lat. *satietas.*
2) Altes Volumenmaß aus 1 Siam:
1 sat = 20 Liter.

saton *Sea.

Sättigungsdosis
Pharmakologie: Menge eines Herzglycosids, die innerhalb von 2–3 Tagen nach Verabreichung zur vollen Wirkung führt.

Sauerstoffaffinität
Medizin: Sauerstoffaufnahmevermögen des Blutes; gemessen als Sauerstoffpartialdruck, bei dem 50% des Hämoglobins gesättigt sind. $p_{O_2,50}$ = 26,6 mmHg (pH 7,4; 37 °C).

Sauerstoffaufnahme
Medizin: *Atemminutenvolumen; in Ruhe 250–300 mℓ/min O_2. *Sauerstoffausnutzung* von einem Liter Atemluft: 30–45 mℓ.

Sauerstoff-Dissoziationskurve
Medizin: *Sauerstoffsättigung des Hämoglobins (in %) in Abh. vom Sauerstoff-Partialdruck (in mmHg). S-förmig; umso steiler, je niedriger die Körpertemperatur. Bei O_2-Aufnahme setzt der rote Blutfarbstoff $H^{\oplus}$-Ionen frei; $H^{\oplus}$-Aufnahme vermindert umgekehrt das O_2-Bindungsvermögen (BOHR-Effekt).

Sauerstoffgehalt
Begriff der Ab- und Brauchwassertechnik: Sättigungswert 14,6 mg/ℓ (0 °C), 8,8 mg/ℓ (20 °C); fischkritisch <4 mg/ℓ; zum Schutz von Rohrleitungen günstig 6–8 mg/ℓ.

Sauerstoffkapazität
1) Medizin: max. Aufnahmefähigkeit des arteriellen Blutes: 19,5–20,5 Vol.-% O_2.
2) Im Körper verfügbarer Sauerstoff: ca. 1,5 Liter (Erwachsene).

Sauerstoffsättigung
Medizin: Anteil des Oxyhämoglobins am roten Blutfarbstoff (95–97%).

Sauerstoffzehrung
Sauerstoffabnahme in einer unbehandelten Wasserprobe innerhalb von zwei Tagen bei pH 7–8 durch Mikroorganismen.

Säulenwiderstand
In der atmosphärischen Elektrizitätslehre: der elektrische Widerstand der Luftsäule zwischen zwei Höhen über Grund z:

$$R_S = \int_{z_1}^{z_2} \frac{dz}{\gamma(z)} (z_2 - z_1) \quad \text{Einheit: } \Omega\,m^2$$

γ *Luftleitfähigkeit (S/m).

Saum
Altes Volumenmaß aus der Schweiz:
1 Saum = 150 Liter.

Säure- und Basenstärke
Säuren sind nach Auffassung von BRÖNSTED und LEWIS Protonendonatoren bzw. Elektronenpaarakzeptoren, Basen sind Protonanakzeptoren bzw. Elektronenpaardonatoren.
Kenngrößen vgl. *pH-Wert, *pK-Wert, *Dissoziationsgrad, *Dissoziationskonstante.

Säureexponent *pK-Wert.

Säurekapazität
*Carbonathärte, *m-Wert, *p-Wert.

Säurekonstante *Dissoziationskonstante.

S

Säurezahl
Fettanalytik: Milligramm Kaliumhydroxid, die zur Absättigung der *freien* Fettsäuren in einem Gramm Fett verbraucht werden; vgl. *Verseifungszahl, *Iodzahl.

Saybolt-Universal-Second (S.U.S.)
Veraltet! Einheit der konventionellen Viskosität, die mit dem Saybold-Viskosimeter gemessen wurde.

Sazen
Altes Längenmaß aus Polen (vgl. *saschen):
1 sążeń = 1,728 Meter.

Sb
Zeichen für das *chem. Element Antimon.

Sc
Zeichen für das *chem. Element Scandium.

SCE
Abkürzung für: *saturated calomel electrode*, gesättigte Kalomelelektrode.

Schachtfuß
Altes bergmännisches Raummaß:
1 Schachtfuß = 1 Fuß · 1 Fuß · 1 Zoll.

Schachtrute (= Schichtrute)
Altes Raummaß für „Ausgeschachtetes" (Erde, Stein, Schlacke):
1 Schachtrute =
= 3,16 Meter^3 (Österreich)
= 4,45 Meter^3 (Preußen)
= 11,63 Meter^3 (Sachsen).

Schachtwerk
Altes Raummaß für Erde aus Schleswig-Holstein:
1 Schachtwerk = 6,025 Meter^3.

Schadeinheit
Nach dem Abwasserabgabengesetz der *Einwohnergleichwert.

Schaff *Scheffel.

Schalldämpfungsmaß *Dämpfungsmaß.

Schalldruck
In der Akustik analog zum mechanischen Druck in der Strömungsmechanik definiert (vgl. *Bel, *Sone).

$$p = -\varrho \frac{\mathrm{d}\Phi}{\mathrm{d}t} \quad \text{Einheit: Pa}$$

Φ Schallschnellepotential, ϱ Dichte d. Mediums.

Schallgeschwindigkeit (c)
Physikalische Größe der Akustik, technisch wichtig für Messung der Strömungsgeschwindigkeit und Konzentration; vgl. *Schnelle.
Schallgeschwindigkeit =
= ca. 333 Meter/Sekunde (in Luft)
= ca. 1435 Meter/Sekunde (in Wasser)
= ca. 3500 Meter/Sekunde (in Holz)
= ca. 5000 Meter/Sekunde (in Eisen).

Schallintensität
J (in W/m^2); Quotient aus Schalleistung S und der zur Richtung des Energietransportes senkrechten Fläche $A_\perp$ oder: Produkt aus Schalldruck $\underline{p}$ und Schallschnelle $\underline{v}$:

$$\underline{J} = \frac{\underline{S}}{A_\perp} = \tilde{p}\tilde{v}(\cos\varphi + \mathrm{i}\,\sin\varphi)$$

Der Realteil Re $\underline{J}$ heißt Wirkintensität, der Imaginärteil Im $\underline{J}$ Blindintensität.

Schallpegel *Dezibel.

Schaltsekunde *Zeit.

Schami Alte Rechnungsmünze aus Persien.

Scheffel
1) Altdeutsches Hohlmaß für trockenes Schüttgut, v.a. Getreide, Mehl, Früchte:
1 Scheffel =
= 23 bis 222 Liter (!) =
= 222,357 Liter = 6 Metzen (München, *Schaff*, *Schäffel*)
= ca. 205 Liter (Augsburger *Schaff*)
= 76,37 Liter (Österreich-Schlesien)
= 54,962 Liter = 16 Metzen (Preußen [ab 1816])
= 103,83 [105,143] Liter = 16 Metzen (Sachsen)
= 177,226 Liter = 8 *Simri* (Württemberg).
2) Norddeutscher Bund (1872–1884):
1 Scheffel = 50 Liter.
3) Altes Feldmaß in Sachsen:
1 Scheffel = 1 Morgen = $^1/_2$ Acker
4) Biblischer Scheffel: *Sea.
5) Römischer Scheffel: *Modius, *Moggio.

Scheffelsaat
1) Altes Feldmaß, der Fläche zur Aussaat von einem Scheffel Getreidekörner entsprechend:
1 Scheffel Aussaat =
= 0,42 Hektar (Hamburg)

= 0,126 066 Hektar (Lingen, *Scheffelsaat*)
= 0,277 Hektar (Sachsen, *Landscheffel*)
= 0,394 Hektar (Sachsen, *Straßenscheffel*)
= 0,17 Hektar (Westfalen)
2) 1 Scheffel Hafersaat = 0,014 Meter^2 (Oldenburg)

Scheidemünze
Auf einen niedrigen Betrag lautende Münze. Als gesetzliches Zahlungsmittel müssen nur Münzen bis zu einem Höchstbetrag, also eine beschränkte Anzahl, angenommen werden.

Scheinbare Größe
*Astronomische Größenklasse.

Scheiner-Grad
Veraltet! Nach dem deutschen Astronom und Erfinder des Sensitometers JULIUS SCHEINER (1858–1913) benannte Einheit zur Kennzeichnung der Lichtempfindlichkeit von Fotomaterial; durch DIN-Grade ersetzt:
1°Scheiner ≈ °(DIN + 10).

Scheinleistung
1) P_s, S (Einheit: *Watt), Betrag der komplexen elektrischen *Leistung, Produkt aus komplexer Spannung und konjugiert komplexer Stromstärke.
$$P_s = |\underline{P}| = |\underline{U}| \cdot |\underline{I}^*|$$
2) Akustik: *Schallintensität.

Scheinleitwert = Admittanz, *Impedanz.

Scheinwiderstand *Impedanz.

Scheitelwert *Amplitude.

Schekel (= Shekel)
1) Neuer Schekel (NIS), Iso-Code: `ILS`, Währungseinheit in Israel:
1 NIS = 100 Agorot = ca. 0,50 DM.
2) Biblisch-babylonische Masseneinheit aus dem Alten Testament, Haupteinheit des mesopotamischen Gewichts- und Geldsystems ab etwa 3000 v. Chr.; sumerisch *šql*, hebr. *sekel* (*Lot*), Zeichen ŏ (vermutlich für einen Skarabäus, Symbol des judäischen Königshauses):
1 Sekel =
= 2 Beka = 20 Gera
= [1/50 od.] 1/60 Mine
= [1/3000 od.] 1/3600 Talent
= 11,4 Gramm (nach Ausgrabungen in Palästina; 7./6. Jh. v. Chr.)
= 16,37 Gramm [nach anderer Quelle]
= 23,41 Gramm (nach einem Bronzestier aus Ugarit, 14./13. Jh. v. Chr., mit der Inschrift „20" und der Masse 468,5 Gramm).

Scheki
Alte Masseneinheit aus Ägypten:
1 Scheki = 124,8 Kilogramm.

Schenkeimer (= Schankeimer)
Altes deutsches Flüssigkeitsmaß:
1 Schenkeimer =
= 60 Maßkannen
= 60,4 [bis 64] Liter (Bayern)
= 71,7 Liter (Weimar).

Schenkkanne
Historisch! 1,2 Liter (Sachsen).

Schenkmaß *Maß.

Schepel (= Scheffel)
Altes Hohlmaß der Niederlande:
1 Schepel = 10 Liter = 27,28 Liter [früher].

Scherf(lein)
[ahd. *scherf*, „halber Pfennig"]. Alte deutsche Scheidemünze, im 16./17. Jh. kleine Kupfermünze (*Lepton).

Schergeschwindigkeit
*Geschwindigkeitsgefälle, *Viskosität.

Schicht
1) Arbeitszeitmaß:
1 Schicht = 1/3 Tag = 8 Stunden.
oder 1/4 Tag = 6 Stunden.
2) Altes bergmännisches Maß:
1 Schicht = 1/4 Zeche = 8 Stamm · 4 Kuxe.

S

Schichtdicke
Dicke d einer Schicht auf einem Träger der Fläche A, verknüpft mit der Masenbedeckung m/A (in kg/m^2) und der Dichte ϱ (in kg/m^3) der Schicht. Bei porösen Schichten ist ε der Hohlraumanteil der Schicht und ϱ_f die Dichte des Schichtmaterials (in kg/m^3).
$$\frac{m}{A} = \varrho\, d = \varrho_f\, d\,(1-\epsilon)$$

Schichtdickemessung
1. *Wägung* der Größe m/A.
2. *Abstandsmessung:* *Längenmessung zwischen zwei beweglichen Stempeln.
3. *Mechanisches Abtasten* mit Diamantkugeln an elektrischen Wegaufnehmern.

4. *Magnetinduktives Verfahren:* Messung des Spannungsabfalls an einer mit niederfrequentem Wechselstrom (<kHz) durchflossenen Spule, die senkrecht auf das Werkstück aufgesetzt wird ($U \sim d$). Zerstörungsfrei; für nichtmagnetische Schichten auf *ferromagnetischen* Trägern (z. B. Zn, Cr, Cu, Al, Cd, Lacke, Kunststoffe, Email auf Stahl); Kalibrierung mit Eichfolien auf dem unbeschichteten Substrat.

5. *Wirbelstromverfahren.* Impedanzmessung an einer mit hochfrequentem Wechselstrom (MHz) durchflossene Spule, die auf das Werkstück aufgesetzt wird ($\omega L \sim d$). Im Träger werden Wirbelströme induziert, die umso tiefer in die Probe eindringen, je niedriger die Messfrequenz ist. Anwendung für Isolatoren auf *nichtmagnetischen* Leitern; z. B. Lacke, Kunststoffe, Gummi auf Aluminium, Kupfer oder Messing; Eloxalschichten auf Aluminium.

6. *Widerstandsmessung* am konstantstromdurchflossenen Prüfling; bei bekanntem spezifische Widerstand des Materials ($R = \varrho d/A$).

7. *Röntgenfluoreszenz.* Gold, Silber, Zinn, Nickel, Legierungen u.v.m. werden durch Röntgenstrahlen zur Emission charakteristischer Strahlung angeregt.

8. *Beta-Rückstreuverfahren.* Messung der Zählrate der von der Probe rückgestreuten Elektronen aus radioaktiven Strahlern.

$$X_n = \frac{X_{\text{Probe}} - X_{\text{Träger}}}{X_{\text{Sättigungsdicke}} - X_{\text{Träger}}} \sim \lg d$$

Die Eindringtiefe wächst mit der Energie des Strahlers: ^{109}Cd < ^{14}C < ^{107}Pm < ^{104}Tl < ^{90}Sr. Weil die Zahl der Rückstreu-Elektronen von der Dichte abhängt, sollten sich Träger und Beschichtung deutlich unterscheiden. Anwendung: Kupfer auf Kunststoffen; Lötzinn, Gold auf Leiterbahnen, Lacke auf Metallen. Messgenauigkeit 2–10%.

9. *Ultraschall.* Mit der Laufzeitmethode (*Längenmessung) werden Rohrleitungen im Bereich 0,25 bis 300 mm geprüft.

Schichtzoll

Historisch! 0,13 Meter^2 (Hanau).

Schiffahrtsmaße

1 Seemeile = 1852 m
1 Faden = $^1/_{1000}$ Seemeile
1 Kabellänge = $^1/_{10}$ Seemeile
1 Knoten = 1 Seemeile/Stunde
1 Etmal = Weg/24 Stunden
1 Registertonne = 2,832 m^3

Schiffslast

Alte Masseneinheit (vgl. *Last, *ship load, *tonneau, *Pfund Schiffslast):
1 Schiffslast = 2 Tonnen =
= 40 Zentner = 2000 Kilogramm;
= 3000 Kilogramm Kohlen (Preußen)
= 1876,819 Kilogramm Salz (Lüneburg).

Schilb Historisch! Für Salz: 75 Kilogramm.

Schilling, engl. shilling

1) [german. *skilling*]. Seit der Karolingerzeit Rechnungsmünze zu 12 *Denaren oder *Pfennigen, verkam im 16. Jh. zur Scheidemünze (vgl. *Solidus).

2) **Kenia-Schilling.** Währungseinheit in Kenia: 1 K.Sh. = 100 Cents (cts.) ≈ $^1/_{33}$ DM.

3) **Englischer Schilling** (s, sh). 1971 außer Kurs gesetzte englische Silbermünze:
1 shilling = 12 Pence = $^1/_{20}$ £.

4) **Österreichischer Schilling** (S, Ö.S., Iso-Code: `ATS`). Währungseinheit und Silbermünze in Österreich 1924–1938 und seit 1945:
1 Ö.S. = 100 Groschen (Gr, g) ≈ $^1/_7$ DM.

5) **Somalia-Schilling**
1 So.Sh. = 100 Centesimi (Cnt.).

6) **Tansania-Schilling**
1 T.Sh. = 100 Centesimi (Ct.) ≈ $^1/_{363}$ DM.

7) **Uganda-Schilling:** 1 U.Sh. ≈ $^1/_{619}$ DM.

Schilltonne

Historisch! 82,7 Liter (Oldenburg), u. a. für Getreide.

Schinik

Flüssigkeitsmaß aus der Türkei:
1 Schinik = 10 Liter.

Schipp

Historisch! Bis 1919: 18,0 Liter (Sonderburg); 18,5 Liter (Tondern).

Schippsaat

Historisch! 386 Meter^2 (Norddtl.).

Schiras

Alte Masseneinheit aus dem Iran:
1 Schiras = 588 Kilogramm.

Schiras-satman
Alte Masseneinheit aus Persien:
1 Schiras-satman = 5,9 Kilogramm.

Schlammvolumenindex (JSV)
Begriff der Abwassetechnik:
$$\frac{\text{Blähschlammvolumen}}{\text{g Trockensubstanz} \cdot 30 \text{ min Absetzzeit}}$$

Schlupf
Kinematische Größe bei elektr. Maschinen:
$$s = \frac{\omega_s/p - \Omega_m}{\omega_s/p} \quad \text{(Dimension 1)}$$
p Polpaarzahl, ω_s Stator-Kreisfrequenz, $\Omega_m = 2\pi n$ mechanische Wickelgeschwindigkeit.

Schmalspur *Spurweite.

Schmaltonne
Historisch! 1,12 Liter (Hamburg).

Schmidt-Zahl *Kennzahlen.

Schnapphahn
Alte niederrheinische Silbermünze mit dem Bild eines Raubritters.

Schnelle
Wechselgeshcwindigkeit eines schwingenden Teilchens; *nicht* gleich der Ausbreitungsgeschwindigkeit (Schallgeschwindigkeit).

Schnellepotential
Potential der Schallgeschwindigkeit ($\vec{v} = +\text{grad}\,\Phi$).

Schnelligkeit
Zeitbezogene Größe für ortsfeste Vorgänge; z. B. Temperaturanstiegsschnelligkeit, Reaktionsschnelligkeit.

Scho *Koku.

Schober
Altes Zählstückmaß: 1 Schober = 60 Stück.

Schock
1) [mhd. *schoc*, „Haufen“]. Altdeutsch. Zählstückmaß:
1 Schock = 4 kleine Mandeln = 60 Stück;
1 Großschock = 64 Stück.
2) 561 Kilogramm (Lüneburg)

Schockindex
Medizin: Quotient aus Pulszahl und systolischem *Blutdruck.

Normalwert:	0,5
Drohender Schock, Blutverlust $\leq$ 30%:	1,0
Manifester Schock (Kollaps):	1,5

Schoine
Altes Wegemaß aus Persien:
1 Schoine = 10,5 bis 11,8 Kilometer.

Schoppen
1) Altes süddeutsches und schweizer Flüssigkeitsmaß:
1 Schoppen = 0,42 bis 0,5 Liter Wein oder Bier = [heute] 0,25 Liter Wein.
2) Norddeutscher Bund:
1 Schoppen = 0,5 Liter.

Schragen
Altes Raummaß für Holz aus Sachsen:
1 Schragen =
= 3 Klafter (zu je 2,45 277 bzw. 5,055 Meter^3)
= 7,538 bzw. 15,165 Meter^3.

Schriftgröße *Typografischer Punkt.

Schritt
1) Altes Längenmaß (*Schuh):
1 Schritt = ca. 70 bis 80 Centimeter
= $^1/_5$ Rute = 75,32 cm (Preußen).
2) Römischer: *Passus, *Gradus.

Schrott
Altes Hohlmaß aus Frankfurt am Main:
1 Schrott = $^1/_9$ Liter.

Schubmodul
G (in kN/mm^2 = GPa), mechanische Werkstoffkenngröße; Maß für die Steifigkeit des Kristallgitters bei Schubbeanspruchung:
$$G = \frac{\text{Schubspannung } \tau}{\text{Schiebung } \gamma}$$

Schubspannung
1) In der Mechanik und Akustik: die zur Fläche A tangential wirkende Komponente der Kraft F; Spannung senkrecht zur *Normalspannung (Einheit: N/m^2).
$$\tau = \frac{\text{Tangentialkraft } dF_t}{\text{Fläche } dA}$$
2) In der Rheologie: Spannung zwischen zwei benachbarten Flüssigkeitsschichten unterschiedlicher Strömungsgeschwindigkeit (vgl. *Viskosität).

Schubspannungsbeiwert
[engl.] *drag coefficient.* In der Rheologie, Meteorologie und Geophysik:
$$C_D = \frac{\tau}{\varrho\, v_h^2} \quad \text{(Dimension 1)}$$

S

τ Schubspannung, v_{h} horizontale Strömungs- bzw. Windgeschwindigkeit, ϱ Dichte des Fluids (Luft).

Schubspannungsgeschwindigkeit
In der Rheologie, Meteorologie und Geophysik:

$$u_* = \sqrt{\frac{\tau}{\varrho}} \quad \text{Einheit: } \frac{\text{m}}{\text{s}}$$

τ Schubspannung, ϱ Dichte des Fluids.

Schuh (= Fuß)
Altes Längenmaß:
1 Schuh = ca. 28 bis 37 Centimeter
= 30 cm (Schweiz).

Schüttdichte *Dichte, *Oberfläche.

Schüttraummeter (srm)
Veraltet! Volumen geschütteter Bernngüter (Holz, Pellets, Hackschnitzel).
1 srm = 0,3 bis 0,4 *Festmeter.

Schwächungskoeffizient
Proportionalitätsfaktor μ (in m^{-1}) des Schwächungsgesetzes für Röntgenstrahlung.

$$N = N_0\,\text{e}^{-\mu x} \quad \text{mit} \quad \mu = \tau + \sigma + \kappa$$

Fotoabsorptionskoeffizient $\tau \approx 4{\cdot}10^{-7}\tau_{\text{Pb}}\varrho Z^4/A$,
Streukoeffizient $\sigma \approx 0{,}22\,\sigma_{\text{Pb}}\varrho Z/A$,
Paarbildungskoeffizient $\kappa \approx 2{,}7{\cdot}10^{-3}\kappa_{\text{Pb}}\varrho Z^2/A$,
Massenzahl A, Ordnungzahl Z, Dichte ϱ (in g/cm^3).

Schwadron Teil des *Regiments.

Schwächungsmaß
*optische Dicke, *Trübungskoeffizient.

Schwarzer Strahler
charakteristische *Temperatur, *Temperaturstrahlung.

Schwärzung
fotografische Dichte; Verhältnis von einfallender zu durchgelassener Lichtintensität in einer fotografischen Schicht; Logarithmus der Opazität. $S = \lg(I_0/I_{\text{tr}})$

Schwebekörperdurchflussmesser
*Volumenstrommessung.

Schweden
Historische Längenmaße: *aln, *famn, *fot, *linje, *mil, nymil, *ref, *stang, *tum.
Historische Flächenmaße: *kappland, *ort, *tunnland.
Historische Volumenmaße: *am, *fjärding, *foder, *jumfru(r), *kanna, *kappe, *kolläst, *koltunna, *oxhuvud, *skålpund, *spann, *stop, *tunna.
Historisches Gewicht: *ort.
Währungseinheit: *Krone.

Schweinshaupt *Oxhoft.

Schweiz
Historische Längenmaße: *Aune, *Elle, *Fuss = Schuh = Pied, *Klafter, *Lieue, *Ligne = Linie, *Perche, *Pouce = Zoll, *Stab, *Strich, *Toise, *Wegstunde.
Historische Flächenmaße: *Juchart.
Historische Volumenmaße: *Holzklafter, *Maass = Pot = Immi, *Moule, *Muid, *Ohm, *Quarteron, *Saum, *Setier.
Historisches Gewicht: *Zentner.
Währungseinheit: *Franken.

Schwellenwert
Niedrigste Menge eines Stoffes, der noch erkennbare Wirkungen hervorruft.

Schwellfestigkeit *Werkstoffkenngrößen.

Schwergewicht
Gewichtsklasse beim Sport: Über 81 Kilogramm (Boxen), über 90 Kilogramm (Gewichtheben), über 87 Kilogramm (Ringen).

Schwerpunkt
Der gedachte Angriffspunkt der resultierenden Gewichtskraft über die Teilkräfte aller Massenelemente (auch außerhalb des Körpers).

Schwingbreite *Werkstoffkenngrößen.

Schwingungslehre: Einheiten, Größen
Kinematische Begriffe nach DIN sind: *Amplitude, *Frequenz, *Kreisfrequenz, Nullphasenwinkel, Nullphasenzeit, *Periodendauer, *Phasenverschiebungswinkel, *Phasenverschiebungszeit, *Phasenwinkel, *Phasenzeit, Sinusschwingung, *Zeiger.
Größen des einfachen Schwingers: *Abklingkoeffizient, *Abklingzeit, *Dämpfungsgrad, *Dämpfungskoeffizient, *Dekrement, *Eigenfrequenz, Verlustfaktor.
Größen des fremderregten Schwingers: *Güte, *Halbwertbreite, Resonanzfrequenz, *Übertragungsfaktor, *Verstimmung.
Größen schwingender Kontinua und Wellen: *Abklingkoeffizient, *Ausbreitungskoeffizient, *Dämpfungskoeffizient, *Energiebelag,

*Energiebedeckung, *Energiedichte. *Eigenkreisfrequenz, *Gruppengeschwindigkeit, *Intensität, *Leistungsbelag, *Phasengeschwindigkeit, *Sinuswelle.

Schwund, magnetischer

$-\dot{\Phi}$ (in Volt = Weber/Sekunde), die Abnahmegeschwindigkeit des magnetischen Flusses Φ in einem elektrischen *Feld (vgl. *Umlaufspannung).

scp Abkürzung für: *spherical candle power.*

Scripulum

1) [lat. „kleinster Teil eines Maßes, kleinstes Gewicht"]. Alte römische Gewichtseinheit:
1 Scripulum = $^1/_{24}$ Unze (Uncia) = 1,137 Gramm.
2) Römische Flächeneinheit:
1 Scripulum =
= 100 Quadratfuß (Pes quadratus)
= 8,746 Meter^2.

Scruple (s, = „Skrupel")

1) Handelsgewicht des britisch-amerikanischen Systems:
1 Scruple =
= $^1/_3$ Dram (apoth. or troy)
= 20 Grain
= 1,2 959 782 Gramm
= 0,045 714 286 Ounce (avoirdupois)
= 0,04 $166\bar{6}$ ($^1/_{24}$) Ounce (apoth. or troy)
= $0{,}833\bar{3}$ ($^{10}/_{12}$) Pennyweight
= $2{,}857\,143 \cdot 10^{-3}$ ($^1/_{350}$) Pound.
2) Apothekergewicht. Veraltet!
1 Scruple (s.ap.) = 20 Grains = 1,296 Gramm.
3) Fluid scruple. Veraltet! Britisches Volumenmaß für Flüssigkeiten:
1 Scruple (*GB*, fluid) =
= 20 Minim *GB*
= $^1/_{3840}$ gallon
= 1,1 839 Centimeter^3.

Scrupule

Altes *Pariser Markgewicht:
1 scrupule = 1,27 Gramm.

Scudo

[ital. „Schildtaler"]. Alte italienische Silbermünze, ehemaliges Fünflirestück.

Sdp. Abk. für: Siedepunkt.

Se

1) Zeichen für das *chem. Element Selen.
2) Altes japanisches Flächenmaß:
1 se = 99,174 Meter^2.

Sea (= Scheffel)

1) Biblisches Hohlmaß aus dem Alten Testament, wahrscheinlicher Ursprung Mesopotamien, akkadisch *sutu*, hebr. *ṣéā*:
1 Sea = $^1/_3$ Epha =
= 7,3 Liter [nach MISCHA/MENAHOT VII.],
= 12,148 Liter [nach anderer Quelle],
= 13,13 Liter [nach JOSEPHUS auf Grundlage von 1 *saton* = $^3/_2$ römische Scheffel (*modius*)].
2) Biblisch-griechisches Hohlmaß aus dem Neuen Testament: 1 Scheffel = 8,754 Liter.
3) Biblisch-griechisches Feldmaß: Um ein *Joch* Feld zu besäen, brauchte man 3,6 Scheffel Getreide; 30 Scheffel (= 1 Eselslast) genügten für 2,1 044 Hektar. 1 Scheffel ≈ 7 Ar.

Seaborgium *Transfermiumelemente.

Seam

Veraltet! Britisches Raummaß:
1 Seam *GB* = 64 Gallon *GB*.

sec

Abkürzung für: sekundär, *secondary*; Sekans, *secant; second,* Sekunde.

Sechser

Altes Sechspfennigstück (Sachsen, Süddeutschland).

Sechsersystem

Das Sechsersystem von 1954 erhielt auf der 11. Generalkonferenz für Maß und Gewicht 1960 den Namen *Système International d'Unités* (SI). Dieses MKSA°KCd-System mit den Grundgrößenarten Länge, Masse, Zeit, elektrische Stromstärke, Temperatur und Lichtstärke umfasste die Grundeinheiten Meter, Kilogramm, Sekunde, Ampere, Grad Kelvin und Candela und 27 abgeleitete kokärente Einheiten. Geduldet waren ferner die Einheiten: Kalorie, Kilopond, technische und physikalische Atmosphäre, Curie. Vor 1977 wurde zwischen Temperaturen (in „Grad Kelvin", °K) und Temperaturdifferenzen (in „Grad", grd) unterschieden; zulässig ist heute allein die Einheit Kelvin (K), in den USA auch Grad *Rankine.

Sechter
Altes Hohlmaß aus Hessen:
1 Sechter = 7,17 Liter (Frankfurt/M.)
= 7,6 Liter (Hanau)
= 6,5 Liter (Marburg).

Sechzehntel
1) Unterteilung des Altgrades in der Marineartillerie noch im Zweiten Weltkrieg:
1 Grad = $^{16}/_{16}°$.
2) Altes deutsches Hohlmaß:
1 Sechzehntel = 1,95 Liter (Hannover)
= 1 Liter (Durchschnitt).

Sedez *Papierformate.

Seebeben *Sieberg-Skala.

Seegang *Windstärke.

Seemeile (sm)
1) Internationale Seemeile, nautische Meile, [engl.] **nautical mile**. Längenmaß der Seefahrt (*Knoten), entspricht der Länge einer Bogenminute auf der Erdoberfläche. Keine *gesetzliche Einheit, in der Seefahrt wegen internationaler Vereinbarungen zugelassen (Einheitengesetz vom 22. Febr. 1985):
1 Seemeile =
= $^1/_{60}$ Erdäquator =
= 5400. Teil des Meridianquadranten
= 1 Äquatorminute
= $^1/_4$ geografische Meile
= 1852 Meter [exakt]
= 1,852 Kilometer
= 1 nautical Mile
= 6076,1 155 Foot
= 1,150 779 Mile (statute)
= 2025,372 Yard.
2) US nautical mile [vor 1954]:
1 US nautical mile = 1853,248 Meter.
3) Telegraph nautical mile:
1 telegraph nautical mile = 6087 feet.
4) Britische Seemeile: historisch!
1 imperial nautical mile *GB* =
= 1 admiralty knot
= 6000 imp. feet
= 100 fathom
= 10 cable's length
= 1853,181 Meter
= 1829 Meter [noch älter].
5) Alte frz. Seemeile: *Mille, *Lieue.

Segregation
[lat.] „Absonderung". Verlorengehen von Eigenschaften in einem Teil der Individuen einer Population; z. B. durch verminderte Vermehrungsgeschwindigkeit des Merkmals.

Seidel (= Seitel)
1) Altes deutsches Flüssigkeitsmaß:
1 Seidel = 0,35 [bis 0,53] Liter =
= 0,56 Liter (Augsburg)
= 0,54 Liter (Bayern)
= 0,37 Liter (Siebenbürgen)
= 0,6 Liter (Gotha)
= [heute] $^1/_2$ Liter.
2) Altes Raummaß für Erz aus Bayern und Böhmen: 1 Seidel = 4,5 bis 6 Kubikfuß.

SEK *Krone.

sekel *Schekel.

Sekunde (= engl. **second)**
1) Zeitsekunde (s), EDV: s, [engl.] sec, **Sternsekunde**. Basiseinheit der *Zeit im SI-System, urspr. definiert durch die *Conférence Générale des Poids et Mesures* als $^1/_{86400}$ des mittleren Sonnentages; durch die *International Astronomical Union* 1956 festgelegt als *Ephemeridensekunde*: der 31 556 925,9 747te Teil des differentiellen tropischen Sonnenjahres zum 31. Dezember 1899, 12 Uhr Weltzeit; übernommen durch die 13. Generalkonferenz für Maß und Gewicht (CGPM 1967, Resolution 1) als *Atomsekunde*: das 9192 631 770-fache der Periodendauer der Strahlung beim Übergang zwischen den beiden Hyperfeinstruktur-Niveaus des Grundzustandes des ^{133}Cs-Atoms.
1 Sekunde = $^1/_{60}$ Minute = $^1/_{3600}$ Stunde.
2) *Zeit, *Zeitmessung.
3) Winkelsekunde (″), EDV: SEC, engl. **angular second, Altsekunde.** Abgeleitete Einheit des ebenen Winkels:
1″ = 60. Teil der Altminute =
= 3600. Teil des Altgrades
= $^1/_{3600}$ (= $2{,}777\bar{7}\cdot 10^{-4}$) Grad
= $3{,}086\,420\cdot 10^{-4}$ ($^1/_{3240}$) Neugrad
(= Gon, *grade*)
= $0{,}0\,166\bar{6}$ ($^1/_{60}$)′ (Winkelminute)
= $\pi/648\,000$ rad ($4{,}848\,137\cdot 10^{-6}$) (Bogenmaß).

4) Neusekunde (^{cc}). Veraltet! Bis Ende 1977 gültige Einheit des ebenen Winkels:
1 Neusekunde = 0,01 Neuminute =
= 0,1 Milligon = π/2 000 000 Radiant.

Sekundenkapazität
Medizin: Gasvolumen, das in einer Sekunde schnellstmöglich ausgeatmet werden kann. Vgl. *Vitalkapazität.

Selamin
Altes Volumenmaß aus Portugal:
1 selamin = 0,433 Liter.

Selbstinduktion *Induktivität.

Selibra Alte römische Gewichtseinheit:
1 Selibra = 163,7 Gramm.

Semed (= Joch)
Alttestamentl. Flächenmaß (1 Sam 14,14; Jes. 5,10); eine Fläche, die mit einem Joch Ochsen in einem Tag gepflügt werden konnte:
1 Semed ≈ 6480 Quadratellen (Mesopotamien) ≈ 16 Ar.

semes *Semis.

Semester
[lat. *semestris*, „sechsmonatig“] Studienhalbjahr an Hochschulen, 6 Monate.

semi [lat.] „halb“, *Zahlwörter.

Semis
1) [lat. „Die Hälfte“ des 12teiligen Ganzen]. Römische Kupfermünze: 1 Semis = $^1/_2$ As.
2) Römisches Gewicht:
1 Semis = 163,7 Gramm.
3) Römisches Flächenmaß:
1 Semis = $^1/_2$ Morgen = 0,125 Hektar.
4) [lat. *semes*, „Zinsen“]: Zinsmaß:
1 Semis = $^1/_2$ As monatlich $\triangleq$ 6% p.a.
5) semis tertius: *Sestertius.

Semodius
Römisches Hohlmaß für Trockenfrüchte:
1 Semodius = 4,394 Liter.

Semuncia
1) [lat. „halbe Unze“, ein halbes Zwölftel des 12teiligen Ganzen = ein Vierundzwanzigstel]. Römisches Gewicht:
1 Semuncia = $^1/_{24}$ Pfund = 13,64 Gramm.
2) Zinsmaß: $^1/_{24}$ des Kapitals = $4^1/_6$% p.a.
3) *fenus semuncarium* [lat. „zur halben Unze gehörige Zinsen“]. Zinsmaß: $^1/_{24}$% monatlich = 0,5% p.a.

Sen
1) Altes Längenmaß aus *Siam:
1 sen = 40 Meter.
2) Teil des *Yen.

Senegal Währungseinheit: *Franc.

Sengi Teile des *Zaire.

Seniti Teile der *Pa'anga.

Senkwaage *Aräometerskala.

Sensitivität
Statistik: Fähigkeit eines Tests oder Messverfahrens, Individuen oder Teilchen mit einem fraglichen Merkmal *vollständig* herauszufiltern. Vgl. *Spezifität.

$$S = \frac{\text{gefundene Merkmalsträger}}{\text{tatsächliche Merkmalsträger}}$$

Sensitometer *Strahlungsmessgeräte.

September *Monatsnamen.

septi *Zahlwörter.

Septunx
[lat. „sieben Unzen“]. Sieben Zwölftel eines As oder eines zwölfteiligen Ganzen.

Septur
Römisches Gewicht: 1 Septur = 191 Gramm.

Ser
Auch *Cer, Sier, Sihr, Sir.* Altes Handelsgewicht aus Indien:
1 Ser = 0,283 bis 15,97 ≈ 0,9331 Kilogramm.

ser
Abk. und Index [DIN 1304]: seriell, Reihe, Serie, elektrische Hintereinanderschaltung.

Seraim
Altes hebräisches Längenmaß:
1 Seraim = 3,67 Meter.

Seraim
Altes hebräisches Längenmaß:
1 Seraim = 3,67 Meter.

Serca
Flächeneinheit, mit der findige Kaufleute Ländereien auf dem Mond verkaufen. 1980 erstritt der Amerikaner DENNIS M. HOPE beim Grundbuchamt in San Francisco und mehreren Instanzen den Besitz am Mond und den Planeten unseres Sonnensystems und verkauft seither extraterrestrische Grundstücke. 1 Serca = 177 Morgen (*acre).

Sereth
Altes hebräisches Längenmaß:
1 Sereth = 24,75 Centimeter.

Sesma
Altes Volumenmaß aus Spanien:
1 sesma = 13,93 Centimeter.

Sester
[lat. *sextarius*, „ein Sechstel"]. Altdeutsches Volumenmaß:
1 Sester =
= $^1/_{10}$ Malter = 15 Liter (Baden)
= $^1/_4$ Meste = 6,488 Liter (Marburg)
= 10 Immi = 15 Liter (Schweiz).

Sestertius (IIS, HS, = Sesterz)
1) [lat. *semis tertius*, „halb der dritte = dreieinhalb"]. Römische Rechnungs- und Münzeinheit aus Silber, unter AUGUSTUS aus Messing und Bronze; Nachfolger des *As(s).
1 Sesterz =
= 2,5 As [1.Jh.v.Chr.] = $^1/_4$ Denar;
= 4 As [unter AUGUSTUS] = $^1/_{100}$ Aureus.
2) [lat.] *ducenti sestertii* = 200 Sesterze,
sestertia = tausend Sesterze,
decem sestertia = zehntausend Sesterze,
sestertium = hunderttausend Sesterze,
vicies sestertium = zwei Millionen Sesterze.

Setier
1) Altes Weinmaß aus der Schweiz:
1 setier = 37,5 Liter = 54 Liter (Genf).
2) Getreidemaß aus Frankreich und Holland:
1 setier = ca. 110 Liter.

Sextans
1) [lat. „ein Sechstel" einer zwölfteiligen Maß- oder Münzeinheit oder einer Erbschaft]. Römisches Gewicht:
1 Sextans = $^1/_6$ Pfund = 54,58 Gramm.
2) Altes römisches Hohlmaß:
1 Sextans = $^1/_6$ Sextarius = 0,09 Liter.
3) Römische Kupfermünze:
1 Sextans = $^1/_6$ As = 2 Unciae (Heller).

Sextarius
[lat. „Schoppen", vgl. *Sester]. Eines der wichtigsten alt-römischen Hohlmaße:
1 Sextarius = $^1/_6$ Congius
= $^1/_{48}$ Amphora = 0,55 Liter.

Sexte
Von katholischen Geistlichen um 12 Uhr mittags zu verrichtendes Gebet.

Sextula
[lat. „Sechstel"]. Altes römisches Gewicht:
1 Sextula = $^1/_6$ Unze
= $^1/_{72}$ eines 12teiligen Ganzen
= 4,55 Gramm.

sgn
[lat.] *signum*, Vorzeichenfunktion:

$$\operatorname{sgn} x = \begin{cases} 1, & \text{wenn } x > 0 \\ 0, & \text{wenn } x = 0 \\ -1, & \text{wenn } x < 0 \end{cases}$$

sh Abk. f.: *short*; *shoulder*, Schulter; sinh.

SH£ *Pfund, Währung.

Shake
Veraltet! Amerikanisches Zeitmaß:
1 Shake = 10^{-8} Sekunde.

Shaku (= Skaku kane)
Altes Längen-, Flächen und Volumenmaß aus Japan („Fuß", vgl. *Kujira shaku):
1 Shaku =
= 30,33 Centimeter
= 0,0 918 Meter^2
= 18,04 Milliliter.

Shannon (Sh)
Einheit der Dimension 1 in der Informationstheorie für dem Entscheidungsgehalt H_0, die Entropie H, den Informationsgehalt I, die Redundanz $R = H_0 - H$, den mittleren Transinformationsgehalt T (Synentropie) u.s.w.; frühere Einheit war *Bit.

Sh.cwt short *hundredweight.

SHE
Abk. f.: *Standard hydrogen electrode*, Normalwasserstoffelektrode.

shear [engl.] Schub-, Scher-.

shed
Veraltet! Vor 1969 vorgeschlagene, international nichtakzeptierte Flächeneinheit der Atom- und Kernphysik:
1 shed = 10^{-24} Barn = 10^{-48} Centimeter^2.

Sheng
Altes Hohlmaß aus China:
1 Sheng = 1,03 Liter.

Sherwood-Zahl *Kennzahlen.

Shi
Alte Gewichtseinheit aus China (*Tan):
1 Shi(h) = 500 Gramm.

Shilling
*Schilling. Währungeinheit in Kenia (K. Sh.), Somalia (So. Sh.), Tansania (T. Sh.), Uganda (U. Sh.), früher in Großbritannien.

Ship load
Veraltet! Vgl. *Schiffslast.
1 ship load *GB* = 430,804 Kilogramm.

Shipping ton
1 shipping ton *US* = 1,13 268 Meter^3.

Shisbä
Altes Hohlmaß aus Persien:
1 Shisbä = 1,5 Liter.

Shita
Alte Volumeneinheit aus *Annam:
1 shita = 1 tao = 56,52 Liter.

Sho
Altes Flüssigkeitsmaß aus Japan:
1 Sho = 1,804 Liter.

Short hundredweight (sh.cwt.)
US-Masseneinheit: *hundredweight.

Shortsche Normaluhr *Zeitmessung.

Short ton (sh.tn.)
US-Handelsgewicht: *ton

Shower unit
Veraltet! Mittlere Weglänge, bei der die Energie relativistischer, geladener Teilchen beim Durchgang durch die Materie um $^1/_{21}$ abnimmt.

shp
Abkürzung für: *shaft horsepower* = „Wellen-Pferdestärke".

Shunt *Amperemeter.

shusi *Elle, *Fuß.

Si Zeichen für das *chem. Element Silicium.

Sl$ *Dollar.

sic
Index (DIN 1304) für: trocken, lat. *siccus*.

Sichtprüfung *messtechnische Begriffe.

Sichtweite
In der Meteorologie die Sichtweite am Tage, bezogen auf einen Schwellenkontrast des Auges von 0,05:

$$V_{\mathrm{M}} = \frac{3{,}00}{\sigma_{\mathrm{e}}} \quad \mathrm{m}$$

σ_e Extinktionskoeffizient (= Streukoeffizient + Absorptionskoeffizient).
Die *Normsichtweite* – für einen Schwellenkontrast des Auges von 0,02 – ist definiert als $V_{\mathrm{N}} = 3{,}91/\sigma_{\mathrm{e}}$.

Sicilicus
Altes römisches Gewicht:
1 Sicilicus = 6,82 Gramm.

Siderischer Tag *Tag.

Sieb
Historisch! 18,3 Liter (Pommern).

Siebenersystem
Einheitensystem mit sieben Basiseinheiten, z. B. das Internationale Einheitensystem von 1971.

Sieberg-Skala
für die Stärke von Seebeben.

I.	leichtes, kaum spürbares Zittern des Schiffes
II.	leichte Erschütterung des Schiffes
III.	ruckartige Erschütterung des Schiffes
IV.	Schiff beginnt zu schwanken
V.	„Ächzen" des Schiffes, größere Gegenstände fallen um
VI.	Schiffskörper wird beschädigt, Gefahr des Unterganges

Siebmaß
Historisch! 36,8 Liter (Sachsen-Altenburg).

Siebreihe *Maschenweite.

Siegbahn-Einheit
[engl.] *Siegbahn unit, X unit.* Veraltet! Angabe der Wellenlänge von Röntgen- und Gammastrahlen; benannt nach dem schwedischen Physiker KARL MANNE SIEGBAHN (*1886, Nobelpreis 1924):
1 X-Einheit = $(1{,}00202 \pm 0{,}00003) \cdot 10^{-11}$ cm = 0,001 Å= 100 fm = 0,1 pm.

Siemens (S, EDV: SIE)
Abgeleitete SI-Einheit des elektrischen Leitwertes; benannt nach dem Elektrotechniker und Industriellen WERNER VON SIEMENS (1816–1892):
1 Siemens =
= 1 Ohm^{-1} (Ω^{-1}) = 1 mho
= 1 Ampere/Volt
= 1 Watt/Volt^2
= 1 Ampere^2/Watt
= 1 Coulomb/Weber
= 1 Sekunde/Henry
= 1 $\mathrm{s^3A^2m^{-2}kg^{-1}}$.

Siemens pro Centimeter
Praktische Einheit der längenbezogenen *Leitfähigkeit. 1 S/cm entspricht der Leitfähigkeit eines Würfels von 1 cm^3 Volumen mit dem Widerstand 1 Ω.
1 S/cm = 1 $\Omega^{-1}\,\mathrm{cm}^{-1}$ = 100 $\Omega^{-1}\mathrm{m}^{-1}$
1 S/m = 1 $\Omega^{-1}\,\mathrm{m}^{-1}$ = 0,01 S/cm
1 MS/m = 1 $\mu\Omega^{-1}$/m

Sievert (Sv, EDV: SV)
Seit 1986 gesetzlich verbindliche Einheit der Äquivalentdosis (vgl. *Gray):
1 Sievert (Sv) =
= 100 Rem
= 1 Joule/Kilogramm (J/kg)
= 1 Wattsekunde/Kilogramm (W · s/kg)
= 1 $\mathrm{Meter}^2/\mathrm{Sekunde}^2$ ($\mathrm{m^2/s^2}$).

Sievert/Sekunde (Sv/s)
Gesetzliche Einheit der Äquivalentdosisleistung oder -rate.
1 Sv/s $\hat{=}$ 1 Gray/Sekunde (Gy/s)
= 100 Rem/Sekunde
= 1 Watt/Kilogramm
= 1 $\mathrm{Meter}^2/\mathrm{Sekunde}^3$ ($\mathrm{m^2/s^3}$).

sig Index (DIN 1304) für: Zeichen, Signal.

Signal
In der Nachrichtentechnik: allgemeine physikalische Größe (Stromstärke, Spannung, Druck u.s.w.).

Signalpegel *Pegel.

Sila
Altes Hohlmaß aus Babylon:
1 Sila = 0,48 Liter.

Silberpunkt
Schmelzpunkt des Silbers bei 960,8 °C; Fixpunkt der *Temperaturskala.

Silicium *Konstanten,

Silvester *Wochen- und Feiertage.

sim
Index (DIN 1304): gleichzeitig, simultan.

Simbabwe-Dollar *Dollar, Währung.

Simmer
Altes Hohlmaß für Getreide:
1 Simmer = 32,0 Liter (Darmstadt)
= 28,7 Liter (Frankfurt/M.)
= 30,5 Liter (Hanau)
= [89 bzw.] 110,5 Liter (Sachsen-Coburg).

Simri (= Simmi)
Altes Hohlmaß für Getreide aus Württemberg und Hohenzollern (vgl. *Scheffel):
1 Simri = 22,1 Liter.

sin
Abkürzung für: Sinus, *sine*. Index (DIN 1304) für: sinusförmig.

Singapur-Dollar *Dollar, Währung.

sinh
Abkürzung für: Sinus hyperbolicus, Hyperbelsinus, *hyperbolic sine*.

Sinjer (Sinzer)
Historische Längeneinheit in Abessinien (Äthiopien): 1 sinjer (sinzer) = 23 cm.

Sinusgröße
Zu einer Sinusschwingung (= harmonischen Schwingung) gehörige physikalische Größe, auch *Sinusschwingungsgröße*, z. B. Sinusspannung. Nach DIN 1311 T1 als Cosinusfunktion oder komplexe Größe definiert:

$$x(t) = \hat{x}\cos\underbrace{(\omega t + \varphi_0)}_{\varphi} = \mathrm{Re}\left\{\underline{\hat{x}}\,\mathrm{e}^{\mathrm{i}\,\omega t}\right\}$$

x Sinusgröße, $\hat{x}$ Amplitude, ω Kreisfrequenz, t Zeit, φ_0 Nullphasenwinkel, $\underline{\hat{x}} = \hat{x}\,\mathrm{e}^{\mathrm{i}\,\varphi_0}$ komplexe Amplitude = Zeiger der Sinusgröße.

Siqlu
Altes biblisches, vermutlich assyrisches Gewichtsmaß aus dem Alten Testament:
1 Šiqlu = ca. 16,4 Gramm.
1 Šiqlu hamalek = 14,55 Gramm.

Siriometer
Veraltet! Astronomische Längeneinheit:
1 siriometer = 10^6 Astronomische Einheiten = $1{,}495 \cdot 10^{14}$ Kilometer

Siriusweite
Veraltet! Astronomische Längeneinheit:
1 Siriusweite = 5 Parsec
= $1{,}5\,428 \cdot 10^{14}$ Kilometer.

Sitio
Altes Flächenmaß aus Mexiko:
1 sitio = 1755,61 Hektar.

Sjömil
Alte *Seemeile aus Finnland:
1 sjömil = 1852 Meter.

Sjömila
Altes Seemeile aus Island:
1 sjömila = 1855 Meter.

Skalar
Physikalische Größen können Skalare (richtungslose Größen) oder Vektoren (gerichtete Größen) sein. Skalare Größen sind durch Zahlenwert und Einheit vollständig charakterisiert; z. B. Zeit t, Temperatur T, elektrische Ladung Q, Masse m etc. Geometrisch sind sie als beliebig gerichtete Strecke vorstellbar, deren Länge dem Zahlenwert des Skalares proportional ist. Vgl.*Vektor.

Skalarfeld *Gradient.

Skalenkonstante
*messtechnische Begriffe.

Skalenteil (SKT, Skt)
*Messtechnischer Begriff: Maßangabe auf einer willkürlichen Skala, z. B. Strichabstand auf einer Zeiger- oder Thermometerskala.

Skalpund
Alte Gewichtseinheit aus Finnland und Schweden: 1 skålpund = 100 Ort = 425 Gramm.

Skarabäus *Schekel.

Skeppe, Skieppe
Altes nordisches Volumenmaß:
1 Sk(i)eppe = 17,39 Liter (Dänemark)
= 17,37 Liter (Norwegen).

Skibspund
Alte Masseneinheit aus Dänemark:
1 Skibspund = 128 Kilogramm.

Skilling *Mark, *Schilling.

SKK *Krone

Skot (sk)
Veraltet! Ungesetzliche Einheit der Dunkelleuchtdichte: 1 Skot = 10^{-3} Apostilb .

Skotopischer Bereich
*fotometrische Bewertung.

Skrupel (s)
1) [lat. *scrupulus*, „spitzes Steinchen", *scripulum]. Altes deutsches Apotheker- und Medizinalgewicht:
1 Skrupel =
= $^1/_3$ Drachme
= 20 Gran
= 1,3 Gramm (Baden)
= 1,25 Gramm (Bayern und Hannover)
= 1,46 Gramm (Österreich)
= 1,22 Gramm (Preußen und Sachsen).
2) *scruple.

Slowenien Währungseinheit: *Tolar.

S.L.Re *Rupie.

slug
1) Veraltet! „Kraftpfund". Nichtmetrische Masseneinheit im *Technischen Einheitensystem gemäß der Definition:

Masse = Kraft/Beschleunigung.

1 slug *GB* =
= 1 Geepound
= 1 lbf s^2/ft =
= 14,5 939 Kilogramm
= 32,1 740 ($^{980{,}665}/_{30{,}48}$) Pound (av.)
= 39,1 004 Pound (troy)
= 1,48 816 technische Masseneinheit (TME).

2) Metric slug, „Kraftkilogramm". Veraltet! Masseneinheit im technischen Maßsystem, festgelegt durch die Kraft 1 Kilopond, wenn auf den Körper eine Beschleunigung von 1 m/s^2 wirkt:
1 metric slug = 9,80 665 Kilogramm.

slug per.
1) ...cubic foot
1 slug/cubic foot = 515,379 Kilogramm/Meter^3
2) ...(foot · second)
1 slug/(ft. sec.) = 47,8 803 Pascalsekunde.

S

Sm
Zeichen für das *chem. Element Samarium.

Smp. Abk. für: Schmelzpunkt.

Sn Zeichen für das *chem. Element Zinn.

sn
Abkürzung für: *sineoftheamplitude*, elliptische Funktion.

SOG *Geschwindigkeit.

Sok
Altes Längenmaß aus Siam:
1 sok = 50 Centimeter.

Sol
[lat., span. „Sonne"] Alte peruanische Goldmünze und Währungseinheit in Peru:
1 Neuer Sol (S/.) = 100 Céntimos ≈ $^1/_{2,67}$ US-$.

sol
Abkürzung für: *solution*, Lösung. Index (DIN 1304) für: fest, lat. *solidus*.

Solarkonstante
Energieeintrag auf die Erdoberfläche durch das natürliche Sonnenlicht nach CIE (Internationale Beleuchtungskommission) bei gleicher Temperatur; Bestrahlungsstärke durch die extraterrestrische Sonnenstrahlung bei *mittlerem* Sonnenabstand R auf die zur Einfallsrichtung senkrechte Ebene:

$$\bar{E}_0 = E_0 \left(\frac{r}{R}\right)^2 = 1350 \, \frac{\mathrm{W}}{\mathrm{m}^2}$$

E_0 Bestrahlungsstärke beim Sonnenabstand r.
DIN 5031 T 8 gibt als Zahlenwert 1,37 kW/m^2 an. Vgl. *Langley.

Soldo
1) [ital. „Sold, Groschen", *soldi*, „Geld, Moneten"]. Vom römischen *Solidus* abgeleitet, mit dem französischen *Sou* verwandt. Ursprüngl. ital. Rechnungsmünze (= $^1/_{20}$ Lira = 12 Denar); ab Ende des 12. Jh. als Silbermünze geprägt, im 19. Jh. Kupfermünze, zuletzt 1867 im Kirchenstaat; danach volkstüml. Bezeichnung für die 5-Centesimi-Münze.
2) Altes Feldmaß aus Italien:
1 Soldo = 16,813 Ar.

Solid angle [engl.] *Raumwinkel.

Solidus
1) [lat. „gediegen, massiv, hart, echt"]. Verbreitete spätrömische Goldmünze, von Kaiser KONSTANTIN (Trier 309) statt des *Aureus* eingeführt; vom Byzantinischen Reich bis ins 10. Jh. als Hauptgoldmünze übernommen und *Besant* oder *Byzantiner* genannt.
1 Solidus = 24 Siliquae ≙ $^1/_{72}$ röm. Pfund (KONSTANTIN).
2) Im Mittelalter Rechnungsmünze, vom römischen Solidus verschieden; später als *Schilling* oder *Groschen* geprägt.
1 Solidus = 12 Denar = 12 Pfennig.
3) Vgl. *Denar, *Dinar, *Soldo.

Solotnik
Alte Gewichtseinheit aus Russland:
1 Solotnik = 96 Dolja = 4,265 Gramm.

Solubilty [engl.] *Löslichkeit.

solv Abkürzung für: *solvent*, Lösungsmittel.

Som
Währungseinheit in Kirgistan (seit 1991 Präsidialrepublik der ehemaligen Sowjetunion):
1 Som (K.S.) = 100 Tyin = ca. $^1/_{11}$ DM.

Soma (= Somma)
[ital. *soma* „Last, Bürde", *somma*, „Summe"]. Altes Flüssigkeitsmaß aus Italien:
1 Soma = 2 Barili = 40 Fiaschi = 100 Liter.
1 Soma di vino = 166,7 Liter Wein (Rom).
1 Soma d'oleo = 164,2 Liter Öl (Rom).

Somaliland (Somalia)
Historische Einheiten: *caba, *chela, *cubito, *darat, *tabla, *top.
Währungseinheit: *Schilling.

Sommer *Jahreszeiten.

Sommeranfang *Wochen- und Feiertage.

Sommersonnenwende
*Wochen- und Feiertage.

Sommerzeit *Wochen- und Feiertage.

Sone (sone)
Phonometrische Einheit der Lautheit S nach DIN 45 630 T1. DIN 1320 definiert Lautheit als Maß für die Stärke der Wahrnehmung, bei

dem eine Verdoppelung des Zahlenwertes eine Verdoppelung der Stärke der Wahrnehmung entspricht. Das Sone ist festgelegt durch einen Schall oberhalb der Hörgrenze mit einem Lautstärkepegel von 40 Dezibel, wobei eine Verdopplung der Lautheit im Bereich 20–120 dB eine Zunahme des Lautstärkepegels um 10 dB (10 phon) ergibt:

$$S = 2^{0,1\,(L_S-40)}\ \text{sone}.$$

Die Lautstärke $L_S = 40$ dB entspricht der Lautheit $S = 1$ sone. Die *Lautstärke* als Maßstab für das Lautheitsempfinden des Ohres ist durch den effektiven *Schalldruck* p definiert als:

$$L_S(1\ \text{kHz}) = 20\lg\frac{p}{20\ \mu\text{Pa}}\ \text{dB}.$$

Sonnentag *Tag.

Sonnenzeit
Einteilung des Tages nach dem Sonnenstand: *wahre Sonnenzeit* nach dem Stundenwinkel der Sonne plus 12 Stunden (im Laufe des Jahres veränderlich) und *mittlere Sonnenzeit*, die sich um maximal 16,4 Minuten unterscheiden (*Tag).

Sonnenzirkel (= Sonnenzyklus)
Alle 28 Jahre wiederholen sich Datum und Wochentag in derselben Reihenfolge; streng im Julianischen Kalender, im Gregorianischen Kalender entstehen Unterbrechungen in den vollen Jahrhunderten, die kein Schaltjahr sind.

Sonntag *Wochentage.

Sortieren *messtechnische Begriffe.

So.Sh Somalia-*Schilling.

Sothisperiode *Kalender.

Sotka
Alte Längeneinheit aus Russland:
1 Sotka = $^1/_{100}$ Saschen = 2,133 Centimeter.

Sou
[lat. **solidus*]. Alte französische Kupfermünze, ursprünglich Basis der Münzrechnung, später 5-Centime-Münze.

span
Veraltet! Längeneinheit in den U.S.A., „lange *Spanne“:
1 Span = 9 Inch = $^1/_4$ Yard = 22,86 Centimeter.

Spanien
Historische Längeneinheiten: *braza = „Klafter“, *caballería, *codo = „Elle“, *cuarta = „Spanne“, *dedo = „Finger“, *estado = „Mannslänge“, *legua = „Meile“, *línea = „Linie“, *palmo = „Spanne“, *paso = „Schritt“, *pie = „Fuß“, *pulgada = „Zoll“, *sesma, *vara.
Historische Flächeneinheiten: *aranzada, *caballería, *celemin, *estadal, *fanegada, *yugada = „Tagwerk“.
Historische Volumeneinheiten: *arroba, *azumbre, *bota, *cahiz, *cantara = „Kanne“, *carga = „Last“, *celemín, *copa = „Becher“, *cuarterón = „Viertel“, *cuartilla = „Viertelarrobe“, *cuartillo, *fanega, *medio = „Halbe“, *ración = „Portion“, *moyo, *pipa.
Historische Gewichte: *libra = „Pfund“, *quintal = „Zentner“.
Währungseinheit: *Peseta.

Spann
1) Altes Längenmaß aus dem Bergbau:
1 Spann = $^1/_8$ Lachter
= ca. 24 bis 25,2 Centimeter.
2) Altes Volumenmaß aus Schweden (*Eimer):
1 Spann = 73,28 Liter.

Spanne
1) Altes Längenmaß der ausgespannten Hand bis zur Spitze des kleinen Fingers (große Spanne) und des Mittelfingers (kleine Spanne): ca. 8–10 Zoll = 22 bis 28 Centimeter. In anderen Ländern: [engl., holl.] *span, [span., ital., port.] palmo, [frz.] empan, [poln.] rozpietość, [schwed.] vingbredd.
2) Im *Alten Testament*, hebr. *zæræt* (Ex 28,16):
1 Spanne ≈ $^1/_2$ Elle.

Spannung
1) engl. *stress*, Begriffsbildung: querschnittsbezogene Werkstoffbeanspruchung, z. B. Zugspannung.
2) In der Mechanik: der Differentialquotient Kraft durch Fläche. *Normalspannung* nennt man die Komponente der Kraft (Schnittkraft), die senkrecht zur Fläche A einwirkt. *Zugspannungen* sind positive, *Druckspannungen* negative Normalspannungen. Vgl. *mechanische Spannung.

3) In der Rheologie: Quotient Kraft durch Fläche, zerlegbar in die Komponenten der Normalspannung σ und der Schubspannung τ. Die an einem Volumenelement angreifenden Spannungen bilden allgemein einen symmetrischen Tensor.
4) *elektrische Spannung, *magnetische Spannung, *Cohnsches Einheitensystem.

Spannungsbezugswert *Bel.

Spannungskoeffizient, thermischer
Druckänderung bei Temperaturänderung:

$$\alpha_p = \frac{1}{p}\frac{\mathrm{d}p}{\mathrm{d}T} \quad \text{Einheit: K}^{-1}$$

Spannungspegel *Dezibel.

Spannungsreihe
Anordnung der Elemente nach steigendem *Normalpotential, d. h. ihrer Fähigkeit, Kationen zu bilden und edlere Elemente durch Reduktion aus deren wässrigen Salzlösungen abzuscheiden.

Spannungstensor
In der Mechanik und Statik: die symmetrische Matrix der Spannungen in die Raumrichtungen eines Werkstückes:

$$\sigma = \begin{pmatrix} \sigma_{xx} & \sigma_{xy} & \sigma_{xz} \\ \sigma_{yx} & \sigma_{yy} & \sigma_{yz} \\ \sigma_{zx} & \sigma_{zy} & \sigma_{zz} \end{pmatrix}$$

Durch geeignete Drehung des Koordinatensystems werden die Nebenglieder Null und in der Diagonalen stehen die Hauptspannungen σ_1, σ_2, σ_3 in die Hauptrichtungen 1, 2 und 3. Damit ist die *mittlere mechanische Spannung:*

$$\sigma_\mathrm{m} = \frac{\sigma_1 + \sigma_2 + \sigma_3}{3}$$

Spannungsvektor
In der Technischen Mechanik und Strömungsmechanik: beschreibt den Spannungszustand in der Fläche mit der Flächennormalen $\vec{n}$:

$$\vec{s} = \vec{n} \cdot \sigma \quad \text{Einheit: } \frac{\mathrm{N}}{\mathrm{m}^2}$$

σ Spannungstensor (N/m^2).

Spätsommer *Jahreszeiten.

Spätwinter *Jahreszeiten.

speed [engl.] *Geschwindigkeit(sbetrag).

Speichermodul In der Mechanik: Realteil des komplex definierten Schubmoduls G. Vgl. *Schallintensität.

spektral
1)Begriffsbildung: Bezug auf einen differentiellen Bereich der Wellenlänge oder der Frequenz (*spektrale Dichte).
2) Kennzeichnung der Abhängigkeit einer Größe von der Frequenz, Wellenlänge oder Wellenzahl.

Spektralbereich *Wellenlängenbereiche.

Spektrale Dichte
$X_{\mathrm{e}\lambda}$ einer Strahlungsgröße X_e – oder einfacher: „spektrale Größe"; beschreibt die spektrale Verteilung einer Strahlung als Funktion der Wellenlänge λ:

$$X_{\mathrm{e}\lambda} = \frac{\mathrm{d}X_\mathrm{e}}{\mathrm{d}\lambda}$$

Bei der *relativen* spektrale Verteilung wird $X_{\mathrm{e}\lambda}$ auf einen beliebigen Wert der spektralen Dichte der Strahlungsgröße bezogen.

Spektrale Größen
*fotometrische Einheiten, *Extinktionskoeffizient, charakteristische *Temperatur.

Spektralfunktion
In der Schwingungslehre und Spektroskopie die zum Zeitverlauf $x(t)$ gehörige Fourier-Transformierte:

$$\underline{X}(\omega) = \int_{-\infty}^{\infty} x(t)\, \mathrm{e}^{-\mathrm{i}\,\omega t}\, \mathrm{d}t$$

Spektroskopische Konstanten
*Konstanten.

Spektroskop. Konversionsfaktoren
*Energie-, *Masse- und *Temperatureinheiten werden mit Hilfe der Beziehungen von EINSTEIN, BOLTZMANN und PLANCK umgerechnet. Vgl. *Energieäquivalente und Tabelle S.1.

Spezifisches Gewicht *Gewicht.

Spezifische Größe
Auf die Masse m bezogene Größe, besonders für *Thermodynamische und *magnetische Einheiten und Größen verwendet. Beispiele:

Spezifische Größe		Einheit
Volumen	$v = V/m$	m^3/kg
Wärmekapazität	$c_p = C/m$	J kg^{-1}K^{-1}
Innere Energie	$u = U/m$	J/kg
Enthalpie	$h = H/m$	J/kg
Freie Enthalpie	$g = G/m$	J/kg
Entropie	$s = S/m$	J kg^{-1}K^{-1}

Tabelle S.1 Umrechung von Energie-, Masse- und Temperatureinheiten.

Bezogen auf ein Teilchen						Bezogen auf die Stoffmenge	
$\frac{E}{\mathrm{J}} = \frac{h\nu}{\mathrm{Js\,s^{-1}}} = \frac{hc\tilde{\nu}}{\mathrm{Js\,ms^{-1}m^{-1}}} = \frac{kT}{\mathrm{J/K\cdot K}} = \frac{mc^2}{\mathrm{kg\,(m/s)^2}} = \frac{m(\lambda\nu)^2}{\mathrm{kg\,(ms^{-1})^2}}$						$\frac{E_\mathrm{m}}{\mathrm{J/mol}} = \frac{N_\mathrm{A}E}{\mathrm{mol^{-1}J}}$	

	J	kg	m^{-1}	Hz	K	eV	u	Hartree
J	1	$\frac{1}{\{c^2\}}$	$\frac{1}{\{hc\}}$	$\frac{1}{\{h\}}$	$\frac{1}{\{k\}}$	$\frac{1}{\{e\}}$	$\frac{1}{\{m_\mathrm{u}c^2\}}$	$\frac{1}{\{2R_\infty hc\}}$
kg	$\{c^2\}$	1	$\frac{\{c\}}{\{h\}}$	$\frac{\{c^2\}}{\{h\}}$	$\frac{\{c^2\}}{\{k\}}$	$\frac{\{c^2\}}{\{e\}}$	$\frac{1}{\{m_\mathrm{u}\}}$	$\frac{\{c\}}{\{2R_\infty h\}}$
m^{-1}	$\{hc\}$	$\{h/c\}$	1	$\{c\}$	$\frac{\{ch\}}{\{k\}}$	$\frac{\{hc\}}{\{e\}}$	$\frac{\{h\}}{\{m_\mathrm{u}c\}}$	$\frac{1}{\{2R_\infty\}}$
Hz	$\{h\}$	$\frac{\{h\}}{\{c^2\}}$	$\frac{1}{\{c\}}$	1	$\frac{\{h\}}{\{k\}}$	$\frac{\{h\}}{\{e\}}$	$\frac{\{h\}}{\{m_\mathrm{u}c^2\}}$	$\frac{1}{\{2R_\infty c\}}$
K	$\{k\}$	$\frac{\{k\}}{\{c^2\}}$	$\frac{\{k\}}{\{hc\}}$	$\frac{\{k\}}{\{h\}}$	1	$\frac{\{k\}}{\{e\}}$	$\frac{\{k\}}{\{m_\mathrm{u}c^2\}}$	$\frac{\{k\}}{\{2R_\infty hc\}}$
eV	$\{e\}$	$\frac{\{e\}}{\{c^2\}}$	$\frac{\{e\}}{\{hc\}}$	$\frac{\{e\}}{\{h\}}$	$\frac{\{e\}}{\{k\}}$	1	$\frac{\{e\}}{\{m_\mathrm{u}c^2\}}$	$\frac{\{e\}}{\{2R_\infty hc\}}$
u	$\{m_\mathrm{u}c^2\}$	$\{m_\mathrm{u}\}$	$\frac{\{m_\mathrm{u}c\}}{\{h\}}$	$\frac{\{m_\mathrm{u}c^2\}}{\{h\}}$	$\frac{\{m_\mathrm{u}c^2\}}{\{k\}}$	$\frac{\{m_\mathrm{u}c^2\}}{\{e\}}$	1	$\frac{\{m_\mathrm{u}c\}}{\{2R_\infty h\}}$
Hartree	$\{2R_\infty hc\}$	$\frac{\{2R_\infty h\}}{\{c\}}$	$\{2R_\infty\}$	$\{2R_\infty c\}$	$\frac{\{2R_\infty hc\}}{\{k\}}$	$\frac{\{2R_\infty hc\}}{\{e\}}$	$\frac{\{2R_\infty\}}{\{m_\mathrm{u}c\}}$	1

	Wellenzahl (cm^{-1})	Frequenz (Hz)	Energie (J)	(eV)	(kJ/mol)	Temperatur (K)
m^{-1}	0,01	299 792 458	1,986 447·10^{-25}	1,239 842·10^{-6}	1,19 627·10^{-4}	0,01 438 769
cm^{-1}	1	2,997 925·10^{10}	1,986 447·10^{-23}	1,239 842·10^{-4}	0,0 119 626	1,438 769
Hz	3,3 356·10^{-11}	1	6,626 076·10^{-34}	4,135 669·10^{-15}	3,9 903·10^{-10}	4,7 992·10^{-11}
MHz	3,33 564·10^{-5}	10^{6}	6,626 076·10^{-28}	4,135 669·10^{-9}	3,99 031·10^{-4}	4,79 922·10^{-5}
J	5,03 411·10^{22}	1,509 189·10^{15}	1	6,241 506·10^{18}	6,02 214·10^{20}	7,24 292·10^{22}
aJ	50 341,1	1,509 189·10^{-3}	10^{-18}	6,241 506	602,21 367	7,24 292·10^{4}
eV	8 065,54	2,417 988·10^{14}	1,602 177·10^{-19}	1	96,48 531	1,16 045·10^{4}
Hartree	219 474,631	6,579 684·10^{15}	4,359 748·10^{-18}	27,2 114	2625,50	3,15 773·10^{5}
kJ/mol	83,5 935	2,506 069·10^{12}	1,660 540·10^{-21}	1,036 427·10^{-2}	1	120,272
kcal/mol	349,755	1,048 539·10^{13}	6,947 700·10^{-21}	4,336 411·10^{-2}	4,184	503,217
K	0,695 039	2,08 367·10^{20}	1,380 658·10^{-23}	8,61 738·10^{-5}	8,31 451·10^{-3}	1
kg	4,52 444·10^{39}	1,356 391·10^{52}	8,9 875 518·10^{16}	5,609 586·10^{35}	5,41 243·10^{37}	6,509 617·10^{39}
u	7,51 301·10^{12}	2,252 342·10^{23}	1,492 419·10^{-10}	931,49 432·10^{6}	8,98 755·10^{10}	1,080 948·10^{13}

Spezifische Ladung
*Konstanten von Elementarteilchen.

Spezifische Leitfähigkeit *Leitfähigkeit.

Spezifische Oberfläche *Oberfläche.

Spezifische Partialstoffmenge
*Konzentrationsmaß für einen Bestandteil X in einer Mischphase; der Quotient aus der Stoffmenge und der Masse der zugehörigen Mischphasenportion; unabhängig von Temperatur und Druck.

$$q(X) = \frac{n(X)}{\sum m_i} \quad \text{Einheit: } \frac{\text{mol}}{\text{kg}}$$

Spezifisches Volumen *Volumen.

Spezifität
Statistik: Fähigkeit eines Tests oder Messverfahrens, *ausschließlich* Individuen oder Teilchen mit einem fraglichen Merkmal zu erfassen. Vgl. *Sensitivität.

$$S = \frac{\text{gefundene Nicht-Merkmalsträger}}{\text{tatsächliche Nicht-Merkmalsträger}}$$

Je spezifischer ein Test ist, desto unvollständiger ist die Erfassung und umgekehrt.

sp gr Abk. f.: *specific gravity*, spezif. Gewicht.

sph Index (DIN 1304) für: sphärisch.

Sphere (= engl. **„Kugel“)**
Nichtmetrische Einheit des Raumwinkels:
1 Sphere = 12,56 637 (4π) Steradiant.

sp ht
Abk. f.: *specific heat*, spezifische Wärme.

Spieß
Historisch! Zählmaß: 4 große oder 8 kleine Vögel.

Spießlein (= Wurf)
Altes Zählmaß für Obst:
1 Spießlein = 4 Stück (Thüringen)
= 5 Stück (Nürnberg).

Spind
Historisch! Getreidemaß:
= 6,9 Liter (Hamburg) = 7,8 Liter (Hannover) = 2,5 Liter (Schwerin) = 6,7 Liter (Boitzenburg).

Spindrehimpuls
*Hartreesches Einheitensystem.

Spint
1) Altes Hohlmaß aus Norddeutschland:
1 Spint =
= 4,61 Liter (Bremen)
= 6,58 Liter (Hamburg)
= 2,43 Liter (Mecklenburg).
2) 1 Spint = 312 Meter^2 (Norddtl.)

Spithame
Altes Längenmaß aus Griechenland:
1 Spithame = 23 Centimeter.

Spitzenleistung
Komplexe elektrische *Leistung beim Maximalwert von Spannung *U* und Strom *I* im Wechselstromkreis:

$$\hat{P} = \hat{U}\,\hat{I}$$

Spottmünzen
Zur Reformationszeit geprägte Münzen, ähnlich den doppelgesichtigen Kehrmünzen.

Spritzglas *Quadrans.

Spule *magnetische Einheiten und Größen.

Spurweite
Abstand der Innenkanten eines Gleises:
- *Normalspur*: 1432 Millimeter.
- *Breitspur*: 1524 bis 1676 Millimeter,

in Russland 1524 Millimeter.
- *Schmalspur*: 600 Millimeter,

Feldbahnen 1067 Millimeter.

sq
Abkürzung für: *square*, Quadrat...
1) sq cm, *square centimeter*, Quadratcentimeter [*US*, international: cm^2].
2) sq ft, *square foot*, Quadratfuß.
3) sq in, *square inch*, Quadratzoll.
4) sq km, *square kilometer*, Quadratkilometer [*US*, international: km^2].
5) sq m, *square meter*, Quadratmeter [*US*, international: m^2].
6) sq mm, *square millimeter*, Quadratmillimeter [*US*, international: mm^2].
7) sq μ, *square micron* [*US*, international μm^2].

Square chain
US-amerikanisches Flächenmaß:
1 Square chain (Gunter's) =
= 0,1 Acre
= 4356 Square foot
= 404,6 856 Meter^2.

1 Square chain (Ramsden's) =
= 10 000 Square foot.
1 Square chain (US Survey) =
= 404,687 261 Meter^2.

Square foot (ft^2, sq.ft., qfs)
1) *Quadratfuß.* Flächeneinheit des *englischen Systems:
1 Square foot =
= 2,295 684·10^{-5} Acre
= 929,0 304 Centimeter^2
= 2,295 684·10^{-4} Square chain (Gunter's)
= 10^{-4} Square chain (Ramsden's)
= 144 Square inch
= 2,295 684 Square link (Gunter's)
= 0,09 290 306 Meter^2 [exakt]
= 3,587 006·10^{-8} Square mile
= 3,673 095·10^{-3} Square rod
= 0,11$\bar{1}$ ($^1/_9$) Square yard.
2) Bis Ende 1974 für die Angabe der Fläche von gegerbten Häuten in Deutschland erlaubt.
3) EG-Amtsblatt L262 vom 27. Sept. 1976:
1 sq.ft. = 0,09 290 304 m^2.
4) Amerikanische Landvermessung:
1 sq.ft. (US Survey) = 0,092 903 412 Meter^2.
5) ...per hour
1 sq.ft./hr. = 2,58 064·10^{-5} Meter^2/Sekunde.

Square inch (in^2, sq.in.)
1) *Quadratzoll.* Flächenmaß des Englischen Systems:
1 Square inch =
= 1,273 240·10^6 Circular mil
= 821,4 432 Circular Millimeter
= 6,4 516 Centimeter^2
= 6,944$\bar{4}$·10^{-3} ($^1/_{144}$) Square foot
= 645,16 Millimeter^2.
2) EG-Amtsblatt L262 vom 27. Sept. 1976:
1 sq.in. = 6,452·10^{-4} m^2.
3) ...pro Sekunde
1 sq.in./sec =
= 0,41 666 $\bar{6}$ Square foot/Minute
= 2,322 576 Meter^2/Stunde.

Square link
1 square link (Gunter's) = 0.4 356 Square foot.
1 Square link (Ramsden's) = 1 Square foot.

Square mil (mil^2, sq.mil.)
1 Square mil =
= 1,273 240 Circular mil
= 10^{-6} Square inch = 645,16 Micrometer^2
= 6,4 516·10^{-4} Millimeter^2.

Square mile (mi^2, sq.mi.)
1) *Quadratmeile.* Flächeneinheit des Englischen Systems:
1 Square mile
= 640 Acre =
= 6400 Square chain (Gunter's)
= 2,78 784·10^7 Square foot
= 2,589 988 110 Kilometer^2
= 2,589 988·10^6 Meter^2
= 1,024·10^5 Square rod
= 3,0 976·10^6 square yard
= 0,0 277 778 ($^1/_{36}$) Township
= 258,9 988 Hektar.
2) EG-Amtsblatt L262 vom 27. Sept. 1976:
1 sq.mile = 2,59·10^6 m^2.
3) Amerikanische Landvermessung:
1 Square mile (US Survey) = 2,589 998 470 Kilometer^2.

Square rod
oder **square pole, square perch,** *Quadratrute.* Altes britisch-amerikanisches Flächenmaß:
1 Square rod *GB/US* =
= 1 square perch *GB*
= 1 square pole *GB*
= 0,00 625 ($^1/_{160}$) Acre
= 30,25 Square yard
= 272,25 Square foot
= 25,29 285 Meter^2.

Square yard (yd^2, sq.yd.)
1) Flächenmaß des Englischen Systems:
1 Square yard =
= 2,066 116·10^{-4} Acre
= 9 Square foot
= 1296 Square inch
= 0,83 612 736 Meter^2
= 3,228 306·10^{-7} Square mile.
2) EG-Amtsblatt L262 vom 27. Sept. 1976:
1 sq.yd. = 0,8361 m^2.

Sr Zeichen für das *chem. Element Strontium.

Sri Lanka *Ceylon.

Stab
1) Norddeutscher Bund:
1 Stab = 1 Meter.

2) Altes Längenmaß:
1 Stab = 89 bis 120 Centimeter
= 1,2 Meter (Schweiz, *staab*)
= 1,13 Meter (Sachsen)
= 1,17 Meter (Preußen).
3) *Biblischer Stab,* im alten Testament, hebr. *qānæ*: 1 Stab ≈ 6 Ellen.
Die Länge von EHUDs Schwert (Ri 3,16), das wohl eher ein Dolch war, betrug ein [hebr.] *gōmæd* ≈ 4 Handbreiten ≈ $^2/_3$ Elle.

Stabel
Altes Längenmaß im Süddeutschen Salzbergbau: 1 Stabel = 569 Meter.

Stadion (= lat. **Stadium)**
1) *Antikes griechisches Längenmaß:
1 Stadion = 600 Fuß =
= 192,28 Meter (*olympisches Stadion*)
= 184,96 Meter (Athen)
= 177,55 Meter (Delphi)
= 164 Meter (ägäisch und attisch)
= 178 Meter (griechisch-römisch).
2) Biblisch-römisches Wegmaß aus dem Neuen Testament: 1 Stadion = 185 Meter.
3) Neugriechisches Längenmaß:
1 Stadion = 1 Kilometer.

Stadteimer
Historisch! 73,3 Liter (Bayern).

Staio (= „Scheffel")
[Plural *staia*]. Altes Getreide- und Flüssigkeitshohlmaß aus Italien (*Staro):
1 Staio = 10 bis 100 Liter.

STANAG
Abkürzung für: Standardisierungsübereinkommen der Nato.

Standard
Altes englisches Raummaß für Holz, auch *Petrograd*:
1 Standard =
= 165 Cubic foot =
= 4,25 Meter^3 (gesägtes Holz)
= ca. 3,4 Meter^3 (Rundholz).

Standardabweichung
*messtechnische Unsicherheit.

Standardbicarbonatwert
*Alkalireserve.

Standarddruck *Normdruck.

Standardpotential *Normalpotential.

Standardtemperatur *Konstanten.

Standardwerte *Konstanten.

Standard yard *englische Einheiten.

Standardzeit *Zeitzonen.

Standardzustand *Normzustand.

Standort
O_b, engl. *fix*, in der See- und Luftfahrt auch „beobachteter Ort": mit Hilfe eines Ortsbestimmungsverfahrens ermittelter Ort.

Stang
1) Altes Längenmaß aus Schweden (*Rute):
1 Stång = 5 aln = 10 fot = 2,97 Meter.
2) *Baht.

Stange
Gebräuchliches Zählstückmaß für stangenförmig verpackte Zigarettenschachteln: 1 Stange Zigaretten = 10 Schachteln zu je ca. 20 Stück.

Stanton-Zahl *Kennzahlen.

Stapp
Altes Getreidemaß aus Ostfriesland:
1 Stapp = $^1/_4$ Scheffel = 7,73 Liter.

Stärkeeinheit (StE, St.-E.)
Landwirtschaftliche Vergleichseinheit für den Nährwert von Futtermitteln: 1 StE = Nettoenergiewert von 1 Gramm verdaulicher Stärke.

Staro
1) Altes Getreidehohlmaß aus Österreich und zugehörigen italienischen Gebieten:
1 Staro = 30,57 Liter (Tirol)
= 74 Liter (Triest) = 9,44 Liter (Mailand).
2) Altes Feldmaß aus Norditalien:
1 Staro = 5,136 Ar (Parma).

stat (St)
1) Index (DIN 1304) für: stationär, statisch.
2) Veraltet! Nicht SI-konforme Einheit der Radioaktivität von Heilwässern, entsprechend einer „Radiumemanation" (= Radonkonzentration), die Luft um eine absolute elektrostatische Ladungseinheit ionisiert:
1 Stat =
= $3{,}63 \cdot 10^{-7}$ Curie
= 0,0 134 Rutherford
= 1000 Mache-Einheiten.

3) Veraltet! Elektrostatische cgs-Einheiten: Statampere, Statcoulomb, Statfarad, Stathenry, Statohm, Statvolt.

stat. A *Ampere.

stat. C *Coulomb.

Stater
[griech.] Vorderasiatische und griechische Gold- und Silbermünzen (vgl. *Dinar).

stat. F *Farad.

stat. H *Henry,

Stathme
Altes Längenmaß aus Persien:
1 Stathme = 21 Kilometer.

Statistischer Fehler
*messtechnische Unsicherheit.

Statmho *Mho.

Statohm *Ohm.

Statute
Vorsatz vor angloamerikanischen Maßeinheiten mit der Bedeutung „gesetzlich", z.B. statute mile, statute league.

stat. V *Volt.

Staubniederschlag
Abgesetzte Schadstoffmenge pro Fläche und Zeit (in $\mathrm{mg\,m^{-2}d^{-1}}$).

Staudinger-Index *Viskosität.

Staudruck
oder *kinetischer Druck,* in der Strömungsmechanik:

$$p_\mathrm{k} = \tfrac{1}{2}\varrho v_\infty^2 \quad \text{Einheit: Pa}$$

ϱ Dichte des Fluids, v_∞ Anströmgeschwindigkeit.

std
Abkürzung für: *standard,* Standard... Index (DIN 1304) für: genormt, standardisiert.

Steady-State-Konzentration
konstante Zusammensetzung (z. B. des Blutspiegels) im *Fließgleichgewicht, d. h. bei konstanter Geschwindigkeit des Stoffumsatzes in einer chemischen Folgereaktion. Invasion (= Resorption + Verteilung) und Elimination (= Ausscheidung + Metabolisierung) verlaufen gleich schnell. Vgl. *Kumulation.

Steckan
Altes Flüssigkeitsmaß:
1 Steckan = 19,4 Liter (Holland)
= 18,45 Liter (Russland).

Stecken
Altes Raummaß für Holz aus Hessen:
1 Stecken = 1,56 Meter^3 (Darmstadt)
= 0,9 Meter^3 (Frankfurt/M.)
= 1,8 Meter^3 (Mainz).

Steekkan
Altes Volumenmaß aus den Niederlanden:
1 steekkan = 19,4 Liter.

Steen
Alte Masseneinheit aus den Niederlanden:
1 Steen = 1,494 bzw. 3 Kilogramm [später].

Stefan-Boltzmann-Konstante
*Konstante σ des Stefan-Boltzmannschen Strahlungsgesetzes für die Temperaturabhängigkeit der spezifischen Ausstrahlung M_e eines schwarzen Strahlers:

$$M_{\mathrm{e,S}}(T) = \sigma\, T^4$$

$$\sigma = \frac{2\pi^5 k^4}{15\, h^3 c^2} \approx 5{,}670 \cdot 10^{-8} \, \frac{\mathrm{W}}{\mathrm{m^2K^4}}$$

Stehwellenverhältnis *Welligkeitsfaktor.

Steifigkeit *Elastizitätsmodul.

Stein
Altes Handelsgewicht (*stone):
1 Stein = 5,0 Kilogramm (Baden)
= 15,5 Kilogramm (Danzig)
= 10,0 Kilogramm (Dresden)
= 10,3 Kilogramm (Leipzig)

Steinkohleeinheit (SKE)
Veraltet! Technische Energieeinheit, entsprechend dem mittleren Energiegehalt von einem Kilogramm Steinkohle:
1 SKE =
= 7000 Kilokalorien
= 29,3 076 Megajoule
= 8141 Wattstunden.

Ster (st, frz. stère, = Raummeter)
1) Veraltet! Volumeneinheit ab 1919 im früheren französischen Meter-Tonne-Sekunde-System (*MTS).
2) Altes Raummaß für Holz, z. T. noch verbreitet:
1 Ster = 1 Meter^3.

3) In anderen Ländern: [engl.] stere, [span.] estéreo, [holl.] wisse, [port.] estero.

Steradiant (sr)
EDV: SR, früher **str.**, engl. **steradian.** SI-Einheit des *Raumwinkels (Dimension 1). Definiert als das Verhältnis der Oberfläche der Kugelhaube (in m^2), die ein Kegelmantel aus einer um den Scheitel gelegten Kugel ausschneidet, zum Quadrat des Kugelradius (in m^2). Oder: Der räumliche Winkel, der als gerader Kreiskegel mit der Spitze im Mittelpunkt einer Kugel vom Radius 1 Meter aus der Kugeloberfläche eine Kalotte der Fläche 1 Meterquadrat ausschneidet:
1 Steradiant (sr) = 1 m^2/m^2
= 0,07 957 747 ($^1/_{4\pi}$) der Kugel
= 0,6 366 198 ($^2/_{\pi}$) · rechter Raumwinkel
= 3282,806 Quadratgrad.

Sterblichkeit *Mortalität, *Letalität, *LD.

Sterling
Ab dem 12. Jh. Bezeichnung für den englischen Penny; Vorgänger des Pfund Sterling; von einem deutschen Münzmeister um 1190 für RICHARD I. vorgeschlagen.

Sterntag *Tag.

Sternwinkel *Rektaszension.

Steuerquartier
Altes Flüssigkeitsmaß aus Braunschweig:
1 Steuerquartier = 1 Quart = 0,94 Liter.

Steuertonne
Altes bäuerliches Flächenmaß aus Mecklenburg, Schleswig-Holstein, Dänemark, Norwegen und Schweden:
1 Tonne = 0,39 bis 0,55 Hektar
= 0,5466 Hektar (Holstein)
= 0,5465 Hektar (Norddeutschland).

Steuerverein *Zollverein.

Sthen (sn, = frz. **sthène)**
Veraltet! Im *MIEschen Einheitensystem (1910) festgelegte Krafteinheit, Basiseinheit ab 1919 im früheren französischen Meter-Tonne-Sekunde-System (*MTS):
1 Sthen =
= 10^7 Dyn
= 10^7 Erg/Centimeter
= 1 Joule/Centimeter
= 100 Newton.

Stibich
Altes Hohlmaß für Holzkohle aus Österreich:
1 Stibich = 123 Liter.

Stich Historisch! Für Fische: 20 Stück.

Stiege (Steige)
Zählstückmaß: 1 Stiege = 20 Stück.

Stilb (sb)
1) Veraltet! Einheit der Leuchtdichte, z. B. im *fotometrischen Vierersystem:
1 Stilb = 1 Candela/Centimeter^2
= 10 000 Candela/Meter^2.
2) **Internationales Stilb.** Veraltet! Von der Internationalen Kerze abgeleitete Einheit der Leuchtdichte: 1 Isb = 0,903 Stilb.

Stöchiometriefaktor
ν_i (Dimension 1), Gewichtungsfaktor für den Stoff i in einer chemischen Reaktion, wobei Produkte positiv, Edukte negativ gezählt werden:
$|\nu_1|\, B_1 + |\nu_2|\, B_2 + \ldots \rightleftharpoons \ldots |\nu_n|\, B_n$

stöchiometrisch
Chemischer Umsatz im Verhältnis der beteiligten Teilchen bzw. *molaren Massen; z. B. 2 mol Wasserstoff reagieren mit 1 mol Sauerstoff zu 2 mol Wasser: $2\,H_2 + O_2 \rightarrow 2\,H_2O$.

Stock Historisch! 49,5 Liter (Hamburg).

Stoffdurchgangszahl
oder *totale Stoffübergangszahl.* Proportionalitätsfaktor k (in m/s) für den diffusiven Stofftransport zwischen zwei Fluiden (I und II) über eine Phasengrenze hinweg.

$$\frac{d\dot{n}}{dA} = k_I\left(c_I^f - c_I^b\right) \text{ mit } \frac{1}{k_I} = \frac{1}{\beta_I} + \frac{K_N}{\beta_{II}}$$

c Stoffmengenkonzentration (b = im Phaseninneren, f = an der Phasengrenze, I = in Phase I), β Stoffübergangszahl, K_N Konstante des Nernstschen Verteilungsgesetzes.

Stoffkennzahl
In der Strahlungsphysik, Lichttechnik und Radiologie allgemein definiert als:

$$\frac{\text{spektrale Stoffkennzahl } x(\lambda)}{\text{Empfindlichkeit des Empfängers}}$$

$$x_s = \frac{\int_0^\infty \Phi_{e\lambda,in}\, x(\lambda)\, s(\lambda)_{rel}\, d\lambda}{\int_0^\infty \Phi_{e\lambda,in}\, s(\lambda)_{rel}\, d\lambda}$$

$\Phi_{e\lambda,in}$ spektrale Strahlungsverteilung der eindringenden Strahlung, $s(\lambda)_{rel}$ relative spektrale Empfindlichkeit des Empfängers.

Stoffkonstante

*Konstante.

Stoffmenge

Einheit der Stoffmenge n (= Masse/Molekülmasse) ist das *Mol.

1 mol eines Stoffes enthält ebenso viele Teilchen, wie Atome in 0,012 kg des Kohlenstoffisotops ^{12}C enthalten sind (DIN 32 625).

1 mol eines Stoffes enthält $N_A = 6{,}022045 \cdot 10^{23}$ Teilchen (AVOGADRO-Konstante).

Mit der Stoffmengeneinheit mol ist die Art der Teilchen anzugeben, die gemeint sind:

1 mol Eisen(atome), 2,5 kmol Wasser, 0,75 mol Protonen, 12 μmol α-Teilchen, 0,3 mol $Na^{\oplus}$-Ionen, 0,1 mmol Strychnin(moleküle), 4 $(\frac{1}{2}Ca^{2\oplus})$-Äquivalente etc.

Beispiele für Stoffmengenangaben:

$n(Ca^{2\oplus}) = 3$ mmol, $n(K_2Cr_2O_7) = 61$ mmol.

1 mol/ℓ enthält N_A Teilchen (Atome, Moleküle, Elektronen etc.) im Liter. 1 mol/g enthält N_A Teilchen in einem Gramm.

Veraltet sind die Bezeichnungen *Grammatom* (1 tom = Atommasse · Gramm) und *Grammmolekül* (1 mol = Molekülmasse · Gramm).

Stoffmengenanteil

*Gehalt.

Stoffmengenbezogene Größe

*molare Größe.

Stoffmengenkonzentration

Molare Konzentration oder **Molarität.** *Konzentrationsmaß, festgelegt durch die eingewogene Stoffmenge gelöster Substanz im Lösungsvolumen. Die Molarität ist temperaturabhängig, entsprechend der Volumenausdehnung der Lösung beim Erwärmen.

$$c = \frac{n}{V} = \frac{m}{MV}$$

c molare Konzentration (kmol/m³), n Stoffmenge (kmol), $M = m/n$ molare Masse (kg/kmol), m eingewogene Masse (kg), V Lösungsvolumen (m³).

Einheiten:

$$1\ \text{kmol/m}^3 = 1\ \text{mol}/\ell = 0{,}001\ \text{mol/cm}^3 = 10^6\ p/RT\ \text{ppm (Gas)}$$

$1\ \ell = 1000\ \text{m}\ell = 1000\ \text{cm}^3 = 0{,}001\ \text{m}^3$.

Veraltet ist die Angabe: 1 M = 1 mol/ℓ.

Eine 1-molare Lösung wird hergestellt durch Auflösen einer Einwaage von 1 mol eines Stoffes auf exakt 1 ℓ Lösung (bei 20 °C). Einmolare Schwefelsäure – veraltete Schreibweise: 1 M H_2SO_4 – enthält 1 mol = 98,08 g Schwefelsäure im Liter.

Stoffmengenstromdichte

*Stofftransport, *Stoffübergangszahl.

Stoffmengenverhältnis

*Konzentration.

Stofftransport: Einheiten und Größen

Mit dem Transport von Materie (Stoffübertragung) sind Begriffe wie Diffusion, Adsorption, Stoffübergang und heterogene Reaktion verknüpft. Diffusion und Stoffübergang fallen unter den Begriff *Stoffübertragung* (DIN 5491).

- *Diffusion* ist Materietransport infolge eines Konzentrationsgefälles in einem System ohne Phasengrenzen.
- *Stoffübergang* ist Materietransport durch eine Phasengrenze.

Stoff- und Wärmetransport werden theoretisch analog behandelt (vgl. Übersicht).

- Die Sherwood-Zahl beim Stofftransport entspricht der Nusselt-Zahl beim Wärmetransport,
- die Reynolds-Zahl für den Impulstransport gilt in beiden Fällen.
- Die Lewis-Zahl $Le = Sc/Pr$ nimmt bei laminarer Strömung den Wert 1 an.

Die Analogie von Stoff- und Wärmetransport versagt, wenn Thermodiffusion, Wärmestrahlung oder Konvektion auftreten.

Stoffübergangskennzahlen

Beim Stofftransport zwischen zwei Phasen werden die Stoffübergangszahlen von den Stoffeigenschaften, der Hydrodynamik und der Geometrie des Systems bestimmt. Die komplizierten Verhältnisse werden durch empirische Kenngrößengleichungen mit dimensionslosen Kenngrößen beschrieben: *Fourier-Zahl, *Grashof-Zahl, *Sherwood-Zahl, *Reynolds-Zahl, *Schmidt-Zahl, *Galilei-Zahl, *Weber-Zahl, *Péclet-Zahl, *Stanton-Zahl, *Froude-Zahl, *Lewis-Zahl, *Prandtl-Zahl.

S

Tabelle S.2 Analogie von Stoff- und Wärmetransport.

	Stofftransport	Wärmetransport
	Transport innerhalb einer Phase (Diffusion und Wärmeleitung)	
zeitl. Änderung	Konzentrationsgefälle: $\frac{\partial c}{\partial t} = \frac{\dot{n}}{V}$	Temperaturgefälle: $\frac{\partial T}{\partial t}$
örtliche Änderung	Stoffmengenstromdichte $J = \dot{n}/A =$ Diffusion J_c + Thermodiffusion J_T + Druckdiffusion J_T + erzwungene Diffusion J_b	Wärmestromdichte $\dot{q}$ = Wärmeleitung $\dot{q}_L$ + Diffusionsthermoeffekt $\dot{q}_T$ + Wärmebewegung $\dot{q}_U$ + Wärmestrahlung $\dot{q}_S$
	diffusive Stoffstromdichte: $\nabla J_c = \nabla(D\,\nabla c)$	Wärmeleitungsstromdichte: $\frac{\nabla \dot{q}_L}{\varrho\, c_p} = \frac{\nabla(\lambda\,\nabla T)}{\varrho c_p}$
	konvektiver Stoffstrom: $\nabla(vc)$	konvektiver Wärmestrom: $\nabla(vT)$
Bilanz (*r* Reaktionsrate)	$\frac{\partial c}{\partial t} = -\nabla J - \nabla(uc) + r$	$\frac{\partial T}{\partial t} = -\frac{1}{\varrho c_p}\nabla \dot{q} - \nabla(vT) - \frac{-\Delta H_R}{\varrho c_p} r$
Kenngröße	Diffusionskoeffizient D	Temperaturleitzahl $a = \frac{\lambda}{\varrho c_p}$
Stationärer Fall	$\frac{\partial c}{\partial t} = D_{12}\frac{\partial^2 c}{\partial z^2}$	$\frac{\partial T}{\partial t} = a\,\frac{\partial^2 T}{\partial z^2}$
	$c(z,t) = c^b - \left(c^* - c^b\right) \operatorname{erf} \frac{z}{2\sqrt{Dt}}$	$T(z,t) = T^b - (T^* - T^b) \operatorname{erf} \frac{z}{2\sqrt{at}}$
	Transport über Grenzflächen (Stoffübergang und Wärmeübergang im Filmmodell)	
Laminarer Grenzfilm *l*	$\frac{\dot{n}}{A} = \beta\,(c^* - c^b) = \frac{D}{l}\,(c^* - c^b)$ $\frac{\beta}{\alpha} = \frac{D}{\lambda}$	$\frac{\dot{Q}}{A} = \alpha\,(T^* - T^b) = \frac{a}{l}\,(T^* - T^b)$
Turbulenter Austausch	$\frac{\dot{n}}{A} = \frac{\dot{V}}{A}\,(c^* - c^b) = \beta\,(c^* - c^b)$ $\frac{\beta}{\alpha} = \frac{1}{\varrho c_p} = \frac{a}{\lambda} = Le\,\frac{a}{\lambda}$	$\frac{\dot{Q}}{A} = \frac{\dot{V}}{A}\,\varrho c_p\,(T^* - T^b) = \alpha\,(T^* - T^b)$
Umströmter Tropfen	$Sh = \frac{\beta d_T}{D} = 2{,}0 + 0{,}6\,\sqrt{Re}\,\sqrt[3]{Sc}$	$Nu = \frac{\alpha d_T}{\lambda} = 2{,}0 + 0{,}6\,\sqrt{Re}\,\sqrt[3]{Pr}$

Tabelle S.3: Verhältnis von Stoffübergangszahl β zu Wärmeübergangszahl α und Lewis-Zahl einiger Stoffgemische (Atmosphärendruck, 0 °C).

Diffusion von	in:	β/α laminar	β/α turbulent	$Le = Sc/Pr$
Ethanol	Luft	1,751	3,222	1,84
Ethanol	CO_2	1,900	2,682	1,32
Benzol	Luft	1,292	3,222	2,49
Benzol	CO_2	1,454	2,682	1,72
Methanol	Luft	2,282	3,222	1,41
Wasser	Luft	3,971	3,222	0,81

Stoffübergangszahl

Proportionalitätsfaktor β (in m/s) für den diffusiven Transport von Materie aus dem Phaseninneren an eine Phasengrenze (*) zwischen zwei angrenzenden Fluiden (I und II).

$$\frac{\mathrm{d}\dot{n}}{\mathrm{d}A} = \beta_{\mathrm{I}}(c_{\mathrm{I}}^{*} - c_{\mathrm{I}}^{\mathrm{b}}) = -\beta_{\mathrm{II}}(c_{\mathrm{II}}^{*} - c_{\mathrm{II}}^{\mathrm{b}})$$

$\dot{n}/A$ Stoffmengenstromdichte (kmol $m^{-2}s^{-1}$), c^b Bulkkonzentration im turbulent vermischen Phaseninneren, c^* Gleichgewichtskonzentration an der Phasengrenze.

Stoichiometric number *Stöchiometriefaktor.

Stokes (St, EDV: ST, früher: S)

Veraltet! Bis Ende 1977 gesetzlich erlaubte Einheit der kinematischen Viskosität; benannt nach dem englischen Mathematiker und Physiker SIR GEORGE GABRIEL STOKES (1819–1903); festgelegt für ein Fluid der dynamischen Viskosität 1 Poise mit der Dichte 1 Gramm/Centimeter^3:

1 Stokes (St) =
= 100 Centistokes (cSt)
= 10^{-4} Meter^2/Sekunde.

Stone (st., = „Stein“)

1) Veraltet! Britisches Handelsgewicht, im Mittelalter ursprünglich für exportierte Rohwolle (*englische Einheiten):

1 stone =
= 14 Pound (lb.avdp.)
= 224 ounce
= 3584 dram
= 9789 scruple
= 97 986 Grain
= 6,350 294 Kilogramm
= 6,35 kg [EG-Amtsblatt L262, 27.09.1976].

Stoof

Altes Flüssigkeitsmaß in den Ostseerandstaaten, dem *Quart* entsprechend:
1 Stoof = 1,23 bis 1,43 Liter.

Stoop, Stoopen

Altes nordeurop. Flüssigkeitsmaß (*Maß):
1 Stoop(en) =
= 2,425 Liter = 4 Pintjes (Niederlande)
= 1,309 Liter (Schweden, *stop*).

Stopa

Altes osteuropäisches Längenmaß (*Fuß):
1 Stopa =
= 28,8 Centimeter (Polen)
= 31,6 cm (Jugoslawien)
= 30,48 cm (Russland).

Stopa sześcienna

Polnischer „Kubikfuß“:
1 Stopa sześcienna = 0,024 Meter^3.

Störgröße

*elektromagnetische Verträglichkeit.

Stoß

1) Altes Raummaß für Brennholz aus Österreich:
1 Stoß = 72; 90; 11,6; 2,84 od. 3,41 Meter^3.
2) *Impuls.

Stößel (= Stösel)

Altes Hohlmaß (vgl. *Quartier):
1 Stößel =
= 0,49 Liter (Hannover)
= 0,458 bis 0,6 Liter (Sachsen-Weimar).

str Index (DIN 1304) für: Ständer, Stator.

Strahldichte

*Fotometrische Einheiten und Größen.

Strahlendosis

1) **höchstzulässige (H.D.)** Größte gesetzlich zulässige Personendosis für „beruflich strahlenexponierte Personen“, abhängig vom Lebensalter.
Lebensalterdosis = (Alter – 18)·0,05 Sv/a
2) **Einzeldosis (ED).** In der Strahlentherapie pro Sitzung fraktioniert eingestrahlte Dosis.
3) **Gesamtdosis (GD).** Am Ende einer Bestrahlungsserie eingestrahlte Herddosis. Fraktionierung bedeutet: Unterteilung der Gesamtdosis in meherere zeitlich aufeinanderfolgende Teildosen.

S

4) **Herddosis (HD).** Strahlentherapeutische *Energiedosis in einem Punkt des kranken Gewebes.
5) **Grenzdosis.** Röntgenografische Toleranzdosis.
6) **Tiefendosis.** Dosis in vorgegebener Tiefe des Körpers; prozentualer Anteil der Oberflächen- oder Maximaldosis.
7) **Verdoppelungsdosis.** Dosis, die die Mutationsrate verdoppelt.
8) **Wirkungsdosis** = Oberflächendosis.
9) *Gonadendosis, *RBW, *Raumdosis.

Strahlenexposition

*Flächendosisprodukt, *Körperdosis.

Strahlenqualität

sog. *Strahlenhärte.* Durchdringungsvermögen elektromagnetischer Strahlung.

weich:	bis 100 keV
hart:	100 bis 1000 keV
ultrahart:	über 1000 keV

Strahlenschutz und -therapie

*Dosimetrische Größen, *Dosisleistungskonstante, *Kenndosisleistung, *Äquivalentdosis.

Strahler

*Temperaturstrahlung, *Radioaktivität.

Strahlstärke

*Fotometrische Einheiten und Größen, *Raumwinkel.

Strahlstärke einer Antenne

In der Nachrichtentechnik: durch den Raumwinkel Ω in eine gegebene Richtung abgestrahlte Leistung (t = transmitted):

$$P_\Omega = \frac{\mathrm{d}P_\mathrm{t}}{\mathrm{d}\Omega} \quad \text{Einheit: } \frac{\mathrm{W}}{\mathrm{sr}}$$

Die *mittlere Strahlstärke* ist $P_{\omega\mathrm{i}} = P_\mathrm{t}/4\pi$ (i = isotrop).

Strahlungsäquivalent, fotometrisches

Quotient aus Lichtstrom und Strahlungsleistung (vgl. *fotometrische Bewertung):

$$K = \frac{\Phi_\mathrm{v}}{\Phi_\mathrm{e}} \quad \frac{\mathrm{lm}}{\mathrm{W}}$$

Strahlungsaustausch

Streng für das Vakuum und näherungsweise in Materie (wenn Absorption, Steuung und Lumineszenz vernachlässigbar sind) gilt für den Strahlungsaustausch zwischen einem Strahler (Index 1) und einem Empfänger (2) das *fotometrische Grundgesetz*:

$$\mathrm{d}^2\Phi = L\,\frac{\mathrm{d}A_1\,\cos\xi_1\,\mathrm{d}A_2\,\cos\xi_2}{r^2}\,\Omega_0.$$

Φ Strahlungsleistung, $\mathrm{d}A$ Flächenelement, L Strahldichte, ξ_1 Ausstrahlungswinkel (zwischen Flächennormale und Strahlungsrichtung), ξ_2 Einstrahlungswinkel, r Abstand, Ω_0 = 1 sr.
Weiterführend vgl. *Bestrahlungsstärke.

Strahlungseinheiten

Ionisierende Strahlung wird – insbesondere im Hinblick auf ihre zerstörende Wirkung auf Lebewesen – durch energetische Kenngrößen beschrieben (vgl. Tabelle). *Radioaktivität, *Dosiseinheiten.

Strahlungsenergie

*Fotometrische Einheiten und Größen.

Strahlungsfluss

*Fotometrische Einheiten und Größen, *Raumwinkel.

Strahlungskonstante

Konstanten c_1 und c_2 des Planckschen Strahlungsgesetz für die spezifische Ausstrahlung $M_{\mathrm{e}\lambda}$ bzw. die spektrale Strahldichte $L_{\mathrm{e}\lambda}$ der Temperaturstrahlung des schwarzen Strahlers.

$$M_{\mathrm{e}\lambda,\mathrm{S}}(T) = \frac{c_1}{n^2\lambda^5\left[\mathrm{e}^{c_2/(n\lambda T)} - 1\right]}$$

$$L_{\mathrm{e}\lambda,\mathrm{S}}(T) = \frac{c_1}{n^2\lambda^5\pi\Omega_0\left[\mathrm{e}^{c_2/(n\lambda T)} - 1\right]}$$

$$c_1 = 2\pi\,h\,c^2 \approx 3.7418\cdot 10^{-16}\,\mathrm{W\,m^2}$$

$$c_2 = \frac{h\,c}{k} \approx 0.01439\,\mathrm{K\,m}$$

Für linear polarisierte Strahlung ist $c_1/2$ für c_1 einzusetzen.

c Lichtgeschwindigkeit, h Plancksches Wirkungsquantum, T thermodynamische Temperatur, k Boltzmann-Konstante, n Brechzahl des umgebenden Mediums, $\Omega_0 = 1$ sr Einheitsraumwinkel.

Strahlungsmessgeräte

Aktinograph. Gerät zur Aufzeichnung der Änderung von Sonnenstrahlen.
Aktinometer. Strahlungsmesser; Gerät zur Messung der direkten Sonnenstrahlung.
Sensitometer. Apparat zur Bestimmung der Filmempfindlichkeit.
Solorimeter. Gerät zur Messung der Sonnen- und Himmelsstrahlung.
Optische *Aktivität, *fotometrische Einheiten und Messverfahren.

Tabelle S.4 Umrechnungsfaktoren für ionisierende Strahlung.

Größe	Symbol	SI-Einheit		Veraltete Einheiten	
Aktivität	A	s^{-1}	= Bq	Ci	$= 3{,}7 \cdot 10^{10}$ Bq
Absorbierte Dosis	D	$J\,kg^{-1}$	= Gy	rad	= 0,01 Gy
Absorbierte Dosisrate	$\dot{D}$	$J\,kg^{-1}s^{-1}$	$= Gy\,s^{-1}$	$rad\,s^{-1}$	$= 0{,}01\,Gy\,s^{-1}$
Durchschnittsenergie pro Ionenpaar	W	J		eV	$= 1{,}602 \cdot 10^{-19}$ J
Dosisäquivalent	H	$J\,kg^{-1}$	= Sv	rem	= 0,01 Sv
Dosisäquivalentrate	$\dot{H}$	$J\,kg^{-1}s^{-1}$	$= Sv\,s^{-1}$	$rem\,s^{-1}$	$= 0{,}01\,Sv\,s^{-1}$
Elektrischer Strom	I	A			
Elektrische Spannung	U	$W\,A^{-1}$	= V		
Bestrahlung	X	$C\,kg^{-1}$		R	$= 2{,}58 \cdot 10^{-4}\,C\,kg^{-1}$
Bestrahlungsrate	$\dot{X}$	$C\,kg^{-1}s^{-1}$		$R\,s^{-1}$	$= 2{,}58 \cdot 10^{-4}\,C\,kg^{-1}\,s^{-1}$
Strahlenfluss	φ	m^{-2}		cm^{-2}	$= 1{,}0 \cdot 10^4\,m^{-2}$
Flussrate	Φ	$m^{-2}s^{-1}$		$cm^{-2}\,s^{-1}$	$= 1{,}0 \cdot 10^4\,m^{-2}\,s^{-1}$
Kerma	K	$J\,kg^{-1}$	= Gy	rad	= 0,01 Gy
Kermarate	$\dot{K}$	$J\,kg^{-1}s^{-1}$	$= Gy\,s^{-1}$	$rad\,s^{-1}$	$= 0{,}01\,Gy\,s^{-1}$
Linearenergie	y	$J\,m^{-1}$		$keV\,\mu m^{-1}$	$= 1{,}602 \cdot 10^{-10}\,J\,m^{-1}$
Linearenergieübertrag	L	$J\,m^{-1}$		$keV\,\mu m^{-1}$	$= 1{,}602 \cdot 10^{-10}\,J\,m^{-1}$
Massendämpfungskoeffizient	μ_{tr}	$m^2\,kg^{-1}$		$cm^2 g^{-1}$	$= 0{,}1\,m^2 kg^{-1}$
Massenenergietransferkoeffizient	μ_{en}	$m^2\,kg^{-1}$		$cm^2 g^{-1}$	$= 0{,}1\,m^2 kg^{-1}$
Massenenergieabsorptionskoeffizient	μ_{en}/ϱ	$m^2\,kg^{-1}$		$cm^2 g^{-1}$	$= 0{,}1\,m^2 kg^{-1}$
Massenbremsleistung	S/ϱ	$J\,m^2\,kg^{-1}$		$MeV\,cm^2\,g^{-1}$	$= 1{,}602 \cdot 10^{-14}\,J\,m^2\,kg^{-1}$
Leistung	P	J/s	= W	W	= 1,0 W
Strahlungsdruck	p	N/m^2	= Pa	Torr	$= {}^{101\,325}/_{760}$ Pa
Chemische Strahlungsausbeute	G	mol/J		Molekül $(100\,eV)^{-1}$	$= 1{,}04 \cdot 10^{-7}\,mol\,J^{-1}$
Spezifische Energie	z	J/kg	= Gy	rad	= 0,01 Gy

Strahlungsphysikalische Größen
*Fotometrische Einheiten und Größen.

Strain
[engl.] Zugbeanspruchung.

Straits Settlements
Historische Volumeneinheiten der ehemaligen britischen Kronkolonien Malakka, Penang, Singapur. *chupak, *gantang, *para(h), *pau, *pipe, *tun.

Strang
Fadenlänge von Garn, durch Aufwickeln auf die Haspel bestimmt (500–2000 Meter).

Straßenrute
Historisch! 4,5 Meter (Sachsen).

Streckgrenze
R_e (in $N/mm^2 = MPa$), mechanische *Werkstoffkenngröße beim DIN-Zugversuch und Maß für die Fließgrenze, d. h. den Beginn der plastischen Verformung eines Werkstoffes:
Obere Streckgrenze R_{eH}: Im Spannung-Dehnung-Diagramm der Beginn des Fließens, begleitet von schubweiser Wiederverfestigung.
Untere Streckgrenze R_{eL}: Ende des Fließens, Beginn der Verfestigung (Anstieg der Spannung-Dehnung-Kurve).

Streep
Altes Längenmaß aus den Niederlanden:
1 streep = 1 Millimeter.

Stremma
Flächenmaß aus Griechenland:
1 Stremma = 12,7 [früher] bzw. 10 Ar [heute].

Stress [engl.] mechanische Spannung.

Streukapazität *Kapazität, technische.

Streukoeffizient *Schwächungskoeffizient.

Streuung
*Messtechnische Unsicherheit.

Strich
1) Metrisches Längenmaß der Maß- und Gewichtsordnung des Norddeutschen Bundes:
1 Strich = 1 Millimeter.
2) 1 Strich =
= 1 Millimeter (Niederlande, *streep*)
= 0,3 Millimeter (Schweiz, *trait*).
3) Altes Feld- und Getreidemaß aus Böhmen, auch *strych*:
1 Strich = 28,73 Ar = 93,602 Liter.
4) **Kompassstrich, nautischer Strich,** engl. *point.* Winkeleinheit der Kompassrose (32 Strahlen vom Kreismittelpunkt).
$1'' = {}^1/_{32}$ Kompasskreis =
$= \frac{90°}{8} = 11\,{}^1/_4$ Grad
= 12,5 Gon
$= \pi/16$ rad.
5) **Artilleristischer Strich.** Veraltet! Innerhalb der NATO Einheit des ebenen Winkels bei der Artillerie:
$1^- = {}^{\pi}/_{3200}$ Radiant
$= \frac{90°}{1600} = {}^1/_{6400}$ Grad = 0°3′22,5″
$= {}^1/_{16}$ Gon.
6) *Sechzehntel, *Line, *Ligne, *Trait.

Strick
Altes Längenmaß aus Österreich:
1 Strick = 6,6 Millimeter.

Stroh
Historisch! Zählmaß für Fische.
840 Heringe oder 125 Bücklinge (Bremen)

Strom
Zeitbezogene Größe für Bewegungsvorgänge, insbesondere Strömungen durch einen gegebenen Querschnitt. Beispiele:
Massenstrom $\dot{m} = \mathrm{d}m/\mathrm{d}t$,
Volumenstrom $\dot{V} = \mathrm{d}V/\mathrm{d}t$,
Photonenstrom $\Phi = \mathrm{d}N/\mathrm{d}t$.

Strombelag
Auf die Länge bezogener Strom; Flächendichte des Produktes aus den Ladungen Q_i und Geschwindigkeiten $\vec{v}_i$ der Ladungsträger i:

$$\vec{a} = \frac{\mathrm{d}}{\mathrm{d}A} \sum_{i=1}^{N} Q_i \vec{v}_i \quad \text{Einheit: } \frac{\mathrm{A}}{\mathrm{m}}$$

In einer langen Spule der Länge l mit n Windungen ist: $a = n\,I/l$.

Stromdichte
Flächen- und zeitbezogene Größe für Bewegungs- und Strömungsvorgänge, z. B. *elektrische Stromdichte, *Massenstromdichte.

Stromfunktion
1) Kinematische Größe der Strömungsmechanik: der Imaginärteil des komplexen Geschwindigkeitspotentials: $\Psi = \mathrm{Im}\,\underline{X}$ (in m²/s). Daraus ergeben sich die kartesischen Koordinaten der Strömungsgeschwindigkeit: $u = \partial\Psi/\partial y$ und $v = -\partial\Psi/\partial x$ und $w = 0$ für div $\vec{v} = 0$ (ebene Strömung).
2) *Montgomery-Stromfunktion.* In der Meteorologie und Geophysik:

$$\Psi_\mathrm{M} = g\,z + c_p\,T \quad \frac{\mathrm{J}}{\mathrm{kg}} = \frac{\mathrm{m}^2}{\mathrm{s}^2}$$

z Höhe über Grund, g Fallbeschleunigung, c_p spez. Wärmekapazität, T Temperatur.

Strommessung
*Amperemeter, *elektrische Stromstärke, Hallsonde.

Stromschleife *Flussdichte, magnetische.

Stromstärke *elektrische Stromstärke.

Stromstärkebezugswert *Bel.

Stromstärkepegel *Dezibel.

Strömungsfeld *Feld.

Strömungsgeschwindigkeit
u, v oder w (Einheit: m/s); Lineargeschwindigkeit einer Strömung, wichtig für Impuls-, Wärme- und Stofftransport in bewegten Medien.

Methoden zur Strömungs- und Volumenstrommessung
1. *Anemometer.
2. *Pitot-Rohr.* Ein U-Rohr-Manometer an der Rohrwandung misst den statischen Druck p_st gegen den Atmosphärendruck, ein Staurohr-U-Manometer den dynamischen Druck p_dyn.

Die Druckhöhendifferenz Δh ist direkt ablesbar, wenn das Staurohr-Manometer gegen den statischen Druck (Eingang des anderen Manometers) misst.

3. *Wirbelfrequenz-Durchflussmesser.* Das Fluid umströmt einen Störkörper so, dass sich an dessen Kanten wechselseitig Wirbel ablösen. Die Drehfrequenz der Wirbel $f = Sr/(av)$ ist mit der STROUHAL-Zahl Sr, Strömungsgeschwindigkeit v und Breite a der „Kármán-Wirbelstraße" verknüpft und wird gemessen:
a) mit beheizten Thermistoren in Umgebung des Störkörpers (Abkühlung $\sim v$)
b) induktiv (Ultraschallschranke).
Durch Impulszählung erhält man eine Mengenmessung. Druckschwankungen werden durch Dehnungsmessstreifen erfasst.

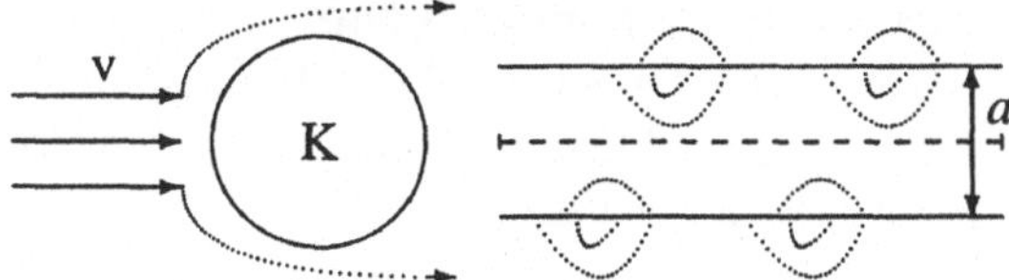

Strömungswiderstand

In der Strömungsmechanik und bei elektrischen Maschinen:

$$R_h = \frac{\Delta p}{\dot{V}} \quad \text{Einheit: } \frac{\text{Pa s}}{\text{m}^3}$$

Δp Druckdifferenz, $\dot{V}$ Volumenstrom.

Stromwärme *Arbeit, elektrische.

Strontium-Einheit

[engl.] **shunshineunit,** „Sonnenscheineinheit". Veraltet! Maß des Strontium-90-Gehaltes im Körper: 1 shunshine unit = 1 Mikrocurie ^{90}Sr je Gramm Calcium im Organismus.

Strouhal-Zahl

*Kennzahl (Dimension 1) für Strömungen, *Strömungsgeschwindigkeit.

Strych *Strich.

Stübchen

Altes Hohlmaß:
1 Stübchen = 3,2 Liter (Bremen)
= 3,6 Liter (Lübeck, Hamburg)
= 3,9 Liter (Mecklenburg, Hannover)
= 5 Liter (Sachsen).

Stüber Alte holländische Münzeinheit.

Stück (St, = Stückfass)

1) Altes Fassmaß für Wein:
1 Stück = 1120 bis [meist] 1200 Liter.
2) Altes Gewicht u. a. im Salzbergbau:
= 27,5 Kilogramm (Halle)
= 54 Kilogramm (Fürstent. Reuß)

Stuhl

Historisch! Im Salzbergbau (Halle).
1 Stuhl Deutscher Brunnen = 4 Quarten à 12 Pfannen.
1 Stuhl Gutjahr = 7 Quarten à 12 Pfannen.
1 Stuhl Meteritz = 20 Quarten à 17 Pfannen.
1 Stuhl Hackeborn = 16 Nöszel à 6,5 Pfannen.

Stunde (h)

1) Mittlere Sonnenstunde, **Sternstunde,** EDV: HR, [engl.] hour. Gesetzlich zulässige, neben dem SI-System geduldete, abgeleitete Einheit der Zeit:

1 Stunde =
= 60 Minuten
= 3600 Sekunden
= $0{,}0\,416\bar{6}$ ($^1/_{24}$) Tag
= $5{,}952\,381 \cdot 10^{-3}$ ($^1/_{168}$) Woche
= $1{,}141\,553 \cdot 10^{-4}$ ($^1/_{8760}$) Jahr.

2) Historisches Wegemaß auf sächsischen Postsäulen.
1 Stunde = 4,5 Kilometer (Sachsen),
4,4 Kilometer (Gotha).

Stundenkilometer

Verbreitete, physikalisch sinnlose und gesetzlich verbotene Angabe der Geschwindigkeit in der Bedeutung „Kilometer pro Stunde". Stunden-Kilometer würde bedeuten „Weg mal Zeit".

Stundenkreis

1) engl. *hour circle.* Halber Großkreis senkrecht zum Himmelsäquator, vom oberen Pol zum unteren Pol. Der Sechs-Uhr-Kreis, als Sonderfall, ist der Stundenkreis durch den Ostpunkt (090°).
2) **Greenwicher Stundenkreis,** engl. *Greenwich hour circle.* Projektion des Nullmeridians auf die Himmelskugel.

Stundenwinkel

1) **Ortsstundenwinkel,** *local hour angle* (LHA). Winkel am oberen Pol zwischen dem

S

oberen Merdian und einem Stundenkreis, gezählt vom oberen Meridian im Sinne der scheinbaren Drehung der Himmelskugel (von 000° bis 360°).
2) Greenwicher Stundenwinkel (Grt), *Greenwich hour angle* (GHA), Winkel am oberen Pol zw. dem Greenwicher Stundenkreis und einem Stundenkreis, gezählt vom oberen Meridian im Sinne einer scheinbaren Drehung der Himmelskugel (von 000° bis 360°).

Sturnitze
Altes Hohlmaß aus Sachsen:
1 Sturnitze = 6 Stübchen = ca. 30 Liter.

Stütze (= Stutzen)
Altes Flüssigkeitsmaß aus Baden:
1 Stütze = 15 Liter.

STW *Geschwindigkeit.

su Abkürzung für: *summit*, Gipfel...

sub, subl
Abkürzung für: *sublimes*, sublimiert; Sublimation (Übergang fest → gasförmig).

Subban
Längenmaß aus Alt-Mesopotamien:
1 Subban = 29,7 Meter.

Sucre (S/.)
Währungseinheit in Ecuador:
1 Sucre = 100 Centavos (Ctvs) ≈ $^1/_{3991}$ US-$.

Südafrika Währung: *Rand.

Sudanesisches Pfund *Pfund.

Suerte
Altes südamerikanisches Flächenmaß:
1) 1 suerte de chacra = 19 600 Vara cuadrada
= 1,47 Hektar (Buenos Aires),
= 1,41 Hektar (Nicaragua).
2) 1 suerte de estancia =
= 2025 Hektar = 20,25 km^2 (Argentinien)
= 1992 Hektar = 19,92 km^2 (Uruguay).
3) 1 suerte de tierra = 10,7 Hektar (Mexiko).

Sum
Währungseinheit in Usbekistan (seit 1992 Präsidialrepublik der ehemaligen Sowjetunion):
1 Sum (U.S.) = 100 Tijin = ca. $^1/_{36}$ DM.

Summenparameter
Oberbegriff für *Konzentrationen umweltrelevanter Stoffe in der chemischen Analytik. *CSB, *BSB, *TOC, *VOC, *Feststoffgehalt, NO_3-N, NH_4-N, PO_4-P.

Sun
Altes japanisches Volumenmaß:
1 sun = 3,033 Centimeter^3.
1 sun (trocken) = 3,79 Centimeter^3.

sup
Abkürzung für: lat. *superior*, oberer... Index (DIN 1304) für: oben.

Surface
[engl.] Oberfläche(n-), *bezogene Größe.

Susceptance [engl.] Blindleitwert.

Susceptibility [engl.] Suzeptibilität.

Suszeptibilität, elektrische
Quotient (der Dimension 1) aus Polarisation $\vec{P}$ (in C/m^2), *elektrischer Feldkonstante ε_0 und Feldstärke $\vec{E}$ (in V/m):

$$\frac{\vec{P}/\varepsilon_0}{\vec{E}} = \chi_e = \frac{\varepsilon - \varepsilon_0}{\varepsilon_0} = \varepsilon_r - 1.$$

ε Permittivität, ε_r Permittivitätszahl.

Suszeptibilität, magnetische
1) Volumensuszeptibiliät χ_m (Dimension 1): *magnetische Stoffkennzahl, definiert als magnetische Polarisation oder „Magnetisierung", die ein Feld der Stärke H induziert.

$$\chi_m = \frac{\mu - \mu_0}{\mu_0} = \mu_r - 1$$

2) Massensuszeptibiliät oder „spezifische Suszeptibilität" $\kappa = \chi_m/\varrho$ (in m^3/kg).
3) Molsuszeptibilität, magnetische molare Suszeptibilität $\kappa_m = \chi_m M/\varrho$ (in m^3/mol) für einen Stoff mit der molaren Masse M (in kg/kmol). *Paramagnetische Stoffkennzahl, hervorgerufen durch die Spinmomente der ungepaarten Elektronen im Molekül; nimmt mit steigender Temperatur, d. h. wachsender Unordnung der Spinorientierungen infolge der Wärmebewegung ab.

Suszeptibilität, Messmethoden
1. *Curie-Cheveneau-Waage.* Die Probe befindet sich zwischen den Polen eines beweglichen Permanentmagneten. Das inhomogene Magnetfeld beim Drehen des Magneten übt eine anziehende oder abstoßende Kraft auf die Probe aus.

2. *Gouy-Magnetwaage*. Die mit einer Waage verbundene Probe befindet sich zwischen den Polen eines Permanentmagneten. Eine paramagnetische Probe wiegt scheinbar mehr, wenn sie sich im magnetische Feld befindet.

sutu *Sea.

Swasiland Währung: *Lilangeni.

S-Wert

Sedimentationskonstante, SVEDBERG-Konstante. Maß für die Molekülgröße in der Ultrazentrifuge. 1 S = 10^{-13} Sekunde.

sym

Abk. f.: [chem.] symmetrisch, *symmetrical*.

Symbole und Operatoren

Neben wichtigen mathematischen Symbolen (DIN 1302) und Zeichen der mathematischen Logik und Mengenlehre (DIN 5473), sind nachfolgend auch nicht standardisierte Zeichen aufgeführt, die gelegentlich in der internationalen Literatur verwendet werden. x steht als Platzhalter für ein Formelzeichen. Deutsche und griechische Buchstabenzeichen siehe unter den Anfangsbuchstaben.

Zahlen, Null und Kreis

0	Null
∅	Nullmenge, leere Menge
Ø	Durchmesser
ø	nordisches o, ö
◯	Kreis
∘	„verknüpft mit", $a \circ b$
°	Grad, Altgrad; z. B. 31,2°
$(°)^2$	Quadratgrad
2°	Folio (Papierformat)
4°	Quart (Papierformat)
8°	Oktav (Papierformat)
12°	Duodez (Papierformat)
16°	Sedez (Papierformat)
x_0	Leerlauf; ohne Dämpfung; fester Bezugswert, z. B. p_0
x_1	primär; Eingang; Anfang...
x_2	sekundär; Ausgang; Endzustand
x_3	tertiär, DIN 1304
x^0	Standard..., z. B. S^0, ΔH^0
$x^{\ominus}$	Standard..., z. B. $E^{\ominus}$, $\Delta G^{\ominus}$
x^2	quadriert (engl. *squared*), z. B. cm^2
x^3	Kubik..., „x hoch drei"; z. B. m^3
x^n	Exponent, „x hoch n"
$x^{(IV)}$	vierte Ableitung der Funktion x
$x^{(n)}$	n-te Ableitung der Funktion x

Punkte und Akzente

·	„multipliziert mit", z. B. $a \cdot b$
,	Komma
•	Verbindung (Elektrik)
⊙	Kreis um P mit Radius r: $\odot(P,r)$, Spitze, binärer Operator, Sonne, Sonntag.
...	und so weiter, z. B. 1,2,3, ..., n
:	dividiert durch
$x\cdot$	typografischer Punkt; 12·5
$\dot{x}$	1. Ableitung nach der Zeit: dx/dt
$\ddot{x}$	2. Ableitung nach der Zeit: d^2x/dt^2
ẋ (Punkt unter)	Akzent, z. B. ọ
x̧	Akzent, Cedille, z. B. ç
′	Minute; Fuß
″	Sekunde; Zoll, Inch
‴	Mil; Linie (alte Einheit)
$(')^2$	Quadratfuß
$('')^2$	Quadratzoll
x'	erste Ableitung; Unterscheidung einer Größe x' von x
x''	2. Ableitung
x'''	3. Ableitung
$\hat{x}$	Akzent; Spitzenwert; Amplitude; quantenmechanischer Operator
*	Stern; Reinstoff; Unterscheidung einer Größe x^* von x; konjugiert komplexe Größe; Dualraum
★	Stern, Lone Star (Texassymbol)
♡	Herz, Herzblatt, *heart*
♣	Treff, Kreuz, Eichel, *club*
♠	Pik, Grün, Schippe, *spade*

Strich

—	minus, „weg", Bruchstrich
¬	nicht; logische Negation, z. B. $\neg\varphi$
⊖	negativ geladen, Anion
$\bar{x}$	Mittelwert einer Größe, z. B. $\bar{x}$; Periode, z. B. $0,1\overline{37} = 0,1\ 37\ 37\ldots$; Komplement einer Menge, z. B. $\bar{\mathcal{A}}$; fremdsprachiger Akzent, z. B. ō, konjugiert komplex: $\bar{a} = \vec{a}^*$
$\overline{AB}$	Strecke von Punkt A nach B
$\underline{x}$	komplexe Größe: $\underline{z} = \mathrm{Re}\,\underline{z} + \mathrm{i}\,\mathrm{Im}\,\underline{z}$; Akzent, z. B. o̲
|	für das Vorstehende gilt; mit der Eigenschaft; „teilt", z. B. $a \mid b$; „für die gilt", z. B. $\{x \mid x \in \mathbf{R}^+\}$
$\vert_a^b$	in den Grenzen von a bis b
≀	mathematisches Symbol
!	Ausrufezeichen; Fakultät, z.B. 5!

S

¡	spanisches Ausrufezeichen (Satzanfang)
$\|x\|$	Absolutbetrag; Betrag e. komplexen Größe; Mächtigkeit einer Menge; Determinante einer Matrix
$\|\|$	parallel; Norm einer Matrix
$	Dollar
?	Fragezeichen; unbekannt
¿	spanisches Fragezeichen (Satzanfang)
\	Rückstrich, *backslash;* Differenzmenge; Ausschluß, ohne, z. B. $\mathbf{R} \setminus \{0\}$
/	dividiert durch; Bruchstrich
./.	kaufmännisches Minus; abzüglich
$\angle$	Winkel; Versorzeichen, z. B. $z\angle\varphi$
$^1/$	Bruchteil, z. B. $^1/_{125} = \frac{1}{125}$

Doppel- und Dreifachstrich

$=$	gleich; chemische Doppelbindung
$:=$	definiert; nach Definition gleich
$\doteq$	mathematisches Symbol
$\hat{=}$	entspricht
$\neq$	ungleich, nicht gleich
$\stackrel{?}{=}$	vielleicht gleich
$\stackrel{!}{=}$	sicher gleich
$=\{$	ist, je nachdem ob; Fallunterscheidung
$\models$	mathematisches Symbol; „Modell“
$\equiv$	identisch; chemische Dreifachbindung
$\not\equiv$	ist nicht identisch gleich

Tilde

$\tilde{x}$	Tilde; Unterscheidung der Größe $\tilde{x}$ von x; Akzent, z. B. õ
$\sim$	proportional; ähnlich, *nicht* für „etwa“!
$\nsim$	nicht ähnlich
$\approx$	ungefähr gleich; angenähert, etwa, ca.
$\not\approx$	nicht ungefähr gleich
$\simeq$	asymptotisch gleich, z. B. $f(x) \simeq g(x)$ bedeutet $\lim\limits_{x \to a} \frac{f(x)}{g(x)} = 1$
$\asymp$	asymptotisch
$\not\asymp$	nicht asymptotisch
$\cong$	kongruent, isomorph
$\ncong$	nicht kongruent
$\simeq$	ähnlich oder gleich
$\not\simeq$	nicht ähnlich oder gleich
$\propto$	proportional
∞	unendlich

Kreuz

$+$	plus, hinzu
A^+	Moore-Penrose-Inverse einer Matrix
$\oplus$	positiv geladen, Kation
$\pm$	plusminus, Fehlergrenze
$\mp$	minusplus, weg oder hinzu
$\top$	oben, *top*
$\perp$	senkrecht; rechtwinklig zu; orthogonal; *bottom*
$\vdash$	mathematisches Symbol
$\dashv$	mathematisches Symbol
†	Kreuz, *dagger;* „gestorben“; hermitesch konjgiert
‡	Doppelkreuz; Übergangszustand, aktivierter Komplex, z. B. $\Delta G^\ddagger$
$\times$	multipliziert mit, Mengenprodukt; kartesisches Produkt, Vektorkreuzprodukt, z.B. $\vec{a} \times \vec{b}$;
$\otimes$	Tensorprodukt, Ende
$\bigtimes$	allg. kartesisches Produkt (wie Π)
#	Nummer
♯	musikalisches Kreuz; *sharp*
♮	musikalisches Auflösungszeichen

Größer und Kleiner

$<$	kleiner als
$\nless$	nicht kleiner als
$\leq$	kleiner oder gleich; höchstens
$\nleq$	nicht kleiner oder gleich
$\prec$	kommt vor, Vorgänger
$\nprec$	kommt nicht vor
$\preceq$	kommt vor oder mit
$\npreceq$	kommt nicht vor oder mit
$\ll$	viel kleiner; vernachlässigbar
$>$	größer als
$\ngtr$	nicht größer als
$\geq$	größer oder gleich; mindestens
$\succ$	kommt nach, Nachfolger von
$\nsucc$	kommt nicht nach
$\succeq$	kommt nach oder mit
$\nsucceq$	kommt nicht nach oder mit
$\gg$	viel größer als

Und/Oder

$\bigvee$	„es gibt mindestens ein“; Existenzquantor (ebenso $\exists$)
$\vee$	logisches Oder, Disjunktion, Adjunktion, Alternation: $A \vee B$
$\forall$	für alle
$\bigwedge$	für alle..., Allquantor (ebenso $\forall$)
$\wedge$	logisches Und, Konjunktion: $A \wedge B$, äußeres Produkt von Vektoren.
$\check{x}$	Akzent, z. B. ǒ
$\bigcup$	Vereinigung
$\cup$	vereinigt mit, Vereinigung
$\bigcap$	Durchschnitt

$\cap$ geschnitten mit, Durchschnitt zweier Mengen, z. B. $A \cap B$

$\biguplus$ mathematisches Symbol

$\uplus$ mathematisches Symbol

$\smile$ lachen

$\frown$ weinen

$\breve{o}$ Akzent

$\widehat{AB}$ Bogen von Punkt A nach B

♊ Quecksilber; Zwillinge

Mengensymbole

$\subset$ Teilmenge von; echt enthalten in

$\not\subset$ nicht Teilmenge von

$\subseteq$ enthalten in

$\nsubseteq$ nicht enthalten in

$\supset$ Obermenge von

$\not\supset$ nicht Obermenge von

$\supseteq$ Ober- oder Gesamtmenge von

$\nsupseteq$ nicht Ober- oder Gesamtmenge von

$\sqcap$ mathematisches Symbol

$\not\sqcap$ mathematisches Symbol

$\sqcup$ mathematisches Symbol

$\not\sqcup$ mathematisches Symbol

$\sqsubset$ mathematisches Symbol

$\not\sqsubset$ mathematisches Symbol

$\sqsupseteq$ mathematisches Symbol

$\not\sqsupseteq$ mathematisches Symbol

$\in$ in, enthalten in, Element von

$\notin$ nicht enthalten in, kein Element von

$\exists$ „es gibt mindestens ein“; Existenzquantor

$\exists_1$, $\exists!$ „es existiert genau ein“

Pfeil

$\vec{x}$ Vektor

$\rightarrow$ wenn..., dann (Implikation, Subjunktion); gegen, konvergiert nach, nähert sich, z. B. $x \rightarrow 0$; siehe; in Richtung; reagiert zu (irreversible Reaktion)

$\leftarrow$ nach links; erhält

$\leftrightarrow$ eindeutige oder bijektive Zuordnung; genau dann..., wenn... und umgekehrt (Äquivalenzverknüpfung, Bisubjunktion, Äquijunktion)

$\leftharpoonup$ Zeigersymbol

$\leftharpoondown$ Zeigersymbol

$\rightharpoonup$ Zeigersymbol

$\rightharpoondown$ Zeigersymbol

$\rightleftharpoons$ reversible chemische Reaktion

$\leadsto$ führt zu; folgt nach Umformung

$\hookleftarrow$ Wende nach links

$\hookrightarrow$ Wende nach rechts

$\uparrow$ nach oben; entweicht

$\downarrow$ nach unten; Niederschlag

$\uparrow\downarrow$ gegensinnig parallel, antiparallel

$\uparrow\uparrow$ gleichsinnig parallel

$\updownarrow$ vertikaler Abstand

$\mapsto$ Zuordnung, Funktionsbildungsoperator, z. B. $\langle x \mapsto t \rangle$; Abbildung auf

$\nearrow$ nach Nordost

$\searrow$ nach Südost

$\swarrow$ nach Südwest

$\nwarrow$ nach Nordwest

$\Rightarrow$ daraus folgt; Implikationsaussage

$A \Rightarrow B$ A ist hinreichend für B, B notwendig für A.

$\Leftarrow$ daraus folgt umgekehrt

$\Leftrightarrow$ genau dann, wenn; dann und nur dann

$A \Leftrightarrow B$ aus A folgt B und umgekehrt Äquivalenzaussage): A ist notwendig und hinreichend für B

$A :\Leftrightarrow B$ A ist definitionsgemäß äquivalent B

$\Uparrow$ mathematisches Symbol

$\Downarrow$ mathematisches Symbol

$\Updownarrow$ mathematisches Symbol

Dreieck

∇ NABLA-Operator, Gradient

$\triangledown$ „nach unten“, Abkühlen

$\triangle$ Dreieck; Erhitzen, Wärme;

Δ LAPLACE-Operator; „nach oben“

$\triangleleft$ „nach links“

$\triangleright$ „nach rechts“

$\bowtie$ math. Symbol; Verknüpfung

Quadrat und Raute

$\square$ Quadrat...

$\square'$ Quadratfuß

$\square''$ Quadratzoll

$\square'''$ Quadratlinie

$\square^{\circ}$ Quadratgrad, Quadratrute

$\square^{g}$ Quadratgon

$\square_{R}$ Quadratrute

$\Diamond$ Raute

$\diamond$ Diamant (Schriftgrad)

$\diamondsuit$ Karokarte; *diamond*

Klammer

( ) runde Klammern; Hermitesches inneres od. Skalatprodukt $(\vec{a}, \vec{b})$

(a,b) geordnetes Paar, Dupel

$\binom{n}{k}$ Binominalkoeffizient, Kombination, „n über k“, „k aus n“

$\begin{pmatrix} x_{11} & x_{12} & \cdots \\ x_{21} & x_{22} & \cdots \\ \vdots & \vdots & \ddots \end{pmatrix}$ Matrix

[ ] eckige Klammern, Spatprodukt $[\vec{a},\vec{b},\vec{c}] = (\vec{a}\times\vec{b})\cdot\vec{c}$
$[x]$ größte ganze Zahl, kleiner oder gleich x, z. B. $[\pi] = 3$.
$[a; b]$ geschlossenes Intervall, von einschl. a bis einschließlich b
$]a; b[$ offenes Intervall, von a ausschließlich bis b ausschließlich
$]a; b]$ halboffenes Intervall, von a ausschl. bis einschließlich b
$[a; b[$ halboffenes Intervall, von einschl. a bis b ausschließlich
{ } geschweifte Klammern
{} leere Menge
$\{a_k\}$ Elemente einer Menge
$<\ >$ spitze Klammer
$\langle x\rangle$ Erwartungswert einer Größe; Mittel
$\langle a; b\rangle$ geschlossenes Intervall, einschließlich a mit b

Sonstige mathematische Symbole

$\sqrt{}$ Quadratwurzel
$\sqrt[3]{}$ Kubikwurzel
$\sqrt[n]{}$ n-te Wurzel
$\sum$ Summe
$\sum_{i=1}^{n} a_i$ Summe $a_1 + a_2 + a_3 + \ldots + a_n$
$\prod$ (allg. kartesisches) Produkt
$\prod_{i=1}^{n} a_i$ Produkt $a_1 \cdot a_2 \cdot a_3 \cdots a_n$
$\amalg$ Coprodukt
$\int$ Integral
$\oint$ Randintegral, Hüllenintegral (Integrationsbereich ist eine geschlossene Kurve oder Fläche).
$\int f(x)\,\mathrm{d}x$ unbestimmtes Integral
$\int_0^1 f(x)\,\mathrm{d}x$ Integral über die Funktion $f(x)$ in den Grenzen 0 bis 1
$\int\int_A \mathrm{d}x\,\mathrm{d}y$ Flächenintegral
$\int\int\int_V \mathrm{d}x\,\mathrm{d}y\,\mathrm{d}z$ Raumintegral

$f(x)$ Funktion f der Variablen x
$f(x,y,z,\ldots)$ Funktion mehrerer Veränderlicher
$f'(x)$ Ableitung d. Funktion f nach x
$f''(x)$ 2. Ableitung d. Funktion f nach x
$f'''(x)$ 3. Ableitung d. Funktion f nach x
$f^{(IV)}$ 4. Ableitung d. Funktion f
$f^{(n)}$ n-te Ableitung d. Funktion f
f_x partielle Ableitung der Funktion f nach x
f_{xy} partielle Ableitung nach x und y
$\mathrm{d}f(x)$ Differential der Funktion f
$\mathrm{d}f(x,y,\ldots)$ Totales Differential der Funktion f
$\frac{\mathrm{d}f(x)}{\mathrm{d}x}$ Ableitung der Funktion f nach x, Differentialquotient
$\frac{\mathrm{d}^2 f(x)}{\mathrm{d}x^2}$ 2. Ableitung der Funktion f nach x
$\frac{\mathrm{d}^n f(x)}{\mathrm{d}x^n}$ n-te Ableitung der Funktion f
$\frac{\partial f(x,y)}{\partial x}$ partielle Ableitung der Funktion f nach x
$\frac{\partial^2 f(x,y)}{\partial x^2}$ zweite partielle Ableitung der Funktion f nach x
$\frac{\partial^2 f(x,y)}{\partial x \partial y}$ gemischte partielle Ableitung der Funktion f nach x und y
$\frac{\partial^n f(x,y)}{\partial x^n}$ n-te partielle Ableitung der Funktion f nach x
$\left(\frac{\partial f}{\partial x}\right)_a$ partielle Ableitung unter der Bedingung a = konstant,

Symmetrisches Einheitensystem
*CGS-G, *Lorenzsches System.

syn Index (DIN 1304) für: synchron.

Synodischer Monat *Monat.

Syr£ *Pfund, Währung.

Syrien
Historische Volumeneinheit: *makuk. Währungseinheit: Syrisches *Pfund.

sys Index (DIN 1304) für: System...

Systematische Abweichung
*messtechnische Unsicherheit.

Systemdämpfungsmaß

In der Nachrichtentechnik für Richtfunkverbindungen das logarithmierte Verhältnis der Sendeleistung (t = transmitted) zur Empfangsleistung (r = received):

$$A_s = 10 \lg \frac{P_t}{P_r} \quad \text{dB}$$

Szent-Györgyi-Quotient

Medizin: Konzentrationsverhältnis bestimmter Ionen; bei nervöser Erregbarkeit groß.

$$\frac{K^{\oplus} + \text{Phosphate} + HCO_3^{\ominus}}{Ca^{2\oplus} + Mg^{2\oplus} + H^{\oplus}}$$

Szostak

„Sechser", frühere poln. Rechnungsmünze.

T

Formelzeichen

Physikalische Größe	Symbol	Einheit		Definition
Zeit time	t	s	Basiseinheit	
Charakteristische Zeit characteristic time	T, t	s		
Periodendauer period, oscillation period	T	s		$T = t/N$
Drehmoment torque, moment of a force	(T)	Nm	$= \mathrm{m^2\,kg\,s^{-2}}$	siehe $\vec{M}$
Nachhallzeit reverberation time	T	s		DIN 1320
Temperatur thermodynamic temperature	T	K	Basiseinheit	
Celsius-Temperatur Celsius temperature	t, ϑ	°C	= K	*Grad
Curie-Temperatur Curie temperature	T_C	K		
Néel-Temperatur Neel temperature	T_N	K		
Zeitkonstante, Abklingzeit time constant	(T), τ	s		
Überführungszahl transport number, transference number	t	–	= 1	$t_i = Q_i/Q$
Durchlässigkeit, Transmission(sgrad) transmittance, transmission factor	T	–	= 1	$T = \frac{\Phi_{tr}}{\Phi}$
Relaxationszeit relaxation time				
– longitudinal	T_1	s		siehe τ
– transversal transverse	T_2	s		
Energieterm total energy term	T	$\mathrm{m^{-1}}$		$T = E_{tot}/hc$
kinetische Energie kinetic energy	T	J	$= \mathrm{m^2kgs^{-2}}$	siehe E_k
Elektronischer Term electronic term	T_e	$\mathrm{m^{-1}}$		$T_e = E_e/hc$
Farbtemperatur color temperature	T	K	Basiseinheit	
Hyperfeinkopplungskonstante im Festkörper hyperfine coupling constant in solids	T	Hz	$= \mathrm{s^{-1}}$	$\hat{H}_{hfs}/h = \hat{S}\,T\,\hat{I}$
Halbwertzeit half life	$T_{1/2}$, $t_{1/2}$	s		$c(t_{1/2}) = c_0/2$
Reaktorzeitkonstante time constant of reactor	T	s		

Energieoperator kinetic energy operator	$\hat{T}$	J	$= m^2 kg\,s^{-2}$	$\hat{T} = -(\hbar^2/2m)\nabla^2$

T, τ (Tau)

Spektrale optische Dicke, ~ Tiefe spectral film thickness	$\tilde{\tau}_\lambda$	–	=1	DIN 5496 T2
Teilung graduation, division ratio	τ	m		i. a. Bogenlänge
Mittlere Lebensdauer (eines Teilchens) mean life (of a particle)	τ	s		
Relaxationszeit, Zeitkonstante relaxation time, time constant	τ	s		
Schubspannung shear stress, tangential stress	τ	Pa = N/m²	$= m^{-1} kg\,s^{-2}$	$\tau = \frac{dF_t}{dA}$
Elektroakust. Übertragungsfaktor transmission factor	τ, T	–	= 1	$T = P_{out}/U_{in}$
Schalltransmissionsgrad acoustic transmission factor	τ	–	= 1	$\tau = \frac{P_{tr}}{P_0}$
Polteilung pole pitch	τ	m		
Transmissionsgrad transmittance, transmission factor	τ	–	= 1	siehe T

Θ, θ, ϑ (Theta)

Volumenänderung, Dilatation relative change of volume volume strain, bulk strain	θ, (ϑ,η)	–	= 1	siehe e
Dämpfungsgrad degree of damping	ϑ	–	= 1	$\vartheta = \delta/\omega_0$
Kontaktwinkel contact angle	θ	rad	= 1	
(Massen-)Trägheitsmoment moment of inertia	(Θ)	kg m²		auch I, J
Celsius-Temperatur Celsius temperature	ϑ, t	°C		*Grad
Weiss-Temperatur Weiss temperature	θ, θ_W	K		
Elektrische Durchflutung (eines geschlossenen Pfades) current linkage (with a closed path)	Θ	A		$\Theta = \oint \vec{H}\,d\vec{s}$
Oberflächenbelegungsgrad surface coverage	θ	–	= 1	
Quadrupolmoment quadrupole moment	Θ	C m²		siehe Q
Röntgenstreuwinkel Bragg angle	θ, ϑ	rad	= 1	$n\lambda = 2d\sin\theta$

T

Abkürzung und Index: tangential; Mountain Standard Time (z. B. kurz 0345 T für 03:45 Uhr MST), griech. Tau („T" oder Zahlzeichen: 300); T, т kyrill. T, t; Mathematik: transponierte Matrix ($\boldsymbol{A}^{\mathrm{T}}$).

t

Abkürzung für: Tonne, Index [DIN 1304]: Augenblickswert, Zeitabhängigkeit; in der Nachrichtentechnik: Übertragungs...

Θ

griech. Theta („Th" oder Zahlzeichen: 9).

θ, ϑ griech. theta („th"); Celsius-Temperatur.

Ta Zeichen für das *chem. Element Tantal.

Tabla

Altes Volumenmaß aus Somaliland:
1 tabla = 20,4 Liter.

Tablespoon (= „Esslöffel")

1) 1 Tablespoon (metric) = 15 Milliliter;
1 Tablespoon *US* = 14,79 Milliliter.
2) *Küchenmaße.

Taël

Alte Masseneinheit aus Ostasien:
1 Taël = ca. 37,8 Gramm.

Tag (d, ^{d}, EDV: D, lat. *dies*)

1) Kalendertag (= mittlerer Sonnentag): die Zeit für eine einmalige Drehung der Erde um ihre Achse, von einem Meridiandurchgang der Sonne bis zum folgenden (*Zeit).
1 bürgerlicher Tag =
= 24 Stunden
= 1440 Minuten
= 86 400 Sekunden
Ein *wahrer Sonnentag* dauert zwischen zwei oberen Kulminationen der Sonne (wahren Mittagen). Die *wahre Sonnenzeit* ist durch den Stundenwinkel der Sonne gegeben. Infolge der elliptischen Umlaufbahn der Erde um die Sonne, ist der wahre Sonnentag im Winter länger als im Sommer:
1 mittlerer Sonnentag =
= $24^{\mathrm{h}}3^{\mathrm{m}}56^{\mathrm{s}},555$ Sternzeit
2) Sterntag. Im Altertum die Dauer einer vollständigen Umdrehung der Fixsternsphäre um die Weltachse (= *siderischer Tag*, engl. *sider(e)al day*); etwas länger als der Sterntag.
Heute: Die Zeit für eine Erddrehung zwischen zwei aufeinanderfolgenden Meridiandurchgängen eines Fixsternes, i. a. gleich dem Stundenwinkel des Frühlingspunktes. Es ist 0 Uhr Sternzeit, wenn der Frühlingspunkt in oberer Kulmination („Mittag") den Meridian durchschreitet. Rund vier Minuten kürzer als der bürgerliche Sonnentag, weil sich der Frühlingspunkt langsam gleichmäßig – und zusätzlich mit einer Schwankung (Nutation) von ± 1 s in 18,6 Jahren – gegen das System der Fixsterne verschiebt; ferner wegen der geringfügigen Veränderung von Ekliptik und Erdrotation nicht ganz konstant:
1 d (sid.) = 86 164,09 Sekunden
= $23^{\mathrm{h}}56^{\mathrm{m}}4^{\mathrm{s}},091$ mittl. Sonnenzeit

Tagesanfang *Kalender.

Tagesnummer

Für *Kalenderfunktionen und Feiertagsberechnung ordnet die Tagesnummer *n* jedem Datum eines Jahres eine Zahl zu. Nach J. D. ROBERTSON 1972 gilt:

$$\begin{aligned} d &= (Monat + 10)/13 \\ e &= Tag + \frac{611 \cdot (Monat + 2)}{20} - 2d - 91 \\ n &= e + \mathrm{SchaltJahr}(Jahr) \cdot d \end{aligned}$$

Ist das *Jahr* ein Schaltjahr, so liefert die Funktion SchaltJahr = 1, andernfalls 0.

Tagesreise (= Tagesmarsch)

Biblische Wegstrecke, die sich an einem Tag bewältigen lässt (Gen 30,36; 31,23; Joh 3,3-4):
1 Tagesreise = ca. 25 bis 35 Kilometer.

Tagestonne (tato)

Veraltet! Inkonsistent! Im Wirtschaftsleben verwendeter Begriff der pro Tag produzierten oder umgesetzten Masse eines Gutes:
1 tato = 1 Tonne/Tag.

Tageszählung *Kalender.

Tagsehen *fotometrische Bewertung.

Tagwerk (= Juchart, Morgen)

Altes bäuerliches Flächenmaß:
1 Tag(e)werk = $^1\!/_3$ Hektar [heute]
= 0,340 732 Hektar (Bayern)
= 0,360 Hektar (Baden)
= 0,26 Hektar (Hannover)
= 0,25 Hektar (Nassau)

= 0,4786 Hektar (Nürnberg)
= 0,473 Hektar (Württemberg)

Tahiti Währung: *Franc.

TAI
Abk. für: internationale Atomzeit, *international atomic time*, vom internationalen Büro für die Zeit (BIH) aus den Anzeigen der Atomuhren in verschiedenen Staaten berechnete Zeitskala; das Skalenmaß ist die *Sekunde bezogen auf Meereshöhe (*Zeit).

Taille
Altes Längenmaß aus Belgien und Luxemburg:
1 Taille = 4,3 Centimeter.

Taiwan-Dollar *Dollar, Währung.

Taka (Tk)
Währungseinheit in Bangladesh:
1 Taka (Tk.) = 100 Poisha (ps.).

Tala
Währungeinheit auf Westsamoa:
1 Tala (WS$) = 100 Sene (s) = ca. 0,7 DM.

Talantos *Antike Maße, *Talent, *Münze.

Talbot
Veraltet! MKSA-Einheit der Strahlungsenergie; benannt nach dem englischen Physikochemiker und Erfinder der Negativfotografie WILLIAM H. F. TALBOT (1800–1877):
1 talbot = 10^7 lumerg = 1 Lumen-Sekunde.

Talent
1) griech. *talantos,* hebr. *kikkar.* Biblisch-babylonische Masseneinheit aus dem Alten Testament, von akkadischem Ursprung. Die gleichnamige *Münze hieß so, weil sie rund war. Der Beitrag von je einem halben Schekel (Münze) der 603 550 „Gemusterten der Gemeinde" (Ex 38,25-26) wog hundert Talente und 1775 Schekel (Gewicht).
1 Talent =
= 1 kikkar
= 50 od. 60 Minen
= 3000 Schekel (Kanaan-Ugarit)
= 3600 Schekel (Mesopotamien)
= 6000 (od. 7200) Beka
= 60 000 (od. 86 400) Gera
≈ 34 Kilogramm (nach der steinernen Mine des NEBUKADNEZAR II., 605–562 v. Chr.)
≈ 59,82 Kilogramm (Bronzelöwe des SALMANASSAR V., Assyrien, 726–722 v. Chr.)
= 58,944 od. 49,11 Kilogramm [andere Quellen].
2) Mesopotamien: 1 *leichtes Talent* = ca. 30 Kilogramm.
3) Antikes Griechenland:
1 *Talantos* = 60 Minen = 6000 Drachmen
= 26,196 [od. 25,8] Kilogramm.
4) Attisches Talent = Geldsumme von ca. 5000 Mark.
5) Neugriechische Masseneinheit:
1 Talent = 100 Minas = 150 Kilogramm.
6) Griechisch-römisches Gewicht:
1 *talentum* = $^1/_2$ Zentner.

Taler
1) Das verbreitetste Silbergeldstück der Neuzeit. Auch: Thaler, Daler, Daalder, Tallero, *Dollar. Erste Massenausgabe um 1520 in Sachsen und Böhmen aus dem Silber von Sankt Joachimsthal (daher Taler, *Joachimstaler*). Erwähnung im Wiener Münzvertrag 1857. Als *Reichstaler* Münzeinheit in vielen Ländern und Vorbild des *Speziestalers.*
2) *Siegestaler:* in Preußen zur Erinnerung an 1866 und 1870/71 mit dem Bild König WILHELM VON PREUSSEN gepägt.
3) *Vereinstaler:* im deutsch-österreichischen Münzverein seit dem Wiener Münzvertrag vom 24. Jan. 1857; geprägt im Deutschen Bund mit Ausnahme der Hansestädte Bremen, Hamburg und Lübeck. Ablösung der Mark als Münzgrundgewicht:
1 Vereinstaler ≙ $^1/_{30}$ Zollpfund
= 18,518 Gramm Raugewicht
= 16,666 Gramm Feingewicht.
4) *Glockentaler, *Maria-Theresien-Taler.

Tallero *Taler.

Tamlung
Alte Masseneinheit aus Thailand:
1 Tamlung = 60 bis 60,5 Gramm.

Tan
1) Altes fernöstliches Gewicht, von chines. Kaiser SHIH HUANG TI 221 v. Chr. festgelegt, auch *shih* genannt:
1 Tan = 100 Kin = 60,48 Kilogramm (Japan)
= 50 Kilogramm (Japan, heute).

2) Altes Flächenmaß aus Japan:
1 Tan = 10 Se = 300 Tsubo =
= 9,917 Ar = 991,7 Meter^2.

tan
Abkürzung für: Tangens, *tangent.* Index (DIN 1304) für: tangential.

tanh
Abkürzung für: Tangens hyperbolicus, Hyperbeltangens, *hyperbolic tangent.*

Tanica
Alte Volumeneinheit aus *Eritrea:
1 tanica = 18 Liter.

Tansania-Schilling *Schilling.

Tara Gewicht der Verpackung.

Tarea
Altes lateinamerikan. Flächenmaß:
1 tarea =
= 6,29 Ar (Dominikanische Republik)
= 69,03 Meter^2 (Kuba).

Tarefa
Altes Flächenmaß aus Brasilien:
1 Tarefa = 0,3 bis 0,43 Hektar.

Tarri
Altes Volumenmaß aus Algerien:
1 tarri = 19,84 Liter.

TAS *Geschwindigkeit.

Tasse *Küchenmaße.

Tastverhältnis *elektrische Spannung.

Tat
1) Alte Längeneinheit aus *Abessinien:
1 tat = 2,5 Centimeter.
2) Alte Längeneinheit aus *Annam (vgl. *that):
1 tat = 4,88 Centimeter.

Tatetsubo
Altes Raummaß aus Japan:
1 Tatetsubo = 6,01 Meter^3.

Tausendkorngewicht (TGK)
Altes Getreidemaß „für 1000 Körner":
1 Tausendkorngewicht =
= 450 bis 500 Gramm (Ackerbohnen)
= 30 bis 50 Gramm (Gerste)
= 28 bis 30 Gramm (Hafer)
= 25 bis 38 Gramm (Mais)
= 26 bis 30 Gramm (Roggen)
= 25 bis 28 Gramm (Weizen).

Tavola
[ital. „Tafel, Tisch, Brett"]. Flächenmaß aus Italien: 1 Tavola = $^1/_{100}$ Giornata = 38 Meter^2.

Tb Zeichen für das *chem. Element Terbium.

TC
engl. *Total Carbon*, Gesamtkohlenstoff; *Total Organic Carbon.

Tc
Zeichen für das *chem. Element Technetium.

TD = Tagesdosis.

tdw *ton deadweight.

Te
Zeichen für das *chemische Element Tellur.

TEBK *Eisenbindungskapazität.

Teaspoon (= Teelöffel)
1 Teaspoon (metric) = 5 Milliliter;
1 Teaspoon *US* = 4,93 Milliliter.

Technische Atmosphäre
*Atmosphäre, *Literatmosphäre, Nichtgesetzliche Einheiten.

Technisches Einheitensystem
1) **Britisches technisches System.** Veraltet! Analog zum *metrischen technischen System sind im nichtmetrischen System als Einheiten definiert: für die Kraft *pound-force (lbf) und *poundal (pdl), für die Wärmeenergie *Btu, für die Leistung *horsepower (hp); vgl. Tabellen T.1 und T.2.
2) **Metrisches technisches System.** Veraltet! Gültig bis 1970. Die Masse als Grundgrößenart wurde ersetzt durch diejenige Gewichtskraft, die der internationale Kilogramm-Prototyp am 45. Breitengrad bei Meeresniveau erfährt. Die Organe der Meterkonvention definierten den Normalwert der *Fallbeschleunigung mit 9,80 665 ms^{-2}. Die *Gravitationskonstante hatte die Einheit m^{4}kp^{-1}s^{-4}. Die technische Krafteinheit wurde ursprünglich irreführend „Kilogramm" und später „Kraftkilogramm" genannt. Das Kilopond (kp), englisch *kilogramforce* (kgf), schuf die klare Trennung des MKS-Systems und des technischen m kp s-Systems. In den englischsprechenden Ländern existieren entsprechende Systeme mit den Grundeinheiten yard, poundweight und second.

Tabelle T.1 Technische Einheitensysteme (TME = technische Masseneinheit).

System	Basiseinheiten	Abgeleitete Einheiten Masse	Arbeit	Energie	Impuls
MKPS	m, kp, s	$\mathrm{TME} = \frac{\mathrm{kp\,s^2}}{\mathrm{m}}$	kp m	$\frac{\mathrm{kp\,m}}{\mathrm{s}}$	kp s
CMPS	cm, p, s	$\mathrm{hyl} = \frac{\mathrm{p\,s^2}}{\mathrm{m}}$	p cm	$\frac{\mathrm{p\,cm}}{\mathrm{s}}$	p s
british	ft, lbf, s	$\mathrm{slug} = \frac{\mathrm{lbf\,s^2}}{\mathrm{ft}}$	ft lbf	$\frac{\mathrm{ft\,lbf}}{\mathrm{s}}$	$\frac{\mathrm{slug\,ft}}{\mathrm{s}}$

Tabelle T.2 Umrechnung zwischen technischen und metrischen Einheitensystemen. Vom SI gelangt man zum CGS, indem man z. B. für die Länge statt 1 m einsetzt: 100 cm.

		CGS-elektr.	CGS-magn.	SI	Techn. System
Länge	l	100 cm		**1 m**	1 m
Zeit	t	1 s		**1 s**	1 s
Beschleunigung	$a = v/t$	100 cm/s^2		1 m/s^2	1 m/s^2
Masse	m	1000 g		**1 kg**	$0{,}102\ \mathrm{kp\,s^2/m}$
Kraft	$F = ma$	10^5 dyn = 10^5 cm g s^{-2}		**1 N**	$0{,}102$ kp
Impuls	$p = Ft$	10^5 dyn s		1 N s	$0{,}102$ kp s
Druck	$p = F/A$	10 dyn/cm^2		1 N/m^2	$0{,}102$ kp m
Energie	$W = Fs$	10^7 erg = 10^7 cm^{2}g s^{-2}		**1 J**	$0{,}102$ kp m
Viskosität					
– dynamische	$\eta = \frac{p}{dv/dy}$	10 P		1 kg/ms	$0{,}102\ \mathrm{kp\,s/m^2}$
– kinematische	$\nu = \eta/\varrho$	10^4 St		1 m^2/s	1 m^2/s
Stromstärke	I	$3 \cdot 10^9\ \mathrm{cm^{3/2}g^{1/2}s^{-2}}$	$0{,}3\ \mathrm{cm^{1/2}g^{1/2}s^{-1}}$	**1 A**	1 A
Spannung	$U = P/I$	$300^{-1}\ \mathrm{cm^{1/2}g^{1/2}s^{-1}}$	$10^8\ \mathrm{cm^{3/2}g^{1/2}s^{-2}}$	**1 V**	1 V
Widerstand	$R = U/I$	$(9 \cdot 10^{11})^{-1}\ \mathrm{cm^{-1}s}$	10^9 cm/s	**1 Ω**	1 Ω
Kapazität	$C = Q/U$	$9 \cdot 10^{11}$ cm	$9 \cdot 10^{11}\ \mathrm{cm^{-1}s}$	**1 F**	1 F
Induktivität	$L = Ut/I$	$(9 \cdot 10^{11})^{-1}\ \mathrm{cm^{-1}s}$	$9 \cdot 10^9$ cm	**1 H**	1 H
Temperatur	T	1 grd		**1 K**	1 grd
Wärmekapazität	$C = W/T$	10^7 cm/s^{2}grd		1 J/K	1 J/grd

Inkohärente Einheiten mit besonderen Namen waren: *Pferdestärke, *horsepower, *cheval vapeur (Leistung); *Technische Atmosphäre, *Millimeter Wassersäule, *poncelet (Druck).

Technische Masseneinheit (TME, M.E.)

Veraltet! Im technischen Maßsystem gemäß der Definition:

$$\mathrm{Masse} = \frac{\mathrm{Gewichtskraft}}{\mathrm{Fallbeschleunigung}}$$

1 TME = 1 kp s^2/m = 9,80 665 Kilogramm = 1000 Hyl = 1 metric slug.

Technisches Maßsystem

*technisches Einheitensystem.

Teilchenflussdichte

In der Atom- und Kernphysik die zeitliche Änderung der Teilchenfluenz:

$$\varphi = \dot{\Psi} \quad \text{Einheit: } \frac{\mathrm{W}}{\mathrm{m}^2}$$

Teilchengrößenbestimmung

*Oberflächenmessung, *Anemometer.

Teilchen(zahl)konzentration

*Konzentration.

Teilungsperiode

*Längen- und Winkelmessung.

Telegraph nautical mile

*Seemeile.

Teman

Alte afrikanische Volumeneinheit:

1 teman = 85 Liter (Arabien)
= 26,92 Liter (Libyen).

temp
Abkürzung für: Temperatur, *temperature*.

Temperatur
Die *thermodynamische Temperatur T* ist eine Basisgröße des SI-Systems mit der Basiseinheit *Kelvin. 1 K ist das $^1/_{273,16}$-fache der thermodynamischen Temperatur des Tripelpunktes von Wasser (273,16 K = 0,01 °C).

Temperatur, charakteristische
In der Strahlungsphysik definierte Größen (*Temperaturstrahlung):
1) *Farbtemperatur* T_f: diejenige Temperatur des Schwarzen Strahlers, die den gleichen Farbeindruck hervorruft wie der betrachtete Strahler. Nicht jeder Strahler hat eine Farbtemperatur.
2) *Spektrale Strahlungstemperatur* oder *Schwarze Temperatur* T_S: diejenige Temperatur für jede Wellenlänge des Schwarzen Strahlers, bei der dieser die gleiche Strahldichte hat wie der betrachtete Temperaturstrahler. T_S ist stets niedriger als die wahre Temperatur des Strahlers. In der visuellen Pyrometrie dient die *wirksame Wellenlänge* $\lambda = 655$ nm als Bezugspunkt.
3) *Verhältnistemperatur* T_r: diejenige Temperatur des Schwarzen Strahlers, bei der das Verhältnis der spektralen Strahldichten für zwei verschiedene Wellenlängen $L(\lambda_1)/L(\lambda_2)$ gleich groß ist wie bei dem betrachteten Strahler.
4) *Verteilungstemperatur* T_v: diejenige Temperatur des Schwarzen Strahlers, die der (annähernd) proportionalen spektralen Verteilung der Strahldichte des betrachteten Strahlers entspricht; im sichtbaren Spektralbereich gleich der Farbtemperatur.
5) *Wahre Temperatur.* Bei grauen Strahlern fallen Farb-, Verteilungs-, Verhältnis- und wahre Temperatur zusammen:

$$T_f = T_v = T_r = T\ .$$

Temperatur, feuchtpotentielle
In der Thermodynamik, Meteorologie und Geophysik: die Temperatur (in K) einer Luftmenge, nachdem sie ausgehend von der Feuchttemperatur *feucht*-adiabatisch auf einen Druck von $p_0 = 10^5$ Pa gebracht wurde.

Temperatur, potentielle
In der Thermodynamik, Meteorologie und Geophysik: die Temperatur Θ (in K) oder ϑ (in °C) einer Luftmenge, nachdem sie *trocken*-adiabatisch auf einen Druck von $p_0 = 10^5$ Pa gebracht wurde:

$$\Theta = T\left(\frac{p_0}{p}\right)^{R_L/c_p} \quad \text{Einheit: K}$$

R_L individuelle Gaskonstante der Luft, p Luftdruck, c_p spez. Wärmekapazität.

Temperatur, pseudopotentielle
In der Thermodynamik, Meteorologie und Geophysik: die Temperatur T_p (in K) einer Luftmenge, nachdem sie 1) trockenadiabatisch bis zum Kondensationsniveau gehoben, 2) der enthaltene Wasserdampf vollständig kondensiert und 3) trockenadiabatisch auf einen Druck von 10^5 Pa gebracht wurde.

Temperatur, virtuelle
In der Thermodynamik, Meteorologie und Geophysik: die Temperatur von trockener Luft, die unter demselben Druck dieselbe Dichte hat wie feuchte Luft von gegebener spezifischer Feuchtigkeit s:

$$T_v = T\,(1 + 0{,}608\,s) \quad \text{Einheit: K}$$

s spezifische Feuchte (kg/kg).

Temperaturadvektion
In der Meteorologie und Geophysik das Produkt aus Windgeschwindigkeit $\vec{v}$ und dem Gradienten der Temperatur T:

$$A_T = -\vec{v}\cdot\nabla T \quad \text{Einheit: } \frac{\text{K}}{\text{s}}$$

Temperaturgefälle
*Stofftransport, *Wärmetransport.

Temperaturleitfähigkeit
Nach DIN 1341: $a = \lambda/(\varrho c_p)$ in m²/s ist das Verhältnis der Wärmeleitfähigkeit λ zur Dichte ϱ und spezifischen Wärmekapazität c_p eines Stoffes.

Temperaturleitzahl *Stofftransport.

Temperaturmesskörper *Thermometer.

Temperaturskala, internationale
Festgelegt 1990 (ITS-90); ersetzt die Internationale Praktische Temperaturskala IPTS-68 und die Provisorische Temperaturskala EPT-76.

Tabelle T.3: ITS-90 von 1 bis 5 K: Koeffizienten der Dampfdruckgleichungen für Helium.

Koeffizient	Helium-3 (0,65 bis 3,2 K)	Helium-4 (1,25 bis 2,1 768 K)	Helium-4 (2,1 768 bis 5,0 K)
A_0	1,053 447	1,392 408	3,146 631
A_1	0,980 106	0,527 153	1,357 655
A_2	0,676 380	0,166 756	0,413 923
A_3	0,372 692	0,050 988	0,091 159
A_4	0,151 656	0,026 514	0,016 349
A_5	-0,002 263	0,001 975	0,001 826
A_6	0,006 596	-0,017 976	-0,004 325
A_7	0,088 966	0,005 409	-0,004 973
A_8	-0,004 770	0,013 259	0
A_9	-0,054 943	0	0
B	7,3	5,6	10,3
C	4,3	2,9	1,9

Tabelle T.4: Fixpunkte der ITS-90: Tp = Tripel-, Smp = Schmelz-, Ep = Erstarrungspunkt.

Stoff		T/K	t/ °C
o-/p-H_2	Tp	13,8 033	–259,3 467
o-/p-H_2	–	~17	~ –256,15
o-/p-H_2	–	~20,3	~ –252,85
Ne	Tp	24,5 561	–248,5 939
O_2	Tp	54,3 584	–218,7 916
Ar	Tp	83,8 058	–189,3 442
Hg	Tp	234,3 156	–38,8 344
H_2O	Tp	273,16	0,01 (!)
Ga	Smp	302,9 146	29,7 646
In	Ep	429,7 485	156,5 985
Sn	Ep	505,078	231,928
Zn	Ep	692,677	419,527
Al	Ep	933,473	660,323

Tabelle T.5: Pyrometrische Fixpunkte.

Stoff	Erstarrungspunkt		
Silber	1234,93 K	=	961,78 °C
Gold	1337,33 K	=	1064,18 °C
Kupfer	1357,77 K	=	1084,62 °C

Tabelle T.6: Thermometrische Fixpunkte bzw. Dampfdruckgleichungen der praktischen Temperaturskala von 1968: Tp = Tripelpunkt, Smp = Schmelzpunkt, Sp = Siedepunkt, Subl = Sublimationspunkt, Ep = Erstarrungspunkt, Umw = Umwandlungspunkt, f = fest, fl = flüssig, gas = gasförmig.

		Fixpunkt (°C)
H_2	Sp	(20,28 K)
O_2	fl-gas	-182,97
Hg	Ep	-38,87
H_2O	f-fl	0,00
Hg	Ep	-38,87
H_2O	f-fl	0,00
$Na_2SO_4 \cdot 10\,H_2O$	Umw	32,38
CO_2	Subl	$-78{,}5 + 12{,}12\,(p/p_0 - 1) - 6{,}4\,(p/p_0 - 1)^2$
H_2O	fl-g	100,00
Benzoesäure	Tp	122,36
Naphthalin	Sp	$218{,}0 + 44{,}4\,(p/p_0 - 1) - 19\,(p/p_0 - 1)^2$
Benzophenon	Sp	$305{,}9 + 48{,}8\,(p/p_0 - 1) - 21\,(p/p_0 - 1)^2$
Cd	Ep	320,9
Pb	Ep	327,3
Hg	Sp	$356{,}58 + 55{,}552\,(p/p_0 - 1) - 23{,}03\,(p/p_0 - 1)^2 + 14(p/p_0 - 1)^3$
Zn	Ep	419,5
S	fl-gas	444,6
Sb	Ep	630,5
Ni	Ep	1453
Co	Ep	1492
Pd	Ep	1552
Pt	Ep	1769
Rh	Ep	1960
Ir	Ep	2443
W	Ep	3380

1. *Zwischen 0,65 und 3,2 Kelvin* ist die ITS-90 durch die Dampfdruck-Temperatur-Kurve von Helium-3 festgelegt (Koeffizienten vgl. Tabelle).

$$T_{90}/\mathrm{K} = A_0 + \sum_{i=1}^{9} A_i \left[\frac{\ln p/\mathrm{Pa} - B}{C}\right]^i$$

2. *Zwischen 1,25 und 2,1768 Kelvin* (λ-Punkt) und weiter bis *5,0 K* durch die Dampfdruck-Temperatur-Kurve von Helium-4.

3. *Zwischen 3,0 und 24,5561 Kelvin* wird die ITS-90 durch Helium-3 oder Helium-4 mittels eines Konstantvolumen-*Gasthermometers* (CVGT) festgelegt; dieses ist auf drei Temperaturen kalibiert:

a) Tripelpunkt von Neon (24,5561 K),

b) Tripelpunkt v. Wasserstoff (13,8033 K),

c) zwischen 3,0 und 5,0 K durch ^{3}He- oder ^{4}He-Dampfdruckthermometrie.

T

4. *Zwischen 13,8033 K* (–259,3467 °C) und *1234,93K*(961,78 °C) gelten Fixpunkte, mit denen Platin-Widerstandsthermometer kalibiert werden.
5. *Oberhalb 1234,93 Kelvin* ist die ITS-90 durch das Plancksche Strahlungsgesetz festgelegt. Die Erstarrungspunkte geschmolzener Metalle dienen als Referenzwert. Oberhalb des *Goldpunkt*es bis 2700 °C werden optische *Pyrometer* eingesetzt. Es gilt die Näherungsformel (Referenztemperatur 1337,58 K und C_2 = 0,014388 K m nach IPTS-68):

$$\ln\frac{I}{I_{\mathrm{Au}}} = \frac{C_2}{\lambda}\left(\frac{1}{T_{\mathrm{Au}}} - \frac{1}{T}\right).$$

Temperaturskala, praktische

Veraltet! IPTS-68, festgelegt 1968. Praktisch bedeutet „durch Vergleichstemperaturen festgelegt", bei denen bestimmte physikalische Vorgänge stattfinden, z. B. Phasenumwandlungen. Die Unterschiede zur heutigen ITS-90 betragen –0,022 K (Zn), –0,98 K (Ag), –1,18 K (Au), –0,223 K (Al), –1,62 K (Cu). Die Gleichungen gelten im Druckbereich 880 bis 1140 mbar.

Temperaturskala, thermodynamische

Definiert 1954; beruht auf einem einzigen Fundamentalpunkt, dem Tripelpunkt des Wassers bei 0,01 °C = 273,16 K. Der Schmelzpunkt von Eis und der Siedepunkt von Wasser sind als experimentell zu ermittelnde Größen nicht *per definitionem* festgelegt.

Temperaturkoeffizient

α (für 20 °C, Einheit K^{-1}), gibt die relative Änderung des Widerstandes im Verhältnis zur Temperatur an. Umrechnung auf andere Temperaturen t (in °C):

Temperatur-koeffizient	$\alpha = \dfrac{\Delta R}{R \cdot \Delta T} = \dfrac{\Delta \varrho}{\varrho \cdot \Delta T}$
spezifischer Widerstand	$\varrho_t = \varrho_{20}[1 + \alpha\,(t - 20)]$
Widerstand	$R_t = R_{20}[1 + \alpha\,(t - 20)]$

Der Widerstand vom *Metallen* steigt mit der Temperatur. *Legierungen* wie Konstantan (60% Cu, 40% Ni) und Manganin (86% Cu, 2% Ni, 12% Mn) sind wenig temperaturabhängig. Der Widerstand von *Halbleitern* und *Elektrolytlösungen* sinkt beim Erwärmen.

Temperaturstrahlung

oder *Wärmestrahlung* heißt jede elektromagnetische Strahlung, die thermisch angeregt ist. Sie wird allein von der Art der Temperatur des strahlenden Körpers bestimmt. DIN 5031 T6 und DIN 5496 unterscheiden folgende Strahler:

Tabelle T.7: α verschiedener Leiter (0...100°C).

	α (K^{-1})
Aluminiumblech	0,0 047
Blei	0,0 042
Eisen	0,0 061
Gold	0,0 039
Graphit	-0,0 002
Konstantan	0,00 003
Kupferblech	0,0 039
Nickel	0,0 065
Palladium	0,0 033
Platin	0,0 039
Quecksilber	0,00 099
Silber	0,0 038

- *Temperaturstrahler.* Strahlungsquelle, die Temperaturstrahlung aussendet.
- *Schwarzer Strahler* oder *Planckscher Strahler.* Temperaturstrahler, dessen spektrale Strahldichte bei jeder Temperatur für alle Wellenlängen und Richtungen den maximal möglichen Wert hat (Emissionsgrad 1). Ein geschlossener Hohlraum, dessen wärmeundurchlässige Wände sich auf gleicher Temperatur (im thermodynamischen Gleichgewicht) befinden, ist von schwarzer Strahlung erfüllt. Die aus einer kleinen Öffnung des Hohlraums austretende Strahlung darf angenähert als Schwarze Strahlung angesehen werden (mindestens für einen begrenzten Raumwinkel).
- *Grauer Strahler.* Nicht selektiver Strahler, dessen spektraler Emissionsgrad unabhängig von der Wellenlänge und kleiner als Eins ist: $\varepsilon(\lambda)$ = const (meist nur in einem begrenzten Spektralbereich).
- *Kontinuumsstrahler.* Strahler mit kontinuierlich über einen größeren Wellenlängenbereich verteilter Strahlung.
- *Selektivstrahler.* Strahler mit wellenlängenabhängigem spektralen Emissionsgrad $\varepsilon(\lambda)$ (in einem vorgegebenen Spektralbereich).
- *Linienstrahler:* sendet Spektrallinien aus.

• *Lambertscher Strahler.* Strahler mit einer in alle Richtungen gleichen Strahldichte (Leuchtdichte).

• Bei einem *Volumenstrahler* dringt Strahlung aus dem Inneren eines beliebig transparenten Mediums, das sich im lokalen thermischen Gleichgewicht befindet. Im realen strahlungsteildurchlässigen Körper treten Temperaturgradienten und Abweichungen vom thermischen Strahlungsgleichgewicht (d. h. dass pro Zeit- und Volumeneinheit gleich viel spektrale Energie absorbiert wie emittiert wird) auf.

Vgl. charakteristische *Temperatur, *spektrale Größen, *fotometrische Einheiten und Größen, *Emissionskoeffizient.

Temperaturunterschied *Kelvin.

Temperierte Stimmung *Cent.

Temporäre Härte *Wasserhärte.

Temps Atomique International *Zeit.

Tenazität

Widerstands-/Haftfähigkeit von Mikroben.

Tenge

Währungseinheit in Kasachstan:

1 Tenge (T) = 100 Tiin = ca. $^1/_{45}$.

Tensile strength [engl.] *Zugfestigkeit.

Tensiometer *Oberflächenspannung.

Tension [engl.] *Spannung.

Tephach

Altes hebräisches Längenmaß:

1 Tephach = 8,25 Centimeter.

Tera

Das Billionenfache einer Einheit.

1) **...ohm:** 1 TΩ = 10^{12} Ohm.

2) **...wattstunde:** 1 TWh = 10^9 kWh.

Terrestrial Time *Zeit.

Ter(r)uncius

[lat. „drei Zwölftel" eines 12teiligen Ganzen = ein Viertel]. Alte römische Gewichts- und Münzeinheit (*Heller, Pfennig):

1 Terruncius = $^1/_4$ As =

= $^1/_{40}$ Denar = 81,86 Gramm.

tert Abkürzung für: [chem.] tertiär, *tertiary.*

Tertial

[lat. *tertius,* „dritter"] Jahresdrittel, Zeitraum von vier Monaten.

Terz

Um 9 Uhr vormittags zu verrichtendes Gebet katholischer Geistlicher.

Tesla (T, EDV: T**)**

Seit 1954 abgeleitete SI-Einheit der magnetischen Flussdichte oder Induktion; benannt nach dem jugoslawisch-amerikanischen Physiker und Elektrotechniker NIKOLA TESLA (1858–1943); festgelegt bei einem gleichmäßigen magnetischen Fluss von 1 Weber senkrecht zu einer Fläche von 1 „Quadratmeter":

1 Tesla =

= 1 Weber/Meter^2

= 1 Volt·Sekunde/Meter^2

= 1 Henry-Ampere/Meter^2

= 1 kg $s^{-2}A^{-1}$

= 10 000 Gauß.

testa *Tostao.

Tet Abkürzung für: *tetrahedron,* Tetraeder.

tetr Abkürzung für: tetragonal.

Tetradrachmon *Drachme.

TEU

Twenty Feet Equivalent Unit. In der Seefahrt: Beladung eines Containerschiffs als Anzahl von 20-Fuß-Containern (für jeweils ca. 10–15 Tonnen Frachtgut).

Tex (tex, EDV: TEX**)**

Gesetzliche Einheit der längenbezogenen Masse von Textilfasern und Garnen; poln. *cwiek.*

1 Tex =

= 9 Denier

= 1 Gramm/Kilometer

= 10^{-6} Kilogramm/Meter

= 1 Gramm/1 000 Meter.

Th Zeichen für das *chem. Element Thorium.

th

Abkürzung für: [Index, DIN 1304] Wärme..., thermisch; [kurz für] tanh.

Tha'ar

Alte Gewichtseinheit aus dem Irak:

1 Tha'ar = 2000 bzw. 1537 Kilogramm.

Thailand (Siam)

Historische Längenmaße: *anukabiet, *kabiet, *ken, *keup, *niu, *roeneng, *sen, *sok, *wa(h), *yot(e).

Historische Flächenmaße: *ngan, *rai, *sat.
Historische Volumenmaße: *chai meu, *chang awn, *kam meu, *kwien.
Währungseinheit: *Baht.

Thalpotasimeter *Thermometer.

That
Alte Längeneinheit aus *Annam:
1 that = 14,63 Meter.

Thel
Alte Gewichtseinheit für Gold und Silber aus Indonesien: 1 Thel = 39,77 Gramm.

Therapeutische Breite
Pharmakologie: Abstand der Empfindlichkeitskurven eines Arzneimittels für seine therapeutische und tödliche Wirkung; gekennzeichnet durch den Quotienten LD_{25}/ED_{75}.
ED = dosis effectiva, LD = Letale Dosis.

Therm
Veraltet! Britische Energieeinheit:
1 therm = 10^5 Btu = $105{,}5\,056 \cdot 10^6$ Joule.

Thermal [engl.] Thermisch..., Wärme-.

Thermie (th)
Veraltet! Britische Einheit für Arbeit, Energie und Wärmemenge:
1 thermie = 10^6 cal_{15} = $4{,}1\,855 \cdot 10^6$ Joule.

Thermische Größen *Wärmeleitwert, *Wärmewiderstand, *Ausdehnungskoeffizient.

Thermochemische Einheiten
*British thermal unit, *Calorie.

Thermodynamische Größen
Vgl. *Energie, *Enthalpie, *Entropie, *ideales Gas, *spezifische Größen, *Wärmekapazität, *Zustandsgröße.

Thermodynamischer Faktor
oder *Nernst-Spannung*: Verquickung von Faraday-Konstante F, absoluter Temperatur $T = 298$ K und universeller Gaskonstante R:

$$\frac{RT}{F} = 0{,}025\,693 \text{ Volt } (25\,°\text{C})$$

$$\frac{RT}{F} \ln 10 = 0{,}059\,159 \text{ Volt } (25\,°\text{C})$$

Thermodynamische Temperatur
*Temperatur.

Thermometer
Zur Temperaturmessung werden verschiedene Effekte genutzt: Phasenumwandlungen, Druck- und Volumenänderungen von Gasen, Ausdehnung von Flüssigkeiten, spezifische Wärmen der Elemente, thermisches Rauschen oder elektrischer Widerstand, Strahlungsdichte und -verteilung, Schallgeschwindigkeit in Gasen u.a. Praktische Temperaturmessungen werden mit Normalgeräten (Widerstandsthermometer etc.) durchgeführt, die bei bestimmten reproduzierbaren Temperaturen kalibriert werden.

1. Ausdehnungsthermometer beruhen auf der Wärmeausdehnung der Körper.
Flüssigkeitsthermometer bestehen aus einer luftleeren Glaskapillare mit einer flüssigkeitsgefüllten Kugel (oder einem Zylinder). Dehnt sich das Flüssigkeitsvolumen aus, so wächst die Länge der Flüssigkeitssäule in der Kapillare und ist damit Maß für die Temperatur. Speziell *Siedethermometer* haben eine Feineinteilung zwischen 90° und 100°; *Siedebarometer.

Tabelle T.8: Thermometerflüssigkeiten.

Füllung	Messbereich (°C)	Ausdehnung α (K^{-1})
Quecksilber	–38,87 bis 357 (–58 bis 357)	0,000 160 (bei 150 °C)
Thallium	bis 300	
Gallium	0 bis 1200	0,000158 (0°C) 0,00010 (800°C)
Pentan	–200 bis 30	0,0009 (–180°C)
Ethanol	–11 bis 50	0,001 (–50°C)
Toluol	–100 bis 100	0,001 (–50°C)
Kreosot	–40 bis 200	

2. Temperaturmesskörper sind Metallegierungen, deren thermomechanische Verformung der Temperaturänderung entspricht. Das *Bimetallthermometer* ist ein Streifen von zwei übereinander gewalzten Metallen unterschiedlicher Längenausdehnung, der sich temperaturabhängig krümmt.

3. Gasthermometer. Thermometerfüllung sind eingeschlossene Gase wie Wasserstoff, Helium und Stickstoff. Messgrößen:

- Volumenänderung der Gasmenge bei konstantem Druck: $T/T_0 = V_t/V_0$,
- Druckänderung der Gasmenge bei konstan-

tem Volumen: $T/T_0 = p_t/p_0$,

- Dampfdruck eines Stoffes beim *Thalpotasimeter*.

4. Elektrische Thermometer

- *Widerstandsthermometer* sind Metalldrähte, deren temperaturabhängiger Widerstand mit einer Brückenschaltung gemessen wird.

Platin-Widerstandsthermometer sind zwischen etwa –259°C bis +630°C einsetzbar (Messunsicherheit: 0,001 bis 0,1 Grad).

- *Thermistoren* sind Widerstandsthermometer aus Halbleiterbauelementen:

a) *NTC-Widerstand* (Negative Temperature Coeffizient): der Widerstand nimmt mit steigender Temperatur ab.

b) *PTC-Widerstand* (Positive Temperature Coeffizient): der Widerstand nimmt mit steigender Temperatur zu.

- *Thermoelemente* messen die Thermospannung, die zwischen zwei Leitern unterschiedlicher Temperatur besteht, z. B. das *Platin-Rhodium-Thermopaar*. Bevorzugt im Bereich sehr hoher und sehr niedriger Temperaturen eingesetzt. Wegen ihrer kleinen Dimensionen (kleine Wärmekapazität) beeinflussen sie das Messergebnis kaum.

Tabelle T.9: Thermopaare: Grundwerte der Thermospannung (in mV). Bezugstemperatur 0 °C (0 mV). Für Bezugstemperatur 20 °C von allen Werten die Spalte bei 20 °C subtrahieren.

Thermopaar	–50 °C	20 °C	100 °C	400 °C
Cu/CuNi	–1,819	0,789	4,277	20,869
Fe/CuNi	–2,431	1,019	5,268	21,846
NiCr/Ni	–1,899	0,798	4,095	16,395
10% Rh/Pt	–0,236	0,113	0,645	3,260

5. Strahlungsthermometer (= optische Pyrometer) messen die von festen, flüssigen oder gasförmigen Körpern im thermodynamischen Gleichgewicht abgegebene Wärmestrahlung nach dem Planckschen Strahlungsgesetz.

Bolometer (Barretteranordnung). Der elektrische Widerstand dünner Metalldrähte – platiniertes Platin, Eisen, Wolfram, Heißleiter etc.; in eine mit Wasserstoff geringen Drucks gefüllte Röhre eingeschmolzen – ändert sich infolge der Strahlungswärme und wird mit einer Brückenschaltung gemessen. In einem bestimmten Spannungsbereich wächst der temperaturabhängige Widerstand und die Stromstärke bleibt nahezu konstant.

Thermometerskalen

Nullpunkt der *Celsius-Skala ist der Eispunkt des Wassers, der *Fahrenheit-Skala –17,8 °C, der *Kelvin- und *Rankine-Skala der absolute Nullpunkt.

Die in Amerika verbreitete Rankine-Skala entspricht der absoluten Temperatur in Fahrenheit-Graden. Die Réaumur-Skala hat keine praktische Bedeutung mehr.

Tabelle T.10: Celsius-, Fahrenheit-, Kelvin- und Rankine-Skala. Umrechnung: °F = 5 (°C – 32)/9 und °R = 9 K/5.

°C: 1000, 900, 800, 700, 600, 500, 400, 300, 200, 100, 90, 80, 70, 60, 50, 40, 30, 20, 10, 0, -10, -20, -30, -40, -50, -60, -70, -80, -90, -100, -150, -200, -250, -273,15

°F: 1832, 1652, 1472, 1292, 1112, 932, 752, 572, 392, 212, 194, 176, 158, 140, 122, 104, 86, 68, 50, 32, 14, –4, –22, –40, –58, –76, –94, –112, –130, –148, –238, –328, –418, –459,67
(Skala: 1500, 1000, 500, 210, 200, 190, 180, 170, 160, 150, 140, 130, 120, 110, 100, 90, 80, 70, 60, 50, 40, 30, 20, 10, 0, –10, –20, –30, –40, –50, –60, –100, –300)

K: 1273, 1173, 1073, 973, 873, 773, 673, 573, 473, 370, 360, 350, 340, 330, 320, 310, 300, 298,15, 290, 280, 273,15, 270, 260, 250, 240, 230, 220, 210, 200, 190, 180, 170, 120, 70, 20, 0

°R: 2292, 2112, 1932, 1752, 1572, 1392, 1212, 1032, 852, 672, 654, 636, 618, 600, 582, 564, 546, 528, 510, 491,67, 474, 456, 438, 420, 402, 384, 366, 348, 330, 312, 157, 132, 42, 0
(Skala: 2000, 1500, 1000, 650, 600, 550, 500, 450, 400, 350, 100)

Thiele-Modul *Kennzahlen.

Thin
Altes Längenmaß aus China:
1 Thin = 24,5 Meter.

Thomson-Querschnitt *Konstanten,

Thou
Ein Tausendstel Inch:
1 Thou *US* = 1 Mil.

Thring-Zahl *Kennzahlen.

Thumlungur
Altes Längenmaß aus Island:
1 thumlumgur = 2,6 Centimeter.

Thuoc
Alte Längeneinheit aus *Annam:
1 thuoc = 48,8 Centimeter,

Ti Zeichen für das *chemische Element Titan.

Tierce
Hohlmaß für Getreide aus den USA:
1 tierce = 2,467 Hektoliter.

Tierkreis
Astrologische Sternbilder innerhalb einer Zone beiderseits der Ekliptik; astronomisch zum Teil an ganz anderer Stelle als von den „Sterndeutern" postuliert und nicht streng folgenden Zeiträumen zugeordnet.
Widder: 21. März–20. April.
Stier: 21. April–20. Mai.
Zwillinge: 21. Mai–21. Juni.
Krebs: 22. Juni–22. Juli.
Löwe: 23. Juli–23. August.
Jungfrau: 24. August–23. September.
Waage: 24. September–23. Oktober.
Skorpion: 24. Oktober–22. November.
Schütze: 23. November–21. Dezember.
Steinbock: 22. Dezember – 20. Januar.
Wassermann: 21. Januar–19. Februar.
Fische: 20. Februar–20. März.

Tikal (= Pai)
1) Alte Rechnungseinheit und Silbermünze aus Thailand, ebenso *Fuang, Hun*.
2) Altes Edelmetallgewicht aus Thailand:
1 Tikal = 15,12 Gramm.

Timan
Altes Körpermaß aus Arabien:
1 Timan = 56,8 Liter.

Titer
1) *Denier.
2) In der Analytischen Chemie der Quotient aus der tatsächlich vorliegenden Stoffmengenkonzentration c einer Maßlösung und dem Sollwert:

$$t = \frac{c}{c_{\mathrm{soll}}} \quad \text{(Dimension 1)}$$

TKE
Abk. für: *track angle error*, Kursabweichung; in der Luftfahrt: ständig berechneter augenblicklicher Winkelunterschied zwischen Soll- und Istkurs (Abweichung nach links: L, rechts: R).

T/L *Blutbild.

Tl Zeichen für das *chem. Element Thallium.

TMD
im Deutschen Arzneibuch festgelegter Höchstwert einer Tagesdosis.

TN
engl. *total nitrogen* = Gesamtstickstoff. Begriff der Umweltanalytik. Es wird nach Nitrat-Stickstoff (NO_3-N) und Ammoniumstickstoff (NH_4-N) unterschieden.

tn.f *Ton-force.

To
Altes japanisches Flüssigkeitshohlmaß:
1 To = $^1/_{10}$ Koku = 10 Scho = 18,039 Liter.

TOC *Total Organic Carbon.

Toea *Kina.

tofah *Handbreit.

Togo
Altes Hohlmaß aus der Mongolei:
1 Togo = 16,5 Liter.

Toise
1) [frz.] „Klafter". Altes Längenmaß aus Frankreich, im Jahr 1735 von dem Geodäten und Astronom PIERRE BOUGUER auf Anweisung der Regierung durch Vermessung des Meridiankreises in Peru festgelegt:
1 toise (du Perou) =
= 6 Pied du Roi
= 72 pouces (Zoll)
= 864 lignes (alte Pariser Linien)
= 1,94 903 Meter.

2) **Toise du nord:** 1736 von dem französischen Physiker und Mathematiker PIERRE LOUIS MOREAU DE MAUPERTUIS durch Meridianvermessung in Lappland festgelegte Längeneinheit.
3) **Toise nouvelle:** 1812–1840 gültiges Längenmaß in Frankr. vor Einführung des Meters:
1 toise nouvelle = 1 toise usuell = 2 Meter.
4) Altes Längenmaß aus der Schweiz:
1 toise = 6 pieds = 1,80 Meter.
5) **Toise carrée.** Altes frz. Flächenmaß:
1 toise carrée =
= 36 pieds carrés
= 3,8 Meter^2 (Frankreich)
= 3,24 Meter^2 (Schweiz).
6) **Toise cube.** Altes frz. Volumenmaß:
1 toise cube =
= 7,4 Meter^3 (Frankreich)
= 5,8 Meter^3 (Schweiz).

tol Abkürzung für: *toluene,* Toluol.

Tola
Alte Gewichtseinheit aus Indien:
1 Tola = 11,7 Gramm.

Tolar
Währungeinheit in Slowenien nach dem Zerfall Jugoslawiens (1991):
1 Tolar (SIT) = 100 Stotin ≈ $^1/_{91}$ DM.

Toleranz
Vermindertes Ansprechen auf eine Substanz oder ein Arzneimittel; Ausbleiben einer Immunreaktion.

Toleranzgrenze
Höchstduldbare Konzentration eines Schadstoffes, ohne dass Lebewesen geschädigt werden können. Vgl. *Schwellenwert.

Toleranzwert
engl. *permitted level.* Höchstkonzentration von Rückständen; z. B. Biozide in Lebensmitteln. Vgl. *ADI, *NEL, *ZEBS.

Toman (= Panabat, Gharan, Papapat)
[persisch] „zehntausend“; frühere Einheit der pers. Goldwährung.

Tomini
Altes Längenmaß aus Marokko:
1 tomini = 7,14 Centimeter.

Tomme
Altes Längenmaß aus Dänemark:
1 Tomme = 26,15 Millimeter.

ton
Englische „Tonne“, in Großbritannien durch metrische Einheiten ersetzt.
1) Assay ton (tn.as.), „Probiertonne“:
1 ton (assay, *GB*) = 32,66$\bar{6}$ Gramm.
1 ton (assay, *US*) = 29,166$\bar{6}$ Gramm.
2) Long ton (lg.tn.)
1 ton (long) =
= 20 Hundredweight (long)
= 22,4 Hundredweight (short)
= 1016,0 469 088 Kilogramm
= 2240 Pound
= 1,016 047 Tonne
= 1,12 ton (short).
3) Short ton (sh.tn., shtn)
1 ton (short) =
= 17,857 143 Hundredweight (long)
= 20 Hundredweight (short)
= 907,18 474 Kilogramm
= 2000 Pound (lb av)
= 0,89 285 714 ton (long)
= 0,90 718 474 Tonne.
4) Metric ton, *Tonne.
5) Ton dead weight (tdw, ton dw), Deadweight-Tonnage [engl. „totes Gewicht“]. Maß für die Trag- und Ladefähigkeit von Handelsschiffen von der Lade- bis zur Tiefladelinie; in Deutschland nichtgesetzlich:
1 tdw = 1 long ton = 1016,047 Kilogramm.
Metrisch: 1 t dw = 1000 Kilogramm.
6) Ton of refrigeration. Veraltet! Britische Einheit der Kältetechnik für einen Wärmestrom von 288 000 Btu/Tag.

Ton per... (Tonne pro...)
1) ...cubic yard
1 tn.(long)/cu.yd. = 1328,939 kg/m^3;
1 tn.(short)/cu.yd. = 1186,553 kg/m^3.
2) ...Kubikmeter
1 t/m^3 = 1 g/cm^3 = 1 Kilogramm/Dezimeter^3.

Tønde (Tönde)
1) Altes Hohlmaß aus Dänemark:
1 Tønde =
= 139,1 Liter (trocken)
= 131,4 Liter (flüssig, *öltönde*)

T

= 170 Liter (Kohle)
= 139,12 Liter (Korn: *korntönde*).
2) Altes dänisches Gewicht für Butter:
1 Tønde = 112 Kilogramm.
3) Altes Hohlmaß aus Norwegen:
1 Tonde = 1,159 Hektoliter (Fisch)
= 1,39 Hektoliter (Korn).
4) Tønde Land
Altes Flächenmaß aus Dänemark:
1 Tønde land = 55,16 Ar;
1 Tønde hartkörn = 283,69 Ar.

Tonél

1) Altes Hohlmaß aus Portugal:
1 Tonél = 853,6 Liter.
2) Brasilien: 1 Tonel = 958,3 Liter.

Tonelada

1) Alte Gewichtseinheit aus Spanien (*Tonne):
1 Tonelada =
= 20 Quintales
= 80 Arrobas
= 2000 Libras españolas
= 4000 Marcos
= 32 000 Onzas
= 512 000 Adarmes
= 920,190 [919] Kilogramm (Spanien)
= 918,8 Kilogramm (Argentinien, Uruguay)
= 1016,050 Kilogramm (Chile).
2) In Brasilien und Portugal:
1 Tonelada = 13,5 Quintales
= 793,152 Kilogramm.
3) Altes Volumenmaß:
1 Tonelada = 1028,98 Liter (Argentinien)
= 870,5 Liter (Portugal).

Ton-force (tn.f., tonf, = Krafttonne)

Veraltet! Technische Krafteinheit:
1 tn.f. (long) = 9964,02 Newton.
1 tn.f. (metric) = 9806,65 Newton.
1 tn.f. (short) = 8896,44 Newton.

Ton-force per...

1) ...square foot
1 tn.f. (long)/sq.ft. =
= 1,05 849 physikalische Atmosphäre (atm)
= 1,07 252 Bar
= 1,09 366 Kilopond/Centimeter^2
= 0,107 252 Newton/Millimeter^2
= 1,07 252$\cdot 10^5$ Pascal
= 15,55$\bar{5}$ Pound-force/square inch.

2) ...square inch
1 tn.f. (long)/sq.in. =
= 152,423 physikalische Atmosphäre (atm)
= 154,443 Bar
= 157,488 Kilopond/Centimeter^2
= 15,4 443 Newton/Millimeter^2
= 1,54 443$\cdot 10^7$ Pascal
= 2240 Pound-force/square inch

1 tn.f. (short)/sq.in. =
= 136,092 physikalische Atmosphäre
= 137,895 Bar
= 140,614 Kilopond/Centimeter^2
= 13,7 895 Newton/Millimeter^2
= 1,37 895$\cdot 10^7$ Pascal
= 2000 Pound-force/square inch.

3) ...square foot
1 tn.f. (short)/sq.ft. =
= 0,945 083 physikalische Atmosphäre
= 0,957 605 Bar
= 0,976 486 Kilopond/Centimeter^2
= 0,095 765 Newton/Millimeter^2
= 9,57 605$\cdot 10^4$ Pascal
= 13,88$\bar{8}$ Pound-force/square inch.

4) ...Meterquadrat
1 tn.f. (metric)/m^2 =
= 0,0 967 841 physikalische Atmosphäre
= 0,0 980 665 Bar
= 0,1 Kilopond/Centimeter^2
= 9,80 665$\cdot 10^{-3}$ Newton/Millimeter^2
= 9806,65 Pascal
= 1,42 233 Pound-force/square inch.

Tong

Altes Längenmaß aus China:
1 Tong = ca. 3,65 Meter.

Tonga-Inseln

Währung: *Pa'anga.

Tong-tsin

Alte Gewichtseinheit aus China:
1 Tong-tsin = 0,038 Gramm.

Tonhöhe

*mel.

Tonintervalle

In der musikalischen Akustik wird der Frequenzbereich der Schallempfindung logarithmisch in Oktaven unterteilt; die Verdoppelung der Tonfrequenz entspricht einem Oktavschritt. Die Oktave wird in zwölf Tonintervalle mit ganzzahligen Frequenzverhältnissen unterteilt (vgl.

Tabelle). Die „wohltemperierte“ *chromatische Stimmung*, zur Zeit J. S. BACHs eingeführt, unterteilt die Oktave in zwölf exakt gleiche Halbtonschritte (Frequenzverhältnis $\sqrt[12]{2}$). Vgl. auch *Cent.

Tonleiter, chromatische
*Tonintervalle.

Tabelle T.11: Intervalle der diatonischen Tonleiter: Die subjektive Klangempfindung ist konsonant (K) oder dissonant (D).

Intervall	Frequenzverhältnis	Halbtonumfang	
Prime	1:1	0	K
Kleine Sekunde	16:15	1	D
Große Sekunde	9:8; 10:9	2	D
Kleine Terz	6:5	3	K
Große Terz	5:4	4	K
Quarte	4:3	5	K
Quinte	3:2	7	K
Kleine Sexte	8:5	8	K
Große Sexte	5:3	9	K
Kleine Septime	9:5; 16:9	10	D
Große Septime	15:8	11	D
Oktave	2:1	12	K

Tonne (t, falsch to.)
1) Gesetzlich zulässige Masseneinheit, engl. *metric ton*, EDV-Kürzel TNE.
1 Tonne =
= 1000 Kilogramm
= 10^6 Gramm
= 10 „Meterzentner“
= 20 Zentner
= 2000 metrische Pfund
= 19,684 131 Hundredweight (long)
= 22,046 226 Hundredweight (short)
= 2204,6 226 Pound
= 0,98 420 653 Ton (long)
= 1,1 023 113 Ton (short).
2) *Krafttonne.* Veraltet! Im technischen Maßsystem zur Angabe von Gewichtskräften:
1 t* = 1 t_f = 1 tf = 9,80 665 Kilonewton.
3) Altes Hohlmaß für Salz, Kohlen, Obst, Getreide und Saatgut:
1 Tonne = 60 bis 347, meist 220 Liter;
= 100 Quart = 114,5 Liter (Preußen);
= 128 Liter (Ostpreußen);
= 174 Liter (Hamburg);
= 85 bis 135 Kilogramm (regional).
4) Russische Tonne. Früher:
1 Tonne = 6,2 Berkowitz = 1,0155 kg.
5) Vgl. *Steuertonne. In anderen Ländern: [engl.] metric *ton, [span., port.] tonelada, [frz.] tonne, [ital.] tonnellata, [holl., schwed.] ton, [poln.] tona.

Tonne Steinkohleeinheiten (t SKE)
Veraltet! Energieeinheit auf Basis des *Heizwertes von 7000 kcal/kg.
1 t SKE =
= 1000 Steinkohleeinheit (SKE)
= 29,3076 Gigajoule
= $7 \cdot 10^6$ Kilokalorien
= 8141 Kilowattstunden
= 8,141 Megawattstunden.

Tonneau
[frz.] „Tonne“; altes Hohlmaß für Flüssigkeiten aus Frankreich: 1 tonneau = 913 Liter.

Tonneau de mer
[frz.] „Schiffstonne“. Altes Handelsgewicht aus Frankreich:
1 tonneau de mer = 979 Kilogramm
= 1,44 Meter^3.

Tonnelata
1) Metrisches Handelsgewicht aus der Türkei:
1 Tonnelata = 1 Tonne = 1000 Kilogramm.
2) Altes Handelsgewicht aus Österreich:
1 Tonnelata = 979 Kilogramm.

ton weight *US*
Nichtmetrische Einheit der Gewichtskraft:
1 (long) ton weight = 9964,015 Newton =
= 2240 pound-force = 2240 · 7000 grain-force.

Top
Altes Längenmaß aus Somaliland:
1 top = 3,92 Meter.

Töpfchen
Altes Hohlmaß für Kalk:
1 Töpfchen = $^1/_5$ Malter = 20 Liter.

Tophah
Altes hebräisches Längenmaß:
1 Tophah = 8,25 Centimeter.

Topo
Altes Flächenmaß aus Peru:
1 topo = 27,06 Ar

tor Index (DIN 1304) für: Torsion.

Tornatura
Altes metrisches Feldmaß aus Italien:
1 Tornatura = 1 Hektar.

Torque [engl.] *Drehmoment.

Torr
Veraltet! Abgeleitete Einheit des Druckes; benannt nach dem italienischen Physiker und Mathematiker EVANGELISTA TORRICELLI (1608–1647, Entdecker des Vakuums, Erfinder des Quecksilberbarometers); festgelegt als der Druck einer 1 mm hohen Quecksilbersäule bei 0 °C am Ort der Normalfallbeschleunigung:
1 Torr =
= 1,333 224 (= $^{1013,25}/_{760}$) Millibar
= 1 Millimeter Quecksilbersäule (mmHg)
= 133,3 224 Pascal
= $^{1\,013\,250}/_{760}$ dyn/cm^2 [exakt].

Torsionsfließgrenze
*Werkstoffkenngrößen.

Tostao (= Testao)
[ital. *testa*, „Kopf"]. Alte portugiesische Rechnungsmünze.

tot Index (DIN 1304) für: total (z. B. μ_{tot}).

Totale Stoffkennzahl
Ferroelektrische Stoffkennzahlen, Magnetische Stoffkennzahlen, *Stoffübergangszahl.

Total nitrogen *TN.

Total Organic Carbon (TOC)
Begriff der Umweltanalytik und Abwassertechnik: gesamter organisch gebundener Kohlenstoff (in mg/ℓ). Bestimmung z. B. durch Verbrennung und fotometrischer CO_2-Nachweis. Vgl. *DOC, *POC, *VOC, *TC.

Totraumventilation
TRV = Differenz zw. *Atemminutenvolumen (AMV) und alveolärer *Ventilation.

$$\frac{TRV}{AMV} = \frac{pCO_2 \text{ arteriell - } pCO_2 \text{ Ausatemluft}}{pCO_2 \text{ arteriell}}$$

pCO_2 Kohlendioxid-Partialdruck.

Totschka
Altes Längenmaß aus Russland:
1 Totschka = 0,254 Millimeter.

Toumnah
Alte Volumeneinheit aus Ägypten:
1 toumnah = 0,2578 Liter.

Tovar
Alte Gewichtseinheit aus Jugoslawien:
1 Tovar = 128,1 Kilogramm.

TOW
In der Luftfahrt: *take off weight*, Startmasse.

Township
Flächenmaß aus US-Amerika:
1 Township *US* =
= 93,23 957 Kilometer^2
= 36 Quadratmeilen (square miles)
= 36 sections.

Toxizitätsäquivalent (TE)
Giftigkeit von Gefahrstoffen im Vergleich zum Seveso-Dioxin (2,3,7,8-TCDD); speziell für polychlorierte Dibenzodioxine und -furane.

tra
Index (DIN 1304): Durchgang, Transmission, Sendung, lat. *transmittere*, engl. *transmit*.

Traffic flow, Traffic unit *Erlang.

Trägerleistung *Größenverhältnis.

Träger-zu-Rauschdichte-Abstand
*Größenverhältnis.

Tragfähigkeit *Kilogramm.

Trägheit *Masse.

Trägheitsmoment

Trägheitsmoment ~ Masse · (Abstand)^2

$$J = \sum_i m_i r_i^2 \quad \text{Einheit: kg m}^2$$

(bei starrer Achse, sonst ist J ein Tensor)
Auch: Massenmoment zweiten Grades. Man unterscheidet das *polare* Trägheitsmoment J_p, die *axialen* Trägheitsmomente J_{xx}, J_{yy}, J_{zz} und die Deviationsmomente J_{xy}, J_{yz}, J_{zx}. Nicht zu verwechseln mit den *Flächenträgheitsmomenten!

Trägheitsnavigation *Ortsbestimmung.

Tragkraft *Kilogramm.

Trait
1) [frz.] „Strich". Alte französische, zuletzt im Erlass vom 13. Brumaire IX verwendete Bezeichnung für Millimeter:
1 trait = 1 Millimeter.
2) Altes Längenmaß aus der Schweiz:
1 trait = 0,3 Millimeter.

Transfer [engl.] Übertragung, Übergang.

Transferfaktor
Maß für die Änderung der Konzentration eines Schadstoffes beim Übergang zwischen verschiedenen Phasen oder Umweltmedien; z. B. Transferfaktor „Pflanze zu Boden“.

$$\alpha = \frac{\text{Konzentration in Medium 1}}{\text{Konzentration in Medium 2}}$$

Transfermiumelemente
Im Herbst 1997 nahm die *IUPAC, nach dreijähriger Kontroverse über die Namensgebung der Elemente 101 bis 109, die Vorschläge des *Comittee on Nomenclature of Inorganic Chemistry* (CNIC) an. Vorausgegangen waren Prioritätsstreitigkeiten der Kernforschungszentren Berkeley (U.S.A.) und Dubna (Russland).

• *Element 104*: Rutherfordium (Rf) — statt: Kurtschatovium (Ku), Dubnium, Eka-Hafnium, Unnilquadium (Unq). Erzeugt 1964 in Dubna und 1969 in Berkeley.

• *Element 105*: Dubnium (Db) — statt: Hahnium (Ha), Joliotium (Jl), Eka-Tantal, Unnilpentium (Unp).

• *Element 106*: Seaborgium (Sg) — statt: Rutherfordium, Alvaretium, Eka-Wolfram, Unnilhexium (Unh). Die Daten der Erzeugung durch ALBERT GHIORSO 1974 in Berkeley wurden Ende 1993 bestätigt. Erstmals wurde mit SEABORG eine lebende Person durch einen Elementnamen gewürdigt.

• *Element 107*: Bohrium (Bh). Von der Arbeitsgruppe um P. ARMBRUSTER bei der Gesellschaft für Schwerionenforschung (GSI) in Darmstadt mit hochbeschleunigten schweren Ionen erzeugt; ursprünglich gemeinsam mit YURI OGANESSIAN (Dubna) als Nielsbohrium (Ns) benannt; vormals: Eka-Rhenium, Unnilseptium (Uns).

• *Element 108*: Hassium (Hs), nach dem Bundesland Hessen — statt: Hahnium (Hn), Eka-Osmium, Unniloctium (Uno). Erzeugt bei der GSI.

• *Element 109*: Meitnerium (Mt), nach LISE MEITNER — statt Eka-Iridium, Unnilennium (Une). Erzeugt bei der GSI.

• *Element 110*: Eka-Platin Ununnilium, erzeugt 1994 bei der GSI, noch nicht endgültig benannt.

• *Element 111*: Eka-Gold, Unununtium, erzeugt 1994 bei der GSI, noch nicht endgültig benannt.

• *Element 112*: Eka-Quecksilber, Ununbium, erzeugt 1996 bei der GSI.

Transmittance [engl.] *Transmissionsgrad.

Transzendente Funktion
Jede nicht algebraische Funktion heißt transzendent. Nach DIN 1313 für Zahlen definiert; das Argument muss die Dimension Eins besitzen! Beispiele:

$$\cos\left(\frac{2\pi\cdot 16\,\text{ms}}{0{,}032\,\text{s}}\right) = \cos\pi = -1.$$

$$\tan\left(\frac{21\,\text{mm}}{7\,\text{m}}\right) = \tan 3\cdot 10^{-3}.$$

$$\lg\left(\frac{2{,}4\,\text{V}}{1{,}2\,\mu\text{V}}\right) = \lg 2\cdot 10^{6} \approx 6{,}3.$$

trc Index (DIN 1304) für: Zug, lat. *tractus*.

TRGS
Technische Regeln für Gefahrstoffe mit der jährlich aktualisierten *MAK-Liste.

Tri
[lat. „drei“], z. B. in *Triennium* (Zeitraum von drei Jahren), *Trigeminus* (Drillings...), *trigonal* (dreieckig), *Trimodium* (Dreimaß), *Trinummus* („Dreigroschenstück“: 3 Drachmen oder 3 Sesterzen), *Triobolus* („eine Kleinigkeit“: 3 Obolen = halbe Drachme), *triplex* (dreifach).

Tricosa *Zahlwörter.

Triebkraft *Bedeckung.

Triens
1) [lat. „ein Drittel“ eines zwölfteiligen Ganzen]. Römisches Flüssigkeitsmaß („Becher“): 1 Triens = $^1/_3$ Sextarius = 0,18 ($^1/_6$) Liter.
2) Römisches Gewicht:
1 Triens = 109,15 Gramm.
3) Römische Münze: 1 Triens = $^1/_3$ As.

Trilliarde
Tausend Trillionen: 10^{21}. Keine Entsprechung im *US*-Englisch!

Trillion
1) Eine Million Billionen: $(10^6)^3 = 10^6 \cdot 10^{12} = 10^{18}$ (eine Eins mit 18 Nullen).
2) Vorsicht: 1 trillion *US* = 1 Billion.

Trimester [lat.] Zeitraum von drei Monaten.

Trinidad-and-Tobago-Dollar *Dollar.

T

Tripelpunkt
Der Tripelpunkt des Wassers wurde 1960 als Fundamentalpunkt der internationalen Temperaturskala festgelegt: bei 0,01 °C = 273,16 Kelvin liegt Wasser gleichzeitig in allen drei Aggregatzuständen vor (festes Eis, flüssiges Wasser, gasförmiger Waserdampf); es herrscht heterogenes Gleichgewicht. Der zugehörige Druck ist 0,6 kPa (6 mbar). Im Gegensatz dazu liegen beim *Eispunkt* (0 °C) Eis, luftgesättigtes flüssiges Wasser und Luft beim Normdruck 101 325 Pa und festgesetzter Luftzusammensetzung im heterogenen Gleichgewicht vor. Die flüssige und die gasförmige Phase sind hier Mischphasen.

TRK
Technische Richtkonzentration. Grenzkonzentration eines Gefahrstoffes (Gas, Dampf, Schwebstoff) in der Luft am Arbeitsplatz, der nach dem Stand der Technik erreicht werden kann. Anhalt für Schutzmaßnahmen und Überwachung z. B. krebserzeugender Stoffe, für die keine *MAK-Werte vorliegen. Liste vom „Ausschuss für gefährliche Arbeitsstoffe" (AGA) des Bundesministeriums für Arbeit.

TRL *Lira

Trockenmasse *Feststoffgehalt.

Troland (trol)
Einheit für die Pupillenlichtstärke nach DIN 5031 T 6. Retinale Empfindlichkeit des Auges auf eine Belichtung von 1 Candela/Meter^2 bei einer angenommenen Pupillenweite von 1 Meterquadrat; benannt nach dem amerikanischen Forscher L. T. TROLAND.

Troung
Alte Längeneinheit aus *Annam:
1 truong = 4,88 Meter.

Troy... (*US* tr., *GB* t)
Vorsilbe f. *engl. Einheiten des *troy-Systems.

troy grain
Britisch-amerikanisches Edelsteingewicht:
1 troy grain = 0,065 Gramm (*grain).

troy ounce (oz.tr., oz.t.)
Britisch-amerikanische Edelsteinunze:
1 troy ounce US/GB =
= 1 apothecaries' ounce
= 20 Pennyweights
= 480 Grains
= 31,1 035 Gramm.

troy pound (lb.tr., lb.t.)
Amerikanische Gewichtseinheit:
1 troy pound *US* =
= 12 troy ounces
= 5760 Pennyweights
= 5760 Grains
= 373,242 Gramm.

Troy-System
Angloamerikanisches System der Edelmetall- und Edelsteingewichte. Einheiten und Umrechnungsfaktoren siehe *pennyweight (dwt), *troy ounce (oz tr), *troy pound (lb tr).

trs Abkürzung für: *transition*, Übergang.

trt
Index (DIN 1304): vorübergehend, transient.

Trübeichmaß *Maß.

Trübung
Eigenschaft einer Suspension; als Streulichtanteil, Absorption oder Dichte gemessen; *fotometrische Einheiten.

Trübungskoeffizient
In der Meteorologie: Koeffizient (Dimension 1) in der Definition des Schwächungsmaßes der Atmosphäre bezüglich Dunst- und Aerosolextinktion δ_D (*optische Dicke).
1) Definition nach ÅNGSTRÖM:
$\delta_D(\lambda) = \beta_A \cdot (\lambda/1\,\mu m)^{-a_A}$.
2) nach LINKE: $T_L = \delta/\delta_R$.
3) nach SCHÜEPP:
$\delta_D(\lambda) = \beta_S \cdot (\lambda/0{,}5\,\mu m)^{-a_A \cdot \ln 10}$.
a_A Ångströmscher Wellenlängenexponent.
δ Schwächungsmaß der Atmosphäre bzgl. Gesamtextinktion (Rayleigh-Streuung + Dunstextinktion + Wasserdampfabsorption + Ozonabsorption).
δ_R Schwächungsmaß der Atmosphäre bezgl. Rayleigh-Streuung (Molekülstreuung).

Trung Bo *Annam.

trv Index (DIN 1304) für: quer, transversal.

ts
Abkürzung für: *tensile strength*, Zugfestigkeit, Zerreißfestigkeit.

Tschad Währung: *Franc.

Tschang
Alte Gewichtseinheit aus Thailand:
1 Tschang = 1,21 Kilogramm.

Tschan(g), chang
Altes Längenmaß aus China:
1 Tschan(g) = 10 Tschi = 100 Tsun
= 3,11 ... 3,581 ... 3,73 Meter.

Tscharka
Altes Raummaß aus Russland:
1 Tscharka = 0,01 Wedro = 0,123 Liter.

Tschast
Altes Flächenmaß aus Russland:
1 tschast = 38 Meter^2.

Tschaun
Altes Hohlmaß aus Äthiopien:
1 Tschaun = 270 Liter.

Tschechoslowakei
Historische Längenmaße: *latro, *loket, *sah. – Historische Flächenmaße: *jitro, *korec = mira = strych, *lan. – Währungseinheit: *Krone.

Tscheh (= „Fuß")
Altes Längenmaß aus China:
1 Tscheh = 37,1 Centimeter.

Tscheki
Alte Gewichtseinheit aus der Türkei:
1 Tscheki = 225,81 Kilogramm.

Tscherek
Altes Längenmaß aus Persien:
1 Tscherek = [26 bis] 28 Centimeter.

Tschetwerik
Altes Hohlmaß aus Russland: 1 Tschetwerik = 4 Tschetwerka = 8 Garnitz = 26,238 Liter.

Tschetwerka
Altes Hohlmaß aus Russland (vgl. *Garnitz):
1 Tschetwerka = 2 Garnitz = 6,56 Liter.

Tschetwert
Altes Hohlmaß aus Russland:
1 Tschetwert = 2 Osmina = 4 Poluosmina
= 8 Tschetwerik = 32 Tschetwerka
= 64 Garnitz = 210 Liter.

Tschetwertinka
Altes Volumenmaß aus Russland:
1 Tschetwertinka = 0,25 Liter.

Tschi (ch'ih, = „Fuß")
Historisches Längenmaß aus China, schon im 6. Jh. v. Chr. mit dezimaler Teilung. Zwischen Längen- und Volumeneinheiten bestanden keine klaren Beziehungen. Im alten China konnten gleichlautende Längenmaße je nach Berufsgruppe unterschiedlich sein.
1 Tschi = 25, 31,2, 32 bzw. 35,81 Centimeter.

Tschu(h)
1) Flächenmaß aus Japan:
1 Tschu = 1 Hektar.
2) Altes Längenmaß aus China:
1 Tschu(h) = 31,2 od. 32 od. 37,1 Centimeter.

Tschupak *chupak

t'ser *Finger.

T.Sh *Schilling.

Tsien
Alte Gewichtseinheit aus China:
1 Tsien = 3,8 Gramm.

Tsjoo (= cho)
Altes Längen- oder Flächenmaß aus Japan:
1 Tsjoo = 109,1 Meter,
1 Tsjoo = 0,9916 Hektar.

t SKE *Tonne Steinkohleeinheiten.

Tsubo
Altes Flächenmaß aus Japan:
1 Tsubo = $^1/_{30}$ Se = $^1/_{300}$ Tan = 3,3058 Meter^2.

Tsune sasi
Altes Längenmaß aus Japan:
1 Tsune sasi = 37,9 Centimeter.

TT$ *Dollar, Währung.

Tugrik
Währungseinheit der Mongolei seit 1992:
1 Tugrik (Tug.) = 100 Mongo ≈ $^1/_{459}$ DM.

Tum
Altes Längenmaß aus Schweden (*Zoll):
1 tum = 2,97 Centimeter.

Tumna
Altes Hohlmaß aus Palästina:
1 Tumna = 2,25 Liter.

Tun
Altes Volumenmaß aus den *Straits Settlements:
1 tun = 1145,6 Liter.

Tabelle T.12 Schriftgrößen.

Veraltete Bezeichnung	Didot-Punkt	Millimeter (DIN)	[exakt]	Veraltete Bezeichnung	Didot-Punkt	Millimeter (DIN)	[exakt]
Viertelpetit	2	0,75	0,752	Tertia	16	6,00	6,017
(Nonplusultra)				1,5 Cicero	18	6,75	6,769
Microscopique	2,5	0,94	0,940	(Paragon)			
Viertelcicero	3	1,13	1,128	Text	20	7,50	7,521
(Brilliant)				Doppelcicero	24	9,00	9,026
Halbpetit	4	1,50	1,504	Doppelmittel	28	10,50	10,530
(Diamant)				Doppeltertia	32	12,00	12,034
Perl	5	1,88	1,880	(Kleine Kanon)			
Nonpareille	6	2,25	2,256	3 Cicero (Kanon)	36	13,50	13,538
Insertio	6,5	2,44	2,444	Grobe Kanon	42	15,75	15,795
Kolonel	7	2,63	2,632	4 Cicero	48	18,00	18,051
(Mignon)				(Kleine Missal)			
Petit	8	3,00	3,009	Missal	54	20,25	20,308
Borgis	9	3,38	3,385	5 Cicero	60	22,50	22,564
(Bourgeois)				(Grobe Missal)			
Korpus	10	3,75	3,761	Kleine Sabon	66	24,75	24,820
(Garmond)				6 Cicero	72	27,00	27,077
Rheinländer	11	4,13	4,137	(Sabon)			
(Brevier)				7 Cicero	84	31,50	31,589
Cicero	12	4,50	4,513	(Grobe Sabon)			
Mittel	14	5,25	5,265	8 Cicero (Real)	96	36,00	36,102

Tundagslatta
Altes Flächenmaß aus Island:
1 tundagslatta = 31,914 Ar.

Tunesien
Historische Einheiten: *metter, *millerole.

Tunna
Altes nordeuropäisches Hohlmaß für Flüssigkeiten (*Fass):
1 Tunna =
= 131 Liter (Niederlande)
= 139,12 Liter (Island, *korntunna*)
= 131,4 Liter (Island, *öltunna*)
= 146,6 Liter (Schweden)
= 125,63 Liter (Finnland: flüssig)
= 164,88 Liter (Finnland: trocken).

Tunnland
Altes Flächenmaß aus Schweden und Finnland (*Morgen):
1 Tunnland = 32 Kappland = 56 Kannland = 49,36 Ar.

tur Index (DIN 1304) für: wirbelnd, turbulent.

Türkei
Historische Längenmaße: *arşin, *hat, *nokta, *oka, *parmak.
Historische Flächenmaße: *djerib, *dönüm.
Historisches Volumenmaß: *fortin

Währungseinheit: *Pfund (Lira).

Turkmenistan Währung: *Manat.

Turnover
dauernde Erneuerung einer Substanz; vgl. *Wechselzahl.

Tuvalu *Dollar.

Tyler-Siebreihe *Maschenweite.

Typografischer Punkt (engl. **point**)
1) Didot-Punkt (p, Pt, ·). Veraltet! Grundeinheit des Typografischen Punktsystems im Druck- und Graphikgewerbe; benannt nach dem französischen Schriftgießer und Drucker FRANÇOIS A. DIDOT (1730–1804); entstanden 1780–1785 aus dem Punktsystem von PIERRE SIMON FOURNIER (1764), in Deutschland 1898 eingeführt, seit 1978 durch Millimeterangaben ersetzt. Der typografische Punkt dient zur Bestimmung des Zwischenraumes (Ausschluss) zwischen zwei benachbarten Lettern und der Größe der Lettern. Nach DIN 16 507 gilt:

$$1\ \text{p} = \frac{1{,}000\,333}{2660}\ \text{Meter} \approx 0{,}376\,065\ \text{mm}$$

Der Bundesverband Druck e.V. empfiehlt die Umrechnung: 1 p = 0,375 mm.

2) Printer's point *US* **(pt).** Beachte technische

U

Formelzeichen

Physikalische Größe	Symbol	Einheit		Definition
Verschiebung; Ausschlag: Auslenkung shift; deflection; compliance	u, v, w	m		
Lineargeschwindigkeit speed	u	m/s		siehe v, c
Geschwindigkeitsvektor velocity vector	$\vec{u}$	m/s		siehe v, c
Geschwindigkeitsmittel average speed	$\bar{u}$, $\langle u \rangle$	m/s		siehe c
potentielle Energie potential energy	U	J	$= \mathrm{m^2 kg\, s^{-2}}$	
Innere Energie internal energy	U	J	$= \mathrm{m^2 kg\, s^{-2}}$	*Energie
spezifische innere Energie specific internal energy	u	J/kg	$= \mathrm{m^2\, s^{-2}}$	
molare innere Energie molar internal energy	U, U_m	J/mol	$= \mathrm{m^2 kg\, s^{-2} mol^{-1}}$	$dU = c_V\, dT$
elektrische Spannung electric voltage, potential difference	U	V = J/As	$= \mathrm{m^2 kg\, s^{-3} A^{-1}}$	vgl. $\Delta\varphi$
Beweglichkeit (eines Ladungsträgers) electric mobility (of a charge carrier)	u	$\mathrm{m^2 V^{-1} s^{-1}}$	$= \mathrm{kg^{-1} s^2 A}$	$u_i = v_i / E$
Ionenwanderungsvektor displacement vector of an ion	$\vec{u}$	m		$\vec{u} = \vec{r} - \vec{r}_0$
induzierte Spannung, induced voltage	U	V	$= \mathrm{m^2 kg\, s^{-3} A^{-1}}$	$U = U_2 - U_1$
Strahlungsenergiedichte radiant energy density	(u)	$\mathrm{J/m^3}$	$= \mathrm{m^{-1} kg\, s^{-2}}$	siehe w
Lethargie lethargy	u	–	= 1	
Bloch-Funktion Bloch function	u_k	$\mathrm{m^{-3/2}}$		$\psi = u_k(\vec{r})\, e^{i\vec{k}\vec{r}}$

U

U

1) Die runde Form des U entwickelte sich im Mittelalter; sie wurde bis ins 17. Jh. auch für *V verwendet.

2) Zeichen für das *chemische Element Uran.

3) *Enzymaktivität: Veraltet! Mikromol Substratumsatz pro Minute.

4) Pacific Standard Time (z. B. kurz 0645 U für 06:45 Uhr PST).

u *atomare Masseneinheit.

Überdruck

Atmosphärische Druckdifferenz:

$$p_\mathrm{e} = p_\mathrm{abs} - p_\mathrm{amb} \quad \mathrm{Pa}$$

p_abs absoluter Druck, p_amb umgebender Atmosphärendruck.

Überführungszahl

Anteil $t_i = Q_i / Q$ (Dimension 1) eines Ions am Strom- bzw. Ladungstransport in einem *Elektrolyten; vgl. *Leitfähigkeit, *Diffusionskoeffizient.

Überlagerungspermeabilität
*magnetische Stoffkennzahlen.

Übersetzung
und *Übersetzungsverhältnis.* Nach DIN 5479 für Größen, die mit einer anderen Größe multipliziert eine Energie oder Leistung ergeben.
Nicht-orientierte Übersetzung: Verhältnis des größeren Wertes einer Größe auf der einen Seite einer Anordnung zu ihrem kleineren Wert auf der anderen Seite, unabhängig davon, welche Seite Eingangs- oder Ausgangsseite ist. Die Wirkungsrichtung (Energieflussrichtung) ist nicht erkennbar.
$$ü = \frac{\text{Größe auf Seite 1}}{\text{Größe auf Seite 2}} \geq 1.$$
Beispiele:
- Übersetzung aus elektr. Spannungen:
$$ü = \frac{U_1}{U_2} \geq 1.$$
- Übersetzung aus elektrischen Strömen:
$$ü = \frac{I_1}{I_2} \geq 1.$$
- Übersetzung aus Kräften (hydraulische Presse):
$$ü = \frac{F_1}{F_2} \geq 1.$$

Orientierte Übersetzung, wenn ein eindeutig gerichteter Energiefluss vorliegt:
$$ü = \frac{\text{Eingangsgröße}}{\text{Ausgangsgröße}}$$
Beispiele:
- Spannungsübersetzung eines Trafos, gleichbedeutend mit dem Windungszahlverhältnis; 1 = Eingangs-, 2 = Ausgangsseite:
$$ü_{U12} = \frac{U_1}{U_2}.$$
- Stromübersetzung eines Trafos:
$$ü_{I12} = \frac{I_1}{I_2}.$$
- Drehzahlübersetzung eines Getriebes, gleichbedeutend mit dem Zähnezahlverhältnis; 1 = Antriebswelle, 2 = Abtriebswelle. In der Antriebstechnik ist das Formelzeichen i üblich:
$$i_{n12} = \frac{n_1}{n_2}.$$

Überspannung
η (in Volt), engl. *overpotential*, früher: *Polarisationsspannung*: die Abweichung des realen Elektrodenpotentials $E(I)$ vom reversiblen Ruhepotential $E(I = 0)$ in einer elektrochemischen Zelle. Ursache sind kinetisch gehemmte Elektrodenvorgänge, die wie *Impedanzen wirken und den Ladungstransport begrenzen. Die Überspannung ist u. a. ein Maß für das Korrosionsverhalten der Elemente.

Übertragungsbezugspunkt
*Dezibel.

Übertragungsfaktor
1) In der Schwingungslehre der Quotient:
$$\frac{\text{Zeiger einer Zustandsgröße } \underline{x}}{\text{Zeiger der Quellengröße } \underline{F}_Q}.$$
2) In der Nachrichtentechnik: *Übertragungsfunktion für gleichartige Größen.
3) Elektroakustischer Übertragungsfaktor: T = Ausgangsschalldruck p_2/Eingangsspannung U_1.

Übertragungsfunktion
1) In der Schwingungslehre die Abhängigkeit des Übertragungsfaktors von der Erregerfrequenz.
2) In der Nachrichtentechnik allgemein das Verhältnis der komplexen *Amplituden vom Ein- und Ausgangssignal:
$$H = \frac{\text{Ausgangssignal } S_2}{\text{Eingangssignal } S_1}$$
Sind S_1 und S_2 gleichartige Größen, spricht man von *Übertragungsfaktor* oder *Verstärkungsfaktor.* Der Kehrwert der Übertragungsfunktion für gleichartige Größen heißt *Dämpfungsfaktor.

Übertragungsmaß
1) In der Nachrichtentechnik: der Imaginärteil des *Ausbreitungsmaßes: $B = \mathrm{Im}\,\underline{\Gamma}$.
2) *Elektroakustisches Übertragungsmaß* (DIN 5493 B1, 1320, 1332) eines Schallstrahlers (Lautsprecher) mit U_1 Eingangsspannung, p_2 Schalldruck in z. B. einem Meter Abstand:
$$G_{pU} = 20 \lg \left| \frac{p/\text{Pa}}{U_1/\text{V}} \right| \text{ dB(Pa/V)}.$$
Für einen Schallaufnehmer (Mikrophon) mit p_1 wirksamer Schalldruck (z. B. in der Mikrophonebene) und U_2 erzeugte Spannung:
$$G_{Up} = 20 \lg \left| \frac{U_2/\text{mV}}{p_1/\text{Pa}} \right| \text{ dB(mV/Pa)}.$$

Übertragungsstrecke
*messtechnische Begriffe.

Ueba
Altes Hohlmaß für Getreide aus Tripolitanien (Libyen): 1 Ueba = 31 Liter.

Uganda-Schilling
*Schilling.

Ugijje
Alte Gewichtseinheit aus Arabien:
1 Ugijje = 39 Gramm.

UIC
Frz. Abkürzung für: Union Internationale des Chemins de fer, Internationale Vereinigung für Eisenbahnen.

Ukraine Währung: *Griwna; *Karbowanez.

Ulna
[lat., ital. „Ellenbogen, Arm, Elle“, franz. *aune*]. Römisches Längenmaß:
1 Ulna = $^1/_4$ Passus = 0,37 Meter.

Ultimo [lat. „am letzten“] Monatsende.

U/min *Upm.

Umkehrspanne *messtechn. Begriffe.

Umlaufspannung
oder *Randspannung* $\mathring{U}$ (in *Volt): die *elektrische Spannung im elektrischen *Feld mit Wirbeln längs eines geschlossenen Weges (= Randlinie, d. h. der Endpunkt des Weges fällt mit dem Anfangspunkt zusammen):

$$\mathring{U} = -\frac{d\Phi}{dt} \overset{1)}{=} I \cdot \mathring{R}$$

Φ magnetischer Fluss mit der definierten Fortschreitungsrichtung nach rechts.
Der Spezialfall 1) gilt für einen aus einem fadenförmigen Leiter beliebig geformten geschlossenen Stromkreis.

Umsatzgeschwindigkeit
oder *Umsatzrate*. Nach DIN 13345: die zeitliche Änderung der *Umsatzvariable bei einer chemischen Reaktion: $\omega = d\xi/dt = rV$ (in mol/s); Produkt aus Reaktionsgeschwindigkeit r und Volumen V.

Umsatzrate
engl. *turnover rate*, pro Zeiteinheit umgesetzte oder transportierte Stoffmasse; prozentual umgesetzte Nuklidmenge pro Zeit.

Umsatzvariable
Nach DIN 13345: $\xi_i = n_i/\nu_i$ („xi“ in mol), auf den *Stöchiometriefaktor ν_i bezogene Stoffmenge n_i eines Ausgangsstoffes i im Reaktionsgemisch.

un Index (DIN 1304) für: unterer, unten.

Uncia (= „Unze“)
1) [lat. „ein Zwölftel“ eines 12teiligen Ganzen oder einer größeren Einheit]. Altrömisches Gewicht und Bronzemünze:
1 Uncia = $^1/_{12}$ As = 27,288 Gramm.
2) Altrömisches Längenmaß:
1 Uncia = $^1/_{12}$ Pes = 2,4 Centimeter.
3) Zinsmaß: [lat.] *fenus unciarium* = ein Zwölftel des Kapitals = 8,33% Zinsen p.a.

Ungarn
Historische Längenmaße: *hüvelyk, *marok, *mérföld.
Historische Flächenmaße: *hold, *joch.
Historische Volumenmaße: *akó, *antal, *itce, *metze. Währungseinheit: *Forint.

Unglee
Altes Längemaß aus Indien:
1 unglee = 1,89 Centimeter.

Union Internat. de Télécommunication
*Zeit.

Unit (U)
Veraltet! Einheit der *Enzymaktivität (*IU). Ersetzt durch *Katal.

unit pole (= Einheitspol)
Veraltet! 1 unit pole = $1{,}256\,637 \cdot 10^{-7}$ Weber.

Universal Time *Zeit.

uns
Abkürzung für: [chem.] *unsymmetrical*, unsymmetrisch.

Untere Größe
*messtechnische Unsicherheit, *Heizwert.

Unze
1) [lat. *uncia*]. Altes deutsches Apotheker- und Medizinalgewicht:
1 Unze = 8 Drachmen =
= $^1/_{12}$ Medizinalpfund
= 28,8 bis 29,23 bis 35 Gramm
= [meist] 30 Gramm.
2) Altes Handels- und Edelmetallgewicht:
1 Unze =
= $^1/_{16}$ Pfund =
= 31,250 Gramm (Deutscher Zollverein)
= 29,2 Gramm (Preußen)
= 31,2 Gramm (Baden).

3) Gewichtsangabe für Sportgeräte (Boxhandschuhe, Tennisschläger):
1 Unze = ca. 30 bis 31 Gramm.
4) Vgl. *Münzgewichte. In anderen Ländern: [engl.] *ounce, [span.] onza, [frz.] *once, [ital.] *oncia, [holl.] ons, [port.] onca, [poln.] uncja, [schwed.] uns.

Upm
Veraltet! Abk. für: Umdrehungen pro Minute, durch min^{-1} oder s^{-1} zu ersetzen.

Uqia
Alte Gewichtseinheit aus Arabien:
1 Uqia = 33,2 bis 37,44 Gramm.

Uqiya
Alte Gewichtseinheit aus Äthiopien:
1 Uqiya = 26 bis 27,7 Gramm.

Uqqa
Altes Gewicht aus Ägypten, Syrien, Tripolis:
1 Uqqa = 1,22 bis 1,28 Kilogramm.

Urey
Altes Flächenmaß aus der Mongolei:
1 Urey = ca. 921,6 $Meter^2$ = 9,216 Ar.

Urna
[lat. „Wasserkrug, Urne"]. Altrömisches Hohlmaß für Flüssigkeiten:
1 Urna = $^1/_2$ Amphora = 13,13 Liter.

U-Rohr *Manometer.

Urspannung
*Elektromotorische Kraft, *Zellspannung.

Uruguay
Histor. Einheiten: *cuadra, *suerte, *vara.

us
Index (DIN 1304): gebräuchlich, engl. *usual*.

U/s *Hertz.

Usbekistan Währung: *Sum.

US-Dollar *Greenback, *Dollar.

US-Einheiten
Präsident GEORGE WASHINGTON sprach sich schon 1790 im Kongress für eine Angleichung der willkürlich geteilten englischen Maße und Gewichte an das dezimale Währungssystem aus. 1821 empfahl Staatssekretär JOHN QUINCY ADAMS dem Kongress das metrische System als „außer Frage akzeptabel", doch ließ er den anderen Nationen der Vortritt, die Vorteile zu erproben. Stattdessen wurden Diskrepanzen zum englischen System harmonisiert:

- Der Prototyp des englischen *standard yard* wurde übernommen.
- Das *avoirdupois pound* zu 7000 *grains* und das *troy pound* zu 5760 grains angesetzt.
- 1901 enstand das *National Bureau of Standards* aus dem früheren *Office of Standard Weights and Measures* und wurde dem Handelsministerium unterstellt.

Die vorrangig betriebende Koordinierung des Messwesens unter den amerikanischen Bundesstaaten ließ gravierende Unterschiede zum englischen System bestehen:

- Die *Queen Anne's gallon* zu 231 Cubic Inches, in Großbritannien schon 1824 abgeschafft, hielt sich bis heute.
- Das *US bushel* zu 2150,42 cubic inches ist das *Winchester bushel* aus dem 15. Jh. (in Großbritannien 1824 ersetzt).

Mit dem *metric Act* von 1866 wurde immerhin der Gebrauch metrischer Einheiten in den USA erlaubt. Im wissenschaftlichen Bereich sind SI-Einheiten weitgehend eingeführt.

U.Sh *Schilling.

US knot *Knoten.

US-Landmeile *Mile.

US nautical mile *Seemeile.

US-Siebreihe *Maschenweite.

UT Abk. für: Weltzeit, *universal time*.

UT1
Abk. für: Weltzeit eins, *universal time one*. Mittlere Sonnenzeit des momentanen Nullmeridians, gezählt von Mitternacht; abhängig von der ungleichförmigen Erddrehung; Verwendung in der astronomischen Navigation.

$$UT1 \approx UTC + DUT1$$

UTC
Abk. f.: koordinierte Weltzeit, *coordinated universal time*. Grundlage der Zeitsignalaussendungen und der gesetzlichen *Zeit; weicht von der *TAI (Atomzeit) max. 0,9 Sekunden ab und wird bei Bedarf durch das Einfügen einer Zeitsekunde angepasst.

$$\text{UTC} = \text{MEZ} - 1\text{Stunde}$$

Nach DIN 13312 wird UTC durch den Buchstaben „z“ kenntlich gemacht, z. B. 08:11z.

UTE

Frz. Abkürzung für: *L'Union Technique de L'Electricite*, Technische Elektrizitätsunion.

Uure

Altes Längenmaß aus den Niederlanden:
1 Uure = $^1/_{20}$ Äquatorgrad = 5,565 Kilometer.

UV Abkürzung für: Ultraviolett. Vgl. *Wellenlängenbereiche.

U

Formelzeichen

Physikalische Größe	Symbol	Einheit	Definition
Volumen volume	V	m^3	
Molares Volumen molar volume	V_m	m^3/mol	$V_m = V/n_i$
Molares Normvolumen molar standard volume	V_{mn}, V_0	m^3/mol	V_m bei 0 °C
spezifisches Volumen specific volume	v, V_s	m^3/kg	$v = \frac{V}{m} = \frac{1}{\varrho}$
Geschwindigkeitsvektor velocity vector	$\vec{v}$	m/s	$\vec{v} = \frac{d\vec{r}}{dt} = \dot{\vec{r}}$
Strömungsgeschwindigkeit velocity of fluid flow	v, $\vec{v}$	m/s	auch w
Schallschnelle sound velocity	v	m/s	siehe c
Potentielle Energie, Potential potential energy	V	J	siehe E_p
elektrisches Potential electric potential	(V)	$V = J/C = m^2 kg\, s^{-3} A^{-1}$	siehe φ
magnetische Spannung magnetic voltage	V	A	
Volumenstrom, Durchfluss volume flow rate, flowing-through	$\dot{V}$	m^3/s	$\dot{V} = \frac{dV}{dt}$
Reaktionsgeschwindigkeit rate of concentration change	v, r	$mol\, m^{-3} s^{-1}$	$v = \frac{\dot{\xi}}{V} = \frac{1}{\nu_i} \frac{dc}{dt}$
spektrale Helligkeitsempfindlichkeit für Tagsehen brightness sensation for daylight	$V(\lambda)$	–	vgl. Q
spektrale Helligkeitsempfindlichkeit für Nachtsehen brightness sensation for darkness	$V'(\lambda)$		

V

1) Römische Zahl: 5. Der 21. Buchstabe des lateinischen Alphabets (U) entsprach ursprünglich dem griechischen Ypsilon (Y) und wurde entsprechend in V-Form geschrieben, genauso wie der 22. Buchstabe V.
2) Abk. f.: Volt; Venus (in der Luftfahrt); Index [DIN 1304]: konstantes Volumen, isochor.
3) Zeichen für das *chem. Element Vanadium.

v

Abk. f.: Volt [*US*, international: V]; *very*, sehr; [Index, DIN 1304] Verlust; vor (v.Chr.).

VA *US* fälschlich **va**: Abk. f.: Volt-Ampere.

Vaam

Altes Raummaß aus den Niederlanden:
1 Vaam = 1 Meter^3.

vac Abkürzung für: *vacuum*, Vakuum.

VACS-System
*Miesches Einheitensystem.

Vadem
Altes Raummaß aus den Niederlanden:
1 Vadem = 1 Meter^3.

Vakuumpermeabilität *Konstanten.

Vakuum-UV *Wellenlängenbereiche.

Val (val)
Veraltet! Einheit der Äquivalent-Stoffmenge, früher in Gramm angegeben, auch **Grammäquivalent**. Durch Mol und *Äquivalent ersetzt:
1 val = mol/z (z Äquivalentzahl).
z Ionenwertigkeit; bei Säuren und Basen = Zahl der $H^{\oplus}$- bzw. $OH^{\ominus}$-Ionen im Molekül.

Validität
Statistik: Gültigkeit; Übereinstimmung zwischen Messverfahren und vorgeblicher Aussage (z. B. Anzeige eines Messgerätes).

VAMS-System *MSVA-System.

Vanatu Währung: *Vatu.

vap
Abkürzung für: *vaporization, evaporation,* Verdampfung; *vapor,* Dampf.

Var (var, VAr)
*Gesetzliche Einheit neben dem SI-System in der Elektrotechnik für die Blindleistung (reaktive Voltampere = [engl.] *reactive volt-ampere* = [frz.] Voltampère réactif); gleichbedeutend mit dem Produkt von Blindspannung und -strom:
1 var = 1 VAr = 1 Watt Blindleistung.

var Index (DIN 1304): veränderlich, variabel.

Vara
Altes Längenmaß (*Elle, *Rute) aus Spanien, Portugal, Süd- und Mittelamerika:
1 Vara =
= 86,6 cm = 3 Pie (Argentinien)
= 1,10 Meter (Brasilien)
= 83,59 cm (Chile, Cuba, El Salvador, Guatemala)
= 83,5 cm (Honduras)
= 80 cm (Kolumbien)
= 83,8 cm (Mexiko)
= 83,97 cm (Nicaragua)
= 80 cm (Panama)
= 86,6 cm (Paraguay)
= 83,59 cm (Peru)
= 1,10 Meter (Portugal)
= 83,59 cm (Spanien)
= 85,9 cm (Uruguay)

Vara cuadrada
Altes Flächenmaß aus Spanien, Süd- und Mittelamerika („Quadratelle„):
1 Vara cuadrada = 0,7 bis 0,74 Meter^2.

Varianz, Variationskoeffizient
*messtechnische Unsicherheit.

Varling
Historisch! 1 Varling =
= 0,125 Hektar (Braunschweig)
= 0,131 Hektar (Hannover).

Vat (= Fass)
Altes niederländisches Volumenmaß für Flüssigkeiten: 1 Vat = 1 Hektoliter (heute).

Vatu (VT)
Währungseinheit in Vanatu, ehemalige Neue Hebriden (1980 unabh.): 1 Vatu ≈ $^1/_{67}$ DM.

VB Abk. f.: *valence bond,* Valenzband.

VbF-Klasse
Nach der „Verordnung über brennbare Flüssigkeiten".
Gefahrklasse A. Flammpunkt >100 °C, kein Bestandteil bei 15 °C wasserlöslich.
Gefahrklasse A I. Flammpunkt <21 °C.
Gefahrklasse A II. Flammp. 21–25 °C.
Gefahrklasse A III. Flammpunkt 55–100 °C; bei Temperaturen oberhalb des Flammpunktes gleich A I.
Gefahrklasse B. Flammpunkt <21 °C, brennbare Bestandteile bei 15 °C in Wasser löslich.

v.Chr Abk. f. „vor Christi Geburt", *Kalender.

VDA Abk. f.: Verband der Automobilindustrie.

VDE
Abk. f.: Verband Deutscher Elektrotechniker.

VDI Abk. f.: Verband Deutscher Ingenieure.

Veda *Kalender, historische.

Vektor
Physikalische Größen können *Skalare oder *Vektoren sein. Vektorielle Größen sind durch Zahlenwert, Einheit und Richtung vollständig charakterisiert. Geometrisch stellen sie gerichtete Pfeile bestimmter Länge dar.
Beispiele: Impuls $\vec{p}$, Kraft $\vec{F}$, Feldstärke $\vec{E}$ etc.
Vielfach werden Vektoren kursiv-fett gedruckt ($\boldsymbol{p}$, $\boldsymbol{F}$, $\boldsymbol{E}$,...). Veraltet sind deutsche Frakturbuchstaben.
Für den *Einheitsvektor* parallel zu $\vec{a}$ gilt die Bezeichnung $\vec{a}^0$. Für den *Betrag* einer vektoriellen Größe stehen Betragsstriche oder das Formelzeichen allein: z. B. für den Impuls $|\vec{p}|$ oder

V

Tabelle V.1: Rechenregeln und Vorstellungshilfe für Vektoren.

Arithmetisch	Geometrisch
• **Vektoraddition und -subtraktion:** Vektor ± Vektor = Vektor	
$\vec{a} \pm \vec{b} = \begin{pmatrix} a_1 \\ a_2 \\ \vdots \\ a_n \end{pmatrix} \pm \begin{pmatrix} b_1 \\ b_2 \\ \vdots \\ b_n \end{pmatrix} = \begin{pmatrix} a_1 \pm b_1 \\ a_2 \pm b_2 \\ \vdots \\ a_n \pm b_n \end{pmatrix}$ Betrag des Summen- bzw. Differenzvektors: $\lvert\vec{a} \pm b\rvert = \sqrt{(a_1 \pm b_1)^2 + \ldots + (a_n \pm b_n)^2}$	Längere (+) bzw. kürzere (−) **Diagonale** des durch die Vektoren $\vec{a}$ und $\vec{b}$ aufgespannten Parallelogramms
Spezialfall: Zwei Vektoren: $\lvert\vec{a} \pm b\rvert = \sqrt{\lvert\vec{a}\rvert^2 + \lvert\vec{b}\rvert^2 + 2\,\lvert\vec{a}\rvert\,\lvert\vec{b}\rvert \cos\gamma}$	γ Winkel zwischen den Vektoren.
• **Skalare Multiplikation:** Vektor · Skalar = Vektor	
$\vec{c} = \lambda \cdot \vec{a}$ und $\lvert\vec{c}\rvert = \lambda \cdot \lvert\vec{a}\rvert$	Streckung oder Stauchung des Ausgangsvektors.
• **Skalarprodukt:** Vektor·Vektor = Projektionsvektorlänge	
$\vec{a} \cdot \vec{b} = \lvert\vec{c}\rvert = \lvert\vec{a}\rvert\,\lvert\vec{b}\rvert\,\cos\gamma$ senkrecht zueinander: $\vec{a} \cdot \vec{b} = 0$ gleich oder parallel: $\vec{a} \cdot \vec{b} = \lvert\vec{a}\rvert \cdot \lvert\vec{b}\rvert$	Betrag der **Projektion** des kürzeren Vektors auf den längeren. 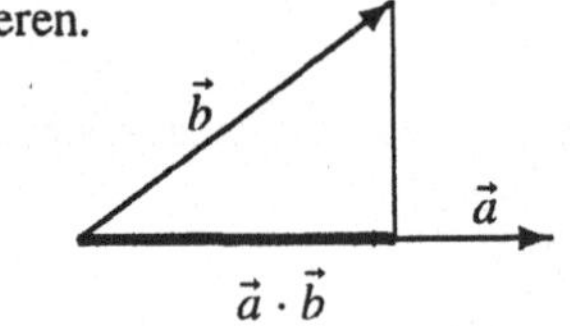
• **Vektorprodukt:** Vektor × Vektor = Vektor	
$\vec{a} \times \vec{b} = \lvert\vec{a}\rvert\,\lvert\vec{b}\rvert\,\sin\gamma\,\vec{p}^0$ $\vec{p}^0$ Einheitsvektor senkrecht zu $\vec{a}$ und $\vec{b}$. $\vec{a} \times \vec{b} =$ **Senkrechter Vektor** auf $\vec{a}$ und $\vec{b}$. $\lvert\vec{a} \times \vec{b}\rvert =$ **Flächeninhalt** des von $\vec{a}$ und $\vec{b}$ aufgespannten Parallelogramms: = Null: gleiche od. parallele Vektoren = maximal: senkrechte Vektoren	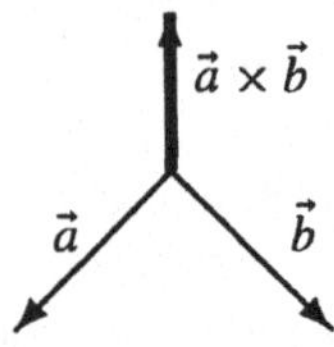 **Schraubenregel**: Man stelle sich vor, wie man mit der rechten Hand eine (rechtsgängige) Schraube in die Wand dreht. Wenn $\vec{a}$ nach links (Daumen) und $\vec{b}$ (Zeigefinger) nach oben zeigen, dann weist $\vec{a} \times \vec{b}$ (Mittelfinger oder Schraubenachse) in die Wand hinein und $\vec{b} \times \vec{a}$ heraus.
• **Differentiation:** Kettenregel für Vektoren	
$\frac{\mathrm{d}}{\mathrm{d}t}\left(\vec{a} \times \vec{b}\right) = \frac{\mathrm{d}\vec{a}}{\mathrm{d}t}\,\vec{b} + \frac{\mathrm{d}\vec{b}}{\mathrm{d}t}\,\vec{a}$	

Vektorfeld
*Feld.

Vektorieller Raumwinkel
*Raumwinkel.

Vektorpotential, magnetisches

$\vec{A}_\mathrm{m}$ (in W/m = V s/m), beschreibt die magnetische *Flussdichte $\vec{B}$ und die elektrische Feldstärke $\vec{E}$ in jedem Punkt des Raumes:

$$\vec{B} = \operatorname{rot} \vec{A}_\mathrm{m}$$

$$\vec{E} = -\left(\operatorname{grad} \varphi_\mathrm{e} + \frac{\partial \vec{A}_\mathrm{m}}{\partial t}\right)$$

φ_e elektrisches Potential.

Velocity [engl.] *Geschwindigkeit.

Velte
Altes niederländisches Volumenmaß für Flüssigkeiten: 1 Velte = 1 Liter (heute).

Venezuela
Historische Einheiten: *estadel, *fanega, *fanegada, *galón, *milla. Währung: *Bolivar.

Ventilation
Medizin: Lungenbelüftung; Luftbewegung durch die Atemwege. Alveoläre Ventilation:

$$\frac{CO_2\text{-Volumenstrom (in m}\ell\text{/min)} \cdot 865{,}8}{\text{alveoläre Spannung } p_{CO_2} \approx 40 \text{ mmHg}}$$

Grobe Näherung:
(Atemzugsvol. – Totraum)·Atemfrequenz.

ventral
Anatomische Richtungsangabe: vorderseitig; vom Bauch her nach hinten durch den menschlichen Körper.

Venus *Wochentage.

verd. Abk. für: verdünnt, Verdampfungs...

Verdampfung
*Wärmeübergangskoeffizient, *Enthalpie.

Verdrillung *Drillung.

Verdünnung
Zur Berechnung der *Stoffmengenkonzentration c_2 einer Lösung nach dem Verdünnen von V_1 (mℓ) c_1-molarer Lösung mit V_{Lm} (mℓ) Wasser:

$$c_2 = \frac{V_1 c_1}{V_1 + V_{Lm}}$$

Verdünnungsgrenze
*Grenzkonzentration.

Vereinigte Arabische Emirate
Währung: *Dirham.

Verformungsfähigkeit *Duktilität.

Vergleichbarkeit
*messtechnische Unsicherheit.

Vergleichslänge
*Längen- und Winkelmessung.

Vergrößerung
*Fotometrische Einheiten und Größen.

Verhältnis
1) Begriffsbildung: Quotient zweier meß- oder zählbarer, voneinander abhängiger oder zu vergleichender Größen gleicher Dimension; kleiner, gleich oder größer als Eins.
2) Speziell: Quotient der Massen, Volumina, Stoffmengen oder Teilchenzahlen von zwei Stoffportionen i und k; z. B.:
Massenverhältnis $\zeta_{ik} = m_i / m_k$,
Volumenverhältnis $\psi_{ik} = V_i / V_k$,
Stoffmengenverhältnis $r_{ik} = n_i / n_k$,
Teilchenzahlverhältnis $R_{ik} = N_i / N_k$.

Verhältnisgröße *Größenverhältnis.

Verhältnistemperatur
*Temperatur, charakteristische.

Verkehrswert
Begriff der Fernsprechvermittlungtechnik, Einheit *Erlang. Der zu verarbeitende Verkehrswert, der zugelassene Verlust und bei begrenzer Erreichbarkeit das Anordnungsprinzip der Leitungen bestimmen bei Wählvermittlungsanlagen die Anzahl der zu einem Bündel zusammengefassten Leitungen (Abnehmerleitungen):

$$y = A\,(1 - B)$$

y Belastung: Verkehrswert des verarbeiteten Verkehrs, mittl. Anzahl gleichzeitig belegter Leitungen.

A Verkehrsangebot: Verkehrswert des angebotenen Verkehrs.

B Verlustwahrscheinlichkeit.

Verketteter Fluss
In der Elektrotechnik und für elektrische Maschinen:

$$\Psi = N \cdot \Phi \quad \text{Einheit: Wb}$$

N Windungszahl, Φ magnetischer Fluss.

Verlustfaktor
1) In der Schwingungslehre für einen freien gedämpften linearen Oszillator: $d = 2\vartheta$.
ϑ Dämpfungsgrad.
2) In der Mechanik der Quotient aus *Verlustmodul G'' und Speichermodul G': $\tan\delta = G''/G'$ (G Schubmodul).

V

Verlustfaktor, elektrischer
oder *Permittivitäts-Verlustfaktor:* Kennzahl für ein verlustbehaftetes Dielektrikum oder kapazitives Netzwerk; Verhältnis von elektrischer Wirkleistung zu Blindleistung.

$$\tan\delta_\varepsilon = \frac{\text{Wirkleistung } P}{\text{Blindleistung } P_q}$$

$$\tan\delta_\varepsilon = \frac{\text{Blindpermittivität } \varepsilon''}{\text{Wirkpermittivität } \varepsilon'}$$

δ_ε Verlustwinkel (für sinusförmige Belastung).

Verlustfaktor, magnetischer
oder *Permeabilitäts-Verlustfaktor.* *Magnetische Stoffkennzahl für ein nichtlineares, verlustbehaftetes Magnetikum (vgl. komplexe *Permeabilität). Als Ersatzschaltbild dient eine Reihenschaltung (Index s) oder Parallelschaltung (Index p) einer Induktivität L und eines Widerstandes R.

$$\tan\delta_\mu = \frac{\mu''_{rs}}{\mu'_{rs}} = \frac{\mu'_{rp}}{\mu''_{rp}}$$

μ'_r Wirkpermeabilität, μ''_r Blindpermeabilität.

Verlustleistung
In einem elektrischen Netzwerk durch dielektrische und ohmsche Verlustglieder verursachte Leistung:

$$P_v = P_q \tan\delta = \tfrac{1}{2}\hat{U}^2\omega C_P \tan\delta \quad \text{(in W)}$$

Verlustmodul
In der Mechanik: Imaginärteil des komplex definierten Schubmoduls G.

Verlustwahrscheinlichkeit *Erlang.

Vernichtungsstrahlung
*Dosisleistungskonstante.

vers
Veraltet! *US*-Abkürzung für: *versed sine*, umgekehrter Sinus, Arcussinus.

Verschiebefluss *Kapazität, elektrische.

Verschiebungsdichte
Elektrische *Flussdichte, *Dielektrizitätskonstante.

Verschiebungskonstante
*Feldkonstante.

Verschiebungssatz-Konstante
*Konstanten.

Verschiebungsstromdichte
*magnetische Einheiten und Größen; die Anstiegsgeschwindigkeit der elektrischen Flussdichte: $\frac{\partial\vec{D}}{\partial t}$ in Ampere/Meter^2.

Verseifungszahl (VZ)
Kennzahl für den Fettgehalt, bestimmt durch die Milligramm Kalilauge zur Spaltung von 1 Gramm Fett oder Öl. Verseifung ist die chemische Reaktionen, bei der ein Ester in Alkohol und Säure gespalten wird. Je höhermolekular die Fettsäuren, desto kleiner die Verseifungszahl; ca. 200 bei tierischen Fetten. Vgl. *Säurezahl, *Iodzahl.

Verst
Altes Längen- und Wegemaß aus Finnland:
1 Verst = 1,069 Kilometer.

Verstärkungsfaktor
*Übertragungsfunktion f. gleichartige Größen.

Verstärkungsmaß
In der Nachrichtentechnik allgemein das logarithmische Verhältnis (vgl. *Maß) von Ausgangsleistung P_2 zu Eingangsleistung P_1:

$$G = k \lg \frac{P_2}{P_1} \quad \text{dB}$$

Verstimmung
einer Frequenz f_1 gegen eine Frequenz f_2; in der Schwingungslehre für fremderregte Oszillatoren:

$$\varepsilon = \frac{1}{2}\left(\frac{f_1}{f_2} - \frac{f_2}{f_1}\right) \approx \frac{\Delta f}{f_1} \approx \frac{\Delta f}{f_2}$$

Die Näherung gilt für kleine Frequenzunterschiede ($\Delta f = f_1 - f_2$).

Verteilungskoeffizient
Nach NERNST Maß für die Verteilung eines Stoffes zwischen zwei nicht mischbaren Phasen (z. B. Dampf und Flüssigkeit).

$$k = \frac{\text{Konzentration in Phase 1}}{\text{Konzentration in Phase 2}}$$

Verteilungstemperatur
*Temperatur, charakteristische.

Verteilungsvolumen
1) *Verteilungsraum,* in dem eine Substanz oder ein Radionuklid als gleichmäßig verteilt betrachtet wird.
2) Pharmakologie: scheinbares Volumen eines Kompartiments (Volumenbereich Blut, Harn etc.)

Tabelle V.2 Dreier- und Vierersysteme im Überblick.

System		Basiseinheiten	Abgeleitete Einheiten
Dreiersysteme			
CGS-E	(esu)	cm, g, s, $\varepsilon_0 = 1$	
CGS-M	(emu)	cm, g, s, $\mu_0 = 1$	abA, abV, Mx, Gs, Oe, Gb
CGS-G	Gauss	cm, g, s, $\varepsilon_0 = \mu_0 = 1$	
Vierersysteme			
MKSA	(GIORGI)	m, kg, s, A	mechanische und elektrische Einheiten des heutigen SI-Systems (Tesla ab 1954)
VAMS	(MIE)	m, s, A, V	$kg = V\,A\,s^3 m^{-2}$, C = As, $\Omega = V/A$, J = VAs, F = A s/V, H = V s/A, N = V A s/m, W = VA, $T = Vsm^{-2}$, $\varepsilon_0 = (36\pi \cdot 10^9)^{-1}\ AsV^{-1}m^{-1}$, $\mu_0 = 4\pi \cdot 10^{-7}\ V\,s\,A^{-1}m^{-1}$
CGSFr	(DEBOER)	cm, g, s, Fr	Franklin (Fr) = $1/3 \cdot 10^{-9}$ C
CGSBi	(DEBOER)	cm, g, s, Bi	Biot (Bi) = 10 A

$$V = \frac{\text{Arzneistoffmenge (mg)}}{\text{Konzentration (mg/m}\ell)}$$

Vertikalkreis *Meridian.

Vertrauensbereich und -niveau
*messtechnische Unsicherheit.

Verweilzeit
Reaktionstechnik: Volumen des Reaktors, bezogen auf den Massenstrom.

$\tau = V/\dot{m}$ Einheit: s

Verwindung *Drillung.

Vesper
Um 18 Uhr zu verrichtendes Gebet katholischer Geistlicher.

vic
Abkürzung für: [chem.] vicinal, benachbart.

Vice(n)simus
[lat.], gleichbedeutend *vice(n)simarius*. „der zwanzigste Teil“ = 5%.

Vicessis
[lat. *vicenarius*, „zu zwanzig gehörig“]. Altrömische Gewichts- und Münzeinheit: 20 As.

Vicies sestertium *Sestertius.

Vierersystem
Veraltet! *Einheitensysteme, die mechanische *cgs-Einheiten mit einer 4. elektrischen, optischen oder thermischen Basiseinheit verbinden. *Elektromagn. Vierersystem, *Giorgi-System, *MSVA-System = VAMS-System, *Miesches Einheitensystem. *fotometrisches Vierersystem, *Kalorisches Vierersystem.

Vierfache Drachme *Drachme.

Vierfass
Altes Getreidemaß aus Braunschweig:
1 Vierfass = 7,79 Liter.

Vierkante-roede (= „Quadratrute“)
Altes niederländisches Flächenmaß:
1 Vierkante-roede = 13,54 Meter^2.

Vierling
1) Altes Hohlmaß für vorwiegend Getreide:
1 Vierling =
= 6,4 Liter (Augsburg)
= 6,5 Liter (Marburg)
= 82 bis 95 Liter (Österreich)
= [3,1 bis] 5,54 Liter (Württemberg, Hohenzollern, Rheinpfalz)
2) Alte Kupfermünze aus Thüringen.

Vierlingsmetze
Historisch! 8,6 Liter Getreide (Waldeck).

Viernsel
Historisch! 27,3 Liter (Mainz, Nassau);
25 Liter (Bayern).

Viertel (= Viert)

1) Altes Hohl- und Getreidemaß:
1 Viertel =
= 18,5 Liter (Bayern)
= 7,73 Liter (Dänemark)
= 7,17 Liter (Frankfurt am Main)
= 9,5 Liter (Mecklenburg)
= 15,4 Liter (Österreich)
= 13.7 Liter (Preußen)
= 4,35 bis 7,25 Liter (Schleswig-Holstein)
= 15 Liter (Schweiz)
= 26 Liter (Sachsen)
= 8 Liter (Weinbaugebiet der Nahe).
2) Altes Flächenmaß:
1 Viertel =
= 852 Meter^2 $\approx$ 9 Ar (Baden)
= 5,06 Ar (Frankfurt/M.)
= 28,78 Ar (Österreich)
= 7,88 Ar (Württemberg)

Viertelgescheid

Historisch! 0,5 Liter Getreide (Frankfurt/M.)

Viertelstück

Feldmaß für Wein aus der Rheinpfalz:
1 Viertelstück = 300 Liter.

Vierup (= Verep)

Altes Hohlmaß aus Hannover:
1 Vierup = 49,8 Liter.

Vietnam

Historische Einheiten: *Annam.
Währungseinheit: *Dong.

Vigesimalsystem

Auf der Basis 20 (Finger + Zehen) beruhendes Zahlensystem.

Vingerhoed (= Fingerhut)

Altes niederländisches Volumenmaß:
1 Vingerhoed = 0,01 Liter = 1 Centiliter.

Violle-Einheit

Veraltet! Französische Einheit der Lichtstärke, 1889 festgelegt durch glühendes Platin am Erstarrungspunkt:
1 Violle-Einheit = 20 bougies décimales.

vir Abk. und Index [DIN 1304]: virtuell.

Virtuelle Temperatur *Temperatur.

vis Abkürzung für: *visible light*, sichtbares Licht. Index (DIN 1304) für: sichtbar, visuell.

visc Abkürzung für: *viscous*, viskos.

Visible light *vis.

Visiereimer

Altes Biermaß aus Bayern:
1 Visiereimer = 68,42 Liter.

Visierkanne

Altes Flüssigkeitsmaß aus Sachsen:
1 Visierkanne = 1,404 Liter (Leipzig).

Viskosität

Zähigkeit, *Scherviskosität*. Die Eigenschaft eines Fluids (Flüssigkeit oder Gas), sich bei Einwirken einer Spannung zu verformen – oder: bei einer Verformung eine Spannung aufzunehmen, die von der Verformungsgeschwindigkeit abhängt. Die Viskosität ist abhängig von Temperatur und Druck.
Die **kinematische Viskosität** $\nu = \eta/\varrho$ erscheint wegen der Dimension m^2/s als „Diffusionkoeffizient des Impulses" (Größenordnung: $\nu \approx 0{,}01$ und $D \approx 10^{-5}$ cm^2/s). Def. vgl. Tabelle.

Viskosität, relative

Viskosität eines Fluids, bezogen meist auf Wasser; z.B. Blut 4,75 (18 °C).

Viskositätseinheiten

SI-Einheit der Viskosität ist Pascal·Sekunde. Die Einheiten *Poise (P), *Centipoise (cP) und *Stokes (St), Centistokes (cP) sind veraltet.

1) Dynamische Viskosität:

$$\begin{aligned} 1\,\mathrm{Pa\,s} &= 1\,\mathrm{N\,s\,m^{-2}} = 1\,\mathrm{kg\,m^{-1}\,s^{-1}} \\ 1\,\mathrm{P} &= 0{,}1\,\mathrm{Pa\,s} \\ 1\,\mathrm{cP} &= 0{,}01\,\mathrm{P} = 0{,}001\,\mathrm{Pa\,s} = 1\,\mathrm{mPa\,s} \end{aligned}$$

2) Kinematische Viskosität:

$$\begin{aligned} 1\,\mathrm{St} &= 1\,\mathrm{cm^2\,s^{-1}} \\ 1\,\mathrm{cSt} &= 0{,}01\,\mathrm{St} = 1\,\mathrm{mm^2\,s^{-1}} \end{aligned}$$

Viskositätsmessung

Viskosimeter sind Geräte zur Messung der Zähigkeit von Flüssigkeiten und Gasen.

1. *Kugelfallviskosimeter*

$$\eta = K\,(\varrho_K - \varrho_F)\,t$$

K Konstante, hängt ab von mechanischen Eigenschaften der Kugel (m^2/s^2), t Laufzeit der Kugel (s), η dynamische Viskosität (Pa s), ϱ_K Dichte der Kugel, ϱ_F Dichte der Probe (kg/m^3).

2. *Kapillarviskosimeter*.
Es gilt die Hagen-Poiseuille-Gleichung:

Tabelle V.3 Viskosität: Definitionsgrößen (DIN 1342).

dynamische Viskosität	$= \frac{\text{Schubspannung}}{\text{Geschwindigkeitsgefälle}}$	$\eta = \frac{\tau}{D}$	$\mathrm{Pa\,s} = \frac{\mathrm{N\,s}}{\mathrm{m}^2} = \frac{\mathrm{kg}}{\mathrm{m\,s}}$
kinematische Viskosität	$= \frac{\text{Viskosität}}{\text{Dichte}}$	$\nu = \frac{\eta}{\varrho}$	$\frac{\mathrm{m}^2}{\mathrm{s}}$
Fluidität	$= \frac{1}{\text{Viskosität}}$	$\varphi = \frac{1}{\eta}$	$\mathrm{Pa}^{-1}\mathrm{s}^{-1}$
Geschwindigkeitsgefälle	$= \frac{\text{Strömungsgeschwindigkeit}}{\text{Abstand zur Wand}}$	$D = \frac{\mathrm{d}v_x}{\mathrm{d}y}$	s^{-1}
relative Viskosität (Viskositätsverhältnis)	$= \frac{\text{Viskosität der Lösung}}{\text{Viskosität des Lösungsmittels}}$	$\eta_r = \frac{\eta}{\eta_0}$	(Dimension 1)
Viskositätsänderung (Viskositätserhöhung in Lösungen)		$\frac{\eta - \eta_0}{\eta_0} = \eta_r - 1$	
Staudinger-Funktion (Viskositätszahl)	$= \frac{\text{Viskositätsänderung}}{\text{Massenkonzentration } \beta}$	$J = \frac{1}{\beta_i}\left(\frac{\eta - \eta_0}{\eta_0}\right)$	$\frac{\mathrm{m}^3}{\mathrm{kg}}$
Staudinger-Index (Grenzviskositätszahl)	$= J$ für unendliche Verdünnung	$J_0 = \lim_{\beta_i \to 0, \tau \to 0}\left(\frac{1}{\beta_i} \cdot \frac{\eta - \eta_0}{\eta_0}\right)$	$\frac{\mathrm{m}^3}{\mathrm{kg}}$
Massenanteil-Viskositätszahl	$= \frac{\text{Viskositätsänderung}}{\text{Massenanteil}}$	$\varrho J = \frac{1}{w_i}\left(\frac{\eta - \eta_0}{\eta_0}\right) = \frac{1}{w_i}\left(\frac{m_i}{m_i + m_0}\right)$	
Massenanteil-Grenzviskositätszahl	= Dichte ϱ · Staudingerindex	$\varrho J_0 = \lim_{\varrho_i \to 0, \tau \to 0}\left(\frac{1}{w_i} \cdot \frac{\eta - \eta_0}{\eta_0}\right)$	

$$\dot{V} = \frac{\pi r^4 \Delta p}{8 \eta l}$$

$\dot{V} = \Delta V / \Delta t$ Volumenstrom = je Zeiteinheit durchströmende Fluidmenge (m^3/s), Δp Druckdifferenz (Pa), l Rohrlänge, r Rohr- oder Kapillarradius, η dynamische Viskosität (Pa s).

3. *Laserspektroskopische Messgrößen.

Visuell
*Fotometrische Einheiten und Größen.

Vitalkapazität (VK)
Medizin: Differenz der Luftvolumina zwischen maximaler Einatmung und Ausatmung. Vgl. *Sekundenkapazität.

viz. Abkürzung für: *videlicet,* nämlich.

V NHE
*Volt gegen d. *Normalwasserstoffelektrode.

VOC
Abk. f.: leichtflüchtige organische Verbindungen. Nachweis z. B. durch Ausblasen (Strippung) und Verbrennung an einer Platinspirale.

Voet (= „Fuß“)
Altes niederländisches Längenmaß:
1 Voet = 31,4 Centimeter
= 28,3 Centimeter (*Amsterdamisch Voet*).

Vog
Alte Gewichtseinheit aus Norwegen:
1 Vog = 17,94 Kilogramm.

Vol. Abk. für *Volumen...

volat
Abk. für: *volatile,* flüchtig, verdampfbar.

Volldosis
Menge eines Arzneimittels (Herzglycosid), die innerhalb eines Tages die volle Wirkung (bei mittelschwerer Herzinsuffizienz) erreicht. Die optimale Tagesdosis heißt *Vollwirkdosis.*

Vollfrühling *Jahreszeiten.

Vollherbst *Jahreszeiten.

Vollspänner *Hufe.

Vollwinkel (pla)

Lat. *plenus angulus*, abgeleitete, gesetzlich festgelegte Einheit des ebenen Winkels (vgl. *circumference):
1 pla = 2π rad = 360 Grad = 400 Gon.

Volt (V, EDV: V)

1) Abgeleitete SI-Einheit der elektrischen Spannung und der elektrischen Potentialdifferenz; benannt nach dem italienischen Physiker ALESSANDRO GRAF VOLTA (1745–1827). Ein Volt liegt zwischen zwei Punkten eines fadenförmigen, metallischen Leiters an, durch den der Strom 1 Ampere fließt und die Wärmeleistung 1 Watt freigesetzt wird.

$$1 \text{ Volt (V)} = 1 \frac{\text{Watt (W)}}{\text{Ampere (A)}} = \text{m}^2\text{kg}\,\text{s}^{-3}\text{A}^{-1}$$

2) Das Volt kann auch durch die charakteristische Frequenz eines supraleitenden Schaltkreises definiert werden: Wird ein Josephson-Kontakt zwischen zwei Supraleitern von einem Gleichstrom und einem Wechselstrom durchflossen, so nimmt die Spannung zwischen den Supraleitern mit steigendem Strom stufenförmig zu: $\Delta U = h\nu/2e$. Der relative Messfehler von ca. 10^{-9} ist durch die Strommessung vorgegeben.

3) **Internationales Volt.** Veraltet! Gebräuchlich vor 1948, gesetzlich verboten 1975:
1 int. V = 1 V_{int} = 1,00 034 Volt.
1 int. V *US* = 1,000 330 Volt.

4) **Abvolt (= absolutes Volt).** Veraltet! Spannungseinheit im elektromagnetischen cgs-System, im amtlichen Verkehr seit 1. Jan. 1975 verboten: 1 abs. V = 1 V_{abs} = 10^{-8} Volt.

5) **Statvolt (= elektrostatisches Volt).** Veraltet! Einheit der Spannung im elektrostatischen cgs-System: 1 stat. V = 299,7 925 Volt.

Volt pro...

1) **...inch,** *US*-Einheit der Feldstärke:
1 V/in. = 39,37 008 Volt/Meter.

2) **...meter,** metrische Feldstärkeeinheit:
1 V/m = 100 Volt/Centimeter.

Voltampere (VA)

Einheit der elektrischen Scheinleistung, d. h. des Produktes von effektiver Wirkspannung und -strom (engl. *rms voltage, rms current*) im Wechselstromkreis:
1 VA = 1 Volt · 1 Ampere = 1 Watt.

Voltmeter *elektrische Spannung.

Volt-Sekunde

Einheit des elektrischen Spannungsstoßes:
1 V s = 1 Weber.

Volume

engl. „Volumen...", *bezogene Größe.

Tabelle V.4 Definition des Volumens und davon abgeleiteter Größen.

Volumen	= Fläche · Länge	$V = A\,l$	m^3
molares Volumen	$= \frac{\text{Volumen}}{\text{Stoffmenge}}$	$V_\text{m} = \frac{V}{n}$	$\frac{\text{m}^3}{\text{mol}}$
spezifisches Volumen	$= \frac{\text{Volumen}}{\text{Masse}} = \frac{1}{\text{Dichte}}$	$V_\text{s} = \frac{V}{m} = \frac{1}{\varrho}$	$\frac{\text{m}^3}{\text{kg}}$
Volumenstrom („Durchfluss")	$= \frac{\text{durchströmtes Volumen}}{\text{Zeit}}$	$\dot{V} = \frac{\text{d}V}{\text{d}t}$	$\frac{\text{m}^3}{\text{s}}$
Massenstrom („Durchsatz")	$= \frac{\text{durchströmende Masse}}{\text{Zeit}}$	$\dot{m} = \frac{\text{d}m}{\text{d}t}$	$\frac{\text{kg}}{\text{s}}$
Strömungsgeschwindigkeit	$= \frac{\text{Volumenstrom}}{\text{Strömungsquerschnitt}}$	$\bar{v} = \frac{\dot{V}}{A}$	$\frac{\text{m}}{\text{s}}$

Volumen
Rauminhalt; Definition und abgeleitete Größen vgl. Tabelle.

Volumen, spezifisches
Auf die Masse bezogenes Volumen: $v = V/m$ (in m^3/kg).

Volumenanteil
*Gehalt, *Konzentration.

Volumenausdehnungskoeffizient
Formelzeichen: β, γ, α_V. Volumenänderung bei Änderung der Temperatur:

$$\beta = \frac{1}{V}\frac{dV}{dT} \quad \text{Einheit: } K^{-1}$$

Thermische Volumenausdehnung:

$$V(T) = V_0\,(1 + \beta\,\Delta T)$$

V_0 Volumen bei Bezugstemperatur (meist 20 °C), ΔT Temperaturänderung (K).

Volumendilatation
In der Mechanik die relative Volumenänderung: ϑ, $e = \Delta V/V$ (Dimension 1).

Volumeneinheit (vu)
engl. **volume unit.** Messtechnische Einheit für Ungleichgewichtsströme. Nullpunkt (vu = 0) ist die Gleichgewichts-Referenzleistung 1 Milliwatt in einem Stromkreis mit 600 Ohm charakteristischer Impedanz.

Volumenmaße
*Angloamerik. Einheiten.

Volumenmessung
1. Volumenmessgeräte.
Messkolben (10000–10 mℓ, Fehler 0,02–0,25% auf Einguss),
Büretten (100–1 mℓ, 0,08–1% auf Auslauf),
Pipetten (100–0,1 mℓ, 0,08–2% auf Auslauf).
Für genaue Volumenmessungen ist die *thermische Längenausdehnung* des Messgefässes und die *Volumenausdehnung* des Messmediums zu berücksichtigen.

2. Auswägen mit Wasser oder Quecksilber unter Berücksichtigung des Luftauftriebs. Das Volumen des Probegefässes ergibt sich mit der Dichte des Eichfluids ϱ_{ref} und der ausgewogenen Masse m bei gegebener Messtemperatur zu: $V_t = m/\varrho_{ref}$.

3. Überlaufgefäß. Verdrängung einer Flüssigkeit bekannter Dichte; geeignet zur Volumenbestimmung unregelmäßig geformter Körper oder Gase.

Volumenprozent (Vol.-%)
*Gehaltsangabe in Mischungen: 1 Vol.-% = Raumanteil eines Stoffes am Gesamtinhalt in Hundertsteln. Beispiel: 100 cm^3 40%-iger Branntwein enthalten 40 cm^3 Alkohol. *Konzentrationsmaße.

Volumenstrahler
*fotometrische Einheiten und Größen, *Temperaturstrahlung.

Volumenstrom
Kinematische Größe der Strömungsmechanik: zeitbezogenes Volumen, das in Richtung der Flächennormalen $\vec{n}$ durch die Fläche A strömt:

$$\dot{V} = \int_A \vec{v} \cdot \vec{n}\, dA \quad \text{Einheit: } \frac{m^3}{s}$$

v Strömungsgeschwindigkeit

Volumenstrommessung
1. Schwebekörperdurchflussmesser oder **„Rotameter"**: Messgerät mit einem pfropfenförmigen, in der Strömung rotierenden Schwebekörper in einem senkrecht durchströmten Messrohr. Die Steighöhe des Schwebekörpers ist – mit einer Messgenauigkeit von ca. 2% vom Messwert – dem Massenstrom $\dot{m}$ und Volumenstrom $\dot{V}$ proportional.

2. Magnetisch-induktiver Durchflussmesser. Ein elektrisch leitfähiges Fluid strömt durch ein innen mit PFTE oder Keramik isoliertes unmagnetisches Rohr (Edelstahl) mit dem Innendurchmesser d. Stromdurchflossene Feldspulen an der Rohraußenseite erzeugen ein magnetisches Feld B. Durch die im Rohr strömenden Ladungsträger wird quer zur Strömungsrichtung eine der Strömungsgeschwindigkeit $\bar{v}$ proportionale Spannung $U = \text{const}\,\bar{v}Bd$ induziert, die mit Platin-Elektroden vom Fluid abgegriffen und in Standardsignale umgeformt wird. Schwankungen von Temperatur, Magnetfeld, Reynolds-Zahl und Strömungsprofil beeinflussen die Messgenauigkeit (ca. 0,25% vom Messwert).

3. Ultraschall-Durchflussmesser, v. a. für nichtleitende Medien wie Reinstwasser, Abwasser, Freon, Ammoniak, Brom, Ester, flüssigen Schefel oder kryogene Flüssigkeiten bis –200 °C; Genauigkeit ca. 0,5% vom Messwert.

4. Turbinen-Durchflussmesser. Volumenstrommessung mit Hilfe der Rotationsgeschwindigkeit eines im Strömungsrohr bewegten Propellers.
5. Wirbeldurchflussmesser (für Gase, Dämpfe und niedrigviskose oder nichtleitende Flüssigkeiten) nutzen das Prinzip der Kármán-Wirbelstraße, d. h. die Ausbildung spezifischer Wirbel an einem strömungsumflossenen Hindernis. Genauigkeit: ca. 1% vom Messwert. *Strömungsgeschwindigkeitsmessung.
6. Coriolis-Massendurchflussmesser, v. a. für pumpfähige Medien; Genauigkeit: ca. 0,2% vom Messwert. Das Fluid strömt durch ein U-Rohr, das durch eine Erregerspule am Scheitelpunkt in Resonanz-Schwingungen versetzt wird. Das strömende Fluid widersetzt sich der dadurch auftretenden Beschleunigung senkrecht zur Strömungsrichtung mit einer dazu entgegengesetzten Coriolis-Kraft, so dass sich die Rohrleitungsschleife verspannt. Der Winkel der Messrohrauslenkung von der Horizontalen ist proportional zum Massendurchfluss. Bei bekanntem Rohrvolumen kann auch die Dichte des Mediums bestimmt werden, denn die Resonanzfrequenz der schwingenden Rohrschleife hängt von der Masse des Systems ab.

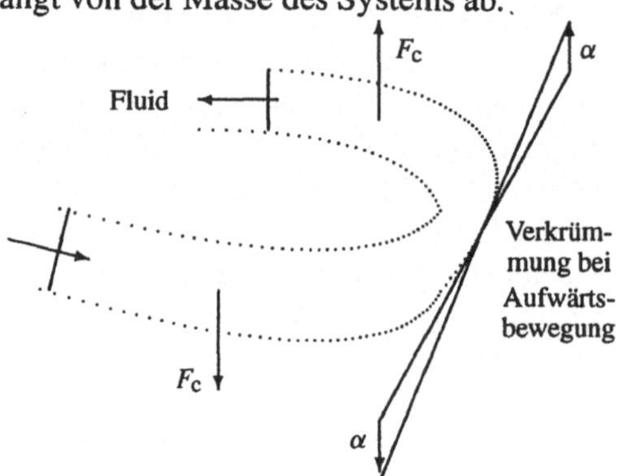

Volumensuszeptibiliät *Suszeptibilität.

Volumenverhältnis *Konzentration.

Vorfrühling *Jahreszeiten.

Vorling
Altes Feldmaß:
1 Vorling =
= 12,508 Ar (Braunschweig)
= 13,105 Ar (Hannover).

Vorsommer *Jahreszeiten.

Vorticity
oder **Wirbelgröße,** in der Strömungslehre, Meteorologie und Geophysik:

$$\zeta = \vec{k} \cdot \nabla \times \vec{v} \quad (\text{in s}^{-1})$$

Absolute Vorticity: $\eta = \zeta + f$
Potentielle Vorticity: $\zeta_\text{p} = \eta_\Theta \, \mathrm{d}\Theta / \mathrm{d}p$
$\vec{k}$ vertikaler Einsvektor, $\vec{v}$ Strömungs- bzw. Windgeschwindigkeit, f Coriolisparameter, Θ potentielle Temperatur, p Luftdruck.

Vorticityadvektion
In der Meteorologie und Geophysik das Produkt aus Windgeschwindigkeit $\vec{v}$ und dem Gradienten der Wirbelgröße (Vorticity) ζ:

$$A_T = -\vec{v} \cdot \nabla\zeta \quad (\text{in s}^{-2})$$

Vorwinter *Jahreszeiten.

VPM
Veraltet! Abk. f.: *vibrations/variations per minute* (min^{-1}), Volt pro Meter (V/m), *volt per mil* (V/mil), *volumes per million.*

vppm
Veraltet! *volume parts per million,* *ppmv

vs. Abkürzung für: [lat.] *versus,* gegen.

vt Index (DIN 1304): Lüftung, Ventilation.

Formelzeichen

Physikalische Größe	Symbol	Einheit		Definition
Arbeit work	W	J	$= m^2 kg\, s^{-2}$	$W = \int \vec{F}\, d\vec{s}$
Energie energy	W	J	$= m^2 kg\, s^{-2}$	siehe E
potentielle Energie potential energy	W_{pot}	J	$= m^2 kg\, s^{-2}$	siehe E_p
kinetische Energie kinetic energy	W_{kin}	J	$= m^2 kg\, s^{-2}$	siehe E_k
Energiedichte energy density	w	J/m^3	$= m^{-1} kg\, s^{-2}$	$w = W/V$
Widerstandsmoment momentum of resistance, section modulus	W	m^3		
Schallenergiedichte acoustic energy density	w, E	J/m^3	$= m^{-1} kg\, s^{-2}$	
Ionenwanderungsgeschwindigkeit velocity of an ion	$w_{\oplus}, w_{\ominus}$	m/s	siehe v	
Lineargeschwindigkeit velocity	w	m/s		siehe u
Windungszahl number of turns	(w)	–	= 1	siehe N
Massenanteil, Gew.-% mass fraction	w	–	= 1	$w_i = m_i / \Sigma m_i$
Austrittsarbeit work function	W_A	J	$= m^2 kg\, s^{-2}$	
Strahlungsenergie radiant energy	W, Q	J = Ws	$= m^2 kg\, s^{-2}$	siehe Q
(spektrale) Strahlungsenergiedichte (spectral) radiant energy density	w, (ϱ)	J/m^3	$= m^{-1} kg\, s^{-2}$	$w = dW/dV$
– wellenlängenbezogen in terms of wavelength	w_λ	J/m^4	$= m^{-2} kg\, s^{-2}$	siehe ϱ_λ
– frequenzbezogen in terms of frequency	w_ν	$J\, m^{-3} Hz^{-1}$	$= m^{-1} kg\, s^{-1}$	siehe ϱ_ν
mittl. Energieverlust je Ionenpaar average loss of energy per ion pair	W_i, (w)	J	$= m^2 kg\, s^{-2}$	
Statistisches Gewicht statistical weight	(w)	–	= 1	siehe g

W

1) Der 23. Buchstabe des modernen lateinischen Alphabets entstand im Mittelalter durch Verdoppelung des Buchstabens V.
2) Abkürzung für: Watt; Index in der Strömungsmechnik für: Widerstand.
3) Zeichen für das *chem. Element Wolfram;
4) Mathematik: Wertebereich $W(f)$.

w

Abkürzung für: Watt [*US*, international: W]; *water*, Wasser; *weak*, schwach; *week*, Woche; Index [DIN 1304] für: Wirk-, Wirbel-; in der Strömungsmechanik: Wand, Wasser;

Waage

Altes Handelsgewicht für Schmiedeeisen aus Sachsen: 1 Waage = 20,56 Kilogramm.

Wache

Zeitmaß aus der Seefahrt; bei achtstündiger Arbeitszeit auf einem Dreiwachen-Schiff wird der Dienst jeweils von einem Drittel der Besatzung verrichtet: 1 Wache = 8 Glas(en).

Wag

Alte Gewichtseinheit aus Norwegen:
1 Wag = 3 Bismerpund
= 36 Pund = 17,94 Kilogramm.

Wage

Altes Eisengewicht: 1 Wage =
= 60,0 Kilogramm = 120 Pfund (Bremen)
= 56,0 Kilogramm (Frankfurt/Main)
= 20,5 Kilogramm (Sachsen)

Wagen

Altes Maß für Holzkohle aus Nassau:
1 Wagen = 10 Bütten = 5,4 Meter^3.

Wagenladung

Altes Raummaß für Holz aus Sachsen:
1 Wagenladung = 10,4 Meter^3.

Wagenschoß

Historisch! Zählmaß: 100 Fische (Danzig).

Wägewert

Der durch Auftriebskräfte verfälschte Wert der Masse bei der Wägung in einem Fluid F (Flüssigkeit oder Gas):

$$W = m\,\frac{1-\varrho_F/\varrho}{1-\varrho_F/\varrho_G} \quad \text{Einheit: kg}$$

Der *konventionelle Wägewert* wird für $\varrho_F = 1{,}2$ kg/m^3 (Luft) und $\varrho_G = 8000$ kg/m^3 bei 20 °C berechnet.
ϱ Dichte des Wägegutes, ϱ_G der Gewichtsstücke.

Wägung *Massebestimmung.

Wa(h)

Altes Längenmaß aus 1 Siam:
1 wa(h) = 2 Meter.

Wahre Dehnung *Dehnung.

Wahre Spannung

*Mechanische Spannung.

Wahrer Tag *Tag.

Wahre Temperatur *Temperatur.

Wahrer Wert *messtechn. Unsicherheit.

Waiba

Altes Volumenmaß aus Ägypten:
1 Waiba = 33 Liter.

Waldacker

Historisch! 0,3388 Hektar (Sachsen-Gotha).

Waldhufe

Historisch! 23,9 Hektar (Sachsen).

Waldmorgen

Historisch! 0,3335 Hektar (Brauschweig).

Waldrute

Historisch! 4,5 Meter (Frankfurt/M.),
4,6 Meter (Sachsen-Gotha).

Wall

Altes Zählstückmaß für Fische aus Danzig:
1 Wall = 80 Stück.

Wanne

Altes Raummaß für Heu aus Hohenzollern:
1 Wanne = ca. 12 Meter^3.

Wärmedichte

Volumenbezogene Wärme:

$$w_{\text{th}} = \frac{Q}{V} \quad \text{Einheit: } \frac{\text{J}}{\text{m}^3}$$

Wärmedurchgangskoeffizient

Wärmedurchgangszahl oder **k-Wert**: k (in W K^{-1}m^{-2}), Maß für den Wärmedurchgang, d. h. die Wärmeübertragung zwischen zwei strömenden Medien, die durch eine feste Wand voneinander getrennt sind. k setzt sich reziprok aus den Wärmeübergangszahlen zu beiden Seiten der Wand α_1, α_2 und der Wärmeleitfähigkeit λ der Wand zusammen. Eine mehrschichtige Wand stellt man sich aus Teilschichten der Dicke s_i vor. Vgl. Tabelle *Wärmetransport.

Anhaltswerte für den Wärmedurchgangskoeffizienten k (W m^{-2}K^{-1}) sind:

Tabelle W.1 Umrechung der Wärmeleitfähigkeit (Btu = British Thermal Unit).

	$\mathrm{Btu_{th}\,h^{-1}\cdot ft^{-1}\,{}^\circ F^{-1}}$	$\mathrm{cal_{IT}\,s^{-1}\cdot cm^{-1}\,{}^\circ C^{-1}}$	$\mathrm{kcal_{th}\,h^{-1}\cdot m^{-1}\,{}^\circ C^{-1}}$	$\mathrm{J\,s^{-1}\cdot cm^{-1}\,K}$	$\mathrm{W\,m^{-1}K^{-1}}$.
1 $\mathrm{Btu_{IT}\,h^{-1}\,ft^{-1}\,{}^\circ F^{-1}}$ =	1,00 067	$4{,}13\,379\cdot10^{-3}$	1,48 916	0,0 173 073	1,73 073
1 $\mathrm{Btu_{IT}\,in.\,h^{-1}\,ft^{-2}\,{}^\circ F^{-1}}$ =	0,0 833 891	$3{,}44\,482\cdot10^{-4}$	0,124 097	$1{,}44\,228\cdot10^{-3}$	0,144 228
1 $\mathrm{Btu_{th}\,h^{-1}\,ft^{-1}\,{}^\circ F^{-1}}$ =	1	$4{,}13\,102\cdot10^{-3}$	1,48 816	0,0 172 958	1,72 958
1 $\mathrm{Btu_{th}\,in.\,h^{-1}\,ft^{-2}\,{}^\circ F^{-1}}$ =	0,0 833 333	$3{,}44\,252\cdot10^{-4}$	0,124 014	$1{,}44\,131\cdot10^{-3}$	0,144 131
1 $\mathrm{cal_{IT}\,s^{-1}\,cm^{-1}\,{}^\circ C^{-1}}$ =	242,071	1	360,241	4,1 868	418,68
1 $\mathrm{cal_{th}\,s^{-1}\,cm^{-1}\,{}^\circ C^{-1}}$ =	241,909	0,999 331	360	4,184	418,4
1 $\mathrm{kcal_{th}\,h^{-1}\,m^{-1}\,{}^\circ C^{-1}}$ =	0,671 969	$2{,}77\,592\cdot10^{-3}$	1	0,0 116 222	1,16 222
1 $\mathrm{J\,s^{-1}\,cm^{-1}\,K^{-1}}$ =	57,8 176	0,238 846	86,0 421	1	100
1 $\mathrm{W\,cm^{-1}\,K^{-1}}$ =	57,8 176	0,238 846	86,0 421	1	100
1 $\mathrm{W\,m^{-1}\,K^{-1}}$ =	0,578 176	$2{,}38\,846\cdot10^{-3}$	0,860 421	0,01	1
1 $\mathrm{mW\,cm^{-1}\,K^{-1}}$ =	0,0 578 176	$2{,}38\,846\cdot10^{-4}$	0,0 860 421	0,001	0,1

Fluid im Rohr	Äußeres Fluid	k-Wert
Luft	Rauchgas	6 ... 12
Wasser	Kühlsole	8 ... 16
Wasser	Luft	8 ... 14
Öl	Wasser	90 ... 140
Wasser	Wasser	850 ... 1700

Wärmedurchgangswiderstand

*Wärmetransport

Wärmeeindringungskoeffizient

Nach DIN 1341: $b = \sqrt{\lambda \varrho c_p}$ (in $\mathrm{JK^{-1}m^{-2}s^{1/2}}$) ist ein Maß, wieviel Wärme nach plötzlicher Erhöhung der Oberflächentemperatur und definierter Zeit in einen Körper (Wärmeleitfähigkeit λ, Dichte ϱ, spezifische Wärmekapazität c_p) eingedrungen ist.

Wärmeeinheit *Kilocalorie, *Kilojoule.

Wärmeenergiedichte *Wärmetransport.

Wärmekapazität

Verhältnis von Wärmemengenänderung durch Temperaturänderung (Einheit: Joule/Kelvin); definiert für konstanten Druck (C_p) und konstantes Volumen (C_V).

$$C_V = \left(\frac{\mathrm{d}U}{\mathrm{d}T}\right)_V = T\left(\frac{\mathrm{d}S}{\mathrm{d}T}\right)_V$$

$$C_p = \left(\frac{\mathrm{d}H}{\mathrm{d}T}\right)_p = T\left(\frac{\mathrm{d}S}{\mathrm{d}T}\right)_p$$

U Innere Energie, H Enthalpie, S Entropie.

Wärmekapazität, molare

Molwärme, stoffmengenbezogene Wärmekapazität bei konstantem Druck bzw. Volumen:

$$C_{m,p} = \frac{C_p}{n} \text{ bzw. } C_{m,V} = \frac{C_V}{n} \quad \text{in: } \frac{\mathrm{J}}{\mathrm{mol\,K}}$$

Wärmekapazität, spezifische

Massenbezogene Wärmekapazität:

$$c_p = \frac{C_p}{m} \text{ bzw. } c_V = \frac{C_V}{m} \quad \text{in: } \frac{\mathrm{J}}{\mathrm{kg\,K}}$$

Wärmekapazität, volumetrische

Nicht genormt! Auf das (spezifische) Normvolumen bezogene (spezifische) Wärmekapazität: $C_p/V_n = c_p/v_n$, Einheit $\mathrm{J\,K^{-1}m^{-3}}$.

Wärmekapazitätsverhältnis

Verhältnis der spezifischen Wärmekapazitäten:

$$\gamma = \frac{c_p}{c_V} \quad \text{(Dimension 1)}$$

Wärmeleitfähigkeit

λ (in $\mathrm{W\,K^{-1}m^{-1}}$), international auch k, Maß für die Geschwindigkeit des *Wärmetransports im Inneren eines festen, flüssigen oder gasförmigen Körpers durch *Wärmeleitung*. Größenordnung: ca. 100 $\mathrm{W\,K^{-1}m^{-1}}$ (Metalle). Umrechnungsfaktoren von nichtmetrischen Einheiten in die SI-Einheit $\mathrm{W\,m^{-1}K^{-1}}$ s. Tab. W.1 und W.3.

Wärmeleitwert

oder *thermischer Leitwert,* Kehrwert des Wärmewiderstandes:

$$G_{th} = \frac{1}{R_{th}} = \frac{\dot{Q}}{\Delta T} \quad \text{Einheit: } \frac{\mathrm{W}}{\mathrm{K}}$$

Wärmeohm *Ohm.

W

Wärmestrahlung

*Temperaturstrahlung, *fotometrische Größen.

Wärmestromdichte

*Stofftransport, *Wärmetransport.

Wärmeübertragung

Überbegriff für den Transport von Wärmeenergie durch Wärmeleitung, Wärmeübergang, Wärmedurchgang und Wärmestrahlung.

In der Tabelle W.3 bedeuten:

T_1 Temperatur des Körpers.

T_0 Temperatur des strömenden Mediums:

- Bei Rohrströmung: die *Mischungstemperatur*,
- bei angeströmten Körpern: *Freistromtemperatur* (des Umgebungsmediums außerhalb der Temperaturgrenzschicht des Körpers).
- Bei Strömungsgeschwindigkeiten im Bereich der Schallgeschwindigkeit, wenn durch Druckschwankungen und Reibung Temperaturänderungen auftreten: die *Eigentemperatur* (der unbeheizten, thermisch isolierten Körperoberfläche).

Wärmeübertragung: Kennzahlen

Theoretische Behandlung der Wärmeübertragung mit einer begrenzten Zahl von Einflussgrößen. *Fourier-Zahl, *Grashof-Zahl, *Nusselt-Zahl, *Prandtl-Zahl, *Rayleigh-Zahl, *Reynolds-Zahl, *Péclet-Zahl, *Stanton-Zahl.

Wärmeübergangskoeffizient

α (in $\mathrm{W\,K^{-1}m^{-2}}$), international auch K, Maß für den *Wärmeübergang* zwischen einem festen Körper und einem strömenden Fluid (Flüssigkeit, Gas, Umgebungsluft etc.) Definition vgl. Tabelle W.3.

Anhaltswerte für den Wärmeübergangskoeffizienten α ($\mathrm{W\,m^{-2}K^{-1}}$) sind:

Freie Konvektion:	
– in Gasen	2 ... 50
– in Flüssigkeiten	100 ... 800
Zwangskonvektion:	
– in Gasen	10 ... 250
– in Flüssigkeiten	500 ... 2 500
– in Ölen	50 ... 1 000
– in flüss. Metallen	10 000 ... 30 000
Verdampfung:	
– Wasser (Blasen)	2 500 ... 50 000
Kondensation:	
– Wasser (Film)	5 000 ... 15 000
– Wasser (Tropfen)	... 45 000
– organische Stoffe	1 000 ... 2 000

Wärmewiderstand

oder *thermischer Widerstand*, auf den Wärmestrom bezogene Temperaturdifferenz.

Wärmewiderstand, spezifischer

Kehrwert der Wärmeleitfähigkeit.

Warmstreckgrenze

*Werkstoffkenngrößen.

Wasser: Referenzdaten

Einige Stoffdaten des Wassers stehen in Zusammenhang mit der *Calorie-Definition oder sind Bezugswerte für andere Größen. Vgl. Tab. W.2 und W.4.

- spezifische Wärmekapazität bei 15 °C: 4,1855 $\mathrm{J\,g^{-1}K^{-1}}$ (bei Erwärmung von 14,5 auf 15,5 °C).

Tabelle W.2 Physikalische Eigenschaften des Wassers in Abhängigkeit von der Temperatur.

Temperatur °C	Dichte g/cm³	Wärmekapazität J/g K	Dampfdruck Pa	Viskosität μPa s	Wärmeleitfähigkeit W/K m	Dielektrizitätszahl	Oberflächenspannung N/m
0	0,99 984	4,2 176	611,3	1 793	0,5 610	87,90	75,64
10	0,99 970	4,1 921	1 228,1	1 307	0,5 800	83,96	74,23
20	0,99 821	4,1 818	2 338,8	1 002	0,5 984	80,20	72,75
30	0,99 565	4,1 784	4 245,5	797,7	0,6 154	76,60	71,20
40	0,99 222	4,1 785	7 381,4	653,2	0,6 305	73,17	69,60
50	0,98 803	4,1 806	12 344	547,0	0,6 435	69,88	67,94
60	0,98 320	4,1 843	19 932	466,5	0,6 543	66,73	66,24
70	0,97 778	4,1 895	31 176	404,0	0,6 631	63,73	64,47
80	0,97 182	4,1 963	47 373	354,4	0,6 700	60,86	62,67
90	0,96 535	4,2 050	70 117	314,5	0,6 753	58,12	60,82
100	0,95 840	4,2 159	101 325	281,8	0,6 791	55,51	58,91

Tabelle W.3 Größen des Wärmetransports.

Transportierte Wärmemenge	Q	J = Ws
Wärmeenergiedichte $= \frac{\text{Wärmemenge}}{\text{Volumen}}$	$q = \frac{Q}{V}$	$\mathrm{J/m^3}$
Wärmestrom $= \frac{\text{Wärmemenge senkrecht durch die Fläche } A}{\text{Zeit}}$	$\Phi = \dot{Q}$	$\mathrm{W} = \frac{\mathrm{J}}{\mathrm{s}}$
Wärmestromdichte $= \frac{\text{Wärmemenge}}{\text{Fläche} \cdot \text{Zeit}}$	$\varphi = \frac{Q}{A\,t}$	$\frac{\mathrm{W}}{\mathrm{m^2}} = \frac{\mathrm{J}}{\mathrm{m^2\,s}}$
Wärmeleitfähigkeitsstrom	$\mathrm{d}\dot{Q} = -\lambda \frac{\partial T}{\partial x}\,\mathrm{d}A$	W = J/s
– durch ebene Wand (Dicke d):	$\dot{Q} = \frac{\lambda A\,\Delta T}{d}$	
– durch eine Rohrwand: (d_i Innen-, d_a Außendurchmesser, l Länge)	$\dot{Q} = \frac{2\pi\,\lambda\,l\,\Delta T}{\ln(d_\mathrm{a}/d_\mathrm{i})}$	
Wärmeleitfähigkeit $\sim \frac{\text{Wärmemenge}}{\text{Temperaturgefälle}}$	λ	$\frac{\mathrm{W}}{\mathrm{K\,m}}$
thermischer Widerstand („Wärmewiderstand") $= \frac{\text{Temperaturdifferenz}}{\text{Wärmestrom}}$	$R_\mathrm{W} = \frac{\Delta T}{\dot{Q}} = \frac{d}{\lambda\,A}$	$\frac{\mathrm{K}}{\mathrm{W}}$
Spezifischer Wärmewiderstand $= \frac{1}{\text{Wärmeleitfähigkeit}}$	$\varrho_\mathrm{W} = \frac{R_\mathrm{W}\,A}{d} = \frac{1}{\lambda}$	$\frac{\mathrm{m\,K}}{\mathrm{W}}$
Temperaturleitfähigkeit $= \frac{\text{Wärmeleitfähigkeit}}{\text{Dichte} \cdot \text{Wärmekapazität}}$	$a = \frac{\lambda}{\varrho\,c_p}$	$\frac{\mathrm{m^2}}{\mathrm{s}}$
Temperaturänderung	$\frac{\partial T}{\partial t} = a\,\nabla^2 T$	$\frac{\mathrm{K}}{\mathrm{s}}$
Wärmeübergangsstrom $\sim$ Temperaturgefälle · Fläche	$\mathrm{d}\dot{Q} = \alpha\,(T_1 - T_0)\,\mathrm{d}A$	W
Wärmeübergangskoeffizient $\sim$ Nusselt-Zahl	$\alpha = \frac{\lambda \cdot Nu}{l}$	$\frac{\mathrm{W}}{\mathrm{K\,m^2}}$
Wärmeübergangswiderstand	$R_\alpha = \frac{1}{\alpha\,A}$	K/W
Wärmedurchgangsstrom $\sim$ Temperaturgefälle · Fläche	$\mathrm{d}\dot{Q} = k\,(T_1 - T_0)\,\mathrm{d}A$	W
Wärmedurchgangszahl k (ebene Wand)	$\frac{1}{k} = \frac{1}{\alpha_1} + \underbrace{\sum \frac{d_i}{\lambda_i}}_{R_\mathrm{w}\,A} + \frac{1}{\alpha_2}$	$\frac{\mathrm{W}}{\mathrm{K\,m^2}}$
Wärmedurchgangswiderstand	$R_\mathrm{k} = \frac{1}{k\,A}$	K/W

Tabelle W.4 Physikalische Eigenschaften von Wasser und schwerem Wasser.

		H_2O	D_2O	T_2O
Relative Molekülmasse		18,0 150	20,0 276	22,0 315
Dichte bei 25 °C	(g/cm^3)	0,99 701	1,1 044	1,2 138
Schmelzpunkt	(°C)	0,00	3,82	4,49
Siedepunkt	(°C)	100,00	101,42	101,51
Dielektrizitätskonstante (20 °C)		81,5	80,7	
Spezifische Wärmekapazität	(J kg^{-1}K^{-1})	4182	4212	
pK_W-Wert (24 °C)		14,000	14,869	15,2 150
Neutralpunkt	pH	7,00	7,43	7,61

- Schmelzenthalpie: 6,0131 kJ/mol (0 °C),
- Verdampfungsenthalpie: 40,651 kJ/mol (bei 100 °C),
- Bildungsenthalpie: 285,89 kJ/mol,
- kryoskopische bzw. ebullioskopische Konstante: 1,86 bzw. 0,51 K kg/mol.
- Oberflächenspannung: 0,07196 N/m (20 °C),
- Viskosität: 0,8937 mPa s (25 °C),
- elektrische Leitfähigkeit 0,0635 μS/cm (für Reinstwasser).

Tabelle W.5: Wassergüte: Grenzwerte der Trinkwasserverordnung von 1986 (in mg/ℓ).

Ion	mg/ℓ	Ion	mg/ℓ
$Mn^{2\oplus}$	0,05	$F^{\ominus}$	1,5
$Al^{3\oplus}$	0,2	$NO_3^{\ominus}$	50
$Fe^{2\oplus}$	0,2	$SO_4^{2\ominus}$	240
$NH_4^{\oplus}$	0,5		
$K^{\oplus}$	12		
$Mg^{2\oplus}$	50		
$Na^{\oplus}$	150		

Wasserbedarf

Überlebensnotwendige Menge an Wasser: 600 bis 800 Milliliter pro Tag.

Wassergefährdungsklasse (WGK)

Bewertung wassergefährender Stoffe durch biologische Testverfahren (Säugetier-, Bakterien-, Fischtoxizität, biologisches Abbauverhalten, Bioakkumulation, Mutagenität, Cancerogenität). Die Giftigkeit einzelner Wasserinhaltsstoffe wird durch Dosisangaben ausgedrückt: *Letale Dosis, *Letale Konzentration.
Seit Mai 1999 behandelt das Abwasserrecht sämtliche Stoffe als wassergefährdend.
WGK 0 = nicht wassergefährdend
WGK 1 = schwach wassergefährdend
WGK 2 = wassergefährdend
WGK 3 = stark wassergefährdend

Wassergüteklasse

Qualitätszustand oberirdischer Fließgewässer, eingeteilt anhand pflanzlicher und tierischer Indikatororganismen (Saprobienindex SI). Vgl. Tab. W.6 und W.7.

Güteklasse 1 (I):
unbelastet bis geringbelastet (SI < 1,5).
Güteklasse 2 (I–II):
gering belastet (SI 1,5–1,8).
Güteklasse 3 (II):
mäßig belastet (SI 1,8–2,3).
Güteklasse 4 (II–III):
kritisch belastet (SI 2,3–2,7).
Güteklasse 5 (III):
stark verschmutzt (SI 2,7–3,2).
Güteklasse 6 (III–IV):
sehr stark verschmutzt (SI 3,2–3,5).
Güteklasse 7 (IV):
übermäßig verschmutzt, ökologisch zerstört (SI > 3,5).

Wasserhärte

1) Maß für den „Kalkgehalt" des Wassers, unterschieden nach:

- *Gesamthärte* = mmol/ℓ gelöste Erdalkaliionen.
- *Temporäre Härte* = lösliche Erdalkaliionen, z. B. Calciumhydrogencarbonat, das beim Kochen als unlösliches Calciumcarbonat = „Kesselstein", ausfällt.

Tabelle W.6 Güteeinteilung von Fließgewässern: SI = $\sum(S\,H)/\sum H$ = Saprobienindex. S = Saprobität (Organismen leben: 1 in reinem Wasser ... 4 in stark verunreinigten Gewässern). H = Häufigkeit = Abundanz (1 vereinzelt ... 7 massenhaft).

Güteklasse		Belastung	Saprobität	SI	Organismen
I	(blau)	unbelastet	oligosaprob	ab 1	Kieselalgen, Köcher-, Eintags- und Steinfliegenlarven ($S = 1$).
I–II				ab 1,5	
II	(grün)	mäßig	β-mesosaprob	ab 1,8	Flohkrebs ($S = 2$), Flussnapfschnecken.
II–III				ab 2,3	Mikroorganismen fressen sich gegenseitig.
III	(gelb)	stark	α-mesosaprob	ab 2,7	Massenhaft: Wasserasseln ($S = 2{,}8$), Wimpertierchen, Glockenbäumchen ($S = 3$), Abwasserbakterien (Sphaerotilus natans, $S = 3{,}5$).
III–IV				ab 3,2	Absterben von Organismen durch Sauerstoffmangel.
IV	(rot)	übermäßig	polysaprob	ab 3,5	Fische selten. Massenhaft: Mikroorganismen, Wimper- und Geißeltierchen, Bakterien, rote Zuckmückenlarven ($S = 3{,}5$), Schlammröhrenwürmer ($S = 3{,}5$).

Tabelle W.7 Güteeinteilung stehender Gewässer aufgrund des Nährstoffangebotes (N, P, C, Metalle), insbesondere durch intensive Landwirtschaft.

	Nährstoffgehalt und Planktonproduktion	Beispiel
oligotroph	gering	Königssee, Tegernsee
mesotroph	gering ... mäßig	Starnberger See
eutroph	hoch, „überdüngt"	Chiemsee
polytroph	sehr hoch – O_2-Übersättigung an der Oberfläche (wg. Photosynthese der Algen) und O_2-Verlust in der Tiefe (bakteriell-aerober Abbau des abgestorbenen Planktons)	Waginger See

• *Permanente Härte* = gelöste Sulfate, Chloride, Nitrate, Phosphate, Silicate; z. B. Magnesium- und Calciumsulfat.
Durch die Photosynthese (CO_2-Verbrauch) autotropher Wasserlebewesen findet eine *biogene Entkalkung* der Oberflächengewässer statt.

2) Härteklasse. Für die Gesamthärte nach dem Wasch- und Reinigungsmittelgesetz.

I	weich	bis 1,3 mmol/Liter
II	wenig hart	bis 2,5 mmol/Liter
III	hart	bis 3,8 mmol/Liter
IV	sehr hart	über 3,8 mmol/Liter

3) Härtegrad. Veraltet!
1 Grad deutscher Härte (1 °d) =
= 0,1785 Millimol/Liter Erdalkaliionen
= 17,857 ppm $CaCO_3$
= Milligramm Calciumoxid/100 cm^3 Wasser
= 1,25 Englische Härtegrade
= 1,785 Französische Härtegrade.

Wassersäule *Millimeter Wassersäule.

Wasserstoffkonzentration
Kurz: $[H^{\oplus}]$. Fälschlich für: Hydroniumionenkonzentration $c_{H_3O^{\oplus}}$ in wässrigen Lösungen. Vgl. *pH.

Wasserstoff-Redoxexponent *rH-Wert.

Watt (W, EDV: W)
1) Abgeleitete SI-Einheit der Leistung, des Energiestroms und des Wärmestroms; benannt nach dem engl. Ingenieur und Entwickler der Dampfmaschine und des Kondensators JAMES WATT (1736–1819); definiert als die Leistung, um die Arbeit 1 Joule in einer Sekunde zu verrichten:
1 Watt = J/s = Nms^{-1} = $kg{\cdot}m^2{\cdot}s^{-1}$ =
= 3,41 214 Btu/Stunde
= 0,0 568 690 Btu/Minute
= 14,3 308 Calorie/Minute
= 0,238 846 Calorie/Sekunde
= 10^7 Erg/Sekunde
= 0,859 845 Kilocalorie/Stunde

2) Internationales Watt. Vor 1948, gesetzlich verboten 1975:
1 int. W = 1 W_{int} = 1 Watt (int. mean)
= 1,00 019 (= $1{,}00\,034^2/1{,}00\,049$) Watt.
Amerikanische Definition, vor 1948:
1 int. W *US* = 1,000 165 Watt.
3) Abwatt (= absolutes Watt). Veraltet! Leistungseinheit im elektromagnetischen cgs-System, ungesetzlich seit 1. Jan. 1975:
1 abs. W = 1 W_{abs} = 10^{-7} Watt.

Watt pro... (Watts per...)

1) ...square inch
1 W/sq.in. =
= 1332,76 Kilocalorie/(Stunde · $Meter^2$)
= 1550,003 Watt/$Meter^2$.
2) ...Meterquadrat
1 W/m^2 =
= 0,859 845 Kilocalorie/(Stunde · $Meter^2$).

Wattsekunde (Ws)

Gebräuchliche Energieeinheit:
1 W s = 10^7 Erg = 1 Joule = 1 Newton-Meter.

Watts per candle *wpc.

Wattstunde (Wh)

engl. *watthour*, in der Energie- und Batterietechnik übliche Einheit der elektrischen Energie und Wärmemenge:
1 Wattstunde =
= 3600 Wattsekunden
= 3600 Joule
= 3,41 214 Btu
= 859,845 Calorie
= 2655,22 Foot-pound-force
= $1{,}34\,102 \cdot 10^{-3}$ Horsepower-hour *GB*
= $1{,}35\,962 \cdot 10^{-3}$ PS h
= 3600 Joule
= 367,098 Kilopond-Meter
= 35,5 292 Liter-Atmosphäre.

Wazna

Alte Gewichtseinheit aus dem Irak:
1 Wazna = 108,8 Kilogramm.

Weba

Altes Volumenmaß aus Ägypten und Tripolitanien: 1 Weba = 31 bis 33 Liter.

Webe

Altes Zählstückmaß: 1 Webe = 72 Stück.

Weber (Wb, EDV: WB)

1) Abgeleitete SI-Einheit des magnetischen Flusses. Benannt nach dem deutschen Physiker WILHELM EDUARD WEBER (1804–1891), der anknüpfend an die Arbeiten seines Freundes GAUSS das absolute elektromagnetische Maßsystem durch Präzisionsmessungen der Einheiten Strom, Spannung und Widerstand formulierte. Festgelegt durch den magnetischen Fluss in einer Leiterwindung, der die Spannung 1 Volt hervorruft und gleichmäßig unterhalb einer Sekunde auf Null abfällt.
1 Weber =
= 1 Volt·Sekunde
= 1 Tesla·$Meter^2$
= 1 Ampere·Henry
= 10^8 Maxwell.
2) Internationales Weber. Veraltet!
1 Wb_{int} = 1,00 034 Weber.

Weber pro Meterquadrat

1 Weber/$Meter^2$ = 10 000 Gauss = 1 Tesla.

Weber-Zahl *Kennzahlen.

Wechselfestigkeit *Werkstoffkenngrößen.

Wechselleistung

Produkt der komplexen Wechselspannung $\underline{U}$ und des komplexen Wechselstroms $\underline{I}$; anschaulich die der Wirkleistung überlagerte Leistungsschwingung.

$$\underline{S_\sim} = \underline{U}\,\underline{I} = U I \mathrm{e}^{\mathrm{i}\,(\varphi_u + \varphi_i)}$$

Nicht zu verwechseln mit der komplexen *Leistung (Scheinleistung)!

Wechselpermeabilität

*Magnetische Stoffkennzahl bei periodischer Magnetisierung, definiert als der Quotient:

$$\frac{\hat{B}}{\mu_0 \hat{H}} \quad \text{oder} \quad \frac{B_{\text{eff}}}{\mu_0 H_{\text{eff}}}$$

Wechselstromgrößen

*Impedanz, *Leistung, *Schallintensität.

Wechselzahl

engl. *turnover number*. Arbeitsgeschwindigkeit eines Enzyms; Umsatzzahl, molekulare Aktivität.

$$TON = \frac{\text{Substratmenge (mol)}}{\text{Enzymmenge (mol)} \cdot \text{Sekunde}}$$

Wedro
Altes Flüssigkeitsmaß aus Russland:
1 Wedro = 10 Kruschka = 100 Tscharka
= 12,3 Liter.

Wegstunde
Altes schweizer Längenmaß:
1 Wegstunde = 4000 Stab = 8000 Ellen
= 16 000 Fuß = 4800 Meter

Wehe (= Wehr)
Altes Flächenmaß aus dem Bergbau, die ein Bergmann „zugewährt" erhielt:
1 Wehe = 98 Quadratlachter = 328,3 bis 428,3 Meter^2.

Wehr
Historisch! 0,1144 Hektar (Erzgebirge)

Weierstraß-Funktion $\wp$
Elliptische p-Funktion nach WEIERSTRASS.

Weight [engl.] Gewichts...

Weinfass *Pipe.

Weißrussland Währung: *Rubel.

Welle, seismografische
*Erdbebenstärke.

Wellenlängenbereiche
DIN 5031 T7 definiert für Strahlungsphysik und Lichttechnik folgende Spektralbereiche:

Strahlung		Wellenlänge (nm)
Ultraviolett		
Vakuum-UV	UV-C (VUV)	100 bis 200
Fernes UV	UV-C (FUV)	200 bis 280
Mittleres UV	UV-B	280 bis 315
Nahes UV	UV-A	315 bis 380
Sichtb. *Licht*	VIS	380 bis 780
Infrarot		
Nahes IR	NIR (IR-A)	780 bis 1400
	NIR (IR-B)	1400 bis 3000
Mittleres IR	IR-C (MIR)	3000 bis 50 000
Fernes IR	IR-C (FIR)	50 000 bis 10^6

Wellenpaket *Gruppengeschwindigkeit.

Wellenwiderstand
des leeren Raumes: das Produkt aus magnetischer Feldkonstante u. Lichtgeschwindigkeit:

$$Z_0 = \sqrt{\frac{\mu_0}{\varepsilon_0}} = \mu_0 c_0 = \frac{1}{\varepsilon_0 c_0} \approx 376{,}730\,313...\ \Omega$$

Wellenzahl
oder *Repetenz*: σ (in m^{-1}), Kehrwert der Wellenlänge: $\sigma = 1/\lambda$.

Welligkeitsfaktor
oder *Stehwellenverhältnis*, in der Nachrichtentechnik:

$$s = \frac{S_{max}}{S_{min}} = \frac{1+|r|}{1-|r|} \quad \text{(Dim. 1)}$$

S Signal, r Reflexionsfaktor = Reflektanz (%).

Weltergewicht
Gewichtsklasse im Sport: bis 67 kg (Boxen), bis 73 kg (Ringen).

Welterschaffung *Kalender.

Weltzeit *Kalender.

Wende
Historisch! ½ Morgen (Norddtl.).

Wente
Historisch! 123,28 Hektar (Oldenburg).

Werkfuß
Historisch! 1 Werkfuß =
= 0,29 Meter (Brauschweig)
= 0,28 Meter (Homburg und Sachsen)
= 0,30 Meter (Nassau und Nürnberg)

Werkstoffkenngrößen
Messgrößen der mechanischen Werkstoffprüfung als Anhaltswerte für die Konstruktion im Maschinen- und Anlagenbau.
Übersicht siehe Tabelle und die Stichworte: *Bruchdehnung, *Elastizitätsmodul, *Härte, *Querkontraktionszahl, *Schubmodul, *Streckgrenze, *Zugfestigkeit.

Werschok
Altes Längenmaß aus Russland:
1 Werschok = $^1/_{16}$ Arschin = 4,445 Centimeter.

Werst
[russ. *wersta*, engl. *verst*]. Alte russ. Meile:
1 Werst = 500 Saschen = 1500 Arschin
= 1,0 668 Kilometer.

-wert
1) Begriffsbildung: zur Bildung eines eigenständigen Namens in Verbindung mit einem kennzeichnenden Bestimmungswert, z. B. Leitwert.
2) Benennung ausgezeichneter Größenwerte: Spitzenwert, Mittelwert, Effektivwert, Nennwert, Grenzwert, *Bemessungswert, *Beiwert.

Tabelle W.8 Werkstoffkennwerte für die Konstruktion. Prüfverfahren sind der Zugversuch (DIN 50 145), Druckversuch (DIN 50 106), Biegeversuch und Verdrehversuch (DIN 50 110), Zeitstandversuch (DIN 50 118), Schwingungsbeanspruchung (DIN 50 100).

Beanspruchung	**Fließen** (duktile Werkst.)		**Bruch** (spröde Werkstoffe)	
Zug (statisch)	0,2%-Dehngrenze	$R_{p0,2}$	Zugfestigkeit	$R_m = F_m/S_0$
	Techn. Elast.grenze	$R_{p0,01}$	Gleichmaßdehnung	A_g (bis R_m)
	obere Streckgrenze	R_{eH}	Bruchdehnung	$A_n = \Delta l_r/l_0$
	untere Streckgrenze	R_{eL}		(Index $n = l_0/d$)
	Streckgrenzenverh.	R_{eH}/R_{eL}	Brucheinschnürung	$Z = \Delta S/S_0$
Druck (statisch)	Druckfließgrenze (Quetschgrenze)	σ_{dF}	Druckfestigkeit	$\sigma_{dB} = F_b/S_0$
	0,2%-Stauchgrenze	$\sigma_{d0,2}$	Bruchstauchung	$\varepsilon_{dB} = \Delta l_{dB}/l_0$
	wahre Spannung	$\sigma_d(\varepsilon_d, S)$	Bruchausbauchung	$\psi_{dB} = \Delta S_{dB}/S_0$
Biegung	Biegefließgrenze	$\sigma_{bF}, \sigma_{b0,2}$	Biegefestigkeit	$\sigma_{bB} = M_b/w$
			Biegemoment	M_b
Verdrehung	Torsionsfließgrenze	τ_F	Verdrehfestigkeit	τ_B
Standzeit Zug ($T > T_k$)	Zeitdehngrenze	$R_{p0,2/t/T}$	Zeitstandfestigkeit	$R_{m/t/T}$
		t in Std.	Zeitbruchdehnung	
		T in °C	Zeitbr.einschnürung	
			Bruchzähigkeit	K_{IC}
			krit. Risslänge	a
			Kerbschlagzähigkeit	a_k
Zug ($T < T_k$)	Warmstreckgrenze	$R_{p0,2/T}$	Warmfestigkeit	$R_{m/T}$
	Kristallerholungs-temperatur	T_k		
Schwingung	Ober-, Unterspannung	σ_o, σ_u	Zug-Druck-Wechselfestigkeit	σ_w
	Schwingbreite	$\sigma_o - \sigma_u$	Dauerschwing-festigkeit	σ_D
	Spannungsverhältnis	$R = \sigma_u/\sigma_o$	Schwellfestigkeit	σ_{sch}
			Mittelspannungs-empfindlichkeit	
			Bruchschwing-spielzahl	N
Versagensart	Fließbeginn		Trennbruch, Ermüdungsbruch (Schwingung)	

Wertigkeit
oder *Valenz.* Veraltet für: *Äquivalentzahl.

Westeuropäische Zeit *Greenwich-Zeit.

Westsamoa Währung: *Tala.

whr
US-Abk. f.: *watthour,* international: Wh.

Wichte
*Aräometerskala, *Dichte, *Gewicht.

Widerstand
*elektrischer Widerstand, *Stofftransportwiderstand, *Wärmewiderstand.

Widerstand, peripherer
total peripheral resistance, TPR. Medizin: Summe aller Gefässwiderstände;
Quotient aus treibendem Druck (arterieller minus zentralvenöser Mitteldruck) und *Herzminutenvolumen.

Widerstand, thermischer
*Wärmewiderstand.

Widerstandsbeiwert
In der Strömungsmechanik:

$$c_W = \frac{F_W}{p_k A} \quad \text{(Dimension 1)}$$

F_W Widerstandskraft, p_k Staudruck = kinetischer Druck, A Schattenfläche in Anströmrichtung.

Wiederholbarkeit
*messtechnische Unsicherheit.

Wiener Eimer
1 Wiener Eimer = 56,6 Liter.

Wiener Einheiten
*Centner, *Zollpfund, *Mark, *Münze, *Wiener Eimer, *Wiener Fuß, *Wiener Lot, *Wiener Pfund, *Wiener Richtpfennig, *Zoll.

Wiener Fuß
1 Wiener Fuß = 31,8 Centimeter.

Wiener Lot
1 Wiener Lot = 17,5 Gramm.

Wiener Maß
*Maß.

Wiener Pfund
Altes Handelgewicht, vor 1857, *Zollpfund:
1 Wiener Pfund = 560 Gramm.

Wiener Richtpfennig
Altes Münzgewicht aus Österreich (*Mark):
1 Wiener Richtpfennig = 1,096 Gramm.

Wien-Konstante
*Konstante w des Wienschen Verschiebungsgesetzes: Das Produkt aus der Temperatur T des schwarzen Strahlers und der Wellenlänge, bei der die spektrale Strahldichte des schwarzen Strahlers ihr Maximum hat, ist konstant:

$$\lambda_{max} T = w \approx 2{,}8978 \cdot 10^{-3}\,\mathrm{K\,m}$$

Wijgtje
Niederländische Masseneinheit:
1 Wijgtje = 10 Korrels = 1 Gramm.

Wilhelmdor (= Gouden Willem)
Alte niederländische Goldmünze.

Winchester quarter
Altes Hohlmaß aus US-Amerika (*US-Einheiten):
1 Winchester quarter = 2,82 Hektoliter.

Windgeschwindigkeit
v (m/s), in der Meteorologie und Geophysik:

- Ageostrophischer Wind: $\vec{v}_{ag} = \vec{v} - \vec{v}_g$.
- Geostrophischer Wind, der Gradientwind bei geradlinigem Isobarenverlauf:

$$|\vec{v}_g| = -\frac{1}{\varrho f} \nabla_H p \times \vec{k}$$

bei konstanter Höhe H. k vertikaler Einsvektor.

- Gradientwind: antizyklonal (+) oder zyklonal (–):

$$|\vec{v}_G| = -\frac{f r_T}{2} \pm \sqrt{\left(\frac{f r_T}{2}\right)^2 - \frac{r_T}{\varrho} \frac{\partial p}{\partial n}}$$

f Coriolisparameter, r_T Radius der Trajektorie am Aufpunkt, ϱ Dichte der Luft.

- Isallobarischer Wind: der durch Druckänderungen hervorgerufener Wind:

$$\vec{v}_{is} = \vec{k} \times \frac{1}{f} \frac{\partial \vec{v}_g}{\partial t} = -\frac{1}{\varrho f^2} \nabla_H \frac{\partial p}{\partial t}$$

- Thermischer Wind: die vektorielle Windgeschwindigkeitsdifferenz des geostrophischen Windes auf den Geopotentialflächen W_2 und W_1 (bei konstantem Druck p):

$$\vec{v}_{th} = \frac{1}{f} \vec{k} \times \nabla_p (W_2 - W_1)$$

- Zyklostrophischer Wind: der Gradientwind bei verschwindender Coriolisbeschleunigung.

Windrichtung
In der Meteorologie, See- und Luftfahrt: die Richtung, aus der der Wind kommt. Die Richtung der Luftströmung ist dieser Richtung entgegengesetzt. Zum Beispiel ein Ostwind (Windrichtung 090°) wird durch den Vektor $\vec{u}$ seiner Strömungsgeschwindigkeit in Richtung 270° angegeben.

In der Seefahrt werden unterschieden:

- *Wind über Grund* (wahrer Wind) $\vec{u}_G$: Vektor der Luftströmungsgeschwindigkeit über Grund.
- *Fahrtwind* $\vec{u}_F \approx \vec{u}_G$: durch die Geschwindigkeit des Schiffes über Grund entstandene Luftströmung; je nach Form des Schiffes und seiner Aufbauten abhängig vom Messort.
- *Wind an Bord* (scheinbarer Wind): $\vec{u}_B \approx \vec{u}_G + u_F$.
- *Wind über dem Wasser* $\vec{u}_{Wa} = \vec{u}_G - \vec{v}_{St}$: Vektor der Luftströmungsgeschwindigkeit relativ zum Wasser; die Stromgeschwindigkeit $\vec{v}_{St}$ wird als Erwartungswert oder nachträglich ermittelt.

Windstärke
Einteilung der Windgeschwindigkeit nach Kennziffern (vgl. Tabellen).

Wine... *englische Einheiten.

Winkel
Der ebene Winkel ist definiert als das Verhältnis des von den Winkelschenkeln eingeschlossenen Kreisbogens zum Radius. Die Winkeleinheit heißt Radiant.

$$\text{ebener Winkel} = \frac{\text{Bogenlänge}}{\text{Radius}}$$

$$\varphi = \frac{s}{r} \quad \text{Einheit: rad} = \frac{\text{m}}{\text{m}}$$

Der Winkel ist positiv, wenn er im mathematisch positiven Drehsinn, also entgegen dem Uhrzeigersinn, aufgeschlagen wird.

Winkel, räumlicher *Raumwinkel.

Winkelfrequenz *Kreisfrequenz.

Winkelgrad = Altgrad *Grad.

Winkelrichtgröße *Federkonstante.

Winter *Jahreszeiten.

Winteranfang *Wochen- und Feiertage.

Wintersonnenwende *Wochentage.

Winterzeit *Wochen- und Feiertage.

Wirbel *elektrische Spannung, *Feld.

Wirbeldurchflussmesser
*Volumenstrommessung, *Strömungsgeschwindigkeit.

Wirbelgröße *Vorticity.

Wirbelstromverfahren
*Schichtdickemessung.

Wirbelvektor
Kinematische Größe der Strömungsmechanik:

$$\omega = \frac{\text{rot}\,\vec{v}}{2} \quad \text{Einheit: s}^{-1}$$

$\vec{v}$ Vektor der Strömungsgeschwindigkeit.

Wirkfaktor *Leistungsfaktor.

Wirkintensität *Schallintensität.

Wirkkomponentenmethode
*Brückenschaltung.

Wirkkonzentration
Konzentration eines Stoffes, die in einem Biotest eine fördernde, schädigende oder tödliche Wirkung erzeugt; vgl. *LC, *NEL, *NOEL.

Wirkleistung
Realteil der komplexen elektrischen *Leistung; verursacht durch ohmsche Komponenten (Widerstände); vgl. *Impedanz. *Impedanz, *Leistungsmessung, *Schallintensität.

Wirkleitwert *Impedanz.

Wirkpermeabilität *Permeabilitätszahl.

Wirkung
Produkt aus Energie mal Zeit: $H = W\,T$ (in J s).

Wirkungsgrad
Verhältnis von Nutzarbeit zu zugeführter Arbeit; auch andere Definitionen üblich.

$$\eta = \frac{W_n}{W} \quad \text{(Dimension 1)}$$

Wirkungsquerschnittsdichte
In der Atom- und Kernphysik das Produkt aus Teilchenzahldichte n (Neutronenzahldichte) und Wirkungsquerschnitt σ: multipliziert mit dem natürlichen Logarithmus von 2:

$$\Sigma = \sigma\, n \quad \text{Einheit: m}^{-1} = \frac{\text{m}^2}{\text{m}^3}$$

Wirkwiderstand
*elektrischer Widerstand, *Impedanz.

Wispel
1) Altes Hohlmaß für Getreide:
1 Wispel =
= 12,46 Hektoliter (Braunschweig)
= 11 bzw. 16,5 Hektoliter (Hamburg)
= 13,2 Hektoliter (Preußen)
= 25,23 Hektoliter (Sachsen).
2) Alte Gewichtseinheit:
1 Wispel = 1 Tonne = 20 Zentner
= 1000 Kilogramm.
3) Altes Flächenmaß (*Last).

Wisse
Raummaß aus den Niederlanden:
1 Wisse = 1 Meter^3.

Włóka
Altes Flächenmaß aus Polen:
1 Włóka = 16,8 Hektar.

Wobbe-Zahl
Kenngröße zur Ermittlung des Brennverhaltens von Gasen:

$$\text{Wobbezahl} = \frac{\text{Heizwert}}{\sqrt{\text{Dichte}}}$$

Tabelle W.9 Windstärke: Beaufort-Skala.

Ziffer	Windstärke	Windgeschwindigkeit km/h	Windgeschwindigkeit m/s
0	Windstille	unter 1	0–0,2
1	Leiser Zug	1–5	0,3–1,5
2	Leichter Wind	6–11	1,6–3,3
3	Schwacher Wind	12–19	3,4–4,5
4	Mäßiger Wind	20–28	5,5–7,9
5	Frischer Wind	29–38	8,0–10,7
6	Starker Wind	39–49	10,8–13,8
7	Harter (steifer) Wind	50–61	13,9–17,1
8	Stürmischer Wind	62–74	17,2–20,7
9	Sturm	75–88	20,8–24,4
10	Schwerer Sturm	89–102	24,5–28,4
11	Orkanartiger Sturm	103–117	28,5–32,6
12	Orkan	118–133	32,7–36,9
13	Orkan	134–149	37,0–41,4
14	Orkan	150–166	41,5–46,1
15	Orkan	167–183	46,2–50,9
16	Orkan	184–201	51,0–56,0
17	Orkan	über 201	über 56,0

Tabelle W.10 Windstärke und Seegang.

Stufe	Kennwort (Kennzeichen)	Wellen-länge	Wellen-höhe	Wind-stärke
0	spiegelglatte See	–	–	0
1	gekräuselte, ruhige See (kleine Kräuselwellen ohne Schaumkämme)	bis 5 m	bis 0,25 m	1
2	schwach bewegte See (Kämme beginnen sich zu brechen; vereinzelte Schaumköpfe)	bis 25 m	bis 1 m	2–3
3	leicht bewegte See (weiße Schaumköpfe)	bis 50 m	bis 2 m	4
4	mäßig bewegte See (mäßige Wellen, überall weiße Schaumkämme)	bis 75 m	bis 4 m	5
5	grober Seegang (große Wellen, deren Kämme sich brechen und Schaumflächen hinterlassen)	bis 100 m	bis 6 m	6
6	sehr grober Seegang (Wellen türmen sich; weißer Schaum bildet Streifen in Windrichtung)	bis 135 m	bis 7 m	7
7	hoher Seegang (hohe Wellenberge mit dichten Schaumstreifen; See beginnt zu „rollen“)	bis 200 m	bis 10 m	8–9
8	sehr hoher Seegang (sehr hohe Wellenberge; lange überbrechende Kämme; Gischt beeinträchtigt Sicht)	bis 250 m	bis 12 m	10
9	schwerer Seegang (Schaum und Gischt erfüllen die Luft; See weiß; keine Fernsicht)	über 250 m	über 12 m	über 10

Woche

Engl. *week*. Gesetzlich festgelegt von Montag 0,00 Uhr bis Sonntag 24,00 Uhr:
1 Woche = 7 Tage = 168 Stunden
= 10 080 Minuten = 0,2 299 795 Monat.
Die 7tägige Woche entspricht den Mondphasen und kam von den Babyloniern über Judäa ins römische Kaiserreich, verdrängte die altrömische 8-Tage-Woche und bildete die Grundlage der christlichen Zeitrechnung.

Wochentage

Die sieben Planetengötter der Antike (Saturn, Jupiter, Mars, Sonne, Venus, Merkur, Mond) wechseln ihr Regiment im Stundentakt. Der Stundengott der ersten Stunde nach Mitternacht gibt dem folgenden Tag den Namen. (Vgl. *Kalender).

1) Montag, [lat.] *dies lunae,* [ahd.] mānetac, „Tag des Mondes"; *feria secunda* (kirchliche Bezeichnung), im Mittelalter bevorzugter Totengedächtnistag;
[griech.] *selene*, Mondgöttin;
[ital.] *lunedi*; [frz.] *lundi*; [engl.] *Monday*.
Der Mond (Nr. 7) regiert in der Phantasie der Sterngläubigen am:
Samstag (7, 14, 21 Uhr),
Sonntag (4, 11, 18 Uhr),
Montag (1, 8, 15, 22 Uhr),
Dienstag (5, 12, 19 Uhr),
Mittwoch (2, 9, 16, 23 Uhr),
Donnerstag (6, 13, 20 Uhr),
Freitag (3, 10, 17, 24 Uhr).

2) Dienstag, Tag des german. Kriegsgottes Mars Thingsus, [ahd.] Ziu (Thiu, Tyr);
[Dialekt] Zi(n)stag, „Ziischtig".
[lat.] *dies Martis,* „Mars-Tag"; bevorzugt für den Beginn von Kriegshandlungen oder Gerichtstag. [griech.] Tag des Kriesgottes *Ares*; im 17. Jh. bay.-österr. „Ertag, Irtrag".
feria tertia (kirchliche Bezeichnung);
Aftermontag (nach LUTHER);
[ital.] *martedi*; [frz.] *mardi*; [engl.] *Tuesday*.
Mars (Nr. 3) regiert:
Samstag (3, 10, 17, 24 Uhr),
Sonntag (7, 14, 21 Uhr),
Montag (4, 11, 18 Uhr),
Dienstag (1, 8, 15, 22 Uhr),
Mittwoch (5, 12, 19 Uhr),
Donnerstag (2, 9, 16, 23 Uhr),
Freitag (6, 13, 20 Uhr).

3) Mittwoch, [germ.] Tag des Odin (Wotan);
[lat.] *media hebdomas*, „Mitte der Woche";
[lat.] *dies Mercurii*, „Merkur-Tag";
feria quarta (kirchliche Bezeichnung); im Mittelalter traditioneller Fastentag.
[griech.] Tag des *Hermes*;
[ital.] *mercoledi*; [frz.] *mercredi*;
[engl.] *Wednesday*.
Merkur (Nr. 6) regiert:
Samstag (6, 13, 20 Uhr),
Sonntag (3, 10, 17, 24 Uhr),
Montag (7, 14, 21 Uhr),
Dienstag (4, 11, 18 Uhr),
Mittwoch (1, 8, 15, 22 Uhr),
Donnerstag (5, 12, 19 Uhr),
Freitag (2, 9, 16, 23 Uhr).

4) Donnerstag, [germ.] Tag des Donar (Thor);
[lat.] *dies Iovis*, „Jupiter-Tag";
[griech.] Tag des *Zeus*;
feria quinta (kirchliche Bezeichnung);
[ital.] *giovedi*; [frz.] *jeudi*; [engl.] *Thursday*.
Jupiter (Nr. 2) regiert:
Samstag (2, 9, 16, 23 Uhr),
Sonntag (6, 13, 20 Uhr),
Montag (3, 10, 17, 24 Uhr),
Dienstag (7, 14, 21 Uhr),
Mittwoch (4, 11, 18 Uhr),
Donnerstag (1, 8, 15, 22 Uhr),
Freitag (5, 12, 19 Uhr).

5) Freitag, [german.] Tag der Freia (Freya);
[lat.] *dies Veneris*, „Venus-Tag";
feria sexta (kirchliche Bezeichnung), im Mittelalter traditioneller Fastentag (Tod Christi);
[griech.] Tag der *Venus*;
[ital.] *venerdi*; [frz.] *vendredi*; [engl.] *Friday*.
Venus (Nr. 5) regiert:
Samstag (5, 12, 19 Uhr),
Sonntag (2, 9, 16, 23 Uhr),
Montag (6, 13, 20 Uhr),
Dienstag (3, 10, 17, 24 Uhr),
Mittwoch (7, 14, 21 Uhr),
Donnerstag (4, 11, 18 Uhr),
Freitag (1, 8, 15, 22 Uhr).

6) Samstag, [lat.] *dies Saturni*, „Saturn-Tag";
sabbatum, „Sabbat-Tag" (kirchlich);

[ahd.] sunnuaband = Sonnabend; Satertag (Westfalen, Ostfriesland);
[griech.] Tag des *Kronos*;
[ital.] *sabado*; [frz.] *samedi*; [engl.] *Saturday*.
Saturn (Nr. 1) regiert:
Samstag (1, 8, 15, 22 Uhr),
Sonntag (5, 12, 19 Uhr),
Montag (2, 9, 16, 23 Uhr),
Dienstag (6, 13, 20 Uhr),
Mittwoch (3, 10, 17, 24 Uhr),
Donnerstag (7, 14, 21 Uhr),
Freitag (4, 11, 18 Uhr).

7) Sonntag, [lat.] *dies solis*, „Sonnen-Tag"; [lat.] *dies Domenica*, „Tag des Herrn", früher 1. Tag der Woche; Sonntagsruhe seit KONSTANTIN I. 321 mit Verbot von Gerichtshandlungen und knechtlicher Arbeit; verfassungsrechtlich (Art. 140 GG) geschützt als Tag der Arbeitsruhe und seelischen Erhaltung. [griech.] *sol*, „Sonne"; 1. Werktag der jüdischen Woche.
[ital.] *domenica*; [frz.] *dimanche*; [engl.] *Sunday*.
Die Sonne (Nr. 4) regiert:
Samstag (4, 11, 18 Uhr),
Sonntag (1, 8, 15, 22 Uhr),
Montag (5, 12, 19 Uhr),
Dienstag (2, 9, 16, 23 Uhr),
Mittwoch (6, 13, 20 Uhr),
Donnerstag (3, 10, 17, 24 Uhr),
Freitag (7, 14, 21 Uhr).

Wochentagsberechnung

Mit der *Tagesnummer n des Jahres liefert der Algorithmus von ZELLER den Wochentag w (0 = Sonntag, 1 = Montag, 2 = Dienstag u.s.w.):

$$\begin{aligned} j &= (jahr - 1) \operatorname{mod} 100 \\ c &= (jahr - 1) \operatorname{div} 100 \\ w &= (28 + j + n + (j \operatorname{div} 4) \\ &\quad + (c \operatorname{div} 4) + 5 \cdot c) \operatorname{mod} 7 \end{aligned}$$

Berechnung von Kalenderdaten vgl. *Jahr, *Kalender, *Julianisches Datum.

Wochen- und Feiertage

1) Der *Vierte Advent* ist der Sonntag vor Weihnachten bzw. der Weihnachtssonntag. Die Tagesnummer n des 4. Advents ist:

$$\begin{aligned} m &= \text{TagesNummer(24.12.Jahr)} \\ n &= m - \text{WochenTag}(m) \end{aligned}$$

Für WochenTag setzt man ein: 0 = Sonntag, 1 = Montag u.s.w.
2) *Aschermittwoch:* Ostersonntag – 46 Tage.
3) *Christi Himmelfahrt:* Ostersonntag + 39 T.
4) *Dreikönig(stag):* 6. Januar.
5) *Fronleichnam:* Ostersonntag + 60 Tage.
6) *Gründonnerstag:* Ostersonntag – 3 Tage.
7) *Iden:* Monatsmitte im römischen Kalender: 13. Januar, 13. Februar, 15. März, 13. April, 15. Mai, 13. Juni, 15. Juli, 13. August, 13. September, 15. Oktober, 13. November, 13. Dezember.

8) *Kalenden* [lat. *calendae*], der 1. jedes Monats im römischen Kalender.
9) *Karfreitag:* Ostersonntag – 2 Tage.
10) *Muttertag:* Zweiter Sonntag im Mai. Falls Pfingsten und Muttertag zusammenfallen, wird der Muttertag eine Woche vorverlegt. Dies ist der n-te Tag im Jahr:

$$\begin{aligned} m &= \text{TagesNummer}(\mathit{30.04.Jahr}) \\ n &= m - \text{WochenTag}(m) + 14 \\ \text{FALLS}\, n &= \text{Ostersonntag} + 49 \\ \text{DANN}\, n &= n - 7 \end{aligned}$$

11) *Neujahr(stag), Hochneujahr.* 1. Januar; bis zum 4. Jh. der Anfang des Kirchenjahres.
12) *Ostern.* *Osterdatum. Auf dem Konzil von Nicaea (325) wurde entschieden, dass alle Christen Ostern am gleichen Tag feiern sollten, und zwar am Sonntag nach dem ersten Vollmond im Frühling.
13) *Ostermontag:* Ostersonntag + 1 Tag.
14) *Palmsonntag: Palmarum.* Sonntag vor Ostern, lat. *dies palmarum*, „Tag der Palmen".
15) *Passionszeit:* Zeitraum von Aschermittwoch bis Ostern.
16) *Pfingstsonntag:* Ostersonntag + 49 Tage.
17) *Rosenmontag:* Ostersonntag – 48 Tage.
18) *Silvester, Altjahresabend.* 31. Dezember; benannt nach PAPST SILVESTER (314–335).
19) *Sommeranfang.* 21. Juni, Sommersonnenwende (kürzeste Nacht und längster Tag).
20) *Sommerzeit.* Tag der Zeitumstellung ist der letzte Sonntag im März. Dies ist der n-te Tag im Jahr.

$$\begin{aligned} m &= \text{(TagesNummer des 31.03.Jahr)} \\ n &= m - \text{WochenTag}(m) \end{aligned}$$

21) *Winteranfang*. 21. Dezember, Wintersonnenwende; längste Nacht und kürzester Tag.
22) *Winterzeit.* Letzter Sonntag im Oktober.

Won

1) Währungseinheit in Nord-Korea („Demokratische Volksrepublik"):
1 Won (₩) = 100 Chon = ca. 1,7 DM (offiziell) = ca. 0,76 DM (Transferrate).
2) Währungseinheit in Süd-Korea (Republik):
1 Won = 100 Chon = ca. $^{1}/_{513}$ DM.

work [engl.] Arbeit, Energie.

wpc

US-Abk. f.: *watts per candle*, internat.: W/cd.

WS$ *Tala.

wt Abkürzung für: *weight*, Gewicht.

Wuchskoeffizient

*Anklingkoeffizient, *Kreisfrequenz.

Wune sasi

Altes Längenmaß aus Japan:
1 Wune sasi = 37,9 Centimeter.

Wurf (= Spießlein)

Altes Zählmaß für Obst:
1 Wurf =
= 4 Stück (Thüringen)
= 5 Stück (Nürnberg).

Formelzeichen

Physikalische Größe	Symbol	Einheit		Definition
Abstand distance	x	m		
kartesische Koordinaten cartesian space coordinates	x, y, z	m		
Verschiebung, Ausschlag, Auslenkung shift; deflection; compliance	x, y, z	m		(Raumrichtungen)
Allgemein: extensive Größe extensive quantity	X	versch.		
Allgemein: molare Größe molar quantity	X_m	versch.		$X_\mathrm{m} = X/n$
Allgemein: Partielle molare Größe partial molar quantity	$X_{\mathrm{m},i}$	versch.		$X_{\mathrm{m},i} = \partial X/\partial n_i$
Allgemein: spezifische Größe quantity per mass unit	x	versch.		$x = X/m$
Allgemein: Zeitliche Änderung rate of change	$\dot{X}$	versch.		$\dot{X} = \frac{\mathrm{d}X}{\mathrm{d}t}$
Oberflächenpotential surface electric potential	(X)	V	$= \mathrm{m^2 kg\, s^{-3} A^{-1}}$	siehe χ
Blindwiderstand reactance	X	$\Omega = \mathrm{V/A}$	$= \mathrm{m^2 kg\, s^{-3} A^{-2}}$	$X = \frac{U}{I} \sin\delta$
Übergangsreaktanz direct-axis transient reactance	X'_d	$\Omega = \mathrm{V/A}$	$= \mathrm{m^2 kg\, s^{-3} A^{-2}}$	DIN 1325
Anfangsreaktanz direct-axis subtransient reactance	X''_d	$\Omega = \mathrm{V/A}$	$= \mathrm{m^2 kg\, s^{-3} A^{-2}}$	DIN 1325
Querfeldreaktanz quadrature axis synchronous reactance	X_q	$\Omega = \mathrm{V/A}$	$= \mathrm{m^2 kg\, s^{-3} A^{-2}}$	DIN 1325
Gegen-, Inversreaktanz negative phase-sequence reactance	X_2	$\Omega = \mathrm{V/A}$	$= \mathrm{m^2 kg\, s^{-3} A^{-2}}$	DIN 1325
Nullreaktanz no-voltage reactance	X_0	$\Omega = \mathrm{V/A}$	$= \mathrm{m^2 kg\, s^{-3} A^{-2}}$	DIN 1325
Eigenreaktanz self-reactance	X_{11}, X_{22}	$\Omega = \mathrm{V/A}$	$= \mathrm{m^2 kg\, s^{-3} A^{-2}}$	DIN 1325
Hauptreaktanz main reactance	$X_\mathrm{1h}, X_\mathrm{2h}$	$\Omega = \mathrm{V/A}$	$= \mathrm{m^2 kg\, s^{-3} A^{-2}}$	DIN 1325
Streureaktanz stray reactance	$X_{1\sigma}, X_{2\sigma}$	$\Omega = \mathrm{V/A}$	$= \mathrm{m^2 kg\, s^{-3} A^{-2}}$	DIN 1325
Magnetische Suszeptibilität magnetic susceptibility	(X)	–	$= 1$	siehe χ
Elektrische Suszeptibilität electric susceptibility	(X_e)	–	$= 1$	siehe χ_e
Molare Suszeptibilität molar magnetic susceptibility	(X_m)	$\mathrm{m^3/mol}$		siehe χ_m

X

Molenbruch, Stoffmengenanteil mole fraction	x	–	= 1	$x_i = \frac{n_i}{\sum n_i}$
Teilchenzahlanteil particle number fraction	X	–	= 1	$X_i = \frac{N_i}{\sum N_i}$
Allgemein: Eingangsgröße, Ursache Input quantity, causation	X			
Allgemein: spektrale Strahlungsgröße spectrum radiative quantity	$X_{e\lambda}$, $X_{e\nu}$			
Allgemein: Größe für Tagsehen quantity for daylight	X_V			
Allgemein: Größe für Nachtsehen quantity for darkness	X'_V			
Quadrupol-WW-Energietensor quadrupole interaction energy tensor	X	J	$= m^2 kg\,s^{-2}$	$X''_a s = eQq''_a s$
Ionendosis ion dose, exposure	X	C/kg	= kg s A	
Ionendosisleistung ion dose power	$\dot{X}$	A/kg		
Quantenmech. Erwartungswert expectation value	$\langle X \rangle$, $\bar{X}$		= 1	$\langle X \rangle = \int \psi^* \hat{X} \psi \, d\tau$
Hermitesche Konjugierte hermitian conjugate	$\hat{X}^\dagger$, X^H	versch.		$(\hat{X}^\dagger)_{ji} = (X_{ji})^*$
Quantenmech. Antikommutator anti-commutator	$[\hat{X},\hat{Y}]_+$	versch.		$[\hat{X},\hat{Y}]_+ = \hat{X}\hat{Y} + \hat{Y}\hat{X}$
Quantenmech. Kommutator commutator	$[\hat{X},\hat{Y}]$	versch.		$[\hat{X},\hat{Y}] = \hat{X}\hat{Y} - \hat{Y}\hat{X}$
Quantenmech. Matrixelement matrix element of operator $\hat{X}$	X_{ij} $\langle i \vert \hat{X} \vert j \rangle$	versch.		$X_{ij} = \int \psi_i^* \hat{X} \psi_j \, d\tau$

Ξ, ξ (Xi)

Verschiebung; Ausschlag; Auslenkung shift; deflection; compliance	ξ, η, ζ	m		in x-, y-, z-Richtung
Schallausschlag displacement of sound	ξ	m		DIN 1320
Großkanonisches Ensemble grand canonical ensemble	Ξ	–		
Wicklungsfaktor space factor, copper factor	ξ	–	= 1	
Reaktionslaufzahl, Umsatz extent of reaction	ξ	mol		$\Delta\xi = \Delta n/\nu$
Umsatzrate rate of conversion	$\dot{\xi}$	$mol\,s^{-1}$		$\dot{\xi} = d\xi/dt$

X

römisches Zahlzeichen: 10; auf Münzen: Denarius. Drittletzter, ursprünglich letzter Buchstabe des lateinischen Alphabets; griechischer Zusatzbuchstabe Chi („X" oder Zahlzeichen: 600); X, x kyrill. Kh, kh.

x

Index in der Nachrichtentechnik: „Nebensprech-", „Übersprech-".

Xang (= Tschang)

Alte Goldmünze aus Thailand.

Xantho-
[griech.], in Wortzusammensetzungen: „gelb".

Xarob
Alte Rechnungsmünze aus Nordafrika.

Xe
Zeichen für das *chemische Element Xenon.

X-Einheit (xu, Xu, X.E.)
[engl.] **X-unit.** Veraltet! Einheit der Wellenlänge von Gamma- oder Röntgenstrahlen, auch SIEGBAHN-Einheit (*Konstanten):
$1\ \text{xu} = 1{,}00\,202 \cdot 10^{-13}$ Meter
$= 0{,}00\,100\,202$ Ångström ($\pm 3 \cdot 10^{-8}$ Å)
$\approx 0{,}1$ Picometer.

xer
Index (DIN 1304) für: trocken, griech. *xeros*.

Xerafin
Früher in den portugiesischen Kolonien gültige Rechnungsmünze.

Xerif Alte arabische Rechnungsmünze.

xero-
[griech.] „trocken", in Wortzusammensetzungen.

Xestes
Biblisch-griechisches Hohlmaß:
1 Xestes = 2 Kotylai = 0,547 Liter.

XTD
In der Seefahrt Abk. für: *cross track distance*, Bahnabweichung (vgl. *XTK).

XTK
Abk. f.: *cross track distance*, Bahnabweichung; in der Luftfahrt die ständig berechnete Distanz des Fahrzeugs von der Soll-Kurslinie (Abweichung nach links: L, rechts: R).

X-unit *X-Einheit.

xyl
Nicht standardisierte Abkürzung für: *xylene*, Xylol.

xylo-
[griech.] „Holz", in Wortzusammensetzungen.

Xylose-Belastung
Medizin: Konzentration im Urin innerhalb von fünf Stunden und im Blut in den ersten zwei Stunden nach dem Essen von 25 Gramm D-Xylose.

Formelzeichen

Physikalische Größe	Symbol	Einheit	Dimension	Def.
Abstand (vertikal) distance	y	m		
spezifische Energie energy per mass unit	Y	J/kg	$= m^2\,s^{-2}$	
Planck-Funktion Planck funktion	Y	J/K	$= m^2 kg\,s^{-2} K^{-1}$	$Y = -G/T$
Scheinleitwert, Admittanz admittance	$\underline{Y}$	$\Omega = V/A = m^2 kg\,s^{-3} A^{-2}$		$\underline{Y} = \underline{Z}^{-1}$
Admittanzbetrag modulus of admittance	$\lvert Y \rvert$	$\Omega = V/A = m^2 kg\,s^{-3} A^{-2}$		$\lvert Y \rvert = \lvert Z \rvert^{-1}$
Molenbruch mole fraction	(y)	–	= 1	siehe x
Allgemein: Ausgangsgröße, Wirkung output quantitity, action	Y			

Y

1) Zweitletzter Buchstabe des lateinischen Alphabets; griechisch Ypsilon (Υ, „Y, U" oder Zahlzeichen: 400), neugriech. Umschrift: y (i). Ursprünglich mit U (später Ü gesprochen) identisch. Im 1. Jh. v. Chr. von den Römern übernommen zur Modellierung des Lautes Ü in griechischen Fremdwörtern. Im Mittelalter auch Schreibweise ii und ij (z. B. in Schwyz). Y, Y kyrill. U, u.
2) Zeichen für das *chem. Element Yttrium.

Yara

Altes Längenmaß aus Bolivien:
1 Yara = 0,847 Meter.

Yard (yd., Yd)

1) *Angloamerikanische Einheit des *englischen Systems: In Deutschland nichtgesetzliche, in einigen EG-Ländern zulässige Längeneinheit. In den U.S.A. gesetzlich festgelegt 1866 und in der „Mendenhall order" von 1893; seit 1959 gilt im wissenschaftlichen Bereich:

1 Yard =
= 91,44 Centimeter [exakt]
= 0,5 Fathom
= 3 Foot (Mehrzahl: feet)
= 36 Inch [exakt] *Inch-Definition
= 0,9144 ($^{3600}/_{3937}$) Meter
= 36 000 mil
= $5{,}681\,818 \cdot 10^{-4}$ Mile.

2) EG-Amtsblatt L262 vom 27. Sept. 1976:
1 yd. = 0,9144 Meter [exakt].

3) Veraltet! Britisches Längenmaß, Basiseinheit des *British Imperial System* von 1878; experimentelle Definition 1922:
1 yard *GB* = 0,9 143 984 Meter.

4) Yard of land, Feldmaß des Engl. Systems:
1 Yard of land = 3 acre = 1,214 Hektar.

Yard per...

1) ...Minute (yd/min), Geschwindigkeitseinheit des Englischen Systems:
1 yd./min =
= 0,0 152 Meter/Sekunde
= 0,055 Kilometer/Stunde.

2) **...second (yd/sec),** Geschwindigkeitseinheit des Englischen Systems:
1 Yard/second =
= 0,9 144 Meter/Sekunde
= 3,294 Kilometer/Stunde.

Yarda
Altes Längenmaß aus Kolumbien:
1 Yarda = 91 Centimeter.

Yason rumat
Altes Längenmaß aus Äthiopien:
1 Yason rumat = 1,50 bis 1,95 Meter.

Yb
Zeichen für das *chem. Element Ytterbium.

yd
Abkürzung für: *yard.*

Yen (¥, Iso-Code: JPY**)**
Währungseinheit in Japan:
1 Yen = 100 Sen = ca. $^1/_{78}$ DM.

Yeni kantar
Gewichtseinheit aus der Türkei:
1 Yeni kantar = 50 Kilogramm.

Yhrn
Altes Flüssigkeitsmaß aus Südtirol:
1 Yhrn = 56,589 Liter.

Yin
1) Altes Längenmaß aus China:
1 Yin = 24,556 Meter.
2) Altes Gewicht aus China:
1 Yin = 2 Kätti = 1,21 Kilogramm.

Yo
Altes Längenmaß aus Japan:
1 Yo = 10 Shaku = 100 Sun = 3,03 Meter.

Yoke [engl.] *Joch.

Yot(e)
Altes Wegemaß aus Thailand:
1 Yot(e) = 16,26 Kilometer.

yr Abkürzung für: *year,* Jahr.

Y.Rl *Rial.

Yuan (Renminbi Yuan)
Währungseinheit in China:
1 RMB.¥ = 10 Jiao = 100 Fen = ca. $^1/_5$ DM.

Yugada
Altes Flächenmaß aus Spanien (*Tagwerk):
1 yugada = 32,198 Hektar.

Yukon Time *Zeitzonen.

Z

Formelzeichen

Physikalische Größe	Symbol	Einheit		Definition
Allgemein: konjugiert komplexe Größe conjugate complex quantity	z^*			
Kompressibilitätsfaktor compression factor, compressibility factor	Z	–	= 1	$Z = \frac{pV_m}{RT}$
Mechanische Impedanz mechanical impedance	Z_m	N s/m	= kg s^{-1}	
Spezif. Schallimpedanz, Feldimpedanz acoustic impedance, field impedance	Z_S, Z	Pa s/m	= N s m^{-3} = m^{-2}kg s^{-1}	
Akustische Impedanz, Flussimpedanz acoustic impedance	Z_a	Pa s/m^3	= N s m^{-5} = m^{-4}kg s^{-1}	
Stoßhäufigkeit collision frequency	Z_A	s^{-1}		
Molare Stoßzahl collision frequency factor	z_{AB}, z_{AA}	m^{3}mol^{-1}s^{-1}		$z_{AB} = \frac{Z_{AB}}{c_A c_B N_A}$
Stoßzahl collision number	Z_{AB}, Z_{AA}	m^{-3}s^{-1}		
Kanonische Zustandssumme sum over states for a canonical ensemble	Z	–	= 1	
Teilchen-Zustandssumme sum over states for a single molecule	z	–	= 1	siehe q
Komplexer Widerstand, Impedanz impedance	$\underline{Z}$	Ω = V/A = m^{2}kg s^{-3}A^{-2}		$\underline{Z} = R + \mathrm{i}\,X$
Diffusionsimpedanz mass transfer impedance	Z_d	Ω		
Faradayimpedanz faradaic impedance	Z_F	Ω		
Warburgimpedanz Warburg impedance	Z_W	Ω		
Impedanzbetrag, Scheinwiderstand modulus of impedance	$\lvert\underline{Z}\rvert$	Ω		$Z = U/I$
Wellenwiderstand image impedance, impedance level	Z, Γ	Ω = V/A = m^{2}kg s^{-3}A^{-2}		
– im Vakuum in vacuum	Z_0, Γ_0	Ω = V/A = m^{2}kg s^{-3}A^{-2}		
Ionenladung, Ionenwertigkeit charge number of an ion	z, $z_\oplus$, $z_\ominus$	–	= 1	$z_i = Q_i/e$
Elektrochemische Wertigkeit charge cell reaction	z		= 1	auch n
Leiterzahl number of conductors	z	–	= 1	DIN 1325
Ordnungszahl, Kernladungszahl atomic number	Z	–	= 1	

Z, ζ (Zeta)

Arbeitsgrad efficiency	ζ	–	= 1	
Coriolis-Konstante Coriolis zeta constant	ζ	–	= 1	
Zeta-Potential electrokinetic potential	ζ	V	$= \mathrm{m^2 kg\, s^{-3} A^{-1}}$	
Widerstandserhöhungsfaktor bei Stromverdrängung increase of resistance for current displacement	ζ_R	–	= 1	DIN 1325
Induktivitätsverringerungsfaktor bei Stromverdrängung decrease of inductance	ζ_i	–	= 1	DIN 1325

Z

Letzter Buchstabe des lateinischen Alphabets; griech. Zeta („Z" oder Zahlzeichen: 7); Index (DIN 1304) für: Zusatz...; Abkürzung für: Restklassenring von Z modulo m ($\mathbf{Z}_m$).

Z.$ *Dollar, Währung.

Z£ *Pfund, Währung.

Zähigkeit

1) *Viskosität.

2) Verformungsfähigkeit bzw. plastisches Formänderungsvermögen von Werkstoffen bis zum Bruch. Kennzahl *Bruchdehnung.

Zahl

1) Lineares oder logarithmisches Verhältnis gleichartiger Größen gleicher Dimension, vorzugsweise für *Stoffkenngrößen* (vgl. relative Größen). – Beispiele:
Brechzahl $n = c_0/c$,
Permittivitätszahl $\varepsilon_r = \varepsilon/\varepsilon_0$,
Machzahl $Ma = v/v_{\text{schall}}$.

2) Verhältnis zweier verschiedenartiger Größen gleicher Dimension, speziell im Rahmen der Ähnlichkeitstheorie.
Beispiele: Prandtl-, Reynolds-, Nusselt-Zahl u. a. *dimensionslose Kennzahlen.

Zählen *messtechnische Begriffe.

Zählmaße (Stückmaß)

Veraltet! Historische Einheiten für abzählbare Güter (Stückware), z. B. Decher, Dutzend, Gros, Mandel, Ries, Schick, Strich, Stiege, Zimmer, Wall. Vgl. *Deutschland.

Zählrate *counts per second.

Zählwert

Medizin: Mit einer Zählkammer mikroskopisch bestimmte Leukozyten- und Erythrozytenzahl im Blut. 1) **Leukozytenzahl.** Auf das Zählnetz (3 mm × 3 mm, unterteilt in 9 Quadrate à 16 Gruppenquadrate à 16 Kleinstquadrate) in einer $d = 0{,}1$ mm tiefen Glaswanne wird ein 1 : 20 mit Essigsäure verdünnter Bluttropfen aufgebracht; die weißen Blutkörperchen in den vier Eckquadraten ($A = 4\ \mathrm{mm}^2$) bei 140–200facher Vergrößerung ausgezählt.

$$\frac{\text{Leukozyten}}{\text{Mikroliter}} = \frac{\text{gezählte Zellen } n}{A\, d \cdot \text{Verdünnung}} \approx 50\, n$$

2) **Erythrozytenzahl.** Blut in 200facher Verdünnung bei 300–400facher Vergrößerung wird in fünf (von neun) Gruppenquadraten des mittleren Zählquadrates = 80 Kleinstquadraten ($^5/_{25} = {}^{80}/_{400} = 0{,}2\ \mathrm{mm}^2$) ausgezählt.
Erythrozyten/$\mu\ell = 10000\, n$

Zahlwörter

Zur Benennung chemischer Verbindungen mit mehrfach vorkommenden Gruppen (Vgl. Tabelle).

Zahnformel

oder *Gebissformel.* Schematische Darstellung der Anordnung und des Zustandes der Zähne; Ober- und Unterkiefer, rechte und linke Kieferhälfte werden durch ein Kreuz in vier Quadranten aufgeteilt, in denen die Zähne von innen nach außen die Nummern 1 bis 8 tragen. Abkürzungen

Tabelle Z.1 Zahlwörter zur Benennung chemischer Verbindungen.

Zahlwort												
½	1	1½	2	3	4	5	6	7	8	9	10	viel
a) gleiche Gruppen (Substituenten) an einem oder verschiedenen Atomen z. B. Tetrachlormethan CCl_4												
hemi	mono		di	tri	tetra	penta	hexa	hepta	octa	ennea	deca	poly
b) große, bereits substituierte Gruppen z. B. Tris-diethylamino-triphenylcarbinol $[(C_2H_5)_2N \cdot C_6H_4]_3C{-}OH$												
			bis-	tris-	tetra-	penta-	hexa-	hepta-	okta-	ennea-	deka-	
c) Vervielfachung eines vollständigen Restes z. B. Biphenyl $C_6H_5{-}C_6H_5$												
semi	uni	sesqui	bi	ter	quadri	quinque	sexi	septi	octo	nona	deci	multi

Ferner bedeuten: 11 *hendeka*, 12 *dodeka*,..., 20 *icosa*, 21 *henicosa*, 22 *docosa*, 23 *tricosa*,..., 30 *triconta*, 31 *hentriconta*,..., 100 *hecta*.

für die Zahnarten (Milchzähne in Kleinbuchstaben).
I = Incisivi (Schneidezähne),
C = Canini (Eckzähne),
P = Praemolares (Backenzähne),
M = Molares (Mahlzähne).

Zahl Historisch! Für Fische: 110 Stück.

Zain
Altes Raummaß für Braunkohle aus Nassau:
1 Zain = 0,81 Meter^3.

Zaire
Frühere Währungseinheit in der Demokratischen Republik Kongo (bis Mai 1997: Zaire, *CFA-Franc):
1 Neuer Zaïre (Z) =
= 100 Makuta (Einzahl: Likuta)
= [früher] 10 000 Sengi (s)
= ca. $^1/_{64000}$ DM.

Zak (= Sack)
Altes Hohlmaß für Getreide aus Holland:
1 Zak = 10 Schepel = 278,74 Liter
= [später] 1 Hektoliter.

Zar
Altes Längenmaß aus Persien:
1 Zar = 4 Tscherek = 1,04 Meter.

ZEBS-Wert
Richtwert der „Zentralen Erfassungs- und Bewertungsstelle für Umweltchemikalien" des Bundesgesundheitsamtes; speziell für Schwermetall- und Nitratbelastung in Lebensmitteln und Trinkwasser.

Zechine
[ital. *zecchino*]. Seit 1284 geprägte, altvenzian. Goldmünze, dem *Dukat* entsprechend.

Zehnfache Drachme *Drachme.

Zehnling
Historisch! 50 Gramm (Baden).

Zehntelrute
Historisch! 1 Zehntelrute =
= 37,6 Centimeter (Preußen)
= 43,0 Centimeter (Sachsen)

Zeiger
Darstellungsweise für sinusförmig zeitlich oder räumlich veränderliche Größen in der komplexen Ebene. „Ruhende", d. h. zeitunabhängige Zeiger sind z. B. die komplexe *Amplitude und der komplexe *Effektivwert. Ein „rotierender", d. h. zeitabhängiger Zeiger oder *Drehzeiger* oder *Versor* (Symbol ∠) ist z. B. der komplexe *Augenblickswert.

Zeit
1) Weltzeit, engl. *Universal Time* (UT, UT0) = mittlere Sonnenzeit, bezogen auf den Null-Meridian von Greenwich (*Zeitzonen) und den mittleren Sonnentag mit 86 400 *Sekunden.

2) Korrigierte Weltzeit (bis 1958). **UT1** ist die um Polhöhenschwankungen bereinigte Zeit UT0, damit dem Drehwinkel der Erde proportional; wichtig für See- und Satellitennavigation. **UT2** berücksichtigt ferner bekannte mittlere jahreszeitliche Rotationsschwankungen der Erde; vgl. *Tag.

Die Erddrehung ist kein sicheres Zeitmaß, weil sie sich pro Jahrtausend um 1 Stunde verlangsamt. Einerseits bremsen die Gezeiten die Erdrotation, andererseits wächst langzeitig der Abstand Erde–Mond.

Verlangsamung	$7{,}27 \cdot 10^{-5}$ rad/s
der Erdrotation	$-5{,}5 \cdot 10^{-22}$ rad/s^2
Relat. Verlangsamung (Gezeitenreibung)	$2{,}6 \cdot 10^{-10}$/Jahr

Mit den Jahreszeiten ändern sich Erdachse und Erddrehung außerdem periodisch und stochastisch. Der tägliche Höchststand der Sonne um 12 Uhr mittags schwankt im Lauf des Jahres um bis zu ±30 Sekunden. Der Durchstoßpunkt der Erdachse auf der Erdoberfläche beschreibt Spiralbahnen innerhalb eines Quadrates von 15 Metern Seitenlänge.

3) Ephemeridenzeit, ET (bis 1958). Die Astronomischen Ephemeriden-Tafeln enthalten die berechneten Positionen von Sonne, Mond und Planeten zu bestimmten Zeitpunkten, bezogen auf den Erdmittelpunkt und eine gleichförmige Zeitskala. Die Dauer einer Ephemeridensekunde (*Sekunde) wurde von SIMON NEWCOMB durch Auswertung astronomischer Aufzeichnungen aus zwei Jahrhunderten gewonnen. Die Differenz von Ephemeriden- und Weltzeit betrug bis 1904 null, aber am 1. Jan. 1977 bereits 32,184 Sekunden.

4) Atomzeit, TAI, IAT, [frz.] *Temps Atomique International,* [engl.] International Atomic Time, Internationale Atomzeit (1. Januar 1958, 0 Uhr bis heute): Am englischen National Physical Laboratory wurde zwischen Juli 1955 und 1958 die Dauer der Ephemeridensekunde mit Hilfe einer Cäsium-Atomuhr zu 9192 631 770 ± 20 Perioden der Strahlung des ^{133}Cs-Hyperfeinstruktur-Übergangs bestimmt (*Zeitmessung). Aufgrund der Messunsicherheit entschloß sich die 13. Generalkonferenz für Maß und Gewicht (1967) die „Atomsekunde" oder „SI-Sekunde" exakt als diesen Zahlenwert zu definieren. Die Dauer einer Sekunde ist damit absolut festgelegt und wird nicht mehr laufend der Erddrehung angepasst. Das *Bureau International de l'Heure* (BIH, Paris) liefert seit 1971 die TAI auf Basis der Zeitsignale der koordinierten Weltzeit (UTC).

5) Koordinierte Weltzeit, UTC, CUT, [frz.] Temps Universel Coordonné, [engl.] *Coordinated Universal Time,* bürgerliche Zeit und Zonenzeit (seit 1. Januar 1972). Die *Union International de Télécommunication* hat damit die Aussendung von Zeitzeichen im Rundfunk weltweit „koordiniert". UTC unterscheidet sich von der Internationalen Atomzeit TAI um exakt eine ganze Zahl von Schaltsekunden und wird alle paar Monate an die Erdrotation (UT1) angepasst (meist 1.1. und 1.7.). Die Abweichung von der Universalzeit UT1 beträgt nie mehr als 0,9 Sekunden. Seit 1972 wurde etwa eine Schaltsekunde pro Jahr eingefügt. Die Jahre um 1985 waren mehrere Schaltsekunden notwendig, weil die Erde sich wieder einmal etwas langsamer gedreht hat.

6) Freie Atomzeitskala, EAL = *Echelle Atomique Libre*. Vom *BIPM berechnete gemittelte Atomzeit von weltweit etwa 220 Atomuhren und Wasserstoffmasern.

7) Terrestrial Time, TT. Von der Internationalen Astronomischen Union IAU empfohlene Zeitskala mit der SI-Sekunde als Skalenmaß und – um Kontinuität mit der Ephemeridenzeit zu gewährleisten – dem Unterschied zur Atomzeit TT – TAI = 32 184 Millisekunden am 1. Januar 1977, 0 Uhr TAI.

8) Westeuropäische Zeit, *Greenwich-Zeit, Greenwich Meridian Time.

Zeitabhängige Größen

*komplexe Größen, *Zeiger.

Zeitbezogene Größen

Nach DIN 5476, z. B. Geschwindigkeit, Strom, Durchfluss, Durchsatz, Rate, Frequenz und Leistung.

Zeitbruchdehnung

*Werkstoffkenngrößen.

Zeitdehngrenze *Werkstoffkenngrößen.

Z

Zeitdifferenz *Kalender.

Zeitfaktor *Amplitude, komplexe.

Zeitgleichung
engl. *equation of time*, Differenz zw. wahrer Ortszeit (WOZ) und mittlerer Ortszeit (MOZ):

$$e = \text{WOZ} - \text{MOZ}$$

Zeitkonstante *Abklingzeit.

Zeitmessung
1) Pendeluhr. Bei kleiner Auslenkung ist die Schwingungsperiode des Pendels praktisch unabhängig von der Amplitude (GALILEI, 1564–1642). Der Pendelarm ist mit der „Hemmung" gekoppelt, damit sich das Uhrwerk treibende Zahnrad nur in eine Richtung dreht. C. HYGENS (1657) erfand die epochemachende Hemmung, die das Pendel durch allmähliches Abrollen eines Gewichtes immer wieder anstösst. – Die Schwingung einer federgetriebenen Unruhe erlaubte den Bau von Taschenuhren.
2) Short'sche Normaluhr (1920, bis 1945 im Gebrauch). Ein Führungspendel schwingt frei in einem Vakuumgefäß und aktiviert über einen elektrischen Schalter ein abhängiges Pendel. Fehler: wenige Sekunden im Jahr.
3) Quarzuhren nutzen den piezoelektrischen Effekt: Eine elektrische Wechselspannung verformt periodisch einen stimmgabelförmigen, flachen Quarzkristall geringfügig. Die in den Schaltkreis rückgekoppelte Schwingungsfrequenz (normal 32 768 Hz) hängt von der Form und Größe des Kristalles ab und wird mit einem digitalen Frequenzteiler ermittelt. Genauigkeit: 0,1 ms/Tag.
4) Atomuhren. Durch elektromagnetische Felder werden die Hyperfeinstrukturniveaus – eine Folge des magnetischen Moments (der Eigendrehung) der Elementarteilchen – von Atomen angeregt. Die Momente können sich nur parallel oder antiparallel einstellen. Die Gesamtenergie dieser Zustände unterscheidet sich um $\Delta E = h\nu_0$. Die gemessene Resonanzfrequenz ν_0 ist mit einer Unschärfe behaftet, die abhängt von der relativen Bewegung und Geschwindigkeit der Atome (Doppler-Effekt 1. Ordnung), dem Doppler-Effekt 2. Ordnung (ein angeregtes, schnell bewegtes Atom sendet eine andere Frequenz aus als ein ruhendes), der Verweildauer der Atome im Messgerät (Kollision der Atome), von Streufeldern aus der Umgebung und der Wärmestrahlung.

• **Atomstrahl-Resonanz** (I. RABI, vor 1940): Atome verlassen eine kleine Kammer durch eine enge Blende und bilden einen Strahl, der nacheinander einen Magneten (Fokussierung, Trennung nach der Energie), einen Mikrowellen-Hohlraum (Anregung im HF-Feld) und einen weiteren Magneten durchläuft, sodann auf einen Detektor trifft. Der gemessene Strom steuert über einen Rückkopplungsmechanismus die Mikrowellenfrequenz auf die Resonanzfrequenz der Atome hin, so dass möglichst viele Atome auf den Detektor treffen. Das eingestrahlte Mikrowellenfeld wird durch einen Frequenzteiler in Messpulse gewandelt, die "gezählt" werden. Weiterentwicklung durch F. RAMSEY, J. R. ZACHARIAS, J. V. L. PARRY ab 1949 mit zwei hintereinander geschalteten HF-Feldern zur Beseitigung des Doppler-Effektes.

• **Optisch gepumpte Cäsium-Atomuhr.** Ein Strahl von ^{133}Cs-Atomen wird durch einen Laser auf ein bestimmtes Energieniveau angeregt, tritt in einen Mikrowellen-Hohlraum (Resonanzanregung der Hyperfeinstrukturniveaus im HF-Feld) und absorbiert beim Austritt das Licht eines zweiten Lasers, dessen Remission auf einen Fotodetektor trifft (oder einen heißen Metalldraht, an dem Cäsium ionisiert wird). Der Detektorstrom steuert das HF-Feld des Resonators (9192,631770 MHz). Ein Frequenzteiler wandelt die Mikrowellen in zählbare Messpulse. Genauigkeit: 10^{-12} bis 10^{-14} = ca. 86,4 bis 1,3 Nanosekunden/Tag, zeitstabil.

• **Rubidium-Atomuhr.** Kommerziell sind optisch gepumpte ^{87}Rb-Uhren erhältlich. In einem gasgefüllten Glasgefäss wird Rubidium mit einer Rb-Dampfentladungslampe angeregt und ein HF-Feld von 6835 MHz eingestrahlt. Die absorbierte Lichtmenge wird mit einem Fotodetektor gemessen. Genauigkeit: 10^{-10}, Eichung mit dem ^{133}Cs-Frequenzstandard.

• **Wasserstoffmaser** (H. TOWNES 1953, F. RAMSEY, D. KLEPPNER, H. M. GOLDENBERG ab 1960): Aus einer Quelle tretende H-Atome (erzeugt durch Radiofrequenz-Entladung) passieren einen Magneten (Fokussierung) und treten in einen tiefgekühlten Resonanzhohlraum-Speicher mit superfluidem Helium als Gefässbeschichtung, wo sie Mikrowellenstrahlung von 1420 MHz emittieren und weitere Atome zur spontanen Emission stimulieren. Der durch das Mikrowellenfeld erzeugte Wechselstrom wird mit einer Drahtschleife im Hohlraum gemessen. Frequenzteiler und Digitalzähler zeigen die verflossene Zeit an. Genauigkeit: 10^{-9} bis 10^{-15}, geringe Zeitstabilität.

5) Teilchenfallen als mögliche künftige Verfahren zur Zeitmessung:

- **Ionenfallen.** Ionen im Vakuum werden durch statische, elektrische und magnetische Felder (Penning-Falle) oder ein oszillierendes elektrisches Feld (Paul-Falle) festgehalten und zur Resonanz angeregt, z. B. ^{199}Hg-Ionen (40,5 GHz, UV-Resonanz) oder ^{9}Be-Ionen.
- **Atomfallen.** Durch sechs Laserstrahlen wird ein Atomverband im Vakuum abgekühlt und festgehalten. In diesem „optischen Sirup" absorbieren Teilchen, die sich dem Laserstrahl entgegenbewegen, einen Teil des Impulses der Laser-Photonen und werden dadurch langsamer und kälter. Die vertikalen Strahlen stoßen die Atome kurz nach oben in einen Mikrowellen-Resonanzhohlraum, von dort fallen sie aufgrund der Schwerkraft in den Kreuzungsbereich der Laserstrahlen zurück. Ein Diagnoselaser regt die Atome zur Fluoreszenz an, die von einem Fotodetektor gemessen wird. Ein Frequenzteiler erzeugt Zählimpulse.

6) GPS. An Bord der geostationären Navigationssatelliten des *Global Positioning Systems* befinden sich Atomuhren. Zwei Personen, die vom selben Satelliten Signale empfangen, können ihre Uhren auf wenige Nanosekunden synchronisieren (*Längenmessung).

Zeitmessung, relativistische Effekte

Die Gravitation verformt Raum und Zeit. Weil die Schwerkraft mit wachsender Entfernung abnimmt, vergeht die Zeit in großer Höhe rascher als auf dem Boden. Auf dem Mt. Everest laufen die Uhren eine 30millionstel Sekunde pro Jahr schneller als auf Meereshöhe.

Gangunterschied der Atomuhren: $1{,}06 \cdot 10^{-16}$ pro Meter Höhendifferenz (Rotverschiebung).

Zeitrechnung

Die *christliche Zeitrechnung* beginnt mit dem Jahr 1 nach Christi Geburt, die *jüdische* mit dem 7. Okt. 1361 v.Chr., die *römische* mit der sagenhaften Gründung Roms 753 v.Chr., die *mohammedanische* mit dem Tag der Flucht des Propheten von Mekka nach Medina am 16. Juli 622.

Apostolisches Zeitalter heißt der Zeitraum der Begründung des Christentums durch die Apostel; etwa das 1. Jh. christl. Zeitrechnung.

Zeitstandversuch

*Werkstoffkenngrößen.

Zeitunterschied

(ZU), engl. *zone description* (ZD), in der Seefahrt der Unterschied zwischen *Zonenzeit (ZZ) und koordinierter Weltzeit (UTC):

$$ZU = ZZ - UTC.$$

Zeitverlauf

Zeitlicher Verlauf einer physikalischen Größe, z. B. Schwingungsgröße eines freien gedämpften linearen Oszillators:

$$x = X\mathrm{e}^{-\delta t}\cos(\omega_\mathrm{d} t + \varphi)$$

Zeitzonen

Der kanadische Bauingenieur SANDFORD FLEMING teilte die Erde in 24 Zeitzonen auf. Die 360 Längengrade (Meridiane) der Erdkugel bilden 15° breite Zeitzonen, in denen die gleiche – von der wahren Sonnenzeit abweichende – Standardzeit gilt. Seit 1893 gilt für Deutschland kraft des „Gesetzes, betreffend die Einführung einer einheitlichen Zeitbestimmung" (1978 novelliert) die mittlere Sonnenzeit des 15. Längengrades östlich von Greenwich. Im Jahresmittel erreicht die Sonne um 12 Uhr mittags im Null-Meridian von Greenwich bei London den Höchstand (Zenit).

Uhrzeit, wenn es in Deutschland 12 Uhr Mittags ist:

0 Uhr	Westalaska, Aleuten, Samoainseln.
1 Uhr	**Alaska Time**: Zentralalaska, Hawaii, Gesellschaftsinseln.
2 Uhr	**Yukon Time**: Ostalaska, Kanada (Yukonterritorium).

3 Uhr **Pacific Time PT**: Kanada (Brit.-Columbia), USA-Pazifikküste, (Oregon, Kalifornien, Nevada).

4 Uhr **Mountain Time MT**: Kanada (Mackenziedistrikt, Alberta, Saskatschewan), USA-Felsengebirgszone, Mexiko (westl. Teil).

5 Uhr **Central Time CT**: Kanada (Manitoba u.a.), USA (von Norddakota bis Lousiana), Mexiko (kleiner östl. Teil), Guatemala, Honduras, Nicaragua, Costa Rica.

6 Uhr **Eastern Time ET**: Kanada (Ontario und Quebec), USA-Atlantikküste (von Maine bis Florida), Bahamas, Kuba, Haiti, Jamaika, Panama, Kolumbien, Ecuador, Peru.

7 Uhr **Atlantic Time AT**: Kanada (Neuschottland), Puerto Rico, Brasilien (westl. Teil), Bolivien, Paraguay, Chile.

8 Uhr Brasilien (östl. Teil), Argentinien.

9 Uhr Azoren, Kapverdische Inseln.

10 Uhr Island, Madeira, Kanarische Inseln.

11 Uhr **Greenwich Mean Time GMT**: Färöer, Portugal, Marokko, Senegal, Guinea, Ghana, Elfenbeinküste, Togo, Mali, Obervolta, (Großbritannien).

12 Uhr **Mitteleuropäische Zeit MEZ**: Norwegen, Schweden, Dänemark, Großbritannien, Nordirland, Niederlande, *Deutschland*, Polen, Österreich, Ungarn, Tschechoslowakei, Schweiz, Italien, Jugoslawien, Spanien, Frankreich, Belgien, Malta, Algerien, Tunesien, Kamerun, Nigeria, Kongo, Angola.

13 Uhr **Osteuropäische Zeit**: GUS Zone 2 (Moskau, Leningrad), Finnland, Rumänien, Bulgarien, Griechenland, Türkei, Syrien, Libanon, Israel, Jordanien, Libyen, Ägypten, Sudan, Zaire (östl. Teil), Sambia, Simbabwe, Mocambique, Südafrika.

14 Uhr GUS Zone 3 (Archangelsk, Wolgograd, Baku), Irak, Südjemen, Nordjemen, Äthiopien, Somalia, Kenia, Uganda, Tansania, Madagaskar, Komoren.

15 Uhr GUS Zone 4 (Nowaja Semlja, Swerdlowsk), Mauritius.

16 Uhr GUS Zone 5 (Omsk, Taschkent), Pakistan.

16:30 **Indische Zeit**: Indien, Sri Lanka, Nepal.

17 Uhr GUS Zone 6 (Nowosibirsk), Bangla Desh.

18 Uhr GUS Zone 7 (Irkutsk), Thailand, Kambodscha, Laos, westl. Indonesien (Sumatra, Java).

19 Uhr **Chinesische Zeit**: GUS Zone 8 und Philippinen, mittl. Indonesien, Westaustralien.

20 Uhr **Japanische Zeit**: GUS Zone 9 (Wladiwostok), Korea, Japan, östl. Indonesien.

21 Uhr **Ostaustralische Zeit**: Ost-Neuguinea, Ost-Australien, Tasmanien.

23 Uhr **Neuseeländische Zeit**: Marshallinseln, Neuseeland.

Zellkonstante

Gefässkonstante, „Widerstandskapazität". Bei einer *Leitfähigkeitsmesszelle das Verhältnis $k = l/A$ (Einheit: m^{-1}) von Elektrodenabstand l und Elektrodenoberfläche A, das mit *Leitfähigkeitsstandards bestimmt wird.

Zellspannung

U_z (in *Volt); Klemmenspannung einer elektrochemischen Zelle bei geschlossenem Stromkreis, gemessen als Potentialdifferenz zwischen den Elektroden einschließlich Überspannungen η und Spannungsabfall im Elektrolyten („IR-Drop").

$$U_z = U_q \pm \eta_{Anode} \pm |\eta_{Kathode}| \pm IR$$

Elektrolysezelle (+), Batterie (−).

Zellspannung, reversible
Urspannung, Elektromotorische Kraft, EMK, E (in *Volt); negativ genommene *Quellenspannung* $-U_q$ bzw. *Leerlaufspannung* $-U_L$; die Spannung zwischen den Polen einer Stromquelle (= Potentialdifferenz zwischen zwei Halbzellen) bei offenem Stromkreis, wenn kein Strom fließt und die Zelle reversibel arbeitet.

Zenit
Engl. *zenith*, Schnittpunkt der nach oben verlängerten Lotlinie des Beobachters mit der Himmelskugel. Vgl. *Zeitzonen, *Nadir.

Zenitwinkel
Winkelgröße der Sonne: $\zeta = \frac{\pi}{2} - \gamma$ rad
γ Höhenwinkel.

Zent (Cent)
1) Alte Masseneinheit:
1 Zent = $^1/_6$ Gramm.
2) *Cent.

Zentenarium Zeitraum von 100 Jahren.

Zenti... *Centi.

Zentimeter-Gramm-Sekunde-System
*cgs-System.

Zentner (Ztr., z)
1) [ahd. *centenari*, spätlat. *centenarium*, „Hundertpfundgewicht"]. In Dänemark und Schweden *centner*, Niederlande *centenaar*, USA *cental*, Italien *mezzo quintale*, Japan *kindaru*, Polen *centnar*. Nichtgesetzlich! Alte, noch gebräuchliche Masseneinheit:
1 Zentner = 100 Pfund = 50 Kilogramm.
2) Vor Gründung des Deutschen Zollvereins im Jahr 1834:
1 Zentner =
= 50 Kilogramm = 100 Pfund (Baden)
= 56 Kilogramm = 100 Pfund (Bayern)
= 46,77 Kilogramm (Braunschweig)
= 54,84 Kilogramm = 112 Pfund (Hannover)
= 50,0 Kilogramm = 100 Pfund (Hessen)
= 56 Kilogramm = 100 Pfund (Österreich, *Wiener Centner*)
= 51,45 Kilogramm = 110 Pfund (Preußen)
= 51,4 Kilogramm = 110 Pfund (Sachsen)
= 50 Kilogramm = 100 Pfund (Schweiz)
= 48,46 Kilogramm = 104 Pfund;
= [später] 50 Kilogramm (Württemberg).

Zentripetalkraft *Gravitation.

Zenturie
1) [lat. *centuria*, „Hundertschaft, Kompanie"]. Römisches Heer: 100, später 60 Mann.
2) Römisches Feldmaß, Flurbezirk:
1 centuria = 100, später 200 Iugera (Morgen)
= [urspr.] 25 Hektar = [später] 50,4 Hektar.

zeret *Spanne.

Zerfallskonstante
Kehrwert der mittleren Lebensdauer eines Prozesses, z. B. radioaktiver Zerfall:
$$\lambda = \frac{1}{\tau} \quad \text{Einheit: } s^{-1}$$

Zerreißgrenze *Bruchdehnung.

Zers. Abk. für: Zersetzung, Zersetzungs...

Zersetzungsspannung
U_z (in *Volt); Mindestpannung zur chemischen Zersetzung eines Ionenleiters (*Elektrolyt) durch den elektrischen Strom (kontinuierliche Elektrolyse).

Ziegel
Altes Längenmaß aus Babylon (*Elle):
1 Ziegel = 32,76 Centimeter.

Ziegeltee (= Backsteintee)
Altes mongolisches Zahlungsmittel.

Ziffer
oder *Rate. Verhältnis zweier Mengen aus unterschiedlichen Grundgesamtheiten; z. B. Geburtenziffer. Vgl. *Quote.

Zimmer
Altes Zählstückmaß für Felle:
1 Zimmer = 40 bzw. 60 Stück.

Zinnaischer Münzfuß *Münze.

Zins
Die Zinsrechnung beantwortet mit der Verleihung oder Anlage eines Kapitals gegen Zinsen zusammenhängende Fragen (vgl. Tabelle). Der Zinsmonat zählt 30 Tage, das Zinsjahr 360 Tage. Zwischen zwei Kalenderdaten (d Tag, m Monat, y Jahr) liegen t Zinstage:
$$t = (d_2 - d_1) + 30\,(m_2 - m_1) + 360\,(y_2 - y_1)$$

Zirai mimari
Altes Längenmaß aus der Türkei:
1 Zirai mimari = 24 Parmak
= 75,77 Centimeter = [heute] 1 Meter.

Tabelle Z.2 Berechnung von Zinsen, Renten und Renditen: K_0 Anfangskapital, K_n Kapital nach n Jahren, p Zinsfuß (1% = 0,01), q Zinsfaktor, t Zeit.

Sparanlage oder Darlehen	$z = \frac{Kpt}{360} = \frac{\text{Zinszahl}}{\text{Zinsdivisor}}$	Für einen Kredit von 8572 DM bei 7% Nominalzins sind jeden Monat $z = 8572 \cdot 7\% \cdot 30/360 = 50$ DM Zinsen zu zahlen.
Einmalige Kapitalanlage (oder Darlehen) bei jährlicher Zinsverrechnung	$K_n = K_0\, q^n = K_0\,(1+p)^n$	Aus 10 000 DM werden bei 5% Verzinsung nach 4 Jahren $K_4 = 10000\,(1+0{,}05)^4 \approx 12155$ DM.
m-fachjährlicheZinsverrechnung	$K_n = K_0 \left(1 + \frac{p}{m}\right)^{mn}$	Aus 1000 DM werden bei monatlicher Verzinsung (= 12mal im Jahr) von 4% nach 10 Jahren $K_{10} = 1000\,(1 + 4\%/12)^{12 \cdot 10} \approx 1491$ DM.
Vorschüssige Einzahlung (+) oder Auszahlung (−) eines Geldbetrages b	$K_n = K_0\, q^n \pm b\, q\, \frac{q^n - 1}{q - 1}$	Von 101 500 DM bei 4% Verzinsung werden jährlich 12 000 DM verbraucht; nach 10 Jahren verbleiben: $K_{10} = 101500 \cdot 1{,}04^{10} - 12000 \cdot 1{,}04\, \frac{1{,}04^{10} - 1}{1{,}04 - 1} \approx 409$ DM.
Mehrfach jährliche vorschüssige Ein- oder Auszahlung: modifizierter Zinsfaktor $\bar{q} = 1 + p/m$.	$K_{mn} = K_0\, \bar{q}^{mn} \pm b\bar{q}\, \frac{\bar{q}^{mn} - 1}{\bar{q} - 1}$	Aus monatlich 100 DM bei 4% Zins werden nach 30 Jahren: $K_{12,30} = 100 \cdot 1{,}0033 \cdot \frac{1.0033^{12 \cdot 30} - 1}{1.0033 - 1} \approx 69636$ DM, wobei $\bar{q} = 1 + 0.04/12$.
Rendite oder Effektivverzinsung eines Wertpapiers: (Anschaffungskurs c_1 (in %), Rückzahlungskurs c_2, Nominalverzinsung p, Restlaufzeit t (in Jahren)	$r = \frac{p + (c_2 - c_1)/t}{c_1}$	Eine 2008 zu 100% fällige 6%-Anleihe, die 1999 zum Kurs von 96% gekauft wird, rentiert mit $r = 0.06 + (1 - 0.96)/(2008 - 1999)/0.96 \approx 6{,}71\%$.
Börsenkurs eines Wertpapiers bei Kapitalmarktzins r_m	$c = \frac{1 + pt}{1 + r_m t}$.	Der Kurs einer 6%-Anleihe mit 9 Jahren Restlaufzeit fällt bei Anstieg des Marktzinses auf 10% auf $c = (1 + 0.06 \cdot 9)/(1 + 0.1 \cdot 9) = 81\%$ ab.

Zirkulation

Kinematische Größe der Strömungsmechanik:

$$\Gamma = \oint_C \vec{v}\, d\vec{s} \quad \text{Einheit: } \frac{\text{m}^2}{\text{s}}$$

$d\vec{s}$ Linienelement der geschlossenen Kurve C.

Zjoo

Altes Längenmaß aus Japan:
1 Zjoo = 3,03 Meter.

Złoty (Zł, Iso-Code: PLZ)

Seit dem Mittelalter Bezeichnung für polnische Goldmünzen und Taler; seit 1924 Währungseinheit in Polen:
1 Złoty (Zl) = 100 Groszy (Gr, gr) ≈ 0,57 DM.

Zn

Zeichen für das *chemische Element Zink.

Zober

Historisch! Im Salzbergbau: 1 Zober = 1/5 Pfanne = 8 Eimer = 96 Kannen = 99,84 Liter Sole (Halle).

Zoll (″)

1) [mhd. *zol*, „Klotz, abgeschnittenes Holz"]. Altes Längenmaß, abgeleitet von der Breite des Daumens, z. T. heute noch für Gewinde und Rohrdurchmesser gebräuchlich (*nichtgesetzliche Einheiten).

1 Zoll =
= 1/12 (auch 1/10) Fuß
= 12 bzw. 10 Linien (Punkte, *points*)
= [früher] 2,5 Centimeter
= [heute *US*] 2,54 Centimeter.

2) Vor Gründung des *Zollvereins 1834:

1 Zoll =
= 3 Centimeter (Baden)
= 2,433 Centimeter (Bayern)
= 2,5068 bis 2,9469 Centimeter (Belgien und Luxemburg)
= 2,71 Centimeter (Frankreich)
= 2,54 Centimeter (Großbritannien)
= 2,434 Centimeter (Hannover)
= 2,865 Centimeter (Hohenzollern)
= 2,129 bzw. 2,47 Centimeter (Oldenburg)
= 2,63 401 Centimeter (Österreich, *Wiener Zoll*)
= 2,75 Centimeter (Portugal)
= 2,6 154 Centimeter (Preußen)
= 2,54 Centimeter (Russland)
= 2,3 599 Centimeter (Sachsen)
= 2,388 Centimeter (Schleswig-Holstein)
= 3 Centimeter (Schweiz)
= 2,3194 Centimeter (Spanien)
= 2,54 Centimeter (USA)
= 2,8649 Centimeter (Württemberg).

3) Babylonischer Zoll. Altertum:
1 Zoll = 1,72 Centimeter.

4) *inch, *Duim, *Digitus, *Parmak, *Polegada, *Pulgada, *Tum.

Zollpfund

Masseneinheit des Deutschen Zollvereins (1856), Münzgrundgewicht des Wiener Münzvertrags (24. Jan. 1857, Ablösung der *Mark):
1 Zollpfund = 500 Gramm
≙ 30 Vereinstaler = 10 000 As.

Zoll-quintar

Alte Masseneinheit aus Marokko:
1 Zoll-quintar = 44,9 Kilogramm.

Zollverein

Mit der Gründung des Deutschen Zollvereins (ab 01. Jan. 1834, 1867 erneuert) unter vorwiegend preußischer Verwaltung fielen die Zollschranken in Deutschland (um 1790 gab es 1800!). Österreich, Hannover und Hamburg traten nicht bei.
Vorläufer waren die *Süddeutsche Zollvereinigung* zwischen Bayern und Württemberg, der Zollverein zwischen Preußen und Hessen-Darmstadt (seit 1831 mit Kurhessen), der *Mitteldeutsche Handelsverein* zwischen Bremen, Braunschweig, Frankfurt/M., Hannover, Kurhessen, Nassau, Oldenburg, Sachsen, Thüringen (1828), der *Steuerverein* zwischen Hannover und Oldenburg (1834).
Bayern, Hessen-Darmstadt, Kurhessen, Preußen, Sachsen, Thüringen und Württemberg gründeten 1833 den Deutschen Zollverein; 1836 schlossen sich an Baden, Nassau, Frankfurt/M., 1842 Luxemburg (1815–66 Großherzogtum des Deutschen Bundes), Braunschweig und Lippe, 1854 Hannover und Oldenburg, 1888 Bremen und Hamburg. Der gemeinsame Markt war Folge der Industrialisierung in Deutschland, insbesondere von Schwerindustrie, Bergbau, Eisenbahn und Maschinenbau.
1866/67 Zusammenschluß der Staaten nördlich der Mainlinie zum Norddeutschen Bund; vertragliche Einbindung der süddeutschen Staaten in Zollbundesrat und Zollparlament. Die Eigenständigkeit des Zollvereins endete mit der Reichsgründung (1871). Luxemburg schied 1919 aus dem deutschen Zollgebiet aus.
Die deutschen Länder verschmolzen 1945/46 zu den heutigen Bundesländern.

Zollzentner (z)

1) Deutscher Zollverein:
1 Zollzentner = 100 Pfund = 50 Kilogramm.
2) Österreich:
1 Zoll Centner = $^1/_2$ Quintal = 50 Kilogramm.

Zonenzeit

(ZZ), engl. *zonal time* (ZT), koordinierte Weltzeit (UTC), zu- oder abzüglich eines ganzzahligen Vielfachen einer Stunde; entspricht näherungsweise der mittleren Ortszeit des Meridians, dessen geografische Länge ohne Rest durch 15 teilbar ist; gilt für 7,5° Längenunterschied nach Ost und nach West.

Zr

Zeichen für das *chem. Element Zirconium.

Zuber Historisch! 15 Hektoliter (Baden).

Zudda

Alte Volumeneinheit aus Arabien:
1 zudda = 6,32 Liter.

Zufällige Abweichung

*messtechnische Unsicherheit.

Zufallsgröße
*messtechnische Unsicherheit.

Zugfestigkeit
R_m (in N/mm^2=MPa), mechanische Werkstoffkenngröße und Maß für die *Festigkeitsgrenze* eines Werkstoffs. Beim DIN-Zugversuch die maximale Spannung (Höchstlast), bei der die Gleichmaßdehnung ε_g erreicht wird und die Zugprobe einzuschnüren beginnt.

$$R_m = \frac{\text{Höchstkraft } F_{max}}{\text{Ausgangsquerschnitt } S_0}$$

Zugversuch *Werkstoffkenngrößen.

zul
Abk. und Index (DIN 1304): zulässig.

Zustand
In der Physik die Erscheinungsform der Materie (Aggregatszustand), die durch Zustandsgrößen wie Druck, Volumen und Temperatur bestimmt ist und durch Zustandsgleichungen beschrieben wird. Vgl. *Normzustand.

Zwangskonvektion
*Wärmeübergangskoeffizient.

Zypern
Historische Einheiten: *cass, *dönüm, *gomari, *kartos, *kouza, *medimno, *oka.
Währung: Zypriotisches *Pfund.

A Anhang

A.1 Nobelpreise für Physik

1901 **W.C.Röntgen** (D): Entdeckung der nach ihm benannten Strahlen.

1902 **H.A.Lorentz** und **P.Zeeman** (NL): Lorentz-Transformation in der speziellen Relativitätstheorie. Aufspaltung der Spektallinien im Magnetfeld (Zeeman-Effekt).

1903 **H. A. Becquerel** (F): Entdeckung der spontanen Radioaktivität von Uran.
P. und **Marie Curie** (F): Untersuchung der von Becquerel entdeckten Strahlungsphänomene; *Nobelpreis für Chemie 1911.

1904 **Lord Rayleigh**, eigentlich **J.W.Strutt** (GB): Entdeckung des Edelgases Argon (1894 mit RAMSAY, *Nobelpreis für Chemie 1904).

1905 **P. Lenard** (D): Kathodenstrahlen; Elektronentheorie.

1906 **J. J. Thomson** (GB): Elektrisches Leitvermögen von Gasen; Atommodell.

1907 **A. A. Michelson** (USA): Interferometer; Nachweis, dass Lichtgeschwindigkeit und Erdbewegung unabhängig sind.

1908 **G. Lippmann** (F): Interferenzfarben-Fotografie.

1909 **G. Marconi** (I) und **F. Braun** (F): Drahtlose Telegraphie.

1910 **J.D. van der Waals** (NL): Zustandsgleichung der realen Gase.

1911 **W. Wien** (D): Gesetze der Wärmestrahlung.

1912 **G.Dalén** (S): Acetylenakkumulator und Sonnenscheinventile für Leuchttürme und Bojen.

1913 **H. Kamerlingh-Onnes** (NL): Verflüssigung von Helium und Wasserstoff; Entdeckung der Supraleitung an Quecksilber.

1914 **M. von Laue** (D): Entdeckung der Röntgenstrahlinterferenz an Kristallen.

1915 **W. H.** und **W. L. Bragg** (GB): Kristallstrukturanalyse mit Röntgenstrahlen.

1916 Nicht verliehen.

1917 **C. G. Barkla** (GB): Entdeckung der charakteristischen Röntgenstrahlung der Elemente.

1918 **M.Planck** (D): Entdeckung der Energiequantelung; Planck-Wirkungsquantum.

1919 **J. Stark** (D): Entdeckung des Doppler-Effekts an Kanalstrahlen und der Aufspaltung von Spektrallinien im elektrischen Feld.

1920 **C. E. Guillaume** (F): Entdeckung von Anomalien in Nickel-Stahl-Legierungen (Invar-Effekt).

1921 **A. Einstein** (D): Gesetz des photoelektrischen Effekts u.a. Verdienste um die Physik.

1922 **N.Bohr** (DK): Aufbau der Atome und die von ihnen ausgehende Strahlung; quantenphysikalisches Atommodell.

1923 **R. A. Millikan** (USA): Über den fotoelektrischen Effekt; Messung der elektrischen Elementarladung und des *Planck*schen Wirkungsquantums.

1924 **K. M. G. Siegbahn** (S): Über Röntgenspektroskopie.

1925 **J. Franck** und **G. Hertz** (D): Stoßgesetze zwischen Atomen und Elektronen; Quantensprünge durch Elektronenstöße.

1926 **J. Perrin** (F): Zur diskontinuierlichen Struktur der Materie, speziell Sedimentationsgleichgewicht von Kolloiden.

1927 **A.H. Compton** (USA): Entdeckung des nach ihm benannten Effektes; Stoß zwischen Röntgenquant und Elektron.
C. T. Wilson (GB): Nebelkammer, um den Weg elektrisch geladener Teilchen als Kondensstreifen sichtbar zu machen.

1928 **O. W. Richardson** (GB): Thermische Phänomene, speziell Glühemission.

1929 **L. V. de Broglie** (F): Wellentheorie der Materie.

1930 **C.V.Raman** (IND): Lichtstreuung („Raman-Effekt“); Molekülspektroskopie.

1931 Nicht verliehen.

1932 **W. Heisenberg** (D): Begründung der Quantenmechanik, deren Anwendung u.a. zur Entdeckung der allotropen Formen des Wasserstoffs führte.

1933 **E. Schrödinger** (D) und **P. M. A. Dirac** (GB): Wellenmechanische Atomtheorie; Anwendung auf das Elektron.

1934 Nicht verliehen.

1935 **J. Chadwick** (GB): Entdeckung des Neutrons.

1936 **C. D. Anderson** (USA): Entdeckung des Positrons.
V. F. Hess (A): Entdeckung der kosmischen Strahlung.

1937 **C. J. Davisson** (USA) und **G. P. Thomson** (GB): Elektronenbeugung an Kristallen; Elektronenwellen.

1938 **E. Fermi** (I): Erzeugung neuer Elemente durch Neutronenbestrahlung; Entdeckung von Kernreaktionen, die durch langsame Neutronen induziert werden.

1939 **E. O. Lawrence** (USA): Entwicklung des Zyklotrons; Erzeugung künstlicher radioaktiver Elemente.

1940 Nicht verliehen.

1941 Nicht verliehen.

1942 Nicht verliehen.

1943 **O. Stern** (USA): Molekularstrahltechnik und Entdeckung des magnetischen Moments des Protons; Richtungsquantelung des Elektronenspins.

1943 **I. I. Rabi** (USA): Resonanzmethode für die Aufzeichnung der magnetischen Eigenschaften von Atomkernen; Bestimmung des magnetischen Kernmoments; Atomuhr.

1945 **W. Pauli** (CH): Entdeckung des Ausschlussprinzips.

1946 **P. W. Bridgman** (USA): Hochdruckapparaturen; Entdeckungen auf dem Gebiet der Hochdruckphysik.

1947 **E. V. Appleton** (GB): Physik der oberen Atmosphäre, speziell Appleton-Schicht; Ionosphärenforschung.

1948 **P. M. S. Blackett** (GB): Fortentwicklung der Wilson-Kammer und Erforschung der kosmischen Strahlung.

1949 **H. Yukawa** (J): Vorhersage der Mesonen; Theorie der Kernkräfte.

1950 **C. F. Powell** (GB): Fotografische Methoden zur Untersuchung von Kernprozessen; Nachweis des Mesons.

1951 **J. D. Cockroft** (GB) und **E. T. S. Walton** (IRL): Umwandlung von Atomkernen durch künstlich beschleunigte Teilchen (Protonen).

1952 **F. Bloch** und **E. M. Purcell** (USA): Kernmagnetische Präzisionsmessungen und dabei gemachte Entdeckungen.

1953 **F. Zernike** (NL): Phasenkontrastverfahren und Phasenkontrastmikroskop.

1954 **M. Born** (D): Quantenmechanik, speziell statist. Interpretation der Wellenfunktion.
W. Bothe (D): Geigerzähler-Koinzidenzmethode und Erkenntnisse daraus.

1955 **W. E. Lamb** (USA): Feinstruktur des Wasserstoffspektrums.
P. Kusch (USA): Präzise Bestimmung des magnetischen Moments des Elektrons.

1956 **W. B. Shockley, J. Bardeen, W. H. Brattain** (USA): Entdeckung des Transistoreffekts; Entwicklung des Transistors (*1972).

1957 **T. D. Lee** und **C. N. Yang** (USA): Paritätsauswahlregeln für Elementarteilchen; Prinzip von der Erhaltung der Parität.

1958 **P. A. Cherenkow, I. M. Frank** und **I. E. Tamm** (SU): Entdeckung des Cherenkow-Effekts; Lichtstrahlung beim Durchdringen eines energiereichen Elektrons durch Materie.

1959 **E. Segrè** und **O. Chamberlain** (USA): Entdeckung des Antiprotons.

1960 **D. A. Glaser** (USA): Beobachtung von Elementarteilchen mit der Blasenkammer.

1961 **R. Hofstadter** (USA): Elektronenstreuung an Atomkernen; Struktur der Nukleonen („Quarks").
R. L. Mössbauer (D): Resonanzabsorption von γ-Strahlung (Mössbauer-Effekt).

1962 **L. D. Landau** (SU): Theorie kondensierter Phasen; Bose-Einstein-Kondensation bei superfluidem Helium-4 (*1978, 1996).

1963 **E. P. Wigner** (USA): Theorie des Atomkerns und der Elementarteilchen, besonders Symmetriebeziehungen.
Maria Goeppert-Mayer (USA) und **H. D. Jensen** (D): Schalenmodell des Atomkerns, gruppentheoretische Quantenphysik.

1964 **C. H. Townes** (USA), **N. G. Bassow** und **A. M. Prochorow** (SU): Quantenelektronik; Maser-Laser-Prinzip.

1965 **J. Schwinger, R. P. Feynman** (USA) und **S.-I. Tomonaga** (J): Entwicklung der Quanten-Elektrodynamik.

1966 **A. Kastler** (F): Optische Methoden zur Untersuchung Hertzscher Resonanzen in Atomen; „optisches Pumpen".

1967 **H. A. Bethe** (USA): Theorie der Kernreaktionen zur Energieerzeugung in Sternen; Kernfusion in der Sonne.

1968 **L. W. Alvarez** (USA): Entdeckung von Resonanzzuständen bei Elementarteilchen; Wasserstoffblasenkammer; fortgeschrittene Datenanalyse.

1969 **M. Gell-Mann** (USA): Klassifizierung der Elementarteilchen und ihrer Wechselwirkungen; „Quarks".

1970 **H. Alfvén** (S): Magnetohydrodynamik und Plasmaphysik; Urknallheorie.
L. Néel (F): Antiferromagnetismus, Ferrimagnetismus; Festkörperphysik.

1971 **D. Gabor** (GB): Entwicklung der Holografie.

1972 **J. Bardeen, L. N. Cooper, J. R. Schrieffer** (USA): Quantenmechanische Theorie der Supraleitfähigkeit (BCS-Theorie).

1973 **L. Asaki** (USA) und **I. Giaever** (USA): Tunnel-Phänomene bei Halbleitern und Supraleitern.
B. D. Josephson (GB): Tunnelstrom bei der Supraleitung (Josephson-Effekt).

1974 **M. Ryle** (GB): Radioastrophysik; Verbesserungen des Radioteleskops (Blendensynthesetechnik).
A. Hewish (GB): Entdeckung der Pulsare.

1975 **A. Bohr, B. Mottelson** (DK) und **J. Rainwater** (USA): Theorie zur Struktur der Atomkerne; Berechnung von Energiezuständen.

1976 **B. Richter** (USA) und **S. C. C. Ting** (USA): Entdeckung des Psi-Teilchens mit der Qualität „charm".

1977 **P. W. Anderson, N. F. Mott** und **H. J. van Vleck** (USA): Theorie der Elektronenstruktur magnetischer und fehlgeordneter Systeme; Festkörperphysik.

1978 **P. L. Kapitza** (SU): Entdeckungen zur Tieftemperaturphysik (1938).
A. A. Penzias, R. W. Wilson (USA): Entdeckung der kosmischen isotropen Mikrowellen-Untergrundstrahlung; Urknall-Hypothese.

1979 **S. L. Glashow** (USA), **A. Salam** (GB), **S. Weinberg** (USA): Theorie der uniformen schwachen und elektromagnetischen Wechselwirkung zwischen Elementarteilchen, u.a. Vorhersage des elektroschwachen neutralen Stromes.

1980 **J. W. Cronin** und **V. L. Fitch** (USA): Entdeckung, dass beim Zerfall neutraler K-Mesonen elementare Symmetriebedingungen verletzt werden.

1981 **K. M. Siegbahn** (S): Entwicklung der hochauflösenden Elektronenspektroskopie (*1924).
N. Bloembergen und **A. L. Schawlow** (USA): Entwicklung der Laserspektroskopie.

1982 **K. G. Wilson** (USA): Theorie kritischer Phänomene bei Phasenübergängen.

1983 **S. Chandrasekar** (USA): Theorie der Struktur und Entwicklung der Sterne.
W. A. Fowler (USA): Kernkettenreaktionen zur Bildung der chemischen Elemente im Universum.

1984 **C. Rubbia** (I) und **S. van der Meer** (CH): Entdeckung der intermediären Vektorbosonen W und Z (schwache Wechselwirkung).

1985 **K. von Klitzing** (D): Entdeckung des Quanten-Hall-Effekts.

1986 **E. Ruska, G. Binnig** (D) und **H. Rohrer** (CH): Konstruktion des Raster-Tunnel-Mikroskops.

1987 **J. G. Bednorz** (D) und **K. A. Müller** (CH): Hochtemperatursupraleiter.

1988 **L. M. Lederman** und **M. Schwartz** (USA), **J. Steinberger** (CH): Verschiedenheit von Elektron- und Myon-Neutrino. Paarstruktur der Leptonen ($e\nu_e$, $\mu\nu_\mu, \tau\nu_\tau$).

1989 **N. F. Ramsey, H. G. Dehmelt** (USA) und **W. Paul** (D): Atomare Präzisionsspektoskopie; Massenfilter und Hochfrequenz-Ionenfalle (Paul-Falle). Ramseys Resonanzmethode für Cäsium-Atomuhr und Wasserstoffmaser.

1990 **J. I. Friedman, H. W. Kendall** und **R. E. Taylor** (USA): Nachweis punktartiger Unterstrukturen im Atomkern; Bestätigung des Quark-Modells.

1991 **P. Gilles de Gennes** (F): Originelle und vielseitige Modelle der theoretischen Physik, u.a. Phasenübergang bei Supraleitern, Flüssigkristalle und Kolloide (Perkolationstheorie); dynamisches Verhalten von Polymeren (Reptationstheorie).

1992 **G. Charpak** (CH): Entwicklung von Teilchendetektoren, u.a. Vieldraht-Proportionalzähler. *1927, 1960, 1968.

1993 **R. A. Hulse** und **J. H. Taylor** (USA): Radioastronomische Entdeckung des Doppelpulsars „PSR 1913+16" Bestätigung der Existenz von Gravitationswellen. *1974.

1994 **B. Brockhouse** (Canada) und **C. Shull** (USA): Neutronenstreuungstechniken; Struktur und Dynamik der kondensierten Materie.

1995 **M. L. Perl** (USA): Entdeckung des Tauons in den 70er Jahren; Vervollständigung der Familie der Leptonen.
F. Reines (USA): Experimenteller Nachweis des Elektronneutrinos in den 50er Jahren zusammen mit **C. L. Cowan**†.

1996 **D. M. Lee**, **D. D. Osheroff** und **R. C. Richardson** (USA): Entdeckung der suprаflüssigen Phasen von Helium-3 zu Beginn der 70er Jahre (*1962, 1978).

1997 **S. Chu**, **W. Phillips** (USA) und **Cl. Cohen-Tannoudji** (F): Abkühlung und Speicherung von Atomen durch Laserlicht („Atomfallen").

1998 **H. L. Störmer** (D), **D. C. Tsui** (USA), **R. B. Laughlin** (USA): Entdeckung von Quasiteilchen (in einer „Quantenflüssigkeit" von Elektronen bei extrem tiefen Temperaturen im starken Magnetfeld), die Zwischenstufen des Quanten-Hall-Effekts erklären (*1985).

1999 **G. 't Hooft** und **M. Veltman** (NL): Weiterentwicklung der Elementarteilchenphysik.

A.2 Nobelpreise für Chemie

1901 **J. H. van't Hoff** (D): Gesetze der chemischen Thermodynamik und des osmotischen Drucks in Lösungen; Begründer der Stereochemie.

1902 **Emil Fischer** (D): Synthesen von Zuckern, Purinen, Gerbstoffen und Peptiden.

1903 **S. Arrhenius** (S): Theorie der elektrolytischen Dissoziation.

1904 **W. Ramsay** (GB): Entdeckung der Edelgase in der Atmosphäre; Bestimmung ihrer Position im Periodensystem; Nachweis von Helium beim Radonzerfall.

1905 **A. von Baeyer** (D): Organische Farbstoffe und hydroaromatische Verbindungen; Indigosynthese.

1906 **H. Moissan** (F): Isolierung des Fluors; Entwicklung elektrisch beheizter Öfen.

1907 **E. Buchner** (D): Entdeckung der zellfreien Fermentierung; Gärungschemie.

1908 **E. Rutherford** (GB): Radioaktiver Zerfall und Chemie radioaktiver Substanzen; Atommodell.

1909 **W. Ostwald** (D): Chemische Gleichgewichte und Reaktionsgeschwindigkeiten; Katalyse, Elektrochemie, Thermodynamik, Farbenlehre.

1910 **O. Wallach** (D): Pionierarbeiten über alicyclische Verbindungen.

1911 **Marie Curie**, geb. SKLODOWSKA (F): Entdeckung von Radium und Polonium; Isolierung und Charakterisierung von Radium.

1912 **V. Grignard** (F): Magnesiumorganische Verbindungen (Grignard-Reagenzien).
P. Sabatier (F): Hydrierung organischer Verbindungen an fein verteilten Metallen.

1913 **A. Werner** (CH): Koordinationslehre und Komplextheorie.

1914 **T. W. Richards** (USA): Exakte Bestimmung der Atommassen chemischer Elemente.

1915 **R. Willstätter** (D): Pflanzenpigmente, besonders Chlorophyll.

1916 Nicht verliehen.

1917 Nicht verliehen.

1918 **F. Haber** (D): Ammoniaksynthese, Haber-Bosch-Verfahren.

1919 Nicht verliehen.

1920 **W. Nernst** (D): Thermochemie, 3. Hauptsatz der Wärmelehre; Elektrochemie, chemische Gleichgewichte.

1921 **F. Soddy** (GB): Ursprung und Natur radioaktiver Isotope.

1922 **F. W. Aston** (GB): Entdeckung der Isotope nicht radioaktiver Elemente mit Hilfe der Massenspektroskopie; Gesetz der ganzen Zahlen.

1923 **F. Pregl** (A): Mikroanalyse organischer Substanzen.

1924 Nicht verliehen.

1925 **R. Zsigmondy** (D): Charakterisierung von Kolloidlösungen.

1926 **T. Svedberg** (S): Arbeiten über dispergierte Systeme; Ultrazentrifuge.

1927 **H. Wieland** (D): Konstitution der Gallensäuren und verwandter Substanzen.

1928 **A. Windaus** (D): Konstitution der Sterine und deren Verwandschaft mit best. Vitaminen.

1929 **A. Harden** (GB) und **H. von Euler-Chelpin** (S) Zuckervergärung und Fermentenzyme.

1930 **Hans Fischer** (D): Synthese und Konstitution natürlicher Farbstoffe: Hämin, Bilirubin, Chlorophyll.

1931 **Carl Bosch** und **F. Bergius** (D): Hochdruckmethoden in der Chemie; großtechnische Ammoniaksynthese (Haber-Bosch-Verfahren), Benzingewinnung und Holzverzuckerung (Bergius-Verfahren).

1932 **I. Langmuir** (USA): Oberflächenchemie.

1933 Nicht verliehen.

1934 **H. C. Urey** (USA): Entdeckung des schweren Wasserstoffs.

1935 **F. Joliot** und **Irène Joliot-Curie** (F): Synthese radioaktiver Elemente; Isotopenforschung.

1936 **P. Debye** (D): Aufklärung von Molekülstrukturen durch Messung von Dipolmomenten, Röntgenstrahl- und Elektronenstreuung.

1937 **W. N. Haworth** (GB): Über Kohlenhydrate und Vitamin C.
P. Karrer (CH): Über Carotinoide, Flavine, Vitamin A und B_2.

1938 **R. Kuhn** (D): Über Carotinoide und Vitamine.

1939 **A. Butenandt** (D): Über Geschlechtshormone (Steroide).
L. Ruzicka (CH): Polymethylene und höhere Terpene.

1940 Nicht verliehen.

1941 Nicht verliehen.

1942 Nicht verliehen.

1943 **G. v. Hevesy** (S): Isotope als Tracer beim Studium chemischer Prozesse.

1944 **O. Hahn** (D): Entdeckung der Kernspaltung bei schweren Elementen (1938 mit F. Strassmann und Lise Meitner).

1945 **A. J. Virtanen** (SF): Agrar- und Düngemittelchemie, besonders Futtermittelkonservierung.

1946 **J. B. Summer** (USA): Entdeckung der Kristallisationsfähigkeit von Enzymen.
J. H. Northrop und **W. M. Stanley** (USA): Reindarstellung von Enzymen und Virus-Proteinen.

1947 **R. Robinson** (GB): Pflanzliche Inhaltsstoffe mit biologischer Relevanz, besonders Alkaloide; Struktur der Opiumalkaloide.

1948 **A. W. K. Tiselius** (S): Elektrophorese und Adsorptionsanalyse; Aufbau der Serumproteine.

1949 **W. F. Giauque** (USA): Chemische Thermodynamik, speziell über Substanzen bei extrem niedrigen Temperaturen.

1950 **O. Diels** und **K. Alder** (D): Dien-Synthesen.

1951 **E. M. McMillan** und **G. T. Seaborg** (USA): Entdeckungen zur Transuranchemie.

1952 **A. J. P. Martin** und **R. L. M. Synge** (GB): Erfindung der Verteilungschromatographie.

1953 **H. Staudinger** (D): Entdeckungen zur makromokularen Chemie.

1954 **L. Pauling** (USA): Natur der chemischen Bindung; Strukturaufklärung komplexer Naturstoffe (Proteine, Kohlenhydrate).

1955 **V. du Vigneaud** (USA): Biochemisch relevante Schwefelverbindungen, speziell Synthese der Hypophysenhormone Vasopressin und Oxytocin.

1956 **C. N. Hinshelwood** (GB) und **N. N. Semenow** (SU): Mechanismen chemischer Reaktionen (Kettenreaktionen, Explosionsphänomene).

1957 **A. Todd** (GB): Nucleotide und Nucleotid-Coenzyme.

1958 **F. Sanger** (GB): Präparativ-chemische Methoden zur Strukturaufkärung von Proteinen; speziell Aminosäuresequenz des Insulins.

1959 **J. Heyrovský** (CS): Entwicklung der Polarographie.

1960 **W. F. Libby** (USA): Altersbestimmung mit C-14 und Tritium.

1961 **M. Calvin** (USA): Kohlendioxid-Assimilierung in Pflanzen (Calvin-Zyklus).

1962 **J. C. Kendrew**, **M. F. Perutz** (GB): Röntgenstrukturaufklärung der Globularproteine (Myoglobin, Hämoglobin).

1963 **K. Ziegler** (D) und **G. Natta** (I): Chemie und Technologie hochpolymerer Verbindungen (Polyethylen, Polypropylen).

1964 **Dorothy Crowfoot-Hodgkin** (GB): Röntgenstrukturanalyse von Biomolekülen.

1965 **R.B.Woodward** (USA): Organische Synthese, v. a. Naturstoffe (Woodward-Hoffmann-Regeln).

1966 **R.S.Mulliken** (USA): MO-Theorie der chemischen Bindung.

1967 **M. Eigen** (D), **R. G. W. Norrish G. Porter** (GB): Schnelle chemische Reaktionen, Blitzlichtfotolyse.

1968 **L.Onsager** (USA): Thermodynamik irreversibler Prozesse; Reziprozitätsbeziehung.

1969 **D. H. R. Barton** (GB) und **O. Hassel** (N): Konzept der Konformation.

1970 **L.F.Leloir** (Argentinien): Zuckernucleotide und Kohlenhydrat-Biosynthese.

1971 **G. Herzberg** (CH): Elektronenstruktur und Geometrie freier Radikale.

1972 **C. B. Anfinsen** (USA): Ribonuclease; Aminosäuresequenz und biologisch aktive Konformation.
S. Moore und **W. H. Stein** (USA): Aktive Zentren der Ribonuclease.

1973 **E. O. Fischer** (D) und **G. Wilkinson** (GB): Metallorganische „Sandwich"-Verbindungen.

1974 **P. J. Flory** (USA): Über Makromoleküle.

1975 **J.W.Cornforth** (GB): Stereochemie enzymkatalytischer Reaktionen.
V. Prelog (CH): Stereochemie organischer Moleküle und Reaktionen.

1976 **W. N. Lipscomb** (USA): Borane; Struktur und chemische Bindung.

1977 **I. Prigogigne** (B): Thermodynamik von Ungleichgewichten; Theorie streuender Strukturen.

1978 **P.Mitchell** (GB): Biologischer Energietransfer; chemiosmotische Theorie.

1979 **H. C. Brown** (USA) und **G. Wittig** (D): Bor- bzw. Phosphorverbindungen für die organische Synthese; Ylidchemie.

1980 **W. Gilbert** (USA), **F. Sanger** (GB): Basensequenz von Nucleinsäuren.
P.Berg (USA): Biochemie der Nucleinsäuren und Rekombinations-DNA.

1981 **K.Fukui** (J) und **R.Hoffmann** (USA): Quantenmechanische Studien zur chemischen Reaktivität.

1982 **A. Klug** (USA): Elektronenmikroskopie an Kristallen; Strukturaufklärung von Nucleinsäure-Protein-Komplexen.

1983 **H. Taube** (USA): Elektronentransfer-Reaktionen bei Metallkomplexen.

1984 **R. B. Merrifield** (USA): Festphasen-Synthese von Peptiden.

1985 **H.A.Hauptmann** und **J.Karle** (USA): Röntgenstrukturaufklärung; Lösung des Phasenproblems.

1986 **D.R.Herschbach** und **Y.T.Lee** (USA): Molekularstrahltechnik; chemische Elementarreaktionen.
J. C. Polany (Canada): Energieverteilung bei elementaren Reaktionen; Infrarot-Chemolumineszenz-Methode.

1987 **D. J. Cram** (USA), **J. M. Lehn** (F) und **C. J. Petersen** (USA): Ionenselektive Stickstoff- und Sauerstoff-Makrozyklen (Kronenether, Sphäranden, etc.).

1988 **J. Deisenhofer**, **R. Huber** und **H. Michel** (D): Röntgenstrukturanalyse eines integralen Membranproteins.

1989 **T.R.Cech** und **S.Altmann** (USA): Nachweis, dass die RNA des eukaryontischen Einzellers *T. thermophila* ihre Spleissreaktion selbst enzymatisch katalysiert.

1990 **E. J. Corey** (USA): Naturstoffsynthesen (Prostaglandine, Gingkolid, u.a.), retrosynthetische Analyse, computergestützte Syntheseplanung.

1991 **R. R. Ernst** (CH): Hochauflösende Kernresonanz-Spektroskopie (2D-, 3D-NMR, FT-NMR).

1992 **R. A. Marcus** (USA): Elektronenüberführungsreaktionen (RRKM-Theorie u.a.).

1993 **K.B.Mullis** (USA): Polymerase-Kettenreaktion (PCR) zur enzymatischen Anreicherung von DNS; „genetischer Fingerabdruck".
M.Smith (Canada): „ortsspezifische Mutation"; gentechnischer Austausch von Nukleotiden im DNS-Strang; Herstellung von Proteinen und Lebewesen mit neuen Eigenschaften.

1994 **G. A. Olah** (USA): Carbokationen als Zwischenstufen der präparativen und industriellen Chemie.

1995 **P. Crutzen** (D), **M. Molina** (USA), **Sh. Rowland** (USA): Atmosphärischer Ozonabbau durch Chlorradikale (FKCW, Stickoxide).

1996 **R. Smalley, R. Curl** (USA), **H. Kroto** (GB): Fulleren („C_{60}-Fußball") als Modifikation des Kohlenstoffs.

1997 **P. D. Boyer** (USA) und **J. E. Walker** (GB): Adenosintriphosphat (ATP) im Energiestoffwechsel des Körpers.

J. C. Skou (DK): Entdeckung des Enzyms $Na^{\oplus}/K^{\oplus}$-ATPase, das ATP abbaut und den Ionentransport durch die Zellmembran katalysiert („Natriumpumpe"), z. B. bei der Stimulierung von Nervenzellen.

1998 **W. Kohn** (USA) und **J. A. Pople** (GB): Quantenchemische Rechenmethoden, z. B. Hohenberg-Kohn-Theoreme, Computerprogramm GAUSSIAN von Pople.

1999 **A. Zewail** (USA): Entwicklung der Femtosekundenspektroskopie. „Hochgeschwindigkeits-Laser-Kamera".

A.3 Nobelpreise für Medizin und Physiologie

1901 **E. A. von Behring** (D).

1902 **R. Ross** (GB).

1903 **N. R. Finsen** (DK).

1904 **I. P. Pawlow** (SU).

1905 **R. Koch** (D).

1906 **C. Golgi** (I), **S. Ramón y Cajal** (GB).

1907 **C. L. A. Laveran** (F).

1908 **I. I. Metschnikow** (SU), **P. Ehrlich** (D).

1909 **E. T. Kocher** (CH).

1910 **A. Kossel** (D).

1911 **A. Gullstrand** (S).

1912 **A. Carrel** (USA).

1913 **C. R. Richel** (F).

1914 **R. Báráni** (A).

1919 **J. Bordet** (B).

1920 **S. A. S. Krogh** (DK).

1922 **A. V. Hill** (GB), **O. F. Meyerhof** (D).

1923 **F. G. Banting** und **J. J. R. Macleod** (Canada): Entdeckung des Insulins (1921).

1924 **W. Einthoven** (NL).

1926 **J. A. G. Fibiger** (DK).

1927 **J. Wagner v. Jauregg** (A).

1928 **C. J. H. Nicolle** (F).

1929 **C. Eijkman** (NL), **Sir F. G. Hopkins** (GB).

1930 **K. Landsteiner** (A): Entdeckung der Blutgruppen (1901).

1931 **O. H. Warburg** (D): Atmungsfermente und Zellatmung.

1932 **C. S. Sherrington** (GB), **E. D. Lord Adrian** (GB).

1933 **T. H. Morgan** (USA).

1934 **G. H. Whipple, G. R. Minot,** und **W. P. Murphy** (USA).

1935 **H. Spemann** (D).

1936 **H. H. Dale** (GB), **O. Loewi** (USA).

1937 **A. Szent-Györgyi von Nagyrapolt** (H).

1938 **C. J. F. Heymans** (B).

1939 **G. Domagk** (D): Sulfonamide.

1943 **H. C. P. Dam** (DK), **E. A. Doisy** (USA).

1944 **J. Erlanger** (USA), **H. S. Gasser** (USA).

1945 **A. Fleming** (GB): Entdeckung des Penicillins (1928).

E. B. Chain, H. W. Florey (GB).

1946 **H. J. Muller** (USA).

1947 **Carl F.** und **Gerty T. Cori**, geb. Radnitz (USA): Katalytische Umsetzung des Glycogens, Kreislauf der Kohlenhydrate (Cori-Zyklus).

B. A. Houssay (Argentinien): Entdeckung der hormonellen Bedeutung des vorderen Hypophysenlappens für den Zuckerstoffwechsel.

1948 **P. H. Müller** (CH): Erfindung des Insektizids DDT.

1949 **W. R. Hess** (CH). **A. C. Moniz-Egas** (P): Operationen am menschlichen Gehirn, um krankhafte Vorgänge zu unterbrechen (erstmals 1936).

1950 **E. C. Kendall** (USA), **T. Reichstein** (CH), **P. S. Hench** (USA).

1951 **M. Theiler** (Südafrika).

1952 **S. A. Waksman** (USA).

1953 **H. A. Krebs** (GB), **F. A. Lipmann** (USA).

1954 **J. F. Enders, T. H. Weller** und **F. C. Robbins** (USA).

1955 **A. H. T. Theorell** (S).

1956 **A. F. Cournand** (USA), **W. T. O. Forssmann** (D), **D. W. Richards** (USA).

1957 **D. Bovet** (I).

1958 **G. W. Beadle, E. L. Tatum, J. Lederberg** (USA).

1959 **S. Ochoa** und **A. Kornberg** (USA).

1960 **F. M. Burnet** (AUS), **P. B. Medawar** (GB). *1996.

1961 **G. von Békésy** (USA).

1962 **F. H. C. Crick** (GB), **J. D. Watson** (USA), **M. H. F. Wilkins** (GB): Aufklärung des „genetischen Codes", Desoxyribonucleinsäure (DNA) als Träger der Erbinformation.

1963 **J. C. Eccles** (AUS), **A. L. Hodgkin** (GB), **A. F. Huxley** (GB).

1964 **K. Bloch** (USA), **F. F. K. Lynen** (D).

1965 **F. Jacob** (F), **A. Lwoff** (F), **J. Monod** (F).

1966 **F. P. Rous** (USA), **C. B. Huggins** (USA).

1967 **R. A. Granit** (S), **H. K. Hartline** (USA), **C. Wald** (USA).

1968 **R. W. Holley, H. G. Khorana** und **M. W. Nirenberg** (USA).

1969 **M. Delbrück, A. D. Hershey** und **S. E. Luria** (USA).

1970 **B. Katz** (GB), **U. S. von Euler** (S), **J. Axelrod** (USA).

1971 **E. W. Sutherland** (USA).

1972 **G. M. Edelman** (USA), **R. R. Porter** (GB).

1973 **K. von Frisch** (D), **K. Lorenz** (A), **N. Tinbergen** (GB).

1974 **A. Claude** (B), **C. R. de Duve** (USA), **G. E. Palade** (USA).

1975 **D. Baltimore, R. Dulbecco** und **H. M. Temin** (USA).

1976 **B. S. Blumberg** (USA), **D. C. Gajdusek** (USA).

1977 **R. L. Guillemin, A. V. Schally** und **R. S. Yalow** (USA).

1978 **W. Arber** (CH), **D. Nathans** (USA), **H. O. Smith** (USA).

1979 **A. M. Cormack** (USA), **G. N. Hounsfield** (GB).

1980 **B. Benacerraf** (USA), **J. B. G. Dausset** (F), **G. D. Snell** (USA).

1981 **R. W. Sperry, D. H. Hubel** und **T. N. Wiesel** (USA).

1982 **S. K. Bergström** (S), **B. I. Samuelsson** (S), **J. R. Vane** (GB).

1983 **B. McClintock** (USA): um 1950 entdeckte „springende Gene", d. h. zufällige Verschiebung von Erbinformationen.

1984 **N. K. Jerne** (F), **G. J. F. Köhler** (CH), **C. Milstein** (GB): für monoklonale Antikörper.

1985 **M. S. Brown** (USA), **J. L. Goldstein** (USA).

1986 **R. Levi-Montalcini** (I), **S. Cohen** (USA).

1987 **S. Tonegawa** (USA): Aufklärung der Nucleotidsequenz eines eukaryontischen Antikörper-Gens; Nachweis „gestückelter" Gene (Introns).

1988 **Gertrude B. Elion, G. H. Hitchings** (USA): Inhibitoren des Purin- und Pyrimidin-Metabolismus zur Behandlung von Leukämie, Malaria, bakteriellen Infektionen, Organtransplantationen.

J. W. Black (GB): β-Blocker (für Adrenalin und Noradrenalin-Rezeptoren) und Antihistaminika (zur Behandlung von Herzinfarkten, Bluthochdruck, Magen- und Zwölffingerdarmgeschwüren).

1989 **J. M. Bishop** und **H. E. Varmus** (USA): Entdeckung, dass normale Zellen virale Tumorgene enthalten, die im Falle ihrer Fehlfunktion Krebs verursachen können.

1990 **J. E. Murray** (USA) und **E. D. Thomas** (USA).

1991 **E. Neher** und **B. Sakmann** (D): „Patch clamp"-Technik; Messung der winzigen Ströme in den natrium- und kaliumspezifischen Ionenkanälen bei der Weiterleitung von Nervenimpulsen (Aktionspotentialen).

1992 **E. G. Krebs** und **E. H. Fischer** (USA): Aktivierung der Phosphorylase aus dem Skelettmuskel; Regulation des Glycogenstoffwechsels; Proteinkinasen (*1947).

1993 **R. Roberts** (GB) und **P. Sharp** (USA): Entdeckung (1977), dass Gene aus codierenden Segmenten (Exons) und inaktiven Introns bestehen (*1978).

1994 **A. G. Gilman** (USA) und **M. Rodbell** (USA): Entdeckung der G-Proteine bei der Signalübermittlung in Zellen.

1995 **Christiane Nüsslein-Volhard** (D), **E. B. Lewis** (USA), **E. Wieschaus** (USA): Entdeckungen auf dem Gebiet der Embryonalentwicklung, insbesondere an Insekten.

1996 **P. C. Doherty** (AUS), **R. M. Zinkernagel** (CH): Aufklärung der zellulären Erkennung von Viren bei der Immunabwehr (Modell der Doppelerkennung).

1997 **S. B. Prusiner** (USA): Entdeckung der Prionen (= proteinartige infektiöse Partikel); Erklärung spongiformer Encephalopathien („Rinderwahnsinn“).

1998 **R. Furchgott** (USA), **L. J. Ignarro** (USA), **F. Murad** (USA): Entdeckung von Stickstoffmonoxid als Signalmolekül im kardiovaskulären System („NO-Pharmaka“).

1999 **G. Blobel** (USA): Steuerung von Proteinen in Körperzellen. Signalhypothese und Transportlogik der Zelle, wonach eine kurze Signalsequenz am Aminoende der wanchsenden Peptidkette den Transport zum Zielort z.B. endoplasmatisches Retikulum) und das Durchdringen der Memban steuert und noch während der Proteinsynthese wieder abgespalten wird.

Literaturverzeichnis

[1] P. W. Atkins, *Physikalische Chemie*, Weinheim, ^{2}1996.

[2] G. H. Aylward, T. J. V. Findlay, *Datensammlung Chemie in SI-Einheiten*, Weinheim.

[3] H.-J. Bargel, G. Schulze, *Werkstoffkunde*, Düsseldorf, ^{6}1994.

[4] *Brockhaus Enzyklopädie*, 19. Aufl., Mannheim.

[5] I. N. Bronstein, K. A. Semendjajew, *Taschenbuch der Mathematik*, Thun/Frankfurt ^{4}1999.

[6] W. E. Clason, *Elsevier's Lexicon of International and National Units*, Amsterdam.

[7] *The 1986 Adjustment of the Fundamental Physical Constants, CODATA Bulletin* No. 63, Nov. 1986.

[8] E. R. Cohen, B. N. Taylor, *Journal of Research of the National Bureau of Standards*, **92** (1987) 85.

[9] G. Cornfeld, G. J. Botterweck, *Die Bibel und ihre Welt. Enzyklopädie zur Heiligen Schrift in zwei Bänden*, „Gewichte und Maße“, Herrsching 1991.

[10] D'Ans-Lax, *Taschenbuch für Chemiker und Physiker*, Berlin ^{4}1998.

[11] DIN Taschenbuch 22, *Einheiten und Begriffe für physikalische Grössen*, Berlin, ^{7}1990.

[12] DIN Taschenbuch 202, *Formelzeichen, Formelsatz, Mathematische Zeichen und Begriffe*, Berlin.

[13] *Encyclopedia of Materials Science and Engineering*, M. B. Bever (Ed.), Oxford.

[14] W. Gellert, H. Küstner, M. Hellwich, H. Kästner (eds.), *Handbuch der Mathematik*, Köln.

[15] C. Gerthsen, H. Kneser, H. Vogel, *Physik*, Berlin, ^{19}1997.

[16] C. H. Hamann, W. Vielstich, *Elektrochemie I/II*, Weinheim, ^{3}1998.

[17] *CRC Handbook of Chemistry and Physics*, Cleveland ^{78}1997.

[18] G. Hellwig, *Lexikon der Maße, Währungen und Gewichte*, München 1990.

[19] E. Hering, R. Martin, M. Stohrer, *Physik für Ingenieure*, Düsseldorf, ^{6}1997.

[20] E. Hering, R. Martin, M. Stohrer, *Physikalisch-technisches Taschenbuch*, Düsseldorf, ^{2}1995.

[21] A. F. Holleman, E. Wiberg, *Lehrbuch der Anorganischen Chemie*, 91.-100. Auflage, Anhang IV, S. 1322-25, Berlin 1985.

[22] IUPAC, *Manual of Symbols and Terminology for Physicochemical Quantities and Units*, Vol. 41 (1969).

[23] IUPAC, *Atomic Weights of the Elements* (1995), *Pure and Applied Chemistry* **68** (1996) 2239-59.

[24] IUPAC, *Nomenclature of Organic Chemistry*, London.

[25] IUPAP, *Symbole, Einheiten und Nomenklatur in der Physik*, Dokument U.I.P. 20 (1978), Deutsche Ausgabe: Weinheim 1980; *Quantities and Units*, Vol. 41 (1969).

[26] *Fischer Lexikon Astronomie*, Hrsg: K. Stumpf, H.-H. Voigt; Hamburg 1972.

[27] *Der Fischer Weltalmanach 1998*, Hrsg: M. v. Baratta, Hamburg 1998.

[28] H. Franke (Hrsg.), *Lexikon der Physik*, Stuttgart 1969.

[29] M. Klein, *Einführung in die DIN-Normen*, Berlin, ^{12}1997.

[30] F. K. Kneubühl, *Repetitorium der Physik*, Stuttgart, ^{5}1994.

[31] H. Kuchling, *Taschenbuch der Physik*, Leipzig ^{16}1996.

[32] Landolt-Börnstein, *Zahlenwerte und Funktionen aus Physik, Chemie, Astronomie, Geophysik und Technik*, Berlin.

[33] A. Leipertz, *Laserspektroskopische Bestimmung thermophysikalischer Eigenschaften transparenter Fluide, Chem.-Ing.-Tech.* **64** (1992) 17–24.